应 用 数 学 译 丛

Evolutionary Optimization Algorithms

Biologically Inspired and Population-Based Approaches to Computer Intelligence

进化优化算法

基于仿生和种群的计算机智能方法

[美] 丹·西蒙 著
陈 曦 译

清华大学出版社
北 京

图书在版编目(CIP)数据

进化优化算法：基于仿生和种群的计算机智能方法 /（美）丹•西蒙（Dan Simon）著；陈曦译.—北京：清华大学出版社，2018（2021.2重印）
（应用数学译丛）
书名原文: Evolutionary Optimization Algorithms: Biologically Inspired and Population-Based Approaches to Computer Intelligence
ISBN 978-7-302-51605-7

Ⅰ.①进…　Ⅱ.①丹…　②陈…　Ⅲ.①电子计算机 – 最优化算法　Ⅳ.①TP301.6

中国版本图书馆 CIP 数据核字(2018)第 257275 号

责任编辑：刘　颖
封面设计：常雪影
责任校对：赵丽敏
责任印制：丛怀宇

出版发行：清华大学出版社
网　　址：http://www.tup.com.cn, http://www.wqbook.com
地　　址：北京清华大学学研大厦 A 座　　**邮　　编：**100084
社 总 机：010-62770175　　**邮　　购：**010-62786544
投稿与读者服务：010-62776969, c-service@tup.tsinghua.edu.cn
质量反馈：010-62772015, zhiliang@tup.tsinghua.edu.cn
印 装 者：三河市铭诚印务有限公司
经　　销：全国新华书店
开　　本：185mm×260mm　　**印　　张：**40.25　　**字　　数：**926 千字
版　　次：2018 年 12 月第 1 版　　**印　　次：**2021 年 2 月第 4 次印刷
定　　价：118.00 元

产品编号：069079-01

译者前言

常规的优化算法，如线性规划、二次规划和凸优化，通常要求优化问题具有凸性，但我们遇到的很多实际问题却常常是非凸的. 对于多阶段决策问题, 常用的动态规划方法能找到最优解, 但因其计算量会随着问题的规模呈指数增长, 它们并不适合规模较大的问题. 而基于种群的进化优化算法虽然不能保证找到问题的最优解, 但对问题的性质和规模没有限制和要求, 因此具有广泛的适用性. Nils Barricelli 在 1953 年提出遗传算法, 在那之后的半个多世纪中, 人们由生物的行为、自然现象甚至社会现象中得到启发, 提出了各种各样的进化算法并将它们用于解决实际问题. 值得一提的是, 进化算法在人工智能和机器学习中一直发挥着重要的作用.

无论在国内还是在国外, 都已经出版了很多关于进化算法的专著, 本书的优胜之处在于它既全面而系统地介绍了进化算法的历史和方法, 又指出了进一步研究的方向, 还针对各类优化问题, 如约束优化、多目标优化和组合优化, 提出了进化算法的解决方案并阐述处理问题的技巧, 这些技巧并非只适用于进化优化, 我们在用其他方法寻优时也经常用到.

感谢杨卓同学为译本重新绘图. 感谢叶永洪、卞爱哲和韩广泓三位同学阅读译稿的部分章节并提出修改意见. 感谢出版社的刘颖老师校对公式, 修订向量及矩阵的表示方式并提出修改意见. 感谢出版社编辑的审核和修改.

本书的翻译工作得到国家重点研发计划（2016YFB0901901, 2017YFC0704101）的资助, 特此致谢.

译本中存在的错漏或不妥之处, 责任概由译者承担, 同时也恳请读者批评指正.

陈　曦

2018 年 8 月于清华大学自动化系

目　　录

致　　谢

进化算法是一个令人着迷的研究领域, 我涉足其间已有 20 年, 感谢多年来为我的研究提供资助的诸位人士: TRW 系统集成组的 Hossny El-Sherief, TRW 汽车安全系统的 Dorin Dragotoniu, NASA Glenn 控制和动力学部门的 Sanjay Garg 和 Donald Simon, 福特汽车公司的 Dimitar Filev, 克利夫兰医学中心的 Brian Davis 和 William Smith, 国家科学基金和克利夫兰州立大学. 还要感谢和我一起工作, 在进化算法领域发表论文的学生和同事: Jeff Abell, Dawei Du, Mehmet Ergezer, Brent Gardner, Boris Igelnik,Paul Lozovyy, Haiping Ma, Berney Montavon, Mirela Ovreiu,Rick Rarick, Hanz Richter, David Sadey, Sergey Samorezov, Nina Scheidegger, Arpit Shah, Steve Szatmary, George Thomas, Oliver Tiber, Tonvanden Bogert, Arun Venkatesan 和 Tim Wilmot. 最后, 我想感谢阅读这些材料的初稿并给我许多有用建议的各位: EmileAarts, Dan Ashlock, Forrest Bennett, Hans-Georg Beyer, Maurice Clerc, Carlos Coello Coello, Kalyanmoy Deb, Gusz Eiben, Jin-KaoHao, Yaochu Jin, Pedro Larranaga, Mahamed Omran, KennethV. Price, Hans-PaulSchwefel, Thomas Stützle, Hamid Tizhoosh, Darrell Whitley. 还要感谢本书最初出版计划的三位匿名评阅人. 这些评阅人不一定赞同这本书, 但他们的建议和评论帮助我提升本书的品质.

丹 • 西蒙 (Dan Simon)

缩　　写

ABC	人工蜂群
ACM	自适应文化模型
ACO	蚁群优化
ACS	蚁群系统
ADF	自动定义的函数
AFSA	人工鱼群算法
AS	蚂蚁系统
ASCHEA	自适应分离约束处理进化算法
BBO	基于生物地理学的优化
BFOA	细菌觅食优化算法
BMDA	二元边缘分布算法
BOA	贝叶斯优化算法
CA	文化算法
CAEP	受文化算法影响的进化规划
CEC	进化计算大会
cGA	紧致遗传算法
CMA-ES	协方差阵自适应进化策略
CMSA-ES	协方差阵自身自适应进化策略
COMIT	优化与互信息树结合
CX	循环交叉
DACE	计算机实验的设计与分析
DAFHEA	基于动态近似适应度的混合进化算法
DE	差分进化
DEMO	多样性多目标进化优化器
ϵ-MOEA	基于 ϵ 的多目标进化算法
EA	进化算法
EBNA	贝叶斯网络估计算法
ECGA	扩展紧致遗传算法

EDA	分布估计算法
EGNA	高斯网络估计算法
EMNA	多元正态估计算法
EP	进化规划
ES	进化策略
FDA	因子化分布算法
FIPS	完全知情的粒子群
FSM	有限状态机
GA	遗传算法
GP	进化规划
GSA	引力搜索算法
GSO	群搜索优化器
hBOA	分层贝叶斯优化算法
HCwL	学习爬山法
HLGA	Hajela-Lin 遗传算法
HS	和声搜索
HSI	生境适宜度指数
IDEA	迭代密度估计算法
IDEA	不可行性驱动的进化算法
IUMDA	增量一元边缘分布算法
MMAS	最大最小蚂蚁系统
MMES	多元进化策略
MIMIC	输入聚类的互信息最大化
MOBBO	基于生物地理学的多目标优化
MOEA	多目标进化算法
MOGA	多目标遗传算法
MOP	多目标优化问题
MPM	边缘积模型
$N(\mu, \sigma^2)$	均值为 μ 方差为 σ^2 的正态分布
$N(\boldsymbol{\mu}, \boldsymbol{\Sigma})$	均值为 $\boldsymbol{\mu}$ 协方差为 $\boldsymbol{\Sigma}$ 的多元正态分布
NFL	没有免费午餐
NPBBO	小生境帕雷托基于生物地理学优化
NPGA	小生境帕雷托遗传算法
NPSO	负强化的粒子群优化
NSBBO	非支配排序基于生物地理学优化
NSGA	非支配排序遗传算法

OBBO	反向的基于生物地理学优化
OBL	反向学习
OBX	基于顺序交叉
OX	顺序交叉
PAES	帕雷托归档进化策略
PBIL	基于种群的增量学习
PDF	概率密度函数
PID	比例积分微分
PMBGA	概率建模遗传算法
PMX	部分匹配交叉
PSO	粒子群优化
RMS	均方根
RV	随机变量
SA	模拟退火
SBX	模拟二进制交叉
SAPF	自身自适应罚函数
SCE	混合复杂进化
SEMO	简单多目标进化优化器
SFLA	混合蛙跳算法
SGA	随机梯度上升
SHCLVND	由正态分布向量学习的随机爬山法
SIV	适应度指数变量
SPBBO	优势帕雷托基于生物地理学优化
SPEA	优势帕雷托进化算法
TLBO	基于教学的优化
TS	禁忌搜索
TSP	旅行商问题
$U[a,b]$	在域 $[a,b]$ 上均匀分布的概率密度函数. 可为连续的也可为离散的, 根据上下文确定
UMDA	一元边缘分布算法
$\text{UMDA}_\text{c}^\text{G}$	连续高斯一元边缘分布算法
VEBBO	向量评价基于生物地理学优化
VEGA	向量评价遗传算法

第一篇　进化优化引论

第 1 章　绪　　论

你且问走兽, 走兽必指教你; 又问空中的飞鸟, 飞鸟必告诉你; 或与地说话, 地必指教你, 海中的鱼也必向你说明.

约伯记 12:7-9

本书讨论求解优化问题的方法. 特别地, 我们[1] 讨论用于优化的进化算法. 本书包括一些数学理论, 但不应该把它看成是数学课本. 它更多的是一本关于工程或应用于计算机科学的书. 本书中所有优化方法都为了最终能用软件实现. 本书旨在以最清楚但又严格的方式介绍进化优化算法, 同时为读者提供足够先进的材料和参考文献, 让他们准备好为进化算法添砖加瓦.

本章概览

本章在 1.1 节概述本书用到的术语. 在 *19* 页的缩写词表可能对读者有用. 1.2 节说明我为何决定撰写这本关于进化算法的书, 希望它能达到的目标, 以及与已有的进化算法专著的不同之处. 1.3 节讨论读者需要先修的课程. 1.4 节讨论布置习题的理念, 以及如何得到习题答案. 1.5 节总结本书用到的数学符号. 读者在遇到不熟悉的符号时要记得回到这一节, 在写家庭作业和做研究时也会用到这一节. 1.6 节概述本书. 1.7 节为采用本书开课的教师提供了一些重要的忠告. 这一节还就各章的重要性为教师提出了一些建议.

1.1　术　　语

一些作者称进化算法为*进化计算*. 这样能强调进化算法需要在计算机上实施. 但进化计算也可能指不用于优化的算法; 例如, 最初的遗传算法并不是用于优化本身, 而是想用来研究自然选择的过程 (参见第 3 章). 本书针对的是进化优化算法, 它比进化计算更具体.

另外一些人称进化算法为*基于种群的优化*. 它强调进化算法一般是让问题的候选解种群随着时间的进化以得到问题的更好的解. 然而, 许多进化算法每次迭代只有单个候选

[1] 本书采用常见的做法, 我们这个词一般代指第三人. 有时候也用我们代指读者和作者. 在其他时候, 我们代表在进化算法和优化领域里的教师和研究人员. 由上下文可以清楚区分其具体含义. 对我们这个词的使用无须过分解读; 它只是一种书写风格并非要显示权威.

解 (例如, 爬山法和进化策略). 进化算法比基于种群的优化更一般化, 因为进化算法还包括单一个体的算法.

一些作者称进化算法为*计算机智能*或*计算智能*. 这样做常常是为了区分进化算法与专家系统, 在传统上专家系统一直被称为*人工智能*. 专家系统模仿演绎推理, 进化算法则模仿归纳推理. 进化算法有时候也被看成是人工智能的一种. 计算机智能是比进化算法更一般的词, 它包括像神经网络、模糊系统, 以及人工生命这样的一些技术. 这些技术可应用于优化之外的问题. 所以, 从不同的角度看, 进化算法可能比计算机智能更一般化或更具体.

*软计算*是与进化算法有关的另一个词. 软计算与硬计算相对. 硬计算指的是准确的、精确的、数值上严格的计算. 软计算指的是不太准确的计算, 比如人们在日常生活中的表现. 软计算的算法针对那些困难的、带噪声的、多峰的和多目标的问题, 计算出总体上还不错 (但不准确) 的解. 所以, 进化算法是软计算的一个子集.

其他作者称进化算法为由自然启发的计算或仿生计算. 像差分进化和分布估计算法这些进化算法可能并非源于自然. 像进化策略和反向学习这些进化算法与自然过程联系甚微. 进化算法比由自然启发的算法更一般化, 因为进化算法包括非仿生算法.

进化算法还常常被称为*机器学习*. 机器学习研究由经验学到的计算机算法. 但这个领域经常包括很多不是进化算法的算法. 一般认为机器学习比进化算法更广, 包括强化学习、神经网络、分簇、支持向量机以及其他方法.

一些作者喜欢将进化算法称为*启发式算法*. *启发式* 来自 $\eta\nu\rho\iota\sigma\kappa\omega$ 这个希腊文的单词, 在英语中它译作eurisko. 这个词的意思是找到(find)或发现(discovery). 英语中的感叹词eureka也来自这个词, 当我们有新的发现或解决了一个问题时, 用eureka来表示胜利. 启发式算法是利用经验法则或常识来解决问题的方法. 我们通常不会期望启发式算法能找到问题的最好答案, 只会期望它能找到与最优解“足够接近”的解. *元启发式*这个词被用来描述一系列启发式算法. 本书讨论的进化算法, 如果不是全部, 其中的绝大多数也都可以用不同方式在许多不同的选项和参数下实施. 所以, 它们都可以称为元启发式. 例如, 所有蚁群优化的一系列算法就可以称为蚁群元启发式.

大多数作者把进化算法与群智能算法区别开来. 群智能算法以自然中的群 (例如, 蚁群或鸟群) 为基础. 蚁群优化 (第 10 章) 和粒子群优化 (第 11 章) 是两个突出的群智能算法, 许多研究人员坚持认为它们不应该被归为进化算法. 一些作者则认为群智能算法是进化算法的一个子集. 例如, 粒子群优化的一位发明者将它称为进化算法 [Shi and Eberhart, 1999]. 因为群智能算法与进化算法有相同的执行方式, 即, 每次迭代都改进问题的候选解的性能从而让解的种群进化, 因此我们认为群智能算法是一种进化算法.

虽然术语不够确切且与上下文相关, 但在本书中进化算法指的是经过多次迭代让问题的解进化的算法. 按照进化算法的生物学基础, 它的一次迭代通常被称为代. 不过进化算法的这个简单定义并不完美, 举例来说, 这个定义暗示梯度下降法也是一个进化算法, 但没有谁会认可这个说法. 所以, 在进化算法领域中术语的不统一会让人困惑. 一个算法是进化算法如果它通常被认为是进化算法, 我们采用这个戏谑的定义. 这个循环定义一开始有些麻烦, 但一段时间之后, 像我们这样在这个领域工作的人就习惯了. 自然选择被定义为适者生存, 而适者被定义为最有可能的存活者.

1.2 又一本关于进化算法的书

关于进化算法已有许多好书, 这就提出了一个问题: 为什么又要写一本关于进化算法的书呢? 撰写本书的原因是想提供一种教学的方法、观点和素材, 其他书都没有这些内容. 特别地, 作者希望本书能够提供:

- 一种直截了当自下而上的方法, 它能协助读者清楚理解书中讲述的进化算法, 这种理解在理论上也是严格的. 许多书在讨论进化算法的变种时像菜谱一样完全没有理论上的支撑. 其他书读起来更像研究专著而不是课本, 学工程的普通学生不能完全理解. 本书尝试通过易于实现的算法, 连同一些严格的理论以及有关折中的讨论来获得一个平衡.
- 书中的简单例子让读者能够直观地理解进化算法的数学、方程和理论. 很多书介绍进化算法的理论, 然后给出的例子或问题却并不适合直观理解. 其实, 完全有可能给出一些只需要纸和笔就能求解的简单例子和问题. 这些简单的问题能让学生更直接地看到理论在实践中的作用.
- 从作者的网址[1]能得到书中所有例子的基于 MATLAB®的源代码. 别的课本也提供源代码, 但它们常常不完整或已经过时, 这会令读者困惑. 那个网址上还有作者的电邮地址, 作者热烈欢迎读者的反馈、评论、改进意见和纠错. 当然, 网页地址会过时, 本书中算法的伪代码清单比任何具体的软件清单更长久. 注意, 书中的例子和 MATLAB 代码并不是高效的或有竞争力的优化算法; 只是为了让读者理解算法的基本概念. 严肃的研究或应用应该只在最初的时候依赖样本代码.
- 本书包括在大多数课本中没有的理论以及最近开发的进化算法. 它们包括进化算法的马尔可夫理论模型、进化算法的动态系统模型、人工蜂群算法、基于生物地理学的优化、反向学习、人工鱼群算法、混合蛙跳、细菌觅食优化和其他算法. 这些主题是对现状的补充, 把它们放入书中不是想要与其他书一分高下. 不过, 本书也不是要调查有关进化算法研究的各方面现状. 本书旨在就进化算法研究的许多领域做一个高层次的概述以帮助读者全面理解进化算法, 并让读者对现状有一个良好的定位以便从事进一步的研究.

1.3 先 修 课 程

一般来说, 如果修读这门课的学生不编写进化算法软件就会一无所获. 所以, 足够的编程技能应该是一个先决条件. 我在大学里为电气与计算机工程的学生讲授这门课时, 对

---

[1]见 http : //academic. csuohio. edu/simond/EvolutionaryOptimization- 如果地址变了, 用网络搜索应该很容易找到.

先修课程并没有具体的要求; 高年级本科生和研究生都可以选修. 不过, 我以为高年级本科生和研究生都是好的程序员.

本书采用在代数、几何、集合理论和微积分中用到的标准数学符号, 假设读者对这些科目已经很熟悉. 因此, 要理解本书的另一个先决条件是具有高年级本科生的数学水平. 1.5 节描述数学符号. 如果读者能够理解其中的符号, 就很有希望看懂本书余下部分的内容.

本书理论性的章节 (第 4 章, 7.6 节, 第 13 章的大部分, 以及一些零散章节) 需要理解概率论和线性系统理论. 除非学生已修过这两门科目的研究生课程, 不然很难理解那些材料. 面向本科生的课程也许应该略过那些内容.

1.4 家庭作业

每一章末尾的习题供教师和学生灵活使用. 它包括书面练习和计算机练习. 书面练习旨在强化学生对理论的掌握, 加深学生对概念的直观理解, 并增进学生的分析技能. 计算机练习旨在帮助学生增强研究的能力, 学习如何将理论应用于在工业界通常会遇到的那类问题. 要想精通进化算法, 这两类习题都很重要. 书面练习与计算机练习并没有严格的区别, 更多的是一种模糊的划分. 也就是说, 一些书面练习可能会用到计算机, 而利用计算机的练习又需要一些分析. 教师可以基于自己的兴趣来布置与进化算法有关的作业. 基于项目的长达一学期的作业常常很有意义. 例如, 让学生利用书中的进化算法去解决一些实际的优化问题, 用每章的进化算法求解问题, 并在学期末比较这些进化算法的性能以及它们的差异.

教师从出版商那里可以得到书中所有习题的答案 (书面练习和计算机练习). 我们鼓励任课教师与出版商联系以了解有关习题答案的更多信息. 为维护家庭作业的诚信, 习题答案只会提供给任课教师.

1.5 符　　号

遗憾的是, 英语中没有中性的第三人称单数的代词. 所以, 我们用 “他” 来指代第三人, 无论是男性或女性. 这个惯例让作者或读者尴尬, 但它看起来是最令人满意的解决方案. 下面描述在本书中用到的一些数学符号.

- 计算符号 $x \leftarrow y$ 表示将 y 赋值给变量 x. 例如, 考虑下面的算法:
  $a = x^2$的系数
  $b = x^1$的系数
  $c = x^0$的系数
  $x^* \leftarrow (-b + \sqrt{b^2 - 4ac})/(2a)$
  算法中的前三行不是赋值语句; 它们只是简单地描述或定义 a, b 和 c 的值. 这三个参数可以由用户, 或其他算法或过程设置. 但最后一行是赋值语句, 它表示将箭头右边的值写入 x^* 中.

- $\mathrm{d}f(\cdot)/\mathrm{d}x$ 是 $f(\cdot)$ 关于 x 的全导数. 例如, 假设 $y = 2x$ 且 $f(x, y) = 2x + 3y$, 则 $f(x, y) = 8x$ 并且 $\mathrm{d}f(\cdot)/\mathrm{d}x = 8$.
- $f_x(\cdot)$ 也记为 $\partial f(\cdot)/\partial x$, 是 $f(\cdot)$ 关于 x 的偏导数. 例如, 仍然假设 $y = 2x$ 且 $f(x, y) = 2x + 3y$. 则 $f_x(x, y) = 2$.
- $\{x : x \in S\}$ 是所有属于集合 S 的 x 的集合. 类似的符号用来表示满足其他具体条件的 x 的值. 例如, $\{x : x^2 = 4\}$ 与 $\{x : x \in \{-2, +2\}\}$ 相同, 也和 $\{-2, +2\}$ 一样.
- $[a, b]$ 是 a 和 b 之间的闭区间, 它意味着 $\{x : a \leqslant x \leqslant b\}$. 根据上下文可以确定它是一个整数集或是一个实数集.
- (a, b) 是 a 和 b 之间的开区间, 它表示 $\{x : a < x < b\}$. 根据上下文可以确定这个集合是一个整数集或是一个实数集.
- 如果从上下文知道非负数 $i \in S$, 那么 $\{x_i\}$ 就是 $\{x_i : i \in S\}$ 的简写形式. 例如, 如果非负数 $i \in [1, N]$, 则 $\{x_i\} = \{x_1, x_2, \cdots, x_N\}$.
- $S_1 \cup S_2$ 是属于集合 S_1 或集合 S_2 的所有 x 的集合. 例如, 如果 $S_1 = \{1, 2, 3\}$ 且 $S_2 = \{7, 8\}$, 则 $S_1 \cup S_2 = \{1, 2, 3, 7, 8\}$.
- $|S|$ 是集合 S 中元素的个数. 例如, 如果 $S = \{i : i \in \mathbb{N}$ 且 $i \in [4, 8]\}$, 则 $|S| = 5$. 如果 $S = \{3, 19, \pi, \sqrt{2}\}$, 则 $|S| = 4$. 如果 $S = \{\alpha : 1 < \alpha < 3\}$, 则 $|S| = \infty$.
- $\varnothing$ 是空集. $|\varnothing| = 0$.
- $x \bmod y$ 是 x 被 y 除之后的余数. 例如, $8 \bmod 3 = 2$.
- $\lceil x \rceil$ 是 x 的天花板; 即, 大于或等于 x 的最小整数. 例如, $\lceil 3.9 \rceil = 4$, $\lceil 5 \rceil = 5$.
- $\lfloor x \rfloor$ 是 x 的地板; 即, 小于或等于 x 的最大整数. 例如, $\lfloor 3.9 \rfloor = 3$, $\lfloor 5 \rfloor = 5$.
- $\min\limits_x f(x)$ 表示求使 $f(x)$ 最小的 x 的值的问题. 它也用来表示 $f(x)$ 的最小值. 例如, 假设 $f(x) = (x - 1)^2$. 我们可以利用微积分或绘制函数 $f(x)$ 的图形看出 $f(x)$ 的最小值来求解问题 $\min\limits_x f(x)$. 我们发现对这个例子 $\min\limits_x f(x) = 0$. 对 $\max\limits_x f(x)$ 有类似的定义.
- $\operatorname*{argmin}\limits_{\boldsymbol{x}} f(\boldsymbol{x})$ 是使 $f(\boldsymbol{x})$ 达到最小的 $\boldsymbol{x}$ 的值. 例如, 仍然假设 $f(x) = (x - 1)^2$. 当 $x = 1$ 时 $f(x)$ 达到最小值 0, 所以对这个例子 $\operatorname*{argmin}\limits_x f(x) = 1$. 对 $\operatorname*{argmax}\limits_{\boldsymbol{x}} f(\boldsymbol{x})$ 有类似的定义.
- $\mathbb{R}^s$ 是有 s 个元素的所有实向量的集合. 根据上下文它可以表示列向量或行向量.
- $\mathbb{R}^{s \times p}$ 是所有 $s \times p$ 实矩阵的集合.
- $\{y_k\}_{k=L}^{U}$ 是整数 k 从 L 变到 U 时所有 y_k 的集合. 例如, $\{y_k\}_{k=2}^{5} = \{y_2, y_3, y_4, y_5\}$.
- $\{y_k\}$ 是所有 y_k 的集合, 这里的整数 k 的下限和上限根据上下文确定. 例如, 假设根据上下文有 3 个值: y_1, y_2 和 y_3. 则 $\{y_k\} = \{y_1, y_2, y_3\}$.
- $\exists$ 的意思是“存在”, $\nexists$ 的意思是“不存在”. 例如, 如果 $Y = \{6, 1, 9\}$, 则 $\exists y < 2 : y \in Y$. 但是 $\nexists y > 10 : y \in Y$.
- $A \Longrightarrow B$ 的意思是 A 意味着 B. 例如, $(x > 10) \Longrightarrow (x > 5)$.
- $\boldsymbol{I}$ 是单位矩阵. 它的阶数根据上下文确定.

更多的符号参见第 *19* 页的缩写词列表.

1.6 本书的大纲

本书分为 5 篇[1].

1. 第一篇包括这个绪论以及介绍优化相关内容的另一章. 它介绍不同类型的优化问题, 简单但有效的爬山法, 并讨论和总结构成算法智能的要素.
2. 第二篇讨论公认的四种经典进化算法:
   - 遗传算法;
   - 进化规划;
   - 进化策略;
   - 遗传规划.

   第二篇还会用一章来讨论遗传算法的数学分析方法. 第二篇的最末一章讨论多种算法的一些变种, 这些变种可用于上述四种经典算法. 同样也可以用于在下一部分中讲到的较新的进化算法.
3. 第三篇讨论一些较新的进化算法. 其中有一些可以追溯到 20 世纪 80 年代, 其实并不是最新的, 但其余的是在 21 世纪的前十年才出现的.
4. 第四篇讨论特殊类型的优化问题, 并说明如何修改前面几章中的进化算法来解决这些问题. 特殊类型包括:
   - 组合问题, 它们的可行域由整数组成;
   - 约束问题, 它们的可行域限定为已知的集合;
   - 多目标问题, 想要同时最小化多个目标; 以及
   - 有噪声的问题或昂贵适应度函数, 对于这些问题, 或者很难准确地得到候选解的性能, 或者评价候选解性能的计算量很大.
5. 第五篇包括几个附录, 用来讨论更重要或更有趣的问题.
   - 附录 A 为进化算法的学生和研究人员提供各种实际的建议.
   - 附录 B 讨论没有免费午餐定理, 这个定理告诉我们, 平均而言, 所有优化算法的表现都相同. 此附录还讨论如何利用统计学来评价进化算法之间的差别.
   - 附录 C 列出一些标准的基准函数, 可以用它们来比较不同进化算法的性能.

1.7 基于本书的课程

基于本书的课程都应该从第 1 章和第 2 章开始, 第 2 章概述优化问题. 在那之后, 可以根据教师的偏好和兴趣决定以何种顺序学习余下的各章. 显然, 应该先学习遗传算法 (第 3 章), 然后再学习它的数学模型 (第 4 章). 同样, 在第四篇之前至少需要仔细学习第二篇或第三篇中的一章 (也就是说, 至少学习一个具体的进化算法).

大多数课程至少会覆盖第 3 章和第 5~7 章的内容, 这样学生能了解经典进化算法的背景. 如果学生有足够的数学功底并且也有时间, 就应该在某个时候学习第 4 章. 对研究

[1]原书为“6 篇”. —— 译者注.

生来说, 第 4 章更重要. 因为能帮助他们明白进化算法不仅是一个定性的学科, 而且还有一些理论基础. 现今有关进化算法的研究大多只是对算法做一些较小的调整完全没有数学上的支撑. 许多进化算法从业者只关心得到好的结果, 但研究学术的人需要参与到理论和实践中去.

根据教师或学生的具体兴趣学习第三篇和第四篇的各章.

附录没有包含在本书的主要部分中, 因为它们并不是关于进化算法本身的内容, 但是不应该低估附录的重要性. 特别地, 附录 B 和附录 C 中的材料至关重要, 每一门进化算法的课程都应该包含它们. 我推荐紧接在第二篇或第三篇的首章之后仔细讨论这两个附录.

综合上面的建议, 在这里提出研究生一学期课程的大纲.

- 第 1 章和第 2 章.
- 第 3 章.
- 附录 B 和附录 C.
- 第 4~8 章. 对于大多数本科生和短课程, 我建议跳过第 4 章.
- 第三篇中的几章, 根据教师的偏好确定. 冒着与读者开打"进化算法论战"的风险, 我斗胆声称蚁群优化、粒子群优化和差分进化是最重要的"其他"进化算法, 因此教师至少应该讲授第 10~12 章.
- 根据教师的偏好和可用的时间确定第四篇中的几章.

第 2 章　优　　化

优化渗透进我们的所做所为并驱动着工程的方方面面.

丹尼斯 • 伯恩斯坦 (Dennis Bernstein) [Bernstein, 2006]

正如上面的引用所述, 优化几乎成为我们所做的每件事的一部分. 人员安排需要优化, 教学风格需要优化, 经济系统需要优化, 博弈策略需要优化, 生物系统需要优化, 卫生保健系统也需要优化. 优化是一个令人着迷的研究领域, 不仅因为它的算法和理论也因为它具有普遍的适用性.

本章概览

本章简要概述优化 (2.1 节), 包括带约束的优化 (2.2 节), 多目标优化问题 (2.3 节), 以及有多个解的优化问题 (2.4 节). 我们这本书的绝大部分都聚焦在连续优化问题, 也就是说, 问题中的独立变量可以连续地变化. 如果问题中的独立变量被限制在一个有限集中, 就是组合问题, 组合问题也颇有趣, 我们会在 2.5 节介绍. 在 2.6 节, 我们描述被称为爬山法的一个简单通用的优化算法, 并讨论它的一些变种. 在 2.7 节我们讨论几个与智能的本质相关的概念, 并展示它们如何与后面几章描述的进化优化算法相关联.

2.1　无约束优化

优化几乎适用于生活中的所有领域. 从食蚁兽的育种到受精卵的研究, 优化算法可以应用于一切事物. 进化算法的应用只会受到工程师的想象力的限制, 只有想不到没有做不到, 这就是为什么进化算法在过去几十年能得到广泛研究和应用的原因.

例如, 在工程上用进化算法找出机器人在执行某个任务时最好的轨迹. 假设在你的工厂里有一个机器人, 你希望它能尽快完成任务, 或用尽可能少的能量完成任务. 怎样才能知道对机器人来说最佳的路径? 有太多可能的路径, 很难找出最好的那一条. 但进化算法能较容易地完成这个任务, 至少能找到一个好的解 (如果不是最好的). 机器人有很强的非线性的性质, 因此机器人优化问题的搜索空间会有很多波峰和波谷, 在下面的简单例子中我们将会看到这种情况. 对于机器人问题而言, 情况会更糟, 因为是在多维空间 (而不是简单的三维空间) 中的波峰和波谷. 机器人优化问题的复杂度很自然地让它们成为进化算法的目标. 这个思路对静态机器人 (如, 机械手) 和移动机器人都适用.

进化算法也用来训练神经网络和模糊逻辑系统. 我们需要搞清楚神经网络的网络结构和神经元的权重从而得到最好的网络性能. 不过, 网络结构和神经元的权重有太多的可能, 很难找出最好的. 用进化算法就可以找出最好的配置和最好的权重. 模糊逻辑系统也有同样的问题. 应该用什么样的规则库? 用多少个成员函数? 成员函数的形状应该用什么样的? 进化算法能够 (而且已经) 帮助解决这些困难的优化问题.

进化算法也被用于医学诊断. 例如, 在进行细胞活检时, 医学专业人士如何识别哪些是癌细胞? 为了诊断癌症, 他们应该寻找哪些特征? 哪些特征最重要? 哪些特征不相关? 哪些特征只在病人属于某个年龄段时才重要? 进化算法能够帮助做出这些类型的决定. 要启动并训练进化算法常常得依靠专业人员, 但在那之后, 进化算法实际上能超越它的老师. 进化算法不仅不会困倦或疲劳, 还能从人类不能识别的细微数据中提取模式. 进化算法已经被用于诊断几种不同类型的癌症.

在确诊疾病之后, 接下来的难题是如何处治疾病. 例如, 在查出癌症之后, 怎样治疗对病人最好? 多久一次放疗, 采用哪种放疗以及用多大的剂量? 如何处理副作用? 错误的治疗弊大于利. 需要根据癌症类型, 癌症位置, 病人的年龄段, 整体健康状况以及其他因素来确定正确的治疗方案. 因此, 进化算法不仅被用来诊断疾病, 也被用来制定治疗方案.

无论你何时想要解决难题, 都应该考虑采用进化算法. 这并不是说进化算法总是最好的选择. 计算器做加法不必用进化算法的软件, 因为有更简单有效的算法. 但是, 对每个复杂的问题, 至少应该考虑采用进化算法. 如果你想设计一个住宅项目或一个交通系统, 也许进化算法就很合适. 如果你想设计一个复杂的电路或计算机程序, 也许进化算法就能干这个活.

一个优化问题可以写成最小化问题或最大化问题. 我们有时候想要最小化一个函数, 有时候又想最大化. 这两个问题在形式上很容易互相转化:

$$\min_{\boldsymbol{x}} f(\boldsymbol{x}) \quad \Longleftrightarrow \quad \max_{\boldsymbol{x}}[-f(\boldsymbol{x})], \qquad \max_{\boldsymbol{x}} f(\boldsymbol{x}) \quad \Longleftrightarrow \quad \min_{\boldsymbol{x}}[-f(\boldsymbol{x})]. \tag{2.1}$$

函数 $f(\boldsymbol{x})$ 被称为目标函数, 向量 $\boldsymbol{x}$ 被称为独立变量, 或决策变量. 注意, 根据上下文, 独立变量这个术语和决策变量这个术语有时候指的是整个向量 $\boldsymbol{x}$, 有时候又指 $\boldsymbol{x}$ 中的某个具体的元素. $\boldsymbol{x}$ 中的元素也称为解的特征. 我们称 $\boldsymbol{x}$ 中元素的个数为问题的维数. 由 (2.1) 式可知, 为最小化函数设计的每个算法都很容易用来最大化函数, 而为最大化函数设计的每个算法也都很容易用来最小化函数. 当想要最小化一个函数时, 我们称此函数的值为费用. 当想要最大化一个函数时, 我们称此函数的值为适应度.

$$\left.\begin{array}{lll}\min_{\boldsymbol{x}} f(\boldsymbol{x}) & \Longrightarrow & f(\boldsymbol{x})\text{被称为“费用”或“目标”}, \\ \max_{\boldsymbol{x}} f(\boldsymbol{x}) & \Longrightarrow & f(\boldsymbol{x})\text{被称为“适应度”或“目标”}.\end{array}\right\} \tag{2.2}$$

例 2.1 这个例子说明本书中用到的术语. 假设我们想要最小化函数

$$f(x,y,z)=(x-1)^2+(y+2)^2+(z-5)^2+3. \tag{2.3}$$

变量 x, y 和 z 被称为独立变量、决策变量、或解的特征; 这三个术语等价. 这是一个三维的问题, $f(x,y,z)$ 被称为目标函数或费用函数. 定义 $g(x,y,z)=-f(x,y,z)$ 并最大化

$g(x,y,z)$, 我们就把这个问题变成了最大化问题. 函数 $g(x,y,z)$ 被称为目标函数或适应度函数. 问题 $\min f(x,y,z)$ 的解与问题 $\max g(x,y,z)$ 的解相同, 解为 $x=1$, $y=-2$ 和 $z=5$. $f(x,y,z)$ 的最优值是负的 $g(x,y,z)$ 的最优值. □

有时候优化很容易, 利用解析的方法就能完成, 比如下面的例子.

例 2.2 考虑问题

$$\min_x f(x), \quad 其中\ f(x) = x^4 + 5x^3 + 4x^2 - 4x + 1. \tag{2.4}$$

函数 $f(x)$ 如图 2.1 所示. 因为 $f(x)$ 是一个 4 次多项式 (也称为 4 阶), 它最多有 3 个驻点, 即在 x 的这 3 个值处导数 $f'(x)=0$. 图 2.1 显示这些点为 $x=-2.96$, $x=-1.10$, 以及 $x=0.31$. 我们能确认 $f'(x)$ 等于 $4x^3+15x^2+8x-4$, 它在 x 的这 3 个值处为零. 进一步找出在这 3 个点处 $f(x)$ 的二阶导数

$$f''(x) = 12x^2 + 30x + 8 = \begin{cases} 24.33, & x = -2.96, \\ -10.48, & x = -1.10, \\ 18.45, & x = \ \ 0.31. \end{cases} \tag{2.5}$$

函数的二阶导数在局部最小值处为正, 在局部最大值处为负. 因此, 根据 $f''(x)$ 在驻点处的值, 确认 $x=-2.96$ 是局部最小值点, $x=-1.10$ 是局部最大值点, $x=0.31$ 是另一个局部最小值点. □

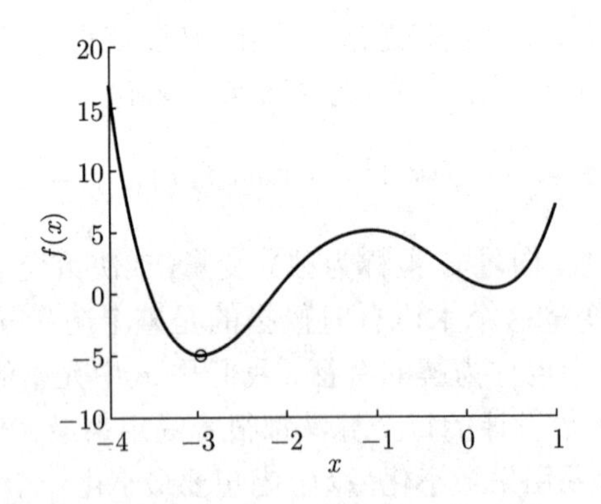

图 2.1 例 2.2: 简单的最小化问题. $f(x)$ 有两个局部最小值, $x=-2.96$ 为全局最小值点.

例 2.2 的函数有两个局部最小值和一个全局最小值. 注意, 全局最小值也是局部最小值. 某些函数会在不止一个值处出现 $\min\limits_{\boldsymbol{x}} f(\boldsymbol{x})$; 如果这样则 $f(\boldsymbol{x})$ 有多个全局最小值. 局部最小值点 $\boldsymbol{x}^*$ 可以定义为

$$对所有满足 ||\boldsymbol{x} - \boldsymbol{x}^*|| < \epsilon 的 \boldsymbol{x},\ f(\boldsymbol{x}^*) < f(\boldsymbol{x}), \tag{2.6}$$

其中, $\|\cdot\|$ 是某个距离的度量, $\epsilon > 0$ 是由用户定义的邻域大小. 由图 2.1 可见, 如果邻域的大小 $\epsilon = 1$, $x=0.31$ 是局部最优, 但是若 $\epsilon = 4$, 它就不再是局部最优. 全局最小值点

$\boldsymbol{x}^*$ 可以定义为

$$\text{对所有的}\boldsymbol{x},\ f(\boldsymbol{x}^*) \leqslant f(\boldsymbol{x}). \tag{2.7}$$

2.2 约 束 优 化

优化问题常常带有约束, 即在最小化某个函数 $f(\boldsymbol{x})$ 时, 对 $\boldsymbol{x}$ 可取的值有约束, 如下面的例子.

例 2.3 考虑问题

$$\left.\begin{array}{ll}\min\limits_{x} f(x) & \text{其中} \quad f(x) = x^4 + 5x^3 + 4x^2 - 4x + 1, \\ & \text{并且} \quad x \geqslant -1.5.\end{array}\right\} \tag{2.8}$$

除了对 x 有约束之外, 这个问题与例 2.2 中的相同. $f(x)$ 的图形和 x 的允许值如图 2.2 所示, 审视这张图能发现带约束的最小值. 为了用解析方法解决问题, 当忽视这个约束时, 如在例 2.2 中, 我们发现 $f(x)$ 的 3 个驻点, 以及在 $x = -2.96$ 和 $x = 0.31$ 的两个局部最小值. 这些值中只有 $x = 0.31$ 满足约束. 下面我们需要在约束的边界上求 $f(x)$ 的值, 看它是否小于在 $x = 0.31$ 处的局部最小值. 我们发现

$$f(x) = \begin{cases} 4.19, & x = -1.50, \\ 0.30, & x = 0.31. \end{cases} \tag{2.9}$$

由此可见对带约束的最小化问题, $f(x)$ 在 $x = 0.31$ 处最小.

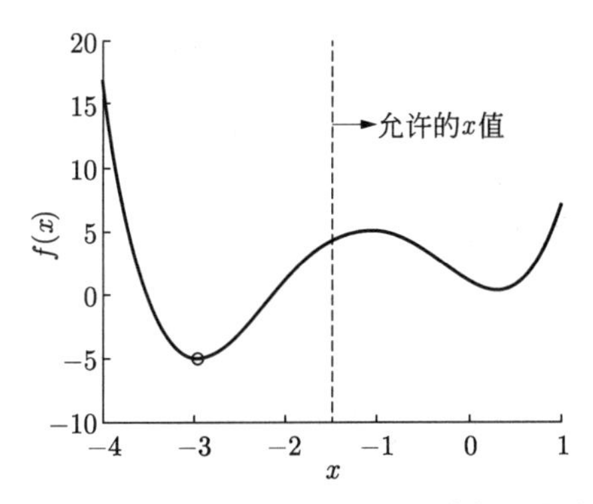

图 2.2 例 2.3: 一个简单的带约束最小化问题. 带约束的最小值出现在 $x = 0.31$ 处.

如果约束边界更靠左, 则使 $f(x)$ 最小的 x 的值会出现在约束边界上而不是局部的最小值 $x = 0.31$. 如果约束边界在 $x = -2.96$ 的左边, 对于带约束的最小化问题, 使 $f(x)$ 最小的 x 的值应该与无约束最小化问题相同. □

实际的优化问题几乎总是带有约束. 在实际的优化问题中, 使目标函数最优的独立变量的值也几乎总是出现在约束的边界上. 这并不让人奇怪, 因为我们常常期望利用所有的可用能源、或势力、或其他资源获得最好的工程设计、资源分配或其他优化目标

[Bernstein, 2006]. 因此, 约束对于几乎所有的实际优化问题都很重要. 第 19 章将会仔细讨论带约束的进化优化问题.

2.3 多目标优化

实际的优化问题不仅带有约束, 还有多个目标. 这意味着我们想要同时最小化不止一个量. 例如, 在汽车控制问题中, 我们也许想在最小化跟踪误差的同时也最小化能耗. 我们可能会以高能耗的代价得到很小的跟踪误差, 或在所用能量非常少的情况下允许较大的跟踪误差. 在极端情况下, 我们可以关掉发动机以达到零能耗, 但这样一来跟踪误差就不可能小.

例 2.4 考虑问题

$$\begin{aligned}&\min_x [f(x) \text{和} g(x)]\\ &\text{其中} \quad \left.\begin{aligned} f(x) &= x^4 + 5x^3 + 4x^2 - 4x + 1, \\ g(x) &= 2(x+1)^2. \end{aligned}\right\}\end{aligned} \tag{2.10}$$

第一个最小化目标 $f(x)$ 与例 2.2 中的相同. 不过现在我们还想最小化 $g(x)$. $f(x)$ 和 $g(x)$ 的图形以及它们的最小值如图 2.3 所示. 审视这张图我们发现, $x = -2.96$ 最小化 $f(x)$, 而 $x = -1$ 最小化 $g(x)$. 因为这两个目标相互冲突, 所以不清楚对于这个问题最好的 x 是多少. 由图 2.3 可知, 最好的 x 显然绝不会是 $x < -2.96$ 或 $x > 0.31$. 如果 x 自 -2.96 减小, 或自 0.31 增大, 目标 $f(x)$ 和 $g(x)$ 都会增大, 显然这不是我们想要的.

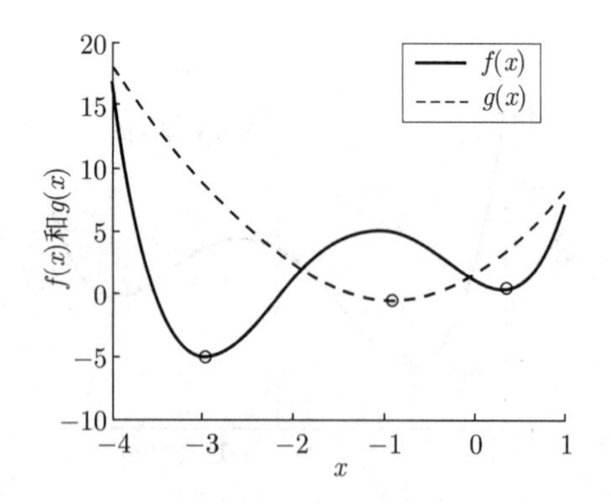

图 2.3 例 2.4: 简单的多目标最小化问题. $f(x)$ 有两个最小值, 而 $g(x)$ 有一个最小值. 这两个目标互相冲突.

评估这个问题的一种方式是绘制 $g(x)$ 作为函数 $f(x)$ 的函数的图. 如图 2.4 所示, 在这里让 x 从 -3.4 变到 0.8. 下面讨论这张图的每一段.

- $x \in [-3.4, -2.96]$: 当 x 从 -3.4 增大到 -2.96, $f(x)$ 和 $g(x)$ 减小. 因此, 我们不会选择 $x < -2.96$.
- $x \in [-2.96, -1]$: 当 x 从 -2.96 增大到 -1, $g(x)$ 减小 $f(x)$ 增大.

- $x \in [-1, 0]$: 当 x 从 -1 增大到 0, $g(x)$ 增大 $f(x)$ 减小. 但在图的这部分尽管 $g(x)$ 增大, 它仍然比 $x \in [-2, -1]$ 时的 $g(x)$ 小. 因此, $x \in [-1, 0]$ 比 $x \in [-2, -1]$ 更合适.
- $x \in [0, 0.31]$: 当 x 从 0 增大到 0.31, $g(x)$ 增大 $f(x)$ 减小. 由图可见, 当 $x \in [0, 0.31]$ 时, $g(x)$ 比在 $x \in [-2.96, -2]$ 时对应部分的值更大. 因此我们不会选择 $x \in [0, 0.31]$.
- $x \in [0.31, 0.8]$: 最后, 当 x 从 0.31 增大到 0.8, $f(x)$ 和 $g(x)$ 都增大. 因此我们不会选择 $x > 0.31$.

总结上面的结果, 我们用实线在图 2.4 中显示 $f(x)$ 和 $g(x)$ 可能的取值. 对在实线上的 x 的值, 找不到能同时使 $f(x)$ 和 $g(x)$ 减小的 x 的其他值. 此实线被称为帕雷托前沿, 而相应的 x 的值的集合被称为帕雷托集.

$$\left.\begin{array}{ll}\text{帕雷托集:} & X^* = \{x : x \in [-2.96, -2] \text{ 或 } x \in [-1, 0]\} \\ \text{帕雷托前沿:} & \{(f(x), g(x)) : x \in X^*\}.\end{array}\right\} \tag{2.11}$$

在我们得到帕雷托集之后, 关于 x 的最优值就没有更多可说的了. 沿着帕雷托前沿如何选择最后的解需要从工程上判断. 帕雷托前沿给出了合理的选择的集合, 但是, 从帕雷托集中选出的任一 x 仍然需要在这两个目标之间折中. □

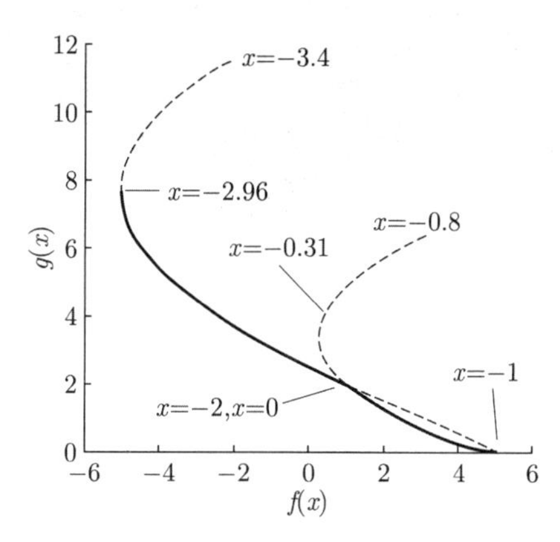

图 2.4 例 2.4: 简单的多目标最小化问题, 当 x 从 -3.4 变化到 0.8, $g(x)$ 作为函数 $f(x)$ 的函数的图形. 实线为帕雷托前沿.

例 2.4 是一个相当简单的多目标优化问题, 它只有两个目标. 实际的优化问题通常涉及两个以上的目标, 因此很难得到它的帕雷托前沿. 即使得到了帕雷托前沿, 由于它是高维的, 我们也无法将它可视化. 第 20 章将仔细讨论多目标进化优化.

2.4 多峰优化

多峰优化问题是指问题有不止一个局部最小值. 图 2.1 所示就是多峰问题的一个例子, 但它只有两个局部最小值, 因此处理起来相当容易. 有些问题有很多局部最小值, 要找出其中的全局最小值就颇具挑战性.

例 2.5 考虑问题

$$\left.\begin{aligned}&\min_{x,y} f(x,y)\\&\text{其中 } f(x,y)=\mathrm{e}-20\exp\left(-0.2\sqrt{\frac{x^2+y^2}{2}}\right)-\exp\left(\frac{\cos(2\pi x)+\cos(2\pi y)}{2}\right).\end{aligned}\right\}\tag{2.12}$$

其中 $f(x,y)$ 是二维 Ackley函数. 其图形如图 2.5 所示, 在附录 C.1.2 中有它的定义. 像图 2.5 中的图形也经常被称为适应度景观, 因为它生动地说明适应度或费用函数如何随着独立变量变化. 超过二维时就不能像图 2.5 那样用图来说明, 不过即使超过二维, 适应度或费用作为独立变量的函数也仍然被称为适应度景观. 图 2.5 显示即使只有二维, Ackley 函数也有很多局部最小值. 想象一下, 如果维数达到 20 或 30, 会有多少个最小值. 要解决这个问题, 可以通过求 $f(x,y)$ 关于 x 和 y 的导数, 然后求解 $f_x(x,y)=f_y(x,y)=0$ 找出局部最小值. 但要解这个联立方程可能比较困难. □

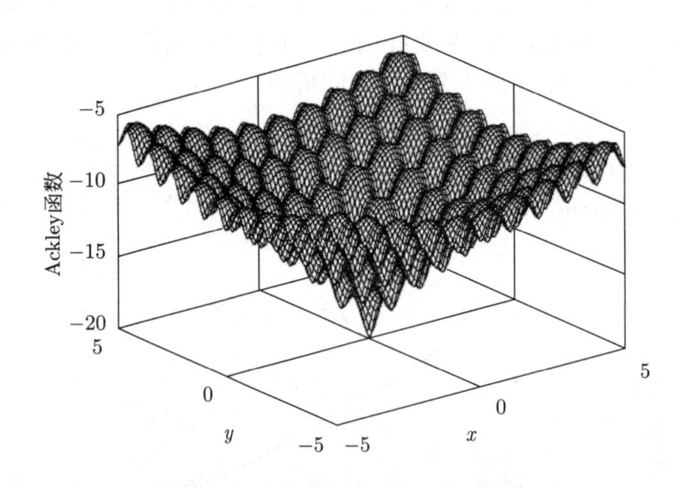

图 2.5 例 2.5: 二维 Ackley 函数.

前面的例子说明进化算法为什么有用. 我们能用图形的方法或微积分求解例 2.2, 例 2.3 以及例 2.4, 但是许多实际问题除了有更多独立变量、多目标, 以及带约束之外更像例 2.5. 对于这类问题, 基于微积分或图形的方法就不够用了, 而进化算法却能给出更好的结果.

2.5 组合优化

到现在为止我们考虑的都是连续优化问题; 也就是说, 允许独立变量连续地变化. 但有许多优化问题中的独立变量只能在一个离散集合上取值. 这类问题被称为组合优化问题.

例 2.6 假设一位商人想访问公司的 4 个分部, 以总部为起点和终点. 总部位于 A 城, 分部位于 B 城、C 城和 D 城. 商人想以总旅行距离最短的方式访问分部. 这个问题有 6 个可能的解 S_i:

$$\left.\begin{array}{ll} S_1: A\to B\to C\to D\to A, & S_4: A\to C\to D\to B\to A, \\ S_2: A\to B\to D\to C\to A, & S_5: A\to D\to B\to C\to A, \\ S_3: A\to C\to B\to D\to A, & S_6: A\to D\to C\to B\to A. \end{array}\right\} \tag{2.13}$$

计算每一个可能的解对应的总距离, 就很容易解决这个问题.[1] □

例 2.6 的问题被称为闭合的旅行商问题 (Traveling Salesman Problem, TSP). [2] 对于只有 4 个城市的旅行商问题, 很容易枚举出所有可能的解. 搜索一个组合问题的所有可能的解被称为蛮力搜索, 或穷举搜索. 如果你有时间这样做, 这是求解组合问题最好的方法, 因为它能保证得到最优解.

但是, 对于有 n 个城市的旅行商问题, 存在多少个可能的解? 稍稍想一想就知道它有 $(n-1)!$ 个. 这个数增长得非常快, 即使 n 不太大也都不可能计算所有可能的解. 假设对于美国的 50 个州, 商人要访问每一个州中的一个城市. 可能的解的个数是 $49! = 6.1\times 10^{62}$. 现代的计算机能计算这么多个可能的解吗? 宇宙大约有 150 亿年, 等于 4.7×10^{17} 秒. 假设一台每秒计算万亿次的计算机从宇宙开始时就运行, 并假设每台万亿次计算机每秒可以计算万亿个可能的解的距离. 则可以算出 4.7×10^{41} 个可能的解的距离. 这个数目甚至还没有触及 50 个城市的旅行商问题的皮毛.

现在用另外一种方式来看看旅行商问题的复杂度. 地球上沙粒的数目在 10^{20} 和 10^{24} 之间 [Weiland, 2009]. 如果地球上的每一颗沙粒是像地球一样的星球, 也有与地球相同数量的沙粒, 则 50 个城市的旅行商问题可能的路径的总数仍然比细沙粒的总数还多. 显然, 我们不可能用蛮力搜索求解这样大的问题.

对一些过大的问题, 硬算的方法不可行. 像旅行商问题这样的组合问题没有连续的独立变量, 因此不能利用导数求解. 除非对每一个可能的解都试一遍, 不然就无法确定所得到的组合问题的解是否就是最好的解, 进化算法为找到好的解提供了一种强有力的方式. 进化算法不是魔术, 但对这类大规模、多维的问题, 它至少能帮助我们找出一个好的解 (如果不是最好的). 在进化算法中, 潜在的解会互相分享信息最终达到关于最好的解的"共识". 我们无法证明它是最好的解; 要证明找到了最好的解, 就不得不把每一个可能的解都查一遍. 但是, 当把进化算法的解与其他类型的解比较时, 我们能看到进化算法的表现相当好. 第 18 章会更详细地讨论组合进化优化问题.

---

[1] 实际上, 这个问题比第一眼看上去的还要简单. S_1 是 S_6 的反向, 因此 S_1 和 S_6 有相同的总距离. S_2 和 S_4, 以及 S_3 和 S_5 也是如此.

[2] 开放的旅行商问题是指只访问所有城市一次并无需回到开始的城市.

2.6 爬 山 法

本节介绍被称为爬山法的一个简单优化算法. 爬山法实际上是有多个变种的一系列算法. 一些研究人员认为爬山法是一个简单的进化算法, 而另外一些则认为它不是进化算法. 当遇到一个新的优化问题, 我们经常首选爬山法来求解, 因为它简单, 非常有效, 有多个变种, 还为与进化算法那样更复杂的算法比较提供了好的基准. 爬山法的想法这么简单直接, 在很久以前一定被发明过很多次, 所以很难确定它的源头.

如果你想到达一个景观的最高点, 一个合理的策略就是朝上升最快的方向迈一步. 在那一步之后, 重新评估小山的斜坡, 并再朝上升最快的方向迈一步. 继续这个过程一直到不再有让你爬得更高的方向, 你达到的这个点就是小山的顶点. 这是局部搜索策略, 它被称为爬山法.

一个更好的策略应该是四下观望, 估计最高点在哪里, 然后估计到达最高点最好的一条路. 这样可以排除通往山顶的曲折道路, 或者避免被困在比全局最高点低的一个小山顶上. 但是, 如果能见度低, 局部搜索策略也许就是最好的行动方案.

爬山法可能管用也可能不管用, 这取决于山的形状, 局部最大值的个数, 以及初始的位置. 爬山法可以独立作为一种优化算法. 也可以与进化算法结合, 这样就能把进化算法的全局搜索能力与爬山法的局部搜索能力结合起来. 爬山法的策略有几个变种 [Mitchell, 1998], 本书会讨论其中的一些.

算法 2.1 为最快上升爬山法. 此算法比较保守, 每次只改变解的其中一个特征, 并用一个特征最好的变化替换当前最好的解.

算法 2.1 概述最大化 n 元函数 $f(\boldsymbol{x})$ 的最快上升爬山法的伪代码. 注意, 除了第 q 个特征的变异之外, $\boldsymbol{x}_q$ 等于 $\boldsymbol{x}_0$.

$\boldsymbol{x}_0 \leftarrow$ 随机生成的个体
While not (终止准则)
  计算 $\boldsymbol{x}_0$ 的适应度 $f(\boldsymbol{x}_0)$
  For 每一个解的特征 $q = 1, 2, \cdots, n$
    $\boldsymbol{x}_q \leftarrow \boldsymbol{x}_0$
    用一个随机变异替换 $\boldsymbol{x}_q$ 的第 q 个特征
    计算 $\boldsymbol{x}_q$ 的适应度 $f(\boldsymbol{x}_q)$
  下一个解的特征
  $\boldsymbol{x}' \leftarrow \underset{\boldsymbol{x}_q}{\operatorname{argmax}}(f(\boldsymbol{x}_q)) : q \in [0, n])$
  If $\boldsymbol{x}_0 = \boldsymbol{x}'$ then
    $\boldsymbol{x}_0 \leftarrow$ 随机生成的个体
  else
    $\boldsymbol{x}_0 \leftarrow \boldsymbol{x}'$
  End if
下一代

算法 2.2 为依次上升爬山法, 也被称为简单爬山法. 此算法与最快上升爬山法一样, 每次只改变解的其中一个特征, 但依次上升爬山法更贪婪, 因为只要找到一个更好的解, 就会用它替换当前的解.

下面两个爬山法会随机地选择一个解的特征进行变异, 因此它们被归类为一般的随机爬山法. 算法 2.3 为随机变异爬山法. 除了随机选取要变异的解的特征之外, 此算法与依次上升爬山法非常相似.

算法 2.4 是自适应爬山法. 每一个解的特征以某个概率进行变异, 然后将变异后的解与当前最好的解比较, 除了这点不同之处, 此算法与随机变异爬山法类似.

在算法 2.1 ~ 算法 2.4 中, 爬山法的结果严重依赖于初始条件 x_0. 因此, 应该用几个随机生成的不同初始条件来测试爬山法. 将爬山法放在初始条件循环中的方法被称为随机重启爬山法.

算法 2.2 概述最大化 n 元函数 $f(\boldsymbol{x})$ 的依次上升爬山法的伪代码. 注意, 除了第 q 个特征变异之外, $\boldsymbol{x}_q$ 等于 $\boldsymbol{x}_0$.

$\boldsymbol{x}_0 \leftarrow$ 随机生成的个体
While not (终止准则)
  计算 $\boldsymbol{x}_0$ 的适应度 $f(\boldsymbol{x}_0)$
  ReplaceFlag ← false
  For 每一个解的特征 $q = 1, 2, \cdots, n$
    $\boldsymbol{x}_q \leftarrow \boldsymbol{x}_0$
    用一个随机变异替换 x_q 的第 q 个特征
    计算 $\boldsymbol{x}_q$ 的适应度 $f(\boldsymbol{x}_q)$
    If $f(\boldsymbol{x}_q) > f(\boldsymbol{x}_0)$ then
      $\boldsymbol{x}_0 \leftarrow \boldsymbol{x}_q$
      ReplaceFlag← true
    End if
  下一个解的特征
  If not(ReplaceFlag) then
    $\boldsymbol{x}_0 \leftarrow$ 随机生成的个体
  End if
下一代

算法 2.3 概述最大化 n 元函数 $f(\boldsymbol{x})$ 的随机变异爬山法的伪代码. 注意, 除了一个随机的特征变异之外, $\boldsymbol{x}_1$ 等于 $\boldsymbol{x}_0$.

$\boldsymbol{x}_0 \leftarrow$ 随机生成的个体
While not (终止准则)
  计算 $\boldsymbol{x}_0$ 的适应度 $f(\boldsymbol{x}_0)$
  $q \leftarrow$ 随机选择解的特征的指标 $\in [1, n]$

```
    x1 ← x0
    用一个随机变异替换 x1 的第 q 个特征
    计算 x1 的适应度 f(x1)
    If f(x1) > f(x0) then
        x0 ← x1
    End if
下一代
```

算法 2.4 概述最大化 n 元函数 $f(\boldsymbol{x})$ 的自适应爬山法的伪代码. 注意, 除了第 q 个特征变异之外, $\boldsymbol{x}_1$ 等于 $\boldsymbol{x}_0$.

```
初始化 p_m ∈ [0,1] 作为变异概率
x0 ← 随机生成的个体
While not (终止准则)
    计算 x0 的适应度 f(x0)
    x1 ← x0
    For 每一个解的特征 q = 1, 2, ···, n
        生成一个均匀分布的随机数 r ∈ [0,1]
        If r < p_m then
            用一个随机变异替换 x1 的第 q 个特征
        End if
    下一个解的特征
    计算 x1 的适应度 f(x1)
    If f(x1) > f(x0) then
        x0 ← x1
    End if
下一代
```

例 2.7 我们在一组 20 维的基准问题 (见附录 C.1) 上仿真这 4 个爬山法. 注意, 附录 C.1 中的基准问题是最小化问题, 所以我们直接将爬山法修改为下山法. 每一个算法在每个基准上运行 50 次, 每次用不同的初始条件. 对于自适应爬山法, 取 $p_m = 0.1$. 每个爬山法在 1000 次适应度函数评价后就终止.

表 2.1 为结果. 注意, 最快上升爬山法 (算法 2.1) 在每一代至少需要计算 n 次适应度函数的值 (此例中 $n = 20$), 而随机变异爬山法 (算法 2.3) 每一代只需要计算 1 次适应度函数的值. 启发式算法的绝大部分计算通常都是用来计算适应度函数的值 (见第 21 章). 因此, 为了公平比较, 对拿来比较的不同的优化算法, 计算适应度函数的次数应该相同. 如果不同的优化算法每一代所需的计算适应度函数的次数相同 (例如, 算法 2.1 的最快上升爬山法与算法 2.2 的依次上升爬山法), 基于代数比较也是公平的.

表 2.1 例 2.7: 爬山法的性能比较. 此表显示这 4 个爬山法找到的正规化后的最小值在 50 次蒙特卡罗仿真上取平均的结果. 由于爬山法是随机的, 你得到的结果可能与此不同.

基准	最快上升	依次上升	随机变异	自适应
Ackley	2.27	1.82	1.00	1.70
Fletcher	2.62	1.87	1.00	1.68
Griewank	9.58	4.41	1.00	3.81
Penalty #1	26624	2160	1.00	281
Penalty #2	99347	5690	1.00	4178
Quartic	133.94	29.99	1.00	25.61
Rastrigin	3.76	2.52	1.00	2.10
Rosenbrock	2.68	1.50	1.00	1.72
Schwefel 1.2	1.63	1.37	1.24	1.00
Schwefel 2.21	1.00	1.75	1.02	1.12
Schwefel 2.22	3.65	2.73	1.00	2.30
Schwefel 2.26	5.05	3.63	1.00	2.91
Sphere	17.97	7.32	1.00	6.09
Step	16.58	6.78	1.00	6.52
平均	9012	565	1.02	323

表 2.1 表明, 随机变异爬山法在 14 个基准中的 12 个上的性能都是最好的, 其平均也远远优于其他的爬山法. 自适应爬山法和最快上升爬山法各自在一个基准上比随机变异爬山法稍好. 但自适应爬山法的性能高度依赖于变异率 (见习题 2.11), 在这个例子中我们没有尝试去找一个好的变异率. □

2.6.1 有偏优化算法

现在得提一提与基准函数有关的一个重要警告, 我们在从事优化研究时必须记住这一点. 它包含相关的两个声明: 首先, 很多基准费用函数在其搜索域的中央附近有最小值; 其次, 很多优化算法都偏向搜索域的中央. [1] 在附录 C.7 会详细讨论这个偏离现象, 我们鼓励读者在从事重要的研究之前仔细学习附录 C.7. 本书中许多仿真结果都是基于最小值处于搜索域中央的基准函数. 那些结果并不是要精确描绘优化算法的性能, 只是想说明优化算法的应用. 我们需要先实施附录 C.7 的无偏方法才能够稳妥地对优化算法的性能下结论.

2.6.2 蒙特卡罗仿真的重要性

注意, 在例 2.7 中, 为绘制 4 个爬山法的性能的图形, 我们对 50 次仿真的结果取平均. 单次仿真的结果证明不了什么, 因为它依赖于随机数生成器. 从单次仿真或单次实验

[1] 对于本节中的爬山法未必如此, 但是对于在本书后面讨论的很多进化算法正是如此.

中得不到什么有效的结论. 因为本书在这里首次将多次仿真的结果取平均, 所以我们要提一提, 在附录 B 中还会详细讨论.

用于性能分析的多次仿真通常被称为蒙特卡罗仿真. 这个名字源自冯·诺依曼 (John von Neumann)、Stanislaw Ulam 和 Nicholas Metropolis在 20 世纪 40 年代研究核武器的工作. 他们的大部分工作涉及多次实验结果的分析, 对实验的统计分析与赌博的统计特性之间存在明显的联系. 这种联系与 Ulam 的叔叔是摩纳哥蒙特卡罗赌场里声名狼藉的赌徒这一事实凑在一起, 就得到了"蒙特卡罗仿真"这个名字 [Metropolis, 1987].

2.7 智 能

研究人员很早就认识到计算机擅长计算弹道导弹的轨道, 像这样的事人类并不擅长. 但是计算机过去 (并且现在仍然) 还不能有效地完成像人脸识别这些人类很擅长的事. 为让计算机更擅长这些任务, 人们尝试模仿生物的行为. 因此就有了模糊系统、神经网络、遗传算法以及其他进化算法. 所以, 进化算法被认为是计算机智能这个总类的一部分.

在开发进化算法时, 我们努力设计智能的算法. 但"智能"的意义是什么? 它是不是说进化算法能在 IQ 测试中得高分? 本节讨论智能的含义和它的一些特性: 自适应、随机性、交流、反馈、探索和开发. 为得到智能的算法, 我们要在进化算法中实现这些特性.

2.7.1 自适应

通常我们认为适应变化的环境是智能的一个属性. 假设你学会了如何装配一个小器具, 然后你的主管要你装配一个以前从未见过的小装置. 如果你很聪明, 就会概括归纳小器具的知识并装配好那个小装置. 如果你不那么聪明, 就得让人教你装配小装置的具体细节.

不过我们并不认为自适应控制器 [Aström and Wittenmark, 2008] 有智能. 也不认为在极端环境中能存活的病毒有智能. 因此我们得出结论, 自适应是智能的必要但非充分的条件. 我们尽力设计能适应一大类问题的进化算法. 在关于成功的进化算法的许多标准中, 进化算法的自适应只是其中之一.

2.7.2 随机性

通常我们认为随机性是一个负面的词. 我们不喜欢生活中的不可预测性, 因此尽力回避它并试图控制我们的环境. 但在某种程度上的随机性却是智能必要的成分. 想想正在躲避狮子的一匹斑马, 如果斑马沿直线匀速奔跑, 它很容易被逮到. 聪明的斑马会曲折地前进并出其不意地移动以躲开它的捕食者. 反之, 想想一头正在捕捉斑马的狮子, 狮子需要偷偷接近斑马群, 如果狮子每天都在相同的时间相同的地点等待, 斑马就很容易避开狮子. 聪明的狮子会在不同地点不同时间以出其不意的方式偷偷接近斑马群. 随机性是智能的一个特性.

过多的随机性会适得其反. 如果斑马在被追逐时随机地决定躺下来, 我们也许会质疑它的智力. 如果狮子搜寻斑马时随机地决定挖一个洞, 也应该质疑它的智力才对. 因此, 随机性是智能的一个属性, 但得在某个限度之内.

在进化算法的设计中会包含一些随机的成分. 如果排除随机性, 进化算法的效果不会好. 但是如果随机性太多, 它们的效果也不会好. 在设计进化算法时需要使用适量的随机性. 当然, 我们在前面曾讨论过, 进化算法的适应性强. 因此, 好的进化算法会在一系列随机度量上表现良好. 我们不能期望进化算法的适应性强大到对随机性的水平没有要求, 但它们要具有足够的适应能力, 这样一来准确的随机度量就不再至关重要.

2.7.3 交流

交流是智能的一个属性. 考虑接受 IQ 测试的一位天才, 但这位天才不会交流. 尽管是天才, 他也通不过 IQ 测试. 许多听觉障碍、语言障碍和患自闭症的人, 即使非常聪明也无法通过 IQ 测试. 在没有人际交往的环境中长大的孩子不够有创意, 不够聪明, 不太快乐, 或者不太自在 [Newton, 2004]. 在性格形成时期缺乏与他人的交流, 这样会阻碍他们发展出超过幼童的智力. 孤立的岁月不可挽回, 他们无法学会与人交流或适应社会.

智能不仅牵涉到交流, 智能也是*新兴的*. 也就是说, 智能来自个体的种群, 单个个体不会是聪明的. 可以说在世界上有许多聪明的个体, 这样的个体即使与世隔绝也仍然是聪明的. 有一些个体则只能凭借与其他个体交互获得智能. 单只蚂蚁无目的地闲逛会一事无成, 而一群蚂蚁能发现通向食物的最短路径, 建立精巧的地道网, 并且组成一个自主的社群. 同样, 单个个体如果与社群完全没有交互就什么事都做不成. 群体却能把人送上月球, 通过互联网连接数十亿人, 并在沙漠里建起食物和水的供应系统.

我们看到, 智能与交流形成了一个正反馈的回路. 要发展智能需要交流, 而交流也需要智能. 但这里的要点在于交流是智能的属性. 这就是为什么大多数进化算法都会涉及问题的候选解的种群. 我们称那些候选解为个体, 它们互相交流并从彼此的成功和失败中学习. 随着时间的推移, 个体的种群会进化从而得到解决这个优化问题的好的解.

2.7.4 反馈

反馈是智能的基本特性. 它牵涉到自适应, 我们刚才在上面讨论过. 如果系统不能感知它的环境并作出反应, 就无法适应. 但反馈不止涉及自适应; 它还涉及学习. 当我们犯了错误, 就会做出一些改变以不再重复那些错误. [1] 而更重要的是当其他人犯了错误, 我们会调整我们自己的行为从而不要重复那些错误. 失败提供负反馈; 与之相反, (我们的或者他人的) 成功提供正反馈并影响我们采取那些被归类为成功的行为. 经常能看到一些人好像不会从错误中学习, 还有一些人不采取那些已经被证明能获得成功的行为; 我们不会认为这些人很聪明.

[1] 据说爱因斯坦给精神错乱的定义为反复做相同的事却期待不同的结果.

反馈也是很多自然现象的基础. 水循环由接连不断的降雨和蒸发组成. 雨越多蒸发得越多, 而蒸发得越多就会有更多的降雨. 水循环让地球表面和空中的水分含量维持稳定. 如果这个反馈机制被扰乱就会给生物带来很多困难, 其中包括洪水和干旱.

人体中糖/胰岛素的平衡是另一个反馈机制. 我们吃的糖越多, 胰腺产生的胰岛素就越多; 胰腺产生的胰岛素越多, 从血液中吸收的糖就越多. 血液中的糖太多会导致高血糖症, 而血液中的糖太少则会导致低血糖症. 糖尿病就是糖/胰岛素反馈机制紊乱, 它会导致长期的严重的健康问题. 在智能控制理论中, 经常能看到把反馈的这种表征作为智能的标志. 反馈不是智能的充分条件. 没人会说一个比例控制器聪明, 也没人会称一个机械式恒温器聪明. 反馈是智能必要但非充分的条件.

进化算法的设计要包含正反馈和负反馈. 没有反馈的进化算法不会很有效, 带有反馈的进化算法满足了智能的必要条件.

2.7.5　探索与开发

探索是搜索新的想法或新的策略. 开发是利用过去已有的被证明为成功的想法和策略. 探索有高风险; 很多新的想法浪费了时间最终还是走入死胡同. 但探索也能得到高回报; 许多新的想法以我们难以想象的方式取得成功. 开发与前面讨论的反馈策略紧密相关. 一些聪明的人会利用他们已知的和拥有的东西, 而不是不停的重新发明车轮. 但是, 另外一些聪明的人对新的想法很开放, 愿意冒某种程度的风险. 智能包括在探索与开发之间的一个适当的平衡. 这种平衡取决于我们的环境. 如果环境变化得很快, 已有的知识会很快过时, 因此不能过分依赖开发. 如果环境非常稳定, 就可以依靠我们已有的知识, 这时侯再去尝试很多新想法就不太明智了.

进化算法的设计需要在探索与开发之间取得一个适当的平衡. 过多的探索类似于在前面提到的过多的随机性, 可能得不到好的优化结果. 过多的开发与随机性太少有关. 遗传算法的先驱之一, John Holland 将进化算法中探索与开发之间适当的平衡称为“试验的最优分配”[Holland, 1975].

2.8　总　　结

本章的要点在于优化是工程和解决问题的基本方面. 当试图优化一个函数时, 我们称此函数为目标函数. 当想最小化一个函数时, 我们称之为费用函数. 当想最大化一个函数时, 我们称之为适应度函数. 每个优化问题都很容易在最小化问题和最大化问题之间转换. 本章还介绍了一些特殊类型的问题, 它们是带约束的问题、多目标问题以及多峰问题. 几乎所有实际的优化问题都带有约束、多目标并且是多峰的. 另一类特殊问题是组合问题, 它的独立变量在一个有限集上取值.

本章介绍了爬山法, 它是一种简单但有效的优化算法. 爬山法有许多不同的类型. 尽管它们通常都非常简单, 但却为更复杂的优化算法之间的比较提供了一个好的基准. 我们最后提到自然智能的一些特性, 并讨论如何让我们的进化算法具有这些特性以符合“智能”这个标签.

习　　题

书面练习

2.1　考虑问题 $\min f(\boldsymbol{x})$, 其中

$$f(\boldsymbol{x}) = 40 + \sum_{i=1}^{4}[x_i^2 - 10\cos(2\pi x_i)].$$

注意, $f(\boldsymbol{x})$ 是 Rastrigin 函数, 见 C.1.11 节.

(1) 指出 $f(\boldsymbol{x})$ 的独立变量、$f(\boldsymbol{x})$ 的决策变量以及 $f(\boldsymbol{x})$ 的解的特征.

(2) 这个问题的维数是多少?

(3) 这个问题的解是多少?

(4) 把这个问题改写成最大化问题.

2.2　考虑函数 $f(x) = \sin x$.

(1) $f(x)$ 有多少个局部最小值? 在局部最小值处的函数值是多少? 局部最小化的 x 的值是多少?

(2) $f(x)$ 有多少个全局最小值? 在全局最小值处的函数值是多少? 全局最小化的 x 的值是多少?

2.3　考虑函数 $f(x) = x^3 + 4x^2 - 4x + 1$.

(1) $f(x)$ 有多少个局部最小值? 在局部最小值处的函数值是多少? 局部最小化的 x 的值是多少?

(2) $f(x)$ 有多少个局部最大值? 在局部最大值处的函数值是多少? 局部最大化的 x 的值是多少?

(3) $f(x)$ 有多少个全局最小值?

(4) $f(x)$ 有多少个全局最大值?

2.4　考虑与习题 2.3 中相同的函数, $f(x) = x^3 + 4x^2 - 4x + 1$, 但是有 $x \in [-5, 3]$ 的约束.

(1) $f(x)$ 有多少个局部最小值? 在局部最小值处的函数值是多少? 局部最小化的 x 的值是多少?

(2) $f(x)$ 有多少个局部最大值? 在局部最大值处的函数值是多少? 局部最大化的 x 的值是多少?

(3) $f(x)$ 有多少个全局最小值? 在全局最小值处的函数值是多少? 全局最小化的 x 的值是多少?

(4) $f(x)$ 有多少个全局最大值? 在全局最大值处的函数值是多少? 全局最大化的 x 的值是多少?

2.5　图 2.4 所示为使两个目标都最小的问题的帕雷托前沿.

(1) 对于最大化 $f(x)$ 并最小化 $g(x)$ 的问题, 在 (f, g) 平面画出可能的点的草图以及帕雷托前沿.

(2) 对于最小化 $f(x)$ 并最大化 $g(x)$ 的问题, 在 (f,g) 平面画出可能的点的草图以及帕雷托前沿.

(3) 对于最大化 $f(x)$ 和 $g(x)$ 的问题, 在 (f,g) 平面画出可能的点的草图以及帕雷托前沿.

2.6 经过 N 个城市有多少条唯一闭合的路径? 唯一是指与起点城市无关, 与旅行的方向也无关. 例如, 在 4 个城市的问题中有 A 城, B 城, C 城和 D 城, 我们认为路径 A $\rightarrow$ B $\rightarrow$ C $\rightarrow$ D $\rightarrow$ A 等价于路径 D $\rightarrow$ C $\rightarrow$ B $\rightarrow$ A $\rightarrow$ D 和路径 B $\rightarrow$ C $\rightarrow$ D $\rightarrow$ A $\rightarrow$ B.

2.7 考虑闭合旅行商问题, 其城市列在表 2.2 中.

(1) 存在多少条经过这 7 个城市的闭合路径?

(2) 盯着表 2.2 中的坐标容易找到解吗?

(3) 将城市的坐标绘在图中, 由图容易找到解吗? 最优解是什么样的? 这个问题告诉我们, 以不同的方式来看问题有助于我们找到解.

表 2.2 习题 2.7 的旅行商问题城市的坐标.

城市	x	y
A	5	9
B	9	8
C	−6	−8
D	9	−2
E	−5	9
F	4	−7
G	−9	1

2.8 任给一个最大化问题 $f(\boldsymbol{x})$ 以及一个随机初始候选解 $\boldsymbol{x}_0$, 最快上升爬山法在第一代之后找到一个值 $\boldsymbol{x}'$ 满足 $f(\boldsymbol{x}') > f(\boldsymbol{x}_0)$, 这个事件的概率是多少?

计算机练习

2.9 绘制习题 2.4 中函数的图, 标明局部最优和全局最优.

2.10 考虑多目标优化问题 $\min\{f_1, f_2\}$, 其中

$$f_1(x_1,x_2) = x_1^2 + x_2, \quad f_2(x_1,x_2) = x_1 + x_2^2,$$

并且 x_1 和 x_2 的约束都是 $[-10,10]$.

(1) 对 x_1 和 x_2 允许的所有整数值计算 $f_1(x_1,x_2)$ 和 $f_2(x_1,x_2)$, 并在 (f_1,f_2) 空间绘制这些点 (总共 $21^2 = 441$ 个点). 在图上指明帕雷托前沿.

(2) 给定在 (1) 中用到的相同的分辨率, 写出帕雷托集的数学描述. 在 (x_1,x_2) 空间绘出帕雷托集.

2.11 自适应爬山法.

(1) 对于二维 Ackley 函数, 对自适应爬山法运行 20 次蒙特卡罗仿真, 每次仿真 1000 代. 记录每次仿真得到的最小值并计算平均值. 取 10 个不同的变异率, $p_m = k/10$, 整数 $k \in [1, 10]$ 做仿真, 并在表 2.3 中记录所得结果. 最好的变异率是多少?

(2) 重复 (1). 有没有得到相同或相似的结果? 对于这个问题, 要得到可复现的结果需要多少次蒙特卡罗仿真?

(3) 对于 10 维 Ackley 函数重复 (1). 关于最优变异率与问题的维数之间的关系, 有什么结论?

表 2.3 针对习题 2.11 填写这张表.

p_m	平均结果
0.1	
0.2	
0.3	
0.4	
0.5	
0.6	
0.7	
0.8	
0.9	
1.0	

第二篇　经典进化算法

第 3 章　遗 传 算 法

遗传算法不是函数优化器.

肯尼思·德容 (Kenneth De Jong) [De Jong, 1992]

遗传算法 (genetic algorithms, GA) 是最早、最著名并且应用最广的进化算法. 遗传算法模仿自然选择来解决优化问题. 尽管有上面 Kenneth De Jong的这句话, 遗传算法还是经常被当做有效的优化工具. De Jong 的话强调遗传算法最初是为研究自适应系统而不是函数优化发展起来的. 遗传算法包含比函数优化器广泛的系统类型. 我们可以用遗传算法研究自适应系统的动态 [Mitchell, 1998, Chapter 4], 给时装设计师提供咨询 [Kim and Cho, 2000], 为桥梁设计师提供折中方案 [Furuta et al., 1995], 以及其他非优化的应用. 有时候, 因为所有算法都努力做到尽可能好, 优化算法与非优化算法之间的分界线是模糊的. 无论如何, 在本书中我们的主要兴趣是遗传算法作为优化算法的具体应用. 为研究遗传算法, 我们得遵守自然选择的一些基本性质.

(1) 一个生物系统包含个体的一个种群, 许多个体具有繁殖的能力.

(2) 个体的寿命有限.

(3) 种群中有差异.

(4) 生存能力与繁殖能力正相关.

遗传算法模仿自然选择的每一个属性. 已知一个优化问题, 我们建立候选解的种群, 并称候选解为个体. 在这些解中, 有一些解很好有一些解不那么好. 好的个体相对来说有更大的繁殖机会, 差的个体相对来说繁殖机会较小. 父母生出孩子后就退出种群让路给后代. 随着一代代的更替, 种群会变得更加强壮. 有时候, 一个或多个 "超人" 进化成非常强壮的个体从而能够为我们的工程问题提供近似最优解.

本章概览

本章概述自然遗传学以及优化问题的人工遗传算法. 我们从本章开始介绍进化算法, 与后面的几章相比, 本章会花更多时间在历史和生物学的基础上. 想马上就开始学习遗传算法的读者可以放心地跳过前三节, 这样并不会破坏读者对遗传算法的理解. 3.1 节简要地讨论遗传学的历史, 聚焦在 19 世纪查尔斯·达尔文 (Charles Darwin)和格雷戈尔·孟德尔 (Gregor Mendel)的工作. 3.2 节简要综述遗传学, 遗传学构成遗传算法的基础. 3.3 节介绍遗传学的计算机仿真的历史, 在 20 世纪 40 年代, 对自然选择感兴趣的生物学家开始仿真遗传过程, 在 20 世纪的七八十年代, 有关遗传算法的研究激增, 让遗传学的计算机仿真走到了尽头.

3.4 节一步步地开发出一个简单的二进制遗传算法. 遗传算法以自然遗传学为基础, 因此它用带二等位基因的染色体来表示优化问题的解. 二进制遗传算法天然地适合定义域由 n 维二进制搜索空间组成的优化问题, 或定义域至少是离散集合的优化问题.

我们可以用位串表示连续域优化问题的候选解, 只要用的位足够多就能提供所需的分辨率. 但是, 用实向量表示连续域问题的候选解会更加自然. 因此, 3.5 节将遗传算法扩展到连续域上的问题.

3.1 遗传学的历史

遗传学研究生物体的遗传和变异. 本节介绍现代遗传学的发展简史, 聚焦在进化论之父查尔斯・达尔文和遗传学之父格雷戈尔・孟德尔的工作上.

3.1.1 查尔斯・达尔文

查尔斯・达尔文 1809 年生于英格兰, 他是富裕的罗伯特・达尔文 (Robert Darwin)医生的儿子. 作为一个年轻人, 查尔斯在生活中的特权地位允许他的兴趣变幻不定, 看起来注定要在游手好闲中荒废自己的生命. 他的父亲工作勤奋, 不过正像我们常常看到的那样, 父亲的勤奋工作导致儿子的懒惰. “除了狩猎、养狗和抓老鼠外, 你对什么都不关心; 你将玷污你自己和你的整个家族,” 罗伯特对他的儿子说 [Darwin et al., 2002, page 10]. 罗伯特试图让儿子跟着他去行医, 但查尔斯不感兴趣而且还讨厌看到血. 于是罗伯特送儿子到剑桥大学学习, 希望他将来成为一名牧师.

查尔斯对在剑桥的学习并不真有兴趣; 他唯一感兴趣的是在户外. 他把全部时间用来探索和研究自然, 阅读伟大的博物学家的书籍并收集甲虫. 他对自然历史的兴趣变得愈加浓厚. 查尔斯开始与对自然同样感兴趣的教授和学生聚会. 他开始计划放弃牧师的学业去追求他一生真正酷爱的事业. 最终他变得雄心勃勃.

1831 年, 22 岁的查尔斯申请到贝格尔号舰上的一个职位, 英国政府派遣这艘船去勘测南美洲的南端. 查尔斯获准随船前往, 条件是费用自付.

如果你是查尔斯・达尔文的父亲你会怎样做? 你送儿子去上学, 为他付三年牧师培训的费用, 而如今他告诉你他将作为博物学者从事 5 年的环球航行并要你为他支付这笔费用. 你当然会说不, 罗伯特一开始正是这样说的. 对查尔斯来说, 幸运的是罗伯特意识到自己的儿子正长大成人并已经找到生活中的爱好. 他最终说服自己资助儿子的这次旅行.

在贝格尔号舰上的 5 年航行期间, 查尔斯与其他 70 多位水手共同生活在 90 英尺长[1], 25 英尺宽的船上. 船上还有测量设备以及能维持海上几个月生活的供给. 相比于查尔斯以前安逸的生活, 船上的生活环境一定让他感觉很艰苦, 但是他充分利用了这段时光. 他在海上读书学习. 当船停靠岛屿或南美洲大陆时, 他收集动物并用下一班船把它们运回英

[1] 1 英尺 (ft)=30.48cm.

格兰. 在旅行中他收集了各种各样的物种. 在相邻的岛屿上, 相似的物种却大不相同, 看起来每一个都能适应各自独特的环境.

1836 年查尔斯回到英格兰, 时年 27 岁. 他回来后几乎立即就开始撰写《物种起源》[Darwin, 1859] 这本书, 它最终变成一个持续几十年的项目. 他还积极撰写期刊文章并在会议上演讲. 当他开始整合自然选择的理论时, 仍然继续研究和学习. 自然选择说的是适应性最强的个体会生存下来并把它们的特征传给后代. "适者生存" 就是提高适应性的方式.

查尔斯一边继续写书, 一边犹豫要不要宣传他的进化论. 曾经为当牧师学习了三年的查尔斯, 因为他的理论可能与圣经相悖, 知道宣传进化论会引发很大的争议. 他想在发表其结果之前创建一部没有丝毫漏洞真正伟大的作品. 然而, 1858 年他收到正在南太平洋上旅行的博物学家阿尔弗雷德・华莱士 (Alfred Wallace)的一篇文章. 华莱士独立得到的许多想法与达尔文的相同, 他还寄给达尔文一篇文章请他帮助发表.

达尔文有一些进退两难. 他得做个抉择. 他可以 "错过" 华莱士的文章,[1] 发表他自己的结果并声称他的进化论在先. 或者提交华莱士的文章发表并认可华莱士在先. 为了他的信誉, 达尔文决定采取中庸之道. 他迅速写出自己的文章, 随后在下一次会议上介绍了自己和华莱士的这两篇文章. 然后对书作了最后的润色, 由于他急于占据应得的一席之地, 结果这本书比他原来计划的薄了许多[2]. 《物种起源》一书在 1859 年出版, 第一次印的 1250 本在一天内售罄. 达尔文很快就成为那个时代最著名且最具争议的科学家.

尽管达尔文的进化论迅速地获得了科学公信力, 但与所有新理论一样, 并非没有批评者. 首先, 它看起来违背了《圣经》关于全部物种都是特定创造的教导, 因此容易受到宗教领袖的攻击. 其次, 达尔文不清楚生物的特征如何由父代传给后代. 在某种意义上令人惊讶的是, 尽管缺少关于遗传的解释, 他的理论还是很快就得到认可. 他观察到遗传的作用因此提出自然选择, 但他没有提到遗传是如何发生的.

达尔文和与他同时代的其他科学家对遗传有两个错误的概念. 首先, 他相信父母的人格特征会在他们的后代融合在一起; 例如, 黑老鼠和白老鼠的孩子可能是灰色的. 其次, 他相信后天获得的特征会传给后代. 例如, 一个练习举重而变得强壮的人因为举重往往会有强壮的孩子.

达尔文, 一个贵族的孩子, 发展了自然选择的理论但却留给格雷戈尔・孟德尔, 一个穷人的孩子, 去证明它.

3.1.2 格雷戈尔・孟德尔

格雷戈尔・孟德尔 (Gregor Mendel) 是理解并解释遗传如何发生的第一人. 1822 年, 他出生于捷克斯洛伐克的一个穷苦农民家庭, 取名为约翰・孟德尔 (Johann Mendel) [Bankston, 2005]. 他的父亲要他在农场帮忙, 但年轻的约翰更适合做学者而不是体力劳动者. 这让他的父母几乎无法负担, 为帮助儿子获得他们自己在生活中缺少的机会, 他们

[1] 达尔文称在 1858 年自南太平洋寄往英格兰的那封信根本就没有寄到, 谁又会怀疑呢?

[2] 长远来看这样最好. 达尔文的书大约 500 页. 如果按他原计划的那样, 就会多出几百页并让潜在的读者望而生畏. 书变薄后读者更多, 书也因此更为成功.

把他送到学校. 尽管有父母的支持以及自己兼职的收入, 作为一名学生孟德尔在经济上只能勉强维持. 除了得到经济资助的机会较少之外, 他的财务状况与如今许多研究生差不多.

孟德尔在 21 岁时听说附近的修道院里可以继续他的教育而不用为钱发愁. 不过他得立誓安贫和独身, 经济上的好处实在太大让他不可能拒绝. 孟德尔不是特别虔诚, 但他欣然接受了这个机会并加入圣托马斯修道院的奥古斯丁修会.

奥古斯丁生活在公元 400 左右的罗马帝国, 他是基督教历史上最伟大的知识领袖之一. 他的神学强调神经由世俗的知识与人沟通的能力. 孟德尔加入的修道院, 按照其同名的哲学, 鼓励学习生活中的各个方面因而非常适合孟德尔. 与许多修道院相比, 它是“世俗的”. 僧侣们不必惩罚自己, 或者整天祈祷, 或者发誓不说话. 他们只需要学习, 相信通过学习神会与他们对话. 按照传统, 约翰 • 孟德尔在进入圣托马斯修道院后为自己取了一个新的名字; 也就是现在的格雷戈尔 • 孟德尔.

作为一位僧侣, 孟德尔继续在大学上课, 在附近的学校里教授科学, 读书并在修道院里从事自己的研究. 他的研究涉及作物特别是豌豆的育种. 因为曾经在父亲的农场工作过, 这个研究很适合让他发挥其创新才能.

当孟德尔用豌豆做实验时, 他注意到它们有各种各样的特征. 有一些表面光滑, 另外的粗糙; 有一些颜色偏绿, 另外一些偏黄; 一些在某个位置长芽, 其他豌豆的芽却长在另一个位置. 在做实验时孟德尔意识到这些特征由一些看不见的遗传单元控制, 他称之为元素. 一些元素强大, 能更多地控制豌豆的特征. 其他元素弱小, 对豌豆的特征影响较小. 如今我们用基因而不再用元素一词, 我们还称基因或者是显性的或者是隐性的, 而不是强大或弱小. 但是, 是孟德尔首先理解了遗传学、遗传性和显性. 孟德尔的工作正是达尔文理论中缺失的环节, 它解释自然选择的过程.

孟德尔在 1865 年的一个会议上介绍他的发现. 那是在达尔文发表他的物种起源仅仅 6 年之后, 但是, 由于某些原因孟德尔的听众并没有意识到他的发现有多重要. 孟德尔在科学上的突破受到的待遇本应该与达尔文的差不多, 但达尔文很快闻名遐迩, 孟德尔的工作却被忽略了. 他在圣托马斯修道院继续默默无闻地工作, 零零星星地发表了几篇文章, 所有这些文章基本上都被科学界忽略了. 孟德尔在 1868 年成为圣托马斯修道院的管理者, 在那之后就再也没有多少时间从事科学研究[1]. 1884 年, 孟德尔逝世. 他在遗传学上的工作最终被荷兰生物学家 Hugo de Vries, 德国植物学家 Carl Correns, 以及奥地利农学家 Erich von Tschermak重新发现, 这些却都是在 1900 年前后的事了.

3.2 遗 传 学

个体的每个特性或特征, 由一对基因控制. 人类遗传学因此被称为二倍体, 它意味着每一个特征的基因成对出现. 一些植物和动物是单倍体, 意味着每一个特征由单组基因决定. 其他生物是多倍体, 意味着每个特征由多于两组的基因决定.

[1]如今这种情况在学术界也经常发生, 蒸蒸日上的研究事业因升迁到管理职位而不幸提前结束.

在二倍体遗传学中, 一些遗传值是显性的而其他是隐性的. 如果显性和隐性基因都出现在个体中, 则由显性基因决定个体的这个特征. 隐性基因仅在两个基因相同的时候才能决定这个特征.

例 3.1 考虑 3 个个体: 克里斯有两个棕色眼睛的基因, 基姆有两个绿色眼睛的基因, 而特里有一个棕色眼睛基因和一个绿色眼睛基因. 因为克里斯有两个棕色眼睛基因, 所以克里斯有棕色的眼睛. 因为基姆有两个绿色眼睛基因, 基姆有绿色的眼睛. 因为特里有一个棕色眼睛基因和一个绿色眼睛基因, 而棕色眼睛基因是显性的, 所以特里有棕色的眼睛.

- 克里斯: 棕色/棕色 → 棕色眼睛
- 基姆: 绿色/绿色 → 绿色眼睛
- 特里: 棕色/绿色 → 棕色眼睛

如果克里斯和特里交配, 它们每一个贡献给后代一个眼睛颜色的基因. 因此它们的后代或者有两个棕色眼睛基因, 或者一个棕色眼睛基因和一个绿色眼睛基因. 因为棕色是显性的, 所以它们的后代全部都有棕色的眼睛.

如果克里斯和基姆交配, 它们的后代全都有来自克里斯的一个棕色眼睛基因和来自基姆的一个绿色眼睛基因. 因为棕色是显性的, 所以它们的所有后代都有棕色的眼睛.

如果特里和基姆交配, 它们的后代会有一个棕色眼睛基因和一个绿色眼睛基因或两个绿色眼睛基因. 它们的后代可能有棕色的眼睛或绿色的眼睛. □

现在假设具有绿色的眼睛会有一些进化的好处. 例如, 具有绿色眼睛的雌性可能对雄性非常有吸引力. 也许绿色眼睛更容易接受某段光谱, 眼睛为绿色的个体因此在狩猎时会更成功. 在这种情况下, 眼睛为绿色的个体会比眼睛为棕色的个体更容易存活. 此外, 绿色眼睛有可能比棕色眼睛更强壮、更成功, 因此它们会有更多繁殖的机会. 通过增加绿色眼睛基因的个数同时减少棕色眼睛基因的个数会影响人类种族的基因库. 这被称为自然选择, 或适者生存, 它正是 19 世纪 30 年代达尔文在贝格尔舰上推断得到的.

有时候变异会影响后代. 在这种情况下, 基因不是完好无损地由父代传给后代而是有一些改变. 生命和生物过程的基本缺陷, 包括辐射和疾病, 都会导致变异.

绝大多数变异是中性的; 由于生物惊人的复原力和冗余性, 变异对后代的影响很小或根本没有影响. 这些中性的变异在生物尝试提高适应性时很重要, 我们随后会看到进化算法在搜索更强的适应性时变异也很重要. 但很多显著影响生物后代的变异是有害的. 事实上, 我们几乎可以说这类变异全都有害. 有超过 6000 种经常发生的单基因变异会导致疾病, 每 200 个新生儿中就会有一例. 某些遗传紊乱在刚出生时就会显现出来, 而其他的可能要到晚年时才会出现. 例如, 有很多种癌症都涉及遗传的因素.

然而, 间或会有一个变异其实是有益的. 例如, 假设在例 3.1 中, 特里和基姆的一个后代因变异得到紫色眼睛的基因. 假设这个有紫色眼睛的后代因紫色虹膜与角膜的高适应性相关而比平均水平有更敏锐的视力. 这让紫色眼睛的变异在狩猎时更容易捕获猎物. 由于有紫色眼睛, 它变得更强大、更成功, 从而有更多交配的机会. 如果它的紫色眼睛基因是显性的, 它的后代全都会有紫色眼睛, 而且这个变异会传遍物种. 如果它的紫色眼睛基因是隐性的, 它找到另一个有紫色眼睛变异的个体与之交配所得到的后代也会有紫色眼睛. 伴随着自然选择的变异有助于改进物种的生存能力. 没有变异的物种会停滞. 一般来说, 变异对个体有害, 但颇具讽刺意味的是, 变异对整个物种是有益的.

3.3 遗传算法的历史

对技术而言, 1903 年是个好年份. 马可尼公司 (Marconi Company) 开始第一次跨大西洋的定期无线电广播, 莱特 (Wright) 兄弟成功地完成他们的第一次飞行, 诺伊曼·亚诺什 (Neumann Janos)在匈牙利布达佩斯出生. 诺伊曼贪婪的阅读和数学能力让他在年幼时就展现出了非凡的天赋. 他的父母都来自受过教育的上层家庭, 他们很早就认识到诺伊曼是个神童, 但是小心地并不给他太大压力. 他在 23 岁时获得化学工程的本科学位和数学的哲学博士学位. 之后他在学术上仍然有丰硕的成果, 在 1929 年他得到在新泽西州普林斯顿大学的一个教职. 他的名字就是约翰·冯·诺依曼, 在 1933 年他成为普林斯顿高级研究院的创始成员之一.

冯·诺依曼在普林斯顿的工作是多方面的, 他对数学、物理学和经济学都作出了重要的贡献. 在第二次世界大战期间, 他是原子弹研发的带头人之一, 也是发明数字计算机的一位先驱. 还有一些人对数字计算的发展具有影响力 (或许影响力更大), 例如, 阿兰·图灵 (Alan Turing)(在普林斯顿与冯·诺依曼一起工作), 以及 John Mauchly和 John Eckert(20 世纪 40 年代, 在他的带领下造出了第一台计算机 ENIAC). 不过, 是冯·诺依曼首先认识到程序指令应该与程序数据以同样的方式存储在计算机中. 时至今日, 这样的机器被称为“冯·诺依曼机器”.

“二战”后, 冯·诺依曼对人工智能产生了兴趣. 他在 1953 年邀请意大利挪威数学家 Nils Barricelli到普林斯顿来研究人工生命. Barricelli 用新的数字计算机编写进化过程的仿真程序. 他对生物进化不感兴趣, 对求解优化问题也不感兴趣. 他想利用在自然中发现的过程 (例如, 复制和变异) 在计算机中创建人工生命. 在 1953 年他写道“为了证明在人工建造的宇宙中, 有可能发生与活的生物体相似的进化, 做了一系列数值实验”[Dyson, 1998, page 111]. Barricelli 成为编写遗传算法软件的第一人. 他在这个学科上最初的工作于 1954 年用意大利语发表, 题目为《Esempi numerici di processi di evoluzione》(《进化过程的数字模型》)[Barricelli, 1954].

Alexander Fraser在 1923 年生于伦敦. 他紧随 Barricelli 之后利用计算机程序对进化做仿真. 由于他的教育和职业, 他去过香港、新西兰和苏格兰, 最后, 在 20 世纪 50 年代他来到在澳大利亚悉尼的联邦科学与工业研究机构. Fraser 不是工程师, 他是生物学家并对进化感兴趣. 因为进化过程非常慢, 需要百万年级的时间周期, 他无法观察到周围世界发生的进化. 于是, Fraser 决定在数字计算机中创建自己的宇宙来研究进化. 这样一来就可以加速进化的过程并观察进化是如何进行的. 在 1957 年, Fraser 写了一篇名为《利用数字计算机对遗传系统仿真》的文章 [Fraser, 1957], 他成为用计算机仿真研究生物进化的第一人. 关于他的工作发表了很多文章, 绝大部分都发表在生物学杂志上. 在 20 世纪 50 年代后期和 60 年代, 很多生物学家步其后尘开始用计算机仿真生物进化.

数学家和物理学家 Hans-Joachim Bremermann也从事早期的生物进化的计算机仿

真. 在 1958 年当他还是华盛顿大学的教授时, 他在这个学科最初的工作以技术报告的形式发表, 名为《智能的进化》[Fogel and Anderson, 2000]. Bremermann 职业生涯的大部分时间在加州大学伯克利分校度过, 20 世纪 60 年代他在那里用计算机仿真研究复杂系统, 特别是进化的过程. 但他的计算机程序不仅仅模仿进化 —— 它们也模拟寄生虫与寄主之间的相互作用, 人类大脑的模式识别以及免疫系统的响应.

George Box在 1919 年生于英格兰. 他对人工进化也感兴趣, 但是, 与他的前辈不同, 他对人工生命或进化本身并不感兴趣. 他想解决实际问题. Box 用统计学来分析实验的设计和结果, 在那之后, 他成为一名工业工程师并用统计学来优化制造过程. 为了最大化小部件的产量, 在工厂放置机器的最好方式是什么样的? 在工厂中物料流的最好调度方式是怎样的? 在 20 世纪 50 年代, Box 开发了一个被他称为"进化的操作"的技术用来优化运行中的工业过程. 他的工作本身不是遗传算法, 却正是利用进化的思想, 让许多渐进的变化累积起来以优化工程设计. 他在这一学科上的第一篇文章在 1957 年发表, 名为《进化的操作: 提高工业生产率的一种方法》[Box, 1957].

George Friedman和 George Box 一样, 也是一个注重实际的人. 1956 年, 他毕业于加州大学洛杉矶分校, 他在硕士论文中设计了一个能学会开发电路以控制其自身行为的机器人. 他的论文名为《用于工程合成的选择性反馈计算机与神经系统的类比》[Friedman, 1998], [Fogel, 2006]. 尽管他用"选择性反馈计算机"来描述他的方法, 其工作与如今的遗传算法类似. 他在总结中的最后一段写道: "本文中的概念和示意图, 虽然没有令人信服地证实 [遗传算法] 是有用的……但至少指明了有可能开展进一步研究的领域". 的的确确! 如今, 在 Friedman 论文完成的半个多世纪之后, 关于遗传算法每年都有数千篇技术论文发表.

遗传算法这个领域的另一位先驱是 Lawrence Fogel, 他于 1962 年开始研究遗传算法. 在 1966 年, 他和 Alvin (Al) Owens和 (Jack) Walsh一起撰写了关于遗传算法的第一本书《由模拟进化到人工智能》[Fogel et al., 1966]. Fogel 早期在遗传算法上的工作是为了解决像信号预测、模拟作战和工程系统控制那样的工程问题. Lawrence Fogel 的儿子, David Fogel, 编辑了一卷重要的书, 其中收录了关于遗传算法及其相关问题的 31 篇基础性论文 [Fogel, 1998].

在 20 世纪 50 年代 Barricelli, Fraser, Bremermann, Box 和 Friedman 的开创性工作之后, 其他人开始利用遗传算法研究生物进化和解决工程问题. 在 20 世纪 60 年代, John Holland取得了遗传算法的一些重要进展, 他是密歇根大学心理学、电气工程和计算机科学的教授. Holland 在 20 世纪 60 年代对自适应系统很感兴趣. 他不一定对进化或优化感兴趣, 而是对系统如何适应其周围的环境感兴趣. 他开始在这些领域从事教学和研究工作, 在 1975 年写出那本著名的书《自然和人工系统中的适应性》[Holland, 1975]. 这本书因介绍了进化中的数学知识而成为经典. 也是在 1975 年, Holland 的学生 Kenneth De Jong完成了他的博士论文, 论文题目为《关于一类遗传自适应系统行为的分析》. De Jong 的论文最早就遗传算法用于优化做了系统和深入的研究. 他利用一组样本问题探索遗传算法的不同参数对优化性能的影响. 他的工作非常深入, 以致于在很长一段时间里每一篇关于优化的文章如果没有包含 De Jong 的基准问题, 就会被认为没有充分的说服力.

在 20 世纪 70 年代和 80 年代, 关于遗传算法的研究呈现出指数增长. 可能是由于下面几个因素. 其一是在 20 世纪 50 年代, 由于晶体管的普及和商业化, 计算能力获得了巨大增长. 其二是由于研究人员看到了传统计算的局限, 于是对由生物学推动的算法兴趣大增. 作为由生物学推动的另外两个计算算法, 模糊逻辑和神经网络的研究在 20 世纪 70 年代和 80 年代也呈现出指数增长, 尽管那些范式对计算能力的要求并不高.

3.4 一个简单的二进制遗传算法

假设你需要解决一个问题. 如果能把这个问题的每一个可能的解用位串来表示, 那么遗传算法就能解决这个问题. 每一个可能的解被称为"候选解"或"个体". 一群个体被称为遗传算法的"种群". 它意味着我们需要把问题的每一个参数编码成位串. 本节通过几个简单的例子介绍遗传算法. 我们没有以真实的问题为例, 而是采用简单的问题以便能很好地说明遗传算法的基本性质.

3.4.1 用于机器人设计的遗传算法

假设我们的问题是关于轻型移动机器人的设计. 这种机器人需要有充足的能量以绕过崎岖的地形, 还需要活动时间范围足够大而无需经常返回它的基站. 在机器人设计中, 我们需要详细说明的参数包括电机的类型和伏数以及电源的类型和伏数. 电机的类型和伏数可以采用下面的编码:

$$\begin{aligned} &000 = 5\text{V 步进电机}, \quad 100 = 5\text{V 伺服电机}, \\ &001 = 9\text{V 步进电机}, \quad 101 = 9\text{V 伺服电机}, \\ &010 = 12\text{V 步进电机}, \quad 110 = 12\text{V 伺服电机}, \\ &011 = 24\text{V 步进电机}, \quad 111 = 24\text{V 伺服电机}. \end{aligned} \tag{3.1}$$

电源类型和伏数的编码如下:

$$\begin{aligned} &000 = 12\text{V 镍镉蓄电池}, \quad 100 = 12\text{V 太阳能电池板}, \\ &001 = 24\text{V 镍镉蓄电池}, \quad 101 = 24\text{V 太阳能电池板}, \\ &010 = 12\text{V 锂离子电池}, \quad 110 = 12\text{V 聚变反应堆}, \\ &011 = 24\text{V 锂离子电池}, \quad 111 = 24\text{V 聚变反应堆}. \end{aligned} \tag{3.2}$$

系统参数的编码是遗传算法的关键, 它对遗传算法是否真正管用有着重要的影响.

在编码方案确定之后, 我们需要决定如何评价问题的每一个可能的解的"适应度". 在机器人的例子中, 我们用机器人的重量与电机的类型/伏数以及与电源的类型/伏数相关的一个公式来评价. 我们可能会有机器人的能量与电机和电源相关以及其活动时间范围与电机和电源相关的其他公式. 如果对适应度没有一个好的定义, 就无法模拟进化. 或者, 在仿真时可以输入电机的类型/伏数以及电源的类型/伏数, 输出设计的好坏程度的度量. 这时遗传算法的设计者对问题的理解至关重要. 关于问题的适应度函数的定义并没有硬性的规则. 它取决于遗传算法设计者能否充分理解问题从而给出适应度函数的一个合理的定义. 就我们的这个例子而言, 可以像下面这样定义适应度函数:

$$\text{适应度} = \text{时间范围(h)} + \text{能量(W)} - \text{重量(kg)}. \tag{3.3}$$

时间范围、能量和重量, 它们中的每一个可能都是与电机类型和电源类型有关的复杂函数, 它们或者可以由仿真软件或硬件实验的输出决定.[1]

遗传算法在最开始需要随机生成一组个体. 考虑在种群中有两个个体, 第一个个体是采用 12V 步进电机和 24V 太阳能板设计的机器人, 第二个体个体是采用 9V 伺服电机和 24V 镍镉蓄电池设计的机器人. 这两个个体的规格如下:

$$\begin{aligned} \text{个体 1} &= \underbrace{\text{12V 步进电机}}_{010}, \underbrace{\text{24V 太阳能电池板}}_{101}, \\ \text{个体 2} &= \underbrace{\text{9V 伺服电机}}_{101}, \underbrace{\text{24V 镍镉蓄电池}}_{001}. \end{aligned} \tag{3.4}$$

个体 1 用位串 010101 编码, 个体 2 用位串 101001 编码. 每一位称为一个等位基因. 个体中位的一个序列包含着个体的一些特征信息, 这个序列被称为基因. 特定的基因被称为基因型, 而基因型所代表的与问题相关的参数被称为表型. 在机器人的例子中, 每一个个体有两个基因: 一个关于电机的伏数/类型, 一个关于电池的伏数/类型. 个体 1 有 010 的电机基因型, 相应于"12V 步进电机"的表型, 还有 101 的电池基因型, 相应于"24V 太阳能电池"的表型. 一个个体中全部基因的集合被称为染色体. 个体 1 具有染色体 010101.

3.4.2 选择与交叉

遗传算法可能有很多个体, 通常会有几十个或数百个. 就像生物种群中的个体交配那样, 上面的两个个体也可以交配. 为了交配, 我们让它们"交叉", 这意味着每一个个体与它的后代共享它的一些遗传信息. 为找到交叉点, 我们在 1 和 5 之间选一个随机数. 假设选的随机数是 2. 那意味着两个个体的每个染色体在第二位的位置之后的全部等位基因对换, 如图 3.1 所示.

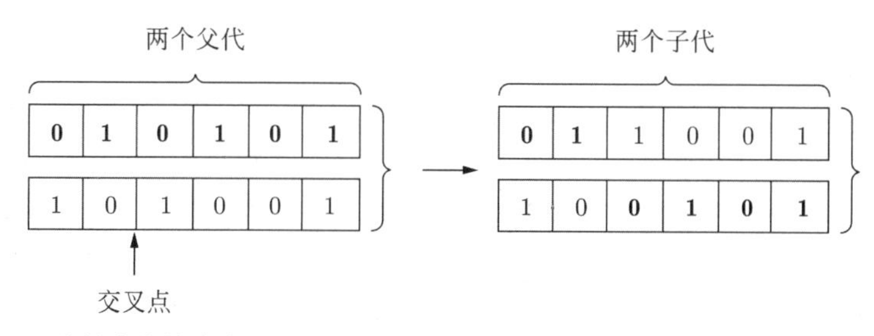

图 3.1 二进制遗传算法中关于交叉的说明. 随机选取交叉点. 两个父代生成两个子代.

[1] 因为单位不同, 我们不能把小时与瓦与千克加在一起, 因此需要一些缩放参数来衡量每一项相对的重要性, 并把这些量转换成能够加在一起的单位. 尽管如此, 这个等式提供了描述适应度的一个大致思路.

两个父代交配 (即交叉) 生成两个子代. 每个子代接收了一个父代的一些遗传信息, 也接收了另一个父代的另一些遗传信息. 父代死亡, 子代生存继续进化过程. 这个事件称为遗传算法的一代.

生物中的一些子代适应度较高而其他的适应度较低. 低适应度的个体在它们的那一代中死亡的概率较高; 即会从遗传算法仿真中除去它们. 高适应度的个体生存并与其他高适应度的个体交叉, 由此生成新的一代个体. 这个过程会一直持续直到遗传算法找到优化问题的一个令人满意的解.

在遗传算法的某一点, 我们不得不决定由哪些个体交配来生成后代. 这得由种群中个体的适应度来决定. 适应性最强的个体更有可能交配生成子代, 而适应性最差的个体不太可能找到配偶, 因此有可能没有产生后代就死亡.

常用的选择父代的方式是轮盘赌选择, 它也被称为按适应度比例选择. 假设在种群中有 4 个个体 (这个例子是为了便于说明, 真实的遗传算法会有多于 4 个的个体.). 假设对个体的适应度的评价如下:

$$\begin{aligned} &\text{个体 1: 适应度} = 10, \quad \text{个体 3: 适应度} = 30, \\ &\text{个体 2: 适应度} = 20, \quad \text{个体 4: 适应度} = 40. \end{aligned} \tag{3.5}$$

个体 4 适应性最强而个体 1 适应性最差. 我们构造一个轮盘, 它的每一个槽区相应于一个个体的适应度. 对于这个例子, 它的轮盘如图 3.2 所示.

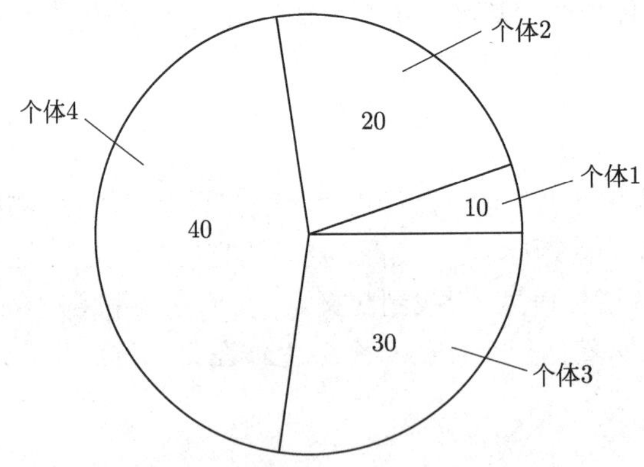

图 3.2 上面的饼图说明有 4 个成员的种群的遗传算法的轮盘赌选择. 每一个个体按其适应度分得一片. 每一个个体被选作父代的概率与它在轮盘中的片成比例.

为让种群规模从一代到下一代保持不变, 我们挑出两对交配. 这样总共会得到 4 个子代. 为挑出第一对, 我们旋转想象的 (计算机模拟的) 旋转器, 当它停止时在轮盘上就决定了第一父代. 从图 3.2 中的轮盘可以看出个体 1 有 10%的机会被选中, 个体 2 有 20%的机会, 个体 3 有 30%的机会, 而个体 4 有 40%的机会被选中. 换言之, 每一个个体被选中的概率与它的适应度成正比. 接下来我们再用轮盘赌选择第二个父代. 如果轮盘停止时的个体与第一次的相同, 我们就再转一次, 因为一个父代不能与它自己交配. 有了两个父代后, 让它们交叉会生成两个子代. 重复这个过程得到另外两个父代, 让它们交配, 得到另外两个子代. 让这个过程继续直到子代的种群规模与父代的相同. 我们用图 3.3 来说明.

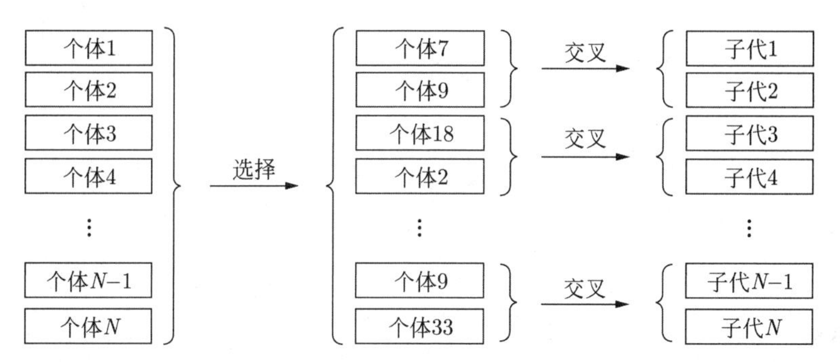

图 3.3 由父代种群交叉生成子代种群的说明. 左边是有 N 个个体的初始种群经过选择产生 N 个父代的集合的过程, 采用的也许是轮盘赌选择. 一些个体可能多次被选中, 而其他的个体可能一次都没被选中. 然后在中间的每一对父代交叉生成一对子代. 改编自 [Whitley, 2001].

已知如图 3.2 中的适应度值, 可以用算法 3.1 以转轮盘的方式选择一个父代. 我们将算法 3.1 重复执行 4 次, 选出 4 个父代, 它们为下一代生成 4 个子代.

已知有 N 个个体的种群, 算法 3.2 中的伪代码利用轮盘赌选择选出一个父代. 我们按所需要的次数重复算法 3.2 选出父代, 让它们为下一代生成子代.

算法 3.1 利用图 3.2 中的轮盘赌选择一个父代.

生成一个服从均匀分布的随机数 $r \in [0, 1]$
If $r < 0.1$ then
  Parent = 个体 1
else if $r < 0.3$ then
  Parent = 个体 2
else if $r < 0.6$ then
  Parent = 个体 3
else
  Parent = 个体 4
End if

算法 3.2 利用轮盘赌选择从 N 个个体中选出一个父代. 此代码假设对所有整数 $i \in [1, N]$, 适应度值 $f_i \geqslant 0$.

x_i = 种群中的第 i 个个体, $i \in [1, N]$
$f_i \leftarrow \text{fitness}(x_i)$, $i \in [1, N]$
$f_{\text{sum}} = \sum_{i=1}^{N} f_i$
生成一个服从均匀分布的随机数 $r \in [0, f_{\text{sum}}]$

$F \leftarrow f_1$
$k \leftarrow 1$
while $F < r$
  $k \leftarrow k+1$
  $F \leftarrow F + f_k$
End while
Parent $\leftarrow x_k$

3.4.3 变异

遗传算法中的最后一步被称为变异. 生物中的变异相对来说较少见, 至少对后代有显著影响的变异较少见. 在大多数遗传算法的实施中, 变异也很少 (2%的量级). 但是, 我们一般并不知道遗传算法的变异率为多少是正确的. 最好的变异率取决于问题、种群规模、编码和其他因素. 不管它的频率为多少, 变异都是重要的, 因为它允许进化过程中探索问题新的可能的解. 如果种群缺少了一些遗传信息, 有可能由变异将那些信息注入种群. 这一点在生物进化中很重要, 而在遗传算法中就更加重要. 这是因为遗传算法的种群规模通常较小, 近亲繁殖很容易出问题, 进化的死胡同在遗传算法中比在生物进化中更常见. 在生物进化中, 我们通常谈论的种群有数以百万计的个体, 而在遗传算法中我们谈论的种群只有几十个或数百个个体.

我们为变异选择一个变异概率, 比方说 1%. 这意味着在交叉生成后代之后, 每个子代的每一位有 1%的概率翻转到相反的值 (1 变成 0, 或 0 变成 1). 变异很简单, 重要的是要选择一个合理的变异概率. 变异概率太高会让遗传算法表现得像随机搜索, 随机搜索并不总是解决问题的好方法. 变异概率太低会导致近亲繁殖和进化的死胡同这些问题, 妨碍遗传算法找到好的解.

如果种群包含 N 个个体 x_i, 每一个个体有 n 位, 且变异率为 ρ, 则在每一代结束时, 我们以概率 ρ 翻转每一个个体的每一位: 对于整数 $i \in [1, N]$ 和整数 $k \in [1, n]$,

$$\left.\begin{array}{rcl} r & \leftarrow & U[0,1], \\ x_i(k) & \leftarrow & \begin{cases} x_i(k), & \text{如果} r \geqslant \rho, \\ 0, & \text{如果} r < \rho \text{且} x_i(k) = 1, \\ 1, & \text{如果} r < \rho \text{且} x_i(k) = 0, \end{cases} \end{array}\right\} \tag{3.6}$$

其中 $U[0,1]$ 是在 $[0,1]$ 上均匀分布的随机数.

3.4.4 遗传算法的总结

本节以应用于机器人设计的遗传算法为简单例子, 讨论遗传算法中的选择、交叉和变异. 在算法 3.3 中我们把它们集中起来概述遗传算法.

3.4.5 遗传算法的参数调试及其例子

算法 3.3 概述了一个简单的遗传算法, 但能看出来在使用算法 3.3 时可以很灵活. 例如, 一个遗传算法的终止准则包括几个不同选项, 这一点与其他迭代优化算法的选项相同. 一种可能是预先给定遗传算法运行的代数. 另一个可能是让遗传算法一直运行直到最好的个体的适应度好过由用户定义的某个阈值. 如果我们的问题是找一个"足够好的"解, 这是一个合理的终止准则. 另一个可能是让遗传算法一直运行直到从一代到下一代最好个体的适应度不再有改进. 这表明进化过程趋於平稳不再会有进一步的改进.

算法 3.3 简单遗传算法的伪代码.

Parents ← {随机生成的种群}
While not (终止准则)
    计算种群中每个父代的适应度
    Children ← ∅
    While |Children| < |Parents|
        用适应度根据概率选出一对交配的父代
        父代交配生成子代 c_1 和 c_2
        Children ← Children∪$\{c_1, c_2\}$
    Loop
    一些子代随机变异
    Parents ← Children
下一代

为得到好的结果, 遗传算法的设计者需要指定一些参数. 这些参数的选择常常会决定成败. 下面是其中的一些参数:

1. 将问题的解映射到位串的编码方案. 下面的一些例子会说明实数的二进制编码, 3.5 节讨论带有实数类型参数的遗传算法, 8.3 节会讨论二进制遗传算法的格雷编码.
2. 将问题的解映射到适应度值的适应度函数.
3. 种群规模.
4. 选择方法. 前面我们谈到轮盘赌选择, 还有其他可能的选择类型, 包括锦标赛选择、排序选择以及其他变形. 8.7 节会讨论其中的一部分.
5. 变异率. 遗传算法若采用过高的变异率就会使其退化成随机搜索. 但采用过低的变异率又不能够充分探索搜索空间.
6. 适应度的缩放. 它决定了适应度函数的实现. 有时候, 适应度函数定义得不好会令全部个体的适应度值互相靠得很近. 如果适应度值聚集在一起, 选择过程就不能很好地区分适应性高和适应性低的个体. 这会妨碍适应性更强的个体传播到下一代. 有时候也会出现相反的问题; 适应度值分得太开, 适应性低的个体就完全没有被选中参加繁殖的机会. 8.7 节会讨论适应度的缩放.

7. 交叉的类型. 我们在前面谈到每一个染色体对在某一点交叉, 但还可以在多点交叉. 8.8 节会讨论交叉的不同种类.
8. 物种/近亲. 一些研究人员仅允许相互之间足够相似的个体交配; 也就是说, 只在它们属于同一"物种"时才能交配. 其他研究人员仅允许相互之间足够不同的个体交配; 也就是说, 只在它们属于不同的"科"时才能交配. 8.6 节会讨论这样的一些想法.

其他非遗传算法的进化算法也存在这些问题, 因此, 我们在第 8 章会讨论这些问题以及其他几个问题.

例 3.2 考虑例 2.2 中的最小化问题:

$$\min_x f(x), \quad 其中\ f(x) = x^4 + 5x^3 + 4x^2 - 4x + 1. \tag{3.7}$$

假设我们或多或少提前知道 $f(x)$ 的最小值会出现在区间 $[-4, -1]$ 中. 我们对 x 选择 4 位编码:

$$\left.\begin{array}{ll} 0000 = -4.0, & 0001 = -3.8, \\ 0010 = -3.6, & 0011 = -3.4, \\ 0100 = -3.2, & 0101 = -3.0, \\ 0110 = -2.8, & 0111 = -2.6, \\ 1000 = -2.4, & 1001 = -2.2, \\ 1010 = -2.0, & 1011 = -1.8, \\ 1100 = -1.6, & 1101 = -1.4, \\ 1110 = -1.2, & 1111 = -1.0. \end{array}\right\} \tag{3.8}$$

编码方案是在准确度和复杂度之间的一个平衡. 位的个数越多分辨率越高, 但也会使遗传算法更加复杂. 考虑包含 4 个个体随机生成的初始种群:

$$\left.\begin{array}{ll} x_1 = 1100, & x_3 = 0010, \\ x_2 = 1011, & x_4 = 1001. \end{array}\right\} \tag{3.9}$$

我们想最小化 $f(x)$, 但遗传算法的设计是要最大化适应度.[1] 因此需要把最小化问题转化为最大化问题以使其符合遗传算法的框架. 最大化 $f(x)$ 的负值就行了. 利用在 (3.8) 式列出的基因型/表型的组合对个体解码, 然后求 $-f(x)$ 的值得到适应度值:

$$\left.\begin{array}{l} \text{fitness}(x_1) = -f(-1.6) = -3.71, \\ \text{fitness}(x_2) = -f(-1.8) = -2.50, \\ \text{fitness}(x_3) = -f(-3.6) = -1.92, \\ \text{fitness}(x_4) = -f(-2.2) = +0.65. \end{array}\right\} \tag{3.10}$$

[1] 这句话假定我们采用轮盘赌选择. 在 8.7 节讨论的一些选择方法并不会假定隐含的问题是一个最大化问题.

现在我们让每个适应度值移位使它们全都大于 0. 这样做很有必要, 它便于接下来确定每一个个体的适应度值所占的百分比:

$$\left.\begin{aligned} f_1 &= -3.71 + 10 = 6.29, \quad f_3 = -1.92 + 10 = 8.08, \\ f_2 &= -2.50 + 10 = 7.50, \quad f_4 = +0.65 + 10 = 10.65. \end{aligned}\right\} \tag{3.11}$$

现在计算每一个个体的相对适应度值. 在采用轮盘赌选择时每一个个体的相对适应度值就是各自的概率:

$$\left.\begin{aligned} p_1 &= f_1/(f_1+f_2+f_3+f_4) = 0.19, \quad p_3 = f_3/(f_1+f_2+f_3+f_4) = 0.25, \\ p_2 &= f_2/(f_1+f_2+f_3+f_4) = 0.23, \quad p_4 = f_4/(f_1+f_2+f_3+f_4) = 0.33. \end{aligned}\right\} \tag{3.12}$$

表 3.1 为初始种群一览. 由表 3.1 可见, 每次旋转轮盘, x_2 和 x_3 都大约有 25%的机会被选中, x_4 被选中的机会几乎是 x_1 的两倍. 为开启遗传算法的第一代, 我们生成 4 个在 $[0, 1]$ 上均匀分布的随机数并用它们选出 4 个父代. 假设此过程最后选出了 x_3, x_4, x_4, 和 x_1. 这意味着我们想让 x_3 和 x_4 交叉得到两个子代, x_4 和 x_1 交叉再得到两个子代. 记住, 每一对父代的交叉点是随机选出来的. 见表 3.2.

表 3.1 例 3.2: 简单进化算法的一个初始种群.

个体	基因型	表型	适应度	选择概率
x_1	1100	−1.4	−4.56	0.19
x_2	1011	−1.8	−2.50	0.23
x_3	0010	−3.6	−1.92	0.25
x_4	1001	−2.2	+0.65	0.33

表 3.2 例 3.2: 简单进化算法的一个交叉. 随机选择的交叉点用黑体标出. 对第一组父代, 交叉点位于前两个位之间, 而对第二组父代, 交叉点则在染色体的中间.

个体	父代 基因型	子代 基因型	适应度
x_3	**0**010	0001	−8.11
x_4	**1**001	1010	−1.00
x_4	**10**01	1000	+2.30
x_1	11**00**	1101	−4.56

由表 3.2 可见, 最好的子代的适应度是 2.30, 它比初始代中最好的个体 (0.65) 好. 遗传算法朝着优化 $f(x)$ 的方向进了一大步. 但并不能保证子代一定会比父代好, 这个简单的例子说明遗传算法能够锁定一个优化问题的解. □

例 3.3 考虑例 2.5 中的最小化问题:

$$\left.\begin{aligned}&\min_{x,y} f(x,y),\\&\text{其中 } f(x,y)=\mathrm{e}-20\exp\left(-0.2\sqrt{\frac{x^2+y^2}{2}}\right)-\exp\left(\frac{\cos(2\pi x)+\cos(2\pi y)}{2}\right).\end{aligned}\right\}\tag{3.13}$$

假设在例 2.5 中, x 和 y 都是从 -5 到 $+5$. 我们需要决定在遗传算法中 x 和 y 的分辨率. 如果要分辨率为 0.25 或者对每一个独立变量 x 和 y 有更好的分辨率, 则 x 和 y 都需要 6 位:

$$\left.\begin{aligned}&x\text{基因型}=x_g\in[0,63],\quad x\text{表型}=-5+\frac{10x_g}{63}\in[-5,5];\\&y\text{基因型}=y_g\in[0,63],\quad y\text{表型}=-5+\frac{10y_g}{63}\in[-5,5].\end{aligned}\right\}\tag{3.14}$$

这里为 x_g 和 y_g 的每一位提供的分辨率是 $10/63=0.159$. 我们运行遗传算法 10 代来最小化 $f(x,y)$. 需要决定种群的规模和变异率. 种群规模取 20 且每一位的变异率为 2%. 遗传算法得到的结果如图 3.4 所示. 因为在遗传算法中用到了随机数, 所以每次运行的结果会不同, 图 3.4 显示的是典型的结果. 当代数增加, 最小费用 (即, 最好个体的费用) 和种群的平均费用都在减少.

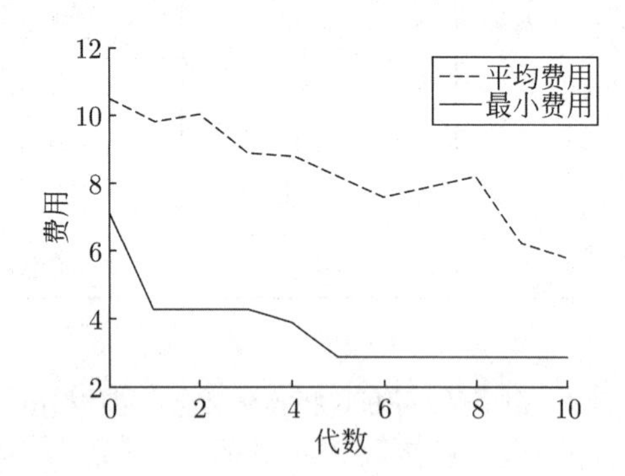

图 3.4 例 3.3: 最小化二维 Ackley函数的遗传算法仿真的典型结果.

图 3.5 为 $f(x,y)$ 的等高线图以及在第 1、第 4、第 7 和第 10 代时个体的位置. 由图 3.5 可见, 因为采用随机初始化, 种群起初分散在整个域中. 随着遗传算法的推进, 种群开始聚集, 个体向最小值靠近, 最小值在图的中心.

图 3.5 中的等高线说明要最小化一个多模态高维函数会有多难. 你可以想象你站在图 3.5 中的有山有谷的景观中, 并且想找到这个景观的最低点. 因为有这么多的高峰和低谷, 要找到最低点很困难. 如果一群个体分散在景观各处就会有更好的机会找出最低点. 个体可以互相学习: “这个山谷看起来很低; 我们去探一探.” 一个说, “不对, 这个看起来更低; 到这边来吧!” 个体相互合作一起找到山谷的最低点. 这与遗传算法和其他进化算法类似. 种群中的个体合作找到问题的一个好的解. □

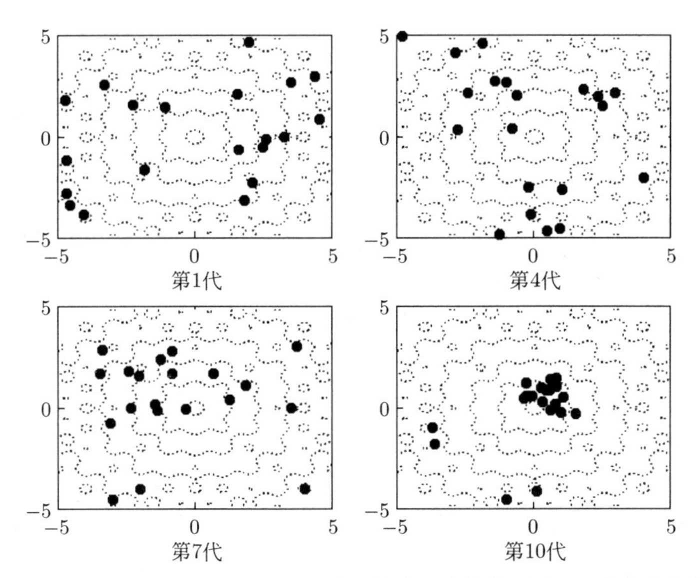

图 3.5 例 3.3: 最小化二维 Ackley 函数的遗传算法仿真的典型结果. 随着遗传算法的推进, 种群中的个体逐渐聚合在一起并向最小值移动, 最小值位于等高线图的中心.

3.5 简单的连续遗传算法

算法 3.3 概述了一个简单的二进制遗传算法, 我们在例 3.2 和例 3.3 中用的就是这个算法. 但这些例子中的问题定义在连续域上, 所以为使用二进制遗传算法不得不把域离散化. 如果能够用直接针对问题的连续域的遗传算法就更简单也更自然. 连续遗传算法这个术语, 或实数编码遗传算法这个术语, 指的是直接在连续变量上操作的遗传算法.

我们可以很直接地把遗传算法从二进制域扩展到连续域. 事实上, 我们仍然可以用算法 3.3，只需要修改此算法中的某些步骤. 来看看算法 3.3 的操作, 考虑如何把它用于连续域的优化问题.

1. 在算法 3.3 中, 首先生成了一个随机的初始种群. 这在连续域上很容易. 假设我们想生成 N 个个体, 那么对于 $i \in [1, N]$, 记第 i 个个体为 $\boldsymbol{x}_i$. 假设想最小化定义在连续域上的一个 n 元函数. 则用 $x_i(k)$ 表示 $\boldsymbol{x}_i$ 的第 k 个元素, 即

$$\boldsymbol{x}_i = [x_i(1), x_i(2), \cdots, x_i(n)]. \tag{3.15}$$

假设第 k 维的搜索域是 $[x_{\min}(k), x_{\max}(k)]$: 对于 $i \in [1, N]$ 和 $k \in [1, n]$,

$$x_i(k) \in [x_{\min}(k), x_{\max}(k)]. \tag{3.16}$$

像算法 3.3 的第一行那样，我们用下面的代码可以生成一个随机的初始种群:

For $i = 1$ to N

  For $k = 1$ to n

    $x_i(k) \leftarrow U[x_{\min}(k), x_{\max}(k)]$

下一个 k

下一个 i

也就是说, 简单地把每个 $x_i(k)$ 设置为均匀分布于 $x_{\min}(k)$ 和 $x_{\max}(k)$ 之间的一个随机数.

2. 下一步开始算法 3.3 中 "while not (终止准则)" 的循环. 其中的第一步是计算每一个个体的适应度. 如果想要最大化 $f(\boldsymbol{x})$, 就计算每一个 $\boldsymbol{x}_i$ 的适应度 $f(\boldsymbol{x}_i)$. 如果想要最小化 $f(\boldsymbol{x})$, 就算出 $f(\boldsymbol{x}_i)$ 的负数作为 $\boldsymbol{x}_i$ 的适应度.
3. 下一步开始算法 3.3 中的 "while |Children| < |Parents|" 的循环. 其中的第一步是 "用适应度根据概率选择一对父代交配." 我们在 3.4.2 节讨论过, 这一步采用轮盘赌选择. 在 8.7 节会讨论完成这一步的其他选项, 现在我们只简单地采用轮盘赌选择.
4. 接下来执行算法 3.3 中的 "父代交配" 生成两个子代. 采用图 3.1 所示的单点交叉. 唯一的不同是在连续域上的个体而非二进制域的个体的结合. 我们用图 3.6 说明连续域个体的单点交叉. 在 8.8 节会讨论连续遗传算法的其他类型的交叉.

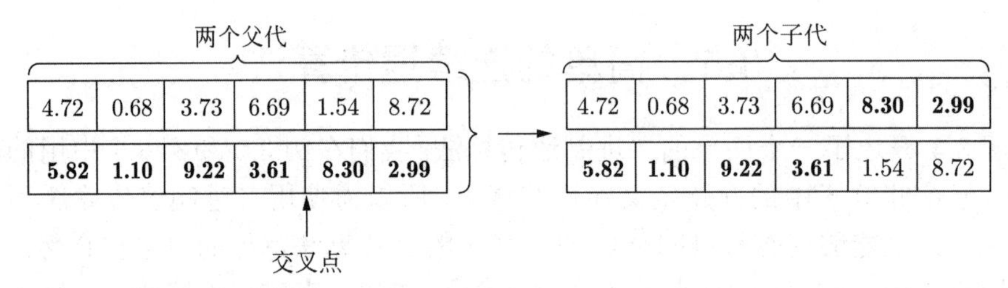

图 3.6 连续域遗传算法中交叉的说明. 交叉点随机选出. 两个父代生成两个子代.

5. 下一步执行算法 3.3 中的 "随机变异". 在二进制遗传算法中, 变异是一个直接的操作, 如 (3.6) 式所示. 在连续遗传算法中, 我们为 $x_i(k)$ 分配一个在其搜索域上均匀分布的随机数, 然后让 $x_i(k)$ 变异: 对于 $i \in [1, N]$ 和 $k \in [1, n]$,

$$\left.\begin{aligned} r &\leftarrow U[0,1], \\ x_i(k) &\leftarrow \begin{cases} x_i(k), & \text{如果} r \geqslant \rho, \\ U[x_{\min}(k), x_{\max}(k)], & \text{如果} r < \rho, \end{cases} \end{aligned}\right\} \tag{3.17}$$

其中 ρ 为变异率. 在 8.9 节会讨论连续遗传算法中其他可能的变异.

连续遗传算法中的变异

注意, 给定一个变异率, 它在二进制遗传算法中与在连续遗传算法中的影响不同. 如果我们有一个 n 维连续域问题且变异率为 ρ_c, 则每一个子代的每个解的特征会有 ρ_c 的概率产生变异. 例如, 在图 3.6 中, 这两个子代的 6 个元素的每一个都有 ρ_c 的概率变

异. 在连续遗传算法中的变异会让解的特征在其最小和最大可能的值之间均匀分布, 如 (3.17) 式所示.[1]

但在二进制遗传算法中, 每一个个体的每一维都是离散化的. 如果我们把一个连续的维度离散化为 m 位并使用变异率 ρ_b, 则每一位都有 ρ_b 的概率发生变异. 那意味着每一位有 $1-\rho_b$ 的概率不发生变异. 因此, 每个维度不发生变异的概率等于这 m 个位全都不发生变异的概率, 其概率等于 $(1-\rho_b)^m$. 因此, 每一维发生变异的概率为 $1-(1-\rho_b)^m$. 此外, 如果真的发生了变异, 则变异的这一维度*并不是*在最小值和最大值之间均匀分布; 它的分布取决于在哪些位上出现变异.

我们能求出连续问题的变异率 ρ_c, 让它的影响近似地等于在离散的问题中变异率为 ρ_b 的影响. 我们在前面讨论过, 如果每一维度有 m 位的离散问题的二进制遗传算法的变异率为 ρ_b, 则任一给定维度上没有变异的概率等于 $(1-\rho_b)^m$. 它可以用一阶泰勒级数近似为

$$\Pr(\text{二进制遗传算法中没有变异}) = (1-\rho_b)^m \approx 1 - m\rho_b. \tag{3.18}$$

当 ρ_b 很小时这个近似成立. 如果连续问题的遗传算法的变异率为 ρ_c, 则任一给定维度上没有变异的概率等于 $1-\rho_c$. 让它等于 (3.18) 式中的概率就得到

$$1-\rho_c = 1 - m\rho_b, \quad \text{即} \quad \rho_c = m\rho_b. \tag{3.19}$$

因此, 每一维度有 m 位且变异率为 ρ_b 的二进制遗传算法的变异过程*近似地*等价于变异率为 $m\rho_b$ 的连续遗传算法的变异过程. 我们在上一句强调"近似地"这个词是因为不清楚在二进制和连续遗传算法中相等的变异率是否会得到相当的结果. 这是因为二进制遗传算法变异量级的分布与连续遗传算法变异的不同. 二进制和连续遗传算法变异的等价性是一个有趣的值得进一步深入研究的题目.

例 3.4 考虑例 3.3 的最小化问题:

$$\left.\begin{aligned} &\min_{x,y} f(x,y), \\ &\text{其中} f(x,y) = \mathrm{e} - 20\exp\left(-0.2\sqrt{\frac{x^2+y^2}{2}}\right) - \exp\left(\frac{\cos(2\pi x)+\cos(2\pi y)}{2}\right). \end{aligned}\right\} \tag{3.20}$$

假设 x 和 y 都是从 -1 到 $+1$. 在例 3.3 中, 我们将搜索域离散化以便可以应用二进制遗传算法. 但因为问题定义在连续域上, 用连续遗传算法会更自然. 在这个例子中, 我们对二进制遗传算法和连续遗传算法都运行 20 代, 种群规模为 10. 对二进制遗传算法, 与例 3.3 相同, 每个维度用 4 位表示并且每位的变异率为 2%. 为使连续遗传算法中变异的影响近似地与二进制遗传算法的相同, 在连续遗传算法中采用 8% 的变异率. 我们还取精英因子为 1, 它意味着把种群中最好的个体保留到下一代 (参见 8.4 节).

图 3.7 显示由 50 次仿真平均得到的每一代的最好个体. 由图可见, 连续遗传算法明显比二进制遗传算法好. 对于连续域问题, 采用二进制遗传算法, 一般来说 (但不总是) 用的位越多性能也会越好; 而如果采用连续遗传算法, 就能得到最好的性能. □

[1] 均匀变异可能是连续遗传算法中最经典的变异. 在 8.9 节我们会讨论可供选择的其他类型的变异.

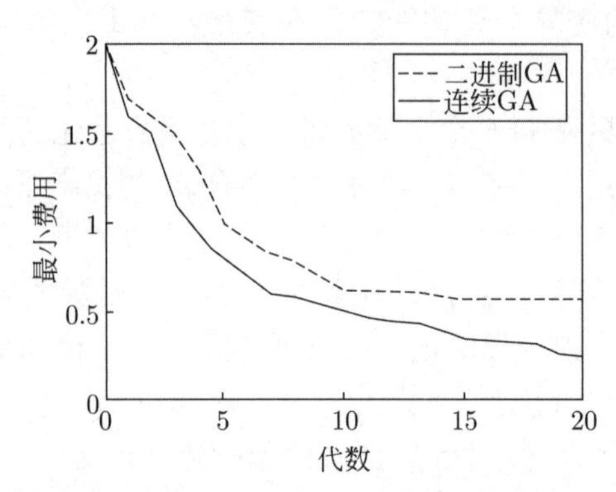

图 3.7 例 3.4: 对于二维 Ackley 函数, 二进制遗传算法与连续遗传算法的性能. 此图显示每一代的最好个体在 50 次仿真上的平均.

有趣的是, 在某种程度上连续遗传算法的历史还存在争议. 因为遗传算法最初是为二进制表示开发的, 并且早期的遗传算法的理论也都是面向二进制遗传算法, 在 20 世纪 80 年代, 研究人员对连续遗传算法的崛起心存疑虑 [Goldberg, 1991], 但很难否认连续遗传算法的成功, 它易于使用并具有较新的理论支持.

3.6 总 结

遗传算法是第一个进化算法, 可能也是目前最受欢迎的进化算法. 近年来出现了许多颇具竞争力的进化算法, 但是遗传算法依然流行, 因为它为人所熟知，具有直观又便于实施的特点，在各种各样的问题上也表现出很好的性能.

多年来, 关于遗传算法的书和综述文章有很多. David Goldberg 的书 [Goldberg, 1989a] 是关于遗传算法最早的一本著作, 与很多学科的早期著作一样, 由于阐述清晰, 所以颇受欢迎流传很久. 关于遗传算法还有很多好书, 包括 [Mitchell, 1998], [Michalewicz, 1996], [Haupt and Haupt, 2004], 以及因为强调理论而令人瞩目的 [Reeves and Rowe, 2003]. 还有一些受欢迎的教程包括 [Back and Schwefel, 1993], [Whitley, 1994] 和 [Whitley, 2001].

鉴于有关遗传算法的书和文章太多, 本章只简要给出了必要的介绍. 我们在本章忽视了许多与遗传算法相关的问题 —— 不是因为它们不重要, 只不过是因为我们的视野有限. 在这些问题中包括含有可变长度染色体的混乱遗传算法 [Goldberg, 1989b; Mitchell, 1998]; 基于性别的遗传算法, 它模拟遗传算法种群中的多性别并经常被用于求解多目标优化 (第 20 章)[Lis and Eiben, 1997]; 岛屿遗传算法, 它包括子种群 [Whitley et al., 1998]; 细胞遗传算法, 它在种群的个体之间强加一种特定的时空关系 [Whitley, 1994]; 以及协方差阵的自适应, 它是一种局部搜索策略, 能增强进化算法的性能 [Hansen et al., 2003].

本章介绍的基本遗传算法还有许多变种. 其中有一些变种极为重要, 能决定遗传算法在应用中的成败. 第 8 章会讨论可用于遗传算法及其他进化算法的很多变种.

习　题

书面练习

3.1 3.4.1 节中有一个简单的例子, 它告诉我们在遗传算法中如何表示机器人设计的参数. 假设有一个遗传算法的个体, 其位串为 110010.

(1) 这个个体的染色体是什么?

(2) 这个个体的基因型和表型是什么?

3.2 我们想用二进制遗传算法在域 $[-5,5]$ 上以 0.1 的分辨率找出最小化二维 Rastrigin函数 (参见 C.1.11 节) 的 $\boldsymbol{x}$.

(1) 每个染色体需要多少个基因?

(2) 每一个基因需要多少位?

(3) 按照你对 (2) 的回答, $\boldsymbol{x}$ 的每一个元素的分辨率是多少?

3.3 有一个包含 10 个个体 $\{x\}$ 的遗传算法, 且 x_i 的适应度为 $f(x_i)=i$, $i\in[1,10]$. 我们用轮盘赌选择选出 10 个父代进行交叉. 首先选出的两个父代交配生成两个子代, 接下来的两个交配生成另外两个子代, 以此类推.

(1) 适应性最强的个体至少与自己交配一次产生两个克隆的子代的概率是多少?

(2) 适应性最差的个体至少与自己交配一次产生两个克隆的子代的概率是多少?

3.4 有一个包含 10 个个体 $\{x\}$ 的遗传算法, 且 x_i 的适应度为 $f(x_i)=i$, $i\in[1,10]$. 我们用轮盘赌选择选出 10 个父代进行交叉.

(1) 旋转 10 次轮盘后, x_{10} 未被选中的概率是多少?

(2) 旋转 10 次轮盘后, x_{10} 正好被选中一次的概率是多少?

(3) 旋转 10 次轮盘后, x_{10} 多于一次被选中的概率是多少?

3.5 轮盘赌选择假定种群的适应度值需满足对于 $i\in[1,N]$, $f(x_i)\geqslant 0$. 假设你有一个适应度值为 $\{-10,-5,0,2,3\}$ 的种群. 应该如何修改那些适应度值以便使用轮盘赌选择?

3.6 轮盘赌选择假定种群以适应度值 $\{f(x_i)\}$ 为特征, 这里适应度值高的个体优于适应度值低的个体. 假设有一个问题, 它的种群以费用 $\{c(x_i)\}$ 为特征, 这里费用低的个体优于费用高的个体, 并且对所有 i, $c(x_i)>0$. 如何修改费用的值以便使用轮盘赌选择?

3.7 在二进制遗传算法中有两个父代, 每一个有 n 位. 对于 $i\in[1,n]$, 父代 1 中的第 i 位与父代 2 中的第 i 位不同. 我们随机选择交叉点 $c\in[1,n]$. 子代是父代的克隆 (即一模一样) 的概率是多少?

3.8 假设在二进制遗传算法中有 N 个随机初始化的个体, 这里每一个个体有 n位.

(1) 给定 i, 每一个个体的第 i 位都相同的概率是多少?

(2) 对所有 $i\in[1,n]$, 每一个个体的第 i 位不一样的概率是多少?

(3) 回想一下, 对于小的 am, $\exp(-am)\approx 1-am$ 以及对于小的 a 值, $(1-a)^m\approx 1-am$. 利用它们将你在 (2) 中的答案近似为一个指数.

(4) 利用在 (3) 中的答案找出所需的种群规模 N, 使得两个等位基因出现在随机初始化种群的每一位上的概率为 p.

(5) 假设我们想随机初始化每一个个体有 100 位的种群, 使得每一位上出现等位基因的概率为 99.9%或更大. 用 (4) 中的答案得到种群的最小规模.

3.9 有一个二进制遗传算法, 其种群规模为 N, 变异率为 ρ, 每一个个体有 n 位.

(1) 在整个种群的一代中, 完全没有变异的概率是多少?

(2) 对于给定的种群规模 N 以及位长 n, 用在 (1) 中的答案找出让每一代中无变异的概率大于 P_{none} 的最小变异率 ρ.

(3) 用在 (2) 中的答案找出最小变异率 ρ 使得当 $N = 100$ 且 $n = 100$ 时, 每一位都不变异的概率为 0.01%.

计算机练习

3.10 写一个计算机仿真确认你在习题 3.3 中的答案.

3.11 写一个计算机仿真确认你在习题 3.8 中的答案.

3.12 1-max问题是找出含有 1 的位数最多的 n 位串. 位串的适应度是含有 1 的个数. 当然, 写出连续的 n 个 1, 这个问题就解决了. 但是, 在这个问题中, 我们感兴趣的是遗传算法能否解决 1-max 问题. 写一个遗传算法来求解 1-max 问题. 取 $n = 30$, 代数限制 =100, 种群规模 =20, 并且变异率 =1%.

(1) 画出费用最好的个体以及种群平均适应度随代数变化的图形.

(2) 对你的遗传算法做 50 次蒙特卡罗仿真. 这样就得到最好个体的适应度随代数变化的 50 张图. 画出这 50 张图的平均. 记第 100 代最好的 50 个适应度值的平均为 $\bar{f}(x^*)$. $\bar{f}(x^*)$ 是多少?

(3) 种群规模设为 40, 重复 (2). 与你在 (2) 中的答案相比, $\bar{f}(x^*)$ 有什么变化? 为什么?

(4) 种群规模设置为 20 并将变异率改为 5%. 与你在 (2) 中的答案相比, $\bar{f}(x^*)$ 有什么变化? 为什么?

(5) 将变异率设置为 0%. 与你在 (2) 中的答案相比, $\bar{f}(x^*)$ 有什么变化? 为什么?

(6) 设置适应度等于 1 的个数加 50 而不是 1 的个数. 重复 (2). 与你在 (2) 中的答案相比, $\bar{f}(x^*)$ 有什么变化? 为什么?

(7) 在 (2) 中, 设置适应度等于 1 的个数; 但是对所有适应度低于平均的个体, 适应度设置为 0. 与你在 (2) 中的答案相比, $\bar{f}(x^*)$ 有什么变化? 为什么?

3.13 写一个连续遗传算法来最小化 sphere函数 (参见 C.1.1 节). 每一维的搜索域设置为 $[-5, +5]$, 问题的维数为 20, 代数的限制为 100, 种群规模是 20, 且变异率为 1%. 对于轮盘赌选择, 我们需要将费用的值 $c(x_i)$ 映射到适应度值 $f(x_i)$. 按 $f(x_i) = 1/c(x_i)$ 映射.

(1) 画出费用最好的个体以及种群平均费用随代数变化的图形.

(2) 对你的遗传算法做 50 次蒙特卡罗仿真. 这样会得到最好个体的费用随代数变化的 50 张图. 画出这 50 张图的平均. 记第 100 代最好的 50 个费用的值的平均为 $\bar{c}(x^*)$. $\bar{c}(x^*)$ 是多少?

(3) 采用 2%的变异率重做 (2) 中的仿真. 与在 (2) 中的答案相比, $\bar{c}(x^*)$ 有什么变化? 用 5%的变异率再做一次.

第 4 章　遗传算法的数学模型

但是程序的源代码未必就是最清晰的描述.

迈克尔 • 沃斯 (Michael Vose) [unpublished course notes, 2010]

针对进化算法 (Evolutionary Algorithms) 的研究常常是特别的、基于仿真的、启发式的并且是非解析的. 工程师们历来更关心进化算法是否管用, 而不是如何管用或为什么管用. 然而, 在 20 世纪最后的几十年里, 随着进化算法研究的成熟, 工程师们开始更多地关注如何以及为什么的问题. 本章讨论回答这些问题的一些方法. 这一章在本书中技术性最强, 涉及的数学也最多. 只想得到进化算法的实用知识的学生可以略过. 如果学生想在进化算法这一研究领域具有广博的见识并全面地发展, 理解本章中的思想至关重要. 花时间和精力去理解这些材料, 就有可能发现意想不到的全新的研究途径.

本章概览

早期对如何和为什么的回答是图式理论, 它分析遗传算法中各种各样的位的组合随时间的增长和衰退, 因此, 4.1 节讨论图式理论. 针对遗传算法较新的一些数学分析依赖于马尔可夫模型和动态系统模型, 我们在本章也会探讨. 这些模型有它们自身的缺点, 但缺点只是在算法实施和计算资源这些方面而不是在理论方面. 4.2 节概述马尔可夫理论, 它是由俄国数学家安德烈 • 马尔可夫 (Andrey Markov)[1] 在 1906 年建立的 [Seneta, 1966]. 马尔可夫理论已经成为数学的一个基础领域, 应用于物理学、化学、计算机科学、社会科学、工程、生物学、音乐、体育以及让人意想不到的其他领域. 马尔可夫理论能让我们更深入地洞察遗传算法的行为. 4.3 节介绍建立马尔可夫模型和动态系统模型会用到的一些符号和初步的结果.

4.4 节为基于适应度选择, 然后变异, 然后单点交叉的遗传算法建立马尔可夫链模型. 遗憾的是, 马尔可夫模型的维数以种群规模和搜索空间规模的阶乘增长 (即比指数快). 因此马尔可夫链模型的应用只限于很小的问题. 但马尔可夫模型仍然有用, 它能给出准确的结果, 不受仿真的随机属性的影响.

4.5 节建立遗传算法的动态系统模型. 这个动态系统模型以马尔可夫模型为基础但其应用却很不同. 马尔可夫模型在代数趋于无穷大时给出每个可能的种群的稳态概率. 动态系统模型在种群规模趋于无穷大时给出每一个个体在搜索空间中随时间变化的比例.

---

[1] 马尔可夫的儿子, 小安德烈 • 马尔可夫, 也是一位颇有建树的数学家.

4.1 图式理论

考虑一个简单的问题 $\max_x f(x)$, 这里 $f(x) = x^2$. 假设我们将 x 编码成 5 个位的整数, 这里位串 00000 表示十进制的 0, 而位串 11111 表示十进制的 31. 当 $x = 11111$, $f(x)$ 达到最大值. 不仅如此, 以 1 打头的位串比以 0 打头的位串好. 由此得到图式的概念. 图式是描述一组个体的位模式, 其中用 * 来表示“不在乎”的位. 例如, 位串 11000 和 10011 都属于图式 1****. 这个图式对于函数 x^2 来说适应性非常高. 属于这个图式的位串比不属于它的位串好. 以这种方式将遗传算法与图式结合就得到适应性强的个体.

考虑长度为 2 的位串. 长度为 2 的图式是 **, 0*, 1*, *0, *1, 00, 01, 10, 和 11. 长度为 2 的图式共有 9 种. 一般来说, 长度为 l 的图式总共有 3^l 种.

现在考虑一个位串所属的图式的个数. 例如, 01 属于 4 个图式: 01, *1, 0*, 和 **. 一般来说, 长度为 l 的位串属于 2^l 个图式.

现在考虑 N 个位串的种群, 每一个位串的长度为 l. 种群中每个位串属于图式的某个集合. 我们称这 N 个图式集合的并集为整个种群所属的图式的集合. 如果所有的位串都相同, 则每个位串属于同样的 2^l 个图式, 并且整个种群属于这 2^l 个图式. 另一个极端情况是全部的位串都是独一无二的并且除了一般图式 $**\cdots**$ 之外, 不属于任何一个相同的图式. 在这种情况下整个种群属于 $N2^l - (N-1)$ 个图式. 由此可见, 位串长度为 l 的 N 个位串的种群, 所属图式的个数在 2^l 和 $(N(2^l-1)+1)$ 之间.

在一个图式中, 有定义的位 (即非星号, 称为定义位) 的个数称为此图式的阶, 记为 o. 例如, $o(1***0) = 2$, 而 $o(0*11*) = 3$.

在图式中从最左边的定义位到最右边的定义位的位的个数称为定义长度 δ. 例如, $\delta(1***0) = 4$, $\delta(0*11*) = 3$, 而 $\delta(1****) = 0$.

属于某个图式的一个位串称为此图式的一个实例. 例如, 图式 $0*11*$ 有 4 个实例: 00110, 00111, 01110, 以及 01111. 一般来说, 一个图式含有的实例的个数等于 2^A, 这里 A 是图式中星号的个数. 注意, $A = l - o$.

我们用符号 $m(h,t)$ 表示在遗传算法中的第 t 代图式 h 含有的实例的个数. 用 $f(x)$ 表示位串 x 的适应度. 用 $f(h,t)$ 表示第 t 代种群中图式 h 的实例的平均适应度:

$$f(h,t) = \frac{\sum_{x\in h} f(x)}{m(h,t)}. \tag{4.1}$$

用 $\bar{f}(t)$ 表示第 t 代整个种群的平均适应度. 如果用轮盘赌选择选出下一代的父代, 选中的属于 h 的实例的个数的期望为

$$\mathrm{E}[m(h,t+1)] = \frac{\sum_{x\in h} f(x)}{\bar{f}(t)} = \frac{f(h,t)m(h,t)}{\bar{f}(t)}. \tag{4.2}$$

下面我们以概率 p_c 进行交叉. 假定交叉点在位之间而不在位串的两端. 由每一对父代得到两个子代. 这种情况下, 交叉会破坏图式的概率是多少呢? 我们来看几个例子.

- 考虑图式 $h = 1****$. 交叉不会破坏这个图式. 如果这个图式的一个实例与另一个位串交叉, 至少会有一个子代仍是 h 的实例.
- 考虑图式 $h = 11***$. 如果这个图式的一个实例与位串 x 交叉, 交叉点可以有 4 个位置. 如果交叉点在两个 1 位之间, 图式可能会被破坏, 它取决于 x 的值. 如果交叉点在右边 (另外三个可能的交叉点), 图式就不会被破坏; 至少有一个子代会是 h 的实例. 由此可见, 图式被破坏的概率小于或等于 1/4, 它取决于交叉发生的位置.
- 考虑图式 $h = 1*1**$. 如果这个图式的一个实例与位串 x 交叉, 则交叉点可以是 4 个位置中的其中一个. 如果交叉点位于两个 1 位之间 (有两个可能的交叉点), 则图式可能被破坏, 它取决于 x 的值. 但是如果交叉点在最右边的 1 位的右边 (另外两个可能的交叉点), 则图式不会被破坏; 至少有一个子代会是 h 的实例. 由此可见, 图式被破坏的概率小于或等于 1/2, 它取决于交叉发生的位置.

将上面的分析一般化, 可知因交叉而破坏图式的概率小于或等于 $\delta/(l-1)$. 交叉的概率为 p_{c}, 所以交叉破坏图式的总概率小于或等于 $p_{\mathrm{c}}\delta/(l-1)$. 图式在交叉之后还存在的概率为

$$p_{\mathrm{s}} \geqslant 1 - p_{\mathrm{c}}\left(\frac{\delta}{l-1}\right). \tag{4.3}$$

下面对每一位以概率 p_{m} 进行变异. h 中定义 (非星号) 位的个数是 h 的阶, 记为 $o(h)$. 定义位变异的概率为 p_{m}, 不发生变异的概率为 $1-p_{\mathrm{m}}$. 所以, 定义位没有变异的概率为 $(1-p_{\mathrm{m}})^{o(h)}$.

这个概率的形式为 $g(x) = (1-x)^y$. $g(x)$ 在 x_0 附近的泰勒展开式为

$$g(x) = \sum_{n=0}^{\infty} g^{(n)}(x_0)\frac{(x-x_0)^n}{n!}. \tag{4.4}$$

设 $x_0 = 0$, 对于 $xy \ll 1$ 得到

$$\begin{aligned}
g(x) &= \sum_{n=0}^{\infty} g^{(n)}(0)\frac{x^n}{n!} \\
&= 1 - xy + \frac{x^2 y(y-1)}{2!} - \frac{x^3 y(y-1)(y-2)}{3!} + \cdots \\
&\approx 1 - xy.
\end{aligned} \tag{4.5}$$

因此, 如果 $p_{\mathrm{m}}o(h) \ll 1$, 则 $(1-p_{\mathrm{m}})^{o(h)} \approx 1 - p_{\mathrm{m}}o(h)$. 将 (4.2) 式与 (4.3) 式相结合, 得到

$$\begin{aligned}
\mathrm{E}[m(h,t+1)] &\geqslant \frac{f(h,t)m(h,t)}{\bar{f}(t)}\left[1 - p_{\mathrm{c}}\left(\frac{\delta}{l-1}\right)\right](1 - p_{\mathrm{m}}o(h)) \\
&\approx \frac{f(h,t)m(h,t)}{\bar{f}(t)}\left[1 - p_{\mathrm{c}}\left(\frac{\delta}{l-1}\right) - p_{\mathrm{m}}o(h)\right].
\end{aligned} \tag{4.6}$$

假设一个图式较短; 也就是说, 它的定义长度 δ 较小, 则 $\delta/(l-1) \ll l$. 假设我们采用较低的变异率, 并且图式的阶也较低; 即, 定义位不是很多. 则 $p_{\mathrm{m}}o(h) \ll 1$. 假设一个图式

具有高于平均的适应度; 即, $f(h)/\bar{f}(t) = k > 1$, 这里 k 是某个常数. 最后, 假设有一个大种群满足 $\mathrm{E}[m(h,t+1)] \approx m(h,t+1)$. 近似地, 我们有

$$m(h,t+1) \geqslant km(h,t) = k^t m(h,0). \tag{4.7}$$

由此得到下面的定理, 我们称之为图式定理.

定理 4.1 具有高于平均适应度值的短的低阶图式在遗传算法种群中的代表数会呈指数增长.

图式定理经常写成 (4.6) 式或 (4.7) 式.

图式理论在 20 世纪 70 年代由 John Holland创立 [Holland, 1975] 并迅速在遗传算法的研究中站稳脚跟. 20 世纪 80 年代, 图式理论几乎压倒了一切, 以致于让人们怀疑遗传算法的实施违背图式理论的假设 (比如, 如果遗传算法采用基于排序而不是基于适应度的选择 [Whitley, 1989]). [Goldberg, 1989a, Chapter 2] 用一个简单的例子描述如何应用图式理论.

[Reeves and Rowe, 2003, Section 3.2] 中有图式理论的一些反例. 也就是说图式定理并不总是有用的. 其原因如下.

- 图式理论应用于搜索空间的任意子集. 考虑例 3.2 中的表 3.2. x_1 和 x_4 都属于图式 $h = 1*0*$. 但是它们分别是种群中适应度最差和最好的个体, 因此, 除了它们都是 h 的成员这一事实之外, 这两个个体实际上没有任何关系. 关于 h 并没有什么特别的, 所以图式定理没有提供有关 h 的有用的信息.
- 图式理论不能分辨可能不属于同一图式但相似的位串. 在例 3.2 中, 0111 和 1000 在搜索空间中相邻, 但是除了一般图式 ****, 它们并不属于任何一个共同的图式. 采用格雷编码可以缓解这个问题, 不过即便如此, 还是依赖于搜索空间, 搜索空间中的邻居在适应度空间中可能没有密切的关系.
- 由图式理论可知, 从第 t 代能存活到下一代的图式实例的个数, 但是更重要的是哪些图式实例会活下来. 这与上面的条目 1 有关. 再看看例 3.2, 可知 x_1 和 x_4 都属于图式 $h = 1*0*$. 图式理论告诉我们 h 能否从一代活到下一代, 但我们更感兴趣的是 x_4 能不能活下来而不是 x_1.
- 图式理论给出了图式实例的期望个数. 但是, 遗传算法的随机性令它在每次运行中都会有不同的行为. 仅当种群规模趋于无穷大时, 图式实例的期望个数才等于图式实例的实际个数.
- 没有图式会既按指数增加又有高于平均的适应度. 如果一个图式按指数增加, 它很快就会在种群中占支配地位, 这时候种群的平均适应度会近似地与图式的适应度相等. 因此, 在定理 4.1 上面的那一段中的近似值 $f(h)/\bar{f}(t) = k$, 其中 k 是一个常数, 就不再正确. 与此相关的一个事实是, 大多数遗传算法操作的种群规模为 100 或更小. 这样小的种群规模不能支持任何一个图式超过几代的指数增长.

到 20 世纪 90 年代, 过分强调图式理论的缺点导致像下面这样的极端言论:“我会说 —— 因为不再有争议 ——‘图式定理’实际上并不能解释简单的遗传算法的行为”

[Vose, 1999, page xi]. 钟摆从一边 (过度依赖图式理论) 转向另一边 (完全拒绝图式理论). 这种大变动是许多新理论的特点. 图式理论是可靠的, 不过它也存在局限. [Reeves and Rowe, 2003, Chapter 3] 对图式理论的优缺点给出了中肯的评价.

4.2 马尔可夫链

假设有一个由离散状态的集合 $S=\{S_1,S_2,\cdots,S_n\}$ 描述的离散时间系统. 比如, 天气可以由状态的集合 $S=\{雨,晴,雪\}$ 来描述. 我们用符号 $S(t)$ 记在时刻 t 时的状态. 初始状态为 $S(0)$, 在下一个时刻的状态为 $S(1)$, 以此类推. 从一个时刻到下一个时刻, 系统状态可能会改变, 也可能保持不变. 从一个状态转移到另一个状态完全依概率进行. 在一阶马尔可夫过程, 也称为一阶马尔可夫链中, 系统转移到下一时刻的任一给定状态的概率仅依赖于当前状态; 也就是说, 这个概率独立于以前的所有状态. 将系统从一个时刻到下一个时刻由状态 i 转移到状态 j 的概率记为 p_{ij}. 则对所有的 i, 有

$$\sum_{j=1}^{n} p_{ij}=1. \tag{4.8}$$

我们构造 $n\times n$ 矩阵 $\boldsymbol{P}$, 其中 p_{ij} 是第 i 行和第 j 列的元素. $\boldsymbol{P}$ 称为马尔可夫过程的转移矩阵、概率矩阵、或随机矩阵. [1]$\boldsymbol{P}$ 的每行的元素和为 1.

例 4.1 奥兹国从来不会有连续两个晴天 [Kemeny et al., 1974]. 如果是晴天, 则第二天有 50% 的机会下雨, 50% 的机会下雪. 如果下雨, 则第二天有 50% 的机会再下雨, 25% 的机会下雪, 以及 25% 的机会天晴. 如果下雪, 则第二天有 50% 的机会再下雪, 25% 的机会下雨, 25% 的机会天晴. 我们知道, 某一天的天气预报仅仅只依赖于在它前一天的天气. 如果用状态 R, N 和 S 分别表示雨, 晴, 雪, 则得到表示不同天气之间转移概率的马尔可夫矩阵:

$$\boldsymbol{P} = \begin{array}{c} \begin{matrix} R & N & S \end{matrix} \\ \left[\begin{matrix} 1/2 & 1/4 & 1/4 \\ 1/2 & 0 & 1/2 \\ 1/4 & 1/4 & 1/2 \end{matrix}\right] \begin{matrix} R \\ N \\ S \end{matrix} \end{array} \tag{4.9}$$

□

假设马尔可夫过程在时刻 0 的开始状态为 i. 从前面的讨论可知, 已知过程在时刻 0 的状态为 i, 在时刻 1 的状态为 j 的概率为 $\Pr(S(1)=S_j|S(0)=S_i)=p_{ij}$. 现在考虑下一个时刻. 可以利用全概率定理 [Mitzenmacher and Upfal, 2005] 找出在时刻 2 过程处于状态 1 的概率为

[1] 更准确地说, 我们定义的矩阵称为*右*转移矩阵. 一些书和文章将转移概率记为 p_{ji}, 并将马尔可夫转移矩阵定义为我们所定义的矩阵的转置. 他们的矩阵称为*左* 转移矩阵, 每列的元素的和为 1.

$$
\begin{aligned}
\Pr(S(2)=S_1|S(0)=S_i) &= \Pr(S(1)=S_1|S(0)=S_i)p_{11}+ \\
&\quad \Pr(S(1)=S_2|S(0)=S_i)p_{21}+\cdots+ \\
&\quad \Pr(S(1)=S_n|S(0)=S_i)p_{n1} \\
&= \sum_{k=1}^{n}\Pr(S(1)=S_k|S(0)=S_i)p_{k1} \\
&= \sum_{k=1}^{n}p_{ik}p_{k1}. \qquad (4.10)
\end{aligned}
$$

将上面的推导一般化, 我们发现在时刻 2 过程处于状态 j 的概率为

$$\Pr(S(2)=S_j|S(0)=S_i)=\sum_{k=1}^{n}p_{ik}p_{kj}. \qquad (4.11)$$

它等于 $\boldsymbol{P}$ 的平方的第 i 行第 j 列的元素; 即

$$\Pr(S(2)=S_j|S(0)=S_i)=[\boldsymbol{P}^2]_{ij}. \qquad (4.12)$$

继续这种归纳推理, 我们发现

$$\Pr(S(t)=S_j|S(0)=S_i)=[\boldsymbol{P}^t]_{ij}. \qquad (4.13)$$

即, 在 t 时刻后马尔可夫过程状态 i 转移到状态 j 的概率等于 $\boldsymbol{P}^t$ 的第 i 行第 j 列的元素.

在例 4.1 中, 在不同的 t 值下计算 $\boldsymbol{P}^t$ 从而得到

$$
\left.
\begin{aligned}
\boldsymbol{P} &= \begin{bmatrix} 0.5000 & 0.2500 & 0.2500 \\ 0.5000 & 0.0000 & 0.5000 \\ 0.2500 & 0.2500 & 0.5000 \end{bmatrix}, \quad
\boldsymbol{P}^2 = \begin{bmatrix} 0.4375 & 0.1875 & 0.3750 \\ 0.3750 & 0.2500 & 0.5000 \\ 0.3750 & 0.1875 & 0.4375 \end{bmatrix}, \\
\boldsymbol{P}^4 &= \begin{bmatrix} 0.4023 & 0.1992 & 0.3984 \\ 0.3984 & 0.2031 & 0.3984 \\ 0.3984 & 0.1992 & 0.4023 \end{bmatrix}, \quad
\boldsymbol{P}^8 = \begin{bmatrix} 0.4000 & 0.2000 & 0.4000 \\ 0.4000 & 0.2000 & 0.4000 \\ 0.4000 & 0.2000 & 0.4000 \end{bmatrix}.
\end{aligned}
\right\} \qquad (4.14)
$$

有趣的是, 当 $t\to\infty$, $\boldsymbol{P}^t$ 收敛到一个各行完全相同的矩阵. 但并不是所有的转移矩阵都会如此, 只是对下面定理指定的某个子集才有这个结果.

定理 4.2 一个 $n\times n$ 转移矩阵 $\boldsymbol{P}$, 如果对某个 t, $\boldsymbol{P}^t$ 的所有元素都非零, 则称 $\boldsymbol{P}$ 为正规转移矩阵, 也称为原始转移矩阵. 如果 $\boldsymbol{P}$ 为正规转移矩阵, 则:

(1) $\lim\limits_{t\to\infty}\boldsymbol{P}^t=\boldsymbol{P}_\infty$;

(2) $\boldsymbol{P}_\infty$ 的所有行都相同并记为 $\boldsymbol{p}_{ss}$;

(3) $\boldsymbol{p}_{ss}$ 的每个元素为正;

(4) 马尔可夫过程在无限次转移之后处于第 i 个状态的概率等于 $\boldsymbol{p}_{ss}$ 的第 i 个元素;

(5) $\boldsymbol{p}_{ss}^{\mathrm{T}}$ 是 $\boldsymbol{P}^{\mathrm{T}}$ 相应于特征值 1 的特征向量, 正规化后它的元素的和为 1;

(6) 如果把 $\boldsymbol{P}$ 的第 i 列的元素全换成 0 就得到矩阵 $\boldsymbol{P}_i$, $i \in [1,n]$, 则 $\boldsymbol{p}_{ss}$ 的第 i 个元素可表示为

$$p_{ss,i} = \frac{|\boldsymbol{P}_i - \boldsymbol{I}|}{\sum_{j=1}^{n} |\boldsymbol{P}_j - \boldsymbol{I}|}. \tag{4.15}$$

这里 $\boldsymbol{I}$ 是 $n \times n$ 的单位矩阵, $|\cdot|$ 是行列式算子.

证明 以上前 5 个性质构成正规马尔可夫链的基本极限定理, 其证明可在 [Grinstead and Snell, 1997, Chapter 11] 和马尔可夫链的其他书中找到. 关于像行列式、特征值和特征向量等概念的更多信息, 读者可参阅线性系统的课本 [Simon, 2006, Chapter 1]. 定理 4.2 的最后一个性质在 [Davis and Principe, 1993] 中有证明. □

例 4.2 在例 4.1 中利用 (4.14) 式和定理 4.2, 我们知道在遥远的将来任意给定的一天会有 40% 的概率下雨, 20% 的概率出太阳, 40% 的概率下雪. 所以, 在奥兹国有 40% 的雨天, 20% 的晴天, 40% 的下雪天. 进一步我们能找出 $\boldsymbol{P}^{\mathrm{T}}$ 的特征值为 1, −0.25 和 0.25. 相应于特征值 1 的特征向量为 $[0.4 \;\; 0.2 \;\; 0.4]^{\mathrm{T}}$. □

现在假设不知道马尔可夫过程的初始状态, 但是知道每个状态的概率; 初始状态 $S(0)$ 等于 S_k 的概率为 $p_k(0)$, $k \in [1,n]$. 则我们可以利用全概率定理 [Mitzenmacher and Upfal, 2005]得到

$$\begin{aligned}
\Pr(S(1) = S_i) &= \Pr(S(0) = S_1)p_{1i} + \Pr(S(0) = S_2)p_{2i} + \cdots + \Pr(S(0) = S_n)p_{ni} \\
&= \sum_{k=1}^{n} \Pr(S(0) = S_k)p_{ki} \\
&= \sum_{k=1}^{n} p_{ki}p_k(0).
\end{aligned} \tag{4.16}$$

将上面的等式一般化, 有

$$\begin{bmatrix} \Pr(S(1) = S_1) \\ \vdots \\ \Pr(S(1) = S_n) \end{bmatrix}^{\mathrm{T}} = \boldsymbol{p}^{\mathrm{T}}(0)\boldsymbol{P}, \tag{4.17}$$

其中 $\boldsymbol{p}(0)$ 是由 $p_k(0)$, $k \in [1,n]$ 组成的列向量. 将这个推导针对多个时刻一般化后就得到

$$\boldsymbol{p}^{\mathrm{T}}(t) = \begin{bmatrix} \Pr(S(t) = S_1) \\ \vdots \\ \Pr(S(t) = S_n) \end{bmatrix}^{\mathrm{T}} = \boldsymbol{p}^{\mathrm{T}}(0)\boldsymbol{P}^t. \tag{4.18}$$

例 4.3 今天奥兹国的天气预报是 80% 出太阳 20% 下雪. 从现在起的两天的天气预报是怎样的?

从 (4.18) 式, $\boldsymbol{p}^{\mathrm{T}}(2)=\boldsymbol{p}^{\mathrm{T}}(0)\boldsymbol{P}^2$, 这里 $\boldsymbol{P}$ 在例 4.1 中给出, 且 $\boldsymbol{p}(0)=[\,0.0\ \ 0.8\ \ 0.2\,]^{\mathrm{T}}$. 这样就得到 $\boldsymbol{p}(2)=[\,0.3750\ \ 0.2375\ \ 0.3875\,]^{\mathrm{T}}$. 即, 从现在起的两天, 有 37.5%的机会下雨, 23.75%的机会出太阳, 38.75%的机会下雪. □

例 4.4 考虑一个简单的包含单一个体的爬山进化算法 [Reeves and Rowe, 2003, page 112]. 这个进化算法的目标是最小化 $f(x)$. 用 x_i 表示在第 i 代的候选解. 在每一代我们随机变异 x_i 从而得到 x_i'. 如果 $f(x_i')<f(x_i)$, 则置 $x_{i+1}=x_i'$.

如果 $f(x_i')>f(x_i)$, 就用下面的逻辑确定 x_{i+1}. 如果在前面的 k 代当 $f(x_k')>f(x_k)$ 时置 $x_{k+1}=x_k'$, 则以 10%的概率置 $x_{i+1}=x_i'$, 并以 90%的概率置 $x_{i+1}=x_i$. 如果在前面的 k 代中当 $f(x_k')>f(x_k)$ 时置 $x_{k+1}=x_k$, 则以 50%的概率置 $x_{i+1}=x_i'$, 并以 50%的概率置 $x_{i+1}=x_i$. 这是一个贪婪的进化算法, 因为它总是接受有利的变异. 但也包括一些探索, 因为它有时候会接受不利的变异. 接受不利变异的概率随以前的不利变异是否被接受而变化. 算法 4.1 描述这个爬山进化算法.

算法 4.1 概述例 4.4 中的单一个体的爬山进化算法的伪代码. AcceptFlag 指示以前的不利变异是否替代了候选解.

```
用随机的候选解初始化 x_1
初始化 AcceptFlag 为 false
For i = 1, 2, ···
    x_i 变异得到 x_i'
    If  f(x_i') < f(x_i)  then
        x_{i+1} ← x_i'
    else
        If  AcceptFlag  then
            Pr(x_{i+1} ← x_i') = 0.1, 且 Pr(x_{i+1} ← x_i) = 0.9
        else
            Pr(x_{i+1} ← x_i') = 0.5, 且 Pr(x_{i+1} ← x_i) = 0.5
        end if
        AcceptFlag ← (x_{i+1} = x_i')
    end if
下一个 i
```

我们考虑 x_i' 比 x_i 差时会出现的情况，由此来分析这个进化算法. 用 Z_k 记第 k 次 $f(x_i')>f(x_i)$ 时的状态. 定义 Y_1 为“接受”状态; 即, $x_{i+1}\leftarrow x_i'$. 定义 Y_2 为“拒绝”状态; 即, $x_{i+1}\leftarrow x_i$. 根据算法 4.1 得到

$$\left.\begin{aligned}\Pr(Z_k=Y_1|Z_{k-1}=Y_1)&=0.1,\quad \Pr(Z_k=Y_2|Z_{k-1}=Y_1)=0.9,\\ \Pr(Z_k=Y_1|Z_{k-1}=Y_2)&=0.5,\quad \Pr(Z_k=Y_2|Z_{k-1}=Y_2)=0.5.\end{aligned}\right\}\tag{4.19}$$

由这些等式得到转移矩阵

$$\boldsymbol{P}=\begin{bmatrix} 0.1 & 0.9 \\ 0.5 & 0.5 \end{bmatrix}. \tag{4.20}$$

注意, $\boldsymbol{P}$ 的行的和为 1. 我们还知道对某个 t, $\boldsymbol{P}^t$ 的所有元素都非零 (实际上对所有的 t 都是这样), 所以 $\boldsymbol{P}$ 是正规转移矩阵. 由定理 4.2 得: (1) 当 $t\to\infty$ 时, $\boldsymbol{P}^t$ 收敛; (2) $\boldsymbol{P}^\infty$ 的所有的行相同; (3) $\boldsymbol{P}^\infty$ 的每一个元素为正; (4) 经过无限次转移之后, 马尔可夫过程处于状态 Y_i 的概率等于 $\boldsymbol{P}^\infty$ 的每一行的第 i 个元素; (5) $\boldsymbol{P}^\infty$ 的每一行等于 $\boldsymbol{P}^{\mathrm{T}}$ 的相应于特征值 1 的特征向量的转置.

由数值计算得到

$$\boldsymbol{P}^\infty=\frac{1}{14}\begin{bmatrix} 5 & 9 \\ 5 & 9 \end{bmatrix}. \tag{4.21}$$

我们还发现 $\boldsymbol{P}^{\mathrm{T}}$ 的特征值等于 -0.4 和 1, 并且相应于特征值 1 的特征向量为 $[5/14 \quad 9/14]^{\mathrm{T}}$. 这些结果告诉我们, 从长远来看, 接受与拒绝不利变异的比值为 5/9.

4.3 进化算法的马尔可夫模型的符号

我们接下来推导进化算法的马尔可夫模型和动态系统模型, 本节定义推导过程中要用到的符号. 因为马尔可夫模型能给出准确的结果, 它是分析进化算法的一种有价值的工具. 可以通过仿真来研究进化算法的性能, 但仿真可能会误导我们. 比如, 因为仿真过程中生成的一个特殊的随机数序列, 一组蒙特卡罗仿真可能会碰巧给出误导性的结果. 进化算法仿真用到的随机数生成器也有可能不正确, 发生这种情况的频率比我们想象的高, 它会给出误导性的结果 [Savicky and Robnik-Sikonja, 2008]. 最后, 为了评价可能性极小的结果需要的蒙特卡罗仿真的次数可能非常大, 以至于无法在合理的计算时间内完成. 我们推导的马尔可夫模型避开了所有这些陷阱并能给出准确的结果. 马尔可夫模型的缺点在于它需要的计算量极大.

我们聚焦于种群规模为 N 的进化算法, 其离散搜索空间的基数为 n. 假定搜索空间全部由 q 位二进制串组成, 因此 $n=2^q$. 用 x_i 代表搜索空间中的第 i 个位串. 用 $\boldsymbol{v}$ 代表种群向量; 也就是说, v_i 是在种群中个体 x_i 的个数. 我们知道

$$\sum_{i=1}^{n} v_i = N. \tag{4.22}$$

这个等式意味着种群中个体的总数等于 N. 用 y_k 代表种群中的第 k 个个体. 进化算法的种群 Y 可以表示为

$$\begin{aligned} Y &= \{y_1, y_2, \cdots, y_N\} \\ &= \{\underbrace{x_1, x_1, \cdots, x_1}_{v_1\text{个}}, \underbrace{x_2, x_2, \cdots, x_2}_{v_2\text{个}}, \cdots, \underbrace{x_n, x_n, \cdots, x_n}_{v_n\text{个}}\}, \end{aligned} \tag{4.23}$$

其中 y_i 经过排序以让相同的个体集中在一起. 我们用 T 代表可能的种群 Y 的总数. 即, T 是满足 $\sum_{i=1}^{n} v_i = N$ 和 $v_i \in [0, N]$ 的 $n \times 1$ 的整数向量 $\boldsymbol{v}$ 的个数.

例 4.5 假设 $N = 2$ 且 $n = 4$; 也就是说, 搜索空间由位串 $\{00, 01, 10, 11\}$ 组成, 并且在进化算法中有两个个体. 搜索空间的个体是

$$x_1 = 00, \quad x_2 = 01, \quad x_3 = 10, \quad x_4 = 11. \tag{4.24}$$

可能的种群如下:

$$\begin{aligned} &\{00,\ 00\}, \quad \{00,\ 01\}, \quad \{00,\ 10\}, \quad \{00,\ 11\}, \\ &\{01,\ 01\}, \quad \{01,\ 10\}, \quad \{01,\ 11\}, \quad \{10,\ 10\}, \\ &\{10,\ 11\}, \quad \{11,\ 11\}. \end{aligned} \tag{4.25}$$

由此可知这个例子的 $T = 10$. □

在基数为 n 的搜索空间中, 有可能存在多少个种群规模为 N 的进化算法的种群? [Nix and Vose, 1992] 证明了 T 为下面的二项式系数, 也称为选择函数:

$$T = \begin{pmatrix} n + N - 1 \\ N \end{pmatrix}. \tag{4.26}$$

我们也可以利用多项式定理[Chuan-Chong and Khee-Meng, 1992], [Simon et al., 2011a] 找出 T. 多项式定理有几种陈述方式, 其中包括下面这种: 已知有 K 类物品, 我们从中选出 N 个物品, 每个选择独立于物品的次序, 同时从每一类选出物品的次数不能多于 M 次. 不同的选择方式的总个数是多项式

$$\begin{aligned} q(x) &= (1 + x + x^2 + \cdots + x^M)^K \\ &= 1 + q_1 x + q_2 x^2 + \cdots + q_N x^N + \cdots + x^{MK} \end{aligned} \tag{4.27}$$

中的系数 q_N. 进化算法种群向量 $\boldsymbol{v}$ 是一个 n 维向量, 其中的每个元素都是在 0 和 N(包括 N) 之间的一个整数, 并且元素的和等于 N. T 是不同的种群向量 $\boldsymbol{v}$ 的个数. 因此, 从 n 类物品选出 N 个物品, 每个选择独立于物品的次序, 同时从每一类选出物品的次数不能多于 N 次, T 就是选择方式的总数. 将多项式定理(4.27) 应用于这个问题得到

$$\left. \begin{aligned} T &= q_N \\ \text{其中} \quad q(x) &= (1 + x + x^2 + \cdots + x^N)^n \\ &= 1 + q_1 x + q_2 x^2 + \cdots + q_N x^N + \cdots + x^{Nn}. \end{aligned} \right\} \tag{4.28}$$

我们也可以用多项式定理的不同形式来找出 T [ChuanChong and Khee-Meng, 1992],

[Simon et al., 2011a]. 多项式定理可表述如下:

$$\left.\begin{aligned}(1+x+x^2+\cdots+x^N)^n &= \sum_{S(\boldsymbol{k})}\frac{n!}{\prod_{j=1}^{N}k_j!}\prod_{j=0}^{N}x_j^{k_j}\\ &= \sum_{S(\boldsymbol{k})}\prod_{i=0}^{N}\binom{\sum_{j=0}^{i}k_j}{k_i}\prod_{j=0}^{N}x_j^{k_j},\\ \text{其中}\qquad S(\boldsymbol{k}) &= \left\{\boldsymbol{k}\in\mathbf{R}^{N+1}:k_j\in\{0,1,\cdots,n\},\sum_{j=0}^{N}k_j=n\right\}.\end{aligned}\right\}\tag{4.29}$$

现在考虑多项式 $(x^0+x^1+x^2+\cdots+x^N)^n$. 由 (4.29) 式的多项式定理可知 $(x^0)^{k_0}(x^1)^{k_1}\cdots(x^N)^{k_N}$ 的系数为

$$\prod_{i=0}^{N}\binom{\sum_{j=0}^{i}k_j}{k_i}.\tag{4.30}$$

如果对所有的 k_j 把这些项加起来

$$\sum_{j=0}^{N}jk_j=N\tag{4.31}$$

就得到 x^N 的系数. 但 (4.28) 式表明 T 等于 x^N 的系数. 所以

$$\left.\begin{aligned}T &= \sum_{S'(\boldsymbol{k})}\prod_{i=0}^{N}\binom{\sum_{j=0}^{i}k_j}{k_i},\\ \text{其中}\qquad S'(\boldsymbol{k}) &= \left\{\boldsymbol{k}\in\mathbf{R}^{N+1}:k_j\in\{0,1,\cdots,n\},\sum_{j=0}^{N}k_j=n,\sum_{j=0}^{N}jk_j=N\right\}.\end{aligned}\right\}\tag{4.32}$$

(4.26) 式, (4.28) 式和 (4.32) 式为 T 的等价的表达式.

例 4.6 此例取自 [Simon et al., 2011a]. 假设有一个两位的搜索空间 ($q=2$, $n=4$), 并且进化算法的种群规模 $N=4$. (4.26) 式为

$$T=\binom{7}{4}=35.\tag{4.33}$$

(4.28) 式为

$$q(x)=(1+x+x^2+x^3+x^4)^4=1+\cdots+35x^4+\cdots+x^{16}.\tag{4.34}$$

它意味着 $T=35$. (4.32) 式如下:

$$\left.\begin{aligned} T &= \sum_{S'(\boldsymbol{k})}\prod_{i=0}^{4}\begin{pmatrix}\sum_{j=0}^{i}k_j\\ k_i\end{pmatrix},\\ \text{这里}\quad S'(\boldsymbol{k}) &= \left\{\boldsymbol{k}\in\mathbf{R}^5 : k_j\in\{0,1,\cdots,4\},\sum_{j=0}^{4}k_j=4,\sum_{j=0}^{4}jk_j=4\right\}\\ &= \{(3\ 0\ 0\ 0\ 1),(2\ 1\ 0\ 1\ 0),(2\ 0\ 2\ 0\ 0),\\ &\quad (1\ 2\ 1\ 0\ 0),(0\ 4\ 0\ 0\ 0)\}. \end{aligned}\right\} \tag{4.35}$$

它意味着 $T=4+12+6+12+1=35$. 我们看到, 这三种计算 T 的方法都得到了相同的结果. □

4.4 遗传算法的马尔可夫模型

[Nix and Vose, 1992],[Davis and Principe, 1991] 和 [Davis and Principe, 1993] 最先利用马尔可夫模型对遗传算法建模, [Reeves and Rowe, 2003] 和 [Vose, 1999] 对它做了进一步解释. 由第 3 章可知遗传算法由选择、交叉和变异组成. 为便于马尔可夫建模, 我们会调换交叉和变异的顺序, 所以考虑一个按选择、变异和交叉这个顺序组成的遗传算法.

4.4.1 选择

首先考虑与适应度值成比例的 (即轮盘赌)选择. 由旋转轮盘选择个体 x_i 的概率与个体 x_i 的适应度和它在种群中的个数的乘积成正比. 这个概率是正规化的, 所以全部概率的和为 1. 在前面一节中定义 v_i 是种群中个体 x_i 的个数. 所以, 由旋转轮盘选出个体 x_i 的概率为

$$\Pr_{\rm s}(x_i|\boldsymbol{v})=\frac{v_if_i}{\sum_{j=1}^{n}v_jf_j},\quad i\in[1,n], \tag{4.36}$$

其中 n 是搜索空间的基数, f_j 是 x_j 的适应度. 我们用符号 $\Pr_{\rm s}(x_i|\boldsymbol{v})$ 表示选择个体 x_i 的概率依赖于种群向量 $\boldsymbol{v}$. 已知 N 个个体的种群, 假设旋转轮盘 N 次选出 N 个父代. 每次旋转轮盘都有 n 种可能的结果 $\{x_1,x_2,\cdots,x_n\}$. 每次旋转得到结果 x_i 的概率等于 $\Pr_{\rm s}(x_i|\boldsymbol{v})$. 令 $\boldsymbol{U}=[U_1,U_2,\cdots,U_n]$ 为一个随机向量, 这里 U_i 表示在 N 次旋转轮盘 x_i 出现的总次数, 并令 $\boldsymbol{u}=[u_1,u_2,\cdots,u_n]$ 为 $\boldsymbol{U}$ 的一个实现. 根据多项式分布理论 [Evans et al., 2000], 有

$$\Pr_{\rm s}(\boldsymbol{u}|\boldsymbol{v})=N!\prod_{i=1}^{n}\frac{[\Pr_{\rm s}(x_i|\boldsymbol{v})]^{u_i}}{u_i!}. \tag{4.37}$$

由此可知, 如果从种群向量 $\boldsymbol{v}$ 开始, 在 N 次轮盘赌选择后得到种群向量 $\boldsymbol{u}$ 的概率. 在 $\mathrm{Pr_s}(\boldsymbol{u}|\boldsymbol{v})$ 中用下标 s 表示我们只考虑选择 (而不是变异或交叉).

现在回想一下, 马尔可夫转移矩阵包含从一个状态转移到另一个状态的全部概率. (4.37) 式给出从种群向量 $\boldsymbol{v}$ 转移到另一个种群向量 $\boldsymbol{u}$ 的概率. 在前面已讨论过, 有 T 种可能的种群向量. 所以, 如果我们对每一个可能的 $\boldsymbol{u}$ 和每一个可能的 $\boldsymbol{v}$ 计算 (4.37) 式, 就会得到一个 $T \times T$ 的马尔可夫转移矩阵, 它给出只包含选择的遗传算法的准确的概率模型. 转移矩阵的每个元素表示从某个具体的种群向量转移到另外某个种群向量的概率.

4.4.2 变异

现在假设在选择之后, 对选出的个体进行变异. 定义 M_{ji} 为 x_j 变异到 x_i 的概率. 在旋转一次轮盘并紧接着一次变异之后得到个体 x_i 的概率为

$$\mathrm{Pr_{sm}}(x_i|\boldsymbol{v}) = \sum_{j=1}^{n} M_{ji}\mathrm{Pr_s}(x_j|\boldsymbol{v}), \quad i \in [1, n]. \tag{4.38}$$

这意味着我们可以把第 i 个元素等于 $\mathrm{Pr_{sm}}(x_i|\boldsymbol{v})$ 的 n 维向量写成

$$\mathrm{Pr_{sm}}(\boldsymbol{x}|\boldsymbol{v}) = \boldsymbol{M}^{\mathrm{T}}\mathrm{Pr_s}(\boldsymbol{x}|\boldsymbol{v}), \tag{4.39}$$

这里 $\boldsymbol{M}$ 是第 j 行第 i 列元素为 M_{ji} 的矩阵, $\mathrm{Pr_s}(\boldsymbol{x}|\boldsymbol{v})$ 是第 j 个元素为 $\mathrm{Pr_s}(x_j|\boldsymbol{v})$ 的 n 维向量. 我们再次利用多项式分布理论得到

$$\mathrm{Pr_{sm}}(\boldsymbol{u}|\boldsymbol{v}) = N!\prod_{i=1}^{n} \frac{[\mathrm{Pr_{sm}}(x_i|\boldsymbol{v})]^{u_i}}{u_i!}. \tag{4.40}$$

由此可知, 如果从种群向量 $\boldsymbol{v}$ 开始, 在选择和变异之后得到种群向量 $\boldsymbol{u}$ 的概率. 如果对 T 种可能的种群向量 $\boldsymbol{u}$ 和 $\boldsymbol{v}$ 的每一种计算 (4.40) 式, 就会得到 $T \times T$ 的马尔可夫转移矩阵, 它给出由选择和变异组成的遗传算法的精确概率模型.

如果我们定义变异使得对所有的 i 和 j, $M_{ji} > 0$, 则对所有的 $\boldsymbol{u}$ 和 $\boldsymbol{v}$, $\mathrm{Pr_{sm}}(\boldsymbol{u}|\boldsymbol{v}) > 0$. 这意味着马尔可夫转移矩阵的所有元素都为正, 即转移矩阵是正规的. 根据定理 4.2, 每种可能的种群分布都有唯一的非零概率. 即从长远来看, 每种可能的种群分布都会在一个非零百分比的时间里出现. 可以用定理 4.2 计算这些百分比并由 (4.40) 式得到转移矩阵. 遗传算法不会收敛到任何一个具体的种群, 但会不停地在搜索空间中转来转去, 并在定理 4.2 所给的百分比的时间里撞上每一个可能的种群.

例 4.7 假设包含 4 个元素的搜索空间 $x = \{00, 01, 10, 11\}$. 假设每一个个体的每一位有 10% 的机会发生变异. 00 在一次变异之后仍等于 00 的概率等于第一个 0 位保持不变的概率 (90%) 乘以第二个 0 位保持的概率 (90%), 得到的结果为 0.81. 它就是 M_{11}, 即是 x_1 在一次变异机会后保持不变的概率. 00 变为 01 的概率等于第一个 0 位保持不变的概率 (90%) 乘以第二个 0 位变为 1 的概率 (10%), 得到概率 $M_{12} = 0.09$. 以此继续, 我

们得到

$$M=\begin{bmatrix}0.81&0.09&0.09&0.01\\0.09&0.81&0.01&0.09\\0.09&0.01&0.81&0.09\\0.01&0.09&0.09&0.81\end{bmatrix}. \tag{4.41}$$

注意, $\boldsymbol{M}$ 是对称的(即 $\boldsymbol{M}$ 等于它的转置 $\boldsymbol{M}^{\mathrm{T}}$). 这是典型的情况 (但不总是这样), 它意味着由 x_i 变异为 x_j 与由 x_j 变异为 x_i 的可能性相等. □

4.4.3 交叉

现在假设在选择和变异之后进行交叉. 令 r_{jki} 表示 x_j 和 x_k 交叉后形成 x_i 的概率. 在两次旋转轮盘后, 对被选中的每一个个体做单次变异然后再交叉, 最后得到个体 x_i 的概率为

$$\Pr_{\mathrm{smc}}(x_i|\boldsymbol{v})=\sum_{j=1}^{n}\sum_{k=1}^{n}r_{jki}\Pr_{\mathrm{sm}}(x_j|\boldsymbol{v})\Pr_{\mathrm{sm}}(x_k|\boldsymbol{v}). \tag{4.42}$$

再利用多项式分布理论, 就得到

$$\Pr_{\mathrm{smc}}(\boldsymbol{u}|\boldsymbol{v})=N!\prod_{i=1}^{n}\frac{[\Pr_{\mathrm{smc}}(x_i|\boldsymbol{v})]^{u_i}}{u_i!}. \tag{4.43}$$

由此可知, 如果从种群向量 $\boldsymbol{v}$ 开始, 在经过选择、变异和交叉之后得到种群向量 $\boldsymbol{u}$ 的概率.

例 4.8 假设包含 4 个元素的搜索空间 $\{x_1,x_2,x_3,x_4\}=\{00,01,10,11\}$. 假设以相同的概率随机设置 $b=1$ 或 $b=2$ 进行交叉, 然后把第一个父代的 $1\to b$ 位与第二个父代的 $(b+1)\to 2$ 位串联. 下面是可能的一些交叉:

$$\left.\begin{array}{lcl}00\times00&\to&00,\\00\times01&\to&01\text{ 或 }00,\\00\times10&\to&00,\\00\times11&\to&01\text{ 或 }00.\end{array}\right\} \tag{4.44}$$

由此得到交叉概率

$$\left.\begin{array}{llll}r_{111}=1.0,&r_{112}=0.0,&r_{113}=0.0,&r_{114}=0.0,\\r_{121}=0.5,&r_{122}=0.5,&r_{123}=0.0,&r_{124}=0.0,\\r_{131}=1.0,&r_{132}=0.0,&r_{133}=0.0,&r_{134}=0.0,\\r_{141}=0.5,&r_{142}=0.5,&r_{143}=0.0,&r_{144}=0.0.\end{array}\right\} \tag{4.45}$$

类似地可以计算其他 r_{jki} 的值. □

例 4.9 本例考虑三位的 1-max问题. 每一个个体的适应度值与个体中 1 的个数成比例:

$$\left.\begin{array}{llll} f(000)=1, & f(001)=2, & f(010)=2, & f(011)=3, \\ f(100)=2, & f(101)=3, & f(110)=3, & f(111)=4. \end{array}\right\} \tag{4.46}$$

假设每一位有 10%的概率发生变异, 由此得到在例 4.7 中推导出的变异矩阵. 在选择和变异之后, 以 90%的概率进行交叉. 如果被选中, 则随机选择一个位置 $b \in [1, q-1]$ 进行交叉, 这里 q 是每一个个体具有的位的个数. 然后将第一个父代的 $1 \to b$ 位与第二个父代的 $(b+1) \to q$ 位串联.

采用种群规模 $N=3$. 存在 $\begin{pmatrix} n+N-1 \\ N \end{pmatrix} = \begin{pmatrix} 10 \\ 3 \end{pmatrix} = 120$ 个可能的种群分布. 我们可以用 (4.43) 式计算 120 个种群分布中每个种群之间转移的概率, 得到一个 120×120 的转移矩阵 $\boldsymbol{P}$. 然后可以用下列三种不同方式计算每种可能的种群分布的概率:

(1) 利用 (4.15) 式的 Davis-Principe 结果;

(2) 由定理 4.2 可以计算 $\boldsymbol{P}$ 的幂, 让其幂次不断增长直到它收敛, 然后用 $\boldsymbol{P}^{\infty}$ 的任一行观察每一个可能的种群的概率;

(3) 可以计算 $\boldsymbol{P}^{\mathrm{T}}$ 的特征值并找出相应于特征值 1 的特征向量.

以上每种方法都能得到这 120 个种群分布的 120 组概率. 我们发现, 种群中全是最优个体, 即每一个个体都等于位串 111 的概率是 6.1%; 种群不包含最优个体的概率是 51.1%. 图 4.1 显示仿真 20000 代的结果, 图中的仿真结果与马尔可夫模型的结果吻合. 仿真结果是近似的, 从一次仿真到下一次仿真的结果会有变化, 仅当代数趋于无穷大时仿真的结果才会等于马尔可夫模型的结果. □

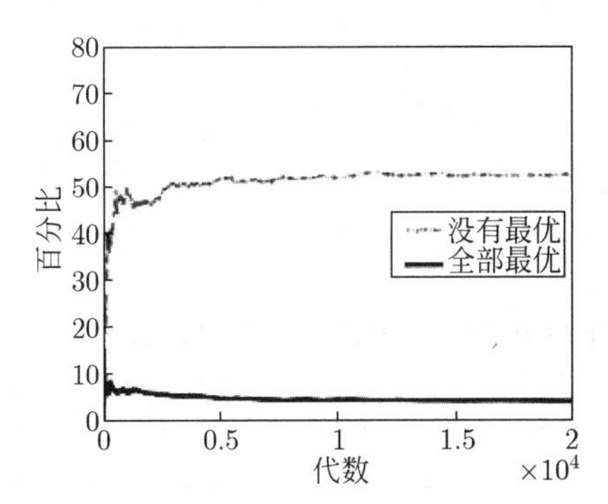

图 4.1 例 4.9: 三位的 1-max 仿真结果. 马尔可夫理论预测种群中没有最优的百分比是 51.1%，而全部为最优的百分比是 6.1%.

例 4.10 我们用下面的适应度值重复例 4.9:

$$\left.\begin{array}{llll} f(000)=5, & f(001)=2, & f(010)=2, & f(011)=3, \\ f(100)=2, & f(101)=3, & f(110)=3, & f(111)=4. \end{array}\right\} \tag{4.47}$$

这些适应度值与 (4.46) 式相比只有一点不同, 就是让位串 000 成为适应性最强的个体. 这个问题被称为欺骗性的问题, 因为当给上面的个体添加一个 1 位, 它的适应度通常会增加. 例外的是, 适应性最强的个体不是 111 而是 000.

与例 4.9 一样, 我们计算这 120 个种群分布的 120 个概率. 种群中全都为最优个体, 即每一个个体都等于位串 000 的概率是 5.9%. 它比在例 4.9 中全部为最优个体的概率 6.1% 小. 种群中没有最优个体的概率是 65.2%. 它比在例 4.9 中没有最优个体的概率 51.1% 大. 这个例子说明欺骗性问题比结构正规的问题更难求解. 图 4.2 显示仿真 20000 代的结果, 仿真结果与马尔可夫模型的结果吻合. □

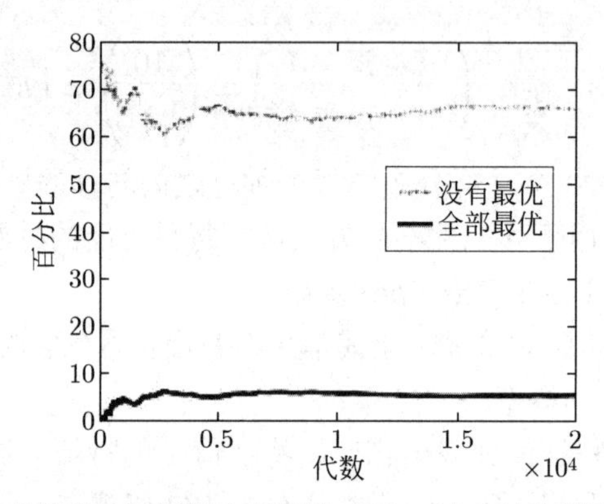

图 4.2 例 4.10: 三位的欺骗性问题的仿真结果. 马尔可夫理论预测种群中没有最优的百分比是 65.2%, 而全部为最优的百分比是 5.9%.

维数灾 维数灾这个短语最初用在动态规划的语境中 [Bellman, 1961]. 不过它尤其适用于遗传算法的马尔可夫模型. 一个进化算法的马尔可夫模型的转移矩阵的规模为 $T \times T$, 这里 $T = \begin{pmatrix} n+N-1 \\ N \end{pmatrix}$. 种群规模 N 与搜索空间基数 n 在某些组合下的转移矩阵的维数如表 4.1 所示, 对于 q 位搜索空间, 其基数 n 等于 2^q. 可见, 即使维度不太高的问题, 转移矩阵的维数也大得离谱. 这似乎表明马尔可夫建模仅在理论上有意义, 它并没有多少实际的应用. 但我们有理由认为这样的反应有些草率.

表 4.1 对于不同的搜索空间基数 n 和种群规模 N, 马尔可夫转移矩阵的维数. 改编自 [Reeves and Rowe, 2003, page 131].

位数 q	$n = 2^q$	N	T
10	2^{10}	10	10^{23}
10	2^{10}	20	10^{42}
20	2^{20}	20	10^{102}
50	2^{50}	50	10^{688}

首先, 尽管我们无法将马尔可夫模型应用于实际规模的问题, 在小规模的问题上, 我们用马尔可夫模型仍然能得到准确的概率. 假设除遗传算法之外还有其他进化算法的马

尔可夫模型, 我们就能够审视对小问题而言不同进化算法的优缺点. 我们正是用这种方法在 [Simon et al., 2011b] 中对遗传算法和基于生物地理学优化做了比较. 如今对进化算法的大量研究都聚焦在仿真上. 仿真的问题在于它们的结果极大地依赖于实现的细节以及实际所用的随机数生成器. 另外, 如果一些事件发生的概率很小, 则需要多次仿真才能发现其概率. 仿真结果是有用的也必不可少, 但是必须对它们持一种半信半疑的态度.

再者, 我们还可以降低马尔可夫转移矩阵的维数. 马尔可夫模型包括 T 个状态, 但其中有许多状态都相似. 例如, 考虑一个搜索空间基数为 10 种群规模也为 10 的遗传算法. 由表 4.1 可知, 它的马尔可夫模型有 10^{23} 个状态, 但是这些状态包括

$$\left.\begin{aligned} v(1) &= \{5,5,0,0,0,0,0,0,0,0\}, \\ v(2) &= \{4,6,0,0,0,0,0,0,0,0\}, \\ v(3) &= \{6,4,0,0,0,0,0,0,0,0\}. \end{aligned}\right\} \tag{4.48}$$

这 3 个状态很相似, 把它们归于一类并看成是单个的状态来处理也说得通. 对其他状态也可以这样做, 从而得到一个状态空间缩减了的新的马尔可夫模型. 在降阶模型中的每个状态由一组原始状态组成. 转移矩阵指定从一组原始状态转移到另一组原始状态的概率. [Spears and De Jong, 1997] 提出这个想法并在 [Reeves and Rowe, 2003] 中对它做了深入的讨论. 很难想象仅凭对状态分组能够将 $10^{23} \times 10^{23}$ 的矩阵减小到易于处理的规模, 但是这个想法至少能让我们处理规模过大的问题.

4.5 遗传算法的动态系统模型

本节用前面的马尔可夫模型推导遗传算法的动态系统模型. 利用马尔可夫模型, 能得到当代数趋于无穷大时每个种群分布发生的概率. 这里推导的动态系统模型却很不同: 它会告诉我们, 当种群规模趋于无穷大时种群中每一个个体随时间变化的百分比. [Nix and Vose, 1992], [Vose, 1990] 和 [Vose and Liepins, 1991] 最先把遗传算法看成是一个动态系统, [Reeves and Rowe, 2003] 和 [Vose, 1999] 对这种观点做了进一步的解释.

回顾 (4.22) 式, $\boldsymbol{v} = [v_1, v_2, \cdots, v_n]^{\mathrm{T}}$ 是种群向量, v_i 是个体 x_i 在种群中的个数, $\boldsymbol{v}$ 的元素的总和为 N, 它是种群规模. 我们定义比例向量为

$$\boldsymbol{p} = \boldsymbol{v}/N. \tag{4.49}$$

这意味着 $\boldsymbol{p}$ 的元素的总和为 1.

4.5.1 选择

为找出只包含选择 (即没有变异或交叉) 的遗传算法的动态系统模型, 可以对 (4.36) 式的分子和分母除以 N, 于是, 从向量 $\boldsymbol{v}$ 描述的种群中选出个体 x_i 的概率就可以写成:

$$\Pr_{\mathrm{s}}(x_i|\boldsymbol{v}) = \frac{p_i f_i}{\sum\limits_{j=1}^{n} p_j f_j} = \frac{p_i f_i}{\boldsymbol{f}^{\mathrm{T}}\boldsymbol{p}}. \tag{4.50}$$

这里 $\boldsymbol{f}$ 是适应度值的列向量. 对于每个 $i \in [1, n]$ 写出 (4.50) 式并把这 n 个等式组合起来就得到

$$\Pr_{\rm s}(\boldsymbol{x}|\boldsymbol{v}) = \begin{bmatrix} \Pr_{\rm s}(x_1|\boldsymbol{v}) \\ \vdots \\ \Pr_{\rm s}(x_n|\boldsymbol{v}) \end{bmatrix} = \frac{\operatorname{diag}(\boldsymbol{f})\boldsymbol{p}}{\boldsymbol{f}^{\rm T}\boldsymbol{p}}. \tag{4.51}$$

这里 $\operatorname{diag}(\boldsymbol{f})$ 是 $n \times n$ 的对角矩阵, 其对角线上的元素由 $\boldsymbol{f}$ 的元素组成.

根据大数定律, 从大量试验得到的结果的平均值应该与单个试验结果的期望值接近 [Grinstead and Snell, 1997]. 这意味着当种群规模变大, 选择每一个个体 x_i 的比例会接近于 $\Pr_{\rm s}(x_i|\boldsymbol{v})$. 但是, 选择 x_i 的次数正好等于下一代的 v_i. 所以, 对于大的种群规模, (4.50) 式可以写成

$$p_i(t) = \frac{p_i(t-1)f_i}{\sum_{j=1}^{n} p_j(t-1)f_j}. \tag{4.52}$$

这里 t 是代数.

现在假设

$$p_i(t) = \frac{p_i(0)f_i^t}{\sum_{j=1}^{n} p_j(0)f_j^t}. \tag{4.53}$$

由 (4.52) 式, 当 $t = 1$ 时上式显然是正确的. 假设对于 $t-1$, (4.53) 式成立, (4.52) 式的分子可以写成

$$f_i p_i(t-1) = f_i \frac{p_i(0)f_i^{t-1}}{\sum_{j=1}^{n} p_j(0)f_j^{t-1}} = \frac{p_i(0)f_i^t}{\sum_{j=1}^{n} p_j(0)f_j^{t-1}}. \tag{4.54}$$

而 (4.52) 式的分母可以写成

$$\sum_{j=1}^{n} p_j(t-1)f_j = \sum_{j=1}^{n} f_j \frac{p_j(0)f_j^{t-1}}{\sum_{k=1}^{n} p_k(0)f_k^{t-1}} = \sum_{j=1}^{n} \frac{f_j^t p_j(0)}{\sum_{k=1}^{n} f_k^{t-1} p_k(0)}. \tag{4.55}$$

把 (4.54) 式和 (4.55) 式代入 (4.52) 式, 得到

$$p_i(t) = \frac{p_i(0)f_i^t}{\sum_{k=1}^{n} f_k^{t-1} p_k(0)}. \tag{4.56}$$

在遗传算法仅实施选择 (无变异或交叉) 的情况下, 这个等式给出了随着时间、适应度值以及初始比例向量变化的比例向量.

例 4.11 与例 4.9 一样, 我们考虑三位的 1-max 问题, 其适应度值为

$$\left.\begin{array}{llll} f(000)=1, & f(001)=2, & f(010)=2, & f(011)=3, \\ f(100)=2, & f(101)=3, & f(110)=3, & f(111)=4. \end{array}\right\} \tag{4.57}$$

假设初始比例向量为

$$\boldsymbol{p}(0)=[\,0.93\ \ 0.01\ \ 0.01\ \ 0.01\ \ 0.01\ \ 0.01\ \ 0.01\ \ 0.01\,]^{\mathrm{T}}. \tag{4.58}$$

初始种群的 93% 由适应性最差的个体组成, 种群中仅有 1% 为适应性最强的个体. 图 4.3 为 (4.56) 式的图形. 可见, 随着遗传算法的种群进化, 作为第二好的个体 x_4, x_6 和 x_7 会开始在种群中最初的 p_1 部分占据更大的份量. 而适应性最差的个体 x_1 经由选择会很快从种群中去除. 图中没有显示 p_2, p_3 和 p_5, 整个种群不需要多少代就收敛到最优个体 x_8. □

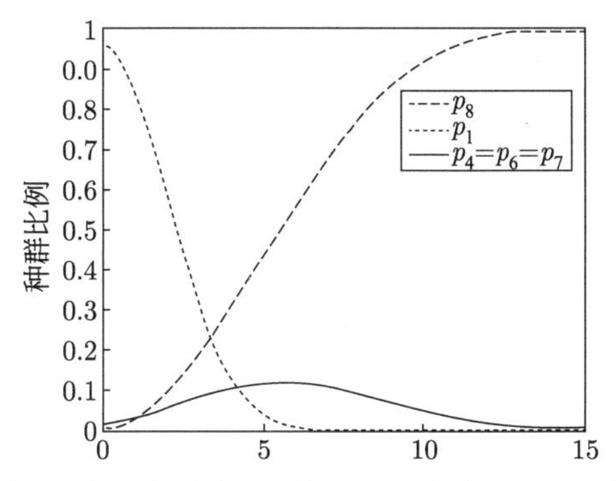

图 4.3 例 4.11 中种群比例向量的演变. 尽管最好的个体 x_8 在开始时只占种群的 1%, 但很快收敛到 100%. 适应性最差的个体 x_1 开始时占种群的 93%, 但迅速减小到 0.

我们讨论了与适应度成比例的选择的动态系统模型, 其他类型的选择, 如锦标赛选择和次序选择, 也可以建模为动态系统 [Reeves and Rowe, 2003], [Vose, 1999].

4.5.2 变异

根据大数定律, 由 (4.51) 式可知

$$\boldsymbol{p}(t)=\frac{\operatorname{diag}(\boldsymbol{f})\boldsymbol{p}(t-1)}{\boldsymbol{f}^{\mathrm{T}}\boldsymbol{p}(t-1)} \quad (\text{只是选择}). \tag{4.59}$$

如果在选择之后变异, 并且 M_{ji} 是 x_j 变异到 x_i 的概率, 则可以采用与 (4.38) 式类似的推导, 得到

$$\boldsymbol{p}(t)=\frac{\boldsymbol{M}^{\mathrm{T}}\operatorname{diag}(\boldsymbol{f})\boldsymbol{p}(t-1)}{\boldsymbol{f}^{\mathrm{T}}\boldsymbol{p}(t-1)} \quad (\text{选择和变异}). \tag{4.60}$$

如果 $\boldsymbol{p}(t)$ 达到稳态值, 则可以由 $\boldsymbol{p}_{ss}=\boldsymbol{p}(t-1)=\boldsymbol{p}(t)$ 将 (4.60) 式写成

$$\boldsymbol{p}_{ss}=\frac{\boldsymbol{M}^{\mathrm{T}}\mathrm{diag}(\boldsymbol{f})\boldsymbol{p}_{ss}}{\boldsymbol{f}^{\mathrm{T}}\boldsymbol{p}_{ss}},\quad \text{即}\quad \boldsymbol{M}^{\mathrm{T}}\mathrm{diag}(\boldsymbol{f})\boldsymbol{p}_{ss}=(\boldsymbol{f}^{\mathrm{T}}\boldsymbol{p}_{ss})\boldsymbol{p}_{ss}. \tag{4.61}$$

这个等式的形式为 $\boldsymbol{A}\boldsymbol{p}=\lambda\boldsymbol{p}$, 其中 λ 是 $\boldsymbol{A}$ 的特征值, $\boldsymbol{p}$ 是 $\boldsymbol{A}$ 的特征向量. 由此可知, 包含选择和变异 (即没有交叉) 的遗传算法的稳态比例向量是 $\boldsymbol{M}^{\mathrm{T}}\mathrm{diag}(\boldsymbol{f})$ 的一个特征向量.

例 4.12 与例 4.10 一样, 我们考虑三位的欺骗性问题, 其适应度值为

$$\left.\begin{array}{llll} f(000)=5, & f(001)=2, & f(010)=2, & f(011)=3, \\ f(100)=2, & f(101)=3, & f(110)=3, & f(111)=4. \end{array}\right\} \tag{4.62}$$

在这个例子中, 对每一位采用 2% 的变异率. 对于这个问题, 有

$$\boldsymbol{M}^{\mathrm{T}}\mathrm{diag}(\boldsymbol{f})=\begin{bmatrix} 4.706 & 0.038 & 0.038 & 0.001 & 0.038 & 0.001 & 0.001 & 0.000 \\ 0.096 & 1.882 & 0.001 & 0.058 & 0.001 & 0.058 & 0.000 & 0.002 \\ 0.096 & 0.001 & 1.882 & 0.058 & 0.001 & 0.000 & 0.058 & 0.002 \\ 0.002 & 0.038 & 0.038 & 2.824 & 0.000 & 0.001 & 0.001 & 0.077 \\ 0.096 & 0.001 & 0.001 & 0.000 & 1.882 & 0.058 & 0.058 & 0.002 \\ 0.002 & 0.038 & 0.000 & 0.001 & 0.038 & 2.824 & 0.001 & 0.077 \\ 0.002 & 0.000 & 0.038 & 0.001 & 0.038 & 0.001 & 2.824 & 0.077 \\ 0.000 & 0.001 & 0.001 & 0.058 & 0.001 & 0.058 & 0.058 & 3.765 \end{bmatrix}. \tag{4.63}$$

如 (4.61) 式所示, 我们计算 $\boldsymbol{M}^{\mathrm{T}}\mathrm{diag}(\boldsymbol{f})$ 的特征向量并对每个特征向量按比例缩放使其元素的和为 1. 我们知道矩阵的特征向量对不同缩放比例不变; 即, 如果 $\boldsymbol{p}$ 是一个特征向量, 则对于任一非零常数 c, $c\boldsymbol{p}$ 也是特征向量. 因为每个特征向量表示一个比例向量, 如 (4.49) 式所示, 它的元素的和必须为 1. 我们得到 8 个特征向量, 但其中只有一个全部由正的元素组成, 因此只有一个稳态比例向量:

$$\boldsymbol{p}_{ss}(1)=[0.900741\ \ 0.03070\ \ 0.03070\ \ 0.00221\ \ 0.03070\ \ 0.00221\ \ 0.00221\ \ 0.0005]^{\mathrm{T}}. \tag{4.64}$$

它表明遗传算法会收敛到由个体 x_1 占 90.074%, 个体 x_2, x_3 和 x_5 各占 3.07% 等组成的种群. 遗传算法种群的 90% 由最优个体组成. $\boldsymbol{M}^{\mathrm{T}}\mathrm{diag}(\boldsymbol{f})$ 还有一个包含一个负元素的特征向量:

$$\boldsymbol{p}_{ss}(2)=[-0.0008\ \ 0.0045\ \ 0.0045\ \ 0.0644\ \ 0.0045\ \ 0.0644\ \ 0.0644\ \ 0.7941]^{\mathrm{T}}. \tag{4.65}$$

它被称为亚稳态点[Reeves and Rowe, 2003], 并且包括大百分比 (79.41%) 的个体 x_8, x_8 是种群中适应度第二强的个体. 与 $\boldsymbol{p}_{ss}(2)$ 接近的比例向量会趋向停在 $\boldsymbol{p}_{ss}(2)$, 因为它是 (4.61) 式的一个定点. $\boldsymbol{p}_{ss}(2)$ 不是一个有效的比例向量, 因为有一个负元素, 所以, 尽管遗传算法的种群会被吸引到 $\boldsymbol{p}_{ss}(2)$, 但最终种群会渐渐离开它并收敛到 $\boldsymbol{p}_{ss}(1)$. 图 4.4 显

示包含选择和变异的遗传算法的仿真结果. 我们采用的种群规模 $N = 500$, 初始比例向量为

$$\boldsymbol{p}(0) = [0.0\ \ 0.0\ \ 0.0\ \ 0.1\ \ 0.0\ \ 0.1\ \ 0.1\ \ 0.7]^{\mathrm{T}}. \tag{4.66}$$

它接近于亚稳态点 $\boldsymbol{p}_{ss}(2)$. 由图 4.4 可见, 大约在 30 代中种群停在初始分布的附近, 这个初始分布中个体 x_8 占 70%, 接近于稳态点 $\boldsymbol{p}_{ss}(2)$. 大约在 30 代之后, 种群迅速收敛到稳定点 $\boldsymbol{p}_{ss}(1)$, 其中个体 x_1 大约占 90%. 注意, 由于在选择和变异时用了随机数生成器, 再次做仿真会得到不同的结果.

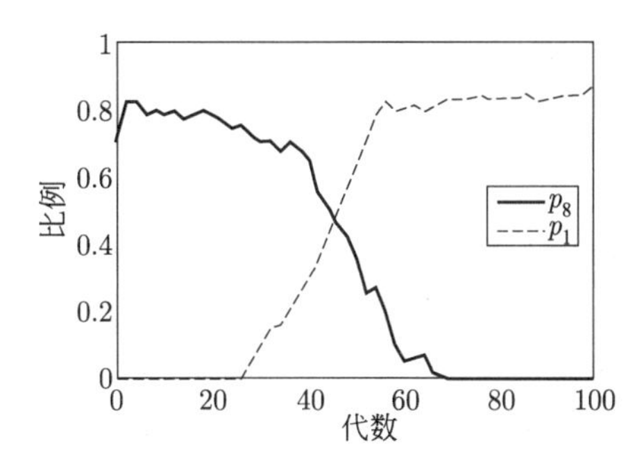

图 4.4 例 4.12 的仿真结果. 种群在最终收敛到个体 x_8 占 90%的稳定点之前, 在亚稳定点的周围徘徊, 其中个体 x_1 占 70%. 由于仿真的随机性, 从一次到下一次的仿真结果会有变化.

图 4.5 显示由 (4.60) 式得到的 100 代的 p_1 和 p_8. 当种群规模趋于无穷大, 我们得到了个体 x_1 和 x_8 的精确比例. 可以看出图 4.4 和图 4.5 相似, 图 4.4 的仿真是在种群规模有限的情况下, 并由于使用了随机数生成器, 每次仿真的结果会不同. 而图 4.5 是准确的. □

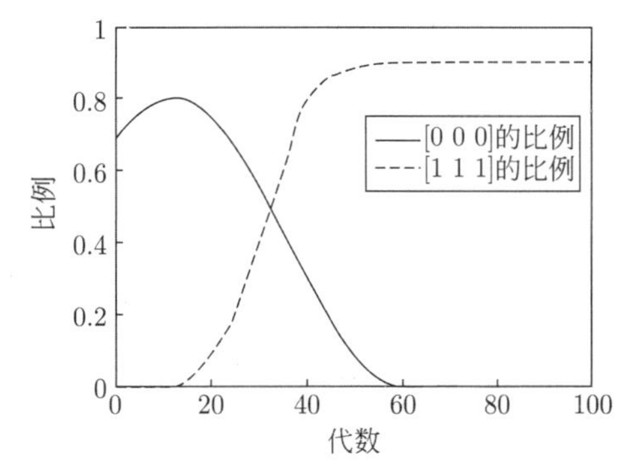

图 4.5 例 4.12 的分析结果. 与图 4.4 比较. 分析的结果不依赖于随机数生成器.

4.5.3 交叉

与 4.4.3 节一样, 我们用 r_{jki} 表示 x_j 和 x_k 交叉形成 x_i 的概率. 如果在一个无限种群中用比例向量 $\boldsymbol{p}$ 指定种群, 下面推导由随机交叉得到 x_i 的概率:

$$
\begin{aligned}
\Pr_{\rm c}(x_i|\boldsymbol{p}) &= \sum_{j=1}^{n}\sum_{k=1}^{n} p_j p_k r_{jki} = \sum_{k=1}^{n} p_k \sum_{j=1}^{n} p_j r_{jki} \\
&= \sum_{k=1}^{n} p_k \left[\, p_1 \ \cdots \ p_n \,\right] \begin{bmatrix} r_{1ki} \\ \vdots \\ r_{nki} \end{bmatrix} \\
&= \left[\, p_1 \ \cdots \ p_n \,\right] \sum_{k=1}^{n} p_k \begin{bmatrix} r_{1ki} \\ \vdots \\ r_{nki} \end{bmatrix} \\
&= \boldsymbol{p}^{\rm T} \begin{bmatrix} \displaystyle\sum_{k=1}^{n} r_{1ki} p_k \\ \vdots \\ \displaystyle\sum_{k=1}^{n} r_{nki} p_k \end{bmatrix} \\
&= \boldsymbol{p}^{\rm T} \begin{bmatrix} \left[\, r_{11i} \ \cdots \ r_{1ni} \,\right] \boldsymbol{p} \\ \vdots \\ \left[\, r_{n1i} \ \cdots \ r_{nni} \,\right] \boldsymbol{p} \end{bmatrix} \\
&= \boldsymbol{p}^{\rm T} \begin{bmatrix} r_{11i} & \cdots & r_{1ni} \\ \vdots & \ddots & \vdots \\ r_{n1i} & \vdots & r_{nni} \end{bmatrix} \boldsymbol{p} \\
&= \boldsymbol{p}^{\rm T} \boldsymbol{R}_i \boldsymbol{p}.
\end{aligned} \tag{4.67}
$$

这里 $\boldsymbol{R}_i$ 中第 j 行第 k 列的元素为 r_{jki}, 它是 x_j 和 x_k 交叉形成 x_i 的概率. 我们再用大数定律[Grinstead and Snell, 1997]找出当种群规模 N 趋于无穷大时, 交叉使个体 x_i 的占比变化的极限:

$$
\hat{p}_i = \Pr_{\rm c}(x_i|\boldsymbol{p}) = \boldsymbol{p}^{\rm T} \boldsymbol{R}_i \boldsymbol{p}. \tag{4.68}
$$

尽管 $\boldsymbol{R}_i$ 经常是非对称的, 二次型 $\Pr_{\rm c}(x_i|\boldsymbol{p})$ 总可以用一个对称矩阵写成下面的形式.

$$
\Pr_{\rm c}(x_i|\boldsymbol{p}) = \boldsymbol{p}^{\rm T} \boldsymbol{R}_i \boldsymbol{p} = \frac{1}{2}\boldsymbol{p}^{\rm T} \boldsymbol{R}_i \boldsymbol{p} + \frac{1}{2}(\boldsymbol{p}^{\rm T} \boldsymbol{R}_i \boldsymbol{p})^{\rm T}. \tag{4.69}
$$

因为 $\boldsymbol{p}^{\rm T} \boldsymbol{R}_i \boldsymbol{p}$ 是一个标量, 标量的转置等于这个标量, 所以有上式中的第二个等号. 由于 $(\boldsymbol{ABC})^{\rm T} = \boldsymbol{C}^{\rm T}\boldsymbol{B}^{\rm T}\boldsymbol{A}^{\rm T}$, 有

$$
\Pr_{\rm c}(x_i|\boldsymbol{p}) = \frac{1}{2}\boldsymbol{p}^{\rm T} \boldsymbol{R}_i \boldsymbol{p} + \frac{1}{2}\boldsymbol{p}^{\rm T} \boldsymbol{R}_i^{\rm T} \boldsymbol{p} = \frac{1}{2}\boldsymbol{p}^{\rm T}(\boldsymbol{R}_i + \boldsymbol{R}_i^{\rm T})\boldsymbol{p} = \boldsymbol{p}^{\rm T} \hat{\boldsymbol{R}}_i \boldsymbol{p} \tag{4.70}
$$

这里对称矩阵 $\hat{\boldsymbol{R}}_i$ 为

$$\hat{\boldsymbol{R}}_i = \frac{1}{2}(\boldsymbol{R}_i + \boldsymbol{R}_i^{\mathrm{T}}). \tag{4.71}$$

例 4.13 与例 4.8 一样, 假设搜索空间有 4 个元素, 它们为 $x = \{x_1, x_2, x_3, x_4\} = \{00, 01, 10, 11\}$. 我们以相同的概率随机设置在 $b = 1$ 或 $b = 2$ 交叉, 然后把第一个父代的 $1 \to b$ 位与第二个父代的 $(b+1) \to 2$ 位串联. 可能的交叉如下:

$$\left.\begin{array}{lcl}
00 \times 00 & \to & 00, \\
00 \times 01 & \to & 01 \text{ 或 } 00, \\
00 \times 10 & \to & 00, \\
00 \times 11 & \to & 01 \text{ 或 } 00, \\
01 \times 00 & \to & 01, \\
01 \times 01 & \to & 00 \text{ 或 } 01, \\
01 \times 10 & \to & 01, \\
01 \times 11 & \to & 00 \text{ 或 } 01, \\
10 \times 00 & \to & 10, \\
10 \times 01 & \to & 11 \text{ 或 } 10, \\
10 \times 10 & \to & 10, \\
10 \times 11 & \to & 11 \text{ 或 } 10, \\
11 \times 00 & \to & 10 \text{ 或 } 11, \\
11 \times 01 & \to & 11, \\
11 \times 10 & \to & 10 \text{ 或 } 11, \\
11 \times 11 & \to & 11.
\end{array}\right\} \tag{4.72}$$

交叉概率r_{jk1} 是 x_j 和 x_k 交叉得到 $x_1 = 00$ 的概率, r_{jk1} 如下:

$$\left.\begin{array}{llll}
r_{111} = 1.0, & r_{121} = 0.5, & r_{131} = 1.0, & r_{141} = 0.5, \\
r_{211} = 0.5, & r_{221} = 0.0, & r_{231} = 0.5, & r_{241} = 0.0, \\
r_{311} = 0.0, & r_{321} = 0.0, & r_{331} = 0.0, & r_{341} = 0.0, \\
r_{411} = 0.0, & r_{421} = 0.0, & r_{431} = 0.0, & r_{441} = 0.0.
\end{array}\right\} \tag{4.73}$$

由此得到交叉矩阵

$$\boldsymbol{R}_1 = \begin{bmatrix} 1.0 & 0.5 & 1.0 & 0.5 \\ 0.5 & 0.0 & 0.5 & 0.0 \\ 0.0 & 0.0 & 0.0 & 0.0 \\ 0.0 & 0.0 & 0.0 & 0.0 \end{bmatrix}. \tag{4.74}$$

显然 $\boldsymbol{R}_1$ 是非对称的, 但是 $\Pr_{\mathrm{c}}(x_i|\boldsymbol{p})$ 仍然可以用对称矩阵来表示

$$\Pr{}_{\mathrm{c}}(x_1|\boldsymbol{p}) = \boldsymbol{p}^{\mathrm{T}} \hat{\boldsymbol{R}}_1 \boldsymbol{p},$$

其中

$$\hat{\boldsymbol{R}}_1 = \frac{1}{2}(\boldsymbol{R}_1 + \boldsymbol{R}_1^{\mathrm{T}}) = \begin{bmatrix} 1.0 & 0.5 & 0.5 & 0.25 \\ 0.5 & 0.0 & 0.25 & 0.0 \\ 0.5 & 0.25 & 0.0 & 0.0 \\ 0.25 & 0.0 & 0.0 & 0.0 \end{bmatrix}. \tag{4.75}$$

类似地可以得到其他的 $\hat{\boldsymbol{R}}_i$ 矩阵. □

现在假设有一个按选择、变异和交叉依次推进的遗传算法. 在第 $t-1$ 代的比例向量为 $\boldsymbol{p}$. 选择和变异按 (4.60) 式改变 $\boldsymbol{p}$:

$$\boldsymbol{p}(t) = \frac{\boldsymbol{M}^{\mathrm{T}}\mathrm{diag}(\boldsymbol{f})\boldsymbol{p}(t-1)}{\boldsymbol{f}^{\mathrm{T}}\boldsymbol{p}(t-1)}. \tag{4.76}$$

交叉按 (4.68) 式改变 $\boldsymbol{p}_i$. 但在 (4.68) 式右边的 $\boldsymbol{p}$ 已经被选择和变异改变, 因而得到 (4.76) 式中的 $\boldsymbol{p}$. 所以, 由选择, 变异和交叉这个序列得到 (4.68) 式中的 $\hat{p}_i$, 不过要将 (4.68) 式右边的 p 用 (4.76) 式经选择和变异得到的 $\boldsymbol{p}$ 替换:

$$\begin{aligned} \boldsymbol{p}_i(t) &= \left[\frac{\boldsymbol{M}^{\mathrm{T}}\mathrm{diag}(\boldsymbol{f})\boldsymbol{p}(t-1)}{\boldsymbol{f}^{\mathrm{T}}\boldsymbol{p}(t-1)}\right]^{\mathrm{T}} \boldsymbol{R}_i \left[\frac{\boldsymbol{M}^{\mathrm{T}}\mathrm{diag}(\boldsymbol{f})\boldsymbol{p}(t-1)}{\boldsymbol{f}^{\mathrm{T}}\boldsymbol{p}(t-1)}\right] \\ &= \frac{\boldsymbol{p}^{\mathrm{T}}(t-1)\mathrm{diag}(\boldsymbol{f})MR_i\boldsymbol{M}^{\mathrm{T}}\mathrm{diag}(\boldsymbol{f})\boldsymbol{p}(t-1)}{(\boldsymbol{f}^{\mathrm{T}}\boldsymbol{p}(t-1))^2}. \end{aligned} \tag{4.77}$$

在 (4.77) 式中可以用 $\hat{\boldsymbol{R}}_i$ 替换 $\boldsymbol{R}_i$ 从而得到一个等价的表达式. (4.77) 式给出了在一个无限的种群中个体 x_i 所占比例动态变化的准确的解析表达式.

我们需要在每一代对 $i \in [1, n]$ 计算等式 (4.77) 的动态系统模型, 这里 n 是搜索空间的大小. 在 (4.77) 式中的矩阵为 $n \times n$, 如果用标准的算法, 矩阵乘法的计算量就与 n^3 成正比. 所以, 动态系统模型所需计算量是 n^4 的数量级. 这个计算量比马尔可夫模型所需要的少很多, 但是它仍然随搜索空间规模 n 的增加快速增长, 即使问题的大小适度, 它所需的计算资源仍然无法得到满足.

例 4.14 我们再来考虑三位的 1-max 问题 (参见例 4.9), 其中每一个个体的适应度与 1 的个数成正比. 取交叉概率为 90%, 每个位的变异概率为 1%, 种群规模为 1000, 初始种群比例向量为

$$\boldsymbol{p}(0) = [\,0.8 \quad 0.1 \quad 0.1 \quad 0.0 \quad 0.0 \quad 0.0 \quad 0.0 \quad 0.0\,]. \tag{4.78}$$

图 4.6 显示单次仿真得到的种群中最优个体的百分比以及 (4.77) 式准确的理论结果. 仿真结果与理论很吻合. 但仿真结果是近似的, 从一次仿真到下一次仿真结果会不同, 而理论则是准确的.

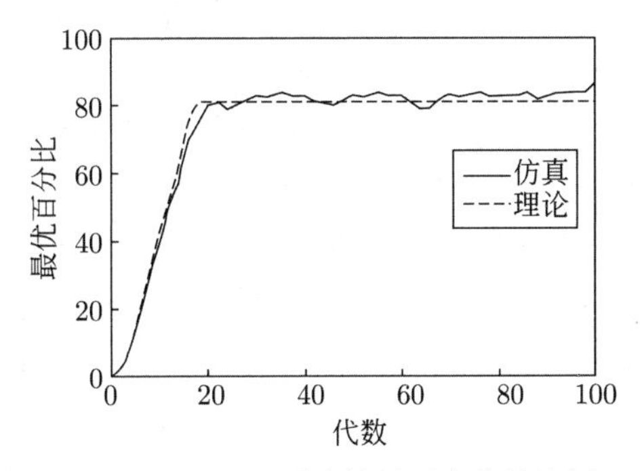

图 4.6 例 4.14: 适应性最强个体的比例.

现在假设将初始种群比例向量变为

$$\boldsymbol{p}(0) = [\,0.0\ \ 0.1\ \ 0.1\ \ 0.0\ \ 0.0\ \ 0.0\ \ 0.0\ \ 0.8\,]. \tag{4.79}$$

图 4.7 显示在单次仿真得到的种群中, 适应性最差的个体的百分比以及准确的理论结果. 要得到适应性最差的个体的概率很低, 随机变异的仿真结果在图中有几个峰值. 按图形的比例来看峰值较大. 但它们实际上非常小, 峰顶仅为 0.2%. 理论结果是准确的, 它显示适应性最差的个体的比例在最初几代会增加, 然后迅速减小到 0.00502% 的稳态值. 要得到这个结论需要很多很多次仿真, 即使在成千上万次仿真之后, 还是有可能得到错误的结论, 它取决于所用的随机数生成器是否健全. □

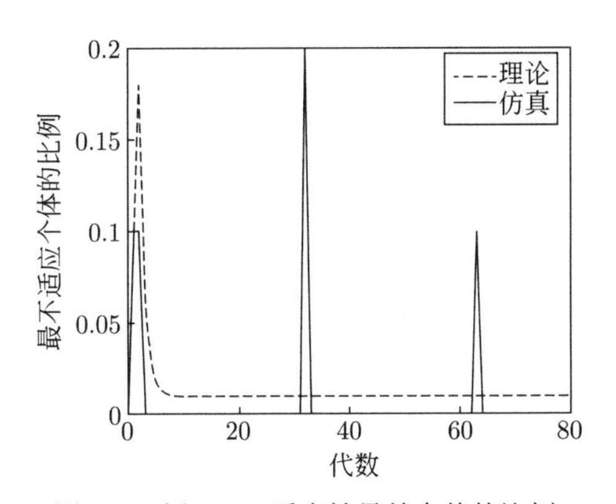

图 4.7 例 4.14: 适应性最差个体的比例.

4.6 总 结

本章概述遗传算法的马尔可夫模型和动态系统模型. 这些模型最早在 20 世纪 90 年代被开发出来, 它们给出了理论上的准确结果; 另一方面, 由于在选择、交叉和变异时用到随机数生成器, 每一次仿真所得的结果会不同. 马尔可夫模型的规模按种群规模和搜索空间基数的阶乘增加. 动态系统模型按 n^4 增加, 这里 n 是搜索空间的基数. 对计算的要求让马尔可夫模型和动态系统模型的应用只能局限于小规模的问题. 我们在 [Simon et al., 2011b] 中看到, 仍然可以用这些模型来比较遗传算法的不同实施方式和不同的进化算法. [Reeves and Rowe, 2003] 和 [Vose, 1999] 在这些方向上有另外的一些思路和进展.

马尔可夫建模和动态系统建模是非常成熟的领域, 已经有很多一般化的结果. 对于遗传算法和其他进化算法, 这些学科仍然有很大的应用空间.

我们也可以用其他方法来建模或分析遗传算法的行为. 例如, 统计力学的领域涉及用大量分子颗粒取平均来对一组分子的行为建模, 可以采用这个想法为种群很大的遗传算法的行为建模 [Reeves and Rowe, 2003, Chapter 7]. 也可以用傅里叶和沃尔什变换来分析遗传算法的行为 [Vose and Wright, 1998a], [Vose and Wright, 1998b]. 最后, 还可以用普莱斯 (Price) 的选择和协方差定理对遗传算法数学建模 [Poli et al., 2008, Chapter 3].

本章介绍的思路还可以应用于遗传算法之外的许多进化算法. 我们在 [Simon et al., 2011a] 和 [Simon, 2011a] 中把它们应用于基于生物地理学优化, 别的研究人员则把它们用于其他进化算法, 将马尔可夫模型和动态系统模型应用于进化算法仍然还有很大的空间. 它让我们至少对小规模问题能够在解析的层面比较和对比不同的进化算法而不是依赖于仿真，在研究进化算法时仿真是必要的, 但应该用它来支持理论.

习 题

书面练习

4.1 长度为 2 的图式有几个? 其中 0 阶的有几个, 1 阶的有几个, 2 阶的又有几个?

4.2 长度为 3 的图式有几个? 其中 0 阶的有几个, 1 阶的有几个, 2 阶的有几个, 3 阶的又有几个?

4.3 长度为 l 的图式有几个?

(1) 0 阶的有几个?

(2) 1 阶的有几个?

(3) 2 阶的有几个?

(4) 3 阶的有几个?

(5) p 阶的有几个?

4.4 假设图式 h 的实例的适应度比遗传算法种群的平均适应度大 25%. 假设在变异和交叉下可以忽略 h 被破坏的概率. 假设用 h 的单个实例初始化遗传算法. 当种群规模为 20, 50, 100, 200 时, 让 h 取代种群所需的代数分别是多少 [Goldberg, 1989a].

4.5 假设一个 2 位个体的遗传算法, 对所有的 $j \neq i$, 从任一位串 x_i 变异到其他位串 x_j 的概率为 $\boldsymbol{p}_m$. 求变异矩阵. 验证变异矩阵每行的总和为 1.

4.6 假设一个 2 位个体的遗传算法, 0 位变异的概率为 p_0, 1 位变异的概率为 p_1. 求变异矩阵. 验证变异矩阵每行的总和为 1.

4.7 对于 $i \in [1,4]$ 和 $j \in [1,4]$, 计算例 4.8 中的 r_{2ij}.

4.8 对于例 4.13, 找出 $\boldsymbol{R}_2$ 和 $\hat{\boldsymbol{R}}_2$.

4.9 假设第 t 代种群全部由最优个体组成. 假设所实施的变异使最优个体变成不同的个体的概率为 0. 用 (4.77) 式证明在 $(t+1)$ 代的种群全部由最优个体组成.

计算机练习

4.10 考虑每一个个体只有 1 位的遗传算法. 令 m_1 表示图式 $h_1=1$ 的实例的个数, f_1 表示它的适应度. 令 m_0 表示图式 $h_0=0$ 的实例的个数, f_0 表示它的适应度. 假设遗传算法具有无穷大的种群并采用复制和变异 (无交叉). 推导 $p(t)$ 的递推方程, $p(t)$ 是第 t 代 m_1/m_0 的比率 [Goldberg, 1989a].

(1) 假设用 $p(0)=1$ 初始化遗传算法. 适应度比率 $f_1/f_0=10$, 2 和 1.1, 变异率取 10%, 在这种情况下绘制最初 100 代的 $p(t)$.

(2) 取 1% 的变异率重复 (1).

(3) 取 0.1% 的变异率重复 (1).

(4) 直观地解释所得结果.

4.11 对例 4.1 的转移矩阵验证定理 4.2 的性质 6.

4.12 某位教授的考试很难. 每次考试后, 课程目前成绩是 A 的学生中有 70% 会掉到 B 或更差; 目前成绩是 B 或更差的的学生中有 20% 能将成绩提高到 A. 已知有无限次考试, 有多少学生在这个课程中能得到 A?

4.13 对于个体由 6 位组成, 种群规模为 10 的遗传算法, 利用 (4.26) 式和 (4.28) 式计算可能的种群数.

4.14 用下列适应度值重复例 4.10:

$$
\begin{aligned}
&f(000)=7,\quad f(001)=2,\quad f(010)=2,\quad f(011)=4,\\
&f(100)=2,\quad f(101)=4,\quad f(110)=4,\quad f(111)=6.
\end{aligned}
$$

你得到的无最优解的概率是多少? 将这个概率与例 4.10 中得到的概率比较. 解释它们的差别.

4.15 以 1% 的变异率重复例 4.10. 你得到的无最优解的概率是多少. 将这个概率与例 4.10 中得到的概率比较, 解释它们的差别.

4.16 如果得到最优解就不再变异, 在这种改变下重复例 4.9. 变异矩阵会有什么变化? 你得到的都是最优解的概率是多少? 解释所得结果.

第 5 章　进 化 规 划

成功预测环境是智能行为的前提.

劳伦斯 · 福格尔 (Lawrence Fogel) [Fogel, 1999, page 3]

Lawrence Fogel 与他的合作者 Al Owensand Jack Walsh 在 20 世纪 60 年代发明进化规划 (Evolutionary Programming)[Fogel et al., 1966], [Fogel, 1999]. 进化规划演化个体种群但不涉及重组, 新的个体仅是由变异生成. 最初发明进化规划是为了设计有限状态机 (Finite State Machines, FSM). 有限状态机是一个虚拟机, 由一个输入序列生成一个输出序列. 输出序列的生成不仅由输入决定, 还由一组状态和状态转移规则决定. Lawrence Fogel认为预测是智能的关键要素, 所以, 开发计算智能的一个关键就是设计能够预测某个过程的下一个输出的有限状态机.

本章概览

5.1 节概述连续域问题的进化规划. 进化规划最初是定义在离散域上的操作, 但如今它经常 (也许通常) 在连续域上实施, 因此, 我们对它做一般化地描述. 5.2 节描述有限状态机并说明进化规划如何优化有限状态机. 有限状态机的有趣之处在于它们可以模拟许多不同类型的系统, 包括计算机程序、数字电子设备、控制系统和分类系统.

5.3 节讨论 Fogel 最初关于离散问题的进化规划方法. 5.4 节讨论囚徒困境, 它是博弈论的一个经典问题. 用有限状态机可以表示囚徒困境的解, 因此, 用进化规划可以找出囚徒困境的最优解. 5.5 节讨论人工蚂蚁问题, 利用进化规划设计一个有限状态机, 蚂蚁凭借这个状态机在网格中穿行以快速找到食物.

5.1　连续进化规划

假设我们要最小化 $f(\boldsymbol{x})$, 这里 $\boldsymbol{x}$ 是一个 n 维向量. 假定对所有的 $\boldsymbol{x}$, $f(\boldsymbol{x}) > 0$. 进化规划从随机生成的一个个体种群 $\{\boldsymbol{x}_i\}$, $i \in [1, N]$ 开始. 按如下方式生成子代 $\{\boldsymbol{x}_i'\}$:

$$\boldsymbol{x}_i' = \boldsymbol{x}_i + \boldsymbol{r}_i\sqrt{\beta f(\boldsymbol{x}_i) + \gamma}, \quad i \in [1, N], \tag{5.1}$$

其中 $\boldsymbol{r}_i$ 是 n 维随机向量, 它的每个元素来自均值为 0 方差为 1 的高斯分布, β 和 γ 是进化规划的可调参数. $\boldsymbol{x}_i$ 的变异方差是 $(\beta f(\boldsymbol{x}_i) + \gamma)$. 如果 $\beta = 0$, 则所有个体的平均变异

大小相同. 如果 $\beta > 0$, 则费用低的个体变异较少, 费用高的个体变异较多. 我们经常会取 $\beta = 1$, $\gamma = 0$ 作为标准进化规划的默认参数值. 在第 6 章会看到, 种群规模为 1 的进化规划与二元进化策略等价.

审视 (5.1) 式, 我们会发现与进化规划实施相关的一些问题 [Back, 1996, Section 2.2].

- 首先, 应该让费用 $f(\boldsymbol{x})$ 移位, 使它总是为非负的值. 在实际中要做到这一点并不难, 不过还是需要做一些事.
- 第二, 需要调试 β 和 γ. 默认值是 $\beta = 1$, $\gamma = 0$, 但是, 没有理由假设这样的值总有效. 例如, 假设 $\boldsymbol{x}_i$ 的值范围较大, 但我们采用默认值 $\beta = 1$, $\gamma = 0$, 在 (5.1) 式中的变异相对于 $\boldsymbol{x}_i$ 的值会非常小, 收敛变得非常缓慢, 或根本就不收敛. 反之, 如果 $\boldsymbol{x}_i$ 的值的范围较小, β 和 γ 的默认值会使变异大而不当, 也就是说, 变异会让 $\boldsymbol{x}_i$ 的值落在其范围之外.
- 第三, 如果 $\beta > 0$(典型情况) 且所有费用的值都较高, 则 $(\beta f(\boldsymbol{x}_i) + \gamma)$ 对全部 $\boldsymbol{x}_i$ 近似为常数, 对所有个体, 无论其费用是多或是少, 预期的变异都近似为常数. 即使个体因为一个有利的变异让费用得到改善, 这样的改善也很可能因为一个有害的变异而反转.

例如, 假设费用从最小值 $f(\boldsymbol{x}_1) = 1000$ 到最大值 $f(\boldsymbol{x}_N) = 1100$. 个体 $\boldsymbol{x}_1$ 比 $\boldsymbol{x}_N$ 好得多, 但费用经过缩放后会让 $\boldsymbol{x}_1$ 和 $\boldsymbol{x}_N$ 都以大致相同的量级变异. 不过, 这并不是进化规划独有的问题. 在 8.7 节我们会进一步讨论应用于其他进化算法的费用函数缩放问题.

在 (5.1) 式生成 N 个子代之后会有 $2N$ 个个体: $\{\boldsymbol{x}_i\}$ 和 $\{\boldsymbol{x}_i'\}$. 我们从这 $2N$ 个个体选出最好的 N 个组成下一代的种群. 算法 5.1 是对基本进化规划算法的总结.

算法 5.1 概述最小化 $f(\boldsymbol{x})$ 的基本进化规划的伪代码.

选择非负的进化规划参数 β 和 γ. 默认 $\beta = 1$, $\gamma = 0$.
$\{\boldsymbol{x}_i\} \leftarrow$ {随机生成种群}, $i \in [1, N]$
While not (终止准则)
　　计算种群中每一个个体的费用 $f(\boldsymbol{x}_i)$
　　对于每一个个体 $\boldsymbol{x}_i$, $i \in [1, N]$
　　　　生成随机向量 $\boldsymbol{r}_i$, 其每一个元素 $\sim N(0,1)$
　　　　$\boldsymbol{x}_i' \leftarrow \boldsymbol{x}_i + \boldsymbol{r}_i\sqrt{\beta f(\boldsymbol{x}_i) + \gamma}$
　　下一个个体
　　$\{\boldsymbol{x}_i\} \leftarrow \{\boldsymbol{x}_i, \boldsymbol{x}_i'\}$ 中最好的 N 个个体
下一代

在进化规划中, 可以采用不同的方案从 $\{\boldsymbol{x}_i, \boldsymbol{x}_i'\}$ 中选择下一代的个体. 算法 5.1 是以确定性的方式从 $\{\boldsymbol{x}_i, \boldsymbol{x}_i'\}$ 中选出最好的 N 个个体. 我们也可以根据概率来选择. 例如, 用 N 次轮盘赌选择从 $\{\boldsymbol{x}_i, \boldsymbol{x}_i'\}$ 中选出 N 个个体, 或者用锦标赛选择, 或其他选择方法 (参见 8.7 节).

进化规划中不仅涉及候选解的进化, 变异方差也在进化. 这种进化规划常被称为元进化规划, 算法 5.2 是对它的总结. 在元进化规划中, 每一个个体 $\boldsymbol{x}_i$ 与变异方差 $\boldsymbol{v}_i$ 相关. 在

搜索最优的变异方差时, 变异方差本身也会变异. 我们在算法 5.2 中将变异方差的最小值限制为 ϵ, ϵ 是由用户定义的可调参数. 元进化规划通过自适应调节变异方差让收敛加速, 但它也可能会让收敛慢下来, 这取决于具体的问题.

算法 5.2 概述最小化 $f(\boldsymbol{x})$ 的元进化规划的伪代码. 注意, 对所有 $i \in [1, N]$, v_i 与个体 $\boldsymbol{x}_i$ 相关.

选择非负进化规划参数 ϵ 和 c. 标称值 $\epsilon \ll 1$, $c = 1$.
$\{\boldsymbol{x}_i\} \leftarrow$ {随机生成种群}, $i \in [1, N]$
$\{\boldsymbol{v}_i\} \leftarrow$ {随机生成方差}, $i \in [1, N]$
While not (终止准则)
　　计算种群中每一个个体的费用 $f(\boldsymbol{x}_i)$
　　对于每一个个体 $\boldsymbol{x}_i$, $i \in [1, N]$
　　　　生成随机向量 $\boldsymbol{r}_{xi}$ 和 r_{vi}, 它们的每个元素 $\sim N(0, 1)$
　　　　$\boldsymbol{x}_i' \leftarrow \boldsymbol{x}_i + \boldsymbol{r}_{xi}\sqrt{v_i}$
　　　　$v_i' \leftarrow v_i + r_{vi}\sqrt{cv_i}$
　　　　$v_i' \leftarrow \max(v_i', \epsilon)$
　　下一个个体
　　$\{\boldsymbol{x}_i\} \leftarrow \{\boldsymbol{x}_i, \boldsymbol{x}_i'\}$ 中最好的 N 个个体
　　$\{v_i\} \leftarrow$ 相应于 $\{\boldsymbol{x}_i\}$ 的方差
下一代

例 5.1 本例用进化规划优化 Griewank和 Ackley测试函数 (参见附录 C 中这些基准函数的定义). 取每个基准函数的维数为 20. 我们运行标准的进化规划算法 5.1, 其中取 $\beta = (x_{\max} - x_{\min})/10$, $\gamma = 0$. 取种群规模为 50, 并将每一个个体的费用规范化以使在每一代 $f(x_i) \in [1, 2]$.

我们也采用元进化规划算法 5.2, 其中取 $c = 1$, $\epsilon = \beta/10$. 图 5.1 和图 5.2 显示在 20 次蒙特卡罗仿真上取平均后得到的种群最小费用随代数变化的情形. 对于 Griewank 函

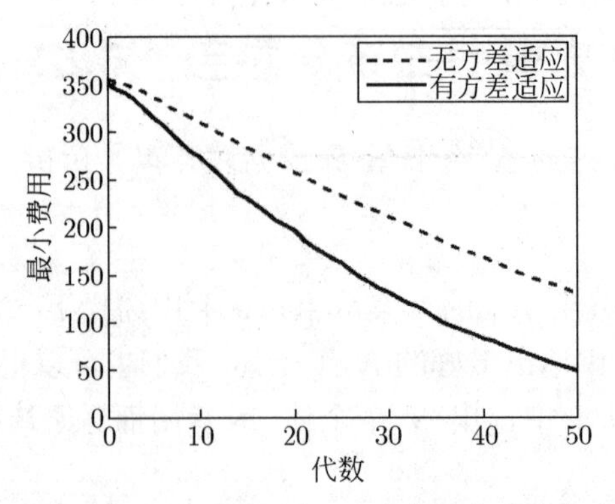

图 5.1 例 5.1: 对于 20 维 Griewank 函数, 在 20 次蒙特卡罗仿真上取平均, 进化规划的收敛性. 元进化规划比标准的进化规划收敛得更快.

数, 元进化规划比标准的进化规划收敛得更快, 但是对于 Ackley 函数, 元进化规划却比标准的进化规划差很多. 这无疑是因为这两个函数的定义域不同. 在 Griewank 函数中每个独立变量的域是 ±600, 而在 Ackley 函数中仅为 ±30. 比较这两张图纵轴上的数值可以看出这两个函数的范围非常不同. □

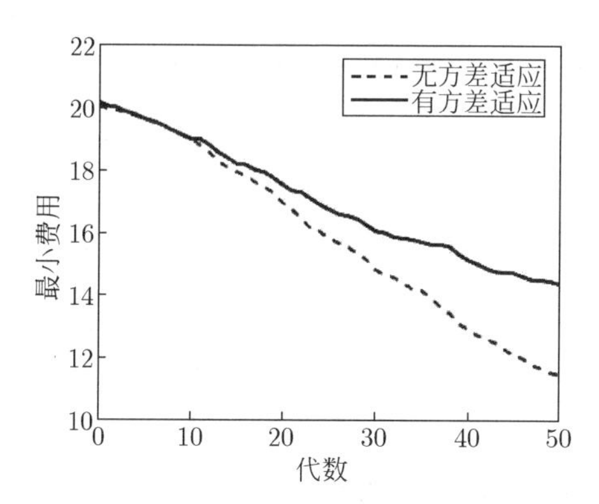

图 5.2 例 5.1: 对于 20 维 Ackley 函数进化规划的收敛性, 在 20 次蒙特卡罗仿真上取平均. 标准进化规划比元进化规划收敛得更快.

5.2 有限状态机优化

最初发明进化规划是为了设计有限状态机. 有限状态机生成的输出序列随内部状态和输入序列变化. 图 5.3 是有限状态机的一个例子. 它有 4 个状态, A, B, C 和 D; 它有两个可能的输入, 0 和 1, 输入列在图中每个斜杠的左边; 有 3 个可能的输出, a, b 和 c, 输出列在图中每个斜杠的右边. 图中右上部的箭头表示有限状态机从状态 C 开始. 用箭头表示在具体的输入之后状态如何转移. 线段上的标记是输入/输出组合. 图 5.3 也可以用表格的形式来刻画, 如表 5.1 所示.

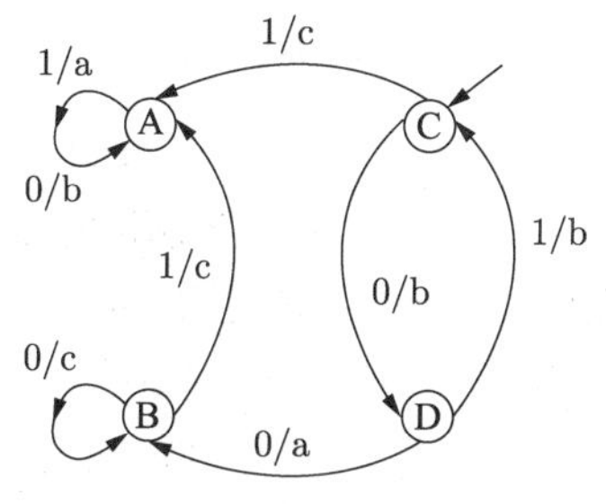

图 5.3 表 5.1 的有限状态机的图示. 这个有限状态机有 4 个状态. 如果有限状态机处于箭头尾部的那个状态, 则每个箭头边的一对表示输入与相应的输出. 在右上部的箭头表示有限状态机从状态 C 开始.

假设要创建一个有限状态机, 它能从某个输入序列复现出某段输出序列. 例如, 我们

表 5.1 图 5.3 中的有限状态机的表格形式.

当前状态	A	A	B	B	C	C	D	D
输入	0	1	0	1	0	1	0	1
下一个状态	A	A	B	A	D	A	B	C
输出	b	a	c	c	b	c	a	b

可能知道输入序列

$$\text{输入} = \{ 1,0,1,0,1,0,0,1,1,0,1,0 \}, \tag{5.2}$$

应该得到输出序列

$$\text{输出} = \{ 0,0,1,1,1,1,0,1,1,0,0,1 \}. \tag{5.3}$$

能不能创建一个状态机生成所要的行为? 这是一个优化问题: 我们想设计一个有限状态机, 它能最小化有限状态机行为与目标行为之间的差别. 可以用下面的形式来表示状态机

$$\boldsymbol{S} = [\,(\text{输出}_0\ \ \text{下一个状态}_0)\quad(\text{输出}_1\ \ \text{下一个状态}_1)\quad\cdots\,]^{\mathrm{T}}. \tag{5.4}$$

不失一般性, 假定有限状态机从状态 1 开始. $\boldsymbol{S}$ 的元素设置为

$$\left.\begin{aligned}
S(1) &= \text{输出, 如果有限状态机处于状态 1 且输入为 0},\\
S(2) &= \text{下一个状态, 如果有限状态机处于状态 1 且输入为 0},\\
S(3) &= \text{输出, 如果有限状态机处于状态 1 且输入为 1},\\
S(4) &= \text{下一个状态, 如果有限状态机处于状态 1 且输入为 1},\\
S(5) &= \text{输出, 如果有限状态机处于状态 2 且输入为 0}.\\
&\ \vdots\\
S(4n) &= \text{下一个状态, 如果有限状态机处于状态 } n \text{ 且输入为 1}.
\end{aligned}\right\} \tag{5.5}$$

这里假定是二进制的输入. 很容易把这个结构扩展到输入为非二进制的情况. 我们看到, 用来描述有限状态机的 S 是含有 $4n$ 个元素的列向量, 这里 n 是状态的个数. 可以将 (5.2) 式的输入应用于有限状态机并定义有限状态机的误差费用为

$$\text{费用} = \sum_{i=1}^{12} \left|(\text{想要的输出})_i - (\text{有限状态机的输出})_i\right|. \tag{5.6}$$

这里 (想要的输出)$_i$ 是 (5.3) 式的第 i 个输出和含有 12 个输出的序列. 为最小化 (5.6) 式, 可以采用进化规划的算法 5.1 或算法 5.2 设计有限状态机.

我们需要考虑一个实施的细节：算法 5.1 中 $\boldsymbol{x}_i$ 是一个连续变量; 但是在有限状态机

的演变中, 每一个个体的元素是受具体的域约束的整数. 对一个输出为二进制的有限状态机, (5.5) 式表示当 i 取奇数时, $S(i) \in [0,1]$, 而当 i 为偶数时, $S(i) \in [1,n]$, 这里 n 是状态的个数. 对这种情况的处理很简单. 首先执行算法 5.1, 然后将 $\boldsymbol{x}_i'$ 的元素限制在适当的域中, 最后利用四舍五入让 $\boldsymbol{x}_i'$ 的元素取为离它最近的整数. 不过, 可能还有别的处理方法, 我们把它留给读者作为科研和创新的题目.

其他实施细节包括 β 和 γ 的调试, 以及在得到变异方差之前如何适当放缩费用 $f(\boldsymbol{x}_i)$.

例 5.2 本例用进化规划设计一个有限状态机, 用来最小化 (5.6) 式的费用函数, 这里的输入和输出由 (5.2) 式和 (5.3) 式给定. 每个进化规划的个体有 4 个状态, $\beta = 1$, $\gamma = 0$, 种群规模为 5. 我们用进化规划算法 5.1 演变有限状态机的种群. 对每一个个体的费用进行缩放, 让每一代的费用属于区间 [1, 2]. 图 5.4 显示在一次进化规划仿真中费用函数的收敛性. 由下面这个向量 $\boldsymbol{S}$ 得到的费用为零:

$$\boldsymbol{S} = [1\ 3\ 1\ 2,\ 1\ 1\ 0\ 4,\ 0\ 1\ 0\ 2,\ 1\ 4\ 0\ 2]. \tag{5.7}$$

它对应于图 5.5 中的有限状态机. □

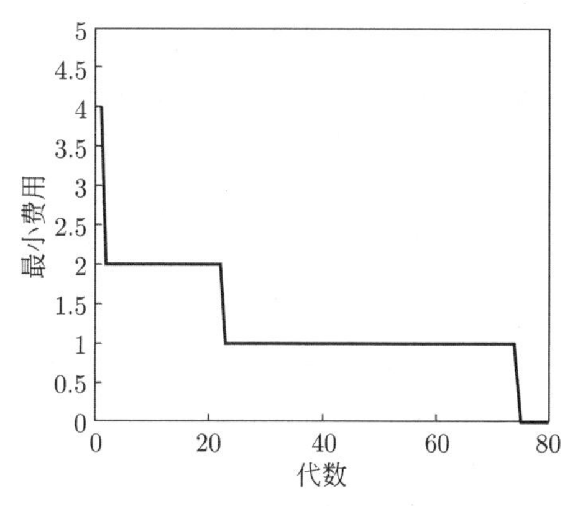

图 5.4 例 5.2: 有限状态机的收敛性.

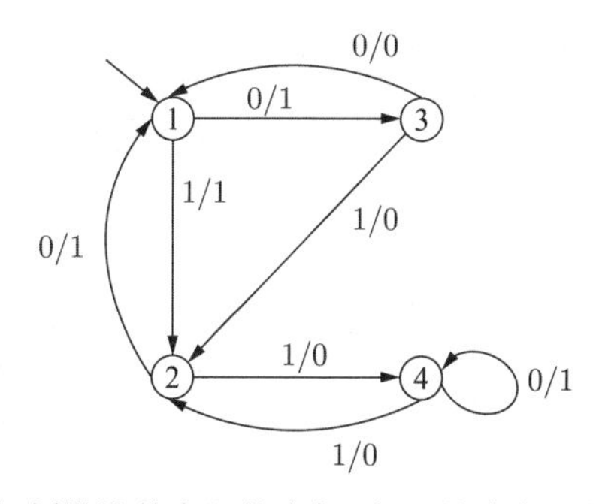

图 5.5 由例 5.2 的进化规划设计的有限状态机. 如果这个有限状态机的输入由 (5.2) 式给定, 则产生的输出为 (5.3) 式.

5.3 离散进化规划

Fogel 最初为生成有限状态机创建的进化规划的实施方式与前一节描述的有些不同 [Fogel et al., 1966], [Fogel, 1999]. 他将进化规划直接应用于整数域. 他的方法不仅能用于有限状态机的优化, 对定义在离散域上的问题也都适用. 在算法 5.3 中会概要说明他的方法.

算法 5.3 概述 Fogel 关于离散优化问题的进化规划的伪代码. 注意, 这个算法是算法 5.1 的一般化.

$\{x_i\} \leftarrow$ {随机生成种群}, $i \in [1, N]$
While not (终止准则)
  计算种群中每一个个体的费用 $f(\boldsymbol{x}_i)$
  对于每一个个体 $\boldsymbol{x}_i$, $i \in [1, N]$
    $\boldsymbol{x}_i' \leftarrow \boldsymbol{x}_i$ 的随机变异
  下一个个体
  $\{\boldsymbol{x}_i\} \leftarrow \{\boldsymbol{x}_i, x_i'\}$ 中最好的 N 个个体
下一代

在算法 5.3 中的“随机变异”完全取决于要解决的具体问题. 举例来说, Fogel 为有限状态机优化所用的随机变异就是从下列各项中随机地选出一项.

- 用随机的输入/输出和多对输入/转移添加一个状态.
- 删除一个状态. 将转到被删状态的状态转移重新定向到另一个随机选出的状态.
- 对随机选出的状态, 随机地改变一对输入/输出.
- 对随机选出的状态, 随机地改变一对输入/转移.
- 随机地改变初始状态.

Fogel 还建议为与状态机的复杂度成比例的费用函数增加一个惩罚. 于是, 在每一代的末尾选择最好的 N 个个体时会偏向更简单的状态机. 这个思路不仅让我们找到能生成所需模式的有限状态机, 而且还可以找到能生成所需模式的简单的有限状态机.

例 5.3 本例试图找出能生成素数的状态机. 用 0 指示非素数, 用 1 指示素数. 在每个时刻状态机的输入是前一时刻素数的指标 (0 为假, 1 为真). 输入和输出序列为

$$\left.\begin{aligned} \text{输入} &= \{0,\ 1,\ 1,\ 0,\ 1,\ 0,\ 1,\ 0,\ 0,\ 0,\ 1,\ 0,\cdots\}, \\ \text{所需输出} &= \{\quad\ 1,\ 1,\ 0,\ 1,\ 0,\ 1,\ 0,\ 0,\ 0,\ 1,\ 0,\cdots\}. \end{aligned}\right\} \tag{5.8}$$

与输入序列相应的是: 1 为非素数; 2 和 3 是素数; 4 是非素数; 5 是素数; 6 是非素数; 7 是素数; 8, 9 和 10 是非素数; 11 是素数; 12 是非素数; 等等. 输出序列等于延迟一个时刻的输入序列. 我们用前 100 个正整数来评价有限状态机的性能, 因此输入和输出序列的位长都是 99; 输入序列相应于整数 1~99, 而想要的输出序列相应于整数 2~100. 取种群规模 $N = 20$. 对于进化规划中每一代的每一个个体, 随机选择本节前面描述的 5 种变异中的一种. 我们仿真状态个数有惩罚的有限状态机的进化规划, 也仿真无费用惩罚的进化规

划. 图 5.6 显示在 100 次蒙特卡罗仿真上取平均的最好的有限状态机. 如果对状态个数无惩罚, 则状态的平均个数是 4.7; 如果对状态个数的惩罚为 $n/2$, 则状态的平均个数是 2.8, 这里 n 是状态个数. 图 5.6 显示可以达到的最低费用介于 18 和 19 之间. 考虑到在前 100 个正整数中仅有 25 个素数, 这个有限状态机的性能并不是非常好. 总是生成 0 的状态机的费用应该是 25. □

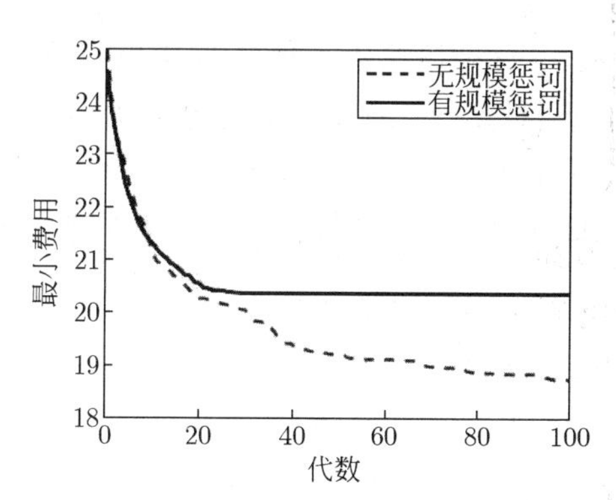

图 5.6 例 5.3: 用于素数数目预测的有限状态机的收敛性在 100 次蒙特卡罗仿真上的平均.

5.4 囚徒困境

囚徒困境是博弈论的一个经典问题. 假设两位犯罪嫌疑人被警察逮捕并分开审讯. 警察主动提出, 如果嫌疑人能供出同伙就会对他免于起诉. 任何一个嫌疑人的供词都会为警察长期监禁他的同伙提供足够的证据. 而如果两位嫌疑人都保持沉默, 警察则不会有足够的证据长期监禁嫌疑人. 囚徒之间不能交流, 他们会左右为难. 如果每个嫌疑人保持沉默 (互相合作), 则两位嫌疑人都会获缓刑. 如果每个嫌疑人都供出自己的同伙 (互相背叛), 则两位嫌疑人都会被判中期监禁. 但是, 如果一个嫌疑人合作而另一个背叛, 则背叛同伙的嫌疑人会获得自由而合作的嫌疑人会被判长期监禁. 表 5.2 是对囚徒困境的总结.

表 5.2 囚徒困境的费用矩阵.

	囚徒 B 合作	囚徒 B 背叛
囚徒 A 合作	囚徒 A: 1 年 囚徒 B: 1 年	囚徒 A: 10 年 囚徒 B: 自由
囚徒 A 背叛	囚徒 A: 自由 囚徒 B: 10 年	囚徒 A: 5 年 囚徒 B: 5 年

假设你是囚徒 A. 如果你的同伙合作但你背叛, 你就能获得自由. 如果你的同伙背叛, 你也背叛, 则获刑是 5 年而不是 10 年. 所以, 看起来无论你的同伙如何做, 你都应该背叛. 如果两位囚徒都用这个策略, 则两位囚徒都背叛并获刑 5 年. 如果两位囚徒相互合作, 则他们都会获刑 1 年. 自私的决定比顾及同伙利益会令两位囚徒的情况更糟, 这就是为什么称这个问题为困境.

在迭代的囚徒困境中, 会进行几次囚徒困境游戏, 每个玩家的目标是最大化全部游戏的总收益 (即最小化被拘押的时间)[Axelrod, 2006]. 当选择合作或背叛时, 你记得同伙上一次的决定. 所以, 如果你的同伙反复背叛, 你可以选择背叛以最大化你的收益. 如果你的同伙合作, 则可以选择合作以维持相互合作的局面并获得收益. 我们经常省略“迭代的囚徒困境”中“迭代的”这个词, 所以“囚徒困境”这个术语可以用来指一轮或多轮表 5.2 的游戏.

囚徒困境有几种策略, 每一种策略都可以很方便地用有限状态机来表示 [Ashlock, 2009], [Rubinstein, 1986]. 一种是每次都合作. 用一个状态的有限状态机来刻画这个乐观的策略, 如图 5.7 所示. 我们第一轮从合作开始并移到状态 1. 如果对手在前一次的决定是 C, 则我们输出 C 并留在状态 1. 如果对手前一次的决定是 D, 同样输出 C 并留在状态 1.

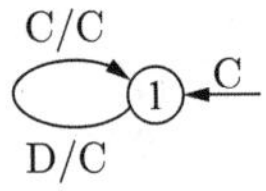

图 5.7 囚徒困境中一直合作这个策略的有限状态机.

另一种策略, 以牙还牙策略, 依照“别人怎么对你, 你就怎么对他”的哲学. 我们以合作开始并移到状态 1. 如果对手在前一步合作我们就合作, 对手在前一步背叛我们也背叛. 这个策略如图 5.8 所示.

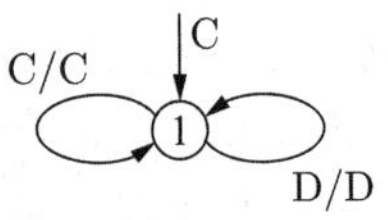

图 5.8 囚徒困境中以牙还牙策略的有限状态机.

另一种策略是以一牙还两牙, 它比以牙还牙稍稍乐观和宽容. 除非对手连续两步都背叛, 否则我们会坚持合作. 这个策略如图 5.9 所示.

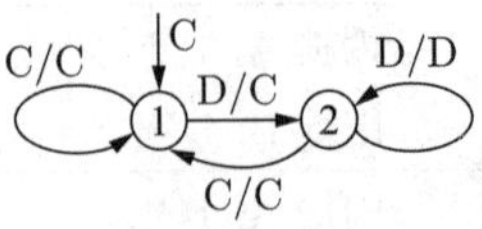

图 5.9 囚徒困境中以一牙还两牙策略的有限状态机.

严厉策略很不宽容. 我们乐观地以合作开始并移到状态 1, 只要我们的对手合作就一直合作. 如果对手背叛, 我们就决不再合作. 这个策略如图 5.10 所示.

在惩罚策略中, 我们会因对手的背叛而报复, 但是最终我们会原谅对手. 如果对手背叛, 则我们也背叛, 并一直背叛直到对手连续 3 次都合作. 仅在对手连续 3 次合作之后我们才再次合作. 这个策略如图 5.11 所示.

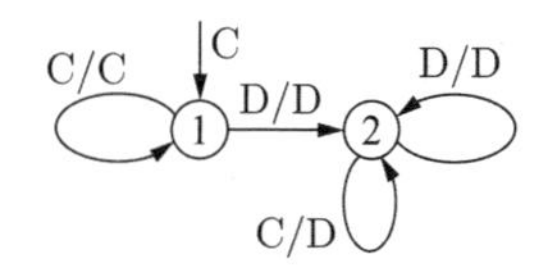

图 5.10 囚徒困境中严厉策略的有限状态机.

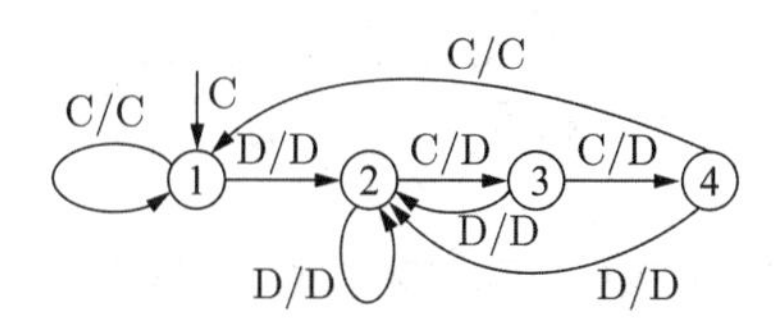

图 5.11 囚徒困境中惩罚策略的有限状态机.

囚徒困境有很多应用, 有关它的研究也有很多, 包括对等网络文件共享 [Ellis and Yao, 2007], 竞争公司中的广告策略 [Corfman and Lehmann, 1994], 政治 [Grieco, 1988], 运动和其他领域中的欺诈 [Ehrnborg and Rosen, 2009] 以及别的应用 [Poundstone, 1993].

例 5.4 在本例中, 我们让有限状态机进化以最小化囚徒困境游戏中的费用. 囚徒困境的有限状态机可以用 (5.5) 式表示, 不过, 在向量的开头要增加一个整数来指示第一步. 用 0 指示合作, 1 指示背叛. 随机生成 4 个对手, 在生成之后这 4 个对手就固定下来, 每位对手采用 4 个状态的有限状态机策略. 运行进化规划, 其中取 $\beta=1$, $\gamma=0$. 随机初始化规模为 5 的进化规划种群, 每一个个体包含 4 个状态. 每个进化规划个体与这 4 个固定对手的每一位玩 10 次游戏, 并评价进化规划个体的性能. 在这个例子中, 4 个随机但固定的对手的状态机为

$$\left.\begin{aligned}
\boldsymbol{S}_1 &= [0,\ \ 0\ 3\ 0\ 3,\ \ 0\ 3\ 1\ 2,\ \ 1\ 4\ 0\ 2,\ \ 1\ 3\ 1\ 3],\\
\boldsymbol{S}_2 &= [0,\ \ 0\ 1\ 0\ 4,\ \ 1\ 2\ 0\ 2,\ \ 0\ 4\ 0\ 3,\ \ 0\ 2\ 0\ 4],\\
\boldsymbol{S}_3 &= [0,\ \ 1\ 4\ 0\ 4,\ \ 0\ 1\ 0\ 1,\ \ 1\ 4\ 0\ 2,\ \ 0\ 1\ 1\ 4],\\
\boldsymbol{S}_4 &= [1,\ \ 0\ 4\ 1\ 4,\ \ 0\ 4\ 0\ 1,\ \ 0\ 3\ 0\ 3,\ \ 0\ 3\ 0\ 2].
\end{aligned}\right\}\tag{5.9}$$

我们用进化规划算法 5.1 演化有限状态机的种群. 图 5.12 显示在一次仿真下进化规划费用函数的收敛性. 费用最小的向量 $\boldsymbol{S}$ 为

$$\boldsymbol{S} = [1,\ \ 1\ 2\ 1\ 2,\ \ 0\ 1\ 1\ 3,\ \ 1\ 4\ 0\ 1,\ \ 1\ 1\ 0\ 1].\tag{5.10}$$

它相应于图 5.13 中的有限状态机. □

我们还可以做一个有趣的实验, 让进化规划种群通过与自己对弈来演变. 也就是说, 进化规划中的每一个个体与其他个体博弈来评价个体的费用.

囚徒困境有许多变种. 例如, 假定每一个个体在每一步可以在两种可能的走法中选一种. 我们也可以假定在每一步的合作水平涉及连续走法及相应的连续费用. 可以用 0 代表全合作, 1 代表全背叛, 0 和 1 之间的数代表不同程度的合作和背叛 [Harraid and Fogel, 1996]. 另一个变种是允许每一个个体一旦想要终止游戏就主动终止 [Delahaye and

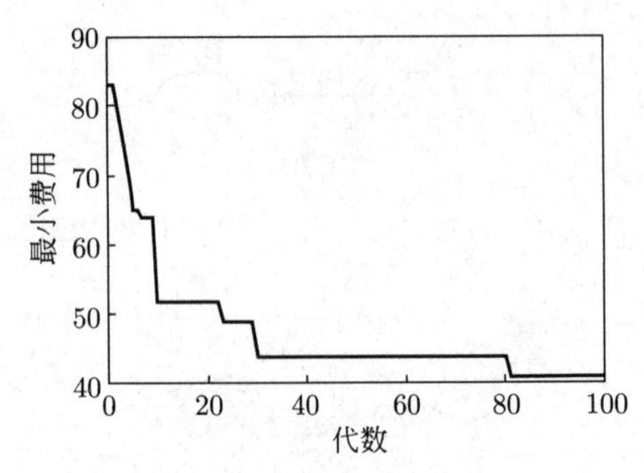

图 5.12 例 5.4: 囚徒困境有限状态机费用的收敛性.

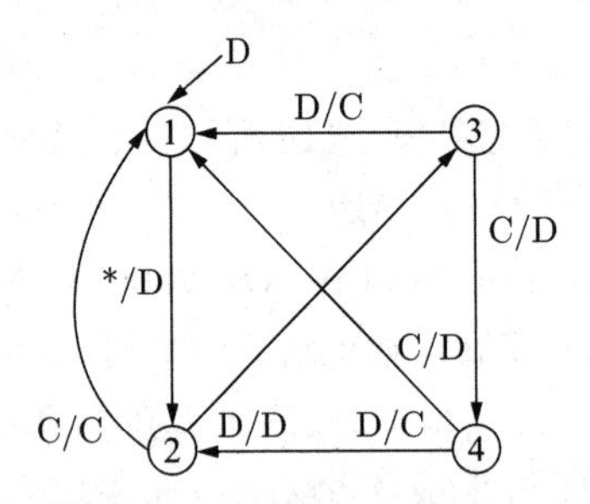

图 5.13 例 5.4: 由进化规划演化得到的最好的有限状态机. 从状态 1 出来的星号表示 C 或 D; 也就是说, 如果有限状态机处于状态 1, 则不管对手的前一步是什么 (C 或 D), 有限状态机的输出都会是 D 并且下一个状态将会是状态 2.

Mathieu, 1995]. 还有一个变种是允许多个玩家同时玩. 在这种情况下, 一个玩家的费用常常随着这个玩家的走法以及与其合作的对手的个数而变化 [Bonacich et al., 1976]. 另一个复杂的变种是表 5.2 中的费用矩阵随时间改变 [Worden and Levin, 2007].

5.5 人工蚂蚁问题

本节讨论人工蚂蚁问题 (不要与蚁群优化混淆), 它是另外一个能用有限状态机求解的著名问题. 人工蚂蚁问题在 1990 年提出 [Jefferson et al., 2003], [Koza, 1992, Section 3.3.2] 对它做了精巧的描述. 将一只人工蚂蚁放在 32×32 的环形网格上, 在 1024 个方格中有 90 个方格里面有食物. 蚂蚁的感知能力非常有限：它只能感知在它正前方的方格中有没有食物. 在每一个方格中, 它可以在三种走法中选一种: 朝它的正前方前进一个方格, 这时如果那个方格中有食物它就吃掉食物; 或者它向右转并留在当前的方格内; 或者它向左转并留在当前的方格内. 这条路径被称为 Sante Fe 小径, 如图 5.14 所示.

蚂蚁开始时处在方格 (1,1) 中, 它在网格的左下角 (不过从技术上讲并没有什么“角”, 因为网格是环形的), 它的初始方向朝右. 在图 5.14 中, 它感知到食物就在它的前面, 因此应该向前移动到坐标为 (2,1) 的方格去吃食物. 在方格 (2,1) 中, 它再次感知到在它前面的食物, 所以它应该向前移动到方格 (3,1) 去吃食物. 在方格 (3,1) 中, 它会感知到在它前面的食物, 所以它应该向前移动到方格 (4,1) 去吃食物. 接下来, 在此之前令它满意的旅程如今却遇到了障碍: 在方格 (4,1) 中, 它感知不到食物. 它是应该向前移动, 希望在下一个方格里能找到食物? 还是应该向左或者向右, 希望在它当前位置的旁边找到食物? 如果它向左转, 则会感知到在方格 (4,2) 中的食物并留在最优的路径上. 但是, 如果它向右转, 则会感知到在方格 (4,32) 中的食物 (请记住网格是环形的), 这会让它获得短暂的满足感, 但最终却让它误入歧途.

人工蚂蚁问题就是要找出一个有限状态机引导蚂蚁穿过 Sante Fe 小径，让它用尽可能少的步数吃掉所有食物. 向前一步, 向右转或向左转都算是一步. 穿过网格的最优路径有 167 步, 由图 5.14 中的黑色和灰色方格组成.

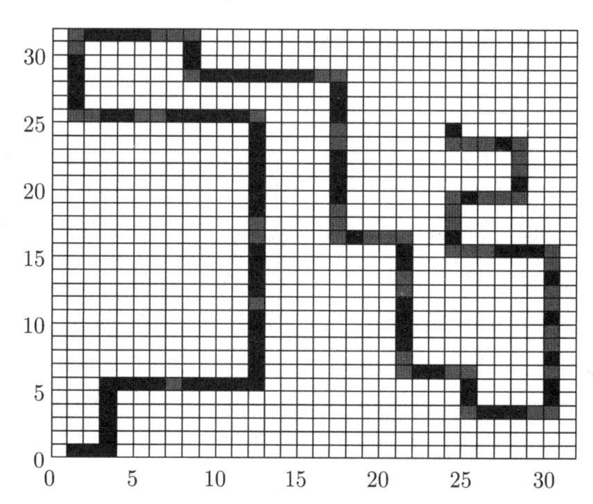

图 5.14 32 × 32 的 Sante Fe 小径. 一只蚂蚁被放在左下角, 朝向右方. 白色方格是空的, 黑色方格中有食物. 灰色方格也是空的, 用灰色是为了更好地说明蚂蚁穿过网格的最优路径.

我们可以用进化规划来演化人工蚂蚁问题的解. 首先决定要用多少个状态. 假设需要用 5 个状态. 然后用下面的整数序列对有限状态机编码:

$$\left.\begin{array}{c} 1_{0,m},\ 1_{0,s},\ 1_{1,m},\ 1_{1,s}, \\ 2_{0,m},\ 2_{0,s},\ 2_{1,m},\ 2_{1,s}, \\ \vdots \\ 5_{0,m},\ 5_{0,s},\ 5_{1,m},\ 5_{1,s}. \end{array}\right\} \tag{5.11}$$

上述有限状态机用到的记号如下:

- $n_{0,m}$ 是当蚂蚁处于状态 n 并在其正前方没有感知到食物时采取的步法. 我们设置 $n_{0,m} = 0$, 1, 或 2 分别指示向前, 向右转, 或向左转.
- $n_{0,s}$ 是当蚂蚁处于状态 n 并在其正前方没有感知到食物时转移到的状态.
- $n_{1,m}$ 是当蚂蚁处于状态 n 并在其正前方感知到食物时采取的步法.
- $n_{1,s}$ 是当蚂蚁处于状态 n 并在其正前方感知到食物时转移到的状态.

因此, 我们用 $4N$ 个整数为有限状态机编码, 这里 N 是状态的个数. 假定蚂蚁开始时总是处于状态 1.

我们可以评价进化规划种群中每个有限状态机, 看它们在网格中导航的情况. 初始化时将蚂蚁放在左下角面朝右. 对每个有限状态机设置蚂蚁所走步数的上限为 500. 有限状态机的费用由蚂蚁吃到网格中所有食物所需步数来度量. 如果蚂蚁在 500 步后还没有吃到所有的食物, 费用就等于 500 加上蚂蚁尚未到达的食物方格的个数. 图 5.15 所示为种群规模取 100, 5 个状态的有限状态机的进化规划的一次仿真过程.

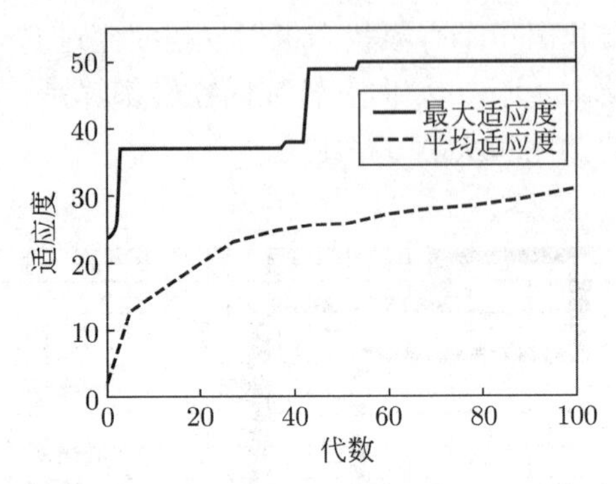

图 5.15 为解决人工蚂蚁问题的有限状态机进化规划的一次仿真过程. 每个有限状态机有 5 个状态, 步数限制为 500. 在初始化时最好的有限状态机能让蚂蚁吃掉 90 粒食物中的 24 粒. 在 100 代之后, 最好的有限状态机能让蚂蚁吃掉 50 粒食物.

蚂蚁吃到的食物粒的平均数依赖于有限状态机用到的状态个数. 如果用的状态过少, 就不够灵活无法找到一个好的解. 如果用的状态太多, 进化规划的性能会得到改进, 但与因状态增多而增加的计算机运行时间相比, 这样的改进可能并不划算. 种群规模为 100 的进化规划在 100 代之后, 种群中每只蚂蚁吃到的食物的平均数如下:

$$\left.\begin{aligned}\text{有限状态机的维数} &= \ \ 4: 50.1 \text{ 粒食物},\\ \text{有限状态机的维数} &= \ \ 6: 60.5 \text{ 粒食物},\\ \text{有限状态机的维数} &= \ \ 8: 62.5 \text{ 粒食物},\\ \text{有限状态机的维数} &= 10: 63.1 \text{ 粒食物},\\ \text{有限状态机的维数} &= 12: 63.8 \text{ 粒食物}.\end{aligned}\right\} \tag{5.12}$$

如果将状态的个数由 4 增加到 6, 性能上会有一个大跳变, 而在那之后再增加状态个数所得的改进却很小.

通过几次蒙特卡罗仿真, 我们发现进化规划演化出的最好的有限状态机有 12 个状态. 但其中有 5 个状态从来没有达到过, 所以, 有限状态机实际上只包含 7 个操作状态. 若以 (5.11) 式的格式刻画这个有限状态机就得到表 5.3 中的 28 个元素的阵列.

图 5.16 所示为有限状态机的图形. 由这个有限状态机导航, 蚂蚁用 349 步能吃到全部 90 粒食物, 比所需的最少步数的两倍稍多一点. 仔细看一看图 5.16, 我们发现在有限状态机中某些效率较低的情况. 例如, 当处于状态 4 时, 如果蚂蚁感知到食物, 它向右转进入状态 7. 我们凭直觉就会期望, 只要蚂蚁感知到食物就向前移动吃掉食物, 看来从状态 4 到标识“1,R”是一种浪费. 强制让所有的有限状态机一旦感知到食物就向前移动可

以避免浪费. 这是将问题的具体信息融入到进化规划的一种方式, 这样做有可能改善进化规划的性能. 一般来说, 为改进算法性能我们总是应该尽量把问题的具体信息与进化算法结合.

表 5.3 用进化规划为 32×32 的 Sante Fe 小径设计的最好的有限状态机. 步法标示如下: $0 =$ 向前, $1 =$ 右转, $2 =$ 左转. 图 5.16 为这个有限状态机的图形形式.

	没有感知到食物		感知到食物	
	步法	下一个状态	步法	下一个状态
状态 1	2	2	0	5
状态 2	1	3	0	3
状态 3	1	4	0	1
状态 4	2	5	1	7
状态 5	0	1	0	6
状态 6	0	5	0	1
状态 7	2	6	0	7

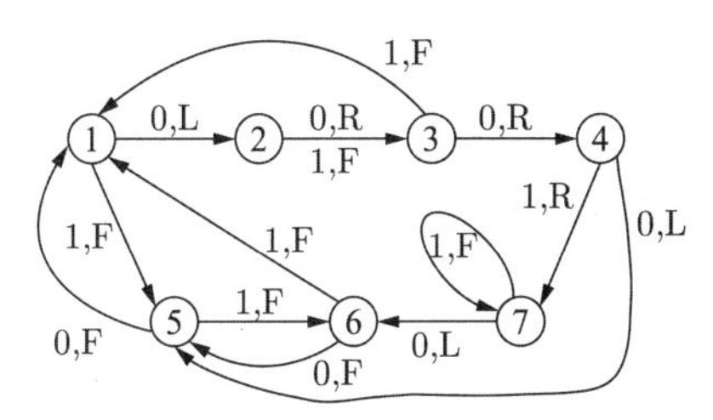

图 5.16 用进化规划为 32×32 的 Sante Fe 小径设计的最好的有限状态机. 每个状态的输出标示为 (f, s), 这里 $f = 0$ 指示没有感知到食物, $f = 1$ 指示感知到食物; $s = \text{F}$ 指示向前, $s = \text{L}$ 指示向左, $s = \text{R}$ 指示向右. 表 5.3 为这个有限状态机的表格形式.

人工蚂蚁问题的其他变种包括 Los Altos Hills 小径[Koza, 1992, Section 7.2], San Mateo 小径[Koza, 1994, Chapter 12]以及 John Muir 小径[Jefferson et al., 2003].

5.6 总　　结

传统上常常用进化规划找出最优的有限状态机. 我们在总结中要强调两个重点. 首先, 可以将进化规划作为一个通用的算法来解决任何优化问题, 对于一般的优化问题, 进化规划实际上是一个颇受欢迎的算法. 其次, 不仅可以用进化规划而且还可以用本书讨论的其他进化算法来求解有限状态机问题. 囚徒困境及其变种是可以用多种优化算法求解的一般优化问题. 本章之所以在囚徒困境上用了很大的篇幅, 是因为最初提出进化规划就是为了求解有限状态机. 最后, 还有几本书和文章从另外的角度更仔细地讨论进化规划, 包括 [Back and Schwefel, 1993], [Back, 1996] 和 [Yao et al., 1999].

习 题

书面练习

5.1 进化规划变异方差

$$\sigma_i^2 = \beta f(\boldsymbol{x}_i) + \gamma$$

经常被认为是 $f(x_i)$ 和 σ_i^2 之间的线性关系. 实际上, 它不是线性的, 而是仿射的. 为得到 $f(\boldsymbol{x}_i)$ 和 σ_i^2 之间的线性关系, 应该如何写上面的等式?

5.2 一部电梯有两个状态: 在第一层, 或在第二层. 有两个输入: 用户按第一层的按钮, 或按第二层的按钮. 请为这个系统以图形形式和表格形式编写一个有限状态机.

5.3 将习题 5.2 中的系统扩展. 电梯有 4 个状态 (在第一层, 在第二层, 从第一层上升到第二层, 以及从第二层下降到第一层), 因此它有 3 个输入 (用户按第一层的按钮, 第二层的按钮, 或什么都不做). 请为这个系统以图形形式和表格形式编写一个有限状态机.

5.4 用 (5.9) 式的向量形式分别编写囚徒困境的一直合作策略, 以牙还牙策略, 以一牙还两牙策略, 以及严厉策略. 基于你的向量形式, 哪些策略更相似: 是一直合作策略与以牙还牙策略, 还是以一牙还两牙策略与严厉策略?

5.5 假设一直合作策略、以牙还牙策略、以一牙还两牙策略和严厉策略在囚徒困境的比赛中竞争, 哪一个会胜出?

5.6 图 5.17 的有限状态机是为 Sante Fe 小径的人工蚂蚁设计的, 这里输入 0 意味着没有感知到食物; 输入 1 意味着感知到食物; 而输出 L, R 和 F 分别表示左转, 右转和向前 [Meuleau et al., 1999], [Kim, 2006]. 请将这个有限状态机写成 (5.11) 式的格式.

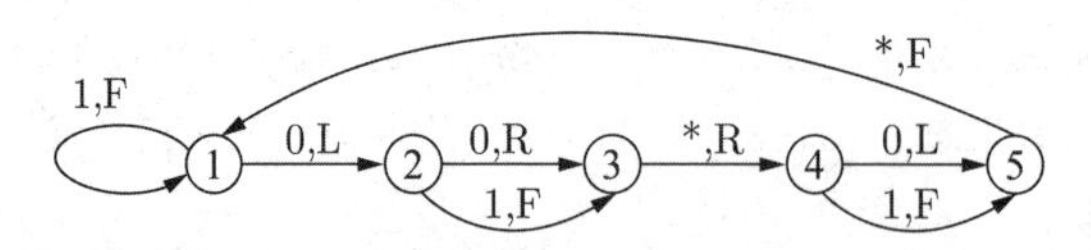

图 5.17 习题 5.6: 人工蚂蚁问题的有限状态机

5.7 一只人工蚂蚁要访问 Sante Fe 小径的每一个方格最少需要多少步?

5.8 假设人工蚂蚁随机访问 32×32 的 Sante Fe 小径的 β 个不同的方格. 蚂蚁能找到所有食物的概率是多少?

计算机练习

5.9 为最小化 10 维 sphere函数, 请仿真进化规划算法 5.1. 采用搜索域 $[-5.12, +5.12]$, $\beta = (x_{\max} - x_{\min})/10 = 1.024$, $\gamma = 0$, 种群规模 $= 50$, 代数限制 $=50$. 当计算变异方差时, 将费用函数值正规化使得对所有的 i, $f(x_i) \in [1, 2]$.

(1) 进化规划最好的解在 20 次蒙特卡罗仿真上取平均得到的结果是多少?

(2) 用函数 $\beta f^2(x_i)$ 替代方差并重新仿真.

(3) 用函数 $\beta\sqrt{f(x_i)}$ 替代方差并重新仿真.

(4) 对所有的 i, 以 β 为方差并重新仿真.

5.10 重新运行例 5.3, 其中对有限状态机规模的惩罚为 n, 这里 n 是状态的个数. 最好的有限状态机的状态个数和费用在 100 次蒙特卡罗仿真上取平均得到的结果各是多少? 与惩罚为 $n/2$ 的例 5.3 相比, 所得结果如何?

5.11 已知囚徒困境中对手每次都会背叛, 我们的最优策略也是每次都背叛. 请用进化规划设计一个有限状态机, 让它在对付一直背叛的对手时表现得尽可能好.

5.12 利用习题 5.6 的有限状态机, 请问一只蚂蚁需要多少步才能吃掉 Sante Fe 小径上的所有食物?

5.13 利用在习题 5.8 中的答案, 画出关于蚂蚁在随机访问 β 个不同的方格后找到 Sante Fe 小径中所有食物的概率关于 $\beta \in [1, 1024]$ 的曲线. 概率轴采用对数刻度. 请问蚂蚁需要访问多少个方格才有至少 50% 的机会找到所有食物?

第 6 章　进化策略

最初的进化策略每"代"仅在一个后代上操作, 因为没有可操作的目标种群.

汉斯-保罗·施韦费尔 (Hans-Paul Schwefel) [Schwefel and Mendes, 2010]

欧洲初次涉足进化算法是在 20 世纪 60 年代, 柏林技术大学的三位学生试图找到在风洞中能使空气阻力最小的最优体型. 这三位学生, Ingo Rechenberg, Hans-Paul Schwefel, 和 Peter Bienert, 在采用解析方法求解他们的问题时遇到了困难. 所以他们想出一个主意, 对体型做随机的变化选出其中最好的, 并重复这个过程直到找到问题的一个好的解.

Rechenberg 于 1964 年首次发表了在进化策略 (Evolution Strategy), 也称为进化的策略 (Evolutionary Strategy) 上的工作 [Rechenberg, 1998]. 有趣的是, 最早实施进化策略只是实验性的. 计算资源不足无法支持高保真的仿真, 要凭借实验得到适应度函数, 然后在物理硬件上进行变异. Rechenberg 在 1970 年获得博士学位并随后将他的工作集结成书 [Rechenberg, 1973]. 尽管这本书是用德语写的, 但它用图形描述优化过程, 让不懂德语的读者也觉得妙趣横生. 这本书描述为让机翼在空气场中阻力最小, 机翼形状的演变; 为让燃料通过喷嘴时的阻力最小, 火箭喷嘴形状的演变; 以及为让流体通过管道时的阻力最小, 管道形状的演变. 这些早期的算法被称为*控制论解的途径*.

Schwefel 在 1975 年获得他的博士学位, 后来写了几本关于进化策略的书 [Schwefel, 1977], [Schwefel, 1981], [Schwefel, 1995]. 自 1985 年以来, 他一直在多特蒙德大学工作. Bienert 在 1967 年获得他的博士学位. 在对 Schwefel 的采访 [Schwefel and Mendes, 2010] 中, 关于早期进化策略的描述很有趣.

本章概览

6.1 节讨论 (1+1) 进化策略 ((1+1)-ES). 这是最早使用的进化策略, 也是最简单的. 它只有变异不涉及重组. 6.2 节推导进化策略的 1/5 规则, 它告诉我们, 为得到最好的性能应该如何调整变异率, 对数学证明不感兴趣的读者可以略过这部分. 6.3 节将 (1+1)-ES 一般化从而得到在每一代有 μ 个父代的算法, 这里 μ 是由用户定义的常数. 父代结合形成单个子代, 如果它的适应性足够强就可能成为下一代的一部分. 重组可以有几个方案. 6.4 节进一步对算法一般化, 让每一代有 λ 个子代. 6.5 节讨论如何调整变异率以大幅度地改善进化策略的性能. 这些调整方案包括最新的协方差阵自适应进化策略算法 (CMA-ES) 以及协方差阵自身自适应进化策略 (CMSA-ES) 算法.

6.1 (1+1) 进化策略

假设 $f(\boldsymbol{x})$ 是实随机向量 $\boldsymbol{x}$ 的函数, 我们想要最大化适应度 $f(\boldsymbol{x})$. 进化策略最早的算法初始化单个候选解并评价它的适应度, 然后让候选解变异并评价变异后的个体的适应度. 这两个候选解 (父代和子代) 中最好的那一个成为下一代的起点. 进化策略最初是为离散问题设计的, 在离散搜索空间中采用小的变异很容易陷入局部最优值, 所以后来把它改为在连续搜索空间中采用连续的变异 [Beyer and Schwefel, 2002], 如算法 6.1 所示.

算法 6.1 被称为 (1+1)-ES((1+1) 进化策略), 因为每代由 1 个父代和 1 个子代组成, 并从父代和子代中选出最好的作为下一代的个体. (1+1)-ES 也被称为二元进化策略, 它与 2.6 节中的爬山策略非常相似, 与种群规模为 1 的进化规划(参见 5.1 节) 相同. 下面的定理保证 (1+1)-ES 最终能找到 $f(\boldsymbol{x})$ 的全局最大值.

定理 6.1 如果 $f(\boldsymbol{x})$ 是定义在闭域中的连续函数, 并有一个全局最优值 $f^*(\boldsymbol{x})$, 则

$$\lim_{t\to\infty} f(\boldsymbol{x}) = f^*(\boldsymbol{x}), \tag{6.1}$$

其中 t 是代数.

算法 6.1 概述 (1+1)-ES 的伪代码, 这里 n 是问题的维数, $\boldsymbol{x}_0$ 的每个元素经过变异得到 $\boldsymbol{x}_1$.

初始化非负变异方差 σ^2
$\boldsymbol{x}_0 \leftarrow$ 随机生成的个体
While not (终止准则)
　　生成一个随机向量 $\boldsymbol{r}$, 其中 $r_i \sim N(0,\sigma^2)$, $i \in [1,n]$,
　　$\boldsymbol{x}_1 \leftarrow \boldsymbol{x}_0 + \boldsymbol{r}$
　　If $\boldsymbol{x}_1$ 比 $\boldsymbol{x}_0$ 好 then
　　　　$\boldsymbol{x}_0 \leftarrow \boldsymbol{x}_1$
　　End if
下一代

在 [Devroye, 1978], [Rudolph, 1992], [Back, 1996, 定理 7] 和 [Michalewicz, 1996] 中有定理 6.1 的证明. 这个定理与我们的直觉相符. 如果有足够的时间, 采用随机变异探索搜索空间最终能访问到整个搜索空间 (在计算机的精度之内) 并找到全局最优值.

在 (1+1)-ES 算法 6.1 中的方差 σ^2 是可调参数. σ 的值是一个折中.

- σ 应该足够大以使变异能够在合理的时间内到达搜索空间的每一个区域.
- σ 应该足够小以便找到在用户所需分辨率之内的最优解.

在进化策略向前推进时减小 σ 也许是适当的. 在进化策略刚开始时, 较大的 σ 值会允许进化策略进行粗粒度的搜索以靠近最优解. 在进化策略快要结束时, 较小的 σ 值会让进化策略微调它的候选解并以更小的分辨率收敛到最优解.

算法 6.1 中的变异被称为各向同性, 因为 $\boldsymbol{x}_0$ 的每个元素的变异方差相同. 实际上, 我们可能想实施下面的非各向同性变异:

$$\boldsymbol{x}_1 \leftarrow \boldsymbol{x}_0 + N(\boldsymbol{0}, \boldsymbol{\Sigma}), \tag{6.2}$$

其中 $\boldsymbol{\Sigma}$ 是一个 $n \times n$ 的对角矩阵, 其对角元素为 σ_i, $i \in [1, n]$. 这意味着 $\boldsymbol{x}_0$ 的每个元素以不同的方差进行变异. 根据 $\boldsymbol{x}$ 的第 i 个元素的域以及在那一维上目标函数的形状, 独立地为每一个 σ_i 赋值.

Rechenberg 在分析了一些简单优化问题的 (1+1)-ES 之后得出的结论是: 20%的变异能改进适应度函数 $f(\boldsymbol{x})$[Rechenberg, 1973], [Back, 1996, Section 2.1.7]. 我们在 6.2 节会再现他的一些分析. 如果变异成功率高于 20%, 则变异过小, 带来的改进也小, 收敛时间变长. 如果变异成功率低于 20%, 则变异过大, 带来的改进虽大但并不会经常发生, 这样也会让收敛时间变长. 由 Rechenberg 的工作得到 1/5 规则:

在 (1+1)-ES 中, 如果成功的变异与总变异的比值小于 1/5, 则应该减小标准差 σ. 如果这个比值大于 1/5, 则应该增大标准差.

在 6.2 节我们会看到, 这个规则真正只适用于几个特别的目标函数, 对于一般化的进化策略, 已经证明它是一个有用的指导原则. 但是, 1/5 规则提出了一个问题: 标准差应该如何减小或增大? Schwefel 从理论上推导出让 σ 减小或增大的因子:

$$\left.\begin{array}{ll} \text{标准差减小：} & \sigma \leftarrow c\sigma \\ \text{标准差增大：} & \sigma \leftarrow \sigma / c, \quad \text{其中} \quad c = 0.817. \end{array}\right\} \tag{6.3}$$

由这些结果得到算法 6.2 的自适应 (1+1)-ES (adaptive (1+1)-ES) . 自适应 (1+1)-ES 需要定义移动窗口长度 G. 我们想让 G 足够大以便得到更准确的变异成功率, 但 G 又不要大到令 σ 的自适应反应迟缓. 在 [Beyer and Schwefel, 2002] 中的建议是

$$G = \min\{n, 30\}, \tag{6.4}$$

其中 n 是问题的维数.

算法 6.2 概述自适应 (1+1)-ES 的伪代码, 这里 n 是问题的维数. $\boldsymbol{x}_0$ 的每一个特征变异后得到 $\boldsymbol{x}_1$, ϕ 是在过去 G 代中使 $\boldsymbol{x}_1$ 优于 $\boldsymbol{x}_0$ 的变异的比例. 为加快收敛速率算法自动调节变异方差. c 的标称值是 0.817.

初始化非负变异方差 σ^2
$\boldsymbol{x}_0 \leftarrow$ 随机生成的个体
While not (终止准则)
  生成一个随机向量 $\boldsymbol{r}$, 其中 $r_i \sim N(0, \sigma^2)$, $i \in [1, n]$,
  $\boldsymbol{x}_1 \leftarrow \boldsymbol{x}_0 + \boldsymbol{r}$
  If $\boldsymbol{x}_1$ 比 $\boldsymbol{x}_0$ 好 then
    $\boldsymbol{x}_0 \leftarrow \boldsymbol{x}_1$
  End if

$\phi \leftarrow$ 在过去 G 代中成功变异的比例
If $\phi < 1/5$ then
$\sigma \leftarrow c^2\sigma$
else if $\phi > 1/5$ then
$\sigma \leftarrow \sigma/c^2$
End if
下一代

例 6.1 本例用 (1+1)-ES 优化 20 维 Ackley基准函数 (参见附录 C.1.2). 我们将标准 (1+1)-ES 算法 6.1 与自适应 (1+1)-ES 算法 6.2 比较. 对于自适应进化策略, 记录下变异成功的次数以及总变异次数. 总变异次数等于代数. 每 20 代计算变异成功率, 并按照 (6.3) 式调整标准差. 图 6.1 比较标准 (1+1)-ES 与自适应 (1+1)-ES 的平均收敛速率. 由图可见, 自适应进化策略比标准进化策略收敛得更快. 图 6.2 显示出变异成功率和变异标准差的典型轮廓. 由图可见, 当成功率在前面 20 代的时间跨度内大于 20%, 变异标准差会自动增大; 而当成功率小于 20% 变异标准差会自动减小. □

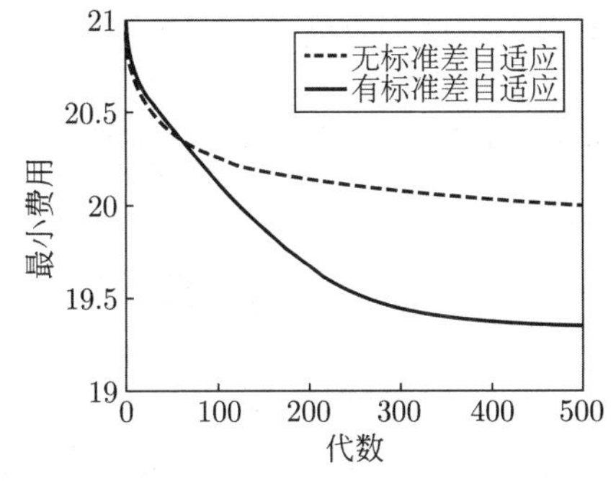

图 6.1 例 6.1: 在 100 次仿真上取平均, (1+1)-ES 算法的收敛性. 自动调节变异标准差的自适应进化策略比标准进化策略收敛得快很多.

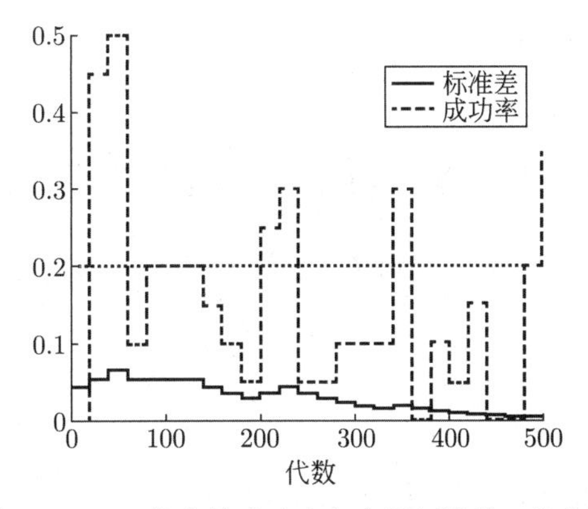

图 6.2 例 6.1: 自适应 (1+1)-ES 的变异成功率和变异标准差. 当成功率大于 20%, 自适应进化策略自动增大变异标准差, 而当成功率小于 20%, 自适应进化策略自动减小变异标准差. 由此说明 1/5 规则.

6.2 1/5 规则: 推导

本节推导 1/5 规则, 它说的是所有变异中大约有 20% 应该能让进化策略个体改进. 本节源自 [Rechenberg, 1973, Chapters 14~15], 对数学证明的细节不感兴趣的读者可以略过.

假设一个 n 维最小化问题, 其费用函数为 $f(\boldsymbol{x})$, 其中 $\boldsymbol{x}=[x_1,x_2,\cdots,x_n]$. 本节聚焦在走廊问题上, 它的域为

$$x_1 \in [0,\infty), \qquad x_j \in (-\infty,\infty),\ j\in[2,n]. \tag{6.5}$$

走廊问题的费用函数为

$$f(\boldsymbol{x})=\begin{cases} c_0+c_1x_1, & \text{如果}x_j\in[-b,b]\text{对所有}j\in[2,n],\\ \infty, & \text{其他,}\end{cases} \tag{6.6}$$

其中, 常数 c_0, c_1 和 b 为正. 仅当 $\boldsymbol{x}$ 在走廊中, 对所有 $j\in[2,n]$, 当 $x_j\in[-b,b]$ 时, 随着 x_1 减小费用会有改进, 所以我们称之为走廊问题.

算法 6.1 和算法 6.2 中的进化策略个体 $\boldsymbol{x}_0$ 根据 $\boldsymbol{x}_1\leftarrow\boldsymbol{x}_0+\boldsymbol{r}$ 变异, 这里 $\boldsymbol{r}$ 是 n 元随机向量.[1] 对于 $j\in[1,n]$, 我们用 x_{0j} 表示向量 $\boldsymbol{x}_0$ 的第 j 个元素, x_{1j} 表示向量 $\boldsymbol{x}_1$ 的第 j 个元素.

$\boldsymbol{x}_0$ 的每个元素的变异量从均值为零方差为 σ^2 的高斯分布中选择. 因此, x_{1j} 的概率密度函数可以写成

$$\mathrm{PDF}(x_{1j})=\frac{1}{\sigma\sqrt{2\pi}}\exp\left[-(x_{1j}-x_{0j})^2/(2\sigma^2)\right], \quad j\in[1,n]. \tag{6.7}$$

能让 $\boldsymbol{x}$ 改进的变异需要下面 n 个独立事件同时发生:

$$r_1<0, \qquad x_{1j}\in[-b,b],\ j\in[2,n], \tag{6.8}$$

其中 r_1 是 $\boldsymbol{x}_0$ 的第一个元素的变异量 (即 $x_{11}\leftarrow x_{01}+r_1$). 所以, 有用的变异的期望 ϕ'为

$$\begin{aligned}\phi' &= |\mathrm{E}(r_1|r_1<0)|\prod_{j=2}^{n}\Pr(x_{1j}\in[-b,b])\\ &=\left|\int_{-\infty}^{0}\frac{r_1}{\sigma\sqrt{2\pi}}\exp(-r_1^2/(2\sigma^2))\mathrm{d}r_1\right|\prod_{j=2}^{n}\int_{-b}^{b}\frac{1}{\sigma\sqrt{2\pi}}\exp(-(x_{1j}-x_{0j})^2/(2\sigma^2))\mathrm{d}x_{1j}\\ &=\frac{\sigma}{\sqrt{2\pi}}\prod_{j=2}^{n}\frac{1}{2}\left[\mathrm{erf}\left(\frac{b-x_{0j}}{\sigma\sqrt{2}}\right)+\mathrm{erf}\left(\frac{b+x_{0j}}{\sigma\sqrt{2}}\right)\right] \quad \text{(参见习题 6.2),}\end{aligned} \tag{6.9}$$

其中 $\mathrm{erf}(\cdot)$ 是误差函数:

$$\mathrm{erf}(x)=\frac{2}{\sqrt{\pi}}\int_0^x\exp(-t^2)\mathrm{d}t, \quad x\geqslant 0. \tag{6.10}$$

---

[1] 这里的记号出现了暂时的不一致, 在算法 6.1 和算法 6.2 中, $\boldsymbol{x}_0$ 和 $\boldsymbol{x}_1$ 指的是变异前和变异后的进化策略的候选解, 而在 (6.5) 式和 (6.6) 式中的 x_1 指的是向量 $\boldsymbol{x}$ 的第一个元素.

已知 $\boldsymbol{x}_0$ 在变异前处于 $[-b,b]$ 走廊中, 有用的变异的期望 ϕ 可以写为

$$\begin{aligned}\phi &= \mathrm{E}(\phi'|x_{0j}\in[-b,b]\ 对所有j\in[2,n]) \\ &= \int_{-b}^{b}\cdots\int_{-b}^{b}\phi'\mathrm{PDF}(x_{02})\cdots\mathrm{PDF}(x_{0n})\mathrm{d}x_{02}\cdots\mathrm{d}x_{0n}.\end{aligned} \tag{6.11}$$

已知 $x_{0j}\in[-b,b]$, 假定 x_{0j} 在 $[-b,b]$ 上均匀分布 (未经证实的假设), 得到

$$\phi = \frac{\sigma}{\sqrt{2\pi}}\prod_{j=2}^{n}\int_{-b}^{b}\frac{1}{2}\left[\mathrm{erf}\left(\frac{b-x_{0j}}{\sigma\sqrt{2}}\right)+\mathrm{erf}\left(\frac{b+x_{0j}}{\sigma\sqrt{2}}\right)\right]\left(\frac{1}{2b}\right)\mathrm{d}x_{0j}. \tag{6.12}$$

由于

$$\int\mathrm{erf}(z)\mathrm{d}z = z\,\mathrm{erf}(z)+\frac{\exp(-z^2)}{\sqrt{\pi}}. \tag{6.13}$$

在 (6.12) 式用上式, 得到

$$\begin{aligned}\phi &= \frac{\sigma}{\sqrt{2\pi}(4b)^{n-1}}\prod_{j=2}^{n}\left[4b\,\mathrm{erf}\left(\frac{2b}{\sigma\sqrt{2}}\right)+\frac{2\sigma\sqrt{2}(\exp(-2b^2/\sigma^2)-1)}{\sqrt{\pi}}\right] \\ &= \frac{\sigma}{\sqrt{2\pi}}\left[\mathrm{erf}\left(\frac{2b}{\sigma\sqrt{2}}\right)-\frac{\sigma}{b\sqrt{2\pi}}(1-\exp(-2b^2/\sigma^2))\right]^{n-1}.\end{aligned} \tag{6.14}$$

因为 $\lim_{x\to\infty}\mathrm{erf}(x)=1$ 且 $\lim_{x\to\infty}\mathrm{erf}(-x)=0$. 所以,

$$\phi \approx \frac{\sigma}{\sqrt{2\pi}}\left(1-\frac{\sigma}{b\sqrt{2\pi}}\right)^{n-1},\quad 对大的b/\sigma. \tag{6.15}$$

ϕ 为有用变异的期望值, 我们想要它较大. 通过对 ϕ 关于 σ 求导并令导数为 0, 可以找出让 ϕ 取到极值的 σ 的值. 有

$$\frac{\mathrm{d}\phi}{\mathrm{d}\sigma} = \frac{1}{\sqrt{2\pi}}\left(1-\frac{\sigma}{b\sqrt{2\pi}}\right)^{n-1}-\frac{\sigma(n-1)}{b2\pi}\left(1-\frac{\sigma}{b\sqrt{2\pi}}\right)^{n-2}. \tag{6.16}$$

设这个导数为 0 并求解 σ, 得到

$$\sigma^* = b\sqrt{2\pi}/n. \tag{6.17}$$

它给出 ϕ 可能的最大值, 也就是有用的变异的最大期望.

现在考虑有用的变异的概率 w'. 如果 (6.8) 式中的 n 个独立事件都发生, 变异就是有用的. 其概率可以写成

$$w' = \Pr(r_1<0)\prod_{j=2}^{n}\Pr(x_{1j}\in[-b,b]). \tag{6.18}$$

因为 r_1 是零均值, $r_1 < 0$ 的概率是 1/2, 所以上面的式子可以写成

$$w' = \frac{1}{2}\prod_{j=2}^{n} \Pr(x_{1j} \in [-b, b]). \tag{6.19}$$

将上式与 (6.9) 式比较, 有

$$w' = \frac{\sqrt{2\pi}}{2\sigma}\phi'. \tag{6.20}$$

现在考虑有用的变异的概率的期望值 w, 已知 $\boldsymbol{x}_0$ 在变异前处于 $[-b, b]$ 走廊中. 可以写成下面的形式:

$$\begin{aligned} w &= \mathrm{E}(w'|x_{0j} \in [-b, b] \text{ 对所有} j \in [2, n]) \\ &= \int_{-b}^{b} \cdots \int_{-b}^{b} w' \mathrm{PDF}(x_{02}) \cdots \mathrm{PDF}(x_{0n}) \mathrm{d}x_{02} \cdots \mathrm{d}x_{0n}. \end{aligned} \tag{6.21}$$

将此式与 (6.11) 式和 (6.20) 式比较, 可知

$$w = \frac{\sqrt{2\pi}}{2\sigma}\phi. \tag{6.22}$$

现在用 (6.15) 式替换 ϕ, 得到

$$w = \left(\frac{\sqrt{2\pi}}{2\sigma}\right)\left(\frac{\sigma}{\sqrt{2\pi}}\right)\left(1 - \frac{\sigma}{b\sqrt{2\pi}}\right)^{n-1}. \tag{6.23}$$

下面我们用 (6.17) 式中 σ 的最优值替换 σ, 就得到 w 的最优值:

$$w^* = \frac{1}{2}(1 - 1/n)^{n-1}. \tag{6.24}$$

对于小的 x, $\exp(-x) \approx 1 - x$. 所以, 对于大的 n, $\exp(-1/n) \approx 1 - 1/n$. 我们有

$$w^* = \frac{1}{2}(\exp(-1/n))^{n-1} = \frac{1}{2\mathrm{e}} \approx 0.18. \tag{6.25}$$

最优标准差 σ^* 给出的变异量级能在 18%的时间中改进费用.

Rechenberg 还分析了 sphere函数, 其目标是最小化

$$f(\boldsymbol{x}) = \sum_{j=1}^{n} x_j^2. \tag{6.26}$$

他发现对 sphere 函数的最优变异成功率是 27%.

这些结果只适用于具体的函数, 并且是在简化后的近似条件下推导出来的, 但由它们得到了一个被称为 1/5 规则的经验法则, 这个规则在很多问题中都被证明是有用的. 为最大化收敛速率, 应该调整进化策略的标准差让成功的变异与总变异的比值为 1/5.

6.3 $(\mu+1)$ 进化策略

最早对 (1+1)-ES 的一般化是 $(\mu+1)$-ES. 在 $(\mu+1)$-ES 中, 每代用 μ 个父代, 这里 μ 是由用户定义的参数. 每个父代由相应的 $\boldsymbol{\sigma}$ 向量控制其变异的大小. 父代组合形成单个子代, 然后让子代变异. 在 μ 个父代和这个子代中选出最好的 μ 个个体成为下一代的 μ 个父代. 算法 6.3 是对它的总结. 由于 $(\mu+1)$-ES 保留了每一代最好的个体, 它奉行精英主义; 也就是说, 从一代到下一代, 最好的个体绝不会变差 (参见 8.4 节). $(\mu+1)$-ES 也被称为稳态进化策略. 由于在每一代的最后, 从整个种群只去掉一个个体, 所以可以称这个策略为最差灭绝, 它是适者生存的另一面.

算法 6.3 中的父代将解的特征与变异方差结合. 但它并不包含算法 6.2 中的变异方差自适应. 事实上, 在与 μ 成正比的某个代数之后, 算法 6.3 中的 $\boldsymbol{\sigma}$ 值会滑落到单一的值, 不确定它是否能反映适当的变异强度 [Beyer, 1998]. 可能不应该按照算法 6.3 来实施进化策略, 但它是通向 6.5 节中更有效的自身自适应进化策略的跳板.

算法 6.3 概述 $(\mu+1)$ 进化策略的伪代码, 这里 n 是问题的维数.

$\{(\boldsymbol{x}_k, \boldsymbol{\sigma}_k)\} \leftarrow$ 随机生成个体, $k \in [1, \mu]$.
每个 $\boldsymbol{x}_k$ 是候选解, 每个 $\boldsymbol{\sigma}_k$ 是标准差向量.
注意, $\boldsymbol{x}_k \in \mathbb{R}^n$, 且 $\boldsymbol{\sigma}_k \in \mathbb{R}^n$ 的每个元素为正.
While not (终止准则)
  从 $\{(\boldsymbol{x}_k, \boldsymbol{\sigma}_k)\}$ 中随机选择两个父代
  用重组方法将两个父代组合得到一个子代, 记为 $(\boldsymbol{x}_{\mu+1}, \boldsymbol{\sigma}_{\mu+1})$
  $\boldsymbol{\Sigma}_{k+1} \leftarrow \text{diag}(\sigma^2_{\mu+1,1}, \cdots, \sigma^2_{\mu+1,n}) \in \mathbb{R}^{n\times n}$
  由 $N(\mathbf{0}, \boldsymbol{\Sigma}_{k+1})$ 生成一个随机向量 $\boldsymbol{r}$
  $\boldsymbol{x}_{\mu+1} \leftarrow \boldsymbol{x}_{\mu+1} + \boldsymbol{r}$
  从种群中去掉最差的个体, 即,
    $\{(\boldsymbol{x}_k, \boldsymbol{\sigma}_k)\} \leftarrow \{(\boldsymbol{x}_1, \boldsymbol{\sigma}_1), \cdots, (\boldsymbol{x}_{\mu+1}, \boldsymbol{\sigma}_{\mu+1})\}$ 中最好的 μ 个个体
下一代

算法 6.3 中重组的那一步称, "用重组方法将两个父代组合……". 重组有多种不同的方式.[1] 离散性交是随机地从 $\boldsymbol{x}_p$ 或 $\boldsymbol{x}_q$ 选择子代的每一个元素, 并从 $\boldsymbol{\sigma}_p$ 或 $\boldsymbol{\sigma}_q$ 随机地选择每一个子代元素的标准差, 这里每次选择都相互独立. 这种类型的交叉用离散这个词来描述是因为子代的每一个特征来自单个父代, 而又用性这个词是因为子代的每一个特征来自两个父代中的一个. 如图 6.3 所示.

另一个重组方案是中间性交. 在这个方案中, 子代特征设置为父代特征的中点; 因此是指定的中间. 图 6.4 说明中间性交.

另一个重组方案是全局交叉, 或随机交配的交叉. 随机交配种群中的每一个体都可能是其他个体的配偶. 在离散全局交叉中, 子代的每一个特征来自于从整个种群随机选出的

[1]进化策略学界一般更喜欢重组或混合而不是交叉,本书自始至终把它们当做同义词.

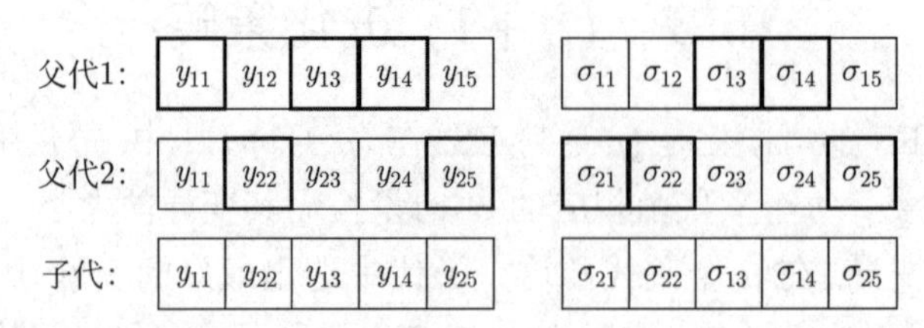

图 6.3 进化策略中的离散性交, 问题的维数 $n = 5$. 子代中每个解的特征和标准差从两个父代中随机选择.

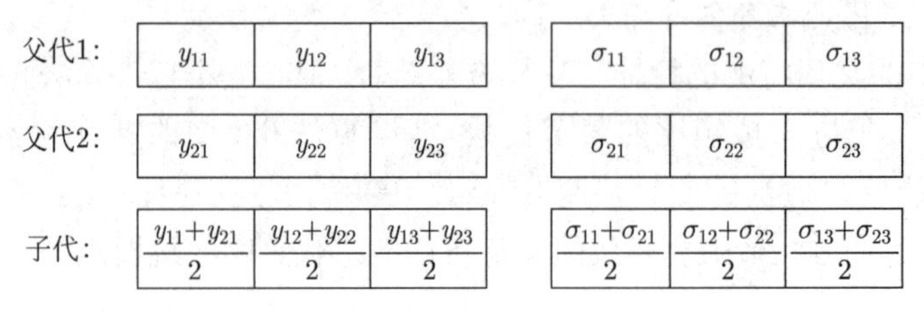

图 6.4 进化策略中的中间性交, 问题的维数 $n = 3$. 子代中每个解的特征和标准差在两个父代的中间.

父代. 如图 6.5 所示. 图 6.3 和图 6.5 的离散交叉方案也称为显性交叉.

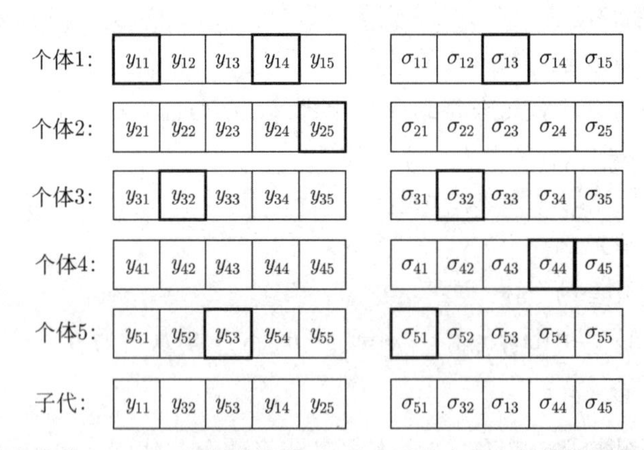

图 6.5 5 元进化策略 ($\mu = 5$), 问题的维数 $n = 5$. 子代中每个解的特征和标准差随机地从整个种群中选出.

全局交叉可以与中间交叉结合得到中间全局交叉. 在这个方案中, 子代的每一个特征是随机选出的一对父代的线性组合. 如图 6.6 所示. 实际上, 中间全局交叉是常用的类型, 由于它在理论上很容易理解, 建议使用这种交叉类型 [Beyer and Schwefel, 2002].

我们还可以采用其他类型的交叉. 例如, 为子代选出一个父代 $x_p(0)$, 并为每一个解的特征选出另外一个父代 $\{x_p(k)\}$, $k \in [1, n]$. 然后, 对于 $k \in [1, n]$, 子代的第 k 个解的特征 $x_{\mu+1,k}$ 可以由 $x_p(0)$ 与 $x_p(k)$ 交叉生成. 同样, 第 k 个子代的标准差 $\sigma_{\mu+1,k}$ 可以由 $\sigma_p(0)$ 和 $\sigma_p(k)$ 交叉生成. 另外的交叉算子类型参见 8.8 节.

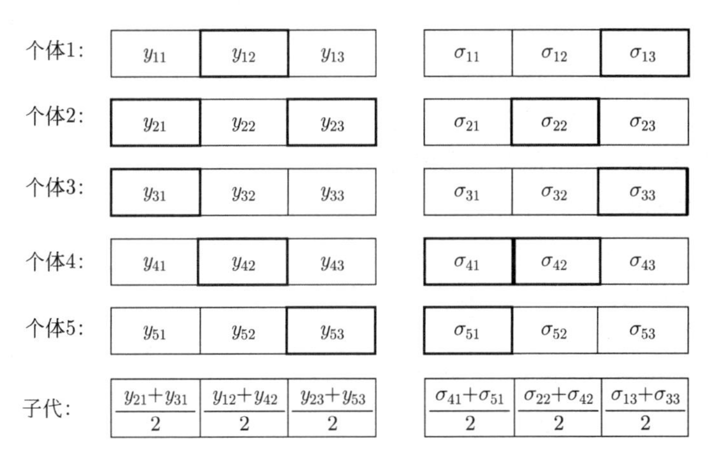

图 6.6 5 元进化策略 $(\mu=5)$ 的中间全局交叉的说明, 问题的维数 $n=3$. 子代的每一个解的特征和标准差在随机选出的父代的中间.

6.4 $(\boldsymbol{\mu+\lambda})$ 和 $(\boldsymbol{\mu,\lambda})$ 进化策略

接下来对进化策略的一般化是 $(\mu+\lambda)$-ES. 在 $(\mu+\lambda)$-ES 中, 种群规模为 μ, 每一代生成 λ 个子代. 在生成子代之后, 父代和子代总共有 $(\mu+\lambda)$ 个个体. 在这些个体中选出最好的 μ 个作为下一代的父代.

另一个常用的进化策略是 (μ,λ)-ES. 在 (μ,λ)-ES 中, 从 λ 个子代中选出最好的 μ 个个体作为下一代的父代. 换言之, μ 个父代中无一生存到下一代; 而是从 λ 个子代选出 μ 个个体的子集作为下一代的父代. 在 (μ,λ)-ES 中, 我们需要保证所选的 $\lambda\geqslant\mu$. 前一代的父代决不能生存到下一代, 每一个个体的生命限定为一代.

如果在 $(\mu+\lambda)$-ES 或 (μ,λ)-ES 中 $\mu>1$, 则称进化策略为多元的. 尽管这些一般化的进化策略取得了成功, 最初还是有人强烈反对让 μ 和 λ 大于 1. 反对 $\lambda>1$ 的理由是这样做会拖延对信息的利用. 反对 $\mu>1$ 的理由则是让较差的个体活下来会拖慢进化策略的进展 [De Jong et al., 1997].

当适应度函数有噪声或是时变的, (μ,λ)-ES 常常比 $(\mu+\lambda)$-ES 好 (第 21 章). 在 $(\mu+\lambda)$-ES 中, 已知个体 $(\boldsymbol{x},\boldsymbol{\sigma})$ 的适应度可能较好, 但是由于 $\boldsymbol{\sigma}$ 不合适, 它可能得不到改进. 因此个体 $(\boldsymbol{x},\boldsymbol{\sigma})$ 会持续很多代都留在种群中却没有改进, 它浪费了种群中的一个位置. (μ,λ)-ES 解决这个问题的方法是强迫所有个体在一代之后离开种群并只让最好的子代存活. 这有助于让 $\boldsymbol{\sigma}$ 好的子代活到下一代, 所谓好的 $\boldsymbol{\sigma}$ 是指由它得到的变异向量能够改进 $\boldsymbol{x}$. [Beyer and Schwefel, 2002] 推荐用 (μ,λ)-ES 求解搜索空间无界的问题, 用 $(\mu+\lambda)$-ES 求解搜索空间离散的问题.

算法 6.4 是对 $(\mu+\lambda)$-ES 和 (μ,λ)-ES 的总结. 注意, 如果对所有 k, $\boldsymbol{\sigma}_k$ 等于常数, 从一代到下一代 $\boldsymbol{\sigma}_k$ 的值会保持不变. 算法 6.4 像算法 6.3 一样, 并不包括变异方差的自适应性. 所以不应该按照算法 6.4 来实施进化策略, 但它是自身自适应进化策略的跳板. 我们在下一节将对算法 6.4 做一般化处理从而得到自身自适应 $(\mu+\lambda)$-ES 和 (μ,λ)-ES.

算法 6.4 概述 $(\mu+\lambda)$ 和 (μ,λ) 的进化策略的伪代码, 其中 n 是问题的维数.

$\{(x_k,\sigma_k)\} \leftarrow$ 随机生成个体, $k\in[1,\mu]$.
每个 $\boldsymbol{x}_k$ 是候选解, 每个 $\boldsymbol{\sigma}_k$ 是标准差向量.
注意, $\boldsymbol{x}_k\in\mathbb{R}^n$, 且 $\boldsymbol{\sigma}_k\in\mathbb{R}^n$ 的每个元素为正.
While not (终止准则)
　For $k=1,2,\cdots,\lambda$
　　从 $\{(\boldsymbol{x}_k,\boldsymbol{\sigma}_k)\}$ 中随机选择两个父代
　　用重组方法将两个父代组合得到一个子代, 记为 $(\boldsymbol{x}'_k,\boldsymbol{\sigma}'_k)$
　　$\boldsymbol{\Sigma}'_k \leftarrow \mathrm{diag}((\sigma'_{k1})^2,\cdots,(\sigma'_{kn})^2)\in\mathbb{R}^{n\times n}$
　　由 $N(\mathbf{0},\boldsymbol{\Sigma}_k)$ 生成一个随机向量 $\boldsymbol{r}$
　　$\boldsymbol{x}'_k \leftarrow \boldsymbol{x}'_k+\boldsymbol{r}$
　下一个 k
　If 这是 $(\mu+\lambda)$-ES then
　　$\{(\boldsymbol{x}_k,\boldsymbol{\sigma}_k)\} \leftarrow \{(\boldsymbol{x}_k,\boldsymbol{\sigma}_k)\}\cup\{(\boldsymbol{x}'_k,\boldsymbol{\sigma}'_k)\}$ 中最好的 μ 个个体
　else if 这是 (μ,λ)-ES then
　　$\{(\boldsymbol{x}_k,\boldsymbol{\sigma}_k)\} \leftarrow \{(\boldsymbol{x}'_k,\boldsymbol{\sigma}'_k)\}$ 中最好的 μ 个个体
　End if
下一代

例 6.2 本例比较 $(\mu+\lambda)$ 和 (μ,λ) 进化策略. 我们运行这两个策略, 取 $\mu=10$, $\lambda=20$, 离散性交, 问题的维数为 20. 图 6.7 显示这两个算法在 Schwefel 2.26基准函数上的平均性能. 由图可见, $(\mu+\lambda)$-ES 比 (μ,λ)-ES 好. 一般来说, 这是在预料之中的情况, 因为 (μ,λ)-ES 限定每一个个体只存活一代, 所以可能会丢掉好的解. 作为进化策略的变种, $(\mu+\lambda)$-ES 和 (μ,λ)-ES 之间的性能比较也依赖于问题. 图 6.8 显示这两个算法在 Ackley基准函数上的平均性能. $(\mu+\lambda)$-ES 最初的表现比 (μ,λ)-ES 好, 但是最终 (μ,λ)-ES 赶上来并超过了 $(\mu+\lambda)$-ES. 有时候, (μ,λ)-ES 会更有优势. 不只是因为它能

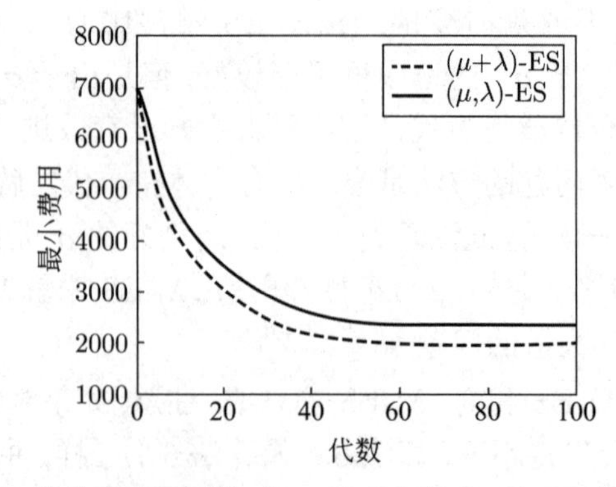

图 6.7 例 6.2: 在 100 次仿真上取平均, $(\mu+\lambda)$-ES 和 (μ,λ)-ES 在 Schwefel 2.26 基准函数上的收敛速率. $(\mu+\lambda)$-ES 明显优于 (μ,λ)-ES.

更好地适应有噪声和时变的适应度; 对某些函数而言, 它所具有的重视探索的性质也会让它得到比 $(\mu+\lambda)$-ES 更好的性能. □

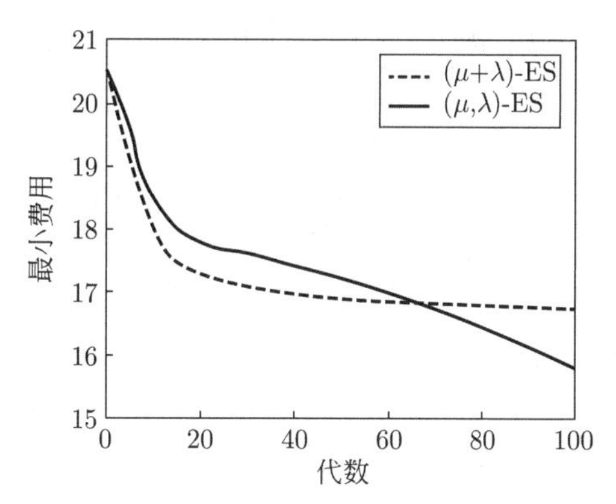

图 6.8 例 6.2: 在 100 次仿真上取平均, $(\mu+\lambda)$-ES 和 (μ,λ)-ES 在 Ackley 基准函数上的收敛速率. $(\mu+\lambda)$-ES 最初比 (μ,λ)-ES 好, 但 (μ,λ)-ES 的最终表现却比 $(\mu+\lambda)$-ES 好很多.

$(\mu, \kappa, \lambda, \rho)$ 进化策略

回顾算法 6.4, 它的每一个子代有两个父代. 不过, 我们没有理由限制父代只能有两个, 反而可以对多于两个的父代进行组合, 用 ρ 来指示对每个子代有贡献的父代的个数. 我们在 6.3 节的末尾讨论了涉及多个父代的一些交叉算子, 在 8.8 节会讨论另外的一些可能性.

我们也可以对种群中的每一个个体设置最长生存时间, 用 κ 表示. 如果最长生存时间是一代, $\kappa=1$ 就得到 (μ,λ)-ES, 因为在这个策略中不允许父代活到下一代. 如果对最长生存时间没有限制, $\kappa=\infty$ 就得到 $(\mu+\lambda)$-ES, 因为这个策略允许父代活到下一代; 只要父代在组合的子代/父代种群中是 μ 个适应性最强的个体之一, 无论它已经在种群中存在了多久它都能活到下一代. 我们一般会给进化策略个体的生存时间设置一个上限以防止进化停滞, 对时变的问题更需要这样做 (参见 21.2 节).

将这两个方法相结合就得到 $(\mu,\kappa,\lambda,\rho)$-ES [Schwefel, 1995]. $(\mu,\kappa,\lambda,\rho)$-ES 的种群有 μ 个父代, 每一个个体有 κ 代的最长生存时间, 每一代生成 λ 个子代, 每一个子代有 ρ 个父代.

6.5 自身自适应进化策略

我们研究的进化策略算法较少涉及调整变异标准差 σ_{kj}. 目前唯一的方案是自适应 (1+1)-ES 算法 6.2, 它基于变异成功率调整标准差. 通过检查每一代全部 λ 个变异, 并记录这些变异中有多少得到了改进, 可以将 (1+1)-ES 一般化为 $(1+\lambda)$-ES 算法. 然而, 当 $\mu>1$ 时, 还没有明确的途径将 $(\mu+\lambda)$ 或 (μ, λ) 进化策略的想法一般化. 在这种情况下,

子代不只由变异还由父代的组合构成. 所以, 通过比较子代及其父代的适应度来确定适当的变异率可能没有什么意义.

我们通过变异解的特征 $\{x_i\}$, $i \in [1, n]$ 来搜索 $\boldsymbol{x}$ 的最优值, 同样也可以变异标准差向量的元素 $\{\sigma_i\}$ 来搜索 σ 的最优值. 在得到子代 $\{\boldsymbol{x}', \boldsymbol{\sigma}'\}$ 之后, 按如下方式对子代进行变异 [Schwefel, 1977], [Back, 1996, 2.1.2 节]. 对于 $i \in [1, n]$,

$$\sigma_i' \leftarrow \sigma_i' \exp(\tau'\rho_0 + \tau\rho_i), \qquad x_i' \leftarrow x_i' + \sigma_i' r_i, \tag{6.27}$$

其中, ρ_0, ρ_i 和 r_i 为取自 $N(0, 1)$ 的随机标量; 且 τ 和 τ' 为调试参数. 因子 $\tau'\rho_0$ 让 $\boldsymbol{x}'$ 的变异率有一个总改变, 因子 $\tau\rho_i$ 则让 $\boldsymbol{x}'$ 的具体元素的变异率改变. $\boldsymbol{\sigma}'$ 的变异形式保证 $\boldsymbol{\sigma}'$ 为正数.

注意, ρ_0 和 ρ_i 有相同的可能为正数和负数. 这意味着 (6.27) 式中的指数有相同的可能大于 1 和小于 1. 也就是说 σ_i' 有相同的可能增大或减小. Schwefel 的结论是这个变异方法对于 τ 和 τ' 的改变较稳健, 不过他建议按下面的方式设置参数 [Schwefel, 1977], [Back, 1996, 2.1.2 节]:

$$\tau = P_1 \left(\sqrt{2\sqrt{n}}\right)^{-1}, \qquad \tau' = P_2 \left(\sqrt{2n}\right)^{-1}, \tag{6.28}$$

其中, n 是问题的维数, P_1 和 P_2 为比例常数, 它们通常等于 1.

需要按照 (6.27) 式指示的顺序变异, 这一点非常重要; 也就是说, $\boldsymbol{\sigma}'$ 的变异要在 $\boldsymbol{x}'$ 的变异之前完成. 这是因为在 $\boldsymbol{x}'$ 变异时需要用到 $\boldsymbol{\sigma}'$ 以便让 $\boldsymbol{x}'$ 的适应度能尽可能准确地反映 $\boldsymbol{\sigma}'$ 是否适宜. 由这些想法得到算法 6.5 的自身自适应 $(\mu + \lambda)$ 和 (μ, λ) 进化策略. 注意, 与算法 6.2 的更简单的*自适应*进化策略相比, 算法 6.5 被称为*自身自适应* 进化策略. [Rechenberg, 1973] 提出的自身自适应进化策略也许是进化策略对进化算法的研究与实践的一个最重要的贡献. 如今, 几乎所有进化算法都会采用某种自身自适应来调整算法的可调参数. 另外, [Beyer and Deb, 2001] 说明, 即使进化算法没有显式的自身自适应, 也会显现出某种自身自适应的行为. 用自身自适应算法解释进化算法以及自身自适应行为对进化算法性能的影响仍然是未来研究的一个重要任务.

算法 6.5 假设变异协方差阵 $\boldsymbol{\Sigma}_k'$ 是对角矩阵. 一般来说, 可以用非对角协方差阵生成变异向量 $\boldsymbol{r}$. 因此, 我们要尝试优化整个协方差阵而不只是对角元素 [Back, 1996, 2.1 节].

例 6.3 本例用 $(\mu + \lambda)$-ES 优化 Ackley基准函数. 比较标准 $(\mu + \lambda)$-ES 算法 6.4 和自身自适应 $(\mu + \lambda)$-ES 算法 6.5. 对于这两个算法, 采用相同的 $\mu = 10$, $\lambda = 20$, 离散性交, 并且问题的维数 $n = 20$. 我们用 (6.28) 式中 τ 和 τ' 的标准值, 以及标准值 $P_1 = P_2 = 1$. 图 6.9 比较标准 $(\mu + \lambda)$-ES 和自身自适应 $(\mu + \lambda)$-ES 的平均收敛速率. 自身自适应进化策略比标准进化策略收敛得更快. 图 6.10 显示, 在最后一代种群中最好个体 $(\boldsymbol{x}_k, \boldsymbol{\sigma}_k)$ 的标准差的值 σ_{ki}, $i \in [1, 20]$. 图 6.10 表明, 不同特征的标准差会有不同的演化. 它们的演化以优化变异效用的方式进行. □

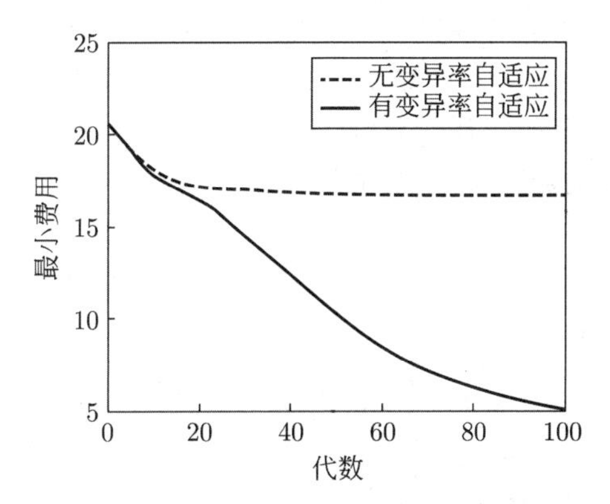

图 6.9 例 6.3: 在 100 次仿真上取平均, 标准和自身自适应 $(\mu+\lambda)$-ES 算法在 20 维 Ackley 函数上的收敛性. 自动调整变异标准差的自身自适应进化策略比标准的进化策略收敛得快很多.

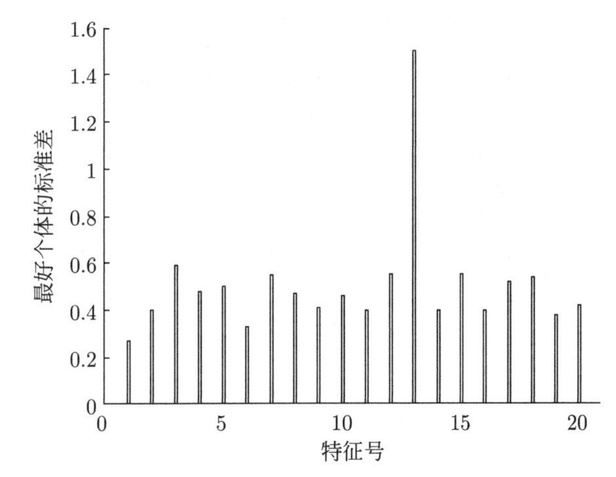

图 6.10 例 6.3: 自身自适应进化策略应用于 20 维 Ackley 函数, 在最后一代中最好个体的标准差的值. 相应于 20 维的优化问题有 20 个标准差. 自身自适应进化策略寻求让变异效用最大的方式调整变异标准差.

算法 6.5 概述自身自适应 $(\mu+\lambda)$ 和 (μ,λ) 进化策略的伪代码, 其中 n 是问题的维数.

按 (6.28) 式初始化常数 τ 和 τ'.
$\{(\boldsymbol{x}_k,\boldsymbol{\sigma}_k)\}\leftarrow$ 随机生成个体, $k\in[1,\mu]$.
每个 $\boldsymbol{x}_k$ 是候选解, 每个 $\boldsymbol{\sigma}_k$ 是标准差向量.
注意, $\boldsymbol{x}_k\in\mathbb{R}^n$, 且 $\boldsymbol{\sigma}_k\in\mathbb{R}^n$.
While not (终止准则)
    For $k=1,2,\cdots,\lambda$
        从 $\{(\boldsymbol{x}_k,\boldsymbol{\sigma}_k)\}$ 中随机选择两个父代
        用重组方法将两个父代组合得到一个子代, 记为 $(\boldsymbol{x}'_k,\boldsymbol{\sigma}'_k)$
        由 $N(0,1)$ 生成一个随机标量 ρ_0

由 $N(\mathbf{0}, \boldsymbol{I})$ 生成一个随机向量 $[\rho_1, \rho_2, \cdots, \rho_n]$

$\sigma'_{ki} \leftarrow \sigma'_{ki} \exp(\tau' \rho_0 + \tau \rho_i)$, 对于 $i \in [1, n]$

$\boldsymbol{\Sigma}'_k \leftarrow \text{diag}((\sigma'_{k1})^2, \cdots, (\sigma'_{kn})^2) \in \mathbb{R}^{n \times n}$

由 $N(\mathbf{0}, \boldsymbol{\Sigma}_{k+1})$ 生成一个随机向量 $\boldsymbol{r}$

$\boldsymbol{x}'_k \leftarrow \boldsymbol{x}'_k + \boldsymbol{r}$

下一个 k

If 这是 $(\mu + \lambda)$-ES then

$\{(\boldsymbol{x}_k, \boldsymbol{\sigma}_k)\} \leftarrow \{(\boldsymbol{x}_k, \boldsymbol{\sigma}_k)\} \cup \{(\boldsymbol{x}'_k, \boldsymbol{\sigma}'_k)\}$ 中最好的 μ 个个体

else if 这是 (μ, λ)-ES then

$\{(\boldsymbol{x}_k, \boldsymbol{\sigma}_k)\} \leftarrow \{(\boldsymbol{x}'_k, \boldsymbol{\sigma}'_k)\}$ 中最好的 μ 个个体

End if

下一代

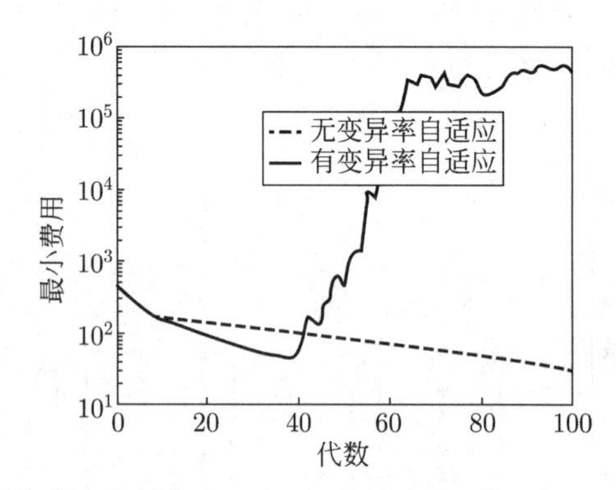

图 6.11 例 6.4: 标准和自身自适应 (μ, λ)-ES 方法在 20 维 Griewank 函数上的收敛速率, 在 100 次仿真上取平均. 自动调整变异标准差的自身自适应进化策略表现得很差.

例 6.4 本例与例 6.3 相同, 但在这里我们采用 (μ, λ)-ES 和 Griewank基准函数. 图 6.11 比较标准 (μ, λ)-ES 与自身自适应 (μ, λ)-ES 的平均收敛速率. 自身自适应进化策略表现得非常差. 其原因在于, 尽管 (6.27) 式中的 $\boldsymbol{\sigma}'$ 变异的中位数为 1, 它意味着 $\boldsymbol{\sigma}'$ 有同等的可能增大和减小, 但 $\boldsymbol{\sigma}'$ 变异的均值大于 1. (6.27) 式中指数函数的自变量是两个零均值的高斯随机变量的和. 为简单起见, 假设指数函数 $\exp(x)$ 的自变量 x 是一个零均值高斯随机变量, 其方差为 1. 则指数具有中位数 1, 但是它的均值为

$$
\begin{aligned}
\mathrm{E}[\exp(x)] &= \int_{-\infty}^{\infty} \mathrm{PDF}(x) \exp(x) \mathrm{d}x \\
&= \int_{-\infty}^{\infty} \frac{1}{\sqrt{2\pi}} \exp(-x^2/2) \exp(x) \mathrm{d}x \\
&= \exp(1/2) \approx 1.65.
\end{aligned} \tag{6.29}
$$

我们看到, $\boldsymbol{\sigma}'$ 的变异更易让 $\boldsymbol{\sigma}'$ 增大而不是减小. 这会使后代中较大的 $\boldsymbol{\sigma}'$ 值占优势. 如果在每一代结束时所有父代被抛弃, 与 (μ, λ)-ES 一样, 不受欢迎的大 $\boldsymbol{\sigma}'$ 值就会在种群中延续并让性能变差. □

协方差阵自适应

进化策略的一个成功变形是 CMA-ES, CMA 是协方差阵自适应 (Covariance Matrix Adaptation) 的缩写 [Hansen, 2010]. CMA-ES 在许多基准函数上都很成功, 它的目标是 (尽可能好地) 用进化策略变异的分布与目标函数的轮廓匹配. 由此得到的匹配只有当目标函数为二次函数时会很完美, 不过, 很多目标函数在它们的最优值的附近都可以用二次函数近似. CMA-ES 的缺点在于其复杂的自适应性策略以及复杂的可调参数设置. 我们在这里介绍 CMA-ES 的一个简化版本, 它被称为协方差阵自身自适应 (Covariance Matrix Self-Adaptation) 进化策略 (CMSA-ES) [Beyer and Sendhoff, 2008], CMSA-ES 的想法是在进化过程中学习搜索空间的形状, 并调整变异方差. 算法 6.6 概述 CMSA-ES.

在算法 6.6 中, τ 是一个学习参数, 它决定 σ_k 的自适应速率. σ_k 的值控制着变异强度. 注意, 与算法 6.5 中的自身自适应进化策略不同, 这里每一个 σ_k 都是标量. 时间常数 τ_c 决定协方差阵 $\boldsymbol{C}$ 的自身自适应速率, $\boldsymbol{C}$ 控制着每个维度上变异的相对大小和相关性. τ 和 τ_c 的推荐值如下 [Beyer and Sendhoff, 2008]:

$$\tau \leftarrow 1/\sqrt{2n}, \qquad \tau_c \leftarrow 1 + n(n+1)/(2\mu). \tag{6.30}$$

不过, 采用时变的 τ 和 τ_c 的值效果可能更好.

可以用几种不同的方式计算算法 6.6 中的平方根 $\sqrt{\boldsymbol{C}}$. 最初的 CMA-ES 采用谱分解, 或特征值分解 [Hansen and Ostermeier, 2001], CMSA-ES 采用 Cholesky 分解 [Beyer and Sendhoff, 2008].

算法 6.6 显示 $\bar{\boldsymbol{\sigma}}$, $\bar{\boldsymbol{x}}$ 和 $\hat{\boldsymbol{S}}$ 的平均值为简单平均. 不过, 我们也可以用加权平均来计算, 这意味着要为适应性更强的个体赋予更大的权重. 鉴于 CMSA-ES 对于基准问题在简单和有效之间找到了一个很好的平衡, 它看起来更有利于未来的研究, 包括与其他进化算法的混合.

算法 6.6 概述协方差阵自身自适应进化策略 (CMSA-ES) 的伪代码, 其中 n 是问题的维数. 有关细节参看正文.

初始化常数 τ 和 τ_c.
$\boldsymbol{C} \leftarrow \boldsymbol{I} = n \times n$ 单位矩阵
$\{(\boldsymbol{x}_k, \sigma_k)\} \leftarrow$ 随机生成个体, $k \in [1, \mu]$.
每个 $\boldsymbol{x}_k$ 是候选解, 每个 σ_k 是标准差.
注意, $\boldsymbol{x}_k \in \mathbb{R}^n$, 且 $\sigma_k \in \mathbb{R}$.
While not (终止准则)

$\bar{\sigma} \leftarrow \sum_{k=1}^{\mu} \sigma_k/\mu$

$\bar{\boldsymbol{x}} \leftarrow \sum_{k=1}^{\mu} \boldsymbol{x}_k/\mu$

For $k = 1, 2, \cdots, \lambda$

$r \leftarrow N(0,1) =$ 高斯随机标量

$\sigma_k \leftarrow \bar{\sigma}\exp(r\tau)$
$\boldsymbol{R} \leftarrow N(\boldsymbol{0}, \boldsymbol{I}) = n$ 维高斯随机向量
$\boldsymbol{s}_k \leftarrow \sqrt{\boldsymbol{C}}\boldsymbol{R}$
$\boldsymbol{z}_k \leftarrow \sigma_k \boldsymbol{s}_k$
$\boldsymbol{x}_k \leftarrow \bar{\boldsymbol{x}} + \boldsymbol{z}_k$
下一个 k
$\hat{\boldsymbol{S}} \leftarrow \sum_{k=1}^{\lambda} \boldsymbol{s}_k \boldsymbol{s}_k^{\mathrm{T}}/\lambda$
$\boldsymbol{C} \leftarrow (1 - 1/\tau_c)\boldsymbol{C} + \hat{\boldsymbol{S}}/\tau_c$
下一代

6.6 总 结

我们讨论了最初的 (1+1)-ES, 一般化的 $(\mu+1)$-ES 以及更加一般化的 $(\mu+\lambda)$-ES. 还讨论了 (μ, λ)-ES. 进化策略与遗传算法类似, 但遗传算法最初是通过将候选解编码成位串来进化, 而进化策略则总是在连续参数上操作. 尽管遗传算法经常被用来处理连续参数, 这两个算法还是存在哲学上的差别: 进化策略的操作往往是在与问题陈述接近的表述形式上, 而遗传算法的操作却往往在与问题最初陈述很不同的表示形式上. 两个算法之间的另一个差别在于遗传算法强调重组, 而进化策略强调变异. 对于具体的优化问题, 我们可以根据这些差别选择合适的算法. 如果对于一个特别的问题, 探索比开发更重要, 我们可能得用进化策略. 而如果开发更重要, 就可能要用遗传算法.[1]

到目前为止, 我们讨论的进化策略的所有变种中的选择机制都是确定性的, 即选出最好的 μ 个个体作为下一代. 这个方法的一个变形是依概率为下一代选出个体. 例如, 在 $(\mu+\lambda)$ 进化策略中, 可以用轮盘赌选择依概率选出下一代的父代, 轮盘的每一分区与相应个体的适应度成正比. 这方面的工作可以留作未来的研究.

[Back and Schwefel, 1993] 和 [Beyer, 2010] 中有关于进化策略更多的内容. [François, 1998] 提出了进化策略马尔可夫模型. [Rudolph and Schwefel, 2008] 讨论了多目标问题的进化策略 (参见第 20 章).

习 题

书面练习

6.1 本章的总结中称进化策略可能更适合需要探索的问题, 而遗传算法可能更适合需要开发的问题. 哪类问题更需要探索, 哪类问题更需要开发?

6.2 证明 (6.9) 式的第二行与第三行相等.

6.3 用 (6.16) 式推导 (6.17) 式.

[1]参见 2.7.5 节关于探索和开发的讨论.

6.4 假设用 (l+1)-ES 最小化一维 sphere函数. 用标准差 σ 的变异能够改进候选解 x_0 的概率是多少?

6.5 (6.27) 式显示, 自身自适应进化策略变异的标准差随一个指数因子变化. (6.29) 式显示, 这个因子的均值大于 1 会使进化策略性能变差. 如何修改 (6.27) 式以使因子的均值为 1?

计算机练习

6.6 为最小化在域 $[-5.12, +5.12]$ 上的 10 维 sphere 函数 (参见 C.1.1 节) 仿真自适应 $(1+1)$-ES 算法 6.2. 初始化每个维度的变异标准差为 $0.1/(2\sqrt{3})$. 仿真 500 代, 并记录每一代的费用. 像这样做 50 次仿真, 在 50 次仿真上取每一代费用的平均值. 绘制平均费用随代数变化的曲线. 分别对 $c = 0.6, 0.8$ 和 1.0 做上述仿真. 由哪一个 c 值得到的性能最好?

6.7 重复习题 6.6, 但仿真时不是用三个不同的 c 值, 而是用 c 的默认值针对三个不同的变异成功率的阈值 ϕ_{thresh} 进行仿真, 即不用默认值 $\phi_{\text{thresh}} = 1/5$, 取 $\phi_{\text{thresh}} = 0.01, 0.2$ 和 0.4. 由哪一个 ϕ_{thresh} 值得到的性能最好?

6.8 绘制域 $[-50, +50]$ 上的二维走廊函数[1], 取常数 $c_0 = 0$, $c_1 = 1$, $b = 10$.

6.9 用 $(\mu + \lambda)$-ES 最小化域 $[-5.12, +5.12]$ 上的 10 维 sphere 函数, 取 $\mu = 10$, $\lambda = 20$. 设置每一维度的变异标准差为 $0.1/(2\sqrt{3})$. 仿真 100 代并记录每一代的最小费用. 像这样做 50 次仿真, 在 50 次仿真上取每一代费用的平均值. 绘制平均费用随代数变化的曲线. 分别对离散性交、离散全局交叉、中间性交, 以及中间全局交叉做上述仿真. 由哪一种交叉得到的性能最好?

6.10 回顾 (6.29) 式, 它显示如果 $x \sim N(0,1)$, 则 $\exp(x)$ 的中位数为 1 而均值大约为 1.65. (6.27) 式显示, 自身自适应进化策略的变异标准差跟随一个指数因子变化. 如果 $n = 10$, 求指数因子的中位数和均值的近似值. n 增大对指数因子的中位数和均值各有什么影响?

6.11 在 (6.28) 式中的 P_1 和 P_2 的默认值为 1, 也许取其他值时的性能会更好. 用自身自适应 $(\mu + \lambda)$-ES 最小化域 $[-5.12, +5.12]$ 上的 10 维 sphere 函数, $\mu = 10$ 且 $\lambda = 20$. 每一维的变异标准差初始化为 $0.1/(2\sqrt{3})$. 仿真 100 代并记录在每一代的最小费用. 像这样做 50 次仿真, 在 50 次仿真上取每一代费用的平均值. 绘制平均费用随代数变化的曲线. 分别对 $P_1 = P_2 = 0.1$, $P_1 = P_2 = 1$, 以及 $P_1 = P_2 = 10$ 做上述仿真. 由哪一组 P_1 和 P_2 的值得到的性能最好?

[1]走廊问题的费用函数, 参见 6.2 节. —— 译者注.

第7章 遗传规划

如果机器能够学会执行那些方法尚不清晰的任务,它们就会更有用.

里夏尔·弗里德伯格 (Richard Friedberg) [Friedberg, 1958]

遗传算法和类似的进化算法是强有力的优化技术, 但是它们存在内在的局限: 在表示候选解时要与假设的解的结构结合. 比如, 如果想用遗传算法求解有 10 个变量的连续优化问题, 通常就会将遗传算法的染色体表示为 $(x_1, x_2, \cdots, x_{10})$. 这既是遗传算法的优势也是它的劣势. 优势在于它允许工程师在解的表示中体现问题的具体信息. 如果我们知道目标解能用 10 个实参数恰当地表示出来, 将染色体定义为 $(x_1, x_2, \cdots, x_{10})$ 就很有道理. 但是, 在给定的问题中, 我们可能并不知道需要优化哪一个参数. 也可能并不知道需要优化的参数的结构. 这个参数是实数, 或是状态机, 或是计算机程序, 或是复杂的数组, 或是时间表, 或是其他东西?

遗传规划 (genetic programming)试图将进化算法一般化成一个算法, 这个算法不仅知道由具体结构给定的问题的最好解, 还能学习到最优的结构. 为求解优化问题, 遗传规划对计算机程序进行演化. 与其他进化算法相比, 遗传规划独具特色; 其他的进化算法是对问题的解进行演化, 而遗传规划却是针对求解问题的程序进行演化. 事实上, 这是人工智能学界最初的一个目标. 作为早期人工智能的一位先驱, 美国人 Arthur Samuel 在 1959 年写道, "从经验中学习的编程计算机最终应该会淘汰掉很多需要仔细编程的工作."

遗传规划的基本特征可以总结为三个基本原则 [Koza, 1992, Chapter 2]. 首先, 对计算机程序进行演化的遗传规划能提供求解各种问题的方法. 许多工程问题可以用计算机程序、决策树, 或网络体系的组织结构求解. 其次, 遗传规划不会限制它的解, 这与其他进化算法差不多; 演化后的程序能自由呈现它的规模, 形状以及最适合手头问题的结构. 第三, 遗传规划利用归纳法演化计算机程序. 这既是优点也是缺点. 遗传规划不像人类那样凭借演绎和逻辑的方式构建程序. 然而, 某些问题并不适合演绎. 如果我们想基于一组训练样本来编写计算机程序, 采用标准的计算机编程技巧较难达到目的. 而这正是遗传规划的运行方式, 其他进化算法也是如此. 遗传规划以归纳的方式构建最优的计算机程序.

遗传规划的早期结果

计算机科学和人工智能的鼻祖之一, 艾伦·图灵 (Alan Turing), 在 1950 年预见到类似于遗传规划的东西, 在他的一篇著名的论文中, 他写道"我们不能期望首次尝试就找到一个好的子机器. 必须试验教这样的机器, 看它学得如何. 然后再尝试另一个看它是更好或更差”[Turing, 1950, page 456]. Richard Friedberg在 20 世纪 50 年代研究计算机智能, 后来从事医药行业, 他最先研究遗传规划这类问题. Friedberg 编写出演化其他计算机程序的计算机程序, 用这些被演化的程序来解决问题. 他的工作在 20 世纪 50 年代后期发表, 名为“学习的机器”[Friedberg, 1958], [Friedberg et al., 1958]. 当时由于计算能力的限制, 在其工作中走了一些捷径. 比如, 将相似的程序分在一起并假定它们的适应度相关, 这样可以减少计算适应度的次数. 这个方法颇具先见之明, 它正是如今在进化算法中减少适应度计算的很多方法的前身 (参见第 21 章). 计算能力 (速度和内存) 从 1960 年到 2010 年的 50 年中大约增加了一百万倍, 但我们今天仍然像 20 世纪 50 年代的 Friedberg 那样, 为计算机的处理能力操心.

现代遗传规划的前身是 Stephen Smith于 1980 年在他的博士论文中开发的变长度遗传算法 [Smith, 1980], 在这个算法中, 遗传算法种群中的每一个体代表一组决策规则. 另一个早期的工作是 Richard Forsyth在 1981 年对模式分类规则进行演化的论文, 它为今天的遗传规划埋下了伏笔 [Forsyth, 1981]. Nichael Cramer在 1985 年的论文也许是第一篇清晰描述遗传规划的论文 [Cramer, 1985], 在某种程度上它以 Smith 的学位论文为基础. Hugo de Garis在 1990 年用“遗传规划”这个术语表示用遗传算法优化神经网络 [de Garis, 1990], 但他的这个用法已被如今的定义所取代, 遗传规划被定义为对计算机程序的进化. John Koza在 1992 年的那本书中对这个主题做了精彩的介绍, 对普及遗传规划的研究起到了积极的推动作用 [Koza, 1992]. 在那之后, Koza 又写了另外三本关于遗传规划的书 [Koza, 1994], [Koza et al., 1999], [Koza et al., 2005], 讨论遗传规划的实际应用及其更先进的方方面面. 有关遗传规划初期的历史在 [Koza, 2010] 中有更多的讨论.

本章概览

本章一开始在 7.1 节初步讨论计算机编程语言 Lisp. Lisp 常常用于遗传规划, 因为它的结构适合进化算法的交叉和变异这类操作. 7.2 节简要概述遗传规划, 包括在设计上我们需要做的一些选择. 7.3 节讨论最短时间控制的遗传规划. 7.4 节讨论遗传规划的膨胀, 它是指遗传规划的解在规模上有不受控制增长的趋势. 7.5 节讨论用遗传规划来演化解而不是计算机程序, 包括电路和其他工程设计. 7.6 节讨论遗传规划性能的数学建模的一些方式, 特别是用模式理论; 若读者只想了解遗传规划的实用知识可以跳过这一节. 7.7 节总结本章并为遗传规划未来的研究提供一些建议.

7.1 LISP: 遗传规划的语言

因为 Lisp 的结构与计算机程序的交叉和变异配合得很好, 我们经常用 Lisp 实施遗传规划. 本节概述 Lisp, 并从概念上描述如何将 Lisp 程序组合成新的程序.

计算机程序的进化极具挑战性, 因为程序的表示方式通常并不能变异和交叉. 要让计算机程序进化, 需要克服的主要障碍正在于此. 例如, 考虑两个标准的 MATLAB 程序:

程序 1

```
if x < 1
    z = [1, 2, 3, 4, 5];
else
    for i = 1 : 5
        z(i) = i/x;
    end
end
```

程序 2

```
for i = 1 : 10
    if x > 5
        z(i) = x^i;
    else
        z(i) = x/i;
    end
end
```

如何在这些程序上实施交叉? 如果不仔细考虑语法, 交叉会得到非法的程序 (即程序不能运行甚至不能通过编译). 例如, 如果将上面左边程序的前两行用右边程序的前两行替换, 就得到下面的程序:

子代程序

```
for i = 1 : 10
    if x > 5
else
    for i = 1 : 5
        z(i) = i/x;
    end
end
```

上面的子代程序显然不合法. 对于 MATLAB 程序, 绝大多数交叉和变异的结果都会是非法的程序. 用大多数常用语言 (C, Java, Fortran, Basic, Perl, Python, 等等) 编写的程序也同样如此. 这些语言都具有相似的结构, 它们不易变异或与其他程序交叉.

不过, 有一种语言却适合交叉和变异. 这种语言被称为 Lisp[Winston and Horn, 1989]. 在 1958 发明的 Lisp 可能是第二老的编程语言, 它只比 Fortran 晚一年. Lisp 是"list processing"的缩写. 链表是 Lisp 的主要结构之一, 这让它早早成为人工智能应用 (即, 专家系统及其推理规则链) 的选项. 因为与别的语言不同, 如今 Lisp 已不是很流行. 但是, 因为它适合交叉和变异, 所以仍然很受遗传规划的研究人员和从业者的欢迎.

Lisp 程序代码用圆括号, 函数名并紧跟着的函数自变量写成. 例如, 下面的代码表示 x 加 3:

$$(+\ x\ 3).$$

因为数学运算符在输入的前面, 这是前缀表示法的一个例子. Lisp 的括号中的表达式也称为 s-表达式, 它是符号表达式的简称. 所有的 s-表达式都可以被视为函数计算的返回值. 计算多个值的 s-表达式返回计算得到的最后那个值. $(+\ x\ 3)$ 不仅给 x 加上 3, 而且将 $x+3$ 返回给下一个更高层的函数运算.

我们再多举几个例子. 下面的代码计算 $(x+3)$ 的余弦:

$$(\cos\ (+\ x\ 3)).$$

下面的代码计算 $\cos(x+3)$ 和 $z/14$ 的最小值:

$$(\text{min}\ \ (\text{cos}\ \ (+\ \ x\ \ 3))(/\ \ z\ \ 14)).$$

下面的代码是: 如果 $z > 4$, 就将 y 的值复制给 x

$$(\text{if}\ \ (>\ \ z\ \ 4)\ \ (\text{setf}\ \ x\ \ y)).$$

注意, 在 s-表达式中可以包含其他 s-表达式, 因此 s-表达式有点像集合. 在上面的 s-表达式中, $(>\ \ z\ \ 4)$ 和 $(\text{setf}\ \ x\ \ y)$ 都是更高一层 s-表达式 $(\text{if}\ (>\ \ z\ \ 4)\ (\text{setf}\ \ x\ \ y))$ 的一部分.

Lisp 代码能够进化的原因在于 s-表达式直接与树结构对应, 这个树结构也被称为语法树. 例如, 用 Lisp 计算 $xy+|z|$ 的一个 s-表达式可以写成下面的形式:

$$(+\ \ (*\ \ x\ \ y)\ \ (\text{abs}\ \ z)).$$

这个 s-表达式可以用图 7.1 中的语法树来表示. 我们用自底向上的方式来解释图 7.1 的语法树. 如图 7.1 所示, x 和 y 在这个树的底部, 并由一个乘法运算符连接. 它表示表达式 xy, 或 s-表达式 $(*\ \ x\ \ y)$. 这个子 s-表达式对应于图 7.1 中的一个子树. 在语法树底部出现的符号 (例如图 7.1 中的 x, y 和 z) 被称为叶子.

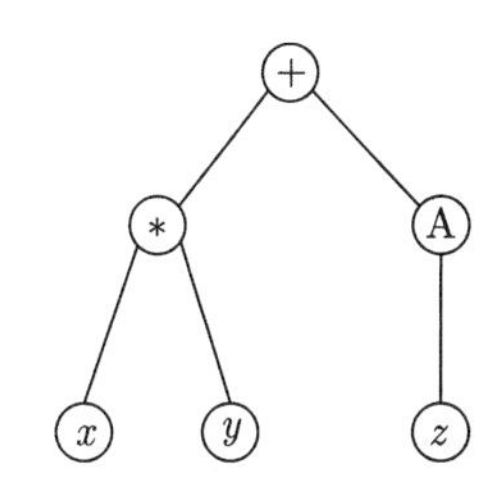

图 7.1　函数 $xy+|z|$ 的语法树, 它由 s-表达式 $(+\ \ (*\ \ x\ \ y)\ \ (\text{abs}\ \ z))$ 表示. 节点“A”表示绝对值算子.

图 7.1 显示 z 也在树的底部, 并由绝对值函数操作. 它是表达式 $|z|$, 或 s-表达式 $(\text{abs}\ \ z)$. 这个子 s-表达式相应于图 7.1 中的一个子树.

最后, 图 7.1 显示 xy 和 $|z|$ 与位于树顶部的加号节点会合. 这是表达式 $xy+|z|$, 或 s-表达式 $(+\ \ (*\ \ x\ \ y)\ \ (\text{abs}\ \ z))$. 这个高层的 s-表达式对应于图 7.1 的整个树结构.

再来看另一个例子, 考虑这样一个函数, 当 $t>5$ 时返回 $(x+y)$, 否则返回 $(x+2+z)$:

```
If  t > 5  then
        return (x + y)
else
        return (x + 2 + z)
End
```

这个函数可以用 Lisp 的记号写成:

$$(\text{if}\ (>\ t\ 5)\ (+\ x\ y)\ (+\ x\ 2\ z)).$$

图 7.2 为这个函数的语法树. 注意, Lisp 的很多函数, 如上面例子中的加函数, 自变量的个数可以不同.

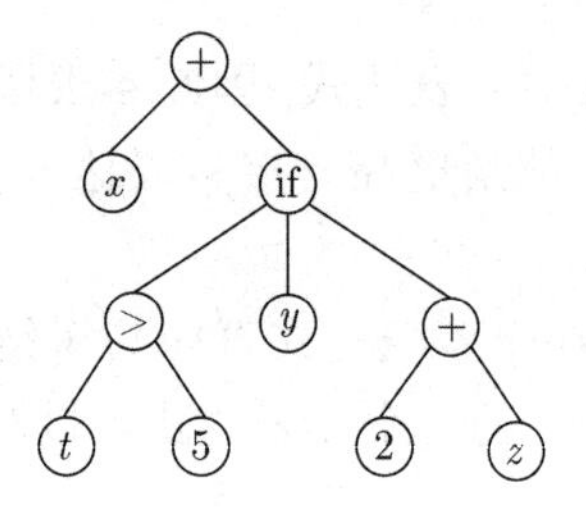

图 7.2 函数"如果 $t > 5$ 则返回 $(x + y)$, 否则返回 $(x + 2 + z)$"的语法树.

Lisp 程序的交叉

由于 s-表达式和子树之间的对应, 在概念上可以很直接地对 Lisp 计算机程序进行交叉和变异操作. 例如, 考虑下面的函数:

$$\left.\begin{array}{ll}\text{父代 1}: & xy+|z| \Longrightarrow (\ +\ (\ *\ x\ y\ )\ \text{abs}\ z\ ), \\ \text{父代 2}: & (x+z)x-(z+y/x) \Longrightarrow (\ -\ (\ *\ (\ +\ x\ z\ )\ x\ )\ (\ +\ z\ (\ /\ y\ x\ )\ )\ ).\end{array}\right\} \tag{7.1}$$

这两个父代函数如图 7.3 所示. 通过随机选择每个父代的一个交叉点并交换在那些点下面的子树生成两个子代函数. 例如, 假设选择父代 1 中的乘法节点, 以及父代 2 中的加法节点作为交叉点. 图 7.3 显示父代中那些点下面的子树如何交换以生成子代函数. 按这种方式生成的子代函数总是有效的语法树.

现在考虑 (7.1) 式的 s-表达式交叉. 下面的式子强调与图 7.3 的子树相对应的一对括号, 并显示在两个原始的 s-表达式 (父代) 中的一对括号如何交换以生成新的 s-表达式 (子代):

$$\left.\begin{array}{r}(\ +\ [\ \boldsymbol{*\ x\ y}\ ]\ \text{abs}\ z\ ) \\ (\ -\ (\ *\ (\ +\ x\ z\ )\ x\ )\ \boldsymbol{\{\ +\ z\ (\ /\ y\ x\ )\ \}}\ )\end{array}\right\} \Longrightarrow \left\{\begin{array}{l}(\ +\ \boldsymbol{\{\ +\ z\ (\ /\ y\ x\ )\ \}}\ \text{abs}\ z\ ) \\ (\ -\ (\ *\ (\ +\ x\ z\ )\ x\ )\ [\ \boldsymbol{*\ x\ y}\ ]\ )\end{array}\right. \tag{7.2}$$

其中, 交叉的 s-表达式用粗体显示. 我们称这种交叉为基于树的交叉. 语法树中的任一 s-表达式可以由其他 s-表达式替换, 语法树仍然有效. Lisp 因此成为遗传规划的完美语言. 如果要在两个 Lisp 程序之间交叉, 只需要简单地随机找出父代 1 中的一个左括号, 然后找出与之匹配的右括号; 这两个圆括号之间的内容就形成一个有效的 s-表达式. 类似地, 我们随机地找出父代 2 的一个左括号, 然后找出与之匹配的右括号, 就得到另一个 s-表达式. 在交换这两个 s-表达式之后, 会得到两个子代. 我们可以用类似的方式进行变

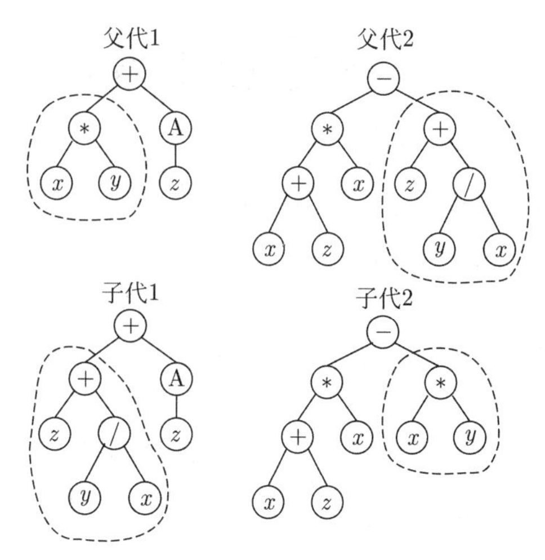

图 7.3 两个语法树 (父代) 交叉产生两个新语法树 (子代). 这种方式的交叉总会得到有效的子代语法树.

异, 即用随机生成的一个 s-表达式替换随机选出的 s-表达式, 我们称这种变异为基于树的变异.

交叉的另一个例子如图 7.4 所示. 其中的两个父代与图 7.3 中的相同, 但是我们随机地选择节点 z 作为父代 1 的交叉点, 并将父代 2 的除法节点作为交叉点. 图 7.4 中的交叉操作可以用下面的 s-表达式来表示 (与前面一样, 参与交叉的 s-表达式用粗体显示):

$$\left.\begin{array}{r}(+\,(*\,x\,y\,)\,\text{abs}\,\boldsymbol{z}\,)\\(-\,(*\,(+\,x\,z\,)\,x\,)\,(+\,z\,[\,/\,\boldsymbol{y}\,\boldsymbol{x}\,]\,)\,)\end{array}\right\}\Longrightarrow\left\{\begin{array}{l}(+\,(*\,x\,y\,)\,\text{abs}\,[\,/\,\boldsymbol{y}\,\boldsymbol{x}\,]\,)\\(-\,(*\,(+\,x\,z\,)\,x\,)\,(+\,z\,\boldsymbol{z}\,)\,).\end{array}\right. \tag{7.3}$$

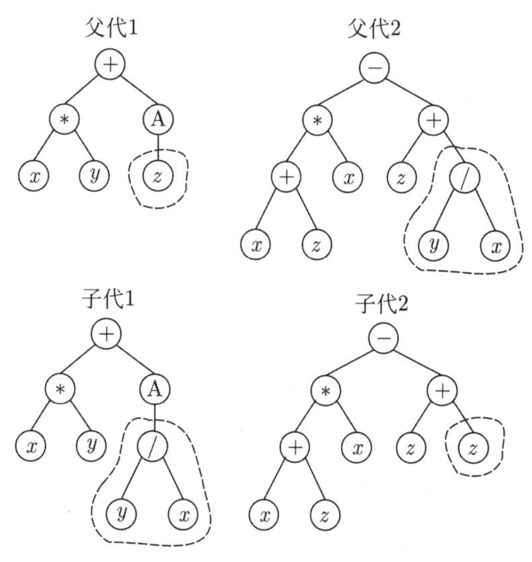

图 7.4 两个语法树 (父代) 交叉产生两个新语法树 (子代). 这里的父代与图 7.3 中的一样, 但选择的交叉点不同.

7.2 遗传规划的基础

现在我们知道如何组合 Lisp 程序, 因此就有了将进化算法一般化为计算机程序进化的工具. 算法 7.1 简单概述遗传规划. 它类似于遗传算法, 但是遗传算法演化的是优化问题的解, 而遗传规划演化的却是用来解决优化问题的计算机程序.

在实施遗传规划之前要决定以下几点.

(1) 在算法 7.1 中如何度量适应度?

(2) 算法 7.1 中的终止准则是什么?

(3) 计算机程序演化的终止集合是什么? 即语法树的叶子上可以出现什么符号?

(4) 用于计算机程序演化的函数集合是什么? 即语法树的非终端节点上可以出现什么函数?

(5) 应该如何生成计算机程序的初始种群?

(6) 为控制遗传规划的执行, 还需要确定其他哪些参数?

在上面的决策中, 其中一些也适用于别的进化算法, 不过, 有一些是特别针对遗传规划的. 在下面的章节中, 我们会逐一讨论这些问题.

算法 7.1 简单遗传规划的概念性概述.

Parents←{随机生成的计算机程序}
While not (终止准则)
　　计算种群中每一个父代的适应度
　　Children ← ∅
　　While |Children| < |Parents|
　　　　用适应度依概率选择父代 p_1 和 p_2
　　　　p_1 和 p_2 交配生成子代 c_1 和 c_2
　　　　Children ← Children $\cup\{c_1, c_2\}$
　　Loop
　　对一些子代进行随机变异
　　Parents ← Children
下一代

7.2.1 适应度的度量

在算法 7.1 中, 如何度量适应度? 所有进化算法都需要确定这一点. 不过, 对于遗传规划而言这个决策更复杂. 计算机程序需要在不同的输入、不同的初始条件以及不同的环境下都管用. 例如, 一个程序想找到省油的卫星轨道, 它应该对不同的卫星参数以及不同的轨道都管用. 所以, 在确定一个计算机程序的适应度时, 必须用到许多不同的条件. 给定一个计算机程序, 每一个计算机的输入集合和操作条件会返回它的“子适应度”. 如何让这些子适应度结合从而得到计算机程序的单一的适应度度量? 应该用平均性能? 应该尝试最大化最差情况下的性能? 还是应该用这两个性能的某个组合? 这些问题自然就引出了多目标优化 (第 20 章), 不过, 在遗传规划中没有必要采用多目标优化.

7.2.2 终止准则

算法 7.1 的终止准则是什么样的? 所有进化算法都需要回答这个问题 (参见 8.2 节), 但对于遗传规划, 它可能特别重要. 因为在遗传规划中, 适应度的度量对计算的要求通常比其他进化算法更高. 终止准则能决定遗传规划是否成功. 与其他进化算法一样, 遗传规划的终止准则可以包括像迭代次数、适应度评价次数、运行时间、最佳适应度值、在几代中最佳适应度值的变化, 或整个种群的适应度值的标准差等因素.

7.2.3 终止集合

计算机程序演化的终止集合是什么样的? 这个集合描述在语法树的叶子上可以出现的符号. 终止集合是演化中的计算机程序的所有可能输入的集合. 这个集合包括输入计算机程序的变量, 以及我们认为重要的常数. 常数包括像 0 和 1 这样的基础整数, 以及对于特别的优化问题来说重要的常数 (π, e 等). 图 7.3 中的语法树有三个终点: x, y 和 z. 我们可以隐式地得到某些常数; 例如, $x - x = 0$, 以及 $x/x = 1$. 所以, 只要有减法和除法函数, 我们并不真正需要常数 0 和 1. 在实施遗传规划时, 绝大多数的终止集合都应该包含常数.

在终止集合中也可以采用随机数, 不过, 随机数生成之后通常不会再改变. 这种类型的随机数被称为临时随机常数 [Koza, 1992, Chapter 26]. 在终止集合中, 通过指定记作 $\mathcal{R}$ 的量得到临时随机常数. 如果在种群初始化过程中, $\mathcal{R}$ 被选为终点, 我们就在给定的限制范围内生成一个随机数 r_1, 并把 r_1 添加到遗传规划的个体中. 从那一点开始, r_1 的特定的值就不再改变. 如果 $\mathcal{R}$ 被再次选来初始化另一个个体, 或被选来用于变异, 则生成一个新的随机常数 r_2. 在设计遗传规划时, 需要做的另一个决策是应该如何选择临时随机常数的范围.

在为遗传规划的应用定义终止集合时, 需要掌握一个平衡. 如果所用的集合过小, 遗传规划就不能有效地解决问题. 但是, 如果所用的终止集合过大, 遗传规划很难在合理的时间内找到一个好的解. 在 [Koza, 1992, Chapter 24] 中, Koza 针对发现程序 $x^3 + x^2 + x$ 这一简单问题, 以 20 个测试案例为基础进行研究. 对这个问题, 遗传规划所需的唯一终点是 x. 当终止集合是最小集合 $\{x\}$, 99.8%的情况下遗传规划在 50 代之内找到正确的程序. 表 7.1 显示, 由于在遗传规划的终止集合中添加了多余的成员 (随机浮点数), 成功的概率会减小. 对于这个简单的问题, 成功概率随终止集合中无关变量个数的增加线性减小. 好在即使终止集合的 33 个成员中有 32 个是无关的, 35%的情况下遗传规划仍然能解决这个问题.

表 7.1　发现程序 x^3+x^2+x 的遗传规划在 50 代之后的成功概率. 种群规模为 1000. 数据取自 [Koza, 1992, Chapter 24].

多余变量的个数	成功概率/%
0	99.8
1	96.6
4	84.0
8	67.0
16	57.0
32	35.0

7.2.4　函数集合

用于计算机程序演化的函数集合是什么样的? 此集合描述在语法树的非终端节点上可以出现的函数, 比如

- 函数集合中标准的数学运算 (如, 加、减、乘、除、绝对值).
- 函数集合中可以包含对于特定的优化问题很重要的与问题相关的具体函数 (如, 指数函数、对数函数、三角函数、滤波器、积分器、微分器).
- 在函数集合中可以包含条件测试 (如, 大于、小于、等于).
- 如果要用逻辑函数求解特定的优化问题, 可以把它们放在函数集合中 (如, and, nand, or, xor, nor, not).
- 在函数集合中可以包含变量赋值函数.
- 在函数集合中可以包含循环语句 (如, while 循环、for 循环).
- 如果我们为问题创建了一组预定义的函数, 在函数集合中可以包含子程序调用.

图 7.3 中的语法树包含 5 个函数: 加、减、乘、除和绝对值. 我们需要在函数集合和终止集合的定义之间找到一个恰当的平衡. 这两个集合需要足够大才能够表示问题的解, 但是如果它们过大, 搜索空间也会过大, 这样一来遗传规划就很难找到一个好的解.

在遗传规划中, 因语法树的进化可能会没有合法的函数自变量, 所以需要对某些函数做一点修正. 例如, 遗传规划可能会演化出 s-表达式 $(/\ x\ 0)$, 它是被零除. 这会导致 Lisp 出错, 并因此使遗传规划终止. 所以, 在 Lisp 中标准的除法运算符并不适用, 为防止被零除我们可以定义另一个除法算子 DIV, 同时也防止在被很小的数除时出现的溢出:

```
(defun DIV(x, y)                        ; 定义一个受保护的分支函数
(if (< (abs y) ϵ) (return-from DIV 1))  ; 如果除数很小就返回 1        (7.4)
return-from DIV (/ x y) )               ; 否则返回x/y
```

其中 ϵ 是一个很小的正数, 如 10^{-20}. (7.4) 式是为定义被保护的除法程序的 Lisp 语法.[1]如果除数的量级非常小, DIV 函数就返回 1. 我们可能需要采用类似的方式重新定义别的一些函数 (对数函数、反三角函数等) 以确保在函数集合中的函数能处理所有可能的输入.

[1]注意, 在 Lisp 函数中, 分号后面的文本为注释.

7.2.5 初始化

应该如何生成计算机程序的初始种群? 我们有两个基本的初始化方案, 分别被称为完全法和生长法. 也可以把这两个方案结合得到第三个方案, 它被称为对半生长法 [Koza, 1992].

由完全法生成的程序, 其每一个终端节点到顶层节点的节点个数为用户指定的常数 D_c. D_c 被称为语法树的深度. 举例来说, 在图 7.3 中, 父代 1 的深度为 3, 而父代 2 的深度为 4. 图 7.3 中的父代 1 是一个完全语法树, 因为从每一个终端节点到顶层的加法节点都有 3 个节点. 但父代 2 不是完全语法树因为它的一些程序分支的深度为 4 而其他分支的深度仅为 3.

我们可以采用递归生成随机的语法树. 例如, 如果想生成结构像图 7.3 中父代 2 的语法树, 就首先在顶层生成减法节点, 注意它需要两个自变量. 对第一个自变量, 我们生成乘法节点, 它也需要两个自变量. 针对每个节点和每个自变量继续这个过程直到生成的语法树的层数达到想要的深度. 当达到想要的深度之后, 生成随机的终端节点完成语法树的分支. 算法 7.2 说明生成随机计算机程序的递归算法的概念. 通过调用程序 GrowProgramFull(D_c , 1) 可以生成随机的语法树, 这里 D_c 是所需语法树的深度. 每当在生长的语法树中需要再添加一层时, GrowProgramFull 会调用它自己.

由生长法初始化生成的程序, 其每一个终端节点到顶层节点的节点个数小于或等于 D_c. 如果由随机初始化生成图 7.3 中的父代, 则父代 1 可以由完全法或生长法生成, 而父代 2 一定得由生长法生成, 因为它不是一个完全语法树. 生长法的实施方式可以与完全法的相同, 但在生成深度小于 D_c 的随机节点时, 可以生成函数或终端节点. 如果生成的是函数节点, 语法树会继续生长. 与采用完全法一样, 当达到最大深度 D_c 时就生成一个随机终端节点以完成语法树的分支. 算法 7.3 说明采用生长法生成随机计算机程序的递归算法的思路.

对半生长法的初始种群一半用完全法生成, 另一半用生长法生成. 它还对深度介于 2 和 D_c 之间的每一个值, 生成相同数量的语法树, 其中 D_c 是用户指定的可允许的最大深度. 算法 7.4 说明采用对半生长法初始化语法树的思路.

算法 7.2 用完全法生成随机语法树的 s-表达式的递归算法的思路. 这个程序最初由 GrowProgramFull(D_c, 1) 调用, 其中 D_c 是所需的随机语法树的深度. 加法运算符表示字符串的连接. 注意, 这个算法是概念上的; 它没有包括生成有效语法树所需的全部细节, 比如正确放置括号.

```
function [SyntaxTree] = GrowProgramPull(Depth, NumArgs)
SyntaxTree ← ∅
For i = 1 to NumArgs
    If Depth = 1  then
        SyntaxTree ← 随机的终端
    else
        NewFunction ← 随机选择的函数
```

```
        NewNumArgs ← NewFunction 所需自变量的个数
        SyntaxTree ← (NewFunction + GrowProgramFull(Depth-1, NewNumArgs))
    End if
下一个 i
```

算法 7.3 用生长法生成随机语法树的 s-表达式的递归算法的思路. 这个程序最初由 GrowProgramGrow(D_c, 1) 调用, 其中 D_c 是所需的随机的语法树的深度. 与算法 7.2 一样, 加法运算符表示字符串的连接, 此算法也没有包括实施的所有细节.

```
function [SyntaxTree] = GrowProgramGrow(Depth, NumArgs)
SyntaxTree ← ∅
For  i = 1 to NumArgs
    If  Depth = 1  then
        SyntaxTree ← 随机的终端
    else
        NewNode ← 随机选择的函数或终端
        If  NewNode 是一个终端  then
            SyntaxTree← (SyntaxTree + NewNode)
        else
            NewNumArgs ← NewNode 所需自变量的个数
            SyntaxTree ←(NewNode+GrowProgramGrow(Depth-1, NewNumArgs))
        End if
    End if
下一个  i
```

算法 7.4 用对半生长法生成遗传规划初始种群的算法. $U[2, D_c]$ 是在 $[2, D_c]$ 上均匀分布的一个随机整数, 而 $U[0, 1]$ 是在 $[0, 1]$ 上均匀分布的一个随机实数. 这个程序调用算法 7.2 和算法 7.3.

```
Dc = 语法树的最大深度
N = 种群规模
For i = 1 to N
    Depth← U[2, Dc]
    r ← U[0, 1]
    If  r < 0.5  then
        SyntaxTree(i) ← GrowProgramGrow(Depth, 1)
    else
        SyntraxTree(i) ← GrowProgramFull(Depth, 1)
    End if
下一个  i
```

Koza 针对某些简单的遗传规划问题用上述三种不同初始化方式做实验 [Koza, 1992, Chapetr 25]. 他发现采用不同初始化方法的遗传规划成功概率也会不同, 如表 7.2 所示. 这张表显示对半生长法常常比另外两个初始化方法好很多.

表 7.2 对于不同问题和不同初始化方法, 遗传规划的成功概率. 数据取自 [Koza, 1992, Chapter 25].

问题	完全法/%	生长法/%	对半生长法/%
符号表示	3	17	23
布尔逻辑	42	53	66
人工蚂蚁	14	50	46
线性方程	6	37	53

通过对初始化的讨论, 我们看到, 在进化算法的初始种群中播下某些已经知道的好个体会有益处. 这些好个体可能是用户生成的, 或者来自别的优化算法, 或者另有其他的来源. 但播种并不一定能改善进化算法的性能. 如果在初始种群中只有几个好个体, 而其余的个体是随机生成的较差的个体, 则这几个好个体会支配选择过程, 差的个体很快会灭绝. 这会让进化进入死胡同并过早收敛, 这种现象也被称为"庸者生存" [Koza, 1992, page 104]. 不过, 这种坏事发生的概率取决于我们所用的选择方法 (参见 8.7 节). 如果用轮盘赌选择, 选择压力会较大，适应性强的几个个体可能很快在种群中占据优势. 如果采用锦标赛选择, 选择压力就小得多, 适应性强的几个个体支配种群的概率也相应降低.

7.2.6 遗传规划的参数

哪些参数在控制遗传规划的执行? 这些参数不仅包含别的进化算法要用到的参数, 还包含遗传规划所需的特定的参数.

1. 需要指明用哪种选择方法选出参与交叉的父代. 我们可以用与适应度成正比的选择、锦标赛选择、或者其他方法. 事实上, 可以使用 8.7 节中讨论的任何一种选择方法.
   在这里值得一提的是, 采用基于树的交叉而不只是选择随机交叉点会更好. 某些子树比其他子树有用, 我们可能不想将这样的子树拆开. 由交叉点与子代程序的适应度之间的相关性可以量化子树的适应度, 在选择交叉点时需要考虑这些相关性 [Iba and de Garis, 1996].
2. 需要指定种群规模. 因为计算机程序中的自由度太多, 遗传规划的种群规模通常比其他进化算法的大. 一般至少为 500, 有时也会到几千.
3. 需要指定变异方法. 多年来, 遗传规划的变异方法已有不少, 下面描述其中的几个.
   (1) 可以随机选择一个节点, 并把那个节点之下的全部用一个随机生成的语法子树替换. 我们称之为子树变异 [Koza, 1992, page 106]. 它等价于一个程序与一个随机生成的程序交叉, 也称之为无头鸡交叉[Angeline, 1997].
   (2) 扩张变异用随机生成的子树替换一个终端. 如果在子树变异中被替换的节

点是一个终端, 子树变异就等价于扩张变异.

(3) 可以用新的随机生成的节点或终端替换随机选出的节点或终端. 我们称之为点变异或节点替换变异, 它要求被替换节点的元数等于替换节点的元数.[1] 例如, 用乘法运算替换加法运算, 或者用正弦运算替换绝对值运算.

(4) 提升变异生成一个新程序, 它是随机选出的父代程序的子树 [Kinnear, 1994].

(5) 收缩变异用随机选出的终端替换随机选出的语法子树 [Angeline, 1996a]; 我们也称之为崩塌子树变异. 最初提出提升变异和收缩变异是为了减少代码膨胀 (参见 7.4 节).

(6) 置换变异随机地置换随机选出的函数的自变量 [Koza, 1992]. 例如, 置换除法函数的自变量 x 和 y. 当然, 这类变异对于自变量可互换的函数没有任何影响.

(7) 可以随机地变异程序中的常数 [Schoenauer et al., 1996].

我们通常只会在变异后的程序的适应性更强的情况下才让它替换原来的程序. 只在适应性更强时才替换的这个想法对进化算法的每一种变异都适用.

4. 我们需要指定变异概率 p_{m}. 这与别的进化算法类似. 在有 N 个个体的遗传规划中, 变异经常采用与下面类似的方法:

对每一个候选计算机程序 x_i, $i \in [1, N]$
　　生成在 $[0,1]$ 上均匀分布的随机数 r
　　If $r < p_{\mathrm{m}}$ then
　　　　在计算机程序 x_i 中随机地选择节点 k
　　　　用一个随机生成的子树替换所选的由节点 k 开始的子树
　　End if
下一个计算机程序

在遗传规划中, 种群规模大, 可能发生交叉的节点就多, 通常这意味着不用变异就能得到好的结果 [Koza, 1992, Chapter 25]. 取 $p_{\mathrm{m}} = 0$ 经常可以得到好的结果. 不过, 当种群失去一个重要的终端或函数时, 仍然需要变异. 如果出现这种情况, 变异是让这个终端或函数重新进入种群的唯一途径.

5. 需要指定交叉概率 p_{c}. 这点与遗传算法类似. 在算法 7.1 中, 选出两个父代之后可以通过交叉让它们结合, 或者克隆它们作为下一代. 在算法 7.1 中的

　　p_1 和 p_2 交配生成子代 c_1 和 c_2

这一行就可以用与下面类似的语句替换:

　　生成在 $[0,1]$ 上均匀分布的一个随机数 r
　　If $r < p_{\mathrm{c}}$ then
　　　　p_1 和 p_2 交配生成子代 c_1 和 c_2
　　else

[1] 一个函数的元数等于它的自变量的个数. 例如, 一个常数的元数为 0, 绝对值函数的元数为 1, 而加函数的元数为 2 或更多.

$c_1 \leftarrow p_1$

$c_2 \leftarrow p_2$

End if

大多数的经验表明, 交叉对于遗传规划很重要, 并且应该采用 $p_c \geqslant 0.90$ 的交叉概率 [Koza, 1992, Chapter 25].

6. 需要决定是否使用精英. 与其他进化算法一样, 在遗传规划中, 从一代到下一代可以保留最好的 m 个计算机程序 (参见 8.4 节). 我们称参数 m 为精英参数. 实施精英的方式有几种. 例如, 在一代的末尾存档最好的 m 个个体, 照常为下一代生成子代, 然后用前一代的精英替换最差的 m 个子代. 或者, 复制这 m 个精英成为每一代的前 m 个子代, 然后只生成另外 $(N-m)$ 个子代 (其中 N 为种群规模).
7. 需要指定初始种群的最大程序规模D_i. 程序的规模可以用它的深度来量化, 深度是最高层和最低层 (包含) 之间节点的最大个数. 例如, 在图 7.3 中父代 1 的深度为 3, 而父代 2 的深度为 4.
8. 还需要指定子代程序的最大深度 D_c. 在遗传规划的操作中, 子代程序会一代代地越长越大. 如果没有强制的最大深度, 子代程序就会大到离谱, 浪费空间和运行时间; 我们称之为遗传规划的膨胀 (7.4 节). 强制最大深度 D_c 的方式有几种. 一种是, 如果子代的深度超过 D_c, 用它的一个父代替换这个子代; 另一种方式是, 如果子代的深度超过 D_c, 重新进行交叉操作; 还有一种方式是在选择它们的交叉点之前检查父代的语法树, 让随机选出的交叉点不会令子代的深度超过 D_c.
9. 需要决定是否允许子树在交叉时替换语法树上的终端节点. 图 7.4 显示父代 1 的终端 z 被选出进行交叉, 并由子代 1 中的一个子树替换. 我们用 p_i 表示内部节点的交叉概率. 当选择交叉点时, 生成在 [0,1] 上均匀分布的一个随机数 r. 如果 r 小于 p_i, 则选择一个终端节点进行交叉; 即在语法树中选择其前面紧邻不是左括号的一个符号. 但是, 如果 r 大于 p_i, 就选择一个 s-表达式进行交叉; 即选择由相配的左右圆括号围住的子树进行交叉.
10. 需要决定是否处理在种群中出现的重复个体. 重复个体浪费计算机资源. 在搜索空间较小或者种群规模较小的进化算法中, 经常会出现重复的个体, 处理重复个体对进化算法很重要 (参见 8.6.1 节). 但在遗传规划中, 因为搜索空间大, 很少出现重复个体. 所以, 在遗传规划中我们通常不需要为此担忧.

7.3 最短时间控制的遗传规划

[Koza, 1992, Section 7.1]促使我们在本节演示用于二阶牛顿系统的最短时间控制的遗传规划. 二阶牛顿系统是一个简单的位置、速度、加速度系统, 它满足公式

$$\begin{cases} \dot{x} = v, \\ \dot{v} = u, \end{cases} \tag{7.5}$$

其中 x 是位置, v 是速度, u 是受控的加速度. 即位置的导数是速度, 速度的导数是加速度. 我们仅考虑在一维空间中的运动. 问题是要找出加速度 $u(t)$ 使系统在最短时间 t_f 内从某个初始位置 $x(0)$ 和速度 $v(0)$, 到达 $x(t_f)=0$ 和 $v(t_f)=0$. 我们凭直觉大致知道该如何做: 在一个方向上尽快地加速到某个位置, 然后在反方向尽快加速直到达到 $x(0)=v(0)=0$.[1]

为简单起见并不失一般性, 假定加速度的最大值是 1, 并且可以在任一方向上加速. 图 7.5 的上部说明最短时间控制问题. 我们在正方向 (向右) 上加速直到标记为"转换"的策略点, 然后在反方向 (向左) 加速直到终点. 注意, 在整个时段中, 车的速度都是向右的. 如果时机准确, 我们到达目标位置时的速度为零.

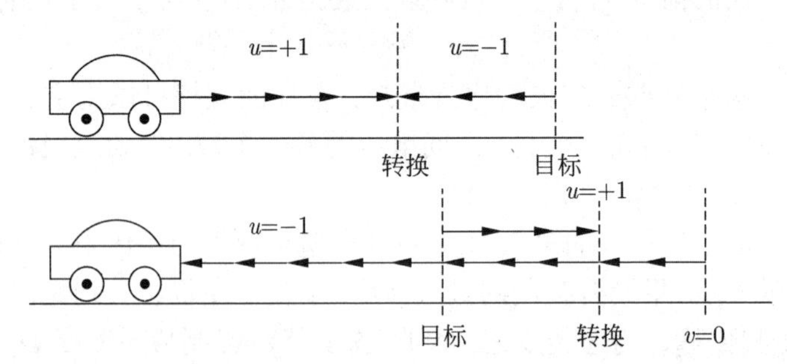

图 7.5 最短时间控制的说明. 在图的上部, 向右加速直到转换点, 然后向左加速到达目标位置速度降为零. 在图的下部, 初速度过大会让车不可避免地超过目标位置. 在这种情况下向左加速, 越过目标位置, 在转换点向右加速并在到达目标位置时速度降为零.

若车的初速度太大就不能在目标位置之前停住. 在这种情况下, 车会不可避免地越过目标位置, 因此必需退回去. 这种情况不太直观, 如图 7.5 中的下部所示. 最短时间的解是先在反方向 (向左) 尽量加速. 车辆越过目标位置. 最终速度降为零, 在那一点车辆开始向左移动. 我们继续在反方向加速直到标记为"转换"的策略点, 在那个时刻开始在正方向上 (向右) 加速直到到达目标位置. 然而, 如果时机把握准确, 到达目标位置时的速度正好为零.

最短时间控制问题是经典的最优控制问题, 它在航空航天领域中有很多应用, 许多最优控制的书 [Kirk, 2004] 都对它有详细的讨论. 它的解被称为 bang-bang 控制, 因为对任一初始条件 $x(0)$ 和 $v(0)$, 其解为以一个方向的最大加速度行驶一段时间, 接下来以另一个方向的最大加速度再行驶一段时间. 可以用图 7.6 所示的相平面的图形来表示最短时间控制问题. 我们简单假设车的质量为 2. 在这种情况下, 图 7.6 中绘制的曲线被称为转换曲线, 其方程为

$$x=-v|v|/2. \tag{7.6}$$

要从相平面的任一初始点在最短时间内到达原点 $x=0$ 且 $v=0$. 如果位置和速度在转换曲线的上方, 就应该在反方向用最大加速度. 如果位置和速度在转换曲线的下方, 则应该

[1] 事实上, 这正是我们所观察到的十几岁男性司机在每一个红绿灯前的行为: 当灯变绿就尽快加速, 然后在下一个红绿灯之前小心选择的某个点处猛踩刹车. 如果他的时机准确, 汽车会正好在下一个红灯处停下, 并且在两个红绿灯之间用时最短.

在正方向用最大加速度. 我们会沿着一条轨迹到达转换曲线, 在那一点用反方向加速度. 然后就会沿着转换曲线到达相平面的原点.

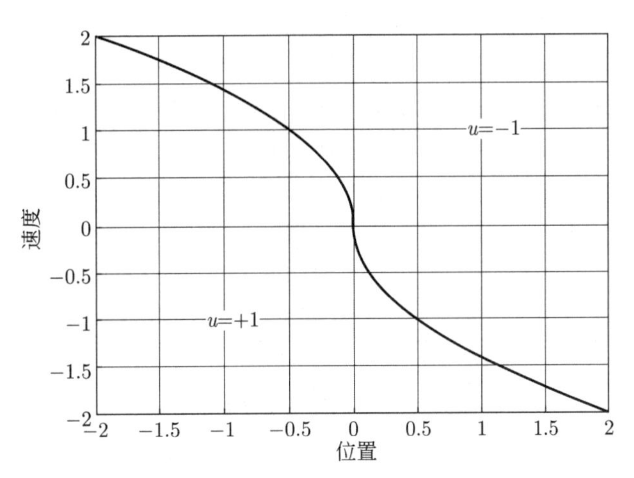

图 7.6 最短时间控制的转换曲线. 如果位置和速度在转换曲线的上方, 就应该在反方向用最大加速度. 如果位置和速度在转换曲线的下方, 则应该在正方向用最大加速度.

图 7.7 说明, 对于初始条件 $x(0) = -0.5$, $v(0) = 1.5$ 的最优轨迹. 它相应于图 7.5 中下部的图. 车开得过快以致不能在到达 $x = 0$ 时停下来. 所以, 我们在反方向使用最大加速度直到到达转换曲线; 注意, 车在反方向使用最大加速度期间会通过 $v = 0$. 当车辆到达转换曲线, 我们在向前的方向用最大加速度. 这条轨迹在可能的最短时间内到达相平面的原点 ($x = 0$, $v = 0$).

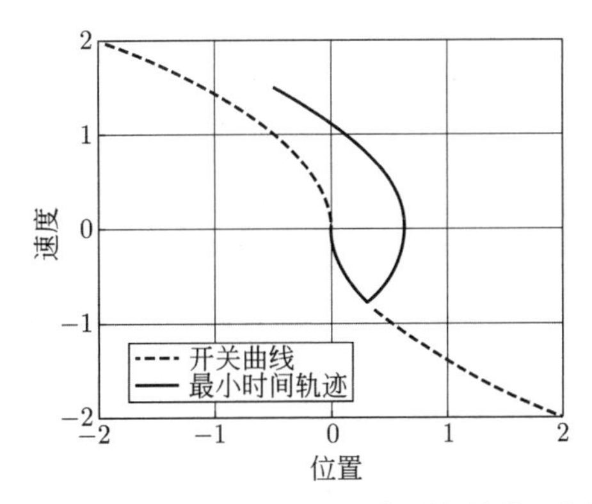

图 7.7 初始条件 $x(0) = -0.5$ 且 $v(0) = 1.5$ 的最短时间轨迹. 在转换曲线上部时加速度为 -1, 到达转换曲线后加速度为 $+1$.

现在我们尝试用遗传规划演化出这个问题的最短时间控制程序. 我们定义关于这个问题的两个特别的 Lisp 函数. 第一个是被保护的除法算子如 (7.4) 式所示, 第二个是大于运算符:

$$\left.\begin{array}{l}(\text{ defun GT}(x\ y),\\ (\text{ if } (>\ x\ y)\ (\text{return-from GT } 1)\ (\text{return-from GT} - 1))).\end{array}\right\} \tag{7.7}$$

如果 $x > y$, GT 函数返回 1, 否则返回 -1.

为评价一个程序的费用, 我们在 (x, v) 相平面随机取 20 个初始点, 满足 $|x| < 0.75$ 且 $|v| < 0.75$, 看程序是否可以在 10s 内让每一对 (x, v) 回到原点. 如果对某个初始条件程序成功了, 则由仿真得到的费用为让 (x, v) 回到原点所需的时间. 如果程序在 10s 内不能成功, 则由仿真得到的费用是 10. 一个计算机程序的总费用是这 20 个费用的平均值. 表 7.3 列出了这个问题的遗传规划参数, 它主要基于 [Koza, 1992, Section 7.1].

表 7.3 最短时间车辆控制问题的遗传规划的参数.

遗传规划的选项	设置
目的	找到最短时间车辆控制程序
终端集	x (位置), v (速度), -1
函数集	$+, -, *$, DIV, GT, ABS
费用	在 20 个随机初始条件下让车辆回到相平面的原点所用时间的平均
代数限制	50
种群规模	500
初始树的最大深度	6
初始化方法	对半生长
树的最大深度	17
交叉概率	0.9
变异概率	0
精英数	2
选择方法	锦标赛 (参见 8.7.6 节)

图 7.8 显示遗传规划最好的解的费用随代数变化的情况. 在这一次具体运行中不到 10 代就找到了最好的计算机程序. 在 50 代中整个种群的平均费用持续减小. 大多数遗传规划问题要找到最好的解需要用的代数远远大于 10. 这一次运行比平均快很大可能是因为这个问题相对来说较容易, 或者只是统计上的巧合. 由遗传规划得到的最好的解为

$$\begin{aligned} u = (\, *\,(\,\text{GT}\,(\,-\,(\,\text{DIV}\ x\ v)\,(\,-\ \ -1\ v)\,)\,(\,\text{GT}(\,+\,v\ x)\,(\,\text{DIV}\ x\ y)\,)\,)\,\cdot \\ (\,\text{DIV}\,(\,\text{GT}\,(\,+\,x\ v)\,(\,+\,v\ x)\,(\,\text{GT}\,(\,+\,v\ x)\ x)\,)\,)\,). \end{aligned} \tag{7.8}$$

在图 7.9 中绘制出了这个控制的转换曲线以及理论上的最优转换曲线. 对于 $v < 0$ 这两条曲线非常相似. 对于 $v > 0$, 这两条曲线稍微有点差别, 但是它们的整体形状仍然很相似.

在状态空间 $x \in [-0.75, +0.75]$ 和 $v \in [-0.75, +0.75]$ 中的 10000 个随机初始条件上取平均, 车辆从初始状态到达相平面的原点所用的时间, 采用最优转换曲线大约要 1.53s, 采用遗传规划的转换曲线要 1.50s. 有趣的是, 遗传规划的转换实际上还比最优转换曲线

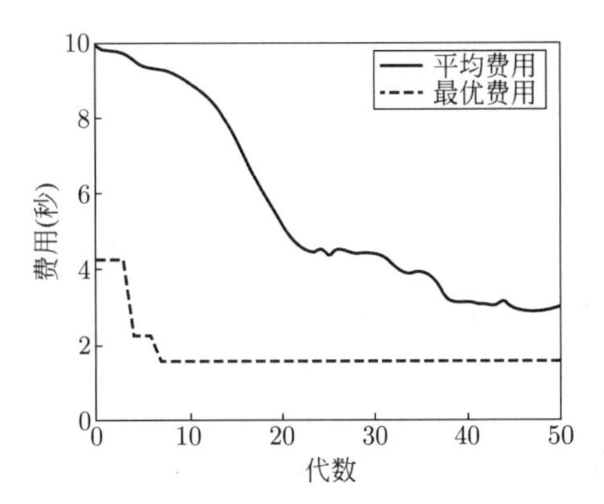

图 7.8 最短时间控制问题遗传规划的性能. 具体的这次运行不到 10 代就找到最好的解.

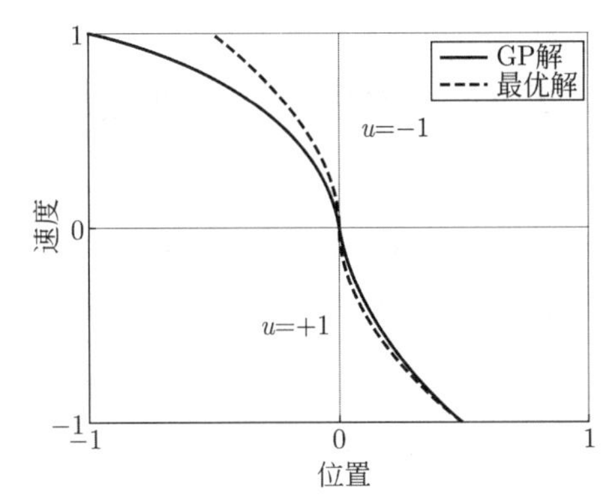

图 7.9 最短时间控制问题由遗传规划得到的最好的转换曲线以及在理论上的最优转换曲线.

稍稍好一些! 从理论上讲这不可能, 但是实践和理论并不总是相符.[1]在实际实施时的某些考虑可能让实际比理论上的最优策略好. 例如, 当 $|x| < 0.01$ 且 $|v| < 0.01$ 我们就终止仿真并认为这样小的值为完全成功. 在理论上, 我们能够以零误差精确到达原点, 但是在实际中却不能. 我们用 $\tau = 0.02\text{s}$ 的步长模拟动态系统. 不是要计算

$$\begin{cases} \dot{v} = u, \\ \dot{x} = v \end{cases} \tag{7.9}$$

的精确的连续时间的解，而是求它的近似解

$$\begin{cases} v_{k+1} = v_k + \tau u_k, \\ x_{k+1} = x_k + \tau(v_k + v_{k+1})/2, \end{cases} \tag{7.10}$$

其中 k 标示时间, 它从 0 到 500(即从 0 到 10s). 也就是说, 我们用矩形积分得到速度, 并用梯形积分得到位置 [Simon, 2006, Chapter 1]. 理论与实践之间的这些差别可能会让沿

[1]在理论上, 实践和理论应该相符. 实际中却并非如此.

最优转换曲线比沿遗传规划生成的转换曲线出现更多控制抖振.[1] 读者按照习题 7.13 描述的步骤能够复现本节的结果.

理论与实践

遗传规划的转换曲线相对理论上的最优解所具有的优势提出了理论与实践之间的差别这一重要问题. 工程上的解常常以理论为基础, 但是工程师们都知道, 需要根据现实的情况对理论结果进行修正. 这个例子说明, 遗传规划也许能够根据现实情况找到一个比理论上的最优解更好的解.

学会最优控制理论并以更传统的方式解决最短时间控制问题也许比学习如何使用遗传规划更容易. 但也不尽然. 由这个例子可知, 我们因为缺乏经验而不能解决的那些问题, 也许遗传规划能找到解. 当考虑实际情况时, 遗传规划还有可能找到"比最优还好"的解.

7.4 遗传规划的膨胀

遗传规划可能会让程序变得过长, 这样会让计算量大增. 对遗传规划在进化过程中产生的多余的代码有不同的称呼, 包括内含子、垃圾代码、 琐碎的代码、无效的代码、搭便车的代码以及隐形代码 [Langdon and Poli, 2002, Chapter 11]. 下面是内含子的一些例子:

$$\left.\begin{array}{l}(\text{not } (\text{ not } x)),\\ (+\, x\ 0),\\ (\text{if } (>\ 1\ 2)\ x\ y).\end{array}\right\} \tag{7.11}$$

在实施遗传规划时, 最重要的是要防止膨胀从而杜绝代码长度不受控制地增长. 防止膨胀的方式有几种.

第一种方式是采用最大深度参数 D_c, 我们在 7.2.6 节曾经讨论过. 不过需要维持一个平衡. 如果 D_c 太小, 会限制遗传规划的搜索空间, 可能因此会令所得的最好程序的适应度降低.

第二种方式是调整交叉和变异. 例如, 选择的交叉点要能够平衡父代代码片段的规模, 让得到的子代不会比父代更大 [Langdon, 2000]. 如果用到子树变异, 通过调整可以保证变异后的程序规模有限 [Kinnear, 1993]. 提升变异去除代码以减小程序的长度 [Kinnear, 1994]. 我们在本章没有讨论的单点交叉方法, 实际上能自动地将子代深度限制在父代的最大深度以内 [Poli et al., 2008, Chapter 5].

第三种方式是在选择、复制和交叉操作时惩罚长的程序. 它有几种实施方式. 例如, 对大程序增加费用惩罚:

$$\text{惩罚费用} \leftarrow \text{费用} + \text{程序的规模}. \tag{7.12}$$

[1] Koza 的报告称, 理论上最优转换曲线的平均时间为 2.13s[Koza, 1992, Section 7.1], 它再一次说明在动态系统方程上的差别.

如果大程序受到惩罚, 为找到好的解一般需要更多适应度评价 [Koza, 1992, Chapter 25]. 另一方面, 因为程序比较小, 适应度评价更快. 这个方法在本质上偏向选择较短的程序. 这个想法被称为吝啬的压力、Occam 的剃刀以及最短描述长度[Langdon and Poli, 2002, Chapter 11]. 另一种惩罚长程序的方式法是 Tarpeian 方法[Poli, 2003], 它将随机选出的超过平均长度的程序的选择概率设置为零. 频繁地这样做能提高对抗膨胀的能力. 因为不需要评价选择概率为零的程序, 这样做的另一个好处就是能减少运行时间.

还有其他方法可以对抗代码膨胀, 比如, 采用程序适应度和程序长度为两个目标的多目标优化 (参见第 20 章)、自动去除多余的代码以及使用自动定义的函数 (ADFs). 这些方法更复杂, 但也不一定能防止代码膨胀 [Langdon and Poli, 2002, Chapter 11].

最后得说一说在某些情况下代码膨胀可能会有的好处. 膨胀有一个生物学上的类比, 它可以帮助计算机程序保护它们的子代免受有害交叉的影响 [Angeline, 1996b], [Nordin et al., 1996]. 由此引出*有效适应度*这个词, 它不仅指示一个计算机程序的适应度, 还指示其子代的适应度可能会如何 [Banzhaf et al., 1998, Chapter 7]. 适应性强的父代计算机程序不一定会生成适应性强的子代, 如果父代程序太脆弱; 但是, 一个大大膨胀的适应性强的父代更有可能生成适应性强的子代. 考虑两个计算机程序之间的交叉操作. 有很多代码没有用到的好程序很有可能在交叉后得到适应性强的子代, 因为交叉点很可能落在父代未使用的部分.

我们再谈谈*有效复杂度*. 计算机程序的绝对复杂度会随着它的长度和结构变化, 有效复杂度则随着程序的非膨胀部分 (即活动部分) 的长度和结构变化.

7.5 演化实体而非计算机程序

遗传规划获得的成就让人印象深刻. [Koza, 1992] 列举出了用遗传规划发现三角恒等式、发现科学定律、求解符号形式的数学方程、归纳序列的符号形式以及找出用于图像压缩的程序的诸多例子. 他还提供了控制问题的例子, 包括在移动的车辆上倒立摆的平衡, 以及牵引拖车的倒车.

与其他进化算法相比, 遗传规划尚未得到广泛应用. 导致这种滞后的原因有多个 [Koza, 1992, Chapter 1].

1. 工程师一直被训练成要找出问题的正确的解. 在学校、家庭中作业的题目经常只有正确答案. 遗传规划找到的解只是大致正确, 因而妨碍了它在实际中的使用. 但在实际的工程界, 由于在求解时我们会有 (显式或隐式) 假设, 所有的解都是近似的. 缺乏正确性在理论上妨碍了遗传规划的使用, 但它不能成为实际的障碍.
2. 工程师一直被训练成以不断改善的方式找到问题的解. 遗传规划沿袭了这一方法, 但是它也鼓励盲搜. 差的程序需要进化才能变成好程序. 在现实中, 失败是一件丢脸的事, 然而多数成功的工程师都承认失败是成功之母 [Petroski, 1992]. 对人如此, 对遗传规划也是如此.
3. 工程师一直被训练成以演绎推理解决问题. 我们琢磨问题并一步一步地构造出解. 在遗传规划中大致存在着某些演绎; 让高适应性的程序结合会有希望得到适应性

更高的程序. 但是, 由遗传规划生成的计算机程序不是按照逻辑添加功能一步步建立起来的.

4. 工程师一直被训练成以确定性的方式解决问题. 从环境中去除的随机性越多, 能控制的就越多. 能控制的越多, 就可以更好地按照我们的求解方法推进. 不过, 与别的进化算法一样, 为找到好的解遗传规划也依赖随机性.
5. 工程师一直被训练成以经济的方式解决问题. 简短的解比复杂的解好. 遗传规划在演化计算机程序时却会使用从未执行过的分支, 会有对最后结果没有贡献的终端, 还会使用无效率的结构. 这一点与我们在自然界中见到的解决问题的过程相同. 很多动物常常是在数百个幼崽中只有一个能幸存下来. 进化是出了名的既浪费又低效的过程.
6. 工程师一直被训练成以具体的成功准则来解决问题. 我们有任务、子任务、里程碑和时间表. 由验证过程我们会知道是成功或是失败. 但遗传规划并没有恰当地定义终止点. 7.2.2 节对此已做了详细的讨论.

在上面的这些因素中, 有很多都适用于非遗传规划的进化算法, 但它们看起来特别适合遗传规划. 进化算法要找的是解, 遗传规划要找的是求解方法. 我们似乎更能容忍解的缺点而不是求解方法的缺陷. 当找到问题的一个好的解时, 只要它管用我们不常关心解是从何而来. 当找到一种求解方法, 即使它管用, 如果不能理解它我们也会认为这个方法不可靠.

在本章我们看到, 遗传规划可以演化计算机程序. 但计算机程序还是更有可能由人而不是遗传规划编写. 因为我们通常会以专家习惯的方式来规划, 结构化和组织计算机程序. 计算机程序可以模块化, 将重要的任务分解成子任务分配给各个计算机程序员. 大规模软件项目的自由度过多，人们不会期望用基于随机搜索的遗传规划就能取得成功. 即使遗传规划成功了, 所得到的程序也可能效率低下并且不易维护. 总而言之, 简单的计算机编程任务对遗传规划来说太容易, 因为人不费什么事就能完成; 困难的计算机编程任务对于遗传规划来说又太难, 因此需要人类的才智. 由此提出关于遗传规划的一个重要问题. 对人类来说, 哪一类真正困难的问题适合用遗传规划求解? 遗传规划有什么实际的应用?

要讨论这些问题, 我们看一看进化算法的应用领域. 进化算法善于找出困难的多维多峰优化问题的解. 计算机编程可以是困难的多维多峰问题, 但许多人擅长计算机编程. 人类不擅长参数优化, 几乎所有不太容易的参数优化问题都用计算机程序来求解. 由于进化算法擅长处理对人类来说困难的问题, 它已得到广泛的应用.

我们有很多熟练的计算机程序员, 遗传规划似乎不会广泛用于实际的计算机编程问题. 但遗传规划可以广泛用于人不擅长的与计算机编程类似的问题. 许多工程 (及其他) 问题的候选解可以用树形结构表示, 而人并不擅长这样做. 这些问题包括透镜系统的设计 [Koza et al., 2008]、光子晶体结构 [Preble et al., 2005]、蛋白质分类的算法 [Koza, 1997]、元胞自动机 [Andre et al., 1996]、困难方程的数值求解算法 [Balasubramaniam and Kumar, 2009]、拼图及发现游戏攻略的算法 [Hauptman and Sipper, 2007]、[Hauptman et al., 2009]、电路 [McConaghy et al., 2008]、现场可编程门阵列 [Koza et al., 1999] 和天线 [Lohn et al., 2004].

这些问题的关键特征是它们不能轻易变成参数优化问题, 因此不能用遗传算法、进化策略、进化规划或类似的方法求解. 但可以用遗传规划求解, 遗传规划让算法进化或设计程序进化. 由遗传规划得到的结果经常不太用问题的具体信息就能改进现有的父代 [Koza, 2010]. “计算机智能” 这个术语如今用得太滥已经变得不那么重要; 它差不多成了没什么内容的流行词. 但是, 如果计算机程序能创造出可以取得专利的发明, 很多人可能就会同意程序具有高等智能的说法.

7.6 遗传规划的数学分析

我们可以在数学上分析遗传规划, 对其他进化算法也可以这样做 (参见第 4 章). 本节将遗传算法的模式理论 (4.1 节) 扩展到遗传规划 [Langdon and Poli, 2002, Chapter 4]. 本节的主要方法是, 通过简单的例子获得关于遗传规划的模式理论如何工作的一般思想, 然后用这些例子描述遗传规划模式的一般公式.

7.6.1 定义和记号

对于第一个例子, 我们假设终止集合是 $\{x, y\}$. 用 # 来标示“无关的” 终端. 考虑模式

$$H = (+(-\#\, y)\,\#). \tag{7.13}$$

如果 x 和 y 是仅有的两个终端, 这个模式就有 4 个实例:

$$(+(-x\,y)\,x),\quad (+(-x\,y)\,y),\quad (+(-y\,y)\,x),\quad (+(-y\,y)\,y). \tag{7.14}$$

我们称一个模式与某个 s-表达式匹配, 如果这个 s-表达式是此模式的一个实例. 例如, 模式 $(+\,\#\,y)$ 与 $(+\,x\,y)$ 匹配, 也与 $(+\,2\,y)$ 匹配, 但是与 $(-\,x\,y)$ 不匹配.

现在定义与遗传规划模式相关的 3 个重要术语.

1. H 的阶, $o(H)$, 是在 H 中已定义的符号的个数, 包括函数和终端的个数. 在 (7.13) 式中, $o(H)=3$.
2. H 的长度, $n(H)$, 在 H 中符号的总个数, 包括定义的函数和终端, 以及“不相关” 的函数和终端. 在 (7.13) 式中, $n(H)=5$.
3. H 的定义长度, $L(H)$, 在包括所有已定义的符号的语法子树中最少链接数. 定义长度很难直接由 s-表达式确定, 但很容易根据其相应的语法树得到.

图 7.10 所示是语法树的一些例子, 它们的阶、长度以及定义长度.

现在考虑有多少个模式与长度为 n 的 s-表达式匹配. 举例来说, 考虑 s-表达式

$$(+(-x\,x)\,(*\,3\,y)). \tag{7.15}$$

在顶层节点有 + 函数或者符号 # 的模式可以与这个 s-表达式匹配. 对 s 表达式中的所有其他节点也有类似的说法. 所以, 如果模式在每一个节点具有已知的 s-表达式的符号, 或者符号 #, 这个模式就与 s-表达式匹配. 可见, 长度为 n 的 s-表达式有 2^n 个模式与之匹配. 例如, (7.15) 式中的 s-表达式有 $2^7 = 128$ 个模式与之匹配.

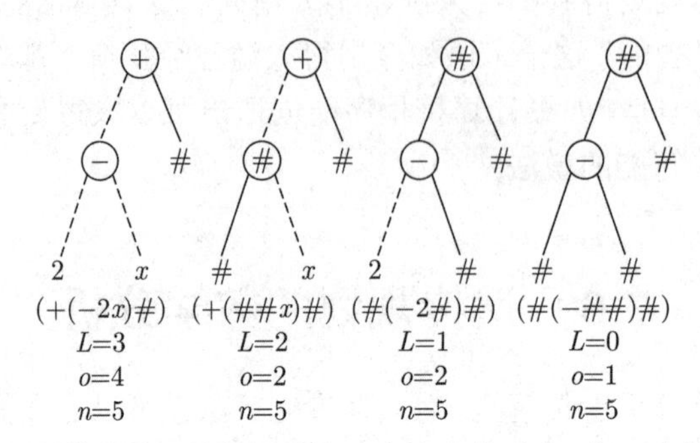

图 7.10 4 个遗传规划模式的语法树形式和 s-表达式的形式. 每一个模式下显示其定义长度 L、阶 o 以及长度 n. 用来确定定义长度的链接是那些包括所有非 # 符号的最小子树; 用虚线显示那些链接.

现在定义模式的结构. 记模式的结构为 G, 将 H 中的所有符号用 # 来代替就得到 G. 例如, (7.13) 式的模式具有结构

$$G = (\ \#\ (\ \#\ \#\ \#\ )\ \#\ ). \tag{7.16}$$

7.6.2 选择和交叉

考虑用轮盘赌选择和交叉的遗传规划. 我们用 $m(H,t)$ 表示遗传规划第 t 代种群中模式 H 的实例的个数. 用 $m(H,t+1/2)$ 表示在选择之后种群中模式 H 的实例的个数. $m(H,t+1)$ 是在选择、交叉和变异之后, 种群中模式 H 的实例的个数. 如果采用轮盘赌选择, 平均来说,

$$m(H,t+1/2) = m(H,t)f(H,t)/f_{\text{ave}}(t), \tag{7.17}$$

其中, $f(H,t)$ 是在第 t 代 H 的所有实例的平均适应度, $f_{\text{ave}}(t)$ 是在第 t 代所有个体的平均适应度.

现在考虑交叉对种群的影响. 交叉可能会破坏 H 的实例; 也就是说, 如果一个父代是 H 的实例, 它交叉生成的子代可能不是 H 的实例. 在下一代 H 的实例会减少一个. 交叉破坏 H 的实例的方式有两种. 考虑父代 p_1, $p_1 \in H$ 且 $p_1 \in G$, 这里 G 是 H 的结构. 首先, p_1 与个体 $p_2 \notin G$ 交叉可能破坏 H 的实例; 我们称这个事件为 D_1. 其次, H 的实例可能因 p_1 与 p_2 交叉而被破坏, 这里 $p_2 \in G$ 但是 $p_2 \notin H$; 我们称这个事件为 D_2. 因为 D_1 和 D_2 互不相交, 交叉破坏 H 的实例的概率为

$$\Pr(D) = \Pr(D_1) + \Pr(D_2). \tag{7.18}$$

例 7.1 图 7.11 显示事件 D_1 的一个例子. 父代 $(+\ (-\ 2\ x)\ (-\ 3\ y)\ )$ 和 $(+\ x\ y)$ 被选出来进行交叉. 随机地选择交叉点, 在父代 1 选出的交叉点为最左边的减法函数, 在父代 2 选出的交叉点为终端 y. 由交叉得到子代 $(+\ y\ (-\ 3\ y))$ 和 $(+\ x\ (-\ 2\ x))$. 这两个子代的结构都与父代不同. 交叉破坏了模式 H_1, 父代 1 是它的一个实例, 也破坏了模式 H_2, 而父代 2 是它的一个实例. □

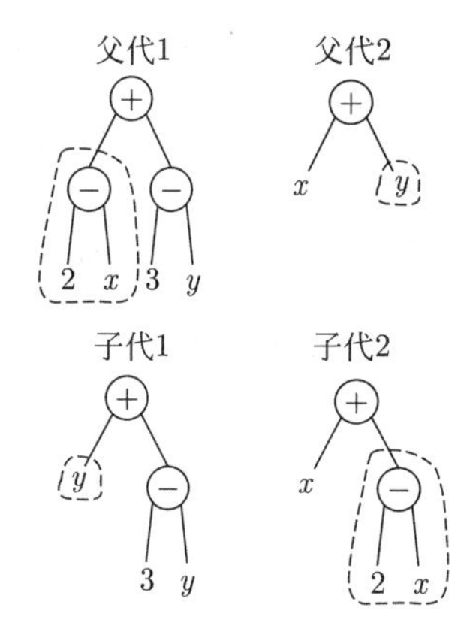

图 7.11　这些父代的交叉导致子代不再具有父代的结构. 这是事件 D_1 的例子, 其中具有不同结构的个体的交叉会破坏模式.

例 7.2 我们用一个例子来看看事件 D_2 的可能性. 考虑模式 $H = (\ \#\ x\ y)$. 假设两个父代为

$$p_1 = (+\ x\ y\ ) \in H, \qquad p_2 = (-\ y\ x\ ) \notin H. \tag{7.19}$$

两个父代有相同的结构 G, 但是 p_1 属于模式 H, p_2 不属于 H. 如果交叉点选在 p_1 和 p_2 顶部的链接, 则子代会是

$$c_1 = (+\ y\ x\ ) \notin H, \qquad c_2 = (-\ x\ y\ ) \in H. \tag{7.20}$$

可见 H 的实例被保存到下一代.

考虑模式 $H = (\ +\ x\ \#\ )$ 以及 (7.19) 式中的两个父代. 与前面一样, $p_1 \in H$, $p_2 \notin H$. 但在这种情况下, 来自 (7.20) 式的 c_1 和 c_2 都不属于 H, 因此 H 的实例被破坏了. □

我们现在考虑 D_1 对种群中模式实例个数的影响. 由于父代 $p_1 \in H$ 且 $p_1 \in G$, 与父代 $p_2 \notin G$ 交叉, D_1 是对具有结构 G 的模式 H 的实例的破坏, 即

$$D_1 = D \cap (p_2 \notin G), \tag{7.21}$$

其中, D 表示 H 的实例因交叉被破坏这一事件. 由贝叶斯公式可知

$$\Pr(D_1) = \Pr(D|p_2 \notin G)\Pr(p_2 \notin G). \tag{7.22}$$

但是, $p_2 \notin G$ 的概率与选择之后种群中不属于 G 的个体数成正比, 即

$$\Pr(p_2 \notin G) = (N - m(G, t + 1/2))/N, \tag{7.23}$$

其中 N 是种群规模. 把 (7.23) 式与 (7.22) 式结合, 得到

$$\Pr(D_1) = \Pr(D|p_2 \notin G)(N - m(G, t+1/2))/N. \tag{7.24}$$

现在考虑事件 D_2 的概率. D_2 表示因父代 $p_1 \in H$ 且 $p_1 \in G$, 与父代 $p_2 \in G$ 交叉让具有结构 G 的模式 H 的实例被破坏这一事件, 即

$$D_2 = D \cap (p_2 \in G) = D \cap (p_2 \in G) \cap (p_2 \notin H), \tag{7.25}$$

其中的第二个等式是因为除非 $p_2 \notin H$, 不然模式就不会被破坏. 根据贝叶斯公式, 有

$$\Pr(D_2) = \Pr(D|p_2 \in G, p_2 \notin H)\Pr(p_2 \in G, p_2 \notin H). \tag{7.26}$$

(7.26) 式右边的第二项是 $p_2 \in G$ 且 $p_2 \notin H$ 的概率. 而事件 $p_2 \in H$ 是 $p_2 \in G$ 的一个子集, 因此

$$\Pr(p_2 \in G, p_2 \notin H) = \Pr(p_2 \in G) - \Pr(p_2 \in H). \tag{7.27}$$

如图 7.12 所示.

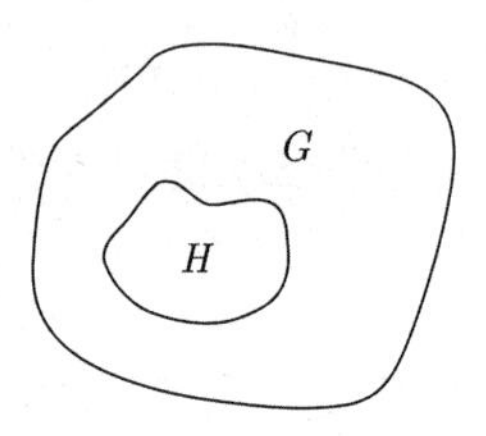

图 7.12 属于模式 H 的程序集合是属于模式结构 G 的程序集合的一个子集. 所以, $\Pr(p \in G, p \notin H) = \Pr(p \in G) - \Pr(p \in H)$.

(7.27) 式右边的概率分别与在选择之后的 G 和 H 的实例的个数成正比, 因此

$$\Pr(p_2 \in G, p_2 \notin H) = \frac{m(G, t+1/2) - m(H, t+1/2)}{N}. \tag{7.28}$$

现在考虑 (7.26) 式右边的第一项, 它是在已知 $p_2 \in G$ 且 $p_2 \notin H$ 的条件下事件 D 的概率. 只有当交叉在模式规定的链接处发生才会破坏模式实例. 例如, 在图 7.10 中, 只有当交叉在三个虚线链接的某一处发生时才会破坏左边的模式; 对于这张图中刻画的所有模式都是如此. 即使交叉在这些链接中的一处发生, 模式还有可能不被破坏, 这取决于从模式劈下的子树的内容. 因为要破坏模式实例, 交叉必须发生在 $L(H)$ 个链接中的某一个, 总共有 $n(H) - 1$ 个链接, 在一个规定的链接处发生交叉的概率为 $L(H)/(n(H) - 1)$. 由于在这些链接处的交叉是破坏模式实例的必要但非充分条件, 这个概率限定了在已知 $p_2 \in G$ 的条件下发生事件 D 的概率, 即

$$\Pr(D|p_2 \in G, p_2 \notin H) \leqslant \frac{L(H)}{n(H) - 1}. \tag{7.29}$$

上面这个不等式的右边被称为模式 H 的节点组成的脆弱性[Langdon and Poli, 2002, Section 4.4]. 如果另一个父代与 H 的结构相同, 它给出模式 H 的实例被破坏的概率上界.

将 (7.18) 式, (7.24) 式, (7.28) 式与 (7.29) 式结合, 就得到模式 H 被破坏的概率上界:

$$\Pr(D) \leqslant \Pr(D|p_2 \notin G)\frac{N-m(G,t+1/2)}{N}+\frac{L(H)}{n(H)-1}\frac{m(G,t+1/2)-m(H,t+1/2)}{N}. \tag{7.30}$$

它是因交叉而令模式 H 的实例被破坏的概率的一般表达式.

考虑到发生交叉的概率为 p_c, 我们假定遗传规划种群充分大, 大到对 $m(H,t+1)$ 可以应用大数定律[Grinstead and Snell, 1997], $m(H,t+1)$ 是在第 $t+1$ 代 H 的实例个数. 这个量是两项的和: (1) 在选择之后 H 的实例个数乘以没有发生交叉的概率; (2) 在选择之后 H 的实例个数乘以交叉概率再乘以交叉没有破坏 H 的实例的概率. 我们得到

$$\begin{aligned} m(H,t+1) &= m(H,t+1/2)(1-p_\mathrm{c}) + m(H,t+1/2)p_\mathrm{c}(1-\Pr(D)) \\ &= m(H,t+1/2)(1-p_\mathrm{c}\Pr(D)), \end{aligned} \tag{7.31}$$

其中 $m(H,t+1/2)$ 如 (7.17) 式所示. (7.31) 式表示在交叉之后模式实例的个数.

7.6.3 变异和最后结果

现在考虑模式因变异被破坏的概率. 假设在每一个节点处的变异概率是 p_m, 则每一个节点不发生变异的概率为 $1-p_\mathrm{m}$. 在每一个已定义的节点都不发生变异的概率为 $(1-p_\mathrm{m})^{o(H)}$, 其中 $o(H)$ 是模式的阶 (即已定义节点的个数). 所以, 在已定义节点发生变异的概率为

$$\Pr(D_m) = 1-(1-p_\mathrm{m})^{o(H)} \approx p_\mathrm{m}o(H), \tag{7.32}$$

其中的近似基于 $\Pr(D_m)$ 在 $p_\mathrm{m}=0$ 附近的泰勒级数展开. 注意, 在已定义节点处的变异是模式破坏的必要但非充分条件. 因此, 将 (7.31) 式和 (7.32) 式结合就得到

$$m(H,t+1) \geqslant m(H,t+1/2)(1-p_\mathrm{c}\Pr(D))(1-p_\mathrm{m}o(H)). \tag{7.33}$$

我们把这个式子与 (7.17) 式和 (7.30) 式结合, 有

$$\begin{aligned} m(H,t+1) \geqslant{}& \frac{m(H,t)f(H,t)}{f\mathrm{ave}(t)}[1-p_\mathrm{m}o(H)] \times \\ & \left\{1-p_\mathrm{c}\left[\Pr(D|p_2\notin G)\left(1-\frac{m(G,t)f(G,t)}{Nf\mathrm{ave}(t)}\right)+\right.\right. \\ & \left.\left.\frac{L(H)}{n(H)-1}\frac{m(G,t)f(G,t)-m(H,t)f(H,t)}{Nf\mathrm{ave}(t)}\right]\right\}. \end{aligned} \tag{7.34}$$

由此可知, 在第 $t+1$ 代模式 H 的实例个数的下界, 这里将交叉和变异都算进去了. 不出所料, 它比在 4.1 节中推导的遗传算法模式理论稍微复杂一些. 因为遗传规划个体的规模和形状都可变, 遗传规划比遗传算法更复杂. 不过, 我们可以对 (7.34) 式做一些简化. 例如, 在遗传规划运行的早期让种群具有较大的多样性, 形状不同的两个个体在一点交叉之后不太可能保留原来的模式. 所以, $\Pr(D|g \notin G) \approx 1$. 同样, 由于较大的多样性, 属于结构 G 的程序的个数会较少, 其个体的总适应度会较小, 即 $m(G,t)f(G,t)/(Nf_{\text{ave}}) \ll 1$. 所以, (7.34) 式可以近似为

$$
\begin{aligned}
m(H,t+1) \geqslant & \frac{m(H,t)f(H,t)}{f_{\text{ave}}(t)}[1-p_{\text{m}}o(H)]\times \\
& \left\{1-p_{\text{c}}\left[1+\frac{L(H)}{n(H)-1}\left(\frac{-m(H,t)f(H,t)}{Nf_{\text{ave}}(t)}\right)\right]\right\}.
\end{aligned} \tag{7.35}
$$

由此得到在遗传规划运行的早期 (7.34) 式的近似. 对于短模式我们可以做进一步近似, 在这种情况下, $L(H)/(n(H)-1) \ll 1$, 故

$$
m(H,t+1) \geqslant \frac{m(H,t)f(H,t)}{f_{\text{ave}}(t)}[1-p_{\text{m}}o(H)](1-p_{\text{c}}). \tag{7.36}
$$

遗传规划的这个模式近似在运行的早期对短模式有效, 它与 (4.6) 式中遗传算法的模式表达式类似. 本节推导的模式理论为 $m(H,t+1)$ 提供了一个下界而非等式. 这是因为推导过程中有一些近似. 所以它被称为悲观的模式理论.

模式理论还可以有很多形式. 采用别的方式选择、交叉和变异会得到不同的遗传规划模式理论. 其中一些理论是准确而非悲观的, 可以得到等式而不是像 (7.34) 式那样的不等式 [Altenberg, 1994], [Langdon and Poli, 2002, Chapters 3, 5]. Una-May O'Reilly 基于 John Koza 的工作建立了下界模式理论, 它定义的模式与本章定义的不同 [Koza, 1992], [O'Reilly and Oppacher, 1995]. Justinian Rosca 用另一个模式定义建立起遗传规划的模式理论 [Rosca, 1997]. 采用程序表示而非语法树的遗传规划的模式理论也已经建立起来了 [Whigham, 1995].

除了可以用模式理论对遗传规划做数学上的分析之外, 还有一些方法. 例如, 在 2001 年提出了遗传规划的马尔可夫模型[Poli et al., 2001], [Poli et al., 2004]. Price 的选择与协方差理论也可以用来对遗传规划进行数学建模 [Langdon and Poli, 2002, Chapter 3].

7.7 总　　结

本章讨论的只限于使用 Lisp 和语法树的遗传规划. 遗传规划还可以用其他语言的多种结构来实施. 例如, 用指令的线性序列来表示程序, 这正是我们大多数人习惯的编程形式. 我们称之为线性遗传规划 [Poli et al., 2008, Chapter 7], 它特别适合汇编代码程序. 将使用语法树的嵌入式系统演化出汇编代码程序非常难, 因为首先需要建立从树到汇编的编译器. 如果直接用汇编代码演化程序, 费用评价会容易得多.

笛卡儿遗传规划是用阵列的集合表示程序. 每个阵列中有一个元素表示对这个阵列的操作, 还有一个元素指明阵列的输入从何而来 [Miller and Smith, 2006]. 图遗传规划则是用节点和边表示程序 [Poli et al., 2008]. 还有其他结构也被用来表示遗传规划中的计算机程序 [Banzhaf et al., 1998, Chapter 9].

当遗传规划的领域扩展到计算机编程之外更一般的工程算法和设计时, 其应用就更加广泛. John Koza 罗列了由遗传规划得到的可以与人类生成的结果比肩的 76 个结果 [Koza, 2010]. 他还声称, 由遗传规划产生能与人类的结果竞争的结果的产出率与计算能力成正比. 这预示着将来会有更多的由计算机程序生成的工程设计, 也预示着人类与计算机之间会有更多有意义的合作.

对于某些问题, 遗传规划可能并不合适. 遗传规划的搜索空间是在用户定义的语法限制之内的所有计算机程序的集合. 这样大的搜索域既是遗传规划的优点又是它的缺点. 它允许遗传规划能够比别的进化算法更彻底地去搜寻最优解, 但是也表示遗传规划通常不太会利用能够从程序员那里获得的有关搜索域的信息. 如果我们提前知道解的结构, 常用的进化算法应该比遗传规划好, 因为问题的具体信息很容易融入参数优化问题, 但很难融入程序优化问题. 如果我们发现优化问题的主要挑战在于解的结构, 遗传规划可能是一个合适的方法. 此外, 我们可以用已知的好的候选解作为遗传规划初始种群的种子, 然后让遗传规划在运行过程中改进这些解. 所以, 遗传规划也特别适合那些亟需改进现有解的问题 [Koza, 2010].

未来工作的一个有趣的领域是生成能演化计算机程序的计算机程序, 我们可以称之为元遗传规划. 遗传规划能演化计算机程序, 但是如何找到最好的遗传规划? 元遗传规划也许能演化遗传规划. 元遗传规划大概至少是单个遗传规划所需计算能力的平方. Jürgen Schmidhuber 于 1987 年在他的学位论文中首先提出元遗传规划 [Schmidhuber, 1987]. 元遗传规划是元学习 (即学习如何学习) 的一种 [Anderson and Oates, 2007]. 可以把元遗传规划看成是搜索的搜索, 因此属于没有免费午餐定理的那一类 [Dembski and Marks, 2010].

注意, 遗传规划还可以与其他进化算法结合. 例如, 将遗传规划与 EDA 结合找到有效程序的概率描述, 它反过来能引导我们去搜索更好的程序. 这种方法在最开始提出来时被命名为概率渐进程序进化[Salustowicz and Schmidhuber, 1997]. 在这个算法中, 语法树上的每一个节点有一定的概率等于具体的函数或终端, 而这些概率取决于单个程序的适应度值. 在文献中会经常提出新的进化算法, 其中哪些算法特别适合用遗传规划来实施, 也许是一个有趣的问题 (参见第 17 章).

最后要说的是, 爱钻研遗传规划的学生应该掌握自动定义函数 (automatically defined functions)的技术. 自动定义函数是在遗传规划中能自动且动态演化的子程序. 考虑到程序员会很自然地使用子程序这一事实, 应该让遗传规划能够生成和使用子程序. 当遗传规划应用于复杂的问题时, 自动定义函数能大大减少计算量. [Koza, 1994, Chapter 4], [Koza et al., 1999] 以及有关遗传规划的其他书对自动定义的函数都有详细讨论.

关于进一步的研究, 读者能够找到有关遗传规划几本很好的专著. Wolfgang Banzhaf 等人所著的书可读性极强 [Banzhaf et al., 1998]. John Koza 的简明卷, 特别是他的第一本书, 是这个领域的标准参考文献并享有良好的声誉 [Koza, 1992], [Koza, 1994], [Koza et al., 1999], [Koza et al, 2005]. 遗传规划指南这本书是免费的, 它很好地概述了遗传规划的主题 [Poli et al., 2008]. William Langdon 和 Riccardo Poll 的书 [Langdon and Poli, 2002] 对模式分析做了详细的研究.

习　题

书面练习

7.1 写出二次方程的正解 $(\sqrt{b^2-4ac}-b)/(2a)$ 的 s-表达式和语法树. 语法树的深度是多少? 是完全语法树吗?

7.2 如果 $x>2$ 返回 8, 否则返回 9, 写出它的 s-表达式.

7.3 假设基于 n 个不同的输入 $\{u_i\}$ 评价遗传规划的候选解 f. 写出一个适应度函数, 它让 f 的平均性能的权重是 f 在最坏情况下性能的权重的两倍.

7.4 用 Lisp 定义一个受保护的平方根函数, 在输入为负时返回 0.

7.5 假设用生长法生成最大深度为 D_c 的随机 s-表达式. 假设每一个节点成为终端或函数的机会各有 50%. 给定一个分支, 它能达到最大可能深度的概率是多少?

7.6 假设用生长法生成最大深度为 D_c 的随机 s-表达式. 假设每一个节点成为终端或函数的机会各有 50%. 假设每个函数有两个自变量. 这个 s-表达式表示一个深度为 D_c 的完全语法树的概率是多少?

7.7 列出用图 7.1 中语法树由提升变异建立的所有程序.

7.8 列出用图 7.2 中语法树由置换变异建立的唯一的程序.

7.9 化简下面的式子 (比如, 可以用 2 代替 (+ 1 1)). 把简化后所得式子写成更传统的形式.

(defun Pgm (x) (+ (DIV (− (+ (+ 1 1) (+ (DIV x 1) (+ 1 1))) (− (∗ x 1) (+ 1 1))) (abs x)) (DIV (+ (− x 1) (abs x)) (− (− (∗ x 1) (+ 1 1)) (− (+ 1 1) (∗ 1 1)))))).

7.10 模式 (if (# x #) 8 #) 的定义长度、阶和长度各是多少? 模式的结构是什么样的?

7.11 模式实例个数的下界随着变异概率如何变化? 随着模式的阶如何变化? 随着交叉概率如何变化? 为什么?

计算机练习

7.12 Lisp 练习:

(1) 下载并安装最新版的 CLISP (Common Lisp).

(2) 下载并安装 CLISP 的集成开发环境 (Integrated Development Environment, IDE). 注意: 7.3 节的最短时间控制问题是用 LispIDE 程序实施的.

(3) 运行 LispIDE 并在命令提示符处输入下面这一行:

$$(\text{print}\ (\ *\ 5\ (\ +\ 3\ 2\ )\ )\ )$$

这会让 Lisp 在终端两次打印出 25: 一次是因为打印命令, 另一次是因为这个打印函数返回的值.

7.13 最短时间控制的练习:

(1) 从本书的网页下载 `GPCartControl.lisp` 及相关的文件并在计算机上运行. 它会重现 7.3 节的最短时间控制的遗传规划的结果. 如果你要用 LispIDE, 可按如下步骤操作.

- 运行 LispIDE.
- 从 LispIDE 打开 `GPCartControl.lisp`.
- 修改 `GPCartControl.lisp` 的第 15 行让计算机的路径指向包含 Lisp 文件的目录.
- 选择整个 `GPCartControl.lisp` (用计算机鼠标, 或敲 Ctrl-A).
- 选择"Edit→ Send to Lisp"菜单选项. 它定义 Lisp 中的 `GPCartControl` 函数.
- 在 LispIDE 的命令提示符输入 (`GPCartControl`). 让程序运行.

(2) 在完成 `GPCartControl.lisp` 之后会输出两个文件. 一个是 `[DateTimeString].txt`, 它包含代数、最低费用以及平均费用. 另一个是 `[DateTimeString].lisp`, 它包含由遗传规划找到的最好的程序. (注意, `[DateTimeString]` 是一个文本字符串, 表示建立文件的日期和时间.)

(3) 运行 Lisp 命令 (`setf LispPgm [BestProgram]`), 这里 `[BestProgram]` 是文本字符串, 定义由遗传规划找到的最好程序. 应该从 `[DateTimeString].txt` 文件中取出文本字符串. 例如, (`setf LispPgm`

`"(defun CartControl (x v) (if (> (* -1 x) (* v (abs v))) 1 -1))"`).

(4) 运行 Lisp 函数 (`PhasePlane LispPgm`) 会生成两个文件. 一个是 `PhasePlane.txt`, 它是由 `LispPgm` 生成的 (x, v, control) 的值的列表. 另一个是 `PhasePlane1.txt`, 它是 (x, v) 的值的列表, 其中的控制在 -1 和 $+1$ 之间切换. 它假设由 `LispPgm` 生成的控制总是饱和的. 如果这个假设是错的, 则 `PhasePlane1.txt` 就没有用.

(5) 运行 MATLAB 程序 `PlotPhasePlane.m`, 输入"PhasePlane.", 它会利用上面生成的文件 `PhasePlane.txt` 和 `PhasePlane1.txt`, 生成作为 x 和 v 的函数的控制的相平面图. 然而, 除非满足由 `LispPgm` 生成的控制总是饱和的这个假设, 不然这个图也没什么用.

(6) 小车控制的 Lisp 程序的适应度可以通过运行 `EvalCartControl.lisp` 来评价. 如果按上面的子问题 (3) 所描述的那样定义 `CartControl`, 则可以打开 `EvalCartControl.lisp`, 在 Lisp 集成开发环境中评价它, `EvalCartControl` 是已定义的函数, 通过输入下面的命令运行:

(`EvalCartControl #' CartControl`).

7.14 修改 `GPCartControl.lisp` 中的一些参数, 看看它们对性能的影响. 可以修改的参数如下.

- `Dinitial`, 初始树的最大深度

- `Dcreated`, 树的最大深度
- `Pcross`, 交叉概率
- `Preproduce`, 复制概率
- `Pinternal`, 内部 (函数) 节点的交叉概率
- `NumEvals`, 每一个个体的函数评价次数
- `NumElites`, 每一代的精英个数
- `GenLimit`, 代数限制
- `PopSize`, 种群规模
- `SelectionMethod`, 选择方法

7.15 修改 `GPCartControl.lisp` 及其相应的文件使遗传规划可以找到与目标 $y(x)$ 吻合的映射 $\hat{y}(x)$, 其中 $y(x)$ 可以如下:

$$\begin{aligned}&y(0)=3,\quad y(1)=5,\quad y(2)=1,\quad y(3)=2,\quad y(4)=9,\\&y(5)=8,\quad y(6)=3,\quad y(7)=4,\quad y(8)=1,\quad y(9)=6.\end{aligned}$$

提交遗传规划收敛的图, 显示种群最小费用和平均费用随代数如何变化、遗传规划找到的最好程序以及目标值 $y(x)$ 与遗传规划的近似值 $\hat{y}(x)$ 的对比图.

第 8 章　遗传算法的变种

存在许多选项.

大卫・福格尔 (David Fogel) [Fogel, 2000]

我们在前几章讨论了进化计算的四个常用的基础方法. 但只介绍了基本思路和算法. 在这些算法中我们可以实施很多变种. 这些变种不仅可用于前面讨论过的进化算法, 还可以用于本书后面讨论的算法. 因此, 本章的内容广泛适用于各种进化算法. 本章讨论的某些变种对进化算法的性能有重大影响. 在比较两个进化算法 A 和 B 时, A 和 B 在性能水平上的不同常常不是因为它们本质上的差别, 而是所谓的那些微小变化和实施细节使然.

本章概览

8.1 节讨论初始化进化算法种群的不同方式. 8.2 节讨论决定进化算法终止的各种方式. 8.3 节讨论如何表示进化算法的候选解, 以及选用的表示方式会如何显著影响结果. 虽然最初只是在遗传算法中使用精英, 但因为它具有天生的优势, 如今在所有进化算法中都常常用到精英, 我们在 8.4 节讨论精英. 8.5 节讨论代际进化算法和稳态进化算法之间的差别.

进化算法种群往往会收敛到单个适应性强的个体; 也就是说, 整个种群变为单个候选解的克隆. 进化算法搜索最优解的能力会因此而大大降低, 我们在 8.6 节讨论如何保持进化算法种群的多样性.

到目前为止, 我们一直聚焦在用轮盘赌选择父代, 但还有其他选择方法, 其中一些会在 8.7 节讨论. 有一个重要的选择方案叫种马方案 (8.7.7 节), 这个方案最初用于遗传算法, 其实在别的进化算法中也可以用. 8.8 节讨论由父代组合得到子代的不同方式, 在 8.9 节讨论不同的变异方式.

8.1　初　始　化

我们通常用随机种群来初始化进化算法. 这种初始化方法最容易也最受欢迎. 初始化对进化算法能否成功影响极大. 在初始化上多下一些功夫可以得到丰厚的回报.

假设我们想运行的进化算法有 N 个个体. 一种初始化方法是生成比 N 更多的个体,

但只留下最好的 N 个作为初始种群. 例如, [Bhattacharya, 2008] 生成 $5N$ 个随机个体, 但留下最好的 N 个作为初始种群.

我们也可以随机生成个体, 然后对每一个体做局部优化, 由此得到进化算法的初始种群. 例如, 生成 N 个随机个体, 在这些个体的子集上用梯度下降优化, 然后将得到的个体作为进化算法的初始种群. 初始化的实施方式可以不同; 比如, 只用初始种群中最好的个体, 或者只对最好的个体做梯度下降但采用初始种群中的所有个体.

另一个方案是利用专家解决方案来初始化进化算法的种群. 例如, 假设想用一个进化算法来调整控制算法. 可以利用专家知识估计合理的控制, 并用这些解作为进化算法初始种群的种子. 或者由其他方法 (其他算法、已发表的结果等) 找到的候选解作为进化算法初始种群的种子. 利用问题的信息来初始化进化算法的种群通常被称为定向初始化.

例 8.1 本例用进化规划优化 10 维 Rosenbrock 函数(参见附录 C.1.4), 看看额外的初始个体对进化规划的影响. 取种群规模为 10 并运行进化规划 50 代. 在实施标准进化规划时, 随机初始化 10 个初始个体. 在实施额外初始个体的方案时, 随机生成 20 个个体, 取其中最好的 10 个作为进化规划的初始种群. 图 8.1 显示这两个算法各自在 20 次蒙特卡罗仿真上取平均的结果. 在初始化阶段, 初始化额外个体需要双倍的计算量, 但额外的努力会得到更好的性能. 这张图显示, 如果初始化更多个体, 在前 40 代得到的结果明显更好, 这两个算法在第 50 代时的表现已经大致相同了. □

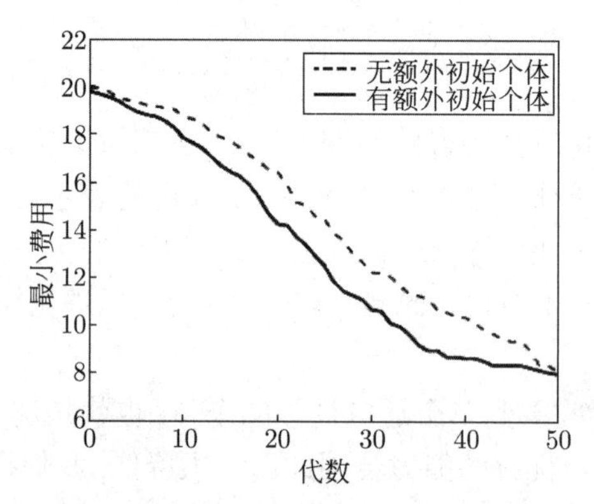

图 8.1 例 8.1: 最小化 10 维 Rosenbrock 函数的进化规划在 20 次蒙特卡罗仿真上的平均费用与代数. 至少在前 40 代, 多生成 10 个初始个体额外花费的工作量看来还是值得的.

对于只有几代或几个个体的问题, 利用定向初始化或额外初始个体的方法是有道理的; 也就是说, 它适合那些因计算费用过高只能进行少量适应度函数评价的问题 (参见 21.1 节). 对于这类问题, 在初始化时因多付出的努力而得到的好处会持续很多代.

8.2 收敛准则

我们需要决定进化算法在什么时候停止. 本书前几章以通用的短语“While not (终止准则)”忽略了这个问题 (例如, 算法 3.3、算法 5.1、算法 6.1 以及算法 7.1). 我们应该采用什么样的终止准则? 在停止程序之前进化算法应该运行多久? 我们可以用几个准则来定义收敛.

1. 在预定的代数之后停止进化算法. 这个准则的优点是简单, 并且可以预计运行时间, 它也许是进化算法最常用的终止准则. 如果要比较不同的进化算法, 就应该在预先给定的函数评价次数而不是代数之后停止进化算法. 因为不同的进化算法在每一代所用的函数评价次数不同, 在共同的函数评价界限之后终止算法, 可以对不同的进化算法做公平的比较.
2. 在解"足够好"之后停止进化算法. 这个终止准则依赖于问题, 因为"足够好"会随问题变化. 这个终止准则颇具吸引力; 如果我们找到的解的性能让人满意, 为什么还要继续搜索更好的解呢? 然而, 实际问题的绝大多数解从来都不会足够好. 我们总是想做得更好. 另一方面, 在很多情况下花费双倍的运行时间却只能让性能得到微小的改进, 这样做是对资源的浪费. 在运行时间和性能之间的折中依赖于具体问题, 需要工程上的判断.
3. 在一定的代数中, 最好个体的适应度都无明显改变之后停止进化算法. 它表示进化算法可能陷于局部最小值. 这个局部最小值也可能是全局最小值, 但我们永远也不知道那是局部最优或是全局最优, 除非可以找到一个更好的局部最小值.
4. 在一定的代数中, 种群的平均适应度值都没有明显改变之后停止进化算法. 这与上面的准则类似; 它表示作为一个整体的种群已经不再改进.
5. 在种群适应度的标准差不再减小或减小的幅度在某个阈值之内的情况下停止进化算法. 它表示种群达到了某种程度上的一致.
6. 采用上面这些准则的组合停止进化算法.

第 3~5 项暗示 (但不保证) 种群不再改进, 因此可以停止进化算法. 不过这个方法有些危险. 即使当进化算法看似收敛了, 在统计学上的一个不可能的变异或重组事件都有可能让解得到明显的改进, 如图 8.2 所示. 我们不能让进化算法一直运行下去; 最终还是得停止. 但是, 不管何时停止, 都有可能是在特别好的变异或重组之前就停止了.

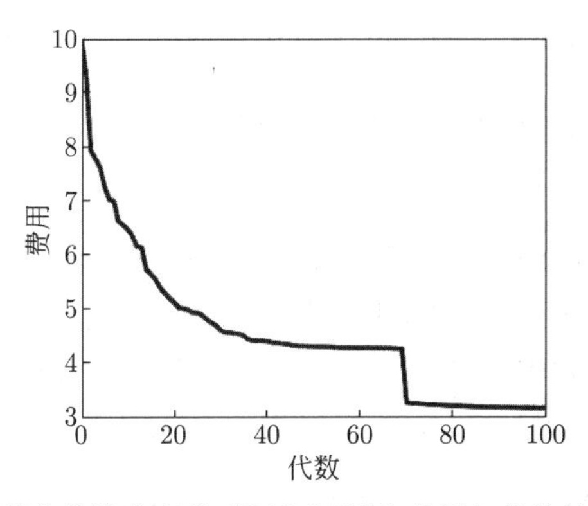

图 8.2 假设这是某个进化算法仿真的 (最好或平均) 费用与代数的关系图. 如果费用停止改进后终止进化算法, 我们会错过第 70 代明显的改进, 导致这个改进的变异在统计学上发生的可能性很小. 如果客户对于费用为 5 已经满意, 可能不太会在乎第 70 代的改进.

8.3 用格雷编码表示问题

本节讨论如何用格雷编码实施二进制进化算法. 格雷编码也称为反射二进制编码, 在格雷编码中, 相邻的数只有一个位不同 [Doran, 2007]. 考虑 0~7 这些数的二进制编码:

$$\left.\begin{array}{llll} 000=0, & 001=1, & 010=2, & 011=3, \\ 100=4, & 101=5, & 110=6, & 111=7. \end{array}\right\} \tag{8.1}$$

在二进制编码中相邻的数会有不止一个位不同. 例如, 3 的编码是 011 而 4 的编码是 100. 3 和 4 的二进制编码的这 3 位都不同. 反之亦然; 也就是说, 二进制编码有时候在表示离得很远的两个数时编码却很相似. 例如, 000 表示数字 0; 如果改变一位得到编码 100, 它表示数字 4, 与所表示的数的范围相比, 4 与 0 离得很远.

现在考虑数字 0~7 的格雷编码:

$$\left.\begin{array}{llll} 000=0, & 001=1, & 011=2, & 010=3, \\ 110=4, & 111=5, & 101=6, & 100=7. \end{array}\right\} \tag{8.2}$$

相邻数字的格雷编码总是只有一位不同. 例如, 3 的编码是 010 而 4 的编码是 110. 3 和 4 的格雷编码只在最左边的那一位不同. 格雷编码消除了 Hamming 悬崖, Hamming 悬崖是指只有一位不同的编码所表示的整数却大不相同 [Deep and Thakur, 2007].

例 8.2 考虑例 2.2 中的函数 $y=f(x)$. 如果用 4 位二进制编码对图 2.1 水平轴上 $x\in[-4,+1]$ 的 16 个均匀间隔的数值编码, 则有:

二进制编码:

$$\left.\begin{array}{llll} 0000=-4.00, & 0001=-3.67, & 0010=-3.33, & 0011=-3.00, \\ 0100=-2.67, & 0101=-2.33, & 0110=-2.00, & 0111=-1.67, \\ 1000=-1.33, & 1001=-1.00, & 1010=-0.67, & 1011=-0.33, \\ 1100=+0.00, & 1101=+0.33, & 1110=+0.67, & 1111=+1.00. \end{array}\right\} \tag{8.3}$$

另一方面, 也可以用 4 位格雷编码对这些数值编码, 得到

格雷编码:

$$\left.\begin{array}{llll} 0000=-4.00, & 0001=-3.67, & 0011=-3.33, & 0010=-3.00, \\ 0110=-2.67, & 0111=-2.33, & 0101=-2.00, & 0100=-1.67, \\ 1100=-1.33, & 1101=-1.00, & 1111=-0.67, & 1110=-0.33, \\ 1010=+0.00, & 1011=+0.33, & 1001=+0.67, & 1000=+1.00. \end{array}\right\} \tag{8.4}$$

如果我们绘制 y 与 x 的图, 让相邻的 x 的值的二进制编码只有一位不同, 就得到图 8.3 中上部的那张图. 如果绘制 y 与 x 的图, 让相邻的 x 的值的格雷编码只有一位不同, 就得到图 8.3 中下部的那张图. 由图可见, 格雷编码的图保持了原来的形状 (与图 2.1 比较). 采用格雷编码更容易优化平滑函数, 因为编码中的小变化也只引起函数值的小变化. □

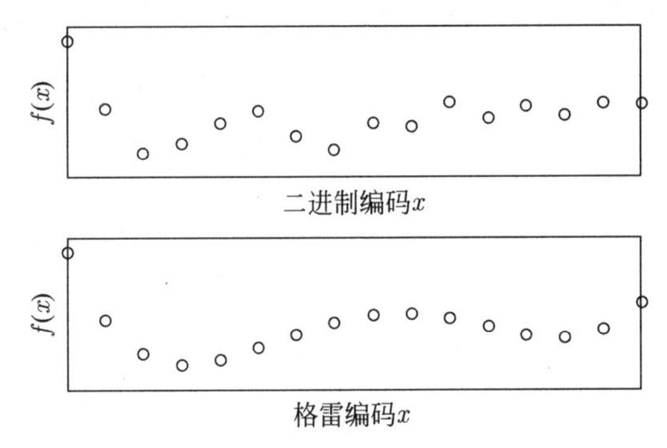

图 8.3 例 8.2: 在上部的图中, 相邻的 x 的值的二进制编码只有一位不同. 在下部的图中, 相邻的 x 的值的格雷编码只有一位不同. 如果采用二进制编码, 平滑函数会失去平滑度.

例 8.3 本例测试二进制编码与格雷编码对遗传算法性能的影响. 我们用遗传算法来优化例 3.3 描述的二维 Ackley 函数, 其中每一维用 6 位编码. 取种群规模为 20, 每一代每位的变异率为 2%. 图 8.4 显示每一代的 20 个个体的平均费用在 50 次蒙特卡罗仿真上的平均. 由于 Ackley 函数的表面平滑整齐, 格雷编码的表现明显比二进制编码好 (参见图 2.5). □

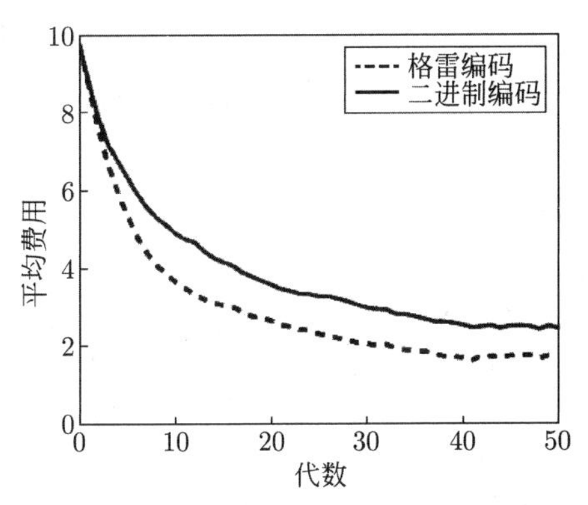

图 8.4 例 8.3: 最小化二维 Ackley 函数的结果, 其中每一维用 6 位编码. 此图显示遗传算法在每一代全部个体的平均费用在 50 次蒙特卡罗仿真上的平均. 采用格雷编码的遗传算法的表现明显优于采用二进制编码的遗传算法.

尽管在大多数实际应用中, 格雷编码似乎表现得更好, 但已经能够证明二进制编码对于最坏情况问题效果更好 [Whitley, 1999]. 最坏情况问题是一个离散问题, 其搜索空间中有一半的点都是局部最小. 在进化算法中还可以采用二进制和格雷编码之外的其他表示方式. 所用的表示方式会明显地影响进化算法的性能, 因此, 尽管在本书中没有详细讨论表示方式, 在使用进化算法时却不应该忽视它. 关于表示方式的研究可能非常复杂, 读者可以参考 [Choi and Moon, 2003] 和 [Rothlauf and Goldberg, 2003] 以了解更多研究的状况.

例 8.4 假设我们有一个最坏情况问题, 当二进制编码的值为偶数时, 费用为 1, 值为

奇数时费用为 2. 如果个体采用二进制编码, 对一个 3 位的最坏情况问题, 费用的值为

$$\left.\begin{array}{llll} f(000)=1, & f(001)=2, & f(010)=1, & f(011)=2, \\ f(100)=1, & f(101)=2, & f(110)=1, & f(111)=2. \end{array}\right\} \tag{8.5}$$

如果用格雷编码表示个体, 3 位的最坏情况问题的费用按上面二进制表示的相同次序写出来, 得到

$$\left.\begin{array}{llll} f(000)=1, & f(001)=2, & f(011)=1, & f(010)=2, \\ f(110)=1, & f(111)=2, & f(101)=1, & f(100)=2. \end{array}\right\} \tag{8.6}$$

如果着眼于 (8.5) 式的费用函数值, 采用二进制编码的适应性强的个体之间交叉得到的子代的适应性也强. 这是因为所有适应性强的个体在它们最右边的那一位都是 0 , 所以来自适应性强的个体的子代在最右边位置的那一位仍然是 0. 这意味着它们是偶数, 会像它们的父代那样具有高适应性. 而 (8.6) 式显示用格雷编码的适应性强的个体之间交叉会得到低适应性的子代. 这个简单的例子能帮助我们直观地理解, 对于有很多局部最小的问题二进制编码可能比格雷编码好. □

例 8.5 本例测试遗传算法在 20 位的最坏情况问题上的性能, 当二进制编码的值为偶数时, 费用为 1, 值为奇数时费用为 2. 我们采用的种群规模为 20, 每一代每位的变异率为 2%. 图 8.5 显示在每一代 20 个个体的平均费用在 50 次蒙特卡罗仿真上的平均. 二进制编码比格雷编码好. 它表明, 对于有很多局部最小的问题, 二进制编码可能比格雷编码更善于找出各种局部最小. 对于许多实际的优化问题, 我们想要找的不只是一个好的解, 而是各种各样的好的解. □

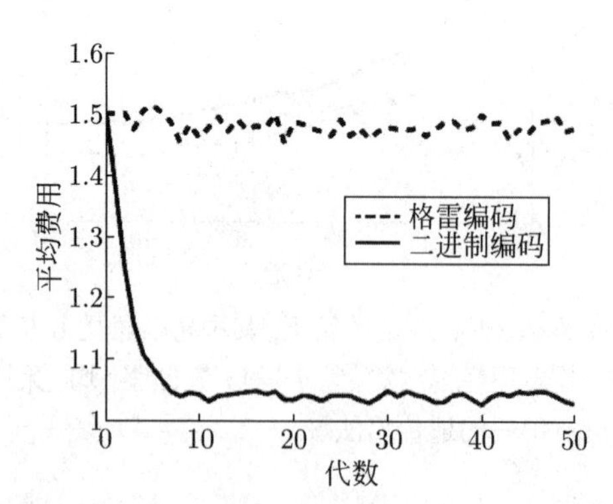

图 8.5 例 8.5 的结果. 此图显示对于有许多局部最小的 20 位的问题, 在每一代所有个体的平均费用在 50 次蒙特卡罗仿真上的平均. 二进制编码比格雷编码更善于找出多个局部最小.

8.4 精 英

本节讨论精英, 它是确保进化算法中最好的个体从一代到下一代能留在种群中的方式. 我们在本书展示的进化算法的结果尽管看起来很好, 从一代到下一代却仍然有可能失去最好的个体. 精英能防止这种情况的发生.

考虑遗传算法 3.3, 它让最好的父代重组生成子代. 然而, 如果在第 i 代有一个优秀的候选解 $\boldsymbol{x}_e$, 这个算法并不能保证在第 $(i+1)$ 代的最好个体会比 $\boldsymbol{x}_e$ 好, 或与 $\boldsymbol{x}_e$ 一样好. 个体 $\boldsymbol{x}_e$ 会与其他父代重组生成子代, 但 $\boldsymbol{x}_e$ 不再会是下一代的一部分. 如何才能保住由重组得到的好结果, 同时避免失去种群中最好的个体?

这个问题的答案是在进化算法中从一代到下一代留住最好的个体. [De Jong, 1975] 最先提出这个想法, 并称之为精英, 它常常能改善进化算法的性能. 我们至少可以采用以下几种方式来实施精英.

- 在每一代只生成 $(N-E)$ 个子代, 其中 N 是种群规模, E 是用户定义的精英的个数. 假设想从一代到下一代保留整个种群 N 个个体中最好的 E 个个体. 我们用重组和变异产生 $(N-E)$ 个子代, 然后将最好的 E 个个体与子代合并得到下一代的 N 个个体. 算法 8.1 是对算法 3.3 的修改, 它说明这个精英遗传算法的方案. 我们很容易将这个想法用于其他进化算法.
- 生成 N 个子代并将其中最差的子代用前一代中最好的 E 个个体替换. 算法 8.2 说明这个精英遗传算法的方案. 我们很容易将这个想法用于其他进化算法. 我们通常会期望此方案的性能比上面的精英方案更好, 但它额外需要一个排序的步骤.
- 精英还有其他实施方案. 例如, 生成 N 个子代并用像反轮盘赌选择那类算法选出 E 个子代, 其中最差的子代被选中的概率最大. 然后用前一代的 E 个最好个体替换这些子代. 在这个上面可以有其他变种.

算法 8.1 精英方案 1: 为实施精英对简单遗传算法的修改. N 是种群规模, E 为从一代到下一代保留的精英个数, 每一代生成 $(N-E)$ 个子代.

```
Parents ← {随机生成的种群}
While not (终止准则)
    计算在种群中每一个父代的适应度
    Elites ← 最好的 E 个父代
    Children ← ∅
    While |Children| < |Parents| − E
        利用适应度根据概率选择一对父代交配
        父代交配生成子代 c1 和 c2
        Children ← Children ∪{c1, c2}
    Loop
    随机变异一些子代
    Parents ← Children ∪ Elites
下一代
```

算法 8.2 精英方案 2: 为实施精英对简单遗传算法的修改. N 是种群规模, E 为从一代到下一代保留的精英个数, 每一代生成 N 个子代.

```
Parents ← {随机生成的种群}
While not (终止准则)
```

计算在种群中每一个父代的适应度
Elites ← 最好的 E 个父代
Children ← ∅
While |Children | < |Parents |
  利用适应度根据概率选择一对父代交配
  父代交配生成子代 c_1 和 c_2
  Children ← Children $\cup\{c_1, c_2\}$
Loop
随机变异一些子代
Parents ← Children ∪ Elites
Parents ← 最好的 N 个父代
下一代

例 8.6 本例测试精英对遗传算法性能的影响. 我们还是优化在例 3.3 中的二维 Ackley 函数, 其中每一维用 6 位编码. 取种群规模为 20, 每一代每位的变异率为 2%. 图 8.6 显示每一代的 20 个个体中的最小费用在 20 次蒙特卡罗仿真上的平均. 精英遗传算法保留每一代最好的两个个体, 并采用算法 8.1 中的精英方案. 由图可见, 与精英结合会让遗传算法的性能得到了很大改进. □

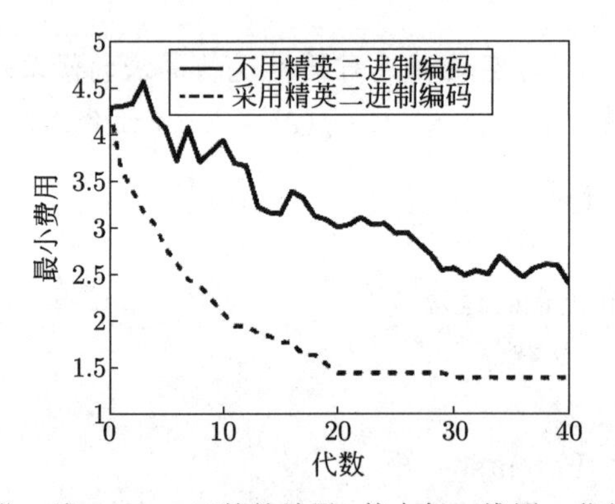

图 8.6 例 8.6: 最小化二维 Ackley 函数的结果, 其中每一维用 6 位编码. 本图显示在每一代所有个体中的最小费用在 20 次蒙特卡罗仿真上的平均. 精英遗传算法明显优于非精英遗传算法.

在进化算法中总是应该用精英, 因为它事半功倍. 不过, 可能存在某些问题, 具有昂贵或动态费用函数, 对于这些问题非精英进化算法会比精英进化算法更好 (参见第 21 章).

8.5 稳态与代际算法

到目前为止, 我们讨论过的大多数进化算法都是代际进化算法. 它意味着在每一代整个种群都会被替代, 8.4 节介绍的精英个体可能是个例外. 但它并不是自然进化的方式.

自然中的代会相互交错, 死亡与新生连续发生, 这种类型的进化被称为稳态的. 对自然的观察促使我们实施进化算法的稳态版本. 算法 8.3 概述稳态遗传算法.

在算法 8.3 中每一代只生成两个子代, 并用这两个子代替换它们在种群中的两个父代. 而在代际遗传算法 3.3 中, N 个父代全部由 N 个子代替换. 在实施稳态进化算法时我们可以采用不同的方案.

算法 8.3 稳态遗传算法.

Parents ← {随机生成的种群}
计算种群中每一个父代的适应度
While not (终止准则)
　利用适应度根据概率选择一对父代 p_1 和 p_2 进行重组
　父代重组生成子代 c_1 和 c_2
　随机变异 c_1 和 c_2
　计算 c_1 和 c_2 的适应度
　$p_1 \leftarrow c_1$, $p_2 \leftarrow c_2$
下一代

- 仅当 c_1 的适应度比 p_1 好时才用 c_1 替换 p_1, 对 p_2 和 c_2 也这样做. 这与 8.4 节中介绍的精英类似, 因为不会丢失种群中最好的个体. 它也与 $(\mu+\lambda)$-ES 算法 6.4 类似, 在这个进化策略中, 只有当子代是 $(\mu+\lambda)$ 个个体中最好的 μ 个个体之一时, 才能存活到下一代.
- 在每一代生成和替代不止两个个体. 注意, 代际遗传算法 3.3 在每一代替换全部 N 个个体, 而稳态遗传算法 8.3 在每一代只替换两个个体. 我们可以设计处于这两极之间的遗传算法, 每一代替换 4 个个体, 或 6 个个体, 或随机个数的个体, 或我们所需个数的个体. Kenneth De Jong称每一代替换个体的个数为"代沟"[De Jong, 1975].

注意, 在比较代际遗传算法 3.3 和稳态遗传算法 8.3 的性能时, 这两个算法运行的代数不同. 算法 3.3 的每一代生成 N 个子代, 而算法 8.3 的每一代只生成两个子代. 因此, 对于给定的代数, 代际遗传算法始终会优于稳态遗传算法, 所以这样比较不公平. 为了公平的比较, 应该让它们对适应度函数评价的次数相同. 因此, 稳态遗传算法 8.3 的 $NG/2$ 代在计算上等价于代际遗传算法 3.3 的 G 代.

算法 3.3 和算法 8.3 分别说明遗传算法的代际和稳态策略, 这些想法很容易扩展到绝大多数的进化算法中. 正如我们在前面看到的, 有一些进化算法似乎很自然地更适合代际方法而另外一些则更自然地适合稳态方法, 在后面我们还会看到这种情况. 不过, 我们可以根据用户的需要, 将任一进化算法的标准方案修改为代际方案或稳态方案.

8.6 种群多样性

本节讨论种群中的重复个体, 以及在多峰问题中如何修改选择和重组以鼓励多样性. 首先, 我们在 8.6.1 节考虑重复个体的问题, 然后讨论有利于进化算法种群多样性的的两种方法: 在 8.6.2 节中对重组的限制, 以及在 8.6.3 节中维持种群小生境的方法, 包括适应度分享、清理和挤出.

8.6.1 重复个体

在一代代的反复重组的种群中, 常常会导致均一性. 它意味着整个种群变成了一个克隆的种群. 在离散域和连续域这两类问题中都会出现均一性, 但通常更多会在前者中出现. 均一性限制了进化算法对搜索空间的深入探索. 尽管进化算法收敛到的候选解通常是一个好的解, 但是, 在搜索空间的其他区域中可能还存在更好的解; 因此, 即使在进化算法找到了一个好解之后, 我们仍然希望它能继续尝试找出更好的解. 在找到优化问题的一个令人满意的解之前就出现均一性, 这种现象被称为*过早收敛*[Ronald, 1998]. 采用较高的变异率可以防止过早收敛, 但是, 如果所用的变异率过高, 进化算法会退化为随机搜索. 为防止过早收敛, 常用的方法是持续搜索种群中的重复个体并替换它们. 为此可以采用下列几种方式.

1. 每生成一个子代, 扫描种群以确保生成的不是一个复制品. 如果是复制品, 就用不同的父代或不同的交叉参数再重组以得到不同的非重复的子代. 或者让子代变异以得到非重复的个体.
2. 每当个体变异时, 扫描种群以确保生成的不是一个复制品. 如果是复制品, 可以再进行变异.
3. 在每一代结束时, 扫描种群找出复制品. 用各种方式替换它们. 例如, 用随机生成的个体替换复制品, 或者让复制品变异, 或者由重组替换复制品.
4. 在种群中允许一些复制品的存在, 但是不要超过用户指定的阈值 D. 复制品有可能是适应性强的个体, 否则它们不太可能出现在种群中, 它们让高适应性的个体有更大的概率参加重组, 对它们也许不必太介意. 因此, 仅当复制品的个数多于 D 时才替换它们. 或者依概率替换它们, 这取决于它们的适应度, 或已有的复制品的个数.

从计算上看, 通过扫描种群找出复制品的计算量好像很大, 因为它需要用一个嵌套循环, 所需计算量的阶为 N^2, 其中 N 为种群规模. 对于基准问题, 扫描复制品会占去进化算法的很大一部分计算量. 实际问题通常比基准问题更复杂. 对于实际问题, 绝大部分计算量都花在适应度函数评价上 (参见第 21 章), 搜寻复制品并替换它们所用的计算量微不足道. 如果我们关心的是进化算法基准测试的计算量, 为减少计算量就无需在每一代都扫描种群中的复制品, 可以改为每 G 代扫描一次, 其中 G 是由用户定义的参数.

8.6.2 基于小生境和基于物种的重组

典型的进化算法通过选择父代个体进行组合得到子代, 它并不考虑父代之间是否相似或不同. 在生物学中, 经常会看到父代相似但也不是太相似. 例如, 我们很少看到不同物种的个体之间交配, 也很少看到近亲之间的交配. 图 8.7 说明非常不同的两个个体重组会出现的问题. 首先, 重组得到的子代可能是优化问题的一个差的解, 因为在两个高适应性个体之间的中点适应性可能很差. 其次, 在交叉时可能会失去关于问题的解的重要遗传信息.

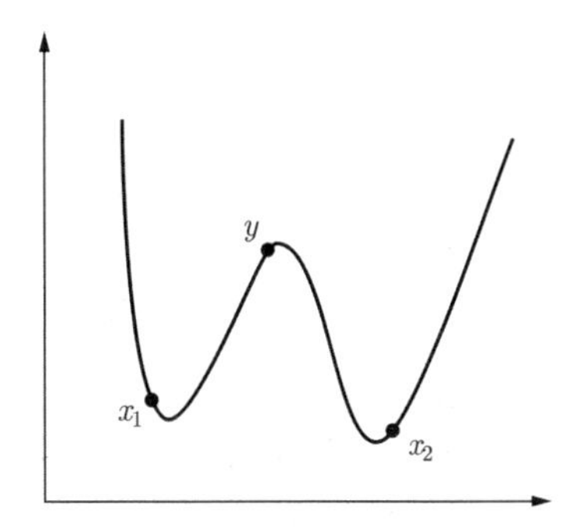

图 8.7 本图说明在多峰最小化问题中, 两个非常不同的个体重组会出现的问题. 父代 x_1 和 x_2 的费用都低, 但是它们的后代 y 的费用高. 如果子代 y 替换其中一个父代 (如 x_2), 进化算法就很难找到靠近 x_2 的全局最优.

图 8.8 说明两个很相似的个体重组会出现的问题. 如果我们不允许互相之间差别很大的个体重组, 进化搜索过程可能会原地踏步.

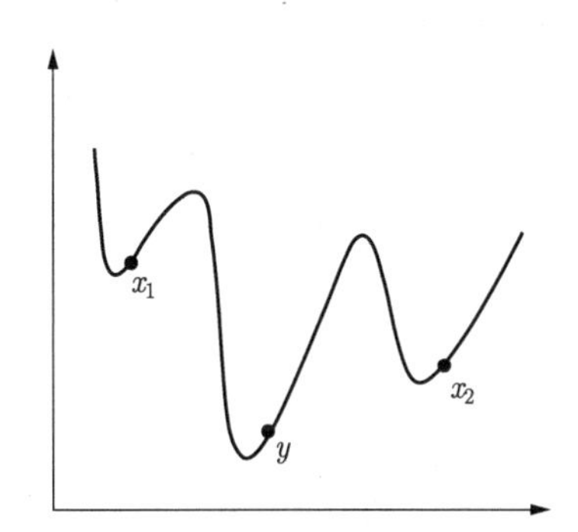

图 8.8 本图说明多峰最小化问题中, 不允许差别很大的个体重组会出现的问题. 如果因为 x_1 和 x_2 之间很不同而不让它们重组, 就很难找到 y 附近的全局最小值.

上面讨论的问题促使我们采用基于小生境和基于物种的重组策略.

- 小生境策略避免域空间中差别很大的个体重组 [Mahfoud, 1995b], [Mahfoud, 1995a]. 如图 8.7 所示, 这不仅有助于找到最优解, 也有助于找到多个局部最优, 对于许多问题, 小生境策略都很重要. 小生境也可以用于多目标优化 (参见第 20 章) 和动态优化 (参见 21.2 节).
- 基于物种的策略避免在域空间中非常相似的个体重组 [Banzhaf et al., 1998, Section 6.4]. 它鼓励差别大的个体重组以促进探索.

注意, 对于同一个问题, 基于小生境策略和基于物种策略是两个相反的策略. 基于小生境重组的特点是对适应性强的个体进行重组时, 除非父代相似, 否则我们不能期望后代的适应性也强. 基于物种重组的特点是对适应性强的个体进行重组时, 必须保证父代不同才能有效地探索搜索空间. 我们需要根据不同的问题来决定应该选用基于小生境重组或是基于物种重组.

8.6.3 小生境

本节所用的术语小生境与前一节中的不同. 在本节中小生境是一个方法, 它允许个体活在搜索空间分离的口袋中. 在本节中小生境的动机与上一节中的相同; 不过, 上一节中的小生境特别提到父代的选择, 本节中的小生境则涉及适应度值的调整.

采用小生境的动机来自多峰问题, 对于多峰问题而言, 重要的是让靠近局部最优的个体留下来, 或者要找到多个好解. 最早的小生境方法是适应度分享 [Holland, 1975, page 164]. 我们会讨论三种小生境策略: 8.6.3.1 节的适应度分享, 8.6.3.2 节的清理, 以及 8.6.3.3 节的挤出. 有关这些想法更多的讨论在 [Sareni and Krähenbühl, 1998] 中可以找到.

8.6.3.1 适应度分享

有时候, 处于搜索空间的好区域中的个体会接管种群. 这会导致过早收敛. 我们想保住种群中的好个体, 但同时还要保持多样性, 以便让进化算法从一代到下一代的推进中能有机会探索搜索空间的新区域. 适应度分享对多峰问题特别有用, 对于多峰问题, 我们想要找到处于搜索空间不同区域的多个解.

考虑图 8.9. x^* 是全局最大值, 靠近 x^* 的个体却不太可能活到下一代, 因为它们的适应度值低于搜索空间中其他个体的适应度值. 为鼓励种群的多样性, 可以人为地让较特别的个体的适应度值增大, 让较普通的个体的适应度值减小.

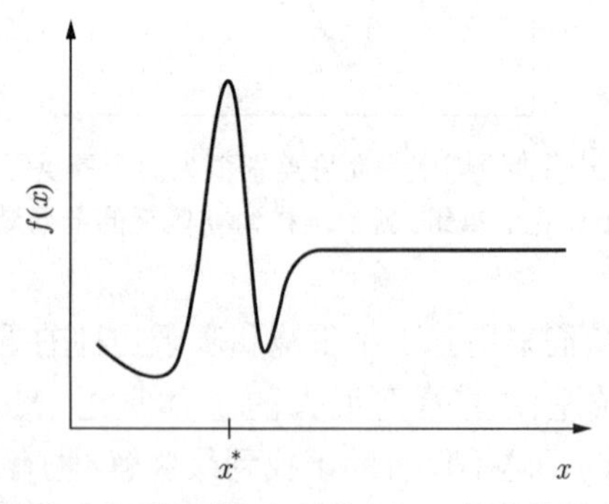

图 8.9 这个函数在 x^* 处有全局最大值, 但是靠近 x^* 的个体因为相对于搜索空间中其他个体的适应度值较低, 不太可能被选中参加重组.

适应度分享会让搜索空间中相互接近的个体的适应度值减小[Sareni and Krähenbühl, 1998]. 这是因为在生物学上相似的个体会争夺相似的资源. 因此, 即使一个个体具有高适应性, 如果在相同的地理区域中有很多相似的个体, 也许它就不能再繁殖.

假设有 N 个个体的一个进化算法种群 $\{\boldsymbol{x}_i\}$, f_i 是 $\boldsymbol{x}_i$ 的适应度. 适应度分享按如下

方式计算修改后的适应度值:

$$f_i' = f_i/m_i, \tag{8.7}$$

其中 m_i 被称为 $\boldsymbol{x}_i$ 的小生境总数, 与 $\boldsymbol{x}_i$ 相似的个体的个数与它相关. 小生境总数的计算公式为

$$m_i = \sum_{j=1}^{N} s(d_{ij}), \tag{8.8}$$

其中 $s(\cdot)$ 是分享函数, d_{ij} 度量个体 $\boldsymbol{x}_i$ 和个体 $\boldsymbol{x}_j$ 之间的距离. 我们经常用欧氏距离计算 d_{ij}. 常用的一个分享函数为

$$s(d) = \begin{cases} 1 - (d/\sigma)^\alpha, & \text{如果 } d < \sigma, \\ 0, & \text{其他}, \end{cases} \tag{8.9}$$

其中, σ 是由用户定义的参数, 称为相异阈值, 距离截止, 或小生境半径; α 也是由用户定义的参数. 我们通常取 $\alpha = 1$, 得到一个三角分享函数. 研究人员提出了设置相异阈值的不同方法 [Deb and Goldberg, 1989]. 例如,

$$\sigma = rq^{-1/n}, \quad r = \frac{1}{2}\sqrt{\sum_{k=1}^{n}\left(\max_i x_i(k) - \min_i x_i(k)\right)^2}, \tag{8.10}$$

其中, n 是问题的维数, $\boldsymbol{x}_i(k)$ 是 $\boldsymbol{x}_i$ 的第 k 个元素, q 是在适应度函数中局部最优的预期个数. 在适应度分享中, 采用经过 (8.7) 式修改后的适应度值选择重组的父代. 注意, 如果是一个最小化问题, 在应用 (8.7) 式之前需要将费用转换成适应度, 然后还要把修改后的适应度值转换成修改后的费用 (参见习题 8.7).

8.6.3.2 清理

清理与适应度分享类似, 但与同一小生境中的个体分享适应度值不同, 我们会减小其中某些个体的适应度 [Pétrowski, 1996], [Sareni and Krähenbühl, 1998]. 可以用下面的几种方式实施这个想法. 首先, 定义种群中每一个体的小生境集合D_i:

$$D_i = \{\boldsymbol{x}_j : d_{ij} < \sigma\}, \tag{8.11}$$

其中, d_{ij} 与 (8.8) 式中的距离相同, σ 是用户定义的参数. 接下来, 根据每一个小生境中个体的适应度对个体排名:

$$r_{ki} = \boldsymbol{x}_k\text{在}D_i\text{中的排名}, \tag{8.12}$$

其中, 每一个小生境中最好的个体的排名为 1, 第二好的排名为 2, 以此类推. 最后, 定义参数 R 为每一个小生境中需要存活的个体数, 并利用下面的算法得到修改后的适应度值, 这里 N 为种群规模.

For $i=1$ to N

  For $k=1$ to $|D_i|$

    If $r_{ki} \leqslant R$ then

      $f'_k \leftarrow f_k$

    else

      $f'_k \leftarrow -\infty$

    End if

  下一个小生境

下一个个体

上面的算法保证, 在每一个小生境中适应性最差的个体不会被选中或参与重组. 但它不保证能选出适应性最强的个体, 因为一个个体可能属于不止一个小生境. 例如, 个体 $\boldsymbol{x}_m$ 在它的小生境中可能是适应性最强的, 但是它可能还属于另一个小生境, 而在那个小生境中它却不是适应性最强的, 在这种情况下, 其修改后的适应度可能被设置为 $-\infty$. 经过上面的算法处理后能存活的个体的集合取决于处理小生境 $\{D_i\}$ 的次序.

8.6.3.3 挤出

挤出是由重组新产生的相似个体替换种群中的个体. Kenneth De Jong [De Jong, 1975]提出挤出是为了模仿自然界中的资源竞争. 下面讨论挤出的三种类型: 标准挤出, 确定性挤出, 以及受限锦标赛选择.

标准挤出 标准挤出需要与稳态重组结合 (参见 8.5 节). 标准挤出在每一代产生 M 个子代, 然后将这些子代与随机选出的 C_f 个父代比较, 其中 M 和 C_f 是用户指定的参数. C_f 被称为挤出因子. 每一个子代替换这 C_f 个父代中与其最相似的个体. 通用的参数值为 $M=N/10$, $C_f=3$, 其中 N 为种群规模 [Mahfoud, 1992]. 算法 8.4 为标准挤出的实现.

算法 8.4 标准挤出的稳态遗传算法. M 和 C_f 是用户选择的参数, $\|\boldsymbol{p}-\boldsymbol{c}_i\|$ 是由用户定义的距离函数.

父代 $\{\boldsymbol{p}_k\} \leftarrow \{$ 随机生成 N 个个体的种群 $\}$

计算每一个父代 $\boldsymbol{p}_k$, $k \in [1, N]$ 的适应度

While not (终止准则)

  利用适应度依概率选择 M 个父代重组

  父代重组生成 M 个子代 $\boldsymbol{c}_i$, $i \in [1, M]$

  随机地变异每一个子代 $\boldsymbol{c}_i$ $i \in [1, M]$

  计算每一个子代 $\boldsymbol{c}_i$ $i \in [1, M]$ 的适应度

  For $i=1$ to M

    从父代种群 $\{\boldsymbol{p}_k\}$ 随机地选出 C_f 个个体 $\mathcal{I}$

    $\boldsymbol{p}_{\min} = \underset{\boldsymbol{p}}{\operatorname{argmin}} \|\boldsymbol{p}-\boldsymbol{c}_i\| : \boldsymbol{p} \in \mathcal{I}$

    $\boldsymbol{p}_{\min} \leftarrow \boldsymbol{c}_i$

下一个子代
下一代

确定性挤出 确定性挤出涉及子代和父代之间的锦标赛 [Mahfoud, 1995b]. 父代重组生成子代, 而每个子代替换与其最相似的父代, 但仅在子代的适应度比父代更好的情况下才替换. 算法 8.5 为确定性挤出的实现.

受限锦标赛选择 受限锦标赛选择与标准挤出和确定性挤出有相同的特征 [Harik, 1995]. M 个父代重组生成 M 个子代. 然后将子代与随机选出的 C_f 个个体比较. 每一个子代替换随机选出的这组个体中与其最相似的个体, 但仅当其适应度更好时才替换. 算法 8.6 为受限锦标赛选择的实现.

算法 8.5 确定性挤出的稳态遗传算法. 如果子代比父代适应度更高, 每一个子代替换离它最近的父代.

Parents ← { 随机生成的种群 }
计算种群中每一个父代的适应度
While not (终止准则)
  利用适应度依概率选择一对父代 $\boldsymbol{p}_1$ 和 $\boldsymbol{p}_2$
  父代重组生成两个子代 $\boldsymbol{c}_1$ 和 $\boldsymbol{c}_2$
  随机变异子代 $\boldsymbol{c}_1$ 和 $\boldsymbol{c}_2$
  计算子代 $\boldsymbol{c}_1$ 和 $\boldsymbol{c}_2$ 的适应度
  For $i=1$ to 2
    If $\|\boldsymbol{p}_1-\boldsymbol{c}_i\|<\|\boldsymbol{p}_2-\boldsymbol{c}_i\|$ 并且 fitness$(\boldsymbol{c}_i)>$ fitness$(\boldsymbol{p}_1)$ then
      $p_1 \leftarrow c_i$
    else if $\|\boldsymbol{p}_2-\boldsymbol{c}_i\|<\|\boldsymbol{p}_1-\boldsymbol{c}_i\|$ 并且 fitness$(\boldsymbol{c}_i)>$ fitness$(\boldsymbol{p}_2)$ then
      $\boldsymbol{p}_2 \leftarrow \boldsymbol{c}_i$
    End if
  下一个子代
下一代

算法 8.6 受限锦标赛选择的稳态遗传算法. M 和 C_f 是用户选择的参数, $\|\boldsymbol{p}-\boldsymbol{c}_i\|$ 是一个由用户定义的距离函数.

Parents ← { 随机生成的种群 }
计算种群中每一个父代的适应度
While not (终止准则)
  利用适应度依概率选择 M 个父代重组
  父代重组生成 M 个子代 $\boldsymbol{c}_i$, $i\in[1,M]$
  随机地变异每一个子代 $\boldsymbol{c}_i$ $i\in[1,M]$
  计算每一个子代 $\boldsymbol{c}_i$ $i\in[1,M]$ 的适应度
  从父代种群随机地选出 C_f 个个体 $\mathcal{I}$

For $i = 1$ to M

$\boldsymbol{p}_{\min} = \underset{\boldsymbol{p}}{\operatorname{argmin}} \parallel \boldsymbol{p} - \boldsymbol{c}_i \parallel : \boldsymbol{p} \in \mathcal{I}$

If fitness($\boldsymbol{c}_i$) > fitness($\boldsymbol{p}_{\min}$) then

$\boldsymbol{p}_{\min} \leftarrow \boldsymbol{c}_i$

End if

下一个子代

下一代

8.7 选择方案

在进化算法的个体组合生成子代之前, 需要选出作为父代的那些个体. 3.4.2 节讨论过轮盘赌选择, 它是遗传算法的标准选择方法, 别的进化算法也会用到它. 但是, 还有很多选择方法, 本节讨论其中的 7 种. 几乎所有的选择方法都会偏向种群中适应性强的个体, 即无论采用哪一种选择方法, 适应性较强的个体几乎总是比适应性较弱的个体更有可能被选中.

如果选择方法过分偏向适应性强的个体, 种群可能过快地收敛到一个统一的解而无法充分地广泛地探索搜索空间. 如果选择方法不能足够地偏向适应性强的个体, 进化算法也许就不能恰当地利用适应性最强的个体的信息. 要量化不同选择算法之间的差别, 选择压力ϕ 是一种有用的度量方式, 它的定义为

$$\phi = \frac{\Pr(\text{选择适应性最强的个体})}{\Pr(\text{选择平均个体})}, \tag{8.13}$$

其中 Pr(选择 $\boldsymbol{x}$) 是指个体 $\boldsymbol{x}$ 被选中用于重组的概率. 选择压力量化适应性强的个体参与重组的相对概率. 下面讨论 7 种不同的选择类型.

8.7.1 随机遍历采样

上面提到, 轮盘赌选择是遗传算法和很多进化算法的标准选择方法, 它也被称为与适应度成比例的选择. 为方便起见, 我们将图 3.2 重新画在下面的图 8.10 中, 它说明有 4 个成员的种群的轮盘赌选择.

轮盘赌选择的一个潜在问题是有很大可能漏掉最好的个体. 例如, 假设旋转图 8.10 的轮盘 4 次, 选择 4 个父代来重组. 个体 #4 最好但在 4 次选择中都没被选中的概率等于 $(0.6)^4 = 13\%$. 最好个体不被选中的机会大约有 1/7. 失去种群中最好个体的信息的概率高达 1/7, 这让人难以接受.

随机遍历采样 [Baker, 1987] 仍然采用轮盘赌方法, 但它能解决这个问题. 它不再是让图 8.10 中的轮盘旋转 4 次来选择 4 个父代, 而是采用带有均匀分布的 4 个指针的旋转器, 将它放在轮盘上并旋转一次. 这样旋转一次就能选出 4 个父代, 还能保证其中至少一个是个体 #3 至少一个是个体 #4, 因为它们的适应度占适应度值总和的份额都大于 25%. 我们用图 8.11 说明这个想法.

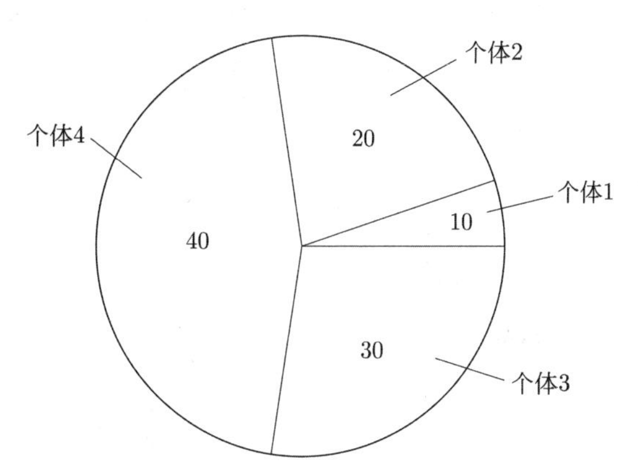

图 8.10 有 4 个个体的种群的轮盘赌选择的说明. 每一个个体按其适应度分得一片. 每一个个体被选作父代的可能与它在轮盘中片的面积成比例.

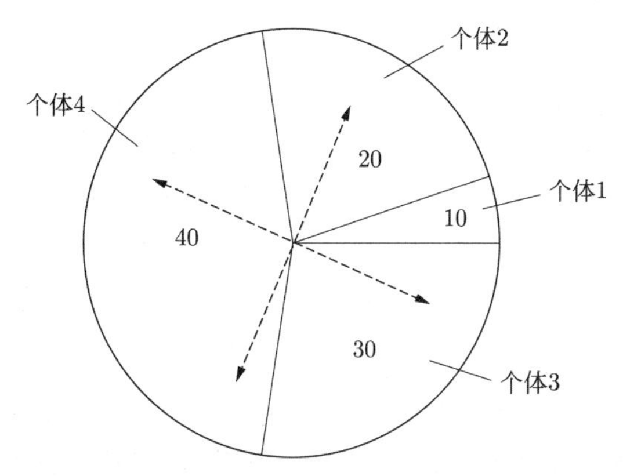

图 8.11 有 4 个个体的种群的随机遍历采样. 每一个个体按其适应度分得一片. 采用带有均匀分布的 4 个指针的旋转器, 旋转一次就得到 4 个父代.

将随机遍历采样应用于图 8.11 的适应度值, 选出的父代如下:

$$\begin{aligned} & \text{个体}\#1, \#2, \#3, \text{和}\#4, \\ \text{或者}\quad & \text{个体}\#1, \#3, \#4, \text{和}\#4, \\ \text{或者}\quad & \text{个体}\#2, \#3, \#3, \text{和}\#4, \\ \text{或者}\quad & \text{个体}\#2, \#3, \#4, \text{和}\#4. \end{aligned} \tag{8.14}$$

算法 8.7 是随机遍历采样的伪代码. 不妨将它与轮盘赌选择算法 3.2 中的代码比较. 算法 8.7 保证个体 $\boldsymbol{x}_i$ 被选择的次数在 $N_{i,\min}$ 和 $N_{i,\max}$ 之间, 其中

$$N_{i,\min} = \left\lfloor \frac{Nf_i}{f_{\text{sum}}} \right\rfloor, \quad N_{i,\max} = \left\lceil \frac{Nf_i}{f_{\text{sum}}} \right\rceil. \tag{8.15}$$

这里, $\lfloor \alpha \rfloor$ 是小于或等于 α 的最大整数, $\lceil \alpha \rceil$ 是大于或等于 α 的最小整数.

算法 8.7 利用随机遍历采样从 N 个个体中选择 N 个父代的伪代码. 此代码假定对于所有 $i \in [1, N]$, $f_i \geqslant 0$.

$\boldsymbol{x}_i$ = 种群中第 i 个个体, $i \in [1, N]$
$f_i \leftarrow \boldsymbol{x}_i$ 的适应度, $i \in [1, N]$
$f_{\text{sum}} \leftarrow \sum_{i=1}^{N} f_i$
生成均匀分布随机数 $r \in [0, f_{\text{sum}}/N]$
$f_{\text{accum}} \leftarrow 0$
Parents $\leftarrow \varnothing$
$k \leftarrow 0$
While | Parents | $< N$
    $k \leftarrow k + 1$
    $f_{\text{accum}} \leftarrow f_{\text{accum}} + f_k$
    While $f_{\text{accum}} > r$
        Parents $\leftarrow$ Parents $\cup\, \boldsymbol{x}_k$
        $r \leftarrow r + f_{\text{sum}}/N$
    End while
下一个父代

8.7.2 超比例选择

超比例选择最初是由 John Koza在遗传规划的背景下提出的 [Koza, 1992, Chapter 6]. 超比例选择通过对高适应性个体的适应度值不成比例地加权来修改轮盘赌选择, 从而增大其被选中的机会. 在 Koza 的超比例选择版本中, 种群中最好的 32%有 80%的机会被选中, 种群中最差的 68%只有 20%的机会被选中. 精确的百分比不是那么重要; 超比例选择的关键是, 适应性强的个体具有与其适应度值不成比例的更大的概率被选中. 这是适应度缩放的一种方式 [Goldberg, 1989a].

Koza 测试了遗传规划用到的 3 种选择方式, 他发现, 轮盘赌选择表现最差, 锦标赛选择要好一些, 而超比例选择最好 [Koza, 1992, Chapter 25]. 不过, 这样的结果有可能是因为在遗传规划中种群规模都较大的缘故. 当种群规模较小时, 在进化的早期, 当种群适应度的方差较大时, 超比例选择的选择压力可能会过大 (参见 (8.13) 式), 但在进化的后期, 当适应度方差较小时, 额外的选择压力也许有好处.

8.7.3 Sigma 缩放

Sigma 缩放将适应度值相对于整个种群的适应度的标准差做归一化. 缩放后的适应度值为

$$f'(\boldsymbol{x}_i) = \begin{cases} \max[1 + (f(\boldsymbol{x}_i) - \bar{f})/(2\sigma), \epsilon], & \text{如果 } \sigma \neq 0, \\ 1, & \text{如果 } \sigma = 0, \end{cases} \tag{8.16}$$

其中, $f(\boldsymbol{x}_i)$ 是种群中第 i 个个体的适应度, $\bar{f}$ 是适应度值的均值, σ 是适应度值的标准差, ϵ 是由用户定义的适应度值在缩放后可允许的非负最小值.

注意, "σ 是适应度值的标准差" 这句话意义含糊. 如果适应度值没有噪声我们又想知道测量到的具体的适应度值的标准差, 就定义标准差为

$$\sigma = \left(\frac{1}{N} \sum_{i=1}^{N} (f(\boldsymbol{x}_i) - \bar{f})^2 \right)^{1/2}. \tag{8.17}$$

然而, 如果适应度值含有噪声, 或者我们把适应度值看成是来自某个概率分布的样本, 就用下面的公式计算适应度值的标准差的无偏估计 [Simon, 2006, 问题 3.6]:

$$\sigma = \left(\frac{1}{N-1} \sum_{i=1}^{N} (f(\boldsymbol{x}_i) - \bar{f})^2 \right)^{1/2}. \tag{8.18}$$

例 8.7 假设种群中有 4 个个体, 其适应度值为

$$f(\boldsymbol{x}_1) = 10, \quad f(\boldsymbol{x}_2) = 5, \quad f(\boldsymbol{x}_3) = 40, \quad f(\boldsymbol{x}_4) = 15. \tag{8.19}$$

轮盘赌选择中个体的选择概率如下:

$$\Pr(\boldsymbol{x}_1) = 14\%, \quad \Pr(\boldsymbol{x}_2) = 7\%, \quad \Pr(\boldsymbol{x}_3) = 57\%, \quad \Pr(\boldsymbol{x}_4) = 22\%. \tag{8.20}$$

由 (8.19) 式得到的适应度值的均值和标准差分别是 $\bar{f} = 17.5$ 和 $\sigma = 15.5$, 在这里我们用 (8.18) 式估计 σ. 由 (8.16) 式得到缩放后的适应度值为

$$f'(\boldsymbol{x}_1) = 0.76, \quad f'(\boldsymbol{x}_2) = 0.60, \quad f'(\boldsymbol{x}_3) = 1.72, \quad f'(\boldsymbol{x}_4) = 0.92. \tag{8.21}$$

如果在轮盘赌选择算法中采用缩放后的适应度值, 就得到如下的选择概率:

$$\Pr(\boldsymbol{x}_1) = 19\%, \quad \Pr(\boldsymbol{x}_2) = 15\%, \quad \Pr(\boldsymbol{x}_3) = 43\%, \quad \Pr(\boldsymbol{x}_4) = 23\%. \tag{8.22}$$

比较 (8.20) 式和 (8.22) 式, sigma 缩放往往让差别大的适应度值的选择概率更均衡. □

例 8.8 作为另一个例子, 假设有 4 个成员的一个种群, 其适应度值为

$$f(\boldsymbol{x}_1) = 15, \quad f(\boldsymbol{x}_2) = 25, \quad f(\boldsymbol{x}_3) = 20, \quad f(\boldsymbol{x}_4) = 10. \tag{8.23}$$

这些个体在轮盘赌选择中的选择概率如下:

$$\Pr(\boldsymbol{x}_1) = 21\%, \quad \Pr(\boldsymbol{x}_2) = 36\%, \quad \Pr(\boldsymbol{x}_3) = 29\%, \quad \Pr(\boldsymbol{x}_4) = 14\%. \tag{8.24}$$

(8.23) 式的适应度值的均值和标准差分别为 $\bar{f} = 17.5$ 和 $\sigma = 6.5$. 由 (8.16) 式得到缩放后的适应度值为

$$f'(\boldsymbol{x}_1) = 0.81, \quad f'(\boldsymbol{x}_2) = 1.58, \quad f'(\boldsymbol{x}_3) = 1.19, \quad f'(\boldsymbol{x}_4) = 0.42. \tag{8.25}$$

如果在轮盘赌选择算法中用这些缩放后的适应度值, 得到选择概率为

$$\Pr(\boldsymbol{x}_1) = 20\%, \quad \Pr(\boldsymbol{x}_2) = 40\%, \quad \Pr(\boldsymbol{x}_3) = 30\%, \quad \Pr(\boldsymbol{x}_4) = 10\%. \tag{8.26}$$

比较 (8.24)式和 (8.26)式, sigma 缩放往往让聚在一起的适应度值的选择概率更分散. □

8.7.4 基于排名选择

基于排名选择, 也被称为排名加权, 它将种群中的个体从最好到最差排序, 按排名而不是绝对的适应度值进行选择 [Whitley, 1989]. 例如, 假设种群中有 4 个个体, 它们的适应度值如 (8.19) 式所示, (8.20) 式为它们在轮盘赌选择中的概率. 基于排名选择会根据适应度值对个体排名, 最好的个体排名为 N(其中 N 为种群规模), 最差的个体排名为 1:

$$R(\boldsymbol{x}_1)=2,\quad R(\boldsymbol{x}_2)=1,\quad R(\boldsymbol{x}_3)=4,\quad R(\boldsymbol{x}_4)=3. \tag{8.27}$$

基于排名选择就是根据排名而不是适应度值来选择.

例 8.9 假设针对 (8.27) 式的排名让基于排名选择与轮盘赌选择结合, 就得到下面的选择概率:

$$\Pr(\boldsymbol{x}_1)=20\%,\quad \Pr(\boldsymbol{x}_2)=10\%,\quad \Pr(\boldsymbol{x}_3)=40\%,\quad \Pr(\boldsymbol{x}_4)=30\%. \tag{8.28}$$

由此可见, 当适应度值差别很大时, 如 (8.19) 式所示, 基于排名选择均衡了选择概率. 这样能避免适应性强的个体在进化的早期就取代种群; 也就是说, 能防止种群过早收敛. □

例 8.10 作为另一个例子, 假设有 4 个个体, 其适应度值如 (8.23) 式所示, 其轮盘赌选择的概率如 (8.24) 式所示. 基于排名选择将个体排名如下:

$$R(\boldsymbol{x}_1)=2,\quad R(\boldsymbol{x}_2)=4,\quad R(\boldsymbol{x}_3)=3,\quad R(\boldsymbol{x}_4)=1. \tag{8.29}$$

如果将基于排名选择与轮盘赌选择结合, 则由 (8.29) 式得到下面的选择概率:

$$\Pr(\boldsymbol{x}_1)=20\%,\quad \Pr(\boldsymbol{x}_2)=40\%,\quad \Pr(\boldsymbol{x}_3)=30\%,\quad \Pr(\boldsymbol{x}_4)=10\%. \tag{8.30}$$

由此可见, 当适应度值聚在一起时, 如 (8.23) 式所示, 基于排名选择会分散选择概率. 于是, 在进化算法运行的后期种群开始收敛之后, 相似的个体之间会具有较大的区别. □

我们可以用非线性函数让排名变换, 以此来调整选择概率的分散程度. 例如, 如果想要在个体的选择概率上有更大的区别, 可以在轮盘赌选择之前取排名的平方. (8.29) 式就变为

$$R^2(\boldsymbol{x}_1)=4,\quad R^2(\boldsymbol{x}_2)=16,\quad R^2(\boldsymbol{x}_3)=9,\quad R^2(\boldsymbol{x}_4)=1. \tag{8.31}$$

利用上面的值计算轮盘赌选择中的选择概率为

$$\Pr(\boldsymbol{x}_1)=13\%,\quad \Pr(\boldsymbol{x}_2)=53\%,\quad \Pr(\boldsymbol{x}_3)=40\%,\quad \Pr(\boldsymbol{x}_4)=4\%. \tag{8.32}$$

与 (8.30) 式相比, 取平方后的排名让选择概率更分散. 针对排名的其他种类的操作 (例如, 取平方根) 可以得到更均匀的选择概率.

8.7.5 线性排名

线性排名是对基于排名选择的一般化. 在线性排名中将选择个体 $\boldsymbol{x}_i$ 的概率设置为

$$\Pr(\boldsymbol{x}_i)=\alpha+\beta R(\boldsymbol{x}_i). \tag{8.33}$$

其中, $R(\boldsymbol{x}_i)$ 是 8.7.4 节中定义的 $\boldsymbol{x}_i$ 的排名, α 和 β 是用户定义的参数. 图 8.12 显示种群规模为 N 的选择概率. 当直线变陡, 选择压力会增大.

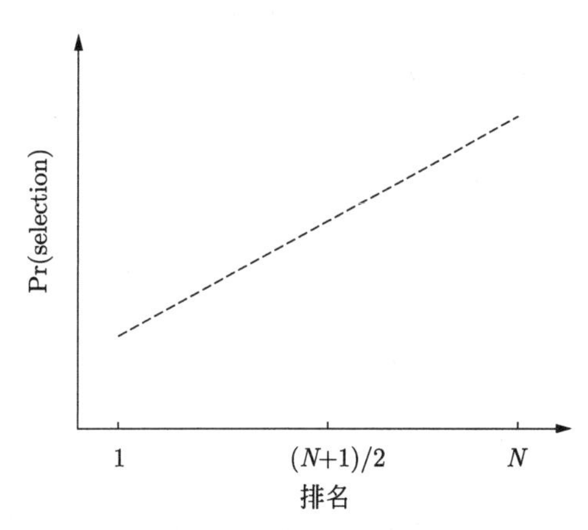

图 8.12 此图说明种群规模为 N 的进化算法中选择的线性排名方法. 最差个体的排名为 1, 最好个体的排名为 N.

因为最好个体的排名为 N, 而平均个体排名为 $(N+1)/2$, 则 (8.13) 式的选择压力为

$$\phi = \frac{\alpha + \beta N}{\alpha + \beta(N+1)/2}. \tag{8.34}$$

如果我们对选择概率做归一化处理, 让它们的总和为 1, 就得到

$$\sum_{i=1}^{N}(\alpha + \beta i) = \alpha N + \beta N(N+1)/2 = 1. \tag{8.35}$$

如果想让选择压力为 ϕ, 解 (8.34) 式和 (8.35) 式可以求出 α 和 β, 有

$$\alpha = \frac{2N - \phi(N+1)}{N(N-1)}, \quad \beta = \frac{2(\phi - 1)}{N(N-1)}. \tag{8.36}$$

由此可知, 为得到所需的选择压力我们应该如何设置 α 和 β.

如 (8.33) 式所示, $\Pr(\boldsymbol{x}_i)$ 是 $R(\boldsymbol{x}_i)$ 的一个线性函数, 有

$$\Pr(\text{平均的}\boldsymbol{x}) = \frac{1}{2}[\Pr(\text{最差的}\boldsymbol{x}) + \Pr(\text{最好的}\boldsymbol{x})] \geqslant \frac{1}{2}\Pr(\text{最好的}\boldsymbol{x}). \tag{8.37}$$

假定所有的概率都非负. 将它与 (8.13) 式中定义的选择压力结合, 得到

$$\phi = \frac{\Pr(\text{最好的}\boldsymbol{x})}{\Pr(\text{平均的}\boldsymbol{x})} \leqslant 2. \tag{8.38}$$

如果我们想让 $\phi > 2$, 则 $\Pr(\text{最差的}\boldsymbol{x})$ 会小于 0. 在进化算法的早期我们通常想让选择压力较小以避免过早收敛, 在后期让选择压力较大以便利用适应性强的个体.

线性排名与轮盘赌选择

线性排名的优势在于即使它与轮盘赌选择结合, 也不需要像算法 3.2 那样在计算机程序中使用循环. 为弄清楚如何才能避免循环, 为了选择, 假设我们生成一个随机数 $r \sim U[0,1]$. 它意味着, 所选择的第 m 个个体满足

$$\left.\begin{aligned} \sum_{i=1}^{m} \Pr(\boldsymbol{x}_i) \approx r, \\ \sum_{i=1}^{m} (\alpha + \beta R(\boldsymbol{x}_i)) \approx r, \\ \alpha m + \beta m(m+1)/2 \approx r. \end{aligned}\right\} \tag{8.39}$$

这是 m 的一个二次方程, 它的解为

$$m = \frac{-2\alpha - \beta + \sqrt{(2\alpha+\beta)^2 + 8\beta r}}{2\beta}. \tag{8.40}$$

当然, 因为 m 只能在整数集合中取值, 我们需要对 (8.40) 式的右边舍入到最近的整数从而得到 m. 与标准轮盘赌算法 3.2 相比, 这样做可以将线性排名与轮盘赌选择结合并且不需要循环. 算法 8.8 为线性排名的轮盘赌选择.

线性排名的劣势在于需要对种群的适应度值排序, 在标准的轮盘赌选择中却无需这样做. 但是, 如果采用每一代只生成几个子代的稳态进化算法, 就很容易保持种群适应度的顺序, 不必在每一代都对整个种群排序. 总之, 在轮盘赌选择时使用线性排名和 (8.40) 式并没有明显的优势或劣势; 它取决于进化算法实施的其他方面以及用户的偏好.

算法 8.8 利用线性排名和轮盘赌选择从 N 个个体中选出一个父代的伪代码.

给出用户指定的选择压力 $\phi \in (1,2)$
由 (8.36) 式计算 α 和 β
$\{\boldsymbol{x}_i\}$ = 按照适应度排序后的进化算法种群, $i \in [1,N]$, 其中 $\boldsymbol{x}_1$ 是最差个体, $\boldsymbol{x}_N$ 是最好个体
生成均匀分布的随机数 $r \in (0,1)$
由 (8.40) 式计算 m, m 为被选中的父代的下标

8.7.6 锦标赛选择

锦标赛选择能降低与选择相关的计算费用. 算法 3.2 显示用轮盘赌选择从 N 个个体的种群中选出 N 个父代需要嵌套的循环, 对于大种群, 这样的循环计算量很大. 用锦标赛选择从种群中随机挑出 τ 个个体, 其中 $\tau \geqslant 2$ 是用户定义的锦标赛的规模. 然后比较所选个体的适应度值并选出适应性最强的进行重组.

为分析锦标赛选择, 我们考虑 (8.13) 式定义的选择压力. 如果选出适应性最强的个体参加锦标赛, 它就会以 100% 的概率被选中. 如果选出普通个体 $\boldsymbol{x}$ 参加锦标赛, 它就必须比锦标赛中的另外 $\tau - 1$ 个个体的适应性更强才会被选中. 在这种情况下, $\boldsymbol{x}$ 有 50% 的

概率比每一个与它比较的个体的适应性更强,[1] 因此 $\boldsymbol{x}$ 有 $(1/2)^{\tau-1}$ 的概率被选中. (8.13) 式就变为

$$\phi = 2^{\tau-1}. \tag{8.41}$$

由此可见, 在锦标赛选择中, τ 增大选择压力也会增大.

上述锦标赛选择的方法被称为严格的锦标赛, 因为在锦标赛中最好的个体 100% 会赢. 一种软性的锦标赛是让锦标赛中最好个体以概率 $p < 1$ 胜出 [Reeves and Rowe, 2003, Section 2.3]. 其他适应性较弱的个体也有一定的概率在锦标赛中获胜. 若锦标赛的规模相同, 软性锦标赛的选择压力会比严格的锦标赛的选择压力小.

与其他选择类型相比, 锦标赛选择的一个优势是它只需要在个体之间做比较, 即它不需要计算绝对的适应度值; 只需要知道锦标赛中个体之间相对的适应度值.

8.7.7 种马进化算法

许多进化算法基于个体之间相对的适应度值, 依概率选出个体进行重组. 到目前为止, 我们讨论的所有方法都遵循这个原则. 但在种马进化算法中, 每次重组操作始终都选每一代最好的个体. 每一代最好的个体被称为种马. 然后以正常的方式 (例如, 基于适应度选择、基于排名选择、锦标赛选择等) 选出其他父代与种马组合生成后代. 这个想法最先用于遗传算法, 被称为种马遗传算法 [Khatib and Fleming, 1998]. 在遗传算法中增加种马逻辑后就将标准遗传算法 3.3 变成了种马遗传算法 8.9.

算法 8.9 下面的伪代码概述种马遗传算法.

Parents ← { 随机生成的种群 }
While not (终止准则)
  计算种群中每一个父代的适应度
  Children ← ∅
  $\boldsymbol{x}_1$ ← 适应性最强的父代
  While | Children | < | Parents |
    利用适应度依概率选择第二个父代 $\boldsymbol{x}_2 : \boldsymbol{x}_2 \neq \boldsymbol{x}_1$
    $\boldsymbol{x}_1$ 和 $\boldsymbol{x}_2$ 交配生成子代 $\boldsymbol{c}_1$ 和 $\boldsymbol{c}_2$
    Children ← Children $\cup \{\boldsymbol{c}_1, \boldsymbol{c}_2\}$
  Loop
  随机变异某些子代
  Parents ← Children
下一代

例 8.11 在本例中, 我们从附录 C 选出一组 20 维的基准问题, 对采用种马方案和不用种马方案的连续遗传算法做仿真. 取种群规模为 50, 代数限制为 50, 在每一代个体的

[1] 假设 $\tau \ll N$, 这个结论大致正确.

20 个特征的每一个的变异率为 1%. 在变异时, 随机选出均匀分布在最小和最大域值之间的数替换一个独立变量. 我们还使用参数为 2 的精英, 这意味着从一代到下一代要保留最好的两个个体.

表 8.1 所示为标准遗传算法和种马遗传算法的最好性能在 50 次蒙特卡罗仿真上的平均. 此表说明, 对于这一组基准, 种马遗传算法明显优于标准遗传算法. 对于某些基准, 种马方案能够大幅改善算法的性能. □

表 8.1 例 8.11 的结果显示种马方案和无种马方案的遗传算法的相对性能. 此表列出由这两个遗传算法版本找到的归一化后的最小值在 50 次蒙特卡罗仿真上的平均. 基准函数的定义参见附录 C.

基准	非种马遗传算法	种马遗传算法
Ackley	1.44	1
Fletcher	3.26	1
Griewank	3.96	1
Penalty #1	1.05×10^5	1
Penalty #2	160.8	1
Quartic	9.14	1
Rastrigin	1.92	1
Rosenbrock	3.89	1
Schwefel 1.2	1.24	1
Schwefel 2.21	1.65	1
Schwefel 2.22	3.70	1
Schwefel 2.26	2.56	1
Sphere	4.47	1
Step	4.23	1

到目前为止, 研究文献中的绝大部分 (也许全部) 遗传算法都使用种马进化算法, 很多进化算法都可以使用种马方案. 比较算法 3.3 和算法 8.9, 可以看出, 只需要对基本进化算法做简单的修改就能在进化算法中增加种马逻辑. 由于种马逻辑易于实施, 表 8.1 又显示了它的优越性能, 我们应该认真考虑将种马逻辑用于我们的进化算法中. 未来研究的另一个有趣的领域是推导包含种马逻辑的遗传算法及其他进化算法的数学模型 (第 4 章).

8.8 重　　组

简单的遗传算法采用单点交叉. 本节讨论对于二进制和连续进化算法的其他重组类型. 注意, 我们将交叉和重组这两个术语互换着使用. [Herrera et al., 1998] 对本节介绍的一些重组方法有更深入的讨论.

假设个体的一个种群为 $\{\boldsymbol{x}_1, \boldsymbol{x}_2, \cdots, \boldsymbol{x}_N\}$. 每一个个体有 n 个特征, 将第 i 个个体的

第 k 个特征记为 $x_i(k)$, $k \in [1,n]$. 因此, 可以把 $\boldsymbol{x}_i$ 表示为一个向量

$$\boldsymbol{x}_i = [\, x_i(1),\ x_i(2),\ \cdots,\ x_i(n)\,]. \tag{8.42}$$

我们将子代个体记为 $\boldsymbol{y}$，也称子代为后代和重组的结果. 记后代的第 k 个特征为 $y(k)$, 因此

$$\boldsymbol{y} = [\, y(1),\ y(2),\ \cdots,\ y(n)\,]. \tag{8.43}$$

8.8.1 单点交叉 (二进制或连续进化算法)

假设有两个父代, $\boldsymbol{x}_a$ 和 $\boldsymbol{x}_b$, 其中 $a \in [1,N]$ 且 $b \in [1,N]$. 单点交叉也称为简单交叉或离散交叉, 它是二进制遗传算法最早使用的交叉类型 (参见第 3 章):

$$\boldsymbol{y}(k) \leftarrow [\, x_a(1),\ \cdots,\ x_a(m),\ x_b(m+1),\ \cdots,\ x_b(n)\,]. \tag{8.44}$$

其中 m 是随机选出的交叉点, 即 $m \sim U[0,n]$. 如果 $m=0$, $\boldsymbol{y}$ 就是 $\boldsymbol{x}_b$ 的克隆. 如果 $m=n$, $\boldsymbol{y}$ 是 $\boldsymbol{x}_a$ 的克隆. 为了从一对父代获得两个子代, 我们经常采用单点交叉. 第二个子代 $\boldsymbol{y}_2$ 的每一个特征与子代 $\boldsymbol{y}_1$ 的特征来自不同的父代:

$$\left.\begin{aligned} \boldsymbol{y}_1(k) &\leftarrow [\, x_a(1),\ \cdots,\ x_a(m),\ x_b(m+1),\ \cdots,\ x_b(n)\,], \\ \boldsymbol{y}_2(k) &\leftarrow [\, x_b(1),\ \cdots,\ x_b(m),\ x_a(m+1),\ \cdots,\ x_a(n)\,]. \end{aligned}\right\} \tag{8.45}$$

8.8.2 多点交叉 (二进制或连续进化算法)

由两点交叉得到

$$\boldsymbol{y}(k) \leftarrow [x_a(1),\cdots,x_a(m_1),x_b(m_1+1),\cdots,x_b(m_2),x_a(m_2+1),\cdots,x_a(n)\,], \tag{8.46}$$

其中两个交叉点是 $m_1 \sim U[0,n]$ 和 $m_2 \sim U[m+1,n]$. 如果 $m_1=0$ 或 $m_2=n$, 则两点交叉退化为单点交叉. 如果 $m_1=n$, 则 $\boldsymbol{y}$ 是 $\boldsymbol{x}_a$ 的克隆. (8.46) 式可以扩展到 3 点交叉, 或者 $M>2$ 的 M 点交叉. 与单点交叉一样, 我们经常通过多点交叉从一对父代获得两个子代.

8.8.3 分段交叉 (二进制或连续进化算法)

可以把分段交叉 [Michalewicz, 1996, Section 4.6] 看成是多点交叉的一般化. 子代 1 从父代 1 获得它的第一个特征. 然后我们以概率 ρ 切换到父代 2 取得子代 1 的第二个特征, 以概率 $(1-\rho)$ 从父代 1 取得子代 1 的第二个特征. 每次得到子代 1 的一个特征, 就以概率 ρ 切换到另一个父代取得下一个特征. 子代 1 和子代 2 从不同的父代得到它们的特征, 因此, 对于 $k \in [1,n]$, 如果子代 1 从父代 1 得到特征 k, 则子代 2 从父代 2 得到特征 k. 类似地, 如果子代 1 从父代 2 得到特征 k, 则子代 2 从父代 1 得到特征 k. 分段交叉与交叉点个数为随机数的多点交叉等价. 算法 8.10 为分段交叉算法. 切换概率 ρ 常常设置在 0.2 左右.

8.8.4 均匀交叉 (二进制或连续进化算法)

假设有两个父代, $\boldsymbol{x}_a$ 和 $\boldsymbol{x}_b$. 均匀交叉 [Ackley, 1987a], [Michalewicz and Schoenauer, 1996] 得到子代 $\boldsymbol{y}$, 其中对每个 $k \in [1, n]$, $\boldsymbol{y}$ 的第 k 个特征为

$$y(k) \leftarrow x_{i(k)}(k), \tag{8.47}$$

这里我们从集合 $\{a, b\}$ 随机地选择 $i(k)$, 即随机地以 50% 的概率从它的两个父代选择每一个子代的特征.

算法 8.10 n 维个体的分段交叉. $\boldsymbol{p}_1$和$\boldsymbol{p}_2$是两个父代, $\boldsymbol{c}_1$和$\boldsymbol{c}_2$是它们的两个子代.

```
S ← true
For k = 1 to n
    If S then
        c1(k) ← p1(k)
        c2(k) ← p2(k)
    else
        c1(k) ← p2(k)
        c2(k) ← p1(k)
    End if
    r ← U[0,1]
    If r < ρ then
        S ← not S
    End if
下一个解的特征
```

8.8.5 多父代交叉 (二进制或连续进化算法)

这里讨论的多父代交叉是均匀交叉的一般化 [Eiben, 2003], [Eiben and Bäck, 1998], [Eiben, 2000]. 它还有另外几个名字, 包括基因库重组 [Bäck, 1996], [Bäck et al., 1997b], [Mühlenbein and Voigt, 1995], 扫描交叉 [Eiben and Schippers, 1996]以及多性交叉[Schwefel, 1995] (与两点交叉相对, 两点交叉被称为双性交叉). 在多父代交叉中, 当父代的个数大于 2, 我们从它的一个父代随机选择每一个子代的特征. 这个想法早在 1966 年就提出来了 [Bremermann et al., 1966]. 对每一个 $k \in [1, n]$, 由多父代交叉得到

$$y_k \leftarrow x_{i(k)}(k). \tag{8.48}$$

在这里我们随机地从 $[1, N]$ 的子集中选择 $i(k)$(种群中有 N 个潜在的父代). 在实施多父代交叉时, 需要做几个选择. 例如, 在潜在父代的池子中应该有多少个体? 应该如何为这个池子选择个体? 一旦池子确定了, 如何从池子中选出父代? 最后要说的是多父代交叉还有其他方法.

8.8.6 全局均匀交叉 (二进制或连续进化算法)

实施多父代交叉的一种方式是从它的一个父代随机选择每一个子代的特征, 这里的父代池等价于整个种群. 由此得到全局均匀重组, 对每一个 $k \in [1, n]$

$$y_k \leftarrow x_{i(k)}(k), \tag{8.49}$$

其中对每一个 k 随机选择在 $[1, N]$ 上均匀分布的 $i(k)$. 或者也可以基于适应度来选 $i(k)$, 即对所有 $k \in [1, n]$ 和 $m \in [1, N]$, $i(k) = m$ 的概率可以与 $\boldsymbol{x}_m$ 的适应度成正比.

8.8.7 洗牌交叉 (二进制或连续进化算法)

洗牌交叉将父代的解的特征随机重新排列 [Eshelman et al., 1989]. 在为给定的子代提供解的特征的所有父代中, 解的特征用相同的方式重排. 然后采用上面的一种交叉方法 (通常单点交叉) 得到子代. 再撤除对子代解的特征的重排. 算法 8.11 是与单点交叉结合的洗牌交叉算法.

算法 8.11 n 维父代与单点交叉结合的洗牌交叉算法. $\boldsymbol{p}_1$ 和 $\boldsymbol{p}_2$ 是两个父代, $\boldsymbol{t}_1$ 和 $\boldsymbol{t}_2$ 是撤除洗牌之前的两个子代, $\boldsymbol{c}_1$ 和 $\boldsymbol{c}_2$ 是撤除洗牌后的子代.

$\{r_1, r_2, \cdots, r_n\} \leftarrow \{1, 2, \cdots, n\}$ 的一个随机排列
交叉点 $m \leftarrow U[1, n-1]$
For $k = 1$ to m
  $t_1(k) \leftarrow p_1(r_k)$
  $t_2(k) \leftarrow p_2(r_k)$
下一个 k
For $k = m+1$ to n
  $t_1(k) \leftarrow p_2(r_k)$
  $t_2(k) \leftarrow p_1(r_k)$
下一个 k
For $k = 1$ to n
  $c_1(r_k) \leftarrow t_1(k)$
  $c_2(r_k) \leftarrow t_2(k)$
下一个 k

8.8.8 平交叉和算术交叉 (连续进化算法)

平交叉, 也称为算术交叉, 可描述如下:

$$y(k) \leftarrow U[x_a(k), x_b(k)] = \alpha x_a(k) + (1-\alpha) x_b(k), \tag{8.50}$$

其中 $\alpha \sim U[0, 1]$, 即 $y(k)$ 是来自两个父代第 k 个特征之间均匀分布的随机数. 它等价于后代是其两个父代特征的线性组合. 有时候, 平交叉和算术交叉也有区别, 区别在于平交

叉只得到一个后代而算术交叉得到两个后代:

$$
\begin{aligned}
&\text{平交叉}: \quad y(k) = \alpha x_a(k) + (1-\alpha)x_b(k), \\
&\text{算术交叉}: \quad \begin{cases} y_1(k) = \alpha x_a(k) + (1-\alpha)x_b(k), \\ y_2(k) = (1-\alpha)x_a(k) + \alpha x_b(k). \end{cases}
\end{aligned} \tag{8.51}
$$

α 也可以用三角概率密度函数而非均匀密度函数:

$$
\text{PDF}(\alpha) = \begin{cases} 1+\alpha, & \text{如果 } -1 \leqslant \alpha < 0, \\ 1-\alpha, & \text{如果 } 0 \leqslant \alpha \leqslant 1. \end{cases} \tag{8.52}
$$

在这种情况下, (8.51) 式被称为模糊重组[Eshelman and Schaffer, 1993].

8.8.9 混合交叉 (连续进化算法)

混合交叉, 也称为 BLX-α 交叉和启发式交叉[Houck et al., 1995], 将父代 x_a 和 x_b 按下面的方式组合

$$
\left.\begin{aligned}
&x_{\min}(k) \leftarrow \min(x_a(k), x_b(k)), \quad x_{\max}(k) \leftarrow \max(x_a(k), x_b(k)), \\
&\Delta x(k) \leftarrow x_{\max}(k) - x_{\min}(k), \quad y_k \leftarrow U[x_{\min}(k) - \alpha\Delta x(k), x_{\max}(k) + \alpha\Delta x(k)].
\end{aligned}\right\} \tag{8.53}
$$

其中 α 是用户定义的参数. 如果 $\alpha = 0$, 混合交叉就等价于平交叉. 如果 $\alpha < 0$(以 -0.5 为下限), 混合交叉会让搜索域缩小, 这有利于开发当前的种群. 如果 $\alpha > 0$, 混合交叉会扩大搜索域, 有利于探索. [Herrera et al., 1998] 建议 $\alpha = 0.5$.

8.8.10 线性交叉 (连续进化算法)

线性交叉由父代 $\boldsymbol{x}_a$ 和 $\boldsymbol{x}_b$ 生成三个后代:

$$
\left.\begin{aligned}
y_1(k) &\leftarrow (1/2)x_a(k) + (1/2)x_b(k), \\
y_2(k) &\leftarrow (3/2)x_a(k) - (1/2)x_b(k), \\
y_3(k) &\leftarrow (-1/2)x_a(k) + (3/2)x_b(k).
\end{aligned}\right\} \tag{8.54}
$$

我们为下一代保留这三个后代中适应性最强的那一个, 或适应性最强的前两个, 是保留一个或是两个取决于具体的进化算法.

8.8.11 模拟二进制交叉 (连续进化算法)

模拟二进制交叉 (simulated binary crossover, SBX) 由父代 $\boldsymbol{x}_a$ 和 $\boldsymbol{x}_b$ 生成下面的后代 [Deb and Agrawal, 1995]:

$$
\left.\begin{aligned}
y_1(k) &\leftarrow (1/2)[(1-\beta_k)x_a(k) + (1+\beta_k)x_b(k)], \\
y_2(k) &\leftarrow (1/2)[(1+\beta_k)x_a(k) + (1-\beta_k)x_b(k)],
\end{aligned}\right\} \tag{8.55}
$$

其中 β_k 是由下面的概率密度函数生成的随机数:

$$\text{PDF}(\beta)=\begin{cases}\dfrac{1}{2}(\eta+1)\beta^{\eta}, & \text{如果 } 0\leqslant\beta\leqslant 1,\\ \dfrac{1}{2}(\eta+1)\beta^{-(\eta+2)}, & \text{如果 } \beta>1,\end{cases}\tag{8.56}$$

其中 η 是任意的非负实数. [Deb and Agrawal, 1995] 讨论了 η 对模拟二进制交叉算子的影响, 并推荐 η 的取值通常在 0 和 5 之间. 我们可以用下面的算法生成 β:

$$r\leftarrow U[0,1],\quad \beta\leftarrow\begin{cases}(2r)^{1/(\eta+1)}, & \text{如果 } r\leqslant 1/2,\\ (2-2r)^{-1/(\eta+1)}, & \text{如果 } r>1/2.\end{cases}\tag{8.57}$$

注意, 如果 $\beta=2\alpha-1$ 模拟二进制交叉等价于 (8.51) 式中的算术交叉. 实施模拟二进制交叉时, 也可以采用分布不是 (8.56) 式的 β_k 值.

8.8.12 小结

上面讨论的重组方法原本是为遗传算法提出来的, 它们也可以用于别的进化算法. 研究人员还提出了其他交叉方法 [Herrera et al., 1998], 但主要思路都来自上面的这些方法. 另外, 可以将这些方法中的某几个组合形成我们自己定制的重组算法. 在这些交叉方法中没有绝对的胜利者. 某个交叉方法可能在一个问题上最好, 而另一个交叉方法在另一个问题上又会最好. 尽管我们无法指出哪一个交叉方法最好, 但通常可以说单点交叉是最差的.

8.9 变 异

在二进制进化算法中, 变异是一个简单的操作. 如果种群有 N 个个体, 每一个个体有 n 位, 变异率为 ρ, 则在每一代的最后, 以概率 ρ 翻转每一个个体的每一个位, 如 (3.6) 式所示.

连续进化算法的变异方案更多. 我们仍然称 ρ 为变异率, 对每一个 i 和每一个 k 以概率 ρ 修改 $x_i(k)$. 但是, 如果我们决定修改 $x_i(k)$, 就需要决定如何修改. 一种方式是采用以搜索域中心为均值的均匀分布或高斯分布生成 $x_i(k)$. 另一种方式是以非变异的 $x_i(k)$ 的值为均值的均匀分布和高斯分布生成 $x_i(k)$. 下面描述这些方案, 其中用 $x_{\min}(k)$ 和 $x_{\max}(k)$ 表示优化问题中第 k 维搜索域的界限.

8.9.1 以 $x_i(k)$ 为中心的均匀变异

对于 $i\in[1,N]$ 和 $k\in[1,n]$, 以 $x_i(k)$ 为中心的均匀变异可以写成

$$r\leftarrow U[0,1],\quad x_i(k)\leftarrow\begin{cases}x_i(k), & \text{如果 } r\geqslant\rho,\\ U[x_i(k)-\alpha_i(k),x_i(k)+\alpha_i(k)], & \text{如果 } r<\rho,\end{cases}\tag{8.58}$$

其中 $\alpha_i(k)$ 是用户定义的参数, 它确定变异的大小. 我们经常选择尽可能大的 $\alpha_i(k)$ 同时保证变异仍在搜索域内:

$$\alpha_i(k) = \min\{x_i(k) - x_{\min}(k),\ x_{\max}(k) - x_i(k)\}. \tag{8.59}$$

8.9.2 以搜索域的中央为中心的均匀变异

对于 $i \in [1, N]$ 和 $k \in [1, n]$, 以搜索域的中央为中心的均匀变异可以写成

$$r \leftarrow U[0,1], \quad x_i(k) \leftarrow \begin{cases} x_i(k), & \text{如果 } r \geqslant \rho, \\ U[x_{\min}(k), x_{\max}(k)], & \text{如果 } r < \rho. \end{cases} \tag{8.60}$$

8.9.3 以 $x_i(k)$ 为中心的高斯变异

对于 $i \in [1, N]$ 和 $k \in [1, n]$, 以 $x_i(k)$ 为中心的高斯变异可以写成

$$\left.\begin{aligned} & r \leftarrow U[0,1], \\ & x_i(k) \leftarrow \begin{cases} x_i(k), & \text{如果 } r \geqslant \rho, \\ \max\{\min\{x_{\max}(k), N(x_i(k), \sigma_i^2(k)\}, x_{\min}(k)\}, & \text{如果 } r < \rho, \end{cases} \end{aligned}\right\} \tag{8.61}$$

其中 $\sigma(k)$ 是用户定义的参数, 它与变异的大小成正比. min 和 max 的运算保证 $x_i(k)$ 变异后的值留在搜索域中. 这个变异类型与我们在进化规划和进化策略中所用的搜索算子类似.

8.9.4 以搜索域的中央为中心的高斯变异

对于 $i \in [1, N]$ 和 $k \in [1, n]$, 以搜索域的中央为中心的高斯变异可以写成

$$\left.\begin{aligned} & r \leftarrow U[0,1], \\ & x_i(k) \leftarrow \begin{cases} x_i(k), & \text{如果 } r \geqslant \rho, \\ \max\{\min\{x_{\max}(k), N(c_i(k), \sigma_i^2(k)\}, x_{\min}(k)\}, & \text{如果 } r < \rho, \end{cases} \end{aligned}\right\} \tag{8.62}$$

其中 $c_i(k) = (x_{\min}(k) + x_{\max}(k))/2$ 是搜索域的中央, $\sigma_i(k)$ 是用户定义的参数, 它与变异的大小成正比. min 和 max 的运算保证 $x_i(k)$ 在变异后的值留在搜索域内.

8.10 总 结

本章分析了进化算法的很多变种, 但我们所讨论的实际上只限于最常用的变种. 修改进化算法的方式还有很多, 比如, 使用可变的种群规模[Hu et al., 2010]; 交互的子种群[Li et al., 2009]; 二倍体或多倍体, 其中每一个个体与多个候选解相关 [Wang et al., 2009]; 以

及性别建模, 它将交叉限制在性别相反的父代之间 [Mitchell, 1998]. 研究人员还提出了其他的修改方法, 我们在这里无法对几十年来研究过的所有变种一一讨论.

考虑进化算法现有的所有变种, 需要搞清楚进化算法与进化算法实例之间的区别 [Eiben and Smit, 2011]. 进化算法是一个总的框架, 它定义优化的方法, 包括候选解的种群、选择、重组和变异; 而进化算法实例是这个框架的一个实现, 它包括这些任务的具体方法以及具体的可调参数 (例如, 经过特别调试后的遗传算法、进化策略, 或者本书中的其他具体算法). 这个观点把所有进化算法实例都看成是通用的进化算法框架的具体实现, 这样有助于将这个领域统一起来, 防止它分裂成看起来不连贯的片段. 这个统一的进化算法视角是本书的基础 [De Jong, 2002], [Eiben and Smith, 2010].

我们可以从两个不同的角度考虑进化算法的参数调试. 首先, 通过参数调试来优化进化算法性能; 其次, 通过调整参数来研究性能如何随着参数变化 [Eiben and Smit, 2011]. 第二个角度与进化算法的稳健性紧密相关, 在 21.4 节中会有简要的讨论.

毫无疑问, 未来还会有进化算法的新变种. 这类研究最大的挑战在于, 首先要仔细调查已有的工作才能知道所谓的新想法是否已经发表过. 因为作者和审稿人对以往研究缺乏了解, 现有的文献中有很多来回重新发明轮子的例子. 有时候, 算法被重新发明但不同的作者起了不同的名字; 有时候, 新发明的算法却与一个完全不同的算法同名. 公平地说, 要跟上过去几十年来激增的进化算法的文献非常困难, 在某种程度上, 我们对过去的研究都是无知的. 尽管如此, 为了读者和以往的研究人员, 在记录我们的研究时应该彻底调查已发表的文献, 才能将它置于适当的位置.

习　　题

书面练习

8.1 假设用均匀分布于一维搜索域 $[x_{\min}, x_{\max}]$ 的 N 个个体初始化种群, 其中 $x_{\max} = -x_{\min}$.

(1) 在域中至少有一个个体处于最优点的 ϵ 以内的概率是多少?

(2) 假设 $\epsilon/x_{\max} \ll 1$ 并且 N "不太大". 用泰勒级数近似法找出一个因子, 如果初始种群的规模加倍, (1) 中的答案会按这个因子增加.

8.2 格雷编码并不是唯一的. (8.2) 式为数字 0-7 的格雷编码. 给出另一个格雷编码.

8.3 精英与进化策略:

(1) 解释精英遗传算法与 $(\mu+\lambda)$-ES 的相似之处.

(2) 为使精英遗传算法和 $(\mu+\lambda)$-ES 尽可能相似, 在算法 8.2 中 N 和 E 应该取什么值, 在算法 6.4 中 μ 和 λ 应该取什么值?

8.4 精英与稳态进化:

(1) 应该如何将算法 8.1 的精英方案 1 与稳态进化结合?

(2) 应该如何将算法 8.2 的精英方案 2 与稳态进化结合?

8.5 假设有一个代沟为 k 的进化算法. 这个进化算法的多少代在计算上等价于代际进化算法的 G 代?

8.6 在规模为 N 的种群中, 需要做多少次比较才能找出所有重复的个体?

8.7 为采用适应度分享修改费用, 写出转换费用 (这里越低越好) 的公式序列.

8.8 在 (8.7) 式中需要考虑被零除的可能性吗?

8.9 8.6.3.2 节的清理方法可能让小生境中适应性最强的个体不被选择和重组. 画出可能发生这种情况的一个可视化例子.

8.10 选择压力:

(1) 按照图 8.10 中的适应度值, 轮盘赌选择的选择压力是多少?

(2) 按照图 8.11 中的适应度值, 随机遍历采样的选择压力是多少?

8.11 随机遍历采样:

(1) 在图 8.11 中适应性最强的个体被随机遍历采样选中两次的概率是多少?

(2) 在图 8.11 中适应性最差的个体被随机遍历采样选中一次的概率是多少?

8.12 假设进化算法种群有 4 个个体, 其适应度值为 10, 20, 30 和 40.

(1) 转一次轮盘, 每一个个体的选择概率是多少?

(2) 假设采用超比例选择, 种群中最好的 50%有 75%的选择概率, 而种群中最差的 50%有 25%的选择概率. 转一次轮盘, 每一个个体的选择概率是多少?

(3) 如果用 sigma 缩放, 选择概率是多少?

(4) 如果用基于排名选择, 选择概率是多少?

8.13 假设进化算法种群有 4 个个体, 其适应度值为 10, 20, 30 和 40. 当采用线性排名时, 为得到下面的选择压力用 (8.36) 式计算 α 和 β.

(1) $\phi = 1.4$.

(2) $\phi = 1.6$.

(3) $\phi = 1.8$.

8.14 假设采用软性锦标赛选择, 锦标赛的规模为 3, 在锦标赛中选择最好个体的概率是 70%, 选择第二好个体的概率是 20%, 而选择最差个体的概率是 10%. 这个锦标赛的选择压力是多少?

8.15 假设用进化算法求解 20 维的问题.

(1) 由单点交叉生成的子代是父代克隆的概率是多少?

(2) 由两点交叉生成的子代是父代克隆的概率是多少?

(3) 由 $\rho = 0.2$ 的分段交叉生成的子代是父代克隆的概率是多少?

(4) 由均匀交叉生成的子代是父代克隆的概率是多少?

计算机练习

8.16 实施精英连续遗传算法, 最小化 10 维 Ackley 函数. 运行这个遗传算法 50 代, 种群规模为 50, 变异概率为 1%. 运行遗传算法 20 次, 并绘制 (20 次仿真的) 平均最小费用随代数变化的图形. 分别对于 0 个精英、2 个精英、5 个精英和 10 个精英进行操作. 为便于比较把 4 张图放进同一张图中.

8.17 实施带有 8.6.3.3 节所讨论的 3 种类型挤出的连续遗传算法, 最小化 10 维 Ackley 函数. 采用书中推荐的挤出参数. 取种群规模为 40, 变异率为 2%, 精英参数为 2, 在每一代的最后用随机生成的个体替换复制品. 每个遗传算法运行 1000 次函数评价. (注意, 不同的挤出类型在每代会有不同的函数评价次数. 因此, 为了公平的比较, 这些遗传算法需要运行不同的代数.) 报告在没有挤出和书中所讨论的 3 种挤出的情况下, 由遗传算法得到的最小费用在 20 次蒙特卡罗仿真上的平均.

8.18 编写一个程序, 用数值证实你在习题 8.11 中的答案.

8.19 假设有习题 8.13 的个体, 且线性排名的选择压力 $\phi = 1.6$.

(1) 对 (8.40) 式仿真几千次并记录每一个个体被选中次数的百分比. 在 (8.40) 式中利用舍入得到被选中个体的整数指标. 与理论上的选择概率相比, 你的仿真结果如何?

(2) 对于这个问题, (8.40) 式最大可能的值 (没有舍入) 是多少? 如何用它来解释仿真结果与理论结果之间的差别?

第三篇　较新的进化算法

第 9 章 模 拟 退 火

我们推测, 通过与热力学类比能够得到对优化问题的新领悟, 并提出解决它们的高效算法.

塞尔尼 (V. Černý)[V. Černý, 1985]

模拟退火 (simulated annealing, SA) 是以化学物质的冷却和结晶行为为基础的优化算法. 文献中经常把模拟退火与进化算法区别开来, 因为模拟退火并不涉及候选解的种群. 模拟退火是单一个体的随机算法. 不过, (1+1)-ES实际上是模拟退火算法的一种特殊情况 [Droste et al., 2002], 所以把模拟退火看成是进化算法也说得过去.

在 1983 年, Scott Kirkpatrick, Charles Gelatt和 Mario Vecchi 为寻找像元件布局和布线这类计算机设计问题的最优解, 首先提出了现在这种形式的模拟退火 [Kirkpatrick et al., 1983]. 在 1985 年, Vlado Černý独立地推导出模拟退火, 他用模拟退火解决旅行商问题 [Černý, 1985]. 在 20 世纪 60 年代后期, Martin Pincus 提出了一个与模拟退火非常相似的优化算法 [Pincus, 1968a], [Pincus, 1968b]. 模拟退火有时候也被称为 Metropolis 算法, 因为它与 Nicholas Metropolis的工作紧密相关 [Metropolis et al., 1953], 他为研究相互作用的粒子的性质开发的算法奠定了模拟退火的基础. 后来, 由于 W. Keith Hastings 推广了 Metropolis 等人的结果 [Hastings, 1970], 模拟退火有时候也被称为 Metropolis-Hastings 算法.

本章概览

9.1 节简要讨论统计力学, 它是模拟退火的基本原理. 9.2 节介绍简单的模拟退火算法. 9.3 节讨论各种冷却调度, 它是模拟退火的主要调试参数, 对性能的影响也最大. 9.4 节简要讨论几个与实施有关的问题, 包括在模拟退火中生成新候选解的方法, 何时重新初始化冷却温度, 以及为什么要记下最好的候选解.

9.1 自 然 退 火

晶格状结构是自然界中优化能力的一个范例. 晶格状结构是液体或固体中原子或分子的一种排列. 大家熟悉和常见的晶格状结构有石英、冰和盐. 晶格状物质在高温时不会表现出太多结构; 高温让物质的能量大增导致很多振动和混乱. 而当温度降低时, 晶格状物质会进入一个更有序的状态. 晶格状物质进入的特定状态不会始终相同. 物质经过多次加热和冷却, 每次会进入不同的均衡状态, 但是每个均衡状态的能量往往更低. 图 9.1 比较在高温时具有高熵 (高层次的混乱) 的晶格状结构与在低温时具有低熵 (高层次的秩序) 的晶格状结构. 给物质加热并让它冷却到再结晶的这个过程称为退火.

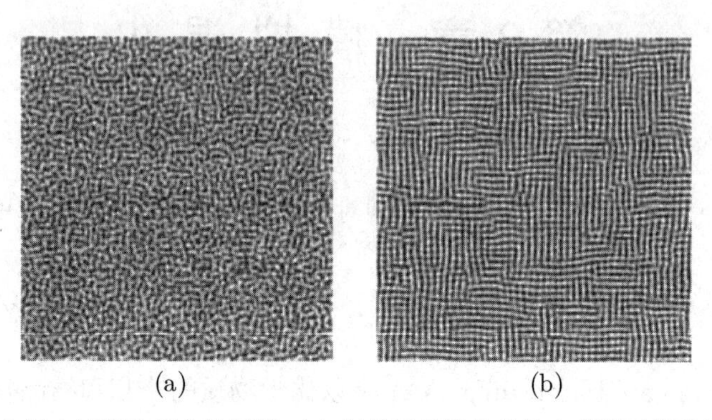

图 9.1 本图为退火过程的概念性视图. (a) 图显示晶格状结构在高温时混乱的高能量状态. (b) 图显示同一结构在冷却后有序的低能量状态. (本图复制自 http://en.wikipedia.org/wiki/Simulated_annealing 并依照 GNU 自由文档协议的规定发布.)

模拟退火以统计力学为基础, 统计力学研究大量的相互作用的粒子的行为, 如气体中的原子. 在每种物质中, 原子的个数都在每立方厘米 10^{23} 的数量级上. 因此, 当研究物质的性质时, 我们所观察到的是最有可能发生的性质. 我们也注意到能量均衡的组态以及与它类似的组态, 尽管这些组态在所有可能的组态中只占很小一部分, 但还是会经常出现. 这是因为物质易于收敛到能量最少的状态; 也就是说, 自然是一个优化器.

假设用 $E(s)$ 代表某物质中原子在特殊的组态 s 的能量. 原子系统处于组态 s 中的概率可表示为

$$\Pr(s) = \frac{\exp[-E(s)/(kT)]}{\sum_{w} \exp[-E(w)/(kT)]} \tag{9.1}$$

其中 k 是 Boltzmann 常数, T 是系统在均衡时的温度, 在分母中对所有可能的组态 w 求和 [Davis and Steenstrup, 1987]. 现在假设系统处于组态 q, 我们随机地选择一个组态 r 作为系统在下一时刻的候选组态. 如果 $E(r) < E(q)$, 则以概率 1 接受 r 作为系统在下一时刻的组态:

$$\Pr(r|q) = 1, \ \text{如果}\ E(r) < E(q). \tag{9.2}$$

即如果候选组态 r 的能量小于 s 的能量, 则在下一时刻自动地移动到 r. 如果 $E(r) \geqslant E(q)$, 在下一时刻移动到 r 的概率与 q 和 r 的相对能量成比例:

$$\Pr(r|q) = \exp[(E(q) - E(r))/(kT)], \ \text{如果}E(r) \geqslant E(q). \tag{9.3}$$

即系统会以非零概率 $\Pr(r|q)$ 移动到高能量的组态. 如果 $E(r) > E(q)$, (9.3) 式的系统从状态 q 转移到状态 r 的概率 $\Pr(r|q)$ 小于 1, 但是会随着 T 的增大而增大. 如果我们

用 (9.2) 式和 (9.3) 式的转移规则, 则当时间 $T \to \infty$, 系统处于某个组态 s 的概率收敛到 (9.1) 式的 Boltzmann 分布.

9.2 简单的模拟退火算法

自然退火让晶体进入低能量组态, 为最小化费用函数我们可以在算法中模拟这个过程. 对于某个最小化问题, 我们从候选解 s 开始. 也从高的"温度"开始, 这样候选解很有可能变化到另外某个组态. 我们随机生成一个备选的候选解 r 并评估其费用, 它好比晶格状结构的能量. 如果 r 的费用小于 s 的费用, 就按照 (9.2) 式更新候选解. 如果 r 的费用大于或等于 s 的费用, 就按照 (9.3) 式以小于或等于 1 的某个概率更新候选解. 因为用到 (9.2) 式和 (9.3) 式, 模拟退火有时候也被称为 Boltzmann 退火. 随着时间的推进 (即迭代次数增加), 温度会降低, 候选解会有进入低费用状态的趋势. 关于自然退火与模拟退火算法之间的类比可以总结如下:

自然退火		模拟退火
原子组态	$\longleftrightarrow$	候选解
温度	$\longleftrightarrow$	探索搜索空间的趋势
冷却	$\longleftrightarrow$	降低探索的趋势
原子组态的改变	$\longleftrightarrow$	候选解的改变

由此可见, 模拟退火包含了很多标准进化算法的行为. 尽管本章用自然退火引出模拟退火, 开发模拟退火实际上并不需要来自自然界的推动 [Michiels et al., 2007]. 这两种方法各有优势. 依循自然现象可能会开辟模拟退火研究的新途径, 但是也可能会限制对模拟退火的扩展. 算法 9.1 是简单的模拟退火算法.

算法 9.1 最小化 $f(\boldsymbol{x})$ 的基本模拟退火算法. 函数 $U[0,1]$ 返回在 $[0,1]$ 上均匀分布的随机数.

T = 初始温度 > 0
$\alpha(T)$ = 冷却函数: 对所有 T, $\alpha(T) \in [0, T]$,
初始化最小化问题 $f(\boldsymbol{x})$ 的一个候选解 $\boldsymbol{x}_0$
While not (终止准则)
    生成一个候选解 $\boldsymbol{x}$
    If $f(\boldsymbol{x}) < f(\boldsymbol{x}_0)$ then
        $\boldsymbol{x}_0 \leftarrow \boldsymbol{x}$
    else
        $r \leftarrow U[0,1]$
        If $r < \exp[(f(\boldsymbol{x}_0) - f(\boldsymbol{x}))/T]$ then
            $\boldsymbol{x}_0 \leftarrow \boldsymbol{x}$
        End if

End if

$T \leftarrow \alpha(T)$

下一次迭代

算法 9.1 表明, 基本的模拟退火算法与大多数进化算法具有共同的特征. 首先, 它既简单又直观; 其次, 它以自然的优化过程为基础; 最后, 它有几个调试参数, 并且每一个参数会显著地影响性能.

- 初始温度 T 为探索与开发彼此相对的重要性给定了一个上界. 如果初始温度过低, 算法将不能有效地探索搜索空间. 如果初始温度过高, 算法需要很长时间才会收敛.
- 冷却调度 $\alpha(T)$ 控制收敛的速率. 在算法刚开始时, 多探索少开发; 在算法快结束时则相反: 多开发少探索. 冷却调度控制着从探索到开发的转移. 如果 $\alpha(T)$ 过快, 晶格状结构会迅速冷却, 退火过程也会收敛到一个混乱的 (高费用) 状态. 如果 $\alpha(T)$ 太缓慢, 退火过程的收敛就需要较长时间. 我们在 9.3 节讨论冷却调度.
- 每次迭代生成候选解的策略会明显影响模拟退火的性能. 随机生成 $\boldsymbol{x}$ 可能管用, 但更聪明的方法是尝试生成一个比 $\boldsymbol{x}_0$ 更好的 $\boldsymbol{x}$, 这样会得到更好的性能. 9.4.1 节讨论生成候选解的策略.

将算法 9.1 中的接受测试按下面的方式替换, 就可以实施简化的模拟退火算法:

$$\text{用“如果}r < \exp[-c/T]\text{”代替“如果}r < \exp[(f(\boldsymbol{x}_0) - f(\boldsymbol{x}))/T]\text{”}. \tag{9.4}$$

其中 c 被称为接受概率常数. 它表示, 如果候选解 $\boldsymbol{x}$ 的费用比 $\boldsymbol{x}_0$ 高, 用 $\boldsymbol{x}$ 替换 $\boldsymbol{x}_0$ 的概率与其费用无关. 接受概率常数 c 控制着探索与开发. 如果 c 太大, 算法对搜索空间的探索不够积极. 如果 c 太小, 算法过于积极地探索而不去利用之前已经找到的好的解.

9.3 冷却调度

本节讨论可用于模拟退火算法 9.1 的几种冷却调度 $\alpha(T)$. 冷却调度会明显地影响模拟退火的性能. 如果模拟退火算法在某些问题上不管用, 也许是所用的冷却调度不合适. 常用的冷却调度包括: 线性冷却、指数冷却、逆冷却、对数冷却以及逆线性冷却, 我们在下面的章节中会讨论这些冷却调度. 由于优化问题在不同维度上的尺度也不同, 9.3.6 节会讨论依赖于维度的冷却.

9.3.1 线性冷却

线性冷却是最简单的一类冷却, 其调度为

$$\alpha(T) = T_0 - \eta k, \tag{9.5}$$

其中, T_0 是初始温度, k 为模拟退火的迭代次数, η 是一个常数. 我们需要确保, 对所有 k, $T > 0$, 因此, 应该选择 η 使得在最大迭代次数时的温度为正, 或者可以采用下面改良后

的线性冷却:

$$\alpha(T) = \max\{T_0 - \eta k, T_{\min}\}, \tag{9.6}$$

其中, $T_{\min}$ 是用户指定的最低温度.

9.3.2 指数冷却

指数冷却的调度为

$$\alpha(T) = aT, \tag{9.7}$$

其中, 通常取 $a \in (0.8, 1)$. a 值大冷却调度会较慢. 图 9.2 显示, 对于不同的 a 值, 指数冷却调度正规化后的温度. 由图可见, a 应该非常接近 1, 否则冷却速率会过大.

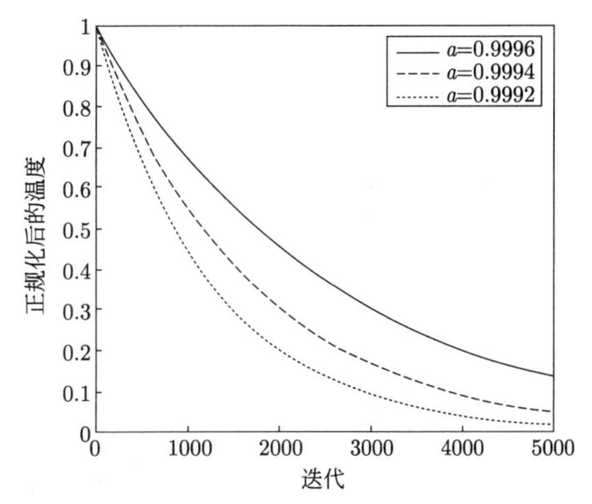

图 9.2 指数冷却调度正规化后的温度随 a 变化的曲线. 对于此冷却调度, 参数 a 通常接近1. 冷却速率对 a 的变化很敏感.

9.3.3 逆冷却

逆冷却的调度为

$$\alpha(T) = T/(1 + \beta T), \tag{9.8}$$

其中, β 是一个小的常数, 通常为 0.001 的数量级. β 值较小冷却调度会较慢. [Lundy and Mees, 1986] 最早提出这个冷却调度. 图 9.3 显示, 对于不同的 β 值, 逆冷却调度正规化后的温度. 由图可见, β 应该很小, 否则冷却速率太大.

将图 9.3 和图 9.4 对比可以看出, 通过选择适当的 a 值和 β 值, 指数冷却调度和逆冷却调度可以非常相似.

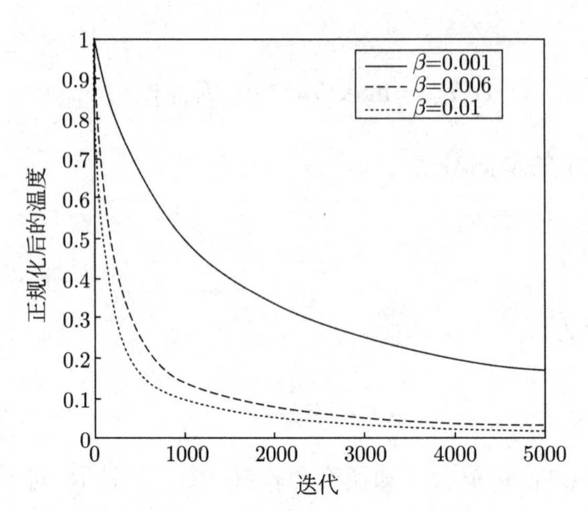

图 9.3 逆冷却调度正规化后的温度随 β 变化的曲线. 对于此冷却调度, 参数 β 通常很小. 冷却速率对 β 的变化很敏感.

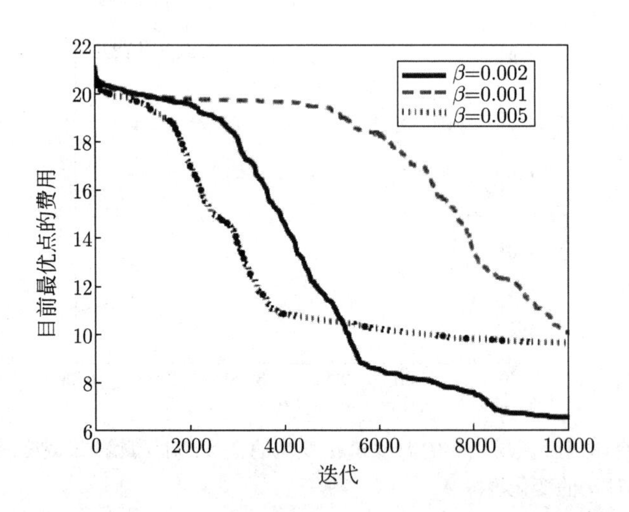

图 9.4 例 9.1 优化 20 维数 Ackley 函数模拟退火算法的仿真结果. 此结果为在 20 次蒙特卡罗仿真上的平均. 逆冷却调度参数 β 对模拟退火的性能有明显影响.

例 9.1 本例用模拟退火算法 9.1 优化 20 维 Ackley函数, 此函数在附录 C.1.2 中定义. 我们采用 (9.8) 式描述的逆冷却函数: $T_{k+1} = T_k/(1 + \beta_k T_k)$, 其中 k 是迭代次数, β 是冷却调度参数, T_k 是在第 k 次迭代的温度, $T_0 = 100$. 在每次迭代, 我们用以 $\boldsymbol{x}_0$ 为中心的高斯随机数生成一个新的候选解:

$$\boldsymbol{x} \leftarrow \boldsymbol{x}_0 + N(\mathbf{0}, T_k \boldsymbol{I}), \tag{9.9}$$

其中, $N(\mathbf{0}, T_k\boldsymbol{I})$ 是均值为 $\mathbf{0}$ 协方差为 $T_k\boldsymbol{I}$ 的高斯随机向量, $\boldsymbol{I}$ 为 20×20 的单位矩阵. 我们用 $c = 1$ 的 (9.4) 式做简单的接受测试.

图 9.4 显示, 用 3 个不同的 β 值分别找到的最好解在 20 次蒙特卡罗仿真上的平均随模拟退火迭代次变化的情况. 如果 β 太小 (0.0002), 冷却过程会很慢, 模拟退火算法会在搜索空间中过多地跳来跳去而不去利用已经得到的好的解; 如果 β 太大 (0.001), 冷却过程会太快, 模拟退火算法易于陷入局部最小. 如果 β 正好 (0.0005), 这时的冷却速率得到的收敛最好. 但在图的尾部, $\beta = 0.0002$ 的轨迹看起来会很快取代 $\beta = 0.0005$ 的轨迹. 它表明, 尽管因 $\beta = 0.0002$ 太小, 在迭代次数的限制之内不能很好地收敛, 但如果迭代次数继续增加, 它最终还是会充分地冷却并收敛到一个好的结果. □

例 9.1 说明如果冷却过程过快或过慢, 模拟退火性能都可能不太好. 关于初始温度 T_0 有同样的结论. 在例 9.1 中, 我们任意取 $T_0 = 100$. 遗憾的是, 关于 T_0 的选择还没有什么好的指导规则; 它完全取决于具体的优化问题.

9.3.4 对数冷却

对数冷却的调度为

$$\alpha(T) = c/\ln k, \tag{9.10}$$

其中, c 是一个常数, k 是模拟退火的迭代次数. [Geman and Geman, 1984] 最早提出对数冷却. 有时候也一般化为

$$\alpha(T) = c/\ln(k+d), \tag{9.11}$$

其中 d 是一个常数, 常常设置为 1 [Nourani and Andresen, 1998]. 由图 9.5 可见, 对数冷却在性质上与指数冷却和逆冷却不同. 它的温度在最初的几次迭代中会快速下降, 然后下降过程变得极慢. 这个缓慢的下降意味着, 采用对数冷却调度的模拟退火的收敛性通常较差. 因此, 我们在实际应用中不推荐用对数冷却调度.

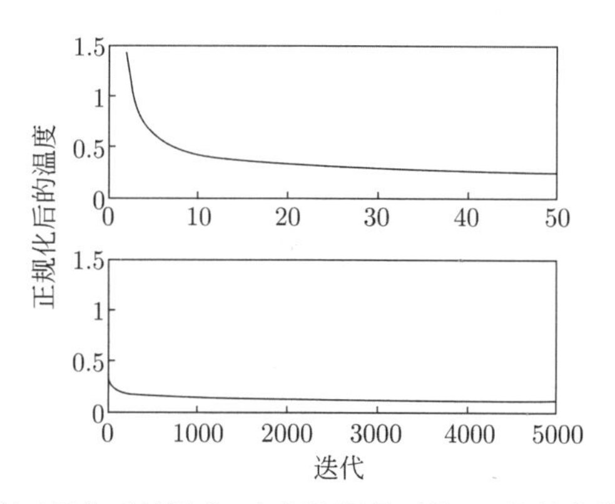

图 9.5 对数冷却调度正规化后的温度. 上部的图显示前 50 次迭代的温度, 下部的图显示前 5000 次迭代的温度. 在前几次迭代中温度下降得非常快, 然后变得很慢, 所以对数冷却调度不实用.

对数冷却调度在理论上却颇有吸引力, 这在模拟退火界广为人知. 已经证明, 在某种条件下, 对数冷却调度能得到全局最小 [Geman and Geman, 1984]. 为了简要说明这个证

明 [Ingber, 1996], 假设有一个离散问题, 搜索空间的规模有限. 已知 $\boldsymbol{x}_k$ 为当前第 k 次迭代的候选解, 由高斯分布生成候选解 $\boldsymbol{x}$ 的概率为

$$g_k \equiv \Pr(\boldsymbol{x}|\boldsymbol{x}_k) = (2\pi T_k)^{D/2} \exp[- \parallel \boldsymbol{x} - \boldsymbol{x}_k \parallel_2^2 /(2T_k)], \tag{9.12}$$

其中 D 是问题的维数. 换言之, 已知 $\boldsymbol{x}_k$ 是当前的候选解, 生成 $\boldsymbol{x}$ 的条件概率是均值为 $\boldsymbol{x}_k$ 协方差为 $T_k\boldsymbol{I}$ 的高斯分布, 这里 T_k 是在第 k 次迭代的温度, $\boldsymbol{I}$ 为单位矩阵. 为了能访问搜索空间中每一个可能的候选解, 只需证明当迭代次数趋于无穷大, 无法访问 $\boldsymbol{x}$ 的概率趋于零; 也就是说,

$$\lim_{N\to\infty} \prod_{k=1}^{N} (1 - g_k) = 0. \tag{9.13}$$

对上面的公式取对数, 得到

$$\ln\left[\lim_{N\to\infty} \prod_{k=1}^{N} (1 - g_k)\right] = \lim_{N\to\infty}\left[\ln \prod_{k=1}^{N} (1 - g_k)\right] = -\infty. \tag{9.14}$$

这个对数在 $g_1 = g_2 = \cdots = 0$ 附近的泰勒展开为

$$\ln[(1 - g_1)(1 - g_2)\cdots] = \ln 1 - g_1 - g_2 - \cdots . \tag{9.15}$$

将前面的两个式子结合, 当迭代数趋于无穷大, 以 100%的概率访问 $\boldsymbol{x}$ 的充分条件为

$$\lim_{N\to\infty} \sum_{k=1}^{N} g_k = \infty. \tag{9.16}$$

如果 g_k 由 (9.12) 式给定, 且如果 $T_k = T_0/\ln k$, 则上式左边变为

$$\begin{aligned} &\lim_{N\to\infty} \sum_{k=1}^{N} (2\pi T_0/\ln k)^{D/2} \exp[- \parallel \boldsymbol{x} - \boldsymbol{x}_k \parallel_2^2 /(2T_0/\ln k)] \\ &\qquad \geqslant \sum_{k=1}^{\infty} \exp(-\ln k) = \sum_{k=1}^{\infty} 1/k = \infty, \end{aligned} \tag{9.17}$$

其中, 如果 T_0 足够大, 不等式就成立 (参见习题 9.5).

9.3.5 逆线性冷却

逆线性冷却的调度为

$$\alpha(T) = T_0/k, \tag{9.18}$$

其中, T_0 是初始温度, k 是模拟退火的迭代次数. 由图 9.6 可见, 逆线性冷却调度在最初几次迭代中表现出了对数调度的快速冷却, 但它避开非零温度和后面迭代中的缓慢冷却.

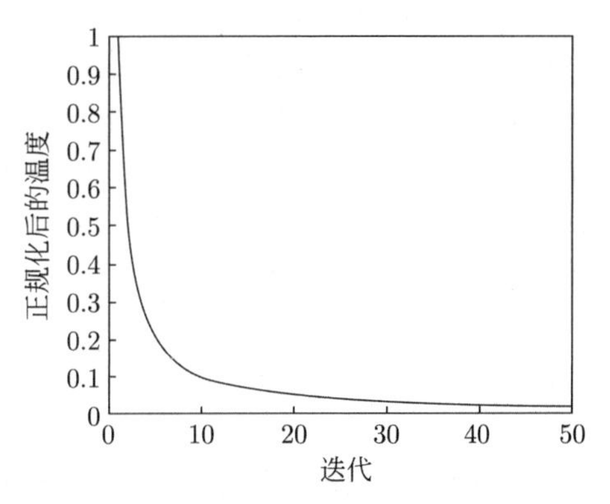

图 9.6 逆线性冷却调度正规化后的温度. 温度很快达到零度.

温度下降得很快并迅速达到零度. 这意味着，逆线性冷却对于需要大量探索的问题不太有效, 而是更适合能用已知的靠近最优解的候选解进行初始化的问题.

与对数冷却一样, 逆线性冷却在理论上也颇具吸引力, 这在模拟退火界也广为人知, 因为已经证明, 在某种条件下逆线性冷却能得到全局最小 [Szu and Hartley, 1987]. 与前一节中关于对数冷却所用的简要说明类似 [Ingber, 1996], 假设有一个离散问题, 其搜索空间的规模有限. 已知 $\boldsymbol{x}_k$ 为当前第 k 次迭代的候选解, 由柯西分布生成候选解 $\boldsymbol{x}$ 的概率为

$$g_k \equiv \Pr(\boldsymbol{x}|\boldsymbol{x}_k) = \frac{T_k}{(\| \boldsymbol{x} - \boldsymbol{x}_k \|_2^2 + T_k^2)^{(D+1)/2}}, \tag{9.19}$$

其中 D 是问题的维数. 注意, 在前一节我们用高斯分布生成侯选解, 本节用的是柯西分布. 图 9.7 比较了柯西概率密度函数与高斯概率密度函数. 柯西概率密度函数的尾巴要胖得多, 这意味着利用它生成的候选解更有可能远离当前的候选解.

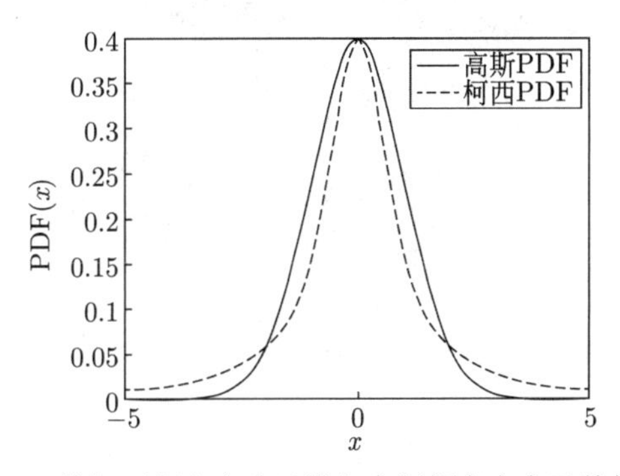

图 9.7 一维柯西概率密度函数与高斯概率密度函数的比较.

如果 g_k 由 (9.19) 式给定, 且 $T_k = T_0/k$, 则 (9.16) 式的左边变为

$$\lim_{N\to\infty} \sum_{k=1}^{N} \frac{T_0/k}{(\| \boldsymbol{x} - \boldsymbol{x}_k \|_2^2 + T_0^2/k^2)^{(D+1)/2}} \geqslant \sum_{k=1}^{\infty} 1/k = \infty \tag{9.20}$$

对于适当的 T_0 值不等式成立 (参见习题 9.6).

现在比较由对数冷却调度和逆线性冷却调度得到的收敛结果. 柯西概率密度函数具有比高斯概率密度函数更胖的尾巴. (9.19) 式采用柯西概率密度函数生成候选解并与图 9.6 的逆线性冷却调度结合. (9.12) 式采用高斯概率密度函数生成候选解并与图 9.5 的对数冷却调度结合. 由于柯西生成函数的尾巴更胖, 所用的冷却调度比高斯生成函数用的冷却调度更快, 所以能保证收敛.

9.3.6 依赖于维数的冷却

在实际应用甚至在某些基准问题中, 不同维数下的费用函数的形状都很不一样. 例如, 考虑函数

$$f(\boldsymbol{x}) = 20 + \mathrm{e} - 20\exp\left(-0.2\sum_{i=1}^{n} y_i^2/n\right) - \exp\left(\sum_{i=1}^{n}(\cos 2\pi y_i)/n\right)$$
$$y_i = \begin{cases} x_i, & \text{对奇数}i, \\ x_i/4, & \text{对偶数}i. \end{cases} \tag{9.21}$$

它是附录 C.1.2 定义的 Ackley函数的标量版. 对于 i 取偶数值的 x_i, 伸缩意味着函数沿着这些维度“伸展”. 图 9.8 所示是此函数的二维图. 因为对偶数维度的伸缩, 函数在 x_2 维度上比在 x_1 维度上更光滑.

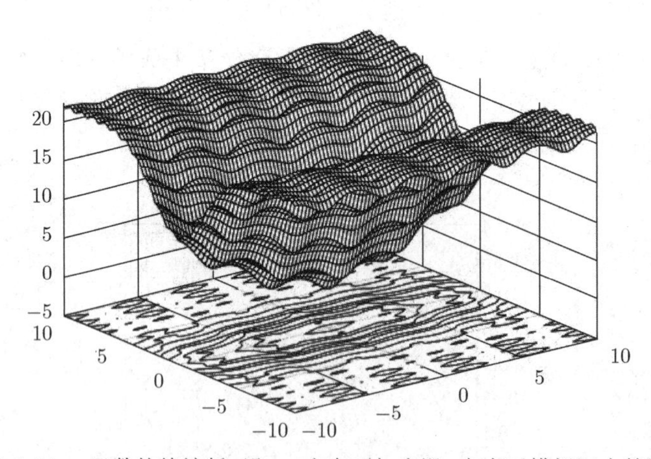

图 9.8 二维 Ackley 函数的伸缩版. 沿 x_2 方向更加光滑, 它表示模拟退火算法在这个维度上应该用更慢的冷却调度.

对于在不同的维度上拓扑结构不同的函数, 我们可能要在不同维度上用不同的冷却调度. 对于 (9.21) 式中伸缩后的 Ackley 函数, 对偶数维度要用较慢的冷却, 对奇数维度则用较快的冷却. 这样会让模拟退火算法在函数渐变的维度上慢慢收敛到最优值. 在渐变的维度上用较快的冷却调度会妨碍模拟退火算法平缓下降. 在函数变化较活跃的维度上则需要较快的冷却调度, 用较快的冷却速率, 模拟退火算法会沿着变化活跃的维度下降, 而

采用慢的冷却速率却会让它过多地跳来跳去. 从另一方面看, 就是对敏感度低 (高温) 的维度搜索要更积极, 而对敏感度高 (低温) 的维度搜索则不需要太积极.

如果采用 (9.8) 式的逆冷却调度, 上面的讨论意味着对偶数维度用较小的 β 值而对奇数维度用较大的 β 值. 也就是说问题的每一个维度会有各自的温度. 因此, 需要修改基本模拟退火算法 9.1, 得到依赖于维度的模拟退火算法 9.2.

算法 9.2 最小化 n 元函数 $f(\boldsymbol{x})$ 依赖于维度的模拟退火算法. 函数 $U[0,1]$ 返回一个在 $[0,1]$ 上均匀分布的随机数. 本算法是基本模拟退火算法 9.1 的一般化; 这里允许每一个维度有各自的温度和各自的冷却调度.

$T_i =$ 初始温度 > 0, $i \in [1, n]$
$\alpha_i(T_i) =$ 第 i 维冷却函数: $i \in [1, n] : \alpha_i(T_i) \in [0, T_i]$, 对所有 T_i
最小化问题 $f(\boldsymbol{x})$ 的一个初始化候选解 $\boldsymbol{x}_0$:
　　$\boldsymbol{x}_0 = [x_{01}, x_{02}, \cdots, x_{0n}]$
While not (终止准则)
　　生成一个候选解 $\boldsymbol{x}_1 = [x_{11}, x_{12}, \cdots, x_{1n}]$
　　If $f(\boldsymbol{x}_1) < f(\boldsymbol{x}_0)$ then
　　　　$\boldsymbol{x}_0 \leftarrow \boldsymbol{x}_1$
　　else
　　　　For $i = 1, 2, \cdots, n$
　　　　　　$r \leftarrow U[0, 1]$
　　　　　　If $r < \exp[(f(\boldsymbol{x}_0) - f(\boldsymbol{x}_1))/T_i]$ then
　　　　　　　　$x_{0i} \leftarrow x_{1i}$
　　　　　　End if
　　　　下一维度 i
　　End if
　　$T_i \leftarrow \alpha_i(T_i)$, $i \in [1, n]$
下一次迭代

例 9.2 本例用依赖于维度的模拟退火算法 9.2 优化 (9.21) 式中 20 维经伸缩的 Ackley函数. 我们用 (9.8) 式描述的逆冷却函数, 对每一个维度: $T_{k+1,i} = T_{ki}/(1 + \beta_i T_{ik})$, 这里 i 是维度, k 是模拟退火的迭代次数, β_i 是第 i 维的冷却调度参数, T_{ki} 是在第 k 次迭代第 i 维的温度, 对所有 i, $T_{0i} = 100$. 我们采用以 $\boldsymbol{x}_0$ 为中心的高斯随机数在每次迭代生成一个新的候选解:

$$x_{1i} \leftarrow x_{0i} + N(0, T_{ki}), \tag{9.22}$$

其中 $N(0, T_{ki})$ 是均值为 0 方差为 T_{ki} 的高斯随机数. 我们用 (9.4) 式的简单接受测试, 其中 $c = 1$.

图 9.9 所示是在 4 种不同的 β 组合下, 最好的解随模拟退火迭代次数的变化情况在 20 次蒙特卡罗仿真上的平均. 如果 β 太小 (0.001), 冷却过程过慢, 模拟退火算法会在搜

索空间中过多地跳来跳去而不去利用已经得到的好解. 如果 β 太大 (0.005), 冷却会过快, 模拟退火算法易于陷入局部最小. 如果 β 的值在奇数维度上较大在偶数维度上较小, 冷却过程会有最好的收敛速率. 这个组合在高度活跃的奇数维度上冷却得快, 在偶数维度上冷却得慢. □

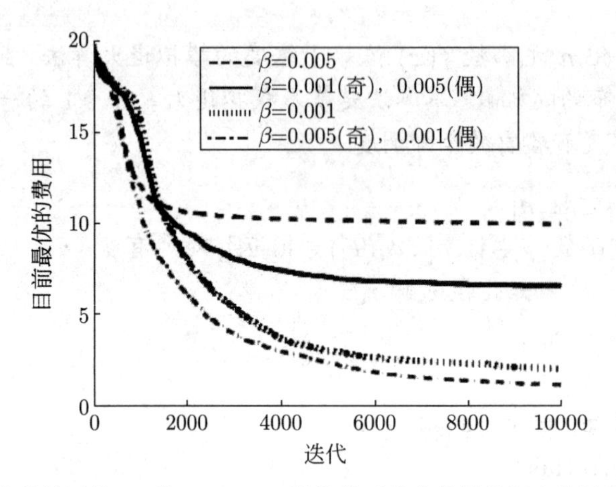

图 9.9 例 9.2 中伸缩后的 20 维 Ackley 函数依赖于维度的模拟退火算法的仿真结果. 结果是在 20 次蒙特卡罗仿真上的平均. 可以针对每一个维度分别调整冷却调度参数 $\{\beta_i\}$ 以得到最好的结果.

9.4 实施的问题

本节讨论关于实施的几个问题, 包括如何生成候选解, 什么时候重新初始化冷却温度, 以及为什么要记录下最好的候选解.

9.4.1 候选解的生成

模拟退火算法 9.1 和算法 9.2 中的 “生成候选解” 这句话看似简单, 但是实施方式有很多, 选什么样的实施方式对模拟退火的性能影响很大. 生成候选解的一种方式是只在搜索空间中随机选出一个点. 在模拟退火算法开始收敛到一个好的解之后, 可以期望的是当前的候选解 $\boldsymbol{x}_0$ 比搜索空间中的绝大多数点都好. 所以, 随机生成候选解可能不太有效. 作为一般的规则, 应该让生成的候选解偏向当前的候选解 $\boldsymbol{x}_0$. 正因为如此, (9.9) 式和 (9.22) 式采用以 $\boldsymbol{x}_0$ 为中心的高斯随机变量生成候选解. 此外, 高斯随机变量的方差等于温度, 它会随时间下降, 因此当模拟退火的迭代次数增加, 搜索范围就逐渐收窄. 可以将 (9.19) 式以 $\boldsymbol{x}_0$ 为中心的柯西分布作为生成更积极的候选解的方法. 生成偏向 $\boldsymbol{x}_0$ 的候选解不仅易于排除很差的候选解, 也会排除很好的候选解. 但在搜索空间中更常见的是差的点而非好的候选解, 因此, 偏向 $\boldsymbol{x}_0$ 的搜索通常很有效.

9.4.2 重新初始化

本章前面的讨论说明冷却调度对于模拟退火的性能非常重要. 如果我们让温度过快冷却, 模拟退火会陷于局部最优, 性能会变差. 但我们常常无法提前知道什么样的冷却调度合适. 因此, 需要经常监测模拟退火算法的改进状况, 如果在 L 次迭代中没有找到更好的候选解, 为增加探索可以重新初始化温度 T_0.

9.4.3 记录最好的候选解

在算法 9.1 中新的候选解 $\boldsymbol{x}$ 可能会替换当前的候选解 $\boldsymbol{x}_0$, 即使 $\boldsymbol{x}$ 比 $\boldsymbol{x}_0$ 差. 为了充分探索搜索空间有必要冒这样的风险, 但是, 这样做可能会丢掉好的候选解. 因此, 我们通常在模拟退火中用一个档案记录下迄今为止得到的最好的候选解. 这与 8.4 节中的精英类似; 但在那一节中我们实际留下的是种群中最好的候选解. 在模拟退火中不能直接这样做除非增加种群规模, 本章没有讨论这种可能性. 无论种群规模是多少, 总是可以维护这样的一个档案, 它包含迄今为止找到的最好的候选解. 因此, 即使因为模拟退火的探索属性让差的候选解替代了好的候选解, 我们仍然会记录迄今为止找到的最好的候选解. 档案中最好的候选解绝不会被差的候选解替换. 当模拟退火算法结束时, 可以返回已找到的最好的候选解.

9.5 总 结

模拟退火起源于 1983 年, 是一种较旧的进化算法, 我们在本书的这一部分中讨论它是因为模拟退火并不总被看成为经典的进化算法. 它不是基于种群的, 但有一些经典的进化算法也不基于种群, 因此没有充分的理由将它剔除在进化算法这个种类之外. 由于模拟退火基于自然的过程, 也由于它是一个迭代的优化算法, 一般我们会认为它是一种进化算法. 它很成熟又具有科学的根基, 关于它的文章、书和应用已经有很多. 想要更全面深入了解模拟退火的读者可以参考 [van Laarhoven and Aarts, 2010], [Otten and van Ginneken, 1989] 和 [Aarts and Korst, 1989] 这几本书. 在 [Aarts et al., 2003] 和 [Henderson et al., 2003] 中有辅导的章节.

与本书讨论的所有进化算法一样, 模拟退火对于多种优化问题都很有用, 包括连续域和离散域问题. 目前在模拟退火领域中的研究方向也反映出如今进化算法的研究重点: 多目标问题的模拟退火 [Bandyopadhyay et al., 2008], 模拟退火与其他进化算法的混合 [Cakir et al., 2011], 并行化 [Zimmerman and Lynch, 2009], 以及带约束的优化[Singh et al., 2010].

本章介绍了模拟退火的背景及其实现, 但我们没时间讨论有关模拟退火的其他重要方面. 比如, [Michiels et al., 2007] 介绍了模拟退火的马尔可夫模型以及收敛性的理论证明, 可能还有别的建模方法和理论上的结果. 人们不仅对收敛性感兴趣, 也对在有限时间内的性能感兴趣, [Henderson et al., 2003] 和 [Vorwerk et al., 2009] 讨论了这个问题.

习 题

书面练习

9.1 (9.1) 式中温度的单位是什么?

9.2 画出 9.1 节中概率 $\Pr(r|q)$ 随 $\varDelta = E(r) - E(q)$ 变化的定性的曲线.

9.3 当新候选解 $\boldsymbol{x}$ 的费用高于当前候选解 $\boldsymbol{x}_0$ 的费用时, 为让接受概率为 p, 接受概率常数 c 应该取什么值?

9.4 假设你想用线性冷却运行模拟退火并迭代 10000 次. 为使温度在最后一次迭代达到 0, η 应该取什么值?

9.5 在对数冷却调度的收敛证明中, "足够大" 是多大?

9.6 在逆线性冷却调度的收敛证明中, "适当的 T_0 值" 是多少?

9.7 以 $T_{k+1} = \alpha(k, T_k)$ 的形式写出线性和逆线性冷却调度, 这里 k 是模拟退火算法的迭代次数.

9.8 本题比较指数冷却与逆冷却.

(1) 以 $T_k = f(k, T_0)$ 的形式写出指数冷却调度和逆冷却调度, 这里 k 是模拟退火算法的迭代次数, T_0 为初始温度.

(2) 找出指数冷却调度中 a 的一个表达式, 使 N 次迭代后的温度与在逆冷却调度中的相同.

(3) 给定 $T_0 = 100$, a 取什么值会在 10000 次迭代后, 在① $\beta = 0.01$; ② $\beta = 0.001$; ③ $\beta = 0.0001$, 时得到相同的温度?

计算机练习

9.9 本题探讨 9.4.2 节讨论的重新初始化策略. 用模拟退火最小化 20 维 Ackley函数. 用下面的参数:

- 逆冷却 $\beta = 0.001$;
- 初始温度 $= 100$;
- 迭代次数限制 $= 10000$;
- 用 $c = 1$ 的 (9.4) 式做接受测试;
- 用 $\boldsymbol{x} \leftarrow \boldsymbol{x}_0 + r\boldsymbol{e}(\boldsymbol{e} = [1, 1, \cdots, 1])$ 生成候选解, 其中 r 是一个均值为零方差为 T^2 的正态分布随机数.

记录目前最好的解 $\boldsymbol{x}_k^*$ 随迭代次数 k 变化情况, 并绘制在 20 次蒙特卡罗仿真中 $\boldsymbol{x}_k^*$ 的平均. 与下列重新初始化策略的曲线比较:

- 当连续 10 次迭代 $\boldsymbol{x}$ 都比 $\boldsymbol{x}_0$ 差时, 重新初始化 T;
- 当连续 100 次迭代 $\boldsymbol{x}$ 都比 $\boldsymbol{x}_0$ 差时, 重新初始化 T;
- 当连续 1000 次迭代 $\boldsymbol{x}$ 都比 $\boldsymbol{x}_0$ 差时, 重新初始化 T;
- 不对 T 重新初始化.

根据所得结果, 关于重新初始化 T 的值能得到什么结论?

9.10 本题探讨生成候选解的方法. 用模拟退火最小化 20 维的 Ackley函数. 采用与习题 9.9 相同的参数. 记录目前最好的解 $\boldsymbol{x}_k^*$ 随迭代次数 k 变化的情况, 并绘制 $\boldsymbol{x}_k^*$ 在 20 次蒙特卡罗仿真上的平均. 比较下列候选解生成策略的曲线:

- $\boldsymbol{x} \leftarrow \boldsymbol{x}_0 + r_1\boldsymbol{e}$, 其中 r_1 是均值为零方差为 T^2 的正态分布随机数, $\boldsymbol{e} = [1, 1, \cdots, 1]$;
- $\boldsymbol{x} \leftarrow r_2\boldsymbol{e}$, 其中 r_2 是在搜索域上均匀分布的随机数.

根据所得结果, 生成候选解的重要性体现在什么地方?

第 10 章　蚁 群 优 化

懒惰人哪, 你去察看蚂蚁的动作, 就可得智慧!

箴言 6:6

蚂蚁是简单的生物, 但是它们一起工作就能完成很多事. 本章开篇的引用把蚂蚁作为努力工作的模范, 它们也会被描绘成无私合作的典型. 单只蚂蚁做不了什么, 一只孤独的蚂蚁可能会漫无目的地转圈直到累死 [Delsuc, 2003]. 一只普通蚂蚁的大脑有 10000 个神经元, 看起来它并不足够去完成多少事情. 但是, 数以百万计的蚂蚁可以集结成群. 有一百万个成员的蚁群总共有 100 亿个神经元, 与一个正常人的神经元的个数相当. 蚂蚁看上去像是一个整体在行动, 因此, 它们有时候被称为超级有机体 [Hölldobler and Wilson, 2008]. 在 1979 年, 有报导称在日本北海道岛上发现一个拥有 3 亿只蚂蚁的蚁群, 它们生活在互相联结的 45000 个蚁巢中 [Hölldobler and Wilson, 1990, page 1]. 在地球上几乎每一种生态环境下, 蚂蚁都很兴盛, 估计蚂蚁占地球上所有陆上动物总质量的 15% [Schultz, 2000]. Myrmecologists(即研究蚂蚁的人) 告诉我们地球上大约有 8800 种蚂蚁, 总共约有一万亿只蚂蚁, 这意味着地球上的每一个人大约有 150000 只蚂蚁. 蚂蚁这么小的生物为什么在这样长的时间里, 在如此多样的环境中都能成功? 科学家把蚂蚁的适应性和优势归因于它们的社会组织. 作为在地球上占绝对主导地位的哺乳动物, 人类也在社会组织中占据领先地位, 这也许绝非巧合.

蚂蚁主要靠信息素进行通信, 信息素是它们分泌的化学物质. 在蚂蚁沿着一条路径来到食物源并把食物带回群的同时, 它们会留下信息素的痕迹. 别的蚂蚁用它们的触角嗅信息素, 跟踪那条路径, 带回更多食物. 在这个过程中, 蚂蚁继续留下信息素, 以强化通往食物源的路径. 通向食物的最短路径因为正反馈的强化, 随着时间的推移其吸引力会变得更大.

有时候, 食物源会耗尽或者一个障碍物会阻断通往食物源的道路. 当蚂蚁沿着一条路径没能找到食物, 它们会转来转去直到找到食物. 如果它们采用最初的路径却没能返回, 在那条路径上就不再会留下更多信息素. 随着时间的推移, 最初那条路径上的信息素会挥发, 使用最初路径的蚂蚁越来越少, 更多的蚂蚁会选取通往新食物源的新路径, 并发现新的最优路径. 图 10.1 刻画的正是这样的过程.

除了找到通往食物源的最优路径, 蚂蚁通过合作完成的很多任务让人印象深刻. 它们能够建立复杂的洞穴通道网络, 这个网络可能是在地下, 如果是编织蚁的话, 它们把网络建在树上. 蚁群有专门的房间用于存储、交配和哺育幼虫. 它们能种植和培育食物源

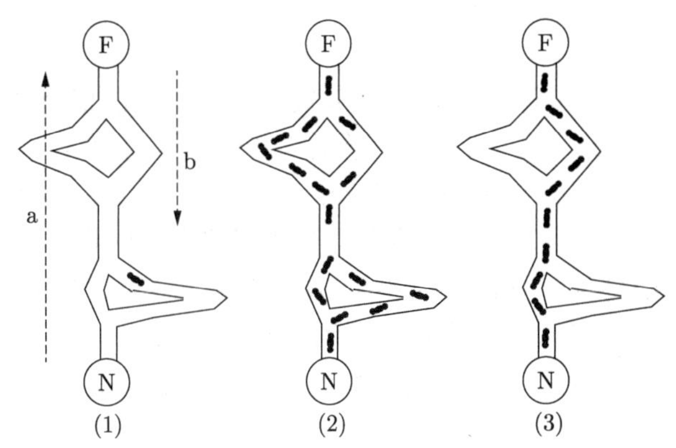

图 10.1　蚂蚁留下并跟从信息素. (1) 第一只蚂蚁朝着 a 所示的方向移动, 找到食物源 F, 并返回由 b 所示方向上的蚁巢 N, 在它的移动过程中会留下信息素的痕迹. (2) 蚂蚁沿着从 N 到 F 的 4 条可能路径中的一条移动, 但信息素强化会让最短路径更具吸引力. (3) 蚂蚁倾向于沿着信息素最多的路径移动, 继续强化这条路径的吸引力, 同时在较长路径上的信息素会挥发. (本图由 Johann Dréo 绘制, 复制自 http://en.wikipedia.Org/wiki/File:Aco_branches.svg, 依照 GNU 自由文档协议的规定发布.)

[Schultz, 1999]. 它们能在地上或水上搭成跨越缝隙的链路 (参见图 10.2). 它们能制造筏子在洪水中逃生, 或者涉水渡河.

图 10.2　蚂蚁在树叶之间搭起一座桥. 桥不仅用于交通, 蚂蚁在筑巢时经由桥把树叶拖到一起. 在 [Hölldobler and Wilson, 1994] 中还可以找到很多像这样的照片. (Sean Hoyland 摄. 复制自 http://en.wikipedia.Org/wiki/File:SSL11903p.jpg, 依照 GNU 自由文档协议的规定发布.)

本章概览

本章讨论蚁群优化 (ant colony optimization, ACO), 这个算法源于蚂蚁存放信息素的行为给我们的启发. 研究蚁群优化的大多数研究人员强调蚁群优化不是进化算法, 因为候选解之间并不直接交换解的信息. 将蚁群优化纳入本书, 不是因为我们想要加入进化算法与非进化算法的争论, 只是因为蚁群优化是一个既有趣又有效的由生物激发基于种群的优化算法.

Martin Dorigo 在他的博士论文中提出蚁群优化, 蚁群优化于 1991 年首次发表 [Colorni et al., 1991]. 10.1 节讨论在生物学上蚂蚁信息素的放置、挥发并描述这些过程的数学模型. 10.2 节讨论蚂蚁系统 (ant system, AS), 20 世纪 90 年代中期提出的蚂蚁系统是第一个蚁群优化算法. 最初提出蚁群优化是为了找到最优路径, 但是很快就被修改用来处理连续域上的优化问题, 这部分内容在 10.3 节讨论. 10.4 节讨论对基本的蚂蚁系统算法常见的一些修改, 包括最大最小蚂蚁系统 (max-min ant system, MMAS) 和蚁群系统 (ant colony system, ACS). 10.5 节简要概述在理论和建模领域有关蚁群优化的研究.

10.1　信息素模型

假设我们观察一个蚁巢和一个食物源, 蚂蚁要获得食物有两条路径, 其中一条长, 另一条短, 如图 10.3 所示. Goss 和他的合作者用阿根廷蚂蚁做了很多次实验, 他们发现在 95% 的试验中, 超过 80% 的蚂蚁会走较短路径 [Goss et al., 1989]. 当蚂蚁到达叉路口时, 它们以一个随机决策挑选路径. 选择较短路径的蚂蚁比选择较长路径的蚂蚁更快回巢. 这样在单位时间内就有更多的蚂蚁选取较短路径. 反过来又让更多的信息素留在了较短路径上. 最后, 在较短路径上的大量信息素激励后来的蚂蚁选取那条路径.

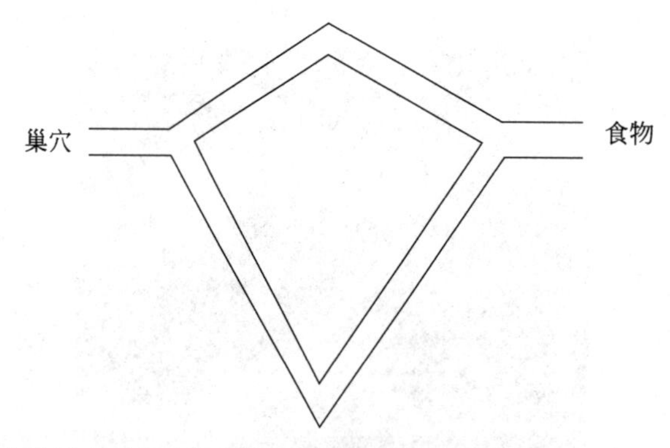

图 10.3　设置此实验是为了探索蚂蚁如何找到距食物最短的路径. 在 95% 的实验中, 超过 80% 的蚂蚁会走较短路径. 改编自 [Goss et al., 1989].

由此可见, 蚂蚁的移动是一个正反馈现象, 至少在某种程度上是这样. 总有一些蚂蚁会选择较长的路径因为它们的选择部分是由一个随机过程支配的. 一般来说, 选择较短路径的蚂蚁越多, 这条短路径上的信息素也越多; 而当较短路径接收到更多的信息素之后, 就会有更多的蚂蚁选择它.

这种正反馈现象也是进化算法的一个特征. 例如, 在遗传算法中, 在第一代中具有有益遗传特征的个体更有可能被选中进行重组. 这意味着第二代有更大可能拥有那些遗传特征. 有益的特征在第二代中逐渐盛行就更有可能传到第三代. 不只在蚁群优化和遗传算法中能看到这种正反馈现象, 在所有的进化算法中都能看到这种现象.

蚂蚁留下信息素, 但信息素还会挥发. Goss 做了另一个实验, 在这个实验中蚁群只有一条路可走. 蚂蚁别无选择, 它们在巢和食物源之间的这条路上来回移动. 过了一会儿, Goss 添加了一条通向食物的较短路径, 如图 10.4 所示. 现在蚂蚁有选择了, 不过所有的信息素都在那条长路径上. 当蚂蚁到达叉路口时, 它们不是自动地选取信息素饱和的那条路径. 当然, 它们更有可能选信息素较多的路径, 但其行为中也有一些随机因素. 因此, 一些蚂蚁选了新出现的那条短路径. 当它们在短路径上移动时, 会在上面留下信息素, 让短路径对后来的蚂蚁更加具有吸引力. 尽管最初在短路径上根本没有信息素, 在大约 20% 的实验中, 大多数蚂蚁最终还是选了短路径. 这就说明信息素会挥发的事实. 不过, 在这个实验中, 信息素的挥发还没有快到让蚂蚁更频繁地选较短而非较长的路径.

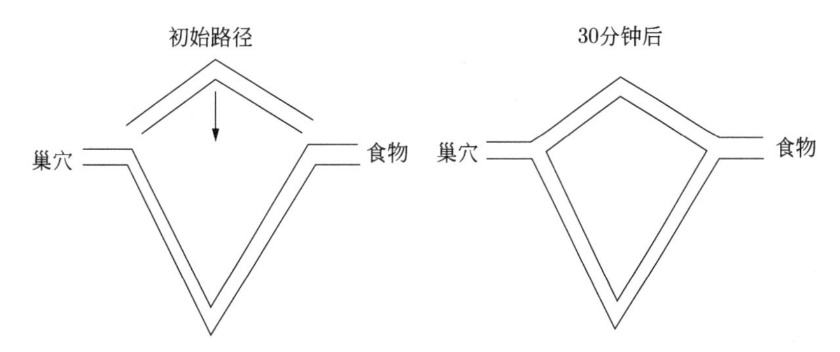

图 10.4 设置此实验是为了探索蚂蚁对新增的通向食物的较短路径的反应. 在 20% 的实验中, 超过 50% 的蚂蚁聚集在较短路径上. 改编自 [Goss et al., 1989].

通过这些实验和类似的实验, Deneubourg 和他的同事提出了信息素存放和挥发的数学模型 [Deneubourg et al., 1990]. 已知两条可选路径, 蚂蚁选择路径 1 的概率为

$$p_1 = \frac{(m_1 + k)^h}{(m_1 + k)^h + (m_2 + k)^h}, \tag{10.1}$$

其中, m_i 是在前面已选择路径 i 的蚂蚁的数目, h 和 k 是由实验确定的参数. 这个最初的模型没有考虑信息素的挥发. k 和 h 的值通常为

$$k \approx 20, \quad h \approx 2. \tag{10.2}$$

图 10.5 显示, 将 (10.1) 式用于长度相等的两条路径上的仿真结果. 图的上部表明前 100 只蚂蚁的行为不可预测, 蚂蚁的行为多为随机的, 蚂蚁选择路径 1 或路径 2 的机会都大约为 50%. 图的下部表明, 当两条路径中的其中一条开始接收到大部分信息素, 它会变得更有吸引力, 会出现前面讨论过的正反馈现象. 最终, 100% 的蚂蚁都会集中在这条路径上.

蚂蚁能够找到它们在日常生活中遇到的问题的最优解. 因此, 我们想通过模拟蚂蚁找出工程问题的最优解.

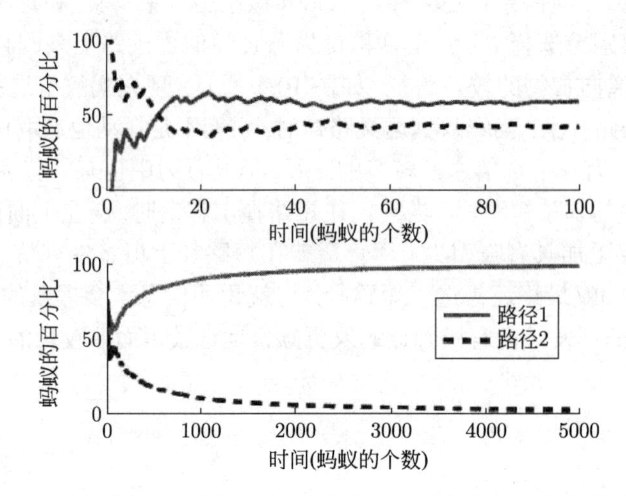

图 10.5 (10.1) 式的仿真结果. 最初, 蚂蚁选择任一条路径的机会都大约为 50%. 一段时间之后, 其中一条路径收到大多数信息素因而出现正反馈现象, 100% 的蚂蚁都选择这一条路径.

10.2 蚂蚁系统

最早发表的蚁群优化算法是蚂蚁系统 [Colorni et al., 1991], [Dorigo et al., 1996]. 用旅行商问题能够说明蚂蚁系统 (参见 2.5 节和第 18 章). 在蚁群优化的仿真中, 每只蚂蚁从一个城市移动到另一个城市, 仿真会将信息素留在蚂蚁经过的路径上. 信息素不只被存放, 还会挥发. 蚂蚁从当前所在的城市移动到其他城市的概率与城市之间信息素的量成正比. 我们还假定蚂蚁知道与问题有关的一些知识, 这些知识有助于它们决策. 它们知道从当前城市到其他城市的距离, 由于算法的目标是找到最短路径, 蚂蚁更有可能去较近而不是较远的城市. 算法 10.1 说明蚂蚁系统.

算法 10.1 显示, 每只蚂蚁从城市 i 移动到城市 j 的概率与城市之间信息素的量成正比, 与城市之间的距离成反比. 在决定去哪一个城市时, 信息素的信息与距离的信息彼此相对的重要性由比值 α/β 确定. 当一只蚂蚁从城市 i 移动到城市 j, 这条路径上的信息素会增加, 其增量与蚂蚁的解的质量成正比 (即与蚂蚁的总旅行距离成反比).

算法 10.1 相当完整, 但还是给程序员留下了一些实施细节. 例如, 是不是 $\tau_{ij}=\tau_{ji}$? 在生物学的蚂蚁系统中, 节点 i 和节点 j 之间信息素的量与节点 j 和节点 i 之间的相同, 但在蚂蚁系统的仿真中却不一定如此. 不难想象, 从节点 i 移动到节点 j 可能得到好的解, 从节点 j 移动到节点 i 却可能得到差的解. 因此, $\tau_{ij}\neq\tau_{ji}$, 它相应于非对称的旅行商问题 (参见图 10.6).

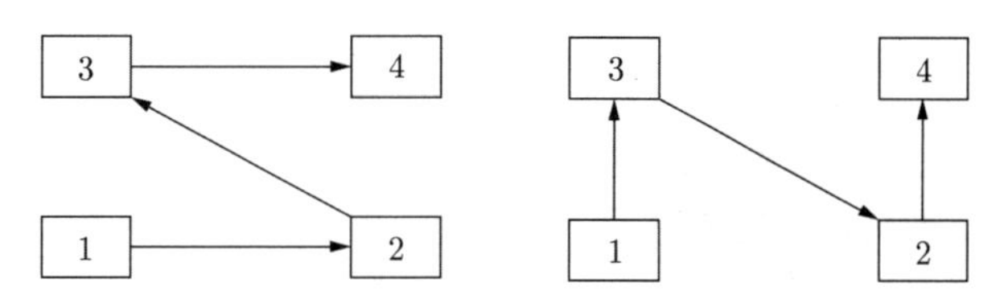

图 10.6 本例假定行程从节点 1 开始. 左边的行程比右边的差很多 (即它的距离较长), 但是两个行程都含有节点 2 和节点 3 之间的路径. 由于左边的行程长而右边的行程短, 对于有效的蚁群优化算法, τ_{23} 应该比 τ_{32} 小; 也就是说, 从节点 2 到节点 3 的吸引力应该比从节点 3 到节点 2 的吸引力低.

算法 10.1 解旅行商问题的简单蚂蚁系统. 在每一代, 城市 i 和城市 j 之间的一些信息素会挥发, 但信息素也会因蚂蚁在这两个城市之间移动而增加.

$n =$ 城市的个数
$\alpha, \beta =$ 信息素与启发式信息的相对重要性
$Q =$ 沉积常数
$\rho =$ 挥发率 $\in (0,1)$
$\tau_{ij} = \tau_0$(城市 i 和城市 j 之间的初始信息素), $i \in [1,n]$, $j \in [1,n]$
$d_{ij} =$ 城市 i 和城市 j 之间的距离, $i \in [1,n]$, $j \in [1,n]$
While not (终止准则)
  For $q = 1$ to $n-1$
    For 每只蚂蚁 $k \in [1,N]$
      初始化每只蚂蚁 $k \in [1,N]$ 的起点城市 c_{k1}
      初始化蚂蚁 k 已访问的城市的集合: $C_k \leftarrow \{c_{k1}\}$, $k \in [1,N]$
      For 每一个城市 $j \in [1,n]$, $j \notin C_k$

$$概率\ p_{ij}^{(k)} \leftarrow \left(\tau_{ij}^{\alpha}/d_{ij}^{\beta}\right) \Bigg/ \left(\sum_{m=1, m\notin C_k}^{n} \tau_{im}^{\alpha}/d_{im}^{\beta}\right)$$

      下一个 j
      让蚂蚁 k 以概率 $p_{ij}^{(k)}$ 到城市 j
      用 $c_{k,q+1}$ 表示在上一行中选择的城市
      $C_k \leftarrow C_k \cup \{c_{k,q+1}\}$
    下一只蚂蚁
  下一个 q
  $L_k \leftarrow$ 由蚂蚁 k 构建的路径总长度, $k \in [1,N]$
  For 每一个城市 $i \in [1,n]$ 和每一个城市 $j \in [1,n]$
    For 每一只蚂蚁 $k \in [1,N]$
      If 蚂蚁 k 由城市 i 到城市 j then
        $\Delta\tau_{ij}^{(k)} \leftarrow Q/L_k$
      else
        $\Delta\tau_{ij}^{(k)} \leftarrow 0$

End if

下一只蚂蚁

$$\tau_{ij} \leftarrow (1-\rho)\tau_{ij} + \sum_{k=1}^{N} \Delta\tau_{ij}^{(k)}$$

下一对城市

下一代

在算法 10.1 中, 另外可以添加的实施细节包括智能初始化、精英和变异. 首先, 蚁群优化的性能与进化算法的性能一样, 在很大程度上取决于初始化(参见 8.1 节). 对于旅行商问题, 我们可能想用一个简单的启发式算法来初始化某些个体. 例如, 首先可以强制蚂蚁在每个决策点一定要访问最近的城市. 18.2 节会详细讨论旅行商问题的初始化. 其次, 与其他进化算法一样 (参见 8.4 节), 蚁群优化可以用精英. 可以通过记录在每一代中最好的几只蚂蚁并强制它们在下一代重复同一条路径来实施精英. 这样能保证从一代到下一代不会丢掉最好的路径. 带精英的蚂蚁系统算法有时候也被称为精英蚂蚁系统 [Dorigo et al., 1996], [Blum, 2005a]. 最后, 与其他进化算法一样, 蚁群优化也可以用变异 (参见 8.9 节). 用某个变异概率随机转换路径就可以将变异纳入算法中. 研究人员提出了几种针对旅行商问题的路径变异机制, 我们会在 18.4 节讨论.

算法 10.1 显示蚂蚁系统中需要调试的几个参数. 它们包括:

- 蚂蚁的个数 N, 种群规模;
- α 与 β, 信息素的量与启发式信息的相对重要性;
- Q, 为沉积常数;
- ρ, 为挥发速率;
- τ_0, 为每个城市之间信息素初始的量.

有几位研究人员研究了这些参数的影响. 这些参数的常用推荐值如下 [Dorigo et al., 1996]:

- $N = n$ (即蚂蚁数 = 城市的个数);
- $\alpha = 1$, $\beta = 5$;
- $Q = 100$, 尽管它的影响不是很明显;
- $\rho \in [0.5, 0.99]$;
- $\tau_0 \approx 10^{-6}$.

例 10.1 本例将蚂蚁系统算法 10.1 应用于 Berlin52 旅行商问题, 它由德国柏林的 52 个地点组成 [Reinelt, 2008]. Berlin52 是一个对称的旅行商问题, 节点集合以及每一对节点之间的距离已知, 我们的目标是要找出正好访问每个节点一次且总距离最短的行程. 对于像 Berlin52 这样的对称旅行商问题, 从节点 i 到节点 j 的距离与从节点 j 到节点 i 的距离相同. 所用蚂蚁系统的参数如下:

- $N = 53$;[1]
- $\alpha = 1$ 且 $\beta = 5$;

---

[1]在不同的文章中, 蚁群优化的标准种群规模会不同. 大多数关于蚁群优化和旅行商问题的文章取 $N = n$, 另外的则取 $N = n + 1$.

- $Q = 20$;
- $\rho = 0.9$;
- $\tau_0 = 10^{-6}$;
- 一般来说, $\tau_{ij} \neq \tau_{ji}$;[1]
- 随机初始化;
- 每一代两只精英蚂蚁;
- 无变异.

图 10.7 显示初始种群中的最好行程, 其总距离为 24780. 这个最好的初始行程很差. 图 10.8 显示在搜索到最好的行程时蚂蚁系统的收敛. 仍由图 10.8 可见, 蚂蚁系统收敛得非常快, 精英保证从一代到下一代最好行程的总距离不会增加. 图 10.9 显示, 在 10 代之后蚂蚁系统找到了最好的行程, 其总距离为 7796. 蚁群优化找到的行程比初始种群中的最好行程好得多, 总距离降低了 69%.

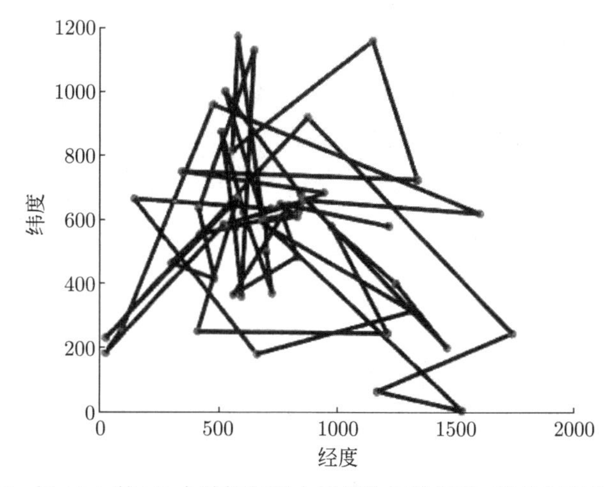

图 10.7 例 10.1 的 53 个随机行程中最好的初始行程, 其总距离为 24780.

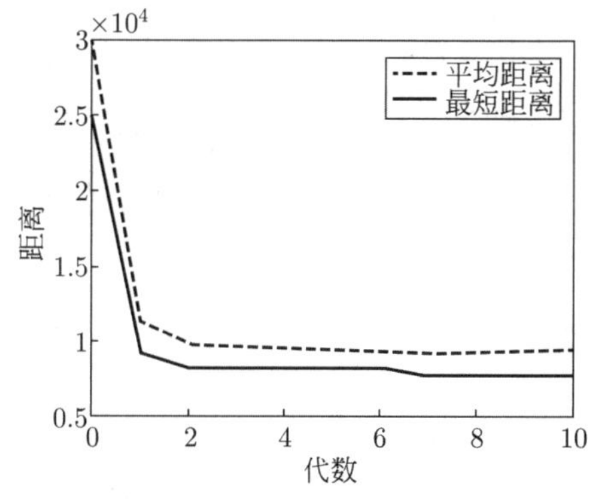

图 10.8 例 10.1 的蚂蚁系统的收敛过程.

[1]对于对称旅行商问题, 通常建议 (但不要求)$\tau_{ij} = \tau_{ji}$.

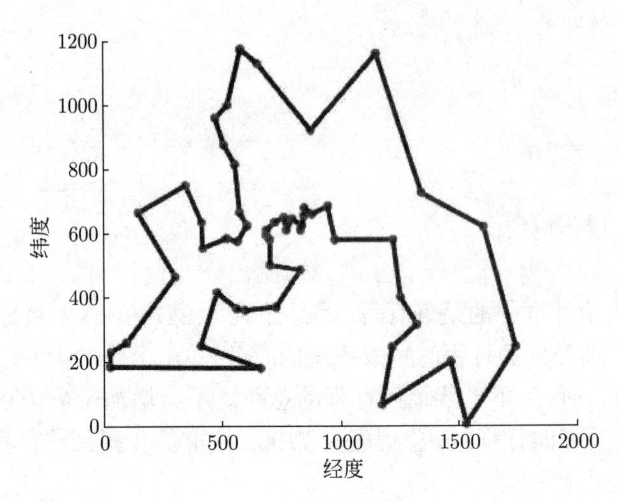

图 10.9 例 10.1 的蚂蚁系统在第 10 代之后找到的最好行程, 其总距离为 7796. 它比图 10.7 中最好的初始行程好 69%, 比图 10.10 中的全局最优行程差 3%.

最后, 我们用图 10.10 给出全局最优行程, 这个行程已经被证明是最优的, 其总距离为 7542. 将图 10.9 与图 10.10 比较, 我们看到, 蚁群优化找到的行程与最优行程类似, 只比最优行程差 3%. 因为蚁群优化是一个随机算法, 每次对蚁群优化仿真都会找到不同的解. 但是, 考虑到此问题有 $51! = 1.6 \times 10^{66}$ 个可能的解, 能找到只比最优解差 3% 的解, 说明蚁群优化做得非常好. □

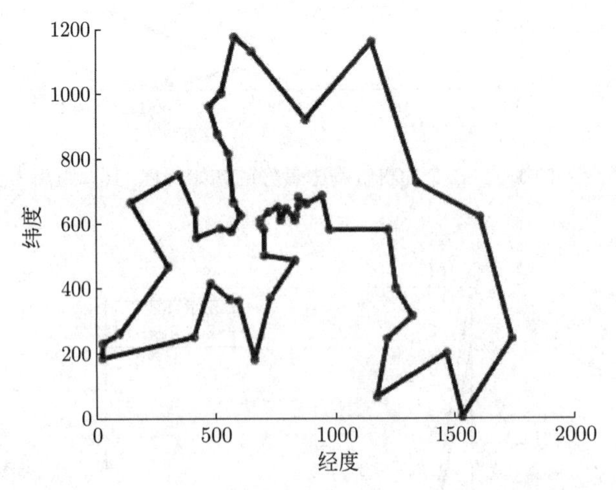

图 10.10 例 10.1 的全局最优行程, 其总距离为 7542.

10.3 连续优化

最初提出蚁群优化是为了求解与旅行商问题类似的问题, 不过, 对蚁群优化做一些修改就能将它用于连续域的优化问题 [Socha and Dorigo, 2008], [Tsutsui, 2004], [de Franca et al., 2008]. 将蚁群优化这样的离散优化算法应用于连续域问题的一个简单方法就是将搜索空间的每一个维度 i 离散化. 也就是说, 我们试图最小化 n 维问题 $f(\boldsymbol{x})$, 其中 $\boldsymbol{x}=[x_1,x_2,\cdots,x_n]$, 并且

$$\begin{aligned} &x_i \in [x_{i,\min}, x_{i,\max}], \\ &x_{i,\min} = b_{i1} < b_{i2} < \cdots < b_{i,B_i} = x_{i,\max}, \end{aligned} \tag{10.3}$$

其中 B_i-1 是将第 i 个域分成的离散区间的个数. 在每一代, 如果候选解的第 i 个域在 b_{ij} 和 $b_{i,j+1}$ 之间, 标准蚂蚁系统算法就更新那个区间的信息素:

$$\text{如果 } x_i \in [b_{ij}, b_{i,j+1}], \text{ 则 } \tau_{ij} \leftarrow \tau_{ij} + Q/f(\boldsymbol{x}), \tag{10.4}$$

其中, Q 是标准蚂蚁系统的沉积常数, 假设对于所有的 $\boldsymbol{x}$, $f(\boldsymbol{x})>0$. (10.4) 式类似于算法 10.1 中的 $\Delta\tau_{ij}^{(k)} \leftarrow Q/L_k$. 在每一代开始时, 我们根据信息素的量依概率构造新的解. 如果区间 $[b_{ij}, b_{i,j+1}]$ 有大量信息素, 所构造的候选解的第 i 维落在这个区间中的概率就大. 要做到这点可以将候选解的第 i 维设置为随机数 $r \in [b_{ij}, b_{i,j+1}]$.

算法 10.2 概述连续蚂蚁系统算法. 记费用函数为 L_k, 假定对所有的 k, L_k 都为正. 对于给定的问题, 如果这个性质不满足, 应该让种群的费用移位以满足此性质. 算法 10.2 中没有精英选项, 不过我们能够 (应该) 很容易地将 8.4 节描述的进化算法的精英包含进来. 也可以将连续蚂蚁系统与局部搜索结合, 在蚂蚁被放入一个离散的箱子之后, 用局部搜索找到在那个箱子中的最优解.

对问题的每一个维度离散化是将蚂蚁系统推广到连续问题的简单方式, 更严谨的方式是用核构造由信息素的量所表示的离散概率密度函数的连续近似 [Simon, 2006, Chapter 15], [Blum, 2005a].

算法 10.2 求解连续域最小化问题的简单蚂蚁系统. $a_k(x_i)$ 是第 k 个候选解的第 i 个元素. 在每一代, 每个箱中的信息素会挥发, 信息素的量也会随着在此箱中构造候选解的蚂蚁的数目成比例地增加. $U[b_{ij}, b_{i,j+1}]$ 是 $[b_{ij}, b_{i,j+1}]$ 上均匀分布的一个随机数.

n = 维数
按照 (10.3) 式将第 i 维分成 B_i-1 个区间, $i \in [1,n]$
α = 信息素的量的重要性
Q = 沉积常数
ρ = 挥发率 $\in (0,1)$
对于 $i\in[1,n]$, $j_i \in [1, B_i-1]$, $\tau_{i,j_i} = \tau_0$ (初始信息素),
随机初始化蚂蚁种群 (候选解) a_k, $k\in[1,N]$
While not (终止准则)
    For 每一只蚂蚁 a_k, $k\in[1,N]$
        For 每一维 $i\in[1,n]$
            For 每一个离散区间 $[b_{ij}, b_{i,j+1}]$, $j \in [1, B_i-1]$

$$概率\ p_{ij}^{(k)} \leftarrow \tau_{ij}^{\alpha} \Big/ \sum_{m=1}^{B_i-1} \tau_{im}^{\alpha}$$

下一个离散区间

$a_k(x_i) \leftarrow U[b_{ij}, b_{i,j+1}]$ (以概率 $p_{ij}^{(k)}$)

下一维

下一只蚂蚁

$L_k \leftarrow$ 由蚂蚁 a_k 构造的解的费用, $k \in [1, N]$

For 每一维 $i \in [1, n]$

For 每一个离散区间 $[b_{ij}, b_{i,j+1}], j \in [1, B_i - 1]$

For 每一只蚂蚁 $a_k, k \in [1, N]$

If $a_k(x_i) \in [b_{ij}, b_{i,j+1}]$ then

$\Delta\tau_{ij}^{(k)} \leftarrow Q/L_k$

else

$\Delta\tau_{ij}^{(k)} \leftarrow 0$

End if

下一只蚂蚁

$$\tau_{ij} \leftarrow (1-\rho)\tau_{ij} + \sum_{k=1}^{N} \Delta\tau_{ij}^{(k)}$$

下一个离散区间

下一维

下一代

例 10.2 本例优化 20 维 Ackley 函数 (参见附录 C.1.2). 我们用算法 10.2, 其参数如下:

- $N = 50$;
- $\alpha = 1$;
- $Q = 20$;
- $\rho = 0.9$;
- $\tau_0 = 10^{-6}$;
- 每一代有两个精英解;
- 每一代每一个个体每一维的变异率 $= 1\%$;
- 区间的个数 $B_i = 40$ 或 80, $i \in [1, n]$.

图 10.11 显示, 在每一维划分为 40 个和 80 个区间的情况下, 每一代的最好解在 20 次蒙特卡罗仿真上的平均. 每维的区间越多, 收敛得越好, 但是区间越多计算时间也越多. 由算法 10.2 可知个中原因. 其一是因为"for 每一个离散化的区间"循环. 其二是因为区间越多就需要更多的计算才能决定把 $a_k(x_i)$ 放在哪一个区间中. 不过, 对于大多数实际的优化问题而言主要都是计算费用函数, 因此, 将域区间离散化额外需要的计算可能并不是一个大问题 (参见第 21 章). □

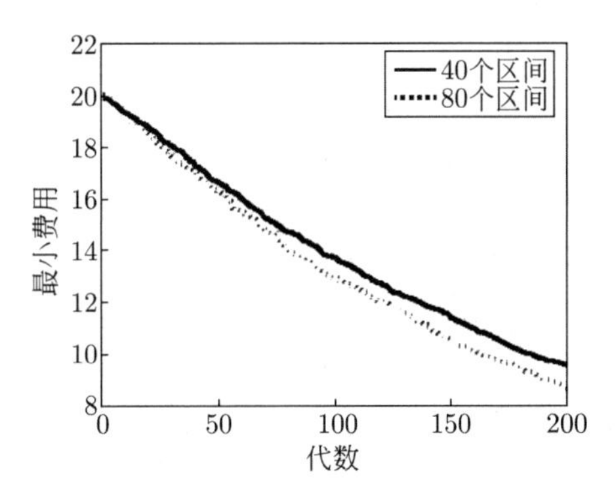

图 10.11 例 10.2: 用连续蚂蚁系统优化 20 维 Ackley 函数的收敛过程. 此图显示每一代的最好解在 20 次蒙特卡罗仿真上的平均. 如果我们在每一维上将信息素分布到更多的区间中, 就能得到更好的性能.

10.4 其他蚂蚁系统

对前面几节描述的标准蚂蚁系统算法已有很多修改版. 本节描述两种基本的修改: 10.4.1 节的最大最小蚂蚁系统以及 10.4.2 节的蚁群系统.

10.4.1 最大最小蚂蚁系统

最大最小蚂蚁系统 (Max-Min Ant System) 是对标准蚂蚁系统算法的一个简单修改 [Dorigo et al., 2006], [Stützle and Hoos, 2000]. 它有两个主要特征. 首先, 仅由每一代中最好的蚂蚁增添信息素. 这样会让探索减少, 对已知的最好解的开发增加. 其次, 信息素的量有上下界. 这样会有相反的效果, 也就是会让探索增加, 即使是最差的行程也有非零的信息素的量, 最好的行程的信息素再多也不能完全支配蚂蚁决策.

标准蚂蚁系统算法与最大最小蚂蚁系统之间的首要差别是在算法 10.1 和算法 10.2 中的更新方式:

$$\left.\begin{array}{ll}\text{标准蚂蚁系统:} & \tau_{ij} \leftarrow (1-\rho)\tau_{ij} + \sum_{k=1}^{N} \Delta\tau_{ij}^{(k)}, \\ \text{最大最小蚂蚁系统:} & \tau_{ij} \leftarrow (1-\rho)\tau_{ij} + \Delta\tau_{ij}^{(\text{best})},\end{array}\right\} \tag{10.5}$$

其中 best 标示最好的候选解. 在算法 10.1 的旅行商问题中, $\Delta\tau_{ij}^{(\text{best})}$ 可表示为

$$\Delta\tau_{ij}^{(\text{best})} \leftarrow \begin{cases} Q/L_{\text{best}}, & \text{如果城市 } i \rightarrow \text{城市 } j \text{属于最好行程}, \\ 0, & \text{其他}. \end{cases} \tag{10.6}$$

在算法 10.2 连续蚂蚁系统中, $\Delta_{ij}^{(\text{best})}$ 可表示为

$$\Delta\tau_{ij}^{(\text{best})} \leftarrow \begin{cases} Q/L_{\text{best}}, & \text{如果最好个体的第}i\text{维} \in [b_{ij}, b_{i,j+1}], \\ 0, & \text{其他}. \end{cases} \tag{10.7}$$

二者之间的另一个差别是在更新 τ_{ij} 之后, 最大最小蚂蚁系统执行下面的式子:

$$\left.\begin{aligned}\tau_{ij} &\leftarrow \max\{\tau_{ij}, \tau_{\min}\},\\ \tau_{ij} &\leftarrow \min\{\tau_{ij}, \tau_{\max}\},\end{aligned}\right\} \tag{10.8}$$

其中 $\tau_{\min}$ 和 $\tau_{\max}$ 根据具体的优化问题调整.

如果充分发挥想象力, 就能想出不同的方式让最大最小蚂蚁系统更一般化. 例如, 不只是最好的蚂蚁留下信息素, 可以让最好的 M 只蚂蚁留下信息素, 这里 M 是一个可调参数; 或者允许第 m 只最好的蚂蚁以概率 p_m 留下信息素, 这里 p_m 随费用的增大而减小. 假定我们想在优化过程的初始阶段更多地探索, 结束阶段更多地开发, 可以随着代数的增加增大 $(\tau_{\max} - \tau_{\min})$. 毋庸置疑, 凭借想象和实验, 还可以找到最大最小蚂蚁系统的其他扩展方式从而改进它在各种问题上的性能.

例 10.3 本例重复例 10.2, 再来最小化 Ackley 函数, 维数 $n = 20$. 采用下面的参数值:

- $N = 40$;
- $\alpha = 1$;
- $Q = 20$;
- $\rho = 0.9$;
- $\tau_0 = 10^{-6}$;
- 每一代有两个精英候选解;
- 每一代每一个个体的每一维的变异率 $= 1\%$;
- 区间个数 $B_i = 20,\ i \in [1, n]$;
- $\tau_{\min} = 0,\ \tau_{\max} = \infty$.

我们只允许 M 只蚂蚁留下信息素: 对于 $m \in [1, M]$,

$$\tau_{ij} \leftarrow (1-\rho)\tau_{ij} + \Delta\tau_{ij}^{(\text{best}_m)}, \tag{10.9}$$

其中 best_m 表示每一代的第 m 个最好个体, 即只有最好的 M 只蚂蚁会在它们探索的域上留下信息素. 除了这个变化之外, 本例用的算法与例 10.2 的蚂蚁系统算法相同. 图 10.12 显示, 当 $M = 4$ 和 $M = 40$ 时, 每一代的最好解在 20 次蒙特卡罗仿真上的平均. 当只允许较少的蚂蚁留下信息素时收敛得更好. 这个结果在直观上说得通. 我们不想让差的个体强化它们的解. □

10.4.2 蚁群系统

蚁群系统 (Ant Colony System) 是蚂蚁系统的扩展 [Dorigo and Gambardella, 1997a], [Dorigo and Gambardella, 1997b], [Dorigo et al., 2006]. 尽管二者同根同源, 但在行为和性能上却大不相同. 蚁群系统对蚂蚁系统的扩展主要有两个. 首先, 每只蚂蚁在构造解的时候会更新局部的信息素. 一旦蚂蚁从城市 i 移动到城市 j, 就更新沿路的信息素:

$$\tau_{ij} \leftarrow (1-\phi)\tau_{ij} + \phi\tau_0, \tag{10.10}$$

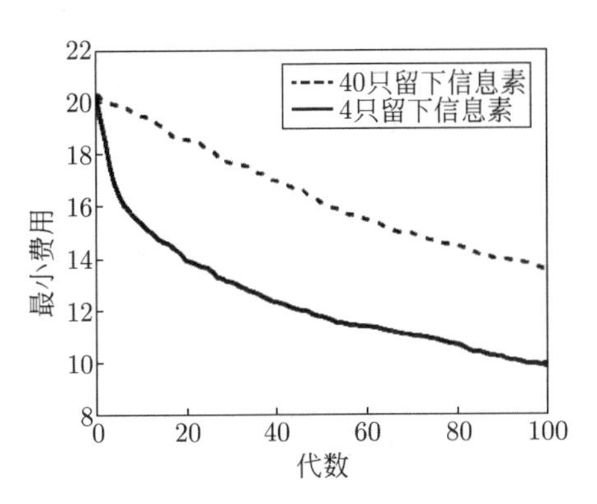

图 10.12 例 10.3: 将连续蚂蚁系统用于 20 维 Ackley 函数的收敛过程. 本图显示每一代的最好解在 20 次蒙特卡罗仿真上的平均. 如果只让最好的蚂蚁在它们的解上留下信息素, 性能会更好.

其中, $\phi \in [0,1]$ 是局部信息素衰减常数, τ_0 是初始信息素的量. 如果 $\phi = 0$ 则 τ_{ij} 不变, 这时回到最初的蚂蚁系统. (10.10) 式表明当蚂蚁通过城市 i 和城市 j, 这段路径上的信息素会衰减. 这在生物学上并不准确,[1] 但会劝阻别的蚂蚁跟从相同的路径, 因此它鼓励更多的探索和多样性. 在所有蚂蚁都构造了候选解之后, 实施 (10.5) 式中的标准全局信息素更新规则.

蚁群系统对蚂蚁系统的第二个扩展是在构造候选解时使用伪随机比例规则. 用 $(a_k \to j)$ 记第 k 只蚂蚁在构造候选解时去到城市 j 这一事件. 记 $\Pr(a_k \to j)$ 为 $(a_k \to j)$ 的概率. 标准蚂蚁系统与蚁群系统在构造候选解时的差别如下：

$$\left.\begin{aligned} &\text{蚂蚁系统:}\quad \Pr(a_k \to j) = p_{ij}^{(k)}, \\ &\text{蚁群系统:}\quad \Pr(a_k \to j) = \begin{cases} \left.\begin{array}{ll} 1, & \text{如果} j = \operatorname*{argmax}_J p_{iJ}^{(k)}, \\ 0, & \text{其他}, \end{array}\right\} & \text{如果} r < q_0, \\ p_{ij}^{(k)}, & \text{如果} r \geqslant q_0, \end{cases} \end{aligned}\right\} \tag{10.11}$$

其中 r 是在 [0,1] 上均匀分布的一个随机数, $q_0 \in [0,1]$ 是一个可调参数. 标准蚂蚁系统用信息素的量推导出概率, 蚂蚁 k 基于这些概率决定去往哪一个城市 (参见算法 10.1 和算法 10.2). 但在蚁群系统中, 蚂蚁 k 有 q_0 的概率去往概率最高的城市 (即从当前城市去往信息素量最大的城市, 在 (10.11) 式中记为 argmax 函数); 有 $(1-q_0)$ 的概率采用标准蚂蚁系统的规则来决定去往哪一个城市. 这让蚂蚁构造的解偏向于探索极具潜力的选项. 它在概念上等价于让信息素多的路径的概率增大, 等价于在算法 10.1 和算法 10.2 中增大 α.

当 $r \geqslant q_0$, (10.11) 式的蚁群系统概率只近似准确. 为提高准确度, 应该把它们正规化使其和为 1(参见习题 10.7).

---

[1]对蚁群优化和进化算法的扩展经常会偏离算法的生物学基础, 但是我们的主要目标是开发有效的优化算法而不是准确地模仿生物. 蚁群优化和进化算法的生物学根基主要被用来启发我们思考.

例 10.4 本例研究蚁群系统中局部信息素衰减常数 ϕ 的用处. 与本章之前的例子一样, 我们最小化 Ackley 函数, 其维数 $n = 20$. 我们使用下面的参数:

- $N = 40$;
- $\alpha = 1$;
- $Q = 20$;
- $\rho = 0.9$;
- $\tau_0 = 10^{-6}$;
- 每一代有两个精英候选解;
- 每一代每一个个体每一维的变异率为 1%;
- 区间的个数 $B_i = 20, i \in [1, n]$;
- $\tau_{\min} = 0$, $\tau_{\max} = \infty$;
- 每一代中最好的 4 只蚂蚁留下信息素;
- 探索常数 $q_0 = 0$.

图 10.13 显示当 $\phi = 0$, 0.001 和 0.01 时, 每一代的最好解在 20 次蒙特卡罗仿真上的平均. 由图可见, 当局部信息素衰减常数取非零的值时, 性能会显著提高. ϕ 取正值鼓励更多的探索, 这样收敛得更快. 但是, 如果 ϕ 太大, 就会大大地阻碍其他蚂蚁探索前面已用过的路径, 性能变得更差. 为得到更确定的结论, 我们应该针对图 10.13 的结果做统计显著性测试 (参见附录 B.2.4 和附录 B.2.5). □

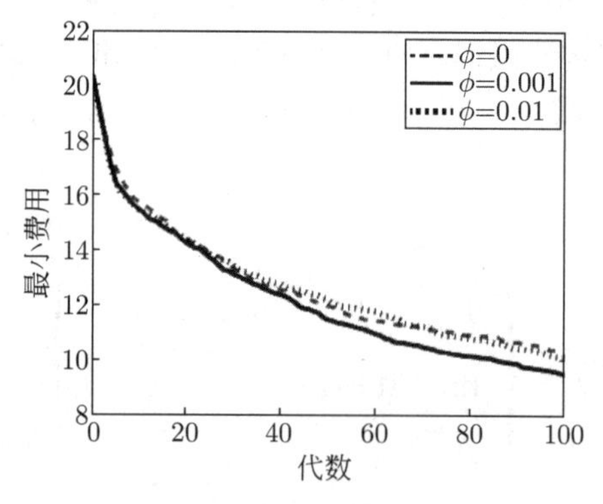

图 10.13 例 10.4: 蚁群系统对于 20 维 Ackley 函数的性能. 此图针对局部信息素衰减常数的不同值, 显示每一代最好的解在 20 次蒙特卡罗仿真上的平均. $\phi > 0$ 时性能更好, 但当 ϕ 过大时性能却变差.

例 10.5 本例研究蚁群系统中探索常数q_0 的作用. 与本章前面的例子一样, 我们最小化 Ackley 函数, 维数 $n = 20$. 除了将局部信息素衰减常数固定为 $\phi = 0$ 测试 q_0 的不同值之外, 我们采用的蚁群系统参数与例 10.4 的相同. 图 10.14 显示当 $q_0 = 0$, 0.001 和 0.01, 每一代的最好解在 100 次蒙特卡罗仿真上的平均. 我们看到, 当探索常数取非零的值时性能稍好. q_0 取正值会让蚂蚁大大地偏向更有利的解的特征. 如果 q_0 过大, 蚁群系统对搜索空间的探索不够充分, 性能变差. 要得到更确定的结论, 应该对图 10.14 的结果做统计显著性测试 (参见附录 B.2.4 和附录 B.2.5). 还要注意的是, 这些结果高度依赖于具体的问题以及在前面的例子中列出的其他参数设置. 大多数蚁群系统在实施时使用的 q_0 值都较大, 比如 $q_0 = 0.9$[Dorigo and Gambardella, 1997b]. □

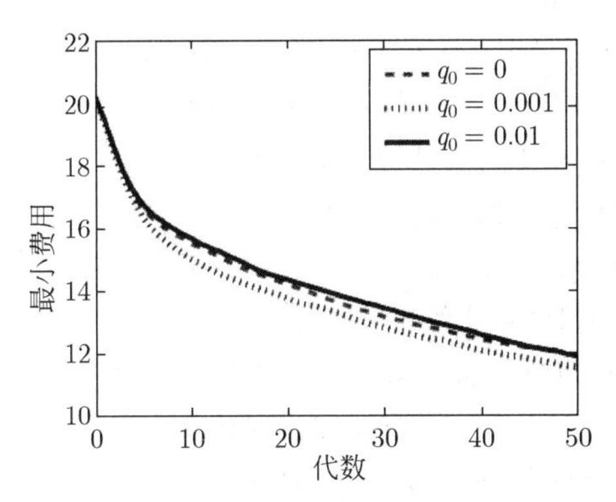

图 10.14 例 10.5: 蚁群系统对于 20 维 Ackley 函数的性能. 此图显示对于探索常数的不同值, 每一代最好的解在 100 次蒙特卡罗仿真上的平均. 当 $q_0 > 0$ 时性能会更好, 但如果 q_0 过大性能却会变差.

10.4.3 更多的蚂蚁系统

由于篇幅的限制, 我们不能详细讨论别的蚂蚁系统, 不过还有几个变种很值得注意, 我们在这里做简要介绍. 在精英蚂蚁系统中, 只要其他的蚂蚁留下信息素, 最好的解就会留下信息素 [Dorigo and Stützle, 2004, Chapter 3]. 因此, 在算法 10.2 中对 $\Delta\tau$ 的计算做如下修改:

$$\left.\begin{aligned} \text{标准蚂蚁系统:}\quad & \Delta\tau_{ij}^{(k)} \leftarrow \delta_{ij}^{(k)} Q/L_k, \\ \text{精英的蚂蚁系统:}\quad & \Delta\tau_{ij}^{(k)} \leftarrow \delta_{ij}^{(k)} Q/L_k + \delta_{ij}^{(\text{best})} Q/L_{\text{best}}, \end{aligned}\right\} \tag{10.12}$$

其中, $\delta_{ij}^{(k)} = 1$ 如果第 k 个候选解的第 i 维处于第 j 个离散化的区间, best 标示种群中最好的个体. 可见, 在精英蚂蚁系统中, 每次蚂蚁留下信息素, 最好的蚂蚁也这样做.

蚂蚁-Q是蚂蚁系统与 Q-学习的混合 [Gambardella and Dorigo, 1995]. 在基于排名的蚂蚁系统中, 蚂蚁留下的信息素的量不仅取决于解的质量, 还取决于相对其他蚂蚁的排名 [Dorigo and Stützle, 2004,Chapter 3]. 近似的非确定性树搜索 (approximated non-deterministic tree search) 指定某种机制用来定义一个移动有多大的吸引力, 以及如何更新信息素 [Maniezzo et al., 2004]. 最好最差蚂蚁系统在最好的解上留下更多的信息素, 在最差的解上让更多的信息素挥发, 并且利用变异鼓励探索 [Cordon et al., 2000]. 超立方的蚁群优化算法将信息素限制在区间 [0,1] 中以规范在目标不同的问题上蚁群优化的行为, 同时便于理论上的研究 [Blum and Dorigo, 2004]. 基于种群的蚁群优化维护信息素种群的历史, 而不是在单张信息素地图上存储所有信息; 用这个种群修改更新算法 [Guntsch and Middendorf, 2002]. 定向搜索是一个颇受欢迎的树搜索算法, 定向蚁群优化是蚁群优化和定向搜索的混合 [Blum, 2005b].

10.5 理论结果

自从实验结果表明蚁群优化有效, 研究人员就一直在探究蚁群优化理论, 用来解释蚁群优化在什么时候, 为什么, 以及怎样做才管用. [Gutjahr, 2000] 最早给出蚁群优化收敛性的证明. 在那之后, 针对不同类型的蚁群优化算法, 发表了各种各样的收敛性证明 [Dorigo and Stützle, 2004]. 这些证明的大多数都有像"如果时间足够, 蚁群优化最终会找到组合优化问题最好的解"这样的断言. 这种收敛结果在数学上有利, 但实际的好处却非常有限. 只要将每一个分支上的信息素维持在某个范围内, 像在最大最小蚂蚁系统中的上下界之间, 每只蚂蚁总是有非零的概率探索解空间中的每一个可能的分支, 因此, 如果时间足够, 就可以访问每一个分支, 这意味着最终能够找到最优解. 当然, 以非零概率搜索每一个可能的候选解的随机搜索算法最终都会收敛, 即使最简单的随机搜索也是如此 [Back, 1996].

关于收敛的时间还有更多有趣的理论结果 [Gutjahr, 2008], [Neumann and Witt, 2009], 在给定的时间内收敛的概率, 问题规模的可扩展性, 以及像马尔可夫模型或动态系统模型这类的描述性数学模型 (参见第 4 章遗传算法的数学模型). 注意, 组合问题的理论结果与连续域问题的理论结果很不同. 此外, 如果能证明蚁群优化与其他优化算法等价, 而这些优化算法的收敛性证明就可能适合蚁群优化从而强化它的理论基础.

我们已经证明蚁群优化在某些条件下等价于随机梯度上升 (stochastic gradient ascent, SGA) 和交叉熵 (cross entropy) 优化算法 [Meuleau02 and Dorigo, 2002], [Zlochin et al., 2004], [Dorigo and Stützle, 2004]. 随机梯度上升和交叉熵是基于模型的优化算法, 它们采用在搜索空间上的参数化概率分布为基础来构造解, 并利用对候选解的评价修改概率分布让它偏向更好的候选解.

10.6 总 结

由于蚁群优化有很多变种, 一些研究人员强调蚁群优化不是一个算法而是一个元启发式. 对于本书讨论的每一个算法 (遗传算法、进化规划、进化策略、遗传规划等) 也都可以这样说; 它们都有许多变种, 因此它们都是元启发式. 算法与元算法之间的差别不是非黑即白, 只不过是一个程度的问题. 大多数研究人员强调蚁群优化不是传统意义下的进化算法, 是因为个体之间互相并不交换信息. 我们在本章看到, 尽管蚁群优化的解的构造参数会随着时间演变, 蚁群优化个体相互之间的确不会共享信息.

本章的讨论大部分聚焦在信息素上. 蚂蚁还可以为标记路径之外的别的目的留下其他信息素. 典型的蚁群使用的信息素多达 20 种 [Hölldobler and Wilson, 1990, Chapter 7]. 例如, 蚂蚁在被碾碎时会留下警示的信息素. 这样可以激励其他蚂蚁积极对抗碾碎其同伴的捕食者 [Sobotnik et al., 2008]. 在蚁群优化算法中, 可以模拟这些种类的信息素, 让差的解广播信息以劝阻其他个体重蹈覆辙. 这与 11.6 节中粒子群优化的负强化类似.

雌性蚂蚁在产卵时, 为给同类的其他雌性蚂蚁发信号会留下夸耀的信息素, 让它们

到别的地方产卵 [Gomez et al., 2005]. 动物留下领地的信息素来标记它们的领地 [Home and Jaeger, 1988]. 猫和狗的尿液中存在领地信息素, 它们把尿液留在领地的边缘. 动物释放性信息素以表示它们可以繁殖 [Wyatt, 2003]. 蚂蚁释放招募同伴的信息素吸引其他蚂蚁到需要工作的地方去 [Hölldobler and Wilson, 1990]. 若在蚁群优化算法中模拟这类信息素, 可以让个体广播已探索过的搜索空间中领地的信息防止重复搜索, 或鼓励别的个体探索有潜力的区域. 蚂蚁也可以释放关于具体任务的信息素 [Greene and Gordon, 2007]. 针对不同个体寻求不同子问题优化的多目标优化, 可以在蚁群优化中模拟这种信息素. 由此可见, 根据生物学扩展蚁群优化的机会还有很多.

在 [Bonabeau et al., 1999], [Dorigo and Stiitzle, 2004] 和 [Solnon, 2010] 等书中, [Maniezzo et al., 2004] 和 [Dorigo and Stiitzle, 2010] 的章节中以及教案 [Blum, 2005a], [Blum, 2007] 中可以找到有关蚁群优化的更多内容. 蚁群优化的未来研究方向与其他优化算法的研究重点类似 [Dorigo et al., 2006]: 如何将蚁群优化应用于搜索空间随时间变化的动态优化问题, 以及如何将蚁群优化应用于有噪声的适应度函数评价的随机优化问题 (参见第 21 章)? 如何将蚁群优化应用于多目标优化问题 (参见第 20 章)? 如何将蚁群优化与其他进化算法混合?

习　　题

书面练习

10.1　给出一个实际问题的例子, 其中从节点 A 到节点 B 的旅行费用与从节点 B 到节点 A 的旅行费用不同.

10.2　令 t 为蚂蚁的总数, 在 (10.1) 式中 $m_1 \approx p_1 t$ 且 $m_2 \approx p_2 t$.

(1) p_1/p_2 的均衡比是多少?

(2) 哪些均衡比是稳定的, 哪些不稳定?

10.3　假设在蚂蚁系统算法 10.1 中 $\beta = 1$. 如果两段路径有等量的信息素并且路段 1 的长度只是路段 2 的长度的一半, 一只蚂蚁选取路段 1 而不是路段 2 的可能性有多大? 如果 $\beta = 2$, 这种可能性有多大? 如果 $\beta = 3$, 这种可能性又有多大?

10.4　蚂蚁系统算法 10.1 中的第 k 只蚂蚁留下的信息素的量设为 $\Delta\tau_{ij}^{(k)} = \delta_{ij}^{(k)} Q/L_k$, 其中, $\delta_{ij}^{(k)} = 1$, 如果第 k 只蚂蚁从城市 i 到城市 j; 否则 $\delta_{ij}^{(k)} = 0$. 假设把 $\Delta\tau_{ij}^{(k)}$ 设置为 $\delta_{ij}^{(k)} \epsilon \tau_{ij}$, 其中 ϵ 是一个可调参数.

(1) ϵ 在什么范围内信息素更新方程稳定?

(2) 在这种情况下 τ_{ij} 的均衡值是多少? 这个均衡值令人满意吗?

10.5　在标准连续域蚂蚁系统算法 10.2 中, 第 m 只蚂蚁留下的信息素为 $\Delta\tau_{ij}^{(m)} = Q/L_m$. 假设允许第 m 只蚂蚁以概率 p_m 留下信息素, 我们在 10.4.1 节的末尾曾提到, 随着费用的增加 p_m 减小:

$p_m \leftarrow \dfrac{1}{L_m}\displaystyle\sum_{r=1}^{N} L_r$

$r \leftarrow U[0,1]$—— 即 r 是在 [0,1] 上均匀分布的一个随机数

If $r < p_m$ then
    $\Delta\tau_{ij}^{(m)} \leftarrow Q_1/L_m$
else
    $\Delta\tau_{ij}^{(m)} \leftarrow 0$
End if

在上面的算法中, Q_1 应该取什么值以使第 m 只蚂蚁留下的信息素的量的平均值等于标准蚂蚁系统算法 10.2 中留下的量?

10.6 在连续域蚂蚁系统算法 10.2 中, 计算量随种群的规模如何增加? 计算量随问题的维数如何增加? 计算量随每一维的离散化区间的个数如何增加?

10.7 蚁群系统的概率:

(1) 假设有 4 个城市的蚁群系统, $q_0 = 1/2$. 假设第 k 只蚂蚁在城市 1, 且

$$p_{11}^{(k)} = 0, \quad p_{12}^{(k)} = 1/4, \quad p_{13}^{(k)} = 1/4, \quad p_{14}^{(k)} = 1/2.$$

根据 (10.11) 式, 第 k 只蚂蚁去往这 4 个城市中的每一个城市的概率是多少? 这些概率的和为 1 吗?

(2) 将 (10.11) 式的蚁群系统概率 $\Pr(a_k \to j)$ 正规化, 从而让 $j = 1$ 到 n 的和为 1.

(3) 利用 (2) 的结果计算 (1) 中所述情况的新概率, 新概率的和为 1 吗?

10.8 提出一种实施基于排序的蚂蚁系统的方式, 类似于在 10.4.3 节中提到的那种.

10.9 提出一种实施最好最差蚂蚁系统的方式, 类似于在 10.4.3 节中提到的那种.

计算机练习

10.10 本问题探索 β 对蚂蚁系统性能的影响, β 是蚂蚁系统的启发式灵敏度. 对例 10.1 的蚂蚁系统做 20 次仿真, 在每一代记录下所有蚂蚁中最低的费用. 绘制最低费用在 20 次蒙特卡罗仿真上的平均值随代数变化的过程. 取 $\beta = 0.1$, 1 和 10. 讨论所得结果.

10.11 取 $M = 40$ 重复例 10.3. 针对以下每一个 $\tau_{\min}$ 的值: 0, 0.001, 0.01 和 0.1, 运行 20 次蒙特卡罗仿真. 绘制其结果. 评论 $\tau_{\min}$ 对蚂蚁系统性能的影响.

10.12 取 $M = 40$ 重复例 10.3. 针对以下每一个 $\tau_{\min}$ 的值: 1, 10, 100 和 ∞, 运行 20 次蒙特卡罗仿真. 绘制其结果. 评论 $\tau_{\min}$ 对蚂蚁系统性能的影响.

第 11 章　粒子群优化

粒子群算法模仿人类的社会行为.

詹姆斯・肯尼迪, 罗素・埃伯哈特 (James Kennedy, Russell Eberhart) [Kennedy and Eberhart, 2001]

在很多自然系统中我们都能观察到群体智能. 例如, 第 10 章一开始讨论过的蚂蚁就表现出非凡的群体智能水平. 在这样的系统中, 智能并不存在于个体中, 而是分布在由很多个体组成的群中. 从动物群避开捕食者, 寻找食物, 设法更快地穿行以及其他行为中都能看到群体智能.

动物群常常能够比独行的动物更有效地避开捕食者. 例如, 由于斑马与周围景观的反差, 狮子很容易认出单匹斑马, 但是却很难从一群斑马中分辨出某个个体 [Stone, 2009]. 一群动物比一只独处的动物看起来更大, 或者声音更大, 或者具有更大的威胁. 最后, 捕食者很难盯住混在一大群动物中的单只动物. 这种现象被称为捕食者混淆效应 [Milinski and Heller, 1978]. 在 [Heinrich, 2002] 中对羚羊如何利用捕食者混淆效应的描述非常有趣.

动物群防御捕食者的另一个方式是所谓的多眼假说 [Lima, 1995]. 当一大群动物在觅食或在溪边饮水时, 随机效应决定了始终会有几只动物在监视捕食者. 这种协作不仅能防御捕食者, 还能让每一位个体有更多时间觅食和饮水.

最后, 动物群凭借冲突稀释效应防御捕食者的攻击 [Krause and Ruxton, 2002]. 它有几种形式. 首先, 作为一种自私的行为, 单只动物可能会寻求群体的掩护和保护以降低遭到攻击的可能性 [Hamilton, 1971]. 其次, 当捕食者在其领地游荡时, 它遇到成群动物的可能性较小, 更有可能遇到的是很多个体中的一个 [Turner and Pitcher, 1986].

动物群比独行的动物更容易找到食物. 乍看起来这种说法好像不对. 毕竟在群中的一个个体无法偷偷接近它的猎物; 当它捕捉到猎物时, 还不得不与群里的同伴分享. 成群动物的觅食与避开捕食者的多眼假说有关. 由于有多只眼睛寻找食物, 动物群比独自觅食的动物有着不成比例的更大的机会成功 [Pitcher and Parrish, 1993]. 此外, 如果一群动物围住猎物, 它们捕获猎物的机会也会大增.

动物群比独行的动物移动得更快. 从骑单车的人骑成一排顺流而行就能看出来. 因为有风的阻力, 跟在后面的骑车人可能比领头的少花 40%的能量 [Burke, 2003]. 同样的情形还能在速滑、跑步、游泳以及其他运动中看到, 只是其程度较小. 在动物世界中, 当

成群的大雁飞翔 [McNab, 2002], 成群的鸭子拨水 [Fish, 1995] 以及成群的鱼游水 [Noren et al., 2008] 时都能看到顺流而行的情形.

一群个体合作不仅能改进它们在某件任务上的集合性能而且还能提高每一个个体的性能, 这正是粒子群优化 (Particle swarm optimization)的基础. 我们不仅在动物的行为中清楚看到粒子群优化的原理, 在人类的行为中也能看到. 当我们试图改进在某个任务上的性能时, 会根据一些基本观点调整我们的方法.

- 惯性. 我们往往会保留在过去已证明是成功的那些旧的方式. “我总是这样做, 所以还会继续这样做.”
- 受社会的影响. 我们听到他人的成功后会试图仿照他人的方法. 我们可能从书籍, 或者互联网, 或者报纸读到他人成功的事迹. “如果那样做对他们管用, 对我可能也管用.”
- 受邻居的影响. 我们从与自己亲近的人那里学到的最多. 受朋友的影响会比受社会的影响更多. 我们会与他人分享成功和失败的故事, 并因为这些交往修正我们的行为. 与互联网上亿万富翁的遥远的故事相比, 百万富翁邻居或侄儿的投资建议对我们的影响更大.

本章概览

11.1 节概述粒子群优化基础, 并给出一些简单的例子. 11.2 节讨论粒子群优化中限制粒子速度的方式, 要得到好的优化性能需要限制粒子的速度. 11.3 节讨论惯性权重和压缩系数, 它们是粒子群优化的两个特征, 可以间接地限制粒子速度. 11.4 节讨论全局粒子群优化算法, 它是粒子群优化的一般化, 它会在每一代利用最好的个体更新每一个个体的速度. 11.5 节讨论完全知情的粒子群优化算法, 在每一代每一个个体的速度都会参与到其他个体的速度更新中. 11.6 节讨论粒子群优化如何从另一个方向学习 —— 如果能从他人的成功中学习, 就可以从其错误中学习.

11.1 基本粒子群优化算法

假设定义在 d 维连续域上的一个最小化问题, 以及包含 N 个候选解的种群, 记为 $\{\boldsymbol{x}_i\}$, $i \in [1, N]$. 此外, 假设每一个个体 $\boldsymbol{x}_i$ 以某个速度 $\boldsymbol{v}_i$ 在搜索空间中移动. 在搜索空间中的这个运动是粒子群优化的精髓所在, 也是粒子群优化与其他进化算法的基本区别. 大多数进化算法比粒子群优化更稳定, 因为它们为候选解以及候选解从一代到下一代的进化建模, 但并不为候选解在搜索空间中移动的动态建模.

当粒子群优化的个体在搜索空间中移动时, 因为存在某种惯性, 它易于保持自己的速度, 但它的速度也会因为几个因素而改变.

- 首先, 它记下了在过去的最好位置, 为回到那个位置它会改变速度. 这与人类容易记住昔日美好时光, 并试图重温过去的这种情形类似. 在粒子群优化中, 个体在搜索空间中移动, 从一代到下一代位置会改变. 但个体记住了在过去的性能, 以及在过去获得最好性能时的位置.

- 其次, 个体知道在当前这一代它的邻居的最好位置. 这需要定义邻居的规模, 还需要所有邻居针对优化问题的性能相互沟通.

这两个效应会随机地影响个体的速度, 其情形与我们自己的社交类似. 我们有时候会比平时固执, 不太会受到邻居的强烈影响. 另外一些时候我们更怀旧, 过去的成功会强烈地影响我们. 算法 11.1 概述基本粒子群优化算法.

算法 11.1 最小化 n 元函数 $f(\boldsymbol{x})$ 的基本粒子群优化算法, 其中 $\boldsymbol{x}_i$ 是第 i 个候选解, $\boldsymbol{v}_i$ 是速度向量. 记号 $\boldsymbol{a} \circ \boldsymbol{b}$ 是指向量 $\boldsymbol{a}$ 与向量 $\boldsymbol{b}$ 的元素与元素相乘所成的向量.

初始化一个随机个体的种群 $\{\boldsymbol{x}_i\}, i \in [1, N]$
初始化每一个个体的 n 元速度向量 $\boldsymbol{v}_i, i \in [1, N]$
初始化每一个个体到目前为止最好的位置: $\boldsymbol{b}_i \leftarrow \boldsymbol{x}_i, i \in [1, N]$
定义邻域规模 $\sigma < N$
定义最大影响值 $\phi_{1,\max}$ 和 $\phi_{2,\max}$
定义最大速度 $\boldsymbol{v}_{\max}$
While not (终止准则)
    For 每一个个体 $\boldsymbol{x}_i, i \in [1, N]$
        $H_i \leftarrow \{\boldsymbol{x}_i$ 最近的 σ 个邻居 $\}$
        $\boldsymbol{h}_i \leftarrow \underset{\boldsymbol{x}}{\operatorname{argmin}}\{f(\boldsymbol{x}) : \boldsymbol{x} \in H_i\}$
        生成一个随机向量 $\boldsymbol{\phi}_1, \phi_1(k) \sim U[0, \phi_{1,\max}], k \in [1, n]$
        生成一个随机向量 $\boldsymbol{\phi}_2, \phi_2(k) \sim U[0, \phi_{2,\max}], k \in [1, n]$
        $\boldsymbol{v}_i \leftarrow \boldsymbol{v}_i + \boldsymbol{\phi}_1 \circ (\boldsymbol{b}_i - \boldsymbol{x}_i) + \boldsymbol{\phi}_2 \circ (\boldsymbol{h}_i - \boldsymbol{x}_i)$
        If $|\boldsymbol{v}_i| > \boldsymbol{v}_{\max}$ then[1]
            $\boldsymbol{v}_i \leftarrow \boldsymbol{v}_i v_{\max} / |\boldsymbol{v}_i|$
        End if
        $\boldsymbol{x}_i \leftarrow \boldsymbol{x}_i + \boldsymbol{v}_i$
        $\boldsymbol{b}_i \leftarrow \arg\min\{f(\boldsymbol{x}_i), f(\boldsymbol{b}_i)\}$
    下一个个体
下一代

算法 11.1 显示在粒子群优化算法中有几个可调参数.

- 不只像其他进化算法那样初始化种群, 还要初始化种群的速度向量. 初始化速度的方式有几种. 例如, 采用随机初始化, 或者初始化为零 [Helwig and Wanka, 2008].
- 还要定义算法的邻域规模 σ. 注意, "邻域规模" 这个术语的意义含糊. 有时候它是指每一个个体有 σ 个近邻, 有时候它又指在邻域中总共有 σ 个个体, 每一个个体有 $(\sigma - 1)$ 个近邻. 最初关于粒子群优化的一篇文章指出, 邻域较小 (小到

[1] 因算法定义 $\boldsymbol{v}_i, \boldsymbol{v}_{\max}$ 为 n 元速度向量, 此外 $|\boldsymbol{v}_i| > \boldsymbol{v}_{\max}$ 应为 $|\boldsymbol{v}_i(k)| > \boldsymbol{v}_{\max}(k), \boldsymbol{v}_i \leftarrow \boldsymbol{v}_i \boldsymbol{v}_{\max} / |\boldsymbol{v}_i|$ 应为 $\boldsymbol{v}_i(k) \leftarrow \boldsymbol{v}_i(k) \boldsymbol{v}_{\max}(k) / |\boldsymbol{v}_i(k)|$, 即按速度向量的每个分量逐一判断和处理.—— 译者注

2 个) 全局行为会更好并能避免局部最小, 邻域较大会让收敛更快 [Eberhart and Kennedy, 1995].

- 需要选择最大的学习率$\phi_{1,\max}$ 和 $\phi_{2,\max}$. 参数 ϕ_1 被称为认知学习率, ϕ_2 被称为社会学习率, 它们是分布在 $[0, \phi_{1,\max}]$ 和 $[0, \phi_{2,\max}]$ 上的随机数. 我们在 11.3.3 节进一步讨论, 目前只需要注意 $\phi_{1,\max}$ 和 $\phi_{2,\max}$ 通常设置在 2.05 左右这个经验法则.
- 需要选择最大速度 $\boldsymbol{v}_{\max}$. 经验表明, $\boldsymbol{v}_{\max}$ 的每一个元素应该受到相应的搜索空间动态范围的限制 [Eberhart and Shi, 2000]. 这个看起来很直观: 如果 $\boldsymbol{v}_{\max}$ 大于搜索空间的动态范围, 在一代之内粒子很容易离开搜索空间. 有一些结果建议将 $\boldsymbol{v}_{\max}$ 设置在搜索空间范围的 10% 和 20% 之间 [Eberhart and Shi, 2001]. 对某些问题我们并不清楚搜索空间的范围; 也就是说, 预先完全不知道要搜索的最优点的位置. 在这种情况下, 为了得到最好的性能仍然应该限制 $v_{\max}$[Carlisle and Dozier, 2001].
- 可以按照下面的方式简化算法 11.1 中的速度更新:

$$\boldsymbol{v}_i \leftarrow \boldsymbol{v}_i + \phi_1(\boldsymbol{b}_i - \boldsymbol{x}_i) + \phi_2(\boldsymbol{h}_i - \boldsymbol{x}_i), \tag{11.1}$$

  其中 ϕ_1 和 ϕ_2 为标量而不是向量, $\phi_1 \sim U[0, \phi_{1,\max}]$, $\phi_2 \sim U[0, \phi_{2,\max}]$. 这个方案被称为线性粒子群优化[Paquet and Engelbrecht, 2003], 在更新速度向量 $\boldsymbol{v}_i$ 的每一个元素时 ϕ_1 和 ϕ_2 的取值相同. 不过, 人们普遍认为线性粒子群优化比标准算法 11.1 的性能差.
- 与其他大多数进化算法一样, 精英经常能改善粒子群优化的性能. 算法 11.1 中并没有精英, 但根据我们在 8.4 节的讨论, 要实施精英是很容易的.
- 算法 11.1 中的更新公式 $\boldsymbol{x}_i \leftarrow \boldsymbol{x}_i + \boldsymbol{v}_i$ 可能导致 $\boldsymbol{x}_i$ 移动到搜索域之外. 为了让 $\boldsymbol{x}_i$ 留在搜索域中, 通常会实施某些类型的极限操作. 比如, 在更新的后面包括下列两个式子:

$$\boldsymbol{x}_i \leftarrow \min\{\boldsymbol{x}_i, \boldsymbol{x}_{\max}\}, \quad \boldsymbol{x}_i \leftarrow \max\{\boldsymbol{x}_i, \boldsymbol{x}_{\min}\}, \tag{11.2}$$

  其中 $[\boldsymbol{x}_{\min}, \boldsymbol{x}_{\max}]$ 定义搜索域的界限.

粒子群的拓扑

算法 11.1 显示每一个粒子会受到离它最近的 σ 个邻居的影响. 影响粒子的邻居的布置称为群的**拓扑**. 因为算法 11.1 中每一个粒子的邻域在每一代都会改变, 所以我们称之为动态拓扑. 由于邻域是局部的 (即它不包括整个群), 我们也称之为lbest拓扑.

要定义每一个粒子的邻域还可以用其他很多方法 [Akat and Gazi, 2008]. 比如, 在算法之初就定义邻域, 邻域是静态的, 从一代到下一代都不会改变; 或者当优化过程停滞时随机地重新定义邻域 [Clerc and Poli, 2006]; 在极端情况下, 可以采用包围整个群的单个邻域, 它意味着在算法 11.1 中对于所有的 i, H_i 都等于整个群, h_i 独立于 i 并等于整个群中最好的粒子. 我们称之为全拓扑或gbest拓扑. 它是粒子群优化最早提出的拓扑, 至今仍然被广泛使用. 另一个常用的拓扑是*环形拓扑*, 其中的每一个粒子与另外两个粒子连接. 簇拓扑是指其中的每一个粒子与簇中的其他粒子全连接, 同时在每一个簇中有少量粒子会与另一个簇中另外的粒子连接. *轮胎拓扑* 是指其中的焦点粒子与所有粒子连接, 所有粒子只与焦点粒子相连. *方形拓扑*, 也被称为*冯 · 诺依曼拓扑*, 是指其中的每一个粒子与它的 4 个邻居相连. 图 11.1 刻画了这样的一些拓扑. 粒子群优化的性能会随着拓扑剧烈变化, 除了这里提到的几个拓扑之外, 研究人员还采用其他很多拓扑做实验 [Mendes et al., 2004], [del Valle et al., 2008].

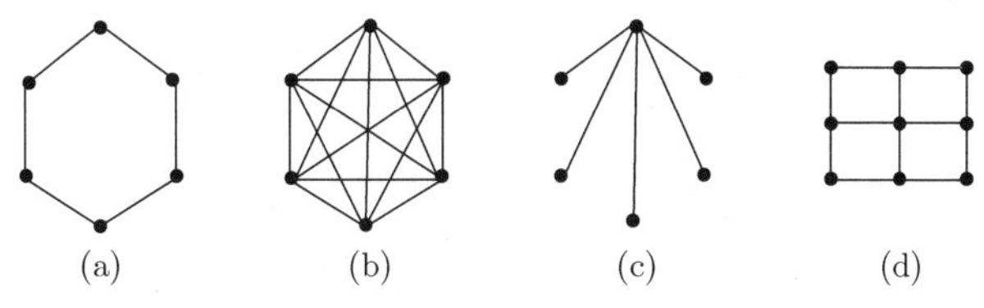

图 11.1 粒子群优化的一些拓扑, (a) 代表*环形*拓扑, (b) 代表*全*拓扑, (c) 代表*轮胎* 拓扑, (d) 代表*方形*拓扑. 方形拓扑从头到脚从左到右环绕, 所以它的每一个粒子与其 4 个邻居连接形成环面. 这些拓扑每个都可以是静态的也可以是动态的.

11.2 速度限制

在粒子群优化的许多应用中, 如果不用 $v_{\max}$, 会出现粒子在搜索空间中乱窜的情形 [Eberhart and Kennedy, 1995]. 要想知道个中原因, 我们考虑基本粒子群优化算法 11.1 在 $\phi_2 = 0$ 的简化版. 在这种情况下, 位置和速度的更新为

$$\left.\begin{aligned} \boldsymbol{v}_i(t+1) &= \boldsymbol{v}_i(t) + \phi_1(\boldsymbol{b}_i - \boldsymbol{x}_i(t)), \\ \boldsymbol{x}_i(t+1) &= \boldsymbol{x}_i(t) + \boldsymbol{v}_i(t+1), \end{aligned}\right\} \tag{11.3}$$

其中 t 是代数, ϕ_1 为认知学习率. 上式可以写成

$$\begin{bmatrix} \boldsymbol{x}_i(t+1) \\ \boldsymbol{v}_i(t+1) \end{bmatrix} = \begin{bmatrix} 1-\phi_1 & 1 \\ -\phi_1 & 1 \end{bmatrix} \begin{bmatrix} \boldsymbol{x}_i(t) \\ \boldsymbol{v}_i(t) \end{bmatrix} + \begin{bmatrix} \phi_1 \\ \phi_1 \end{bmatrix} \boldsymbol{b}_i. \tag{11.4}$$

方程右边矩阵的特征值为

$$\lambda = \frac{2-\phi_1 \pm \sqrt{\phi_1^2 - 4\phi_1}}{2}. \tag{11.5}$$

这些特征值支配着系统的稳定性.[1] 如果 $\phi_1 \in [0,4]$, 则两个特征值的长度都是 1, 意味着系统临界稳定, 并且当 $t \to \infty$, 在某种初始条件下 $\boldsymbol{x}_i(t)$ 和 $\boldsymbol{v}_i(t)$ 可能会变得无限大. 如果 $\phi_1 > 4$, 则有一个特征值大于 1, 意味着系统不稳定, $\boldsymbol{x}_i(t)$ 和 $\boldsymbol{v}_i(t)$ 对于几乎所有的初始条

[1] 有关稳定性的讨论参见线性系统的相关书籍, 或 [Simon, 2006, Chapter 1].

件都会无止境地增大. 这个简单的例子说明像算法 11.1 那样用 $v_{\max}$ 来限制 $\boldsymbol{v}_i$ 的大小是非常重要的.

不过, 这个分析假定 $\boldsymbol{b}_i$ 不会随着 $\boldsymbol{x}_i$ 变化. 在实际实施粒子群优化时, 位置和速度的更新也比 (11.3) 式复杂得多, 所以, 我们的分析对于一般的粒子群优化算法可能没什么用. 如果 $\phi_2 > 0$, 或者按照后面在 (11.9) 式讨论的那样采用小于 1 的惯性权重, 为得到好的性能也许没必要再限制速度 [Carlisle and Dozier, 2001], [Clerc and Kennedy, 2002].

如果要限制速度, 可以采用几种不同的方式. 一种是检查 $\boldsymbol{v}_i$ 的大小, 如果它大于标量 $v_{\max}$, 就按比例缩小 $\boldsymbol{v}_i$ 的元素使 $|\boldsymbol{v}_i| = v_{\max}$:

$$\text{如果 } |\boldsymbol{v}_i| > v_{\max}, \text{ 则 } \boldsymbol{v}_i \leftarrow \frac{\boldsymbol{v}_i v_{\max}}{|\boldsymbol{v}_i|}. \tag{11.6}$$

算法 11.1 正是如此. 另一个方式是限制 $\boldsymbol{v}_i$ 的每一个元素的大小. 种群中的每一个个体都有 n 维, 所以 $\boldsymbol{v}_i = [v_i(1), v_i(2), \cdots, v_i(n)]$.[1] 要想用这个方法指明每一维上的最大速度, 就对 $j \in [1, n]$ 定义 $v_{\max}(j)$. 对第 i 个粒子的速度做下面的限制:

$$v_i(j) \leftarrow \begin{cases} v_i(j), & \text{如果 } |v_i(j)| \leqslant v_{\max}(j), \\ v_{\max}(j)\text{sign}(v_i(j)), & \text{如果 } |v_i(j)| > v_{\max}(j), \end{cases} \quad j \in [1, n]. \tag{11.7}$$

可以把速度限制看成是平衡粒子群优化探索与开发的一种手段. 大的 $v_{\max}$ 允许每一个个体从一代到下一代有更多变化, 它强调探索. 小的 $v_{\max}$ 会限制个体的变化, 它强调开发.

11.3 惯性权重与压缩系数

为避免限制速度, 可以修改算法 11.1 中的速度更新公式以防止速度无限增大. 我们首先在 11.3.1 节讨论惯性权重的用法. 然后在 11.3.2 节讨论与惯性权重等价但更常用的压缩系数. 最后, 在 11.3.3 节给出粒子群优化算法稳定性的某些条件.

11.3.1 惯性权重

在粒子群优化的应用中, 常常会用到惯性权重. 从算法 11.1 的速度更新公式可见, 尽管学习率允许速度从一代到下一代有一些变化, 但粒子趋向于保持其速度:

$$v_i(k) \leftarrow v_i(k) + \phi_1(k)(b_i - x_i(k)) + \phi_2(k)(h_i(k) - x_i(k)), \quad k \in [1, n], \tag{11.8}$$

其中 n 为问题的维数. 根据以往的经验, 在优化过程中减小惯性可能会得到更好的性能, 所以 (11.8) 式修改为下面的公式:

$$v_i(k) \leftarrow wv_i(k) + \phi_1(k)(b_i(k) - x_i(k)) + \phi_2(k)(h_i(k) - x_i(k)), \tag{11.9}$$

[1] 注意, $\boldsymbol{v}_i(j)$ 的 j 标示向量 $\boldsymbol{v}_i$ 具体的元素, 而在 (11.3) 式中的 $\boldsymbol{v}_i(t)$ 的 t 标示第 t 代 $\boldsymbol{v}_i$ 的值. 这个记号的含义不一致, 但根据上下文, 它的具体含义还是清楚的.

其中 w 为惯性权重, 它经常从第一代的大约 0.9 减小到最后一代的 0.4 左右 [Eberhart and Shi, 2000]. 当代数增加, 惯性权重有助于降低每一个粒子的速度从而改善收敛性.

[Clerc and Poli, 2006] 为 (11.9) 式的速度更新方式推荐了参数值. 在那篇文章中, 种群规模为 30, 邻域规模为 4, 并让邻域固定直到粒子群优化过程停滞, 这时再将邻域重新随机初始化. 按 (11.9) 式的形式用推荐的下列参数更新速度 [Clerc and Poli, 2006, Equation 19]:

$$\left.\begin{aligned} w &= 0.72, \\ \phi_1(k) &\sim U[0, 1.108], \quad k \in [1, n], \\ \phi_2(k) &\sim U[0, 1.108], \quad k \in [1, n]. \end{aligned}\right\} \tag{11.10}$$

为了改进性能, [Clerc and Poli, 2006] 还提出了粒子群优化的其他变种. [Poli, 2008] 讨论了采用 (11.9) 式更新速度的粒子群优化的稳定性.

[Pedersen, 2010] 对 (11.9) 式的速度更新方式所用的参数有更多推荐, 如表 11.1 所示. 当每个粒子的邻域是整个群时用这些推荐的参数, 在 (11.9) 式中的 h_i(对所有 i) 等于种群中最好的个体.

表 11.1 对于各种问题的维数和现有的适应度函数评价所推荐的粒子群优化参数 [Pedersen, 2010]. N 是种群规模, w, ϕ_1 和 ϕ_2 是当每一个粒子的邻域为整个群时为 (11.9) 式推荐的参数. 在某些问题的配置下推荐了多个参数集合, 因为由它们得到的性能几乎相同.

问题的维数	函数评价	N	w	ϕ_1	ϕ_2
2	400	25	0.3925	2.5586	1.3358
		29	−0.4349	−0.6504	2.2073
2	4000	156	0.4091	2.1304	1.0575
		237	−0.2887	0.4862	2.5067
5	1000	63	−0.3593	−0.7238	2.0289
		47	−0.1832	0.5287	3.1913
5	10000	223	−0.3699	−0.1207	3.3657
		203	0.5069	2.5524	1.0056
10	2000	63	0.6571	1.6319	0.6239
		204	−0.2134	−0.3344	2.3259
10	20000	53	−0.3488	−0.2746	4.8976
20	40000	69	−0.4438	−0.2699	3.3950
20	400000	149	−0.3236	−0.1136	3.9789
		60	−0.4736	−0.9700	3.7904
		256	−0.3499	−0.0513	4.9087
30	600000	95	−0.6031	−0.6485	2.6475
50	100000	106	−0.2256	−0.1564	3.8876
100	200000	161	−0.2089	−0.0787	3.7637

11.3.2 压缩系数

惯性权重常常通过压缩系数而不是 (11.9) 式实施. 用惯性权重能做到的用压缩系数也都能做到, 它涉及的速度更新公式为

$$\boldsymbol{v}_i \leftarrow K[\boldsymbol{v}_i + \phi_1(\boldsymbol{b}_i - \boldsymbol{x}_i) + \phi_2(\boldsymbol{h}_i - \boldsymbol{x}_i)], \tag{11.11}$$

其中 K 被称为压缩系数 [Clerc, 1999], [Eberhart and Shi, 2000], [Clerc and Kennedy, 2002]. 为让分析简单, 我们一直用 (11.11) 式的线性速度更新. 如果 $K = w$ 并且 (11.11) 式中的 ϕ_1 和 ϕ_2 分别由 ϕ_1/K 和 ϕ_2/K 替换, (11.11) 式等价于 (11.9) 式的线性形式. 为了分析这个方法, 我们用 t 表示代数, 并将 (11.11) 式写成下面的形式:

$$\begin{aligned}\boldsymbol{v}_i(t+1) &= K\left[\boldsymbol{v}_i(t) + (\phi_1+\phi_2)\left(\frac{\phi_1\boldsymbol{b}_i(t)+\phi_2\boldsymbol{h}_i(t)}{\phi_1+\phi_2} - \boldsymbol{x}_i(t)\right)\right] \\ &= K[\boldsymbol{v}_i(t) + \phi_T(\boldsymbol{p}_i(t) - \boldsymbol{x}_i(t))],\end{aligned} \tag{11.12}$$

其中 ϕ_T 和 $\boldsymbol{p}_i(t)$ 由上式定义. 现在我们定义

$$\boldsymbol{y}_i(t) = \boldsymbol{p}_i(t) - \boldsymbol{x}_i(t). \tag{11.13}$$

假定 $\boldsymbol{p}_i(t)$ 不随时间改变, 将 (11.12) 式与 (11.13) 式结合就得到

$$\left.\begin{aligned}\boldsymbol{v}_i(t+1) &= K\boldsymbol{v}_i(t) + K\phi_T\boldsymbol{y}_i(t), \\ \boldsymbol{y}_i(t+1) &= \boldsymbol{p}_i - \boldsymbol{x}_i(t+1) \\ &= \boldsymbol{p}_i - \boldsymbol{x}_i(t) - \boldsymbol{v}_i(t+1) \\ &= \boldsymbol{y}_i(t) - K\boldsymbol{v}_i(t) - K\phi_T\boldsymbol{y}_i(t) \\ &= -K\boldsymbol{v}_i(t) + (1-K\phi_T)\boldsymbol{y}_i(t).\end{aligned}\right\} \tag{11.14}$$

将 $\boldsymbol{v}_i(t+1)$ 和 $\boldsymbol{y}_i(t+1)$ 的公式合起来, 得到

$$\begin{bmatrix}\boldsymbol{v}_i(t+1) \\ \boldsymbol{y}_i(t+1)\end{bmatrix} = \begin{bmatrix} K & K\phi_T \\ -K & 1-K\phi_T\end{bmatrix}\begin{bmatrix}\boldsymbol{v}_i(t) \\ \boldsymbol{y}_i(t)\end{bmatrix}. \tag{11.15}$$

上式右边的矩阵支配着系统的稳定性, 它的特征值为

$$\begin{aligned}\lambda &= \frac{1}{2}\left[1 - K(\phi_T - 1) \pm \sqrt{1 + K^2(\phi_T-1)^2 - 2K(\phi_T+1)}\right] \\ &= \frac{1}{2}\left[1 - K(\phi_T-1) \pm \sqrt{\Delta}\right].\end{aligned} \tag{11.16}$$

其中判别式 Δ 由上面的公式定义. 记特征值为 λ_1 和 λ_2, 则

$$\lambda_1 = \frac{1}{2}\left[1 - K(\phi_T-1) + \sqrt{\Delta}\right], \quad \lambda_2 = \frac{1}{2}\left[1 - K(\phi_T-1) - \sqrt{\Delta}\right]. \tag{11.17}$$

如果 $|\lambda_1| < 1$ 且 $|\lambda_2| < 1$, (11.15) 式的动态系统是稳定的. 这个分析假定 ϕ_T 是常数. 在 (11.11) 式的速度更新中, ϕ_i 项是随机的, 但是在此分析中我们简单假设每一个 ϕ_i 是常数. 关于在粒子群优化中 K 取常值或 K 为时变的讨论参见习题 11.8. 下面我们研究, 决定粒子群优化算法稳定性的 λ_1 和 λ_2 将随着压缩系数 K 如何变化.

11.3.3 粒子群优化的稳定性

由 (11.16) 式, 我们观察到下面的几点.

观察 11.1 当 $K=0$ 时, 有 $\Delta=1$, $\lambda_1=1$, 且 $\lambda_2=0$.

下面考虑当 K 从 0 开始增大时, λ_1 和 λ_2 的值. (11.16) 式显示

$$\left.\begin{aligned}&\lim_{|K|\to\infty}\Delta=\infty,\\&\Delta=0,\ K=\frac{\phi_T+1\pm2\sqrt{\phi_T}}{(\phi_T-1)^2}=\{K_1,K_2\},\\&\Delta<0,\ K\in(K_1,K_2),\end{aligned}\right\}\tag{11.18}$$

其中 K_1 和 K_2 由上式定义. 假定 $\phi_T>0$, 则 $\sqrt{\phi_T}$ 为实数. 图 11.2 所示为 Δ 随 K 变化的曲线.

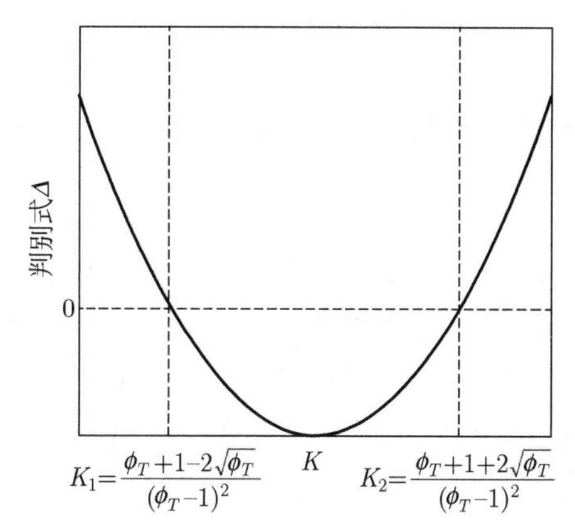

图 11.2 (11.16) 式的判别式 Δ 随着压缩系数 K 变化的曲线. 对于 $K<K_1$ 和 $K>K_2$, $\Delta>0$, 它意味着 λ_1 和 λ_2 是实数. 对于 $K\in(K_1,K_2)$, $\Delta<0$, λ_1 和 λ_2 是复数.

观察 11.2 对于 $K<K_1$, λ_1 和 λ_2 为实数.

当 $K=K_1$ 时, $\Delta=0$, 它意味着 $\lambda_1=\lambda_2$. 实际上从 (11.16) 式很容易知道这一点.

观察 11.3 当 $K=K_1$ 时, 有 $\lambda_1=\lambda_2=(1-\sqrt{\phi_T})/(1-\phi_T)$, 对所有 $\phi_T\neq1$, 它们在 0 和 1 之间.

现在考虑当 K 从 0 增加到 K_1 时 λ_1 的变化. 求 λ_1 关于 K 的导数, 得到

$$\frac{\mathrm{d}\lambda_1}{\mathrm{d}K}=\frac{1-\phi_T}{2}-\frac{\phi_T-K(\phi_T-1)^2+1}{\sqrt{K^2(\phi_T-1)^2-2K(\phi_T+1)+1}}.\tag{11.19}$$

凭借基本的代数运算可以证明, 如果 $\phi_T>1$, 这个导数对于 $K<K_1$ 为负. 类似地可以证明, λ_2 关于 K 的导数当 $K<K_1$ 时为正. 由此得到下面的结果.

观察 11.4 如果 $\phi_T > 1$, 那么对于 $K \in (0, K_1)$, 有 λ_1 和 λ_2 都在 0 和 1 之间.

现在考虑当 K 从 K_1 开始增大时 λ_1 和 λ_2 的变化. 由图 11.2 可知, 当 $K \in (K_1, K_2)$, λ_1 和 λ_2 为模相同的复数, 我们可以推导出

$$|\lambda| = \frac{1}{2}\sqrt{[1 - K(\phi_T - 1)]^2 + 2K(\phi_T + 1) - K^2(\phi_T - 1)^2}. \tag{11.20}$$

经过一些代数运算, 它简化为 $|\lambda| = \sqrt{K}$. 这个表达式的导数对所有 $K > 0$ 都为正. 由此得到下面的观察.

观察 11.5 当 $K \in (K_1, K_2)$ 时, λ_1 和 λ_2 为复数且模相同, 其模随着 K 单增.

现在考虑当 $K = K_2$ 时, λ_1 和 λ_2 的值. 由图 11.2 可知, λ_1 和 λ_2 为实数并在 $K = K_2$ 时相等. 事实上, 由 (11.16) 式可知, 当 $K = K_2$ 时, $\lambda_1 = \lambda_2 = (1 + \sqrt{\phi_T})/(1 - \phi_T)$. 对所有 $\phi_T > 4$, 它在 0 和 -1 之间, 我们陈述如下.

观察 11.6 当 $K = K_2$ 时, 得到 $\lambda_1 = \lambda_2 = (1 + \sqrt{\phi_T})/(1 - \phi_T)$, 如果 $\phi_T > 4$, 它们在 0 和 -1 之间.

现在考虑当 $K > K_2$ 时 λ_1 和 λ_2 的值. 在 K 的这个范围内 λ_1 和 λ_2 都是实数. (11.19) 式给出当 λ_1 为实数时 λ_1 关于 K 的导数. 对 (11.19) 式做一些基本代数运算可知, 如果 $\phi_T > 1$ 且 $K > K_2$, 则 λ_1 的导数为正, λ_2 的导数为负. 把这个推导与观察 11.6 结合, 则对于所有 $K > K_2$, λ_1 的绝对值小于 1. 但由 (11.17) 式可知, 当 $K \to \infty$, λ_2 趋于 $-\infty$. 由此得到下面的观察.

观察 11.7 当 $K > K_2$ 时, λ_1 为负实数且绝对值小于 1, λ_2 为负实数且当 $K \to \infty$ 时它趋于 $-\infty$.

由 (11.16) 式可以推导出当 $K \to \infty$ 时 λ_1 的极限:

$$\begin{aligned}
\lambda_1 &= \frac{1}{2}\left[1 - K(\phi_T - 1) + \sqrt{1 + K^2(\phi_T - 1)^2 - 2K(\phi_T + 1) + 1}\right] \\
&= \frac{1/K - (\phi_T - 1) + \sqrt{1/K^2 + (\phi_T - 1)^2 - 2(\phi_T + 1)/K}}{2/K} \\
&= \frac{N(K)}{D(K)}.
\end{aligned} \tag{11.21}$$

其中分子 $N(K)$ 和分母 $D(K)$ 由上式定义. 当 $K \to \infty$, $N(K)$ 和 $D(K)$ 的极限都是 0, 所以可以用洛必达法则来计算极限.[1]

[1]多谢 Steve Szatmary 推导出 $\lim\limits_{K\to\infty} \lambda_1$.

$$\left.\begin{aligned}
\frac{\mathrm{d}N(K)}{\mathrm{d}K} &= -K^{-2} + \frac{-2K^{-3}+2(\phi_T+1)K^{-2}}{2\sqrt{K^{-2}+(\phi_T-1)^2-2(\phi_T+1)K^{-1}}}, \\
\frac{\mathrm{d}D(K)}{\mathrm{d}K} &= -2K^{-2}, \\
\frac{\mathrm{d}N(K)/\mathrm{d}K}{\mathrm{d}D(K)/\mathrm{d}K} &= \frac{1}{2} + \frac{K^{-1}-\phi_T-1}{2\sqrt{K^{-2}+(\phi_T-1)^2-2(\phi_T+1)K^{-1}}}, \\
\lim_{K\to\infty}\lambda_1 &= \lim_{K\to\infty}\frac{\mathrm{d}N(K)/\mathrm{d}K}{\mathrm{d}D(K)/\mathrm{d}K} = \frac{1}{2} - \frac{\phi_T+1}{2(\phi_T-1)} = \frac{1}{1-\phi_T}.
\end{aligned}\right\} \tag{11.22}$$

如果 $\phi_T > 2$, λ_1 的数值小于 1. 由此我们观察到下面的结果, 它是观察 11.6 和 11.7 的扩展.

观察 11.8 当 K 从 K_2 增大到 ∞ 时, λ_1 从 $(1+\sqrt{\phi_T})/(1-\phi_T)$ 单增到 $1/(1-\phi_T)$, λ_2 从 $(1+\sqrt{\phi_T})/(1-\phi_T)$ 单减至 $-\infty$.

因为 λ_2 从大于 -1 的 $(1+\sqrt{\phi_T})/(1-\phi_T)$ 减小到 $-\infty$, 在某一个 K 值, λ_2 必会等于 -1, 我们把它记为 K_3. 因此, 由 (11.17) 式得到

$$-1 = \frac{1}{2}\left[1 - K_3(\phi_T-1) - \sqrt{1+K_3^2(\phi_T-1)^2-2K_3(\phi_T+1)}\right]. \tag{11.23}$$

由此方程求 K_3 得到 $K_3 = 2/(\phi_T-2)$. 将它与上面的评论结合得到下面的定理.

定理 11.1 如果在 (11.11) 式的速度更新中 $\boldsymbol{b}_i$ 和 $\boldsymbol{h}_i$ 为常数, 并且 $\phi_T = \phi_1 + \phi_2 > 4$, 则对于

$$K < \frac{2}{\phi_T - 2}, \tag{11.24}$$

粒子群优化是稳定的.

图 11.3 说明, 当 K 从 0 增大到 ∞, (11.15) 式的特征值在复平面中的变化情况. 图 11.4 显示它们的模如何随 K 变化.

对于稳定的粒子群优化算法, K 可以写成

$$K = \frac{2\alpha}{\phi_T - 2}, \text{ 这里} \phi_T = \phi_{1,\max} + \phi_{2,\max} \tag{11.25}$$

取 $\alpha \in (0,1)$, α 指示在粒子群优化算法变得不稳定之前, 压缩系数 K 与其理论上的最大值的接近程度. 较大的 α 允许更多的探索, 较小的 α 更强调开发.

在介绍粒子群优化算法的书和研究文章中 [Carlisle and Dozier, 2001], [Clerc and Kennedy, 2002], [Eberhart and Shi, 2000], [Poli et al., 2007] 常做如下推荐:

$$\phi_T > 4, \quad K < \frac{2}{\phi_T - 2 + \sqrt{\phi_T(\phi_T-4)}}. \tag{11.26}$$

它与当 $\phi_T \to 4$ 时的定理 11.1 等价; 对于 $\phi_T > 4$, 定理 11.1 更一般化. (11.26) 式并没有为 ϕ_T 的上界提供什么指引, 也没有为如何在 $\phi_{1,\max}$ 和 $\phi_{2,\max}$ 之间分配 ϕ_T 提供任何

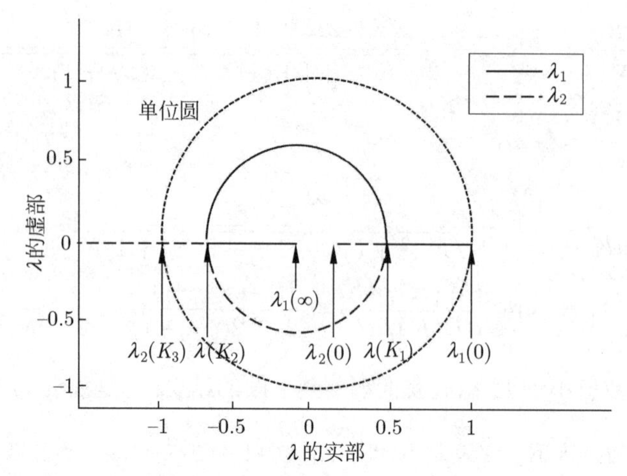

图 11.3 当压缩系数 K 从 0 变到 ∞ 时, 在 $\phi_T = 5$ 的情况下, (11.15) 式的特征值. 当 $K = 0$ 时, $\lambda_1 = 1$ 且 $\lambda_2 = 0$. 当 $K = K_1$ 时, $\lambda_1 = \lambda_2 > 0$. 对于 $K \in (K_1, K_2)$, λ_1 和 λ_2 都是复数. 当 $K = K_2$ 时, $\lambda_1 = \lambda_2 < 0$. 当 $K = K_3$ 时, $\lambda_2 = -1$. 当 $K \to \infty$ 时, $\lambda_1 \to 1/(1 - \phi_T)$ 且 $\lambda_2 \to \infty$.

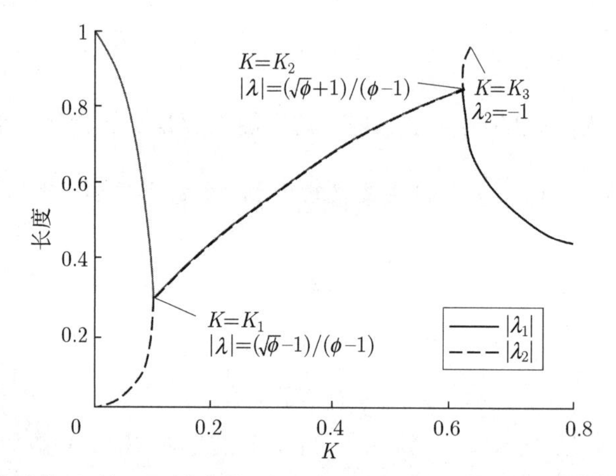

图 11.4 当压缩系数 K 从 0 开始增大, 在 $\phi_T = 5$ 的情况下, (11.15) 式特征值的模. 此图显示在图 11.3 所示的特征值的模.

的指引. 经常建议将 ϕ_T 设置为比 4 稍大, 并将 ϕ_T 近似等分给 $\phi_{1,\max}$ 和 $\phi_{2,\max}$, 例如 $\phi_{1,\max} = \phi_{2,\max} = 2.05$. 然而, 实验结果表明, 存在一些优化问题, 在 ϕ_T 远远大于 4.1 并且 $\phi_{1,\max}$ 和 $\phi_{2,\max}$ 的取值离得很远时可以得到更好的粒子群优化性能 [Carlisle and Dozier, 2001]. 还需要注意的是, 我们的分析只针对具体的方法, 在别的假设下的其他方法会得到不同的稳定性条件 [Clerc and Poli, 2006].

11.4 全局速度更新

将 (11.11) 式的速度更新一般化的一种方式为

$$\boldsymbol{v}_i \leftarrow K[\boldsymbol{v}_i + \phi_1(\boldsymbol{b}_i - \boldsymbol{x}_i) + \phi_2(\boldsymbol{h}_i - \boldsymbol{x}_i) + \phi_3(\boldsymbol{g} - \boldsymbol{x}_i)], \tag{11.27}$$

其中 $\boldsymbol{g}$ 是从第一代开始到目前为止找到的最好个体. 如果我们定义 $\phi_T = \phi_{1,\max} + \phi_{2,\max} + \phi_{3,\max}$ 并且假定 $\boldsymbol{b}_i + \boldsymbol{h}_i + \boldsymbol{g}$ 是不随时间变化的常数, 则前一节中的分析对 (11.27) 式仍然有效. 速度更新公式新增的项 $\phi_3(\boldsymbol{g} - \boldsymbol{x}_i)$ 让每一个粒子朝着到目前为止找到的最好个体移动. 在概念上它与种马进化算法类似, 种马进化算法在每次重组中采用每一代的最好个体 (8.7.7 节). 它们的区别在于 (11.27) 式中的 $\boldsymbol{g}$ 是从第一代开始找到的最好个体, 而 8.7.7 节的种马是当前这一代的最好个体. 这种相似和差别可以让我们在种马进化算法中使用更像 $\boldsymbol{g}$ 那样的操作, 或者在全局粒子群优化算法中使用更像种马那样的操作.

例 11.1 本例用粒子群优化算法优化 20 维 Ackley函数, 其中以 (11.27) 式进行速度更新. 取种群规模为 50, 精英参数为 2, 邻域规模 $\sigma = 4$. 我们采用下面的标称值

$$\begin{aligned} &\phi_{1,\max} = \phi_{2,\max} = \phi_{3,\max} = 2.1, \\ &\phi_T = \phi_{1,\max} + \phi_{2,\max} + \phi_{3,\max}, \alpha = 0.9, K = \frac{2\alpha}{\phi_T - 2}. \end{aligned} \tag{11.28}$$

注意, 我们还可以用 K 求出 ϕ_T:

$$\phi_T = \frac{2(\alpha + K)}{K}. \tag{11.29}$$

图 11.5～图 11.8 所示为在 $\phi_{1,\max}$, $\phi_{2,\max}$, $\phi_{3,\max}$ 和 α 取不同的值且其他参数等于它们的标称值时, 粒子群优化的平均性能. 我们看到, 对于 20 维 Ackley 函数, (11.28) 式的标称值的的确确是近似最优.

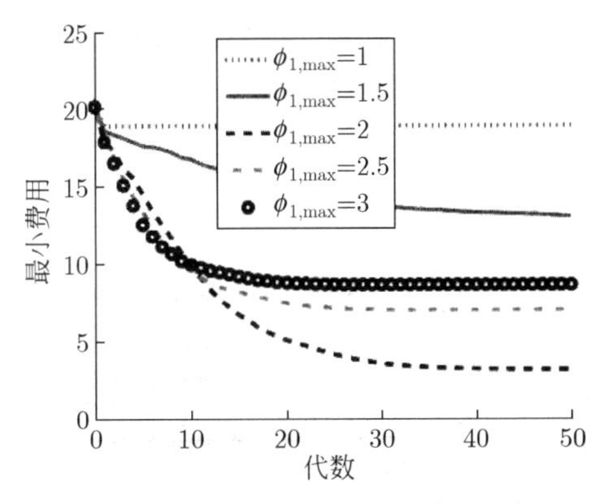

图 11.5 例 11.1: 对于 $\phi_{1,\max}$ 的不同值, 粒子群优化在 20 维 Ackley 函数上的性能在 20 次蒙特卡罗仿真上的平均. 对于这个基准函数, $\phi_{1,\max} = 2$ 是近似最优.

图 11.5～图 11.7 显示, 当 $\phi_{\max}$ 的值过小, 粒子会无方向地徘徊. 当 $\phi_{\max}$ 的值过大, 粒子受到过度限制无法有效地探索搜索空间.

图 11.8 显示, 当 α(因此 K) 过小, 粒子会因为速度过小而停滞. 当 α(因此 K) 过大, 粒子会在搜索空间中剧烈跳动. □

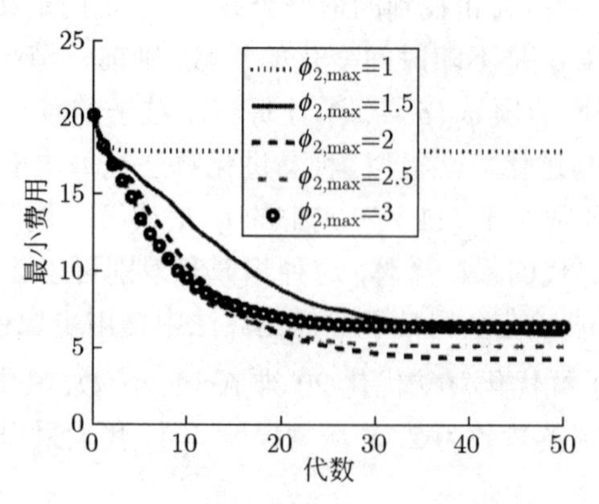

图 11.6 例 11.1: 对于 $\phi_{2,\max}$ 的不同值, 粒子群优化在 20 维 Ackley 函数上的性能在 20 次蒙特卡罗仿真上的平均. 对于这个基准函数, $\phi_{2,\max} = 2$ 是近似最优..

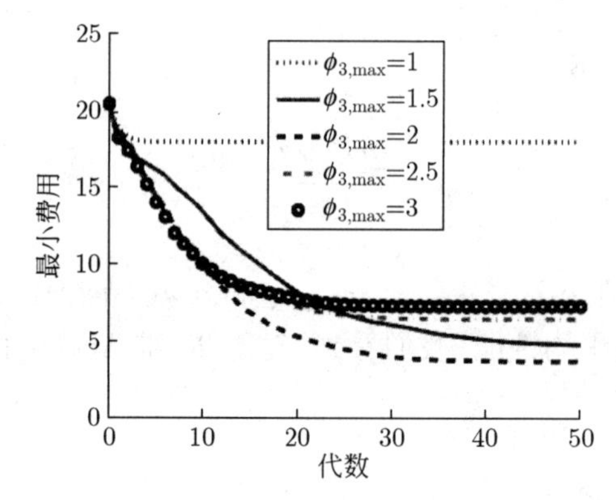

图 11.7 例 11.1: 对于 $\phi_{3,\max}$ 的不同值, 粒子群优化在 20 维 Ackley 函数上的性能在 20 次蒙特卡罗仿真上的平均. 对于这个基准函数, $\phi_{3,\max} = 2$ 是近似最优.

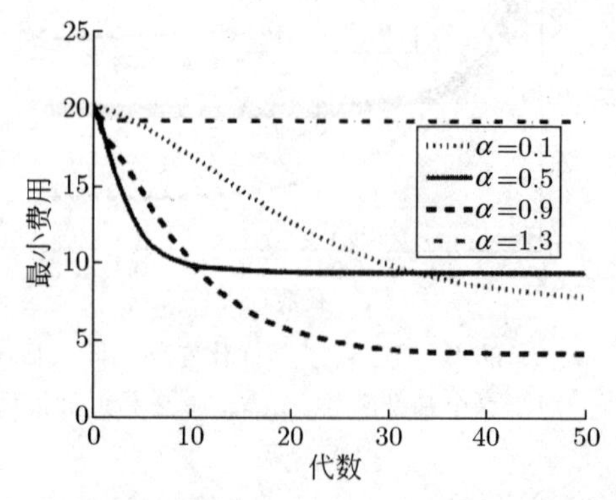

图 11.8 例 11.1: 对于压缩系数 $K = \alpha K_{\max}$ 的不同值, 粒子群优化在 20 维 Ackley 函数上的性能在 20 次蒙特卡罗仿真上的平均. 对于这个基准函数, $K = 0.9K_{\max}$ 是近似最优.

11.5 完全知情的粒子群

(11.12) 式和 (11.27) 式告诉我们 (到目前为止) 最一般的速度更新形式

$$\left.\begin{aligned}\boldsymbol{v}_i(t+1) &= K[\boldsymbol{v}_i(t)+\phi_T(\boldsymbol{p}_i(t)-\boldsymbol{x}_i(t))],\\ \phi_T &= \phi_{1,\max}+\phi_{2,\max}+\phi_{3,\max},\\ \boldsymbol{p}_i(t) &= \frac{\phi_1\boldsymbol{b}_i(t)+\phi_2\boldsymbol{h}_i(t)+\phi_3\boldsymbol{g}(t)}{\phi_1+\phi_2+\phi_3}.\end{aligned}\right\}\tag{11.30}$$

由 3 个粒子的位置构造速度更新: 当前个体到目前为止的最好位置 $\boldsymbol{b}_i(t)$, 当前的邻域到目前为止的最好位置 $\boldsymbol{h}_i(t)$, 以及到目前为止种群的最好位置 $\boldsymbol{g}(t)$. 这会让我们想到更一般的速度更新方式. 为什么不让种群中的每一个个体都为速度更新做出贡献? (11.30) 式的一般化可以写成

$$\left.\begin{aligned}\boldsymbol{v}_i(t+1) &= K[\boldsymbol{v}_i(t)+\phi_T(\boldsymbol{p}_i(t)-\boldsymbol{x}_i(t))],\\ \phi_T &= \frac{1}{N}\sum_{j=1}^{N}\phi_{j,\max},\\ \boldsymbol{p}_i(t) &= \frac{\sum_{j=1}^{N}w_{ij}\phi_j\boldsymbol{b}_j(t)}{\sum_{j=1}^{N}w_{ij}\phi_j},\end{aligned}\right\}\tag{11.31}$$

其中 $\boldsymbol{b}_j(t)$ 是由第 j 个粒子到目前为止找到的最好的解:

$$\boldsymbol{b}_j(t) = \arg\min_{\boldsymbol{x}} f(\boldsymbol{x}) : \boldsymbol{x} \in \{\boldsymbol{x}_j(0), \boldsymbol{x}_j(1), \cdots, \boldsymbol{x}_j(t)\}.\tag{11.32}$$

注意, 在 (11.31) 式中 ϕ_T 定义中的 $1/N$, 它让 $\boldsymbol{v}_i(t)$ 与 $(\boldsymbol{p}_i(t)-\boldsymbol{x}_i(t))$ 对新速度 $\boldsymbol{v}_i(t+1)$ 的贡献维持在一个合理的平衡上. (11.31) 式的参数 ϕ_j 是服从均匀分布 $U[0,\phi_{j,\max}]$ 的随机影响因子. 与例 11.1 一样, 我们经常取

$$\phi_{j,\max} \approx 2, \quad K = 2\alpha/(3\phi_T - 2),\tag{11.33}$$

其中 $\alpha \in (0,1)$. 由于在 (11.27) 式中 ϕ_T 是 3 项 $\phi_{j,\max}$ 的和而在 (11.31) 式中它是 $\phi_{j,\max}$ 项的平均, 所以在 K 值中用因子 3 来补偿. (11.31) 式中的权重 w_{ij} 是确定性因子, 它描述第 j 个粒子对第 i 个粒子的速度的影响. 有时候, 对于所有的 j, 我们取 w_{ij} = 常数. 另外一些时候, 我们想让 w_{ij} 对较好的粒子 $\boldsymbol{x}_j$ 的 j 取更大的值, 对离 $\boldsymbol{x}_i$ 较近的粒子 $\boldsymbol{x}_j$ 的 j 也取更大的值. 比如, 如果是最小化问题, 就可以用类似下面的

$$w_{ij} = \left[\max_k f(\boldsymbol{x}_k) - f(\boldsymbol{x}_j)\right] + \left[\max_k \|\boldsymbol{x}_i - \boldsymbol{x}_k\| - \|\boldsymbol{x}_i - \boldsymbol{x}_j\|\right],\tag{11.34}$$

其中 $\|\cdot\|$ 是距离. 也许还需要给费用和适应度的贡献适当加权让它们对 w_{ij} 有等量的贡献. 例如,

$$\left.\begin{aligned} S_i &= \frac{\max_k f(\boldsymbol{x}_k) - \min_k f(\boldsymbol{x}_k)}{\max_k \|\boldsymbol{x}_i - \boldsymbol{x}_k\|}, \\ w_{ij} &= \left[\max_k f(\boldsymbol{x}_k) - f(\boldsymbol{x}_j)\right] + S_i \left[\max_k \|\boldsymbol{x}_i - \boldsymbol{x}_k\| - \|\boldsymbol{x}_i - \boldsymbol{x}_j\|\right]. \end{aligned}\right\} \tag{11.35}$$

S_i 是一个标量因子, 它让这两项对 w_{ij} 的贡献近似地相等. 由于 (11.31) 式允许每一个粒子影响其他粒子, 我们称之为完全知情的粒子群 (Fully Informed Particle Swarm, FIPS) [Mendes et al., 2004]. 这个思路让人想起在进化算法中的全局均匀重组 (8.8.6 节).

例 11.2 本例采用 (11.31) 式完全知情的粒子群, 并用 (11.35) 式的权重优化 20 维 Ackley函数. 取种群规模为 40, 精英参数为 2. 使用标称值

$$\phi_{j,\max} = \phi_{\max} = 2, \quad j \in [1, 20], \quad \alpha = 0.9, \quad K = 2\alpha/(3\phi_{\max} - 2). \tag{11.36}$$

图 11.9 和图 11.10 显示, 当其他参数等于标称值时, 对于不同的 $\phi_{\max}$ 和 α 的值粒子群优化的平均性能. 图 11.9 显示, 当 $\phi_{\max}$ 较小时, 群会很快收敛, 但是收敛到差的解. 当 $\phi_{\max}$ 增大时, 最初的收敛会变慢, 但最后收敛到更好的解. 这促使我们采用自适应的 $\phi_{\max}$, 在一开始用较小的值然后逐渐增大. 图 11.10 显示, 对于较小的 α 值, 收敛非常慢. 当 $\alpha = 0.9$ 时, 收敛最快. 但是当 $\alpha = 0.5$ 时, 最后的解更好.

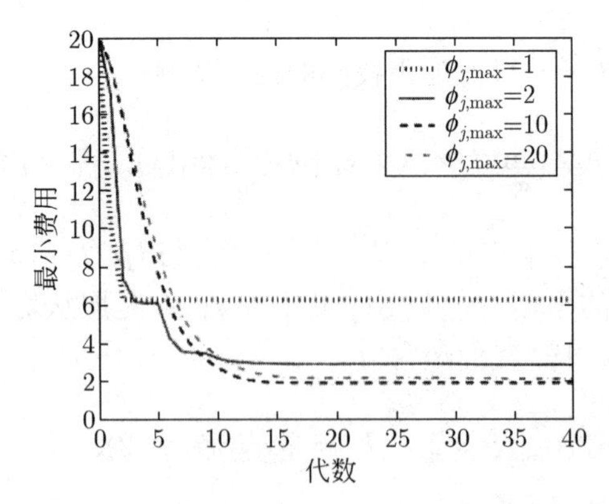

图 11.9 例 11.2: 对于 $\phi_{\max}$ 的不同值, 完全知情的粒子群在 20 维 Ackley 函数上的性能在 20 次蒙特卡罗仿真上的平均. 由 $\phi_{\max} = 1$ 得到的短期性能最好, $\phi_{\max}$ 的值越大长期性能越好.

这些结果非常具体. 它们适用于具体维数下具体的基准函数, 具体的精英参数以及权重参数 w_{ij} 的具体形式 ((11.35) 式). 要想知道本例的结论是否可以一般化到更大范围内的问题, 还需要做更多的实验. □

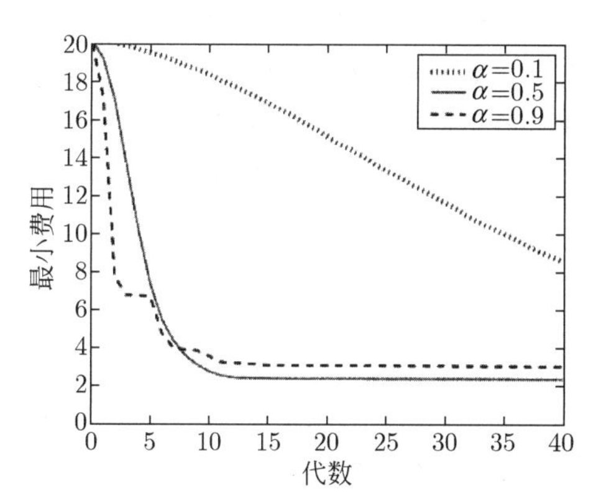

图 11.10 例 11.2: 对于 α 的不同值, 完全知情的粒子群在 20 维 Ackley 函数上的性能在 20 次蒙特卡罗仿真上的平均. 由 $\alpha = 0.9$ 得到的短期行为最好, 由 $\alpha = 0.5$ 得到的长期行为最好.

完全知情的粒子群优化有时候可以写成与 (11.31) 式不同的形式. 例如, 用下面的式子替代 (11.31) 式 [Poli et al., 2007]:

$$\boldsymbol{v}_i(t+1) = K\left[\boldsymbol{v}_i(t) + \frac{1}{n_i}\sum_{j=1}^{n_i}\phi_j(\boldsymbol{b}_{i,j}(t) - \boldsymbol{x}_i(t))\right], \tag{11.37}$$

其中, n_i 是第 i 个粒子的邻域规模, ϕ_j 来自均匀分布 $U[0,\phi_{\max}]$, $\boldsymbol{b}_{i,j}(t)$ 是到目前为止第 i 个粒子的第 j 个邻居找到的最好解. 在这个描述中, 每一个粒子有给定的某个邻域, 并且每一个邻居的最好解 $\boldsymbol{b}_{i,j}(t)$ 对第 i 个粒子速度更新的贡献具有相同的权重 (取平均). 注意, 在某种条件下 (11.37) 式与 (11.11) 式等价. 一些文章发现, 因为粒子经受过多的彼此冲突的引力的影响, 或者因为每一个粒子的搜索空间会随着邻域规模的增大而减小, 完全知情的粒子群优化的表现并不好 [de Oca and Stützle, 2008].

11.6 从错误中学习

粒子群优化的基本思路在于生物体倾向于重复过去成功的策略. 它包括生物体本身使用过的有利的策略, 也包括在别的地方观察到的有利的策略. 如 (11.27) 式所示, 速度更新的基本公式为

$$\boldsymbol{v}_i \leftarrow K[\boldsymbol{v}_i + \phi_1(\boldsymbol{b}_i - \boldsymbol{x}_i) + \phi_2(\boldsymbol{h}_i - \boldsymbol{x}_i) + \phi_3(\boldsymbol{g} - \boldsymbol{x}_i)], \tag{11.38}$$

其中, $\boldsymbol{x}_i$ 和 $\boldsymbol{v}_i$ 是第 i 个粒子的位置和速度, $\boldsymbol{b}_i$ 是第 i 个粒子以前最好的位置, $\boldsymbol{h}_i$ 是第 i 个邻域当前最好的位置, $\boldsymbol{g}$ 是整个群以前最好的位置; ϕ_1, ϕ_2 和 ϕ_3 分别为在 $(0,\phi_{1,\max})$, $(0,\phi_{2,\max})$ 和 $(0,\phi_{3,\max})$ 上均匀分布的随机数, K, $\phi_{1,\max}$, $\phi_{2,\max}$ 和 $\phi_{3,\max}$ 是正的可调参数.

生物体不仅从成功中学习也会从错误中学习. 我们倾向于规避已被证明是有害的策略. 它包括我们自己使用过的有害策略, 也包括在别的地方观察到的有害策略. 将避开

坏的行为与基本的粒子群优化算法结合在一起是对粒子群优化的自然扩展. 这个算法在 [Yang and Simon, 2005], [Selvakumar and Thanushkodi, 2007] 中被称为"新粒子群优化", 不过, 用"新"描述的算法太多了, 所以在本节我们把它称为"负强化的粒子群优化" (Negative reinforcement particle swarm optimization, NPSO).

在 NPSO 中, 每一个粒子不仅移向自己及其邻居的最好位置, 而且会远离自己及其邻居的最差位置. 因此, (11.38) 式改为

$$\begin{aligned} \boldsymbol{v}_i \leftarrow K[&\boldsymbol{v}_i + \phi_1(\boldsymbol{b}_i - \boldsymbol{x}_i) + \phi_2(\boldsymbol{h}_i - \boldsymbol{x}_i) + \phi_3(\boldsymbol{g} - \boldsymbol{x}_i) - \\ &\phi_4(\bar{\boldsymbol{b}}_i - \boldsymbol{x}_i) - \phi_5(\bar{\boldsymbol{h}}_i - \boldsymbol{x}_i) - \phi_6(\bar{\boldsymbol{g}} - \boldsymbol{x}_i)], \end{aligned} \tag{11.39}$$

其中 $\bar{\boldsymbol{b}}_i$ 是第 i 个粒子以前最差的位置; $\bar{\boldsymbol{h}}_i$ 是第 i 个邻域当前最差的位置; $\bar{\boldsymbol{g}}$ 是整个群以前最差的位置; 每一个 ϕ_j 是在 $(0, \phi_{j,\max})$ 上均匀分布的随机数; 并且每个 $\phi_{j,\max}$ 都是可调参数并为正数.

标准粒子群优化的速度调整朝向有利的解, 在 NPSO 的速度调整中增加了远离有害的解, 我们得在这二者之间找到一个平衡. 它有点像大家在日常生活中都试图寻求平衡的情形. 应该花多大力气聚焦在成功上并努力赶上, 相对的是应该花多大力气聚焦失败并极力避免? 大多数人认可正强化比负强化更有效, 但大多数人也同意这两种强化对于学习来说都很重要.

例 11.3　本例用 (11.39) 式的 NPSO 优化 20 维 Schwefel 正弦函数. 取种群规模为 20, 精英参数为 2. 我们使用标称值

$$\begin{aligned} &\phi_{1,\max} = \phi_{2,\max} = \phi_{3,\max} = 2, \quad \phi_{4,\max} = \phi_{5,\max} = \phi_{6,\max} = 0, \\ &\alpha = 0.9, \quad K = \frac{2\alpha}{\phi_{1,\max} + \phi_{2,\max} + \phi_{3,\max} - 2}. \end{aligned} \tag{11.40}$$

图 11.11～图 11.13 所示为在 $\phi_{4,\max}$, $\phi_{5,\max}$ 和 $\phi_{6,\max}$ 取不同值而其他参数等于它们的标称值时, NPSO 的平均性能. $\phi_{4,\max}$ 决定每一个粒子要避开其以前最差位置多远, 图 11.11 显示, 当 $\phi_{4,\max}$ 大于其标称值 0 时能够大大地改进性能. $\phi_{5,\max}$ 决定每一个粒子要避开其邻居当前最差位置多远, 图 11.12 显示, 当 $\phi_{5,\max}$ 大于其标称值 0 时性能会有类似的但不是特别明显的改进. 最后, $\phi_{6,\max}$ 决定每一个粒子要避开整个群以前最差位置多远的距离, 图 11.13 显示, 当 $\phi_{6,\max}$ 大于它的标称值 0 时性能也会有改进. 从这些图可见, $\phi_{6,\max}$ 对 NPSO 的性能影响最大. □

例 11.3 表明, NPSO 的性能比标准粒子群优化的性能好很多. 注意, 在例 11.3 中每次只改变了负强化项中的一项, 而让其余的两项等于 0. 我们并没有尝试将非零的 $\phi_{4,\max}$, $\phi_{5,\max}$ 和 $\phi_{6,\max}$ 结合在一起, 这个留给读者作为未来研究的题目. 我们还可以将负强化和 (11.31) 式完全知情的粒子群优化结合起来. 这个扩展也留给读者. 最后, 有趣的是为 NPSO 重新推导 11.3 节关于稳定性的结果, 这是未来研究的另一个领域.

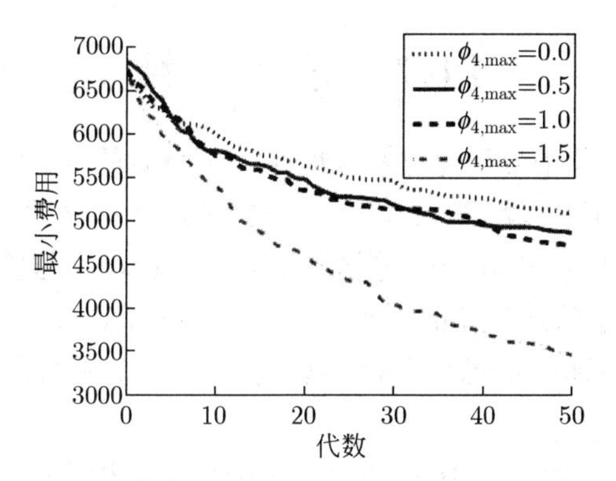

图 11.11 例 11.3: 对于 $\phi_{4,\max}$ 的不同值, NPSO 在 20 维 Schwefel 正弦函数上的性能在 20 次蒙特卡罗仿真上的平均. 避开自己以前最差位置的粒子的表现显著好于不这样做的粒子.

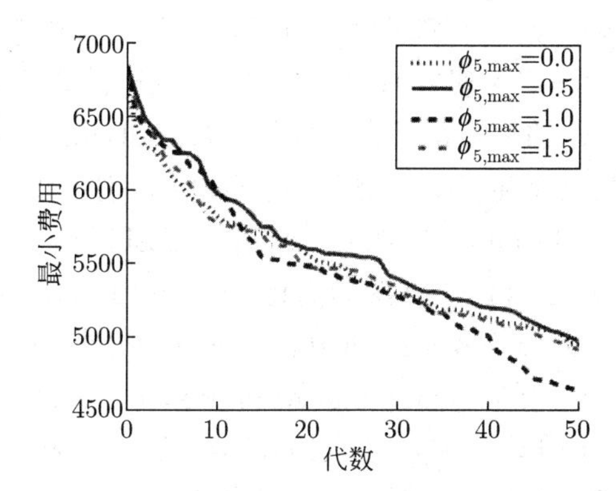

图 11.12 例 11.3: 对于 $\phi_{5,\max}$ 的不同的值, NPSO 在 20 维 Schwefel 正弦函数上的性能在 20 次蒙特卡罗仿真上的平均. 避开其邻居当前最差位置的粒子的表现明显好于不这样做的粒子.

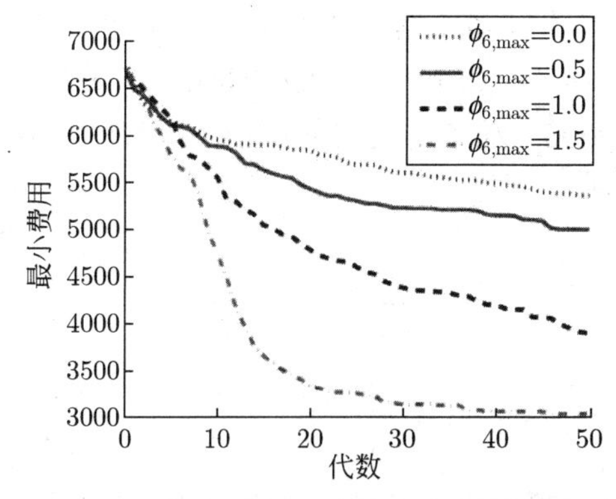

图 11.13 例 11.3: 对于 $\phi_{6,\max}$ 的不同的值, NPSO 在 20 维 Schwefel 正弦函数上的性能在 20 次蒙特卡罗仿真上的平均. 避开群以前最差位置的粒子的表现显著好于不这样做的粒子.

11.7 总 结

对于各种问题而言, 粒子群优化已被证明是一个有效的进化算法. 由于粒子群优化的性能好, 在研究新提出的进化算法时, 都应该与粒子群优化做比较. 与蚁群优化类似, 一些研究人员认为粒子群优化并非一种进化算法而是一种群体智能. 粒子群优化的粒子相互之间的确没有直接分享候选解信息. 但粒子群优化包含基于适应度的选择, 粒子相互之间也会分享速度信息, 而速度信息会直接影响到解. 因此, 我们在本书中把粒子群优化归类为进化算法.

为防止粒子群优化的停滞, 提出了鲶鱼粒子群优化这种修改方案 [Yang et al., 2011]. 沙丁鱼在水箱中经常会陷入局部最优的行为和位置, 随后就昏昏欲睡, 健康状况也迅速恶化. 如果在水槽中加入鲶鱼, 沙丁鱼会体验到一种新的刺激并在很长的一段时间内保持健康. 鲶鱼粒子群优化正是以这个观察为基础, 在粒子群优化种群停滞时去刺激它. 如果粒子群优化种群最好的个体连续 m 代都没有改进 (m 经常在 3 和 7 之间), 就将种群中最差的 10% 的每一个独立变量设定为搜索域的一个边界. 这样做的理由是要最大化搜索空间. 另一个理由是约束优化问题的解常常落在约束的边界上 [Bernstein, 2006].

本章所有的讨论都聚焦在连续域问题的粒子群优化. 对于组合优化, 粒子群优化有几种不同的扩展方式 [Kennedy and Eberhart, 1997], [Yoshida et al., 2001], [Clerc, 2004]. 目前的研究方向还包括, 粒子群优化算法的简化 [Pedersen and Chipperfield, 2010], 与其他进化算法的混合 [Niknam and Amiri, 2010], 为避免过早收敛, 增加像变异那样的操作 [Xinchao, 2010], 使用多个交互群 [Chen and Montgomery, 2011], 从粒子群优化算法中除去随机性 [Clerc, 1999], 使用动态和自适应拓扑[Ritscher et al., 2010], 探索初始化的策略 [Gutierrez et al., 2002], 以及粒子群优化参数的在线自适应 [Zhan et al., 2009]. 还请注意, 我们可以像模拟每一个粒子的速度那样模拟它们的加速度[Tripathi et al., 2007]. 未来的工作还包括, 在考虑算法随机性及粒子之间关系的情况下分析粒子群的行为和收敛性.

在粒子群优化领域中还有很多阅读材料和研究报告, 包括书 [Kennedy and Eberhart, 2001], [Clerc, 2006], [Sun et al., 2011]; 和论文 [Bratton and Kennedy, 2007], [Banks et al., 2007], [Banks et al., 2008]. 粒子群优化的网址包括 [PSC, 2012] 和 [Clerc, 2012a], 其中的内容不仅有用还很丰富.

习 题

书面练习

11.1 在粒子群优化中采用静态邻域的论据是什么? 在粒子群优化中采用动态邻域的论据是什么?

11.2 在粒子群优化中的加速度:

(1) 为包含加速度, 应该如何修改粒子群优化算法 11.1?

(2) 按照对粒子群优化算法的这个修改, (11.4) 式应该变成什么, 特征值应该是多少?

11.3 假设在 (11.4) 式中 $\phi_1 = 4$.

(1) 矩阵的特征值是多少?

(2) 这个系统稳定吗?

(3) 请给出当 $t \to \infty$ 时 $\boldsymbol{x}_i$ 和 $\boldsymbol{v}_i$ 有界的初始条件和输入 $\boldsymbol{b}_i$.

(4) 请给出当 $t \to \infty$ 时 $\boldsymbol{x}_i$ 和 $\boldsymbol{v}_i$ 无界的初始条件和输入 $\boldsymbol{b}_i$.

11.4 (11.35) 式利用 $\boldsymbol{x}_i$ 的费用和距离计算权重 w_{ij}. 在计算 w_{ij} 时, 我们还可以考虑用 $\boldsymbol{x}_i$ 的其他哪些特征?

11.5 假定在 (11.30) 式中的 $\boldsymbol{p}_i(t)$ 是常数, 写出 $\boldsymbol{x}_i(t+1)$ 和 $\boldsymbol{v}_i(t+1)$ 的动态方程. 这个系统的特征值是多少?

11.6 在什么条件下 (11.11) 式与 (11.37) 式等价?

11.7 将 (11.39) 式 NPSO 的更新一般化得到完全知情的 NPSO 的更新公式.

11.8 (11.25) 式推荐按如下方式设置压缩系数:

$$K = \frac{2\alpha}{\phi_T - 2},$$

其中 $\alpha \in (0,1)$. 我们可以设置 ϕ_T 为 ϕ_i 项的最大可能值的总和, 在这种情况下对于 PSO 算法 ϕ_T 是常数; 或者设置 ϕ_T 是每次速度更新随机计算得到的实际 ϕ_i 项的总和, 在这种情况下每次速度更新的 ϕ_T 都不同. 假设用 (11.27) 式更新速度, 这两个方案可以写成:

$$K_1 = \frac{2\alpha_1}{\phi_{1,\max} + \phi_{2,\max} + \phi_{3,\max} - 2}, \quad K_2 = \frac{2\alpha_2}{\phi_1 + \phi_2 + \phi_3 - 2},$$

其中每一个 ϕ_i 在 $[0, \phi_{i,\max}]$ 上均匀分布. 在上面的公式中, 平均来说要让 $K_1 = K_2$, α_2 应该取什么值? (参见与本习题对应的计算机练习题 11.12.)

计算机练习

11.9 邻域规模: 最小化 10 维 Sphere函数 (参见附录 C.1.1 中 Sphere 函数的定义), 仿真粒子群优化算法 11.1 到 40 代. 取种群规模为 20, 采用 (11.27) 式的全局速度更新. 取 $\phi_{2,\max} = \phi_{2,\max} = \phi_{3,\max} = 2$, $v_{\max} = \infty$, 并用 $\alpha = 0.9$ 找出压缩系数 K. 对于邻域规模$\sigma = 0$, 5 和 10, 运行 20 次蒙特卡罗仿真. 绘制每一个蒙特卡罗设置的平均性能随代数变化的曲线. 局部邻域在粒子群优化中的重要性体现在什么地方?

11.10 完全知情的粒子群距离的权重: (11.35) 式可以写成

$$\begin{aligned} w_{ij} &= w_{ij}(c) + S w_{ij}(d), \\ \text{其中 } w_{ij}(c) &= \max_k f(\boldsymbol{x}_k) - f(\boldsymbol{x}_j), \\ w_{ij}(d) &= \max_k |\boldsymbol{x}_i - \boldsymbol{x}_k| - |\boldsymbol{x}_i - \boldsymbol{x}_j|. \end{aligned}$$

$w_{ij}(c)$ 是 $\boldsymbol{x}_j$ 的费用对 w_{ij} 的贡献, $w_{ij}(d)$ 是距离的贡献. 上面的公式可以一般化为

$$w_{ij} = (w_{ij}(c) + D S w_{ij}(d))/(1 + D),$$

其中 D 是距离的贡献相对于费用的贡献的重要性. 利用这个权重公式仿真完全知情的粒子群优化算法优化 20 维 Rastrigin函数 (Rastrigin 函数的定义参见附录 C.1.11). 对于 $D = 0, 0.5, 1, 2$ 和 1000, 运行 20 次蒙特卡罗仿真. 绘制每一个蒙特卡罗设置的平均性能随代数变化的曲线, 并就所得结果给出一些综合的评论.

11.11 完全知情的粒子群邻域规模: 最小化 20 维 Rosenbrock 函数 (Rosenbrock 函数的定义参见附录 C.1.4), 在粒子群优化仿真中实施 (11.37) 式的速度更新. 取种群规模为 20, 代数限制为 40. 为得到好的性能, 调节 $\phi_{\max}$ 和 K. 以邻域规模 2, 5, 10 和 20 运行 20 次蒙特卡罗仿真. 绘制每一个蒙特卡罗设置的平均性能随代数变化的曲线, 并就所得结果给出一些综合的评论.

11.12 常压缩与时变压缩: 最小化 10 维 Ackley函数 (Ackley 函数的定义参见附录 C.1.2), 仿真粒子群优化算法 11.1 到 50 代. 取种群规模为 20, 使用 (11.27) 式的全局速度更新. 取 $\phi_{1,\max} = \phi_{2,\max} = \phi_{3,\max} = 2.1$, $v_{\max} = \infty$, 用 $\alpha_1 = 0.9$ 找出在习题 11.8 中定义的压缩系数 K_1. 以常压缩系数 K_1 运行 20 次蒙特卡罗仿真, 并以你在习题 11.8 中找到的时变的压缩系数K_2 运行 20 次蒙特卡罗仿真. 绘制每一个蒙特卡罗设置的平均性能随代数变化的曲线, 评论所得结果.

第 12 章　差分进化

与现有的几个进化算法相比, 差分进化实施起来更简单更直接…… 对其他领域的从业者来说, 重要的是编程要简单, 因为他们可能不是编程专家……

达斯, 苏甘坦, 科埃略 (S. Das, P. Suganthan, C. Coello Coello) [Das et al., 2011]

大约在 1995 年前后, Rainer Storn 和 Kenneth V. Price 提出差分进化 (differential evolution). 与许多新的优化算法一样, 差分进化由实际的问题推动: 切比雪夫多项式系数的解和数字滤波器系数的优化. 由于差分进化在第一届国际进化计算比赛 [Storn and Price, 1996] 和第二届国际进化优化比赛 [Price, 1997] 中都名列前茅, 它迅速进入进化算法界，让人印象深刻. 关于差分进化的第一篇论文收录在一本会议论文集中 [Storn, 1996a], [Storn, 1996b], 一年之后又发表了第一篇期刊论文 [Storn and Price, 1997]. 不过, 最初广为流传的差分进化的文章却发表在一本非学术的杂志上 [Price and Storn, 1997]. 差分进化是一个独特的进化算法, 因为它并非是由生物学启发产生的.

本章概览

12.1 节概述用于连续域优化的基本差分进化算法. 在差分进化的原型之后, 研究人员又提出了多个变种, 我们在 12.2 节会讨论其中的一些变种. 在差分进化被证明能成功处理连续域问题之后, 研究人员把它扩展到离散域, 12.3 节会讨论针对离散域问题的差分进化. 在最初提出差分进化时, 并没有把它作为一个单独的进化算法, 而是作为遗传算法的一个变种, 因此我们在 12.4 节会以这样的角度来审视差分进化.

12.1　基本差分进化算法

差分进化是为了优化 n 维连续域中的函数而设计的基于种群的算法. 在种群中, 每一个个体都是用来表示候选解的一个 n 维向量. 差分进化的基本思路如下: 取两个个体之间的差分向量, 将这个差分向量的一个伸缩版加到第三个个体上从而产生一个新的候选解. 图 12.1 描绘了这个过程.

图 12.1 描绘在二维搜索空间中的差分进化. 随机选出 $\boldsymbol{x}_{r_2}$ 和 $\boldsymbol{x}_{r_3}$ 这两个个体, $r_2 \neq r_3$. 这两个个体之间的差的伸缩版加到第三个随机选出的个体 $\boldsymbol{x}_{r_1}$, 这里 $r_1 \notin \{r_2, r_3\}$. 由此得到变异 $\boldsymbol{v}_i$, 它有可能作为一个新的候选解被种群接收.

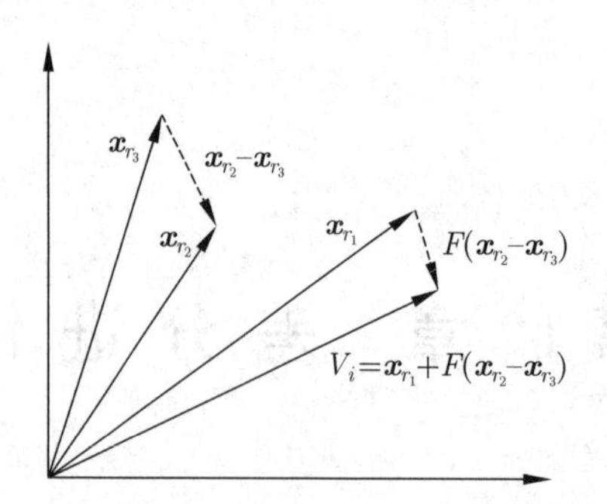

图 12.1 用二维 ($n=2$) 优化问题说明差分进化的基本思想. $\boldsymbol{x}_{r_1}$, $\boldsymbol{x}_{r_2}$ 和 $\boldsymbol{x}_{r_3}$ 为候选解. 将个体 $\boldsymbol{x}_{r_2}$ 与 $\boldsymbol{x}_{r_3}$ 的差的伸缩版加到 $\boldsymbol{x}_{r_1}$ 上得到一个变异向量 $\boldsymbol{v}_i$, 它是一个新的候选解. 因为在每一代会生成 N 个不同的变异向量, 其中 N 为种群规模, 所以 $\boldsymbol{v}_i$ 用下标 i 作为它的指标.

在建立变异向量$\boldsymbol{v}_i$ 之后, 它与一个差分进化个体 $\boldsymbol{x}_i$ 结合 (即, 交叉), 这里 $i \notin \{r_1, r_2, r_3\}$, 产生一个试验向量 $\boldsymbol{u}_i$. 按如下方式实施交叉: 对于 $j \in [1,n]$,

$$u_{ij} = \begin{cases} v_{ij}, & \text{如果 } (r_{cj} < c) \text{ 或 } (j = \mathcal{J}_r), \\ x_{ij}, & \text{其他}, \end{cases} \tag{12.1}$$

其中, n 是问题的维数, 也是 $\boldsymbol{u}_i$, $\boldsymbol{v}_i$ 和 $\boldsymbol{x}_i$ 的维数; u_{ij} 是 $\boldsymbol{u}_i$ 的第 j 个分量; v_{ij} 是 $\boldsymbol{v}_i$ 的第 j 个分量; x_{ij} 是个体 $\boldsymbol{x}_i$ 的第 j 个分量; r_{cj} 是在 [0,1] 上均匀分布的随机数; $c \in [0,1]$ 是给定的交叉率;[1] $\mathcal{J}_r$ 是在 $[1,n]$ 上均匀分布的一个随机整数. 试验向量 $\boldsymbol{u}_i$ 是当前差分进化个体 $\boldsymbol{x}_i$ 与变异向量 $\boldsymbol{v}_i$ 逐个分量的组合. 用 $\mathcal{J}_r$ 的目的是要保证 $\boldsymbol{u}_i$ 不是 $\boldsymbol{x}_i$ 的克隆, 但对大多数问题可以省掉这种复杂的处理 (参见习题 12.3). 交叉率 c 控制着 $\boldsymbol{u}_i$ 的每一个分量来自变异向量 $\boldsymbol{v}_i$ 的可能性.

按照上面的描述, 在生成 N 个试验向量 $\boldsymbol{u}_i$ 之后比较向量 $\boldsymbol{u}_i$ 和 $\boldsymbol{x}_i$, 这里 N 为种群规模. 在每一对 $(\boldsymbol{u}_i, \boldsymbol{x}_i)$ 中适应性更强的向量留下来作为差分进化的下一代, 扔掉适应性差的向量. 算法 12.1 概述了 n 维问题的基本差分进化算法.

算法 12.1 最小化 n 元函数 $f(\boldsymbol{x})$ 的简单差分进化算法. 此算法被称为经典差分进化, 或 DE/rand/1/bin.

$F =$ 步长参数, $F \in [0.4, 0.9]$
$c =$ 交叉率, $c \in [0.1, 1]$
初始化候选解种群 $\{\boldsymbol{x}_i\}$, $i \in [1, N]$
While not (终止准则)
  For 每一个个体 $\boldsymbol{x}_i$, $i \in [1, N]$
    $r_1 \leftarrow$ 随机整数 $\in [1, N] : r_1 \neq i$

[1] 大多数差分进化的文献用符号 Cr 表示交叉率. 但是两个字母的符号可能会被误解为独立的两个符号 (例如, C 乘以 r), 因此本章用了一个更标准的数学符号来表示交叉率.

$r_2 \leftarrow$ 随机整数 $\in [1, N] : r_2 \notin \{i, r_1\}$
$r_3 \leftarrow$ 随机整数 $\in [1, N] : r_3 \notin \{i, r_1, r_2\}$
$\boldsymbol{v}_i \leftarrow \boldsymbol{x}_{r_1} + F(\boldsymbol{x}_{r_2} - \boldsymbol{x}_{r_3})$(变异向量)
$\mathcal{J}_r \leftarrow$ 随机整数, $\mathcal{J}_r \in [1, n]$
For 每一维 $j \in [1, n]$
  $r_{cj} \leftarrow$ 随机数, $r_{cj} \in [0, 1]$
  If $(r_{cj} < c)$ or $(j = \mathcal{J}_r)$ then
    $u_{ij} \leftarrow v_{ij}$
  else
    $u_{ij} \leftarrow x_{ij}$
  End if
下一维
下一个个体
For 每一个种群指标 $i \in [1, N]$
  If $f(\boldsymbol{u}_i) < f(\boldsymbol{x}_i)$ then $\boldsymbol{x}_i \leftarrow \boldsymbol{u}_i$ End if
下一个种群指标
下一代

由算法 12.1 可知, 差分进化有几个调试参数. 与其他进化算法一样, 它需要选择种群规模. 差分进化具体的参数包括步长 F, 也称为比例因子, 以及交叉率 c. 这些参数依赖于问题, 不过通常 (但非总是) 在 $F \in [0.4, 0.9]$ 和 $c \in [0.1, 1]$ 的范围内挑选. F 的最优值一般随着种群规模 N 的平方根减小. c 的最优值一般随着目标函数的可分离性减小 [Price, 2013].

我们常常称算法 12.1 为经典差分进化, 也称之为 DE/rand/1/bin, 因为基向量 $\boldsymbol{x}_{r_1}$ 是随机选出来的; 向量差 (即 $F(\boldsymbol{x}_{r_2} - \boldsymbol{x}_{r_3})$) 加到 $\boldsymbol{x}_{r_1}$ 上; 对试验向量有贡献的变异向量元素的个数近似服从二项分布. 如果不需要检验"$j = \mathcal{J}_r$", 它就正好服从一个二项分布 (参见习题 12.1).

想一想经典差分进化算法 12.1 为什么管用 [Price, 2013]. 首先, 当种群逐渐缩小到问题的解, 形式为 $\boldsymbol{x}_{r_2} - \boldsymbol{x}_{r_3}$ 的扰动会减小. 其次, 在不同的维度上扰动的大小也不同, 它们依赖于问题的规模. 即 $\boldsymbol{x}_{r_2} - \boldsymbol{x}_{r_3}$ 的第 p 个分量的大小与种群在第 p 维与问题的解的接近程度成比例. 最后, 在维度之间的扰动步长是相关的, 因而即使对于高度不可分问题也能高效地搜索 (参见附录 C.7.2). 由差分进化的这些性质就得到等值线匹配, 它意味着差分进化种群会将自己分布在目标函数的等值线上. 差分进化种群往往能适应目标函数的形状.

12.2 差分进化的变种

本节着眼于差分进化的一些变种. 12.2.1 节说明在每次迭代中生成试验向量 $\boldsymbol{u}_i$ 的其他方式, 12.2.2 节介绍生成变异向量 $\boldsymbol{v}$ 的其他一些方式, 12.2.3 节则讨论使用随机比例因子F 的某些可能性.

12.2.1 试验向量

注意, 算法 12.1 并没有把由 $\boldsymbol{v}_i$ 或 $\boldsymbol{x}_i$ 得到的解的特征一起保留下来. 也就是说, 将 v_{ij} 复制给 u_{ij} 的概率与是否将 $v_{i,j-1}$ 复制给 $u_{i,j-1}$ 的概率相同. 但是, 有许多问题的适应度依赖于解的特征的组合而不是解的单个特征, 所以, 我们可能需要将解的特征都保留下来. DE/rand/1/L 的工作方式是: 生成一个随机整数 $L \in [1, n]$, 将 $\boldsymbol{v}_i$ 的 L 个连续的特征复制给 $\boldsymbol{u}_i$, 然后从 $\boldsymbol{x}_i$ 把余下的性质复制给 $\boldsymbol{u}_i$ [Storn and Price, 1996].

例如, 假设一个 7 维的问题 ($n = 7$). DE/rand/1/L 算法首先生成一个随机整数 $L \in [1, n]$, 假设 $L = 3$. 生成一个随机的起点 $s \in [1, n]$, 假设 $s = 6$. 已知这些参数, 按如下方式将 $\boldsymbol{v}_i$ 和 $\boldsymbol{x}_i$ 的解的特征复制给试验向量 $\boldsymbol{u}_i$:

$$\left.\begin{array}{l} u_{i1} \leftarrow v_{i1}, \quad u_{i2} \leftarrow x_{i2}, \quad u_{i3} \leftarrow x_{i3}, \quad u_{i4} \leftarrow x_{i4}, \\ u_{i5} \leftarrow x_{i5}\,(\text{终点}), \quad u_{i6} \leftarrow v_{i6}\,(\text{起点 } s), \quad u_{i7} \leftarrow v_{i7}. \end{array}\right\} \tag{12.2}$$

因为 $s = 6$, 我们从第 6 维 (即解的第 6 个特征) 开始, 将 $\boldsymbol{v}_i$ 的元素复制给 $\boldsymbol{u}_i$. 因为 $L = 3$, 我们从 $\boldsymbol{v}_i$ 连续复制 3 个元素到 $\boldsymbol{u}_i$, 这里连续意味着在到达末尾后要绕回到向量的开始. 在把 $\boldsymbol{v}_i$ 的 3 个元素复制给 $\boldsymbol{u}_i$ 之后, 我们开始将 $\boldsymbol{x}_i$ 的元素复制给 $\boldsymbol{u}_i$, 当 $\boldsymbol{u}_i$ 完全确定后就停止. 更正式的是, DE/rand/1/L 用算法 12.2 中的循环替换算法 12.1 中的"for 每一维"循环.

算法 12.2 DE/rand/1/L 循环, 它将 $\boldsymbol{x}_i$ 和变异向量 $\boldsymbol{v}_i$ 的元素复制给试验向量 $\boldsymbol{u}_i$. 这个循环替换算法 12.1 中的"for 每一维"循环.

```
L ← 随机整数, L ∈ [1, n]
s ← 随机整数, s ∈ [1, n]
J ← {s, min{n, s + L − 1}} ∪ {1, s + L − n − 1}
For 每一维 j ∈ [1, n]
    If  j ∈ J  then
        u_ij ← v_ij
    else
        u_ij ← x_ij
    End if
下一维
```

对给定的指标 i, 变异向量的元素 v_{ij} 平均有多少个被复制到试验向量的特征 u_{ij}? 这个问题很有趣. 对于 DE/rand/1/L, 算法 12.1 中"for 每一维"循环有 n 次迭代. 这些迭代中有一次会以 100%的概率将 v_{ij} 复制给 u_{ij}, 而其余的 $n - 1$ 次迭代以 c 的概率将 v_{ij} 复制给 u_{ij}. 这意味着对于 DE/rand/1/bin 复制给试验向量的元素 v_{ij} 的个数的期望为

$$\mathrm{E}(v_i \text{ 的元素被复制的个数}) = 1 + c(n - 1). \tag{12.3}$$

对于 DE/rand/1/L, 要将 L 个变异向量的特征 v_{ij} 复制给试验向量. 因为 L 在 $[1,n]$ 上均匀分布, 故对于 DE/rand/1/L

$$\mathrm{E}(v_i \text{ 的元素被复制的个数}) = n/2. \tag{12.4}$$

在什么条件下, 复制给试验向量的变异向量元素的个数的期望在 bin 方案和 L 方案下相等? 令 (12.3) 式等于 (12.4) 式, 得到

$$c = \frac{n-2}{2(n-1)}. \tag{12.5}$$

如果在 DE/rand/1/L 算法 12.1 中交叉参数 c 的值略小于 0.5, 这个 c 会让复制给试验向量的变异向量元素的平均个数与 DE/rand/1/L 算法 12.2 中的平均个数相同.

一般来说, 可以将 L 设定为 1 和 $L_{\max}$ 之间的随机整数, $L_{\max} \in [1,n]$ 为用户指定的常数. 我们在算法 12.2 中看到 $L_{\max} = n$, 对于某些问题, 当 $L_{\max}$ 的值小于 n 时性能可能更好.

例 12.1 本例将差分进化应用于附录 C.1.2 的 20 维 Ackley函数. 我们采用下面的参数:

- 种群规模 = 50;
- 步长 $F = 0.4$;
- 由 (12.5) 式得到交叉率 $c = 0.49$.

我们将关注由算法 12.1 的 bin 方案和算法 12.2 的 L 方案生成的试验向量之间的差别. 图 12.2 所示为每一代的最好个体在 20 次蒙特卡罗仿真上的平均. 在仿真之初, L 方案收敛得更快, 但是长远来看, bin 方案的性能明显更好. 我们并不期望用 L 方案能得到什么改进, 因为在 Ackley 函数中解的特征根本就没有耦合; 也就是说, Ackley 函数是可分的问题. 不过我们也不清楚 bin 方案为什么比 L 方案好这么多. □

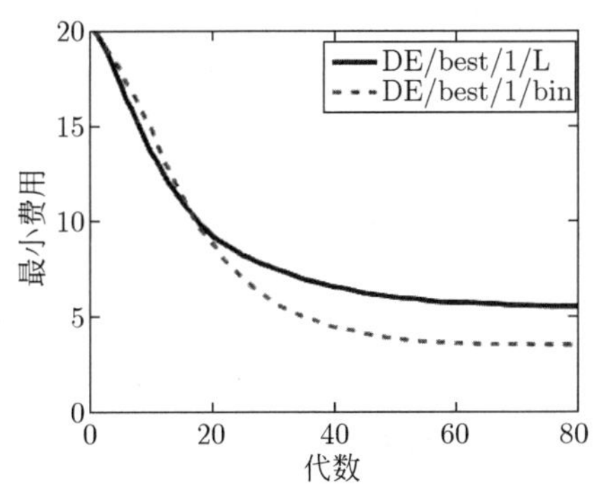

图 12.2 例 12.1: 差分进化在 20 维 Ackley 函数上的性能. 图中所示为每一代最好个体的费用在 20 次蒙特卡罗仿真上的平均. 生成试验向量的 bin 方案的性能明显比 L 方案的性能好.

12.2.2 变异向量

本节关注生成随机向量的一些备选方案. 例如, 总是用种群中最好的个体作为基向量而不是随机选择基向量 $\boldsymbol{x}_{r1}$, 这样做可能更好. 如此一来, 试验向量的整个集合 $\boldsymbol{u}_i$, $i \in [1, n]$ 就由最好个体的变异组成. 这个方法被称为 DE/best/1/bin [Storn and Price, 1996], [Storn, 1996b]. 它与算法 12.1 等价, 不过得将变异向量的计算换为

$$\boldsymbol{v}_i \leftarrow \boldsymbol{x}_{\mathrm{b}} + F(\boldsymbol{x}_{r_2} - \boldsymbol{x}_{r_3}), \tag{12.6}$$

其中 $\boldsymbol{x}_{\mathrm{b}}$ 是在种群中最好的个体. 这样做有增加开发减少探索的效果. 这个想法与 8.7.7 节讨论的种马进化算法类似. 如果用 (12.6) 式产生变异向量, 并用算法 12.2 把特征复制给试验向量, 就得到 DE/best/1/L 算法.

另一个方案是用两个差分向量生成变异向量 [Storn and Price, 1996], [Storn, 1996b]. 这样会增加探索, 因为总的差分向量并不只限于一对向量的差的方向, 它有更多的自由度. 可以把它与在 $\boldsymbol{x}_i$ 的每个循环迭代中随机选择的基向量结合, 如算法 12.1 所示; 或与 $\boldsymbol{x}_i$ 每个循环迭代中选择的最好个体基向量结合, 如 (12.6) 式所示. 这样就得到下面两个生成变异向量的方案:

$$\begin{aligned} & r_4 \leftarrow \text{随机整数}, r_4 \in [1, N] : r_4 \notin \{i, r_1, r_2, r_3\} \\ & r_5 \leftarrow \text{随机整数}, r_5 \in [1, N] : r_5 \notin \{i, r_1, r_2, r_3, r_4\} \\ & \boldsymbol{v}_i \leftarrow \begin{cases} \boldsymbol{x}_{r_1} + F(\boldsymbol{x}_{r_2} - \boldsymbol{x}_{r_3} + \boldsymbol{x}_{r_4} - \boldsymbol{x}_{r_5}) & \text{DE/rand/2/?} \\ \boldsymbol{x}_{\mathrm{b}} + F(x_{r_2} - \boldsymbol{x}_{r_3} + \boldsymbol{x}_{r_4} - \boldsymbol{x}_{r_5}) & \text{DE/best/2/?} \end{cases} \end{aligned} \tag{12.7}$$

现在我们来解释上式末尾处的问号. 如果用 (12.7) 式的一个方案来生成变异向量, 并用算法 12.1 将特征复制给试验向量, 就得到 DE/rand/2/bin 或 DE/best/2/bin 算法. 如果用 (12.7) 式生成变异向量, 并用算法 12.2 将特征复制给试验向量, 就得到 DE/rand/2/L 或 DE/best/2/L 算法.

注意, (12.7) 式增加了差分向量对变异向量的影响. 如果在算法 12.1 或 (12.6) 式中取 $F = F_0$, 为了公平的比较, 在 (12.7) 式应该取某个 $F < F_0$. F 的这两个值之间的准确关系依赖于目标函数的形状.

在实施差分进化时也可以用当前的 $\boldsymbol{x}_i$ 作为基向量[Storn, 1996a]. 例如,

$$\boldsymbol{v}_i \leftarrow \boldsymbol{x}_i + F\Delta\boldsymbol{x}, \tag{12.8}$$

其中 $\Delta\boldsymbol{x}$ 是一个差分向量. 根据所用的生成差分向量的方法和生成试验向量的方法，可以得到 DE/target/1/bin, DE/target/2/bin, DE/target/1/L, 或 DE/target/2/L 算法.[1] 与 12.1 节和 12.2.1 节的 DE/rand 算法不同, DE/target 算法似乎对 F 不太敏感 [Price, 2013].

另外还有一个生成差分向量的方案是采用种群中最好的个体 $\boldsymbol{x}_{\mathrm{b}}$. 它让变异向量全都移向 $\boldsymbol{x}_{\mathrm{b}}$. 从 $\boldsymbol{x}_{\mathrm{b}}$ 减掉的向量可以是随机个体或基础个体. 基于这个思路, 我们可以想出各

[1] 在文献中 DE/target 算法也被称为 DE/current 和 DE/i.

种可能. 例如 [Storn, 1996a],

$$
\left.\begin{aligned}
&\boldsymbol{v}_i \leftarrow \boldsymbol{x}_i + F(\boldsymbol{x}_{\mathrm{b}} - \boldsymbol{x}_i), \\
&\boldsymbol{v}_i \leftarrow \boldsymbol{x}_{r_1} + F(\boldsymbol{x}_{\mathrm{b}} - \boldsymbol{x}_{r_3}), \\
&\boldsymbol{v}_i \leftarrow \boldsymbol{x}_b + F(\boldsymbol{x}_{r_2} - \boldsymbol{x}_{r_3} + \boldsymbol{x}_{\mathrm{b}} - \boldsymbol{x}_{r_5}), \\
&\boldsymbol{v}_i \leftarrow \boldsymbol{x}_i + F(\boldsymbol{x}_{\mathrm{b}} - \boldsymbol{x}_i + \boldsymbol{x}_{r_2} - \boldsymbol{x}_{r_3}),
\end{aligned}\right\} \tag{12.9}
$$

等等. 如果用上面的最后一个式子生成 $\boldsymbol{v}_i$, 则称算法为 DE/target-to-best/1/bin [Price et al., 2005, Section 3.3.1].[1] 注意, 我们有时候用重组生成 $\boldsymbol{v}_i$, 有时候用变异, 有时候二者皆用. (12.9) 式中的第一方案是重组操作, 因为它涉及 $\boldsymbol{x}_i$ 与另一个向量的组合. 第二个和第三个方案是变异操作, 因为 $\boldsymbol{x}_i$ 并没有出现在式子中. 第四个方案是混合操作, 它不仅涉及 $\boldsymbol{x}_i$ 还涉及向量差 $\boldsymbol{x}_{r_2} - \boldsymbol{x}_{r_3}$, 这个向量差中并没有 $\boldsymbol{x}_i$.

通过随机决定生成变异向量的方式, 可以将不同的方法组合起来. 例如, 用算法 12.3 生成变异向量的方法得到 DE/rand/1/either-or 算法 [Price et al., 2005, Section 2.6.5]. 如果 $a < p_f$, 用标准 DE/rand/1/bin 方法生成 $\boldsymbol{v}$. 如果 $a \geqslant p_f$, 就用 DE/rand/2 方法的一种特殊类型生成 $\boldsymbol{v}$.

如今, 差分进化算法的排列组合多得难以应付. 一般来说, 其中大多数方案都不重要. 差分进化的主要思想在图 12.1 和算法 12.1 中已经说清楚了, 所有可能的变种都只是细节上的变化.

算法 12.3 在 DE/rand/1/either-or 算法中变异向量的生成. 一般地, 在基准问题中取 $K = (F+1)/2$ 会得到好的结果.

$p_f =$ 变异概率, $p_f \in [0,1]$
$a \leftarrow$ 随机数, $a \in [0,1]$
If $a < p_f$ then
  $\boldsymbol{v}_i \leftarrow \boldsymbol{x}_{r_1} + F(\boldsymbol{x}_{r_2} - \boldsymbol{x}_{r_3})$
else
  $\boldsymbol{v}_i \leftarrow \boldsymbol{x}_{r_1} + K(\boldsymbol{x}_{r_2} - \boldsymbol{x}_{r_1} + \boldsymbol{x}_{r_3} - \boldsymbol{x}_{r_1})$
End if

例 12.2 本例再将差分进化应用于附录 C.1.2 的 20 维 Ackley函数. 因为例 12.1 显示 bin 方案比 L 方案的性能更好, 所以本例采用 bin 方案, 看看性能随着所选的不同基向量会如何变化. 我们有 3 个方案. 采用算法 12.1 的随机向量 $\boldsymbol{x}_{r1}$ 作为基向量, 或者用 (12.6) 式的最好向量作为基向量, 或者用 (12.8) 式当前种群的成员作为基向量. 图 12.3 显示每一代的最好个体在 20 次蒙特卡罗仿真上的平均. 我们看到, 随机方案和当前方案的表现几乎相同. 这在我们的意料之中, 因为: (1) 当前方案让当前种群的每一个个体在每代正好有一次机会作为基向量; (2) 随机方案让每一个个体在每代平均有一次机会作为基

[1]如果要与差分进化的其他命名惯例一致, 似乎应该称之为 DE/target-to-best/2/bin. 从另一方面来说, 这个式子可以看成是在基向量 $\boldsymbol{x}_i$ 上添加单个变异, 由此可以解释 DE/target-to-best/1/bin 这个术语.

向量. 另一方面, 图 12.3 显示, 用最好向量的方案明显优于另外两个方案. 在每一代集中在最好的个体周围搜索, 这显然是一个有利的策略.

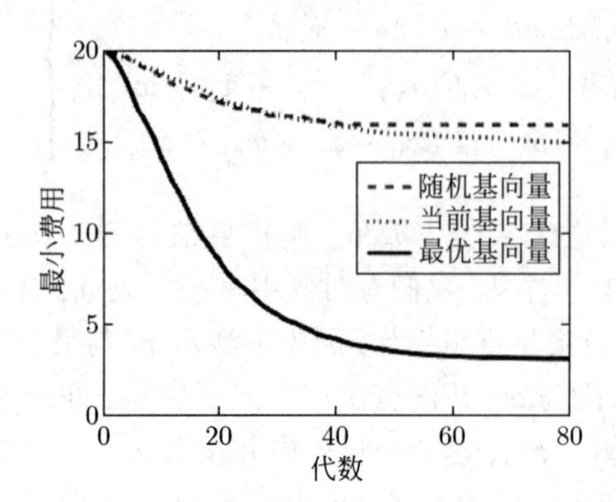

图 12.3 例 12.2: 差分进化在 20 维 Ackley 函数上的性能. 曲线显示每一代的最好个体的费用在 20 次蒙特卡罗仿真上的平均. 用最好个体作为基向量能大大提高性能.

由于以最好个体作为基向量得到了最好的性能, 我们在余下部分就用这个方案. 在本例最后的仿真中, 关注生成变异向量时所用的差分向量的个数对性能的影响. 可以用 (12.6) 式的单个差分向量, 或者用 (12.7) 式的两个差分向量. 图 12.4 显示, 每一代的最好个体在 20 次蒙特卡罗仿真上的平均. 我们看到, 即使按照 (12.7) 式后面的讨论, 根据使用两个差分向量所产生的影响对 F 做了校正, 只用一个差分向量的表现还是比用两个差分向量的表现稍微好一些. 个中原因我们并不清楚, 但是它与 [Price et al., 2005, Section 2.4.7] 中报告的一个发现吻合, 仔细探究这个问题应该很有意思. □

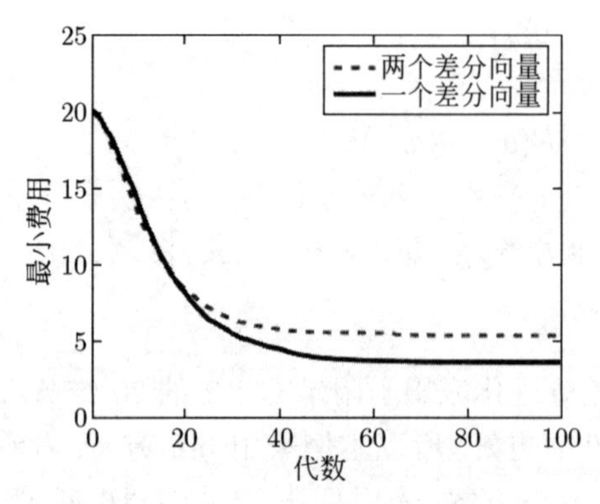

图 12.4 例 12.2: 差分进化在 20 维 Ackley 函数上的性能. 曲线所示为每一代最好个体的费用在 20 次蒙特卡罗仿真上的平均. 在生成变异向量时只用一个差分向量比用两个差分向量稍微好一些.

在差分进化中还可以实施进化算法的其他方案. 例如, 我们很容易将以候选解为中心的高斯变异或均匀变异这些更标准的变异操作纳入差分进化算法 (参见 8.9 节). 不过, 这个操作的作用可能不会太大, 因为差分进化的变异向量已经具有很强的探索性.

精英是进化算法的一个共同性质, 它保证我们不会失去性能好的个体, 并且从一代到下一代种群中最好个体的性能绝不会变差 (参见 8.4 节). 对所有进化算法而言, 精英都是一个颇具吸引力的方案, 它通常能明显地改进性能. 但是, 在差分进化中不需要实施精英, 因为算法 12.1 中"for 每一个种群的指标"的循环让差分进化能自动保留每一代中最好的个体. 这就提出了另外的一个问题, 也许存在着某些优化问题, 对于它们差分进化用不太积极的精英策略性能会更好. 有时候, 进化算法需要穿过搜索空间中差的区域才能够到达好的解. 非精英进化算法可能会更适合具有昂贵或动态变化的费用函数的某些问题 (参见第 21 章).

12.2.3 比例因子的调整

差分进化的比例因子 F 决定了差分向量对变异向量的影响. 到目前为止, 我们都假定 F 是一个常数. 随机化是进化算法的标志之一, 因此, F 为随机变量也合理. 这样一来变异向量的范围会更广, 会有更多探索. 此外, 让 F 随机化便于分析差分进化的收敛性质 [Zaharie, 2002].

我们可以用两种不同的方式改变差分进化比例因子. 首先, F 仍为标量, 并在算法 12.1 中的"for 每一个个体"的循环中每次都随机改变. 这类变种被称颤振. 其次, 把 F 变为 n 元向量并在"for 每一个个体"的循环中随机改变它的每一个元素, 于是, 变异向量 $\boldsymbol{v}$ 的每一个元素用差分向量的唯一的缩放分量修改. 这类变种被称为抖动.

颤振用下面的语句替换算法 12.1 中生成变异向量的那一行:

$$F \leftarrow U[F_{\min}, F_{\max}], \quad \boldsymbol{v}_i \leftarrow \boldsymbol{x}_{r_1} + F(\boldsymbol{x}_{r_2} - \boldsymbol{x}_{r_3}). \tag{12.10}$$

即比例因子是一个均匀分布于 $F_{\min}$ 和 $F_{\max}$ 之间的随机标量. 其他颤振的方法还可以让 F 服从高斯分布 [Price et al., 2005, Section 2.5.2].

抖动用下面的语句替换算法 12.1 中生成变异向量的那一行:

$$\left.\begin{array}{l}\text{对每一维 } j \in [1, n] \\ \quad F_j \leftarrow U[F_{\min}, F_{\max}] \\ \quad v_{ij} \leftarrow x_{r_1,j} + F_j(x_{r_2,j} - x_{r_3,j}) \\ \text{下一维}\end{array}\right\} \tag{12.11}$$

也就是说, 在生成变异向量时差分向量的每一个元素会以不同的量伸缩.

一般来说, F 取常值对简单函数 (如, sphere 函数) 似乎很管用, 对大多数多峰函数, 随机化的 F 好像很管用. 对于大部分可分的函数, 抖动最好, 对于高度不可分的函数, 颤振最好 [Price, 2013].

例 12.3 本例探索颤振和抖动的作用. 与前面的例子一样, 取种群规模为 50. 在 (12.10) 式和 (12.11) 式中取 $F_{\min} = 0.2$, $F_{\max} = 0.6$. 图 12.5 显示差分进化在 20 维 Ackley函数上的平均性能, 交叉率 $c = 0.9$, 比例因子有 3 种不同的实施方案: (1) 常数 F; (2) 颤振的 F; (3) 抖动的 F. 我们看到, 颤振方案和抖动方案的性能差不多, 常数 F 方案表现最好. 这表明随机化的 F 会让性能衰退. 图 12.6 显示的是在 Fletcher 优化基准上的结果. 在这种情况下, 抖动 F 的表现明显比常数 F 稍好, 常数 F 反过来却比颤振的 F 好.

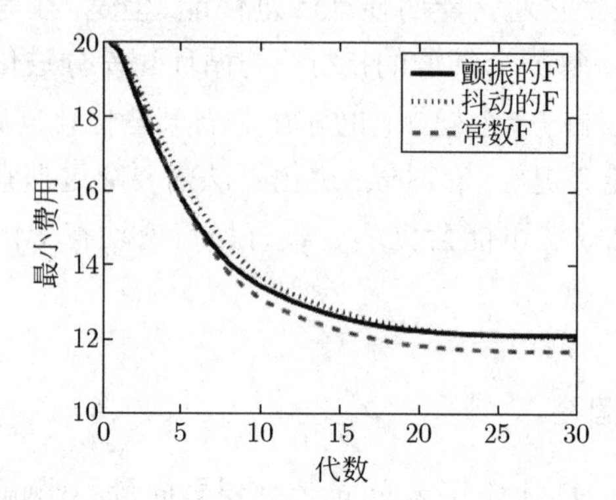

图 12.5 例 12.3: 差分进化在 20 维 Ackley 函数上的性能, 交叉率 $c = 0.9$. 曲线所示为每一代最好个体的费用在 100 次蒙特卡罗仿真上的平均. 采用常数比例因子 F 的性能比颤振或抖动的性能稍好.

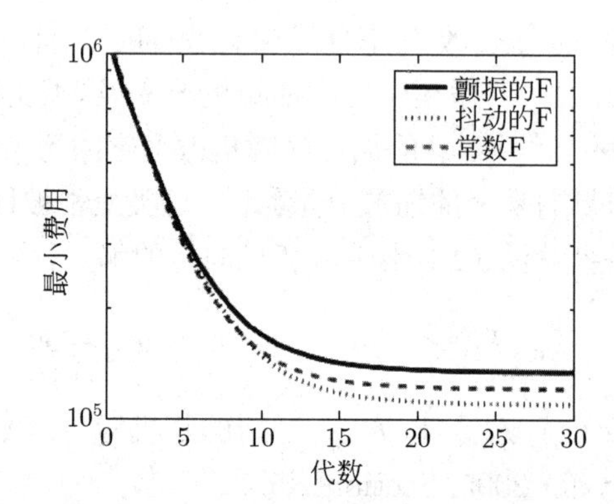

图 12.6 例 12.3: 差分进化在 20 维 Fletcher 函数上的性能, 交叉率 $c = 0.9$. 曲线为每一代最好个体的费用在 100 次蒙特卡罗仿真上的平均. 抖动的 F 的性能比常数 F 的性能稍好, 常数 F 的性能反过来又比颤振的 F 的性能稍好.

这些结果表明, 颤振和抖动对性能的影响取决于所要解决的具体问题, 也取决于差分进化算法的其他参数. 由 F 的变化所产生的影响取决于与之比较的常数 F 的值、交叉率、F 所服从的分布的范围和类型等. □

(12.10) 式和 (12.11) 式都用零均值均匀分布来决定比例因子相对于其标称值 $(F_{\min} + F_{\max})/2$ 的变化 ΔF. 也可以采用像非零均值均匀分布和对数正态分布那样的分布. 对于某些问题这些分布的性能会更好 [Price et al., 2005, Section 2.5.2].

12.3 离散优化

本节讨论如何将差分进化用于离散域上的函数优化. 在离散域上差分进化只在生成变异向量时会遇到问题. 回顾算法 12.1, 可知

$$\boldsymbol{v}_i \leftarrow \boldsymbol{x}_{r_1} + F(\boldsymbol{x}_{r_2} - \boldsymbol{x}_{r_3}). \tag{12.12}$$

因为 $F \in [0,1]$, $\boldsymbol{v}_i$ 可能不属于问题域 D. 差分进化最初是为连续域问题设计的, 为了能用在离散域上, 可以对它进行修改. 修改的方式有两种, 它们看起来相似但在本质上不同. 首先, 可以用标准的差分进化方法, 比如 (12.12) 式的方法, 生成变异向量 $\boldsymbol{v}_i$, 然后修改 $\boldsymbol{v}_i$ 让它落在问题域 D 中; 12.3.1 节会讨论这个方法. 其次, 可以修改变异向量的生成方法, 直接生成处于 D 中的变异向量; 12.3.2 节会讨论这个方法. 关于离散域差分进化更多的讨论参见 [Onwubolu and Davendra, 2009].

12.3.1 混合整数差分进化

显然, 要保证 $\boldsymbol{v}_i \in D$ 的一个方法是将它投影到 D 上. 为了能在离散域上优化, 按这种方式修改得到的差分进化方法被称为混合整数差分进化 [Huang and Wang, 2002], [Su and Lee, 2003]. 例如, 如果 D 是 n 维整数向量的集合, 可以用下式替换 (12.12) 式:

$$\boldsymbol{v}_i \leftarrow \text{round}[\boldsymbol{x}_{r_1} + F(\boldsymbol{x}_{r_2} - \boldsymbol{x}_{r_3})]. \tag{12.13}$$

其中round 函数对向量按元素操作. 其更一般的方式为

$$\boldsymbol{v}_i \leftarrow \boldsymbol{P}[\boldsymbol{x}_{r_1} + F(\boldsymbol{x}_{r_2} - \boldsymbol{x}_{r_3})]. \tag{12.14}$$

其中 $\boldsymbol{P}$ 是一个投影算子, 对所有 $\boldsymbol{x}$, $\boldsymbol{P}(\boldsymbol{x}) \in D$. $\boldsymbol{P}$ 的一个具体而简单的可能性就是 (12.13) 式.

一般来说, $\boldsymbol{P}$ 会比 (12.13) 式更复杂. 例如, 我们仍然假设问题域 D 是 n 维整数向量的集合. 可以定义 $\boldsymbol{P}$ 为

$$\boldsymbol{P}(\boldsymbol{x}) = \arg\min_{\boldsymbol{\alpha}} f(\boldsymbol{\alpha}) : \boldsymbol{\alpha} \in D, \ \ |x_j - \alpha_j| < 1 \text{ 对所有 } j \in [1,n]. \tag{12.15}$$

它将取实数值的向量 $\boldsymbol{x}$ 投影到取整数值的向量 $\boldsymbol{\alpha}$, $\boldsymbol{\alpha}$ 让费用函数最小并且它的每一个元素与 $\boldsymbol{x}$ 相应的元素在一个单位之内. 图 12.7 说明这个想法在二维时的情况. 投影算子可能还有别的形式, 采用哪一种形式取决于具体的问题.

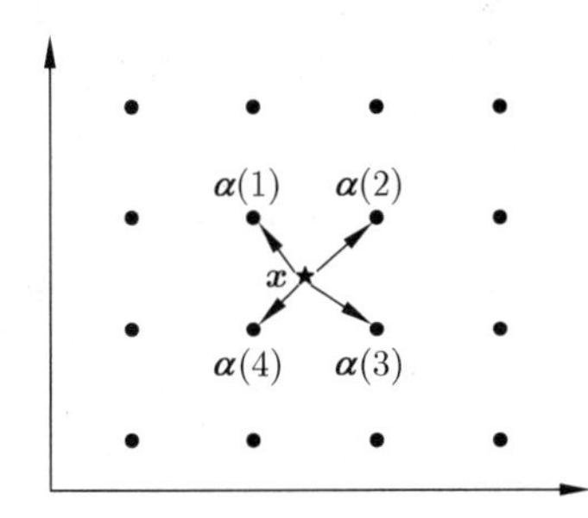

图 12.7 将连续值的向量 $\boldsymbol{x}$ 投影到离散值向量 $\boldsymbol{\alpha}$. 这个二维的例子显示 $\boldsymbol{x}$ 不在离散优化问题的问题域中. 在问题域中有 4 个点离 $\boldsymbol{x}$ 最近, 检查这 4 个点的费用函数的值. 将费用函数最小的 $\boldsymbol{\alpha}(i)$ 设置为 $\boldsymbol{P}(\boldsymbol{x})$, 即 $\boldsymbol{x}$ 的投影值.

12.3.2 离散差分进化

为离散问题修改差分进化的另一个方式是改变变异向量的生成方法, 直接生成落在离散域 D 中的变异向量. 这种修改方式被称为离散差分进化 [Pan et al., 2008]. 利用这个方法, 将 (12.12) 式替换为

$$\boldsymbol{v}_i \leftarrow G(\boldsymbol{x}_{r_1}, \boldsymbol{x}_{r_2}, \boldsymbol{x}_{r_3}), \tag{12.16}$$

其中, $\boldsymbol{G}(\cdot) \in D$ 如果它的所有自变量都在 D 中. 这是 (12.14) 式的一般化, 可见离散差分进化是混合整数差分进化的一般化. 我们可以编写函数 $\boldsymbol{G}(\cdot)$, 用它来处理一般的离散问题, 或者把 $\boldsymbol{G}(\cdot)$ 描述为具体问题的函数. 例如, 仍然假设 D 是 n 维整数向量的集合, 则可以用下面的方案生成变异向量:

$$\left.\begin{aligned} &\text{方案 } 1: \boldsymbol{v}_i \leftarrow \boldsymbol{x}_{r_1} + \text{round}[F(\boldsymbol{x}_{r_2} - \boldsymbol{x}_{r_3})], \\ &\text{方案 } 2: \boldsymbol{v}_i \leftarrow \boldsymbol{x}_{r_1} + \text{sign}(\boldsymbol{x}_{r_2} - \boldsymbol{x}_{r_3}), \end{aligned}\right\} \tag{12.17}$$

其中, round 和 sign 的函数运算按向量的元素逐个进行.

离散差分进化中生成变异向量的基本思路是要利用另外两个候选解向量 (上式中的 $\boldsymbol{x}_{r_2}$ 和 $\boldsymbol{x}_{r_3}$) 的差来修改候选解向量 (上式中的 $\boldsymbol{x}_{r_1}$) 从而得到 $\boldsymbol{v}_i$. 只要能得到 $\boldsymbol{v}_i \in D$ 的任何一种方法对离散差分进化都合适. 还有很多可能性可以进一步探索.

12.4 差分进化与遗传算法

本节说明差分进化是连续遗传算法的一种特殊类型. 假设我们对差分进化一无所知, 但想以本书第二篇的内容为基础开发出一个进化算法. 特别地, 假设想开发的是遗传算法的一个修改版. 对每一个个体 $\boldsymbol{x}_i$, 我们想从随机选出的被称为变异向量的个体 $\boldsymbol{v}_i$ 依概率将独立变量复制给 $\boldsymbol{x}_i$ 从而得到子代 $\boldsymbol{u}_i$. 用交叉率 c 表示 $\boldsymbol{x}_i$ 中的独立变量被 $\boldsymbol{v}_i$ 中相应的独立变量替换的概率. 如果在 8.8.4 节中定义 $\boldsymbol{x}_a = \boldsymbol{x}_i$, $\boldsymbol{x}_\text{b} = \boldsymbol{v}_i$, 并且 $\boldsymbol{y} = \boldsymbol{u}_i$, 这个想法与那一节中的均匀交叉非常相似. 此外, 如果子代更好, 我们想用子代 $\boldsymbol{u}_i$ 替换 $\boldsymbol{x}_i$; 这个想法与 6.1 节的 (1+1)-ES 类似. 按照这个思路, 我们对遗传算法 12.4 进行修改.

假设为得到更好的性能, 我们来调试算法. 我们不是将随机的个体赋给 $\boldsymbol{v}_i$ 而是通过对随机个体的扰动获得 $\boldsymbol{v}_i$. 特别是要像图 12.1 所示的那样给随机个体一个扰动. 它从概念上改变了获得 $\boldsymbol{v}_i$ 的方式, 但还是要基于当前种群. 另外, 由于算法 12.4 中的 "if rand(0, 1) $< c$" 这一句, 有可能对所有 $j \in [1, n]$, $u_{ij} = x_{ij}$; 即子代 $\boldsymbol{u}_i$ 可能是父代 $\boldsymbol{x}_i$ 的克隆. 为防止出现这种情况, 就得有一个方法能保证 $\boldsymbol{u}_i$ 至少有一个独立变量是从 $\boldsymbol{v}_i$ 复制而来的. 为此我们为语句 "if rand(0, 1) $< c$" 加上另一个条件; 把这个语句变为 "if (rand(0, 1) $< c$) or ($j =$ 随机指标 $\in [1, n]$)," 这里 n 为问题的维数. 按照这个思路, 我们得到算法 12.5, 它是算法 12.4 的一般化.

算法 12.4 下面的伪代码概述最小化 $f(\boldsymbol{x})$ 的遗传算法的修改版 1, 其中, c 是交叉率, rand(0, 1) 是在 $[0, 1]$ 上的一个随机数.

```
初始化候选解种群 {x_i}, i ∈ [1, N]
While not (终止准则)
    For 每一个个体 x_i, i ∈ [1, N]
        r1 ← 随机整数, r1 ∈ [1, N] : r1 ≠ i
        v_i ← x_r1
        For 每一维 j ∈ [1, n]
            If rand(0,1) < c then
                u_ij ← v_ij
            else
                u_ij ← x_ij
            End if
        下一维
    下一个个体
    For 每一个 i ∈ [1, N], If f(u_i) < f(x_i) then x_i ← u_i End if
下一代
```

我们注意到算法 12.5 等同于基本差分进化算法 12.1; 也就是说, 差分进化是遗传算法的一种特殊类型. 于是产生了两个疑问.

1. 遗传算法应该被称为遗传算法, 还是应该被看成是差分进化的一种特殊情况?
2. 差分进化应该被称为差分进化, 还是应该被看成是遗传算法的一个变种?

对于第一个疑问, 因为遗传算法的历史及其作为进化算法的重要基础, 遗传算法的标签永远不会过时. 此外, 遗传算法的标签还很有用, 因为它鼓励我们将生物的特征融入算法 (有性繁殖、老化、岛屿种群等), 由此得到的对遗传算法的扩展既有趣又有价值.

对于第二个疑问, 自 20 世纪 90 年代以来, 进化算法学界认识到, 差分进化的独特性足以把它看成是一个独立的进化算法, 而不是其他进化算法的特殊情况. 虽然我们已经解开了关于差分进化的这些疑问, 这些疑问对于别的进化算法也具有深远的意义. 每年都会出现新的进化算法, 第 17 章会讨论其中的一些算法. 哪些算法值得自成一类, 哪些又应该看成是已有进化算法的一般化或特殊情况? 随着文献中的进化算法越来越多, 对新的进化算法来说, 要找到一个小生境愈发困难. 不过, 即使与遗传算法相似, 差分进化也值得自成一类. 在这些新的进化算法中, 有一些可能与差分算法一样, 值得自成一类. 在第 17 章我们会进一步讨论这个议题.[1]

算法 12.5 下面的伪代码概述最小化 $f(\boldsymbol{x})$ 的遗传算法的修改版 2, 其中 F 是步长, c 是交叉率, rand(0, 1) 是在 $[0, 1]$ 上的一个随机数.

```
初始化候选解种群 {x_i}, i ∈ [1, N]
While not (终止准则)
    For 每一个个体 x_i, i ∈ [1, N]
```

[1]关于差分进化最早发表的一篇文章中包含“一种快速优化的简单进化策略”的副标题 [Price, 1997]. 但差分进化与进化策略看起来并无多少共同点.

$r_1 \leftarrow$ 随机整数, $r_1 \in [1, N] : r_1 \neq i$
$r_2 \leftarrow$ 随机整数, $r_2 \in [1, N] : r_2 \notin \{i, r_1\}$
$r_3 \leftarrow$ 随机整数, $r_3 \in [1, N] : r_3 \notin \{i, r_1, r_2\}$
$\boldsymbol{v}_i \leftarrow \boldsymbol{x}_{r_1} + F(\boldsymbol{x}_{r_2} - \boldsymbol{x}_{r_3})$
$\mathcal{J}_r \leftarrow$ 随机整数, $\mathcal{J}_r \in [1, n]$
For 每一维 $j \in [1, n]$
If $(\text{rand}(0,1) < c)$ or $(j = \mathcal{J}_r)$ then
$u_{ij} \leftarrow v_{ij}$
else
$u_{ij} \leftarrow x_{ij}$
End if
下一维
下一个个体
For 每一个 $i \in [1, N]$ If $f(\boldsymbol{u}_i) < f(\boldsymbol{x}_i)$ then $\boldsymbol{x}_i \leftarrow \boldsymbol{u}_i$ End if
下一代

12.5 总　　结

目前, 对差分进化的研究与对其他进化算法的研究状况相似: 差分进化算法的简化 [Omran et al., 2009]; 差分进化控制参数的在线自适应[Qin et al., 2009]; 与其他搜索算法的混合 [Noman and Iba, 2008]; 以及将差分进化扩展到优化问题的具体类型, 如动态问题 [Brest et al., 2009]、多目标问题 [Mezura-Montes et al., 2008], [Dominguez and Pulido, 2011] 和带约束的问题 [Lampinen, 2002], [Mezura-Montes and Coello Coello, 2008]. 与许多进化算法一样, 在理论上和数学上对差分进化的分析还有很大的空间, 进一步研究会获得丰硕的成果. 将差分进化的等值线匹配方法 (回顾在 12.1 节末尾的讨论) 与 CMA-ES 的等值线匹配方法比较 (参见 6.5 节的结尾) 会很有趣. 有关差分进化这个主题的拓展阅读材料可以在书 [Price et al., 2005], [Feoktistov, 2006], [Qing, 2009], [Zhang and Sanderson, 2009], 辅导文章 [Das and Suganthan, 2011], [Neri and Tirronen, 2010], 以及书的章节 [Syswerda, 2010] 中找到.

习　　题

书面练习

12.1 12.1 节称变异向量贡献给试验向量的元素个数 k 近似服从二项分布. (参见与本题对应的计算机习题 12.9.)

(1) 已知一个实验的成功概率为 c, 在 n 次独立实验中获得 k 次成功的概率是多少?

(2) 给定经典差分进化算法, 变异向量贡献给试验向量 k 个分量的概率是多少?

12.2 12.1 节的经典差分进化算法需要生成 3 个随机整数, 但由于随机数只能取被允许的值, 可能需要重复生成随机数.

(1) 要得到符合要求的 r_1, r_2 和 r_3, 平均来说需要生成多少个随机数? (提示: 用几何分布.)

(2) 已知 $n = 20$, 要得到符合要求的 r_1, r_2 和 r_3, 平均来说需要生成多少个随机数?

12.3 假设在算法 12.1 中省略"$j = \mathcal{J}_r$"的检查. $\boldsymbol{u}_i$ 是 $\boldsymbol{x}_i$ 的克隆的概率是多少? 如果 $c = 0.5$ 且 $n = 20$, 这个概率是多少?

12.4 假设我们想要像 12.2.1 节描述的那样实施 DE/rand/1/L, 但不想在将 $\boldsymbol{v}$ 的元素复制给 $\boldsymbol{u}_i$ 时绕回去. 在这种情况下, 可以用语句 $J \leftarrow \{s, \min\{n, s+L-1\}\}$ 替换算法 12.2 中 J 的值. 平均来说 $\boldsymbol{v}$ 有多少个特征会复制给试验向量?

12.5 如何将差分进化算法变成非精英的?

12.6 为混合整数差分进化提出一个随机投影算子.

12.7 为离散差分进化提出一个随机的变异向量生成器.

12.8 修改算法 12.1 中的语句"If $f(\boldsymbol{u}_i) < f(\boldsymbol{x}_i)$ then $\boldsymbol{x}_i \leftarrow \boldsymbol{u}_i$"使差分进化更像 $(\mu + \lambda)$-ES.

计算机练习

12.9 变异向量贡献的个数: 在习题 12.1 中你得到了两个概率: (1) n 次独立试验中 k 次成功的概率, 其中每一次的成功概率为 c; (2) 变异向量贡献 k 个分量给试验向量的概率. 对于 $n = 20$ 和 $c = 0.5$ 绘制这两个概率随 k 变化的曲线.

12.10 差分进化的步长: 为最小化 10 维 Rosenbrock函数 (函数的定义参见附录 C.1.4). 实施经典差分进化算法 12.1. 取种群规模 $N = 100$, 交叉率$c = 0.9$, 代数限制为 30. 对下列每一个步长: 0.1, 0.3, 0.5, 0.7 和 0.9, 运行 40 次蒙特卡罗仿真. 对每一个蒙特卡罗仿真的设置, 计算每一代最低费用在这 40 次蒙特卡罗仿真上的平均. 绘制在每一个设置下的平均性能随代数变化的曲线, 并评论所得结果.

12.11 差分进化交叉率: 实施经典差分进化算法 12.1 最小化 10 维 Rastrigin 函数 (Rastrigin 函数的定义参见附录 C.1.11). 取种群规模 $N = 100$, 步长 $F = 0.4$, 代数限制为 50. 对下列每一个交叉值 CR: 0.1, 0.5 和 0.9, 运行 40 次蒙特卡罗仿真. 对每一个蒙特卡罗仿真的设置, 计算每一代最低费用在这 40 次蒙特卡罗仿真上的平均. 绘制在每一个设置下的平均性能随代数变化的曲线, 并评论所得结果.

第 13 章　分布估计算法

分布估计算法以不同的方法在搜索空间中采样. 利用种群估计搜索空间上的概率分布, 这个概率分布能反映出那些被认为是重要的种群特征.

奥尔登・赖特 (Alden Wright) [Wright et al., 2004]

分布估计算法 (Estimation of Distribution Algorithm, EDA) 通过跟踪候选解种群的统计量来优化函数 [Larranaga and Lozano, 2002]. 因为维护了种群的统计量, 就不需要从一代到下一代维护实际种群本身. 在每一代用前一代种群的统计量生成种群, 然后计算种群中适应性最强的个体的统计量. 最后, 用所得的统计量生成一个新种群, 一代代重复这个过程. 所以, 分布估计算法是基于种群的算法, 在每一代至少丢掉种群的一部分并用适应性强的个体的统计特性替换种群. 与大多数进化算法不同, 分布估计算法通常不包括重组. 它也被称为概率建模遗传算法(probabilistic model-building genetic algorithms, PMBGAs) [Pelikan et al., 2002], 以及迭代密度估计算法(iterated density estimation algorithms, IDEAs)[Bosman andThierens, 2003].

本章概览

本章一开始在 13.1 节给出通用的分布估计算法的概述, 它说明如何根据个体种群计算得到有意义的统计量. 13.1.2 节介绍所有分布估计算法利用统计量生成下一代个体的方式. 13.2 节概述离散优化问题常见的一些分布估计算法, 这些离散优化问题仅依赖一阶统计量, 包括一元边缘分布算法 (univariate marginal distribution algorithm, UMDA)、紧致遗传算法 (compact genetic algorithm, cGA) 以及基于种群的增量学习 (population based incremental learning, PBIL), 它是 UMDA 的推广. 13.3 节概述利用二阶统计量的某些离散分布估计算法, 包括输入聚类的互信息最大化 (mutual information maximization for input clustering, MIMIC)、优化与互信息树结合 (combining optimizers with mutual information trees, COMIT) 以及二元边缘分布算法 (bivariate marginal distribution algorithm, BMDA). 13.4 节讨论多元分布估计算法, 它是利用高阶统计量的分布估计算法, 这一节还概述扩展紧致遗传算法 (extended compact genetic algorithm, ECGA).

上面提到的所有分布估计算法都是为二进制域问题设计的. 在本章最后说明如何将这些分布估计算法扩展到连续域问题. 13.5 节利用连续 UMDA 和 PBIL 来说明其思路.

13.1 分布估计算法: 基本概念

我们在 13.1.1 节中概述通用的分布估计算法, 在 13.1.2 节中说明如何根据个体种群计算得到有意义的统计量.

13.1.1 简单的分布估计算法

算法 13.1 概述分布估计算法, 对于其中的三个主要步骤, 不同的分布估计算法各有其独特的方法. 首先, 如何从整个种群的 N 个候选解中选出 M 个个体? 其次, 由这 M 个个体计算哪些统计量, 以及如何计算那些统计量? 最后, 如何利用这些统计量生成下一代新种群? 对这些问题的不同回答就得到不同类型的分布估计算法, 本章余下的大部分内容都集中在这三个问题上.

算法 13.1 中循环的第一步是从种群的 N 个候选解中选出 M 个个体, 这里 $M < N$. 它可以有许多不同的方式. 分布估计算法的选择方法并非与众不同, 我们在 8.7 节讨论过, 每种进化算法都需要选择, 因此本章对选择不做过多的讨论.

算法 13.1 分布估计算法的基本概述.

初始化一个候选解的种群 $\{\boldsymbol{x}_i\}$, $i \in [1, N]$
While not (终止准则)
　　根据适应度从 $\{\boldsymbol{x}_i\}$ 中选择 M 个个体, 这里 $M < N$
　　计算上面选出的这 M 个个体的统计量
　　用统计量生成一个新种群 $\{\boldsymbol{x}_i\}$, $i \in [1, N]$
下一代

13.1.2 统计量的计算

本节描述如何计算个体种群的统计量, 它是算法 13.1 中循环的第二步. 我们用一个简单的例子探讨这个主题. 假设有一个二进制的优化问题, 有 N 个候选解, 我们评价它们的适应度值, 并用某种基于适应度的方法选择 M 个个体, 这里 $M < N$. 与其他进化算法 (参见 8.7 节) 一样, 这个选择偏向适应性强的个体. 假设 $M = 10$, 我们选出如下 10 个个体:

$$\left.\begin{aligned} &\boldsymbol{x}_1 = (0,1,1,1,1,0), \quad \boldsymbol{x}_2 = (0,1,1,1,1,1), \\ &\boldsymbol{x}_3 = (1,0,0,1,1,0), \quad \boldsymbol{x}_4 = (1,1,1,0,1,0), \\ &\boldsymbol{x}_5 = (0,1,0,0,0,1), \quad \boldsymbol{x}_6 = (0,1,0,0,1,0), \\ &\boldsymbol{x}_7 = (0,0,1,1,1,0), \quad \boldsymbol{x}_8 = (1,0,1,0,1,0), \\ &\boldsymbol{x}_9 = (0,1,0,0,0,0), \quad \boldsymbol{x}_{10} = (0,1,1,1,1,1). \end{aligned}\right\} \tag{13.1}$$

很容易计算这些个体的均值

$$\bar{\boldsymbol{x}} = (0.3,\ 0.7,\ 0.6,\ 0.5,\ 0.8,\ 0.3). \tag{13.2}$$

均值为一阶统计量. 这个适应性较强的子种群的第一位仅有 30%的机会为 1. 所以, 当生成下一个种群时, 每一个个体的第一位应该有 30%的机会为 1, 有 70%的机会为 0. 而第二位有 70%的机会为 1. 因此当生成下一个种群时, 每一个个体的第二位应该有 70%的机会为 1.

不过, 也可以用二阶统计量. 注意, 如果 (13.1) 式中第一 (最左边的) 位 $x_i(1) = 1$, 则第二位 $x_i(2)$ 只有 1/3 的机会为 1; 此外, 如果 (13.1) 式中 $x_i(1) = 0$, 则第二位有 6/7 的机会为 1. 看起来在第一位和第二位的值之间有着某种相关性. 因此, 也许应该等到我们生成第一位之后再生成第二位, 而不是让新种群的每个成员的第二位都有 70%的机会为 1. 如果第一位为 1, 应该让第二位有 1/3 的机会为 1, 而如果第一位是 0, 应该让第二位有 6/7 的机会为 1.

最后请注意, 我们还可以用三阶甚至高阶统计量生成下一代. 例如, 由 (13.1) 式可见, 如果第四位和第五位分别为 0 和 1, 最后一位则始终为 0.

13.2 一阶分布估计算法

本节介绍三个一阶分布估计算法, 包括 13.2.1 节的一元边缘分布算法 (UMDA), 13.2.2 节的紧致遗传算法 (cGA), 以及 13.2.3 节的基于种群的增量学习 (PBIL).

13.2.1 一元边缘分布算法

一元边缘分布算法 (UMDA) 是最基本的分布估计算法, 在 20 世纪 90 年代 Heinz Mühlenbein 为求解二进制的问题提出这个算法 [Mühlenbein and Paaβ, 1996], [Mühlenbein and Schlierkamp-Voosen, 1997]. 它只利用一阶统计量生成下一代的种群. 算法 13.2 概述二进制优化问题的 UMDA.

尽管标准的 UMDA 没有包含精英, 我们可以在 UMDA 中用精英. 精英参数 e 意味着会将最好的 e 个个体留到下一代. 它保证每一代的最好个体绝不会比前一代的差, 并且肯定能得到持续的改进 (参见 8.4 节).

算法 13.2 n 位二进制域的优化问题的 UMDA 的基本概述. $\delta(y)$ 是克罗内克 δ 函数; 即如果 $y = 0$, 则 $\delta(y) = 1$; 如果 $y \neq 0$, 则 $\delta(y) = 0$. $U[0,1]$ 是在 0 和 1 之间均匀分布产生的随机数. $x_i(k)$ 是第 i 个个体的第 k 位.

初始化候选解的种群 $\{\boldsymbol{x}_i\}$, $i \in [1, N]$
注意每个 $\boldsymbol{x}_i$ 包括 n 位 $x_i(1), x_i(2), \cdots, x_i(n)$
While not (终止准则)
  根据适应度从 $\{\boldsymbol{x}_i\}$ 中选择 M 个个体, 这里 $M < N$
  将选出的这 M 个个体的指标调整为 $\{\boldsymbol{x}_i\}$, $i \in [1, M]$
  $\Pr(x(k) = 1) \leftarrow \sum_{i=1}^{M} \delta(x_i(k) - 1)/M$, $k \in [1, n]$

For $i=1$ to N (种群规模)
For $k=1$ to n (每个候选解的位数)
$r \leftarrow U[0,1]$
If $r < \Pr(x(k)=1)$ then
$x_i(k) \leftarrow 1$
else
$x_i(k) \leftarrow 0$
End if
下一位
下一个个体
下一代

例 13.1 本例用 UMDA 算法 13.2 最小化 20 维 Ackley 函数, 其定义在附录 C.1.2 中. 每维用 6 位表示, 因此最小化问题包含 $n=120$ 位. 20 维中每一维的域为 $[-5,+5]$, 由此得到每一维的分辨率为 $10/(2^6-1)=0.16$. 取种群规模 $N=100$, 精英参数为 2, 这意味着总是让最好的两个个体留到下一代. 我们尝试 4 个不同的 M 值: 2, 10, 40 以及 70. 图 13.1 所示为 UMDA 的性能在 50 次蒙特卡罗仿真上的平均. 图 13.1 显示, 如果在计算概率时我们用的个体太少或太多, 性能都不好. 要得到好的性能在计算时所用个体的数目得正好才行. □

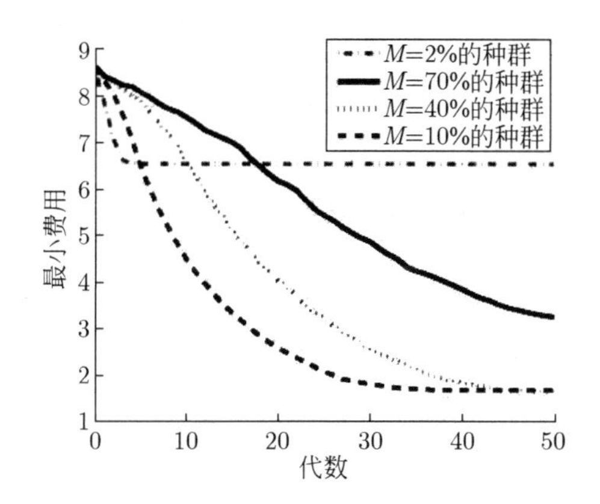

图 13.1 例 13.1: 每维 6 位的 20 维 Ackley 函数的 UMDA 结果. 此结果显示每一代最好个体的费用在 50 次蒙特卡罗仿真上的平均.

对 UMDA 的进一步研究包括改进概率向量计算, 让每一个个体对它的贡献有不同的权重. 算法 13.2 中概率向量为

$$\Pr(x(k)=1) \leftarrow \frac{1}{M}\sum_{i=1}^{M}\delta(x_i(k)-1), \quad k\in[1,n]. \tag{13.3}$$

种群中最好的 M 个个体对计算概率向量的贡献相同. 但是, 最好个体应该比较差个体有更大的权重才合理. 这种扩展与完全知情的粒子群优化类似. 标准的粒子群优化利用一

定规模的邻居调整每个粒子的速度, 而 11.5 节中的完全知情的粒子群优化用整个种群调整每个粒子的速度. 根据这个思路, 可以用下面这样的式子替换 (13.3) 式:

$$\Pr(x(k)=1) \leftarrow \sum_{i=1}^{N} w_i \delta(x_i(k)-1) \Big/ \sum_{i=1}^{N} w_i, \quad k \in [1,n]. \tag{13.4}$$

其中 w_i 与 $\boldsymbol{x}_i$ 的适应度成正比.

13.2.2 紧致遗传算法

Georges Harik, Fernando Lobo和 David Goldberg 在 1999 年提出紧致遗传算法 (cGA) [Harik et al., 1999]. 正如其名, 它是进化计算的一种极简的方法. 尽管在它的名字中有遗传算法, cGA 更多的是一个分布估计算法而非遗传算法. 像 UMDA 一样, 它只用一阶统计量生成每一代的个体. 已知 n 元二进制域上的优化问题, 我们从一个 n 元概率向量 $\boldsymbol{p}$ 开始, 它的每个分量初始化为 1/2. 然后随机地生成两个个体 $\boldsymbol{x}_1$ 和 $\boldsymbol{x}_2$, 用 $\boldsymbol{p}$ 作为确定这两个个体的每一位的值的概率. 我们度量它们的适应度. 如果其中一个比另一个适应性更强, 并且这两个个体的第 i 位不同, 就相应地调整概率向量 $\boldsymbol{p}$ 的第 i 个分量. 更新后的概率向量在下一代继续使用. 算法 13.3 是基本的 cGA 算法.

算法 13.3 优化 n 位二进制域问题的紧致遗传算法 (cGA) 的基本概述. $U[0,1]$ 是在 0 和 1 之间均匀分布产生的随机数. $\alpha \in (0,1)$ 控制收敛的速度. $x_i(k)$ 是第 i 个个体的第 k 位.

```
初始化 n 元概率向量 p = [0.5, 0.5, ··· , 0.5]
设置 p 的每个分量的最小值和最大值 p_min 和 p_max
设置概率更新增量 α
While not (终止准则)
    For i = 1 to 2 (种群规模)
        For k = 1 to n (每个候选解的位数)
            r ← U[0,1]
            If r < p(k) then
                x_i(k) ← 1
            else
                x_i(k) ← 0
            End if
        下一位
    下一个个体
    评价 x_1 和 x_2, 重排序使 x_1 比 x_2 的适应性更强
    For k = 1 to n (每个候选解的位数)
        If x_1(k) ≠ x_2(k) then
```

If $x_1(k) = 1$ then

$p(k) \leftarrow p(k) + \alpha$

else

$p(k) \leftarrow p(k) - \alpha$

End if

$p(k) \leftarrow \max\{\min\{p(k), p_{\max}\}, p_{\min}\}$

End if

下一位

下一代

与其他进化算法一样, 精英也可以融入 cGA. 在这种情况下, 每一代结束时最好的个体与生成的两个新个体合起来作为下一代, 并用 3 个个体中最好的一个来调整概率向量.

例 13.2 本例再来最小化 20 维 Ackley 函数, 这次用 cGA 算法 13.3. 问题的参数与例 13.1 中的相同: 每一维有 6 位, 因此最小化问题包含 $n = 120$ 位. 20 维中每一维的域为 $[-5, +5]$, 由此得到每一维的分辨率为 $10/(2^6 - 1) = 0.16$. 按算法 13.3 所示, 取种群规模 $N = 2$. 取 $p_{\min} = 0.05$ 且 $p_{\max} = 0.95$. 我们也用精英, 这意味着从一代到下一代总是留下最好的个体. 尝试 3 个不同的 α 值: 0.001, 0.01, 以及 0.1. 图 13.2 所示为 cGA 的性能在 50 次蒙特卡罗仿真上的平均. 如果 α 过大, 个体会在搜索空间中四处乱窜, 收敛性差. 如果 α 太小, 概率向量的收敛在最初几代稍微有些慢, 但从长远来看性能更好. 尽管用了最优的 α 值, 收敛也不及例 13.1 中的 UMDA. 不过, cGA 在每一代只需要两个新个体, 且只做一次适应度函数比较. 所以, 以相同的代数来比较 UMDA 和 cGA 不太公平; 应该以相同次数的适应度函数计算来比较 (参见习题 13.3 和习题 13.12). □

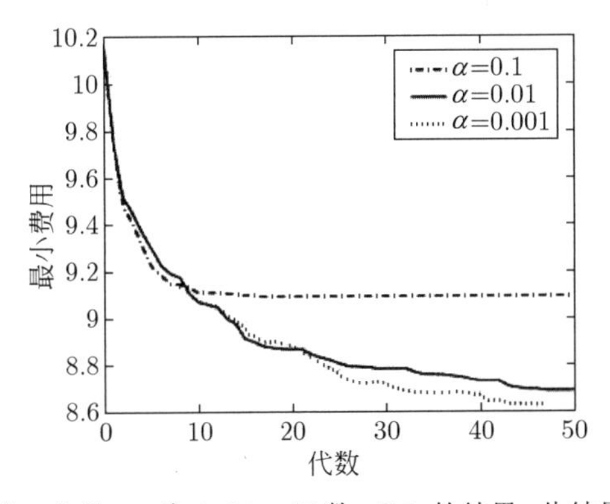

图 13.2 例 13.2: 每维 6 位的 20 维 Ackley 函数 cGA 的结果. 此结果显示每一代最好个体的费用在 50 次蒙特卡罗仿真上的平均.

例 13.2 只显示了带精英的结果, 但读者用自己的实验可以确认, 如果不用精英 cGA 的性能会变差. $p_{\min}$ 和 $p_{\max}$ 对 cGA 的性能有显著影响. 最后请注意, 在每一代可以使用多于两个的个体. 如果在每一代生成多个个体, 就可以通过比较最好个体与最差个体来修改概率向量. 参见算法 13.4 的 cGA 的推广版.

算法 13.4 优化 n 位二进制域问题 cGA 的推广版. $U[0,1]$ 是在 0 和 1 之间均匀分布产生的随机数. $\alpha \in (0,1)$ 控制收敛的速度. $x_i(k)$ 是第 i 个个体的第 k 位.

初始化 n 元概率向量 $\boldsymbol{p} = [0.5, 0.5, \cdots, 0.5]$
设置 $\boldsymbol{p}$ 的每个分量的最小值和最大值 $p_{\min}$ 和 $p_{\max}$
设置概率更新增量 α
设置种群规模 N
初始化精英个体 $\boldsymbol{x}_e \leftarrow \mathbf{0}$ (零向量)
While not (终止准则)
　　For $i = 1$ to N (种群规模)
　　　　For $k = 1$ to n (每个候选解的位数)
　　　　　　$r \leftarrow U[0,1]$
　　　　　　If $r < p(k)$ then
　　　　　　　　$x_i(k) \leftarrow 1$
　　　　　　else
　　　　　　　　$x_i(k) \leftarrow 0$
　　　　　　End if
　　　　下一位
　　下一个个体
　　$\boldsymbol{x}_{\text{best}} \leftarrow \{\boldsymbol{x}_e, \boldsymbol{x}_1, \cdots, \boldsymbol{x}_N\}$ 中的最好
　　$\boldsymbol{x}_{\text{worst}} \leftarrow \{\boldsymbol{x}_e, \boldsymbol{x}_1, \cdots, \boldsymbol{x}_N\}$ 中的最差
　　For $k = 1$ to n (每个候选解的位数)
　　　　If $x_{\text{best}}(k) \neq x_{\text{worst}}(k)$ then
　　　　　　If $x_{\text{best}}(k) = 1$ then
　　　　　　　　$p(k) \leftarrow p(k) + \alpha$
　　　　　　else
　　　　　　　　$p(k) \leftarrow p(k) - \alpha$
　　　　　　End if
　　　　　　$p(k) \leftarrow \max\{\min\{p(k), p_{\max}\}, p_{\min}\}$
　　　　End if
　　下一位
　　$\boldsymbol{x}_e \leftarrow \boldsymbol{x}_{\text{best}}$
下一代

例 13.3 本例再次最小化 20 维 Ackley 函数, 这次用 cGA 的推广版算法 13.4. 问题的参数与例 13.2 中的相同, 但是取 $\alpha = 0.001$. 我们尝试 3 个不同的种群规模: $N = 2$(cGA 的默认值), $N = 5$, 以及 $N = 20$. 图 13.3 显示 cGA 的性能在 50 次蒙特卡罗仿真上的平均. 可以看到, 当种群规模增大性能得到改进. 但计算量也直接与种群规模成正比. 在比较时用相同次数的函数评价而非相同的代数会更公平 (参见习题 13.4 和习题 13.13). □

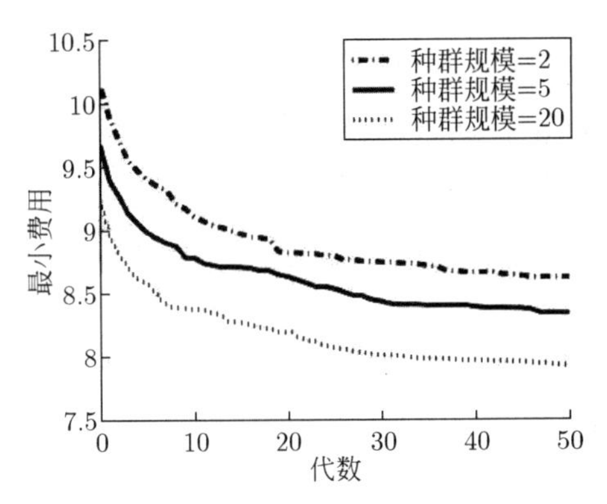

图 13.3 例 13.3: 最小化每一维 6 位的 20 维 Ackley 函数 cGA 的结果. 此结果显示每一代最好个体的费用在 50 次蒙特卡罗仿真上的平均. cGA 的性能和计算量都直接与种群规模成正比.

13.2.3 基于种群的增量学习

本节介绍基于种群的增量学习 (PBIL), 它是利用一阶统计量的分布估计算法. PBIL 是 UMDA 的推广. [Baluja, 1994] 和 [Baluja and Caruana, 1995] 提出 PBIL. 它也被称为学习爬山法(hill climbing with learning, HCwL) [Kvasnicka et al., 1996] 和增量一元边缘分布算法(Incremental UMDA, IUMDA)[Mühlenbein and Schlierkamp-Voosen, 1997]. 给定一个 n 维二进制优化问题, PBIL 维护一个 n 维概率向量 $\boldsymbol{p}$. $\boldsymbol{p}$ 的第 k 个元素指定候选解的第 k 个元素等于 1 的概率. PBIL 源于竞争学习, 它是人工神经网络的一个简单学习方法 [Fausett, 1994].

在每一代, 我们用概率向量 $\boldsymbol{p}$ 依概率生成候选解的一个随机集合. 然后测验每一个候选解的适应度. 接下来调整概率向量使下一代更有可能与适应性最强的个体相似, 更没可能与适应性最差的个体相似. 给定这个新的概率向量 $\boldsymbol{p}$, 我们用它生成候选解的另一个随机种群进入到下一代, 继续这一过程直到满足用户定义的收敛准则. 算法 13.5 概述 n 维二进制优化问题的基本 PBIL 算法.

算法 13.5 最小化 $f(\boldsymbol{x})$ 的简单 PBIL 算法, 其中问题域有 n 位二进制, $x_i(k) \in \{0,1\}$ 是第 i 个个体的第 k 个元素.

N= 种群规模
N_{best}= 用于调整 $\boldsymbol{p}$ 的好的个体的个数
N_{worst}= 用于调整 $\boldsymbol{p}$ 的差的个体的个数
$p_{\max} \in [0,1] = \boldsymbol{p}$ 可取的最大值
$p_{\min} \in [0,1] = \boldsymbol{p}$ 可取的最小值
η = 学习率, $\eta \in (0,1)$
初始化 n 元概率向量 $\boldsymbol{p} = [0.5, 0.5, \cdots, 0.5]$
While not (终止准则)
　　用 $\boldsymbol{p}$ 随机生成 N 个个体 $\{\boldsymbol{x}_i\}$ 如下:

For $i \in [1, N]$ (对每一个体)

For $k \in [1, n]$ (对每一位)

$r \leftarrow U[0,1]$ 的随机数

If $r < p_k$ then

$x_i(k) \leftarrow 0$

else

$x_i(k) \leftarrow 1$

End if

下一维 k

下一个个体 i

对个体排序, 使得 $f(\boldsymbol{x}_1) \leqslant f(\boldsymbol{x}_2) \leqslant \cdots \leqslant f(\boldsymbol{x}_N)$

For $i \in [1, N_{\text{best}}]$

$\boldsymbol{p} \leftarrow \boldsymbol{p} + \eta(\boldsymbol{x}_i - \boldsymbol{p})$

下一个 i

For $i \in [N - N_{\text{worst}} + 1, N]$

$\boldsymbol{p} \leftarrow \boldsymbol{p} - \eta(\boldsymbol{x}_i - \boldsymbol{p})$

下一个 i

依概率变异 $\boldsymbol{p}$

$\boldsymbol{p} \leftarrow \max\{\min\{p, p_{\max}\}, p_{\min}\}$

下一代

算法 13.5 显示 PBIL 算法中有以下几个可调参数.

- 与所有进化算法一样, 需要决定种群规模 N.
- 需要选择 N_{best} 和 N_{worst}, 它们是在每一代用来修改概率向量的个体数. 这些参数取值过大 (接近 $N/2$) 会导致相对的停滞, 进化过程变慢. 取值过小 (1 或稍大) 会得到积极的学习过程.
- 需要选择学习率 η. 这个参数的作用与 N_{best} 和 N_{worst} 的作用相反. η 小优化变慢, η 大则优化快. 如果优化过快, PBIL 算法易于越过最优值.
- 与所有进化算法一样, 需要确定一个变异算法 (参见 8.9 节).

由算法 13.5 可见, 从一代到下一代不需要维护种群. 我们记录下概率向量, 在每一代都重新生成种群.

算法 13.5 说明调整概率向量可能会让接下来生成的个体更像适应性最强的个体. 调整之后的后代与适应性最差的个体相似的可能性更小. 我们用图 13.4 所示的二维的情况来说明这个思路, 这里假设 $\boldsymbol{x}_1$ 是高适应性的个体, $\boldsymbol{x}_N$ 是低适应性的个体. 由图 13.4 可见, 如果在 $\boldsymbol{p}$ 上增加一个 $\boldsymbol{x}_1 - \boldsymbol{p}$ 的倍数, 就得到一个新的 $\boldsymbol{p}$, 它更接近 $\boldsymbol{x}_1$:

$$\boldsymbol{p}_{\text{new}} \leftarrow \boldsymbol{p} + \eta(\boldsymbol{x}_1 - \boldsymbol{p}), \quad \| \boldsymbol{p}_{\text{new}} - \boldsymbol{x}_1 \|_2 < \| \boldsymbol{p} - \boldsymbol{x}_1 \|_2, \tag{13.5}$$

其中 $\eta \in (0,1)$ 是学习率. 反之, 图 13.4 显示, 如果从 $\boldsymbol{p}$ 减去 $\boldsymbol{x}_N - \boldsymbol{p}$ 的一个倍数, 则得到一个新的 $\boldsymbol{p}$, 它离 $\boldsymbol{x}_N$ 更远:

$$\boldsymbol{p}_{\text{new}} \leftarrow \boldsymbol{p} - \eta(\boldsymbol{x}_N - \boldsymbol{p}), \quad \| \boldsymbol{p}_{\text{new}} - \boldsymbol{x}_N \|_2 > \| \boldsymbol{x} - \boldsymbol{x}_N \|_2 . \tag{13.6}$$

在高维的情况下, PBIL 算法通常针对搜索空间中的几个候选个体 (N_{best} 个好的个体以及 N_{worst} 个差的个体) 将 (13.5) 式与 (13.6) 式结合. 由此得到的概率向量距好的个体更近, 距差的个体更远. 因此, 接下来的代更有可能接近好的个体远离差的个体.

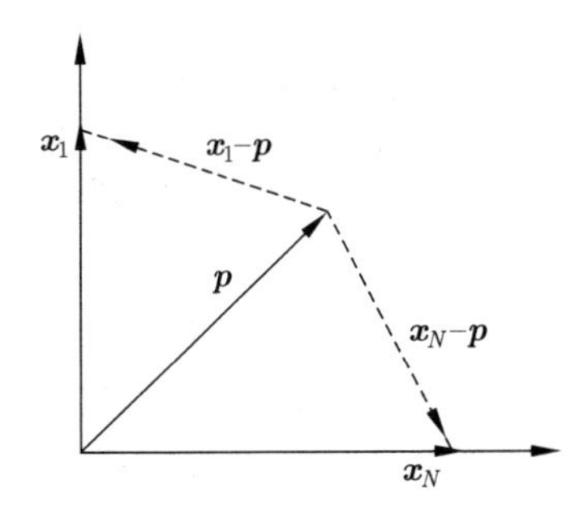

图 13.4 二维优化问题的概率向量调整. 调整 $\boldsymbol{p}$ 使之接近好的个体 $\boldsymbol{x}_1$. 调整 $\boldsymbol{p}$ 使之远离差的个体 $\boldsymbol{x}_N$.

13.3 二阶分布估计算法

在理想的情况下, 我们想用最好的 M 个个体的完整的概率分布来生成下一代, 然而在计算上并不可行, 为了简单实用, 我们只好不那么严谨. 在前一节中讨论的 UMDA, cGA 和 PBIL, 这些分布估计算法只用一阶统计量生成种群; 它强调简单实用胜过严谨. 为了更加严谨, 本节的分布估计算法会更复杂一些, 我们用二阶统计量生成种群. 13.3.1 节讨论输入聚类互信息最大化 (mutual information maximization for input clustering, MIMIC), 13.3.2 节讨论优化与互信息树结合 (combining optimizers with mutual information tees, COMIT), 13.3.3 节讨论二元边缘分布算法 (bivariate marginal distribution algorithm, BMDA).

13.3.1 输入聚类互信息最大化

本节讨论输入聚类互信息最大化, 它是使用二阶统计量的分布估计算法, 输入聚类互信息最大化由 Jeremy De Bonet, Charles Isbell和 Paul Viola在 1997 年提出 [De Bonet et al., 1997]. 一个随机个体的概率密度函数可以写成

$$\begin{aligned} p(\boldsymbol{x}) &= p(x(1), x(2), \cdots, x(n)) \\ &= p(x(1)|x(2), x(3), \cdots, x(n)) p(x(2)|x(3), x(4), \cdots, x(n)) \cdots \\ &\quad p(x(n-1)|x(n)) p(x(n)), \end{aligned} \tag{13.7}$$

其中 $x(k)$ 是适应性较强的候选解的第 k 位. 例如, 如果我们发现最好的 M 个个体, 当位 5, 8, 9, 14 和 15 分别等于 0, 1, 1, 1 和 0 时, 位 4 就有 78%的机会为 1, 则在生成下一代时要利用这个信息. 然而对于有多位的问题, 要得到完整的分布在计算上并不现实. 这就是 UMDA, cGA 和 PBIL 只用一阶统计量的原因; 它们隐含的假设是, 可以用一阶统计量来近似种群的概率密度函数:

$$\hat{p}(\boldsymbol{x}) = p(x(1))p(x(2))\cdots p(x(n)) \approx p(\boldsymbol{x}). \tag{13.8}$$

MIMIC 试图找到比 (13.8) 式更好的近似:

$$\hat{p}(\boldsymbol{x}) = p(x(k_1)|x(k_2))p(x(k_2)|x(k_3))\cdots p(x(k_{n-1})|x(k_n))p(x(k_n)), \tag{13.9}$$

其中 $(k_1, k_2, \cdots, k_n)$ 是 $\{1, 2, \cdots, n\}$ 的一个排列. 排列只是整数的重新排序. 例如, 如果 $n = 5$, 则 (4,5,1,3,2) 和 (5,1, 2,4,3) 都是 $\{1, 2, 3, 4, 5\}$ 的排列. MIMIC 试图解决的问题是要确定 $(k_1, k_2, \cdots, k_n)$ 的一个排列, 这个排列让 (13.9) 式尽可能接近概率密度函数 $p(\boldsymbol{x})$; 然后, MIMIC 在每一代都利用 $\hat{p}(\boldsymbol{x})$ 生成候选解的新种群.

要找到使 $\hat{p}(\boldsymbol{x})$ 的近似误差最小的排列, 首先需要定义近似误差. 我们可以用 Kullback-Liebler 散度来量化两个离散的概率密度函数 $p(\boldsymbol{x})$ 和 $\hat{p}(\boldsymbol{x})$ 的相似性 [Bishop, 2006]:

$$\begin{aligned}
D(\boldsymbol{p}, \hat{\boldsymbol{p}}) &= \sum_{\boldsymbol{x}} p(\boldsymbol{x}) \log_2(p(\boldsymbol{x})/\hat{p}(\boldsymbol{x})) \\
&= \sum_{\boldsymbol{x}} p(\boldsymbol{x})(\log_2 p(\boldsymbol{x}) - \log_2 \hat{p}(\boldsymbol{x})) \\
&= \sum_{\boldsymbol{x}} (p(\boldsymbol{x}) \log_2 p(\boldsymbol{x}) - p(\boldsymbol{x}) \log_2 \hat{p}(\boldsymbol{x})),
\end{aligned} \tag{13.10}$$

其中的和是在 $p(\boldsymbol{x})$ 或 $\hat{p}(\boldsymbol{x})$ 不为零的所有 $\boldsymbol{x}$ 点上求和. 我们想找出让 $D(\boldsymbol{p}, \hat{\boldsymbol{p}})$ 最小的 $\hat{p}$, (13.10) 式右边的第一项不随 $\hat{\boldsymbol{p}}$ 改变, 所以费用函数可以写成

$$\begin{aligned}
J(\hat{\boldsymbol{p}}) &= -\sum_{\boldsymbol{x}} p(\boldsymbol{x}) \log_2 \hat{p}(\boldsymbol{x}) \\
&= -\sum_{\boldsymbol{x}} p(\boldsymbol{x}) \log_2 [p(x(k_1)|x(k_2))p(x(k_2)|x(k_3))\cdots p(x(k_{n-1})|x(k_n))p(x(k_n))] \\
&= -\sum_{\boldsymbol{x}} [p(\boldsymbol{x}) \log_2 p(x(k_1)|x(k_2)) + p(\boldsymbol{x}) \log_2 p(x(k_2)|x(k_3)) + \cdots + \\
&\qquad p(\boldsymbol{x}) \log_2 p(x(k_{n-1})|x(k_n)) + p(\boldsymbol{x}) \log_2 p(x(k_n))] \\
&= -\mathrm{E}[\log_2 p(x(k_1)|x(k_2))] - \mathrm{E}[\log_2 p(x(k_2)|x(k_3))] - \cdots \\
&\qquad -\mathrm{E}[\log_2 p(x(k_{n-1})|x(k_n))] - \mathrm{E}[\log_2 p(x(k_n))],
\end{aligned} \tag{13.11}$$

其中用 (13.9) 式替换 $\hat{\boldsymbol{p}}$. 费用就可以写成

$$J(\hat{\boldsymbol{p}}) = h(k_1|k_2) + h(k_2|k_3) + \cdots + h(k_{n-1}|k_n) + h(k_n), \tag{13.12}$$

其中的熵项 $h(\cdot)$ 定义如下 [Gray, 2011]:

$$h(k_i) = -\mathrm{E}[\log_2 p(x(k_i))], \quad h(k_i|k_j) = -\mathrm{E}[\log_2 p(x(k_i)|x(k_j))]. \tag{13.13}$$

现在问题更清楚了. 要找到 $\{1, 2, \cdots, n\}$ 的排列 $(k_1, k_2, \cdots, k_n)$ 使得在 (13.12) 式右边组合的熵最小. 单个位的熵可以写成

$$h(k_i) = -\sum_{\alpha} \Pr(x(k_i) = \alpha) \log_2 \Pr(x(k_i) = \alpha). \tag{13.14}$$

已知位 k_j 等于 β, 位 k_i 的条件熵可以写成

$$h(x(k_i)|x(k_j)=\beta) = -\sum_{\alpha} \Pr(x(k_i)=\alpha|x(k_j)=\beta) \log_2 \Pr(x(i)=\alpha|x(k_j)=\beta). \tag{13.15}$$

最后, 已知位 k_j, 位 k_i 的条件熵可以写成

$$h(x(k_i)|x(k_j)) = \sum_{\beta} h(x(k_i)|x(k_j) = \beta) \Pr(x(k_j) = \beta). \tag{13.16}$$

例 13.4 考虑计算熵的几个简单例子. 假设有 4 个 3 位的进化算法个体:

$$\boldsymbol{x}_1 = (0, 0, 0), \quad \boldsymbol{x}_2 = (0, 0, 0), \quad \boldsymbol{x}_3 = (1, 0, 0), \quad \boldsymbol{x}_4 = (1, 1, 0). \tag{13.17}$$

第一 (左) 位的熵为

$$\begin{aligned} h(1) &= -\mathrm{E}[\log_2 p(x(1))] \\ &= -[\Pr(x(1) = 0) \log_2 \Pr(x(1) = 0) + \Pr(x(1) = 1) \log_2 \Pr(x(1) = 1)] \\ &= -[0.5 \log_2 0.5 + 0.5 \log_2 0.5] = 1. \end{aligned} \tag{13.18}$$

第二 (中) 位的熵为

$$\begin{aligned} h(2) &= -\mathrm{E}[\log_2 p(x(2))] \\ &= -[\Pr(x(2) = 0) \log_2 \Pr(x(2) = 0) + \Pr(x(2) = 1) \log_2 \Pr(x(2) = 1)] \\ &= -[0.75 \log_2 0.75 + 0.25 \log_2 0.25] = 0.81. \end{aligned} \tag{13.19}$$

第三 (右) 位的熵为

$$\begin{aligned} h(3) &= -\mathrm{E}[\log_2 p(x(3))] \\ &= -[\Pr(x(3) = 0) \log_2 \Pr(x(3) = 0) + \Pr(x(3) = 1) \log_2 \Pr(x(3) = 1)] \\ &= -[1 \log_2 1 + 0 \log_2 0] = 0, \end{aligned} \tag{13.20}$$

其中按惯例 $0 \log_2 0 = 0$, 它基于 $\lim\limits_{z \to 0}(z \log_2 z) = 0$ 这一事实. 由此可见, 第一位的熵取到了可能的最大值, 这意味着第一位没有告诉我们种群中适应性最强个体的任何信息. 由

这 4 个个体来看, 适应性最强的个体最左边的那一位有相同的可能为 0 或 1. 另一方面, 第三位的熵取到了可能的最小值, 它意味着第三位包含关于种群中适应性最强个体的最大可能的信息. 基于 (13.17) 式的这 4 个个体, 适应性最强的个体在其最右边的那一位有 100% 的机会为 0.

位 1 的条件熵可以这样计算

$$\left.\begin{aligned} h(x(1)|x(2)=0) &= -\Pr(x(1)=0|x(2)=0)\log_2\Pr(x(1)=0|x(2)=0) \\ &\qquad -\Pr(x(1)=1|x(2)=0)\log_2\Pr(x(1)=1|x(2)=0) \\ &= -(2/3)\log_2(2/3)-(1/3)\log_2(1/3)=0.92, \\ h(x(1)|x(2)=1) &= -\Pr(x(1)=0|x(2)=1)\log_2\Pr(x(1)=0|x(2)=1) \\ &\qquad -\Pr(x(1)=1|x(2)=1)\log_2\Pr(x(1)=1|x(2)=1) \\ &= -0\log_2 0-1\log_2 1=0. \end{aligned}\right\} \tag{13.21}$$

已知位 2 等于 0, 位 1 的条件熵较高, 它意味着知道位 2 等于 0 并不能告诉我们关于位 1 更多的信息. 另一方面, 已知位 2 等于 1 位 1 的条件熵是可能的最小值, 它意味着知道位 2 等于 1, 我们就能 100% 地确定位 1 的值. 将这些结果合起来就得到已知位 2, 位 1 的条件熵为

$$\begin{aligned} h(x(1)|x(2)) &= h(x(1)|x(2)=0)\Pr(x(2)=0)+h(x(1)|x(2)=1)\Pr(x(2)=1) \\ &= (0.92)(3/4)+(0)(1/4)=0.69, \end{aligned} \tag{13.22}$$

它是两个个体条件熵的一个加权和. □

我们想要找到最小化 (13.12) 式的 $\{1,2,\cdots,n\}$ 的排列. 但是 $\{1,2,\cdots,n\}$ 有很多可能的排列. 一般来说, $\{1,2,\cdots,n\}$ 有 $n!$ 个排列. 即使 n 的值很小这个数目也会很大, 所以不可能用蛮力搜索最优排列. 我们用贪婪算法 [De Bonet et al., 1997] 近似地最小化 (13.12) 式并快速找到 $\hat{p}(\boldsymbol{x})$ 的一个好的近似. 算法 13.6 是这个贪婪算法. 第一步是找到具有最低熵 (信息最多) 的位 k_n. 第二步是找到已知位 k_n 具有最低熵的位 k_{n-1}. 在接下来的每一步, 已知先前发现的位找出具有最低条件熵的下一位, 并保证同一位最多只用一次.

算法 13.6 近似最小化 (13.12) 式的贪婪算法.

$k_n = \underset{j}{\operatorname{argmin}}\, h(j)$

For $i = n-1, n-2, \cdots, 1$

$\quad k_i = \arg\min_j h(j|k_{i+1}) : j \notin \{k_{i+1}, k_{i+2}, \cdots, k_n\}$

下一个 i

MIMIC 算法从种群中选出适应性强的个体的一个子集, 用贪婪算法 13.6 找到 (13.12) 式的近似最优解. 然后用这些概率生成候选解的下一个种群. 算法 13.7 是二进制域优化问题的 MIMIC 算法.

算法 13.7 n 位二进制域优化问题的 MIMIC 算法的基本概述. $h(y)$ 是 y 的概率密度函数的熵, 它是由候选解得到的经验估计. $\delta(y)$ 是克罗内克 δ 函数; 即, $\delta(y)=1$, 如果 $y=0$; $\delta(y)=0$, 如果 $y\neq 0$. $U[0,1]$ 为在 0 和 1 之间均匀分布生成的随机数.

初始化一个候选解的种群 $\{\boldsymbol{x}_i\}$, $i\in[1,N]$
注意每个 $\boldsymbol{x}_i$ 包括 n 位 $x_i(1),x_i(2),\cdots,x_i(n)$
While not (终止准则)
    根据适应度从 $\{\boldsymbol{x}_i\}$ 中选择 M 个个体, 这里 $M<N$
    将被选出的这 M 个个体的指标调整为 $\{\boldsymbol{x}_i\}$, $i\in[1,M]$
    $k_n\leftarrow \underset{j}{\operatorname{argmin}}\, h(x(j))$
    For $m=n-1,n-2,\cdots,1$
        $k_m\leftarrow \arg\min_j h(x(j)|x(k_{m+1})): j\notin\{k_n,k_{n-1},\cdots,k_{m+1}\}$
    下一个 m
    $\Pr(x(k_n)=1)\leftarrow \sum_{i=1}^{M}\delta(x_i(k_n)-1)/M$
    For $m=n-1,n-2,\cdots,1$
        定义 $\mathbf{1}_{m+1}=\{i\in[1,M]:x_i(k_{m+1})=1\}$
        定义 $\mathbf{0}_{m+1}=\{i\in[1,M]:x_i(k_{m+1})=0\}$
        $\Pr(x(k_m)=1|x(k_{m+1})=1)\leftarrow \sum_{i\in\mathbf{1}_{m+1}}\delta(x_i(k_m)-1)/|\mathbf{1}_{m+1}|$
        $\Pr(x(k_m)=1|x(k_{m+1})=0)\leftarrow \sum_{i\in\mathbf{0}_{m+1}}\delta(x_i(k_m)-1)/|\mathbf{0}_{m+1}|$
    下一个 m
    For $i=1$ to N (种群规模)
        $r\leftarrow U[0,1]$
        If $r<\Pr(x(k_n)=1)$ then $x_i(k_n)\leftarrow 1$; else $x_i(k_n)\leftarrow 0$ End if
        For $m=n-1,n-2,\cdots,1$
            $r\leftarrow U[0,1]$
            If $x_i(k_{m+1})=0$ then
                If $r<\Pr(x(k_m)=1|x(k_{m+1})=0)$ then
                    $x_i(k_m)\leftarrow 1$
                else
                    $x_i(k_m)\leftarrow 0$
                End if
            else
                If $r<\Pr(x(k_m)=1|x(k_{m+1})=1)$ then
                    $x_i(k_m)\leftarrow 1$
                else
                    $x_i(k_m)\leftarrow 0$

End if

End if

下一位 m

下一个个体 i

下一代

MIMIC 算法要计算很多概率. 在使用时要确保这些概率中的任何一个都不是 0 或 1, 因为如果概率为 0 或 1 就不能完全地探索优化问题的搜索空间. 所以, 在使用算法 13.7 时, 每计算一个概率 p_i 可能都要限制概率的值:

$$p_i \leftarrow \max\{p_i, \epsilon\}, \quad p_i \leftarrow \min\{p_i, 1-\epsilon\}, \tag{13.23}$$

其中 ϵ 是一个小的正数且可调, 通常大约等于 0.01. 后面的例 13.7 是 MIMIC 的一个例子.

13.3.2 优化与互信息树结合

[Baluja and Davies, 1998]提出优化与互信息树结合 (COMIT) 算法. COMIT 与 MIMIC 类似. 不过, 在 MIMIC 算法 13.7 中, 我们通过最小化条件熵找到近似最优排列 $(k_1, k_2, \cdots, k_n)$. 在 COMIT 中我们通过最大化互信息项找出一个近似最优排列. 不是找出最小化 (13.12) 式的排列, 而是找出最大化

$$J_c(\hat{\boldsymbol{p}}) = I(k_1|k_2) + I(k_2|k_3) + \cdots + I(k_{n-1}|k_n) - h(k_n) \tag{13.24}$$

的排列. 位 k 和位 m 的互信息定义如下 [Cover and Thomas, 1991]:

$$I(k,m) = \sum_{i,j} \Pr(x(k)=i, x(m)=j) \log_2 \left[\frac{\Pr(x(k)=i, x(m)=j)}{\Pr(x(k)=i)\Pr(x(m)=j)} \right], \tag{13.25}$$

其中在 $i \in [0,1]$ 和 $j \in [0,1]$ 上求和.

例 13.5 本例基于 [Chow and Liu, 1968], 我们用它说明如何计算相互信息. 假设对 4 位优化问题运行进化算法. 由这个算法我们得到很多个体, 也许 100 个左右. 选择 20 个适应性较强的个体. 假设这 20 个个体如下:

$$\left.\begin{array}{ll}
\boldsymbol{x}_1 = (0,0,0,0), & \boldsymbol{x}_2 = (0,0,0,0), \\
\boldsymbol{x}_3 = (0,0,0,1), & \boldsymbol{x}_4 = (0,0,0,1), \\
\boldsymbol{x}_5 = (0,0,1,0), & \boldsymbol{x}_6 = (0,0,1,1), \\
\boldsymbol{x}_7 = (0,1,1,0), & \boldsymbol{x}_8 = (0,1,1,0), \\
\boldsymbol{x}_9 = (0,1,1,1), & \boldsymbol{x}_{10} = (1,0,0,0), \\
\boldsymbol{x}_{11} = (1,0,0,1), & \boldsymbol{x}_{12} = (1,0,0,1), \\
\boldsymbol{x}_{13} = (1,1,0,0), & \boldsymbol{x}_{14} = (1,1,0,1), \\
\boldsymbol{x}_{15} = (1,1,1,0), & \boldsymbol{x}_{16} = (1,1,1,0), \\
\boldsymbol{x}_{17} = (1,1,1,0), & \boldsymbol{x}_{18} = (1,1,1,1), \\
\boldsymbol{x}_{19} = (1,1,1,1), & \boldsymbol{x}_{20} = (1,1,1,1).
\end{array}\right\} \tag{13.26}$$

位的指标从左至右, 由 1 排到 4. 例如, $x_{13}(1)=x_{13}(2)=1$, $x_{13}(3)=x_{13}(4)=0$. 通过计算位数并按照例 13.4 中的过程, 我们得到:

$$\left.\begin{aligned}&\Pr(x(1)=1)=0.55\rightarrow h(1)=0.993,\\&\Pr(x(2)=1)=0.55\rightarrow h(2)=0.993,\\&\Pr(x(3)=1)=0.55\rightarrow h(3)=0.993,\\&\Pr(x(4)=1)=0.50\rightarrow h(4)=1.\end{aligned}\right\}\tag{13.27}$$

可见, 位 1,2 和 3 有相同的信息量, 而位 4 的信息量最少. 现在计算位 1 和另一位的互信息. (13.25) 式显示在计算互信息之前, 需要计算个体的位的概率 $\Pr(x_i)$. 考虑 (13.26) 式中的个体. (13.27) 式说明:

$$\left.\begin{aligned}&\Pr(x(1)=0)=0.45,\quad \Pr(x(1)=1)=0.55,\\&\Pr(x(2)=0)=0.45,\quad \Pr(x(2)=1)=0.55.\end{aligned}\right\}\tag{13.28}$$

注意, 在 (13.26) 式中有 6 个个体的 $x(1)=0$ 且 $x(2)=0$; 有 3 个个体的 $x(1)=0$ 且 $x(2)=1$; 有 3 个个体的 $x(1)=1$ 且 $x(2)=0$; 还有 8 个个体的 $x(1)=1$ 且 $x(2)=1$. 所以

$$\left.\begin{aligned}&\Pr(x(1)=0,\quad x(2)=0)=0.30,\\&\Pr(x(1)=0,\quad x(2)=1)=0.15,\\&\Pr(x(1)=1,\quad x(2)=0)=0.15,\\&\Pr(x(1)=1,\quad x(2)=1)=0.40.\end{aligned}\right\}\tag{13.29}$$

现在用 (13.25) 式计算位 1 和位 2 之间的互信息, 得到

$$\begin{aligned}I(1,2)=&\sum_{i,j}\Pr(x(1)=i,x(2)=j)\log_2\left[\frac{\Pr(x(1)=i,x(2)=j)}{\Pr(x(1)=i)\Pr(x(2)=j)}\right]\\=&\Pr(x(1)=0,x(2)=0)\log_2\left[\frac{\Pr(x(1)=0,x(2)=0)}{\Pr(x(1)=0)\Pr(x(2)=0)}\right]+\\&\Pr(x(1)=0,x(2)=1)\log_2\left[\frac{\Pr(x(1)=0,x(2)=1)}{\Pr(x(1)=0)\Pr(x(2)=1)}\right]+\\&\Pr(x(1)=1,x(2)=0)\log_2\left[\frac{\Pr(x(1)=1,x(2)=0)}{\Pr(x(1)=1)\Pr(x(2)=0)}\right]+\\&\Pr(x(1)=1,x(2)=1)\log_2\left[\frac{\Pr(x(1)=1,x(2)=1)}{\Pr(x(1)=1)\Pr(x(2)=1)}\right]\\=&0.30\log_2[0.30/(0.45\times0.45)]+0.15\log_2[0.15/(0.45\times0.55)]+\\&0.15\log_2[0.15/(0.55\times0.45)]+0.40\log_2[0.40/(0.55\times0.55)]\\=&0.1146.\end{aligned}\tag{13.30}$$

用同样的方法计算其他位之间的互信息, 得到

$$\left.\begin{array}{lll} I(1,2)=0.1146, & I(1,3)=0.0001, & I(1,4)=0.0073, \\ I(2,3)=0.2727, & I(2,4)=0.0073, & I(3,4)=0.0073. \end{array}\right\} \tag{13.31}$$

□

互信息 $I(i,j)$ 量化位 i 和位 j 有多少共享的信息. 它告诉我们, 如果知道其中一位的值关于另一位的值能知道多少. 如果已知位 j, 在所有的 i 上最大化互信息 $I(i,j)$ 与在所有的 i 上最小化条件熵 $h(i|j)$ 类似. 因此, COMIT 可以采用与 MIMIC 相同的算法, 只是不用算法 13.6 而是用算法 13.8 选择排列. 所以, COMIT 算法与 MIMIC 算法 13.7 相同, 只是要用算法 13.8 替换算法 13.7 中的第一个 "for $m=n-1,n-2,\cdots,1$" 循环.

算法 13.8 近似最大化 (13.25) 式的贪婪算法. 与算法 13.6 比较.

$k_n = \underset{j}{\operatorname{argmin}}\, h(j)$

For $i=n-1,n-2,\cdots,1$

  $k_i = \underset{j}{\operatorname{argmin}}\, I(j|k_{i+1}) : j \notin \{k_{i+1},k_{i+2},\cdots,k_n\}$

下一个 i

例 13.6 本例是例 13.5 的继续, 用来说明贪婪算法 13.8. 贪婪算法首先找出信息最多的位, 它等价于找出熵最小的位. 由例 13.5 的 (13.27) 式可知, 位 1, 位 2 和位 3 都有相同的信息量, 而位 4 的信息量最少. 所以, 在算法 13.8 中问题 $k_n = \underset{j}{\operatorname{argmin}}\, h(j)$ 的解为 1, 或 2, 或 3. 我们任意选择位 1 作为解. 现在要找与位 1 共享信息最多的位; (13.31) 式告诉我们位 2 与位 1 共享的信息最多. 接下来要找与位 2 共享信息最多的位 (不包括位 1); 由 (13.31) 式可知位 3 与位 2 共享的信息最多. 余下的唯一的一位是位 4, 所以贪婪算法结束, (13.9) 式变为

$$\hat{p}(\boldsymbol{x}) = p(x(1))p(x(2)|x(1))p(x(3)|x(2))p(x(4)|x(3)). \tag{13.32}$$

可以用 (13.26) 式计算这些概率. 表 13.1 显示每个位组合的概率, 用 (13.8) 式的一阶近似估计得到的概率, 以及由 (13.32) 式估计得到的概率.

粗略地看一看表 13.1 中的数字, 我们发现第四列对第二列真实概率的估计比第三列更精确. 可以用 (13.10) 式量化概率分布之间的相似性, 第二列和第三列概率的接近度为 0.53, 第二列和第四列概率的接近度为 0.14.

注意, 在 COMIT 算法中没有采用表 13.1 的概率. 本例只将它们列出来以说明贪婪算法 13.8 的有效性. COMIT 算法用 (13.32) 式右边的概率生成下一代种群. □

例 13.6 说明如何利用互信息准则 (COMIT)而不是条件熵准则 (MIMIC)找出概率分布的二阶近似. 如果在进化算法中得到了适应性强的个体的概率分布估计, 就可以在每一代用这个估计生成候选解. 这是 COMIT 的本质, 我们用下面的例子来说明.

例 13.7 本例用算法 13.6, 算法 13.7 以及算法 13.8 的 MIMIC 和 COMIT 算法最小化 Ackley 函数, 此函数在附录 C.1.2 中定义. 每维用 6 位表示, 因此最小化问题包括

表 13.1 例 13.6 的结果: 所有可能的位组合的真实概率 (第二列) 和估计概率 (第三和第四列).

$x(1)x(2)x(3)x(4)$	$p(x(1),x(2),x(3),x(4))$	UMDA $p(x(1))p(x(2))\cdot p(x(3))p(x(4))$	COMIT $p(x(1))p(x(2)\vert x(1))\cdot p(x(3)\vert x(2))p(x(4)\vert x(3))$
0000	0.100	0.0456	0.1037
0001	0.100	0.0456	0.1296
0010	0.050	0.0557	0.0364
0011	0.050	0.0557	0.0303
0100	0.000	0.0557	0.0121
0101	0.000	0.0557	0.0152
0110	0.100	0.0681	0.0669
0111	0.050	0.0681	0.0558
1000	0.050	0.0557	0.0519
1001	0.100	0.0557	0.0648
1010	0.000	0.0681	0.0182
1011	0.000	0.0681	0.0152
1100	0.050	0.0681	0.0323
1101	0.050	0.0681	0.0404
1110	0.150	0.0832	0.1785
1111	0.150	0.0832	0.1488

$n = 6D$ 位, 这里 D 是 Ackley 函数的维数. 每一维的域取 $[-5, +5]$, 由此得到对每一维的分辨率为 $10/(2^6 - 1) = 0.16$. 取种群规模 $N = 100$, $M = 40$, 取精英参数为 2, 它意味着总是会将最好的两个个体留到下一代. 在 (13.23) 式中取 $\epsilon = 0.01$.

为了研究 MIMIC 的性能, 我们将它与仅用一阶统计量的 UMDA(参见算法 13.2) 比较. 我们仍然在随机设定的排列 $(k_1, k_2, \cdots, k_n)$ 上而不是由贪婪算法 13.6 确定的排列上运行 MIMIC 算法. 图 13.5 显示在二维 Ackley 函数上 MIMIC, UMDA, 以及随机排列的

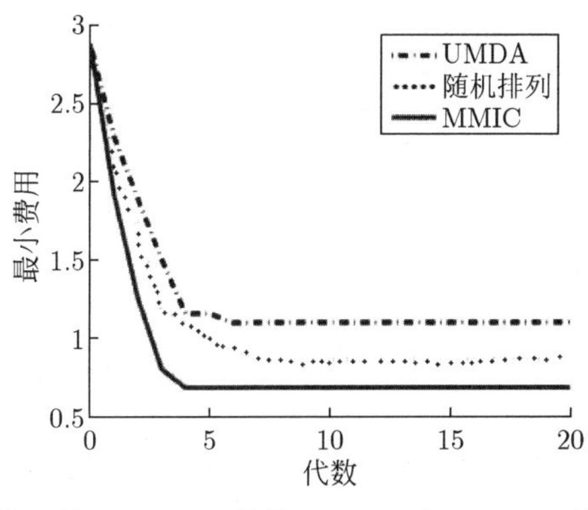

图 13.5 例 13.7: 最小化二维 Ackley 函数的 UMDA 和 MIMIC 的结果, 每维用 6 位表示. 此结果显示每一代最好的个体在 20 次蒙特卡罗仿真上的平均费用.

MIMIC 在 20 次蒙特卡罗仿真上的平均性能. 由图可见, 即使排列是随机设定的, 用二阶统计量也胜过一阶 UMDA. 不过, MIMIC 表现得最好是因为它用近似最优贪婪算法确定位指标的排列.

图 13.6 显示在 10 维 Ackley 函数上 MIMIC, UMDA, 以及随机排列 MIMIC 在 20 次蒙特卡罗仿真上的平均性能. 我们看到, MIMIC 在前几代表现最好, 但是在几代之后 UMDA 和随机排列 MIMIC 赶了上来并胜过了 MIMIC. 这说明 MIMIC 并不能保证一定会比一阶算法好, 但它应该还是一个有价值的优化工具, 这取决于具体的问题.

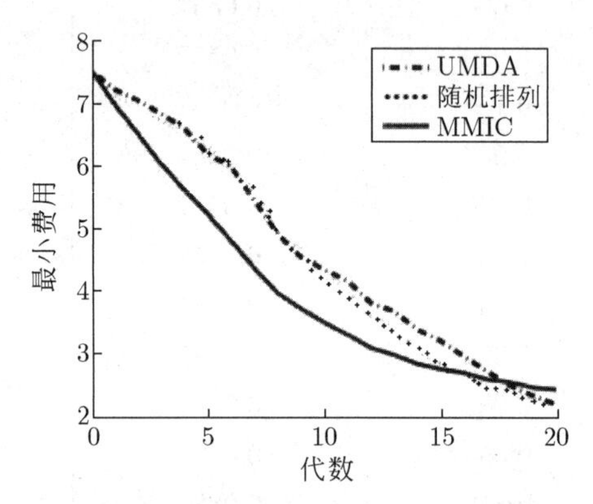

图 13.6 例 13.7: 最小化 10 维 Ackley 函数的 UMDA 和 MIMIC 的结果, 每维用 6 位表示. 此结果显示每一代最好个体的费用在 20 次蒙特卡罗仿真上的平均.

最后, 我们比较 COMIT 和 MIMIC. 这两个算法都由算法 13.7 描述, 但 MIMIC 用贪婪算法 13.6, COMIT 用贪婪算法 13.8 分别决定它们在每一代由哪一个位指标配对生成候选解. 图 13.7 显示在 10 维 Ackley 函数上, COMIT 和 MIMIC 在 20 次蒙特卡罗仿真上的平均性能. 我们看到 COMIT 在最初几代的表现很好. 但是在第 15 代之后, MIMIC 赶了上来并超过 COMIT 的性能. □

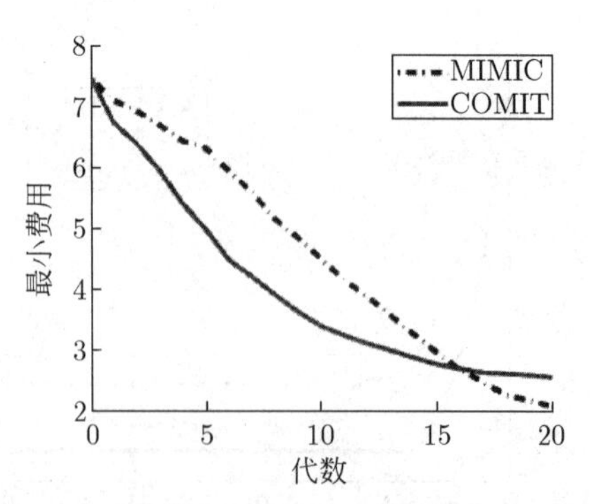

图 13.7 例 13.7: 最小化 10 维 Ackley 函数的 MIMIC 和 COMIT 的结果, 每维用 6 位表示. 此结果显示每一代最好个体的费用在 20 次蒙特卡罗仿真上的平均费用.

13.3.3 二元边缘分布算法

[Pelikan and Mühlenbein, 1998]提出二元边缘分布算法 (BMDA). 像 MIMIC 和 COMIT 一样, BMDA 用二阶统计量. 不过它有几个明显的不同. 首先, 它利用皮尔逊的 χ^2 测试 [Boslaugh and Watters, 2008] 为相互依赖的位建立联系. 其次, 它建立概率密度函数的一个近似, 这样就没必要在单一的连接链中使用所有的位. 回顾由 (13.9) 式 MIMIC 和 COMIT 找到 $\{1,2,\cdots,n\}$ 的一个排列 $(k_1,k_2,\cdots,k_n)$ (其中 n 为 $\boldsymbol{x}$ 中的位的个数) 为

$$p(\boldsymbol{x}) \approx p(x(k_1)|x(k_2))p(x(k_2)|x(k_3))\cdots p(x(k_{n-1})|x(k_n))p(x(k_n)). \tag{13.33}$$

上面的近似可以看成是 k_i 值的一个单一链:

$$k_1 \to k_2 \to \cdots \to k_{n-1} \to k_n. \tag{13.34}$$

另一方面, BMDA 找到 $p(\boldsymbol{x})$ 的一个更一般化的近似:[1]

$$p(\boldsymbol{x}) \approx \prod_{r\in R} p(x(r)) \prod_{i\in V\setminus R} p(x(i)|x(m_i)). \tag{13.35}$$

在上面的近似中, R 是根位指标的集合, 它由 BMDA 确定, V 是所有位指标的集合; 即, $V=\{1,2,\cdots,n\}$. $x(i)$ 位属于 $V\setminus R$, 它是所有不属于 R 的指标集合; 即, $V\setminus R=\{i\in V: i\notin R\}$. 最后, m_i 是由 BMDA 决定的位指标, 它高度依赖于位 i.

我们用一个例子阐明 (13.35) 式. 假设在搜索域中有 9 位. MIMIC 和 COMIT 用 (13.33) 式可能会得到下面的链

$$3\to 9\to 1\to 5\to 8\to 2\to 4\to 7\to 6, \tag{13.36}$$

由此得到近似

$$\begin{aligned} p(\boldsymbol{x}) \approx\ & p(x(3)|x(9))p(x(9)|x(1))p(x(1)|x(5))p(x(5)|x(8)) \times \\ & p(x(8)|x(2))p(x(2)|x(4))p(x(4)|x(7))p(x(7)|x(6))p(x(6)). \end{aligned} \tag{13.37}$$

BMDA 用的 (13.35) 式可能会得到下面的链

$$\left.\begin{array}{l} 3\to 9\to 1, \\ 3\to 5, \\ 8\to 2\to 4\to 7, \\ 8\to 6. \end{array}\right\} \tag{13.38}$$

由此得到近似

$$\begin{aligned} p(\boldsymbol{x}) \approx\ & p(x(3))p(x(9)|x(3))p(x(1)|x(9))p(x(5)|x(3)) \cdot \\ & p(x(8))p(x(2)|x(8))p(x(4)|x(2))p(x(7)|x(4))p(x(6)|x(8)). \end{aligned} \tag{13.39}$$

BMDA 确定的根位指标为 3 和 8, 并且每个根有多个位指标链.

[1]原著中的 (13.35) 式为 $p(\boldsymbol{x}) \approx \prod_{x(r)\in R} p(x(r)) \prod_{x(i)\in V\setminus R} p(x(i)|x(m_i))$. 此式有打印错误: 其中 $x(r)\in R$ 应为 $r\in R$, $x(i)\in V\setminus R$ 应为 $i\in V\setminus R$. 译稿中已改正. —— 译者注.

BMDA 首先选择一个随机位指标 r 作为第一个根位指标. 然后计算根位指标 r 以及余下所有位的 χ^2 统计量. 位 r 和位 j 之间的 χ^2 统计量为

$$\chi_{rj}^2 = M \sum_{\alpha,\beta} \frac{[\Pr(x(r)=\alpha, x(j)=\beta) - \Pr(x(r)=\alpha)\Pr(x(j)=\beta)]^2}{\Pr(x(r)=\alpha)\Pr(x(j)=\beta)}, \tag{13.40}$$

其中 M 是位串的个数, 在所有 $\Pr(x(r)=\alpha) \neq 0$ 的 α 值以及所有 $\Pr(x(j)=\beta) \neq 0$ 的 β 值上求和. χ_{rj}^2 统计量度量位 r 和位 j 之间的依赖程度. χ_{rj}^2 的值大表明位 r 和位 j 之间有高度的相关性. 在统计学中, $\chi_{rj}^2 < 3.84$ 经常被用作位 r 和位 j 独立的阈值. χ^2 的这个值表示这些位的值有 95% 的概率相互独立.

在 BMDA 计算根位 r 和所有剩余的位 j 的 χ_{rj}^2 之后, 它选择 χ_{rj}^2 最大的 j 作为链中的下一位. 接下来, 对所有 $k \neq \{r,j\}$, BMDA 计算 χ_{rk}^2 和 χ_{jk}^2. χ^2 统计量最大的那个 k 成为在链上位 r 或位 j 之后的下一位. 这个过程一直持续, 直到所有 χ^2 统计量都低于某个阈值. 当出现这种情况时, 就选出另一个随机根位, 并对下一条链重复这个过程. 当所有的位都用过之后, 概率近似就完成了. 算法 13.9 是对 BMDA 算法的总结 [Pelikan and Mühlenbein, 1998].

算法 13.9 生成 n 维概率密度函数近似的二元边缘分布算法的基本概述. V 是所有位指标的常值集合, A 是在一个位链中已有位指标的集合. 值 3.84 用作独立性的 95% 置信水平.

(1) $V \leftarrow \{1, 2, \cdots, n\}$
  $A \leftarrow V$
(2) $v \leftarrow$ 从 A 中随机选出的一个元素
  将 $\Pr(v)$ 添加到概率密度函数近似中
(3) 将 v 从 A 中移除
  如果 $A = \varnothing$, 终止
(4) 对所有 $i \in A$ 和所有 $j \in V \setminus A$, 计算 χ_{ij}^2
  如果 $\max_{i,j} \chi_{ij}^2 < 3.84$, 转到 (2)
(5) $\{v, v'\} = \underset{i,j}{\operatorname{argmax}}\, \chi_{ij}^2 : i \in A, j \in V \setminus A$
  将 $\Pr(v'|v)$ 添加到概率密度函数近似中
  转到 (3)

例 13.8 我们考虑计算 χ^2 统计量的几个简单例子. 假设有 4 个 4 位进化算法的个体:

$$\boldsymbol{x}_1 = (0,0,0,1), \quad \boldsymbol{x}_2 = (0,0,0,1), \quad \boldsymbol{x}_3 = (1,0,0,0), \quad \boldsymbol{x}_4 = (1,1,0,0). \tag{13.41}$$

位 1 和位 2 的边缘概率为

$$\left.\begin{aligned} &\Pr(x(1)=0) = 1/2, \quad \Pr(x(1)=1) = 1/2, \\ &\Pr(x(2)=0) = 3/4, \quad \Pr(x(2)=1) = 1/4, \end{aligned}\right\} \tag{13.42}$$

其中定义 $x(1)$(位 1) 为左位, $x(2)$(位 2) 为下一位, 以此类推. 位 1 和位 2 的联合概率为

$$\left.\begin{array}{ll}\Pr(x(1)=0,x(2)=0)=1/2, & \Pr(x(1)=0,x(2)=1)=0, \\ \Pr(x(1)=1,x(2)=0)=1/4, & \Pr(x(1)=1,x(2)=1)=1/4.\end{array}\right\} \tag{13.43}$$

由 (13.40) 式计算得到的统计量 χ^2_{12} 为

$$\chi^2_{12}=4(1/24+1/8+1/24+1/8)=4/3. \tag{13.44}$$

由此可见, 在位 1 和位 2 之间存在某种关系, 但由于样本太少 (4 个) 我们不是很确定这种相互依赖在统计上是否明显; 即 $\chi^2_{12}<3.84$.

现在考虑位 1 和位 3. 计算得到的 χ^2_{13} 为

$$\chi^2_{13}=4(0+0+0+0)=0. \tag{13.45}$$

位 1 和位 3 之间没有关系. 由 (13.41) 式可见, 位 1 在一半的时间等于 0 一半的时间等于 1, 而位 3 始终等于 0.

最后, 考虑位 1 和位 4. 计算得到的 χ^2_{14} 为[1]

$$\chi^2_{14}=4(1/4+1/4+1/4+1/4)=4. \tag{13.46}$$

可以看出这两位在统计上显著相关. 尽管只有 4 个个体, 因为位 1 和位 4 总是相互补充, 它们之间肯定存在相互依赖关系. □

13.4 多元分布估计算法

一阶分布估计算法强调简单甚于数学上的严谨. 二阶分布估计算法重视数学上的严谨, 由此得到的算法更复杂但也可能更有效. 多元分布估计算法在这个方向上又进了一步, 它用比二阶更高的统计量, 本节就介绍这样的一个算法: 扩展紧致遗传算法 (extended compact genetic algorithm, ECGA).

13.4.1 扩展紧致遗传算法

扩展紧致遗传算法 (ECGA) 正如其名, 是 13.2.2 节中的紧致遗传算法 (cGA) 的一个扩展. [Harik, 1999] 提出 ECGA, [Sastry and Goldberg, 2000], [Lima and Lobo, 2004] 和 [Harik et al., 2010] 对它做了进一步的解释. ECGA 要找的概率分布需要具有两个特性: 首先是简单; 其次它能精确地近似高适应性个体集合的概率分布. 近似概率分布被称为边缘积模型 (marginal product model, MPM). 下面是 10 维问题的 MPM $\hat{p}(\boldsymbol{x})$ 的一个例子:

$$\hat{p}(\boldsymbol{x})=p(x(1),x(3),x(6))p(x(2))p(x(4),x(5),x(7),x(10))p(x(8),x(9)). \tag{13.47}$$

[1] 原著中此处为 $\chi^2_{14}=4(1+1+1+1)=4$.—— 译者注.

上式右边的每一个边缘分布的变量被称为积木块, 因此上面的 MPM 有 4 个积木块: $(x(1),x(3),x(6))$, $(x(2))$, $(x(4),x(5),x(7),x(10))$, 以及 $(x(8),x(9))$. MPM 的第 i 个积木块 B_i 中变量的个数被称为积木块的长度 L_i. 所以 (13.47) 式 MPM 的积木块的长度为

$$L_1=3,\ L_2=1,\ L_3=4,\ L_4=2. \tag{13.48}$$

积木块中的变量各不相同, 所以, 对于每一个 $j\neq i$, 如果 $x(k)$ 属于 B_i 则不属于 B_j. MPM 的复杂度量化为

$$C_m=(\log_2(M+1))\sum_{i=1}^{N_b}(2^{L_i}-1), \tag{13.49}$$

其中, M 是从种群中选出的高适应性个体的个数, N_b 是积木块的个数, L_i 是第 i 个积木块的长度. MPM 的准确度量化为

$$C_p=\sum_{i=1}^{N_b}\sum_{j=1}^{2^{L_i}}N_{ij}\log_2(M/N_{ij}), \tag{13.50}$$

其中, N_{ij} 是种群在第 i 个积木块中包含第 j 个位序列的个体的个数. 如果第 i 个积木块的长度为 L_i, 则它包含 2^{L_i} 个可能的位序列, 我们把它们按 $(0,\cdots,0,0)$, $(0,\cdots,0,1)$, $\cdots$, $(1,\cdots,1,1)$ 排序. ECGA 要找出一个 MPM 最小化总费用

$$C_c=C_m+C_p. \tag{13.51}$$

下面的例子说明如何计算 MPM 的 C_c.

例 13.9 假设有下列 5 个高适应性的个体 ($M=5$):

$$\left.\begin{aligned}&x_1=(0,0,0,0),\quad x_2=(0,0,1,0),\quad x_3=(0,0,1,1),\\&x_4=(1,0,1,0),\quad x_5=(1,1,0,1).\end{aligned}\right\} \tag{13.52}$$

一种可能的 MPM 是一元模型

$$\hat{p}_1(\boldsymbol{x})=p(x(1))p(x(2))p(x(3))p(x(4)). \tag{13.53}$$

这里 $N_b=4$, 对于 $i\in[1,4]$, $L_i=1$. 这个模型的复杂度为

$$C_m=(\log_2 6)\sum_{i=1}^{4}(2^{L_i}-1)=10.4. \tag{13.54}$$

我们将积木块排序为 $B_i=p(x(i))$, $i\in[1,4]$. 以二进制的次序对位序列排序, 因此 N_{i1} 是 $x(i)=0$ 的个体的个数, N_{i2} 是 $x(i)=1$ 的个体的个数. 由此得到模型的准确度为

$$C_p=\sum_{i=1}^{4}\sum_{j=1}^{2}N_{ij}\log_2(M/N_{ij})=18.2. \tag{13.55}$$

对于 (13.52) 式的种群, 另一个可能的 MPM 为模型

$$\hat{p}_2(\boldsymbol{x}) = p(x(1), x(2))p(x(3))p(x(4)). \tag{13.56}$$

这里 $N_b = 3$, $L_1 = 2$, $L_2 = L_3 = 1$. 它看上去比 (13.53) 式复杂, 但我们能猜到它更精确, 因为它包含 $x(1)$ 和 $x(2)$ 的联合分布, 由 (13.52) 式可知这两位之间存在着显著的相关性, 在这 5 个个体中有 4 个的 $x(1)$ 和 $x(2)$ 都相同. $\hat{p}_2(\boldsymbol{x})$ 的复杂度为

$$C_m = (\log_2 6)(3 + 1 + 1) = 15.4. \tag{13.57}$$

不出所料, 它比 (13.54) 式中 $\hat{p}_1(\boldsymbol{x})$ 的复杂度高[1]. 将 $\hat{p}_2(\boldsymbol{x})$ 的积木块按 (13.56) 式中的次序排序. 以二进制的次序对位序列排序, 则 N_{11} 是 $(x(1), x(2)) = (0, 0)$ 的个体的个数, N_{12} 是 $(x(1), x(2)) = (0, 1)$ 的个体的个数, N_{13} 是 $(x(1), x(2)) = (1, 0)$ 的个体的个数, N_{14} 是 $(x(1), x(2)) = (1, 1)$ 的个体的个数. 类似地, N_{21} 是 $x(3) = 0$ 的个体的个数, N_{22} 是 $x(3) = 1$ 的个体的个数. 最后, N_{31} 是 $x(4) = 0$ 的个体的个数, N_{32} 是 $x(4) = 1$ 的个体的个数. 在这个约定下, 计算模型的准确度

$$C_p = \sum_{i=1}^{3} \sum_{j=1}^{2^{L_i}} N_{ij} \log_2(M/N_{ij}) = 16.6. \tag{13.58}$$

不出所料, $\hat{p}_2(\boldsymbol{x})$ 的准确度比 $\hat{p}_1(\boldsymbol{x})$ 的高 (即, 值更小). 把这些结果合起来就得到

$$\left.\begin{array}{l} \text{对于}\hat{p}_1(\boldsymbol{x}),\ C_m + C_p = 10.4 + 18.2 = 28.6, \\ \text{对于}\hat{p}_2(\boldsymbol{x}),\ C_m + C_p = 15.4 + 16.6 = 32.0. \end{array}\right\} \tag{13.59}$$

ECGA 表明 $\hat{p}_1(\boldsymbol{x})$ 这个模型更好, 因为它的复杂度较低. □

我们知道了如何量化 MPM 的费用, 下面就用最快下降算法找出近似最小化 C_c 的 MPM. 已知有 N_b 个积木块的 MPM, 把每一种可能的积木块对并在一起, 可以形成 $N_b(N_b - 1)/2$ 个积木块的备选集合. 例如, 已知 (13.47) 式的 4 个积木块, 可以形成下面的 6 个备选的 MPM:

$$\left.\begin{array}{l} p(x(1), x(3), x(6), x(2))p(x(4), x(5), x(7), x(10))p(x(8), x(9)), \\ p(x(1), x(3), x(6), x(4), x(5), x(7), x(10))p(x(2))p(x(8), x(9)), \\ p(x(1), x(3), x(6), x(8), x(9))p(x(2))p(x(4), x(5), x(7), x(10)), \\ p(x(1), x(3), x(6))p(x(2), x(4), x(5), x(7), x(10))p(x(8), x(9)), \\ p(x(1), x(3), x(6))p(x(2), x(8), x(9))p(x(4), x(5), x(7), x(10)), \\ p(x(1), x(3), x(6))p(x(2))p(x(4), x(5), x(7), x(10), x(8), x(9)). \end{array}\right\} \tag{13.60}$$

ECGA 从这个集合中选择使 (13.51) 式中的费用最小的 MPM. 算法 13.10 概述 ECGA 算法. 注意, 在每一代都要执行算法 13.10. 为实施 ECGA, 我们需要选择小于种群规模 N

[1] 原著中此处为 $\hat{p}_2(\boldsymbol{x})$.—— 译者注.

的某个数 M. 还需要选择 P_c, 它是用已确认的最好的 MPM 生成子代的比例. 算法 13.10 在开始时确认 M 个最好个体, 随机选择来自这些最好个体的 MPM 的子集生成子代. 它与有 (N_b-1) 个点的交叉等价, 因此每个子代有 N_b 个父代, 其中有一些可能会重复.

算法 13.10 在扩展紧致遗传算法 (ECGA) 中用最快下降构造边缘积模型 (MPM). ECGA 的每一代都执行本算法.

从当前种群选择最好的 M 个个体
$\hat{p}_0(\boldsymbol{x}) \leftarrow p(x(1))p(x(2))\cdots p(x(n))$
While (true)
  $N_b \leftarrow \hat{p}_0(\boldsymbol{x})$ 中积木块的个数
  用 $\hat{p}_0(\boldsymbol{x})$ 生成备选的 MPM, $\hat{p}_i(\boldsymbol{x})$, $i \in [1, N_b(N_b-1)/2]$
  $\hat{p}(\boldsymbol{x}) \leftarrow \arg\min(C_c(\hat{p}_i(\boldsymbol{x})) : i \in [1, N_b(N_b-1)/2])$
  If $\hat{p}(\boldsymbol{x}) = \hat{p}_0(\boldsymbol{x})$ then 退出本循环 End if
下一次迭代
用 $\hat{p}_0(\boldsymbol{x})$ 中的积木块为下一代生成 NP_c 个个体
为下一代随机生成 $N(1-P_c)$ 个个体

13.4.2 其他多元分布估计算法

研究人员提出了很多多元分布估计算法, 包括因子化分布算法(factorized distribution algorithm, FDA)[Mühlenbein et al., 1999], 学习 FDA[Mühlenbein et al., 1999], 贝叶斯网络估计算法(estimation of Bayesian network algorithm, EBNA)[Larranaga et al., 1999a], [Larranaga et al., 2000], 贝叶斯优化算法(Bayesian optimization algorithm, BOA)[Pelikan et al., 1999], 马尔可夫网络因子化分布算法(Markov network FDA, MN-FDA)[Santana, 2003], 以及马尔可夫网络分布估计算法(Markov network EDA, MN-EDA)[Santana, 1998]. 分层贝叶斯优化算法(Hierarchical BOA, hBOA) 试图通过将优化问题分解为子问题来降低贝叶斯优化算法的计算复杂度 [Pelikan, 2005].

13.5 连续分布估计算法

我们在前面的小节中讨论了离散域问题的各种分布估计算法. 本节将分布估计算法的概念扩展到连续域问题. 对于离散域问题, 进化算法的个体由离散概率分布生成. 在连续域问题中, 除了概率分布是连续而非离散的, 其思路与离散问题相同.

为设定连续分布估计算法的各个阶段, 我们先回顾离散分布估计算法. 假设有一个离散域问题, 在候选解的第 i 个位置 $x(i)$ 为 0 位的概率为 0.75, 为 1 位的概率为 0.25. 可以用下面的代码生成 $x(i)$:

$$r \leftarrow U[0,1], \quad x(i) \leftarrow \begin{cases} 0, & \text{如果 } r < 0.75, \\ 1, & \text{其他}, \end{cases} \tag{13.61}$$

其中 r 是在 [0,1] 上均匀分布的随机数. 另一方面, 如果我们的问题有一个连续域 [0,1], 候选解的第 i 个位置不再是位而是一个连续的变量. 我们可以编写下面这样的代码来生成变量:

$$r \leftarrow U[0,1], \quad x(i) \leftarrow 3/2 - \sqrt{(9/4) - 2r}. \tag{13.62}$$

由此得到 $x(i)$ 的概率密度函数如图 13.8 所示. 因为当 $x(i)$ 趋于 0 时 $x(i)$ 的概率线性增加, 可以把它看成是 (13.61) 式的连续形式. 注意, 在概率论的课本中可以找到将一个概率密度函数变换为另一个概率密度函数的标准方法 (参见习题 13.11 和习题 13.15) [Grinstead and Snell, 1997].

连续域问题的分布估计算法采用相同的思路. 已知适应性较强的个体的一个子种群, 我们生成一个近似的连续概率密度函数, 然后用概率密度函数生成下一代候选解.

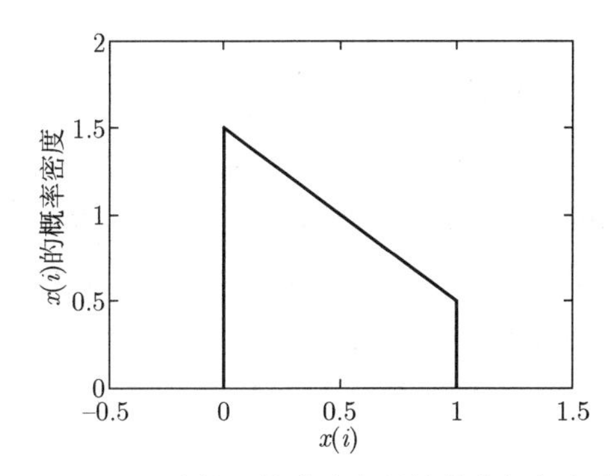

图 13.8 (13.62) 式描述的连续变量的样本概率密度函数.

13.5.1 连续一元边缘分布算法

本节通过对 13.2.1 节中二进制 UMDA 算法的简单修改说明连续域问题的分布估计算法. 我们用高斯分布生成每一代种群, 因此这个算法记为 UMDA_c^G [Gallagher et al., 2007]. UMDA_c^G 可能是最简单的连续分布估计算法, 算法 13.11 是它的概述. 在 UMDA_c^G 中, 我们计算所选种群子集中每个元素的均值和方差, 然后用高斯随机数生成下一代. 对算法 13.11 做一些修改可以生成非高斯分布的下一代. 在估计 σ_k 时用 $M-1$ 而不是 M 的理由参见 (8.18) 式.

算法 13.11 n 维连续域优化问题的连续高斯一元边缘分布算法 (UMDA_c^G). $N(\mu_k, \sigma_k^2)$ 是均值为 μ_k 方差为 σ_k^2 的高斯随机变量. $x_i(k)$ 是第 i 个个体的第 k 个元素.

初始化一个候选解的种群 $\{\boldsymbol{x}_i\}$, $i \in [1, N]$
注意, 每个 $\boldsymbol{x}_i$ 包含 n 个变量 $x_i(1), \cdots, x_i(n)$
While not (终止准则)
    根据适应度从 $\{\boldsymbol{x}_i\}$ 中选择 M 个个体, 这里 $M < N$

将选出的这 M 个个体的指标调整为 $\{\boldsymbol{x}_i\}$, $i \in [1, M]$

$$\mu_k \leftarrow \frac{1}{M}\sum_{j=1}^{M} x_j(k)$$

$$\sigma_k \leftarrow \left[\frac{1}{M-1}\sum_{j=1}^{M}(x_j(k)-\mu_k)^2\right]^{1/2}$$

For $i = 1$ to N (种群规模)

For $k = 1$ to n (每个候选解的变量个数)

$x_i(k) \leftarrow N(\mu_k, \sigma_k^2)$

下一个变量

下一个个体

下一代

13.5.2 基于增量学习的连续种群

我们通过为连续域问题修改 13.2.3 节的二进制 PBIL 算法来说明连续分布估计算法 [Sebag and Ducoulombier, 1998]. 连续域问题的 PBIL 也被称为由正态分布向量学习的随机爬山法 (stochastic hill climbing with learning by vector of normal distributions, SHCLVND)[Rudlof and Koppen, 1996], [Pelikan, 2005, Section 2.3]. 假设候选解 $\boldsymbol{x}_i$ 的每个独立变量 $x_i(k)$ 限制在某个域内: 对于 $i \in [1, N]$, $k \in [1, n]$,

$$x_i(k) \in [x_{\min}(k), x_{\max}(k)], \tag{13.63}$$

其中, N 是种群规模, n 为问题的维数. 假设有一个 n 维向量 $\boldsymbol{p}$, 对于 $k \in [1, n]$, $p_k \in [x_{\min}(k), x_{\max}(k)]$. 通过产生均值为 p_k 的高斯随机数为每一个个体 $\boldsymbol{x}_i$ 生成候选解的元素 $x_i(k)$. 随着代数增加, 我们期望 $\boldsymbol{p}$ 收敛到最优解; 因此, 代数的增加通常会让高斯随机数生成器的标准差减小. 我们用图 13.9 说明这个想法.

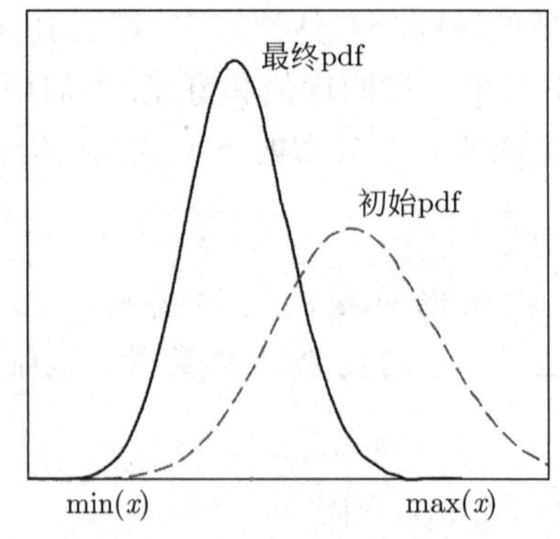

图 13.9 此图说明在连续 PBIL 中概率密度函数的进化. 在算法之初, 概率密度函数的方差较大, 它允许在搜索空间中大范围探索. 在随后的代中, 概率密度函数的方差较小, 它让算法收窄到最优解.

算法 13.12 描述连续域问题的简单 PBIL 算法. 它与二进制 PBIL 算法 13.5 很相似. 其主要差别在于用向量 $\boldsymbol{p}$ 生成在连续域内的候选解, 而用来生成那些候选解的标准差在每一代都会减小, 如图 13.9 所示. 因此算法 13.12 中多了两个可调参数, α 和 β. 注意, 在算法 13.12 中, 每次更新都应该将 $x_i(k)$ 限制在域 $[x_{\min}(k), x_{\max}(k)]$ 中.

算法 13.12 n 维连续域上最小化 $f(\boldsymbol{x})$ 的 PBIL 算法, $x_i(k) \in [x_{\min}(k), x_{\max}(k)]$ 是第 i 个个体的第 k 个元素. $N(0, \sigma_k)$ 是均值为零标准差为 σ_k 的高斯随机变量.

$N=$ 种群规模
$N_{\text{best}}, N_{\text{worst}}=$ 用于调整 $\boldsymbol{p}$ 的好的个体和差的个体的个数
$\eta =$ 学习率, $\eta \in (0,1)$
$[x_{\min}(k), x_{\max}(k)] =$ 搜索空间第 k 个元素的域, $k \in [1,n]$
$\beta =$ (初始标准差)÷(参数范围), $\beta \in (0,1)$
$\alpha =$ 标准差的收缩因子, $\alpha \in (0,1)$
$\sigma_k \leftarrow \beta(x_{\max}(k) - x_{\min}(k)) =$ 初始标准差, $k \in [1,n]$
$p_k \leftarrow U[x_{\min}(k), x_{\max}(k)]$, $k \in [1,n]$(均匀分布随机数)
While not (终止准则)
    用 $\boldsymbol{p}$ 随机生成如下 N 个候选解:
        For $i \in [1,N]$
            For $k \in [1,n]$
                $x_i(k) \leftarrow p_k + N(0, \sigma_k)$
            下一维 k
        下一个个体 i
    对个体排序, 使得 $f(\boldsymbol{x}_1) \leqslant f(\boldsymbol{x}_2) \leqslant \cdots \leqslant f(\boldsymbol{x}_N)$
    For $i \in [1, N_{\text{best}}]$
        $\boldsymbol{p} \leftarrow \boldsymbol{p} + \eta(\boldsymbol{x}_i - \boldsymbol{p})$
    下一个 i
    For $i \in [N - N_{\text{worst}} + 1, N]$
        $\boldsymbol{p} \leftarrow \boldsymbol{p} - \eta(\boldsymbol{x}_i - \boldsymbol{p})$
    下一个 i
    依概率变异 $\boldsymbol{p}$
    $\sigma_k \leftarrow \alpha\sigma_k$, $k \in [1,n]$
下一代

例 13.10 本例尝试最小化 20 维 Ackley 函数, 此函数在附录 C.1.2 中定义. 我们使用连续 PBIL 算法 13.12, 算法的设置如下.

- 种群规模 $N = 50$.
- σ_k 在初始代从参数范围的 10%线性下降, 到最后一代为参数范围的 2%. 每一维的参数范围为 $[-30, 30]$, 所以 σ_k 从初值 6 线性下降到终值 6/5. 它没有严格遵循算法 13.12 关于 σ_k 的配置, 但在本质上却达到相同的目的.

- 在每一代用 5 个最好的和 5 个最差的个体 ($N_{\text{best}} = N_{\text{worst}} = 5$) 更新概率向量 $\boldsymbol{p}$.
- 不使用任何变异.

图 13.10 显示学习率η 对 PBIL 性能的影响. 如果学习率太小, 对 $\boldsymbol{p}$ 的调整不够积极, 收敛因此变慢. 如果学习率太大, $\boldsymbol{p}$ 会大步跳向好的解, 这样会有好的初始性能, 但会令最优概率向量超调并误导 $\boldsymbol{p}$ 在搜索空间中的方向.

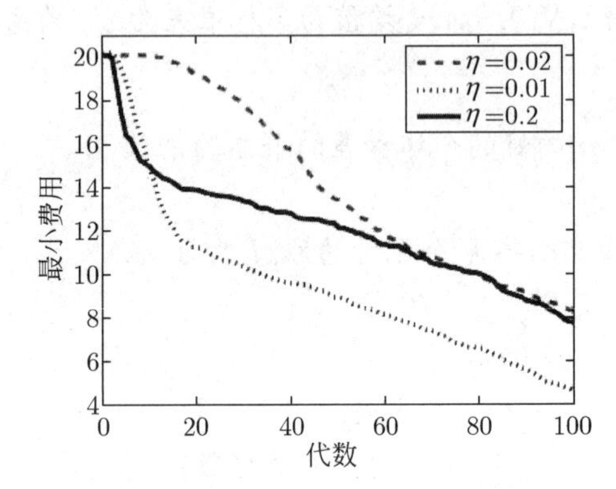

图 13.10 例 13.10: 在 20 维 Ackley 函数上连续 PBIL 的结果. 此图显示每一代最好个体的费用在 20 次蒙特卡罗仿真上的平均. 我们需要使用适当的学习率 η 以得到最好的性能.

下面探索 N_{best} 和 N_{worst} 对 PBIL 性能的影响. 我们取 $\eta = 0.1$, 因为在图 13.10 中这个学习率最好. 图 13.11 显示在 N_{best} 和 N_{worst} 的 3 组不同取值下 PBIL 的性能. 我们看到, 当这些参数太小, PBIL 过于重视某几个个体, 无法得到种群中各种个体性能的足够全面的情况. 如果这些参数太大, PBIL 用太多个体来调整它的概率向量, 但其中一些个体可能并不适合用于调整概率向量.

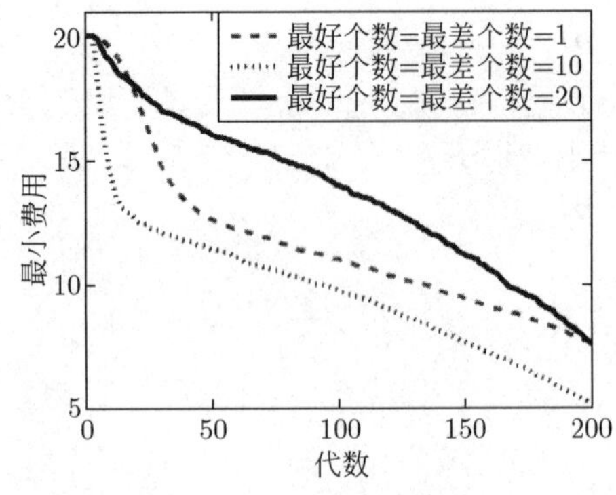

图 13.11 例 13.10: 在 20 维 Ackley 函数上连续 PBIL 的结果. 此图显示每一代最好个体的费用在 50 次蒙特卡罗仿真上的平均. 要得到最好的性能需要用适当的 N_{best} 和 N_{worst}.

最后, 我们探索 σ_k 对 PBIL 性能的影响. 取 $\eta = 0.1$, $N_{\text{best}} = N_{\text{worst}} = 5$. 我们让 σ_k 从初始代的 $k_0(x_{\max}(k) - x_{\min}(k))$ 线性变化到最末代的 $k_f(x_{\max}(k) - x_{\min}(k))$. 图 13.12 显示在 k_0 和 k_f 的 3 个不同组合下 PBIL 的性能. 如果 k_0 太小, 由于 $\boldsymbol{p}$ 相对滞后, 初始

收敛得慢. 如果 k_f 太大, 因为候选解的变化太大, PBIL 不会很好地收敛. 我们还可以做更多的实验来探索 k_0 过大或 k_f 过小对收敛的影响. □

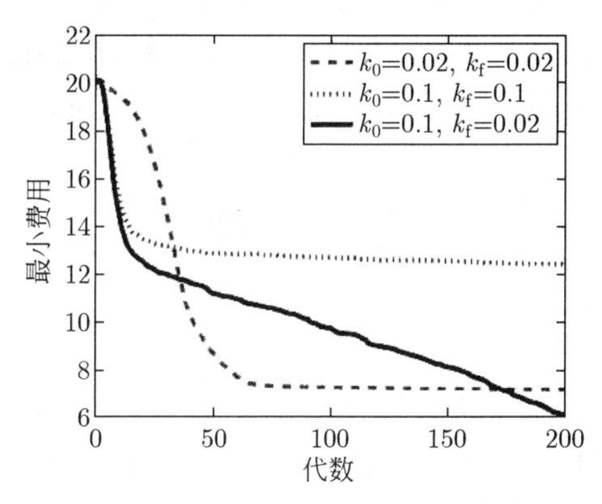

图 13.12 例 13.10: 在 20 维 Ackley 函数上连续 PBIL 的结果. 此图显示每一代最好个体的费用在 50 次蒙特卡罗仿真上的平均. k_0 和 k_f 控制在初始和最末代生成候选解的标准差. 要得到最好的性能需要使用适当的 k_0 和 k_f.

13.6 总 结

本章中的分布估计算法利用估计概率对搜索空间建模的方式找出全局最优. 我们可以用最大似然来估计种群的样本均值和方差, 这也是多元正态估计算法 (estimation of multivariate normal algorithm, EMNA) 所用的方法 [Larranaga, 2002]. 如果用高斯网络对搜索空间建模, 就得到高斯网络估计算法(estimation of Gaussian network algorithms, EGNAs)[Larranaga, 2002], [Paul and Iba, 2003].

可用于对分布估计算法建模的方法还有马尔可夫链 [Gonzalez et al., 2001], 动态系统理论 [Gonzalez et al., 2000], [Mahnig and Mühlenbein, 2000] 以及其他方法 [Gonzalez et al., 2002]. 关于进化算法的数学建模, 我们在第 4 章讨论过遗传算法, 在第 7 章讨论过遗传规划, 但本书没有讨论分布估计算法的数学模型.

分布估计算法还比较新, 因此其研究和应用的空间还很大. 目前分布估计算法的研究方向包括多目标优化[Bureerat and Sriworamas, 2007], 动态优化 [Yang and Yao, 2008a], 分布估计算法与其他算法的混合[Pena et al., 2004], 以及分布估计算法参数的在线自适应 [Santana et al., 2008].

本章介绍了采用一阶和二阶统计量的分布估计算法. 此总结的第一段提到了几个用高阶统计量的分布估计算法. 我们很自然地会想到当分布估计算法接近收敛时, 可以逐渐增加统计量阶次. 在分布估计算法的前期可以用一阶统计量得到适当接近局部最优的种群, 而在分布估计算法的后期就可以用高阶统计量来微调我们的结果.

另一个很有前途的工作方向是将分布估计算法与更传统的进化算法结合. 在生成每一代个体时将重组, 变异和概率论的思想融合起来. 连续域分布估计算法的其他重要研究方向还包括, 探索基于个体的离散集合求连续概率密度函数近似的方法. 在粒子滤波中也需要概率密度函数近似, 因此, 分布估计算法研究与粒子滤波研究之间有很大的互惠空间 [Simon, 2006, Section 15.3]. 有关分布估计算法更多的介绍、概述, 以及研究材料可以在 [Larranaga and Lozano, 2002]、[Pelikan et al., 2002]、[Kern et al., 2004]、[Lozano et al., 2006]、[Shakya and Santana, 2012], 以及 [Larranaga et al., 2012] 中找到. 在互联网上有一个基于分布估计算法优化的 MATLAB 工具箱 [Santana and Echegoyen, 2012].

习 题

书面练习

13.1 在 (13.1) 式中, 如果位 3 和位 4 是 1, 位 5 是 1 的概率是多少? 如果位 3 和位 5 是 1, 位 4 是 1 的概率是多少? 如果位 4 和位 5 是 1, 位 3 是 1 的概率是多少?

13.2 在 (13.4) 式中 w_i 取什么值时 (13.4) 式退化为 (13.3) 式?

13.3 cGA 算法 13.3的多少代的适应度函数评价次数与UMDA 算法 13.2 的一代的评价次数相同?

13.4 在 cGA 推广版算法 13.4 中, 种群规模为 N_1 时多少代的适应度函数评价次数与种群为 N_2 时一代的函数评价次数相等?

13.5 在例 13.4 中, 已知位 1 计算位 2 的条件熵.

13.6 给定二进制进化算法个体的一个集合, 给定位 k, 位 k 的条件熵是多少?

13.7 假设在进化算法种群中 5 位的熵为 $h(1) = 0.3$, $h(2) = 0.4$, $h(3) = 0.5$, $h(4) = 0.5$ 和 $h(5) = 0.6$. 并假设下表指明给定位 k 位 j 的条件熵.

	$k=1$	$k=2$	$k=3$	$k=4$	$k=5$
$j=1$	0.0	0.1	0.4	0.3	0.4
$j=2$	0.4	0.0	0.5	0.6	0.7
$j=3$	0.9	0.8	0.0	0.7	0.6
$j=4$	0.8	0.2	0.1	0.0	0.1
$j=5$	0.2	0.5	0.2	0.5	0.0

(1) 用贪婪算法 13.6 最小化 (13.12) 式. 由算法得到的 (13.12) 式的值是多少?

(2) 从 $k_5 = 2$ 开始继续用贪婪算法得到余下的 k_i 的值. 由这个方法得到的 (13.12) 式的值是多少?

13.8 证明位 m 和位 k 之间的互信息与位 k 和位 m 之间的互信息相同.

13.9 验证例 13.5 中关于 $I(1,3)$ 的计算.

13.10 计算例 13.8 中的 χ^2_{23}.

13.11 已知随机变量 $x \sim U[0,1]$, 找出概率密度函数为

$$g(y) = \begin{cases} 2a, & \text{如果} \quad 0 < y < 3/4, \\ a, & \text{如果} \quad 3/4 < y < 1 \end{cases}$$

的函数 $y(x)$. 为使 $g(y)$ 是一个有效的概率密度函数, a 需要取什么值?

计算机练习

13.12 cGA 与 UMDA: 重复例 13.2, 但限制 cGA 的代数以便能与例 13.1 中 UMDA 的结果做公平的比较 (参见习题 13.3). 对 cGA 的代数限制应该是多少? 比较 cGA 和 UMDA 的结果.

13.13 cGA 的种群规模: 以 $N = 2$ 和 $N = 20$ 重复例 13.3, 但要放宽对 $N = 2$ 的代数限制以便在不同的种群规模下能做公平的比较 (参见习题 13.4). 对 $N = 2$ 代数限制应该是多少? 比较在 $N = 2$ 和 $N = 20$ 条件下 cGA 的结果.

13.14 PBIL: 仿真 PBIL 算法 13.5 以最小化 20 维 Ackley 函数, 每维用 6 位表示. 运行 50 代, 取 $N_{\text{best}} = N_{\text{worst}} = 5$, $p_{\min} = 0$, $p_{\max} = 1$, 不让 $\boldsymbol{p}$ 变异. 运行 20 次蒙特卡罗仿真. 绘制每一代最好个体的费用在 20 次蒙特卡罗仿真上的平均. 学习率 η 取 0.001, 0.01 和 0.1. 评论所得结果.

13.15 概率密度函数变换: 生成 100000 个在 [0,1] 上均匀分布的随机数 $\{x_i\}$. 将习题 13.11 找到的函数用于 $\{x_i\}$ 得到 $\{y_i\}$. 绘制 $\{y_i\}$ 的直方图, 验证所得的概率密度函数.

第 14 章　基于生物地理学的优化

"……*群岛生态很值得考察*……"

查尔斯・达尔文 (Charles Darwin) [Keynes, 2001, MacArthur and Wilson, 1967, page 3]

生物地理学研究生物物种的形成、灭绝及其地理分布. 正如上述引用中达尔文所预言的那样, 生物地理学领域的研究成果的确非常丰富. 生物学文摘最近调查得到的生物学研究指数披露, 在 2010 年有关生物地理学有 37847 篇文章并有几本关于这个主题的期刊. 科普作家 David Quammen 所著的渡渡鸟的歌一书对生物地理学的描写令人着迷 [Quammen, 1997].

蚂蚁在生物学上的行为给我们带来蚁群优化, 遗传科学带给我们遗传算法, 对动物群的研究则带来粒子群优化, 同样, 生物地理学给我们带来基于生物地理学优化. 基于生物地理学优化 (biogeography-based optimization, BBO) 是又一个较新的进化算法, 不过由于下面的原因, 我们会用完整的一章来讨论它.

- BBO 越来越受欢迎. Google Scholar 的调查显示:
  - 在 2008 年有 1 篇 BBO 的文章;
  - 在 2009 年有 37 篇 BBO 的文章;
  - 在 2010 年有 81 篇 BBO 的文章;
  - 在 2011 年有 145 篇 BBO 的文章.

  在 2012 年 (撰写本章之际) 有望看到超过 200 篇关于 BBO 的文章. 这种增长是否会持续还需拭目以待, 但这些数据表明, BBO 正在迅速地普及.
- 尽管 BBO 是新近提出来的, 但在实际应用中获得了很大的成功, 这些应用包括生物医学的问题、功率优化、天线设计、机械设计、机器人、调度、导航、军事问题及其他. 更多的细节请参见 BBO 的网址 [Simon, 2012].
- 与其他很多新的进化算法不同, BBO 自问世以来, 在短时间内已有关于它的理论的材料, 包括马尔可夫模型 [Simon et al., 2011a], 动态系统模型 [Simon, 2011a], 以及统计力学模型 [Ma et al., 2013].
- 本书作者也是 BBO 的发明人, 因此对它怀有天然的兴趣.

本章概览

本章的 14.1 节概述自然生物地理学, 14.2 节从优化过程的角度解读生物地理学. 然后在 14.3 节, 我们说明对生物地理学稍作修改就可以得到 BBO 算法. 14.4 节会就 BBO 的改进和扩展提出一些建议.

14.1 生物地理学

生物地理学这门科学可以追溯到 19 世纪最著名的自然学家阿尔弗雷德 • 华莱士(Alfred Wallace)[Wallace, 2006] 和查尔斯 • 达尔文 (Charles Darwin)[Keynes, 2001] 的工作. 尽管达尔文因为进化论更为人所熟知, 但人们通常认为华莱士是生物地理学之父.

在 20 世纪 60 年代以前, 生物地理学主要采用描述和纪实的方式, 值得注意的一个例外是 Eugene Munroe与数量有关的博士学位论文 [Munroe, 1948]. 在 20 世纪 60 年代早期, Robert MacArthur 和 Edward Wilson开始研究生物地理学的数学模型, 最终在 1967 年写成经典的岛屿生物地理学理论一书 [MacArthur and Wilson, 1967]. 他们最感兴趣的是相邻岛屿之间的物种分布, 以及物种迁出和灭绝的数学模型. 由于 MacArthur 和 Wilson 的工作, 生物地理学成为生物学的一个主要组成部分 [Hanski and Gilpin, 1997].

生物地理学的数学模型描述物种形成 (新物种的进化), 物种在岛屿之间的迁徙, 以及物种的灭绝. 岛屿这个术语并非字面上的意义. 一个岛屿是指任何一个栖息地, 它在地理上与其他栖息地隔离. 在传统意义上, 由大海将岛屿与别的栖息地隔开. 但是岛屿也可以是由绵延的沙漠、河流、山脉、捕食者、人造构件或其他障碍物隔开的栖息地. 岛屿可以由草本植物生长的河岸, 两栖动物生活的池塘, 蜗牛生活的露头礁石, 或昆虫生活的枯树干组成 [Hanski and Gilpin, 1997].

益于生物生存的地理区域可以说具有高的生境适宜度指数 (habitat suitability index, HSI)[Wesche et al., 1987]. 与 HSI 相关的特征包括像降雨量、植物多样性、地形多样性、 土地面积以及温度等因素. 这些变量描述宜居性的特征因而被称为适应度指数变量 (suitability index variables, SIVs). 用宜居性来说, SIVs 是栖息地的自变量而 HSI 是因变量.

HSI 高的岛屿适合各种各样的物种, 在 HSI 较低的岛屿上则只有几个物种能生存. 由于在 HSI 高的岛屿上生活着大量的生物, 有很多物种会从 HSI 高的岛屿移居到附近的栖息地. 物种不是因为想要离开它们的家而从 HSI 高的岛屿迁出; 毕竟家乡是适宜的住所. 对种群庞大的物种日积月累的随机影响会导致物种从这些岛屿迁出. 动物随着漂流物漂走、游水、飞翔或乘风迁徙到相邻的岛屿. 当物种从岛屿迁出, 并不意味着这个物种会从岛上完全消失; 而只是有几个代表迁出, 因此, 迁出的物种仍然留在它的家乡同时又迁移到相邻的岛上. 不过, 我们在大多数讨论中会假定物种从一个岛迁出将令它在那个岛上灭绝. 在用生物地理学开发 BBO 时, 这个假设是必要的.

HSI 高的岛屿不仅有高迁出率, 还有低迁入率, 因为这些岛屿已经有很多物种. 尽管 HSI 高, 但因为有太多物种争夺资源, 到达这些岛屿的物种往往不能活下来.

HSI 低的岛屿的迁入率高是因为它们的种群密度低. 不过, 这不是因为物种想要迁入到这些岛; 毕竟这些岛屿并不宜居. 之所以迁入到 HSI 低的岛屿, 是因为岛上的地理空间大, 迁入的物种是否能在它的新家活下来, 以及能活多久是另一个问题. 物种多样性与 HSI 相关, 来到 HSI 低的岛屿的物种越多, 这个岛的 HSI 增大的机会就越大 [Wesche et al., 1987].

图 14.1 说明在单个岛上物种丰富程度的模型 [MacArthur and Wilson, 1967]. 迁入率 λ 和迁出率 μ 随着岛上的物种数变化. 我们画出的迁移曲线是一条直线, 但迁移曲线一般要更复杂些, 后面还会讨论.

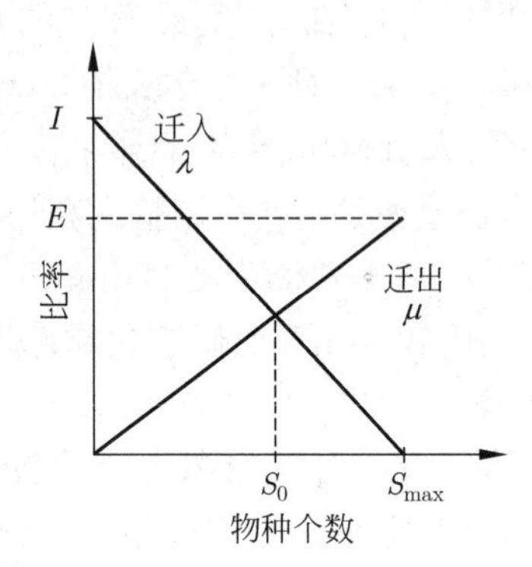

图 14.1 岛屿的物种迁移模型, 基于 [MacArthur and Wilson, 1967]. S_0 是物种的均衡数.

考虑迁入曲线. 当岛上的物种数为零时, 迁到这个岛上栖息的迁入率最大, 记为 I. 当物种数增加, 岛上会变得拥挤, 少量物种在迁入后能够成功活下来, 迁入率减小. 栖息地能支撑的最大可能的物种数是 $S_{\max}$, 这时迁入率为零.

现在考虑迁出曲线. 如果在岛上没有物种, 则迁出率为零. 当岛上物种数增加, 变得拥挤, 就有更多的物种会离开, 迁出率增加. 当岛上物种数达到它能支撑的最大值, 迁出率最大, 记为 E.

生物地理学的数学模型

本节余下部分介绍生物地理学中计算物种数的数学模型. 由于这些材料对于理解 BBO 算法并非必不可少, 读者愿意的话可以直接跳到下一节.

图 14.1 中的物种均衡数为 S_0, 在这一点迁入率和迁出率相等. 但由于时间上的随机因素, 偶尔会从 S_0 漂移. 从 S_0 的正漂移可能是由于来自相邻岛屿的非常大的一块漂浮物, 或者在统计上不太可能的极高的出生数. 从 S_0 的负漂移可能是由于疾病, 临时闯入的新捕食者, 或者自然灾害. 在大的扰动之后, 物种数需要很多年的时间才能回归均衡 [Hanski and Gilpin, 1997], [Hastings and Higgins, 1994].

现在考虑岛屿包含 S 个物种的概率P_s. P_s 从时间 t 到 $t+\Delta t$ 的变化如下:

$$P_s(t+\Delta t) = P_s(t)(1-\lambda_s\Delta t-\mu_s\Delta t)+P_{s-1}(t)\lambda_{s-1}\Delta t+P_{s+1}(t)\mu_{s+1}\Delta t, \tag{14.1}$$

其中, λ_s 和 μ_s 是当岛上有 S 个物种时的迁入率和迁出率. 如果假定 Δt 足够小以至于在时间 t 和 $(t+\Delta t)$ 之间发生多个迁移的概率可以忽略不计, 这个式子就成立. 所以, 要在时间 $t+\Delta t$ 时有 S 个物种, 下面的其中一个条件必须成立:

1. 在时间 t 有 S 个物种, 在时间 t 和 $t+\Delta t$ 之间没有迁入也没有迁出; 或者,

2. 在时间 t 有 $S-1$ 个物种, 有一个物种迁入; 或者,

3. 在时间 t 有 $S+1$ 个物种, 有一个物种迁出.

当 $\Delta t \to 0$, 对于 (14.1) 式中的 $\dfrac{P_s(t+\Delta t)-P_s(t)}{\Delta t}$ 取极限, 得到

$$\dot{P}_s = \begin{cases} -(\lambda_s+\mu_s)P_s+\mu_{s+1}P_{s+1}, & S=0, \\ -(\lambda_s+\mu_s)P_s+\lambda_{s-1}P_{s-1}+\mu_{s+1}P_{s+1}, & 1 \leqslant S \leqslant S_{\max}-1, \\ -(\lambda_s+\mu_s)P_s+\lambda_{s-1}P_{s-1}, & S=S_{\max}. \end{cases} \tag{14.2}$$

定义 $n=S_{\max}$, 且 $\boldsymbol{P}=[\,P_0,\ P_1,\ \cdots,\ P_n\,]^{\mathrm{T}}$, 将 (14.2) 式的 $n+1$ 个方程写成单个矩阵方程

$$\dot{\boldsymbol{P}}=\boldsymbol{A}\boldsymbol{P} \tag{14.3}$$

其中矩阵 $\boldsymbol{A}$ 为

$$\boldsymbol{A}=\begin{bmatrix} -(\lambda_0+\mu_0) & \mu_1 & 0 & \cdots & 0 \\ \lambda_0 & -(\lambda_1+\mu_1) & \mu_2 & \ddots & \vdots \\ \vdots & \ddots & \ddots & \ddots & \vdots \\ \vdots & \ddots & \lambda_{n-2} & -(\lambda_{n-1}+\mu_{n-1}) & \mu_n \\ 0 & \cdots & 0 & \lambda_{n-1} & -(\lambda_n+\mu_n) \end{bmatrix}. \tag{14.4}$$

对于图 14.1 的直线迁移率, 有

$$\mu_k=Ek/n, \quad \lambda_k=I(1-k/n). \tag{14.5}$$

对于 $E=I$ 这种特殊情况, 有

$$\left.\begin{aligned} &\lambda_k+\mu_k=E=I, \ \text{对所有} k\in[0,n] \\ &\boldsymbol{A}=E\begin{bmatrix} -1 & 1/n & 0 & \cdots & 0 \\ n/n & -1 & 2/n & \ddots & \vdots \\ \vdots & \ddots & \ddots & \ddots & \vdots \\ \vdots & \ddots & 2/n & -1 & n/n \\ 0 & \cdots & 0 & 1/n & -1 \end{bmatrix}=E\boldsymbol{A}', \end{aligned}\right\} \tag{14.6}$$

其中 $\boldsymbol{A}'$ 由上面的式子定义.

定理 14.1 对任一自然数 n, $\boldsymbol{A}'$ 的 $n+1$ 个特征值为

$$x(\boldsymbol{A}')=\{0,-2/n,-4/n,\cdots,-2\}=\{-2k/n|k\in[0,n]\}. \tag{14.7}$$

另外, 相应于零特征值的特征向量为

$$\boldsymbol{v}(0)=[v_0(0),\ v_1(1),\cdots,\ v_n(0)]^{\mathrm{T}},\ \text{其中}\ v_k(0)=\begin{pmatrix} n \\ k \end{pmatrix}=\frac{n!}{k!(n-k)!},\ k\in[0,n]. \tag{14.8}$$

[Simon, 2008]推测出定理的第一部分，并由 [Igelnik and Simon, 2011] 给出了证明. 定理的第二部分在这两篇参考文献中都有证明, 只是证明的方式不同. 在 [Igelnik and Simon, 2011] 发表之后, 我们发现在 [Clement, 1959] 和 [Gregory and Karney, 1969, Example 7.10] 中曾提到过定理 14.1 第一部分的基本思想但没有证明.

在稳态时, 有 $t \to \infty$, 所以 $\dot{\boldsymbol{P}}(\infty) = \boldsymbol{A}\boldsymbol{P}(\infty) = E\boldsymbol{A}'\boldsymbol{P}(\infty) = \boldsymbol{0}$; 即 $\boldsymbol{P}(\infty)$ 是相应于零特征值的特征向量. 根据特征向量的定义, 一个特征值的特征向量并不唯一, 但只会多一个非零的比例因子. 因为 $\boldsymbol{P}(\infty)$ 的元素是概率, 所以加起来必须为 1. 由此得到下面的定理 [Simon, 2008], [Igelnik and Simon, 2011].

定理 14.2 每个物种数的概率的稳态值为

$$\boldsymbol{P}(\infty) = \frac{v(0)}{\sum_{k=0}^{n} v_k(0)} = 2^{-n} v(0). \tag{14.9}$$

例 14.1 考虑最多只能支撑 4 个物种的岛屿. 最大迁入率和迁出率为每单位时间 2 个物种. 所以, $n = 4$ 且 $E = I = 2$. (14.6) 式的 $\boldsymbol{A}'$ 矩阵为

$$\boldsymbol{A}' = \begin{bmatrix} -1 & 1/4 & 0 & 0 & 0 \\ 1 & -1 & 2/4 & 0 & 0 \\ 0 & 3/4 & -1 & 3/4 & 0 \\ 0 & 0 & 2/4 & -1 & 1 \\ 0 & 0 & 0 & 1/4 & -1 \end{bmatrix}. \tag{14.10}$$

由定理 14.1 可知其特征值是 $x = \{0,\ -1/2,\ -1,\ -3/2,\ -2\}$, 相应于 $x = 0$ 的特征向量为 $\boldsymbol{v}(0) = [\,1,\ 4,\ 6,\ 4,\ 1\,]^{\mathrm{T}}$. 由定理 14.2 可知每个物种数的稳态概率为

$$\left.\begin{array}{l} \Pr(S=0) = \Pr(S=4) = 1/16, \quad \Pr(S=1) = \Pr(S=3) = 4/16, \\ \Pr(S=2) = 6/16. \end{array}\right\} \tag{14.11}$$

如果我们对迁移仿真 5000 个时间步, 对于每个物种数, 得到下面的概率:

$$\left.\begin{array}{l} \Pr(S=0) = 0.0714, \quad \Pr(S=1) = 0.2605, \quad \Pr(S=3) = 0.3734, \\ \Pr(S=4) = 0.2358, \quad \Pr(S=5) = 0.0544. \end{array}\right\} \tag{14.12}$$

它们与在 (14.11) 式的解析概率相当接近. □

14.2 生物地理学是一个优化过程

自然界中包含很多优化过程 [Alexander, 1996]. 这个假设实际上正是大多数进化算法的基本原则. 但是, 生物地理学是一个优化过程吗? 乍看起来, 生物地理学好像只是在岛屿中维持物种数的均衡, 它不一定是最优的. 本节从最优性的角度讨论生物地理学.

我们在前面已经讨论过, 生物地理学是物种分布的一种自然方式, 人们常常把它作为在栖息地维持均衡的过程来研究. 图 14.1 中的点 S_0 可以看成是均衡点, 迁入曲线和迁出曲线在这一点相交. 从物种均衡的角度看待生物地理学, 它首次让生物地理学在数学上站稳脚跟 [MacArthur and Wilson, 1963], [MacArthur and Wilson, 1967]. 在那之后, 均衡的观点却遭到地理学家越来越多的质疑, 或者更确切地说是扩展.

在工程上, 我们经常把稳定性与最优性看成是对立的两个目标; 例如, 简单系统通常比复杂系统容易稳定, 最优系统通常更复杂并且其稳定性也比简单系统差 [Keel and Bhattacharyya, 1997]. 不过, 在生物地理学中, 稳定性和最优性是同一枚硬币的两面. 生物地理学中的最优性涉及能高度适应其环境的多样的复杂的群体. 生物地理学中的稳定性涉及已有种群的持久性. 我们通过野外观察发现, 复杂的群体比简单的群体适应力强 [Harding, 2006, page 82], 这个发现也得到仿真结果的支持 [Elton, 1958], [MacArthur, 1955].

尽管在生物地理学中最优性和稳定性之间的互补特征曾一直受到挑战 [May, 1973], 如今人们已普遍认同这一特征 [McCann, 2000], [Kondoh, 2006]. 在生物地理学中均衡与最优性的争论变成了一个语义上的议题, 因为在生物地理学中, 均衡和最优只不过是对同一现象的两个不同看法.

生物地理学最优性的一个极端例子是印度洋上的火山岛喀拉喀托火山, 它在 1883 年八月爆发 [Winchester, 2008]. 那次爆发在数千英里之外都能听到, 并导致 36000 多人死亡. 据记载, 火山灰随潮汐漂散远至英国. 火山爆发的尘埃粒冲到 30 英里的高空悬浮数月, 在世界各地都能看见这个景象. 在喀拉喀托火山爆发的 6 周后, 地质学家和采矿工程师 Rogier Verbeek成为第一位探访者, 但岛的表面烫得不可触摸, 岛上也没有任何生命迹象. 这个岛被彻彻底底地消毒了 [Whittaker and Bush, 1993]. 在火山爆发 9 个月之后的 1884 年的 5 月, 在喀拉喀托火山上发现了第一个动物生命 (蜘蛛). 到 1887 年, 在岛上发现了茂密的草场. 到 1906 年, 有了丰富的植物和动物. 尽管喀拉喀托火山上的火山活动仍在继续, 到 1983(在它荒芜之后的一个世纪) 有 88 种树木和 53 种灌木 [Whittaker and Bush, 1993], 物种数继续随着时间线性增长. 生物迁入喀拉喀托火山, 使岛变得更宜居, 这反过来又让岛上的环境更适宜于新迁入的生物.

生物地理学是一个正反馈现象, 至少在某种程度上如此. 它类似于自然选择, 也被称为适者生存. 物种的适应力越强就越有可能活下来. 活得越久, 就会扩散开来并更加适应环境. 自然选择就像生物地理学那样也需要正反馈. 但生物地理学的时间尺度比自然选择的要短得多.

亚马逊雨林是生物地理学作为优化过程的又一个很好的例子, 它是生物与环境系统相互优化的典型案例 [Harding, 2006]. 雨林有很强的回收水分的能力, 干旱较少蒸发量也大, 因此雨林有一个凉爽和潮湿的表面, 这样的环境更适宜物种生存. 由此我们提出关于生物地理学的一个观点, “基于优化生命活动的环境条件似乎比基于动态平衡的定义更合适” [Kleidon, 2004]. 早在 1997 年就有了环境是生命优化系统的观点 [Volk, 1997]. 关于生物地理学的最优性还有很多例子, 如地球的温度 [Harding, 2006]、地球的大气组成 [Lenton, 1998] 以及海洋的矿物含量 [Lovelock, 1990].

这并不是说生物地理学对每一种具体物种都是最优的. 例如, 对比基尼环礁的研究显示, 核试验导致的高放射性对自然生态影响甚微, 但是哺乳动物却因此受到严重影响 [Lovelock, 1995, page 37]. 这个例子以及类似的研究表明, 地球"会照顾它自己, 极端的环境问题也会得到改善, 但是, 这种改善很可能要在没有人的世界才发生" [Margulis, 1996]. 有趣的是, 当前所有关于臭氧损耗的警告都忽略了在生命最初的二十亿年中地球上根本就没有臭氧这一事实 [Lovelock, 1995, page 109]. 没有臭氧生物仍然繁衍和进化, 只不过不是以人为中心. 尽管全球暖化或冰河时代对人类和许多哺乳动物可能是灾难, 但在我们这个星球上的生物地理学的整个历史中却只是小事一桩.

生物地理学是优化过程这一假设促使我们开发出生物地理学优化, 它是一种进化优化算法, 下面我们来讨论.

14.3 基于生物地理学优化

生物地理学是物种分布和为生命优化环境的一种自然方式, 它类似于数学优化. 假设有一个优化问题和一些候选解, 我们称候选解为个体. 好的个体在问题上的表现好, 差的个体在问题上的表现差. 好的个体类似于高 HSI 的岛屿, 差的个体类似于低 HSI 的岛屿. 宜居的岛屿的迁入率比不太宜居的岛屿的迁入率低, 好的个体比差的个体更抗拒改变. 以此类推, 好的个体易于与差的个体分享它们的特征 (即它们的独立变量), 这正如宜居的岛屿迁出率高. 差的个体很有可能接受来自好的个体的新特征, 正如不太宜居的岛屿更有可能接受来自宜居岛屿的很多移民. 新特征的加入可能会提高差的个体的质量. 基于这个方法的进化算法被称为基于生物地理学优化 (biogeography-based optimization, BBO).

为简单起见, 假定每一个 BBO 个体都由完全相同的物种数的曲线表示, $E = I$. 图 14.2 说明在这些假设下 BBO 算法的迁移率. 在图 14.2 中, S_1 代表一个差的个体, S_2 代表一个好的个体. 对于 S_1 迁入率较高, 这意味着它有可能接受来自别的候选解的新特征. 对于 S_2 迁出率较高, 这意味着它有可能与其他个体分享其特征. 因为 μ 和 λ 的值是适应度的线性函数, 我们称图 14.2 为线性迁移模型.

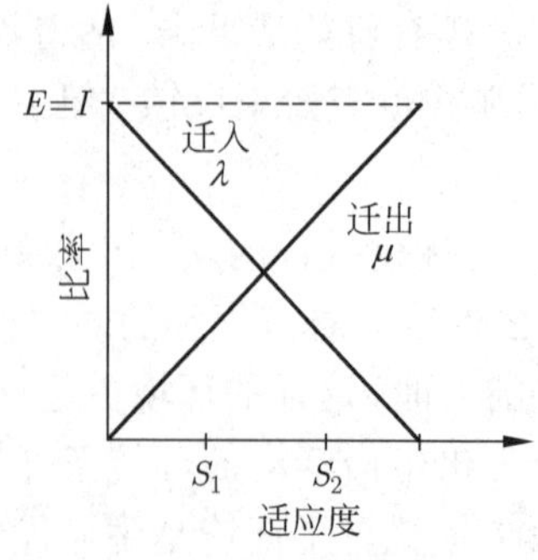

图 14.2 BBO 特征分享的关系. S_1 代表差的个体, 分享特征的概率低, 但接受其他个体特征的概率高. S_2 代表好的个体, 分享特征的概率高, 但接受其他个体特征的概率低.

我们利用每一个个体的迁移率在个体之间依概率分享信息. 在实施 BBO 时, 处理细节的方式可以不同, 但在本章中我们聚焦在 BBO 最初的形式上 [Simon, 2008], 它被称为基于部分迁入的 BBO[Simon, 2011b]. 用我们的标准记号, 假设种群规模为 N, $\boldsymbol{x}_k$ 是种群中的第 k 个个体, 优化问题的维数为 n, $x_k(s)$ 是 $\boldsymbol{x}_k$ 中的第 s 个独立变量, 其中 $k \in [1, N]$, $s \in [1, n]$. 在每一代, 第 k 个个体的每一个解的特征, 存在被替换的概率为 λ_k(迁入概率): 对于 $k \in [1, N]$ 和 $s \in [1, n]$, 有

$$\lambda_k = \boldsymbol{x}_k\text{中第}s\text{个独立变量被替换的概率}. \tag{14.13}$$

如果选出了要被替换的解的特征, 我们用与迁出概率 $\{\mu_i\}$ 成正比的概率选择迁出的解. 在这一步可以采用任何一种基于适应度的选择方法 (参见 8.7 节). 如果用轮盘赌选择, 则

$$\Pr(\boldsymbol{x}_j\text{被选中迁出}) = \frac{\mu_j}{\sum\limits_{i=1}^{N} \mu_i}. \tag{14.14}$$

由此得到算法 14.1. 在当前这一代, 种群中的个体被替换之前要完成每一个个体的迁移和变异, 因此需要在算法 14.1 中使用临时种群 $\boldsymbol{z}$. 借用遗传算法的术语 [Vavak and Fogarty, 1996], 我们说算法 14.1 刻画了一个与稳态算法相对的代际BBO 算法. 与其他进化算法一样, 通常会在 BBO 中实施精英 (参见 8.4 节), 不过在算法 14.1 中看不出来.

图 14.3 说明 BBO 中的迁移. 此图显示个体 $\boldsymbol{z}_k$ 迁入特征. 用 (14.13) 式决定是否替换 $\boldsymbol{z}_k$ 中的每一个特征. 在图 14.3 的例子中可以看到下面的迁移决策:

1. 第一个特征没有被选中迁入; 因此 $\boldsymbol{z}_k$ 的第一个特征保持不变.
2. 第二个特征被选中迁入, 并由 (14.14) 式选出 $\boldsymbol{x}_1$ 作为迁出个体; 因此 $\boldsymbol{z}_k$ 的第二个特征被 $\boldsymbol{x}_1$ 的第二个特征替换.
3. 第三个特征被选中迁入, 并由 (14.14) 式选出 $\boldsymbol{x}_3$ 作为迁出个体; 因此 $\boldsymbol{z}_k$ 的第三个特征被 $\boldsymbol{x}_3$ 的第三个特征替换.
4. 第四个特征被选中迁入, 并由 (14.14) 式选出 $\boldsymbol{x}_2$ 作为迁出个体; 因此 $\boldsymbol{z}_k$ 的第四个特征被 $\boldsymbol{x}_2$ 的第四个特征替换.
5. 最后, 第五个特征被选中迁入, 并由 (14.14) 式选出 $\boldsymbol{x}_N$ 作为迁出个体; 因此 $\boldsymbol{z}_k$ 的第五个特征被 $\boldsymbol{x}_N$ 的第五个特征替换.

算法 14.1 种群规模为 N 的 BBO 算法概述. 这个算法也被称为基于部分迁入的 BBO. $\{\boldsymbol{x}_k\}$ 是个体的种群, $\boldsymbol{x}_k$ 是第 k 个个体, $x_k(s)$ 是 $\boldsymbol{x}_k$ 的第 s 个特征. 类似地, $\{\boldsymbol{z}_k\}$ 是个体的临时种群, $\boldsymbol{z}_k$ 是第 k 个临时个体, $z_k(s)$ 是 $\boldsymbol{z}_k$ 的第 s 个特征.

初始化一个候选解的种群 $\{\boldsymbol{x}_k\}$, $k \in [1, N]$
While not (终止准则)
    对每一个 $\boldsymbol{x}_k$, 设置迁出概率 $\mu_k \propto \boldsymbol{x}_k$ 的适应度, $\mu_k \in [0, 1]$
    对每一个个体 $\boldsymbol{x}_k$, 设置迁入概率 $\lambda_k = 1 - \mu_k$

$\{z_k\} \leftarrow \{x_k\}$
For 每一个个体 z_k
　For 每一个解的特征 s
　　用 λ_k 依概率决定是否迁入到 z_k (参见 (14.13) 式)
　　If 迁入 then
　　　用 $\{\mu_i\}_{i=1}^N$ 依概率选出迁出个体 x_j (参见 (14.14) 式)
　　　$z_k(s) \leftarrow x_j(s)$
　　End if
　下一个解的特征
　依概率变异 $\{z_k\}$
下一个个体
$\{x_k\} \leftarrow \{z_k\}$
下一代

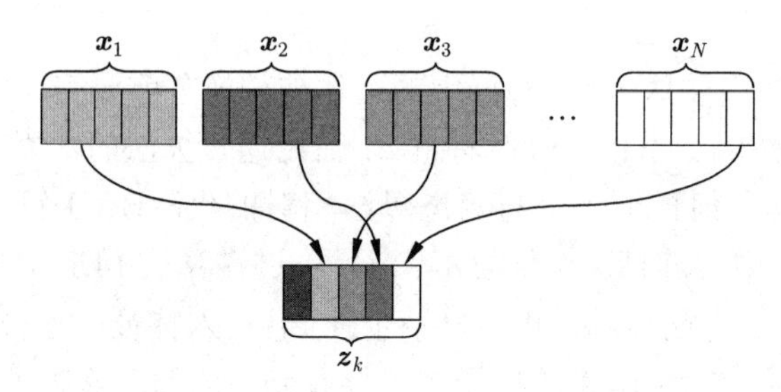

图 14.3　5 维问题 BBO 迁移的说明. 特征 1 未被选中迁入, 而特征 2~特征 5 被选中迁入. 用 (14.14) 式选择迁出个体.

例 14.2　David Goldberg 的《遗传算法手工仿真》[Goldberg, 1989a] 促使我们做这个简单的 BBO 实验. 假设想要最大化 x^2, 这里 x 是用 5 位编码的整数. 我们需要决定种群中个体的个数和变异率. 从随机生成的 4 个个体组成的种群开始, 每位的变异率为 1%. 对每一个个体, 计算适应度值 x^2, 然后按图 14.2 所示以线性方式设置迁移率. 迁移率应该在 0 和 1 之间, 但是通常将最小值设置为稍大于 0, 最大值稍小于 1. 这样一来, 即使对于种群中最好和最差的个体也允许有一些随机性 (不确定性). 在本例中我们武断地决定用 $1/N$ 作为 λ 和 μ 的最小值, $(N-1)/N$ 作为最大值, 这里种群规模 $N=4$. 假设随机生成的初始种群如表 14.1 所示.[1]

我们要做的第一件事是将种群 $\boldsymbol{x}$ 复制给临时种群 $\boldsymbol{z}$. 然后考虑对临时种群的第一个个体 $\boldsymbol{z}_1$ 的每一位迁入的可能性, $\boldsymbol{z}_1$ 等于 $\boldsymbol{x}_1$ (01101). 从指标 1 开始由左至右对位数排序. 因此得到

$$z_1(1)=0, \quad z_1(2)=1, \quad z_1(3)=1, \quad z_1(4)=0, \quad z_1(5)=1. \tag{14.15}$$

[1]根据表 14.1 中 μ 和 λ 的值, μ 和 λ 的最小值和最大值分别应该是 $1/(N+1)$ 和 $N/(N+1)$, 而不是 $1/N$ 和 $(N-1)/N$. —— 译者注.

表 14.1 例 14.2: 简单的 BBO 问题的初始种群.

串号	x(二进制)	x(十进制)	$f(x)=x^2$	μ	λ
1	01101	13	169	2/5	3/5
2	11000	24	576	4/5	1/5
3	01000	8	64	1/5	4/5
4	10011	19	361	3/5	2/5

由于 $\boldsymbol{z}_1$ 是适应性第三强的个体, 迁入率 $\lambda_1=3/5$, 所以 $\boldsymbol{z}_1$ 的每一位迁入的机会有 60%. 针对 $\boldsymbol{z}_1$ 的每一位, 生成一个随机数 $r\sim U[0,1]$ 来决定是否应该迁入.

1. 假设 $r=0.7$. 因为 $r>\lambda_1$, 所以不会迁入到 $z_1(1)$, 因此 $z_1(1)$ 依然等于 0.
2. 假设生成的下一个随机数是 $r=0.3$. 因为 $r<\lambda_1$, 所以要迁入到 $z_1(2)$. 我们用轮盘赌选择迁入位. $x_3(2)$ 迁入到 $z_1(2)$ 的概率最大, $x_1(2)$ 的概率次之, $x_4(2)$ 的概率第三大, $x_2(2)$ 的概率最小. 可以不考虑 $x_1(2)$ 因为 $\boldsymbol{z}_1$ 是 $\boldsymbol{x}_1$ 的复制, 不过这个实施细节取决于工程师的偏好. 假设这个轮盘赌选择过程选择迁入 $x_3(2)$. 则 $z_1(2)\leftarrow x_3(2)=1$. 尽管迁入到 $z_1(2)$, 但它原来的值并没有改变.
3. 对 $z_1(3), z_1(4)$ 和 $z_1(5)$ 继续这一过程. 假设生成的随机数得到如下结果:
   - $z_1(3)=1$ (不迁入);
   - $z_1(4)\leftarrow x_4(4)=1$ (迁入);
   - $z_1(5)=1$ (不迁入).

   现在完成了 $\boldsymbol{z}_1$ 的迁移过程, 得到 $\boldsymbol{z}_1=01111$.
4. 对 $\boldsymbol{z}_2$, $\boldsymbol{z}_3$ 和 $\boldsymbol{z}_4$, 重复步骤 1～步骤 3.
5. 下面考虑每一个临时个体 $\boldsymbol{z}_1$, $\boldsymbol{z}_2$, $\boldsymbol{z}_3$ 和 $\boldsymbol{z}_4$ 中的每一位是否需要变异. 像其他进化算法一样也可以实施变异 (参见 8.9 节).
6. 我们已经修改了种群 $\{\boldsymbol{z}_k\}$ 的个体, 对于 $k\in[1,4]$, 将 $\boldsymbol{z}_k$ 复制到 $\boldsymbol{x}_k$, BBO 的第一代就完成了.

继续上面的过程直到满足某个收敛准则. 例如, 继续这个过程直到指定的代数, 或达到一个满意的适应度值, 或适应度值不再改变 (参见 8.2 节). □

14.4 BBO 的扩展

本节讨论为改进 BBO 的性能可以做的某些扩展. 我们讨论迁移曲线形状、混合迁移以及实施 BBO 的其他方法. 14.4.4 节会讨论是否应该把 BBO 看成是遗传算法的一个变种而非一个独立的进化算法.

14.4.1 迁移曲线

到目前为止, 我们一直假设 BBO 的迁移曲线是线性的, 如图 14.2 所示. 这个假设比较方便, 它相应于线性的基于排名选择 (参见 8.7.4 节); 但在生物地理学中的迁移曲线是非线性的. 很难量化生物地理学的迁移曲线的确切形状, 不同岛的迁移曲线也不同. 但在自然界中有很多曲线呈 S 形. 最早关于 BBO 的文章 [Simon, 2008] 推测, 非线性迁移曲线的性能可能比线性曲线的性能好. 后来在 [Ma et al., 2009] 和 [Ma, 2010] 中研究了几条不同的迁移曲线. 我们在这里讨论最好的曲线: S 形迁移曲线.

图 14.2 把非归一化的迁移率建模为

$$\mu_k = r_k, \quad \lambda_k = 1 - r_k, \tag{14.16}$$

其中 r_k 是种群中第 k 个个体的适应度的排名, 对于适应性最差的个体, $r_k = 1$, 而对于最适合的个体, $r_k = N$(这里 N 为种群规模). 用正弦迁移率建模, 迁移率的值设定为

$$\mu_k = \frac{1}{2}(1 - \cos(\pi r_k / N)), \quad \lambda_k = 1 - \mu_k. \tag{14.17}$$

图 14.4 所示为由上式得到的 S 形曲线.

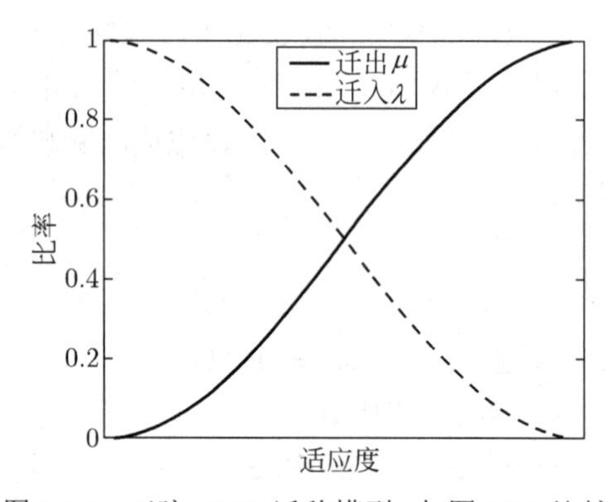

图 14.4 正弦 BBO 迁移模型. 与图 14.2 比较.

例 14.3 如果自然的生物地理学真的是一个优化过程, 让 BBO 的建模更接近于它就会得到更好的优化结果. 抱着这样的想法, 我们在一组 20 维的基准问题上仿真线性 BBO 和正弦 BBO, 并在表 14.2 中列出所得结果. 所用种群规模为 50, 每一次运行 BBO 的代数限制为 50, 每个解的特征的变异率为 1%. 用均匀分布在最小和最大域之间生成解的特征并让每一代的每一个个体以 1% 概率变异. 另外, 取精英参数为 2, 这意味着会将最好的两个个体留到下一代.

由表 14.2 可见, 对于表中所列的标准基准, 正弦迁移明显优于线性迁移. 正弦迁移的平均性能比线性迁移的平均性能好 43%. 这说明与自然更接近的迁移模型比简单的迁移模型好, 它支持自然的生物地理学本身就是一个优化过程这一假说. □

14.4.2 混合迁移

混合交叉已经被证明能改进遗传算法和其他进化算法的性能 [McTavish and Restrepo, 2008], [Mezura-Montes and Palomeque-Oritiz, 2009], [Mühlenbein and Schlierkamp-Voosen, 1993](参见 8.8.9 节). 在混合交叉中, 子代的基因不再复制父代

表 14.2 例 14.3 的结果: 线性和正弦迁移模型 BBO 的相对性能. 此表显示这两个版本的 BBO 找到的最小值正规化后在 50 次蒙特卡罗仿真上的平均. 基准函数的定义参见附录 C.

基准	线性迁移	正弦迁移
Ackley	1.0373	1
Fletcher	1.2015	1
Griewank	1.2367	1
Penalty #1	1.4249	1
Penalty #2	4.3265	1
Quartic	1.6876	1
Rastrigin	1.0665	1
Rosenbrock	1.0759	1
Schwefel 1.2	1.0980	1
Schwefel 2.21	1.0468	1
Schwefel 2.22	1.0721	1
Schwefel 2.26	1.2471	1
Sphere	1.2582	1
Step	1.2683	1
平均	1.4319	1

的单个基因, 而是两个父代基因的凸组合. 这促使我们在 BBO 中使用混合迁移算子 [Ma and Simon, 2010], [Ma and Simon, 2011b]. 在标准 BBO 算法 14.1 中, 个体 $\boldsymbol{z}_k$ 的特征全部由个体 $\boldsymbol{x}_j$ 的特征替换.

$$z_k(s) \leftarrow x_j(s). \tag{14.18}$$

在 BBO 的混合迁移中, 个体 $\boldsymbol{z}_k$ 的特征不是由个体 $\boldsymbol{x}_j$ 的特征替换, 而是等于 $z_k(s)$ 和 $x_j(s)$ 的凸组合:

$$z_k(s) \leftarrow \alpha z_k(s) + (1-\alpha)x_j(s), \tag{14.19}$$

其中 $\alpha \in (0,1)$. 如果 $\alpha = 0$, 则混合 BBO 退化为标准 BBO; 因此, 混合 BBO 是标准 BBO 的一个推广. 混合参数 α 可以是随机的、确定性的或与 $\boldsymbol{z}_k$ 和 $\boldsymbol{x}_j$ 的相对适应度成正比.

混合迁移适用于连续解特征的问题. 也可以针对离散解特征的问题做相应的修改, 在这里我们就不讨论了. 与标准迁移相比, 采用混合迁移的理由有两个. 首先, 好的个体不大可能因为迁移而退化, 因为在迁移过程中它们最初的特征会有一部分保留下来. 其次, 差的个体在迁移中至少会接受来自好的个体一部分解的特征.

例 14.4 为研究混合迁移对 BBO 性能的影响, 我们在 20 维的一组基准问题上仿真标准 BBO 和 $\alpha = 0.5$ 的混合 BBO. 采用与例 14.3 相同的 BBO 参数, 在表 14.3 中列出所得结果.

表 14.3 例 14.4 的结果: 标准 BBO 与 $\alpha = 0.5$ 的混合 BBO 的相对性能. 此表显示由这两个版本的 BBO 找到的最优值正规化后在 50 次蒙特卡罗仿真上的平均. 基准函数的定义参见附录 C.

基准	标准 BBO ($\alpha = 0$)	混合 BBO ($\alpha = 0.5$)
Ackley	1.6559	1.0
Fletcher	1.0	2.388
Griewank	3.4536	1.0
Penalty #1	701.47	1.0
Penalty #2	8817.7	1.0
Quartic	49.663	1.0
Rastrigin	1.0	1.6892
Rosenbrock	3.9009	1.0
Schwefel 1.2	12.63	1.0
Schwefel 2.21	4.0846	1.0
Schwefel 2.22	1.3280	1.0
Schwefel 2.26	1.0	4.8213
Sphere	5.4359	1.0
Step	4.5007	1.0
平均	686.34	1.4213

表 14.3 显示, 混合 BBO 在 14 个中的 11 个基准上表现都优于标准 BBO. 改进的程度还相当可观. 标准 BBO 在 3 个基准上的表现更好, 平均大约改进了 3 倍. 但是混合 BBO 在 11 个基准上表现更好, 改进倍数最高可达 8818(Penalty #2 函数). □

14.4.3 BBO 的其他方法

算法 14.1 被称为基于部分迁入的 BBO [Simon, 2011b]. 名字中部分这个词意味着每次迁入时只考虑一个解的特征. 即对于个体 z_k, 对每一个解的特征每次用 λ_k 检验随机数以决定是否替换. 名字中基于迁入这个词意味着先利用 λ_k 决定是否迁入到 z_k; 只有在决定迁入之后才用变量 $\{\mu_i\}$ 选择要迁出的解, 并用像轮盘赌那样的程序来选择.

BBO 还有其他的实施方式. 不是对每一个解的特征都用 λ_k 检验随机数, 而是对每一个个体只用 λ_k 检验一次, 如果决定迁入, 就替换 z_k 的所有解的特征. 可以称之为基于总迁入的 BBO.

此外, 还可以先利用 μ_k 决定是否迁出已知个体的一个特征. 只有当决定迁出之后, 才用变量 $\{\lambda_i\}$ 在轮盘赌程序中选择迁入地. 根据这个思路得到基于迁出的 BBO.

将上面的想法组合起来会得到实施 BBO 的 4 种方式. 第一种, 基于部分迁入的 BBO, 它是默认的方式, 算法 14.1 是它的概述. 算法 14.2～算法 14.4 概述了其余 3 个. 另外, 每一个算法都可以像 14.4.1 节讨论的那样与正弦迁移曲线组合, 或者像 14.4.2 节讨论的那样与混合迁移组合. 与其他进化算法一样, 算法 14.2～算法 14.4 还是应该有变异和精英, 尽管它们并没有提及. 在 [Ma and Simon, 2013] 中有关于这些 BBO 方案在理论和应用上的研究报告.

算法 14.2 种群规模为 N 的基于部分迁出的 BBO 算法概述. $\{\boldsymbol{x}_k\}$ 是个体的整个种群, $\boldsymbol{x}_k$ 是第 k 个个体, $x_k(s)$ 是 $\boldsymbol{x}_k$ 的第 s 个特征. 类似地, $\{\boldsymbol{z}_k\}$ 是个体的临时种群, $\boldsymbol{z}_k$ 是第 k 个临时个体, $z_k(s)$ 是 $\boldsymbol{z}_k$ 的第 s 个特征.

初始化一个候选解的种群 $\{\boldsymbol{x}_k\}$, $k \in [1, N]$
While not (终止准则)
    对每一个 $\boldsymbol{x}_k$, 设置迁出概率 $\mu_k \propto \boldsymbol{x}_k$ 的适应度, $\mu_k \in [0, 1]$
    对每一个个体 $\boldsymbol{x}_k$, 定义迁入概率 $\lambda_k = 1 - \mu_k$
    $\{\boldsymbol{z}_k\} \leftarrow \{\boldsymbol{x}_k\}$
    For 每一个个体 $\boldsymbol{x}_k$
        For 每一个解的特征 s
            用 μ_k 依概率决定是否迁出 $x_k(s)$
            If 迁出 then
                用 $\{\lambda_i\}$ 依概率选择迁入个体 $\boldsymbol{z}_j$
                $z_j(s) \leftarrow x_k(s)$
            End if
        下一个解的特征
    下一个个体
    依概率变异 $\{\boldsymbol{z}_k\}$
    $\{\boldsymbol{x}_k\} \leftarrow \{\boldsymbol{z}_k\}$
下一代

算法 14.3 种群规模为 N 的基于总迁入的 BBO 算法概述. $\{\boldsymbol{x}_k\}$ 是个体的整个种群, $\boldsymbol{x}_k$ 是第 k 个个体, $x_k(s)$ 是 $\boldsymbol{x}_k$ 的第 s 个特征. 类似地, $\{\boldsymbol{z}_k\}$ 是个体的临时种群, $\boldsymbol{z}_k$ 是第 k 个临时个体, $z_k(s)$ 是 $\boldsymbol{z}_k$ 的第 s 个特征.

初始化一个候选解的种群 $\{\boldsymbol{x}_k\}$, $k \in [1, N]$
While not (终止准则)
    对每一个 $\boldsymbol{x}_k$, 设置迁出概率 $\mu_k \propto \boldsymbol{x}_k$ 的适应性, $\mu_k \in [0, 1]$
    对每一个个体 $\boldsymbol{x}_k$, 定义迁入概率 $\lambda_k = 1 - \mu_k$
    $\{\boldsymbol{z}_k\} \leftarrow \{\boldsymbol{x}_k\}$
    For 每一个个体 $\boldsymbol{z}_k$
        用 λ_k 依概率决定是否迁入到 $\boldsymbol{z}_k$
        If 迁入 then
            For 每一个解的特征 s
                用 $\{\mu_i\}$ 依概率选出迁出解 $\boldsymbol{x}_j$
                $z_k(s) \leftarrow x_j(s)$
            下一个解的特征

End if

下一个个体

$\{\boldsymbol{x}_k\} \leftarrow \{\boldsymbol{z}_k\}$

下一代

算法 14.4 种群规模为 N 的基于总迁出的 BBO 算法概述. $\{\boldsymbol{x}_k\}$ 是个体的整个种群, $\boldsymbol{x}_k$ 是第 k 个个体, $x_k(s)$ 是 $\boldsymbol{x}_k$ 的第 s 个特征. 类似地, $\{\boldsymbol{z}_k\}$ 是个体的临时种群, $\boldsymbol{z}_k$ 是第 k 个临时个体, $z_k(s)$ 是 $\boldsymbol{z}_k$ 的第 s 个特征.

初始化一个候选解的种群 $\{\boldsymbol{x}_k\}$, $k \in [1, N]$

While not (终止准则)

    对每一个 $\boldsymbol{x}_k$, 设置迁出概率 $\mu_k \propto \boldsymbol{x}_k$ 的适应性, $\mu_k \in [0,1]$

    对每一个个体 $\boldsymbol{x}_k$, 定义迁入概率 $\lambda_k = 1 - \mu_k$

    $\{\boldsymbol{z}_k\} \leftarrow \{\boldsymbol{x}_k\}$

    For 每一个个体 $\boldsymbol{x}_k$

        用 μ_k 依概率决定是否迁出 $\boldsymbol{x}_k$

        If 迁出 then

            For 每一个解的特征 s

                用 $\{\lambda_i\}$ 依概率选出迁入解 $\boldsymbol{z}_j$

                $z_j(s) \leftarrow x_k(s)$

            下一个解的特征

        End if

    下一个个体

    $\{\boldsymbol{x}_k\} \leftarrow \{\boldsymbol{z}_k\}$

下一代

14.4.4 BBO 与遗传算法

本节讨论遗传算法和 BBO 之间的关系. 在采用均匀交叉的遗传算法中, 每个子代基因都随机地从它的两个父代中选择 (参见 8.8.4 节). 在基因库重组中, 所谓的多父代重组和扫描交叉, 子代的每个基因也是随机地从它的父代中选择, 这时父代的个数大于 2(参见 8.8.5 节). 在遗传算法中实施基因库重组时需要做几个选择. 例如, 在潜在的父代库中应该包含多少个个体? 如何为这个库选择个体? 当这个库确定之后, 如何从库中选择父代? 实施全局均匀重组是基因库重组的一种方式, 子代基因从其父代随机选出来, 这里父代种群等价于整个遗传算法种群, 并根据适应度值随机选择 (如轮盘赌选择).

如果我们采用全局均匀重组, 并对每一个后代的每一个解的特征采用基于适应度的选择, 就得到算法 14.5, 我们称之为全局均匀重组遗传算法 (genetic algorithm with global uniform recombination, GA/GUR). 将算法 14.1 与算法 14.5 比较, 我们发现 BBO 是特殊类型的全局均匀重组遗传算法的一个推广. 因为如果不在 BBO 算法 14.1 中令 $\lambda_k = 1 - \mu_k$, 而是对所有 k 令 $\lambda_k = 1$, 则 BBO 算法 14.1 就等价于 GA/GUR 算法 14.5.

算法 14.5 n 维优化问题的全局均匀重组遗传算法 (GA/GUR) 的概述. N 为种群规模, $\{\boldsymbol{x}_k\}$ 是个体的整个种群, $\boldsymbol{x}_k$ 是第 k 个个体, $x_k(s)$ 是 $\boldsymbol{x}_k$ 的第 s 个特征.

初始化一个候选解的种群 $\{\boldsymbol{x}_k\}$, $k \in [1, N]$
While not (终止准则)
  For $k = 1$ to N
    $\text{Child}_k \leftarrow [\,0,\ 0,\ \cdots\ 0\,] \in \mathbb{R}^n$
    For 每一个解的特征 $s = 1$ to n
      用适应度值依概率选择个体 $\boldsymbol{x}_j$
      $\text{Child}_k(s) \leftarrow \boldsymbol{x}_j(s)$
    下一个解的特征
    依概率变异 Child_k
  下一个子代
  $\{\boldsymbol{x}_k\} \leftarrow \{\text{Child}_k\}$
下一代

这里的讨论与 12.4 节中的类似, 我们在 12.4 节说明差分进化是连续遗传算法的一个特殊类型, 但即使差分进化和遗传算法有许多相似性, 差分进化仍然很独特, 足以被看作一个独立的进化算法而不是遗传算法的特殊类型. 我们在本节会有类似的结论. 即使 BBO 与遗传算法有许多相似性, 但是 BBO 很独特, 足以被看作一个独立的进化算法而不是遗传算法的特殊类型. 把 BBO 看作一个独立的进化算法还有更重要的原因, BBO 的生物地理学根基为算法的扩展和改进开辟了很多途径, 如果不把它视为独立的进化算法, 研究人员就无法获得这些途径. 14.4.1 节讨论了 BBO 的一个扩展, 在本章的总结中我们会讨论另外一些扩展.

14.5 总　　结

我们已经知道如何利用有关物种地理分布的生物地理学得到 BBO 算法. 有一些研究人员用马尔可夫理论[Simon et al., 2011a], 动态系统[Simon, 2011a], 以及统计力学 [Ma et al., 2013] 对 BBO 建模. 其中一些模型与针对遗传算法推导出的模型 (参见第 4 章) 类似. [Simon et al., 2011b] 对遗传算法和 BBO 的马尔可夫模型做了比较. [Simon et al., 2009] 将 BBO 的马尔可夫模型扩展用来对精英 BBO 建模. 与许多进化算法一样, BBO 已被用于求解很多实际问题. 在 [Simon, 2012] 中有专门讨论 BBO 的网址.

我们这里介绍的 BBO 算法有一个缺点, 就是每次在解之间只迁移一个独立变量. 对于可分的问题这样做行得通, 也就是说, 对于适应度函数 $f(\boldsymbol{x})$ 能写成如下形式的问题可以这样做.

$$f(\boldsymbol{x}) = \sum_{i=1}^{n} f_i(x(s_i)), \tag{14.20}$$

其中 $x(s_i)$ 是 $\boldsymbol{x}$ 的第 i 个独立变量, n 为问题的维数. 不过, 绝大多数优化问题是不可分的. 它意味着, 如果一个候选解包含具有高适应性的一组独立变量, 要将这一组变量迁移给另一个候选解却并不容易. 针对这个缺点的一种补救措施是修改 BBO 算法以便每次让一组随机的独立变量而不仅仅是一个独立变量迁移. [Omran et al., 2013] 提出了一种与这个措施非完全等同但类似的思路.

BBO 实际上是一族算法, 因此可以把它称为元启发式算法. 它包括在表 14.4 中列出的选项. 无论从理论上还是从应用上, 如何将表 14.4 中的选项系统化地组合起来需要进一步的研究.

表 14.4 实施 BBO 的选项. 可以按照列 1、列 2 和列 3 中各自任选一项的组合实施 BBO.

迁移方法	迁移曲线	迁移混合
基于部分迁入	线性	无 ($\alpha = 0$)
基于总迁入	正弦	$\alpha = 0.5$
基于部分迁出	其他	$\alpha =$ 某个常数
基于总迁出		$\alpha \propto$ 适应度

我们还可以用许多有趣的方式来调整 BBO, 让它更接近于生物地理学. 包括以下几个方面.

栖息地相似性 在岛屿生物地理学中, 迁入率与岛屿的隔离状态相关 [Adler and Nuernberger, 1994]. 孤立的岛屿相对来说不会受迁入的影响. 这个直观的想法即所谓的距离效应[Wu and Vankat, 1995]. 显然, 迁出率也与岛屿的隔离状态有关. 在岛屿生物地理学中, 因为环境条件会随着地理距离改变, 岛屿环境的独特性与岛屿的孤立状态有关 [Lomolino, 2000a]. 在 BBO 中, 候选解的隔离与候选解的独特性有关. 可以将相似的解看成是聚在解空间中的一簇, 不相似的解则在解空间中相互隔离. 在生物地理学的术语中, 相似的解属于相同的群岛 (岛屿群). 相似的解之间的迁入和迁出会增加, 不相似的解之间的迁入率和迁出率会减少. 在 BBO 中, 可以依概率让相似的解更多地分享解的特征. 它类似于遗传算法中基于物种的交叉，也被称为小生境 [Stanley and Miikkulainen, 2002], 它也与物种形成的岛屿模型相似 [Gustafson and Burke, 2006](参见 8.6.2 节). 它还与粒子群优化中邻域的想法类似 [Kennedy and Eberhart, 2001](参见第 11 章). 不过它的动机和机制却完全不同. 遗传算法中的小生境以个体似然性为基础让相似的个体交配. 粒子群优化中的邻域基于解空间中个体的似然性. 相似的岛屿在似然性的基础上聚在一起形成 BBO 中的群岛. [Hanski, 1999]介绍了一种定量确定岛屿孤立状态影响迁入率的方式.

初始迁入 经典的岛屿生物地理学理论表明, 当物种数增加, 迁入率会减小, 如图 14.1 和图 14.4 所示. 在 BBO 中, 它相应于当个体适应度增加时迁入率单调下降. 这意味着当个体适应性增强, 融合来自其他个体特征的概率会减小. 但生物地理学最近的进展表明, 对某些先锋物种 (例如植物), 初期物种数的增加会令迁入率也增加 [Wu and Vankat, 1995]. 这是因为早期迁入的物种会让岛屿更加适宜于其他物种生存. 也就是说, 因初始迁入而增长的多样性的正面影响压倒了种群规模增加的负面影响. 它相当于在 BBO 中很差的候选解的适应度开始改进时迁入率会增大. 我们可以把这种现象看成 BBO 中暂时的正反馈机制. 很差的个体接受来自其他个体的特征后其适应度会增加, 然后接受其他个体更多特征的可能性也增加. 图 14.5 描绘了这个过程. 这个思路可以与其他进化算法结合, 但它最初是受生物地理学启发得到的 [Ma and Simon, 2011a].

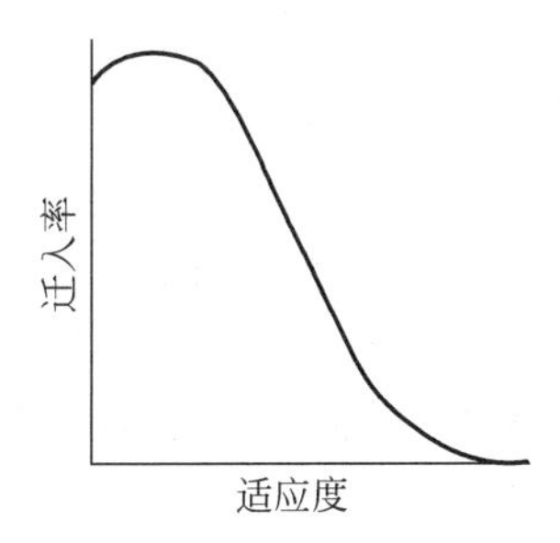

图 14.5 此模型说明在一开始迁入会随着适应度增加. 它让差的个体持续改进. 个体在迁入的初始增长之后适应性变得更强, 这时迁入开始减少以让适应性较弱的个体有较大的机会迁入好的解的特征.

最小适应度需求 我们可以假设栖息地必须具有某个最小适应度排名, 这样就会有非零的迁出率. 它与假设岛屿必须具有一个非零 HSI 以支撑任一物种类似 [Hanski and Gilpin, 1997].

年龄准则 个体的生殖值 (即每单位时间后代数的期望) 是其年龄的三角函数. 在幼年时因尚未成熟生殖值低, 育龄时生殖值高, 老年时因生育能力的丧失生殖值再度变低. 物种也会有相同的情形. 幼小的物种可能很难适应环境, 形成物种的机会很小; 中年的物种足够成熟又有充沛的活力, 因此能形成物种; 老物种则几近停滞所以无法形成物种. 由此可以得到 BBO 的年龄准则, 在遗传算法中也用到了类似的准则 [Zhuet al., 2006].

物种流动性 经典的岛屿生物地理学理论假设所有物种有相同的迁移能力. 实际上, 某些物种比其他物种流动性更强, 某些物种比其他物种更易扩散. 在生物地理学中, 人们一直在努力将物种具体的特征与岛屿生物地理学理论结合起来 [Lomolino, 2000b]. BBO 假设物种具有同等的流动性. 如果物种的流动性与物种对解的适应度的贡献成比例, BBO 就更符合它的激励框架. 也就是说, 给定个体种群, 可以用统计方法找到每个解的特征与适应度的相关性. 流动性则被定义为与适应度正相关的一个解的特征, 或一组特征. 通过用高斯分布分配流动性值, BBO 的物种流动性会遵循生物地理学理论 [Lomolino, 2000b]. 那些能让适应度增加的解的特征更有可能迁出. 这样做能改善种群的平均适应度.

捕食者/猎物关系 在生物学中, 某些物种之间存在对抗的关系. 这些关系不一定会伤害猎物. 例如, 猎物可能会借由减少对资源的利用来回应捕食者, 长远来说这样做对它们自己有利 [Hanski and Gilpin, 1997]. 但更常见的情形是捕食者令猎物的数目减少, 在严重的情况下会令一个或两个种群灭绝. 通过检查个体, 并记录能和平共处的概率较低的那些解的特征, 我们可以推断出 BBO 种群中的捕食者/猎物关系. 将那些解的特征建模为一对捕食者/猎物. 让这个信息与每个物种对适应度的贡献结合, 与适应度正相关的对手定义为捕食者的解的特征, 与适应度负相关的对手定义为猎物的解的特征. 捕食者/猎物的关系可能导致非零均衡种群, 或可能导致其中一个或两个种群都灭绝 [Gotelli, 2008], [Hanski and Gilpin, 1997]. 在整个个体种群中使用这个信息让出现捕食者特征的可能性增大, 出现猎物特征的可能性减小. 生物学中大多数捕食者/猎物模型是针对两个物种的系统. 这些模型可以用在 BBO 中, 不过, 如果将现有的捕食者/猎物模型扩展到多物种系统就更全面了.

资源竞争 与上面描述的捕食者/猎物关系不同, 相似的物种会竞争相似的资源. 所以, 许多相似物种占据同一个岛的情形不大可能出现, 如果种群很庞大就更不可能 [Tilman et al., 1994]. 在 BBO 中, 它意味着解的特征不大可能迁出到已经有庞大的相似种群的岛屿. 或者意味着虽然迁出率不受影响, 但存活的可能性较低. BBO 中的资源竞争也意味着如果两个解的特征灭绝概率相等, 则在解中与其他特征最相似的特征灭绝的可能性更大. 这种交互类型与上面的捕食者/猎物的关系不同. 但这两个模型都能自圆其说, 在生物学中, 一般将竞争看成是比捕食者/猎物的相互作用更重要的群体组成的驱动力.

时间相关性 在岛屿生物地理学中, 如果物种迁移到某个地理方向的岛屿上, 就有可能沿着这个方向继续迁移到下一个岛屿. 这是因为迁移受到主风向和潮流的影响, 那些风和潮流与时间正相关. 它由生物扩散理论、电报方程, 以及扩散方程描述 [Okubo and Levin, 2001]. 如果一个物种从岛屿 A 迁移到岛屿 B, 它有可能在下一时刻在这个方向上继续移到岛链上的下一个岛屿. 这意味着在 BBO 中如果解的特征从一个个体迁移到下一个个体, 它有可能在那个方向上继续迁移到下一个进化代. 在 BBO 中可以用解的位置来定义“方向”这个概念, 位置定义为解的特征空间中的一个点.

生物地理学的其他方面会启发我们开发出 BBO 的其他变种. 生物地理学的文献很丰富, 它们会为 BBO 提供很多的可能性.

习 题

书面练习

14.1 假设 Δt 足够小, 可以忽略在时间 t 和 $t+\Delta t$ 之间发生不止一个迁移的概率, 在此假设下, 我们得到 (14.1) 式. 假设在时间 t 和 $t+\Delta t$ 之间不会发生多于 2 个迁移, 请在此假设下重新写出 (14.1) 式.

14.2 定义 (8.13) 式中进化算法的选择压力. 为增大选择压力, 应该如何改变图 14.2 的迁移曲线?

14.3 应该如何改变 BBO 算法 14.1, 使之成为稳态的而非代际的?

14.4 我们通常令 $\mu_k = r_k/(N+1)$, $\lambda_k = (N+1-r_k)/(N+1)$, 其中 r_k 是排名第 k 的个体, 最好的个体排名为 N, 最差的个体排名为 1. 这意味着 $\lambda_k \in [1/(N+1), N/(N+1)]$. 若对最好的个体强制让 $\lambda_k > 0$, 实际的结果会如何?

14.5 本题探索图 14.5 的初始迁入模型. 令 β 表示 λ 处于峰值时正规化后的适应度值.

(1) 找出图 14.5 中迁入率的方程.

(2) 找出图 14.5 中的均衡物种数.

14.6 假设用种群规模为 N 的线性迁移率, 对最好的个体 $\lambda_1 = 1/(N+1)$, 对最差的个体 $\lambda_N = N/(N+1)$.

(1) 在基于部分迁入算法 14.1 中, 最好的个体 $\boldsymbol{x}_\mathrm{b}$ 接受至少一个解的特征迁入的概率是多少?

(2) 在基于部分迁出算法 14.2 中, 最好的个体 $\boldsymbol{x}_\mathrm{b}$ 接受从自己之外的一个个体至少一个解的特征迁入的概率是多少?

14.7 查附录 C.1, 找出一个可分函数的例子和一个不可分函数的例子.

计算机练习

14.8 对 $n = 5$ 重复例 14.1.

14.9 标准 BBO 算法 14.1 表明, 对每一个个体 $\boldsymbol{x}_k$, 应该设置迁出概率 $\mu_k \propto \boldsymbol{x}_k$ 的适应度, $\mu_k \in [0,1]$. 用迁出概率来选择迁出个体, 对这个操作我们可以采用下面的方案.

- 8.7.4 节讨论的基于排名的选择. 例 14.2 表明它是标准的 BBO 方案.
- 8.7.4 节讨论的平方排名.
- 8.7.6 节讨论的锦标赛选择.
- 8.7.7 节讨论的种马选择.

为最小化 10 维 Ackley函数实施 BBO, 取 $N = 50$, 代数限制 $= 50$, 变异率 $= 1\%$, 精英参数 $= 2$. 运行 BBO 20 次蒙特卡罗仿真, 对每次蒙特卡罗仿真跟踪每一代的最低费用. 绘制蒙特卡罗仿真的平均最低费用随代数变化的曲线. 比较采用上述 4 个迁出选择方案的 BBO 所得的图形. 评论所得结果.

14.10 绘制习题 14.6 的答案随种群规模 N, $N \in [10, 50]$ 以及问题维数 $n = 10$ 变化的曲线. 评论所得结果.

14.11 有一种改进 BBO 性能的方式是从旧个体和新个体中选择每一代 [Du et al., 2009]. 即用下面的语句替换算法 14.1 末尾处的语句 $\{\boldsymbol{x}_k\} \leftarrow \{\boldsymbol{z}_k\}$:

$$\{\boldsymbol{x}_k\} \leftarrow 来自\{\boldsymbol{x}_k\} \cup \{\boldsymbol{z}_k\}的N个最优个体.$$

这个想法来自进化策略, 因此可以称之为 BBO 进化策略. 为最小化 10 维 Ackley函数实施 BBO, 种群规模 $N = 50$, 代数限制 =50, 变异率 =1%, 且精英参数 =2. 运行 BBO 20 次蒙特卡罗仿真, 对每次蒙特卡罗仿真跟踪每一代的最低费用. 绘制蒙特卡罗仿真的平均最低费用随代数变化的曲线. 比较用标准 BBO 算法和 BBO 进化策略得到的图形. 评论所得结果.

第 15 章　文化算法

文化优化认知.

詹姆斯・肯尼迪 (James Kennedy) [Kennedy, 1998]

上面引述的观点是说认知 (即, 思考的过程) 更多地涉及大脑活动和神经元行为. 我们的思想会受到文化的影响. 这样的影响还是有益的 (从引言来看, 甚至是最优的). 如果没有文化, 我们的认知能力会被削弱.

我们用有关野孩子的发现为例来说明这个想法 [Newton, 2004]. 在此例中的一些孩子在野外成长, 另一些则因为被虐待在隔离的环境中长大. 在没有社会交往或文化交流中长大的孩子无法学会融入社会; 他们没有学会说话, 没有学会和他人交流, 也从来没有学会如何以社会能接受的方式行动. 这些孩子无法学会在全新的文明环境里生活不是因为遗传, 也不是因为先天的智力缺陷. 在他们的成长过程中, 缺乏社会和文化的影响严重阻碍了这些孩子的智力发育. 在自然与教养的争论中, 野孩子们的例子为教养这一边的观点提供了强有力的支持.

科学家曾相信人类文化是从高水平上起源然后退化到低水平, 这种退化导致原始低下的文化遍布世界. 这种信条很大程度上来源于创世的宗教记述以及圣经创世记中巴别塔的故事. 但文化退化的观点具有可验证性. 举例来说, 根据退化论, 通过深入挖掘更久远的过去, 在考古记录中应该能看到更先进的文化. 虽然我们不能科学验证具体的宗教故事, 在社会学理论中, 退化论的可验证性作为一般原则对文化的消亡起着推波助澜的作用.

Edward Tylor是 19 世纪的人类学家. 他证明先进文化是从次一级文化发展而来, 而不是相反 [Tylor, 2011]. 文化的发展类似于生物机体的进化, 是从较低级到较高级. Tylor 首次在现代社会学意义上使用"文化"这个词, 他将文化定义为"包含知识、信仰、艺术、道德、法律、习俗以及作为一名社会成员所需要的能力和习惯的复合体" [Tylor, 2009].

社会文化是一个复杂的实体, 它与自然环境、个人以及其他社会文化相互作用. 个体可以独立行动, 但个体之间存在直接和间接的交互; 个体能直接地相互影响, 同时也经由文化间接影响他人. 绝大多数个体会受到其所在地的文化的制约. 一些个体逆潮流而动, 但绝大多数则会顺从社会规范.

本章概览

本章讨论为了提高进化算法性能的几种文化建模方式. 15.1 节的序言在高层次上讨

论人类关系的最优策略；它也是本章其余部分的背景. 15.2 节讨论文化的一个特定模型，即所谓的信仰空间, 并讨论在进化算法中信仰空间与候选解的协同进化关系. 15.3 节利用信仰空间开发文化进化程序, 并证明由它能得到比标准进化程序更好的性能. 15.4 节以不同的视角看待文化, 认为文化更多是由人际关系主导；这一节还讨论自适应文化模型, 说明如何用它解决旅行商问题.

15.1 合作与竞争

本节在人际关系的意义上讨论文化. 现代社会涉及大量的人际交流, 通信量在快速增加；社会中还涉及大量的合作和竞争. 我们交流的目的有时候是为了合作, 有时候则是为了竞争. 当撰写技术论文或研究计划的时候, 我们讨论对立的思路的劣势和自己的想法的优势. 有时候会用夸大的方式来证明自己的观点更好, 他人的更差. 这种夸大有时候是有意的, 有时候是无意的, 还有的时候则很难辨别其动机. 与他人沟通时, 我们有时候会说出真相因为希望他人也能如实相告, 但也经常为了趋利避害而撒谎. 考虑对以下问题典型的回答.

1. 你过得如何?
2. 你喜欢我做的饭吗?
3. 你多久说一次谎?

提问的人并不想知道这个问题的确切答案, 他们问这些只是想要交谈, 或者拐弯抹角地得到具体答案. 因此, 即使我们的回答严格来说可能属于谎言, 我们还是愿意回答. 有趣的是, 每一个人都会认为自己撒谎的次数比他人少 [DePaulo et al., 1996]. 每一个人也都会认为自己的谎言比他人的更正当.

可以在进化算法中模拟人际交流来研究交流的策略, 或寻找优化问题的解. 囚徒困境 (参见 5.4 节)是代理沟通的一个例子. 它有很多变种因此很有趣, 其最优策略依赖于对手的策略, 也并不总是那么显而易见.

El Farol

另一个有趣的人际沟通的例子是 El Farol 问题 [Kennedy and Eberhart, 2001, Chapter 5]. 这个问题围绕一个名为 Brian Arthur 的男人展开. 他喜欢光顾坐落于 Sante Fe 市区的 El Farol 酒吧, 特别是在星期四 El Farol 有爱尔兰音乐表演的时候. 如果那里人很多, 他则更愿意待在家里. 具体来说, 当 El Farol 酒吧中的人数不到 60 时, 他会选择去酒吧；若超过 60 就选择留在家里. Brain 的朋友与他一样：在人数少于 60 时他们喜欢去 El Farol, 超过时则会留在家里.

Brain 和他的朋友们知道过去 14 周在 El Farol 的人数为

$$44, 78, 56, 15, 23, 67, 84, 34, 45, 76, 40, 56, 22, 35. \tag{15.1}$$

这周四他该不该去呢? 换言之, 根据过去 14 周的数据, 这周在 El Farol 的人数会少于 60 吗? 他可以用模式识别的各种技术和回归测试来预测这个周四 El Farol 的人数. 如果得到一个好的预测, 他的问题就解决了. 然而, 如果他告诉所有朋友他的预测, 这个预测可能就不管用了. 如果他所有的朋友得知他的算法预测人数会少于 60, 他们全都会前往 El Farol, 人数就会超过 60. 如果预测多于 60, 所有的朋友都会留在家里, El Farol 的人数就会少于 60. 这就是好的预测算法在考虑到人的因素时会出现的悖论. 好的预测会变成差的.

现在假设 Brain 和他的朋友互相讨论是否在周四去 El Farol. 如果 Brain 决定去并且告诉他的朋友, 他们就更有可能留在家里, Brain 获得的回报是在 El Farol 的人很少. 如果 Brain 决定留在家里并告诉他的朋友, 他们就更有可能会去酒吧, 他们受到的惩罚是 El Farol 很拥挤.

但 Brain 和他的朋友可能并不完全诚实. 他们可能告诉对方自己会去 El Farol 从而希望绝大多数人会留在家里. 在告诉其他人自己要去酒吧之后, 如果 Brain 听到别人也准备去, 他可能会决定留在家里. 另外, Brain 可能会告诉朋友他和另外 10 个朋友要去酒吧. 他可能会夸大他的同伴数以便让这些朋友留在家中. 当然, 他的朋友也可能采用同样的策略. 也就是说, 他们可能借由谎言来谋取利益.

Brain 的最优沟通策略是什么样的? 他应该永远讲真话? 如果他一直说谎, 他的朋友终究会意识到他撒谎的模式然后选择无视他. 但是, 如果他最终目的是夜晚来到 El Farol 时人很少不会遇到人头攒动, 他也许需要选择性地撒谎.

El Farol 问题之所以有趣是因为它包含了真实、谎言、信任、沟通以及可能是相互冲突的目标. 如果 Brain 的目的是让他的朋友喜欢他, 那么他也许会一直讲真话. 如果他的目的是在 El Farol 度过人少的夜晚同时避免在人多的时候去 El Farol, 他有时侯就可能会说谎.

其他例子

El Farol 有趣的其中一个原因在于, 一个好的预测可能会因为每个人都参考它而变成差的. 现实中的很多情况都具有这样的特征. 例如, 考虑一个男孩向女孩表示浪漫兴致的情况. 如果他表现出过多兴趣, 看起来就像是不顾一切, 这样也许不能吸引到女孩. 但如果他的兴趣不是特别明显, 可能表现得全无兴趣, 这不利于与他的梦中女孩建立联系. 此外, 那位女孩会如何理解男孩缺乏兴趣的表现? 她应该认为是真的缺乏兴趣, 因此会把注意力转向其他追求者? 或者她应该认为这样的表现是压抑着的热情, 所以她需要回应? 求爱涉及两个个体之间复杂的给予与接受, 他们根据自己的目的行动, 同时遵从自身的修养.

另一个有趣的例子是棒球. 当计数是三球两击, 投手需要投个好球以避免保送击球手, 特别是当和局后期出现满垒时. 但是击球手知道投手需要投个好球. 这时候击球手似乎占据优势, 因为他大致知道球会被投向哪里. 但投手也知道击球手会怎么想, 所以有可能会将球投到好球区外, 尝试诱使击球手在一个坏球上摇摆不定. 当然, 击球手也会去揣摩投手的思考过程. 棒球不仅是身体上的竞赛, 也是心理战. 击球手需要根据他对好球区的预测确定攻势, 投手需要决定是否冒险将球投出好球区. 运动员抉择时不只关注比赛的情况, 还要考虑过去与对手遭遇战的情形.

在商业活动和研究项目中还有其他例子. 在项目申请时应该关注哪些领域? 是否应该瞄准有高额资助的领域? 我们的机会因高额资助而增加, 但其他人可能也会选择这些领域, 如此一来机会又变小了. 资助较少的领域竞争也较少, 也许应该在这些领域里申请. 如果某个领域中只有我们递交了申请, 就更有可能获得资助. 但如果竞争者选择了相同的策略, 这个策略就会失效. 决定把精力集中在哪个领域写申请是个复杂的问题, 涉及多个方面, 但最优策略可能是将我们的精力分散在高风险和低风险领域, 高资助和低资助的领域 [Simon, 2005]. 在投资、产品市场和其他应用中经常用到类似的混合策略 (令人想到投资者的多元化准则).

人际关系、沟通、合作、欺骗和多目标问题与人类文化有很多共同点. 人类学会了以近似最优的方式来关联和构建社会并发展文化. 我们没有意识到所有的最优化特征已经固有地存在于人类文化中, 却在考虑这些特征是否能成为值得做的有趣的研究课题. 另一个值得做也有趣的课题是模仿和模拟人类文化的优化行为, 本章余下部分会聚焦在这个问题上.

15.2 文化算法中的信仰空间

文化算法 (cultural algorithm, CA) 将优化问题的候选解看成个体, 这与其他进化算法类似. 文化算法还把指导个体进化的准则看成是它们的文化. 文化算法对个体与其文化的相互影响建模以得到优化算法. 有时候我们将文化算法中虚拟社会的文化规范称为信仰空间. 与本书前面讨论的进化算法一样, 在文化算法的每一代中, 个体都会重组和变异. 不过文化算法中的这种重组和变异会受到信仰空间的影响. 程序员在设计时可以给信仰空间一些约束, 让它支持种群中受欢迎的特征, 或者回避不良的特征.

例 15.1 本例讨论在文化算法中实施信仰空间的大致思路. 回顾 5.5 节的人工蚂蚁问题. 在网格中有一只人工蚂蚁, 网格中的一些格子是空的, 一些格子中有食物. 这只蚂蚁只能感知在它正前方的格子里有没有食物. 在每一个格子中, 蚂蚁可选择的动作有三种: 下一个格子里有食物时就向前; 留在当前格子中向右转; 留在当前格子中向左转. 我们想要让有限状态机进化, 帮助蚂蚁在穿过网格时吃到尽可能多的食物. 在直观上, 如果蚂蚁感知到它前面的格子里的食物, 就应该向前移动并吃掉食物. 然而, 也许我们并不希望让这个行为成为硬约束. 进化经常在搜索最优时需要探索次优的解决方案. 所以在进化算法中, 我们会*鼓励*每一个有限状态机只要感知到食物就向前移动, 但并不希望都这样做. 这类行为作为进化算法种群的一个特征, 可以在信仰空间中编码为鼓励而非强制.

我们鼓励个体在感知到食物时向前移动的程度代表文化的力量. 在人类社会中, 某些文化强过其他文化, 有更大的压力让人遵从. 如果激励是温和的, 就会让不少个体去探索其他选项而不是一感知到食物就向前. 如果激励很强, 就只有极少数蚂蚁会去探索其他选项. 随着种群的进化, 将顺应主流文化的个体的适应度与感知到食物却选择其他动作以反抗主流文化的个体的适应度作比较, 可以修改激励的水平. □

例 15.1 说明文化算法可以实施双重继承: 解的特征来自子代和父代, 一代的信仰空间从前一代继承而来. 进化仍然是在个体的层面上, 但受信仰空间的影响.

在实施文化算法时, 信仰空间可以是静态的, 也可以是动态的. 静态的信仰空间不随时间改变. 动态则会随着时间变化, 也就是说, 文化是可以进化的. 具有动态信仰空间的文化算法不仅个体种群从一代到下一代进化, 信仰空间也会从一代到下一代进化. 在动态信仰空间的文化算法中, 信仰空间不仅会影响种群的进化, 种群反过来也会影响信仰空间的进化. 采用动态信仰空间的这个想法来自对人类社会的观察. 我们知道, 文化的进化比生物层面的进化快很多. 因此, 我们希望具有动态信仰空间的进化算法能够比无信仰空间的进化算法更快地找到最优解.

就像关于人类文化有很多理论那样 [Welsch and Endicott, 2005], 文化算法也有几种不同类型. 算法 15.1 是对文化算法的基本概述. 与采用其他进化算法一样, 我们在初始化候选解种群的同时也初始化信仰空间 B. 信仰空间影响种群的进化, 可以说是在指导进化过程. 算法 15.1 经由评价每一个个体的费用来推进进化过程, 但在那之后它还利用个体来修改 B, 修改 B 的选项很多. 例如, 如果种群显示绝大多数好的个体都具有某个特征, 就可以更新 B 让未来的候选解偏向那个特征. 当然, 因为适应性强的个体比适应性弱的个体更有可能参加重组, 未来的个体其实已经偏向那个特征了. 但是 B 还能凭借比标准的重组方法更复杂的方式让未来的个体偏向那个特征. 例如, 我们可以在 B 中融入特征的某个组合或者几类行为. (回顾例 15.1 的思路, 让人工蚂蚁有限状态机偏向若感知到食物就向前移动的那个解.)

算法 15.1 基础文化算法的概述, 算法基于 [Reynolds, 1994], [Engelbrecht, 2003, Chapter 14].

初始化候选解的随机种群 $\{\boldsymbol{x}_i\}$, $i \in [1, N]$
初始化信仰空间 B
While not (终止准则)
    计算种群中每一个个体的费用 $f(\boldsymbol{x}_i)$, $i \in [1, N]$
    用种群 $\{\boldsymbol{x}_i\}$ 更新 B
    在种群 $\{\boldsymbol{x}_i\}$ 的重组和变异中融合 B
下一代

算法 15.1 在更新了 B 之后, 让种群 $\{\boldsymbol{x}_i\}$ 重组和变异. 本书讨论的每一个进化算法都会执行这一步. 因此, 不应该把文化算法看成是一个独立的进化算法, 而应该看成是强化其他进化算法的一种方式, 或者把它看成是一个元进化算法. 文化算法最鲜明的特征在于信仰空间 B 会影响它的重组和变异; 下一代的个体倾向于与 B 一致.

在文化算法 15.1 中还有许多细节需要明确. 例如:

- 哪类信息会被编码在信仰空间 B 中?
- 如何更新 ?
- 采用哪类重组和变异? 即用哪一个进化算法作为文化算法的基线?
- 如何利用 B 来影响重组和变异?

这些疑问让研究人员有机会找出具体问题或一般问题的有效答案. 举例来说, 考虑上面的第一个疑问. 鉴于文化算法的信仰空间可以表现优化问题的以下几个方面, 我们得到这个问题的部分答案.

- 信仰空间可以用硬约束或软约束表示对优化问题的解的约束 [Coello Coello and Becerra, 2002], [Becerra and Coello Coello, 2004].
- 信仰可以表示域的具体知识, 从而让搜索偏向基于人类专门知识的优先方向 [Sverdlik and Reynolds, 1993], [Alami and El Imrani, 2008].
- 为有助于保持搜索中的多样性, 信仰空间要能够体现对多样性的重视.
- 为改进协同进化系统的性能, 信仰空间要能够体现合作的重要性. 协同进化涉及处于同一环境中不相同但相互作用的进化系统的发展 [Durham, 1992]. 本书不讨论协同进化. 当适应度评价随着时间改变, 或者当候选解种群的适应度评价依赖于随时间改变的其他种群时, 人工协同进化能够找到最优解 (参见 21.2 节).[Yang et al., 2008].
- 信仰空间要能够体现创新的重要性, 它会让进化算法的搜索偏向新的候选解或偏向尚未探索过的搜索空间的区域. 反向学习融入了这些思想 (参见第 16 章) 并用来搜索新颖的解 [Lehman and Stanley, 2011], 但它们尚未融入到文化算法的信仰空间中.

15.3 文化进化规划

本节说明一个简单的信仰空间如何改善进化规划的性能. 算法 5.1 概述了基本进化规划算法. 本节讨论在进化规划中实施信仰空间的方案. 信仰空间指明性能最优的候选解在搜索空间的什么地方. 我们在本节介绍的受文化算法影响的进化规划 (Cultural Algorithm influenced Evolutionary Programming, CAEP)与在 [Engelbrecht, 2003, Chapter 14] 中讨论的类似. 用 $2n$ 个参数对信仰空间 B 编码, 这里 n 为优化问题的维数. 区间 $[B_{\min}(k), B_{\max}(k)]$ 指明主流文化相信的好解的第 k 维在搜索空间中的位置. 信仰空间会影响进化规划的变异过程. 在进化规划算法 5.1 的变异方法中如果 $\beta=0$, 则有

$$x_i'(k) \leftarrow x_i(k) + r_i(k)\sqrt{\gamma}. \tag{15.2}$$

这里 $i \in [1, N]$, $k \in [1, n]$, 其中 N 为种群规模, n 是问题的维数, $r_i(k) \sim N(0,1)$, γ 是变异的方差. 在 CAEP 中, (15.2) 式被替换为

$$\left.\begin{aligned} &\Delta_i(k) \leftarrow \begin{cases} B_{\min}(k) - x_i(k), & \text{如果 } x_i(k) < B_{\min}(k), \\ 0, & \text{如果 } B_{\min}(k) \leqslant x_i(k) \leqslant B_{\max}(k), \\ B_{\max}(k) - x_i(k), & \text{如果 } B_{\max}(k) < x_i(k), \end{cases} \\ &x_i'(k) \leftarrow x_i(k) + r_i(k)\sqrt{\gamma} + \Delta_i(k). \end{aligned}\right\} \tag{15.3}$$

如果个体 $\boldsymbol{x}_i$ 的第 k 维在信仰空间中, 它的变异版本 $\boldsymbol{x}_i'(k)$ 就是均值为 $x_i(k)$ 的一个随机变量. 如果 $x_i(k)$ 在信仰空间之外, 它的变异版本就是以距 $x_i(k)$ 更近的 $B_{\min}(k)$ 或 $B_{\max}(k)$ 为均值的随机变量. 图 15.1 说明这个思路. 此图显示当 $x_i(k)$ 在信仰空间中

((a)图), 它就以标准的方式变异. 当 $x_i(k)$ 在信仰空间之外 ((b)图), 其变异版本的中心在信仰空间最近的那条边上. 变异版本可以最终落在信仰空间之外, 实际上, 它至少有 50% 的机会处于 $[B_{\min}(k), B_{\max}(k)]$ 之外. 但也有差不多 50% 的机会落在信仰空间内, 这个概率比在变异均值没有移位的情况下高很多.

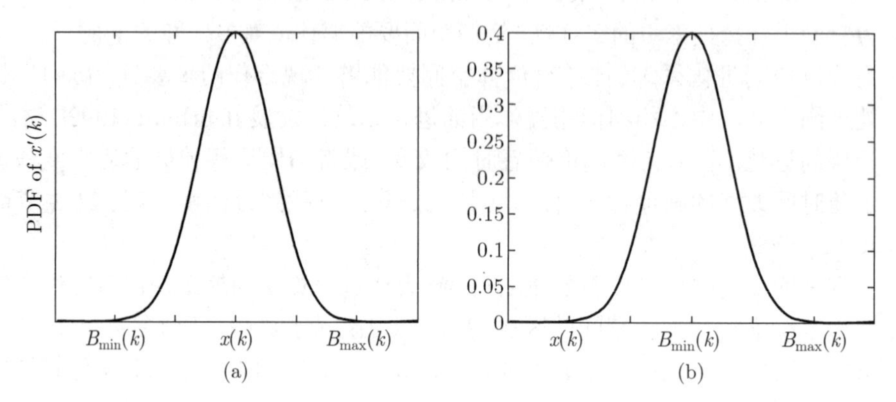

图 15.1 文化进化规划中的变异. (a)图, $x(k)$ 处于信仰空间中, 因此其变异版本的概率密度函数的均值为 $x(k)$. (b)图, $x(k)$ 在信仰空间之外, 其变异版本的概率密度函数的均值等于信仰空间最近的边.

现在讨论在 CAEP 中更新信仰空间的几种方式. 举例来说, 可以利用最好的 M 个个体来更新信仰空间. 首先找出最好的 M 个个体每一维的最小值和最大值: 对于 $k \in [1, n]$,

$$x_{k,\min} \leftarrow \min\{x_j(k) : j \in [1, M]\}, \quad x_{k,\max} \leftarrow \max\{x_j(k) : j \in [1, M]\}, \tag{15.4}$$

其中个体的下标从最好到最差按升序排列, 所以 $\{x_j(k) : j \in [1, M]\}$ 包含在种群中最好的 M 个个体中. 现在我们用最小域值和最大域值影响从一代到下一代的信仰空间: 对于 $k \in [1, n]$,

$$B_{\min}(k) \leftarrow \alpha B_{\min}(k) + (1-\alpha)x_{k,\min}, \quad B_{\max}(k) \leftarrow \alpha B_{\max}(k) + (1-\alpha)x_{k,\max}, \tag{15.5}$$

参数 $\alpha \in [0, 1]$ 是信仰空间的惯性, 它决定信仰空间从一代到下一代的停滞状况. (15.5) 式表示如果 $\alpha = 1$, 信仰空间不会改变. 如果 $\alpha = 0$, 信仰空间完全由当前的种群决定, 不会受到前一代信仰空间的影响.

例 15.2 本例说明如何由引入文化来改善进化规划的性能. 我们在基础进化规划算法 5.1 中取 $N = 50$, $\beta = 0$, $\gamma = 1$. 用进化规划最小化附录 C.1.2 的 20 维 Ackley 函数, 且在域 $[-30, +30]$ 中随机初始化每一个个体的每一维. 对于 CAEP, 在 (15.4) 式中取 $M = 5$, 并在 (15.5) 式中取 $\alpha = 0.5$. 图 15.2 显示标准的进化规划和文化进化规划的优化结果在 20 次蒙特卡罗仿真上的平均. 我们发现 CAEP 远远优于标准的进化规划. 图 15.3 显示第一维的信仰空间如何一代代地改变. 由图可见, 信仰空间很快收敛到包含最优解 $\mathbf{0}$ 的一个小区域. 信仰空间不能保证一定会包含最优解. 事实上, 图 15.3 显示信仰空间的下界有时候会稍稍超过 0. 不过一般来说, 信仰空间能够指明好的候选解可能会在搜索空间中的什么位置. 在 (15.5) 式中 α 值较小收敛会较快, α 值较大收敛较慢. □

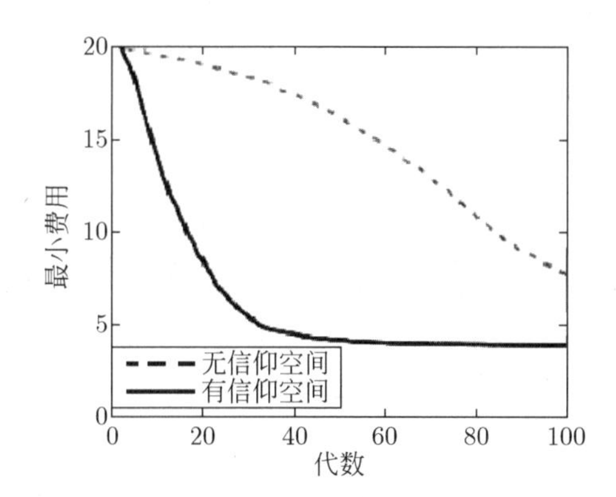

图 15.2 例 15.2: 无信仰空间和有信仰空间的进化规划. 此图显示每一代种群的最低费用在 20 次蒙特卡罗仿真上的平均. CAEP 远远优于标准的进化规划.

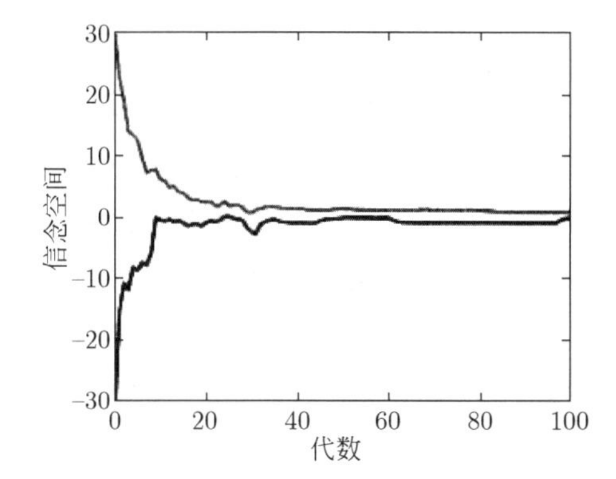

图 15.3 例 15.2: 对于 20 维 Ackley 函数, CAEP 的第一维的信仰空间. 信仰空间快速收敛到最优解 0 周围的一个小区域.

15.4 自适应文化模型

本节讨论一种文化算法, 它可以替代前面几节的信仰空间方法. 这个算法被称为自适应文化模型 (adaptive culture model, ACM)[Axelrod, 1997], [Kennedy, 1998], [Kennedy and Eberhart, 2001, Chapter 6]. ACM 以人类社会中个体之间相互影响的方式为基础. 例如:

- 个体受到在地理上或关系上与它接近的个体的影响大于距它较远的个体的影响 [Latané et al., 1994]. 这让我们想到第 11 章中粒子群的邻域.
- 个体受到与它相似的个体的影响大于与它不同的个体的影响 [Axelrod, 1997], [Kennedy, 1998].
- 作为前一点的平衡, 个体受到成功者的影响大于非成功者的影响 [Noel and Jannett, 2005]. 相关的一点是个体受到与理想自我相似的个体的影响大于与实际自我相似的个体的影响 [Wetzel and Insko, 1982], [Kennedy, 1998].

通过布置优化问题候选解的网格可以模拟 ACM. 把候选解看成是种群中的个体. 度

量两个个体的接近程度至少有几种不同的方式. 首先, 若两个个体被安排在同一个网格中, 它们就在地理上相邻. 其次, 根据它们在解的特征上的相似程度, 度量个体在行为上接近的程度.

图 15.4 所示为个体网格的一个例子, 其中每一个个体由 8 个字母组成的串来编码. 种群进化时, 个体在网格中保持相同位置, 但是它们的表现在一代代会有所改变. 无论是在地理上或是在行为上, 更接近的个体之间都更有可能互相交换信息, 因此, 从行为论的角度来看, 它们有可能变得更加相似. 此外, 个体互相交换信息时, 适应性较强的个体更有可能与适应性较差的个体分享信息, 反之则不然.

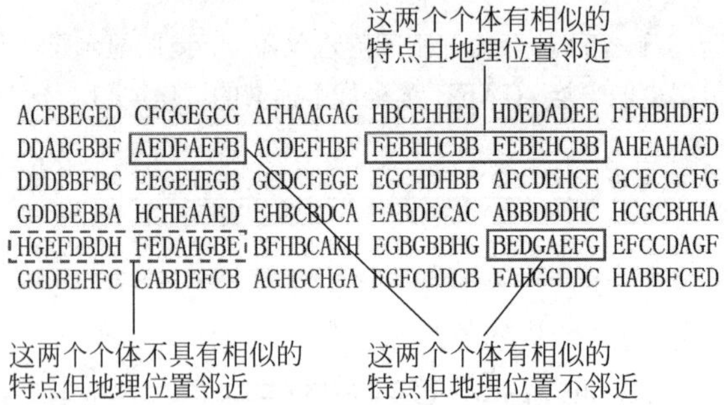

图 15.4 ACM 个体网格的例子. 一些个体相似但地理上并不相邻; 它们不太可能分享信息. 其他个体, 像网格左下部标出的那两个, 在地理上相邻但并不相似; 它们也不太可能分享信息. 但有一些个体, 像网格的右上部标出的那两个, 在地理上相邻并且相似. 它们有可能分享信息.

利用这些想法就能得到关于 ACM 的算法. 算法 15.2 是 ACM 的基本概述. 初始化种群, 并为每个候选解在网格中安排一个具体的位置. 在每次迭代中, 随机选择一个个体和它的一个邻居. 随机地决定这两个邻居是否分享信息, 如果这两个邻居很相似分享信息的概率会更大. 如果决定分享信息, 则随机地用适应性较强个体的一个解的特征替换适应性较差个体的那一个解的特征.

算法 15.2 基本自适应文化模型 (ACM) 的概述. N 为种群规模, n 是问题的维数, $U[0,1]$ 是在 0 和 1 之间均匀分布的一个随机数.

初始化 N 个个体 $\{\boldsymbol{x}_i\}$, $i \in [1, N]$
为每一个个体在网格中随机安排一个位置
While not (终止准则)
    随机选择一个个体 $\boldsymbol{x}_i$, 这里 $i \in [1, N]$
    随机选择 $\boldsymbol{x}_i$ 的一个邻居 $\boldsymbol{x}_k$
    计算 $\boldsymbol{x}_i$ 和 $\boldsymbol{x}_k$ 之间在行为上的相似度 $b_{i,k} \in [0,1]$
    $r \leftarrow U[0,1]$
    If $r < b_{i,k}$ then
        随机选择解的特征指标 $s \in [1, n]$

```
        注释: 开始信息分享
        If  x_i 比 x_k 的适应性强  then
            x_k(s) ← x_i(s)
        else
            x_i(s) ← x_k(s)
        End if
        注释: 信息分享结束
    End if
下一代
```

由算法 15.2 可见, 我们总是将适应性更强的个体信息传送给适应性较差的个体. 为与随机性的精神一致, 更应该做的是制定一个概率决策来决定谁与谁分享信息. 设可调参数 $p_1 \in [0.5, 1]$ 等于从较好个体分享到较差个体的概率, p_1 被称为选择压力. 我们总是想让 $p_1 \geqslant 0.5$, 因为从直观上来说, 信息分享的方向不应该从较差到较好. 假设 $\boldsymbol{x}_1$ 和 $\boldsymbol{x}_2$ 是两个相邻的候选个体, 可以用算法 15.3 的信息分享逻辑替换在算法 15.2 中"注释: 开始信息分享"和"注释: 信息分享结束"之间的代码.

算法 15.3 随机信息分享的自适应文化模型. $p_1 \in [0.5, 1]$ 是较好个体与较差个体分享信息的概率. 这个伪代码片段替换在算法 15.2 中"注释: 开始信息分享"和"注释: 信息分享结束"之间的代码. 这个片段让较好个体以 p_1 的概率与较差个体分享信息. 如果 $p_1 = 1$ 这个片段就退化为算法 15.2 的代码.

```
ρ ← U[0,1]
If  ρ < p_1 then
    If  x_i 比 x_k 的适应性强  then
        x_k(s) ← x_i(s)
    else
        x_i(s) ← x_k(s)
    End if
else
    If  x_i 比 x_k 的适应性强  then
        x_i(s) ← x_k(s)
    else
        x_k(s) ← x_i(s)
    End if
End if
```

例 15.3 本例由 [Kennedy and Eberhart, 2001, Chapter 6] 启发而得. 我们用 ACM 求解旅行商问题. 假设要依某个次序去 8 个地点旅行并最小化总的旅行距离. 假设这些地点在一个圆上, 如图 15.5 所示, 并且从点 A 出发. 显然这个旅行商问题有两个解: A-B-C-D-E-F-G-H 和 A-H-G-F-E-D-C-B. 我们随机初始化一个 18×8 的候选解网格. 把这个网格看成是一个环形, 在网格右边最远的个体就是最左边个体的邻居, 而在网格底部的个体是顶部个体的邻居. 利用算法 15.2 和算法 15.3 的 ACM 逻辑协调候选解之间的信息分享. 在算法 15.2 中通过随机选择离 $\boldsymbol{x}_i$ 最近的 4 个个体中的一个来实现"随机地选择 $\boldsymbol{x}_i$ 的邻居 $\boldsymbol{x}_k$"这条语句, 也就是说, 选个体 $\boldsymbol{x}_i$ 的上下左右邻居中的其中一个作为 $\boldsymbol{x}_k$. 在算法 15.3 中取 $p_1 = 0.9$.

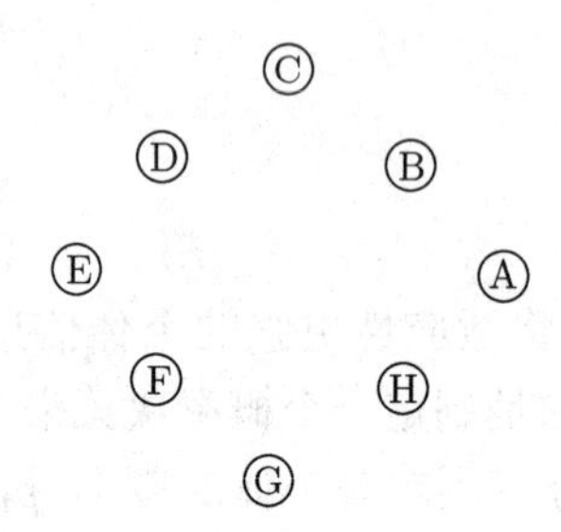

图 15.5 例 15.3 旅行商问题的地点. 要访问所有地点同时最小化总的旅行距离. 如果我们从点 A 出发, 就有两个最优解: A-B-C-D-E-F-G-H 和 A-H-G-F-E-D-C-B.

图 15.6 显示典型的 ACM 仿真的收敛性. 在算法 15.2 的外循环大约 2500 次迭代之后, 我们找到第一个最优解, 种群的平均费用随着互动次数的增加稳步下降.

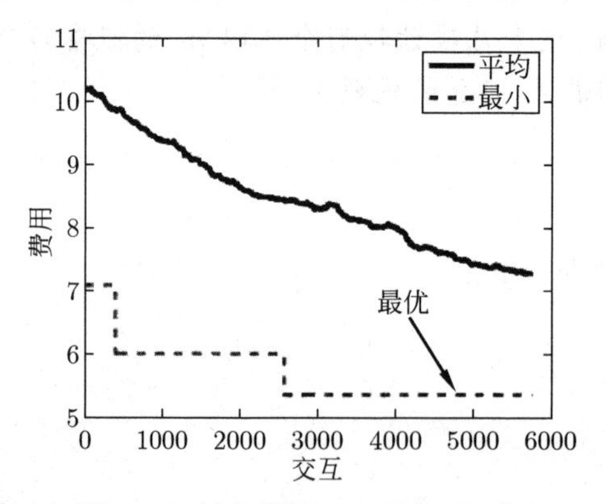

图 15.6 例 15.3: 旅行商问题 ACM 的收敛性. 如果图 15.5 中的 8 个城市处在一个单位圆上, 全局最小费用是 5.3576.

当种群中的个体继续交互, 好的个体会越来越多, 差的个体逐渐从种群中消失. 图 15.7 显示好的个体传播的典型过程. 在大约 2500 次交互之后找到第一个最优个体, 在那之后最优解的数量近似线性增加.

图 15.8 显示 5760 次交互之后 18×8 的种群网格, 每一个个体平均交互 80 次. 我们看到, 31 个最优解 A-B-C-D-E-F-G-H 聚在网格的左边和右边 (别忘了网格是一个环形, 所以右边和左边相邻). 还看到在网格的底部附近是由 5 个最优解 A-H-G-F-E-D-C-B 聚成的一个较小的簇. 仔细看图 15.8 会发现还有其他的簇, 它们是旅行商问题的次优解. 这个现象与信息和行为经由文化传播类似, 也与相似的个体容易聚在一起类似, 还与我们模仿这样的文化行为来求解优化问题类似. □

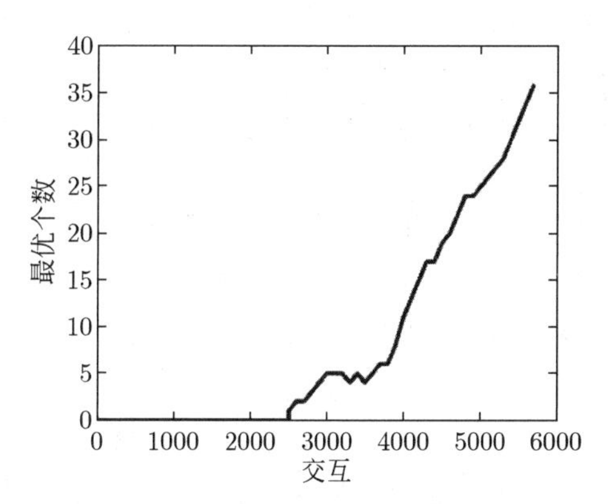

图 15.7 例 15.3: 旅行商问题最优解在种群网格中的传播. 第一个最优解在网格中出现大约用了 2500 次交互, 其后最优解在数量上的优势近似线性增加.

ABHGFCDE	ABHGFCDE	ABHGFCDE	ABHGFCDE	ABHGFCDE	ABHGFCDE	ABHGFCDE	ABHGFCDE
ABHGFCDE	ABHGFCDE	ABHGFCDE	ABGHFCDE	ABHGFCDE	ABHGFCDE	ABHGFCDE	ABHGFCDE
ABHGFCDE	ABHGFCDE	ABHGFCDE	ABHGFCDE	ABHGFCDE	ABHGFCDE	ABHGFCDE	ABHGFCDE
ABCGHFDE	ABFGHCDE	ABHGFCDE	ABHGFCDE	ABHGFCDE	ABHGFCDE	ABHGFCDE	ABFDHCGE
ABCDEFGH	ABCDHFGE	ABHGFEDC	ABHGFCDE	ABHGFCDE	ABHGFCDE	ABCDFFGH	ABCDEFGH
ABCDEFGH	ABCDEFGH	ABFGHEDC	ABHGFCDE	ABHGFCDE	ABHDFCGB	ABCDEFGH	ABCDEFGH
ABCDEFGH	ABCDEFGH	ABCDEFGH	ABFGHEDC	ABHGFCDE	ABCDEFGH	ABCDEFGH	ABCDEFGH
ABCDEFGH	ABCDEFGH	ABCDEFGH	ABFDHEGC	ABFEHGDC	ABCDEFGH	ABCDEFGH	ABCDEFGH
ABCDEFGH	ABCDEFGH	ABCDEFGH	AHDFCHBE	AHDEFGBC	ABCDEFGH	ABCDEFGH	ABCDEFGH
ABCDEFGH	ABCDEFGH	ABCDEFGH	AHGFCBDE	AHGFCBDE	AHCDEFGB	ABCDEFGH	ABCDEFGH
AHFECBGD	ABCDEFGH	AHGFCBDE	AHGFCBDE	AHGFEBDC	AHGFEBDC	AHGFEBDC	AHFECBGD
AHGFCBDE	AHGFCBDE	AHGFEBDC	AHGFEBDC	AHGFEBDC	AHGFEBDC	AHGFEBDC	AHGFEBDC
ABCFEDGH	ABEGFHDC	ABDCHGEF	AHGFEBDC	AHGFEBDC	AHGFEBDC	ABHGFCDE	ABCFEDGH
ABCFEDGH	ABCFEDGH	AHDFEGCB	AHGFEBDC	AHGFEBDC	AHGFEBDC	ABHGFCDE	ABHGFCDE
ABCFEDGH	ABCFEDGH	AHGFEDCB	AHGFEDCB	AHGFECDB	AHGFEBDC	ABHGFCDE	ABCFEDGH
ABHGFCDE	ABCFEDGH	AHGFEDCB	AHGFEDCB	AHGFEDCB	ABHGFCDE	AHGFEBDC	AHGFEBDC
ABHGFCDE	ABHGFCDE	ABHGFCDE	AHGFEDCB	ABHGFCDE	ABHGFCDE	ABHGFCDE	ABHGFCDE
ABHGFCDE	ABHGFCDE	ABHGFCDE	ABHGFCDE	ABHGFCDE	ABHGFCDE	ABHGFCDE	ABHGFCDE

图 15.8 例 15.3 中 5760 次交互之后的种群网格. 在网格中勾画出两个最优的簇 (一个有 31 个个体, 另一个有 5 个个体). 在 ACM 中, 相似的个体聚在一起, 适应性强的解易于在种群中蔓延.

例 15.3 说明 ACM 如何找到组合优化问题的多个解. 我们可以将这个例子扩展, 用来求解连续优化问题. 对 ACM 算法 15.2 和算法 15.3 可以做不同的推广.

1. 允许个体只受 4 个最近邻居中的一个影响. 也可以让更远的邻居影响个体, 其概率或交互的量随距离的增加而减小.
2. 通常让适应性强的个体与适应性弱的个体分享信息. 这与我们想让有益的候选解传播它们的特征的愿望相符. 但在社会中, 不成功的个体也可以对他人施加影响. 我们往往会避免在不成功的个体那里观察到的行为. 在 11.6 节中的负强化粒子群优化用了这个想法, 但在文化算法中, 还没有明确采用这个想法, 它有待未来进一步的研究.
3. 在算法 15.2 中, 随机地选择个体 $\boldsymbol{x}_i$ 进行交互. 但也许更应该选择适应度低的个体, 因为它们更需要改进. 这让我们想到 BBO 中的迁入概率 (参见第 14 章).

4. 在算法 15.2 中, 我们随机地选择邻居 $\boldsymbol{x}_k$ 与 $\boldsymbol{x}_i$ 交互. 不过, 随机选择一组邻居并基于相对适应度决定信息分享策略可能更有道理. 这个思路让我们想到 BBO 中的迁出概率 (参见第 14 章). 这个推广和前面的那个推广向我们暗示, 文化算法与 BBO 算法的混合可能会很有趣.
5. 可以将信仰空间的想法与 ACM 结合. 在人类社会中个体会受到其邻居和文化混合所造成的影响. 这个想法被称为广义模型 (generalized other model, GOM), 它大致可以用媒体的影响来类比 [Shibani et al., 2001]. 在算法 15.2 中, 我们随机选择 4 个邻居中的一个与 $\boldsymbol{x}_i$ 分享信息. 在这个广义模型中, 产生一个代表整个种群共识的广义邻居. 这个广义邻居并非实际存在于种群中的邻居, 但它是通过对整个种群取平均而形成的伪个体. 个体 $\boldsymbol{x}_i$ 可以从 4 个邻居中的一个接收信息, 也可以从广义邻居那里接收信息. 这个想法让人想到完全知情的粒子群, 它涉及全局信息分享 (参见 11.5 节). 也可以通过以适应度为权重的种群平均得到广义邻居, 但显然还没人研究过这种扩展.

15.5 总 结

文化算法是进化计算中一个引人入胜的分支. 它与通常的进化算法不同, 它不是直接由生物学推动而是由社会科学推动. 这个动机开辟了社会科学研究的广大领域, 文化算法可应用于自组织计算系统和优化算法. 最早对文化算法的研究是在 20 世纪的 80 年代, 这个领域中的绝大多数研究好像一直聚焦于简单应用或对基本文化算法思路的修改. 然而, 社会科学的大量研究涉及文化的多方面, 包括音乐、经济学、语言、非语言沟通、技术、家庭关系、娱乐、教育、运动、医学、宗教、艺术、文学、政治、战争等. 实际上, 对文化的某个方面感兴趣的工程或计算机科学研究人员会有无限多种关于文化算法研究的想法. 未来研究中其他一些既有趣又重要的领域包括下面几个.

- 研究文化算法的数学建模的时机看来已经成熟. 我们在文献中能看到对其他进化算法的数学建模 (参见第 4 章和 7.6 节), 好像还没有文化算法的数学建模结果.
- 文化有多个信仰集合, 其中一些由大多数个体拥有, 别的则只由少数个体拥有 [Latané et al., 1994]. 这些信仰空间有时候会有冲突, 即所谓文化的战争 [Thomson, 2010]. 我们在宗教、运动和政治这些有争议的领域中都能看到这样的现象.
- 社会包括多种文化. 这些文化中的文化被称为亚文化. 亚文化中的个体互动密切, 来自不同亚文化的个体之间的互动更加随意. 在一个亚文化中会更强调某个价值系统, 在其他亚文化中会更强调别的价值系统. 我们可以将这个想法应用于多目标优化 [Coello Coello and Becerra, 2003], [Alami et al., 2007].

在文化算法中如何对这些因素建模? 这些因素如何互动? 在人类的学习中, 文化的其他哪些方面是重要的? 在个体之间文化的影响如何变化? 这些都是有待研究的问题. 更多关于文化算法领域的调查辅导材料可以在 [Reynolds, 1994], [Reynolds and Chung, 1997], [Reynolds, 1999], 以及 [Reynolds et al., 2011] 中找到.

习　题

书面练习

15.1　推荐几个不同的方法预测在 (15.1) 式中序列的下一个数. 用你的方法预测的值是多少?

15.2　考虑 (15.3) 式和图 15.1.

(1) 如果 $x_i(k)$ 在信仰空间中, $x'_i(k)$ 在信仰空间中的概率是多少?

(2) 如果 $x_i(k)$ 在信仰空间之外, $x'_i(k)$ 在信仰空间中的概率是多少?

15.3　考虑 (15.3) 式和图 15.1.

(1) 当 $x_i(k) \in B$ 时, 更积极地利用信仰空间的策略是什么? 我们用*更积极*这个词表示有更高的概率使 $x'_i(k) \in B$.

(2) 当 $x_i(k) \notin B$, 更积极地利用信仰空间的策略是什么?

15.4　在 ACM 算法 15.2 中, 每一代需要多少次适应度值函数评价? 为了与别的进化算法做公平的比较, 这意味着什么?

15.5　ACM 算法 15.2 每次互动只分享解的一个特征. 在非可分问题上对于它的性能这意味着什么? (回顾在 14.5 节一开始的讨论.) 为了在非可分问题上能得到更好的性能, 如何修改 ACM 算法?

15.6　图 15.6 显示 ACM 大约用 2500 次迭代找到 8 城旅行商问题的最优解. 分析这个性能的特征.

计算机练习

15.7　取 $\alpha = 0$, 0.25, 0.5, 0.75 和 1, 重复例 15.2. 对每一个 α 值, 将结果绘制成与图 15.2 类似的图. 评论所得结果.

15.8　取 $M = 0$, 2, 5, 10 和 25, 重复例 15.2. 对每一个 M 的取值, 将结果绘制成与图 15.2 类似的图. 评论所得结果.

15.9　取选择压力p_1 =0.5, 0.7, 0.9 和 1, 重复例 15.3. 每次仿真的互动次数限为 2000. 对每一个 p_1 值, 将结果绘制成与图 15.6 类似的图; 但图 15.6 显示的是 ACM 的典型仿真结果, 对每一个 p_1 值, 运行 20 次蒙特卡罗仿真, 记录每个 p_1 的值在每一代的最低费用, 并绘制每个 p_1 的值的最低费用的平均值随代数变化的曲线. 评论所得结果.

15.10　取邻域规模为 4 和 8, 重复例 15.3. 每次仿真的互动次数限为 2000. 对每一个邻域规模, 将结果绘制成与图 15.6 类似的图; 不过图 15.6 显示的是 ACM 的典型仿真结果, 对每个邻居规模, 运行 20 次蒙特卡罗仿真, 记录每个邻域规模在每一代最好的费用, 并绘制每个邻居规模下最低费用的平均值随代数变化的曲线. 评论所得结果.

第 16 章 反向学习

社会革命是……人类社会极速的改变. 简言之, 它们的发生是为了建立相反的环境.

哈米德·蒂卓什 (Hamid Tizhoosh) [Tizhoosh, 2005]

进化是一个慢过程; 改变需要时间, 但有些类型的改变非常快. 变异是几乎所有进化算法都会采用的一种快速变化. 但是, 有一类人类社会的快速变化我们还尚未探索: 社会革命. 社会革命是要将当前已接受的规范反转. 正如在革命战争时期美国与英国交战并从殖民地变成合众国, 有时候社会革命会有重大而持久的影响. 其他的革命不会那么剧烈, 比如用合成材料生产服装, 或是用微波烹饪. 按照定义, 所有的革命都会导致生活方式的巨大改变.

提出反向学习 (opposite-based learning) 是为了在进化算法中提高学习率. 因为进化是一个慢过程而革命是一个快过程, 在进化算法中模拟革命可能会加快算法的收敛. 最初提出反向学习是为了改进强化学习、遗传算法, 以及神经网络的训练[Tizhoosh, 2005]. 反向学习也可用于其他优化算法, 包括基于生物地理学优化 (BBO)[Ergezer et al., 2009]、粒子群优化 [Omran, 2008],[Rashid and Baig, 2010]、差分进化 [Rahnamayan et al., 2008]、蚁群优化 [Malisia, 2008], 以及模拟退火 [Ventresca and Tizhoosh, 2007].

本章概览

16.1 节介绍与数值问题相关的反向的某些定义. 16.2 节概述反向学习如何与进化算法结合, 特别是如何用它提高 BBO 的性能. 16.3 节从数学的角度研究采用各类反向能够改善进化算法的概率. 16.4 节介绍反向学习用到的跳变比这个概念. 尽管反向学习最初是为连续域问题定义的, 16.5 节讨论如何将它扩展到组合问题, 特别是旅行商问题. 对偶学习出现在反向学习之前, 16.6 节复习对偶学习的一些概念并说明二者之间的关系.

16.1 反向的定义和概念

本节讨论有关标量或向量反向的定义和概念. 我们从标量开始. 首先假设 x 定义在域 $[a,b]$ 上, 并且这个域的中心是 c, 即

$$x \in [a,b] \ \text{这里} a < b, \quad c = (a+b)/2. \tag{16.1}$$

16.1.1 反射反向和模反向

要定义标量 x 的反向, 可以考虑几种不同方式 [Tizhoosh et al., 2008]. 例如, x 的反射反向定义为

$$x_{o1} = a + b - x. \tag{16.2}$$

这意味着 x_{o1} 和 x 到域的中心距离相同:

$$c - x = x_{o1} - c. \tag{16.3}$$

x 的模反向定义为

$$x_{o2} = (x - a + c) \mod (b - a). \tag{16.4}$$

它将域 $[a, b]$ 看成一个圆, 并定义 x 的反向为落在圆对面的那个数. 图 16.1 说明反射反向和模反向.

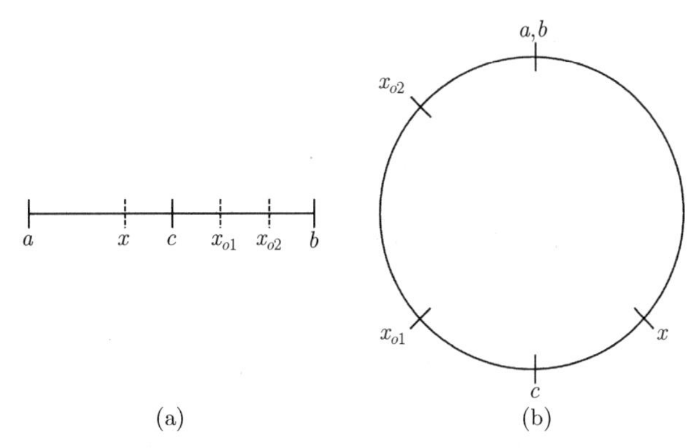

图 16.1 说明标量 x 的反射反向 x_{o1} 和模反向 x_{o2}. (a)图 x 的域为一条线段, (b)图 x 的域为一个圆. 标量 x 定义在域 $[a, b]$ 上, c 是域的中心. 反射反向 x_{o1} 与 x 到 c 的距离相同, 模反向 x_{o2} 处在 x 的定义域的圆的对面.

反射反向和模反向的定义可以用一种简单直接的方式扩展到向量. 假设 $\boldsymbol{x}$ 是定义在长方形域上的一个 n 维向量; 即, x_i 定义在域 $[a_i, b_i]$ 上, 并且 x_i 的域的中心为 c_i:

$$\left.\begin{aligned} &\boldsymbol{x} = [x_1,\ x_2,\ \cdots,\ x_n], \\ \text{其中}\quad &x_i \in [a_i, b_i]\ \text{且} a_i < b_i,\ i \in [1, n], \quad c_i = (a_i + b_i)/2,\ i \in [1, n]. \end{aligned}\right\} \tag{16.5}$$

$\boldsymbol{x}$ 的反射反向定义为

$$\left.\begin{aligned} &\boldsymbol{x}_{o1} = [x_{o1,1},\ x_{o1,2},\ \cdots,\ x_{o1,n}], \\ \text{其中}\quad &x_{o1,i} = a_i + b_i - x_i,\ i \in [1, n]. \end{aligned}\right\} \tag{16.6}$$

向量 $\boldsymbol{x}$ 的模反向定义为

$$\left.\begin{aligned} &\boldsymbol{x}_{o2} = [x_{o2,1},\ x_{o2,2},\ \cdots,\ x_{o2,n}], \\ \text{其中}\quad &x_{o2,i} = (x_i - a_i + c_i) \mod (b_i - a_i). \end{aligned}\right\} \tag{16.7}$$

这些定义只适用于长方形域. 未来可以将这些定义扩展到非长方形域, 这种扩展也许不太困难.

本章不再使用模反向. 在余下的部分中我们将“$\boldsymbol{x}$ 的反射反向”简称为“$\boldsymbol{x}$ 的反向”, 并将记号 $\boldsymbol{x}_{o1}$ 简写为 $\boldsymbol{x}_o$.

16.1.2 部分反向

已知向量 $\boldsymbol{x}$, 我们可以定义 $\boldsymbol{x}$ 的一个部分反向 $\boldsymbol{x}_p$, 取 $\boldsymbol{x}$ 的某些维的反向同时让 $\boldsymbol{x}$ 的其他元素保持不变. 例如:

$$\left.\begin{aligned} \boldsymbol{x} &= [\, x_1,\ x_2,\ \cdots,\ x_n \,] \\ \text{部分反向}\quad \boldsymbol{x}_p &= [\, x_{p1},\ x_{p2},\ \cdots,\ x_{pn} \,] \\ \text{其中}\quad x_{pi} &= \begin{cases} x_{oi}, & i \in S, \\ x_i, & i \in \bar{S}. \end{cases} \end{aligned}\right\} \tag{16.8}$$

其中 S 是 $\{1, 2, \cdots, n\}$ 的某个子集, $\bar{S}$ 是它的补集; 即, $S \cup \bar{S} = \{1, 2, \cdots, n\}$, 对所有 $j \in \{1, \cdots, |S|\}$, $S_j \notin \bar{S}$ 并且对所有 $j \in \{1, \cdots, |\bar{S}|\}$, $\bar{S}_j \notin S$. $\boldsymbol{x}_p$ 的反向度定义为

$$r(\boldsymbol{x}_p) = |S|/n. \tag{16.9}$$

例 16.1 假设 $\boldsymbol{x} = [\, 0.5,\ 0.5 \,]$, 其中 $\boldsymbol{x}$ 的两个元素都定义在域 [0,2] 上. 我们可以定义 $\boldsymbol{x}$ 的 4 个部分反向:

$$\left.\begin{aligned} \boldsymbol{x}_p^{(1)} &= [\, 0.5,\ 0.5 \,] \ \rightarrow\ \tau\left(x_p^{(1)}\right) = 0, \\ \boldsymbol{x}_p^{(2)} &= [\, 1.5,\ 0.5 \,] \ \rightarrow\ \tau\left(x_p^{(1)}\right) = 1/2, \\ \boldsymbol{x}_p^{(3)} &= [\, 0.5,\ 1.5 \,] \ \rightarrow\ \tau\left(x_p^{(1)}\right) = 1/2, \\ \boldsymbol{x}_p^{(4)} &= [\, 1.5,\ 1.5 \,] \ \rightarrow\ \tau\left(x_p^{(1)}\right) = 1. \end{aligned}\right\} \tag{16.10}$$

图 16.2 说明 $\boldsymbol{x}$ 的部分反向. □

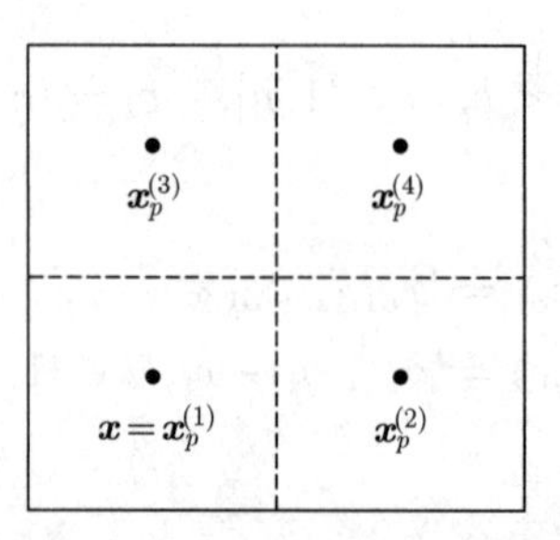

图 16.2 例 16.1: 二维向量 $\boldsymbol{x}$ 的部分反向的反向度. 向量 $\boldsymbol{x}_p^{(1)}$ 等同于 $\boldsymbol{x}$, 所以它的反向度为 0. 向量 $\boldsymbol{x}_p^{(2)}$ 和向量 $\boldsymbol{x}_p^{(3)}$ 包含一个与 $\boldsymbol{x}$ 的相应元素反向的元素, 一个与 $\boldsymbol{x}$ 的相应元素相等的元素, 所以它们的反向度都是 0.5. $\boldsymbol{x}_p^{(4)}$ 的每个元素都是 $\boldsymbol{x}$ 相应元素的反向, 所以它的反向度是 1.

16.1.3 1 型反向和 2 型反向

到目前为止, 我们一直用函数的域定义反向, 称之为 1 型反向. 也可以用函数的范围定义反向, 称之为 2 型反向 [Tizhoosh et al., 2008]. 我们从标量 x 的标量函数 $y(\cdot)$ 开始, 其中 x 定义在域 $[a,b]$. 范围 $[y_{\min}, y_{\max}]$ 定义为

$$y_{\min} = \min y(x):\ x \in [a,b], \quad y_{\max} = \max y(x):\ x \in [a,b]. \tag{16.11}$$

这个范围的中心定义为

$$y_c = (y_{\max} - y_{\min})/2. \tag{16.12}$$

x 的 2 型反射反向定义为

$$x_o^{(r)} = x' : y(x') = y_{\min} + y_{\max} - y(x). \tag{16.13}$$

它意味着 $y(x_o^{(r)})$ 与 $y(x)$ 到 y_c 的距离相等:

$$y\left(x_o^{(r)}\right) - y_c = y_c - y(x). \tag{16.14}$$

除非 $y(\cdot)$ 是 1-1 对应的, 不然由这个定义可以得到多个 $x_o^{(r)}$ 的值. 图 16.3 说明 1 型反向和 2 型反向之间的区别. 注意, 通过扩展 2 型反向的定义可以得到向量的 2 型反向、向量的 2 型模反向和 2 型反向度.

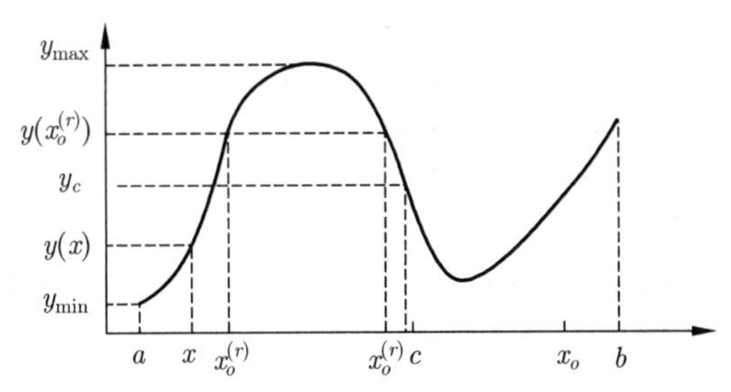

图 16.3 考虑在域 $[a,b]$ 上的标量 x 及其函数 $y(x)$. 将 x 反射到域的中心 c 的对面得到 x 的 1 型反向 x_o. 将 $y(x)$ 反射到域的中心 y_c 的对面得到 $y(x_o^{(r)})$, 然后计算 $y(x_o^{(r)})$ 的逆得到 x 的 2 型反向 $x_o^{(r)}$. 本例 $x_o^{(r)}$ 有两个可能的值.

本章余下部分只讨论 1 型反向. 在进化算法的背景下值得对 2 型反向做进一步研究, 我们把它留给未来.

16.1.4 准反向和超反向

现在我们定义反向的另外 3 个方式. 与前面一样, 考虑标量 $x \in [a,b]$, c 是域的中心. x 的准反向定义如下 [Tizhoosh et al., 2008]:

$$x_{qo} = \text{rand}(c, x_o), \tag{16.15}$$

其中 x_o 是 (16.2) 式定义的标准反射反向, 即 x_{qo} 是均匀分布在 $[c, x_o]$ 上的随机数的一个实现. 注意, rand 函数的结果独立于自变量的顺序; 也就是说, 记号 $\text{rand}(c, x_o)$ 和 $\text{rand}(x_o, c)$ 等价.

x 的超反向定义如下 [Tizhoosh et al., 2008]:

$$x_{so} = \begin{cases} \text{rand}(x_o, b), & \text{如果} x < c, \\ \text{rand}(a, x_o), & \text{如果} x > c. \end{cases} \tag{16.16}$$

即, x_{so} 是均匀分布于 x_o 和离 x 最远的域边界之间的随机数的一个实现. 这个定义并不完备, 因为在 $x = c$ 的情况下 x_{so} 没有定义, 但改变 (16.16) 式中的任意一个不等式, 让它既包括等式又包括不等式就可以处理这种特殊情况.

x 的准反射反向定义如下 [Ergezer et al., 2009]:

$$x_{qr} = \text{rand}(x, c). \tag{16.17}$$

即, x_{qr} 是均匀分布于 x 和 c 之间的随机数的一个实现. 注意, 在"准反射"中的"反射"与"反射反向"中的"反射"不相关 (参见 (16.2) 式).

图 16.4 说明反向的 4 种不同方式. 按照本节前面介绍的过程, 我们可以将这些定义扩展到向量, 模反向, 以及 2 型反向.

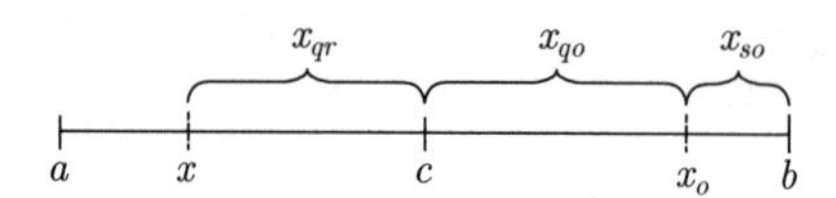

图 16.4 假设有一个标量 $x \in [a, b]$. 将 x 反射到域的中心 c 的对面得到 x 的反向 x_o. 在 c 和 x_o 之间生成一个随机数得到 x 的准反向 x_{qo}. 在 x_o 和离 x 最远的域边界之间生成一个随机数得到 x 的超反向 x_{so}. 在 x 和 c 之间生成一个随机数得到 x 的准反射反向 x_{qr}.

有趣的是将这些反向的定义与模糊逻辑联系起来. 图 16.4 表明反向 x_o 是确定的; 已知 x, 它的反向 x_o 是一个确定的数或向量. x_{qr}, x_{qo} 和 x_{so} 可以定义为模糊量. 文献中还不曾提及这些反向的定义与模糊逻辑之间的联系, 进一步研究这些联系的时机似乎已经成熟.

16.2 反向进化算法

本节介绍一般的反向学习算法, 并说明它如何才能增强进化算法的性能. 下面的步骤是进化算法使用反向学习的一种简单方式.

1. 当初始化进化算法种群的 N 个个体时, 建立 N 个反向个体, 每个反向个体相应于 N 个初始个体中的一个. 已知 $2N$ 个候选解 (N 个初始个体和 N 个反向个体), 保留最好的 N 个作为反向进化算法开始的种群. 8.1 节曾讨论过这个基本思路.
2. 运行进化算法的标准实现. 它涉及费用函数评价、重组, 以及变异的循环. 按定义每代执行一次循环.

3. 每隔几代就计算 N 个个体各自的反向. 在这 $2N$ 个候选解中 (N 个标准进化算法的个体以及 N 个反向个体), 为下一代保留最好的 N 个个体. 在每一代以概率 $J_r \in [0,1]$ 执行这一步, J_r 被称为跳变率.

在反向进化算法中还需要决定以下几项.

1. 应该用哪一种进化算法? 回答这个问题还意味着要选出进化算法的所有可调参数.
2. 应该用哪种类型的反向?
3. 跳变率 J_r 应该取多少?

跳变率是一个可调参数. 目前还没有多少关于 J_r 的指南, 我们不想让它太高. 周期性地生成反向种群是为了探索搜索空间的未知区域. 不想在每一代都生成反向种群, 因为那样一来会在搜索空间中反复地跳来跳去, 浪费函数评价. 反向差分进化的结果表明, $J_r \approx 0.3$ 是一个好的平衡点 [Rahnamayan et al., 2008].

注意, 有 N 个个体的非反向进化算法运行 G 代总共需要 GN 次函数评价. N' 个个体跳变率为 J_r 的反向进化算法运行 G' 代平均共需要 $G'N'(1+J_r)$ 次函数评价. 为在非反向进化算法和反向版本之间做公平的比较, 需要选择 G', N' 和 J_r, 使

$$GN = G'N'(1+J_r). \tag{16.18}$$

要做到这点, 可以置 $N' = N$, 并降低反向的代数限制使 $G' = G/(1+J_r)$, 或置 $G' = G$ 但减少反向种群规模, 让 $N' = N/(1+J_r)$, 或同时减少 G' 和 N' 以满足 (16.18) 式.

反向的基于生物地理学优化

现在说明上面介绍的反向学习框架如何用于基于生物地理学优化 (BBO). 我们将标准 BBO 算法 14.1 与反向学习结合就得到反向 BBO(oppositional BBO, OBBO)[Ergezer et al., 2009]. 算法 16.1 概述 OBBO 算法. 注意, 除了“注释: 反向逻辑开始”和“注释: 反向逻辑结束”两行之间的伪代码以外, 算法 16.1 与算法 14.1 相同.

算法 16.1 种群规模为 N 的反向的基于生物地理学优化 (OBBO) 算法概述. $\{\boldsymbol{x}_k\}$ 是个体的整个种群, $\boldsymbol{x}_k$ 是第 k 个个体, $x_k(s)$ 是 $\boldsymbol{x}_k$ 的第 s 个特征. 类似地, $\{\boldsymbol{z}_k\}$ 是个体的临时种群, $\boldsymbol{z}_k$ 是第 k 个临时个体, $z_k(s)$ 是 $\boldsymbol{z}_k$ 的第 s 个特征.

```
初始化一个候选解的种群 {x_k}, k ∈ [1, N]
While not (终止准则)
    对每一个 x_k, 设置迁出概率 μ_k ∝ x_k 的适应度, μ_k ∈ [0, 1]
    对每一个个体 x_k, 设置迁入概率 λ_k = 1 − μ_k
    {z_k} ← {x_k}
    For 每一个个体 z_k
        For 每一个解的特征 s
            用 λ_k 依概率决定是否迁入到 z_k
            If 迁入 then
```

用 $\{\mu_i\}_{i=1}^N$ 依概率选出迁出个体 $\boldsymbol{x}_j$

$z_k(s) \leftarrow x_j(s)$

End if

下一个解的特征

依概率变异 $\{\boldsymbol{z}_k\}$

下一个个体

注释: 反向逻辑开始

$r \leftarrow U[0,1]$

If $r < J_r$ then

用 $\{\boldsymbol{z}_k\}$ 生成反向种群 $\{\bar{\boldsymbol{z}}_k\}$

$\{\boldsymbol{z}_k\} \leftarrow \{\boldsymbol{z}_k\} \cup \{\bar{\boldsymbol{z}}_k\}$ 中最好的 N 个个体

End if

注释: 反向逻辑结束

$\{\boldsymbol{x}_k\} \leftarrow \{\boldsymbol{z}_k\}$

下一代

例 16.2 本例优化 20 维 Griewank函数. 此函数在附录 C.1.6 中定义, 为方便起见, 我们在这里把它列出来:

$$f(\boldsymbol{x}) = 1 + \sum_{i=1}^{n} x_i^2/4000 - \prod_{i=1}^{n} \cos\left(x_i/\sqrt{i}\right), \tag{16.19}$$

其中 $x_i \in [-600, +600]$. 对所有 $i \in [1, n]$, $\boldsymbol{x}$ 的极小值为 $x_i = 0$. 我们用 BBO, 种群规模 $N = 50$, 函数评价次数限为 2500. 如果在每一代对每个 BBO 个体评价一次就是 50 代. 我们对每一个个体的每一维采用 1% 的变异概率并且取精英参数为 2. 算法 16.1 把反向学习加到 BBO 算法中. 在实施反向学习时取跳变率 $J_r = 0.2$, 因此代数大约会减少到 41 或 42, 它依赖于控制反向种群生成的随机数序列. 在 20 次蒙特卡罗仿真之后, BBO 和 OBBO 找到的平均最低费用如下:

$$\begin{aligned} \text{BBO}: &\ 8.85 \\ \text{反射 OBBO}: &\ 9.69 \\ \text{准 OBBO}: &\ 0.05 \\ \text{超 OBBO}: &\ 11.82 \\ \text{准反射 OBBO}: &\ 0.03 \end{aligned}$$

上表中术语的含义参见图 16.4. 反射 OBBO 指的是 $\boldsymbol{x}_o$, 准 OBBO 指的是 $\boldsymbol{x}_{qo}$, 超 OBBO 指的是 $\boldsymbol{x}_{so}$, 而准反射 OBBO 指的是 $\boldsymbol{x}_{qr}$. 我们看到, 反射 OBBO 和超 OBBO 的表现比 BBO 差. 但准 OBBO 和准反射 OBBO 表现得比 BBO 好很多. □

根据没有免费午餐定理 (参见附录 B), 例 16.2 中准 OBBO 和准反射 OBBO 令人瞩目的性能并不神奇. 它们的性能之所以如此优越是因为 Griewank 问题的解正好就在域的中心. 由图 16.4 可见, 准 OBBO 和准反射 OBBO 都很容易将个体移近搜索域的中心. 反射 OBBO 让个体距中心的距离保持不变 (只不过是在搜索域的对边上), 因此反射 OBBO 表现得比 BBO 差. 反射 OBBO 既不会降低也不会提高个体在 Griewank 问题中的性能; 它只是消耗函数评价. 超 OBBO 做得就更差. 图 16.4 显示, 超 OBBO 总是让个体远离搜索域的中心, 这会让个体在 Griewank 问题上的性能变差. 因此, 我们根据对反向学习和 Griewank 问题的理解能够预测到例 16.2 的结果.

当然, 如果知道解在搜索域的中心附近, 就不需要用反向学习; 我们可以用别的方法让 BBO 个体偏向域的中心. 就此而言, 对 Griewank 问题用反向学习是"作弊"; 它依赖于 Griewank 问题的解在域的中心附近这一事实. 也就是说, 它隐含着依赖于问题的具体信息. 这与附录 B 讨论的没有免费午餐定理密切相关. 如果问题的解能出现在搜索域中的任何位置, 这样的问题才能更好地测试反向学习, 因此有下面的例子.

例 16.3 本例再来优化 $n=20$ 维的 Griewank函数 (参见附录 C.1.6). 采用与例 16.2 相同的参数. 我们这次随机变换 Griewank 问题的解:

$$f(\boldsymbol{x}) = 1 + \sum_{i=1}^{n}(x_i - r_i)^2/4000 - \prod_{i=1}^{n}\cos\left((x_i - r_i)/\sqrt{i}\right), \tag{16.20}$$

其中 r_i 是在搜索域 $[-600, +600]$上均匀分布的随机数. 最小化 $f(\boldsymbol{x})$ 的自变量是 $x_i^* = r_i$, $i \in [1, n]$. 每次仿真 $\{r_i\}$ 都用一组不同的值, 在 20 次蒙特卡罗仿真之后由 BBO 和 OBBO 找到的平均最低费用如下:

$$\begin{aligned}\text{BBO}:&\ 10.4\\ \text{反射 OBBO}:&\ 14.1\\ \text{准 OBBO}:&\ 13.8\\ \text{超 OBBO}:&\ 13.4\\ \text{准反射 OBBO}:&\ 13.9\end{aligned}$$

所有的反向 BBO 的表现明显都比标准 BBO 差. 这是因为移位后的 Griewank 的解均匀分布在搜索空间中, 因而反向点不会比 BBO 个体更有可能接近最优解. 事实上, 当 BBO 的代数增加, 反向点更不可能接近最优解. 因为随着代数增加, BBO 个体凭借它们的信息分享机制会移动到更靠近最优解的位置. 所以, 反向函数很有可能移动到离解更远的位置. 在这种情况下使用反向不仅浪费函数评价, 看起来还适得其反. □

例 16.3 说明, 经过更仔细的讨论之后, 例 16.2 最初令人振奋的结果好像变成了一个幻影, 不过, 并不是没有指望了. 用进化算法求解一个实际优化问题时需要定义搜索域. 通常定义的这个搜索域要能够保证解就在其中. 由于不能确定解的位置, 通常会让搜索域比实际需要的大. 我们往往会错在搜索域过大而非搜索域过小. 但我们可能会怀疑解并不在搜索域的中心附近. 所以, 与例 16.2 或例 16.3 相比, 更现实的情况可能是随机变换 Griewank 的解让它能够达到域的任一极值点, 而不是让它处在中心的附近. 我们来看下面的例子.

例 16.4 本例再次优化 $n=20$ 维的 Griewank函数. 采用在例 16.2 和例 16.3 中相同的参数. 但这次我们随机变换 Griewank 问题的解, 令解为正态分布向量的一个实现,

每一个元素的标准差为 200:

$$\left.\begin{aligned} r_i &\leftarrow 200N(0,1),\ \ i \in [1,n], \\ r_i &\leftarrow \max\{\min\{r_i, 600\}, -600\}, \\ f(x) &= 1 + \sum_{i=1}^{n}(x_i - r_i)^2/4000 - \prod_{i=1}^{n}\cos\left((x_i - r_i)/\sqrt{i}\right). \end{aligned}\right\} \tag{16.21}$$

$N(0,1)$ 是零均值单位方差的正态分布的随机数, 这意味着 $200N(0,1)$ 的标准差为 200. 在 (16.21) 式中 max/min 的操作保证移位后的 Griewank 函数的解的每个元素留在搜索域 $[-600,600]$ 中. 对每一个蒙特卡罗样本采用不同的 $\{r_i\}$, 在 20 次蒙特卡罗仿真之后, 由 BBO 和 OBBO 找到的平均最低费用如下:

$$\begin{aligned} \text{BBO}: &\ 9.5 \\ \text{反射 OBBO}: &\ 11.2 \\ \text{准 OBBO}: &\ 9.9 \\ \text{超 OBBO}: &\ 11.9 \\ \text{准反射 OBBO}: &\ 6.0 \end{aligned}$$

BBO 和准 OBBO 的性能在统计上相同, 而反射 OBBO 和超 OBBO 的性能比标准 BBO 差. 但准反射 OBBO 的性能明显比标准 BBO 好, 这是因为准反射 OBBO 易于将 BBO 个体移向域的中心. 由此推论, 准 OBBO 的性能也应该比 BBO 好, 因为准 OBBO 也是将个体移向域的中心. 但准 OBBO 将个体移向域的中心的同时也让它们远离当前个体 x(参见图 16.4). 在后面的代中当大多数个体的费用较低时性能往往会变差. 准反射 OBBO 表现更好是因为它不仅将个体移向中心而且往往让个体接近它们在搜索空间中最初的位置, 在最初的几代之后这样做是有益的. □

16.3 反向概率

16.2 节说明如何将反向学习融入 BBO 以改进其性能. 在使用各种类型的反向：反射反向、准反向, 以及准反射反向时, 我们能越来越接近优化问题的解, 本节研究这些事件的概率. 由于涉及很多数学推导, 注重实践的读者可以放心地略过这一节或者只了解在末尾处表 16.1 中的结果即可.

在本节中我们需要下面的假设.

1. 假设搜索空间为一维. 这个假设显然非常严格, 但它是一个起点, 可以将一维的情况进一步扩展到高维.
2. 假设优化问题的解 x^* 未知, 不过它是 x 的域中均匀分布随机数的一个实现. 这个假设基于理由不足的原则, 这个原则说的是在缺少先验知识的情况下我们必须假定在搜索空间中的所有事件都具有相同的概率 [Dembski and Marks, 2009b], [Dembski and Marks, 2009a].

假设进化算法的任意一个个体 x. 不失一般性, 假设 x 处在搜索域的下半部. 我们考虑它的准反向 x_{qo} 比它的反向 x_o 更接近最优解 x^* 的概率. 图 16.5 所示为任意一个进化算法的个体 x, 它的反向 x_o 和准反向 x_{qo}. 最优解 x^* 可能处于下面 3 个区域中的一个.

1. $x^* \in [a,c]$ 的情形被定义为情况 1.
2. $x^* \in [c,x_o]$ 的情形被定义为情况 2.
3. $x^* \in [x_o,b]$ 的情形被定义为情况 3.

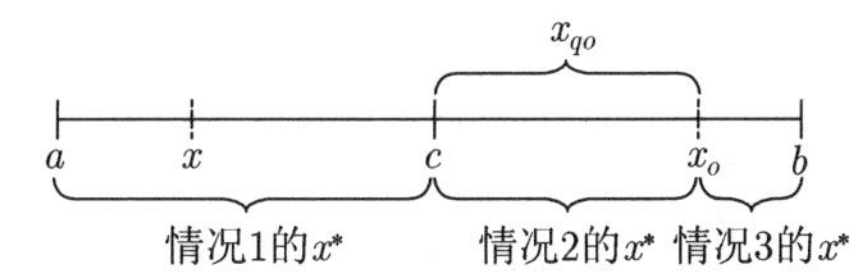

图 16.5 x 是进化算法的一个个体, x_o 是它的反向, x_{qo} 是它的准反向 (取自 c 和 x_o 之间的均匀分布). 优化问题的解 x^* 均匀分布在 $[a,b]$ 上, 因此它会落入三者之一.

情况 1 对于情况 1, 显然 x_{qo} 比 x_o 更接近 x^*. 所以,

$$\text{对于情况 1,}\ \Pr(|x_{qo} - x*| < |x_o - x*|) = 1. \tag{16.22}$$

情况 2 对于情况 2, x^* 和 x_{qo} 互相独立并均匀分布在 $[c,x_o]$ 上. 我们可利使用全概率定理 [Mitzenmacher and Upfal, 2005], 并根据在情况 2 时 $x_o - x^* > 0$ 的事实, 写出 x_{qo} 比 x_o 更接近 x^* 的概率如下:

$$\begin{aligned}
&\Pr(|x_{qo} - x^*| < |x_o - x^*|)\\
&= \Pr(|x_{qo} - x^*| < x_o - x^* | x_{qo} - x^* < 0)\Pr(x_{qo} - x^* < 0) +\\
&\quad \Pr(|x_{qo} - x^*| < x_o - x^* | x_{qo} - x^* > 0)\Pr(x_{qo} - x^* > 0)\\
&= \Pr(x_{qo} > 2x^* - x_o | x_{qo} < x^*)\Pr(x_{qo} < x^*) +\\
&\quad \Pr(x_{qo} < x_o | x_{qo} > x^*)\Pr(x_{qo} > x^*).
\end{aligned} \tag{16.23}$$

考虑上式右边的项. 首先, 因为 x_{qo} 和 x^* 都均匀分布在 $[c,x_o]$ 上, 可知

$$\Pr(x_{qo} < x^*) = 1/2, \quad \Pr(x_{qo} > x^*) = 1/2, \quad \Pr(x_{qo} < x_0 | x_{qo} > x^*) = 1. \tag{16.24}$$

利用贝叶斯定理，(16.23) 式右边的第一个表达式为

$$\begin{aligned}
\Pr(x_{qo} > 2x^* - x_o | x_{qo} < x^*)\Pr(x_{qo} < x^*) &= \Pr(x_{qo} > 2x^* - x_o, x_{qo} < x^*)\\
&= \Pr(2x^* - x_o < x_{qo} < x^*)\\
&= \int_c^{x_o} \int_{x_{qo}}^{(x_{qo}+x_o)/2} f(x^*) f(x_{qo}) \mathrm{d}x^* \mathrm{d}x_{qo}.
\end{aligned} \tag{16.25}$$

这里我们假设 x^* 和 x_{qo} 互相独立, 概率密度函数分别为 $f(x^*)$ 和 $f(x_{qo})$. 假设它们为均匀分布的概率密度函数, 上面的积分为

$$\begin{aligned}\Pr(x_{qo} > 2x^* - x_o | x_{qo} < x^*)\Pr(x_{qo} < x^*) &= \int_c^{x_o}\int_{x_{qo}}^{(x_{qo}+x_o)/2} \frac{1}{(x_o-c)^2}\mathrm{d}x^*\mathrm{d}x_{qo} \\ &= \int_c^{x_o} \frac{x_o - x_{qo}}{2(x_o-c)^2}\mathrm{d}x_{qo} \\ &= 1/4. \end{aligned} \tag{16.26}$$

将 (16.24) 式和 (16.26) 式代入 (16.23) 式, 得到

$$\text{对于情况 2,}\ \Pr(|x_{qo} - x^*| < |x_o - x^*|) = 3/4. \tag{16.27}$$

情况 3 对于情况 3, 由图 16.5 可见, x_o 显然比 x_{qo} 更接近 x^*. 所以,

$$\text{对于情况 3,}\ \Pr(|x_{qo} - x^*| < |x_o - x^*|) = 0. \tag{16.28}$$

最后结果

我们用符号 $\mathcal{E}$ 表示 x_{qo} 比 x_o 更接近最优解 x^* 这个事件:

$$\mathcal{E} = \{|x_{qo} - x^*| < |x_o - x^*|\}. \tag{16.29}$$

然后将情况 1, 情况 2 和情况 3 的结果合起来, 得到

$$\begin{aligned}\Pr(\mathcal{E}) = &\Pr(\mathcal{E}|x^* \in [a,c])\Pr(x^* \in [a,c]) + \\ &\Pr(\mathcal{E}|x^* \in [c,x_o])\Pr(x^* \in [c,x_o]) + \\ &\Pr(\mathcal{E}|x^* \in [x_o,b])\Pr(x^* \in [x_o,b]) \\ = &(1)\left(\frac{1}{2}\right) + \left(\frac{3}{4}\right)\left(\frac{x_o - c}{b-a}\right) + 0. \end{aligned} \tag{16.30}$$

如果 x 均匀分布在搜索域的下半部, 则 x_o 均匀分布在搜索域的上半部. 所以, x_o 的期望值为

$$\mathrm{E}(x_o) = (c+b)/2. \tag{16.31}$$

取 (16.30) 式的期望, 得到

$$\mathrm{E}[\Pr(|x_{qo} - x^*| < |x_o - x^*|)] = \frac{1}{2} + \frac{3}{4}\frac{(b-c)/2}{b-a} = 1/2 + 3/16 = 11/16. \tag{16.32}$$

上面的推导假定 $x \in [a,c]$, 但是它并不会影响结果的一般性; 如果 $x \in [c,b]$, 仍然会有相同的结果. 由此得到下面的定理.

定理 16.1 *假定个体 x 和一维优化问题的解 x^* 相互独立且在搜索空间中均匀分布. 则 x 的准反向比 x 的反向更接近解 x^* 的平均概率为 11/16.*

[Ergezer et al., 2009], [Ergezer, 2011] 最先介绍这些结果. 那几篇文章中还有一些结果, 经总结后列在表 16.1 中. 表 16.1 的第一行显示个体和它的反向更接近最优解的可能性相等. 由于 x 和 x_o 之间的对称性, 这个结论在我们的意料之中.

尽管表 16.1 只限于一维的问题, 从概念上应该可以将本节介绍的方法直接扩展到高维的问题, 这方面的研究可留给将来. 在 [Ergezer et al., 2009] 中有一些高维的实验性结果, 当维数增加时概率看上去也会增加并渐进收敛. 读者还可以参考习题 16.12.

注意, 本节定义 x^* 为优化问题的解. 也可以把 x^* 定义为搜索空间中最差的个体. 反向学习的关键是在生成反向种群之后, 从初始的 N 个个体和反向的 N 个个体中留下最好的 N 个作为下一代. 反向学习管用的原因在于, 与任一个体 x 相比, 准反向和准反射点有较大概率更接近搜索空间中的任意一点.

表 16.1 在一维空间中某些反向点比其他点更接近最优解的概率.

事件	概率
$\lvert x_o - x^*\rvert < \lvert x - x^*\rvert$	1/2
$\lvert x_{qo} - x^*\rvert < \lvert x - x^*\rvert$	9/16
$\lvert x_{qr} - x^*\rvert < \lvert x - x^*\rvert$	11/16
$\lvert x_{qo} - x^*\rvert < \lvert x_o - x^*\rvert$	11/16
$\lvert x_{qr} - x^*\rvert < \lvert x_o - x^*\rvert$	9/16
$\lvert x_{qo} - x^*\rvert < \lvert x_{qr} - x^*\rvert$	1/2

这些推导假设个体 x 在搜索空间中均匀分布. 我们期望在进化算法的后期, 大多数个体会更接近最优解, 这意味着 x 将不再是均匀分布. 这似乎表明在搜索过程的早期反向学习会更有效. 当实施反向学习时, 早期用的跳变率要比后期的高. 模拟退火也常常用到这样的逻辑 (参见第 9 章). 进化算法的变异也经常用到类似的推理; 在搜索过程的早期变异率较高后期则较低 [Haupt and Haupt, 2004, Section 5.9].

16.4 跳 变 比

本节介绍跳变比的概念, 它是改进反向学习性能的一个简单扩展. 因为反向学习所需的计算资源较多所以提出这个想法. 每生成一个反向个体都额外需要一次适应度评价, 而在实际问题中适应度评价的计算量很大 (参见第 21 章). 在实施进化算法的过程中, 我们不想随意生成反向解. 而只在有理由相信额外的计算会改进性能的时侯才生成反向解.

注意, 适应性强的个体的反向不大可能比适应性弱的个体的反向更强. 也就是说, 如果个体靠近最优解, 就不值得再去生成它的反向. 反之, 如果一个个体远离最优解, 可能很值得生成它的反向. 当然, 我们并不知道给定的个体离最优解是近或是远, 但知道进化算法种群中每一个个体相对的适应度值. 在实施反向学习时, 生成反向个体的概率也许应该随着个体的适应度变化. 可以用算法 16.2 那样的处理方式替换算法 16.1 中的 OBBO 逻辑.

在算法 16.2 中, 参数 $\alpha > 0$ 控制着生成反向个体的压力. μ_k 与 z_k 的适应度成正比, 因此, 基于适应度的反向逻辑让适应性差的个体更有可能生成反向个体. α 越小生成的反向个体越多. 当 $\alpha \to 0$ 时, 基于适应度的反向逻辑等价于算法 16.1 中的标准反向逻辑, 需要生成每一个个体的反向个体. α 越大生成的反向个体越少. 当 $\alpha \to \infty$ 时, 不生成反向个体, OBBO 算法退化为标准 BBO. 生成反向个体存在风险, 因为评价每个反向个体的适应度会花费额外的计算量. 从新的适应性强的反向个体得到的潜在回报是否值得额外的适应度评价? 参数 α 为二者提供了一个平衡.

算法 16.2 基于适应度的反向逻辑. 此逻辑可替代算法 16.1 中的标准 OBBO 逻辑.

$\alpha =$ 反向压力, $\alpha \in [0,1]$
$r_1 \leftarrow U[0,1]$
If $r_1 < J_r$ then
  $m = 0$
  For 每一个个体 $\boldsymbol{z}_k$
    $r_2 \leftarrow U[0,1]$
    If $r_2 > \alpha\mu_k$ then
      $m \leftarrow m+1$
      $\bar{\boldsymbol{z}}_m \leftarrow \boldsymbol{z}_k$ 的反向
    End if
  下一个个体
  $\{\boldsymbol{z}_k\} \leftarrow \{\boldsymbol{z}_k\} \cup \{\bar{\boldsymbol{z}}_m\}$ 中最好的 N 个个体
End if

实施基于适应度的反向逻辑的另一种方法是只为种群中适应性最差的 ρ 部分中的个体生成反向个体. 这与上面概述的想法类似, 但是它更明确并可以按算法 16.3 来实施, 这里 $\rho \in [0,1]$.

本节介绍的这些想法试图让反向学习更智能, 适应性更好, 更有效. 善于创新的研究人员可以根据这些原则提出其他改进反向学习的思路. 也许还能利用在进化算法研究中引导变异的想法来改进反向学习 [Zhang et al., 2005]. 下一节会用一个例子来演示上述跳变比的逻辑.

算法 16.3 基于适应度比例的反向逻辑. 此逻辑可替代算法 16.1 中的标准 OBBO 逻辑. 如果 $\rho = 1$, 此逻辑退化为算法 16.1 的标准反向逻辑.

$\rho =$ 跳变比, $\rho \in [0,1]$
$r \leftarrow U[0,1]$
If $r < J_r$ then
  $m = 0$

For 每一个个体 z_k
    If z_k 在种群适应性最差的 ρ 部分中 then
        $m \leftarrow m+1$
        $\bar{z}_m \leftarrow z_k$ 的反向
    End if
下一个个体
$\{z_k\} \leftarrow \{z_k\} \cup \{\bar{z}_m\}$ 中最好的 N 个个体
End if

16.5 反向组合优化

本节将反向学习扩展到组合优化问题. 为此我们显然需要重新思考在 16.1 节中对反向的定义. [Ergezer and Simon, 2011] 介绍了在这个领域中最初的工作.

对于组合问题, 我们想要找到节点排序的最好方式. 旅行商问题 (traveling salesman problem) 就是一个好例子 (参见 2.5 节和第 18 章). 旅行商问题可以是闭合路径或开放路径. 前者的解构成一个闭合的路径; 也就是说, 行程在同一个城市开始和结束. 开放路径问题的解则恰好只访问每个城市一次, 因此在不同的城市开始和结束. 本节考虑开放路径问题.

在定义组合个体的反向之前, 我们用一个简单的例子介绍一些定义. 假设要用进化算法求解一个 4 城旅行商问题. 城市标记为 A, B, C 和 D. 一个候选解为

$$A \rightarrow B \rightarrow C \rightarrow D. \tag{16.33}$$

1. 定义行程的一段为在两个相邻城市之间的旅行.(16.33) 式由 3 段组成: $A \rightarrow B$, $B \rightarrow C$ 和 $C \rightarrow D$.
2. 定义两个城市之间的接近度为从一个城市到另一个城市之间段的个数. 在 (16.33) 式, A 和 B 接近度为 1, A 和 C 接近度为 2, A 和 D 的接近度为 3.
3. 定义一条路径的总接近度为每对相邻城市之间接近度的总和. 在 (16.33) 式中, 总接近度为 3, 因为 $A \rightarrow B$, $B \rightarrow C$ 和 $C \rightarrow D$ 的每一对的接近度都为 1. 一条路径的总接近度始终等于 $N-1$, 这里 N 为城市的个数.
4. 定义路径 β 的相对接近度为 β 中每对相邻城市的接近度的总和, 这里根据另外某个路径 α 得到接近度. 例如, 假设有下面的路径:

$$\begin{aligned} \alpha &: D \rightarrow C \rightarrow A \rightarrow B, \\ \beta &: B \rightarrow D \rightarrow A \rightarrow C. \end{aligned} \tag{16.34}$$

   β 相对于 α 的接近度为 6. 因为 β 由 3 段组成: 第一段是 $B \rightarrow D$, 在 α 中这两个城市的接近度为 3; 第二段是 $D \rightarrow A$, 在 α 中这两个城市的接近度为 2; 第三段是 $A \rightarrow C$, 在 α 中这两个城市的接近度为 1.

定义路径 α 的反向的一种方式是找出相对接近度尽可能大的路径 β. 这很直观, 因为 α 相对于 α 的相对接近度是 $N-1$, 它是可能的最小值. 利用这个定义, (16.33) 式中路径的反向为

$$C \rightarrow A \rightarrow D \rightarrow B. \tag{16.35}$$

这条路径相对于 (16.33) 式的接近度为 7, 它是可能的最大值.

要找出相对接近度最大的路径, 这个问题本身就是一个组合优化问题. 它意味着如果想要用反向学习解决像旅行商问题的这类问题, 在每一代就不得不解决由多个组合问题构成的组合问题. 这样做在计算上不可行. 所以, 我们定义组合个体的贪婪反向. 在贪婪反向中, 路径开始的城市不变, 然后加入与开始的城市相对接近度最大的城市作为第二个城市. 与新的第二个城市相对接近度最大的城市设置为第三个城市. 重复这个过程就得到整个贪婪反向路径. 算法 16.4 概述了这个过程.

由算法 16.4 得到 (16.33) 式中路径的贪婪反向为:

$$A \rightarrow D \rightarrow B \rightarrow C. \tag{16.36}$$

这个路径相对于 (16.33) 式的接近度为 6, 它比 (16.35) 式反向路径的接近度少 1. 算法 16.5 为实施贪婪反向的另一个更简单的方式. 这些算法没有给出旅行商问题候选解的完全反向, 但希望它们能以合理的较小的计算代价得到近似反向.

算法 16.4 下面的伪代码概述找出组合优化问题候选解 α 的贪婪反向 β 的简单算法, 其中 N 为每个候选解的节点数.

$\alpha = \{\alpha_1, \alpha_2, \cdots, \alpha_N\}$ = 候选解
$p(\alpha_i, \alpha_j) = |i-j|$ = 节点 α_i 和 α_j 的接近度
$\beta_1 \leftarrow \alpha_1$
$\beta \leftarrow \{\beta_1\}$
For $k=2$ to N
  $\beta_k \leftarrow \underset{a}{\operatorname{argmax}}\, p(\alpha_{k-1}, a) : a \notin \beta$
  $\beta \leftarrow \beta \cup \beta_k$
下一个 k

算法 16.5 下面的伪代码概述找出组合优化问题候选解 α 的贪婪反向 β 的简单算法, 其中 N 为每个候选解的节点数. 此算法与算法 16.4 等价但更简单.

$\alpha = \{\alpha_1, \alpha_2, \cdots, \alpha_N\}$ = 候选解
For $k=1$ to N
  If k 是奇数 then
    $m \leftarrow (k+1)/2$
  else
    $m \leftarrow N+1-k/2$

End if

$\beta_k \leftarrow \alpha_m$

下一个 k

例 16.5 本例利用反向学习求解旅行商问题. 我们用反序-杂交交叉(参见 18.3.1.5 节), 并用 BBO 选择迁入和迁出的种群成员. 以 Ulysses16的旅行商问题为基准, 它由 16 个城市组成 (参见 C.6 节), 用 10000 次函数评价. 我们还记得 16 城旅行商问题有 $16!/2 \approx 10^{13}$ 个可能的解. 表 16.2 列出在 40 次蒙特卡罗仿真之后由各种 BBO/反向学习组合找到的最短路径的平均值和标准差. 结果显示, 随着跳变率J_r 和跳变比ρ 增大性能会得到改进 (关于跳变比 ρ 的定义参见算法 16.3). 如果 J_r 和 ρ 增大得过多, 性能会变差, 不过这里并没有列出那些结果. □

表 16.2 例 16.5: Ulysses16 旅行商问题解的反向 BBO 的结果. 结果为 40 次蒙特卡罗仿真找到的最好解的平均值和标准差. $J_r = 0$ 相应于无反向学习的标准 BBO. 一般来说, 当跳变率 J_r 和跳变比 ρ 增大, 性能会改进.

	$\rho = 0.1$	$\rho = 0.2$	$\rho = 0.3$	$\rho = 0.4$
$J_r = 0.0$	7266 ±353	7266 ± 353	7266 ± 353	7266 ± 353
$J_r = 0.1$	7153 ±289	7284 ± 244	7122 ± 296	7127 ± 270
$J_r = 0.2$	7160 ± 297	7100 ± 324	7047 ± 251	6910 ± 315
$J_r = 0.3$	7180 ±267	6976 ± 336	6945 ± 270	6869 ± 319
$J_r = 0.4$	7127 ± 201	7005 ± 326	6910 ± 265	6776 ± 207

16.6 对偶学习

反向学习类似于对偶学习, 在 20 世纪 90 年代首次提出对偶学习 [Collard and Aurand, 1994], [Collard and Gaspar, 1996], 在 21 世纪初被重新发现 [Yang, 2003a], [Yang, 2003b]. 后来, [Yang and Yao, 2005] 提出只取种群中最差个体的对偶. 在 OBBO 算法 16.1 中融入对偶学习的想法就得到算法 16.6 的对偶逻辑. 注意, 算法 16.6可以替换算法 16.1 中的"反向逻辑"那一段.

算法 16.6 下面的伪代码概述对偶逻辑. 此逻辑可以替换算法 16.1 中的"反向逻辑"那一段. N_d 是在每一代生成对偶的个数.

$\{\boldsymbol{w}_k\} \leftarrow \{$ 种群中最差的 N_d 个个体 $\}$

用 $\{\boldsymbol{w}_k\}$ 生成 N_d 个反向 $\{\bar{\boldsymbol{w}}_k\}$ 的种群

For $i = 1$ to N_d

　　如果 $\bar{\boldsymbol{w}}_k$ 比 $\boldsymbol{w}_k$ 好, 则在种群中用 $\bar{\boldsymbol{w}}_k$ 替换 $\boldsymbol{w}_k$

下一个 i

在每一代生成对偶的个数 N_d 可以针对最优的进化算法性能做调整. [Yang and Yao, 2005] 提出了下面的调整方案, 在每一代执行这个方案, 还可以把它添加到算法 16.6 中对偶逻辑的末尾:

$$\left.\begin{aligned} N_v &\leftarrow |\bar{\boldsymbol{w}}_k : f(\bar{\boldsymbol{w}}_k) > f(\boldsymbol{w}_k)|, \\ s &\leftarrow (\delta N_d - N_v)/N, \\ N_d &\leftarrow \beta^s N_d, \\ N_d &\leftarrow \max\{N_d, N_{d,\min}\}, \\ N_d &\leftarrow \min\{N_d, N_{d,\max}\}. \end{aligned}\right\} \tag{16.37}$$

在 (16.37) 式中, $f(\cdot)$ 是适应度函数, 因此 $f(\cdot)$ 值较大表示个体性能较好. N_v 是来自前一代的"有效"对偶的个数, 所谓有效对偶是指由某个个体得到的对偶 $\bar{\boldsymbol{w}}_k$ 比此个体的性能好. 参数 $\delta \in (0,1)$ 是一个决策阈值. 如果有效对偶的比例大于 δ, 在下一代就生成更多对偶; 如果有效对偶的比例小于 δ, 在下一代生成的对偶会更少, $\beta \in (0,1)$ 是控制自适应速度的常数. $N_{d,\min}$ 和 $N_{d,\max}$ 是 N_d 可取的最小值和最大值. 我们建议 (16.37) 式中的常数取下面的值 [Yang and Yao, 2005]:

$$\left.\begin{aligned} \text{初始的}N_d &\leftarrow 0.5N, \\ \delta &\leftarrow 0.9, \\ \beta &\leftarrow 0.5, \\ N_{d,\min} &\leftarrow 1, \\ N_{d,\max} &\leftarrow 0.5N, \end{aligned}\right\} \tag{16.38}$$

其中 N 是种群规模. 为求解动态优化问题, 对偶学习也可以扩展到 PBIL[Yang and Yao, 2005], [Yang and Yao, 2008b]. 在 PBIL 中, 对偶概率向量 $\boldsymbol{p}_d$ 与概率向量 $\boldsymbol{p}$ 关于 50% 的概率值对称: $\boldsymbol{p}_d = \mathbf{1} - \boldsymbol{p}$.

16.7 总 结

反向学习 (opposite-based learning, OBL) 是优化领域中较新的方法, 它还有很多扩展的可能. 自适应反向学习也许是一个有趣的方法. 实施自适应的方式有几种. 例如, 当代数增加进化算法种群往往会收敛到好的解, 因此, 在进化算法的早期多实施反向学习可能比较好, 在进化算法的后期应该少用. 要做到这一点, 可以将跳变率 J_r 或跳变比 ρ 设为代数的单减函数. 本章把反向度限制在 0 和 1 之间 (参见 (16.9) 式). 也可以通过让反向度依概率随代数减少来实施自适应反向学习.

在反向学习算法中实施自适应的其他方式还可以包括，随代数的增加改变反向的类型, 或基于个体的适应度改变反向的类型. 低适应性个体从剧烈的反向操作中获得的好处应该比高适应性个体多, 因此, 也许应该把超反向留给适应性低的个体.

尽管已经有很多用概率理论对反向学习的数学建模, 作为优化算法的反向学习还没有数学模型. 未来关于反向学习研究的重要领域包括调整进化算法的数学模型让其能纳入反向学习 (参见第 4 章和 7.6 节).

更多的研究还可以聚焦在探索反向学习与进化之间的关系 [Lehman and Stanley, 2011]. 因为反向学习基于社会革命, 将更多的文化模型融入反向学习也会很有趣 (参见第 15 章). 关于反向学习更多的辅导材料可以在 [Tizhoosh, 2005] 和 [Tizhoosh et al., 2008] 中找到.

习　　题

书面练习

16.1 (16.4) 式定义模反向. 给出一个不使用模函数但与之等价的定义.

16.2 给出一个二维域的例子, 在域中的点 $\boldsymbol{x}$ 的反向可能落在域外.

16.3 考虑点 $(x, y) = (2, 2)$, x 的域是 [1,5], y 的域为 [1,7]. 求这个点的反向、准反向、超反向和准反射反向?

16.4 考虑点 $(x, y) = (2, 2)$, x 的域是 [1,5], y 的域为 [1,7]. 哪一种类型的反向是点 (2,5)?

16.5 为了使用自适应跳变率, 说明你将如何修改 OBBO 算法 16.1.

16.6 为什么例 16.4 的假设与 16.3 节的第二个假设矛盾? 你认为哪一个假设更合理?

16.7 假设算法 16.2 中 BBO 的迁出率 μ_k 是均匀分布在 [0,1] 上的一个随机变量.

(1) 为随机选出的一个个体 z_k 生成反向个体的概率是多少?

(2) 你推导的概率在 $\alpha \to 0$ 和 $\alpha \to \infty$ 时的极限在直观上是否讲得通?

16.8 我们在算法 16.4 和算法 16.5 中将路径 α 的贪婪反向 β 的起点定义为与 α 的起点相同. 但 β 相对于 α 的接近度依赖于起点. 考虑路径 $\alpha = \{A \to B \to C \to D \to E\}$.

(1) 如果 β 开始的城市为 A, 求贪婪反向 β 及其相对于 α 的接近度?

(2) 如果 β 开始的城市为 B, 求贪婪反向 β 及其相对于 α 的接近度?

16.9 在 (16.37) 式中, s 的最小值和最大值各是多少?

16.10 假设我们按推荐的常数使用对偶自适应逻辑 (16.37) 式, 并在第一代后让 $N_v = 0.1N$. 在第二代 N_d 的值会是多少?

计算机练习

16.11 编写程序, 对任意选择的 a 和 b, $a < b$, 设 $x^* \sim U[a, b]$. 设 $x \sim U[a, b]$, x_o 为 x 的反射反向, x_{qo} 为 x 的准反向. 检查哪一个反向更接近 x^*. 为了确认定理 16.1, 让程序运行几千次.

16.12 针对 $n=1$ 到 20, 解习题 16.11 , 这里 n 为维数. 绘制 $\| \boldsymbol{x}_{qo} - \boldsymbol{x}^* \|_2 < \| \boldsymbol{x}_o - \boldsymbol{x}^* \|_2$ 的概率随 n 变化的曲线. 评论所得结果.

16.13 利用基于适应度比例的反向逻辑 16.3 重复例 16.4. 取 $\rho = 0.1$, 0.5 和 1.0. 对于每一个 ρ 值, OBBO 找到的最低费用 (在 20 次蒙特卡罗仿真上) 的平均是多少? 评论所得结果.

第 17 章 其他进化算法

已有的事后必再有，已行的事后必再行；日光之下并无新事.

传道书 1:9

本章概述在前面的章节中尚未讨论的一些进化算法，其中一些处于进化算法和非进化算法之间的模糊区域中，所以适合在这里对它们做个总结；其余的那些显然是进化算法，不过也是新算法，所以还不清楚它们未来会如何影响进化算法的理论和实践. 在决定本书应该包括哪些进化算法的时候，第二部分显然应该包括遗传算法、进化规划、进化策略和遗传规划，这样的安排不仅是因为它们的历史还在于它们是进化算法的重要基础. 但在第三部分应该包括哪些算法却并非一目了然. 前面几章讨论的进化算法反映了作者个人的偏好以及对每个算法重要性的认知.

有几种优化算法在本书中没有独立成为一章，但至少在某种程度上我们应该进行讨论. 这正是本章的目的. 本章中的算法不一定不重要，不一定效果不好，也不一定就没有前面几章的算法那么有用. 把它们放在本章中只反映作者有限的经验和个人的兴趣.

17.1 禁忌搜索

[Glover and McMillan, 1986]提出禁忌搜索 (Tabu Search, TS). Tabu, 或 taboo, 意味着禁止或不允许. 可能是基于文化、宗教、道德或政治的原因被禁止的物品、言语或做法. 禁忌搜索并非严格意义上的基于种群的优化方法，但可以把它看成是一个进化算法因为它以自然界为基础，并且又是一个迭代搜索过程. 禁忌搜索的基本思想是，如果在搜索过程中已经访问过搜索空间的某个区域，这个区域就成为禁忌，要避免搜索算法再度访问它. 类似地，如果在搜索过程中已经用过某个搜索策略，这个搜索策略也成为禁忌，要避免搜索算法再用它.

算法 17.1 概述基本禁忌搜索算法，其中 T 是禁忌特征的列表，$\boldsymbol{x}_0$ 是当前最好的候选解. 当用 $\boldsymbol{x}_0$ 生成子代时，不允许搜索过程含有来自 T 的特征. 当找到一个改进的候选解 $\boldsymbol{x}'$ 之后，我们将来自 $\boldsymbol{x}'$ 的特征添加到禁忌列表 T 中. 或根据特征在 T 中存在的时间长短定期清除. 这样做意在模拟禁忌随着时间逐渐变化的过程，它与我们在人类社会中见到的一样. 注意，算法 17.1 中故意让检测 ($\boldsymbol{x}'$ 的特征)$\notin T$ 的含义模糊. 这个检测的细节依赖于问题，依赖于用来生成 $\boldsymbol{x}_0$ 的邻居的方法，还依赖于用户的偏好和其他细节.

算法 17.1 寻找 $f(\boldsymbol{x})$ 的最小值的禁忌搜索算法概述. 每次迭代包括创建 M 个子代, 这里 M 是由用户指定的参数.

初始化一个候选解 $\boldsymbol{x}_0$
$T \leftarrow \varnothing$
While not (终止准则)
  Children $\leftarrow \varnothing$
  While |Children| $< M$
    生成 $\boldsymbol{x}_0$ 的一个邻居 $\boldsymbol{x}'$
    If ($\boldsymbol{x}'$ 的特征)$\notin T$ then
      Children $\leftarrow$ Children $\cup\, \boldsymbol{x}'$
    End if
  End while
  $\boldsymbol{x}' \leftarrow \arg\min(f(\boldsymbol{x}) : \boldsymbol{x} \in \text{Children})$
  If $f(\boldsymbol{x}') < f(\boldsymbol{x}_0)$ then
    $T \leftarrow T\cup$ ($\boldsymbol{x}'$ 的特征)
    $\boldsymbol{x}_0 \leftarrow \boldsymbol{x}'$
  End if
  从 T 中去掉旧的特征
下一代

我们可以利用算法 17.1 的很多变种. 例如, 可以有不同程度的禁忌, 在禁忌列表中还可以既包括需要避免的特征, 又包括需要避免的搜索策略. 禁忌搜索经常被用来强化别的进化算法. 本节对禁忌搜索的简要概述是想让读者了解如何实施简单的禁忌搜索算法, 了解禁忌搜索的基本思想, 并能从其他地方了解更多细节. 在 [Reeves, 1993, Chapter 3], [Glover and Laguna, 1998], [Gendreau, 2003], 以及 [Gendreau and Potvin, 2010] 中可以找到关于禁忌搜索的更多内容.

17.2 人工鱼群算法

[Li et al., 2003]提出人工鱼群算法 (artificial fish swarm algorithm, AFSA), 有时候也写作 artificial fish school algorithm, 它基本上是以鱼的群体行为为基础. 一条人工鱼在搜索空间中的位置记为 $\boldsymbol{x}_i$, 这里 $i \in [1, N]$ 是鱼的指标, N 为鱼群中鱼的数目. 对于 $k \in [1, n]$, n 是搜索空间的维数, 记搜索域的每一维为 $[l_k, u_k]$. 每条鱼都有一个视野并能看到视野中的其他鱼, 不能看到视野之外的鱼. 将鱼的可视范围定义为

$$v = \delta \max_k (u_k - l_k), \tag{17.1}$$

其中 δ 是一个可调参数, 它在优化过程中常常逐渐减小. [Fernandes et al., 2009] 发现, 对于维数在 2 和 4 之间的问题, δ 的值在 1 和 10 之间时会得到好的性能, 但对于维数更高

的问题可能需要调整这个范围. 处在鱼 $\boldsymbol{x}_i$ 的可视范围内的鱼的指标记为

$$V_i = \{j \neq i : \| \boldsymbol{x}_i - \boldsymbol{x}_j \|_2 \leqslant v\}. \tag{17.2}$$

我们称一条鱼处在拥挤的环境中, 如果在其视野范围内的鱼较多:

$$\left.\begin{aligned} \frac{|V_i|}{N} > \theta \Longrightarrow \boldsymbol{x}_i\text{的视野范围内拥挤}, \\ \frac{|V_i|}{N} \leqslant \theta \Longrightarrow \boldsymbol{x}_i\text{的视野范围内不拥挤}, \end{aligned}\right\} \tag{17.3}$$

其中 θ 是一个可调参数. [Fernandes et al., 2009] 发现, 对于低维问题 $\theta \approx 1$ 能得到好的性能. 下面讨论人工鱼群算法中鱼的五种行为: 随机、追逐、聚集、搜索和跳跃.

17.2.1 随机行为

有时候鱼的行为是随机的; 也就是说, 它们会在搜索空间中一个随机的方向上移动. 算法 17.2 所示为随机移动的伪代码. 如果一条鱼在它的可视范围内没有别的鱼或者优化过程已经停滞, 这个时候就会出现随机行为. 所谓停滞是指在前 m 代中种群中最好个体的性能不再明显改进, 即

$$\arg\min_{\boldsymbol{x}} f_{t-m}(\boldsymbol{x}) - \arg\min_{\boldsymbol{x}} f_t(\boldsymbol{x}) < \eta \Longrightarrow \text{停滞}. \tag{17.4}$$

其中, $f_t(\boldsymbol{x})$ 是在第 t 代个体 $\boldsymbol{x}$ 的优化函数值, m 是取正整数值的一个可调参数, η 是一个非负的可调参数. 假设 (17.4) 式中的优化问题是最小化问题. [Fernandes et al., 2009] 发现, 对于低维基准问题, 当 $m \approx 10n$ 且 $\eta \approx 10^{-4}$ 时能得到好的性能, n 是问题的维数.

算法 17.2 人工鱼群算法的随机行为. 此代码显示鱼 $\boldsymbol{x}_i$ 随机移动到一个新位置 $\boldsymbol{y}_i$, 这里 n 为优化问题的维数, $U[0,1]$ 是在 [0,1] 上均匀分布的随机数, v 则是 (17.1) 式定义的可视范围.

For $k = 1$ to n
    $r \leftarrow U[0,1]$
    If $r < 1/2$ then
        $\rho \leftarrow U[0,1]$
        $y_i(k) \leftarrow x_i(k) + \rho \min\{v, u_k - x_i(k)\}$
    else
        $\rho \leftarrow U[0,1]$
        $y_i(k) \leftarrow x_i(k) - \rho \min\{v, x_i(k) - l_k\}$
    End if
下一维

17.2.2 追逐行为

有时候, 鱼会移向在其可视范围内食物浓度最高处的鱼. 鱼 $\boldsymbol{x}_i$ 的追逐行为描述如下:

$$j^* \leftarrow \arg\min_j \{f(\boldsymbol{x}_j) : j \in V_i\}, \quad \boldsymbol{y}_i \leftarrow \boldsymbol{x}_i + r(\boldsymbol{x}_{j^*} - \boldsymbol{x}_i), \tag{17.5}$$

其中 $r \in [0,1]$ 是一个均匀分布的随机变量, $\boldsymbol{y}_i$ 是 $\boldsymbol{x}_i$ 的新位置. 我们仍然假定优化问题是一个最小化问题, 所以 j^* 是在 $\boldsymbol{x}_i$ 的可视范围内性能最好的鱼的指标. 如果一条鱼的可视范围内没有别的鱼, 就不会有追逐行为. 此外, 只有当鱼 $\boldsymbol{x}_i$ 的可视范围中最好的鱼 $\boldsymbol{x}_{j^*}$ 的性能比 $\boldsymbol{x}_i$ 的更好, 鱼 $\boldsymbol{x}_i$ 才会追逐.

17.2.3 聚集行为

鱼是一种社会动物, 它们有时候会聚在一起. 在这种情况下, 鱼 $\boldsymbol{x}_i$ 移向其可视范围内的鱼群中心 $\boldsymbol{c}_i$. 鱼 $\boldsymbol{x}_i$ 的聚集行为描述如下:

$$\boldsymbol{c}_i \leftarrow \frac{1}{|V_i|} \sum_{j \in V_i} \boldsymbol{x}_j, \quad \boldsymbol{y}_i \leftarrow \boldsymbol{x}_i + r(\boldsymbol{c}_i - \boldsymbol{x}_i), \tag{17.6}$$

其中 $r \in [0,1]$ 是均匀分布的随机变量, $\boldsymbol{y}_i$ 是鱼 $\boldsymbol{x}_i$ 的新位置. 如果一条鱼的可视范围内没有别的鱼, 就不会有聚集行为. 只有当鱼的可视范围内既不空也不拥挤, 并且 $f(\boldsymbol{c}_i)$ 比 $f(\boldsymbol{x}_i)$ 更好, 才会有聚集行为.

17.2.4 搜索行为

当一条鱼看到另一条鱼有更多食物时, 它移向那条鱼. 鱼 $\boldsymbol{x}_i$ 的搜索行为描述如下:

$$j \leftarrow \text{随机整数} \in V_i, \quad \boldsymbol{y}_i \leftarrow \boldsymbol{x}_i + r(\boldsymbol{x}_j - \boldsymbol{x}_i), \tag{17.7}$$

其中 $r \in [0,1]$ 是均匀分布的随机变量, $\boldsymbol{y}_i$ 是鱼 $\boldsymbol{x}_i$ 的新位置. 搜索行为是指一条鱼移向在其可视范围内随机选出的另一条鱼. 如果一条鱼的可视范围内没有别的鱼, 就不会有搜索行为. 当鱼的可视范围内拥挤, 或者鱼的可视范围内并不拥挤但 (17.6) 式中 $f(\boldsymbol{c}_i)$ 比 $f(\boldsymbol{x}_i)$ 差, 或者鱼的可视范围内并不拥挤但 (17.5) 式中 $f(\boldsymbol{x}_{j^*})$ 比 $f(\boldsymbol{x}_i)$ 差时, 才会有搜索行为.

17.2.5 跳跃行为

有时候, 一条鱼会在搜索空间中随机跳跃. 这类似于一条鱼从水里跳出来后随机地落在不同的位置上. 如果优化过程像 (17.4) 式指示的那样陷于停滞, 会让随机选出的单条鱼跳跃. 算法 17.3 是鱼的跳跃行为的伪代码.

算法 17.3 人工鱼群算法中的跳跃行为. 此代码为人工鱼群算法中个体 $\boldsymbol{x}_i$ 的一个跳跃, 这里 n 为优化问题的维数, $U[0,1]$ 是在 [0,1] 中均匀分布的随机数.

For $k = 1$ to n
    $r \leftarrow U[0,1]$
    $\rho \leftarrow U[0,1]$
    If $r < 1/2$ then
        $x_i(k) \leftarrow x_i(k) + \rho(u_k - x_i(k))$
    else
        $x_i(k) \leftarrow x_i(k) - \rho(x_i(k) - l_k)$
    End if
下一维

17.2.6 人工鱼群算法概要

人工鱼群算法使用贪婪选择方法. 即在随机、追逐、聚集和搜索行为之后, 鱼 $\boldsymbol{x}_i$ 移动到它的新位置 $\boldsymbol{y}_i$, 但是只有当新位置比它的旧位置更好的情况下才会这样做. 算法 17.4 所示的人工鱼群算法的伪代码看起来与粒子群优化的行为类似. 研究人员提出了人工鱼群算法的很多变种和混合 [Neshat et al., 2012]. 人工鱼群算法未来研究的既重要又富有成果的领域可能包括分析和建模人工鱼群算法, 融合来自生物鱼行为的更多性质, 阐明人工鱼群算法和粒子群优化之间的关系等.

算法 17.4 最小化 n 元函数 $f(\boldsymbol{x})$ 的人工鱼群算法, 这里 $\boldsymbol{x}_i$ 是第 i 个候选解.

N = 种群规模
初始化一个候选解的随机种群 $\{\boldsymbol{x}_i\}$, $i \in [1, N]$
While not (终止准则)
    For 每一个个体 $\boldsymbol{x}_i$
        找出 (17.2) 式所示的 $\boldsymbol{x}_i$ 的可视范围
        If $V_i = \varnothing$ then
            $\boldsymbol{y}_i \leftarrow$ 按算法 17.2 随机移动
        else if $\boldsymbol{x}_i$ 的可视范围拥挤 (参见 (17.3) 式) then
            $\boldsymbol{y}_i \leftarrow$ 按 (17.7) 式搜索
        else
            If $f(\boldsymbol{c}_i) < f(\boldsymbol{x}_i)$ (参见 (17.6) 式) then
                $\boldsymbol{y}_i \leftarrow$ 按 (17.6) 式聚集
            else
                $\boldsymbol{y}_i \leftarrow$ 按 (17.7) 式搜索
            End if
            If $f(\boldsymbol{x}_{j^*}) < f(\boldsymbol{x}_i)$ (参见 (17.5) 式) then
                $\boldsymbol{y}_i \leftarrow$ 按 (17.5) 式追逐

```
            else
                y_i ← 按 (17.7) 式搜索
            End if
            y_i ← arg min{f(x_i), f(y_i)}
        End if
    下一个个体
    x_i ← arg min{f(x_i), f(y_i)}, i ∈ [1, N]
    If 算法如 (17.4) 式所示陷于停滞 then
        j ← 随机整数, j ∈ [1, N]
        x_j ← 按算法 17.3 跳跃
    End if
下一代
```

17.3 群搜索优化器

群搜索优化器 (group search optimizer, GSO), 也被称为群搜索优化, 它以动物的觅食行为为基础 [He et al., 2009]. 这个基础与鱼群算法 (17.2 节) 和细菌觅食优化 (17.6 节) 的基础类似, 不过 GSO 的基础是从陆上动物那里观察到的行为.

一些动物专注于寻找食物; 这些动物被称为生产者. 另外的一些动物集中精力跟随并利用其他动物觅食; 这些动物被称为参与者, 或乞讨者. GSO 还包括被称为流浪者的第三类动物, 它们以随机游走的方式寻找资源. 每一个个体在 n 维搜索空间的位置记为 $\boldsymbol{x}_i$, 航向角记为 $\boldsymbol{\phi}_i = [\phi_{i,1}, \phi_{i,2}, \cdots, \phi_{i,n-1}]$.

生产者

GSO 假定在种群中只有一个生产者. 每一代由费用最低的个体来承担生产者的角色, 生产者在它周围的环境中扫描 3 个点以寻找比它的当前位置费用函数值更小的点. 这相应于局部搜索. 如果记生产者为 $\boldsymbol{x}_p$, 则这 3 个点为

$$\left.\begin{aligned} \boldsymbol{x}_z &= \boldsymbol{x}_p + r_1 l_{\max} \boldsymbol{D}(\boldsymbol{\phi}_p) \\ \boldsymbol{x}_r &= \boldsymbol{x}_p + r_1 l_{\max} \boldsymbol{D}(\boldsymbol{\phi}_p + r_2 \theta_{\max}/2) \\ \boldsymbol{x}_l &= \boldsymbol{x}_p + r_1 l_{\max} \boldsymbol{D}(\boldsymbol{\phi}_p - r_2 \theta_{\max}/2) \end{aligned}\right\} \tag{17.8}$$

其中, r_1 是零均值单位方差的正态分布随机变量[1]; $r_2 \in [0,1]$ 是均匀分布随机变量; $\boldsymbol{\phi}_p$ 是 $\boldsymbol{x}_p$ 的航向角; $l_{\max}$ 是一个可调参数, 它定义生产者能看多远; $\boldsymbol{\theta}_{\max}$ 也是一个可调参数向量, 它定义生产者的头能转动的最大角度; $D(\cdot)$ 是一个极坐标变换, 定义为

[1]注意, r_1 的定义允许生产者在 3 个指定的方向上向后看和向前看.

$$\left.\begin{aligned} \boldsymbol{D}(\phi_p) &= [\ d_1,\ d_1,\ \cdots,\ d_n\ ], \\ d_1 &= \prod_{q=1}^{n-1} \cos \phi_{p,q}, \\ d_j &= \sin \phi_{p,j-1} \prod_{q=j}^{n-1} \cos \phi_{p,q}, \quad j \in [2, n-1], \\ d_n &= \sin \phi_{p,n-1}. \end{aligned}\right\} \tag{17.9}$$

如果生产者在 (17.8) 式定义的点中找到费用函数值更小的点, 就立即移动到那一点; 否则, 它留在原地并将它的航向角 $\boldsymbol{\phi}_p$ 随机转移到一个新的值. 如果生产者在 $a_{\max}$ 次搜索中都无法找到更好的点, 就将它的航向角移回到 $a_{\max}$ 代之前的值. 不过, 我们尚不清楚最后这个策略为什么会影响优化性能, 所以不妨忽略它.

乞讨者

乞讨者一般会移向生产者. 但是它们并不是直接移向生产者; 而是以一种锯齿形的模式移动, 这样做能让它们在移动时搜索到较小的费用函数值. 乞讨者的运动建模为

$$\boldsymbol{x}_i \leftarrow \boldsymbol{x}_i + \boldsymbol{r}_3 \circ (\boldsymbol{x}_p - \boldsymbol{x}_i), \tag{17.10}$$

其中 $\boldsymbol{r}_3$ 是一个 n 维随机变量, 其每一个元素都在 [0,1] 上均匀分布; $\circ$ 表示元素与元素的乘积.

流浪者

流浪者在搜索空间中随机游走寻找费用函数值低的区域. 流浪者的运动建模为

$$\left.\begin{aligned} \boldsymbol{\phi}_i &\leftarrow \boldsymbol{\phi}_i + \rho \boldsymbol{\alpha}_{\max} \\ \boldsymbol{x}_i &\leftarrow \boldsymbol{x}_i + l_{\max} r_1 \boldsymbol{D}(\boldsymbol{\phi}_i) \end{aligned}\right\} \tag{17.11}$$

其中 $\boldsymbol{\alpha}_{\max}$ 是一个可调参数, 它定义流浪者的头能转动的最大角度; $\rho \in [-1, 1]$ 是均匀分布的随机变量; $l_{\max}$ 是一个可调参数, 它与流浪者在一代中能移动的最大距离有关, 与 (17.8) 式中的 $l_{\max}$ 相同; r_1 是零均值单位方差的正态分布随机变量.

小结

算法 17.5 概述 GSO, 它有几个可调参数. 注意, 算法 17.5 指定一个个体为生产者, 大约 80% 的个体为乞讨者, 大约 20% 的个体为流浪者. [He et al., 2009] 研究了这些设置和其他可调参数对算法性能的影响, 并推荐下面的值:

$$\left.\begin{aligned} a_{\max} &= \text{round}\sqrt{n+1}, \quad \theta_{\max} = \pi / a_{\max}^2, \\ \boldsymbol{\alpha}_{\max} &= \boldsymbol{\theta}_{\max}/2, \quad l_{\max} = \| \boldsymbol{U} - \boldsymbol{L} \|_2, \end{aligned}\right\} \tag{17.12}$$

其中 n 维向量 $\boldsymbol{U}$ 和 $\boldsymbol{L}$ 分别是搜索空间的上界和下界.

GSO 与粒子群优化类似. 有一个差别是在粒子群优化中, 每一个个体会记住它在搜索空间中的前一个位置. 另一个不同是在粒子群优化中, 每一个个体执行相同的搜索策略. GSO 与众不同之处是它的漫游行为, 不过在鲶鱼粒子群优化中也能看到这种行为 (参见 11.7 节). 关于 GSO 的未来研究方向包括数学建模和分析, 可调参数的在线自适应以及与更多自然启发的结合.

算法 17.5 最小化 n 元函数 $f(\boldsymbol{x})$ 的群搜索优化器, 其中 $\boldsymbol{x}_i$ 是第 i 个候选解.

N = 种群规模
初始化一个候选解的随机种群 $\{\boldsymbol{x}_i\}, i \in [1, N]$
随机初始化每个候选解 $\boldsymbol{x}_i$ 的航向角 $\boldsymbol{\phi}_i$
While not (终止准则)
  找出生产者: $\boldsymbol{x}_p \leftarrow \underset{\boldsymbol{x}_i}{\text{argmin}}\{f(\boldsymbol{x}_i) : i \in [1, N]\}$
  $\{\boldsymbol{x}_z, \boldsymbol{x}_r, \boldsymbol{x}_l\} \leftarrow$ (17.8) 式的扫描结果
  If $\min\{f(\boldsymbol{x}_z), f(\boldsymbol{x}_r), f(\boldsymbol{x}_l)\} < f(\boldsymbol{x}_p)$ then
    $\boldsymbol{x}_p \leftarrow \arg\min\{f(\boldsymbol{x}_z), f(\boldsymbol{x}_r), f(\boldsymbol{x}_l)\}$
  else
    $\rho \leftarrow U[-1, 1]$
    $\boldsymbol{\phi}(\boldsymbol{x}_p) \leftarrow \boldsymbol{\phi}(\boldsymbol{x}_p) + \rho\alpha_{\max}$
  End if
  For 每一个 $\boldsymbol{x}_i \neq \boldsymbol{x}_p$
    $r_2 \leftarrow U[0, 1]$
    If $r_2 < 0.8$ then
      令 $\boldsymbol{x}_i$ 用 (17.10) 式乞讨
    else
      令 $\boldsymbol{x}_i$ 用 (17.11) 式漫游
    End if
  下一个个体
下一代

17.4 混合蛙跳算法

[Eusuff and Lansey, 2003], [Eusuff et al., 2006] 提出混合蛙跳算法 (Shuffled Frog Leaping Algorithm, SFLA), 它是粒子群优化与混合复杂进化(shuffled complex evolution, SCE) 的杂交. 混合复杂进化的基本思想是在子种群独立进化的同时让子种群定期交互 [Duan et al., 1992], [Duan et al., 1993]. 混合复杂进化在每个子种群中采用概率选择父代并随机生成新个体以避免停滞. SFLA 以混合复杂进化和粒子群优化的思想为基础.

算法 17.6 说明 SFLA 的全局搜索策略. 从随机生成 N 个候选解的一个集合开始. 然后将 N 个个体分成 m 个子种群, 我们也称之为模因复合体. 通常 N 是 m 的倍数, 因此

每个子种群包含的个体数都相同. 然后在每个子种群中执行局部搜索算法. 在下一代之初, 将种群打乱并重组, 将每一个个体随机地分配到新的子种群. 常见的 SFLA 的可调参数包括种群规模 N, 大约为 200, 子种群数 m, 大约 20[Elbeltagi et al., 2005].

算法 17.6 中的"进行局部搜索"语句表示运行算法 17.7. 在局部搜索中, 每个子种群独立执行 $i_{\max}$ 次迭代的进化搜索. 每次迭代只更新唯一的 $\boldsymbol{x}_w$, 它是子种群中费用最差的个体:

$$\boldsymbol{x}_w \leftarrow \boldsymbol{x}_w + r(\boldsymbol{x}_b - \boldsymbol{x}_w), \tag{17.13}$$

其中 $r \in [0,1]$ 是均匀分布的随机数, $\boldsymbol{x}_b$ 是子种群中费用最好的个体. 如果 (17.13) 式没能改进 $\boldsymbol{x}_w$, 就做如下更新:

$$\boldsymbol{x}_w \leftarrow \boldsymbol{x}_w + r(\boldsymbol{x}_g - \boldsymbol{x}_w), \tag{17.14}$$

其中, $r \in [0,1]$ 是一个新的随机数, $\boldsymbol{x}_g$ 是全部 m 个子种群中的全局最优个体. 如果 (17.14) 式没有改进 $\boldsymbol{x}_w$, 就用随机生成的个体替换 $\boldsymbol{x}_w$. 算法 17.7 中迭代限制为 $i_{\max} = 10$, 它是常见的可调参数 [Elbeltagi et al., 2005]. 关于 SFLA 的未来研究方向包括数学建模和分析以及与更多自然启发的性质结合.

算法 17.6 下面的伪代码概述混合蛙跳算法 (SFLA) 的全局搜索策略.

```
初始化一个候选解的随机种群 {x_i}, i ∈ [1, N]
While not (终止准则)
    将种群随机地分为 m 个子种群
    For 每一个子种群 i = 1 to m
        对第 i 个子种群进行局部搜索 (算法 17.7)
    下一个子种群
下一代
```

算法 17.7 下面的伪代码概述混合蛙跳算法 (SFLA) 的局部搜索策略.

```
找出整个种群的最优个体, x_g
For i = 1 to i_max
    找出子种群的最优个体和最差个体, x_b 和 x_w
    用 (17.13) 式更新 x_w
    If 更新没有改进 x_w then
        用 (17.14) 更新 x_w
        If 更新没有改进 x_w then
            x_w ← 随机生成一个个体
        End if
    End if
下一次迭代
```

17.5 萤火虫算法

[Yang, 2008b, Chapter 8], [Yang, 2010b] 提出萤火虫算法 (firefly algorithm). 萤火虫算法以萤火虫相互之间的吸引力为基础. 吸引力基于萤火虫能感知到的亮度, 这个亮度随距离指数减少. 一只萤火虫只会被比自己亮的萤火虫吸引.

算法 17.8 为萤火虫算法的伪代码. 当 $\gamma \to 0$ 时, 所有萤火虫的相互吸引都相同, 它相应于大气中光的零色散. 在真空中能观察到这种行为. 当 $\gamma \to \infty$ 时, 萤火虫不会相互吸引, 它相应于随机飞行和随机搜索. 我们在浓雾中能观察到这种行为. 参数 β_0 和 α 决定在开发 (对其他萤火虫的吸引) 和探索 (随机搜索) 之间的平衡. 可调参数通常取以下的值:

$$\gamma_i = \frac{\gamma_0}{\max\limits_j \| \boldsymbol{x}_i - \boldsymbol{x}_j \|_2}, \text{ 这里}\gamma_0 = 0.8, \quad \alpha = 0.01, \quad \beta_0 = 1. \tag{17.15}$$

每一只萤火虫 $\boldsymbol{x}_i$ 将其亮度与其他萤火虫 $\boldsymbol{x}_j$ 的亮度一个个做比较. 如果 $\boldsymbol{x}_j$ 比 $\boldsymbol{x}_i$ 亮, 则 $\boldsymbol{x}_i$ 会移动到某个位置, 这个位置包含随机成分和指向 $\boldsymbol{x}_j$ 的成分. 算法 17.8 中 αr 是随机成分. 通常 αr 较小, 因为 α 的值很小 (参见 (17.15) 式). $\beta_0 e^{-\gamma_i r_{ij}^2}(\boldsymbol{x}_j - \boldsymbol{x}_i)$ 这个量是有向成分; 前面曾说过, 它的大小是 $\boldsymbol{x}_j$ 和 $\boldsymbol{x}_i$ 的距离 r_{ij} 的指数函数. 尽管指数函数是由生物学启发得到, 我们也可以尝试随着距离增加而减小的其他一些函数.

我们注意到, 算法 17.8 一直都没有更新种群中最好的个体. 为搜索到更好的个体, 定期更新最好的个体也许能够改进算法的性能. 不过, 这个方法可能是高风险低回报的操作, 因为在搜索空间中找出比当前最优位置更好的位置需要很多次函数评价.

[Lukasik and Zak, 2009], [Yang, 2009b] 和 [Yang, 2010a] 讨论了萤火虫算法的更多变种. 例如, 参数 α 常常是随时间单调递减的函数, 因而在种群变得更好的时候就减少探索. [Sayadi et al., 2010] 提出了一个用于处理组合问题的版本. 萤火虫算法与 17.2 节讨论的人工鱼群算法一样, 都很像粒子群优化(参见第 11 章). 对萤火虫算法 17.8 做一些简单的修改就能让它与粒子群优化的一种特殊情况等价 (参见习题 17.5).

算法 17.8 最小化 n 元函数 $f(\boldsymbol{x})$ 的萤火虫算法. 在此算法中, $\boldsymbol{x}_i$ 是第 i 个候选解, $x_i(k)$ 是 $\boldsymbol{x}_i$ 的第 k 个元素. $U[0,1]$ 是在 $[0,1]$ 上均匀分布的随机数, l_k 和 u_k 分别是搜索空间第 k 维的下界和上界.

```
初始化一个候选解的随机种群 {x_i}, i ∈ [1, N]
While not (终止准则)
    For 每一个个体 x_i
        For 每一个个体 x_j ≠ x_i
            If f(x_j) < f(x_i) then
                For 每一维 k ∈ [1, n]
                    ρ ← U[0, 1]
                    If ρ < 1/2
                        r_k ← (u_k − x_i(k))U[0, 1]
```

else

$r_k \leftarrow (x_i(k) - l_k)U[0,1]$

End if

下一维 k

$r_{ij} \leftarrow \boldsymbol{x}_i$ 和 $\boldsymbol{x}_j$ 之间的距离

$\boldsymbol{x}_i \leftarrow \boldsymbol{x}_i + \beta_0 \mathrm{e}^{-\gamma_i r_{ij}^2}(\boldsymbol{x}_j - \boldsymbol{x}_i) + \alpha r$ (这是向量运算)

End if

下一个 $\boldsymbol{x}_j$

下一个 $\boldsymbol{x}_i$

下一代

17.6 细菌觅食优化

[Passino, 2002]提出细菌觅食优化算法 (bacterial foraging optimization algorithm, BFOA), 它以大肠杆菌的行为为基础. BFOA 基于自然选择利于成功觅食行为这一遗传学传播的前提. 当然, 不只是细菌, 所有的物种都要觅食. 动物在觅食时有时候会相互协作, 有时候又单打独斗. 如果独自觅食, 就能完全占有所有食物. 如果组成一个团队觅食, 就能更容易击退捕食者. 动物需要在觅食成功的可能性与遭遇捕食者的风险之间找到一个平衡.

如果动物发现某个地理区域内有很多食物, 这只动物需要在利用已有资源与在其他地方找到更好资源的可能性之间取得一个平衡; 这是另一种类型的风险平衡行为. 当动物消耗掉现有的资源, 存在一个最优的时刻重新去搜寻资源丰富的区域.

觅食还包括搜寻食物之外的行为. 觅食包括追逐和攻击猎物, 以及吃掉猎物. 如果猎物比捕食者大, 捕食者在攻击和吃掉猎物时需要相互协调. 如果猎物比捕食者小, 捕食者自行觅食可能会更好. 一些觅食者在搜寻猎物时会在环境周围不停地移动. 另一些觅食者会藏在一个固定的位置, 等待猎物进入其攻击范围. 还有一些觅食者会将这些方式结合起来. BFOA 专门为细菌的觅食行为建模, 觅食理论已得到广泛的研究 [Stephens and Krebs, 1986], [Giraldeau and Caraco, 2000], 对于优化理论它有很多潜在的应用 [Quijano et al., 2006].

BFOA 基于细菌的三种行为. 首先, 细菌会受环境的驱动; 这种行为被称为趋化作用. 其次, 细菌会繁殖. 第三, 因环境中的某些事件, 细菌会从它们的栖息地消失或分散在栖息地的各处.

趋化作用

细菌的第一种行为, 自驱动或趋化作用, 可以进一步分成两个行为. 首先, 细菌能在随机方向上翻转. 其次, 细菌可以在食物供应增多的方向上驱动自己. 第二种自驱动不仅受到食物供应的影响, 也会受到其他细菌的影响. 细菌之间既互相吸引又互相排斥. 在某种程度上的互相吸引是因为有细菌的地方就意味着有食物. 在某种程度上的排斥是因为有细菌的地方就会有对食物的争夺.

假设想要找到函数 $f(\boldsymbol{x})$ 的最小值. 在 BFOA 中, 细菌的自驱动建模为

$$\boldsymbol{x} \leftarrow \boldsymbol{x} + c\Delta, \tag{17.16}$$

其中 $\boldsymbol{x}$ 是种群中个体在搜索空间中的位置, c 是步长, Δ 是在搜索空间中某个方向上的单位向量. 当翻转时, Δ 是一个随机单位向量. 将其他细菌对个体 $\boldsymbol{x}$ 的吸引和排斥组合起来得到 $\boldsymbol{x}$ 的实际费用函数 $f'(\boldsymbol{x})$:

$$f'(\boldsymbol{x}) = f(\boldsymbol{x}) + \sum_{i=1}^{N}[h\exp(-w_r \parallel \boldsymbol{x} - \boldsymbol{x}_i \parallel_2^2) - d\exp(-w_a \parallel \boldsymbol{x} - \boldsymbol{x}_i \parallel_2^2)], \tag{17.17}$$

其中, N 为种群规模, h, w_r, d 和 w_a 是与细菌的排斥和吸引有关的可调参数. 如果一个个体 $\boldsymbol{x}$ 在 $f'(\boldsymbol{x})$ 减小的方向上翻转, 则它会继续沿着那个方向移动, 但在给定方向的移动次数存在一个上限 N_s(另一个可调参数).

繁殖

每一个个体重复上述的自驱动 N_c 次迭代, 即它首先在一个随机的方向上翻转. 如果这个随机翻转使 $f'(\boldsymbol{x})$ 减小, 它继续在这个方向上移动. N_c 次移动定义了每只细菌的寿命. 然后用每只细菌在前面 N_c 次迭代的 $f'(\boldsymbol{x})$ 的平均值来度量它的健康状况. 在最健康的那一半中, 每只细菌都克隆出两只, 为下一代提供 N 只新细菌.

消失和分散

在繁殖之后, 是消失和分散这一步. 每只细菌以概率 p_e(另一个可调参数) 分散到搜索空间的一个随机位置.

小结

算法 17.9 概述基本的 BFOA. 可调参数通常取下列的值 [Passino, 2002]:

$$\left.\begin{aligned}
\text{步长 } c &= 0.1, \\
\text{种群规模 } N &= 50, \\
\text{趋化步数 } N_c &= 100, \\
\text{费用减小步数 } N_s &= 4, \\
\text{繁殖步数 } N_r &= 4, \\
\text{消失和分散步数 } N_e &= 2, \\
\text{吸引力深度 } d &= 1, \\
\text{排斥力深度 } h &= 1, \\
\text{吸引力宽度 } w_a &= 0.2, \\
\text{排斥力宽度 } w_r &= 10, \\
\text{消失和分散的概率 } p_e &= 0.25.
\end{aligned}\right\} \tag{17.18}$$

BFOA 中代数的定义不像在别的进化算法中那样清楚. 算法 17.9 中最外层的循环执行 N_e 次, 通常只有两次. 度量进化算法计算量的最好方式不是代数而是函数评价的次数.

算法 17.9 通过克隆来复制个体. 为改进性能我们还可以用更复杂的重组操作 (参见 8.8 节), 尽管这样做会偏离 BFOA 细菌的根基. 此外, 算法 17.9 任意克隆最好的那一半种群创建下一代. 也可以克隆最好的 B 个个体, 这里 B 是一个可调参数.

BFOA 的研究还有许多可能性. 为改进优化性能, 还可以对细菌觅食和更一般的动物觅食的多个方面建模. 由于参数太多, 可调参数的动态自适应对 BFOA 特别重要并且可以改进性能 [Dasgupta et al., 2009]. BFOA 已经与粒子群优化[Biswas et al., 2007b] 和差分进化[Biswas et al., 2007a]混合, 它同样还可以与其他进化算法混合. 在 [Das et al., 2009] 中有一些关于 BFOA 的数学分析, 在这个领域中还大有可为. 注意, 细菌趋化作用模型是独立的, 但与基于细菌行为的进化算法类似 [Muller et al., 2002].

算法 17.9 最小化 n 元函数 $f(\boldsymbol{x})$ 的细菌觅食优化算法 (BFOA), 其中 $\boldsymbol{x}_i$ 是第 i 个候选解.

初始化 (17.18) 式中的参数
初始化一个候选解的随机种群 $\{\boldsymbol{x}_i\}$, $i \in [1, N]$
For $l = 1$ to N_e (消失 - 分散步)
    For $k = 1$ to N_r (繁殖步)
        For $j = 1$ to N_c (趋化作用步)
            For 每一个个体 $\boldsymbol{x}_i$, $i \in [1, N]$
                用 (17.17) 式计算实际费用
                生成一个随机 n 维单位向量 Δ
                For $m = 1$ to N_s (减小费用步)
                    $\hat{\boldsymbol{x}}_i \leftarrow \boldsymbol{x}_i + c\Delta$
                    If $f'(\hat{\boldsymbol{x}}_i) < f'(\boldsymbol{x}_i)$ then
                        $\boldsymbol{x}_i \leftarrow \hat{\boldsymbol{x}}_i$
                    else
                        $m \leftarrow N_s$ (退出减小费用的循环)
                    End if
                下一个 m
            下一个个体
        下一个 j
        For 每一个个体 $\boldsymbol{x}_i$, $i \in [1, N]$
            $F_i \leftarrow$ 趋化作用循环的 N_c 步中 $f'(\boldsymbol{x}_i)$ 的平均值
        下一个个体
        基于 $\{F_i\}$ 去掉最差的 $N/2$ 个个体
        基于 $\{F_i\}$ 克隆最好的 $N/2$ 个个体
    下一个 k

For 每一个个体 $\boldsymbol{x}_i$, $i \in [1, N]$

  随机数 $r \leftarrow U[0,1]$

  If $r < p_e$ then

    $\boldsymbol{x}_i \leftarrow$ 搜索空间中的随机点

  End if

下一个个体

下一个 l

17.7 人工蜂群算法

人工蜂群 (artificial bee colony, ABC) 算法以蜜蜂的行为为基础, 在 [Bastürk and Karaboga, 2006], [Karaboga and Bastürk, 2007] 中首次提出人工蜂群算法. ABC 以蜜蜂寻找最好的食物源的行为为基础. 食物源的位置类似于优化问题搜索空间中的一个位置. 在一个位置的花蜜量类似于一个候选解的适应度. ABC 模拟三类蜜蜂.

首先, 觅食蜂, 也被称为雇佣蜂, 在食物源和它们的巢之间来回穿梭. 每只觅食蜂与具体的位置相关, 在巢之间来回穿梭时会记住自己的位置. 当觅食蜂将花蜜带回蜂巢后就返回食物源, 但也会在周边搜索更好的食物源.

其次, 观察蜂与任何一个具体的食物源都不相关, 但它们观察觅食蜂回巢时的行为, 观察觅食蜂带回的花蜜的量 (即每只觅食蜂在搜索空间所处位置的适应度), 并利用这些信息决定去哪里寻找花蜜. 观察蜂基于它们对觅食蜂的观察依概率决定要搜索的地点.

第三, 侦察蜂是探索者，它们像观察蜂那样也与任何一个具体的食物源不相关. 如果侦察蜂看到觅食蜂回巢后花蜜的量不再逐步增长呈现停滞状态, 侦察蜂就在搜索空间中随机搜索新的花蜜源. 停滞是指在一定次数的出行之后探索者带回巢的花蜜量不再增加.

根据这些思路得到算法 17.10 概述的 ABC 算法. 此算法显示, 在觅食蜂、观察蜂和侦察蜂之间的分工只是一个类比, ABC 算法并没有强制分工. ABC 算法的关键思路是在搜索全局最优时模拟觅食、观察和侦察的行为.

算法 17.10 显示, 每只觅食蜂随机地修改其在搜索空间中的位置. 如果随机修改能改进性能, 觅食蜂就移动到新的位置. 观察蜂也随机地修改觅食蜂的位置, 它用轮盘赌选择随机地选出被修改的觅食蜂. 不过, 如果随机修改能改进性能, 觅食蜂就移动到新的位置. 最后, 如果觅食蜂在预置的随机修改次数之后仍没有改进, 侦察蜂就替代觅食蜂. 算法 17.10 中的计数器 $T(\boldsymbol{x}_i)$ 是觅食蜂的试验计数器, 它记录下每只觅食蜂连续不成功的修改次数. 由算法 17.10 可见, ABC 包含有几个可调参数. ABC 的典型参数为

$$P_f = P_o = N/2, \text{ 停滞界限 } L = Nn/2. \tag{17.19}$$

有的文献还讨论了 ABC 算法的几个变种 [Karaboga and Bastürk, 2007], [Karaboga and Bastürk, 2008], [Karaboga and Akay, 2009], [Karaboga et al., 2013], 通过测试算法 17.10 可以想出许多改进方案. 例如, 在算法 17.10 中每只觅食蜂如果找到更好的位置就一定会更新它的位置; 我们也可以让这种更新是随机的. 在算法 17.10 中观察蜂基于轮盘赌选择一只觅食蜂; 我们也可以用基于适应度的其他选择方法 (参见 8.7 节).

还有几个与 ABC 类似的算法, 参见 [Tereshko, 2000], [Teodorovic, 2003], [Benatchba et al., 2005], [Wedde et al., 2004], 以及在 [Karaboga and Bastürk, 2008] 中的参考文献. 与 ABC 非常相似的一个算法是蜜蜂算法 [Pham et al., 2006]. 在本书中看起来与 ABC 最相似的进化算法是差分进化 (参见第 12 章). 我们可以进一步研究 ABC 与差分进化的共同点, 与上面提到的蜜蜂型算法的共同点, 以及与更多生物学启发性质的结合.

算法 17.10 优化 n 元函数 $f(x)$ 的人工蜂群 (ABC) 算法, 其中 $\boldsymbol{x}_i$ 是第 i 个候选解.

N = 种群规模
初始化正整数 L, 它是停滞的界限
初始化觅食蜂种群规模 $P_f < N$
初始化观察蜂种群规模 $P_o = N - P_f$
初始化觅食蜂的一个随机种群 $\{\boldsymbol{x}_i\}$, $i \in [1, P_f]$
初始化觅食蜂的试验计数器 $T(\boldsymbol{x}_i) = 0$, $i \in [1, P_f]$
While not (终止准则)
  觅食蜂:
  For 每一只觅食蜂 $\boldsymbol{x}_i$, $i \in [1, P_f]$
    $k \leftarrow$ 随机整数, $k \in [1, N]$ 并且 $k \neq i$
    $s \leftarrow$ 随机整数, $s \in [1, n]$
    $r \leftarrow U[-1, 1]$
    $v_i(s) \leftarrow x_i(s) + r(x_i(s) - x_k(s))$
    If $f(\boldsymbol{v}_i)$ 比 $f(\boldsymbol{x}_i)$ 好 then
      $\boldsymbol{x}_i \leftarrow \boldsymbol{v}_i$
      $T(\boldsymbol{x}_i) \leftarrow 0$
    else
      $T(\boldsymbol{x}_i) \leftarrow T(\boldsymbol{x}_i) + 1$
    End if
  下一只觅食蜂
  观察蜂:
  For 每一只观察蜂 $\boldsymbol{v}_i$, $i \in [1, P_o]$
    选择一只觅食蜂 $\boldsymbol{x}_j$, 这里 $\Pr(\boldsymbol{x}_j) \propto \text{fitness}(\boldsymbol{x}_j)$, $j \in [1, P_f]$
    $k \leftarrow$ 随机整数, $k \in [1, P_f]$ 使得 $k \neq j$
    $s \leftarrow$ 随机整数, $s \in [1, n]$
    $r \leftarrow U[-1, 1]$
    $v_i(s) \leftarrow x_j(s) + r(x_j(s) - x_k(s))$
    If $f(\boldsymbol{v}_i)$ 比 $f(\boldsymbol{x}_j)$ 好 then
      $\boldsymbol{x}_j \leftarrow \boldsymbol{v}_i$
      $T(\boldsymbol{x}_j) \leftarrow 0$
    else

$T(\boldsymbol{x}_j) \leftarrow T(\boldsymbol{x}_j)+1$
End if
下一只观察蜂
侦察蜂:
For 每一只觅食蜂 $\boldsymbol{x}_i$, $i \in [1, P_f]$
If $T(\boldsymbol{x}_i) > L$ then
$\boldsymbol{x}_i \leftarrow$ 随机生成的个体
$T(\boldsymbol{x}_j) \leftarrow 0$
End if
下一只觅食蜂
下一代

17.8 引力搜索算法

[Rashedi et al., 2009]提出引力搜索算法 (gravitational search algorithm, GSA), 它以万有引力定律为基础. GSA 与中心力优化类似, 中心力优化是一个确定性的进化优化算法, 也是以引力为基础 [Formato, 2007], [Formato, 2008]. 类似的算法包括空间引力优化[Hsiao et al., 2005], 和集成辐射优化[Chuang and Jiang, 2007]. GSA 与粒子群优化类似, 种群中每一个个体在搜索空间中有位置和速度, 还有加速度. 粒子基于它们的质量互相吸引, 其质量与适应度值成正比 (即与费用成反比). 算法 17.11 描述了 GSA 算法.

算法 17.11 最小化 $f(\boldsymbol{x})$ 的引力搜索算法, 其中 $\boldsymbol{x}_i$ 是第 i 个候选解, 为防止被零除, ϵ 是一个小的正数.

初始化一个随机种群的个体 $\{\boldsymbol{x}_i\}$, $i \in [1, N]$
初始化每一个个体的速度 $\boldsymbol{v}_i$, $i \in [1, N]$
初始化引力常数 G_0 和衰减率 α
初始化代数 $t=0$ 和代数限制 $t_{\max}$
While not (终止准则)
引力常数 $G \leftarrow G_0 \exp(-\alpha t / t_{\max})$
For 每一个个体 $\boldsymbol{x}_i$, $i \in [1, N]$

$$m_i \leftarrow \frac{f(\boldsymbol{x}_i) - \max_k f(\boldsymbol{x}_k)}{\min_k f(\boldsymbol{x}_k) - \max_k f(\boldsymbol{x}_k)} \in [0,1]$$

正规化适应度 $M_i \leftarrow \dfrac{m_i}{\sum_{k=1}^{N} m_k}$

下一个个体
For 每一个个体 $\boldsymbol{x}_i$, $i \in [1, N]$
距离 $R_{ik} \leftarrow \| \boldsymbol{x}_k - \boldsymbol{x}_i \|_2$, $k \in [1, N]$

　　　　力向量 $\boldsymbol{F}_{ik} \leftarrow \dfrac{GM_iM_k}{R_{ik}+\epsilon}(\boldsymbol{x}_k - \boldsymbol{x}_i),\ k \in [1, N]$
　　　　随机数 $r_k \leftarrow U[0,1],\ k \in [1, N]$
　　　　加速度向量 $\boldsymbol{a}_i \leftarrow \dfrac{1}{M_i}\sum_{k=1,k\neq i}^{N} r_k \boldsymbol{F}_{ik}$
　　　　随机数 $r \leftarrow U[0,1]$
　　　　速度向量 $\boldsymbol{v}_i \leftarrow r\boldsymbol{v}_i + \boldsymbol{a}_i$
　　　　位置向量 $\boldsymbol{x}_i \leftarrow \boldsymbol{x}_i + \boldsymbol{v}_i$
　　下一个个体
　　增加代数: $t \leftarrow t+1$
下一代

算法 17.11 的代循环中首先更新引力常数 G 的值. 在自然界中 G 的时不变性质值得商榷, 有一些物理学家认为它是时变的 [Jofré et al., 2006]. 在 GSA 中, G 逐渐减小会让算法中探索的成分随着时间的推进而减少. 接下来设定适应度值让最差个体的适应度 $m_i = 0$, 最好个体的适应度 $m_i = 1$; 适应度值相应于引力质量. 再接下来, 我们得到正规化后的适应度值 $\{M_i\}$, 其总和为 1. 然后, 对每一对个体计算吸引力, 它是一个向量, 其大小与适应度值和距离成比例. 接下来, 我们取力向量的随机组合得到每一个个体的加速度向量. 最后用加速度向量更新每一个个体的速度和位置. 算法 17.11 中通常取可调参数值 $G_0 = 100$, $\alpha = 20$.

研究人员对 GSA 提出了各种修改和扩展, 包括在每一代调整 G 的不同方式. 还可以更新加速度公式以便只让最好的个体吸引每一个粒子:

$$\boldsymbol{a}_i \leftarrow \frac{1}{M_i}\sum_{k\in B,k\neq i} r_k \boldsymbol{F}_{ik}, \tag{17.20}$$

其中 B 是包含最好个体的集合, B 的规模是一个可调参数. 另外, 对于主动引力、被动引力和惯性可以用不同种类的实际质量值 [Rashedi et al., 2009]. GSA 的一个扩展是在 [Rashedi et al., 2010] 中提出的离散搜索域. 由于 GSA 与粒子群优化相似, 为粒子群优化提出的很多扩展方式看起来也可以在 GSA 中实施 (参见第 11 章).

17.9 和声搜索

[Geem et al., 2001]提出和声搜索 (Harmony Search, HS), [Lee and Geem, 2006] 对它做了进一步阐释. 和声搜索以音乐过程为基础. 合唱团或乐队的每一位音乐家可以在某个域中发音. 如果这些声音形成好的和声, 这种正面的体验会留在合唱团的集体记忆中, 继续获得好的和声的可能性会增大. 在和声搜索中, 合唱团或乐队类似于问题的一个候选解, 而音乐家类似于一个独立变量或候选解的特征.

算法 17.12 概述和声搜索算法 [Omran and Mahdavi, 2008]. 和声搜索使用的记号常常与进化算法的标准记号不同. 例如, *和声向量*是指进化算法的个体或候选解 $\boldsymbol{x}$, *和声记*

忆库规模是指种群规模 N, 和声记忆库取值率类似于遗传算法中的交叉率 c, 音调微调率是指变异率 p_m, 而距离带宽 则是指高斯变异的标准差 σ. 这些参数通常取值为 $c = 0.9$; p_m 从第一代的 0.01 线性增加到最后一代的 0.99; σ 从搜索域的 5% 依指数下降到搜索域的 0.01%.

由算法 17.12 可见, 和声搜索在每一代生成一个子代. 对每一个解的特征, 生成一个随机数 r_c. 如果 r_c 小于交叉率 c, 子代中的这个解的特征设置为从种群中随机选择的解的特征, 这一步与全局均匀重组类似 (参见 8.8.6 节). 如果 r_c 大于交叉率, 则将子代中的这个解的特征设置为搜索域中的一个随机数, 这一步与以搜索域的中央为中心的均匀变异类似 (参见 8.9.2 节). 如果子代是从种群而不是随机数获得解的特征, 就以解的特征为中心进行高斯变异 (参见 8.9.3 节). 最后, 如果子代比种群中最差个体好, 就用子代替换这个最差的个体, 最后的这一步与进化规划所用的策略相同 (参见 5.1 节).

算法 17.12 最小化 n 元函数 $f(\boldsymbol{x})$ 种群规模为 N 的和声搜索算法. $\{\boldsymbol{x}_k\}$ 是个体的整个种群, 其中 $\boldsymbol{x}_k$ 是第 k 个候选解, $x_k(s)$ 是 $\boldsymbol{x}_k$ 的第 s 个特征.

p_m = 变异率, $p_m \in [0,1]$
σ^2 = 高斯变异方差
c = 交叉率, $c \in [0,1]$
初始化候选解的一个种群 $\{\boldsymbol{x}_k\}$, $k \in [1,N]$
While not (终止准则)
    Child=$[\,0,\ 0,\ \cdots,\ 0\,] \in \mathbb{R}^n$
    For 每一个解的特征 $s = 1,2,\cdots,n$
        $r_c \leftarrow U[0,1]$
        If $r_c < c$ then
            $j \leftarrow$ 随机整数, $j \in [1,n]$
            Child$(s) \leftarrow x_j(s)$
            $r_m \leftarrow U[0,1]$
            If $r_m < p_m$ then
                Child$(s) \leftarrow$ Child$(s) + N(0,\sigma^2)$
            End if
        else
            Child$(s) \leftarrow U[x_{\min}(s), x_{\max}(s)]$
        End if
    下一个解的特征
    $m \leftarrow \underset{k}{\operatorname{argmax}}(f(\boldsymbol{x}_k) : k \in [1,N])$
    If $f(\text{Child}) < f(\boldsymbol{x}_m)$ then
        $\boldsymbol{x}_m \leftarrow$ Child
    End if
下一代

总而言之, 和声搜索算法在本质上好像并没有什么新想法. 和声搜索融合了已有进化算法的思路, 包括全局均匀重组、均匀变异、高斯变异以及在每一代替换最差个体. 和声搜索的贡献体现在两个方面: 首先, 和声搜索以一种新方式将这些想法结合起来; 其次, 和声搜索的音乐动机也是新的. 但在这个领域中的文献很少讨论和声搜索的音乐动机或和声搜索的扩展. 大多数文献研究和声搜索与其他进化算法的混合, 和声搜索参数的调节, 或和声搜索在具体问题中的应用. 如果有更多以音乐激发的扩展应用于和声搜索, 就有助于让它成为一个独立的进化算法. 要做到这点需要研究音乐理论, 研究音乐创作与编排的过程, 研究音乐教育理论, 并创造性地将这些理论应用于和声搜索算法. 有关和声搜索这个领域的更多内容可以在两个编选卷 [Geem, 2010a], [Geem, 2010b] 以及一本书 [Geem, 2010c] 中找到.

17.10 基于教学的优化

[Rao et al., 2011]提出基于教学的优化 (teaching-learning-based optimization,TLBO), [Rao et al., 2012], [Rao and Patel, 2012], [Rao and Savsani, 2012, Chapter 6] 对它做了进一步的阐释. TLBO 以课堂上教与学的过程为基础. 在每一代种群中, 最好的候选解被视为教师, 其他候选解则被视为学员. 学员主要接受来自教师的指令, 但是也会互相学习. 在 TLBO 中, 一门课程类似于一个独立变量或候选解的一个特征. 教师阶段按如下方式修改每个候选解 $\boldsymbol{x}_i$ 的每一个独立变量 $x_i(\mathrm{s})$: 对于 $i \in [1, N]$ 和 $s \in [1, n]$,

$$\left.\begin{aligned} c_i(s) &\leftarrow x_i(s) + r(x_t(s) - T_f \bar{x}(s)), \\ \text{其中} \quad \bar{x}(s) &= \frac{1}{N}\sum_{k=1}^{N} x_k(s), \end{aligned}\right\} \tag{17.21}$$

而 N 是种群规模, n 是问题的维数, $\boldsymbol{x}_t$ 是种群中的最好个体 (即教师), r 是在 $[0,1]$ 上均匀分布的一个随机数, T_f 被称为教师因子并且以相同的概率设为 1 或 2. 如果子代比父代好, 子代 $\boldsymbol{c}_i$ 就替换父代 $\boldsymbol{x}_i$. 总的来说, (17.21) 式是在朝向最好个体 $x_t(s)$ 的方向上调整 $x_i(s)$. 从 (17.21) 式的期望就能看出来, 有

$$\bar{c}_i(s) = \bar{x}(s) + \frac{1}{2}\left(x_t(s) - \frac{3}{2}\bar{x}(s)\right) = \frac{x_t(s)}{2} + \frac{\bar{x}(s)}{4}, \tag{17.22}$$

即平均来看, $c_i(s)$ 更接近 $x_t(s)$ 而不是 $x_i(\mathrm{s})$. (17.22) 式也表明, 平均来说 $c_i(s)$ 比它的父代种群更接近零, 这可能会让 TLBO 在解为零的问题上具有不公平的优势. 许多优化基准都有在 $x^* = 0$ 的解, 所以应该进一步仔细研究 TLBO 在非零解问题上的性能, 以及如何调整算法以去除内在的偏向.

教师阶段结束后学员阶段开始. 在调整每一个个体时需要基于另一个随机选择的个体: 对于 $i \in [1, N]$ 和 $s \in [1, n]$,

$$c_i(s) \leftarrow \begin{cases} x_i(s) + r(x_i(s) - x_k(s)), & \text{如果} x_i \text{比} x_k \text{好}, \\ x_i(s) + r(x_k(s) - x_i(s)), & \text{其他}, \end{cases} \tag{17.23}$$

其中, k 是 $[1,N]$ 中的一个随机整数, 并且 $k\neq i$, r 是在 [0,1] 上均匀分布的随机数. 在学员阶段如果 $\boldsymbol{x}_k$ 更差 (上式中的第一种情况), 就让 $x_i(s)$ 远离 $\boldsymbol{x}_k$, 如果 $\boldsymbol{x}_k$ 更好 (上式中的第二种情况) 就让它靠近 $\boldsymbol{x}_k$.

算法 17.13 最小化 n 元函数 $f(\boldsymbol{x})$, 种群规模为 N 的基于教学的优化 (TLBO) 的概述. $\boldsymbol{x}_t$ 是种群中最好的个体, 也被称为教师.

初始化一个候选解的种群 $\{\boldsymbol{x}_k\}$, $k\in[1,N]$
While not (终止准则)
  For 每一个个体 $\boldsymbol{x}_i$, $i\in[1,N]$
    注释: 教师阶段
    $\boldsymbol{x}_t \leftarrow \underset{\boldsymbol{x}}{\operatorname{argmin}}(f(\boldsymbol{x}):\boldsymbol{x}\in\{\boldsymbol{x}_k\}_{k=1}^N)$
    $T_f\leftarrow$ 随机整数, $T_f\in\{1,2\}$
    For 每一个解的特征 $s\in[1,n]$
      $\bar{x}(s)\leftarrow \dfrac{1}{N}\displaystyle\sum_{k=1}^N x_k(s)$
      $r\leftarrow U[0,1]$
      $c_i(s)\leftarrow x_i(s)+r(x_t(s)-T_f\bar{x}(s))$
    下一个解的特征
    $\boldsymbol{x}_i\leftarrow \underset{\boldsymbol{x}_i,\boldsymbol{c}_i}{\operatorname{argmin}}\{f(\boldsymbol{x}_i),f(\boldsymbol{c}_i)\}$
    注释: 学员阶段
    $k\leftarrow$ 随机整数, $k\in[1,N]:k\neq i$
    If $f(\boldsymbol{x}_i)<f(\boldsymbol{x}_k)$ then
      For 每一个解的特征 $s\in[1,n]$
        $r\leftarrow U[0,1]$
        $c_i(s)\leftarrow x_i(s)+r(x_i(s)-x_k(s))$
      下一个解的特征
    else
      For 每一个解的特征 $s\in[1,n]$
        $r\leftarrow U[0,1]$
        $c_i(s)\leftarrow x_i(s)+r(x_k(s)-x_i(s))$
      下一个解的特征
    End if
    $\boldsymbol{x}_i\leftarrow \underset{\boldsymbol{x}_i,\boldsymbol{c}_i}{\operatorname{argmin}}\{f(\boldsymbol{x}_i),f(\boldsymbol{c}_i)\}$
  下一个个体
下一代

算法 17.13 概述 TLBO 算法. 我们检视算法 12.1 会发现, 在本书讨论的所有进化算法中, TLBO 与差分进化最相似. 假设在算法 12.1 中将交叉率设为 $c=1$. 并进一步假设我们不用常步长参数 F 而是对每一个独立变量用不同的随机步长参数, 因此每次在变异向量 $\boldsymbol{v}$ 中设置一个独立变量. 再进一步假设, 对每一个个体 $\boldsymbol{x}_i$, 一旦生成了它的子代就立即用子代替换它, 而不是等到生成所有子代之后才替换. 对于差分进化而言, 这些改变也许微不足道, 但是却很直接. 差分进化算法 12.1 因此变为改进的差分进化算法 17.14.

现在假设在算法 17.14 中不是随机生成 r_1, r_2 和 r_3, 而是将它们设置为

$$\left.\begin{aligned} r_1 &= i, \\ r_2 &= \arg\min_i\{f(\boldsymbol{x}_i) : i \in [1, N]\}, \\ x_{r3}(s) &= \text{种群中解的第 } s \text{ 个特征的平均}. \end{aligned}\right\} \tag{17.24}$$

差分进化算法 17.14 因此变为算法 17.15, 它等价于在 TLBO 算法 17.13 中 $T_f = 1$ 的教师阶段.

算法 17.14 最小化 $f(\boldsymbol{x})$ 的改进的差分进化算法.

初始化一个候选解的种群 $\{\boldsymbol{x}_i\}$, $i \in [1, N]$
While not (终止准则)
  For 每一个个体 $\boldsymbol{x}_i$, $i \in [1, N]$
    $r_1 \leftarrow$ 随机整数, $r_1 \in [1, N] : r_1 \neq i$
    $r_2 \leftarrow$ 随机整数, $r_2 \in [1, N] : r_2 \notin \{i, r_1\}$
    $r_3 \leftarrow$ 随机整数, $r_3 \in [1, N] : r_3 \notin \{i, r_1, r_2\}$
    For 每一个解的特征 $s \in [1, n]$
      $r \leftarrow U[0, 1]$
      $v(s) \leftarrow x_{r1}(s) + r(x_{r2}(s) - x_{r3}(s))$
    下一个解的特征
    $\boldsymbol{x}_i \leftarrow \underset{\boldsymbol{x}_i, \boldsymbol{v}}{\operatorname{argmin}}\{f(\boldsymbol{x}_i), f(\boldsymbol{v})\}$
  下一个个体
下一代

类似地, 假设在算法 17.14 中不是随机生成 r_1, r_2 和 r_3, 而是把它们设置为

$$\left.\begin{aligned} r_1 &= i, \\ r_2 &= \arg\min_{i,k}\{f(\boldsymbol{x}_i), f(\boldsymbol{x}_k)\} \\ r_3 &= \arg\max_{i,k}\{f(\boldsymbol{x}_i), f(\boldsymbol{x}_k)\} \end{aligned}\right\} \tag{17.25}$$

其中 k 是一个随机整数, $k \in [1, N]$ 并且 $k \neq i$. 我们就得到 TLBO 的学员阶段.

总而言之, TLBO 算法在本质上好像并没有什么新想法. TLBO 是对差分进化的改进, 差分进化本身是遗传算法的一个变种 (参见 12.4 节). TLBO 的贡献在于, 它用两个不同的阶段执行差分进化, 一个是所谓的教师阶段, 另一个是学员阶段. 此外, TLBO 的教学动机是新的. 到目前为止, 还没有利用教学理论来改进 TLBO 算法的文献. 如果能

有更多基于教学的扩展应用到 TLBO, 就有助于让它成为一个独立的进化算法, 同时也能改进它的性能. 这需要研究学习理论、学习方式和教学风格, 并创造性地将这些理论应用于 TLBO 算法. 与我们前面提到的一样, 关于 TLBO 的其他重要研究题目是对于最优解不在搜索域中心的这类问题算法的性能会如何, 以及如何调整算法让它免于偏向域的中心. 关于 TLBO 更多的评论参见 [Crepinsek et al., 2012], 而对这些评论的回复参见 [Waghmare, 2013].

算法 17.15 最小化 $f(\boldsymbol{x})$ 的另一个改进的差分进化算法. 此算法等价于基于教学的优化的教师阶段.

初始化一个候选解的种群 $\{\boldsymbol{x}_i\}$, $i \in [1, N]$
While not (终止准则)
  For 每一个个体 $\boldsymbol{x}_i$, $i \in [1, N]$
    $\boldsymbol{x}_t \leftarrow \underset{x}{\operatorname{argmin}}\, f(\boldsymbol{x}) : \boldsymbol{x} \in \{\boldsymbol{x}_k\}_{k=1}^{N}$
    For 每一个解的特征 $s \in [1, n]$
      $\bar{x}(s) \leftarrow \dfrac{1}{N} \sum_{k=1}^{N} x_k(s)$
      $r \leftarrow U[0, 1]$
      $v(s) \leftarrow x_i(s) + r(x_t(s) - \bar{x}(s))$
    下一个解的特征
    $\boldsymbol{x}_i \leftarrow \underset{\boldsymbol{x}_i, \boldsymbol{v}}{\operatorname{argmin}}\{f(\boldsymbol{x}_i), f(\boldsymbol{v})\}$
  下一个个体
下一代

17.11 总 结

自从 Nils Barricelli在 1953 年首次提出遗传算法以来, 研究人员已经提出了很多进化算法 [Dyson, 1998, page 111]. 几乎每一个自然过程似乎都可以被理解为一个优化算法 [Alexander, 1996]. 在本章和其他章节中, 我们看到这些优化过程很多都有相似的算法特征, 因而很难知道一个进化算法会在何处结束, 另一个又会从何处开始. 在什么时候一个新的进化算法能自成一类, 在什么时候应该把它归类为已有的某个进化算法的变种? 学术界面临的挑战是要找到一个平衡, 既鼓励新的研究同时又要对所谓的新算法的引进和发展维持一个高标准.

本章又介绍了几个进化算法, 其中一些颇受欢迎也很有用, 不过把它们放在本书的其他地方又不太合适; 其余的算法都较新, 工程师和计算机科学家采用它们的程度尚待观察. 还有很多进化算法我们没有时间讨论, 下面列出一部分:

- 社会文明算法 (society and civilization algorithm)[Ray and Liew, 2003];
- 收费系统搜索 (charged system search)[Kaveh and Talatahari, 2010];

- 入侵杂草优化 (invasive weed optimization)[Mehrabian and Lucas, 2006];
- 布谷鸟搜索 (cuckoo search)[Yang, 2009a];
- 智能水滴 (intelligent water drops)[Shah-Hosseini, 2007];
- 河流形成动力学 (River formation dynamics) [Rabanal et al., 2007];
- 随机扩散搜索 (Stochastic diffusion search)[Bishop, 1989];
- 高斯自适应 (Gaussian adaptation)[Kjellström, 1969];
- 大爆炸大冲突算法 (Big bang big crunch algorithm)[Erol and Eksin, 2006];
- 帝国主义竞争算法 (Imperialist competitive algorithm)[Atashpaz-Gargari and Lucas, 2007];
- 吱吱作响轮子优化 (Squeaky wheel optimization) [Joslin and Clements, 1999];
- 语法进化 (Grammatical evolution)[O'Neill and Ryan, 2003];
- 萤火虫群优化 (Glowworm swarm optimization) [Krishnanand and Ghose, 2009];
- 化学反应优化 (Chemical reaction optimization) [Lam and Li, 2010];
- 磷虾群 (Krill herd) [Gandomi and Alavi, 2012];
- 蝙蝠启发算法 (Bat-inspired algorithm)[Yang, 2010c];
- 阈值接收 (threshold accepting) [Dueck and Scheuer, 1990];
- 大洪水算法与记录对记录旅行 (Great deluge algorithm and record-to-record travel) [Dueck, 1993];
- 细菌趋化作用模型 (bacterial chemotaxis model)[Muller et al., 2002], 17.6 节的末尾曾简要提及;
- 几个人工蜂群算法, 17.7 节曾简要提及;
- 几个基于引力和基于力的算法, 17.8 节曾简要提及.

毫无疑问, 还有别的进化算法属于上面这张表, 或者还有别的进化算法值得深入讨论, 我们在此没有提及仅仅是因为作者对它们缺乏认识. 上面这张表中的算法和本章前几节讨论的算法合在一起能让有兴趣的学生和研究人员做一辈子. 还有一些计算方法通常也归类为进化算法, 但有时候机器学习与优化之间的分界是模糊的, 正因如此, 本书没有讨论神经网络 [Fausett, 1994], 模糊逻辑[Ross, 2010], 人工免疫系统 [Hofmeyr and Forrest, 2000], 人工生命 [Adami, 1997], 膜计算 [Păun, 2003], 以及其他的很多计算范式.

习　　题

书面练习

17.1 对于最大化的优化问题, 重写 (17.4) 式中停滞的定义.

17.2 编写一个算法, 它更简单但在功能上等价于算法 17.3 的人工鱼跳跃行为.

17.3 群搜索优化器是否是精英的?

17.4 混合蛙跳算法在每一代会执行多少次函数评价?

17.5 给出一些具体条件, 在这些条件下萤火虫算法 17.8 可以被看成是粒子群优化算法11.1 的特殊情况或它的一般化.

17.6 8.7 节讨论了进化算法的几种选择方案, 细菌觅食优化用的是哪一种?

17.7 编写伪代码说明如何为细菌觅食优化生成随机单位向量.

17.8 给出一些具体条件, 在这些条件下人工蜂群算法 17.10 可以被看成是差分进化算法 12.1 的特殊情况或它的一般化.

17.9 给出一些具体条件, 在这些条件下引力搜索算法 17.11 可以被看成粒子群优化算法 11.1 的特殊情况或它的一般化.

17.10 在和声搜索中, 具体的一个子代完全由已有的来自父代种群的非变异的解的特征组成的概率是多少?

计算机练习

17.11 仿真本章的进化算法. 让两三个参数变化以了解它们对优化性能的影响.

17.12 基于教学的优化 (TLBO) 算法 17.13含有教师阶段和学员阶段. 编写 TLBO 的三种仿真程序: 第一种是算法 17.13 的原始算法, 第二种只用教师阶段, 第三种只用学员阶段. 用它们优化 10 维 Ackley函数, 种群规模为 100, 函数评价限制为 10000 次. 报告这三种得到的最好性能在 20 次蒙特卡罗仿真上的平均. 针对 10 维 Rosenbrock函数重复上述过程. 评论所得结果.

第四篇　优化问题的特殊类型

第 18 章　组合优化

对于有限个点, 两两之间的距离已知, 要找出连接这些点的最短路径, 我们为这个任务取名为信使问题(因为每一位邮递员都会遇到这个问题, 很多旅行者也会遇到这个问题).

卡尔・门格尔 (Karl Menger) [Gutin and Punnen, 2007, page 1]

到目前为止, 本书的重点一直都是连续优化问题. 本章讨论离散优化问题: 即 $\min_x f(\boldsymbol{x})$ 中 $\boldsymbol{x}$ 的域是离散的. 离散优化问题, 也被称为组合优化问题, 我们可以视之为在候选目标的有限集中找出最优目标:

$$\min_{\boldsymbol{x}} f(\boldsymbol{x}) \quad \text{其中} \quad \boldsymbol{x} \in \{\boldsymbol{x}_1, \boldsymbol{x}_2, \cdots, \boldsymbol{x}_{N_x}\}. \tag{18.1}$$

N_x 被称为搜索空间的基数. 在理论上, 我们可以通过评价这 N_x 个解的每一个 $f(\boldsymbol{x})$ 来求解 (18.1) 式. 这种组合优化的方法被称为穷举搜索或蛮力. 然而, 组合问题的搜索空间常常很大, 因此要检查每一个可能的解并不可行.

马的行程问题是一个经典的组合优化问题. Leonhard Euler在 1759 年最先从数学的角度讨论马的行程问题 [Ball and Coxeter, 2010]. 马在空荡荡的国际象棋棋盘上应该如何移动才能恰好访问每个方格一次? 闭合行程 (也称为可重入行程) 是指马的行程的始点和终点是同一个方格, 所以马要移动 64 次; 而对于开放的行程就只需要移动 63 次.

开放的马的行程问题可以化为 $\min_x f(\boldsymbol{x})$, 这里 $\boldsymbol{x}$ 由一个初始位置和 63 次移动的序列组成, $f(\boldsymbol{x})$ 度量还有多少个方格尚未被访问. $\boldsymbol{x}$ 的基数 N_x(即搜索空间的规模) 超过 3.3×10^{13}[Lobbing and Wegener, 1995]. 我们不会用蛮力来求解这个问题, 凭借人类的洞察力和独创性, 无需费多大事就能解决马的行程问题. 我们明白, 组合优化问题的基数并不一定能反映它的困难程度. 图 18.1 所示为开放的马的行程问题的一个解. 人们还研究过在非 8×8 的棋盘上的马的行程问题.

本章概览

本章大部分内容是在讨论旅行商问题 (traveling salesman problem, TSP), 它也许是最著名, 应用范围最广, 并且被广泛研究的组合优化问题. 18.1 节概述 TSP. 18.2 节讨论求解 TSP 的几个既简单又常用的非进化的启发式算法; 这个讨论与进化算法有关, 可以利用这些启发式算法来初始化或改善进化算法的种群. 18.3 节讨论 TSP 的候选解的各种表示方式, 以及如何在进化算法中将候选解组合得到子代的解. 18.4 节讨论 TSP 候选解

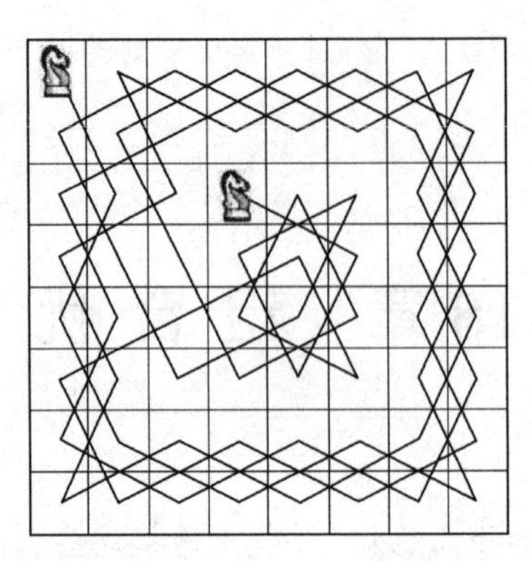

图 18.1 开放的马的行程问题的一个解 [Fealy, 2006, page 237].

的一些变异方式. 18.5 节将前面几节的内容联系起来提出可用于求解 TSP 的基本进化算法. 18.6 节讨论图着色问题, 它是另一个常见的组合优化问题. 注意, 附录 C.6 讨论 TSP 基准问题和其他组合基准问题.

18.1 旅行商问题

上面讨论的马的行程问题并不难, 但用它来引出 TSP, 这个问题很难: 正好访问 N 个城市一次的最短行程是什么样的? 与马的行程问题一样, 闭合的 TSP 是指行程的起点和终点是同一个城市; 不然 TSP 就是开放的. TSP 最早出现在一本德语小册子中, 这本册子发表于 1832 年, 名为“旅行商 —— 为获得订单并确保在业务中快乐成功, 他应该如何做和做什么, —— 一位老旅行商著.” 奥地利数学家 Karl Menger将 TSP 称为“信使问题”, 在 20 世纪 20 年代后期和 30 年代初期, 他首次在科技文献中讨论这个问题 [Schrijver, 2005].

TSP 在机器人、电路板钻孔、焊接、制造、交通以及其他很多领域都有广泛的应用. 我们在 2.5 节讨论过, 一个开放的有 n 个城市的 TSP 共有 $(n-1)!$ 个潜在的解. 即使 n 的值不大, 这个数目也非常大. 例如, 对于 50 城的 TSP, 其潜在的解为 $49! = 6.1 \times 10^{62}$. 50 个城市对于 TSP 而言并不算多. 一个电路板可能会有数以万计个孔, 我们需要为钻头编程, 让它能够访问每一个孔同时还要最小化某个费用函数 (比如时间或能量).

一般我们假设有 n 个城市的 TSP 的城市记为城市 1, 城市 2, $\cdots$, 城市 n. 假定对所有 $i \in [1, n]$ 和 $j \in [1, n]$, 城市 i 和城市 j 之间的距离已知, 并且 $D(i, j) = D(j, i)$. 它被称为对称的 TSP, 因为从城市 i 到城市 j 的距离 (或费用) 与从城市 j 到城市 i 的距离相同. 我们可以想象 $D(i, j) \neq D(j, i)$ 的情形 (例如, 上山比下山费用更高), 这样的问题被称为非对称 TSP, 但在本章中我们对它不做进一步的讨论.

在开放的 TSP 中, 有效行程是指所有 n 个城市正好都被访问一次. 在闭合的 TSP 中, 有效行程是指行程的起点和终点是同一个城市, 而其余 $n-1$ 个城市正好被访问一次. 下面是开放的 4 城 TSP 的有效行程的例子:

$$4\text{ 城的有效开放行程: } 3 \rightarrow 2 \rightarrow 4 \rightarrow 1. \tag{18.2}$$

闭合的 4 城 TSP 的有效行程的例子如下:

$$4\text{ 城的有效闭合行程: } 3 \to 2 \to 4 \to 1 \to 3. \tag{18.3}$$

行程的一段为一条边. (18.2) 式由 3 条边组成: $3 \to 2$ 是第一条边, $2 \to 4$ 是第二条边, $4 \to 1$ 是第三条边. (18.3) 式由四条边组成. 一般来说, n 个城市的开放行程包含 $n-1$ 条边, n 个城市的闭合行程包含 n 条边.

在 TSP 中, 我们想要最小化总距离. 假设开放的 TSP 中 n 个城市的顺序为 $x_1 \to x_2 \to \cdots \to x_n$. 则总距离为

$$D_T = \sum_{i=1}^{n-1} D(x_i, x_{i+1}). \tag{18.4}$$

注意, 我们采用一般意义下的"距离"这个词. 它可能指物理上的距离, 财务上的费用, 或在组合问题中想要最小化的其他量.

18.2 旅行商问题的初始化

本节介绍几个既常用又简单的非进化启发式算法, 用它们能解决 TSP[Nemhauser and Wolsey, 1999]. 我们不仅可以用这些启发式算法搜索 TSP 的解, 还可以用来为求解 TSP 的进化算法初始化它们的种群. 如果能聪明地而不是随机地初始化进化算法, 就更有可能找到好的解. 这不仅适用于 TSP, 也适用于进化算法要解决的其他问题 (参见 8.1 节).

本节中的初始化算法被称为是贪婪的, 因为它们都是按照能最大地改进当前性能的方式来添加. 也就是说, 它们都是基于即时的最高回报建立候选解. 18.2.1 节通过迭代增添距前面已加入的城市最近的城市来建立候选解. 18.2.2 节通过迭代添加下一条最短边建立候选解. 18.2.3 节通过迭代增添与前面已加入的任一个城市最近的城市来建立候选解. 最后, 18.2.4 节讨论在贪婪初始化方法中如何利用随机性.

18.2.1 最近邻初始化

最近邻策略是一个既简单又直观的初始化候选解的方式. 对于 n 城 TSP, 我们将这个策略描述如下.

1. 初始化 $i = 1$.
2. 随机地选择一个城市 $s(1) \in [1, n]$ 作为起点.
3. $s(i+1) \leftarrow \underset{\sigma}{\operatorname{argmin}}\{D(s(i), \sigma) : \sigma \neq s(k),\, k \in [1, i]\}$. 即找出在 s 中还没有安排的离 $s(i)$ 最近的一个城市, 把它排在 $s(i+1)$.
4. 将 i 加 1.
5. 如果 $i = n$, 终止; 否则, 转步骤 3.

在这个过程的最后得到开放行程 $s(1) \to s(2) \to \cdots \to s(n)$, 它是对 TSP 解的一个合理的猜测. 如果想要一个闭合行程, 只要把 $s(1)$ 添加到开放行程的末尾就可以了. 因为起点城市是我们随机选出来的, 如果多次执行这个算法, 一般会得到不同的候选解. 比如, 考虑距离矩阵

$$\boldsymbol{D} = \begin{bmatrix} \times & 3 & 2 & 9 & 3 \\ 3 & \times & 5 & 8 & 11 \\ 2 & 5 & \times & 4 & 6 \\ 9 & 8 & 4 & \times & 10 \\ 3 & 11 & 6 & 10 & \times \end{bmatrix}. \tag{18.5}$$

其中 D_{ij} 也可以写成 $D(i,j)$, 它表示城市 i 和城市 j 之间的距离. 如果从城市 1 出发, 最近邻算法给出的行程为 1 → 3 →4→2→5, 它的总费用为 25. 如果从城市 2 出发, 算法给出的行程为 2→1→3→4→5, 它的总费用为 19.

注意, $n \times n$ 距离矩阵 $\boldsymbol{D}$ 一般是对称的, 因为城市 i 和城市 j 之间的距离与城市 j 和城市 i 之间的距离相同. 另外, $n \times n$ 矩阵在对角线的上方有 $n(n-1)/2$ 项. 因此, 对称的 n 城 TSP 有 $n(n-1)/2$ 条不同的边.

为解决 TSP, 如果想要聪明地初始化一个进化算法, 可以用最近邻初始化种群中的一个或几个个体, 或整个种群. 然而, 如果用这种方式初始化的个体太多，可能会有很多个体是重复的. 可以用随机最近邻初始化算法, 每次迭代时, 将某个城市分配到 $s(i+1)$ 的概率与它到 $s(i)$ 的距离成反比. 最后, 我们还可以通过执行“最近的两邻居” 算法在另一个层面上采用最近邻算法. 在这个方法中, 给定 $s(i)$, 让组合距离 $D(s(i), s(i+1)) + D(s(i+1), \sigma)$ 最小的城市排在 $s(i+1)$, 其中 σ 可以是不同于 $s(k)$, $k \leqslant i+1$ 的任何一个城市.

要找到最近邻初始化表现不佳的例子并不难. 图 18.2 所示为简单的 5 城 TSP. (a) 图中, 从城市 1 出发利用最近邻初始化得到了一个差的结果. (b)图中, 从城市 3 出发利用最近邻初始化得到了全局最优解. 在图 18.2 中, 最近邻初始化的性能很大程度上依赖于起点城市. 一般来说, 让最近邻初始化失败的实际原因常常是它在规划路径时没有向前多看几个城市.

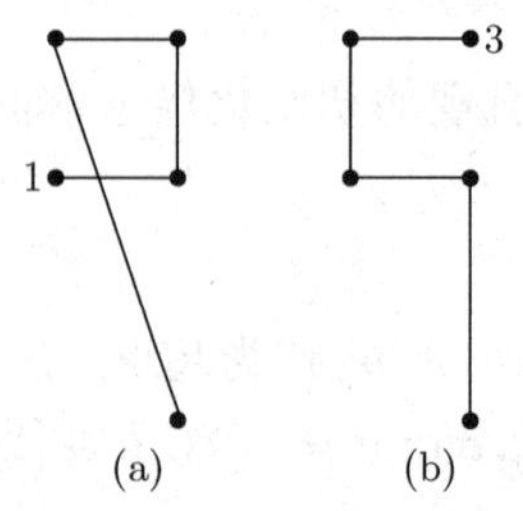

图 18.2 对于开放的 5 城 TSP, 最近邻初始化的结果. 有可能得到差的结果 ((a) 图) 或好的结果 ((b) 图), 它依赖于起点城市.

18.2.2 最短边初始化

另一个初始化 TSP 候选解的简单方式是用贪婪的最短边算法. 假设一个 n 城 TSP, 其距离矩阵 $\boldsymbol{D}$ 如 (18.5) 式所示. 我们定义 L_k 为与 $\boldsymbol{D}$ 中第 k 个最小的数相关的边. 即, $\{L_k\}$ 由 $n(n-1)/2$ 条边按距离的升序排列组成. 对 n 城 TSP 的最短边初始化的步骤如下.

1. 定义 T 为行程中边的集合. 初始化 T 为空集.
2. 找出 $\{L_k\}$ 中满足下列约束的最短边: (a) 它不在 T 中; (b) 如果添加到 T 中, 它不会形成少于 n 条边的闭合行程; (c) 如果它连接城市 i 和城市 j 并将它添加到 T 中, T 中与城市 i 或城市 j 相关的边不多于两条.
3. 如果 T 有 n 条边则结束; 否则转到步骤 2.

最短边初始化将离得最近的城市的边包括在行程中, 并继续此过程直到获得有效行程. 与最近邻初始化不同, 最短边初始化不是随机的, 每一次执行得到的行程都相同. 所以, 一般用最短边初始化进化算法的一个个体. 不过, 当有不止一对城市有相同的距离时会出现例外, 在这种情况下, 可以用随机过程来打破步骤 2 中的僵局, 根据随机过程的结果 (一般) 会得到不同的行程.

作为最短边初始化的例子, 考虑 (18.5) 式的距离矩阵. 最短边初始化的过程如下.

1. 城市 1 和城市 3 之间的边最短, 所以把那条边放入 T 中.
2. 余下的最短边是城市 1 和城市 2, 以及城市 1 和城市 5 的那两条边. 我们随机地选择城市 1 和城市 5 的这条边加入 T 中.
3. 余下的最短边是城市 1 和城市 2, 但城市 1 已经有两条边在 T 中. 所以寻找下一条最短边, 它是城市 3 和城市 4, 将那条边加入 T 中.
4. 余下的最短边是城市 2 和城市 3, 但城市 3 已经有两条边在 T 中. 所以寻找下一条最短边, 它是城市 3 和城市 5, 但城市 3 也已经有两条边在 T 中. 所以再找下一条最短边, 它是城市 2 和城市 4, 将那条边加入 T 中.
5. 余下的满足最短边算法约束的唯一一条边是城市 2 和城市 5, 将那条边加入 T 中, 闭合行程就完成了.

由上面的算法得到的闭合行程为 $1 \to 3 \to 4 \to 2 \to 5 \to 1$. 如果想用最短边初始化找到一个开放行程, 可以在 T 已经包含 $n-1$ 条边时就终止上面的算法, 这样得到的行程为 5→ l→ 3→ 4→ 2.

18.2.3 嵌入初始化

嵌入初始化从一个子行程开始, 然后每次添加一个城市到行程中, 被选中的城市在加入后增加的距离应该最小 [Rosenkrantz et al., 1977]. 初始子行程常常是最短的单条边. 在这种情况下我们得到最近嵌入算法, 针对开放的 TSP 可以描述如下.

1. 定义 T 为行程中边的集合. 初始化 T 为距离矩阵中的最短边.
2. $c \leftarrow \min_c\{D(c,k) : (c \notin T)且(k \in T)\}$, 即在不属于 T 的所有城市中, 选择离 T 最近的.

3. $\{k, j\} \leftarrow \underset{k,j}{\operatorname{argmin}}\{(D(k, c) + D(c, j)) - D(k, j) : D(k, j) \in T\}$, 即从 T 中选择边 $D(k, j)$ 使子行程 $k \to c \to j$ 的距离与 $k \to j$ 的距离之间差别最小.
4. 从 T 中去掉 $D(k, j)$, 并将 $D(k, c)$ 和 $D(c, j)$ 添加到 T 中.
5. 如果 T 包含 $n - 1$ 条边就结束; 否则转到步骤 2.

如果想得到闭合行程, 只需要在 T 中多加一条边就行了. 改变步骤 1 中的初始化方式就能修改最近嵌入算法, 我们可以将 T 初始化为城市的凸包, 或随机初始化, 或用其他方案初始化. 这样就可以用嵌入算法初始化不止一个个体.

作为最近嵌入初始化的例子, 考虑 (18.5) 式的距离矩阵. 最近嵌入的过程如下.

1. 城市 1 和城市 3 的这条边最短, 所以把它放入 T 中.
2. 不在 T 中的有城市 2, 城市 4 和城市 5. 在这些城市中, 离 T 最近的 (也就是说离城市 1 或城市 3 最近的) 是城市 2 或城市 5, 它们距城市 1 的长度都是 3 个单位. 我们随机地选择城市 5 加入 T 中. 然后从 T 中去掉 1/3 这条边, 将 1/5 和 5/3 这两条边加入 T.
3. 不在 T 中的有城市 2 和城市 4. 在这两个城市中, 离 T 最近的 (也就是说离城市 1, 城市 3, 或城市 5 最近的) 是城市 2, 它距城市 1 是 3 个单位. 由此我们得到两个方案.
   (1) 从 T 中去掉 1/5 这条边, 用 1/2 和 2/5 这两条边替换它. 子行程的距离从 3 个单位 (1/5 这条边的距离) 增加到 14 个单位 (1/2 和 2/5 这两条边的距离的和). 这样增加了 11 个单位.
   (2) 从 T 中去掉 5/3 这条边, 用 5/2 和 2/3 这两条边替换它. 子行程的距离从 6 个单位 (5/3 这条边的距离) 增加到 16 个单位 (5/2 和 2/3 这两条边的距离的和). 这样增加了 10 个单位.

   我们选择方案 (2), 因为它的增量最少. 现在 T 包含 1/5, 5/2 和 2/3 这三条边.
4. 不在 T 中的只有城市 4. 因此需要在 T 加入包含城市 4 的边. 我们有三个方案.
   (1) 从 T 中去掉 1/5 这条边, 用 1/4 和 4/5 这两条边替换它. 子行程的距离从 3 个单位 (1/5 这条边的距离) 增加到 19 个单位 (1/4 和 4/5 这两条边的距离的和). 这样就增加了 16 个单位.
   (2) 从 T 中去掉 5/2 这条边, 用 5/4 和 4/2 这两条边替换它. 子行程的距离从 11 个单位 (5/2 这条边的距离) 增加到 18 个单位 (5/4 和 4/2 这两条边的距离的和). 这样增加了 7 个单位.
   (3) 从 T 中去掉 2/3 这条边, 用 2/4 和 4/3 这两条边替换它. 子行程的距离从 5 个单位 (2/3 这条边的距离) 增加到 12 个单位 (2/4 和 4/5 这两条边的距离的和). 这样增加了 7 个单位.

   可以选择方案 (2) 或方案 (3), 因为它们的增量最少. 我们随机地选择方案 (3). 现在 T 包含 1/5, 5/2, 2/4, 以及 4/3 这些边.

由上述算法得到开放行程 $1 \to 5 \to 2 \to 4 \to 3$.

18.2.4 随机初始化

到目前为止, 我们讨论过的唯一一个随机初始化方法是最近邻初始化. 不过, 可以通过修改其他初始化方案, 让它们包含随机的成分. 另外, 还可以修改最近邻初始化让它比 18.2.1 节介绍的更加随机. 增加初始化方法的随机性会使其更具吸引力, 随机性是进化算法的一个基本成分. 用随机初始化能得到不止一个个体.

在最近邻初始化 (18.2.1 节) 中, 用依概率选择城市替换步骤 3 的"找出离 $s(i)$ 最近的城市", 而选择某个城市的概率则与该城市到 $s(i)$ 的距离成反比. 因此, 与 $s(i)$ 最近的城市的选择概率最大, 而 TSP 中的其他城市也有非零的选择概率.

在最短边初始化 (18.2.2 节) 中, 用与边的长度成反比的概率 (在满足给定约束的边中) 选择一条边替换满足给定约束的最短边. 因此, 最短边会有最大的概率被选中, TSP 中的其他边也会有非零的选择概率.

在嵌入初始化 (18.2.3 节) 中, 可以在两个步骤中添加随机性. 首先, 在步骤 2, 用与 T 的距离成反比的概率选择城市而不是选择距 T 最近的城市, 离得最近的城市的选择概率最大, 不在 T 中的城市也都有非零的选择概率. 其次, 在步骤 3 中, 用与子行程的距离差成反比的概率选择一条边而不是选择使子行程的距离差最小的边, 距离差最小的边的选择概率最大, T 中的其他边也都有非零的选择概率.

18.3 旅行商问题的表示与交叉

本节讨论表示 TSP 候选解的不同方式. 我们分别讨论路径表示 (18.3.1 节), 邻接表示 (18.3.2 节), 顺序表示 (18.3.3 节) 和矩阵表示 (18.3.4 节), 还会讨论在这些表示下候选解如何通过交叉进行组合.

18.3.1 路径表示

路径表示是 TSP 行程最自然的一种表示方式. 在路径表示中, 向量

$$\boldsymbol{x} = [\begin{array}{cccc} x_1 & x_2 & \cdots & x_n \end{array}] \tag{18.6}$$

表示这 n 个城市的行程为 $x_1 \to x_2 \to \cdots \to x_n$. 下面讨论采用这种表示的父代个体如何组合得到子代个体.

18.3.1.1 部分匹配交叉

在遗传算法中经常用到单点交叉 (参见 8.8 节), 部分匹配交叉 (partially matched crossover, PMX)[Goldberg and Lingle, 1985] 正是以经典单点交叉为基础. 举例来说, 考虑两个父代向量

$$\boldsymbol{P}_1 = [\begin{array}{cccccc} 2 & 3 & 4 & 5 & 6 & 1 \end{array}], \quad \boldsymbol{P}_2 = [\begin{array}{cccccc} 3 & 2 & 6 & 1 & 4 & 5 \end{array}]. \tag{18.7}$$

如果在这两个向量的中间执行单点交叉, 我们得到子代

$$\boldsymbol{c}_1 = [\begin{array}{cccccc} 2 & 3 & 4 & 1 & 4 & 5 \end{array}], \quad \boldsymbol{c}_2 = [\begin{array}{cccccc} 3 & 2 & 6 & 5 & 6 & 1 \end{array}]. \tag{18.8}$$

这些子代无效, 因为 $\boldsymbol{c}_1$ 访问城市 4 两次却没有访问城市 6. $\boldsymbol{c}_2$ 则相反, 它访问城市 6 两次却没有访问城市 4. 用 6 替换 $\boldsymbol{c}_1$ 中的一个 4 并用 4 替换 $\boldsymbol{c}_2$ 中的一个 6, 就可以修补子代. 例如, 将 (18.8) 式中的子代修补为

$$\boldsymbol{c}_1 = [\ 2\ \ 3\ \ \mathbf{6}\ \ 1\ \ 4\ \ 5\ ],\quad \boldsymbol{c}_2 = [\ 3\ \ 2\ \ 6\ \ 5\ \ \mathbf{4}\ \ 1\ ]. \tag{18.9}$$

其中, 随机变换涉及的城市用粗体显示.

18.3.1.2 顺序交叉

顺序交叉 (order crossover, OX) 将行程的一部分从父代复制给子代 [Davis, 1985]. 于是子代有了一部分的行程. 然后从第二个父代复制余下的城市到子代, 同时让来自第二个父代的城市顺序保持不变. 例如, 假设有父代

$$\boldsymbol{P}_1 = [\ 9\ \ 2\ \ 3\ \ 8\ \ 4\ \ 5\ \ 6\ \ 1\ \ 7\ ],\quad \boldsymbol{P}_2 = [\ 4\ \ 5\ \ 2\ \ 1\ \ 8\ \ 7\ \ 6\ \ 9\ \ 3\ ]. \tag{18.10}$$

从 $\boldsymbol{P}_1$ 随机地选择子行程; 假设从 $\boldsymbol{P}_1$ 选择的子行程为 $[\ 8\ \ 4\ \ 5\ \ 6\ ]$. 得到子代的一部分

$$\boldsymbol{c}_1 = [\ -\ \ -\ \ -\ \ 8\ \ 4\ \ 5\ \ 6\ \ -\ \ -\ ]. \tag{18.11}$$

$\boldsymbol{c}_1$ 还需要加入城市 1, 2, 3, 7 和 9. 这些城市在 $\boldsymbol{P}_2$ 中的顺序为 $\{2,\ 1,\ 7,\ 9,\ 3\}$. 按这个顺序将这些城市复制到 $\boldsymbol{c}_1$ 中, 得到

$$\boldsymbol{c}_1 = [\ 2\ \ 1\ \ 7\ \ 8\ \ 4\ \ 5\ \ 6\ \ 9\ \ 3\ ]. \tag{18.12}$$

在顺序交叉中, 通过调换 $\boldsymbol{P}_1$ 和 $\boldsymbol{P}_2$ 的角色, 用上述过程生成另一个子代. 在这个例子中, 从 $\boldsymbol{P}_2$ 复制子行程得到另一个子代的初始部分

$$\boldsymbol{c}_2 = [\ -\ \ -\ \ -\ \ 1\ \ 8\ \ 7\ \ 6\ \ -\ \ -\ ]. \tag{18.13}$$

按 $\boldsymbol{P}_1$ 的顺序复制余下的城市 9, 2, 3, 4 和 5, 得到子代

$$\boldsymbol{c}_2 = [\ 9\ \ 2\ \ 3\ \ 1\ \ 8\ \ 7\ \ 6\ \ 4\ \ 5\ ]. \tag{18.14}$$

18.3.1.3 循环交叉

[Oliver et al., 1987] 提出的循环交叉 (cycle crossover, CX) 在两个父代生成子代时会尽可能多地保存来自第一父代的序列信息, 并用第二个父代的信息完成子代. 我们用一个例子来解释循环交叉. 假设有父代

$$\boldsymbol{P}_1 = [\ 2\ \ 3\ \ 4\ \ 5\ \ 6\ \ 1\ ],\quad \boldsymbol{P}_2 = [\ 4\ \ 5\ \ 2\ \ 1\ \ 6\ \ 3\ ]. \tag{18.15}$$

我们生成下面一个子代.

1. 随机选择 1 和 n 之间的一个指标. 假设我们选择 4. $P_1(4) = 5$, 因此子代被初始化为 $\boldsymbol{c} = [-\ \ -\ \ -\ \ 5\ \ -\ \ -]$.
2. $P_2(4) = 1$, 而城市 1 处在 $\boldsymbol{P}_1$ 的第 6 位, 因此子代增强为 $\boldsymbol{c} = [-\ \ -\ \ -\ \ 5\ \ -\ \ 1]$.

3. $P_2(6)=3$, 而城市 3 处在 $\boldsymbol{P}_1$ 的第 2 位, 因此子代增强为 $\boldsymbol{c}=[-\ 3\ -\ 5\ -\ 1]$.
4. $P_2(2)=5$, 但子代已经包含城市 5. 因此从 $\boldsymbol{P}_2$ 复制余下所需的城市到子代, 得到 $\boldsymbol{c}=[4\ 3\ 2\ 5\ 6\ 1]$.

我们常常通过调换 $\boldsymbol{P}_1$ 和 $\boldsymbol{P}_2$ 的角色生成另一个子代. 算法 18.1 说明循环交叉如何运作. 用循环交叉总是能得到有效的子代.

算法 18.1 n 城旅行商问题的循环交叉.

$\boldsymbol{P}_1=$ 父代 1, $\boldsymbol{P}_2=$ 父代 2
$s\leftarrow$ 来自 $[1,n]$ 的随机整数
$r\leftarrow \boldsymbol{P}_1(s)$
将子代初始化为空行程: $C(i)=0,\ i\in[1,n]$
$C(s)\leftarrow r$
While $C(i)=0$ 对于某个 $i\in[1,n]$
    $r\leftarrow P_2(s)$
    If $C(i)\neq r$ 对所有 $i\in[1,n]$ then
        $s\leftarrow\{i:P_1(i)=r\}$
        $C(s)\leftarrow r$
    else
        For $i=1$ to n
            If $C(i)=0$ then $C(i)\leftarrow P_2(i)$ End if
        下一个 i
    End if
下一个城市

18.3.1.4 基于顺序交叉

基于顺序交叉 (order-based crossover, OBX) 是对循环交叉的一种修改 [Syswerda, 1991]. 基于顺序交叉在第一个父代 $\boldsymbol{P}_1$ 中随机选择几个位置, 并找出在 $\boldsymbol{P}_2$ 中处于相应位置的城市, 然后用它们在 $\boldsymbol{P}_2$ 中的顺序在 $\boldsymbol{P}_1$ 中对这些城市重新排序. 由此得到子代. 例如, 假设有父代

$$\boldsymbol{P}_1=[\ 2\ \ 3\ \ 4\ \ 5\ \ 6\ \ 1\ ],\quad \boldsymbol{P}_2=[\ 4\ \ 5\ \ 2\ \ 1\ \ 6\ \ 3\ ]. \tag{18.16}$$

基于顺序交叉通过在 $\boldsymbol{P}_1$ 中随机选择一定数量的位置实施交叉. 假设我们选择位置 1, 3 和 4. 在 $\boldsymbol{P}_2$ 中处于这些位置的是城市 4, 2 和 1. 用来自 $\boldsymbol{P}_1$ 的所有城市, 除了 4, 2 和 1, 初始化子代:

$$\boldsymbol{c}_1=[\ -\ \ 3\ \ -\ \ 5\ \ 6\ \ -\ ]. \tag{18.17}$$

接下来, 复制城市 4, 2 和城市 1 到子代, 次序与它们在 $\boldsymbol{P}_2$ 中的相同. 得到子代

$$\boldsymbol{c}_1=[\ 4\ \ 3\ \ 2\ \ 5\ \ 6\ \ 1\ ]. \tag{18.18}$$

我们常常通过调换 $\boldsymbol{P}_1$ 和 $\boldsymbol{P}_2$ 的角色来生成另一个子代 $\boldsymbol{c}_2$, 它由来自 $\boldsymbol{P}_2$ 的所有城市, 除了城市 2, 4 和 5(因为在 $\boldsymbol{P}_1$ 中处于位置 1, 3, 和 4), 初始化子代:

$$\boldsymbol{c}_2 = [\ -\ \ -\ \ -\ \ 1\ \ 6\ \ 3\ ]. \tag{18.19}$$

然后复制城市 2, 4 和 5 到子代, 次序与它们在 $\boldsymbol{P}_1$ 中的相同. 于是得到子代

$$\boldsymbol{c}_2 = [\ 2\ \ 4\ \ 5\ \ 1\ \ 6\ \ 3\ ]. \tag{18.20}$$

18.3.1.5 反序交叉

已知两个父代 $\boldsymbol{P}_1$ 和 $\boldsymbol{P}_2$, 反序交叉的工作流程如下 [Tao and Michalewicz, 1998].

1. 从 $\boldsymbol{P}_1$ 随机地选择一个位置 s, 假设 $\boldsymbol{P}_1(s) = r$.
2. 假设 r 是 $\boldsymbol{P}_2$ 的第 k 位, 即 $P_2(k) = r$, 置终点为 $e = P_2(k+1)$.
3. 在 $\boldsymbol{P}_1$ 中将 $P_1(s+1)$ 和 e 之间的城市的次序反转得到子代.

例如, 假设有父代

$$\boldsymbol{P}_1 = [\ 2\ \ 3\ \ 4\ \ 5\ \ 6\ \ 1\ ], \quad \boldsymbol{P}_2 = [\ 4\ \ 5\ \ 2\ \ 1\ \ 6\ \ 3\ ]. \tag{18.21}$$

我们从 $\boldsymbol{P}_1$ 随机地选择一个位置 s; 假设选择 $s = 4$. $P_1(4) = 5$, 城市 5 在 $\boldsymbol{P}_2$ 中处于第二位, 即 $P_2(2) = 5$. 所以设置 $e = P_2(3) = 2$ 作为终点. 将 $\boldsymbol{P}_1$ 中城市 $P_1(5)$ 和城市 2 之间的城市的次序反转, 得到

$$\boldsymbol{c} = [\ 6\ \ 5\ \ 4\ \ 3\ \ 2\ \ 1\ ]. \tag{18.22}$$

在步骤 2 中如果 $k = n$, $P_2(k+1)$ 就没有定义. 在这种情况下可以采用某个特别的方法继续交叉过程; 例如, 设置 $e = P_2(k-1)$, 或者可以返回步骤 1 随机选择一个新的 s.

18.3.2 邻接表示

在邻接表示中 [Grefenstette et al., 1985], 如果表示行程的向量 $\boldsymbol{x}$ 包含从城市 i 直接到城市 j 的路径, 则 $x(i) = j$, 也就是说, $\boldsymbol{x}$ 的第 i 个元素等于 j. 例如, 考虑向量

$$\boldsymbol{x} = [\ 2\ \ 4\ \ 8\ \ 3\ \ 9\ \ 7\ \ 1\ \ 5\ \ 6\ ], \tag{18.23}$$

对向量 $\boldsymbol{x}$ 的理解如下:

- $x(1) = 2$, 因此行程包含从城市 1 到城市 2 的一条边;
- $x(2) = 4$, 因此行程包含从城市 2 到城市 4 的一条边;
- $x(3) = 8$, 因此行程包含从城市 3 到城市 8 的一条边;
- $x(4) = 3$, 因此行程包含从城市 4 到城市 3 的一条边;
- $x(5) = 9$, 因此行程包含从城市 5 到城市 9 的一条边;
- $x(6) = 7$, 因此行程包含从城市 6 到城市 7 的一条边;
- $x(7) = 1$, 因此行程包含从城市 7 到城市 1 的一条边;

- $x(8)=5$, 因此行程包含从城市 8 到城市 5 的一条边;
- $x(9)=6$, 因此行程包含从城市 9 到城市 6 的一条边.

把它们全部放在一起, 由 $\boldsymbol{x}$ 表示的行程为

$$1 \to 2 \to 4 \to 3 \to 8 \to 5 \to 9 \to 6 \to 7 \to 1. \tag{18.24}$$

对于 n 城 TSP, 采用邻接表示的向量 $\boldsymbol{x}$ 具有下面的特性.

- 对所有 $i \in [1,n]$, $x(i) \neq i$.
- 对所有 $j \in [1,n]$, 正好存在一个 $i \in [1,n]$ 使得 $x(i)=j$.

对于用 $\boldsymbol{x}$ 表示的有效行程而言, 上述特性是必要的但并不充分. 例如, 向量

$$\boldsymbol{x} = [\ 2\ \ 1\ \ 8\ \ 3\ \ 9\ \ 7\ \ 4\ \ 5\ \ 6\ ] \tag{18.25}$$

无效. 如果我们从城市 1 出发, 重复序列 $1 \to 2 \to 1 \to 2 \to \cdots$ 就永远也不能访问其余的城市. 下面讨论用此方式表示的父代通过组合得到子代的一些方式.

18.3.2.1 经典交叉

我们首先讨论对邻接表示不适用的一种交叉方法, 它与遗传算法中用到的单点交叉 (参见 8.8 节) 相同. 例如, 考虑两个父代向量

$$\boldsymbol{P}_1 = [\ 2\ \ 4\ \ 1\ \ 3\ ], \quad \boldsymbol{P}_2 = [\ 4\ \ 3\ \ 1\ \ 2\ ]. \tag{18.26}$$

如果在两个向量的中间进行单点交叉, 就得到子代

$$\boldsymbol{c}_1 = [\ 2\ \ 4\ \ 1\ \ 2\ ], \quad \boldsymbol{c}_2 = [\ 4\ \ 3\ \ 1\ \ 3\ ]. \tag{18.27}$$

$\boldsymbol{c}_1$ 表示行程 $1 \to 2 \to 4 \to 2$, 此行程无效因为没有访问城市 3. 注意, $\boldsymbol{c}_1$ 包含两个“2”但没有“3”. $\boldsymbol{c}_2$ 表示行程 $1 \to 4 \to 3 \to 1$, 它也无效因为没有访问城市 2. 注意, $\boldsymbol{c}_2$ 包含两个“3”但没有“2”.

18.3.2.2 交替边交叉

交替边交叉从经典交叉开始然后修补无效行程 [Grefenstette et al., 1985]. 例如, (18.27) 式中的 $\boldsymbol{c}_1$ 无效因为它有两个“2”而没有“3”. 可以通过将一个“2”用“3”替换来修补, 如果把第一个“2”用“3”替换, 就得到

$$\boldsymbol{c}_1' = [\ 3\ \ 4\ \ 1\ \ 2\ ]. \tag{18.28}$$

这样做也不管用, 因为它会导致循环 $1 \to 3 \to 1 \to \ldots$, 所以我们尝试用“3”替换第二个“2”来修补 $\boldsymbol{c}_1$, 于是就得到

$$\boldsymbol{c}''_1 = [\ 2\ \ 4\ \ 1\ \ 3\ ], \tag{18.29}$$

它表示一个有效行程 $1 \to 2 \to 4 \to 3$. 上面这个例子说的是单点交叉, 交替边交叉还可以用于两点交叉, 或者有更多交叉点的交叉. 尽管交替边交叉对生成有效行程很管用, 但它经常会破坏好的行程, 因此在实际中往往也不怎么好用.

18.3.2.3 启发式交叉

启发式交叉利用常识来组合候选解 [Grefenstette et al., 1985]. 它把两个父代最好的边合起来生成子代. 启发式交叉的过程如下.

1. 随机选择城市 r 作为起点.
2. 比较父代中从城市 r 离开的边, 为子代选择较短的边.
3. 上面选择的边的另一端的城市是选择下一个城市的起点.
4. 如果所选的城市已经在子代中, 则从尚未在子代的城市中随机选一个替换所选的城市.
5. 继续步骤 2 直到完成子代行程.

算法 18.2 为启发式交叉的伪代码. 注意, 对 TSP 基于向量的表示都可以用启发式交叉. 很容易将算法 18.2 扩展用来处理有两个以上父代的情况. 此外, 我们还可以尝试对算法 18.2 做其他改进. 例如, 随机选择 $r_{\min}$ 而不是确定性地从 $\{r_1, r_2\}$ 中选择 $r_{\min}$ 以最小化 $[d(r, r_i), d(r, r_2)]$, 如用与 $d(r, r_i)$, $i \in [1, 2]$ 成反比的概率置 $r_{\min} = r_i$.

算法 18.2 *n 城旅行商问题的启发式交叉.*

$\boldsymbol{P}_1 =$ 父代 1, $\boldsymbol{P}_2 =$ 父代 2
$r \leftarrow$ 在 $[1, n]$ 中随机选出的城市
子代 $C \leftarrow \{r\}$
While $|C| < n$
  用 r_i 指示在父代 i 中紧跟 r 之后的城市
  $d(r, r_i) =$ 从 r 到 r_i 的距离, $i \in [1, 2]$
  $r_{\min} \leftarrow \min_{\{r_1, r_2\}}[d(r, r_1), d(r, r_2)]$
  $r \leftarrow r_{\min}$
  If $r \in C$ then
    $r \leftarrow [1, n]$ 中的一个随机选出的城市, 并且 $r \notin C$
  End if
  $C \leftarrow \{C, r\}$
下一个城市

我们用一个例子来说明启发式交叉, 假设有一个 4 城 TSP, 其距离矩阵为

$$\boldsymbol{D} = \begin{bmatrix} - & 13 & 9 & 15 \\ 13 & - & 4 & 7 \\ 9 & 4 & - & 12 \\ 15 & 7 & 12 & - \end{bmatrix}, \tag{18.30}$$

其中 D_{ij} 表示城市 i 与城市 j 之间的距离. 假设有父代

$$\boldsymbol{P}_1 = [\ 2\ \ 4\ \ 1\ \ 3\ ], \quad \boldsymbol{P}_2 = [\ 4\ \ 3\ \ 1\ \ 2\ ]. \tag{18.31}$$

启发式交叉的过程如下:

1. 随机地选择出发的城市 $r \in [1,4]$, 假设选择 $r=2$.
2. $\boldsymbol{P}_1$ 有 $2 \to 4$ 这条边并且 $d(2,4)=7$; $\boldsymbol{P}_2$ 有 $2 \to 3$ 这条边并且 $d(2,3)=4$. 因此, 为子代选择 $2 \to 3$ 这条边, 于是得到 $C=\{2,3\}$.
3. 两个父代都有 $3 \to 1$ 这条边, 所以子代增强为 $C=\{2,3,1\}$.
4. $\boldsymbol{P}_1$ 有 $1 \to 2$ 这条边且 $d(1,2)=13$; $\boldsymbol{P}_2$ 有 $1 \to 4$ 这条边且 $d(1,4)=15$. 因此, 为子代选择 $1 \to 2$ 这条边. 但城市 2 已经在 C 中, 所以随机地选择一个不在 C 中的城市. 假设选择城市 4 (实际上, 它是唯一一个不在 C 中的城市). 得到 $C=\{2,3,1,4\}$.
5. 路径 C 完成, 它的邻接表示为 $\boldsymbol{C}=[\ 4 \quad 3 \quad 1 \quad 2\ ]$.

18.3.3 顺序表示

在顺序表示 [Grefenstette et al., 1985] 中, n 个城市的行程用一个向量来表示

$$\boldsymbol{x}=[\ x_1 \quad x_2 \quad \cdots \quad x_n\ ] \tag{18.32}$$

其中 $x_i \in [1, n-i+1]$, 即

$$x_1 \in [1,n], \quad x_2 \in [1,n-1], \quad x_3 \in [1,n-2], \quad \cdots, \quad x_n=1. \tag{18.33}$$

假设城市的一个有序列表为

$$L=\{\ 1 \quad 2 \quad \cdots \quad n\ \}, \tag{18.34}$$

即 $L(i)=i$, $i \in [1,n]$. 在顺序表示中, x_1 表示行程的第一个城市. x_2 给出行程的第二个城市的集合 $L_2=L \setminus \{x_1\}$ 的指标.[1] x_3 给出第三个城市的集合 $L_3=L \setminus \{x_1,x_2\}$ 的指标. 一般地, 用 x_k 给出行程的第 k 个城市的集合 $L_k=L \setminus \bigcup_{i=1}^{k-1}\{x_i\}$ 的指标. 注意, (18.33) 式的任何一个向量形式都表示一个有效行程.

例如, 假设一个 6 城的行程表示为

$$\boldsymbol{x}=[\ 5 \quad 2 \quad 4 \quad 1 \quad 2 \quad 1\ ]. \tag{18.35}$$

已知一种有序列表 $L=\{1,2,3,4,5,6\}$, 我们构造由 $\boldsymbol{x}$ 表示的行程如下:

1. $x_1=5$, 且 $L(5)=5$, 所以城市 5 是行程的第一个城市, 从 L 中去除 5 得到 $L_2=\{1,2,3,4,6\}$;
2. $x_2=2$, 且 $L_2(2)=2$, 所以城市 2 是行程的第二个城市, 从 L_2 中去除 2 得到 $L_3=\{1,3,4,6\}$;
3. $x_3=4$, 且 $L_3(4)=6$, 所以城市 6 是行程的第三个城市, 从 L_3 中去除 6 得到 $L_4=\{1,3,4\}$;
4. $x_4=1$, 且 $L_4(1)=1$, 所以城市 1 是行程的第 4 个城市, 从 L_4 中去除 1 得到 $L_5=\{3,4\}$;

---

[1] 我们用符号 $A \setminus B$ 表示集合 $\{x : x \in A \text{且} x \notin B\}$, 即 $A \setminus B$ 意味着属于 A 但不属于 B 的所有元素的集合.

5. $x_5 = 2$, 且 $L_5(2) = 4$, 所以城市 4 是行程的第 5 个城市, 从 L_5 中去除 4 得到 $L_6 = \{3\}$;

6. $x_6 = 1$, 且 $L_6(1) = 3$, 所以城市 3 是行程的第 6 个城市.

这样就得到行程 $5 \to 2 \to 6 \to 1 \to 4 \to 3$.

假设我们想用顺序表示通过单点交叉将两个父代组合得到一个子代, 考虑父代

$$\boldsymbol{P}_1 = [\ 5\ \ 2\ \ 4\ \ 1\ \ 2\ \ 1\ ], \quad \boldsymbol{P}_2 = [\ 1\ \ 5\ \ 3\ \ 3\ \ 1\ \ 1\ ]. \tag{18.36}$$

如果选择父代的中点为交叉点, 得到子代

$$\left.\begin{aligned} \boldsymbol{c}_1 &= [\ 5\ \ 2\ \ 4\ \ 3\ \ 1\ \ 1\ ] \\ &= 5 \to 2 \to 6 \to 4 \to 1 \to 3, \\ c_2 &= [\ 1\ \ 5\ \ 3\ \ 1\ \ 2\ \ 1\ ] \\ &= 1 \to 6 \to 4 \to 2 \to 5 \to 3. \end{aligned}\right\} \tag{18.37}$$

两个子代都表示有效行程. 顺序表示尽管一开始看起来有点笨拙, 它的优势是经过单点交叉总是能得到有效行程.

18.3.4 矩阵表示

在矩阵表示中, n 个城市的开放行程由一个只包含 0 和 1 的 $n \times n$ 矩阵 $\boldsymbol{M}$ 表示 [Fox and McMahon, 1991]. $M_{ik} = 1$ 当且仅当在行程中城市 i 排在城市 k 的前面. 比如, 考虑矩阵

$$\boldsymbol{M}_1 = \begin{bmatrix} 0 & 1 & 0 & 1 & 1 \\ 0 & 0 & 0 & 1 & 1 \\ 1 & 1 & 0 & 1 & 1 \\ 0 & 0 & 0 & 0 & 1 \\ 0 & 0 & 0 & 0 & 0 \end{bmatrix}. \tag{18.38}$$

第一行的 1 表示城市 1 在城市 2, 4 和 5 之前. 第二行中的 1 表示城市 2 在城市 4 和 5 之前. 第三行中的 1 表示城市 3 在城市 1, 2, 4 和 5 之前. 第四行中的 1 表示城市 4 在城市 5 之前. 最后, 第五行全由 0 组成, 它表示城市 5 是行程中最后的一个城市. 因此, (18.38) 式表示行程 $3 \to 1 \to 2 \to 4 \to 5$.

解释 (18.38) 式的另一个方式是: 含有 1 最多的行是第一个城市, 含有 1 第二多的是第二个城市, 以此类推. 含有 1 第 k 多的行是行程中的第 k 个城市.

表示有效行程的每一个 $n \times n$ 矩阵 $\boldsymbol{M}$ 都具有以下几个性质.

- $\boldsymbol{M}$ 正好有一行有 $n-1$ 个 1, 正好有一行有 $n-2$ 个 1, 以此类推.
- 由上面的特性得到 $\boldsymbol{M}$ 中 1 的个数:

$$1\text{ 的个数} = \sum_{i=1}^{n}(n-i) = n(n-1)/2. \tag{18.39}$$

- 在行程中没有城市会在它自己前面, 所以对所有 $i \in [1, n]$, $M_{ii} = 0$.
- 如果城市 i 在城市 j 之前, 而城市 j 在城市 k 之前, 则城市 i 在城市 k 之前, 即

$$(M_{ij} = 1 \text{ 且} M_{jk} = 1) \Longrightarrow M_{ik} = 1. \tag{18.40}$$

下面讨论由父代矩阵组合得到子代的几种方式: 可以取两个矩阵的交集, 或两个矩阵的并集.

18.3.4.1 交集交叉

我们用一个例子来说明交集交叉. 假设 (18.38) 式表示父代 $\boldsymbol{M}_1$, 而第二个父代为

$$\boldsymbol{M}_2 = \begin{bmatrix} 0 & 1 & 1 & 0 & 1 \\ 0 & 0 & 1 & 0 & 1 \\ 0 & 0 & 0 & 0 & 0 \\ 1 & 1 & 1 & 0 & 1 \\ 0 & 0 & 1 & 0 & 0 \end{bmatrix}. \tag{18.41}$$

$\boldsymbol{M}_2$ 表示行程 $4 \to 1 \to 2 \to 5 \to 3$. 由这两个矩阵元素对元素的逻辑 AND 操作得到 $\boldsymbol{M}_1$ 和 $\boldsymbol{M}_2$ 的交集. 它给出子代的一部分定义

$$\boldsymbol{M}_c = \boldsymbol{M}_1 \wedge \boldsymbol{M}_2 = \begin{bmatrix} 0 & 1 & 0 & 0 & 1 \\ 0 & 0 & 0 & 0 & 1 \\ 0 & 0 & 0 & 0 & 0 \\ 0 & 0 & 0 & 0 & 1 \\ 0 & 0 & 0 & 0 & 0 \end{bmatrix}. \tag{18.42}$$

它还不能表示一个有效行程, 但表明城市 1 在城市 2 和城市 5 的前面, 城市 2 在城市 5 的前面, 并且城市 4 在城市 5 的前面. 在两个父代中都有这个顺序, 实际上也是两个父代唯一的共同点. 这时我们可以用伪随机的方式在 $\boldsymbol{M}_c$ 中添加 1 直到它成为有效行程 (即直到它满足上面列出的所有性质). 例如, 选择性地在 $\boldsymbol{M}_c$ 中添加 1, 得到

$$\boldsymbol{M}_c = \begin{bmatrix} 0 & 1 & \mathbf{1} & \mathbf{1} & 1 \\ 0 & 0 & 0 & 0 & 1 \\ 0 & 0 & 0 & 0 & 0 \\ 0 & \mathbf{1} & \mathbf{1} & 0 & 1 \\ 0 & \mathbf{1} & \mathbf{1} & 0 & 0 \end{bmatrix}. \tag{18.43}$$

其中添加的 1 用粗体表示. 现在 $\boldsymbol{M}_c$ 满足有效行程的所有性质, 它表示的行程为 $1 \to 4 \to 5 \to 2 \to 3$.

18.3.4.2 并集交叉

我们还是用一个例子来说明并集交叉. 假设 (18.38) 式和 (18.41) 式分别表示父代 $\boldsymbol{M}_1$ 和 $\boldsymbol{M}_2$. 由这两个矩阵元素对元素的逻辑 OR 操作得到 $\boldsymbol{M}_1$ 和 $\boldsymbol{M}_2$ 的并集. 它给出了子代的一部分定义

$$\boldsymbol{M}_c = \boldsymbol{M}_1 \vee \boldsymbol{M}_2 = \begin{bmatrix} 0 & 1 & 1 & 1 & 1 \\ 0 & 0 & 1 & 1 & 1 \\ 1 & 1 & 0 & 1 & 1 \\ 1 & 1 & 1 & 0 & 1 \\ 0 & 0 & 1 & 0 & 0 \end{bmatrix}. \tag{18.44}$$

我们下面选择一个随机的“切点”将 $\boldsymbol{M}_c$ 分成 4 个象限 (大小不一定相同). 假设随机生成的切点在第二行和第二列. $\boldsymbol{M}_c$ 的左上象限和右下象限不变, 但将左下象限和右上象限替换为未定义的项:

$$\boldsymbol{M}_c = \begin{bmatrix} 0 & 1 & \times & \times & \times \\ 0 & 0 & \times & \times & \times \\ \times & \times & 0 & 1 & 1 \\ \times & \times & 1 & 0 & 1 \\ \times & \times & 1 & 0 & 0 \end{bmatrix}. \tag{18.45}$$

为消除矛盾对 $\boldsymbol{M}_c$ 做必要的改变. 例如, $M_{c34} = 1$ 和 $M_{c43} = 1$, 这两个元素中有一个需要变成 0. 类似地, $M_{c35} = 1$ 和 $M_{c53} = 1$, 这两个元素中有一个要变成 0. 于是得到改正后但仍然是部分定义的子代为

$$\boldsymbol{M}_c = \begin{bmatrix} 0 & 1 & \times & \times & \times \\ 0 & 0 & \times & \times & \times \\ \times & \times & 0 & 0 & 0 \\ \times & \times & 1 & 0 & 1 \\ \times & \times & 1 & 0 & 0 \end{bmatrix}. \tag{18.46}$$

最后我们以伪随机的方式在 $\boldsymbol{M}_c$ 的非对角块添加 1 直到它成为有效行程 (即直到它满足前面列出的所有性质). 例如, 选择性地把 1 添加到 $\boldsymbol{M}_c$ 中从而得到

$$\boldsymbol{M}_c = \begin{bmatrix} 0 & 1 & \mathbf{1} & \mathbf{1} & \mathbf{1} \\ 0 & 0 & \mathbf{1} & \mathbf{1} & \mathbf{1} \\ 0 & 0 & 0 & 0 & 0 \\ 0 & 0 & 1 & 0 & 1 \\ 0 & 0 & 1 & 0 & 0 \end{bmatrix}. \tag{18.47}$$

现在 $\boldsymbol{M}_c$ 已经满足有效行程的所有性质, 它表示的行程为 $1 \to 2 \to 4 \to 5 \to 3$.

18.4 旅行商问题的变异

本节讨论几种 TSP 的解的变异方式. 我们的讨论只针对路径表示 (参见 18.3.1 节). 在参考文献中还可以找到在其他表示方式下的变异方法. 注意, 每一种表示都可以在转化为路径表示之后用本节讨论的变异方法.

18.4.1 反转

反转是让随机选出的两个指标之间的行程的顺序颠倒过来 [Fogel, 1990]. 例如, x 可能变异为 x_m:

$$\begin{aligned} x &= 1 \to \underbrace{5 \to 4 \to 7 \to 6} \to 2 \to 3, \\ x_m &= 1 \to \overbrace{6 \to 7 \to 4 \to 5} \to 2 \to 3. \end{aligned} \tag{18.48}$$

在这里我们随机选出变异段的起点和终点. 反转也被称为 2-opt 变异[Beyer and Schwefel, 2002]. 对于 n 城 TSP 的行程, 存在 $n(n-1)/2$ 种不同的反转方式. 在所有可能的反转中费用最低的解表示的行程中一定没有交叉边 [Back et al., 1997a].

18.4.2 嵌入

嵌入将处于位置 i 的城市移到位置 k, 这里的 i 和 k 是随机选出来的 [Fogel, 1988]. 例如, 假设行程 x 如 (18.48) 式所示. 假设随机选择 $i=4$, $k=2$. 将处于位置 4 的城市 7 移到位置 2 得到变异后的行程

$$x_m = 1 \to 7 \to 5 \to 4 \to 6 \to 2 \to 3. \tag{18.49}$$

嵌入也被称为 or-opt 变异[Beyer and Schwefel, 2002].

18.4.3 移位

移位是嵌入的一般化 [Michalewicz, 1996, Chapter 10]. 移位将行程中从第 i 位开始的 q 个城市的序列移动到第 k 位, 这里 q, i 和 k 都是随机选出来的. 例如, 假设有 (18.48) 式的行程 x, 随机选出 $q=2$, $i=4$, $k=2$. 则将从位置 4 开始的城市序列 (7 和 6) 移动到位置 2, 得到变异后的行程

$$x_m = 1 \to 7 \to 6 \to 5 \to 4 \to 2 \to 3. \tag{18.50}$$

移位也被称为偏移 [Beyer and Schwefel, 2002]. 将选出来的城市的顺序颠倒之后再移到新位置, 则是移位与反转的结合.

18.4.4 互换

互换是将第 i 位和第 k 位的城市交换, 这里 i 和 k 是随机选出来的 [Banzhaf, 1990]. 例如, 假设 (18.48) 式的行程 x, 随机选出 $i=5$ 且 $k=1$. 我们将第 1 位和第 5 位的城市互换得到变异后的行程

$$x_m = 6 \to 5 \to 4 \to 7 \to 1 \to 2 \to 3. \tag{18.51}$$

互换也被称为 2-exchange 变异[Beyer and Schwefel, 2002]. 这个方法可以推广到交换城市的序列而不只是单个城市. 通过颠倒一个或多个交换序列的顺序, 可以将这种推广与反转结合起来.

18.5 旅行商问题的进化算法

在前几节的背景下, 我们来介绍求解 TSP 的一个基本进化算法 18.3. 它有很多实施方案.

- 与 18.2 节讨论的一样, 有几个种群初始化的方案.
- 与 18.3 节讨论的一样, 有几个交叉方案. 还有不止一个交叉方法, 从一代到下一代依概率在这些不同的方法之间切换. 此外, 可以将结果最好的交叉方法记录下来, 并根据它们后代的适应度来调整使用交叉方法的频率.
- 与 18.4 节讨论的一样, 有几个变异方案. 与交叉一样, 可以使用不止一个变异方法, 从一代到下一代根据概率在不同的方法之间切换. 与交叉一样, 可以将结果最好的变异方法记录下来, 并根据它们后代的适应度来调整使用变异方法的频率.
- 在使用算法 18.3 时需要详细说明“选择父代”这句话. 可以用 8.7 节中的任一种选择方法: 与适应度成比例的选择、基于排序的选择、锦标赛选择, 等等.
- 对于 TSP 这类问题, 我们很容易得到它们的具体信息(城市之间的距离), 将进化算法与利用距离信息的算法结合, 常常能得到更好的结果. 比如, 在算法 18.3 中, 在得到每个子代 C_k 之后, 可以从 C_k 随机地选择一个子行程并用 18.2 节中的任何一个启发式来重新安排它, 或者, 如果子行程足够短就用蛮力重新安排 [Jayalakshmi et al., 2001]. 这类方法被称为混合进化算法, 因为它们将标准进化算法的算子与专门为 TSP 设计的非进化算法结合. 在文献中还能找到 TSP 的混合进化算法的很多变种.
- 算法 18.3 中“替换重复个体”那一行常常是必要的, 在组合优化中, 由于搜索空间是离散的而不是连续的, 最好的几个候选解往往会支配整个种群. 也就是说, 种群的收敛会令几个 (有时候只有一个) 不同的个体就组成整个种群. 我们在 8.6 节讨论过连续优化的多样性, 在组合优化中需要更多地考虑多样性. 有几种替换重复个体的方法: 可以用随机生成的个体来替换它们, 可以用 18.2 节中启发式生成的个体来替换它们, 可以用 18.4 节的方法让它们变异, 或者用这些方法的组合.

算法 18.3 求解旅行商问题的进化算法.

p_{m} = 变异率
初始化 N 个候选解 $\{\boldsymbol{x}_i\}$ (参见 18.2 节)
用所需的表示方式表示候选解: 路径表示, 邻接表示, 顺序表示, 或矩阵表示
计算每个候选解行程的距离
While not (终止准则)
 For $k=1$ to N
  从 $\{\boldsymbol{x}_i\}$ 选出父代生成子代
  用前面讨论过的一个交叉方法生成一个子代 $\boldsymbol{C}_k$
  If 用路径表示 then
   用 18.3.1 节的交叉方法生成 $\boldsymbol{C}_k$
  else if 用邻接表示 then
   用 18.3.2 节的交叉方法生成 $\boldsymbol{C}_k$
  else if 用顺序表示 then
   用 18.3.3 节的交叉方法生成 $\boldsymbol{C}_k$
  else if 用矩阵表示 then
   用 18.3.4 节的交叉方法生成 $\boldsymbol{C}_k$
  End if
  $r \leftarrow U[0,1]$(均匀分布在 0 和 1 之间的随机数)
  If $r < p_m$ then
   用 18.4 节中的一个方法变异 $\boldsymbol{C}_k$
  End if
  计算行程 $\boldsymbol{C}_k$ 的距离
 下一个子代
 替换 $\{\boldsymbol{x}_i\} \cup \{\boldsymbol{C}_k\}$ 中重复的个体
 $\{\boldsymbol{x}_i\} \leftarrow$ 来自 $\{\boldsymbol{x}_i\} \cup \{\boldsymbol{C}_k\}$ 的最好的 N 个个体
下一代

例 18.1 本例研究 Berlin52 TSP, 它是德国柏林 52 个景点的一个集合. 在 TSPLIB 的网址上可以找到这个问题 (参见附录 C.6). 图 18.3 所示为 52 个城市及距离最短的闭合行程. 经度和纬度的单位经过了正规化处理. 行程的最短距离是 7542 个单位.

我们用旅行商问题的进化算法 18.3 求解 Berlin52 TSP, 参数值如下.

- 取种群规模 $N=53$ (在城市的个数上加 1).
- 用随机生成的 N 个行程初始化种群.
- 采用路径表示.
- 在每一代定义行程 $\boldsymbol{x}$ 的适应度 $f(\boldsymbol{x})$ 为

$$f(\boldsymbol{x}) = \max_{\boldsymbol{z}} D(\boldsymbol{z}) + \min_{\boldsymbol{z}} D(\boldsymbol{z}) - D(\boldsymbol{x}). \tag{18.52}$$

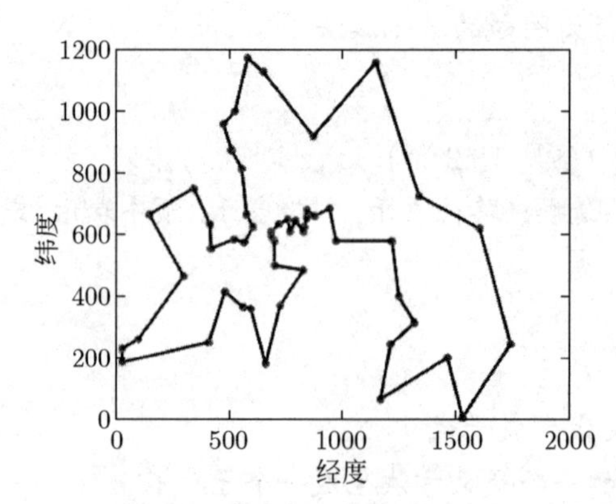

图 18.3 例 18.1: Berlin52 TSP 的城市及其距离最短的行程, 最短距离为 7542 个单位.

其中, 在整个候选解种群上取最大值和最小值, $D(\boldsymbol{z})$ 是行程 $\boldsymbol{z}$ 的距离. 式中将距离转换为适应度, 距离短的解适应度值大, 反之亦然. 将距离映射给适应度值, 其值都为正.

- 将轮盘赌选择用于选择算法 18.3 中的父代.
- 采用部分匹配交叉 (参见 18.3.1 节).
- 取变异率 $p_{\mathrm{m}} = 5\%$ 并使用反转变异 (参见 18.4 节).
- 按照以下两步替换重复个体. 首先, 扫描父代/子代种群并让重复个体变异. 其次, 扫描父代/子代种群并用随机行程替换重复个体.
- 做 20 次蒙特卡罗仿真, 每次 300 代, 找出这 20 次仿真的最好行程的平均距离 D^*.

我们做了几个实验. 首先, 尝试 5 种不同的交叉方法, 得到下面的结果:

$$\left.\begin{aligned}\text{部分匹配交叉:}\quad & D^* = 8724;\\ \text{顺序交叉:}\quad & D^* = 8393;\\ \text{循环交叉:}\quad & D^* = 9493;\\ \text{基于顺序交叉:}\quad & D^* = 17109;\\ \text{反序交叉:}\quad & D^* = 10595.\end{aligned}\right\}\tag{18.53}$$

可见顺序交叉最好.

其次, 采用顺序交叉并尝试 3 种不同的变异方法, 得到下面的结果:

$$\left.\begin{aligned}\text{反转变异:}\quad & D^* = 8393;\\ \text{嵌入变异:}\quad & D^* = 9776;\\ \text{互换变异:}\quad & D^* = 10036.\end{aligned}\right\}\tag{18.54}$$

可见反转变异最好.

再次, 采用顺序交叉和反转变异并尝试三种不同的初始化方法. 第一种是用随机行程初始化整个种群; 第二种用最近邻初始化两个个体 (参见 18.2.1 节), 并随机初始化余下

的 $N-2$ 个个体；第三种用最近邻初始化整个种群. 我们得到下面的结果.

$$\left.\begin{array}{r}N \text{ 个随机和 } 0 \text{ 个最近邻行程：} \quad D^*=8393; \\ (N-2)\text{个随机和 } 2 \text{ 个最近邻行程：} \quad D^*=8140; \\ 0 \text{ 个随机和 } N \text{ 个最近邻行程：} \quad D^*=8115.\end{array}\right\} \tag{18.55}$$

可见, 最近邻初始化整个种群的结果最好. 然而, 用最近邻算法只初始化两三个个体差不多就能收到初始化全部个体的效果. 图 18.4 所示为采用顺序交叉, 反转变异, 所有个体都用最近邻算法初始化的典型进化算法的仿真结果. □

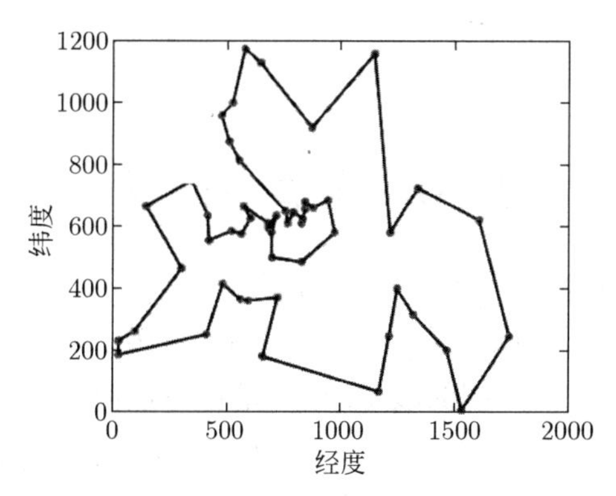

图 18.4 例 18.1: Berlin52 TSP 的进化算法的典型结果. 这里行程的距离是 8036 个单位, 它比最优解差 6.5%.

例 18.1 研究了进化算法的几种不同方案, 但可能仍然得不到全局最优解. 在某种意义上, 这并不奇怪, 因为搜索空间基数是 $51!/2=10^{66}$ 的量级. 每一个进化算法仿真运行 300 代, 种群规模为 53 个个体. 因此, 每次仿真对潜在的解需要评价 $300\times 53=15900$ 次, 这个数非常小, 在搜索空间中几乎可以忽略不计, 而我们还能够得到只比最优解差 10% 的解. 不过, Berlin52 基准被认为是很容易的 TSP. 图 18.3 所示为城市的布局, 要找到最优行程对于人类或好的计算机程序来说似乎不应该太困难. 这些结果印证了在前一节结束时提出的一个重要观点, 为强调它我们在这里重复一遍.

对于 TSP 这类问题, 我们很容易得到它们的具体信息 (城市之间的距离), 将进化算法与利用距离信息的算法结合, 常常能得到更好的结果.

只要是用进化算法求解 TSP, 都应该认真采纳这个建议. 研究进化算法的人需要研究 TSP 最新的非进化的启发式算法, 并小心地将它们与进化算法结合以得到有竞争力的结果.

最后, 为了得到好的结果, 让例 18.1 中的每次仿真运行的代数远远超过 300. 图 18.5 为种群中距离最短的解随代数变化的典型情形. 此图表明在 300 代之后最好的候选解还会继续改进, 如果让进化算法再多运行几百代, 可以预期所得解的性能会好很多. 要得到有竞争力的结果, 进化算法通常至少要运行数万代. 当然, 处理能力受限的进化算法对于实时求解 TSP 的快速算法至关重要, 但算得越快结果会越差.

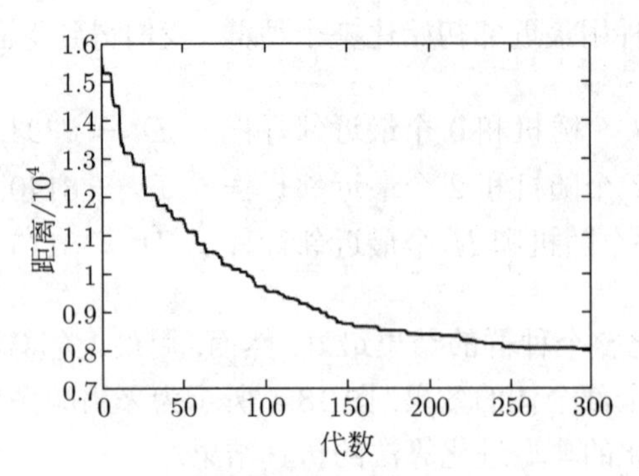

图 18.5 例 18.1: 对于 Berlin52 TSP 典型的收敛行为. 在 300 代之后, 进化算法几乎已经收敛, 但看起来若再运行几百代最好的候选解还会得到改进.

18.6 图着色问题

图是部分连接的节点的集合. 每个节点有唯一的指标, 还有一个权重, 权重一般不唯一 [Pardalos and Mavridou, 1998]. 图 18.6 为图的一个例子.

图着色问题有许多相关但不同的版本. 经典的图着色问题有以下两种定义:

1. 为相连的节点分配不同的颜色, 在这一约束下确定最少需要的颜色种数, 记为 n, 连通图中的每个节点用这 n 种颜色中的一种着色;
2. 已知 n 种颜色, 为连通图中每个节点着色, 并要满足相连节点颜色不同的约束.

注意, 上面列出的第一个问题也被称为n *色问题*. 对于持续减小的 n 的值, 重复解第二个问题就能得到第一个问题的解.

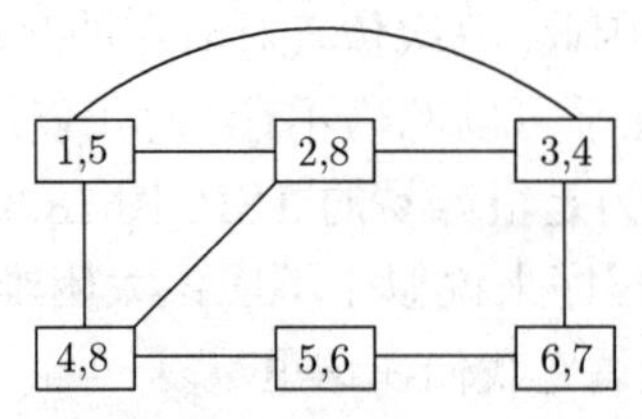

图 18.6 一个连通图的例子. 每个节点标注为 (i, w), 这里 i 是节点唯一的指标, w 是它的权重.

*加权图着色问题*是上面第二个定义的一般化. 在相连节点着不同颜色的约束下, 为每个节点分配 n 种颜色中的一种, 并最大化已着色节点的权重和. 这个问题是本节的重点. 注意, 将每个节点的权重设为 1 然后求解加权图着色问题就可以解决上面第二个图着色问题.

在加权图着色问题中, 候选解的适应度是已着色节点的权重总和, 要采用令适应度最大的方式为节点着色. 加权图着色问题在调度、计算机网络、故障检测与诊断、模式匹配、通信理论、博弈以及其他许多领域中都有很多应用 [Ufuktepe and Bacak, 2005]. 当面对某个实际优化问题时, 如果能将它转化为等价的图着色问题, 就可以利用求解图着色问题的很多工具来解决这个实际问题.

这些问题有时候也被称为**地图着色问题**, 因为我们可以用一个连通图来表示地图.[1] 图 18.7 是将地图转化为图的一个例子, 图中有一张地图, 其中每个区域都用数字标示. 在转化时, 我们首先注意到地图中的区域 1 分别与区域 2, 4 和 5 有共同的边界; 因此, (b) 图中的节点 1 与节点 2, 4 和 5 相连. 接下来看到地图中的区域 2 分别与区域 1, 3 和 4 有共同的边界; 因此, 在 (b) 图中节点 2 与节点 1, 3 和 4 相连. 继续这个过程就将地图转化成了等价的连通图. 用 n 种颜色为地图着色并使相邻区域的颜色不同的这个问题与图着色问题等价. 但是反过来并不成立; 也就是说, 连通图未必能转化成一张平面图. 例如, 有 5 个节点的全连通图就不能转化为平面图.

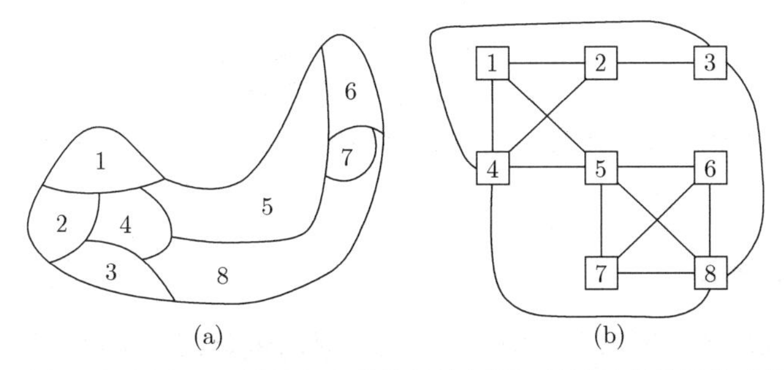

图 18.7 (a) 图为一张地图. (b) 图是与之等价的连通图. 地图总是能转化成等价的连通图, 但反过来不成立.

对于图 18.6, 考虑单色图着色问题. 节点 2 和节点 4 权重最高, 但是因为它们相连所以不能把它们染上相同的颜色. 我们应该为哪一个节点着色以得到最大的适应度? 常用的一个算法是贪婪算法, 如算法 18.4 所示. 贪婪算法很简单; 它将节点根据权重做降序排列, 然后按次序为节点分配颜色.

已知图 18.6, 贪婪算法将节点排列为 $\{2,4,6,5,1,3\}$, 但节点 2 和节点 4 可以对换, 因为它们的权重相同. 对于单色问题, 我们为节点 2 和 6 着色, 得到的适应度为 15. 对于双色问题 (比如, 红和绿), 我们为节点 2 着红色, 节点 4 着绿色, 节点 6 着红色, 节点 3 着绿色, 得到的适应度为 27.

贪婪算法简单快捷, 性能通常也不错. 但要找到贪婪算法失败的例子并不难. 比如, 考虑图 18.8. 针对这个图, 如果对单色问题采用贪婪算法, 只能将节点 7 着色, 它的适应度为 5. 如果我们将节点 1, 3 和 5 着色, 显然可以得到更好的适应度, 其适应度为 9.

算法 18.4 N 个节点, n 种颜色的图着色问题的贪婪算法.

$\{x_i\}$ = 根据权重降序排列的 N 个节点
$\{C_k\} = n$ 种颜色

[1] 著名的四色定理称, 如果要为任何一张地图着色并且相邻区域的颜色不同, 则最多需要 4 种颜色.

For $i = 1$ to N

    For $k = 1$ to n

        如果合法, 则分配 C_k 给 x_i 并退出 "For k" 的循环

    下一种颜色

下一个节点

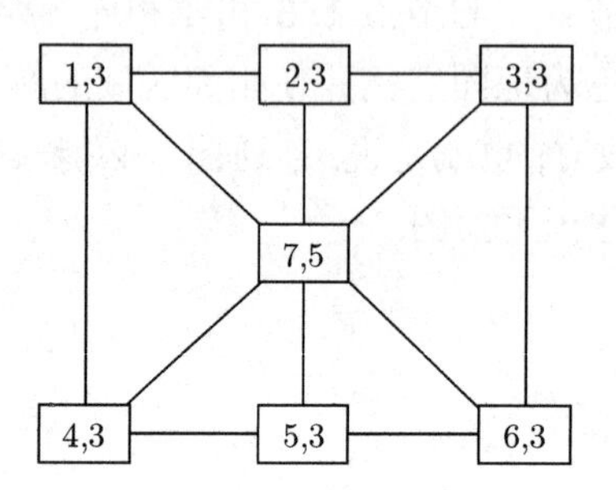

图 18.8 对于这个图用贪婪算法解单色图着色问题时, 只能为节点 7 着色, 得到一个次优解.

进化算法与图着色问题

如何用进化算法求解图着色问题? 一种方式是将进化算法种群中的个体定义为节点的一个列表, 然后用贪婪算法按节点的顺序分配颜色. 每一个个体都有一个适应度值. 可以用依赖于适应度的选择, 然后用 18.3 节中的重组方法以及 18.4 节中的变异方法生成子代. 这个方法将图着色问题转化为 TSP 的形式, 然后就能利用前几节中关于 TSP 的所有结果.

与 TSP 一样, 要得到好的结果, 每个图着色进化算法都需要与非进化的启发式算法结合. 关于图着色问题的文献很多, [Jensen and Toft, 1994] 详细介绍了这个问题, 以及对它的分析, 理论上的结果和一些启发式算法. 此外, 基于进化算法求解图着色问题的方法还有很多. 将进化搜索与局部优化结合的混合进化算法是性能最好的图着色算法. 相关的调查参见 [Galinier et al., 2013].

例 18.2 本例说明可以用图着色问题来表示调度问题. 假设我们想要调度事件 1, 2, 3, 4, 5 和 6, 令下面成对的事件不会同时发生:

$$(1 \text{ 和 } 2), (1 \text{ 和 } 3), (3 \text{ 和 } 5), (3 \text{ 和 } 6), \text{以及 } (4 \text{ 和 } 6).$$

我们用图 18.9 来表示这个问题. 每个节点权重相同, 因此在图中没有显示权重. 不能同时发生的事件所对应的节点在图中相连. 这个图没有单色解. 把节点 1, 5 和 6 涂上一种颜色, 节点 2 涂另一种颜色, 节点 3 和 4 第三种颜色, 就可以得到双色解. 换言之, 我们可以将事件 1, 5 和 6 安排在第一个时段, 事件 2 在第二个时段, 事件 3 和 4 在第三个时段. 由此可见, 在工厂中用图着色算法可以调度那些需要使用相同资源的任务, 在学校中用图着色算法可以为一些学生和教师涉及的多门课程排课, 用图着色算法还可以求解其他不同的调度问题. □

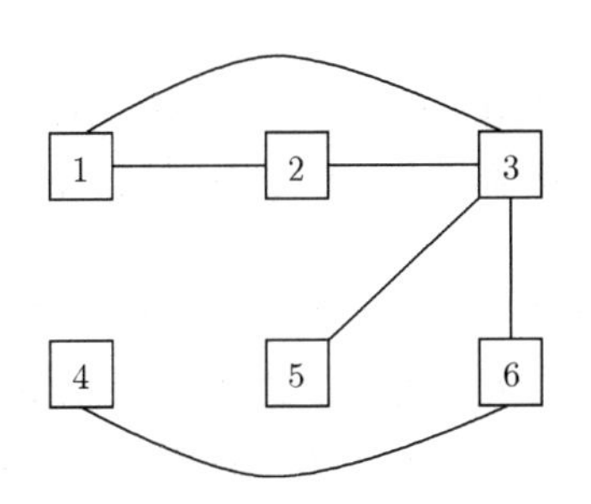

图 18.9　用这个图表示例 18.2 的调度问题.

18.7　总　　结

我们已经对旅行商问题 (TSP) 做了总结, 还讨论了 TSP 最常用的一些表示方法和算子. 我们介绍了图着色问题并说明如何将它转化为 TSP. 研究人员还提出了许多 TSP 的算子, 不过在本章并没有详述. [Larranaga et al., 1999b] 全面概述了 TSP 的表示和算子. TSP 的历史很悠久, 研究人员用了许多非进化算法的方法求解这个问题. 有很多专门讨论 TSP 的书, 包括 [Applegate et al., 2007] 和 [Lawler et al., 1985]. [Hao and Middendorf, 2012] 是求解组合问题的进化算法的会议论文集.

本章只讨论了两个组合优化问题 (旅行商问题和图着色问题), 常见的具有广泛应用的组合优化问题还有很多. 它们包括最小生成树问题、作业车间调度问题、背包问题, 以及装箱问题. 进化算法已被用来求解这些问题, 但进一步研究的空间还很大. 一些较新的进化算法和进化算法的变种都还没有用过. 研究进化算法与非进化启发式算法混合的方式可能会取得丰硕的成果. 最后要说的是, 我们需要更多的理论结果来量化进化算法在组合问题上的性能并为实际的应用提供指引.

本章只讨论了对称 TSP, 即从城市 i 到城市 k 的距离与从城市 k 到城市 i 的距离相等. 附录 C.6 讨论了几个与 TSP 相关的其他类型的问题, 包括非对称 TSP, 顺序排序问题, 带载量约束的车辆路线问题, 以及哈密尔顿路径问题.

另一个有趣的变种是足够近的 TSP. 在这个问题中, 已知一个连通图, 其中每个节点 i 有一个与之相关的“足够近”的半径 r_i. 目标是要找到在每个节点 i 的 r_i 个单位内距离最短的哈密尔顿回路 [Yuan et al., 2007]. 这个问题与 TSP 密切相关, 尽管它含有组合元素, 但实际上是一个连续优化问题. 最后我们要提一提 Dubins TSP, 它是带运动约束的车辆的 TSP. 比如, 一辆车在不能随时改变旅行方向的约束下以最短距离访问一组点 [Savla et al., 2008].

习　　题

书面练习

18.1　已知 (18.5) 式的距离矩阵, 如果从城市 3 出发, 求由最近邻初始化得到的

TSP 行程及其距离.

18.2 假设你有一个 n 城 TSP, 并想采用 18.2.1 节描述的最近邻策略来决定初始种群中的 M 个行程. 采用这个策略你选出 M 个不同起点的概率是多少? 如果 $n = 100$ 且 $M = 10$, 这个概率是多少?

18.3 描述一个 5 城的开放 TSP, 让 18.2.1 节最近的两邻居算法比最近邻算法好.

18.4 18.2.2 节最短边初始化的例子中的第二步需要随机选择, 因为两边的长度相同. 假设选择此例中的另一个方案. 最后的闭合行程是什么样的, 其总距离与 18.2.2 节的例子相比会如何?

18.5 18.2.3 节的例子中嵌入初始化的第二步需要随机选择, 因为两个城市到 T 的距离相同. 假设选择此例中的另一个方案. 最后的闭合行程是什么样的?

18.6 考虑开放行程 $1 \to 2 \to 3 \to 4 \to 5$. 分别写出它的路径表示、邻接表示、顺序表示和矩阵表示.

18.7 TSP 行程的矩阵表示的秩是多少?

18.8 我们用贪婪图着色算法求解图 18.6 的双色问题, 将节点排序为 $\{2, 4, 6, 5, 1, 3\}$, 将第一种颜色分配给节点 2 和节点 6, 第二种颜色分配给节点 4 和节点 3, 得到适应度为 27. 因为节点 2 和节点 4 的权重相同, 也可以将节点排序为 $\{4, 2, 6, 5, 1, 3\}$. 在这个顺序下怎样分配颜色, 适应度是多少?

18.9 请解释为什么可以将 9×9 的数独描述为一个图着色问题. 提示: 这个图有 81 个节点.

18.10 考虑图 18.10 中 (a) 图的图着色问题, 其中每个节点的权重相同.

(1) 节点的顺序如图所示, 为了给所有节点着色, 用贪婪图着色算法至少需要几种颜色?

(2) 对于 (b) 图也这样做, 它与 (a) 图相同但节点的顺序不同.

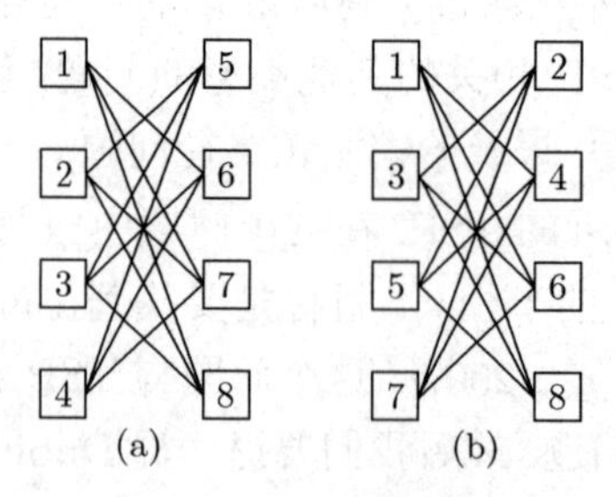

图 18.10 习题 18.10: (a) 和 (b) 的连通图是等价的. 唯一的不同是节点顺序.

计算机练习

18.11 用 TSPLIB 网址上的另一个 TSP 重复例 18.1.

18.12 用顺序交叉, 随机初始化整个种群, 并采用算法 16.5 中基于反向逻辑的变异, 重复例 18.1. 所得的最好解在 20 次蒙特卡罗仿真上取平均, 其距离是多少? 将所得结果与例 18.1 中用三种变异方法得到的结果比较.

第 19 章　约 束 优 化

有必要找出将约束 (实际应用中通常都有) 纳入适应度函数的方式.

卡洛斯 • 科埃略 (Carlos A. Coello Coello) [Coello Coello, 2002]

每一个实际的优化问题, 如果不是显式地至少也是隐式地带有约束. 本章讨论处理约束的各种方法. 约束优化问题可以写成

$$\left.\begin{aligned} \min_{\boldsymbol{x}} f(\boldsymbol{x}) \quad \text{s.t.} \quad & g_i(\boldsymbol{x}) \leqslant 0, \;\; i \in [1, m], \\ \text{且} \quad & h_j(\boldsymbol{x}) = 0, \;\; j \in [1, p]. \end{aligned}\right\} \tag{19.1}$$

这个问题包含 $m+p$ 个约束, 其中 m 个不等式约束, p 个等式约束. 满足全部约束的 $\boldsymbol{x}$ 的集合被称为可行集, 违反一个或多个约束的 $\boldsymbol{x}$ 的集合被称为不可行集:

$$\begin{aligned} &\text{可行集}\mathcal{F} = \{\boldsymbol{x} : g_i(\boldsymbol{x}) \leqslant 0, \;\; i \in [1, m] \text{ 且 } h_j(\boldsymbol{x}) = 0, \;\; j \in [1, p]\}, \\ &\text{不可行集}\bar{\mathcal{F}} = \{\boldsymbol{x} : \boldsymbol{x} \notin \mathcal{F}\}. \end{aligned} \tag{19.2}$$

为求解形为 (19.1) 式的问题而设计的进化算法被称为约束进化算法.[1]

本章概览

约束进化算法大致可以分为以下几类.

1. 罚函数法　基于个体 x 违反约束的程度修改它的费用函数. 容许甚至鼓励种群中的不可行解的罚函数法被称为外点法. 它们会在费用或选择上惩罚不可行候选解. 不容许种群中出现不可行解的罚函数法被称为内点法. 19.1 节讨论罚函数法的实施方式. 19.2 节说明如何在约束进化算法中实现各种罚函数法.
2. 特殊表示　将问题表示为无约束的但候选解仍然带约束, 它是依赖于问题的一种表示方法. 特殊算子是依赖于问题的一种方法, 用来执行选择、重组和变异并让子代个体总是满足约束. 这两个方法不容许群中出现不可行候选解. 19.3 节会讨论这些方法.
3. 修补算法　修补不可行的个体让它们变为可行的. 这类算法大都依赖于问题. 它们可能会容许一些不可行个体留在种群中, 同时修补不可行个体. 本章中唯一的修补方法是 19.3.2 节的 Genocop 算法.

---

[1] 从语法的角度看, 约束进化算法这个术语不是很准确. 严格按语法解释这个词组应该指的是带约束的进化算法, 而不是为求解带约束问题的进化算法. 但这个术语方便, 简洁又通俗, 有了这个附加说明应该不会混淆了.

4. **混合方法** 将上述方法的特性, 或非进化约束优化算法的特性结合起来. 例如, 很多带约束的进化算法采用上面的一种方法和局部搜索. 本章介绍约束进化算法的一些基本方法, 但不讨论如何将它们混合起来. 不过, 文献中有许多混合的例子. 读者熟悉本章中的基本方法之后, 就可以去探索文献中的混合算法, 或选取各种约束进化算法的最优性质开发自己的混合算法.

本章不可能包括多年来提出的所有处理约束的方法. 不过, 19.4 节会概述约束优化的其他几个方法, 包括采用文化算法以及多目标优化的方法.

在约束优化算法中需要解决的一个主要问题是如何对候选解排名. 一些解的费用高但满足约束, 另外一些解的费用低却违反约束. 19.5 节总结本章介绍的排名方法并讨论其他几个方法. 19.6 节将本章所有的内容联系在一起, 用一些基准来比较不同的带约束 BBO 算法.

19.1 罚函数法

罚函数法惩罚违反约束或接近违反约束的候选解. 对于一般的约束优化问题, Richard Courant 在 1943 年首先提出罚函数法 [Courant, 1943]. 罚函数法是最常用的求解约束优化的方法, 但其他约束进化算法也得到迅速的普及.

我们可以用两种方式设计罚函数法. 首先, 在可行个体移近约束的边界时就惩罚它; 这种方法被称为内点法, 或闸方法. 它不容许种群中出现不可行个体, 19.1.1 节会简要地讨论这个方法.

其次, 容许种群中存在不可行个体, 但在费用上惩罚它们, 或在为下一代选择父代的时候惩罚它们. 一般不惩罚可行个体, 无论它们离约束边界有多近, 19.1.2 节会介绍这个方法的几个例子. 这种方法被称为外点法.

19.1.1 内点法

内点法在种群中只容许可行个体. 当可行个体移近约束的边界时, 这些方法会在费用上惩罚个体以鼓励个体留在约束之内. 我们用一个简单例子说明内点法的思路.

例 19.1 考虑标量问题

$$\min f(x) \text{ s.t. } x \geqslant c, \text{ 这里 } f(x) = x^2. \tag{19.3}$$

我们可以修改这个问题, 当 x 的可行值靠近约束时就惩罚它. 修改后的函数被称为闸函数. 例如, 将 (19.3) 式的带约束的问题转化为无约束问题

$$\min f'(x), \text{ 这里 } f'(x) = x^2 + (x - c + \delta)^{-\alpha}, \tag{19.4}$$

其中, $\delta > 0$ 是一个小的常数, $\alpha > 0$ 是另一个常数. 当 $\alpha \to 0$, $\underset{x}{\operatorname{argmin}} f'(x) \to \underset{x}{\operatorname{argmin}} f(x)$, 但是, 这个 $f'(x)$ 的表现较差; 确切地说, $f'(x)$ 不太光滑.

图 19.1 所示为 $c=1$, $\delta=0.01$ 且 $\alpha=1$ 时的 $f(x)$ 和 $f'(x)$. 当然, 对于这个简单的例子仍然要确保 $x \geqslant c$, 所以内点法实际上并没有多少帮助. 不过这个例子说明内点法如何避免可行个体在重组或变异之后出现违反约束的情况. □

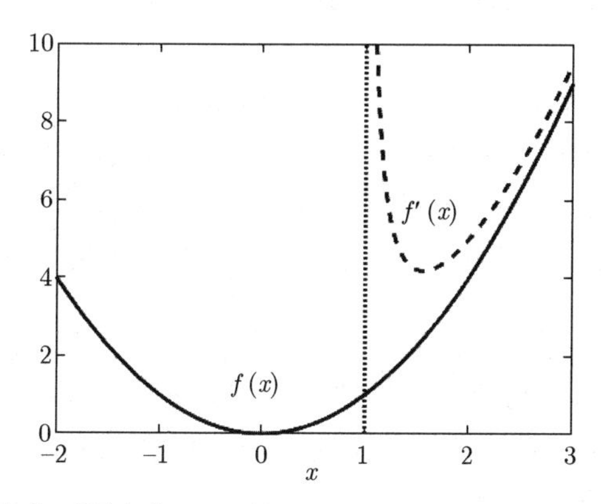

图 19.1 例 19.1. 我们想要最小化 $f(x)$ 并且 $x \geqslant 1$. 用内点法将带约束的最小化 $f(x)$ 转化为无约束的最小化 $f'(x)$.

在约束进化算法中常常不怎么用内点法. 因为对于许多约束优化问题, 要找出满足所有约束的候选解本身就是一个极具挑战性的问题. 此外, 不可行解包含的信息可能有利于搜索带约束的最优值. 例如, 将两个不可行个体组合起来就可能解决可行域较小的问题 (参见图 19.2).

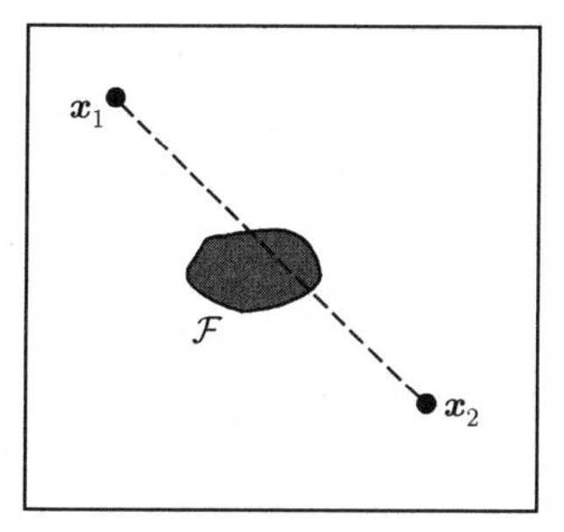

图 19.2 大搜索空间中小可行集 $\mathcal{F}$ 的例子. 要直接找到候选解 $\boldsymbol{x} \in \mathcal{F}$ 可能较难, 但找到两个不可行个体 $\boldsymbol{x}_1$ 和 $\boldsymbol{x}_2$, 由它们组合生成可行个体也许很容易.

有许多优化问题还是较容易找到可行的候选解. 有海量的文献将内点法作为通用的优化算法, 约束进化算法中缺乏内点法令人诧异 [Wright, 1987]. 也许约束进化算法的研究忽略了内点法.

19.1.2 外点法

外点法容许种群中存在不可行个体, 但是要在费用上或选择概率上惩罚它们. 本节简要概述约束优化的外点法.

19.1.2.1 死刑法

死刑法在种群中容许不可行个体, 但是只是短暂地容许. 死刑法将罚函数法用到了极致. 这个方法会立即去掉种群中的不可行个体 $\boldsymbol{x}$. 如果是通过重组得到的 $\boldsymbol{x}$, 就拒绝它并再行重组直到得到可行个体. 如果是通过变异得到的 $\boldsymbol{x}$, 就拒绝它并再行变异直到得到可行个体.

死刑是一种很方便的约束优化方法. 它的优势在于无需评价不可行个体的费用, 这样能节省计算量. 许多问题在一开始很难得到可行个体. 因此, 拒绝不可行个体可能过于严格. 不是完全拒绝, 而是让它们留在种群中同时让违反约束不太严重的个体费用较低, 这样会鼓励种群向可行域移动. 总而言之, 死刑法是否有效还依赖于具体问题.

19.1.2.2 非死刑法

本章余下部分讨论处理约束的非死刑方法. 因为在进化算法的整个过程中都容许不可行个体留在种群中, 它们是比死刑法更宽容的外点法. 我们将 (19.1) 式的标准约束优化问题转换为下面的无约束问题:

$$\left.\begin{aligned}&\min_{\boldsymbol{x}} \phi(\boldsymbol{x}), \text{ 这里 } \phi(\boldsymbol{x}) = f(\boldsymbol{x}) + \sum_{i=1}^{m} r_i G_i(\boldsymbol{x}) + \sum_{j=1}^{p} c_j L_j(\boldsymbol{x})\\ &G_i(\boldsymbol{x}) = [\max\{0, g_i(\boldsymbol{x})\}]^\beta,\\ &L_j(\boldsymbol{x}) = |h_j(\boldsymbol{x})|^\gamma,\end{aligned}\right\} \tag{19.5}$$

其中, r_i 和 c_j 为正数, 被称为惩罚因子, β 和 γ 是正数, 通常设置为 1 或 2. $\phi(\boldsymbol{x})$ 被称为惩罚费用函数, 我们由最初的费用函数 $f(\boldsymbol{x})$ 和违反约束的程度 $\{G_i(\boldsymbol{x})\}$ 及 $\{L_j(\boldsymbol{x})\}$ 的加权和得到 $\phi(\boldsymbol{x})$. 如果 $\boldsymbol{x} \in \mathcal{F}$, 则 $\phi(\boldsymbol{x}) = f(\boldsymbol{x})$. 如果 $\boldsymbol{x} \notin \mathcal{F}$, 则 $\phi(\boldsymbol{x}) > f(\boldsymbol{x})$ 的量会随着违反约束的量的增大而增大.

既然我们有了惩罚费用函数 $\phi(\boldsymbol{x})$, 就以 $\phi(\boldsymbol{x})$ 作为费用函数运行进化算法选择下一代个体. 因此, 可以将本书中的无约束进化算法扩展到约束优化. 很简单, 我们只需要将 $\phi(\boldsymbol{x})$ 而不是 $f(\boldsymbol{x})$ 作为费用函数.

约束 $h_j(\boldsymbol{x}) = 0$ 很不宽容. 如果在连续搜索域上随机生成一个初始种群, 所得的个体能满足等式约束的机会基本为零. 因此, 我们经常将等式的硬约束转化为要求 $h_j(\boldsymbol{x})$ 几乎为零而不是正好为零的软约束. 这样就得到

$$|h_j(\boldsymbol{x})| \leqslant \epsilon, \tag{19.6}$$

其中 ϵ 是一个小的正数. 它等价于两个约束

$$h_j(\boldsymbol{x}) - \epsilon \leqslant 0, \quad -h_j(\boldsymbol{x}) - \epsilon \leqslant 0. \tag{19.7}$$

在不同的 ϵ 值下, 我们会有一些机会得到满足 (19.6) 式软约束的个体. 为 ϵ 赋值的一种方式是在进化算法的初期让 ϵ 取值较大从而能够得到一些可行的个体, 然后随着代数的增加逐渐减小 ϵ [Brest, 2009], [Zavala et al., 2009]. 很多研究论文都在 $\epsilon = 0.0001$ 时的基准函数上比较带约束优化算法的性能 [Liang et al., 2006].

为了让等式约束转换为不等式约束, (19.5) 式变为

$$\left.\begin{aligned} &\min_{\boldsymbol{x}} \phi(\boldsymbol{x}),\ \text{这里}\ \phi(\boldsymbol{x}) = f(\boldsymbol{x}) + \sum_{i=1}^{m+p} r_i G_i(x) \\ &G_i(\boldsymbol{x}) = \begin{cases} (\max\{0, g_i(\boldsymbol{x})\})^\beta, & i \in [1, m], \\ (\max\{0, |h_i(\boldsymbol{x})| - \epsilon\})^\beta, & i \in [m+1, m+p]. \end{cases} \end{aligned}\right\} \tag{19.8}$$

为将问题简化这里令 $\gamma = \beta$. 像 (19.8) 式中的问题可以用静态方法或动态方法求解. 静态方法所用的 r_i, β 和 ϵ 的值独立于进化算法的代数.

与静态方法相反, 动态方法的 r_i, β 和 ϵ 的值依赖于进化算法的代数. 静态方法实施起来更容易, 但动态方法因为更灵活可能表现得更好. 动态方法会基于种群分布或问题的特征智能地调整权重以改进性能. 动态方法常常随着代数的增加让 r_i 和 β 增大并让 ϵ 减小. 它让违反约束的权重增大从而逐渐将越来越多的不可行个体引向可行域.

19.2 处理约束的常用方法

本节讨论进化算法常用的处理约束的几种方法. 它们全都是非死刑法.

19.2.1 静态惩罚方法

[Homaifar et al., 1994]提出 (19.8) 式, 并取 $\beta = 2$, r_i 是违反约束程度的函数. 也就是说, r_i 是 $G_i(\boldsymbol{x})$ 的一个非减函数. 根据违反约束的量, 惩罚因子r_i 有时候在一个离散值集合中取值:

$$r_i = \begin{cases} R_{i1}, & \text{如果}\ G_i(\boldsymbol{x}) \in (0, T_{i1}], \\ R_{i2}, & \text{如果}\ G_i(\boldsymbol{x}) \in (T_{i1}, T_{i2}], \\ \vdots & \\ R_{iq}, & \text{如果}\ G_i(\boldsymbol{x}) \in (T_{i,q-1}, \infty), \end{cases} \tag{19.9}$$

其中, q 是用户指定的约束水平的个数, R_{ij} 是由用户定义的权重, T_{ij} 是由用户定义的约束阈值. 这是一个静态方法, 它对违反约束的惩罚不会随代数变化. 由于所需可调参数太多, 为人熟知的这个方法常常受到批评. 它需要 $(2q-1)(m+p)$ 个可调参数, 将权重水平与阈值合并可以让参数的个数减少以简化算法.

19.2.2 可行点优势

可行点优势法 [Powell and Skolnick, 1993] 将 (19.8) 式的惩罚费用函数改换为

$$\begin{aligned} \min_{\boldsymbol{x}} \phi'(\boldsymbol{x}),\ \text{这里}\ \phi'(\boldsymbol{x}) &= \phi(\boldsymbol{x}) + \theta(\boldsymbol{x}) \\ &= f(\boldsymbol{x}) + \sum_{i=1}^{m+p} r_i G_i(\boldsymbol{x}) + \theta(\boldsymbol{x}), \end{aligned} \tag{19.10}$$

其中, 为了保证对于所有 $\boldsymbol{x} \in \mathcal{F}$ 和所有 $\bar{\boldsymbol{x}} \notin \mathcal{F}$ 都有 $\phi'(\boldsymbol{x}) \leqslant \phi'(\bar{\boldsymbol{x}})$, 增加了 $\theta(\boldsymbol{x})$ 这一项. 也就是说, 对所有可行的 $\boldsymbol{x}$ 和所有不可行的 $\bar{\boldsymbol{x}}$, $\phi'(\boldsymbol{x}) \leqslant \phi'(\bar{\boldsymbol{x}})$. 假定对所有 $\boldsymbol{x}$, $f(\boldsymbol{x}) \geqslant 0$, $\theta(\boldsymbol{x})$ 可以设置成下面的形式:

$$\theta(\boldsymbol{x}) = \begin{cases} 0, & \text{如果 } \boldsymbol{x} \in \mathcal{F}, \\ \max f(\boldsymbol{y}) : \boldsymbol{y} \in \mathcal{F}, & \text{如果 } \boldsymbol{x} \notin \mathcal{F}. \end{cases} \tag{19.11}$$

这个方法的一种不太保守的实施方式 [Michalewicz and Schoenauer, 1996] 并不假定 $f(\boldsymbol{x}) \geqslant 0$, 而是将 $\theta(\boldsymbol{x})$ 设置为

$$\theta(\boldsymbol{x}) = \begin{cases} 0, & \text{如果 } \boldsymbol{x} \in \mathcal{F}, \\ \max\{0, \max\limits_{\boldsymbol{y} \in \mathcal{F}} f(\boldsymbol{y}) - \min\limits_{\boldsymbol{y} \notin \mathcal{F}} \phi(\boldsymbol{y})\}, & \text{如果 } \boldsymbol{x} \notin \mathcal{F}. \end{cases} \tag{19.12}$$

对于所有 $\boldsymbol{x} \in \mathcal{F}$ 和所有 $\bar{\boldsymbol{x}} \notin \mathcal{F}$, 在 $\phi(\boldsymbol{x}) \leqslant \phi(\bar{\boldsymbol{x}})$ 的条件下, $\theta(\boldsymbol{x})$ 的这个定义对所有 $\boldsymbol{x}$ 都有 $\phi'(\boldsymbol{x}) = \phi(\boldsymbol{x})$. 也就是说, 如果 (19.8) 式的惩罚费用函数让所有可行个体的排名都好于不可行个体, (19.8) 式就不变. 如果对于某些 $\boldsymbol{x} \in \mathcal{F}$ 和某些 $\bar{\boldsymbol{x}} \notin \mathcal{F}$, 由 (19.8) 式得到 $\phi(\boldsymbol{x}) > \phi(\bar{\boldsymbol{x}})$, (19.12) 式就将所有不可行个体的惩罚费用函数值变为 $\min\limits_{\bar{\boldsymbol{x}}} \phi'(\bar{\boldsymbol{x}}) = \max\limits_{x} \phi'(\boldsymbol{x})$, 即最好的不可行惩罚费用等于最差的可行惩罚费用.

如果优化问题含有较难满足的约束, 可行点优势方法可能还有一定的吸引力. 如果约束极难满足, 这个方法会产生很大的选择压力让可行点留在种群中, 从而让可行点的信息传递到下一代.

19.2.3 折中进化算法

折中进化算法提出了另一种强化可行点优势的方法 [Morales and Quezada, 1998]. 折中进化算法将惩罚费用函数定义为

$$\phi(\boldsymbol{x}) = \begin{cases} f(\boldsymbol{x}), & \text{如果 } \boldsymbol{x} \in \mathcal{F}, \\ K\left(1 - \dfrac{s(\boldsymbol{x})}{m+p}\right), & \text{如果 } \boldsymbol{x} \notin \mathcal{F}, \end{cases} \tag{19.13}$$

其中, K 是一个大常数, $m+p$ 是约束的总个数, $s(\boldsymbol{x})$ 是 $\boldsymbol{x}$ 满足约束的个数. 为了保证对所有 $\bar{\boldsymbol{x}} \notin \mathcal{F}$ 和所有 $\boldsymbol{x} \in \mathcal{F}$, $\phi(\bar{\boldsymbol{x}}) > \phi(\boldsymbol{x})$ 成立，用户定义的常数 K 要足够大. 如果用排名方法选择重组个体, K 就没有上限. 如果用轮盘赌方法, 或某些采用 $\phi(\cdot)$ 的绝对值的其他方法选择, K 就不能太大; 即使不可行个体排在可行个体之后, 我们要确保不可行个体仍然有适当的机会被选中进行重组.

折中进化算法与 (19.10) 式不同, 它不去评价不可行个体的费用 $f(\boldsymbol{x})$, 这样会省去很多计算量. 此外, 折中进化算法在确定惩罚费用函数时只考虑违反约束的个数, 不考虑违反约束的程度. (19.10) 式却只考虑违反约束的程度, 不考虑违反约束的个数, 这又让折中进化算法在计算上占优, 因为在实际问题中, 与量化违反约束的具体程度相比, 计算违反约束的个数常常更容易.

19.2.4 协同进化惩罚

有趣的是让 (19.10) 式与 (19.13) 式结合, 有时候违反约束的程度可能很重要, 另一些时候违反约束的个数更重要. [Coello Coello, 2000b; 2002] 提出的协同进化方法采纳了这个思路, 它使用惩罚费用

$$\phi(\boldsymbol{x}) = f(\boldsymbol{x}) + w_1 \sum_{i=1}^{m+p} G_i(\boldsymbol{x}) + w_2 \left(1 - \frac{s(\boldsymbol{x})}{m+p}\right), \tag{19.14}$$

其中, w_1 和 w_2 是权重. 这是一个协同进化方法, 因为它涉及两个种群. 种群 P_1, 由候选解 $\boldsymbol{x}$ 组成并根据惩罚费用 $\phi(\boldsymbol{x})$ 进化. 另一个种群 P_2, 由 (w_1, w_2) 组成. P_1 的个体利用来自 P_2 的具体个体 (即一对具体的 (w_1, w_2)) 进化. (w_1, w_2) 的费用评价为

$$\left.\begin{aligned} \psi(\boldsymbol{w}) &= \frac{1}{M_1(\boldsymbol{w})} \sum_{\boldsymbol{x}\in\mathcal{F}} \phi(\boldsymbol{x}) - M_1(\boldsymbol{w}), \\ M_1(\boldsymbol{w}) &= |\boldsymbol{x} : \boldsymbol{x} \in \mathcal{F}|, \end{aligned}\right\} \tag{19.15}$$

其中, $\boldsymbol{w}$ 表示来自 P_2 的一对具体的 (w_1, w_2). 注意, $M_1(\boldsymbol{w})$ 是 P_1 在用 $\boldsymbol{w}$ 完成进化之后其中的可行个体的个数. 个体 $\boldsymbol{w}$ 的费用 $\psi(\boldsymbol{w})$ 依赖于在 P_1 中进化的所有可行个体的平均惩罚费用, 也依赖于在 P_1 中进化的可行个体的个数. 如果 $M_1(\boldsymbol{w}) = 0$, (19.15) 式就没有定义, 这时可以将 $\psi(\boldsymbol{w})$ 设置为任意高.

对 P_2 中的每一个个体和代次, 进化算法让种群 P_1 进化. 因为是嵌套的进化算法, 这个协同进化方法可能对计算的要求较高, 但它很适合并行实现, 这样做计算量会减少.

算法 19.1 概述协同进化惩罚算法. 外层循环进化 P_2 种群. 对 P_2 的每一代 (即每个外层循环的迭代), 用 (19.14) 式的惩罚费用在内环算法运行 $|P_2|$ 次让候选解 $\boldsymbol{x}$ 进化.

为了改进性能可以用几种方式修改算法 19.1. 例如, 采用各种类型的精英, 在 P_1 的进化中从一代到下一代保留 P_1 的最好个体. 也可以对于 P_2 的每一个个体, 执行多于 P_1 次的进化得到在给定 $\boldsymbol{w}$ 下的平均性能或最好性能.

算法 19.1 是协同进化的一个例子. 我们把它用于约束优化, 但协同进化还有许多有趣的应用. 自然界中的协同进化并不少见. 例如, 花和蜜蜂为了共同生存以相互依赖的方式进化 [Pyke, 1978]. 人们采用进化算法的不同方式研究协同进化 [Paredis, 2000], 协同进化定会成为既活跃又成果丰硕的研究领域.

算法 19.1 最小化 $f(\boldsymbol{x})$ s.t.$G_i(\boldsymbol{x}) = 0$, $i \in [1, m+p]$ 的协同进化惩罚算法概述.

$P_2 = \{\boldsymbol{w}\} \leftarrow$ 随机初始化候选权重的种群
While not (终止准则)
    For 每一个 $\boldsymbol{w} \in P_2$
        $P_1 = \{\boldsymbol{x}\} \leftarrow$ 随机地初始化候选解的种群
        运行进化算法, 关于 $\boldsymbol{x}$ 最小化 (19.14) 式
        用 (19.15) 式计算 $\psi(\boldsymbol{w})$

下一个 $\boldsymbol{w}$

利用费用 $\psi(\boldsymbol{w})$ 对 P_2 进行选择、重组和变异

P_2 的下一代

19.2.5 动态惩罚方法

[Joines and Houck, 1994]提出 (19.8) 式的惩罚费用函数, 并且取 $\beta = 1$ 或 2, $r_i = (ct)^\alpha$, 这里 c 和 α 是常数, t 为代数:

$$\left.\begin{aligned} \phi(\boldsymbol{x}) &= f(\boldsymbol{x}) + (ct)^\alpha M(\boldsymbol{x}), \\ M(\boldsymbol{x}) &= \sum_{i=1}^{m+p} G_i(\boldsymbol{x}). \end{aligned}\right\} \tag{19.16}$$

这是一个动态方法, 因为对约束的惩罚会随着代数增加. 要让这个方法成功, 应该对费用 $f(\cdot)$ 和违反约束的大小 $M(\cdot)$ 做正规化处理, 惩罚费用函数 $\phi(\cdot)$ 表示如下:

$$\left.\begin{aligned} \phi(\boldsymbol{x}) &= f'(\boldsymbol{x}) + (ct)^\alpha M'(\boldsymbol{x}), \\ M'(\boldsymbol{x}) &= \begin{cases} M(\boldsymbol{x})/\max\limits_{\boldsymbol{x}} M(\boldsymbol{x}), & \text{如果 } \max\limits_{\boldsymbol{x}} M(\boldsymbol{x}) > 0, \\ 0, & \text{如果 } \max\limits_{\boldsymbol{x}} M(\boldsymbol{x}) = 0, \end{cases} \\ f'(\boldsymbol{x}) &= f(\boldsymbol{x})/\max_{\boldsymbol{x}} |f(\boldsymbol{x})|, \end{aligned}\right\} \tag{19.17}$$

其中假定对所有 $\boldsymbol{x}$, $f(\boldsymbol{x}) > 0$. 这样就能保证惩罚费用 $\phi(\boldsymbol{x})$ 的所有分量大致在相同的量级上. 另一个方案是将动态惩罚方法与 19.2.2 节的可行点优势法结合. 这个方案中的惩罚费用为

$$\phi(\boldsymbol{x}) = \begin{cases} f'(\boldsymbol{x}), & \text{如果 } \boldsymbol{x} \in \mathcal{F}, \\ f'(\boldsymbol{x}) + (ct)^\alpha M'(\boldsymbol{x}) + \theta(\boldsymbol{x}), & \text{如果 } \boldsymbol{x} \notin \mathcal{F}, \end{cases} \tag{19.18}$$

其中, $\theta(\boldsymbol{x})$ 的定义要让所有可行点的惩罚费用都低于不可行点. 文献 [Joines and Houck, 1994] 中经常提到的参数值为 $c = 1/2$ 以及 $\alpha = 1$ 或 2, 但 c 取什么值合适取决于最大代数. 对于较短的仿真 (几百代或更少), c 应该大于 1/2 一个或两个量级. 如果 c 太小, 违反约束的惩罚过小, 进化算法就会对费用低但严重违反约束的个体赋予过高的价值.

19.2.5.1 指数动态惩罚

[Carlson and Shonkwiler, 1998] 提出的指数动态罚函数为[1]

$$\phi(\boldsymbol{x}) = f(\boldsymbol{x}) \exp(M(\boldsymbol{x})/T), \tag{19.19}$$

[1]请注意, [Carlson and Shonkwiler, 1998] 使用 $\phi(\boldsymbol{x}) = f(\boldsymbol{x}) \exp(-M(\boldsymbol{x})/T)$, 因为它处理的优化问题是最大化问题.

其中, $M(\boldsymbol{x})$ 是 (19.16) 式定义的违反约束程度, 而 T 是代数 t 的一个单调不增函数. [Carlson and Shonkwiler, 1998] 提出 $T = 1/\sqrt{t}$. 于是有 $\lim\limits_{t\to\infty} T = 0$, 因此, 当代数趋于无穷大, 不可行个体的惩罚费用也会趋于无穷大.

(19.19) 式假设对所有 $\boldsymbol{x}$, $f(\boldsymbol{x}) \geqslant 0$; 否则约束惩罚会让费用减小 (即让它更负). 如果不能满足这个假设, 在惩罚它之前应该让费用函数偏移. 也可以在 $\phi(\boldsymbol{x})$ 的惩罚部分增加一个可调参数.

$$\phi(\boldsymbol{x}) = f'(\boldsymbol{x}) \exp(\alpha M'(\boldsymbol{x})/T), \quad f'(\boldsymbol{x}) = f(\boldsymbol{x}) - \min_{\boldsymbol{x}} f(\boldsymbol{x}), \tag{19.20}$$

其中, 正规化后的违反约束程度 $M'(\boldsymbol{x})$ 由 (19.17) 式定义, α 是一个可调参数, 用它来调整违反约束的相对权重. 我们发现 α 在 10 附近时通常很管用.

与 (19.17) 式的加性惩罚方法一样, 我们可以将指数动态惩罚方法与 19.2.2 节的可行点优势法结合. 这个方法的惩罚费用为

$$\phi(\boldsymbol{x}) = \begin{cases} f'(\boldsymbol{x}), & \text{如果 } \boldsymbol{x} \in \mathcal{F}, \\ f'(\boldsymbol{x}) \exp(M(\boldsymbol{x})/T) + \theta(\boldsymbol{x}), & \text{如果 } \boldsymbol{x} \notin \mathcal{F}, \end{cases} \tag{19.21}$$

或

$$\phi(\boldsymbol{x}) = \begin{cases} f'(\boldsymbol{x}), & \text{如果 } \boldsymbol{x} \in \mathcal{F}, \\ f'(\boldsymbol{x}) \exp(\alpha M'(\boldsymbol{x})/T) + \theta(\boldsymbol{x}), & \text{如果 } \boldsymbol{x} \notin \mathcal{F}, \end{cases} \tag{19.22}$$

其中, $\theta(\boldsymbol{x})$ 足够大, 大到能够保证所有可行点的费用都低于所有不可行点的费用.

19.2.5.2 其他动态惩罚方法

[Coit and Smith, 1996], [Coit et al., 1996], [Joines and Houck, 1994], [Kazarlis and Petridis, 1998] 以及 [Smith and Tate, 1993] 提出的动态罚函数的形式更复杂. [Coello Coello, 2002] 对动态罚函数做了调查. 动态惩罚方法常常比静态方法好, 但是需要更多调试. 调试的效果取决于问题. 惩罚太高会阻碍对不可行集的探索, 我们有时候需要利用不可行个体找出满足约束的好的解 (回顾图 19.2). 惩罚太低会过多地探索不可行集, 进化过程难以收敛到可行解. 考虑到这些因素, 我们下面讨论自适应惩罚方法.

19.2.6 自适应惩罚方法

静态和动态惩罚方法存在的问题促使我们开发出一种动态方法的特殊类型, 我们称之为自适应方法. 自适应方法利用种群的反馈调整惩罚权重. [Hadj-Alouane and Bean, 1997] 提出自适应方法并将 (19.8) 式的惩罚权重设置为

$$r_i(t+1) = \begin{cases} r_i(t)/\beta_1, & \text{如果是情况 1}, \\ \beta_2 r_i(t), & \text{如果是情况 2}, \\ r_i(t), & \text{其他}, \end{cases} \tag{19.23}$$

其中,t 是代数, β_1 和 β_2 是满足 $\beta_1 > \beta_2 > 1$ 的常数, 情况 1意味着最好的个体在过去 k 代的每一代都是可行的, 情况 2意味着在过去的 k 代都没有可行个体. 代窗 k 是影响自适应速率的一个可调参数. 如果种群中最好的个体可行, 减小约束权重就会容许种群中有更多不可行个体. 如果在种群中没有可行个体, 增大约束权重有利于获得一些可行个体. 我们的目的是要均衡地混合可行个体和不可行个体以充分探索搜索空间, 并利用不可行个体的信息尽管它们并不满足约束. 这个方法中参数的常用值是 $r_i(1) = 1$, $\beta_1 = 4$, $\beta_2 = 3$, 以及 $k = n$, 这里 n 是问题的维数 (即在 $f(\boldsymbol{x})$ 中独立变量的个数)[Hadj-Alouane and Bean, 1993].

19.2.7 分离遗传算法

分离遗传算法 [Le Riche et al., 1995] 是处理罚函数参数调节的一个聪明的方法. 要调试 (19.8) 式的参数 r_i 非常困难. 如果它们太大, 约束进化算法会对满足约束过于关注, 而在最小化费用函数上用力不足. 如果它们太小, 约束进化算法会对最小化费用函数过于关注, 而在满足约束上用力不足. 分离遗传算法通过建立两个个体的排名表来解决这个问题: 第一张表用小的惩罚权重 r_{1i}, 第二张表用大的惩罚权重 r_{2i}. 我们从这两张表中交替选出权重来为下一代选择个体. 它大致等价于使用两个子种群, 一个的惩罚权重小, 另一个的惩罚权重大.

这个方法看起来还值得深入研究. 例如, 用多于两个的惩罚权重. 也可以用分离遗传算法的这个概念将处理约束的多种方法组合起来.

19.2.8 自身自适应的适应度描述

自身自适应的适应度描述方法 [Farmani and Wright, 2003] 在两个阶段利用费用值惩罚不可行个体. 首先, 如果存在某个不可行个体 $\bar{\boldsymbol{x}}$, 它的非惩罚费用比最好的可行个体 $\boldsymbol{x}$ 的非惩罚费用还要好 (即如果对某个 $\bar{\boldsymbol{x}} \notin \mathcal{F}$ 以及最好的 $\boldsymbol{x} \in \mathcal{F}$, $f(\bar{\boldsymbol{x}}) < f(\boldsymbol{x})$), 则每一个不可行个体在费用上都要受到惩罚. 如果对所有 $\bar{\boldsymbol{x}} \notin \mathcal{F}$ 和最好的 $\boldsymbol{x} \in \mathcal{F}$, $f(\bar{\boldsymbol{x}}) > f(\boldsymbol{x})$, 就不惩罚不可行个体. 这样做可以防止对不可行个体多余的惩罚. 它对不可行个体在费用上的惩罚处于合理的低水平以便让它们留在种群中.

另一个阶段的惩罚如下. 惩罚所有不可行个体, 违反约束最严重的个体的惩罚最大. 要做到这一点首先需要定义每一个个体 $\boldsymbol{x}$ 的总的不可行性:

$$\iota(\boldsymbol{x}) = \frac{1}{m+p} \sum_{i=1}^{m+p} G_i(\boldsymbol{x}) / \max_{\bar{\boldsymbol{x}} \notin \mathcal{F}} G_i(\bar{\boldsymbol{x}}), \tag{19.24}$$

其中, $G_i(\cdot)$ 根据 (19.8) 式在 $\beta = 1$ 时计算得到. 下面定义最好个体 ($\boldsymbol{x}_{\rm b}$), 可行性最差个体 ($\boldsymbol{x}_{\rm wf}$) 以及费用最高的个体 ($\boldsymbol{x}_{\rm wc}$):

$$
\left.\begin{aligned}
\boldsymbol{x}_{\mathrm{b}} &= \begin{cases} \operatorname*{argmin}_{\boldsymbol{x}} f(x) : \boldsymbol{x} \in \mathcal{F}, & \text{如果 } \mathcal{F} \neq \varnothing, \\ \operatorname*{argmin}_{\boldsymbol{x}} \iota(\boldsymbol{x}), & \text{其他}, \end{cases} \\
\boldsymbol{x}_{\mathrm{wf}} &= \begin{cases} \operatorname*{argmin}_{\boldsymbol{x}} \iota(\boldsymbol{x}) : f(\boldsymbol{x}) < f(\boldsymbol{x}_{\mathrm{b}}), & \text{如果 } \exists \bar{\boldsymbol{x}} \notin \mathcal{F} \text{ 使得 } f(\bar{\boldsymbol{x}}) < f(\boldsymbol{x}_{\mathrm{b}}), \\ \operatorname*{argmax}_{\boldsymbol{x}} \iota(\boldsymbol{x}), & \text{其他}, \end{cases} \\
\boldsymbol{x}_{\mathrm{wc}} &= \operatorname*{argmax}_{\boldsymbol{x}} f(\boldsymbol{x}).
\end{aligned}\right\} \tag{19.25}
$$

注意, 如果 $\mathcal{F} \neq \varnothing$, 则 $\boldsymbol{x}_{\mathrm{b}} \in \mathcal{F}$, 尽管存在某个 $\bar{\boldsymbol{x}} \notin \mathcal{F}$ 的费用较小. 按照这些定义, 我们将不可行性度量正规化到 [0,1] 上, 得到

$$
\tilde{\iota}(\boldsymbol{x}) = \frac{\iota(\boldsymbol{x}) - \iota(\boldsymbol{x}_{\mathrm{b}})}{\iota(\boldsymbol{x}_{\mathrm{wf}}) - \iota(\boldsymbol{x}_{\mathrm{b}})}. \tag{19.26}
$$

第一个惩罚阶段的数学定义为

$$
\phi(\boldsymbol{x}) = \begin{cases} f(\boldsymbol{x}) + \tilde{\iota}(\boldsymbol{x})(f(\boldsymbol{x}_{\mathrm{b}}) - f(\boldsymbol{x}_{\mathrm{wf}})), & \text{如果 } \exists \bar{\boldsymbol{x}} \notin \mathcal{F} \text{ 使得 } f(\bar{\boldsymbol{x}}) < f(\boldsymbol{x}_{\mathrm{b}}), \\ f(\boldsymbol{x}), & \text{其他}. \end{cases} \tag{19.27}
$$

第二个惩罚将 $\phi(\boldsymbol{x})$ 映射到额外的惩罚费用 $\phi'(\boldsymbol{x})$:

$$
\left.\begin{aligned}
\phi'(\boldsymbol{x}) &= \phi(\boldsymbol{x}) + \gamma|\phi(\boldsymbol{x})| \left(\frac{\exp(2\tilde{\iota}(\boldsymbol{x})) - 1}{\exp(2) - 1} \right), \\
\gamma &= \begin{cases} (f(\boldsymbol{x}_{\mathrm{wc}}) - f(\boldsymbol{x}_{\mathrm{b}}))/f(\boldsymbol{x}_{\mathrm{b}}), & \text{如果 } f(\boldsymbol{x}_{\mathrm{wf}}) < f(\boldsymbol{x}_{\mathrm{b}}), \\ 0, & \text{如果 } f(\boldsymbol{x}_{\mathrm{wf}}) = f(\boldsymbol{x}_{\mathrm{b}}), \\ (f(\boldsymbol{x}_{\mathrm{wc}}) - f(\boldsymbol{x}_{\mathrm{wf}}))/f(\boldsymbol{x}_{\mathrm{wf}}), & \text{如果 } f(\boldsymbol{x}_{\mathrm{wf}}) > f(\boldsymbol{x}_{\mathrm{b}}). \end{cases}
\end{aligned}\right\} \tag{19.28}
$$

(19.28) 式中的指数函数只会对违反约束较小的个体一个小惩罚. 比例因子 γ 保证让违反约束最严重的个体受到的惩罚最大:

$$
\text{对所有}\boldsymbol{x},\ \phi'(\boldsymbol{x}_{\mathrm{wf}}) \geqslant \phi'(\boldsymbol{x}). \tag{19.29}
$$

这个两阶段的惩罚方法可能有点复杂, 其基本目标是要在惩罚之后, 种群中最好的个体中有一些是可行的有一些不可行. 费用低且违反约束较少的个体在惩罚费用上能够与可行个体竞争. 这个想法似乎很有效并且已经被用于很多带约束的优化问题上. 进一步的工作可以聚焦在调试算法和简化惩罚方法这两个方面.

19.2.9 自身自适应罚函数

自身自适应罚函数 (self-adaptive penalty function, SAPF) 算法 [Tessema and Yen, 2006] 基于种群的分布调整罚函数. 如果只有几个可行个体, 就让违反约束较小的个体的惩罚费用 $\phi(\cdot)$ 较低, 即使它们的费用 $f(\cdot)$ 较高. 如果有很多可行个体, 就只给费用 $f(\cdot)$ 低的个体赋予较低的惩罚费用 $\phi(\cdot)$. SAPF 算法由下面几步组成.

1. 对每一个个体 $\boldsymbol{x}$, 正规化费用函数值:

$$f_1(\boldsymbol{x}) = \frac{f(\boldsymbol{x}) - \min\limits_{\boldsymbol{x}} f(\boldsymbol{x})}{\max\limits_{\boldsymbol{x}} f(\boldsymbol{x}) - \min\limits_{\boldsymbol{x}} f(\boldsymbol{x})}. \tag{19.30}$$

   所有 $\boldsymbol{x}$ 正规化后的费用 $f_1(\boldsymbol{x}) \in [0,1]$, 费用最低的个体正规化后的费用等于 0, 费用最高的个体正规化后的费用等于 1.

2. 按照 (19.24) 式计算每一个个体正规化后的违反约束的程度 $\iota(\boldsymbol{x})$. 对所有 $\boldsymbol{x}$, $\iota(\boldsymbol{x}) \in [0,1]$. 注意, 对所有 $\boldsymbol{x} \in \mathcal{F}$, $\iota(\boldsymbol{x}) = 0$, 对所有 $\bar{\boldsymbol{x}} \notin \mathcal{F}$, $\iota(\bar{\boldsymbol{x}}) > 0$. 此外, 可能存在一个 $\bar{\boldsymbol{x}}$ 使 $\iota(\bar{\boldsymbol{x}}) = 1$, 也可能不存在这样的 $\bar{\boldsymbol{x}}$.

3. 对每一个个体 $\boldsymbol{x}$ 计算距离:

$$d(\boldsymbol{x}) = \begin{cases} \iota(\boldsymbol{x}), & \text{如果 } \mathcal{F} = \varnothing, \\ \sqrt{f_1^2(\boldsymbol{x}) + \iota^2(\boldsymbol{x})}, & \text{如果 } \mathcal{F} \neq \varnothing. \end{cases} \tag{19.31}$$

   如果在种群中没有可行个体, 则 $\boldsymbol{x}$ 的距离值等于 $\boldsymbol{x}$ 违反约束的总量, 不考虑 $\boldsymbol{x}$ 的费用. 在两个可行个体中, 费用较低的个体的距离也较小. 如果在种群中有可行个体, 则不可行个体的距离是它的费用与违反约束的组合. 因此, 当我们比较可行个体 $\boldsymbol{x}$ 和不可行个体 $\bar{\boldsymbol{x}}$ 时, 二者之中任何一个的距离都可能会更小, 具体哪一个更小则由它们之间的相对费用决定.

4. 计算另外两个惩罚费用函数:

$$X(\boldsymbol{x}) = \begin{cases} 0, & \text{如果 } \mathcal{F} = \varnothing, \\ \iota(\boldsymbol{x}), & \text{如果 } \mathcal{F} \neq \varnothing, \end{cases} \quad Y(\boldsymbol{x}) = \begin{cases} 0, & \text{如果 } \boldsymbol{x} \in \mathcal{F}, \\ f_1(\boldsymbol{x}), & \text{如果 } \boldsymbol{x} \notin \mathcal{F}. \end{cases} \tag{19.32}$$

   如果在种群中没有可行个体, 惩罚费用 $X(\boldsymbol{x})$ 就等于 0, 如果种群中有可行个体, 则等于 $\iota(\boldsymbol{x})$. 这个惩罚费用基于不可行个体违反约束的程度惩罚不可行个体, 但只是在种群中包含可行个体的时候才用. 如果 $\boldsymbol{x}$ 可行, 惩罚费用 $Y(\boldsymbol{x})$ 等于 0, 如果 $\boldsymbol{x}$ 不可行, 则等于正规化后的费用 $f_1(\boldsymbol{x})$. 这个惩罚费用采用与不可行个体的费用成比例的量进一步惩罚不可行个体.

5. 计算惩罚费用函数

$$\phi(\boldsymbol{x}) = d(\boldsymbol{x}) + (1-r)X(\boldsymbol{x}) + rY(\boldsymbol{x}), \tag{19.33}$$

   其中 $r \in [0,1]$ 是种群中可行个体的比例. 如果种群中有很多可行个体, $\phi(\boldsymbol{x})$ 着重于 $Y(\boldsymbol{x})$, 它是基于费用对不可行个体的惩罚. 另一方面, 如果种群中只有几个可行个体, $\phi(\boldsymbol{x})$ 的重点就是 $X(\boldsymbol{x})$, 它是对不可行个体违反约束的惩罚.

SAPF 在经过改造后也用于带约束的多目标优化问题 [Yen, 2009].

19.2.10 自适应分离约束处理

[Hamida and Schoenauer, 2000; 2002]提出自适应分离约束处理进化算法 (Adaptive Segregational Constraint Handling Evolutionary Algorithm, ASCHEA). ASCHEA 基于

两个思路. 首先, 我们试图维持可行个体与不可行个体的一个特定的比率. 这与 19.2.6 节讨论的自适应方法类似. 它允许我们探索整个搜索空间, 既包括可行的部分又包括不可行的那部分.

其次, 如果种群中只有几个可行个体, 就让可行个体只与不可行个体重组. 这样做是因为约束优化问题的解常常处于或接近约束边界 [Leguizamon and Coello Coello, 2009], [Ray et al., 2009b]. 所以, 为求解约束优化问题, 应该将可行个体和不可行个体推向约束边界. 可行个体与不可行个体的组合往往会让它们的后代更靠近约束边界.

ASCHEA 采用 (19.8) 式的惩罚方法, 取 $\beta=1$ 并遵从下列更新惩罚权重的方法:

$$\left.\begin{aligned} \phi(\boldsymbol{x}) &= f(\boldsymbol{x})+\sum_{i=1}^{m+p} r_i G_i(\boldsymbol{x}), \\ r_i(t+1) &= \begin{cases} r_i(t)/\gamma, & \text{如果 } \tau(t)>\tau_d, \\ \gamma r_i(t), & \text{其他}, \end{cases} \end{aligned}\right\} \tag{19.34}$$

其中, t 是代数, $\gamma>1$ 是可调参数, τ_d 是可行个体数与不可行个体数的目标比, $\tau(t)$ 是在 t 代的比率:

$$\text{在 } t \text{ 代} \quad \tau(t)=\frac{|\{\boldsymbol{x}:\boldsymbol{x}\in\mathcal{F}\}|}{|\{\bar{\boldsymbol{x}}:\bar{\boldsymbol{x}}\notin\mathcal{F}\}|}, \tag{19.35}$$

在实施 ASCHEA 时常常取目标值 $\tau_d=1/2$.

实施 ASCHEA 的第二个思路是, 如果 $\tau(t)<\tau_d$, 让可行个体只与不可行个体重组. 它鼓励不可行个体的后代向可行域移动, 这样做有望增加可行个体的数目.

如果 $\tau(t)\geqslant\tau_d$, 在种群中的可行个体已经足够多, 我们按下面两个步骤来选择: 首先, 从可行集 $\mathcal{F}$ 中选择指定个数的个体; 然后, 在选择余下个体进行重组时是基于惩罚费用 $\phi(\cdot)$ 选择而不再直接考虑可行性. 选出的可行个体的个数通常不少于所需选择总数的 30%. 例如, 如果想要选择 100 个个体参与重组, 我们首先基于费用选择 30 个可行个体, 然后基于惩罚费用从整个种群选择余下的 70 个个体.

[Ray et al., 2009b] 为单目标优化和多目标优化提出了一个类似的算法, 它被称为不可行性驱动的进化算法 (infeasibility driven evolutionary algorithm, IDEA).

19.2.11 行为记忆

行为记忆采用分而治之的方法求解约束优化问题 [Michalewicz et al., 1996], [Schoenauer and Xanthakis, 1993]. 已知 (19.8) 式的问题, 它有 $m+p$ 个约束, 我们首先进化最小化 $G_1(\boldsymbol{x})$ 的种群; 也就是说, 让违反第一个约束的程度最小而不考虑其他约束或费用函数. 当满足第一约束的个体数目在种群中达到用户指定的比例之后就终止这个算法. 在这个进化完成之后, 用最后得到的种群初始化最小化 $G_2(\boldsymbol{x})$ 的进化算法. 在第二个进化算法中, 去掉种群中违反 $G_1(\boldsymbol{x})$ 约束的个体, 但不考虑其他约束或费用函数.

对每个约束重复这些步骤. 我们用第 $i-1$ 个进化算法的结果初始化第 i 个进化算法. 第 i 个进化算法进化最小化 $G_i(\boldsymbol{x})$ 的种群, 并且在这个进化中去除偏离 $G_j(\boldsymbol{x})$,

$j \in [1, i-1]$ 约束的个体. 最后, 通过连续实施 $m+p$ 次进化算法, 在满足所有的 $m+p$ 个约束之后, 用得到的种群初始化满足所有 $m+p$ 个约束的最小化费用函数的进化算法. 算法 19.2 概述了行为记忆算法.

我们可以将行为记忆归类为罚函数法, 因为它用了死刑. 不过算法 19.2 从"运行进化算法以最小化……"那一行开始有可能涉及罚函数方法, 也可能不涉及. 它可以用任何一个进化算法和处理约束的方法, 无论用什么方法，那些违反前面已经考虑过的约束的个体都要被去除.

算法 19.2 最小化 $f(\boldsymbol{x})$ s.t.$G_i(\boldsymbol{x})=0$, $i \in [1, m+p]$ 的行为记忆算法概述.

$\{\boldsymbol{x}\}_0 \leftarrow$ 随机初始化的种群
For $i = 1, \cdots, m+p$
　　初始化第 i 个进化算法: $\{\boldsymbol{x}\} \leftarrow \{\boldsymbol{x}\}_{i-1}$
　　运行进化算法最小化 $G_i(\boldsymbol{x})$ s.t. $G_j(\boldsymbol{x})=0$, $j<i$, 用死刑保证所有个体满足约束 G_j,
　　并将这个进化算法的最后的种群记为 $\{\boldsymbol{x}\}_i$
下一个 i
初始化最后的进化算法: $\{\boldsymbol{x}\} \leftarrow \{\boldsymbol{x}\}_{m+p}$
运行进化算法最小化 $f(\boldsymbol{x})$ s.t. $G_j(\boldsymbol{x})=0$, $j \in [1, m+p]$, 用死刑保证所有个体满足约束 G_j.

行为记忆实际上是无约束优化算法的一般化, 它逐渐增加费用函数的评价次数 [de Garis, 1990], [Gathercole and Ross, 1994]. 例如, 假设我们要最小化 $f_i(\boldsymbol{x})$, 这里 i 可以是值集合 $\mathcal{I} = \{1, 2, \cdots, i_{\max}\}$ 的任何一个值. 要做到这一点, 一种方式是用进化算法最小化 $f_1(\boldsymbol{x})$, 然后用最后得到的种群最小化 $f_1(\boldsymbol{x}) + f_2(\boldsymbol{x})$; 再用第二个最后的种群最小化 $f_1(\boldsymbol{x}) + f_2(\boldsymbol{x}) + f_3(\boldsymbol{x})$. 继续这个过程直到我们对最小化 $f_i(\boldsymbol{x})$ 在全部 $i \in \mathcal{I}$ 上的平均感到满意为止. 另一个方法是最小化随机选择的 $f_i(\boldsymbol{x})$ 实例的一个组合, 随着代数增加逐渐增加实例的个数. 这个方法被称为随机采样[Banzhaf et al., 1998, Section 10.1.5], 在遗传规划中也很常见, 因为评价单个计算机程序的费用需要运行很多输入案例 (参见第 7 章).

最小化 $f_i(\boldsymbol{x})$, $i \in \mathcal{I}$ 看起来与多目标优化问题 (参见第 20 章) 的形式相同, 不过这里讨论的问题实际上是一个单目标优化问题; 每个费用函数 $f_i(\boldsymbol{x})$ 相同, 但对于不同的 i 值用不同的参数评价. 带多个参数的单目标优化问题与多目标优化问题之间的界线并不是很清楚. 对同样的一个问题, 有人可能会认为是单目标问题或把它当做单目标问题来处理, 也有的人会把它当做多目标问题.

19.2.12 随机排名

随机排名 [Runarsson and Yao, 2000] 在约束进化算法中加入随机成分. 因为随机性是进化算法的重要成分, 在处理约束的方法中自然应该包含它. 随机排名有时候根据费用 $f(\cdot)$ 对候选解排名, 有时候又根据违反约束的程度对候选解排名. 对个体排名的决策是随机的. 在比较两个个体 $\boldsymbol{x}_1$ 和 $\boldsymbol{x}_2$ 时, 我们认为个体 $\boldsymbol{x}_1$ 优于 $\boldsymbol{x}_2$, 如果:

- 这两个解都可行且 $f(\boldsymbol{x}_1) < f(\boldsymbol{x}_2)$; 或者,
- 随机生成的数 $r \sim U[0,1]$ 小于用户给定的概率 P_f, 并且 $f(\boldsymbol{x}_1) < f(\boldsymbol{x}_2)$; 或者,
- 上面的两个条件都不满足, 但 $\boldsymbol{x}_1$ 比 $\boldsymbol{x}_2$ 违反的约束少.

否则就认为 $\boldsymbol{x}_2$ 优于 $\boldsymbol{x}_1$. 我们可以基于费用比较 $\boldsymbol{x}_1$ 和 $\boldsymbol{x}_2$, 或者基于违反约束的量来比较, 这取决于随机数生成器的结果. 在对种群中所有个体进行比较和排序之后, 为生成下一代选择父代并重组. 对于许多基准问题, 让概率值 $P_f \in (0.4, 0.5)$ 会得到好的结果 [Runarsson and Yao, 2000].

19.2.13 小生境惩罚方法

由于在惩罚方法中很难调节参数, 因此提出小生境惩罚方法 [Deb and Agrawal, 1999], [Deb, 2000]. 它根据下面的规则采用锦标赛选择选出重组的个体.

- 已知两个可行个体, 费用低的个体赢得锦标赛.
- 已知一个可行个体和一个不可行个体, 可行个体赢得锦标赛.
- 已知两个不可行个体, 违反约束小的个体赢得锦标赛.

这个方法很简单因而颇具吸引力; 它不需要调节惩罚参数. 在比较两个不可行个体时无需评价费用函数, 因此计算量会减少. 在约束优化问题上, 小生境惩罚方法经常能得到好的结果. 不过它的简单也许是一个劣势, 因为它认为可行个体即使费用非常高也比费用很低稍微不太可行的个体好. 这个方法对于解就在约束边界上的问题可能不怎么管用, 而很多实际的优化问题的解都在约束边界上 [Leguizamon and Coello Coello, 2009], [Ray et al., 2009b].

此方法的"小生境"部分对于处理约束并非必不可少, 它的目的是为了保持种群多样性, 描述如下. 如果个体在域空间中相距很远, 就不让它们 (为选择) 参加锦标赛. 在我们为锦标赛随机地选出个体之后, 计算它们之间的距离. 如果互相离得很远, 就为随机选择不同的个体. 这样可以防止在远处的个体簇从种群中消失从而保持多样性.

多元进化策略 (multimembered evolution strategy, MMES)[Mezura-Montes and Coello Coello, 2005]与小生境惩罚方法类似. 多元进化策略的显著特征是它常常 (大约 3%的代) 保证费用函数值最低的不可行个体或违反约束最小的不可行个体被选为下一代. 这个类似精英的方法能保证进化算法的搜索过程从好的不可行个体的特征中获益.

19.3 特殊表示与特殊算子

特殊表示是描述问题的一种方式, 它让候选解自动满足约束. 特殊算子是定义重组和变异算子的一种方式, 它让子代个体自动满足约束. 这两个方法在很大程度上都依赖于具体问题. 我们无法编写适用一大类问题的特殊表示代码或特殊算子代码. 尽管依赖于问题性质的特殊表示和特殊算子让算法设计者的工作量有所增加, 但这些工作却常常会得到

高回报. 因为使用问题具体信息的进化算法的性能常常比由通用的进化算法那里得到的性能好. 这个概念与没有免费午餐定理直接相关 (参见附录 B.1).

19.3.1 节讨论特殊表示, 包括解码器方法. 19.3.2 节讨论特殊算子, 包括一个颇受欢迎的约束进化算法 Genocop.

19.3.1 特殊表示

作为特殊表示方法的一个简单例子, 考虑二维问题

$$\min_{\boldsymbol{x}} f(\boldsymbol{x}) \ \text{ s.t. } x_1^2 + x_2^2 \leqslant K, \tag{19.36}$$

其中 K 是某个常数. 它可以转化为等价的无约束问题

$$\left.\begin{aligned} &\min_{\rho,\theta} f(\boldsymbol{x}) \ \text{ s.t. } \rho \in [0, K],\ \theta \in [0, 2\pi] \\ &\text{这里 } x_1 = \rho\cos\theta,\ x_2 = \rho\sin\theta. \end{aligned}\right\} \tag{19.37}$$

这个从直角坐标到极坐标的简单变换将 (19.36) 式带约束的问题转化为 (19.37) 式的约束问题. 原来的问题 (19.36) 式中有一个非线性约束, 我们把它转换为 (19.37) 式的问题, 它唯一的约束是在搜索域上的简单界限.

解码器

求解约束优化问题的一种方法是对决定候选解的指令编码, 保证由指令集合总是能得到一个可行个体, 即对用来生成候选解的指令编码, 而不是直接对问题的候选解编码. 进化算法种群中的每一个个体由构建候选解的指令集组成. 无约束优化问题也可以用这个方法, 不过此方法似乎特别适合约束优化问题, 因为它依赖于具体的问题, 我们也许能够确定始终满足问题约束的指令集.

构建候选解的指令集被称为解码器 [Palmer and Kershenbaum, 1994], [Koziel and Michalewicz, 1998], [Koziel and Michalewicz, 1999], 它要满足几个性质.

- 对优化问题的每个可行解, 至少存在一个解码器.
- 每个可行解相应的解码器的个数应该相同, 这样在搜索时不会有偏向.
- 每个解码器应该相当于一个可行解.
- 解码器和候选解之间的转换在计算上应该比费用评价快.
- 解码器中的一个小变化应该相当于候选解中的一个小变化.

对于具体的应用, 如果很难满足这些规则, 可以将它们放松 [Koziel and Michalewicz, 1999], 但它们至少得提供某些有用的指引. 例如, 某个问题的约束可能很难满足, 但我们可以找出解码器的一个集合, 由它们得到的候选解大部分都可行. 尽管这样的解码器集合并不能严格满足上面的条件, 可能也比直接对候选解编码要好.

一旦得到构建候选解的指令集, 就重新定义包含指令集 (解码器) 的进化算法种群. 然后对解码器进行选择, 重组和变异, 从而保证满足约束.

例 19.2 考虑图 19.3 所示的二维约束优化问题的凸可行域 $\mathcal{F}$. $\mathcal{F}$ 中任取一点 $\boldsymbol{r}$ 作为参考点. 任意一点 $\boldsymbol{x} \in \mathcal{F}$ 由某个 $\alpha \in [0,1]$ 和搜索域边界上的某个点 $\boldsymbol{b}$ 唯一地表示为 $\alpha\boldsymbol{b} + (1-\alpha)\boldsymbol{r}$.[1]

可以按下面的步骤求解这个优化问题的解码器.

1. 以某种方式找到一个可行点 $\boldsymbol{r}$.
2. 通过让 $\boldsymbol{b}$ 在整个搜索域的边界附近移动找出 $\mathcal{F}$ 的边界. 对每一个 $\boldsymbol{b}$, 找到最大的 α 使得 $\alpha\boldsymbol{b}+(1-\alpha)\boldsymbol{r} \in \mathcal{F}$. 记这个最大值为 $\alpha_{\max}(\boldsymbol{b})=\max\{\alpha : \alpha\boldsymbol{b}+(1-\alpha)\boldsymbol{r} \in \mathcal{F}\}$.
3. 定义个体的种群使得每一个个体由一对 $(\boldsymbol{b},\alpha)$ 组成. 参数 $\boldsymbol{b}$ 可以是搜索域边界上的任一点, 而 α 可以是 $[0,\alpha_{\max}(\boldsymbol{b})]$ 中的任一实数.
4. 在 $(\boldsymbol{b},\alpha)$ 上运行进化算法进行重组. 可行性检查时只需要验证 $\alpha \in [0,\alpha_{\max}(\boldsymbol{b})]$ 是否成立.

□

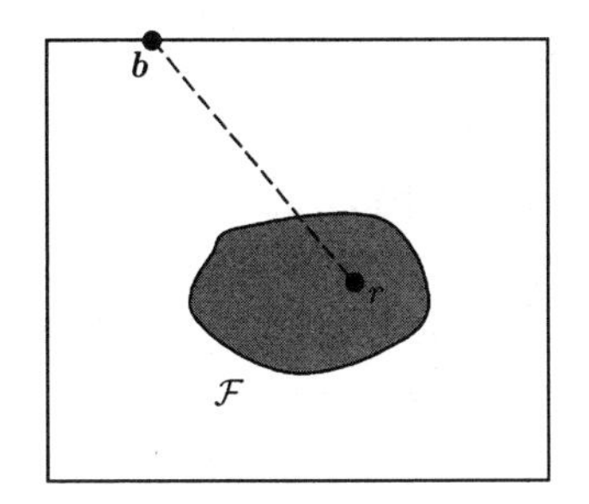

图 19.3 解码器算法在 $\mathcal{F}$ 上优化的例子. 任取一点 $\boldsymbol{r} \in \mathcal{F}$, 任一点 $\boldsymbol{x} \in \mathcal{F}$ 由某个 $\alpha \in [0,1]$ 与搜索域边界上的某个点 $\boldsymbol{b}$ 唯一地表示为 $\alpha\boldsymbol{b} + (1-\alpha)\boldsymbol{r}$.

对于非凸的可行域, 需要对例 19.2 做一些修改, 但这个例子说明了如何利用解码器来简化约束.

19.3.2 特殊算子

很多实际的优化问题的解都落在约束边界上 [Leguizamon and Coello Coello, 2009], [Ray et al., 2009b]. 考虑采购某种设备的优化问题. 如果想所购设备尽可能地好, 就会受到价格上限的约束. 因为好的设备通常更贵, 我们可能会用尽所有资金. 也就是说, 带约束的最优值会落在价格约束的边界上. 设备采购任务一般无需考虑与设备颜色有关的约束, 因为设备的性能与颜色无关.

类似地, 如果想要在最短时间内从点 A 到点 B 但可用的燃料有限, 我们可能会用尽所有燃料, 因为用的燃料越多就越快. 也就是说, 带约束的最优值会落在燃料的约束边界上. 在考虑现实的问题时, 我们会发现大多数优化问题的解都落在约束的边界上.[2]

---

[1] 有一个例外: 对 $\boldsymbol{r}$ 而言, 这样的表示有无穷多个, 因为对所有 $\boldsymbol{b}$, $\boldsymbol{r} = (0)(\boldsymbol{b}) + (1)(\boldsymbol{r})$.

[2] 这个说法适合实际问题但是对于文献中的基准问题不一定正确. 基准问题和实际问题的差别与附录 B 中对没有免费午餐定理的讨论有关.

由此得到通过探索约束边界求解优化问题的想法. 因为我们预期优化问题的解会在约束的边界上, 也许可以忽略约束边界以内的部分. 例如, 考虑带乘积约束的优化问题

$$x_1x_2x_3x_4 \geqslant 0.75. \tag{19.38}$$

凭借对可行域的了解我们预料带约束的最优值会落在边界上, 因此, 通过搜索满足下式的 (x_1, x_2, x_3, x_4) 的组合求解优化问题 [Michalewicz and Schoenauer, 1996]:

$$x_1x_2x_3x_4 = 0.75. \tag{19.39}$$

可以按照下面的方式初始化种群中的一个个体：

$$\left.\begin{aligned} &x_1 = U[-x_{\min}, x_{\max}], \quad x_2 = U[-x_{\min}, x_{\max}], \\ &x_3 = U[-x_{\min}, x_{\max}], \quad x_4 = 0.75/(x_1x_2x_3). \end{aligned}\right\} \tag{19.40}$$

它保证 (x_1, x_2, x_3, x_4) 满足 (19.38) 式. 现在假设有另一个个体 (y_1, y_2, y_3, y_4) 并且 $y_1y_2y_3y_4 = 0.75$. 如果生成子代个体 $\boldsymbol{z}$ 满足 $z_i = x_i^{\alpha}y_i^{1-\alpha}$, $i \in [1, 4]$, 这里实数 $\alpha \in [0, 1]$, 子代就总能满足约束 $z_1z_2z_3z_4 = 0.75$. 因为

$$\begin{aligned} z_1z_2z_3z_4 &= x_1^{\alpha}y_1^{1-\alpha}x_2^{\alpha}y_2^{1-\alpha}x_3^{\alpha}y_3^{1-\alpha}x_4^{\alpha}y_4^{1-\alpha} = (x_1x_2x_3x_4)^{\alpha}(y_1y_2y_3y_4)^{1-\alpha} \\ &= (0.75)^{\alpha}(0.75)^{1-\alpha} = 0.75. \end{aligned} \tag{19.41}$$

可见, 这个专用的交叉算子能保证两个可行的父代的子代也是可行的.

还可以为这个问题设计一个专用的变异算子:

$$x_i' \leftarrow qx_i, \quad x_j' \leftarrow x_j/q, \tag{19.42}$$

其中 $i \in [1, 4]$ 和 $j \in [1, 4]$ 是两个不同的随机整数, q 是一个随机数. 每一个可行个体 $\boldsymbol{x}$ 按这种方式变异都会得到可行个体 $\boldsymbol{x}'$.

这些简单的重组和变异算子说明约束进化算法如何使用专用的算子. 注意, 专用算子需要依具体问题确定; 对每个约束优化问题, 为了保住可行性, 在设计进化算法时都要描述关于具体问题的算子. 在 [Michalewicz and Schoenauer, 1996] 中可以找到更多专用算子的例子.

19.3.3 Genocop

下面讨论一个算法, 它被称为带约束问题的数值优化遗传算法 (genetic algorithm for numerical optimization of constrained problems, Genocop)[Michalewicz and Janikow, 1991]. 这个算法包含有关约束优化的几个特殊性质和技巧. 我们在本节讨论 Genocop, 因为它最先提出在个体上实施特殊算子以确保它们满足线性约束.

Genocop 背后的想法是这样的: 根据约束的形式, 我们可以用具体问题的算子将不可行个体转换为可行个体. 对于 (19.38) 式那样的约束形式就可以这样做. 如果有一个个

体不满足约束, 就按照 (19.40) 式的最后一行替换它的第四个分量. 这是一种修补方法. 或者首先生成一个子代个体的前三个元素, 然后按照 (19.40) 式的最后一行生成第 4 个元素. 这是特殊算子的方法.

假设有线性约束

$$-8x_1 + x_3 \leqslant 0. \tag{19.43}$$

如果有一个个体不满足这个约束, 要修补它只需要将 x_3 设置为小于或等于 $8x_1$ 的数就行了. 修改后的个体满足约束. 这个例子说明用修补算法或特殊算子很容易满足线性约束.

Genocop 的效率高, 但是它的设计依赖于具体问题. 如上所示, Genocop 局限于线性约束以及其中某个变量可以由其他变量求得的特殊形式的非线性约束. Genocop 的缺点是用户需要做更多的工作, 优点则是算法的效率更高.

19.3.4 Genocop II

Genocop II [Michalewicz and Attia, 1994] 将 Genocop 与在 19.2.5 节中类似的动态惩罚相结合. Genocop II使用特殊算子最大化进化算法种群的可行性. 首先, 按照 Genocop 提出的方法修补不可行个体使它们满足所有线性约束. 其次, 通过最小化 (19.8) 式中的 $\phi(\boldsymbol{x})$ 处理非线性约束, 因为用特殊算子已经满足了线性约束, 式子中的所有约束都是非线性的. 在 (19.8) 式中的权重 r_i 是 $1/\tau$. Genocop II 会让 τ 在几代中保持不变. 一段时间之后 (例如, 在具体的代数之后, 或在具体某个比例的种群变为可行之后), Genocop II 让 τ 减小. 这样就会令约束的压力增大, 从而逐渐吸引越来越多的个体移动到可行集中. 早期 Genocop II 的文章提出 τ 每次以 10 为因子逐步减小 [Michalewicz and Attia, 1994], [Michalewicz and Schoenauer, 1996].

19.3.5 Genocop III

Genocop III [Michalewicz and Nazhiyath, 1995] 是对 Genocop 的进一步改进. 在这个方法中, 协同进化算法维护满足所有约束的参考点种群 $P_r = \{\boldsymbol{x}_r\}$, 并采用 Genocop 所用的方法让搜索点种群 $P_s = \{\boldsymbol{x}_s\}$ 满足线性约束. P_r 和 P_s 的规模可能不同. 我们用修补后的版本为 P_s 的每一个个体 $\boldsymbol{x}_s$ 分配费用函数值. 也就是说, 利用来自 P_r 的信息修补 $\boldsymbol{x}_s$ 得到满足所有约束的个体 $\boldsymbol{x}'_s$. 然后令 $f(\boldsymbol{x}_s) \leftarrow f(\boldsymbol{x}'_s)$. 用一组随机数 $a \in [0,1]$ 和一个随机选出的 $\boldsymbol{x}_r \in P_r$ 生成一个点序列 $\boldsymbol{x} = a\boldsymbol{x}_s + (1-a)\boldsymbol{x}_r$, 用这个点序列生成 $\boldsymbol{x}'_s$, 即在连接 $\boldsymbol{x}_s$ 和 $\boldsymbol{x}_r$ 的直线上的一组随机点上集中搜索. 当搜到可行的 $\boldsymbol{x}$ 后, 置 $\boldsymbol{x}'_s \leftarrow \boldsymbol{x}$, 并赋值 $f(\boldsymbol{x}_s) \leftarrow f(\boldsymbol{x}'_s)$. 此外, 如果 $f(\boldsymbol{x}'_s) < f(\boldsymbol{x}_r)$, 则在 P_r 中用 $\boldsymbol{x}'_s$ 替换 $\boldsymbol{x}_r$. 最后, 在 P_s 中以用户定义的某个替换概率 ρ 由 $\boldsymbol{x}'_s$ 替换 $\boldsymbol{x}_s$.

有一个疑惑是用个体 $\boldsymbol{x}_s$ 的修补版 $\boldsymbol{x}'_s$ 替换 $\boldsymbol{x}_s$ 是否与拉马克式遗传 (Lamarckian inheritance) 有关: 也就是说, 一个生物体能否将其一生中获得的特质传给它的后代? 一些研究人员从来不会用修补版替换个体 ($\rho = 0$), 另有一些则总是用修补版替换个体

($\rho = 1$), 还有一些人建议, 要获得好的结果, ρ 应该在 5%和 20%之间 [Michalewicz and Schoenauer, 1996], [Orvosh and Davis, 1993].

算法 19.3 概述 Genocop III算法. 在 Genocop III中, 第一步是随机初始化 P_s. 在生成它的种群时不考虑可行性, 只按照 Genocop 那样满足线性约束. 第二步用算法 19.3 后部的"评价 $f(\boldsymbol{x}_s)$"来评价每个 $\boldsymbol{x}_s \in P_s$ 的 $f(\boldsymbol{x}_s)$. 第三步是随机初始化 P_r. 初始化这个种群时生成的每一个个体都要满足所有的约束.[1] 第四步是评价每个 $\boldsymbol{x}_r \in P_r$ 的 $f(\boldsymbol{x}_r)$. 最后, 执行进化算法的循环演化 P_s 和 P_r 种群. 在修改 P_s 和 P_r 时, 可以用任何一个进化算法实施选择、重组和变异.

Genocop III好像能得到好的结果, 这个算法对于实际的应用和未来的研究都很有吸引力. 例如, 我们可以针对 P_s 和 P_r 种群尝试不同的进化算法, 这两个种群的进化不一定用相同的进化算法. 也可以用自适应的 ρ 来做实验. [Michalewicz and Schoenauer, 1996] 指出在每一代不一定都要生成新的 P_r 种群; 例如, 在算法 19.3 中可以在每几次循环后才"生成一个新种群 P_r", 这样做能减少计算量. 最后, 将 Genocop III与其他约束进化算法混合也可能有助于改进它的性能.

算法 19.3 带约束最小化 $f(\boldsymbol{x})$ 的 Genocop III 算法概述.

$P_s \leftarrow$ 随机初始化搜索点的种群
对于每个 $\boldsymbol{x}_s \in P_s$ 依照下面的算法评价 $f(\boldsymbol{x}_s)$
$P_r \leftarrow$ 随机初始化可行点的种群
对于每个 $\boldsymbol{x}_r \in P_r$ 评价 $f(\boldsymbol{x}_r)$
While not (终止准则)
    用一个进化算法和 $f(\boldsymbol{x}_s)$ 的值生成新的种群 P_s
    对于每个 $\boldsymbol{x}_s \in P_s$ 依照下面的算法评价 $f(\boldsymbol{x}_s)$
    用一个进化算法和 $f(\boldsymbol{x}_r)$ 的值生成新的种群 P_r
    对于每个 $\boldsymbol{x}_r \in P_r$ 评价 $f(\boldsymbol{x}_r)$
下一代
~~~~~~~~~~~~~~
评价 $f(\boldsymbol{x}_s)$
If $\boldsymbol{x}_s \in \mathcal{F}$ then
    用费用函数计算 $f(\boldsymbol{x}_s)$
else
    $\boldsymbol{x}'_s \leftarrow \boldsymbol{x}_s$
    While $\boldsymbol{x}'_s \notin \mathcal{F}$
        从 P_r 随机选出 $\boldsymbol{x}_r$
        随机生成 $a \sim U[0,1]$
        $\boldsymbol{x}'_s \leftarrow a\boldsymbol{x}_s + (1-a)\boldsymbol{x}_r$

[1] 要找到满足所有约束的个体这个任务本身就颇具挑战性, Genocop III假设我们有一些方法能做到这一点. 19.7 节对约束规划的讨论与此有关.
~~~~~~~~~~~~~~

End while

$f(\boldsymbol{x}_s) \leftarrow f(\boldsymbol{x}'_s)$

If $f(\boldsymbol{x}'_s) < f(\boldsymbol{x}_r)$ then $\boldsymbol{x}_r \leftarrow \boldsymbol{x}'_s$ End if

随机生成 $\alpha \sim U[0,1]$

If $\alpha < \rho$ then $\boldsymbol{x}_s \leftarrow \boldsymbol{x}'_s$ End if

End if

19.4 约束优化的其他方法

本节简要讨论约束优化的其他几个方法. 它们不是罚函数法, 也不涉及特殊表示或特殊算子, 因此我们单独用一节来讨论. 19.4.1 节讨论文化算法, 19.4.2 节讨论约束问题的多目标优化.

19.4.1 文化算法

文化算法是利用信仰空间指导进化的进化算法. 也就是说, 文化算法在尝试求解一个优化问题时, 其搜索会偏向某个方向. 带约束的文化算法 (一般来说) 不是惩罚方法, 因为惩罚方法会增大不可行解的费用函数, 带约束的文化算法让搜索偏向某个方向从而使不可行解在一开始就不大可能留在种群中. 因为文化算法的文化基础, 在文化算法中使用信仰空间为潜在的方法和实施方式开辟出一个广阔的领域. 第 15 章已经讨论过文化算法, 这里就不再进一步讨论, 我们把文化算法用于约束优化的题目留给读者去探索 [Becerra and Coello Coello, 2004], [Coello Coello and Becerra, 2002].

19.4.2 多目标优化

第 20 章会讨论多目标优化问题. 多目标优化问题要同时最小化 M 个费用函数:

$$\min_{\boldsymbol{x}}[f_1(\boldsymbol{x}), f_2(\boldsymbol{x}), \cdots, f_M(\boldsymbol{x})]. \tag{19.44}$$

可以将约束优化问题的费用看成是第一目标, 将约束看成是余下的目标. 考虑 (19.1) 式标准形式的约束优化问题:

$$\left.\begin{aligned} \min_{\boldsymbol{x}} f_1(\boldsymbol{x}) \quad \text{s.t.} \quad & g_i(\boldsymbol{x}) \leqslant 0, \ \ i \in [1, m] \\ \text{且} \quad & h_j(\boldsymbol{x}) = 0, \ \ j \in [1, p]. \end{aligned}\right\} \tag{19.45}$$

这个问题等价于 (19.44) 式中多目标优化问题, 如果

$$\left.\begin{aligned} f_1(\boldsymbol{x}) &= f(\boldsymbol{x}) \\ f_2(\boldsymbol{x}) &= G_1(\boldsymbol{x}) \\ &\vdots \\ f_M(\boldsymbol{x}) &= G_{m+p}(\boldsymbol{x}) \end{aligned}\right\} \tag{19.46}$$

其中 $G_i(\boldsymbol{x})$ 由 (19.8) 式给定. 因此, 我们可以用多目标优化算法求解约束优化问题. 第 20 章讨论多目标优化问题的进化算法. 在 [Aguirre et al., 2004], [Cai and Wang, 2006], [Coello Coello, 2000a], [Coello Coello, 2002], 以及 [Mezura-Montes and Coello Coello, 2008] 中可以找到有关用多目标优化算法求解约束优化问题的内容.

19.5 候选解的排名

我们在前面讨论了约束优化问题候选解排名的几种方法, 本节对它们做个总结, 然后介绍其他几个方法.

- (19.8) 式用违反约束程度的函数作为惩罚费用函数.
- (19.10) 式修改 (19.8) 式, 让所有可行个体排在所有不可行个体的前面, 同时对不可行个体根据它们违反约束的程度排名. 19.2.13 节也用了这个方法.
- (19.13) 式让所有可行个体排在所有不可行个体的前面, 同时对不可行个体基于违反约束的个数而不是违反约束的程度排名.
- (19.14) 式用违反约束的程度和违反约束的个数作为惩罚费用函数.
- (19.19) 式采用对违反约束的惩罚随代数增加的方式定义惩罚费用函数.
- (19.23) 式和 (19.34) 式强加一个违反约束惩罚, 它随着种群中可行个体数的变化而变化.
- 19.2.7 节和 19.2.8 节基于可行个体数以及不同个体相对费用的组合调整费用惩罚.
- 19.2.12 节用一个随机过程来决定如何为候选解排名.

文献中还有其他几个排名方法. 下面再介绍三个.

19.5.1 最大违反约束排名

不用违反约束程度的总和, 也不用违反约束的个数, 可以用个体违反约束的最大程度来为它们排名 [Takahama and Sakai, 2009]. 在这种情况下, 将 (19.8) 式的惩罚费用函数替换为

$$\phi(\boldsymbol{x}) = f(\boldsymbol{x}) + \max_i G_i(\boldsymbol{x}). \tag{19.47}$$

还可以用违反约束程度的总和、违反约束的个数, 以及最大违反约束程度的组合来对候选解排名.

19.5.2 约束次序排名

[Ray et al., 2009b]提出将违反约束的程度与违反约束的个数相结合的方法. 假设 $\boldsymbol{x}_k$ 是 N 个个体种群的第 k 个个体. 假设有一个带有 $m+p$ 个约束的优化问题. 我们用 $G_i(\boldsymbol{x}_k)$ 表示 $\boldsymbol{x}_k$ 违反第 i 个约束的程度, $G_i(\boldsymbol{x}_k) > 0$. 然后用 $c_i(\boldsymbol{x}_k)$ 表示 $\boldsymbol{x}_k$ 违反第 i 个

约束的排名, 这里较低的排名意味着违反约束较少, 如果 $G_i(\boldsymbol{x}_k)=0$ 则令 $c_i(\boldsymbol{x}_k)=0$. 注意 $c_i(\boldsymbol{x}_k)\in[0,N]$. 下面是种群规模为 5 的一个简单例子:

$$\left.\begin{array}{l} G_1(\boldsymbol{x}_1)=3.5 \\ G_1(\boldsymbol{x}_2)=5.7 \\ G_1(\boldsymbol{x}_3)=0.0 \\ G_1(\boldsymbol{x}_4)=1.3 \\ G_1(\boldsymbol{x}_5)=0.0 \end{array}\right\} \rightarrow \left\{\begin{array}{l} c_1(\boldsymbol{x}_1)=2 \\ c_1(\boldsymbol{x}_2)=3 \\ c_1(\boldsymbol{x}_3)=0 \\ c_1(\boldsymbol{x}_4)=1 \\ c_1(\boldsymbol{x}_5)=0. \end{array}\right. \tag{19.48}$$

然后定义违反约束的测度为

$$v(\boldsymbol{x}_k)=\sum_{i=1}^{m+p} c_i(\boldsymbol{x}_k). \tag{19.49}$$

19.5.3 ϵ-水平比较

ϵ-水平比较与 19.2.1 节的静态惩罚方法类似, 它根据违反约束的水平使用不同的罚函数权重. 但 ϵ-水平比较在排名时只采用两个违反约束的水平 [Takahama and Sakai, 2009].

首先, 用所有违反约束的组合, 或最大违反约束来量化每一个个体 $\boldsymbol{x}$ 违反约束的量$M(\boldsymbol{x})$:

$$M(\boldsymbol{x})=\left\{\begin{array}{ll} \displaystyle\sum_{i=1}^{m+p} G_i(\boldsymbol{x}), & \text{总和约束方法}, \\ \displaystyle\max_i G_i(\boldsymbol{x}), & \text{最大约束方法}. \end{array}\right. \tag{19.50}$$

与 19.5.1 节中提到的相同, 也可以将总和方法与最大约束方法相结合得到 $M(\boldsymbol{x})$.

其次, 两个个体 $\boldsymbol{x}$ 和 $\boldsymbol{y}$ 按如下方式排名:

$$\boldsymbol{x}\text{ 比 }\boldsymbol{y}\text{ 好如果}: \left\{\begin{array}{l} f(\boldsymbol{x})<f(\boldsymbol{y}) \text{ 且 } M(\boldsymbol{x})\leqslant\epsilon \text{ 且 } M(\boldsymbol{y})\leqslant\epsilon, \text{ 或} \\ f(\boldsymbol{x})<f(\boldsymbol{y}) \text{ 且 } M(\boldsymbol{x})=M(\boldsymbol{y}), \text{ 或} \\ M(\boldsymbol{x})<M(\boldsymbol{y}) \text{ 且 } M(\boldsymbol{y})>\epsilon, \end{array}\right. \tag{19.51}$$

其中 $\epsilon\geqslant 0$ 是用户定义的违反约束阈值.[1] 可见, 这个方法将违反约束的量小于 ϵ 的解视作可行解, 这样更便于排名. 注意, 如果 $\epsilon=\infty$, 就纯粹是基于费用对个体排名; 如果 $\epsilon=0$, 则是基于费用对可行个体排名, 对不可行个体仅仅基于它们违反约束的程度排名, 可行个体始终排在不可行个体的前面. 通常随着代数增大会让 ϵ 减小, 这样就让满足约束变得越

[1] 这个 ϵ 与 (19.6) 式中的不同. 在文献中对 (19.6) 式和 (19.51) 式采用相同的变量, 所以在本章中我们遵循这个约定.

来越重要:

$$\left.\begin{aligned}&\epsilon(0)=M(\boldsymbol{x}_p)\\&\epsilon(t)=\begin{cases}\epsilon(0)(1-t/T_c)^c, & \text{如果 } 0<t<T_c,\\ 0, & \text{如果 } t\geqslant T_c,\end{cases}\end{aligned}\right\}\tag{19.52}$$

其中, $\epsilon(t)$ 是在第 t 代 ϵ 的值, $\boldsymbol{x}_p$ 是第 p 个违反约束最少的个体, $p=N/5$, N 是种群规模, c 和 T_c 是可调参数, 经常设定 $c=100$, $T_c=t_{\max}/5$ [Takahama and Sakai, 2009]. 我们也可以尝试其他可调参数以及随着 t 的增加让 ϵ 减少的其他配置.

19.6 处理约束方法的比较

本节比较针对不等式约束的 9 种处理方法. 用 (19.16) 式度量候选解违反约束的程度, 由 (19.8) 式取 $\beta=1$ 计算得到其中的 $G_i(\boldsymbol{x})$. 测试处理约束的下列方法.

1. EE: 19.2.3 节的折中进化算法.
2. DP: 19.2.5 节 (19.16) 式的动态惩罚方法, 取 $c=10$, $\alpha=2$.
3. DS: 动态惩罚方法与可行点优势的结合, 在 19.2.5 节由 (19.18) 式定义, 取 $c=10$, $\alpha=2$.
4. EP: 19.2.5.1 节 (19.20) 式的指数动态惩罚方法, 取 $\alpha=10$.
5. ES: 指数动态惩罚方法与可行点优势的结合, 在 19.2.5.1 节由 (19.22) 式定义, 取 $\alpha=10$.
6. AP: 19.2.6 节 (19.23) 式的自适应惩罚方法, 取 $\beta_1=4$, $\beta_2=3$, 且 $k=n$, 其中 n 是问题的维数.
7. SR: 19.2.12 节的随机排名方法, 取 $P_f=0.45$.
8. NP: 19.2.13 节的小生境惩罚方法.
9. ϵC: 19.5.3 节的 ϵ-水平比较方法, 取 $c=100$, $T_c=200$, 且 $p=N/5$, 其中 N 是种群规模.

因为上面列出的处理约束方法只关心如何对候选解排名, 我们可以让进化算法与这些方法结合. 本节采用 BBO 算法14.1, 同时用上面 9 种处理不等式约束的方法中的一种计算每一个个体的适应度.

用附录 C.2 的 CEC 2010 基准问题测试这些方法, 维数取 $n=10$. 但只测试没有等式约束的基准: C01, C07, C08, C13, C14 和 C15.

带等式约束的问题需要特殊处理. 我们在 19.1.2.2 节讨论过, 等式约束非常不宽容. 如果随机生成一个初始种群, 要得到满足等式约束的个体的概率基本上为零. 有两种基本的方法可以生成满足等式约束的个体: (1) 按照 19.3 节讨论的那样使用问题的具体信息; (2) 用 (19.8) 式将等式约束转化为不等式约束, 在进化算法的初期用较大的 ϵ, 随着代数的增加逐渐减小 ϵ. 尽管有可能描述通用的等式约束优化的算法, 本节聚焦于处理不等式约束; 用 ϵ 的动态自适应处理等式约束问题, 这个工作留给读者.

取种群规模为 100, 代数限制为 100. 因此, 进化算法仿真过程中总共会有 10000 次函数评价. 注意, 在对进化算法性能做基准测试时, 文献中的许多研究使用了成千上万次函数评价 (即几百个个体和几千代). 我们认为对大多数实际问题而言, 如此多的函数评价次数并不现实. 在解决实际问题时, 如果函数评价在计算上的代价较高, 就不宜进行成千上万次评价. 要鼓励学生和研究人员更多地聚焦在以较少的函数评价次数获得不错的收敛, 而不要试图以高得离谱的函数评价次数得到极好的收敛. 这样才能在进化算法的研究中缩短学术理论与实际应用之间的距离. 更多的细节参见 21.1 节.

因为我们的函数评价次数较少, 本节中的结果不能与已发表的关于 CEC 2010 基准的很多结果相比. 但是, 这里的要点不是以高得离谱的函数评价次数得到可能的最好性能, 而是要在公平竞争的环境中对处理约束的方法做比较. 选择 100 个个体和 100 代比较合适, 因为仿真不会花太多时间, 但仍然能让不同的进化算法和处理约束方法有足够的时间凸显其优势.

变异方式是在搜索域中按均匀分布随机选出一个值来替换个体的一个特征. 在每一代每一个个体的每一个特征的变异概率为 1%. 取精英参数为 2, 这意味着从一代到下一代会保留最好的两个个体.

至于精英, 我们将费用最低的可行个体定义为最好的个体, 如果没有可行个体, 则将惩罚费用最低的个体定义为最好的个体, 惩罚费用根据上述 9 种方法中的一种获得. 因为这 9 种处理约束的方法中有一些让不可行个体的排名比可行个体还好, 如果从一代到下一代只保存两个精英个体, 就需要确保可行个体始终优于不可行个体. 这样做能保证进化算法一旦找到可行个体, 后面的仿真中至少总有一个可行个体.

表 19.1 列出这 9 种处理约束的方法在没有等式约束的 6 个 CEC 2010 约束优化基准上的性能. 表中的结果是在 20 次蒙特卡罗仿真上的平均. 我们为附录 C.2 中的基准随机生成偏差值 $\{o_i\}$, 但对每个处理约束方法的蒙特卡罗试验采用相同的 $\{o_i\}$. 有一些基准会用到旋转矩阵 $\boldsymbol{M}$, 随机生成 $\boldsymbol{M}$ 的方式与生成偏差值的方式相同.

表 19.1 比较由 9 种处理约束的 BBO 算法在 6 个 10 维基准问题上找到的最优可行费用在 20 次蒙特卡罗仿真上的平均. 缩写的定义见本节中的列表. 每个基准的最低费用用**粗体**标出.

	C01	C07	C08	C13	C14	C15
EE	-0.46	**19800**	2.39×10^5	∞	5.78×10^{13}	6.911×10^{13}
DP	-0.46	31900	1.51×10^5	-600	1.64×10^{13}	0.066×10^{13}
DS	-0.45	24700	1.46×10^5	-601	2.34×10^{13}	0.228×10^{13}
EP	-0.44	22000	$\mathbf{1.03 \times 10^5}$	-593	$\mathbf{0.01 \times 10^{13}}$	$\mathbf{0.001 \times 10^{13}}$
ES	$\mathbf{-0.47}$	56800	1.32×10^5	$\mathbf{-606}$	$\mathbf{0.01 \times 10^{13}}$	0.005×10^{13}
AP	-0.46	21000	1.64×10^5	-599	0.13×10^{13}	0.072×10^{13}
SR	-0.46	50500	1.25×10^5	-592	4.93×10^{13}	0.231×10^{13}
NP	-0.46	30900	1.97×10^5	-596	0.99×10^{13}	0.353×10^{13}
ϵC	-0.46	30900	7.68×10^5	-604	2.74×10^{13}	0.160×10^{13}

表 19.1 显示出一些有趣的特征. 首先, 我们注意到所有算法在 C01 上的表现相似. 这表明 C01 也许很容易所以每一个方法都管用, 也许很难所以没有什么方法管用. 其次, 我们注意到对于 C13, 除了 EE, 其他算法都表现得差不多; 即使蒙特卡罗仿真运行 20 次之后, EE 都不能找到 C13 的可行解, 因此它的费用函数值被记为 ∞. EE 在 C13, C14 和 C15 上的表现都最差, 有意思的是这三个基准的约束最难满足 (参见附录 C.2 中的表 C.1).

表 19.1 表明, 平均来看, (19.20) 式的指数惩罚方法表现最好. 在文献中讨论的约束优化问题还有很多, 上面处理约束的方法还有几个可调参数. 如果我们在测试时可调参数取其他值或者测试其他基准函数, 有可能会得到不同的结论.

19.7 总结

我们在本章看到有很多可以与进化算法一起使用的处理约束的方法. 这些算法的性能水平大多相当. 在寻找最好的方法时不是要尝试所有这些算法, 重要的是要记住求解约束优化问题的一些基本原则.

约束优化的重要原则

- 对于无约束优化问题, 问题的信息越具体就容易与进化算法结合, 成功的机会也越大. 用特殊表示或特殊算子处理约束常常比采用通用的方法更有效. 黑箱优化工具易于使用, 有时候也很必要, 但利用不易获得的专业知识往往能得到更好的性能.
- 已知约束优化问题, 应该量化满足约束的难度. 可以用下面的参数来度量

$$\rho = |\mathcal{F}|/|\mathcal{S}|, \tag{19.53}$$

  其中, $|\mathcal{F}|$ 是可行集的规模, $|\mathcal{S}|$ 是搜索空间的规模. 在搜索域中随机生成大量个体并测试它们中有多少满足约束就可以得到 ρ 的近似值. 它不需要评价费用函数; 这样做的目的是要看看约束有多难. 如果只有微小百分比的随机个体满足约束, 说明很难满足约束, 约束进化算法就应该聚焦在满足约束上. 如果有相当高百分比的随机个体满足约束, 说明容易满足约束, 约束进化算法可以更多地聚焦在最小化费用函数上.
- 我们应该量化满足单个约束的难度. 与上面一样, 在搜索域中随机生成大量个体来量化难度. 只有很少的随机个体能满足的约束是困难的约束, 因此约束进化算法应该聚焦在满足那些约束上. 有较多个体能满足的约束是容易的约束, 约束进化算法就无需过多地聚焦在上面. 或者我们可以正规化约束使满足每个约束的难度相同.
- 在很多约束优化问题中, 最大的挑战是找出可行解. 对于带等式约束的问题更是如此. 在这种情况下, 我们可能想先运行满足约束的算法, 或者只运行约束进化算法. 满足约束的算法属于约束规划的研究领域. 约束规划不在本书范围内, 但它是

与约束优化有关的重要研究领域. 真正对约束优化感兴趣的人应该研究约束规划. [Dechter, 2003], [Marriott and Stuckey, 1998] 和 [Rossi et al., 2006] 对它做了很好的介绍.

- 尽管有上面的几点, 满足约束的难度并不一定代表约束优化问题的难度. 某些可行域较小的问题对约束进化算法来说并不难. 例如, [Michalewicz and Schoenauer, 1996] 报告的两个问题在 $\rho = 0.0111\%$ 和 $\rho = 0.0003\%$ 时约束进化算法较容易得到好的解.
- 当运行约束进化算法时, 我们应该记录从一代到下一代有多少个个体满足约束. 在种群中所有个体都可行的情况下算法的效率常常很低, 所以在搜索带约束的最优值时应该注意在种群中既包含可行个体又包含不可行个体.

约束进化算法当前和未来的研究

关于约束进化优化的研究很活跃, 因为 (1) 它是一个较新的领域; (2) 它缺乏理论上的结果 (本章就是典型, 完全没有理论上的结果); 以及 (3) 实际的优化问题几乎总是带有约束. 我们谈一谈当前研究中一些既热门又重要的方向, 以此来做个总结.

- 当前的很多研究, 包括标准的约束处理方法与较新的进化算法的结合, 我们在前面都讨论过了. 研究文献在不断引进新的进化算法. 这些新算法常常只是对较旧的算法的改进, 但有时候也有明显的新特征和新性能 (参见第 17 章). 重要的是要探索处理约束的方法在融入到不同类型的进化算法后如何才能有好的性能. 不同的进化算法在无约束问题上的相对性能不一定与它们在带约束问题上的相对性能相关.
- 本章讨论约束优化问题, 第 20 章会讨论多目标优化问题. 为找到求解带约束多目标优化问题的算法, 目前的研究已开始将这两个领域结合起来 [Yen, 2009].
- 约束优化未来的研究在理论上应该能取得丰硕的成果. 本书讨论了遗传算法和进化规划的马尔可夫模型、动态系统模型以及图式理论. 这些工具或其他工具也许可以用来分析约束进化算法.
- 与上面的讨论有关的想法是通过搜索约束边界求解约束优化问题 [Leguizamon and Coello Coello, 2009]. 边界搜索与约束规划有关, 但是约束规划聚焦在找出可行解, 边界搜索则聚焦于让处于约束边界上的种群进化.
- 本章前面提到某些问题的约束很难满足, 所以它们的挑战性在于找出搜索空间中的可行域. 除了找可行域这个问题, 另一个挑战是要设计一个能有效地在可行域和不可行域之间振荡的进化算法. 解处于约束边界上的问题尤其需要具有这种行为的算法 [Schoenauer and Michalewicz, 1996].
- 进化算法能够以不同方式组合, 处理约束的方法也可以组合. 例如, 这些方法的一个组合可以用同样的费用函数并让每一代最好的方法支配下一代 [Mallipeddi and Suganthan, 2010]. 这与第 20 章的一些多目标算法类似, 这些算法在优化过程的不同阶段会采用不同的费用函数.

- 作为超越组合的更进一步的抽象层次, 超启发式将多个进化算法和多个约束处理方法组合为单个算法. 启发式是算法的一个族 (例如, 蚁群优化变种的族, 或差分进化变种的族). 超启发式是算法族的族 (例如, 包含蚁群优化启发式、差分进化启发式, 以及其他启发式的一个族). 超启发式可用于每种类型的优化问题, 但我们在此提及是因为它们有希望解决带约束的问题 [Tinoco and Coello Coello, 2013].

关于约束优化的调查可以在 [Eiben, 2001], [Coello Coello, 2002], 以及 [Coello Coello and Mezura-Montes, 2011] 中找到. 读者若对进一步的研究感兴趣, 应该留意 Carlos Coello Coello 维护的与约束进化优化相关的参考书目, 它包含在 2012 年 8 月之前的 1036 份参考文献 [Coello Coello, 2012a].

习　　题

书面练习

19.1 很多等式约束的基准在 (19.7) 式中取 $\epsilon \approx 0.0001$. 用这个值和随机生成的 $x \in [-1000, +1000]$, 求满足约束 $|x| < \epsilon$ 的概率.

19.2 本习题说明如果对于所有 $\boldsymbol{x}$, $f(\boldsymbol{x}) \geqslant 0$, 利用 (19.11) 式的可行点优势法为什么能成功, 如果不满足假设它为什么可能会失败. 利用 (19.10) 式和 (19.11) 式找出具有下列特征的二元种群的 $\phi'(\boldsymbol{x})$.

(1)

$$f(\boldsymbol{x}_1) = 0, \qquad \sum_i r_i G_i(\boldsymbol{x}_1) = 1;$$

$$f(\boldsymbol{x}_2) = 10, \qquad \sum_i r_i G_i(\boldsymbol{x}_2) = 0.$$

(2)

$$f(\boldsymbol{x}_1) = -10, \qquad \sum_i r_i G_i(\boldsymbol{x}_1) = 1;$$

$$f(\boldsymbol{x}_2) = 0, \qquad \sum_i r_i G_i(\boldsymbol{x}_2) = 0.$$

19.3 本习题说明如何使用 (19.12) 式的可行点优势法. 用 (19.10) 式和 (19.12) 式找出习题 19.2 的二元种群的 $\phi'(\boldsymbol{x})$.

19.4 写出在 (19.13) 式折中进化算法中 K 的最小值的解析表达式, 对所有 $\bar{\boldsymbol{x}} \notin \mathcal{F}$ 和所有 $\boldsymbol{x} \in \mathcal{F}$ 要保证 $\phi(\bar{\boldsymbol{x}}) > \phi(\boldsymbol{x})$.

19.5 假设进化算法种群中有 4 个个体, 下面是它们的费用和违反约束的水平:

$$\begin{aligned}
f(\boldsymbol{x}_1) &= 3, \quad & G_1(\boldsymbol{x}_1) &= 0, \quad & G_2(\boldsymbol{x}_1) &= 0,\\
f(\boldsymbol{x}_2) &= 2, \quad & G_1(\boldsymbol{x}_2) &= 1, \quad & G_2(\boldsymbol{x}_2) &= 0,\\
f(\boldsymbol{x}_3) &= 1, \quad & G_1(\boldsymbol{x}_3) &= 1, \quad & G_2(\boldsymbol{x}_3) &= 1,\\
f(\boldsymbol{x}_4) &= 4, \quad & G_1(\boldsymbol{x}_4) &= 0, \quad & G_2(\boldsymbol{x}_4) &= 0.
\end{aligned}$$

利用 19.2.8 节的自身自适应的适应度描述找出这些个体的惩罚费用. 请直观解释你的答案.

19.6 假设进化算法种群中有 4 个个体, 它们的费用和违反约束的水平如习题 19.5 所示. 利用 19.2.9 节的自身自适应惩罚函数方法找出这些个体的惩罚费用. 请直观解释你的答案.

19.7 本习题针对 19.2.10 节的自适应分离约束处理算法.

(1) 解释 (19.34) 式中的 r_i 更新算法如何达到可行个体与不可行个体的目标比.

(2) 解释在 (19.34) 式中增大 γ 的效用.

19.8 几个约束进化算法, 包括 19.2.12 节的随机排名算法和 19.2.13 节的小生境惩罚方法, 会比较不同的个体看哪一个“违反约束较少”. 请提出三种度量违反约束大小的方式.

19.9 旅行商问题是一个带约束的问题: 访问每个城市正好一次的候选解才是有效行程. 在 18.3.1 节讨论了旅行商问题个体路径表示的交叉算子. 这些算子中哪些保留了旅行商问题的约束, 哪些没有?

19.10 假设进化算法种群中有 4 个个体, 它们的费用和违反约束的水平如习题 19.5 所示. 假设用 (19.51) 式的 ϵ-水平比较与总和约束方法结合.

(1) 当 ϵ 取什么值时, $\boldsymbol{x}_2$ 的排名比 $\boldsymbol{x}_1$ 好?

(2) 当 ϵ 取什么值时, $\boldsymbol{x}_3$ 的排名比 $\boldsymbol{x}_1$ 好?

(3) 当 ϵ 取什么值时, $\boldsymbol{x}_2$ 的排名比 $\boldsymbol{x}_3$ 好?

19.11 在 Carlos Coello Coello 的网页上的“进化算法使用的约束处理技巧的参考文献列表”中有多少篇参考文献?

计算机练习

19.12 用 $\alpha = 0.5$ 重新生成图 19.1. 在你的图和图 19.1 之间有什么不同?

19.13 假设有一个圆形搜索域, 它的中心为原点半径为 1 个单位. 假设个体被限制在半径为 $\rho_c = 0.1$ 个单位中心仍然是原点的圆内.

(1) 用 Genocop III算法生成一个随机的可行的 $\boldsymbol{x}_r$, 一个随机的不可行的 $\boldsymbol{x}_s$, 以及一个随机的参数 $\alpha \in [0, 1]$, 生成一个潜在的修复个体 $\boldsymbol{x}'_s$. 重复这个实验, 估计 $\boldsymbol{x}'_s$ 可行的概率. 对 $\rho_c = 0.5$ 个单位重复上述过程.

(2) 对一个球形域重复 (1).

19.14 19.6 节比较了与 BBO 结合的 9 种处理约束的方法. 用一个非 BBO 的进化算法在一个或多个约束优化问题上比较本章中的一些处理约束的方法.

第 20 章　多目标优化

在实际的优化情景中，绝大多数会自然地出现多个目标，这些目标常常互相冲突.

埃卡特・齐茨勒 (Eckart Zitzler) [Zitzler et al., 2004]

所有实际的优化问题都是多目标的，如果不是显式的至少也是隐式的. 本章讨论针对多目标优化问题 (Multi-objective Optimization Problem, MOP) 如何修改进化算法. 正如本章开篇的引用所说，实际的优化问题通常 (也许总是) 包含多目标，而那些目标常常互相冲突. 例如:

- 在设计一座桥时，我们可能想让它的费用最低强度最大. 用泡沫塑料建造的桥可能费用最低，但它非常脆弱. 用钛合金建造的桥可能强度最大但它非常昂贵. 在费用和强度之间如何才是最好的折中?
- 在购买汽车时，我们可能想要车最舒适并且花钱最少. 最舒适的汽车太贵，最便宜的汽车又不太舒服.
- 在设计某种消费品时，可能想要盈利最多并且市场占有率最高. 盈利最多的产品不会为公司未来的产品提供足够的市场渗透空间，但市场份额最高的产品盈利又不够多.
- 在设计控制系统时，我们可能想让它的爬升时间最短并且超调最小. 控制器的爬升时间短会出现大超调，而临界阻尼 (零超调) 控制器爬升得又不够快.
- 在设计控制系统时，我们可能想让系统对输入敏感性最高但对干扰敏感性最低. 输入敏感性最高的控制器对噪声过于敏感，干扰敏感性最低的控制器对控制输入的响应又不够充分.

MOP 也被称为多准则优化、多性能优化，以及向量优化. 本章假设独立变量 $\boldsymbol{x}$ 为 n 维，并假定 MOP 是最小化问题. MOP 可以写成下面的形式:

$$\min_{\boldsymbol{x}} f(\boldsymbol{x}) = \min_{\boldsymbol{x}}[f_1(\boldsymbol{x}), f_2(\boldsymbol{x}), \cdots, f_k(\boldsymbol{x})]. \tag{20.1}$$

也就是说，我们想要最小化一个函数向量 $f(\boldsymbol{x})$. 当然，不能以最小化这个词的典型意义来最小化向量. 尽管如此，MOP 的目标是同时最小化所有 k 个函数 $f_i(\boldsymbol{x})$. 我们必须重新定义 MOP 的最优性.

多年来，运筹学界一直在研究多目标优化 [Ehrgott, 2005]. 好像是 [Rosenberg, 1967] 首先提出用进化算法求解 MOP，最先在 [Ito et al., 1983] 中得以实现，在这个题目上为大家所熟知的第一篇文章则是 [Schaffer, 1985].

MOP 常常包含约束, 但从 (20.1) 式中的问题描述来看本章不处理带约束的 MOP. 我们可以将约束融入多目标进化算法 (multi-objective evolutionary algorithms, MOEAs), 其方式与将约束融入单目标进化算法 (参见第 19 章) 相同. 一些研究人员提出了专门针对 MOP 处理约束的技巧, 不过在这里我们不会讨论.

本章概览

20.1 节讨论帕雷托最优性的概念, 它是最优性在形如 (20.1) 式的 MOP 上的扩展. 因为 MOP 有多个目标, 度量 MOEA 性能的方式有很多, 20.2 节会讨论一些. 接下来我们会讨论几种常见的 MOEA. 20.3 节讨论非显式地使用帕雷托最优性概念的 MOEA, 并在 20.4 节讨论显式地使用帕雷托最优性概念的 MOEA. 20.5 节说明如何将基于生物地理学的优化 (BBO; 参见第 14 章) 与本章中的一些 MOEA 的方法结合, 并介绍在某些多目标基准上的比较研究. 本章在结语部分提供了一些参考文献作为补充材料, 并为当前及未来关于 MOEA 的研究提出几个重要主题.

20.1 帕雷托最优性

本节概述与 MOP 相关的一些基本概念和例子. 我们首先列出在多目标优化中经常用到的一些定义.

1. *支配* 称点 $\boldsymbol{x}^*$ 支配 $\boldsymbol{x}$ 如果下面的两个条件成立: (1) 对所有 $i \in [1,k]$, $f_i(\boldsymbol{x}^*) \leqslant f_i(\boldsymbol{x})$ 并且 (2) 对至少一个 $j \in [1,k]$, $f_j(\boldsymbol{x}^*) < f_j(\boldsymbol{x})$, 即对于所有目标函数值, $\boldsymbol{x}^*$ 至少与 $\boldsymbol{x}$ 一样好, 并且至少有一个目标函数值比 $\boldsymbol{x}$ 好. 用记号

$$\boldsymbol{x}^* \succ \boldsymbol{x} \tag{20.2}$$

表示 $\boldsymbol{x}^*$ 支配 $\boldsymbol{x}$. 这个记号可能容易混淆, 因为 $\succ$ 看上去像"大于"符号, 由于本章主要处理最小化问题, 符号 $\succ$ 意味着 $\boldsymbol{x}^*$ 的函数值小于或等于 $\boldsymbol{x}$ 的函数值. 它是文献中的一个标准记号, 所以我们也用它来表示. "$\boldsymbol{x}^*$ 优于 $\boldsymbol{x}$"等同于"$\boldsymbol{x}^*$ 支配 $\boldsymbol{x}$".

2. *弱支配* 称点 $\boldsymbol{x}^*$ 弱支配 $\boldsymbol{x}$ 如果对所有 $i \in [1,k]$, $f_i(\boldsymbol{x}^*) \leqslant f_i(\boldsymbol{x})$. 也就是说, 对所有目标函数值, $\boldsymbol{x}^*$ 至少与 $\boldsymbol{x}$ 一样好. 注意, 如果 $\boldsymbol{x}^*$ 支配 $\boldsymbol{x}$, 它也弱支配 $\boldsymbol{x}$. 还请注意, 如果对所有 $i \in [1,k]$, $f_i(\boldsymbol{x}^*) = f_i(\boldsymbol{x})$, 则 $\boldsymbol{x}^*$ 与 $\boldsymbol{x}$ 互相弱支配. 用记号

$$\boldsymbol{x}^* \succeq \boldsymbol{x} \tag{20.3}$$

表示 $\boldsymbol{x}^*$ 弱支配 $\boldsymbol{x}$. 有一些作者也用像 $\boldsymbol{x}^*$ 覆盖 $\boldsymbol{x}$ 这类等价的术语.

3. *非支配* 称点 $\boldsymbol{x}^*$ 为非支配的如果不存在能支配它的 $\boldsymbol{x}$. 非劣、允许的, 以及有效的, 都是非支配的同义词.

4. 帕雷托最优点 帕雷托最优点 $\boldsymbol{x}^*$, 也被称为帕雷托点, 是不受搜索空间中任一点 $\boldsymbol{x}$ 支配的点. 即,

$$\begin{aligned}&\boldsymbol{x}^*\text{是帕雷托最优} \Longleftrightarrow\\&\nexists \boldsymbol{x}:(f_i(\boldsymbol{x})\leqslant f_i(\boldsymbol{x}^*)\text{对所有 } i\in[1,k],\text{且} f_j(\boldsymbol{x})<f_j(\boldsymbol{x}^*)\text{对于某个} j\in[1,k]).\end{aligned} \tag{20.4}$$

5. 帕雷托最优集 帕雷托最优集, 也被称为帕雷托集并记为 P_s, 是所有非支配的 $\boldsymbol{x}^*$ 的集合.

$$\begin{aligned}P_s=\{\boldsymbol{x}^*:[\nexists \boldsymbol{x}:(f_i(\boldsymbol{x})\leqslant f_i(\boldsymbol{x}^*)\text{ 对所有 } i\in[1,k],\text{且}\\ f_j(\boldsymbol{x})<f_j(\boldsymbol{x}^*)\text{对于某个} j\in[1,k])]\}.\end{aligned} \tag{20.5}$$

帕雷托集也被称为有效集, 有时候也被称为允许集, 不过这个术语通常隐含的是满足约束而不是帕雷托最优性.

6. 帕雷托前沿 帕雷托前沿, 也被称为非支配集合, 并记为 $P_{\boldsymbol{f}}$, 是相应于帕雷托集的所有函数向量 $f(\boldsymbol{x})$ 的集合.

$$P_{\boldsymbol{f}}=\{f(\boldsymbol{x}^*):\boldsymbol{x}^*\in P_s\}. \tag{20.6}$$

在文献中有时候会错用或混用帕雷托集和帕雷托前沿这两个术语, 上面的列表给出了技术上正确的定义. 注意, $\boldsymbol{x}^*$ 是非支配的并不一定意味着 $\boldsymbol{x}^*$ 支配所有与 $\boldsymbol{x}^*$ 不等的 $\boldsymbol{x}$. 对所有 $i\in[1,k]$, 可能会有 $f_i(\boldsymbol{x}^*)=f_i(\boldsymbol{x})$. 在这种情况下 $\boldsymbol{x}$ 和 $\boldsymbol{x}^*$ 相互都是非支配的, 其中一个不会支配另一个. 还可能出现的情况是, 以有两个目标的问题为例, 其中 $f_1(\boldsymbol{x})<f_1(\boldsymbol{x}^*)$ 并且 $f_2(\boldsymbol{x}^*)<f_2(\boldsymbol{x})$. 在这种情况下 $\boldsymbol{x}$ 和 $\boldsymbol{x}^*$ 相互都是非支配的, 其中一个不会支配另一个.

Francis Edgeworth 在 1881 年提出 MOP 帕雷托最优性这个思路 [Edgeworth, 1881], Vilfredo Pareto 在 1896 年对 Edgeworth 的工作做了推广 [Pareto, 1896], 因此, 人们常常将 MOP 帕雷托最优性归功于他们二位. 不过, 当我们试图在冲突的目标之间取得平衡时, 折中的想法其实很常见.

例 20.1 假设一个 MOP, 它有二维独立变量 $\boldsymbol{x}(n=2)$, $\boldsymbol{x}$ 取 6 个离散值 $\boldsymbol{x}^{(i)}$, $i\in[1,6]$ 中的一个. 进一步假设两个目标 $(k=2)$ 的函数值为

$$\left.\begin{aligned}&f_1(\boldsymbol{x}^{(1)})=1,\quad f_2(\boldsymbol{x}^{(1)})=3,\quad f_1(\boldsymbol{x}^{(2)})=1,\quad f_2(\boldsymbol{x}^{(2)})=4,\\&f_1(\boldsymbol{x}^{(3)})=2,\quad f_2(\boldsymbol{x}^{(3)})=2,\quad f_1(\boldsymbol{x}^{(4)})=2,\quad f_2(\boldsymbol{x}^{(4)})=3,\\&f_1(\boldsymbol{x}^{(5)})=3,\quad f_2(\boldsymbol{x}^{(5)})=1,\quad f_1(\boldsymbol{x}^{(6)})=3,\quad f_2(\boldsymbol{x}^{(6)})=3.\end{aligned}\right\} \tag{20.7}$$

如果 $\boldsymbol{x}=\boldsymbol{x}^{(1)}$ 或 $\boldsymbol{x}=\boldsymbol{x}^{(2)}$, $f_1(\boldsymbol{x})$ 最小. 如果 $\boldsymbol{x}=\boldsymbol{x}^{(5)}$, $f_2(\boldsymbol{x})$ 最小. 不存在单个 $\boldsymbol{x}$ 能最小化 $f_1(\boldsymbol{x})$ 和 $f_2(\boldsymbol{x})$ 这两个值. $\boldsymbol{x}$ 的最优值是在多个目标之间取得最佳的折中, 这里的最佳基于我们对问题的判断. (20.7) 式中另一个有趣的点是 $\boldsymbol{x}^{(3)}$, 因为任一点 $\boldsymbol{x}\neq\boldsymbol{x}^{(3)}$ 不是让 $f_1(\boldsymbol{x})>f_1(\boldsymbol{x}^{(3)})$ 就是让 $f_2(\boldsymbol{x})>f_2(\boldsymbol{x}^{(3)})$.

绘制 f_2 和 f_1 的图形将这个问题可视化, 如图 20.1 所示. 它清楚显示对于 $\boldsymbol{x}\in\{\boldsymbol{x}^{(1)},\boldsymbol{x}^{(3)},\boldsymbol{x}^{(5)}\}$, 不再存在别的 $\boldsymbol{x}$ 同时让所有目标函数值都减小. 因此, 对于这个 MOP,

$\boldsymbol{x}^{(1)}, \boldsymbol{x}^{(3)}$ 和 $\boldsymbol{x}^{(5)}$ 是好的折中, 它们构成帕雷托集. 如果将 f_1/f_2 的平面图 20.1 中的所有最优点连起来, 得到的曲线就成为 f_1/f_2 平面上其他所有点的下界.

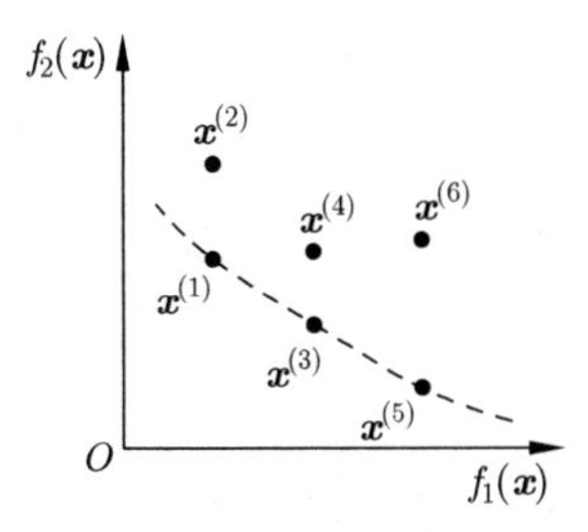

图 20.1 例 20.1: $\{\boldsymbol{x}^{(1)}, \boldsymbol{x}^{(3)}, \boldsymbol{x}^{(5)}\}$ 构成此多目标最小化问题的帕雷托集. 其相应的函数向量构成帕雷托前沿.

可视化的另一个方式是绘制搜索空间的图形并用某个特殊符号表示帕累托集. 图 20.2 所示为本例搜索空间的一种可能性, 帕雷托点用星号表示. 它显示相应于图 20.1 中帕雷托前沿在搜索空间中的区域. □

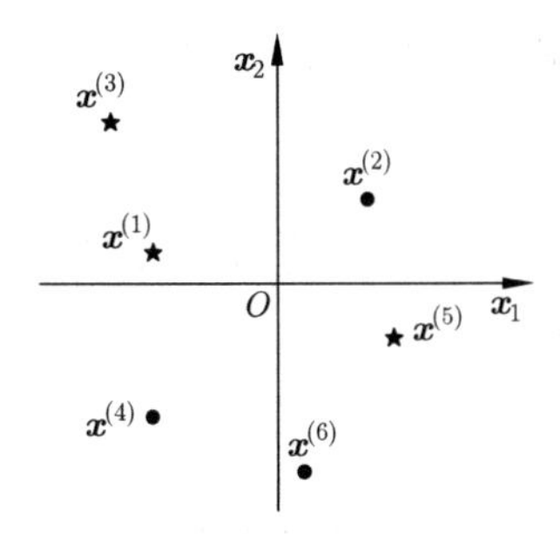

图 20.2 例 20.1: 此图显示例 20.1 可能的二维搜索空间. 搜索空间由 6 个二维向量组成. 星号表示帕雷托集.

例 20.2 考虑 MOP

$$\min f(\boldsymbol{x}) = \min\{f_1(\boldsymbol{x}), f_2(\boldsymbol{x})\} = \min\{x_1^2 + x_2^2,\ (x_1-2)^2 + (x_2-2)^2\} \tag{20.8}$$

其中, $x_1 \in [0,2]$, $x_2 \in [0,2]$. 这是一个二维 MOP ($n=2$), 因为在搜索空间中的每个 $\boldsymbol{x}$ 有两个元素. 这个 MOP 有两个目标 ($k=2$). 点 $\boldsymbol{x}^{(1)} = (0,0)$ 最小化 $f_1(\boldsymbol{x})$, 因此 (0,0) 是其中一个帕雷托点. 点 $\boldsymbol{x}^{(2)} = (2,2)$ 最小化 $f_2(\boldsymbol{x})$, 因此 (2,2) 是另一个帕雷托点. 如果采用蛮力搜索找出所有的帕雷托点, 就得到帕雷托集为

$$P_s = \{\boldsymbol{x} : x_1 = x_2,\ \text{这里}\ x_1 \in [0,2]\}. \tag{20.9}$$

也就是说, 帕雷托集在搜索空间中形成一条直线. 将帕雷托点代入 (20.8) 式可以找出帕雷托前沿:

$$P_{\boldsymbol{f}} = \{(f_1, f_2) : f_1 = 2x_1^2, f_2 = 2(x_1-2)^2,\ \text{这里}\ x_1 \in [0,2]\}. \tag{20.10}$$

图 20.3 显示本例的帕雷托集和帕雷托前沿. 非帕雷托点的那些点映射到帕雷托前沿右上部分的函数向量. □

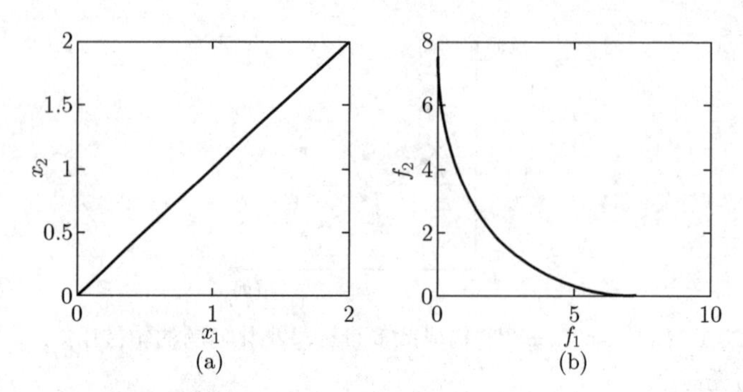

图 20.3 例 20.2: (a) 图显示帕雷托集. (b) 图为相应的帕雷托前沿. 帕雷托集的任一点都为 MOP 提供了一个合理的折中.

ϵ 支配

帕雷托支配这个概念的局限在于它的非此即彼, 非黑即白的性质. 例如, 考虑下面三个费用函数值的集合:

$$\left.\begin{array}{l} f_1(\boldsymbol{x})=200, \quad f_2(\boldsymbol{x})=300; \quad f_1(\boldsymbol{y})=201, \quad f_2(\boldsymbol{y})=301; \\ f_1(\boldsymbol{z})=500, \quad f_2(\boldsymbol{z})=600. \end{array}\right\} \tag{20.11}$$

$\boldsymbol{x}$ 支配 $\boldsymbol{y}$ 和 $\boldsymbol{z}$, 但是帕雷托支配的概念并不考虑支配水平之间的差别, 也不会识别在目标函数空间中互相靠得很近的两个候选解. 在 (20.11) 式中, $\boldsymbol{x}$ 支配 $\boldsymbol{y}$, 但是因为 $\boldsymbol{x}$ 和 $\boldsymbol{y}$ 很相似, 互相之间几乎都是非支配的. 实际上, 差不多也可以说 $\boldsymbol{y}$ 支配 $\boldsymbol{x}$. 由此引出了 ϵ 支配的概念.

1. 加性 ϵ 支配: 称点 $\boldsymbol{x}^*$ 加性 ϵ 支配 $\boldsymbol{x}$, 如果对于某个 $\epsilon>0$ 和所有 $i\in[1,k]$, $f_i(\boldsymbol{x}^*)<f_i(\boldsymbol{x})+\epsilon$. 也就是说, $\boldsymbol{x}^*$ "接近" 支配 $\boldsymbol{x}$, 这里的 "接近" 由加性参数 ϵ 来量化.
2. 乘性 ϵ 支配: 称点 $\boldsymbol{x}^*$ 乘性 ϵ 支配 $\boldsymbol{x}$, 如果对于某个 $\epsilon>0$ 和所有 $i\in[1,k]$, $f_i(\boldsymbol{x}^*)<f_i(\boldsymbol{x})(1+\epsilon)$. 也就是说, $\boldsymbol{x}^*$ "接近" 支配 $\boldsymbol{x}$, 这里的 "接近" 由乘性参数 ϵ 来量化.

我们用记号

$$\boldsymbol{x}^* \succ_\epsilon \boldsymbol{x} \tag{20.12}$$

表示 $\boldsymbol{x}^*$ ϵ 支配 $\boldsymbol{x}$, 根据上下文, 我们可以清楚知道 ϵ 支配的类型 (加性或乘性). 注意, 如果 $\epsilon=0$, 则 ϵ 支配等价于弱支配:

$$(\boldsymbol{x}^* \succ_\epsilon \boldsymbol{x}) \text{ 对于 } \epsilon=0 \Longleftrightarrow (\boldsymbol{x}^* \succeq \boldsymbol{x}). \tag{20.13}$$

还请注意, 对于 $\epsilon > 0$, ϵ 支配是比弱支配更弱的支配. 也就是说, 如果 $\boldsymbol{x}^*$ 弱支配 $\boldsymbol{x}$, 则对于所有 $\epsilon > 0$, $\boldsymbol{x}^*$ 也 ϵ 支配 $\boldsymbol{x}$. 反之, 如果对于某个 $\epsilon > 0$, $\boldsymbol{x}^*$ ϵ 支配 $\boldsymbol{x}$, 则 $\boldsymbol{x}^*$ 可能弱支配 $\boldsymbol{x}$, 可能不能弱支配 $\boldsymbol{x}$:

$$(\boldsymbol{x}^* \succeq \boldsymbol{x}) \Longrightarrow (\boldsymbol{x}^* \succ_\epsilon \boldsymbol{x})\text{对所有 } \epsilon > 0. \tag{20.14}$$

两个个体之间的 ϵ 支配关系取决于定义中 ϵ 的值. 在 (20.11) 式中, 对所有 $\epsilon \geqslant 0$, $\boldsymbol{x} \succ_\epsilon \boldsymbol{y}$. 此外, 如果 $\epsilon \geqslant 1$, 在加性意义上 $\boldsymbol{y} \succ_\epsilon \boldsymbol{x}$ 成立; 如果 $\epsilon \geqslant 0.005$, 在乘性意义上 $\boldsymbol{y} \succ_\epsilon \boldsymbol{x}$ 成立.

20.2 多目标优化的目标

单目标优化算法的目标通常很直接: 找到费用函数的最小值及其相应的决策向量. 然而, 即使在单目标优化中, 我们也对进化算法的几个不同的性能指标感兴趣. 我们不仅对找出最小费用函数值感兴趣, 还会对迅速找到一个"好的"解感兴趣, 这个解不一定是最好的解. 还有可能想在搜索空间的不同区域找出很多好的解. 因此, 即使看起来简单的单目标优化问题, 也会有几个性能指标. 多目标优化就更复杂. MOEA 可能的一些目标如下.

1. 在与真实帕雷托集的某个距离之内找到最多个体.
2. MOEA 的近似帕雷托集与真实帕雷托集之间的平均距离最小.
3. 在近似帕雷托集中找到最具多样性的个体.
4. 目标函数空间中候选解到理想点, 也称为乌托邦点[1]的距离最小.

目标 1 和目标 2 是要找出真实帕雷托集"最好的"近似. 目标 3 是要找出解的多样化集合, 以便让决策者有足够的资源做出明智的决定. 与其他目标不同, 目标 4 是要找出与决策者的理想解尽可能接近的解, 这个解可能不存在. 然而, 最近的 MOEA 主要关心的是找到真实帕雷托集的最好的近似.

目标 1 和目标 2 假设我们一开始就知道真实帕雷托集, 因此, 在易于理解的基准上测试 MOEA 时, 这些准则可能有用, 但在实际的优化问题上运行 MOEA 时, 这些准则就没用了. 如果知道真实帕雷托集 P_s, 并且 MOEA 给出了一个近似帕雷托集 $\hat{P}_s$, 可以计算它们之间的平均距离 $M(P_s, \hat{P}_s)$

$$M_1(P_s, \hat{P}_s) = \frac{1}{|\hat{P}_s|} \sum_{\boldsymbol{x} \in \hat{P}_s} \min_{\boldsymbol{x}^* \in P_s} \parallel \boldsymbol{x}^* - \boldsymbol{x} \parallel, \tag{20.15}$$

其中 $\parallel \cdot \parallel$ 是由用户指定的距离测度.

可以用几种不同的方式度量目标 3. 首先, 可以度量每一个个体与近似帕雷托集中离它最近的邻居的平均距离; 其次, 可以度量在近似帕雷托集中两个末端的个体之间的距离; 最后, 可以计算在近似帕雷托集中与每个元素距离大于某个阈值的个体数的平均

[1]某些文章定义的术语"理想点"与"乌托邦点"(或"乌托邦的点")有少许不同, 不过, 鉴于本章的目的, 我们认为它们是同义词.

[Zitzler et al., 2000]:

$$M_2(\hat{P}_s)=\frac{1}{|\hat{P}_s|}\sum_{\boldsymbol{x}\in\hat{P}_s}\left|\boldsymbol{x}'\in\hat{P}_s:\|\boldsymbol{x}'-\boldsymbol{x}\|>\sigma\right|, \tag{20.16}$$

其中 σ 是由用户指定的距离阈值. 一般来说, M_2 随着 $\hat{P}_s$ 中元素个数的增加而增大, 也随着 $\hat{P}_s$ 中元素多样性的增加而增大. [Khare et al., 2003] 还讨论了 MOP 的另外一些多样性指标.

目标 4 被称为目标向量优化[Wienke et al., 1992], 目标达到[Wilson and Macleod, 1993], 或目标规划. 它假设用户在考虑目标函数空间中的一些理想点, 它需要"距离"的定义. 我们通常使用欧氏距离 D_2 度量目标函数向量 $\boldsymbol{f}$ 和理想点 $\boldsymbol{f}^*$ 之间的距离, 欧氏距离 D_2 也被称为二范数距离. $\boldsymbol{f}$ 和 $\boldsymbol{f}^*$ 之间的距离定义如下:

$$D_2^2(\boldsymbol{f}^*(\boldsymbol{x}))=\|\boldsymbol{f}^*(\boldsymbol{x})-\boldsymbol{f}(\boldsymbol{x})\|_2^2=\sum_{i=1}^{k}(f_i^*(\boldsymbol{x})-f_i(\boldsymbol{x}))^2. \tag{20.17}$$

不过, 也可以用其他距离, 比如加权二范数, 一范数, 或无穷范数.

回顾例 20.2. 用户可能会认为达到 $f_1(\boldsymbol{x})=0$ 且 $f_2(\boldsymbol{x})=0$ 是理想的. 在得到图 20.3 的帕雷托前沿之后, 可以看出用欧氏距离表示的距理想点最近的点是 $x_1=x_2=1$, 由此得到 $f_1(\boldsymbol{x})=2$ 和 $f_2(\boldsymbol{x})=2$. 另一方面, 如果用户的理想解是 $f_1(\boldsymbol{x})=2$ 且 $f_2(\boldsymbol{x})=0$, 可以达到的最近的点是 $x_1=x_2=1.20$, 由此得到 $f_1(\boldsymbol{x})=2.87$, $f_2(\boldsymbol{x})=1.29$. 用目标 4 量化 MOEA 的性能, 这个算法将用户的偏好融入 MOP 最后的解中.

注意, 通过帕雷托前沿或帕雷托集可以实现目标 1 ~ 目标 3. 例如, 在目标 1 中, 不是在真实帕雷托集的某个距离内找到最多的个体, 而是让处于真实帕雷托前沿的某个距离之内的函数向量的个体最多. 总之, MOEA 的性能准则有很多. 换言之, 优化 MOEA 的性能本身就是一个 MOP. 看起来是这样, 但却让评价 MOEA 变得更复杂.

例 20.3 图 20.4 显示三种不同进化算法在 MOP 上的性能. 图 20.4(a) 是一个较多样且相当接近真实帕雷托前沿的一个解. 图 20.4(b) 为另一个解, 从两端的解相距更远的意义上说, 这个解比图 20.4(a) 的解更多样, 但图 20.4(b) 只有三个解而图 20.4(a) 有 4 个解. 图 20.4(c) 所示的解比图 20.4(a) 或 (b) 的解更接近真实帕雷托前沿, 但它的多样性不太好. 这三个解中哪一个"最好"? 它取决于决策者为目标赋予的优先级. □

20.2.1 超体积

常用的度量帕雷托前沿质量的另一个指标是它的超体积. 假设 MOEA 在近似帕雷托前沿中找到 M 个点 $\hat{P}_f=\{\boldsymbol{f}(\boldsymbol{x}_j)\}$, $j\in[1,M]$, 其中 $\boldsymbol{f}(\boldsymbol{x}_j)$ 是一个 k 维函数. 超体积为

$$S(\hat{P}_f)=\sum_{j=1}^{M}\prod_{i=1}^{k}f_i(\boldsymbol{x}_j). \tag{20.18}$$

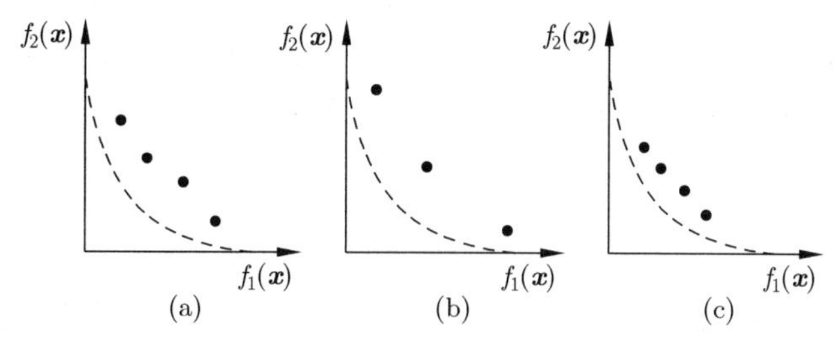

图 20.4 例 20.3: 本图显示三个进化算法对于两个目标 MOP 的潜在解. 虚线为真实帕雷托前沿, 圆点为每个进化算法找到的近似帕雷托前沿. 哪一个解“最好”? 它取决于决策者优先考虑的是解的多样性还是与真实帕雷托前沿接近的程度.

已知两个 MOEA, 用它们为给定的 MOP 算出两个帕雷托前沿的近似, 可以利用超体积比较这两个近似. 对于最小化问题, 超体积越小表明帕雷托前沿的近似也越好.

例 20.4 假设有两个 MOEA, 它们都被用来近似一个有两个目标的最小化问题的帕雷托前沿. 图 20.5 所示为它们的近似帕雷托前沿. 图 20.5(a) 的近似点为

$$\hat{P}_{\boldsymbol{f}}(1) = \{[f_1(\boldsymbol{x}_j), f_2(\boldsymbol{x}_j)]\} = \{[1,5],[2,3],[5,1]\}, \tag{20.19}$$

其超体积为 $5+6+5=16$. 图 20.5(b) 的近似点为

$$\hat{P}_{\boldsymbol{f}}(2) = \{[f_1(\boldsymbol{x}_j), f_2(\boldsymbol{x}_j)]\} = \{[1,4],[3,3],[4,1]\}, \tag{20.20}$$

其超体积为 $4+9+4=17$. 根据 (20.18) 式的超体积度量, 图 20.5(a) 中的 $\hat{P}_{\boldsymbol{f}}$ 比图 20.5(b) 中的稍好. □

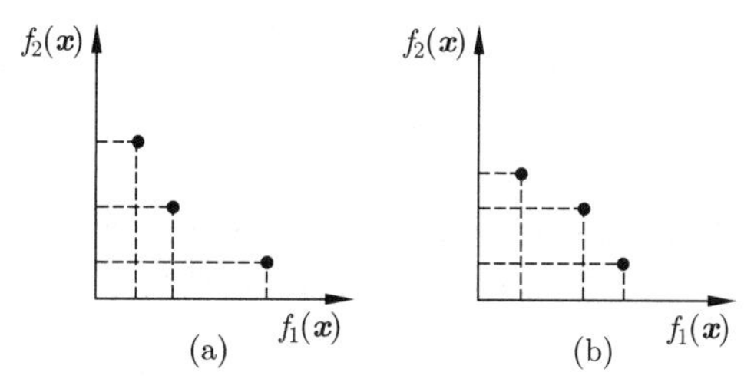

图 20.5 例 20.4: 本图所示为一个两个目标 MOP 的两个近似帕雷托前沿. 用超体积来量化近似的程度. (a) 图中近似的超体积为 16, (b) 图中近似的超体积为 17.

不能盲目地将超体积作为衡量帕雷托前沿质量的指标. (20.18) 式说明由一个空的近似帕雷托前沿 ($M=0$) 能得到 S 可能的最小值. 因此, 更精确的度量可能是正规化后的超体积 $S_n(\hat{P}_{\boldsymbol{f}}) = S(\hat{P}_{\boldsymbol{f}})/M$. 但这个量也可能不是近似帕雷托前沿的好指标. 考虑某个近似帕雷托前沿 $\hat{P}_{\boldsymbol{f}}(1)$, 其正规化后的超体积为 $S_n(\hat{P}_{\boldsymbol{f}}(1))$. 现在假设添加一个新的点到 $\hat{P}_{\boldsymbol{f}}(1)$ 中得到 $\hat{P}_{\boldsymbol{f}}(2)$. 于是, 有可能让 $S_n(\hat{P}_{\boldsymbol{f}}(2)) > S_n(\hat{P}_{\boldsymbol{f}}(1))$, 尽管 $\hat{P}_{\boldsymbol{f}}(1)$ 和 $\hat{P}_{\boldsymbol{f}}(2)$ 唯一的不同是 $\hat{P}_{\boldsymbol{f}}(2)$ 多了一个点. $\hat{P}_{\boldsymbol{f}}(2)$ 显然比 $\hat{P}_{\boldsymbol{f}}(1)$ 好, 但 $S_n(\hat{P}_{\boldsymbol{f}}(2))$ 大于 $S_n(\hat{P}_{\boldsymbol{f}}(1))$, 这与我们的直觉不符.

因此, 我们得修改超体积这个测度, 不是关于目标函数空间的原点来计算超体积, 而是关于帕雷托前沿之外的参考点来计算. 假设要比较 Q 个帕雷托前沿近似 $\hat{P}_{\boldsymbol{f}}(q)$, $q \in [1, Q]$. 首先计算参考点向量 $\boldsymbol{r} = [r_1, r_2, \cdots, r_k]$, 其中

$$r_i > \max_q \left[\max_{\boldsymbol{x} \in \hat{P}_s(q)} f_i(\boldsymbol{x}) \right], \tag{20.21}$$

然后关于参考点计算超体积 S':

$$S'(\hat{P}_{\boldsymbol{f}}(q)) = \sum_{j=1}^{M(q)} \prod_{i=1}^{k} (r_i - f_i(\boldsymbol{x}_j(q))), \tag{20.22}$$

其中, $M(q)$ 是在第 q 个近似帕雷托前沿中点的个数, $\boldsymbol{x}_j(q)$ 是在第 q 个近似帕雷托集中的第 j 个点. 参考点超体积S' 较大表示最小化问题的帕雷托前沿较好. 我们可以采用正规化后的参考点超体积

$$S'_n(\hat{P}_{\boldsymbol{f}}(q)) = S'(\hat{P}_{\boldsymbol{f}}(q))/M(q), \tag{20.23}$$

如果要将帕雷托点的个数纳入指标中, 也可以采用总的参考点超体积 $S'(\hat{P}_{\boldsymbol{f}}(q))$. 图 20.6 说明在二维中的参考点超体积.

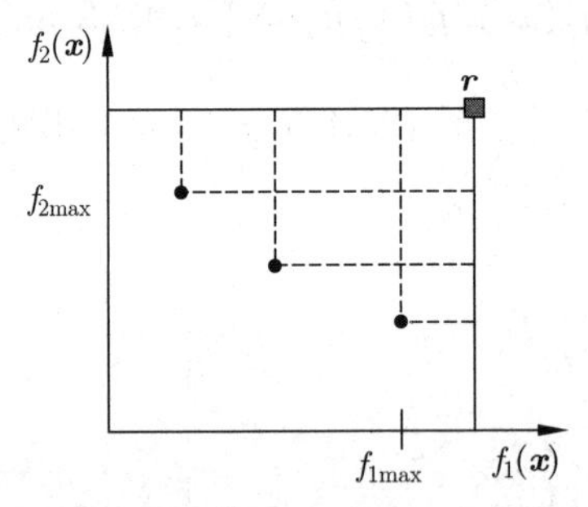

图 20.6 (20.22) 式的参考点超体积 $S'(\hat{P}_{\boldsymbol{f}}(q))$ 的计算. $\boldsymbol{r}$ 为任意一个参考点, 它的第 i 个分量大于近似帕雷托前沿中的每个点的第 i 个分量. $S'(\hat{P}_{\boldsymbol{f}}(q))$ 较大表示最小化问题的近似帕雷托前沿较好.

关于 MOEA 的讨论, 在很多文献中都将 MOP 转化为最大化问题, 这意味着 (20.18) 式中的超体积越大就越好. 这与 $\hat{P}_{\boldsymbol{f}}$ 中的点越多 (较大的 M) 就越好一致. (20.18) 式和 (20.22) 式给出了计算超体积的基本思路, 文献中还有其他几种计算超体积的方法, 定义和算法 [Auger et al., 2012], [Bringmann and Friedrich, 2010], [Zitzler et al., 2003]. 大多数文章采用 (20.18) 式和 (20.22) 式的 M 个超箱的并集计算超体积. 例如, 如果计算图 20.5 中超箱并集的超体积, 这两个 $\hat{P}_{\boldsymbol{f}}$ 近似的超体积都为 11. 若采用别的方式计算超体积, 关于这两个 $\hat{P}_{\boldsymbol{f}}$ 近似哪一个更好的结论可能会不同. 然而, (20.18) 式和 (20.22) 式比计算超箱并集的体积更易实施. 显然, M 个超体积的总和与 M 个超箱并集的超体积, 二者之间有很大的相关性, 尽管这个相关性并非是完全线性的 (参见习题 20.7).

20.2.2 相对覆盖度

比较近似帕雷托前沿的另一种方式是计算在一个近似中的个体被另一个近似中至少一个个体弱支配的平均个数 [Zitzler and Thiele, 1999]. 假设两个 $\hat{P}_{\boldsymbol{f}}$ 近似记为 $\hat{P}_{\boldsymbol{f}}(1)$ 和 $\hat{P}_{\boldsymbol{f}}(2)$. 定义 $\hat{P}_{\boldsymbol{f}}(1)$ 相对于 $\hat{P}_{\boldsymbol{f}}(2)$ 的覆盖度为 $\hat{P}_{\boldsymbol{f}}(2)$ 中个体被 $\hat{P}_{\boldsymbol{f}}(1)$ 中至少一个个体弱支配的平均个数:

$$C(\hat{P}_{\boldsymbol{f}}(1), \hat{P}_{\boldsymbol{f}}(2)) = \frac{\left|a_2 \in \hat{P}_{\boldsymbol{f}}(2)\text{使得}\exists[a_1 \in \hat{P}_{\boldsymbol{f}}(1)\ \text{满足}a_1 \succeq a_2]\right|}{|\hat{P}_{\boldsymbol{f}}(2)|}. \tag{20.24}$$

注意, $C(\hat{P}_{\boldsymbol{f}}(1), \hat{P}_{\boldsymbol{f}}(2)) \in [0,1]$. 如果 $C(\hat{P}_{\boldsymbol{f}}(1), \hat{P}_{\boldsymbol{f}}(2)) = 0$, 则对每一个个体 $a_2 \in \hat{P}_{\boldsymbol{f}}(2)$, 在 $\hat{P}_{\boldsymbol{f}}(1)$ 中没有个体弱支配 a_2. 如果 $C(\hat{P}_{\boldsymbol{f}}(1), \hat{P}_{\boldsymbol{f}}(2)) = 1$, 则对每一个个体 $a_2 \in \hat{P}_{\boldsymbol{f}}(2)$, 在 $\hat{P}_{\boldsymbol{f}}(1)$ 中至少有一个个体弱支配 a_2. 尽管我们利用覆盖度的公式无法得到对近似帕雷托前沿的一个绝对的度量, 还是可以用它来对近似做比较.

20.3 基于非帕雷托的进化算法

本节讨论几种 MOEA, 它们并不显式地使用帕雷托支配的概念. 20.3.1 节讨论集结方法, 20.3.2 讨论向量评价遗传算法, 20.3.3 节讨论字典排序方法, 20.3.4 节讨论 ϵ-约束方法, 20.3.5 节讨论基于性别的方法.

20.3.1 集结方法

集结方法将 MOP 的目标函数向量组合成一个目标函数. 例如, 将 (20.1) 式 k 个目标的 MOP 转化为问题

$$\min_{\boldsymbol{x}} \boldsymbol{f}(\boldsymbol{x}) \Longrightarrow \min_{\boldsymbol{x}} \sum_{i=1}^{k} w_i f_i(\boldsymbol{x}),\ \text{这里}\ \sum_{i=1}^{k} w_i = 1. \tag{20.25}$$

$\{w_i\}$ 是权重参数的集合, 其元素都为正数且总和为 1. (20.25) 式被称为加权和方法, 但也可以采用其他集结方法. 例如, 把目标组合成一个乘积:

$$\min_{\boldsymbol{x}} f(\boldsymbol{x}) \Longrightarrow \min_{\boldsymbol{x}} \prod_{i=1}^{k} f_i(\boldsymbol{x}). \tag{20.26}$$

如果采用乘积集结方法, 就应该确保对于所有 $\boldsymbol{x}$, 目标 $f_i(\boldsymbol{x}) > 0$. 无论我们用什么集结方法, 其要点在于将 MOP 转化为单目标优化问题.

例 20.5 考虑例 20.2 的 MOP. 如果用 (20.25) 式将它转化为单目标问题, 有

$$\min_{\boldsymbol{x}}\{w_1 f_1(\boldsymbol{x}) + w_2 f_2(\boldsymbol{x})\} = \min_{\boldsymbol{x}}\{w_1(x_1^2 + x_2^2) + (1-w_1)[(x_1-2)^2 + (x_2-2)^2]\}. \tag{20.27}$$

通过对 x_1 和 x_2 取偏导数可以最小化上式, 得到

$$\left.\begin{aligned}\frac{\partial[w_1 f_1(\boldsymbol{x})+w_2 f_2(\boldsymbol{x})]}{\partial x_1}&=2x_1+4(w_1-1),\\ \frac{\partial[w_1 f_1(\boldsymbol{x})+w_2 f_2(\boldsymbol{x})]}{\partial x_2}&=2x_2+4(w_1-1).\end{aligned}\right\} \tag{20.28}$$

令这两个式子为 0 并求解 $\boldsymbol{x}$, 就得到帕雷托集

$$x_1^*=x_2^*=2(1-w_1). \tag{20.29}$$

将 $f_1(\boldsymbol{x})$ 和 $f_2(\boldsymbol{x})$ 中的 x 替换为帕雷托集, 得到帕雷托前沿

$$f_1(\boldsymbol{x}^*)=8(1-w_1)^2,\quad f_2(\boldsymbol{x}^*)=2w_1^2. \tag{20.30}$$

当 w_1 从 0 变到 1, 由 (20.29) 式和 (20.30) 式得到的图与图 20.3 相同. □

例 20.5 说明集结方法至少能够找到某些 MOP 的帕雷托集和帕雷托前沿. 事实上, 对于任何一组权重, 由 (20.25) 式的解都能得到帕雷托最优点. 不过, 如果帕雷托前沿是凹的, 集结方法就无法找到完整的帕雷托集和帕雷托前沿, 我们用下面的例子来说明.

例 20.6 考虑问题

$$\min_x \boldsymbol{f}(x)=\min_x[x^2,\cos^3 x], \tag{20.31}$$

其中 $x\in[0,4]$. 这是一维两个目标的 MOP. 我们可以将两个目标集结成一个标量目标

$$\min \boldsymbol{f}(x)=\min[wx^2+(1-w)\cos^3 x], \tag{20.32}$$

其中 $w\in[0,1]$, 还可以用穷举搜索求解 (20.31) 式和 (20.32) 式. 但这两个方程的解不同. 图 20.7 所示为两个问题的解. 我们知道真实的帕雷托前沿是凹的. 集结方法正确地给出了帕雷托前沿凸起的部分, 但凹进的部分不正确. □

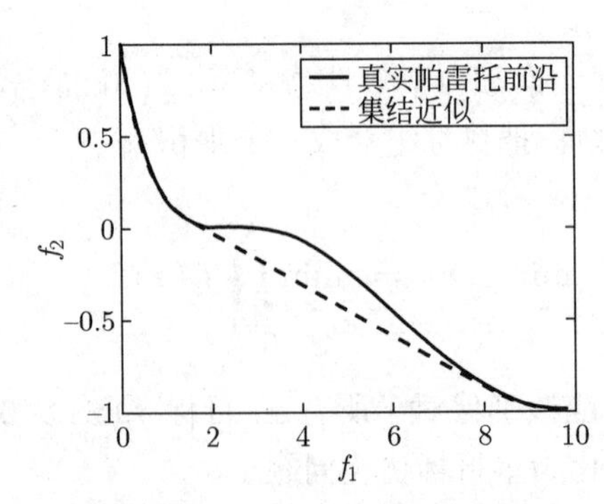

图 20.7 例 20.6: (20.32) 式的集结方法正确给出帕雷托前沿凸起的部分, 但凹进的部分不正确.

凹帕雷托前沿的目标达到

集结方法没能找到例 20.6 的帕雷托前沿, 这并非一个特例. 事实上, 利用集结方法不可能找到凹进的帕雷托前沿 [Fleming et al., 2005]. 但通过扩展 20.2 节的目标达到方法可以找到凹进的帕雷托前沿. 有时候, 通过求解下面的问题来近似目标达到:

$$\min \alpha \ \ \text{s.t.}\ f_i(\boldsymbol{x}) \leqslant f_i^* + w_i\alpha, \ \text{对所有} i \in [1,k] \text{和某个} \boldsymbol{x}, \tag{20.33}$$

其中, f_i^* 是第 i 个目标的理想值, $\{w_i\}$ 是权重的集合, 表示每个目标的相对重要性, 每一个 w_i 都为正数. (20.33) 式允许比用户的理想解好的解存在. 如果最优的 $\alpha > 0$, 则不能达到理想点, 但 (20.33) 式的解是尽可能靠近理想点的向量解. 如果最优的 $\alpha < 0$, 对于每一个目标, 就可以找到比理想点好的解. 可以证明, 对所有权重组合 $\{w_i\}$ 和 $\sum_i w_i = 1$, (20.33) 式给出原 MOP 的帕雷托集, 即使帕雷托前沿是凹进的 [Chen and Liu, 1994], [Coello Coello, 1999].

注意, (20.33) 式是单目标, k 个约束, 以及 $n+1$ 个独立变量 (标量 α 和原有决策向量 $\boldsymbol{x}$) 的优化问题. 因此, 可以采用约束优化算法(参见第 19 章) 求解 (20.33) 式.

20.3.2 向量评价遗传算法

向量评价遗传算法 (Vector Evaluated Genetic Algorithm, VEGA) 是最早的 MOEA [Schaffer, 1985]. VEGA 每次用一个目标函数在种群中选择. 它给出子种群的集合, 每个目标函数一个集合. 然后从子种群中选择个体得到下一代的父代, 并利用标准进化算法的重组方法让父代组合得到子代. 算法 20.1 为 VEGA 的概述.

算法 20.1 求解有 k 个目标优化问题的向量评价遗传算法 (VEGA) 的概述.

初始化候选解种群 $P = \{\boldsymbol{x}_j\}$, $j \in [1, N]$
$M \leftarrow \lceil N/k \rceil$
While not (终止准则)
    对每个目标 i 和每一个个体 $\boldsymbol{x}_j \in P$ 计算费用 $f_i(\boldsymbol{x}_j)$
    For $i = 1$ to k
        $P_i \leftarrow$ 利用 $f_i(\cdot)$ 依概率从 P 中选出 M 个个体
    下一个 i
    $P \leftarrow$ 从 $\{P_1, \cdots, P_k\}$ 中选出 N 个个体
    $C \leftarrow$ 重组 P 中的个体生成 N 个个体
    依概率对子代 C 进行变异
    $P \leftarrow C$
下一代
$\hat{P}_s \leftarrow P$ 的非支配元素

算法 20.1 显示 VEGA 从 N 个个体的种群开始, 通常随机生成这个种群. 在每一代, 计算所有 N 个个体的全部 k 个费用函数值. 然后用所需的选择方案 (参见 8.7 节) 选择

M 个个体, 这里 $M=\lceil N/k\rceil$ 是大于或等于 N/k 的最小整数. 我们根据概率来选择, 首先使用 $f_1(\cdot)$ 生成种群 P_1, 然后用 $f_2(\cdot)$ 生成种群 P_2, 以此类推. 在生成 P_i 个子种群之后, 将它们组合起来得到父代种群 P. 然后将 P 中的个体重组生成子代集合 C. 可以采用本书中的任何一个进化算法 (遗传算法, 差分进化, 基于生物地理学优化, 等等) 进行重组. 由此可见, VEGA 这个名字多少有点过时; 根据所用的重组方法, 可以把它称为向量评价差分进化 (VEDE), 或向量评价基于生物地理学优化 (VEBBO), 或者与所用的重组类型相应的缩写. 这一点也适用于本章讨论的常用的 MOEA(NSGA, MOGA, 等等).

在单目标进化算法中, 精英能极大地改进优化性能, 对 MOEA 也是如此. 在算法 20.1 中有几种实施精英的方式. 例如, 在每一代找到针对每个目标函数的最好个体, 并确保它们能留到下一代; 或者可以在每一代找到非支配个体, 确保其中至少有几个能留到下一代. 尽管我们一般不把 VEGA 定义为精英算法, 在算法 20.1 中添加精英并不会改变它的本质, 还很有可能改进它的性能.

有一个与 VEGA 相似的算法, 有时候也被称为 Hajela-Lin 遗传算法(HLGA), 它采用加权和的方法. HLGA 中 (20.25) 式的权重向量为每一个个体决策变量的一部分 [Hajela and Lin, 1997]. 这个方法采用基于 (20.25) 式的加权和的单目标优化. HLGA 利用适应度分享达到权重的多样性 (参见 8.6.3.1 节).

20.3.3 字典排序

字典排序与 VEGA 类似, 不过它允许用户对目标按优先级排序 [Fourman, 1985]. 基于优先级的目标对个体做比较执行锦标赛选择. 锦标赛选择也可以基于随机选择的目标 [Kursawe, 1991]. 在顺序处理目标这方面, 字典排序与约束优化的行为记忆方法类似 (参见 19.2.11 节).

算法 20.2 概述字典排序方法. 在最初的字典排序方法中, 算法 20.2 的外循环按目标函数的优先级对 $i\in[1,k]$ 执行. 在它的随机变种中, 则会一直执行外循环直到满足用户定义的终止准则, 并且在每一代指标 i 会随机变化. 与 VEGA 一样, 算法 20.2 可以有很多变种, 包括精英, 也包括在本书或其他地方的进化算法.

算法 20.2 *有 k 个目标的优化问题的字典排序. 每一次迭代中的目标 $f_i(\boldsymbol{x})$ 依赖于用户的优先级, 或者被随机选定. 在每一个进化算法中, 从一代到下一代目标 $f_i(\boldsymbol{x})$ 也可以改变.*

$P\leftarrow$ 随机生成的种群
While not (终止准则)
    设置目标函数指标 i
    用种群 P 初始化进化算法
    用进化算法最小化 $f_i(\boldsymbol{x})$, 将最后的种群记为 P
下一个进化算法

20.3.4 ϵ-约束方法

ϵ-约束方法 [Ritzel et al., 1995] 每次最小化一个目标函数, 同时将其他目标函数值限制在给定的阈值内. 首先, 对于 $i \in [1, k]$, 通过单目标进化算法最小化 $f_i(\boldsymbol{x})$ 找到目标函数的最小值. 于是得到目标函数约束 ϵ_i 的下界.

$$\epsilon_i > \min_i f_i(\boldsymbol{x}), \quad i \in [1, k]. \tag{20.34}$$

然后最小化第一个目标同时限制其他目标小于某个阈值:

$$\min_{\boldsymbol{x}} f_1(\boldsymbol{x}) \text{ s.t. } f_i(\boldsymbol{x}) < \epsilon_i, \quad i \in [1, k], i \neq 1. \tag{20.35}$$

由 (20.35) 式得到的最后的种群作为下一个进化算法的初始种群, 最小化下一个目标:

$$\min_{\boldsymbol{x}} f_2(\boldsymbol{x}) \text{ s.t. } f_i(\boldsymbol{x}) < \epsilon_i, \quad i \in [1, k], i \neq 2. \tag{20.36}$$

对所有 k 个目标重复这个过程. 然后减小 ϵ_i 值并重复顺序最小化的过程. 这个顺序方法与字典排序类似(参见 20.3.3 节), 也与约束优化的行为记忆方法类似 (参见 19.2.11 节). 算法 20.3 概述约束 MOEA. 在实施 ϵ- 约束时, MOEA 最具挑战性的部分是算法 20.3 要精确决定如何"设 ϵ_i 为大于 $f_i^*(\boldsymbol{x})$ 的某个数"以及如何"减小 ϵ_i, $i \in [1, k]$". 与使用其他 MOEA 一样, 在算法 20.3 中可以实施很多变种, 包括精英, 也包括本书或其他地方描述的进化算法.

算法 20.3 有 k 个目标的优化问题的 ϵ-约束方法概述.

For 每一个目标函数 $f_i(\boldsymbol{x})$, 这里 $i \in [1, k]$
    用一个进化算法找出 $f_i^*(\boldsymbol{x}) = \min_{\boldsymbol{x}} f_i(\boldsymbol{x})$
    设 ϵ_i 为大于 $f_i^*(\boldsymbol{x})$ 的某个数
下一个目标函数
为 MOP 初始化进化算法种群 P
While not (终止准则)
    For 每一个目标函数 $f_i(\boldsymbol{x})$, 这里 $i \in [1, k]$
        用前面的进化算法的结果初始化进化算法种群
        用一个进化算法最小化 $f_i(\boldsymbol{x})$ s.t. $f_r(\boldsymbol{x}) < \epsilon_r$, $r \in [1, k], r \neq i$
        $P \leftarrow$ 最后的种群
    下一个目标函数
    减小 ϵ_i, $i \in [1, k]$
下一次迭代

20.3.5 基于性别的方法

基于性别的方法根据对目标函数的评价为每一个个体分配性别 [Allenson, 1992], [Lis and Eiben, 1997]. 基于性别的方法还利用被称为档案的第二个种群. 档案也是非支配个体的一个集合, 与精英类似, 它能避免丢掉好的个体. 很多 MOEA 也利用档案.

在 k 个目标 MOP 基于性别的方法中, 有 k 个不同的性别, 每一个相应于不同的目标. 我们对每个性别生成个体数目相等的初始种群. 然后基于 $f_i(\boldsymbol{x})$ 从每个性别 i 选择一个个体. 再用选出的个体重组以得到子代个体. 按照子代表现得最好的目标为子代个体分配性别. 重组可以用本书讨论过的方法. 对于标准的单点交叉, 重组只用到两个个体. 对于多父代交叉 (参见 8.8.5 节), 每个性别可以用一个或多个个体. 在每一代的最后, 通常将种群与档案比较并将非支配个体存入档案同时去掉档案中的被支配个体. 算法 20.4 概述多目标优化基于性别的方法.

算法 20.4 有 k 个目标的优化问题基于性别的算法概述.

N_g = 每个性别想要的种群规模
初始化 k 个进化算法的种群 P_i, 这里 $|P_i| = N_g$, $i \in [1, k]$
进化算法的种群规模 $N \leftarrow kN_g$
While not (终止准则)
  For $m = 1$ to k
    For $i = 1$ to k
      利用 $f_i(\boldsymbol{x})$ 依概率从 P_i 中选出一个父代
    下一个 i
    利用选出的 k 个个体生成子代个体 c_m
  下一个 m
  为子代 $\{c_m\}$ 分配性别
  随机变异子代 $\{c_m\}$
  将非支配子代存档
  去掉档案中的被支配个体
  用适当性别的子代替换进化算法种群 $\{P_i\}$
下一代

对算法 20.4 还可以做很多修改. 例如, 根据 $\boldsymbol{x}$ 的维数, 我们可能想要从每一个性别选择不止一个父代用于重组. 此外, "为子代分配性别" 那一行还有很多细节需要确定. 是否应该限制每个子代为单性别? 是否应该确保在种群中每个性别的个数相等? 算法 20.4 会生成 N 个子代, 但我们可能想要生成更多子代以便得到每个性别适应性强的子代种群.

在算法 20.4 中, "将非支配子代存档" 这句话也还有很多细节. 是否应该允许档案无限制地增长? 是否应该为档案规模设置一个上限? 如果个体关于当前种群是非支配的, 或者它们只是关于档案为非支配的, 是否应该把它们添加到档案中? 20.4 节会讨论与档案相关的一些问题.

20.4 基于帕雷托进化算法

前一节中的 MOEA 方法试图找到 MOP 解的不同帕雷托最优集. 它们都没有直接使用帕雷托最优性的概念来计算个体之间或个体群之间的相对支配关系 (除了算法 20.4 在

档案中增加个体之外). 下面几节讨论直接使用帕雷托支配的方法.

- 20.4.1 节讨论简单多目标进化优化器 (simple evolutionary multi-objective optimizer, SEMO) 和多样性多目标进化优化器 (diversity evolutionary multi-objective optimizer, DEMO).
- 20.4.2 节讨论基于 ϵ 的 MOEA(ϵ-MOEA).
- 20.4.3 节讨论非支配排序遗传算法 (nondominated sorting genetic algorithm, NSGA) 以及它的一个改进版 (NSGA-II).
- 20.4.4 节讨论多目标遗传算法 (multi-objective genetic algorithm, MOGA).
- 20.4.5 节讨论小生境帕雷托遗传算法 (niched Pareto genetic algorithm, NPGA).
- 20.4.6 节讨论优势帕雷托进化算法 (strength Pareto genetic algorithm, SPEA) 以及它的一个改进版 (SPEA2).
- 20.4.7 节讨论帕雷托归档进化策略 (Pareto archived evolution strategy, PAES).

20.4.1 多目标进化优化器

本节讨论两个多目标进化优化器: 简单多目标进化优化器 (SEMO), 以及多样性多目标进化优化器 (DEMO). 我们在本节会看到, 这些算法都受到进化规划和进化策略的基本思想的启发.

简单多目标进化优化器

SEMO 最初是为二进制优化提出的算法 [Laumanns et al., 2003], 但很容易把它扩展到连续优化. 在 SEMO 中, 我们一开始先随机生成个体种群. SEMO 算法一开始的种群规模为 1. 随着算法找到越来越多的非支配解, 种群也在长大. 在每一代, 我们从种群中随机选出一个个体, 让它变异生成一个子代. 如果这个子代不被种群支配, 就将它加入种群, 并去掉种群中被支配的个体. 算法 20.5 说明 SEMO. 算法 20.5 中的"随机变异"可以采用在第 5 章, 第 6 章, 或 8.9 节中讨论的变异方法.

SEMO 为多目标优化提供了一个有用的起点. 我们可以基于其他 MOEA 的想法修改 SEMO. 例如, 不是采用"从 P 随机选择个体"作为 $\boldsymbol{y}$ 的父代, 而是采用与适应度成比例的选择. 此外, 可以由多个父代生成 $\boldsymbol{y}$, 或者像在 SPEA2 中那样定期修剪种群 (参见 20.4.6 节).

算法 20.5 简单多目标进化优化器 (SEMO) 概述.

初始化候选解种群 $P=\{\boldsymbol{x}_j\}$
对每个目标 i 和每一个个体 $\boldsymbol{x}_j \in P$ 计算费用 $f_i(\boldsymbol{x}_j)$
While not (终止准则)
　　$\boldsymbol{y} \leftarrow$ 从 P 中随机选出的个体变异
　　If $\boldsymbol{y}$ 不被 P 中的任何个体支配 then
　　　　$P \leftarrow \{P, \boldsymbol{y}\}$

从 P 中去掉被 $\boldsymbol{y}$ 支配的所有个体

End if

下一代

多样性多目标进化优化器

SEMO 有一个问题是它的种群会不受限制地生长. 我们可以在测试是否将 $\boldsymbol{y}$ 纳入种群 P 时采用 ϵ 支配而不是支配来处理这个问题. 由此得到多样性多目标进化优化器 (diversity evolutionary multi-objective optimizer, DEMO). DEMO 采用的算法与算法 20.5 相同, 但它用 ϵ 支配作为是否将 $\boldsymbol{y}$ 纳入 P 的准则 [Horoba and Neumann, 2010]. 这个准则就是仅当 $\boldsymbol{y}$ 不被 P 中的其他个体 ϵ 支配时就将 $\boldsymbol{y}$ 纳入当前种群. 因为 ϵ 支配是比帕雷托支配更弱的一种支配 (参见 20.1 节), 在 DEMO 中将 $\boldsymbol{y}$ 纳入种群的准则比在 SEMO 中更严格. DEMO 在本质上是将目标空间分成超箱, 并且让种群在每个超箱中包含的个体最多只有一个. DEMO 通常使用加性 ϵ 支配.

对于两个目标的优化问题, 图 20.8 说明 DEMO 的概念. 我们不会将子代 $\boldsymbol{y}_1$ 纳入种群因为它被同一个超箱中的个体 ϵ 支配. 但会将 $\boldsymbol{y}_2$ 纳入种群因为它不被当前种群中的任一成员 ϵ 支配. 注意, 图 20.8 并不是百分之百正确, 因为 DEMO 的超箱是相对于当前种群定义的. 尽管如此, 这张图从概念上说明在 DEMO 中如何使用 ϵ 支配. 尽管图 20.8 显示 $\epsilon_1 = \epsilon_2$(即箱子是正方形), 用户可以根据对每个目标准确度的要求为每个目标的指标 $i \in [1, k]$ 选择不同的 ϵ_i 的值.

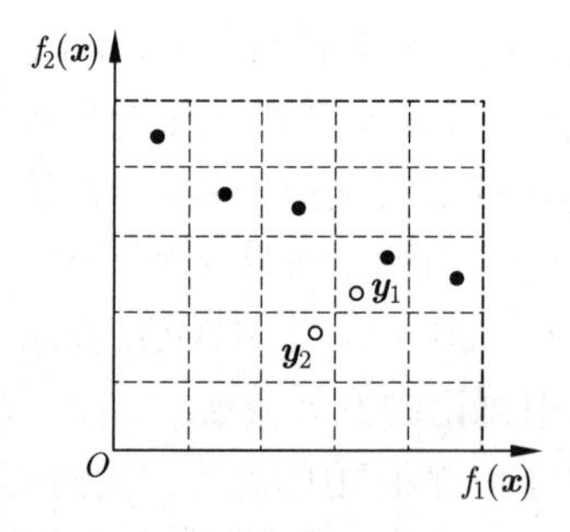

图 20.8 多样性多目标进化优化器 (DEMO) 的 ϵ 支配. 当前种群中的成员用实心圆表示, 子代用空心圆表示. 仅当子代不被当前种群中的任何一个 ϵ 支配时才会被添加到种群中. 在本图中, $\boldsymbol{y}_1$ 不会被纳入种群, 但 $\boldsymbol{y}_2$ 会被纳入.

20.4.2 基于 ϵ 的多目标进化算法

ϵ-MOEA 采用 ϵ 支配的概念, 其方式与上述 DEMO 使用 ϵ 支配的方式类似 [Deb et al., 2005]. ϵ-MOEA 包含一个种群和一个档案. 在每一代, 我们从种群中选择一个个体并在档案中选择一个个体, 用某个重组方法得到一个子代.

如果子代支配种群中的一个个体, 就用子代替换被支配的个体. 如果子代支配不止一个个体, 则替换随机选出的一个个体.

然后将子代与档案比较. 这种比较会出现 4 种情况. (1) 如果子代被归档的任一个体支配, 就不把子代放进档案中. (2) 如果子代支配某个归档个体, 则将子代添加到档案中, 并去掉档案中的被支配个体.

如果这两个条件都不成立, 就计算子代 $\boldsymbol{x}$ 的 ϵ-箱 $B(\boldsymbol{x})$: 对于 $j \in [1,k]$,

$$B_j(\boldsymbol{x}) = \lfloor f_j(\boldsymbol{x})/\epsilon_j \rfloor, \tag{20.37}$$

其中, k 是目标的个数, ϵ_j 是对第 j 个目标所需的分辨率, $\lfloor \cdot \rfloor$ 返回小于或等于其自变量的最大整数. 由此得到子代与档案比较的第三种情况. (3) 如果子代 $\boldsymbol{x}$ 与一个归档个体 $\boldsymbol{a}$ 在同一个 ϵ-箱中, 如果子代更接近目标函数空间的原点, 就让子代替换 $\boldsymbol{a}$:

$$\boldsymbol{x}\text{替换}\boldsymbol{a},\ \text{如果}\left[B(\boldsymbol{x}) = B(\boldsymbol{a}), \text{且}\sum_{j=1}^{k} f_j^2(\boldsymbol{x}) < \sum_{j=1}^{k} f_j^2(\boldsymbol{a})\right]. \tag{20.38}$$

上面的条件假定经正规化后的每个目标函数值的量级都相当. (20.38) 式还利用欧氏范数度量距离, 但也可以用其他范数. (4) 如果前面 3 种情况都没有出现, 就将子代添加到档案中, 档案规模加 1.

图 20.9 说明了这 4 种可能性. 注意, 这里描述的逻辑保证在档案的每个 ϵ- 箱中最多只有一个个体. 尽管档案从一代到下一代会长大, 这个逻辑会限制它的规模. 图 20.9(a) 说明子代被一个或多个归档个体支配; 在这种情况下, 子代不会被纳入档案. 图 20.9(b) 说明子代支配一个或多个归档个体; 在这种情况下, 子代替换被支配的个体. 图 20.9(c) 说明子代和档案相互都是非支配, 且子代与一个归档个体在同一个 ϵ-箱中; 在这种情况下, 如果子代更接近目标函数空间的原点, 子代就替换在同一个 ϵ-箱中的归档个体. 最后,

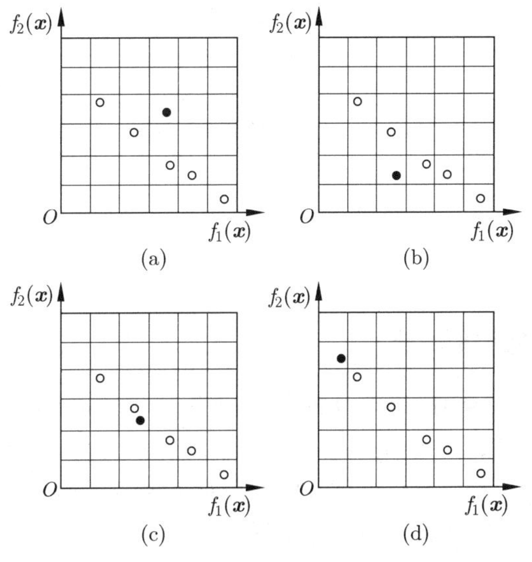

图 20.9 将子代添加进档案的 ϵ-MOEA 逻辑. 空心圆是归档个体, 实心圆是一个子代个体, 目标函数空间中的网格定义 ϵ-箱. 在情况 (a) 中, 子代没有被纳入档案. 在情况 (b) 中, 子代替换被它支配的个体, 这幅图中档案规模减 1. 情况 (c) 中, 只要子代更接近 f_1/f_2 平面的原点, 就替换与它在同一个 ϵ-箱中的个体. 在情况 (d) 中, 子代被纳入档案并且档案规模加 1.

图 20.9(d) 说明子代和档案相互都是非支配, 并且子代没有与任一归档个体分享同一个 ϵ-箱; 在这种情况下, 子代被添加进档案, 档案规模因此加 1.

算法 20.6 概述 ϵ-MOEA. 我们可以试验这个算法的几个变种. 例如, 我们通常采用规模为 2 的锦标赛选择从 P 中选择父代 $\boldsymbol{x}$; 但还可以采用别的选择方法. 我们通常随机地在档案 A 中选择父代 $\boldsymbol{a}$; 同样也可以采用别的选择方法. 可以采用 8.8 节中的重组方法生成子代. 如果采用多父代重组, 则需要决定从 P 和 A 中各自选出多少个父代.

算法 20.6 下面的伪代码概述有 k 个目标的优化问题的 ϵ-MOEA.

```
初始化候选解种群 P = {x_j}, j ∈ [1, N]
将来自 P 的非支配个体复制到文档 A
While not (终止准则)
    从 P 选择一个父代 x 并从 A 选择一个父代 a
    x 和 a 重组生成子代 c
    D_P ← {x ∈ P : c支配x}
    If D_P ≠ ∅ then
        用 c 随机替换一个 x ∈ D_P
    End if
    D_A ← {a ∈ A : c支配a}
    If D_A ≠ ∅ then
        将 c 加入 A
        从 A 中去除 D_A
    else if 满足 (20.38) 式 then
        将 c 加入 A
        从 A 中去除 a
    else if (关于 A, c 是非支配的) and (对所有 a, B(c) ≠ B(a)) then
        将 c 加入 A
    End if
下一代
```

20.4.3 非支配排序遗传算法

[Srinivas and Deb, 1994]提出非支配排序遗传算法 (nondominated sorting genetic algorithm, NSGA), NSGA 以 [Goldberg, 1989a] 的想法为基础. 它基于每一个个体的支配水平为其分配费用. 首先将所有个体复制给临时种群 T. 然后找出 T 中所有非支配个体; 用集合 B 表示这些个体并为它们分配最低的费用. 接下来从 T 中去掉 B 并在缩减后的集合 T 中找出所有非支配个体. 为这些个体分配次低的费用. 重复这个过程, 就得到基于个体非支配水平的每一个个体的费用. 算法 20.7 概述 NSGA.

算法 20.7 从 N 个个体的种群开始, 通常随机生成这个种群. 在每一代, 我们计算全部 N 个个体的所有 k 个费用函数的值. 将个体复制给临时种群 T. 为所有非支配个体分配费用为 1. 将那些个体从 T 中去除, 找出缩减后的集合 T 中所有非支配个体, 并为它们分配费用为 2. 重复这个过程直到基于每一个个体的非支配水平为其分配了费用. 然后在算法 20.7 中利用费用 $\phi(\cdot)$ 选择个体, 并采用所需的任何一个进化算法和重组方法重组 P 中的个体. 最后让子代种群变异, 用子代替换父代, 并继续到下一代.

由于算法 20.7 中为计算费用 $\phi(\cdot)$ 用到了内循环, NSGA 有时候会被批评为效率低下. 但对于实际问题, 绝大部分的计算量用于评价函数 $f_i(\cdot)$, NSGA 中关于非支配的循环在计算量上增加的开销非常少.

算法 20.7 求解有 k 个目标的优化问题的非支配排序遗传算法 (NSGA). 用费用函数值 $\phi(\boldsymbol{x}_j)$ 为重组选择父代.

初始化候选解种群 $P = \{\boldsymbol{x}_j\}$, $j \in [1, N]$
While not (终止准则)
    临时种群 $T \leftarrow P$
    非支配水平 $c \leftarrow 1$
    While $|T| > 0$
        $B \leftarrow T$ 中非支配个体
        费用 $\phi(\boldsymbol{x}) \leftarrow c$ 对所有 $\boldsymbol{x} \in B$
        从 T 中去掉 B
        $c \leftarrow c + 1$
    下一个非支配水平
    $C \leftarrow$ 由 P 中个体重组生成的 N 个子代
    依概率变异 C 中的子代
    $P \leftarrow C$
下一代

NSGA-II

NSGA-II 是对 NSGA 的改进 [Deb et al., 2002a]. NSGA-II 在计算个体 $\boldsymbol{x}$ 的费用时不仅考虑支配它的个体也考虑它支配的个体. 对每一个个体, 沿着每个目标函数的维度找出离它最近的个体, 并用它们之间的距离计算拥挤距离. 利用拥挤距离修改每一个个体的适应度. NSGA-II 不用档案, 但用 $(\mu + \lambda)$ 进化策略的方法实施精英 (参见第 6 章).

NSGA 将每一个个体 $\boldsymbol{x}$ 的拥挤距离设置为沿每个目标函数的维度离它最近的邻居的平均距离. 例如, 假设在 NSGA 中有 N 个个体. 进一步假设个体 $\boldsymbol{x}$ 的目标函数向量为

$$\boldsymbol{f}(\boldsymbol{x}) = [f_1(\boldsymbol{x}), f_2(\boldsymbol{x}), \cdots, f_k(\boldsymbol{x})]. \tag{20.39}$$

对于每个目标函数的维度, 找出种群中离得最近的较大值和离得最近的较小值, 如下:

$$\left.\begin{aligned} f_i^-(\boldsymbol{x}) &= \max_{\boldsymbol{y}}\{f_i(\boldsymbol{y}) \text{ 满足 } f_i(\boldsymbol{y}) < f_i(\boldsymbol{x})\}, \\ f_i^+(\boldsymbol{x}) &= \min_{\boldsymbol{y}}\{f_i(\boldsymbol{y}) \text{ 满足 } f_i(\boldsymbol{y}) > f_i(\boldsymbol{x})\}. \end{aligned}\right\} \tag{20.40}$$

然后计算 $\boldsymbol{x}$ 的拥挤距离为

$$d(\boldsymbol{x})=\sum_{i=1}^{k}(f_i^+(\boldsymbol{x})-f_i^-(\boldsymbol{x})). \tag{20.41}$$

在目标函数空间中较拥挤区域中个体的拥挤距离往往较小. 位于目标函数空间极值处的个体的拥挤距离会无穷大:

$$d(\boldsymbol{x})=\infty \text{ 对于 } \boldsymbol{x}\in\left\{\arg\min_{\boldsymbol{y}} f_i(\boldsymbol{y})\cup\arg\max_{\boldsymbol{y}} f_i(\boldsymbol{y}) \text{ 对所有 } i\in[1,k]\right\}. \tag{20.42}$$

最大的超立方体的边界不会超出 $\boldsymbol{x}$ 的最近邻居在每个维度上目标函数空间中的坐标, 拥挤距离相应于最大超立方体的边长的一半. 在 [Deb et al., 2000] 中称最大超立方体为立方形. 图 20.10 显示二维目标函数空间中的一个超立方, 它是一个矩形.[1] 图 20.10 中 $\boldsymbol{x}$ 在 f_1 方向上的最近邻居是 A 和 C, 在 f_2 方向上的最近邻居是 A 和 B.

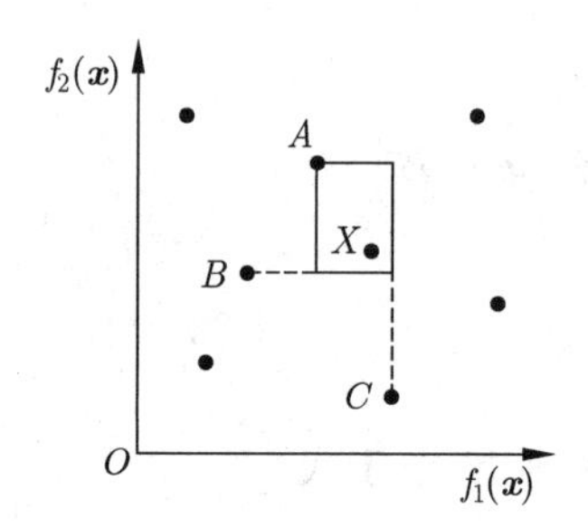

图 20.10 NSGA-II 中计算拥挤距离的说明. 最大超立方 (它在二维空间中是一个矩形) 的周长的一半为 $\boldsymbol{x}$ 的拥挤距离, 最大超立方的边界不会超出 $\boldsymbol{x}$ 的最近邻居在目标函数空间中的坐标.

既然种群中每一个个体有一个拥挤距离, 我们就把它作为次级排序的参数得到每一个个体的排名. 与 NSGA 算法 20.7 一样, 我们基于非支配水平对每一个个体排序, 同时还包含基于拥挤距离的一个细粒度的排名水平. 也就是说, 如果 $\phi(\boldsymbol{x})<\phi(\boldsymbol{y})$, 或者如果 $\phi(\boldsymbol{x})=\phi(\boldsymbol{y})$ 且 $d(\boldsymbol{x})>d(\boldsymbol{y})$, 则 $\boldsymbol{x}$ 的排名比 $\boldsymbol{y}$ 好. NSGA 算法 20.7 采用 $\phi(\boldsymbol{x})$ 选择重组的父代, 而 NSGA-II 则用上述排名选择重组的父代.

20.4.4 多目标遗传算法

[Fonseca and Fleming, 1993]提出多目标遗传算法 (multi-objective genetic algorithm, MOGA). 与 NSGA 一样, 它基于支配水平分配费用, 但 MOGA 从相反的方向解决费用分配. NSGA 根据 $\boldsymbol{x}$ 在成为非支配之前, 需要从种群中剔除多少个水平的个体来分配 $\boldsymbol{x}$ 的费用, MOGA 基于有多少个体支配 $\boldsymbol{x}$ 来为它分配费用. 我们对所有非支配个体分配相

[1]与 [Deb et al., 2000] 相反, 超立方并不是围绕 $\boldsymbol{x}$ 但不包含其他点的最大矩形. 由图 20.10 可见, 由那个定义会得到不同的超立方, NSGA-II 的性能一般也会不同.

同的费用. 对每个被支配个体 $\boldsymbol{x}$, 则根据有多少个个体支配它以及有多少个个体在它附近来分配费用. 与 NSGA-II 使用拥挤距离类似, 这样做会促进种群的多样性.

在 MOGA 中, $\boldsymbol{x}$ 的排名比 $\boldsymbol{y}$ 好 (即 $\phi(\boldsymbol{x}) < \phi(\boldsymbol{y})$), 如果种群 P 中支配它的个体较少 (即 $d(\boldsymbol{x}) < d(\boldsymbol{y})$),[1] 或者支配它们的个体数相同且在目标函数空间靠近 $\boldsymbol{x}$ 的个体比靠近 $\boldsymbol{y}$ 的个体少 (即 $s(\boldsymbol{x}) < s(\boldsymbol{y})$). 这个排名方法可以表示如下.

$$\left.\begin{aligned}
&d(\boldsymbol{x}) = |\boldsymbol{x}' \in P : \boldsymbol{x}'\text{支配}\boldsymbol{x}|,\\
&s(\boldsymbol{x}) = |\boldsymbol{x}' \in P : \| \boldsymbol{f}(\boldsymbol{x}) - \boldsymbol{f}(\boldsymbol{x}') \| < \sigma|,\\
&\phi(\boldsymbol{x}) < \phi(\boldsymbol{y})\text{如果}\{d(\boldsymbol{x}) < d(\boldsymbol{y}), \text{或}d(\boldsymbol{x}) = d(\boldsymbol{y})\text{且}s(\boldsymbol{x}) < s(\boldsymbol{y})\},
\end{aligned}\right\} \tag{20.43}$$

其中, σ 是用户定义的一个共享参数, $\|\cdot\|$ 是某个距离测度. 可以自动地实施共享, 这样就不需要用户定义共享参数[Ahn and Ramakrishna, 2007]. 算法 20.8 概述 MOGA. 与本章描述的其他 MOEA 一样, 在算法 20.8 中可以有很多变种, 比如不同的重组方法和不同的精英.

算法 20.8 求解有 k 个目标的优化问题的多目标遗传算法 (MOGA). 用排名 $\phi(\boldsymbol{x}_j)$ 选择重组的父代.

初始化候选解种群 $P = \{\boldsymbol{x}_j\}$, $j \in [1, N]$
While not (终止准则)
  用 (20.43) 式找出每一个 $\boldsymbol{x}_j \in P$ 的排名 $\phi(\boldsymbol{x}_j)$
  $C \leftarrow$ 由 P 中个体重组生成的 N 个子代
  依概率变异 C 中的子代
  $P \leftarrow C$
下一代

20.4.5 小生境帕雷托遗传算法

[Horn et al., 1994]提出小生境帕雷托遗传算法 (niched Pareto genetic algorithm, NPGA). 它与 NSGA 和 MOGA 类似, 基于支配水平分配费用. NPGA 试图减少 NSGA 和 MOGA 的计算量. 我们从种群中随机选择两个个体, $\boldsymbol{x}_1$ 和 $\boldsymbol{x}_2$. 然后随机选择种群的一个子集 S, 这个子集通常约占种群的 10%. 如果其中一个个体 $\boldsymbol{x}_1$ 或 $\boldsymbol{x}_2$ 被 S 中的某个个体支配, 另一个不被支配, 则记非支配个体为 $\boldsymbol{r}$, 它赢得锦标赛并被选出来进行重组. 如果 $\boldsymbol{x}_1$ 和 $\boldsymbol{x}_2$ 这两个个体都被 S 中至少一个个体支配, 或这两个个体都不被 S 中任一个体支配, 则用适应度分享来决定锦标赛的赢家; 也就是说, 处于目标函数空间中最不拥挤区

[1] 注意, $d(\boldsymbol{x})$ 在 NSGA-II 中是拥挤距离, 但在 MOGA 是支配水平.

域中的个体赢得锦标赛. 这个选择过程可以描述如下:

$$\left.\begin{aligned}
&d_i = |\boldsymbol{y} \in S : \boldsymbol{y} \succ \boldsymbol{x}_i|,\ \ i \in [1,2],\\
&s_i = \boldsymbol{x}_i\text{的拥挤距离},\ \ i \in [1,2],\\
&\boldsymbol{r} = \begin{cases} \boldsymbol{x}_1, & \text{如果}\begin{cases}(d_1=0)\text{且}(d_2>0),\text{或},\\ (d_1>0)\text{且}(d_2>0)\text{且}(s_1<s_2),\text{或},\\ (d_1=0)\text{且}(d_2=0)\text{且}(s_1<s_2),\end{cases}\\ \boldsymbol{x}_2, & \text{其他}.\end{cases}
\end{aligned}\right\} \tag{20.44}$$

d_i 是支配 $\boldsymbol{x}_i$ 的个体数, s_i 是 $\boldsymbol{x}_i$ 的拥挤距离, $\boldsymbol{r}$ 是我们最后选出来重组的个体 ($\boldsymbol{x}_1$ 或 $\boldsymbol{x}_2$). 可以用 8.6.3.1 节的方法来计算拥挤距离 s_i, 或用 (20.43) 式计算, 或用其他方式量化 $\boldsymbol{x}_1$ 和 $\boldsymbol{x}_2$ 的拥挤度. 搜索空间或目标函数空间中越拥挤的区域个体的拥挤距离就越小. 在 NPGA 中使用拥挤距离会鼓励多样性; 与其他的这类算法一样, 它特别适合多模态问题, 或者用户有意在函数空间或搜索空间中相距很远的区域找到好的潜在解的那些问题. 注意, 根据用户定义的优先级, 我们可以用 (20.44) 式在函数空间或搜索空间中计算拥挤距离.

算法 20.9 概述 NPGA. NPGA 采用 (20.44) 式中随机选择的种群子集 S, 它是第一个由减少排名过程涉及的个体数以节省计算量的 MOEA[Coello Coello, 2009]. 像本章中的其他 MOEA 一样, 我们可以定制算法 20.9, 让它包含精英、档案、各种重组策略, 或各种选择策略.

算法 20.9 求解有 k 个目标的优化问题的小生境帕雷托遗传算法 (NPGA).

初始化候选解种群 $P = \{\boldsymbol{x}_j\}$, $j \in [1, N]$
While not (终止准则)
  $R \leftarrow \varnothing$
  While $|R| < N$
    从 P 中随机选出两个个体 $\boldsymbol{x}_1$ 和 $\boldsymbol{x}_2$
    随机选出种群子集 $S \subset P$
    用 (20.44) 式从 $\{\boldsymbol{x}_1, \boldsymbol{x}_2\}$ 选择 $\boldsymbol{r}$
    $R \leftarrow \{R, \boldsymbol{r}\}$
  End while
  重组 R 中的个体得到 N 个子代
  随机变异子代
  $P \leftarrow$ 子代
下一代

20.4.6 优势帕雷托进化算法

优势帕雷托进化算法 (strength Pareto evolutionary algorithm, SPEA) 是第一个显式地利用精英的 MOEA[Zitzler and Thiele, 1999], [Zitzler et al., 2004]. 当然, 前面讨论

的每一个 MOEA 都可以实施精英, 但由于某些原因, 它们中的大多数在最初提出时并没有包含精英. 精英通常是单目标和多目标进化算法的一个常识性的选择. 此外, 要保证 MOEA 收敛, 在理论上精英也必不可少 [Rudolph and Agapie, 2000]. 如果将基于用户偏好的方法用于 MOEA, 并且让偏好随时间改变, 精英可能会导致性能退化 [Zitzler et al., 2000]. 这与动态优化问题中精英的缺点类似, 动态优化问题的适应度函数是时变的 (参见第 21 章).

SPEA 会把在学习过程中找到的所有非支配个体留在档案中. 每当找到非支配个体就把它复制到档案中. 对每个归档个体 $\boldsymbol{\alpha}$, 基于种群中被 $\boldsymbol{\alpha}$ 支配的个体数为其分配优势值$S(\boldsymbol{\alpha})$:

$$S(\boldsymbol{\alpha})=\frac{|\boldsymbol{x}\in\{P\}\text{ 满足 }\boldsymbol{\alpha}\succ\boldsymbol{x}|}{N+1},\text{ 对所有 }\boldsymbol{\alpha}\in A, \tag{20.45}$$

其中, P 是候选解集合, N 为 P 的大小, A 是档案集合. 注意, $S(\boldsymbol{\alpha})\in[0,1)$. 对 P 中的每一个个体 $\boldsymbol{x}$, 我们找出支配它的所有归档个体的集合 $\alpha(\boldsymbol{x})$. 然后令 $\boldsymbol{x}$ 的原始费用为 $\alpha(\boldsymbol{x})$ 中个体优势的总和, 记为 $R(\boldsymbol{x})$:

$$R(\boldsymbol{x})=1+\sum_{\boldsymbol{y}\in\alpha(\boldsymbol{x})}S(\boldsymbol{y}),\text{ 对所有 }\boldsymbol{x}\in P,\quad\text{这里 }\alpha(\boldsymbol{x})=\{\boldsymbol{y}\in A:\boldsymbol{y}\succ\boldsymbol{x}\}. \tag{20.46}$$

在上面的等式中加上 1 能保证 $R(\boldsymbol{x})\geqslant 1$, 它反过来保证, 对所有 $\boldsymbol{x}\in P$ 和所有 $\boldsymbol{\alpha}\in A$, $R(\boldsymbol{x})>S(\boldsymbol{\alpha})$. 注意, 如果 $\boldsymbol{x}$ 的原始费用低, 则 $\boldsymbol{x}$ 是一个高性能个体.[1]

图 20.11 说明优势和原始费用的计算, 其中档案规模 $|A|=3$ 种群规模 $|P|=6$. 图 20.11 显示帕雷托前沿点的优势值为它们所支配的个体数正规化后的值. 此图也显示每个被支配的点的原始费用为支配它的帕雷托前沿点的优势的总和再加上 1. 注意, 个体越远离帕雷托前沿 (即当个体被更多的帕雷托前沿点支配), 原始费用就越大. 此外, 还请注意, 在图的左上部原始费用为 9/7 的被支配个体, 将它与在右下部原始费用为 10/7 的

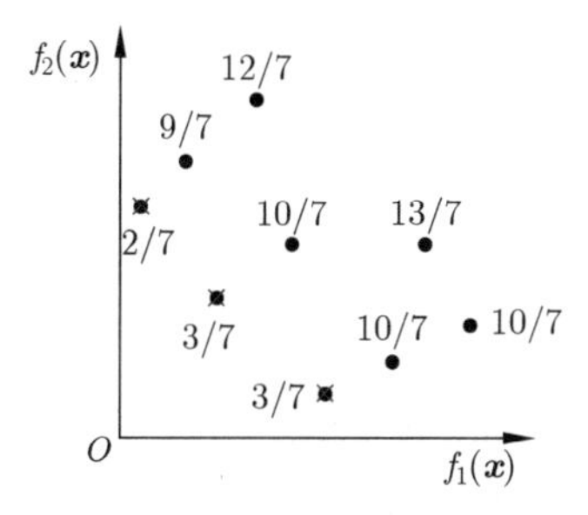

图 20.11 对于两个目标最小化问题, 计算 SPEA 优势和原始费用的说明. 帕雷托前沿个体用符号 × 标示, 旁边显示的是它们的优势值. 非帕雷托前沿个体用实心圆表示, 旁边显示的是它们的原始费用.

[1]SPEA 的文献常常指 $R(\boldsymbol{x})$ 为原始适应度, 但我们采用原始费用这个术语以便与费用低就好而适应度低就差的直观认识保持一致.

两个被支配个体比较. 在右下部的个体处于目标函数空间更拥挤的区域, 因此, 支配它们的帕雷托前沿点的优势较大, 它们的原始费用较高.

上面曾提到, 在每一代将 $\{P, A\}$ 中的所有非支配个体都加入到档案 A 中. 但这会让档案无限增长. SPEA 用聚类方法处理这个潜在的问题 [Zitzler and Thiele, 1999]. 如果档案中有 $|A|$ 个个体, 我们一开始定义每一个个体为一个聚类. 然后把两个离得最近的聚类合并为一个聚类, A 的聚类个数减 1. 重复这个过程直到档案含有 N_A 个聚类, 它是我们想要的档案规模. 最后, 在每一个聚类中只留下一个点, 通常是离聚类中心最近的那个点.

SPEA2

SPEA2 对 SPEA 做了一些改进 [Zitzler et al., 2001]. 首先, 我们不仅为档案中的个体分配优势值 $S(\boldsymbol{\alpha})$, 也为种群中的个体分配优势值:

$$S(\boldsymbol{\alpha}) = |\boldsymbol{x} \in \{P, A\} \text{ 满足 } \boldsymbol{\alpha} \succ \boldsymbol{x}| \text{ 对所有 } \boldsymbol{\alpha} \in \{P, A\}. \tag{20.47}$$

将上式与 (20.45) 式比较, 可知对优势值我们没有做正规化处理.

其次, 在计算 P 中每一个个体的原始费用时也稍微有点不同, 我们将种群和档案中支配个体的优势总和起来:

$$R(\boldsymbol{x}) = \sum_{\boldsymbol{y} \in \alpha(\boldsymbol{x})} S(\boldsymbol{y}), \text{ 对所有 } \boldsymbol{x} \in P, \text{这里 } \alpha(\boldsymbol{x}) = \{\boldsymbol{y} \in \{P, A\} : \boldsymbol{y} \succ \boldsymbol{x}\}. \tag{20.48}$$

将上式与 (20.46) 式比较可见, 在原始费用的计算中并没有加 1.

再次, 基于邻近的个体数修改每个 $\boldsymbol{x} \in P$ 的原始费用; 也就是说, 对于在目标函数空间中邻居较多的个体在费用上给予惩罚. 对于 $\boldsymbol{y} \neq \boldsymbol{x}$ 的所有 $\boldsymbol{x} \in P$ 和所有 $\boldsymbol{y} \in \{P, A\}$, 找出 $\boldsymbol{f}(\boldsymbol{x})$ 和 $\boldsymbol{f}(\boldsymbol{y})$ 之间的距离用来惩罚. 尽管我们通常采用欧氏范数, 距离测度可以是向量的任何一种范数, 只要用户认为合适就行. 对于每个 $\boldsymbol{x} \in P$, 将它与每个 $\boldsymbol{y} \in \{P, A\}$ 之间的距离按升序排列, 得到 $\boldsymbol{x}$ 的 $(|P| + |A|)$ 个元素的有序距离列表. 然后选择距离列表中的第 j 个元素, 它是 $\boldsymbol{x}$ 和距它第 j 个最近邻居之间的距离, 记为 $\sigma_j(\boldsymbol{x})$. 我们可以采用不同的策略选择 j; 例如, 一些研究人员在取 $j = \sqrt{|P| + |A|}$ 时很成功, 但其他人则只是设 $j = 1$[Zitzler et al., 2004]. 定义 $\boldsymbol{x}$ 的密度为

$$D(\boldsymbol{x}) = \frac{1}{\sigma_j(\boldsymbol{x}) + \gamma}. \tag{20.49}$$

这里在分母中需选择常数 γ 以保证 $D(\boldsymbol{x}) < 1$. 最早关于 SPEA2 的文章建议 $\gamma = 2$ [Zitzler et al., 2001].

最后, 将原始费用加到密度上得到修改后 $\boldsymbol{x}$ 的费用:

$$C(\boldsymbol{x}) = R(\boldsymbol{x}) + D(\boldsymbol{x}). \tag{20.50}$$

由 (20.48) 式可知, 所有非支配个体的原始费用为 0, 并且对所有 $\boldsymbol{x}$, $D(\boldsymbol{x}) < 1$, 因此所有非支配个体的费用 $C(\boldsymbol{x}) < 1$.

SPEA2 的第四个修改涉及档案规模的控制. 在 SPEA 中档案规模没有下界, 但在 SPEA2 中档案规模保持为一个常值. 如果在 SPEA2 过程中的任一点档案规模过小, 就

将种群中费用最低的个体, 即使它们是被支配的, 纳入档案直到档案规模达到想要的值. 如果档案过大, SPEA 采用聚类的方法让其规模减小, 但 SPEA2 用了不同的方法. 在 SPEA2 中, 如果档案规模过大, 就在目标函数空间中通过找出距每个 $\boldsymbol{x} \in A$ 最近的邻居:

$$D_{\min}(\boldsymbol{x}) = \min_{\boldsymbol{y}} \left[\sum_{i=1}^{k} (f_i(\boldsymbol{x}) - f_i(\boldsymbol{y}))^2 \text{ 这里 } \boldsymbol{y} \in A \text{且} \boldsymbol{y} \neq \boldsymbol{x} \right], \quad \boldsymbol{x} \in A. \tag{20.51}$$

由此得到 $|A|$ 个 $D_{\min}(\boldsymbol{x})$ 的值, 这里 $|A|$ 为档案规模. 下面我们用 D 表示具有最小 $D_{\min}(\boldsymbol{x})$ 值的个体的集合:

$$D = \{\boldsymbol{x} : D_{\min}(\boldsymbol{x}) \leqslant D_{\min}(\boldsymbol{y}) \text{ 对所有 } \boldsymbol{y} \in A\}. \tag{20.52}$$

D 中至少会有两个个体, 因为两个个体 $\boldsymbol{x}$ 和 $\boldsymbol{y}$ 之间的距离与 $\boldsymbol{y}$ 和 $\boldsymbol{x}$ 之间的距离相同. 在 D 中所有的个体中, 找出距不属于 D 的任一归档个体最近的个体, 记为 $\boldsymbol{x}_{\min}$:

$$\boldsymbol{x}_{\min} = \arg\min_{\boldsymbol{x}} \left\{ \min_{\boldsymbol{y}} \sum_{i=1}^{k} (f_i(\boldsymbol{x}) - f_i(\boldsymbol{y}))^2 \text{ 这里 } \boldsymbol{y} \in A \text{且} \boldsymbol{y} \notin D \right\}. \tag{20.53}$$

从档案中去掉 $\boldsymbol{x}_{\min}$, 这样档案规模减 1. 如果 $|A|$ 过大, 重复 (20.51) 式 ~ (20.53) 式, 在每次迭代中去掉一个个体, 直到达到想要的档案规模.

SPEA2 的第五个和最后一个修改是只让 A 中成员参加选择和重组生成下一代种群. 在文献中能查到 SPEA 和 SPEA2 的几个变种和改进, 算法 20.10 只概述了基本的思路.

算法 20.10 只包括 SPEA 的原则, 将很多细节留给了研究人员. 关于算法 20.10, 我们在这里澄清几点并提出几种改进.

算法 20.10 优势帕雷托进化算法 (SPEA 和 SPEA2) 概述.

N = 种群规模
N_A = 最大档案规模
初始化候选解种群 $P = \{\boldsymbol{x}_j\}, j \in [1, N]$
将档案 A 初始化为空集
While not (终止准则)
  从 P 将非支配个体复制给 A:
    $A \leftarrow A \cup \{\boldsymbol{x} \in P : \nexists(\boldsymbol{y} \in \{P, A\} : \boldsymbol{y} \succ \boldsymbol{x})\}$
  从 A 中去掉被支配个体
  While $|A| > N_A$
    用一个聚类方法 (SPEA), 或 (20.51) 式~(20.53)式(SPEA2), 从A中去掉一个个体
  End while
  If SPEA2 then
    While $|A| < N_A$
      将 P 中费用最低非重复的个体添加到 A 中

$$A \leftarrow \{A, (\underset{\boldsymbol{x}}{\operatorname{argmin}}\, C(\boldsymbol{x})\text{满足}\boldsymbol{x} \in P, \boldsymbol{x} \notin A)\}$$

End while

End if

用 (20.46) 式 (SPEA), 或 (20.50) 式 (SPEA2), 计算 P 中每一个个体的费用

从 $\{P, A\}$(SPEA), 或从 A(SPEA2) 选择父代

用一个重组方法由父代生成子代 C

依概率变异子代种群 C

采用一个替换方法让 C 中的个体替换 P 中的个体

下一代

- 读者需要选择种群规模 N 和档案规模 N_A, 通常 $N_A < N$.
- "从 P 将非支配个体复制给 A" 这句话表示所有的个体 $\boldsymbol{x} \in P$ 需要与所有的个体 $\boldsymbol{y} \in \{P, A\}$ 比较. 不被个体 $\boldsymbol{y}$ 支配的个体 $\boldsymbol{x}$ 会被复制到 A 中. 但这句话没有说是否去掉 P 中的非支配个体. 因为非支配个体存在于 A 中, 在 P 中还保留副本可能没有意义. 但这就引出了关于 P 的种群规模的问题. 如果去掉 P 中的非支配个体, 是否应该用其他个体替换它们? 可以让 P 处于缩减的状态并总是生成 N 个子代无论 P 的规模是多大, 或者用随机生成的个体替换从 P 中去除的非支配个体.
- 如果档案过大, "While $|A| > N_A$" 循环会去除处于目标函数空间的拥挤区域中的个体. SPEA 和 SPEA2 各自都有完成这个任务的方法, 毫无疑问读者也可以实验别的方法.
- 如果档案过小, "While $|A| < N_A$" 循环会将低费用个体加入档案, 但这只是对 SPEA2 而言. 在 SPEA 中省略了这一步, 即 $|A|$ 没有下界.
- "从 $\{P, A\}$(SPEA), 或从 A(SPEA2) 选择父代" 留有很大的选择余地. 在这一步可以采用各种选择方式 (参见 8.7 节). SPEA 和 SPEA2 能否成功, 在很大程度上取决于这个语句.
- "用一个重组方法由父代生成子代 C" 也留有很大的选择余地. 可以采用本书中的进化算法和重组类型 (参见 8.8 节) 生成子代. 与选择一样, SPEA 和 SPEA2 能否成功, 在很大程度上也取决于重组的实施.
- 可以用几种不同的方式实施"用一种替换方法让 C 中的个体替换 P 中的个体". 如果 $|C| = |P|$, 只用 C 替换 P 就行了. 如果 $|C| < |P|$, 可以从 $C \cup P$ 中选择最好的 N 个个体替换 P, 或者采用与适应度成比例的算法选择 N 个个体. 如果 $|C| > |P|$, 可以从 C 中选择最好的 N 个个体, 或从 $C \cup P$ 中选择最好的 N 个个体, 或者采用与适应度成比例的算法从 C 或 $C \cup P$ 中选择 N 个个体.

例 20.7　本例说明如何按照 (20.51) 式 –(20.53) 式描述的那样修剪 SPEA2 的档案. 图 20.12 所示为二维目标函数空间中非支配个体的档案. 假设需要将档案规模从图中所示的 8 个减少到 5 个. 首先找到互相离得最近的个体, 在图中它们是个体 f 和 g. 去掉 g, 因为它离次近邻 (h) 比 f 离次近邻 (e) 更近. 去掉 g 之后接下来再找互相离得最近的两个个体, 它们是 d 和 e. 去掉 d, 因为它离次近邻 (c) 比 e 离次近邻 (f) 更近. 在去掉 d 之后, 再找互相离得最近的两个个体, 它们是 a 和 b. 去掉 b, 因为它离次近邻 (c) 比 a 离次

近邻 (c) 更近. 现在我们已经将档案规模减小到想要的 5 个个体. 注意, 这个方法总是能够保留档案中末端的个体 (在本例中是 a 和 h). □

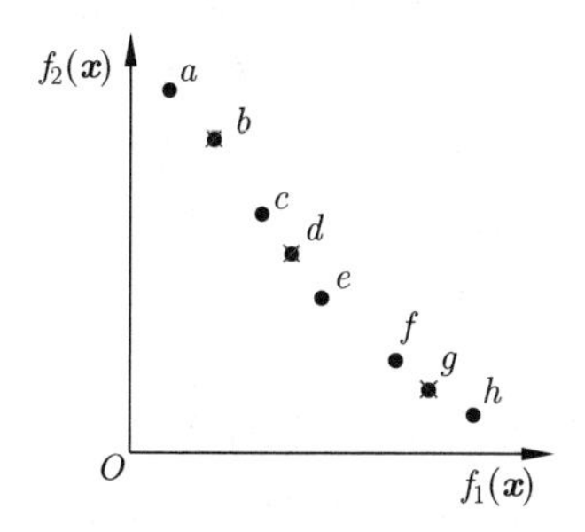

图 20.12 例 20.7: 本图说明在 SPEA2 中如何减少非支配解的档案中个体的数目. 本图改编自 [Zitzler et al., 2004], 通过依次去除 g, d 和 b, 档案规模从 8 个减少到 5 个.

例 20.8 SPEA2 限制档案规模的方法可能会令近似帕雷托前沿退化. 图 20.13 就是一个退化的例子. 图 20.13(a) 显示近似帕雷托前沿有 4 个点. 如果我们想要让档案规模等于 3, 则丢弃点 c 因为它是最拥挤的个体. 但在接下来的某一代, 进化算法可能会找到非支配解 e, 并将它添加到档案中, 如图 20.13(b) 所示. 图 20.13(b) 中因为个体 b 是最拥挤的个体, SPEA2 从档案中去掉 b 保留 e. 我们事后会明白应该在种群中保留 c, 因为它支配新档案点 e. 所以, 尽管 SPEA2 的距离方法可能是修剪个体集合的一个好方法, 更好的应该是不要丢掉非支配个体 [Zitzler et al., 2004]. □

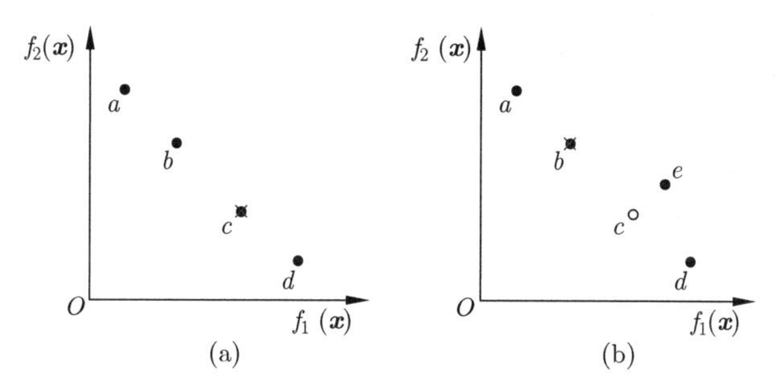

图 20.13 例 20.8: 本图说明 SPEA2 的档案修剪过程可能在无意间会损害近似帕雷托前沿. 个体 c 因为其拥挤度被剔除出档案, 后来个体 e 却被添加进档案, 如果保留 c, e 实际上被 c 支配.

在 SPEA, SPEA2, 以及其他包含档案的 MOEA 中, 使用档案的方式可以不同. 首先, 可以只用它来存储非支配解; 这个方法让 MOEA 的种群和它的档案之间高度隔离. 其次, 可以在每一代的末尾将档案中的个体复制给子代种群; 这个方法允许种群和档案之间有某种交互. 最后, 可以允许档案参加选择过程, 因此种群和档案都会参与重组; SPEA 和 SPEA2 使用的这个方法让种群和档案能充分地交互.

20.4.7 帕雷托归档进化策略

[Knowles and Corne, 2001] 提出帕雷托归档进化策略 (Pareto archived evolution strategy, PAES), 其动机来自 (1+1) 进化策略 (参见第 6 章). 在每一代, 单个个体利用变异生成单个子代. 在每一代一个父代生成一个子代, 如果子代不被档案中的个体支配就将它纳入档案. 如果档案规模超过某个阈值, 就通过剔除拥挤距离最小的个体 (即在搜索空间或目标函数空间中最拥挤的区域的个体) 修剪档案. 最初的 PAES 利用目标函数空间中的网格计算拥挤距离. 它与 ϵ-MOEA 的 ϵ 箱类似 (参见 20.4.2 节). 也与 [Parks and Miller, 1998] 的聚类方法类似, 只有当个体完全不同于当前档案中的个体时才会被添加到档案中. 算法 20.11 概述一般的 PAES.

算法 20.11 帕雷托归档进化策略 (PAES) 的概述. $s(\boldsymbol{\alpha})$ 是 $\boldsymbol{\alpha}$ 的拥挤距离, 对于处于搜索空间或目标函数空间的拥挤区域中的个体, $s(\boldsymbol{\alpha})$ 较小.

$N_A =$ 档案规模的上界
随机生成一个候选解种群 $P = \{\boldsymbol{x}_j\}$, $j \in [1, N]$
档案 A 初始化为空集
While not (终止准则)
  从 P 中选择一个父代 $\boldsymbol{x}$
  变异 $\boldsymbol{x}$
  If $\boldsymbol{x}$ 不被 A 中的个体支配 then
    将 $\boldsymbol{x}$ 添加到 A 中: $A \leftarrow \{A \cup \boldsymbol{x}\}$
  End if
  If $|A| > N_A$ then
    对所有 $\boldsymbol{\alpha} \in A$ 计算拥挤距离 $s(\boldsymbol{\alpha})$
    $\boldsymbol{\alpha}_{\min} \leftarrow \underset{\boldsymbol{\alpha}}{\operatorname{argmin}}\, s(\boldsymbol{\alpha})$
    从 A 中去掉 $\boldsymbol{\alpha}_{\min}$
  End if
下一代

20.5 基于生物地理学的多目标优化

本节说明在第 14 章中的基于生物地理学的优化 (biogeography-based optimization, BBO) 如何与本章前面讨论的某些 MOEA 结合. BBO 方法与不同的 MOEA 结合会得到几种基于生物地理学的多目标优化 (multi-objective biogeography-based optimization, MOBBO) 算法. 然后, 我们在某些标准的多目标基准问题上对这些 MOBBO 算法做比较研究. 本节可以作为将进化算法推广到多目标优化的一个模板.

20.5.1 向量评价 BBO

本节讨论如何让 BBO 与 VEGA(20.3.2 节) 结合. 回顾算法 20.1, 它是有 k 个目标的优化问题的 VEGA. 因为 BBO 以迁移为基础, 我们提出, 多目标 BBO 的迁入以每一个

个体的第 k_i 个目标函数值为基础, 这里 k_i 是在第 i 个迁移试验的随机目标函数的指标. 然后, 让迁出以每一个个体的第 k_e 个目标函数值为基础, 这里 k_e 也是一个随机目标函数指标. 由此得到向量评价 BBO (vector evaluated biogeography-based optimization, VEBBO) 算法 20.12.

算法 20.12 求解有 k 个目标的 n 维优化问题的向量评价 BBO(VEBBO) 的概述. 在每一代, 关于第 i 个目标值的最好个体 $\boldsymbol{x}_{\rm b}$ 的排名 $r_{{\rm b}i}=1$ 最差个体 $\boldsymbol{x}_{\rm w}$ 的排名 $r_{{\rm w}i}=N$.

初始化一个候选解种群 $P=\{\boldsymbol{x}_j\}$, $j\in[1,N]$
While not (终止准则)
  对每个目标 i 和每一个个体 $\boldsymbol{x}_j\in P$ 计算费用 $f_i(\boldsymbol{x}_j)$
  $r_{ji}\leftarrow \boldsymbol{x}_j$ 关于第 i 个目标函数的排名, $j\in[1,N]$, $i\in[1,k]$
  迁入率 $\lambda_{ji}\leftarrow r_{ji}\Big/\sum_{q=1}^{N} r_{qi}$, $j\in[1,N]$, $i\in[1,k]$
  迁出率 $\mu_{ji}\leftarrow 1-\lambda_{ji}$, $j\in[1,N]$, $i\in[1,k]$
  For 每一个个体 $\boldsymbol{x}_j$, $j\in[1,N]$
    For 每一个独立变量 $s\in[1,n]$
      $k_i\leftarrow \text{rand}(1,k)$ = 均匀分布的整数
      $r\leftarrow \text{rand}(0,1)$
      If $r<\lambda_{j,k_i}$ then 执行迁入
        $k_e\leftarrow \text{rand}(1,k)$ = 均匀分布的整数
        依概率选择迁出者 $\boldsymbol{x}_e$, 这里

$$\Pr(\boldsymbol{x}_e=\boldsymbol{x}_m)=\mu_{m,k_e}\Big/\sum_{q=1}^{N}\mu_{q,k_e},\ m\in[1,N]$$

        $x_j(s)\leftarrow x_e(s)$
      End 迁入
    下一个独立变量
  下一个个体 $\boldsymbol{x}_j$
  依概率变异种群 P
下一代
$\hat{P}_s\leftarrow P$ 的非支配元素

20.5.2 非支配排序 BBO

现在讨论如何将 BBO 与 NSGA(参见 20.4.3 节) 结合. 算法 20.7 是 NSGA. 为了针对 BBO 修改算法 20.7, 只需要将重组语句, “$C\leftarrow$ 由 P 中个体重组生成的 N 个子代”变为一个 BBO 迁移操作. 由此得到非支配排序 BBO(nondominated sorting biogeography-based optimization, NSBBO) 算法 20.13.

算法 20.13 求解有 k 个目标的 n 维优化问题的非支配排序 BBO(NSBBO) 的迁移部分, 种群规模为 N. 此伪代码替换算法 20.7 中的"$C \leftarrow$ 由 P 中个体重组生成的 N 个子代".

迁入率 $\lambda_j \leftarrow \phi(\boldsymbol{x}_j) \Big/ \sum_{q=1}^{N} \phi(\boldsymbol{x}_q),\ j \in [1, N]$

迁出率 $\mu_j \leftarrow 1 - \lambda_j,\ j \in [1, N]$

For 每一个个体 $\boldsymbol{x}_j,\ j \in [1, N]$

  For 每一个独立变量 $s \in [1, n]$

    $r \leftarrow \text{rand}(0, 1)$

    If $r < \lambda_j$ then

      依概率选择迁出者 $\boldsymbol{x}_e$, $\Pr(\boldsymbol{x}_e = \boldsymbol{x}_m) = \mu_m \Big/ \sum_{q=1}^{N} \mu_q,\ m \in [1, N]$

      $x_j(s) \leftarrow x_e(s)$

    End 迁入

  下一个独立变量

下一个个体 $\boldsymbol{x}_j$

子代种群 $C \leftarrow \{\boldsymbol{x}_j\}$

20.5.3 小生境帕雷托 BBO

本节提出 BBO 与 NPGA(参见 20.4.5 节) 结合的一种简单方式. 我们还记得算法 20.9 为 NPGA. 与前一节的 NSBBO 算法类似, 为了针对 BBO 修改算法 20.9, 只需要把重组语句"重组 R 中的个体"改为 BBO 的迁移操作. 因为 NPGA 已经基于非支配选择了 R 中的个体, 我们可以简单地对 R 中的每一个个体以相等的迁移率选择迁移操作. 由此得到小生境帕雷托 BBO(niched Pareto biogeography-base optimization, NPBBO) 算法 20.14.

此处需要提一下, 可以将本节讨论的 MOBBO 算法与第 14 章中的 BBO 的所有变种结合. 例如, 采用基于迁出的 BBO 而不是基于迁入的 BBO. 可以用非线性迁移曲线. 也可以用混合迁移. 每次可以迁移一组独立变量而不是一个独立变量 (参见 14.5 节). 迁移时可以用临时种群直到完成所有的迁移, 这样就无需改变迁移的个体. 为得到更多 MOBBO 算法, 在文献中的 BBO 的扩展、变种和混合一般都可以与本节讨论的 MOBBO 算法结合. 也可以采用本书讨论的其他进化算法. 将很多新的进化算法, 包括第 17 章中的算法, 扩展到多目标优化, 这方面的研究会取得丰硕的成果.

算法 20.14 求解有 k 个目标的 n 维优化问题的小生境帕雷托 BBO(NPBBO) 的迁移部分, 种群规模为 N. 此伪代码替换算法 20.9 中的"重组 R 中的个体得到 N 个子代".

For 每一个个体 $\boldsymbol{x}_j \in R$, 这里 $j \in [1, N]$

  For 每一个独立变量 $s \in [1, n]$

    $r \leftarrow \text{rand}(0, 1)$

If $r < 1/N$ then

依概率选择迁出者 $\boldsymbol{x}_e$, $\Pr(\boldsymbol{x}_e = \boldsymbol{x}_m) = 1/N$, $m \in [1, N]$

$x_j(s) \leftarrow x_e(s)$

End 迁入

下一个独立变量

下一个个体 $\boldsymbol{x}_j$

子代种群 $\leftarrow \{\boldsymbol{x}_j\}$

20.5.4 优势帕雷托 BBO

本节提出 BBO 与 SPEA 或 SPEA2 结合的方法 (参见 20.4.6 节). 算法 20.10 是 SPEA 和 SPEA2. 为了针对 BBO 修改算法 20.10, 需要改变 "选择父代" 和 "采用一个重组方法" 语句. 用 (20.46) 式 SPEA 的原始费用, 或用 (20.50) 式 SPEA2 的修改后的费用计算迁移率. 然后利用这些速率实施 BBO 迁移. 我们在本节用 SPEA 的方法, 从种群 P 和档案 A 中选出父代, 这就是优势帕雷托 BBO(strength Pareto biogeography-based optimization, SPBBO) 算法 20.15.

算法 20.15 求解有 n 个独立变量的优化问题的优势帕雷托 BBO(SPBBO) 的迁移部分概述. 此伪代码替换算法 20.10 中从 "用 (20.46) 式" 开始到 "采用一个替换方法" 结束的 5 行. 注意, 在 P 中有个体迁入, 同时在 $P \cup A$ 中有个体迁出.

用 (20.45) 式计算每一个个体 $\boldsymbol{\alpha} \in A$ 的强度 $S(\boldsymbol{\alpha})$

为每一个 $\boldsymbol{\alpha} \in A$ 计算费用 $R(\boldsymbol{\alpha}) \leftarrow 1 - S(\boldsymbol{\alpha})$

用 (20.46) 式计算每一个个体 $\boldsymbol{x} \in P$ 的费用 $R(\boldsymbol{x})$

迁入率: $\lambda_j \leftarrow R(\boldsymbol{x}_j) \Big/ \sum_{q=1}^{|P|} R(\boldsymbol{x}_q)$ 对所有 $\boldsymbol{x}_j \in P$

迁出率: $\mu_j \leftarrow 1 - R(\boldsymbol{x}_j) \Big/ \sum_{q=1}^{|P|+|A|} R(\boldsymbol{x}_q)$ 对所有 $\boldsymbol{x}_j \in \{P, A\}$

For 每一个个体 $\boldsymbol{x}_j \in P$

For 每一个独立变量 $s \in [1, n]$

$r \leftarrow \text{rand}(0, 1)$

If $r < \lambda_j$ then

依概率选择迁出者 $\boldsymbol{x}_e$, 这里

$$\Pr(\boldsymbol{x}_e = \boldsymbol{x}_m) = \mu_m \Big/ \sum_{q=1}^{|P|+|A|} \mu_q,\ \boldsymbol{x}_m \in \{P, A\}$$

$x_j(s) \leftarrow x_e(s)$

End 迁入

下一个独立变量

下一个个体 x_j

20.5.5 多目标 BBO 的仿真

这里展示前面介绍的 MOBBO 算法的仿真结果. 对于每个算法, 取种群规模为 100, 代数限制为 1000. 每代每个独立变量的变异率为 1%, 并且采用以搜索域的中央为中心的均匀变异 (参见 8.9 节). 每经过 100 代, 检查种群中相同的个体并用随机生成的个体替换重复个体 (参见 8.6.1 节).

通过在每一代检查种群中的非支配个体将精英融入 VEBBO, NSBBO 和 NPBBO 中. 如果找到非支配个体, 就从前一代随机选出两个非支配个体替换种群中最差的个体 (就算法 20.7 所示的非支配水平而言).

因为 SPBBO 将非支配个体存入档案 (参见算法 20.15), 所以在 SPBBO 中没有采用精英. 对于 SPBBO, 当非支配个体从种群 P 移动到档案 A 时, 用随机生成的个体替换 P 中的个体使 $|P|$ 维持在 100. 我们没有为 $|A|$ 设置下界, 但利用 20.4.6 节的简单聚类算法限制 $|A|$ 的最大值为 100.

我们用附录 C.3 的一些无约束多目标基准测试这四个 MOBBO 算法, 每一个都是 10 维, 它们各具特点. 选用问题 U01 因为它是凸帕雷托前沿; 问题 U04 因为它是凹帕雷托前沿; 问题 U06 因为它是不连续帕雷托前沿; 而问题 U10 则因为它有三个目标 (测试的其他基准只有两个目标).

我们用两个指标评价算法的性能: (20.22) 式的参考点超体积S', 以及 (20.23) 式的正规化参考点超体积S'_n. 这些指标不考虑多样性, 但考虑近似帕雷托前沿与真实帕雷托前沿的接近程度. 参考点超体积 S' 还考虑近似帕雷托前沿中点的个数.

表 20.1 为仿真结果在 10 次蒙特卡罗仿真上的平均. 由表可见, 一般来说 SPBBO 表现最好. 但对于不连续的 U06 函数, 以超体积总和而言 VEBBO 表现最好, 以正规化后的超体积而言 NSBBO 表现最好. 也就是说, VEBBO 找到了帕雷托前沿质量和数量的最佳组合, 而 NSBBO 找到的质量最好. 对于更复杂的 U10 函数, 尽管 SPBBO 找到最好的超

表 20.1 在 4 个 10 维基准函数上多目标 BBO 的结果. 表中显示采用线性 BBO 迁移 (每一对中的第一个数) 和正弦迁移 (每一对中的的第二个数) 的相对超体积和正规化相对超体积. 每个基准关于相对超体积和正规化相对超体积的最好性能用**粗体**标示. 关于 BBO 中的线性迁移与正弦迁移的讨论参见 14.4.1 节.

		U01	U04	U06	U10
VEBBO	Hyper	(8.02,8.93)	(2.73, 2.51)	(**63.53**, 59.99)	(299.68, 444.24)
	Norm	(1.28, 1.98)	(0.19, 0.18)	(21.18, 19.95)	(76.72, 103.07)
NSBBO	Hyper	(5.76, 8.01)	(3.27, 3.51)	(56.51, 48.44)	(373.51, 599.38)
	Norm	(1.26, 1.69)	(0.21, **0.22**)	(**21.94**, 20.09)	(101.40, **118.89**)
NPBBO	Hyper	(9.23,18.78)	(2.95, 3.05)	(57.92, 48.31)	(419.96, 577.28)
	Norm	(1.18, 2.02)	(0.15, 0.15)	(20.01, 20.09)	(58.65, 57.33)
SPBBO	Hyper	(13.87, **33.10**)	(4.48, **4.60**)	(14.82, 18.33)	(934.29, **3884.32**)
	Norm	(0.90, **2.24**)	(**0.22**, **0.22**)	(3.47, 4.08)	(90.65, 108.08)

体积总和, NSBBO 却找到帕雷托前沿质量更好的点. 总之, SPBBO 因为有档案通常表现最好, 但不能保证对于每个具体问题它都能表现得最好.

20.6 总 结

本章不是要完整地论述 MOEA 这个主题, 只是讨论较受欢迎的 MOEA 及其相关的思路. MOEA 已经有很多, 新的算法还在不断涌现. MOEA 的书包括 [Sakawa, 2002], [Collette and Siarry, 2004], [Coello Coello et al., 2007], [Deb, 2009], 以及 [Tan et al., 2010]. 此外, MOP 基于群的方法, 如粒子群优化 (参见第 11 章), 越来越受欢迎 [Banks et al., 2008].

[Coello Coello, 2006] 以一个有趣的、高层次的、历史的视角看待 MOEA. [Fonseca and Fleming, 1995] 最早调查 MOEA 的技术, 更多的调查在 [Coello Coello, 1999], [Van Veldhuizen and Lamont, 2000], [Zitzler et al., 2004] 和 [Konak et al., 2006] 中可以找到. 尽管因为 MOEA 研究的快速发展, 一些文章很快就过时了, 但它们仍然非常有益, 对 MOEA 的根本问题的许多见解也都很有用.

我们看到, 对于 MOEA 而言多样性很重要. 增加多样性的一些方法包括适应度分享、网格、聚类、拥挤、熵和交配约束[Fonseca and Fleming, 1995]. 8.6 节说明多样性对于单目标进化算法至关重要, 其中寻求多样性的所有机制都可以应用于本章讨论的 MOEA 中.

未来关于 MOEA 的研究有下列一些重要主题.

- MOEA 可调参数的自动在线自适应;
- MOEA 与局部搜索策略的混合;
- 以较少的函数评价获得性能较好的 MOEA;
- 多个目标 (比两三个更多) 的 MOEA;
- MOEA 与用户偏好结合;
- 不依赖标准帕雷托排名方法的 MOEA 设计在概念上的新方法; 以及
- MOEA 的理论和数学模型.

现在来讨论其中几个主题.

上面列出的第二个主题, 在 MOEA 中融入局部搜索策略是一个重要的题目. 特别地, MOEA 可以与基于梯度的算法 (或其他局部搜索方法) 混合以微调优化结果. 这种算法被称为 Memetic 算法, 因为它们 (至少隐式地) 涉及在混合算法中利用问题的具体信息. Memetic 策略好像在单目标优化中用得很多 [Ong et al., 2007], 在 MOP 中还没有大量使用, 不过也有几个例外 [Jaszkiewicz and Zielniewicz, 2006].

对于 MOP, 昂贵适应度函数评价的问题很重要, 因为在实际问题中经常会出现这样的适应度函数, 也因为 MOP 常常比单目标问题要做更多的适应度函数评价. 21.1 节从整体上讨论昂贵适应度函数, 也有一些研究专门为使用昂贵适应度函数的 MOP 设计进化算法, 参见 [Chafekar et al., 2005], [Eskandari and Geiger, 2008], [Knowles, 2005], [Santana-Quintero et al., 2010]. [Goh and Tan, 2007] 讨论能处理有噪声适应度函数评价问题的 MOEA.

针对很多目标 (10 个或更多) 设计 MOEA 也是未来研究的重要领域, 其中已经有了一些结果, 更具挑战性的问题不一定是帕雷托集的近似, 而是如何帮助决策者从 MOEA 的近似帕雷托集中找出一个解. 一些研究会强调目标多的问题对算法提出的特殊挑战 [Fleming et al., 2005], 另外一些研究却表明, 对于有很多目标的问题, 实际上更容易找到好的近似帕雷托集 [Schütze et al., 2011]. 直观来说这是对的, 因为目标越是冲突, 随机的候选解就越有可能在至少一个目标上有好性能. [Van Veldhuizen and Lamont, 2000] 证明了 MOP 的目标越多, 帕雷托集越大.

尽管目标越多可能越容易找到近似帕雷托集, 但它也需要更多的候选解. 例如, 如果对于有两个目标的问题, 假设由 10 个候选解能获得好的近似帕雷托集, 则在有两个目标的 MOEA 中可能至少需要 100 个个体. 这意味着对于有 k 个目标的 MOP, 可能需要 10^k 个个体, 比如, 对于较小的有 5 个目标的 MOP 就需要 100000 个个体. 有很多目标的问题要找出近似帕雷托集在理论上并不困难, 困难在于实际的计算量, 以及只有几个点的高维表面的近似. [Schütze et al., 2011] 针对当前多目标问题研究的评论值得一读.

现在来说说用户偏好的问题. 在求解 MOP 时, 我们经常预先定义偏好. 例如, 我们可能会认为某些目标比其他目标更重要, 或者认为目标的某些组合更重要. 用户并不总是对获得整个帕雷托集感兴趣. 如果能够以某种方式将用户偏好与 MOEA 结合, 就可以让进化在搜索空间或目标空间中朝向用户首选的区域. 这样能减小多目标问题 MOEA 的种群规模, 因为不再需要近似整个帕雷托集. 处理多目标问题的另一个方法是减少目标的个数, 因为这些问题经常会有互相关联的目标 [Lopez Jaimes et al., 2009].

要近似帕雷托集非常困难, 即使进化算法能得到一个好的近似, 决策者该如何在众多潜在的解中选择? 本章讨论的一些 MOEA 结合了用户的偏好 (参见 20.3.1 节), 但没有明确处理这个问题. [Tanaka and Tanino, 1992] 首先尝试在 MOEA 中结合用户的偏好. 在那之后, 人们又提出了很多方法; 相关的评论参见 [Thiele et al., 2009].

MOEA 在理论上的结果很少, 因此其研究还有很大的空间. [Rudolph and Agapie, 2000] 为 MOEA 提出了一个初级的马尔可夫模型, 另外有几位研究人员研究 MOEA 理论 [Zitzler et al., 2010], 不过, 与单目标进化算法的理论研究相比, 有关 MOEA 的理论研究还很少.

最后, 对 MOEA 的更多结果和研究感兴趣的读者应该留意 Carlos Coello Coello 维护的与多目标进化优化相关的网页. 其中内容既详尽又有用, 包括自 2012 年 8 月以来的 4861 篇参考文献 [Coello Coello, 2012b].

习 题

书面练习

20.1 已知一个点集和一个 MOP, 是否总有一个点支配其他所有的点?

20.2 每一个 MOP 都有帕雷托集吗?

20.3 图 20.1 所示是我们想要最小化的两个目标的 MOP 的帕雷托前沿的草图. 我们想要: (1) 最小化 f_1 并最大化 f_2; (2) 最大化 f_1 并最小化 f_2; (3) 最大化 f_1 和 f_2, 分别画出 MOP 凸帕雷托前沿的一个样本并解释这个样本.

20.4 考虑下面的点和多目标最小化问题的目标函数值:

$$\begin{aligned} &f_1(\boldsymbol{x}^{(1)})=1, \quad f_2(\boldsymbol{x}^{(1)})=1, \quad f_1(\boldsymbol{x}^{(2)})=1, \quad f_2(\boldsymbol{x}^{(2)})=2, \\ &f_1(\boldsymbol{x}^{(3)})=2, \quad f_2(\boldsymbol{x}^{(3)})=1, \quad f_1(\boldsymbol{x}^{(4)})=2, \quad f_2(\boldsymbol{x}^{(4)})=2. \end{aligned}$$

(1) 哪一个点支配其他所有的点?

(2) $\boldsymbol{x}^{(2)}$ 和 $\boldsymbol{x}^{(3)}$ 支配哪一个点?

(3) 哪一个点是非支配的?

(4) 哪一个点是帕雷托最优?

20.5 考虑习题 20.4 中的点. ϵ 取什么值时, $\boldsymbol{x}^{(2)}$, $\boldsymbol{x}^{(3)}$ 和 $\boldsymbol{x}^{(4)}$ 加性 ϵ 支配 $\boldsymbol{x}^{(1)}$? ϵ 取什么值时, 这些点乘性 ϵ 支配 $\boldsymbol{x}^{(1)}$?

20.6 对于二维有两个目标的最小化问题, 给出它的两个点的一个例子, 其中无论 ϵ 取什么值, 其中一个点都不能乘性 ϵ 支配另一个点.

20.7 给出两个帕雷托前沿 P_1 和 P_2 的例子, 它们的点数相同, P_2 的超体积的并集大于 P_1 的超体积的并集, 但 P_2 的超体积的交集小于 P_1 的超体积的交集.

20.8 对于有两个目标的最小化问题, 考虑下列 4 个点的近似帕雷托前沿 $f(\boldsymbol{x})$ 与 3 个点的近似帕雷托前沿 $f(\boldsymbol{y})$:

$$\begin{aligned} &f_1(\boldsymbol{x}^{(1)})=3, \quad f_2(\boldsymbol{x}^{(1)})=4, \quad f_1(\boldsymbol{y}^{(1)})=1, \quad f_2(\boldsymbol{y}^{(1)})=3, \\ &f_1(\boldsymbol{x}^{(2)})=3, \quad f_2(\boldsymbol{x}^{(2)})=3, \quad f_1(\boldsymbol{y}^{(2)})=4, \quad f_2(\boldsymbol{y}^{(2)})=3, \\ &f_1(\boldsymbol{x}^{(3)})=2, \quad f_2(\boldsymbol{x}^{(3)})=2, \quad f_1(\boldsymbol{y}^{(3)})=4, \quad f_2(\boldsymbol{y}^{(3)})=1, \\ &f_1(\boldsymbol{x}^{(4)})=5, \quad f_2(\boldsymbol{x}^{(4)})=2. \end{aligned}$$

$\boldsymbol{x}$ 相对于 $\boldsymbol{y}$ 的覆盖度是多少? $\boldsymbol{y}$ 相对于 $\boldsymbol{x}$ 的覆盖度是多少? 根据相对覆盖度的值, 哪一个近似更好?

20.9 在 (20.26) 式的乘积集结方法中, 为什么需要假定所有目标都非负?

20.10 解释精英和档案之间的区别.

20.11 对于有两个目标的 ϵ-MOEA 档案, 最多可以存入多少个个体, 这里 $f_i \in [0, f_{i,\max}]$, $i \in [1,2]$? 三个目标的又会是多少?

20.12 图 20.10 说明我们在 NSGA-II中计算拥挤距离用的长方形. 假设我们用围绕 $\boldsymbol{x}$ 但不包括其他点的最大的长方形来计算. 画出那个长方形.

20.13 考虑二维目标函数空间中的两个点, $\boldsymbol{x}$ 和 $\boldsymbol{y}$. 假设 NSGA-II拥挤距离 $d_1(\boldsymbol{x})$ 是用 $\boldsymbol{x}$ 在每一维上的最近邻来计算, 而拥挤距离 $d_2(\boldsymbol{x})$ 则用围绕 $\boldsymbol{x}$ 但不包括其他点的最大的长方形来计算. $d_1(\boldsymbol{x}) < d_1(\boldsymbol{y})$ 是否意味着 $d_2(\boldsymbol{x}) < d_2(\boldsymbol{y})$?

20.14 考虑图 20.14, 它标明用 SPEA求解有两个目标的最大化问题的种群和档案中的个体 [Zitzler and Thiele, 1999]. 种群中每一个个体的原始费用是多少? 档案中每一个个体的优势值是多少?

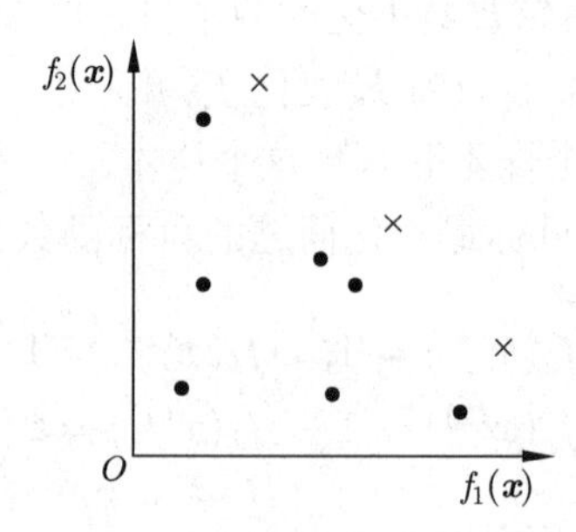

图 20.14 习题 20.14: $\bullet$ 为种群的个体, $\times$ 为档案的个体.

20.15 假设有两个目标的最小化问题有三个个体:

$$f_1(\boldsymbol{x}_1)=3,\quad f_2(\boldsymbol{x}_1)=4,\quad f_1(\boldsymbol{x}_2)=4,\quad f_2(\boldsymbol{x}_2)=3,\quad f_1(\boldsymbol{x}_3)=2,\quad f_2(\boldsymbol{x}_3)=2.$$

求在 VEBBO 算法 20.12 中的排名 r_{ji}.

20.16 在 Carlos Coello Coello 的网址上 "多目标进化优化参考文献列表" 中列出了多少参考文献?

计算机练习

20.17 在搜索域中以 0.01 的分辨率用穷举搜索找出下面这个问题的帕雷托集和帕雷托前沿

$$\min\{\cos(x_1+x_2),\sin(x_1-x_2)\},$$

其中每维的搜索域为 $[0,\pi]$.

20.18 利用加权和方法将习题 20.17 的两个目标降为单目标. 权重 w_1 和 w_2 取什么值时, 单目标问题的解等于这个有两个目标的问题的帕雷托前沿?

20.19 运行多目标问题基于性别的进化算法 20.4. 测试下列变种的性能: (1) 每个子种群只能有一个父代与每个子种群可以有两个父代; (2) 每个子代只能是一个子种群的成员与每个子代可以是不止一个子种群的成员; (3) 每一代替换重复个体与每一代不替换重复个体.

第 21 章　昂贵、有噪声与动态适应度函数

进化算法常常需要在大范围的不确定性中解决最优化问题.

金尧楚, 尤尔根 · 布兰克 (Yaochu Jin and Jürgen Branke) [Jin and Branke, 2005]

在 1970 年之前, 致力于进化算法的人都走在了时代的前面. 在进化算法的早期, 大约有十几个人为进化算法奠定了基础, 其中每一位都有理由被赋予进化算法之父的称号, 或者至少是诸多父亲之一.[1]不过, 有关进化算法所有的早期研究都因为缺乏计算机资源而在某种程度上遭受到挫折. 为了在一个合理的时间区间内运行进化算法, 在 20 世纪 60 年代开发的进化算法短小精干. 20 世纪 60 年代的计算能力还远远不足以支持进化算法的研究或实践.

在 20 世纪 70 年代, 不仅计算资源更容易获得，计算能力也变得更强大；到 20 世纪 80 年代, 进化算法的研究从低迷中反弹, 成为一个活跃的研究领域. INSPEC 是计算机和工程领域研究论文的计算机数据库, 对它的研究显示, 在 20 世纪 70 年代遗传算法领域的出版物只有一种, 但在 20 世纪 80 年代有 37 种, 到 20 世纪 90 年代有 7924 种, 到 21 世纪的第一个十年里已经有 35440 种.[2] 如今的计算技术已经足够强大, 为了解决既有趣又具挑战性的问题, 每个人都能在台式机上编写进化算法的软件.

在 20 世纪 60 年代, 计算机主机的最高时钟速度为 10MHz, 在 21 世纪早期标准台式机的时钟速度接近 10GHz, 如果算上多核处理, 它的速度就更快. 从 1960 年到 2010 年, 计算能力提升了三个数量级, 但进化算法的运行仍然需要几天才能完成. 这也是进化算法研究中特别强调并行的一个原因. 但是并行也遇到一系列与问题相关的挑战.

本章概览

本章讨论如何减少进化算法的计算费用. 现实中的费用函数评价在计算上十分昂贵. 到目前为止, 本书所用的费用函数都是简单的基准函数, 可以以毫秒为单位来评价它们. 但在实际问题中, 评价费用函数可能需要好几天的时间, 在这种情况下, 我们无法负担在进化算法运行过程中所需的成千上万次函数评价. 21.1 节讨论如何处理昂贵的费用函数.

---

[1]据我所知, 在史前时期没有女性研究进化算法. 鉴于进化算法灵活的生物学基础, 有多个父亲却没有母亲似乎也说得过去.

[2]INSPEC 是一个大型研究数据库, 但数据并不详尽. 所以这些只是出版量的下界.

在实际中遇到的与此相关的问题还包括随时间变化的费用函数和有噪声的费用函数. 由于现实中的动态特性和难以预测的因素, 费用函数可能会随时间改变, 因此, 21.2 节讨论处理动态优化问题的方式. 最后, 因为很多问题的精度较差或者因为在确定候选解的质量时本身的歧义性, 费用函数经常带有噪声. 21.3 节会讨论有噪声的优化问题的处理方式.

21.1 昂贵适应度函数

在很多实际问题中, 对适应度做一次评价会需要几分钟、几小时、几天甚至更长时间的计算或实验. 我们在这里讨论如何减少适应度评价所需的时间以便降低进化算法对计算量的要求.

用进化算法处理实际问题的人都亲身体会到适应度函数评价最耗时间, 对基准或学术问题倒还不一定, 但对实际问题正是如此. John Koza 甚至说适应度函数所需的计算量"通常过于巨大以至于很难顾及算法运行过程中的其他方面" [Koza, 1992, Appendix H]. 在 [Banzhaf et al., 1998, Section 11.1] 中也有类似的说法:"运行进化规划用掉的时间几乎都花在适应度评价上了". 实际问题涉及的适应度函数常常包含下列的一种或多种特征 [Knowles, 2005].

- 做一次适应度函数评价需要数分钟、数小时、数天的时间. 当适应度函数必须通过实验而不是仿真评价时尤其如此. 因为缺乏仿真资源, 早期的许多进化算法只能在实验系统中使用 [Rechenberg, 1998; 1973].
- 不能以并行的方式评价适应度函数. 对于依赖有限的资源进行实验评价的适应度函数尤其如此. 例如, 某些优化问题需要特别的实验设置, 需要广泛的人际交往, 或者需要高昂的经费支持. 有时候, 我们需要专家来评价候选解的适应度. 某些适应度函数不能量化而是需要专家的主观评价. 例如, 用于音乐和艺术创造的算法正是如此 [Nierhaus, 2010].
- 适应度函数评价的次数受到时间或其他资源的限制. 对于必须在一定期限内解决的问题, 以及进化算法需要实时运行或适应度函数必须通过专业而独特的技巧和完整的流程进行实验评估的那些问题, 情况正是如此.

下面几种方式有助于减少适应度函数评价的计算量.

- 对已评价过的个体不再计算其费用. 在很多进化算法中, 某些个体可能从一代存活到下一代且没有任何改变. 从代 i 复制到代 $i+1$ 的个体不需要在代 $i+1$ 重新评价. 假设问题是非动态的, 我们已经知道这些个体的费用.

  这个想法可以扩展为在整个进化算法中, 记录所有候选解向量及其相关费用. 每一代之后, 在档案里储存所有个体和它们的费用. 对有 N 个个体的固定种群, 在 T 代之后, 就有 NT 个个体的档案 (减去重复部分). 档案不涉及进化过程, 只用它来避免不必要的费用评价. 每次需要评价费用时, 先查档案看个体是否已被评估过. 在很多代之后, 档案会变得十分庞大, 评价费用前查档案也可能很费时. 但这个检索过程可能还是比费用评价便宜, 它取决于具体的问题.

- 如果个体看起来很好或太差, 可以缩短适应度函数评价[Gathercole and Ross, 1997]. 如果在评价个体适应度函数的中途看到个体表现很好, 可以提早离开评价环节并给它的适应度分配一个较高的近似值从而节省评价所需的另一半计算量. 类似地, 如果在评价适应度函数的中途发现个体表现太差, 也可以提前离开评价环节并给它的适应度分配一个较低的近似值从而节省一半计算量.
- 如果需要在大量测试案例中评价费用函数, 可以用测试案例的一个子集求近似费用. 例如, 假设要最小化 $f(\boldsymbol{x})=\sum_{i=1}^{M}f_i(\boldsymbol{x})$. 这个适应度函数由几个子适应度函数组成. 当要优化横跨几个不同操作区域的函数时情况常常如此. 例如, 我们可能想要针对几个不同的初始条件和几个不同的任务优化机器人的跟踪性能. 一种处理方式是在前 T 代最小化 $f_1(\boldsymbol{x})$. 在接下来的 T 代最小化 $f_1(\boldsymbol{x})+f_2(\boldsymbol{x})$. 然后在接下来的 T 代最小化 $f_1(\boldsymbol{x})+f_2(\boldsymbol{x})+f_3(\boldsymbol{x})$. 继续这个过程直到最后从 $(M-1)T$ 代到 MT 代最小化 $\sum_{i=1}^{M}f_i(\boldsymbol{x})$. 另一种方法是最小化随机选择的 $f_i(\boldsymbol{x})$ 函数的组合, 随着代数增加逐渐增加实例的个数. 这种方法被称为随机采样 [Banzhaf et al., 1998, Section 10.1.5], 它与多目标优化中的字典顺序 (参见 20.3.3 节) 和 ϵ 约束方法 (参见 20.3.4 节) 类似.
- 如果在计算机上评价适应度函数, 可以采用让软件运行加速的标准方法. 它们包括预分配数组, 采用特定编程语言优化后的性质 (例如, 在 MATLAB 中多用矩阵运算而不是循环), 降低计算机的精度, 利用查表求复杂函数的值, 以及禁用图形和输出的操作.

本节余下部分讨论近似适应度函数的一些方法 (21.1.1 节), 适应度函数的变换对近似性能的影响 (21.1.2 节), 在进化算法中如何使用适应度函数近似 (21.1.3 节), 在进化算法中何时使用多个适应度函数近似 (21.1.4 节), 适应度函数近似过拟合的危险 (21.1.5 节), 以及如何评定适应度函数近似的质量 (21.1.6 节).

21.1.1 适应度函数的近似

我们可以建立适应度函数模型以减少评价适应度函数的工作. 即使计算量不是瓶颈, 也可以利用适应度函数模型改善进化算法的性能. 我们称这样的模型为代理、响应曲面或元模型 [Shi and Rasheed, 2010]. 用代理这个词是因为可以用适应度模型临时替换精确的适应度评价. 用元模型这个词是因为适应度评价本身也常常只是一个近似 (例如, 模拟一个物理过程), 因此, 适应度函数模型是对高阶模型的降阶.

假设有一个适应度函数 $f(\boldsymbol{x})$, 我们已经在 M 个个体 $\{\boldsymbol{x}_i\}$ 上对它作了评价. 可以利用这 M 个函数值估计搜索空间中任一点的适应度. 适应度估计可能会有误差; 如果估计很完美, 就不再需要更多的评价. 即使有误差, 但也可能很小, 所以估计仍然有用. 图 21.1 说明适应度估计的基本思路. 基于已知的函数值 $f(\boldsymbol{x}_i)$, 生成一个估计 $\hat{f}(\boldsymbol{x})$.

图 21.1 适应度函数估计. 我们利用精确的函数值 $\{f(\boldsymbol{x}_i)\}$, 对于 $\boldsymbol{x} \notin \{\boldsymbol{x}_i\}$ 求近似的 $\hat{f}(\boldsymbol{x})$.

早在 20 世纪 60 年代, 就开始用适应度函数近似降低进化算法的计算量 [Dunham et al., 1963], 当时的计算资源比现在稀缺得多. 在那之后, 研究人员尝试过很多估计算法. 事实上, 各种近似算法或插值算法都可以试一试. 这些方法包括 k 近邻算法、径向基函数、神经网络、模糊逻辑、聚类、决策树、多项式模型、kriging 模型、傅里叶级数、泰勒级数、NK 模型、高斯过程模型, 以及支持向量机[Jin, 2005], [Shi and Rasheed, 2010]. 本书不讨论这些方法的细节, 但可以说几乎所有近似算法都能用于适应度近似.

在图 21.1 中, 最简单的一个估计算法是将个体的适应度近似为已经评价过的最近邻居的适应度. 这个方法被称为适应度模仿, 它退化为适应度景观的分段常值近似. 我们用图 21.2 来说明适应度模仿.

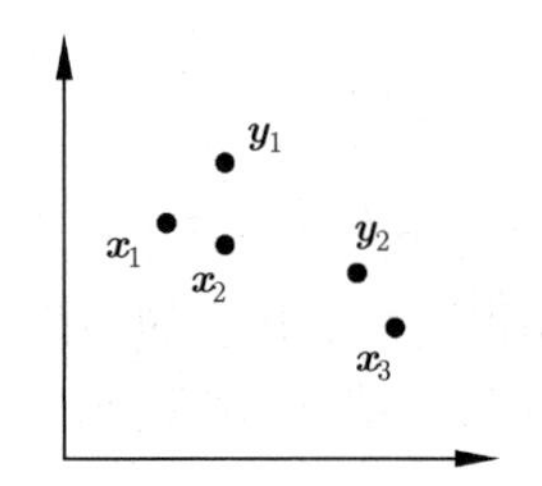

图 21.2 二维搜索空间中的适应度模仿. 个体 $\boldsymbol{y}_1$ 和 $\boldsymbol{y}_2$ 已经用适应度函数的程序或实验评价过了, 因此知道它们确切的适应度值. 个体 $\boldsymbol{x}_1$, $\boldsymbol{x}_2$ 和 $\boldsymbol{x}_3$ 尚未被评价. 可以给每一个个体分配距其最近的已评价的适应度作为适应度值的近似, 即 $\hat{f}(\boldsymbol{x}_1) = f(\boldsymbol{y}_1)$, $\hat{f}(\boldsymbol{x}_2) = f(\boldsymbol{y}_1)$ 以及 $\hat{f}(\boldsymbol{x}_3) = f(\boldsymbol{y}_2)$.

在图 21.1 中, 当得到新的数据时应该如何更新适应度估计 $\hat{f}(\cdot)$, 这一点很重要. 我们希望适应度估计算法是迭代的, 当有新的适应度信息时就更新 $\hat{f}(\cdot)$. 然而, 如果适应度景观是动态的, 在生成 $\hat{f}(\cdot)$ 的时候估计算法不能完全相信旧的适应度数据. 用新的数据更新适应度近似被称为在线代理更新.

适应度近似的另一个方法是基于父代的适应度值为子代分配适应度, 它被称为适应度继承 [Smith et al., 1995]. 我们可以将子代的适应度近似为父代适应度值的平均, 或根据它与每一个父代相似的程度取加权平均. 这个想法可以推广到子代有任意多个父代的进化算法. 也可以将这个思路扩展, 让子代的适应度近似为整个种群适应度值的加权平均, 由子代与种群中已被评价过的每一个个体相似的程度来决定权重 [Sastry et al., 2001]. 还可以采用更高级的适应度继承, 比如考虑独立变量和适应度值之间的相关性 [Pelikan and Sastry, 2004]. [Ducheyne et al., 2003] 得出适应度继承只对较简单的问题才有效的结论. 特别地, 对于多目标问题, 适应度继承仅在帕雷托前沿连续且为凸的情况下才有效.

21.1.1.1 多项式模型

适应度模仿的分段常值近似是一个好的起点, 它告诉我们如何将适应度近似扩展为高阶多项式. 例如, 可以将适应度近似为线性函数

$$\hat{f}(\boldsymbol{x}) = a(0) + \sum_{k=1}^{n} a(k)x(k), \tag{21.1}$$

其中, n 是问题的维数, $x(k)$ 是个体 $\boldsymbol{x}$ 的第 k 个元素. 这是多项式模型的一个简单例子, 它也被称为响应曲面. 通过解下面的问题可以算出 $a(k)$ 的值:

$$\min \sum_{i=1}^{M} \left(f(\boldsymbol{x}_i) - \left[a_0 + \sum_{k=1}^{n} a(k)x_i(k) \right] \right)^2, \tag{21.2}$$

其中, M 是我们已经确切知道适应度值的个体数, $\boldsymbol{x}_i$ 是其中的第 i 个个体, $x_i(k)$ 是 $\boldsymbol{x}_i$ 的第 k 个元素. 欲求出让 (21.2) 式最小的 $(n+1)$ 个参数 $a(k)$, $k \in [0, n]$, 可以用迭代最小二乘法[Simon, 2006, Chapter 3], 当得到更多适应度值 ($M = 1$, $M = 2$, 以此类推) 时更新 (21.2) 式的解所需的计算量很少.

我们可以写出一个比 (21.1) 式线性模型更精确的模型:

$$\hat{f}(\boldsymbol{x}) = a(0) + \sum_{k=1}^{n} a(k)x(k) + \sum_{j,k=1}^{n} a(j,k)x(j)x(k). \tag{21.3}$$

这是一个二次模型, 有 $(n^2 + n + 1)$ 个参数. 此模型关于参数 $a(k)$ 和 $a(j,k)$ 仍然是线性的, 可以用迭代最小二乘来求解. 只要领会了多项式建模的思想, 就能尝试不同形式的模型, 比如

$$\hat{f}(\boldsymbol{x}) = a(0) + \sum_{k=1}^{n} a(k)g(x(k)) + \sum_{j,k=1}^{n} a(j,k)h(x(j), x(k)), \tag{21.4}$$

其中, $g(\cdot)$ 和 $h(\cdot)$ 可以是任意的线性或非线性函数. 比如, 对于某个具体的优化问题, 由于某些原因我们认为适应度用三角函数表示会比较好, $g(\cdot)$ 就可以采用正弦和余弦.

我们也许想用非最小二乘的方法来近似适应度模型. 比如, 不是通过求解 (21.2) 式而是求解下面的问题找出模型

$$\min_{\{a(k)\}} \max_{i} \left| f(\boldsymbol{x}_i) - \left[a_0 + \sum_{k=1}^{n} a(k)x_i(k) \right] \right|. \tag{21.5}$$

这里还是在 $(n+1)$ 个参数 $a(k)$ 上最小化. 图 21.3 显示最小化估计误差的平方和与最小化最大估计误差之间的差别. (21.2) 式的最小二乘准则较好, 因为容易用解析方法求解, 但最小最大准则可能更稳健, 因为能找出在最坏情况下误差最小的近似. 为了在搜索空间的较困难的区域中减小近似误差, 最小最大近似会牺牲掉搜索空间中易于拟合区域的近似误差.

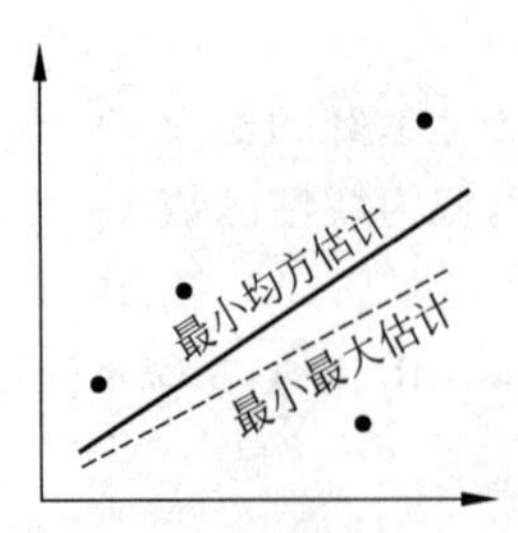

图 21.3 最小均方直线近似与最小最大近似的比较. 最小二乘近似可以用解析方法求解, 但最小最大近似可能更稳健.

21.1.1.2 计算机实验的设计与分析

计算机实验的设计与分析 (design and analysis of computer experiments, DACE) 是一个随机近似方法, 它用诊断测试度量近似的好坏 [Jones et al., 1998]. 已知 n 维向量 $\boldsymbol{x}_i$ 的 M 个适应度函数评价 $f(\boldsymbol{x}_i)$, 我们假定适应度函数可以近似为

$$f(\boldsymbol{x}) = \mu + \epsilon(\boldsymbol{x}), \tag{21.6}$$

其中, μ 是一个常数 (不一定是适应度函数 $f(\boldsymbol{x}_i)$ 评价的均值), $\epsilon(\boldsymbol{x})$ 是一个修正项. DACE 假定, 对所有 $\boldsymbol{x}$ 修正项 $\epsilon(\boldsymbol{x})$ 是均值为 0 方差为 σ^2 的高斯分布; 也就是说, $f(\boldsymbol{x})$ 的概率密度函数为

$$\text{PDF}(f(\boldsymbol{x})) = \frac{1}{\sigma\sqrt{2\pi}} \exp\left[\frac{-(f(\boldsymbol{x})-\mu)^2}{2\sigma^2}\right]. \tag{21.7}$$

DACE 的另一个重要假设是, 对于 $\boldsymbol{x}$ 的不同值, $\epsilon(\boldsymbol{x})$不独立, 即若 $\boldsymbol{x}$ 的值相似, 修正项也应该相似. DACE 假定 $f(\boldsymbol{x}_i)$ 和 $f(\boldsymbol{x}_j)$ 之间的相关系数 ρ_{ij} 可以表示如下:

$$d_{ij} = \sum_{k=1}^{n} \theta_k |x_i(k) - x_j(k)|^{p_k}, \quad \rho_{ij} = \text{Corr}(f(\boldsymbol{x}_i), f(\boldsymbol{x}_j)) = \exp(-d_{ij}), \tag{21.8}$$

其中, $x_i(k)$ 是第 i 个候选解的第 k 个元素, $p_k \in [1, 2]$ 和 $\theta_k \geqslant 0$ 是模型参数, $d_{ij} > 0$ 是一个距离测度. 若 d_{ij} 小, $\boldsymbol{x}_i$ 和 $\boldsymbol{x}_j$ 的相关性接近 1; 若 d_{ij} 大, $\boldsymbol{x}_i$ 和 $\boldsymbol{x}_j$ 的相关性接近 0. 已知 M 个适应度函数评价, 我们把它们集中写成一个向量并按照 (21.6) 式参数化为

$$\boldsymbol{f}(\boldsymbol{x}) = [\, f(\boldsymbol{x}_1),\ f(\boldsymbol{x}_2),\ \cdots,\ f(\boldsymbol{x}_M)\,]^{\mathrm{T}} = \mu \mathbf{1}_M + [\, \epsilon(\boldsymbol{x}_1),\ \epsilon(\boldsymbol{x}_2),\ \cdots,\ \epsilon(\boldsymbol{x}_M)\,]^{\mathrm{T}} \tag{21.9}$$

其中, $\mathbf{1}_M$ 是 M 个元素的列向量, 它的每一个元素等于 1. 注意, 我们用符号 $f(\boldsymbol{x})$ 表示单个候选解 $\boldsymbol{x}$ 的适应度, 也表示 M 个元素的向量, 它包含 $\{\boldsymbol{x}_i\}$ 的 M 个适应度; 根据上下文可以区分具体的含义. (21.9) 式的 M 个适应度函数的高斯概率密度函数为

$$\text{PDF}(\boldsymbol{f}(\boldsymbol{x})) = \frac{1}{(2\pi)^{M/2}|C|^{1/2}} \exp\left[-\frac{(\boldsymbol{f}(\boldsymbol{x}) - \mu\mathbf{1}_M)^{\mathrm{T}} \boldsymbol{C}^{-1} (\boldsymbol{f}(\boldsymbol{x}) - \mu\mathbf{1}_M)}{2}\right], \tag{21.10}$$

其中, $\boldsymbol{C}$ 是 $\boldsymbol{f}(\boldsymbol{x})$ 的协方差阵. 方差都为 σ^2 的两个随机变量 $f(\boldsymbol{x}_i)$ 和 $f(\boldsymbol{x}_j)$ 之间的协方差 C_{ij} 可表示如下 [Simon, 2006, Chapter 2]:

$$C_{ij} = \rho_{ij}\sigma^2. \tag{21.11}$$

因此, (21.10) 式可以写成

$$\text{PDF}(\boldsymbol{f}(\boldsymbol{x})) = \frac{1}{(2\pi)^{M/2}\sigma^M|R|^{1/2}} \exp\left[-\frac{(\boldsymbol{f}(\boldsymbol{x})-\mu\mathbf{1}_M)^{\mathrm{T}}\boldsymbol{R}^{-1}(\boldsymbol{f}(\boldsymbol{x})-\mu\mathbf{1}_M)}{2\sigma^2}\right], \tag{21.12}$$

其中, $\boldsymbol{R}$ 是相关阵, $\boldsymbol{R}$ 的第 i 行第 j 列的元素等于 ρ_{ij}.

已知一组候选解 $\{\boldsymbol{x}_i\}$ 和一个适应度评价 $\boldsymbol{f}(\boldsymbol{x})$ 的向量, 我们可以找出测量得到的 $f(\boldsymbol{x})$ 的值与假定的 $\boldsymbol{f}(\boldsymbol{x})$ 的参数形式匹配得最好的 μ 和 σ 的值. 已知 $\boldsymbol{f}(\boldsymbol{x})$ 的随机性质, (21.12) 式给出的 $\boldsymbol{f}(\boldsymbol{x})$ 的概率密度函数与得到具体的 $\boldsymbol{f}(\boldsymbol{x})$ 的可能性成正比. 因此, 为找到 $\boldsymbol{f}(\boldsymbol{x})$ 的参数形式与 $\boldsymbol{f}(\boldsymbol{x})$ 的测量值之间最好的拟合, 我们要找出让 (21.12) 式的 $\text{PDF}(\boldsymbol{f}(\boldsymbol{x}))$ 最大的 μ 和 σ. 首先考虑关于 μ 的最大化. 要最大化 $\text{PDF}(\boldsymbol{f}(\boldsymbol{x}))$, 取负指数的自变量关于 μ 的偏导数并令它等于 0, 得到

$$\frac{\partial(\boldsymbol{f}(\boldsymbol{x})-\mu\mathbf{1}_M)^{\mathrm{T}}\boldsymbol{R}^{-1}(\boldsymbol{f}(\boldsymbol{x})-\mu\mathbf{1}_M)}{\partial\mu} = 0. \tag{21.13}$$

这里忽略 (21.12) 式分母中的 $2\sigma^2$, 因为它独立于 μ. 解 (21.13) 式, 有

$$-2\boldsymbol{f}^{\mathrm{T}}(\boldsymbol{x})\boldsymbol{R}^{-1}\mathbf{1}_M + 2\mu\mathbf{1}_M^{\mathrm{T}}\boldsymbol{R}^{-1}\mathbf{1}_M = 0, \quad \mu = \frac{\boldsymbol{f}^{\mathrm{T}}(\boldsymbol{x})\boldsymbol{R}^{-1}\mathbf{1}_M}{\mathbf{1}_M^{\mathrm{T}}\boldsymbol{R}^{-1}\mathbf{1}_M}. \tag{21.14}$$

取 (21.12) 式关于 σ^2 的偏导数, 得到

$$\frac{\partial\text{PDF}(\boldsymbol{f}(\boldsymbol{x}))}{\partial\sigma^2} = \frac{1}{2\sigma^2}\left[\frac{(\boldsymbol{f}(\boldsymbol{x})-\mu\mathbf{1}_M)^{\mathrm{T}}\boldsymbol{R}^{-1}(\boldsymbol{f}(\boldsymbol{x})-\mu\mathbf{1}_M)}{\partial\sigma^2} - M\right]\text{PDF}(\boldsymbol{f}(\boldsymbol{x})). \tag{21.15}$$

令上面的式子等于 0, 有

$$\sigma^2 = \frac{(\boldsymbol{f}(\boldsymbol{x})-\mu\mathbf{1}_M)^{\mathrm{T}}\boldsymbol{R}^{-1}(\boldsymbol{f}(\boldsymbol{x})-\mu\mathbf{1}_M)}{M}. \tag{21.16}$$

(21.14) 式和 (21.16) 式给出了用 DACE 近似适应度函数的 μ 和 σ 的最优值.

现在考虑候选解 $\{\boldsymbol{x}_i\}$ 的 M 个适应度函数评价 $\boldsymbol{f}(\boldsymbol{x})$. 假设适应度函数相关, 如 (21.8) 式所示. 假设我们得到另外一个候选解 $\boldsymbol{x}^*$ 的适应度函数评价 $\boldsymbol{f}(\boldsymbol{x}^*)$. 将适应度函数向量扩大为 $(M+1)$ 个元素

$$\tilde{\boldsymbol{f}}(\boldsymbol{x}) = [\ \boldsymbol{f}^{\mathrm{T}}(\boldsymbol{x}) \ \ f(\boldsymbol{x}^*)\ ]^{\mathrm{T}}. \tag{21.17}$$

新的相关阵为

$$\tilde{\boldsymbol{R}} = \begin{bmatrix} \boldsymbol{R} & \boldsymbol{r} \\ \boldsymbol{r}^{\mathrm{T}} & 1 \end{bmatrix}, \tag{21.18}$$

其中, $\boldsymbol{r}$ 是 M 个适应度函数评价 $\boldsymbol{f}(\boldsymbol{x})$ 与新增的适应度函数评价 $f(\boldsymbol{x}^*)$ 的相关性向量. 我们想要关于 $f(\boldsymbol{x}^*)$ 最大化 (21.12) 式的概率密度函数, 由此得到最适合新数据 $f(\boldsymbol{x}^*)$ 的形如 (21.6) 式的估计. 它被称为极大似然估计. 通过最大化

$$(\tilde{\boldsymbol{f}}(\boldsymbol{x})-\mu\mathbf{1}_M)^{\mathrm{T}}\tilde{\boldsymbol{R}}^{-1}(\tilde{\boldsymbol{f}}(\boldsymbol{x})-\mu\mathbf{1}_M)=\begin{bmatrix}\boldsymbol{f}(\boldsymbol{x})-\mu\mathbf{1}_M\\ f(\boldsymbol{x}^*)-\mu\end{bmatrix}^{\mathrm{T}}\begin{bmatrix}\boldsymbol{R} & \boldsymbol{r}\\ \boldsymbol{r}^{\mathrm{T}} & 1\end{bmatrix}\begin{bmatrix}\boldsymbol{f}(\boldsymbol{x})-\mu\mathbf{1}_M\\ f(\boldsymbol{x}^*)-\mu\end{bmatrix} \tag{21.19}$$

就能最大化 (21.12) 式的概率密度函数. 用矩阵求逆引理 [Simmon, 2006, Chapter 1] 可以证明

$$\tilde{\boldsymbol{R}}^{-1}=\begin{bmatrix}\boldsymbol{R} & \boldsymbol{r}\\ \boldsymbol{r}^{\mathrm{T}} & 1\end{bmatrix}^{-1}=\frac{1}{1-\boldsymbol{r}^{\mathrm{T}}\boldsymbol{R}^{-1}\boldsymbol{r}}\begin{bmatrix}\boldsymbol{R}^{-1}+\boldsymbol{R}^{-1}\boldsymbol{r}\boldsymbol{r}^{\mathrm{T}}\boldsymbol{R}^{-1} & -\boldsymbol{R}^{-1}\boldsymbol{r}\\ -\boldsymbol{r}^{\mathrm{T}}\boldsymbol{R}^{-1} & 1\end{bmatrix}. \tag{21.20}$$

将它代入 (21.19) 式, 有

$$\frac{(f(\boldsymbol{x}^*)-\mu)^2-2\boldsymbol{r}^{\mathrm{T}}\boldsymbol{R}^{-1}(\boldsymbol{f}(\boldsymbol{x})-\mu\mathbf{1}_M)(f(\boldsymbol{x}^*)-\mu)}{1-\boldsymbol{r}^{\mathrm{T}}\boldsymbol{R}^{-1}\boldsymbol{r}}+\text{没有}f(\boldsymbol{x}^*)\text{的项}. \tag{21.21}$$

要想最大化这个关于 $f(\boldsymbol{x}^*)$ 的表达式, 就对 $f(\boldsymbol{x}^*)$ 求导并置为零, 即

$$\frac{2(f(\boldsymbol{x}^*)-\mu)-2\boldsymbol{r}^{\mathrm{T}}\boldsymbol{R}^{-1}(\boldsymbol{f}(\boldsymbol{x})-\mu\mathbf{1}_M)}{1-\boldsymbol{r}^{\mathrm{T}}\boldsymbol{R}^{-1}\boldsymbol{r}}=0. \tag{21.22}$$

求 $f(\boldsymbol{x}^*)$, 得到

$$f(\boldsymbol{x}^*)=\mu+\boldsymbol{r}^{\mathrm{T}}\boldsymbol{R}^{-1}(\boldsymbol{f}(\boldsymbol{x})-\mu\mathbf{1}_M). \tag{21.23}$$

这个式子告诉我们如何利用已有的模型来近似新的点 $\boldsymbol{x}^*$ 的适应度值. [Jones et al., 1998] 推导出近似的均方误差, 为

$$s^2(\boldsymbol{x}^*)=\sigma^2\left[1-\boldsymbol{r}^{\mathrm{T}}\boldsymbol{R}^{-1}\boldsymbol{r}+\frac{(1-\mathbf{1}_M^{\mathrm{T}}\boldsymbol{R}^{-1}\boldsymbol{r})^2}{\mathbf{1}_M^{\mathrm{T}}\boldsymbol{R}^{-1}\mathbf{1}_M}\right]. \tag{21.24}$$

由几个代数运算很容易证明在采样的数据点处, $s(\boldsymbol{x})=0$(参见习题 21.3)[Jones et al., 1998].

我们利用均方误差可以为更多的适应度评价确定合适的采样点. 在搜索空间中有两个区域会特别需要更多的适应度评价. 首先, 在适应度近似的最小值附近采样 (即计算 $\boldsymbol{f}(\boldsymbol{x})$) 以期找到优化问题的更好的解. 其次, 在 $s(\boldsymbol{x})$ 大的区域中采样, 因为这些区域中有很大的不确定性. 图 21.4 说明了这个思路. 在近似最小值附近对适应度值做更多采样是开发的一种策略, 因为它是在已有好结果的区域搜索. 在均方误差大的区域对适应度值做更多采样是探索的一种策略, 因为它是在有关适应度函数的信息很少的区域搜索.

选择采样点以提高建模的准确度这种方式被称为主动学习. 主动学习通常意味着在学习算法中通过选择采样点来优化某个费用函数. 在上述 DACE 的情形中, 我们可以选择采样点以减少最大均方误差. 神经网络的训练方法常常包括主动学习 [Settles, 2010].

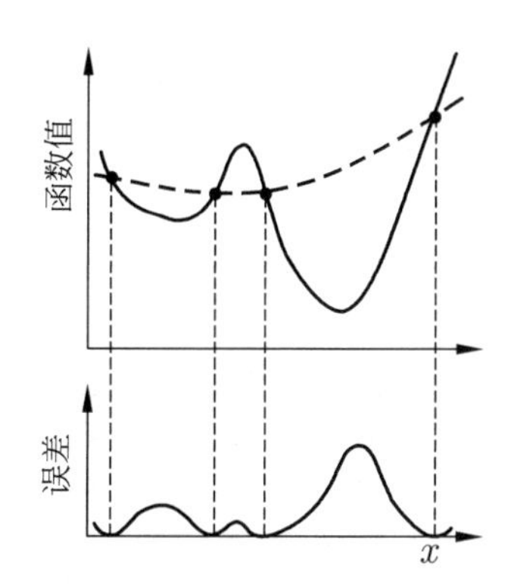

图 21.4 在上部的图中, 实线代表函数, 虚线表示它的近似. 在下部的图中, 曲线代表 (21.24) 式的均方误差. 在近似的最小值附近对函数值做更多采样也许可以改进近似, 但在本图的情况下, 应该在误差最大的位置采样, 因为在那里函数值最小.

通过估计 (21.8) 式中 $\{p_k\}$ 和 $\{\theta_k\}$ 的最优值, 可以获得更准确的适应度函数. 将 (21.14) 式和 (21.16) 式代入 (21.12) 式, 可知 $\text{PDF}(\boldsymbol{f}(\boldsymbol{x}))$ 的表达式仅依赖于 $\{p_k\}$ 和 $\{\theta_k\}$. 然后, 关于 $\{p_k\}$ 和 $\{\theta_k\}$ 最大化这个表达式, 得到最优相关系数 ρ_{ij} 的一个估计, 它是 $\boldsymbol{R}$ 的元素. 然后在 (21.14) 式和 (21.16) 式中用 $\boldsymbol{R}$ 的这个值求出 μ 和 σ 的最好估计. 只要得到一个新的候选解 $\boldsymbol{x}^*$, 就可以用 (21.23) 式计算其适应度近似.

例 21.1 我们用 DACE 估计二维 Branin 基准函数

$$f(\boldsymbol{x})=(x(2)-(5/(4\pi^2))x(1)^2+5x(1)/\pi-6)^2+10(1-1/(8\pi))\cos(x(1))+10. \tag{21.25}$$

其中, $x(1)$ 和 $x(2)$ 是候选解的两个分量 ($n=2$). 函数的域是 $x(1)\in[-5,10]$, $x(2)\in[0,15]$. 首先要决定用哪些采样点. 我们在这里任意选定 25 个均匀分布于二维搜索域的采样点 ($M=25$). 下面用 MATLAB中的 fmincon函数关于 $\{p_k\}$ 和 $\{\theta_k\}$ 最大化 (21.12) 式, 得到

$$p_1=1.6194,\quad p_2=2,\quad \theta_1=0.020816,\quad \theta_2=0.00018011. \tag{21.26}$$

接下来利用 (21.23) 式在细网格上近似 $f(\boldsymbol{x})$. 结果如图 21.5 所示. 这个近似很好地捕捉到 Branin 函数的基本形状, 最重要的是它捕捉到了函数多峰的特征. □

例 21.1 用的是均匀采样, 用其他采样方法得到的近似结果可能会更好. 常用的一个方法是 Latin 超立方采样. 此方法在每一维上将域分为多个区间, 然后在每一维的每一个区间中只设置一个采样点. 与均匀采样相比, 有时候它能更好地捕捉函数无法预知的未知特征. 图 21.6 说明均匀采样与 Latin 超立方采样之间的区别.

例 21.2 用 Latin 超立方采样的 DACE 估计例 21.1 的二维 Branin 函数. 我们任意决定用 21 个采样点 ($M=21$). 用 MATLAB 的 fmincon 函数关于 $\{p_k\}$ 和 $\{\theta_k\}$ 最大化 (21.12) 式, 得到

$$p_1=1,\quad p_2=2,\quad \theta_1=0.028227,\quad \theta_2=0.0013912. \tag{21.27}$$

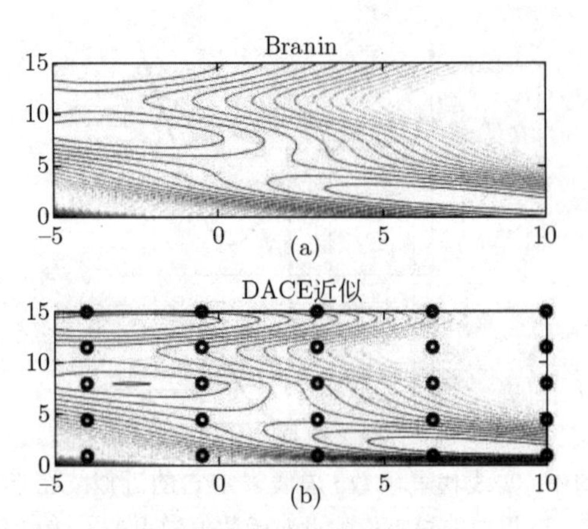

图 21.5 例 21.1 的结果. (a) 图显示 Branin 函数的等高线图. (b) 图显示 25 个均匀分布的样本点以及基于 DACE 的 Branin 函数的近似.

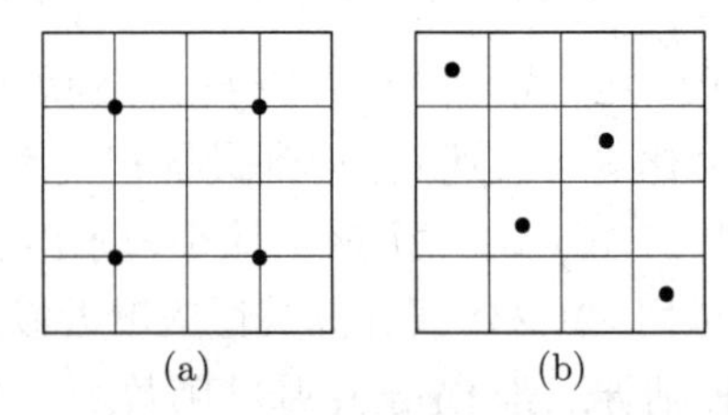

图 21.6 (a) 图显示在搜索域中均匀采样的 4 个点. (b) 图显示 Latin 超立方采样. 注意, 在每一行只有一个点, 每一列也只有一个点. 还有几种安排能让采样点具有这样的特征, 因此 Latin 超立方采样不唯一.

然后用 (21.23) 式在细网格上近似 $f(\boldsymbol{x})$. 结果如图 21.7 所示. 比较图 21.5 与图 21.7, 看起来用 Latin 超立方采样得到的近似比用均匀采样得到的好. 事实上, 例 21.1 中用均匀采样的 DACE 近似的均方根近似误差是 24.9, 而用 Latin 超立方采样的均方根近似误差是 14.3. 即使采样点更少, 由 Latin 超立方采样得到的近似误差比均匀采样几乎好 50%. 可见, 采样方法会明显影响 DACE 的近似结果. 此外, 用什么方法找出最大化 (21.12) 式的 $\{p_k\}$ 和 $\{\theta_k\}$ 也会明显影响 DACE, 不过在这里我们没有提供这方面的例子. □

DACE 是 kriging 算法的一个推广. kriging 算法是一个近似方法, Daniel Gerhardus Krige为地质学的应用开发了这个算法 [Krige, 1951], 算法以 Krige 的名字命名. 尽管是以一个人的名字命名, kriging 的拼写通常采用小写的“k”. 在 kriging 中由下面的式子替换 (21.8) 式

$$d_{ij} = \sum_{k=1}^{n} \theta_k |x_i(k) - x_j(k)|^2, \quad \rho_{ij} = \mathrm{Corr}(f(\boldsymbol{x}_i), f(\boldsymbol{x}_j)) = \exp(-d_{ij}). \tag{21.28}$$

即在 (21.8) 式中的 p_k 用常数 2 替换, 除此之外 kriging 与 DACE 一样 [Chung et al., 2003].

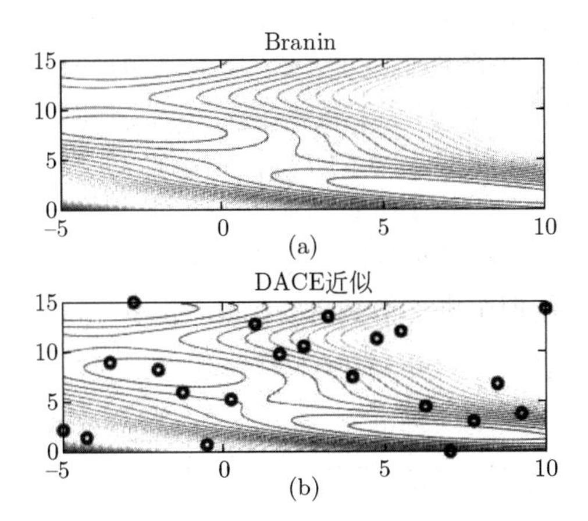

图 21.7 例 21.2 的结果. (a) 图显示 Branin 函数的等高线图. (b) 图显示由 Latin 超立方采样得到的 21 个样本点, 以及基于 DACE 的 Branin 函数的近似.

21.1.2 近似变换函数

适应度近似方法有时候的表现并不好. 例如, (21.23) 式的 DACE 方法需要矩阵求逆, 但矩阵的逆可能并不存在. 如果逆不存在, 可以用伪逆 [Golan, 2007]. 不过, 这里的要点是用来近似适应度函数的基函数可能与适应度函数的形状不太匹配. 例如, 如果用傅里叶级数近似一个不规则并有尖锐边缘的函数, 就不能指望在函数域中的所有点上都有好的近似. 在这种情况下, 可以先对原始的适应度函数做变换, 然后找出变换后的函数的近似. 比如, 假设我们对 M 个采样点 $\{\boldsymbol{x}_i\}$ 评价了它们的适应度函数. 如果近似效果不好, 在变换时可以取适应度函数样本 $f(\boldsymbol{x}_i)$ 的自然对数:

$$L(\boldsymbol{x}_i) = \log(f(\boldsymbol{x}_i)). \tag{21.29}$$

然后用采样点的 $L(\boldsymbol{x}_i)$ 找出 $L(\boldsymbol{x})$ 的近似, 记为 $\hat{L}(\boldsymbol{x})$. 然后通过反变换得到原始函数的近似:

$$\hat{f}(\boldsymbol{x}) = \exp(\hat{L}(\boldsymbol{x})). \tag{21.30}$$

例 21.3 我们在 Goldstein-Price 函数上用 21.1.1.2 节的 DACE 方法 [Floudas and Pardalos, 1990]:

$$\left.\begin{aligned}
a &= 1 + (x(1) + x(2) + 1)^2 \times \\
&\quad (19 - 14x(1) + 3x(1)^2 - 14x(2) + 6x(1)x(2) + 3x(2)^2), \\
b &= 30 + (2x(1) - 3x(2))^2 \times \\
&\quad (18 - 32x(1) + 12x(1)^2 + 48x(2) - 36x(1)x(2) + 27x(2)^2), \\
f(x) &= ab,
\end{aligned}\right\} \tag{21.31}$$

其中 $x(1)$ 和 $x(2)$ 的域为 $[-2, 2]$. 这个函数在它的最小值附近很平坦, 在 $x^*(1) = 0$ 和 $x^*(2) = 1$ 处函数达到最小值, $f^* = 3$. DACE 的近似方法对这个平坦的区域无能为力,因为在平坦的区域中采样点高度相关, 这意味着 $\boldsymbol{R}$ 中的一些列几乎全部由 1 组成, $\boldsymbol{R}$ 几乎是奇异的. 也许我们可以用 $\boldsymbol{R}$ 的伪逆而不是 $\boldsymbol{R}$ 的常规逆来解决这个问题. 但在本例中我们选用采样点的自然对数, 如 (21.29) 式所示. 函数的形状因此发生了巨大改变; 它将靠在一起的较小的 $f(\boldsymbol{x})$ 值摊开, 将较大的 $f(\boldsymbol{x})$ 值聚拢, 这样会让相似的函数值分开同时压缩函数的总范围. 然后, 我们用 DACE 近似 $L(\boldsymbol{x})$, 再计算原始函数的近似, 如 (21.30) 式所示. 凭借对近似过程的这个简单修改, 我们得到一个不错的近似, 如图 21.8 所示. 这个近似看上去不是非常棒, 但至少能得到可逆的 $\boldsymbol{R}$ 矩阵, 并且还捕捉到了在域的中部大面积的平坦区域. □

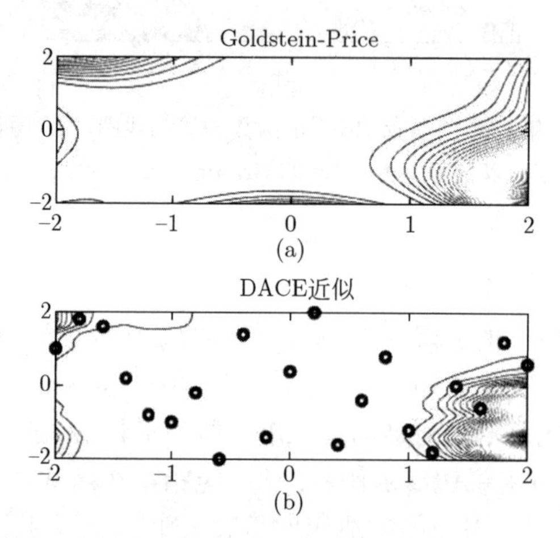

图 21.8 例 21.3 的结果. (a) 图为 Goldstein-Price 函数的等高线图. (b) 图为用 Latin 超立方采样得到的 21 个采样点, 以及基于 DACE 的函数近似.

21.1.3 在进化算法中如何使用适应度近似

在进化算法中我们应该如何使用适应度近似? 这里有几个方案 [Jin, 2005]. 首先, 可以让适应度近似只替换固定比例 r 的适应度评价. 假设适应度函数评价在进化算法的计算量中占据支配地位, 这会让计算量从 E 减少到 $(1-r)E$. 但我们不能滥用这个思路. 如果用近似替换的适应度评价过多, 进化算法的收敛会需要更长的时间, 这样反而会浪费计算量. 在极端情况下, 如果用近似替换所有的适应度评价, $r=1$. 此时计算量的确可能近似为零, 但进化算法不会收敛到一个有用的结果.

另一个方案是在每一代多生成一些子代并用它们的近似适应度值决定哪些留作下一代. 我们称这个想法为进化控制, 或模型管理. 如果用准确适应度函数评价某些个体并用近似适应度函数评价其他个体, 我们称之为个体进化控制 [Shi and Rasheed, 2010]. 可以用不同的方法决定哪些个体用准确评价哪些用近似评价. 比如, 对每一个个体随机决定它的评价方式. 也可以在每一代只对近似适应度好的个体用准确适应度评价. 用准确适应度函数评价的个体被称为受控个体.

如果在某些代用准确适应度函数评价所有个体, 在另一些代用近似适应度函数评价所有个体, 就得到基于代的进化控制. 可以用不同的方法决定哪些代用准确评价哪些用近似评价. 比如, 确定每 k 代中仅有一代用准确适应度函数评价, 这里 k 是用户定义的控制参数. 或者, 随机地决定在每一代用准确评价或近似评价. 也可以一直用近似适应度评价直到检测到收敛 (例如, 最好的个体在某几代中不再有改善, 或者种群的标准差降到某个阈值以内), 然后用准确适应度函数评价下一代. 之后再回到近似适应度评价. 用准确适应度函数评价所有个体的代被称为受控代.

研究人员提出了进化控制的几个变种, 包括算法 21.1 说明的基于动态近似适应度的混合进化算法 (dynamic approximation fitness based hybrid EA, DAFHEA) [Bhattacharya, 2008].

算法 21.1 基于动态近似适应度的混合进化算法 (DAFHEA) 概述.

N = 种群规模
$N_c \leftarrow 5N$
生成 N_c 个随机个体
评价这 N_c 个个体的适应度
利用这 N_c 个适应度值生成适应度近似 $\hat{f}(\cdot)$
保留最好的 N 个个体作为初始种群
While not (终止准则)
  采用一个进化算法生成 N_c 个子代
  利用 $\hat{f}(\cdot)$ 近似子代的适应度
  (根据 $\hat{f}(\cdot)$) 保存最好的 N 个子代作为下一代
  If 应该用新近似 then
    计算每一个个体 $\boldsymbol{x}_i$ 的适应度 $f(\boldsymbol{x}_i)$
    用适应度值更新 $\hat{f}(\cdot)$
  End if
下一代

DAFHEA 通常会用精英, 但算法 21.1 并未提及. 我们可以尝试算法 21.1 的几个变种. 比如, N_c 可以不用 $5N$ 这个值; 尽管最初的 DAFHEA 用的是支持向量机, 我们还可以尝试适应度近似的各种算法; 可以尝试用不同的方法决定何时生成新的近似. 在这个决策中, 常用的准则将代数固定, 或当进化算法满足某些收敛准则时就生成新的近似.

我们也可以用置信域[Betts, 2009]来决定何时生成新的近似. 置信域方法以近似适应度值与实际值的对比为基础. 如果近似值与实际值接近, 就是一个好的近似, 因此可以延长生成新的近似的时间间隔. 如果近似值并不靠近实际值, 近似较差, 就要缩短生成新的近似的时间间隔. 假设 G 为计算新的适应度近似之间的代数. 在算法 21.1 中每一代有 N_c 个子代. 我们计算 N_e 个子代的准确适应度值并与它们的近似值比较. 如果均方根差超过给定的阈值 T^+, 则减小 G; 如果落在阈值 T^- 之内, 就增大 G. 取 $T^+ > T^-$ (严格不等式) 以防止 G 的振荡. 我们需要调试 T^+ 和 T^- 的值从而在减少计算量 (大的 G) 与适当准确的适应度近似 (小的 G) 之间取得一个好的平衡. 此方法中还需要调试 N_e.

算法 21.1 很笼统. 为了更具体一些, 我们可以利用适应度近似在 N_c 个初始个体中选出 N 个留在初始种群中. 它被称为知情的初始化, 在这种情况下, 适应度近似可能不是基于这 N_c 个初始个体的准确适应度评价. 例如, 在执行进化算法之前可以离线构造适应度近似算法.

在算法 21.1 中也可以只在交叉时用适应度近似 (如果基础进化算法是遗传算法), 或者只在迁移时用适应度近似 (如果基础进化算法是 BBO), 或者根据所用的进化算法, 只在重组时用适应度近似. 在这种情况下通过重组 (交叉, 或迁移, 或进化算法的其他具体重组方法) 生成很多 (多于 N 个) 子代, 但根据它们的近似适应度只保留最好的 N 个子代. 我们称之为知情的交叉, 或知情的迁移.

在算法 21.1 中, 也可以根据所用的进化算法只在变异时使用适应度近似. 在这种情况下, 生成 N 个子代的很多 (多于 N 个) 变异版本, 但根据它们的近似适应度只保留最好的 N 个版本. 我们称之为知情的变异, 它与 16.4 节中只对种群中适应性最差的个体实施反向学习的思路类似.

在 DAFHEA 的末尾, 根据在前面的近似中保存下来的信息量，可以尝试更新 $\hat{f}(\cdot)$ 的各种算法. 它也依赖于我们对适应度函数动态的判断. 我们可以采用多个适应度近似模型并根据它们的准确度在这些模型之间切换. 下一节讨论的多模型近似有类似的思路. 在下一节我们将聚焦在低准确度模型与高准确度模型的结合. 为找到高准确度模型, 我们可以尝试多个模型.

最后, 可以对算法 21.1 做些修改以便只用适应度近似就能决定为下一代保留哪些子代. 它被称为知情算子方法 [Rasheed and Hirsh, 2000], 如算法 21.2 所示.

算法 21.2 知情算子算法的概述.

N = 种群规模
$N_c \leftarrow 5N$
生成 N_c 个随机个体
评价这 N_c 个个体的适应度
利用这 N_c 个适应度值生成适应度近似 $\hat{f}(\cdot)$
保留最好的 N 个个体作为初始种群
While not (终止准则)
    用一个进化算法生成 N_c 个子代
    利用 $\hat{f}(\cdot)$ 近似子代的适应度
    (根据 $\hat{f}(\cdot)$) 保存最好的 N 个子代作为下一代
    计算每一个子代 $\boldsymbol{x}_i$ 的适应度 $f(\boldsymbol{x}_i)$
    用适应度值更新 $\hat{f}(\cdot)$
下一代

21.1.4 多重模型

在进化算法早期的代中可以用近似费用函数评价, 在后期的代中做更准确的评价. 它类似于上面讨论过的用测试用例的一个子集评价费用函数的思路, 不过在这里早期做不太准确的评价时所用的测试算例数相同. 作为一个具体的例子, 假设费用函数评价涉及求解 Riccati 方程:

$$\boldsymbol{P} = \boldsymbol{F}\boldsymbol{P}\boldsymbol{F}^{\mathrm{T}} - \boldsymbol{F}\boldsymbol{P}\boldsymbol{H}^{\mathrm{T}}(\boldsymbol{H}\boldsymbol{P}\boldsymbol{H}^{\mathrm{T}} + \boldsymbol{R})^{-l}\boldsymbol{H}\boldsymbol{P}\boldsymbol{F}^{\mathrm{T}} + \boldsymbol{Q}. \tag{21.32}$$

这种类型的方程经常出现在控制和估计问题中, 因此, 在优化控制器或估计器的进化算法中很可能涉及 [Simon, 2006]. 已知方阵 $\boldsymbol{F}$, $\boldsymbol{Q}$ 和 $\boldsymbol{R}$, 以及不一定是方阵的矩阵 $\boldsymbol{H}$, 我们需要求方阵 $\boldsymbol{P}$. 控制或估计算法的性能常常与 $\boldsymbol{P}$ 的迹成正比. 解 Riccati 方程在计算上可能很费事, 但我们可以用近似方法得到解的估计 [Emre and Knowles, 1987]. 在进化算法早期的代中, 我们用 (21.32) 式的解做粗略的近似, 在后期的代中用更准确的近似.

图 21.9 说明这个过程. 采用低准确度的适应度模型的进化算法运行 T_1 代. 在 T_1 代之后, 用所得的种群初始化接下来的进化算法, 这个算法用中准确度的模型运行 T_2 代. 在进化算法结束时, 用最后的种群初始化最后的进化算法, 这个进化算法采用高准确度的模型运行 T_3 代. 若需要很多准确度水平的模型时, 可以将这个方法扩展. 用这个方法时要特别小心, 每一个进化算法都要用不同的种群初始化. 我们可以采取一些措施, 保证每一个种群在它迁移到下一个高水平适应度函数近似之前能充分地多样化. 也可以只让几个个体从低准确度进化算法迁移到高准确度进化算法, 同时采用能保证多样性的方式初始化高准确度进化算法种群的其余个体.

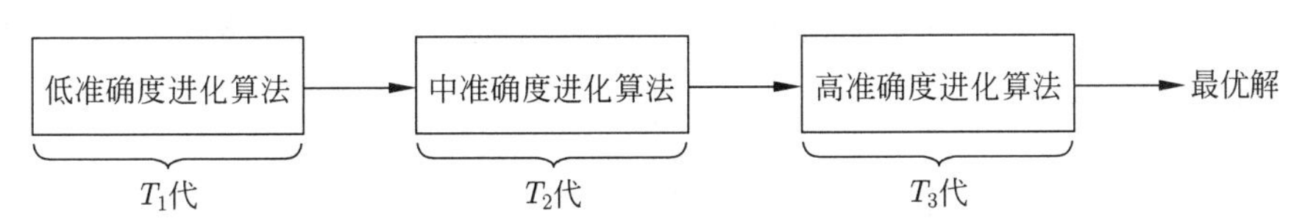

图 21.9 多重模型适应度近似. 具有不同适应度函数近似水平的进化算法按顺序运行.

多重模型优化更紧密的集成方法是用不同水平的适应度函数近似并行地运行进化算法. 这个方法中的个体按指定的频率在并行的进化算法之间迁移 [Sefrioui and Périaux, 2000]. 这个方法被称为分层进化计算, 它包括几个不同的方案. 首先, 可以让个体从准确度较高的进化算法迁移到准确度较低的进化算法, 如图 21.10 所示. 其次, 可以让个体在适应度近似水平差不多的进化算法之间来回迁移, 如图 21.11 所示. 无论所需的模型准确度水平有多少层, 都可以用分层进化算法.

使用多重模型的另一个方法是对每个个体 $\boldsymbol{x}$ 生成在各种组合中使用的多重模型. 例如, 假设我们已经评价了 M 个个体 $\{\boldsymbol{x}_i\}$ 的适应度. 我们可以使用聚类算法将 $\{\boldsymbol{x}_i\}$ 分为 C 个簇. 然后对 C 个簇中的每一个生成适应度近似模型. 由此得到 $\hat{f}_k(\boldsymbol{x})$, $k \in [1, C]$. 当我们想近似个体 $\boldsymbol{x}$ 的适应度时, 可以用这几种方法中的一种. 比如将 $f(\boldsymbol{x})$ 近似为 $\hat{f}_k(\boldsymbol{x})$, 这里指标 k 是距 $\boldsymbol{x}$ 最近的簇 [Chung and Alonso, 2004]. 或者, 将 $f(\boldsymbol{x})$ 近似为 $\hat{f}(\boldsymbol{x})$ 的加权组合, 这里权重的和为 1 且权重会随着 $\boldsymbol{x}$ 与每一个簇的距离变化.

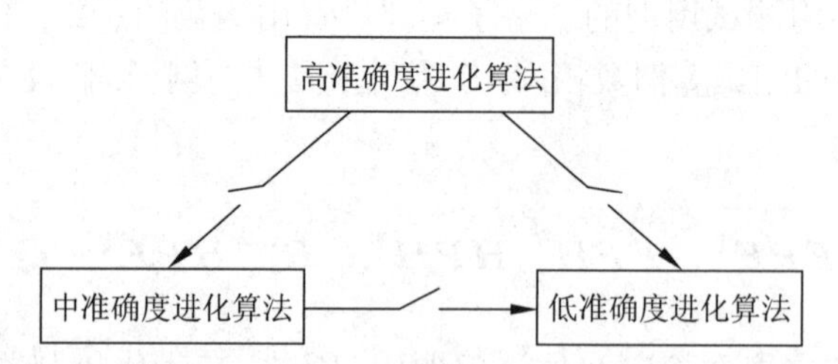

图 21.10 分层进化算法. 此模型让个体从适应度函数近似准确度较高的进化算法迁移到近似准确度较低的算法. 迁移如图中开关所示并按用户定义的频率发生.

图 21.11 分层进化算法. 此模型让个体在适应度函数近似水平差不多的进化算法之间迁移. 迁移如图中开关所示并按用户定义的频率发生.

21.1.5 过拟合

某些适应度近似的方法会遇到过拟合的问题. 在使用适应度近似时, 进化算法的设计者总是需要小心过拟合的情况. 在神经网络中经常会出现过拟合的问题, 除非工程师刻意避免它发生 [Krogh, 2008]. 图 21.12 为针对一组数据点拟合曲线这一简单问题的过拟合的例子. 如图所示, 与低阶多项式相比, 高阶多项式能更好地与数据匹配, 但高阶多项式的推广并不好. 它记住了数据点但在数据点之间的性能不好. 为得到更好的推广性能, 我们经常得允许在数据点处存在较大的拟合误差.

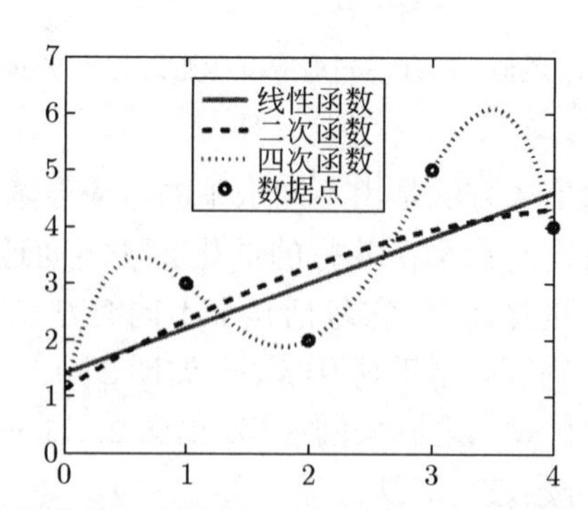

图 21.12 此图所示为过拟合的一个例子. 线性函数和二次函数看起来对数据拟合得都很好. 四次函数完美地与数据匹配, 但是它的振荡过大, 这表明它推广得并不好.

利用集成的技巧可以减轻过拟合的程度. 集成是一组单独训练的适应度近似, 对于以前在搜索空间中未遇到的点, 将集成中的适应度近似组合起来估计它们的适应度值 [Opitz and Maclin, 1999], [Lim et al., 2010].

21.1.6 近似方法的评价

在得到函数近似后, 用它之前需要验证近似能够得到好的结果. 我们往往应该从检查采样点 (即, 用来生成近似的点) 的近似值开始. 很多近似方法都会自动输出在 M 个采样点 $\{\boldsymbol{x}_i\}$ 处与真实函数 $f(\boldsymbol{x})$ 准确吻合的函数 $\hat{f}(\boldsymbol{x})$, 即对于 $\boldsymbol{x} \in \{\boldsymbol{x}_i\}$, $\hat{f}(\boldsymbol{x}) = f(\boldsymbol{x})$. 但还是需要检查采样点的数据以确认我们没有用错.

评估近似方法准确度的一种方法是选出几个采样点, 它们没有被用来构造近似. 比方说, 我们选择另外 Q 个采样点 $\{\boldsymbol{x}_i\}$, 称之为测试点, 这里 $i \in [M+1, M+Q]$. 然后评价在测试点处的函数和近似, 看看近似是不是靠谱. 度量均方根 (root-mean-square, RMS) 近似误差

$$E_{\text{RMS}}^2 = \frac{1}{Q} \sum_{i=M+1}^{M+Q} (f(\boldsymbol{x}_i) - \hat{f}(\boldsymbol{x}_i))^2 \tag{21.33}$$

还可以度量在最坏情况下的近似误差

$$E_{\max} = \max_{i \in [M+1, M+Q]} |f(\boldsymbol{x}_i) - \hat{f}(\boldsymbol{x}_i)|. \tag{21.34}$$

可以根据优先级和具体问题, 选用其中一个评估指标.

另一种方法名为交叉验证或旋转估计[Geisser, 1993], 它在评估近似的质量时不需要追加样本点. 与上面一样, 假设有 M 个采样点和 M 个函数值 $f(\boldsymbol{x}_i)$. 在交叉验证中, 我们使用除第 k 个点之外的所有采样点计算近似, 记为 $\hat{f}_k(\boldsymbol{x})$. 按这个方式每次略掉一个点, 总共就会算出 M 个近似. 这 M 个近似 $\hat{f}_k(\boldsymbol{x})$, $k \in [1, M]$ 的每一个都用了不同的 $(M-1)$ 个样本点. 然后评价在构造时未使用的那一个样本点的近似值, 即评价 $\hat{f}_k(\boldsymbol{x}_k)$, $k \in [1, M]$. 与上面一样, 我们度量均方根近似误差或最坏情况下的近似误差

$$\left.\begin{aligned} E_{\text{RMS}}^2 &= \frac{1}{M} \sum_{i=1}^{M} (f(\boldsymbol{x}_i) - \hat{f}_i(\boldsymbol{x}_i))^2, \\ E_{\max} &= \max_{i \in [1, M]} |f(\boldsymbol{x}_i) - \hat{f}_i(\boldsymbol{x}_i)|. \end{aligned}\right\} \tag{21.35}$$

由交叉验证让我们确信近似方法正确之后, 就用全部的 M 个数据点找出将在进化算法中使用的函数近似 $\hat{f}(\boldsymbol{x})$.

如果有足够的资源对近似适应度值与准确适应度值作比较, 可以用其他指标来评价适应度近似的质量. 这些指标包括: 比较用真实的适应度值与近似适应度值选出的参加重组的个体的个数; 用近似适应度值选错了的个体的排名; 真实适应度值与近似适应度值之间的相关性; 以及真实适应度值与近似适应度值排名的相关性 [Jin et al., 2003].

前面几节讨论了近似适应度函数的几种不同方式. 还有很多方法尚未讨论, 每一个方法都包括几个变种和可调参数. 要定义“最好的”适应度函数近似方法并不容易. 除 (21.35) 式的均方根和最大误差指标之外, 在评价适应度函数的近似方法时, 我们还需要考虑几个准则.

- 对已知的问题近似方法有多准确?
- 不管近似方法的准确度如何, 在使用近似方法时进化算法的表现如何? 注意, 不同的进化算法的相对性能可能因不同的近似方法而改变. 例如, 进化算法 #1 可能在采用近似方法 A 时表现最好, 而进化算法 #2 却可能在采用近似方法 B 时表现最好.
- 近似方法能减少多少计算量?
- 近似方法有多复杂? 它会影响到代码的可维护性、扩展性以及可移植性. 代码易于修改 (可维护性) 吗? 方便加入新的函数或特征 (扩展性) 吗? 容易装载到其他计算平台或用于其他优化问题 (可移植性) 吗?

精英

最后, 对于进化算法总是采用精英这一规则来说, 昂贵适应度函数可能会是一个例外. 到目前为止, 我们一般都会推荐采用精英以保留每一代最好的个体. 然而, 所需函数评价较少的进化算法在无精英时的表现会比有精英时的表现好 [Torregosa and Kanok-Nukulchai, 2002]. 这是因为当种群规模较小或评价次数较少时, 探索会比开发重要. 非精英进化算法允许加大探索的力度.

21.2 动态适应度函数

适应度函数常常随时间变化; 也就是说它们是非稳态的. 有时候它们会因为适应度评价的实验环境随时间改变而改变. 例如, 如果我们想调试机器人控制器, 机器人的环境或任务可能随时间改变. 由于传感器和电子元件的老化, 机器人的参数本身也会随时间改变. 顾客或客户的需求有时候也会随时间改变, 也就是说人们会改变主意. 有时候因为资源的消耗或补充, 约束也会随时间改变. 本节讨论如何利用进化算法跟踪动态最优值.

例 21.4 本例不解释动态进化算法, 只简单说明在优化基准函数中的动态对进化算法性能产生的影响. 我们采用算法 C.2 简版的动态基准函数生成器, 并用 Ackley 函数作为基函数. 每经过 100 代 (即在算法 C.2 中 $E_{\text{update}} = 100$ 代), 在函数中加入动态, 取问题的维数为 10. 我们运行 BBO(第 14 章), 种群规模为 50, 精英参数为 2, 在每一代用随机生成的个体替换重复个体. 图 21.13 所示为 BBO 在静态 Ackley 函数和动态 Ackley 函数上的性能在 20 次蒙特卡罗仿真上的平均. 在前面的 100 代, 性能相同. 但对于动态函数, 实际上每过 100 代 BBO 都得重新开始, 因为函数变化得很厉害. 本例说明, 在进化算法中需要一些能巧妙处理费用函数动态变化的方法. □

动态优化的首要挑战在于检测适应度函数景观的改变. 我们可以使用一些标记个体, 评价它们在每一代的适应度值来检测景观的改变. 如果它们的适应度值从一代到下一代明显改变 (超出因噪声而改变的预期), 就可以推断适应度景观已经发生了变化; 也就是说, 优化问题已经改变. 但是, 使用标记并非万无一失的方法. 检测景观的变化不是一个非此即彼的命题. 景观可能会在标记位置改变但在最优点处不变. 反之, 景观可能在最优点处改变但在标记位置不变, 如图 21.14 所示.

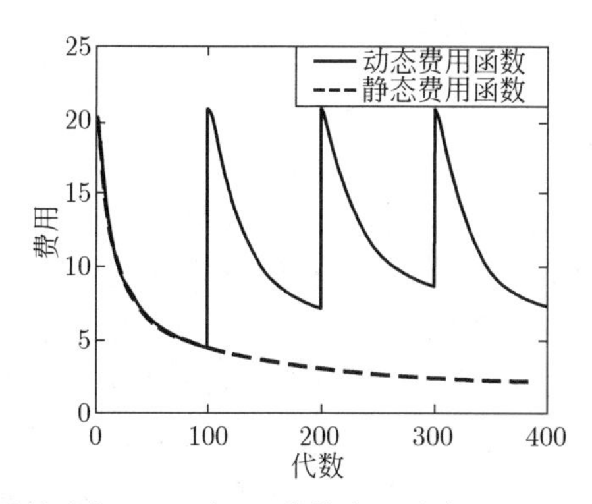

图 21.13 例 21.4: 本图所示为 BBO 在 10 维静态和动态 Ackley 函数的性能在 20 次蒙特卡罗仿真上的平均. 每经过 100 代, 在基准的动态版本中会加入动态, 在那个时刻 BBO 也失去了通过进化取得的所有进展.

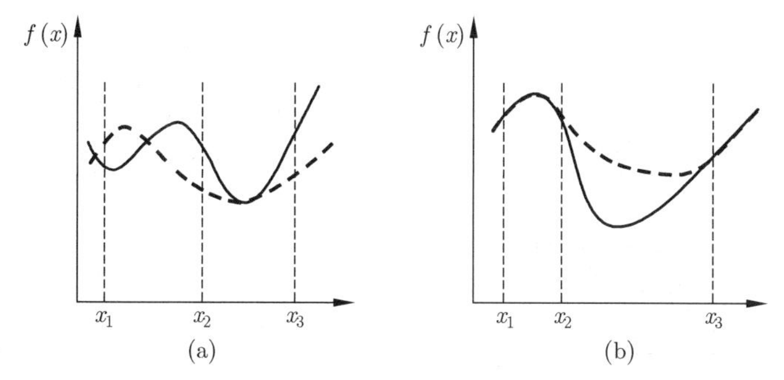

图 21.14 检测动态适应度函数的改变. 每张图中的虚线是原始适应度函数, 实线是新的适应度函数. x_1, x_2 和 x_3 为三个标记点, 我们用它们来检测适应度函数的改变. (a) 图显示, 尽管标记点的适应度有很大改变, 最优点却没有变. (b) 图所示正好相反: 尽管标记点的适应度没变, 最优值却有大幅度的改变.

在检测到适应度景观的改变之后, 可以用几种方法来跟踪变化后的最优值. 一种是用新的随机种群替换全部旧种群并重新开始进化优化过程. 这个措施很极端, 它不再使用来自前面优化过程的任何信息. 如果适应度景观变化很大, 大到令先前的种群不再包含关于新景观的有用信息, 这样做可能是适当的. 我们需要对新的优化问题运行新的进化算法.

然而对于大多数实际问题, 旧适应度景观和新景观之间会有某种相似性. 也就是说, 适应度景观是渐变而不是巨变. 在这种情况下, 我们要探索新景观同时也要利用进化算法在旧景观上取得的进展. 比如, 可以留下大部分旧种群, 但在尝试探索新景观时用一些新的个体作为种子. 为了增加探索也可以临时提高变异水平. 这个方法被称为突变[Cobb and Grefenstette, 1993]. 在种群中引入更多新的个体, 增大变异的量, 以及增加变异的代数, 所有这些都是为了控制探索和开发之间的平衡. 这个平衡决定了进化算法对新景观的适应能力以及对过去结果的依赖程度.

下面几节讨论几种动态进化算法, 包括预测进化算法 (21.2.1 节), 基于迁入的进化算法 (21.2.2 节), 以及基于记忆的进化算法 (21.2.3 节). 我们还会讨论当评价进化算法在动态优化问题上的性能时所遇到的挑战 (21.2.4 节).

21.2.1 预测进化算法

有一种动态优化方法是将预测的技巧与进化算法结合, 这就是所谓的预测进化算法 [Hatzakis and Wallace, 2006]. 如果正在运行的进化算法可以预测其最优值随时间变化的方式, 也许我们就能够建立它随时间变化的模型. 当检测到景观的改变时, 可以利用模型培育新的种群成员. 这里的关键是最优值必须"以一种可预测的方式"变化. 如果不满足这个条件, 也可以用随机初始化的种群重新培育整个种群并重新开始进化算法. 算法 21.3 说明预测进化算法的基本思想, 图 21.15 是进化算法的最优值动态进化的例子.

算法 21.3 动态优化的预测进化算法概述.

初始化进化算法种群
$X^* \leftarrow \varnothing$
While not (终止准则)
  运行进化算法 T 代, 或者运行这个算法直到检测到适应度景观有变化
  将进化算法种群中最好的个体记为 $\boldsymbol{x}^*$
  $X^* \leftarrow \{X^*, \boldsymbol{x}^*\}$
  外推序列集合 X^* 估计新的最优值 $\hat{\boldsymbol{x}}^*$
  生成靠近 $\hat{\boldsymbol{x}}^*$ 的个体子种群 S
  用 S 替换进化算法种群中的一些个体
下一代

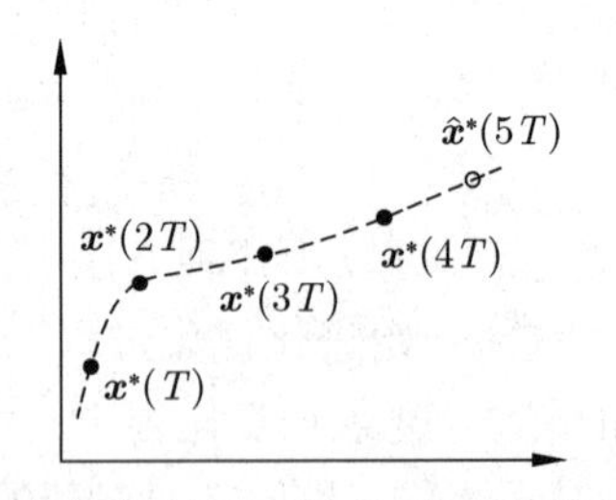

图 21.15 二维空间中进化算法的最优值及其预测值演变的例子. $\boldsymbol{x}^*(T)$, $\boldsymbol{x}^*(2T)$, $\boldsymbol{x}^*(3T)$ 和 $\boldsymbol{x}^*(4T)$ 是在 T, $2T$, $3T$ 和 $4T$ 代之后进化算法的最优值. $\hat{\boldsymbol{x}}^*(5T)$ 是预测的最优值, 它被用做下一个进化算法的种子.

算法 21.3 在实施上的几个细节需要由进化算法的设计者来确定. 比如, 如果在外推之间运行恒定的 T 代, 应该如何确定 T 的值? 如何才能检测到适应度景观的改变? 如果使用标记个体, 应该用多少个? 如果用的标记太少, 可能检测不到变化. 如果用的标记太多, 又可能在适应度函数评价上浪费时间.

应该如何用算法 21.3 中的集合 X^* 来估计新的最优值? 也就是说, 应该用哪种外推算法? 如何生成 $\hat{\boldsymbol{x}}^*$ 附近的子种群? 我们可以简单地将 S 设置为只有一个元素的集合

$\{\hat{\boldsymbol{x}}^*\}$. 另一种可能是将 S 设置为 $\hat{\boldsymbol{x}}^*$ 的 M 个变异版本的集合, 这里 M 是由用户定义的常数. 还有一个方案是将 S 设置为围绕 $\hat{\boldsymbol{x}}^*$ 的超立方或超球面中的 M 个个体的确定性的集合. 如果我们记录下进化算法从一代到下一代的每次执行中预测 $\hat{\boldsymbol{x}}^*$ 的准确度, 就可以用它确定超体积的大小. 如果发现 $\hat{\boldsymbol{x}}^*$ 始终都准确, 就可以用基数小超体积也小的 S. 如果发现 $\hat{\boldsymbol{x}}^*$ 总是不准确, 就应该增大 S 的基数和它的超体积. 事实上, 用这个思路可以自适应地调整 S 的基数和超体积. 最后, 我们还得决定在算法 21.3 中用 S 替换旧种群中的哪些个体. 常见的方案是替换旧种群中最差的个体或者替换从其中随机选出的个体.

21.2.2 迁入方案

在某些情况下, 我们检测不到适应度函数的改变, 或者适应度函数几乎不停地在变. 这时可以不断地在种群中加入新个体, 从而让进化算法能够稳健应对适应度景观的变化. 我们称这种算法为迁入方案 [Yu et al., 2009]. 迁入方案有两个基本方式. 直接迁入方案采用种群中的个体生成新个体. 它类似于标准的重组和变异算法, 用父代种群生成子代种群. 例如, 让当前或过去的代中的精英个体变异或重组生成新个体; 间接迁入方案基于种群的模型生成新个体. 例如, 使用 PBIL这类算法对种群建模 (参见 13.2.3 节), 然后基于这个模型生成新个体.

在我们决定使用直接或间接迁入方案之后, 还需要确定下列几项.

1. 如何生成新个体? 上面提到可以基于精英生成一组个体 X_e; 也可以生成一组随机个体 X_r. 如果我们认为适应度景观可能大幅变化, 可以生成一组对偶个体 X_d, 它们与第 16 章的反向个体相同. 最后, 还可以采用这三个方案的组合. 如果我们自始至终都记录下这三类个体的表现, 就可以调整每一代引入的 X_e, X_r 和 X_d 的个数 [Yu et al., 2009].
2. 应该将多少新个体引入种群? 大多数研究人员会引入大约 $0.2N$ 或 $0.3N$ 个新个体, 这里 N 是种群规模. 如果我们能够检测到适应度景观变化的大小或频率, 则可以相应地调整替换率. 比如, 如果检测到适应度景观变化很大, 可能就得引入更多的新个体.
3. 应该用新个体替换种群中的哪些个体? 此问题常见的一个答案是替换随机选出的个体. 另一个答案是替换最差的个体. 这里需要记住的一点是, 新个体在种群中也许并不是很合适, 但因为景观的变化它们的适应度可能会随时得到改进. 因此, 我们要记录年龄因子以防止个体还不到某个年龄就被替换掉 [Tinos and Yang, 2005].

算法 21.4 动态优化基于迁入的进化算法概述.

N = 种群规模
r_c = 生成每一代的随机个体的比例
r_e = 生成每一代的基于精英个体的比例
r_d = 生成每一代的对偶个体的比例
生成 N 个初始个体 $\{\boldsymbol{x}_i\}$

评价这 N 个个体的适应度
While not (终止准则)
  用一个重组/变异方法为下一代进化 $\{\boldsymbol{x}_i\}$
  评价个体 $\{\boldsymbol{x}_i\}$ 的适应度
  $X \leftarrow \{Nr_r$个随机生成的个体$\}$
  $X \leftarrow X \cup \{Nr_e$个精英的变异$\}$
  $X \leftarrow X \cup \{Nr_d$个对偶个体$\}$
  评价 X 中个体的适应度
  用来自 X 的个体替换 $\{\boldsymbol{x}_i\}$ 中的个体
  基于新个体的性能调整 r_r, r_e 和 r_d
下一代

算法 21.4 概述动态优化基于迁入的进化算法. 但它为算法设计者留有很大的决策空间.

1. r_r, r_d 和 r_e 应该取什么值? 前面提到总替换比 r_T 常用的值是在 0.2 或 0.3 左右. 我们在开始时通常让随机、对偶和精英替代个体的个数相同, 因此, $r_r \approx r_d \approx r_e \approx r_T/3$.
2. 是否应该调整 r_r, r_d 和 r_e? 如算法 21.4 所示, 可以对它们进行调整以改善算法的性能, 但这样做会让算法更复杂. [Yu et al., 2009] 提出下面这个调整方案. 在每一代评价新个体的适应度, 如果随机个体的那一组表现得比对偶个体和精英个体好, 就做下列调整:

$$r_d \leftarrow \max\{r_{\min}, r_d - \alpha\}, \quad r_e \leftarrow \max\{r_{\min}, r_e - \alpha\}, \quad r_r \leftarrow r_T - r_d - r_e, \tag{21.36}$$

   其中, α 控制调整的速度, $r_{\min}$ 定义每类新个体在每一代中所占的最小比例, 常数 r_T 定义新个体在每一代中的总比例. [Yu et al., 2009] 取 $\alpha \approx 0.02$, $r_{\min} = 0.04$. 如果对偶个体或精英个体的那一组表现最好, 就相应地修改 (21.36) 式以便在下一代中增加高性能的个体类型的个数, 同时减少其他类型的个数. 这个调整方法存在一个问题, 如何决定哪一类新个体表现"最好"? 可以用最好的随机个体、最好的对偶个体, 以及最好的基于精英个体为基础来决定; 或者根据整组随机个体、对偶个体, 以及基于精英个体的平均性能来决定.
3. 应该用新个体替换种群 $\{\boldsymbol{x}_i\}$ 中的哪些个体? 我们已经简要地提及这个问题. [Yu et al., 2009] 替换最差的个体, 但也可以替换随机选出的个体, 或替换最差个体和随机个体的一个组合. 此外, 可以将最初的种群 $\{\boldsymbol{x}_i\}$ 与替换种群 X 合在一起, 再用随机选择的机制选出最好的 N 个个体. 可以采用 8.7.1 节讨论过的任何一个选择机制.
4. 最后但同样重要的是, 在算法 21.4 中需要选择重组和变异方法来进化 $\{\boldsymbol{x}_i\}$. 重组可以采用任何一种进化算法, 8.9 节中的变异方法也都能用.

例 21.5 本例评价 BBO 在例 21.4 中的动态 Ackley函数上的性能. 因为每一代保留了两个精英个体, 我们可以用它们来检测适应度函数的变化, 在每一代, 种群的最低费用都应该减小. 如果最低费用增加, 就可以推断费用函数已经改变.[1] 针对费用函数的变化, 我们用两种不同的调整方式: 一个是用随机生成的个体重新初始化种群; 另一个用算法 21.4 的直接迁入方案. 图 21.16 显示这两个重新启动方案的 BBO 性能在 20 次蒙特卡罗仿真上的平均. 我们看到, 随机重新启动比迁入方案好. 费用函数动态变化 (偏差向量的旋转) 的随机性过大, 让只替换种群的 30% 的迁入方案的表现不及随机重新启动方案的表现. □

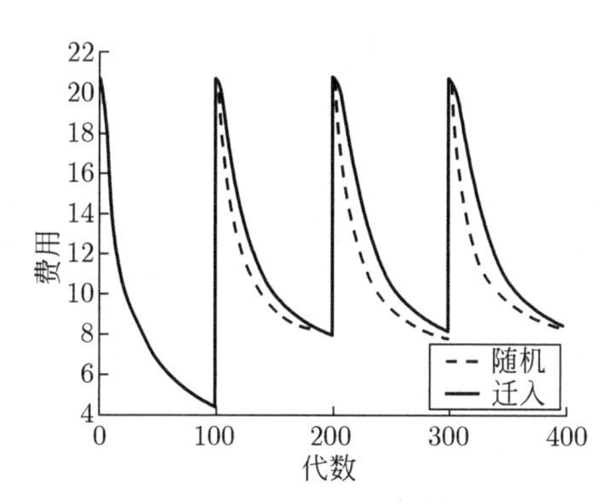

图 21.16 例 21.5 的结果. 本图显示在 10 维动态 Ackley 函数上的 BBO 性能在 20 次蒙特卡罗仿真上的平均. 每 100 代由偏差向量旋转让费用函数改变, 我们或者随机地重新初始化整个种群, 或者采用算法 21.4 的迁入方案替换 30% 的种群. 由于动态费用函数的随机性过大, 随机重新启动优于迁入方案.

例 21.6 本例还是要来评价 BBO 在动态 Ackley函数上的性能. 不过费用函数的动态变化不再是偏差向量的旋转; 而是它的一个随机扰动:

$$\left.\begin{aligned} \boldsymbol{\theta}(t) &\leftarrow \theta(t-1) + 0.1(\boldsymbol{x}_{\max} - \boldsymbol{x}_{\min})\rho(t-1), \\ \boldsymbol{\theta}(t) &\leftarrow \min\{\boldsymbol{\theta}(t), \boldsymbol{x}_{\max} - \boldsymbol{x}^*\}, \\ \boldsymbol{\theta}(t) &\leftarrow \max\{\boldsymbol{\theta}(t), \boldsymbol{x}_{\min} - \boldsymbol{x}^*\}, \end{aligned}\right\} \tag{21.37}$$

其中, $[\boldsymbol{x}_{\min}, \boldsymbol{x}_{\max}]$ 定义搜索空间, $\boldsymbol{x}^*$ 是无偏费用函数的最优值, $\rho(t-1)$ 是来自零均值单位方差高斯分布的随机数. 有关以上参数的更多讨论参见附录 C.4. 上面的赋值序列保证 $f(\boldsymbol{x} - \boldsymbol{\theta}(t))$ 的最优值在搜索域内. 对于 Ackley 函数 $\boldsymbol{x}^* = \boldsymbol{0}$, (21.37) 式也同样适用于其他基准. (21.37) 式表明偏差向量 $\boldsymbol{\theta}(t)$ 服从高斯分布, 该分布的标准差等于搜索空间范围的 10%. 与例 21.5 中偏差向量较少结构化的改变相比, 费用函数这种温和的改变更加现实. 本例针对费用函数的变化, 尝试三种不同的调整方案: (1) 用随机生成的个体重新初始化种群; (2) 用算法 21.4 的直接迁入方案, 取 r_r, r_e 和 r_d 都等于 10% 的种群规模, 并在每一代用新个体替换最差个体; (3) 忽略费用函数的动态变化, 种群不做任何改变. 图 21.17 显示这 3 种方案 BBO 的性能在 20 次蒙特卡罗仿真上的平均. 我们看到, 随机重新启动表现最差. 这是因为费用函数的动态变化存在某种结构, 替换整个种群会丢掉前 100 代进化得到的信息. 图 21.17 显示迁入方案和“忽略”这两个方案的表现大致相同. □

[1] 这并非万无一失的方案. 费用函数的变化也可能导致种群中的最低费用减少. 但是, 如果最低费用在一代代地减少, 即使检测适应度函数变化的算法不管用, 我们也不应该有太多抱怨.

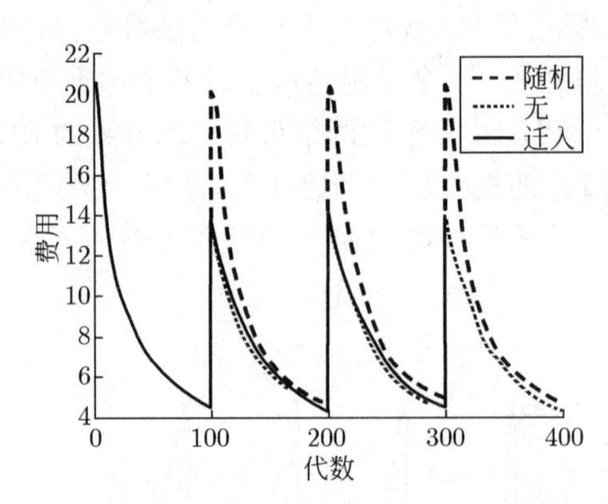

图 21.17 例 21.6 的结果. 本图显示在 10 维动态 Ackley 函数上的 BBO 性能在 20 次蒙特卡罗仿真上的平均. 每经过 100 代通过偏差向量的适度扰动改变费用函数, 我们或者随机地重新初始化 整个种群, 或者用算法 21.4 的迁入方案替换 30%的种群, 或者什么都不做. 由于费用函数的改变相对来说是有结构的, 随机重启表现最差.

我们一般会期望迁入方案比“忽略”方案好. 也许通过像 (21.36) 式那样调整参数 r_r, r_e 和 r_d 能够改进迁入方案的性能, 在上面的例子中我们没有这样做. 还要注意的是, 图 21.17 中的比较并不完全公平, 因为是用相同的代数对这三个算法做比较. 每次因函数变化随机重新启动算法需要 N 次适应度函数评价, 迁入算法需要 $0.3N$ 次适应度函数评价, 而“忽略”方案不需要适应度函数评价. 但每经过 100 代函数才变化一次. 所以, 尽管严格的比较应该基于函数评价次数而不是代数, 本例中这三种方案的函数评价次数还是很接近的, 因此不妨忽略三种方案在函数评价次数上的差异.

21.2.3 基于记忆的方法

费用函数有时候会在函数的一个有限集中变化. 例如, 假设需要优化工厂的一个控制过程. 当工厂的经理改变任务或者更换机器零件时, 制造过程的参数可能会周期性地改变. 这些变化让费用函数也改变, 但它是确定性的而非随机的. 不过控制器和优化过程并不知道变化的细节. 在这种情况下, 我们可能需要记录下以前的最优解, 并在检测到费用函数变化时把它们加入种群.

显式的基于记忆的方法是将好的个体存入档案中 [Woldesenbet and Yen, 2009]. 每当检测到费用函数变化时, 就从档案中取回个体并把它们加入种群. 如果费用函数变成之前曾经遇到过的函数, 档案中的个体就是好的解而进化算法会非常迅速地收敛到新的最优值. 算法 21.5 说明这个方法. 它只是一个基本的概述, 并未提及某些重要的细节. 下面这些问题很值得进一步研究.

1. 当检测到变化时我们应该在档案中保存多少个个体?
2. 我们应该允许档案增加到多大? 算法 21.5 并没有给它设上限. 实际上, 我们可能想要检测问题的“工况点”. 如果工况点与前面遇到的工况点相同, 则对于此工况点的精英已经存入档案了, 我们不会把当前的精英存入档案除非它们的值比已经存档的还好. 例如, 假设在检测到 $f(\cdot)$ 的变化之后, 我们搜索档案并发现当前的精英集合与以前存档的个体类似. 则可以推断进化算法刚刚解决的问题与以前解决的问题相同, 这样就无需把当前的精英存档, 除非它们比档案中的好.

3. 如何才能检测到 $f(\cdot)$ 的变化? 21.2 节一开始已讨论过这个问题.
4. 当检测到 $f(\cdot)$ 的变化时, 应该用归档的个体替换种群中的哪些个体? 应该将哪些归档的个体加入种群?

21.2.4 动态优化性能的评价

评价动态优化性能与评价静态优化性能不同. 在评价静态优化性能时, 我们通常由上一代的种群了解进化算法的表现. 然而在评价动态优化性能时, 适应度函数会一代代地变化. 因此, 仅根据上一代得不到进化算法性能的一个好的总指标. 我们反倒要着眼于在所有代的性能 [Yu et al., 2009]. 动态优化问题的两个常见指标是最好性能的平均$\bar{f}_{\rm b}$, 以及平均性能的平均$\bar{f}_{\rm a}$:

$$\bar{f}_{\rm b} = \frac{1}{G}\sum_{i=1}^{G} f_{i,{\rm b}}, \quad \bar{f}_{\rm a} = \frac{1}{G}\sum_{i=1}^{G} f_{i,{\rm a}}, \tag{21.38}$$

其中, G 是代数, $f_{i,{\rm b}}$ 是在第 i 代最好的适应度, $f_{i,{\rm a}}$ 是在第 i 代的平均适应度. 这些量是比较不同进化算法动态优化性能的好指标. 如果进行多次蒙特卡罗仿真, 就会得到更多层次的平均: 我们在所有蒙特卡罗仿真上对 $\bar{f}_{\rm b}$ 和 $\bar{f}_{\rm a}$ 取平均. 性能评价的更多细节会在附录 B.2.2 中讨论.

算法 21.5 基于显式记忆的动态优化方法概述. 对于适应度函数为时间的周期函数或适应度函数等于适应度函数的一个有限集的情况, 本算法特别适合.

生成初始种群 $\{\boldsymbol{x}_i\}$
档案 $A \leftarrow \varnothing$
While not (终止准则)
  用一个重组/变异方法为下一代进化 $\{\boldsymbol{x}_i\}$
  评价个体 $\{\boldsymbol{x}_i\}$ 的适应度
  将 $\{\boldsymbol{x}_i\}$ 的最好个体存于精英集合 E 中
  If 在 $f(\cdot)$ 中检测到改变 then
    用档案 A 中个体替换种群 $\{\boldsymbol{x}_i\}$ 中的一些个体
    将精英集合 E 存入档案 A
  End if
下一代

21.3 有噪声适应度函数

进化算法中的适应度函数评价经常会伴有噪声. 例如, 由实验评价的适应度函数会因传感器的误差而带有噪声. 此外, 如果用仿真软件度量适应度函数值, 在软件中的近似误差也会令适应度函数评价带有噪声. 可能是进化策略的发明者 Ingo Rechenberg, 最先研究噪声对进化算法的影响 [Rechenberg, 1973].

有噪声适应度函数评价可能会错误地将高适应度分配给低适应度的个体. 反之, 也可能会错将低适应度分配给高适应度的个体. 图 21.18 为两个有噪声但无偏的适应度函数 $f(\boldsymbol{x}_1)$ 和 $f(\boldsymbol{x}_2)$ 的概率密度函数. 我们看到, $f(\boldsymbol{x}_1)$ 的真实值为 0, $f(\boldsymbol{x}_2)$ 的真实值为 4, 但是这些评价都有噪声. 因此, 对 $\boldsymbol{x}_1$ 的评价所得的适应度实际上可能大于对 $\boldsymbol{x}_2$ 的评价. 在这种情况下, 对 $\boldsymbol{x}_1$ 和 $\boldsymbol{x}_2$ 的相对适应度值的评价不再准确, 会让进化算法在重组时选错个体. 也就是说, 噪声会欺骗进化算法.

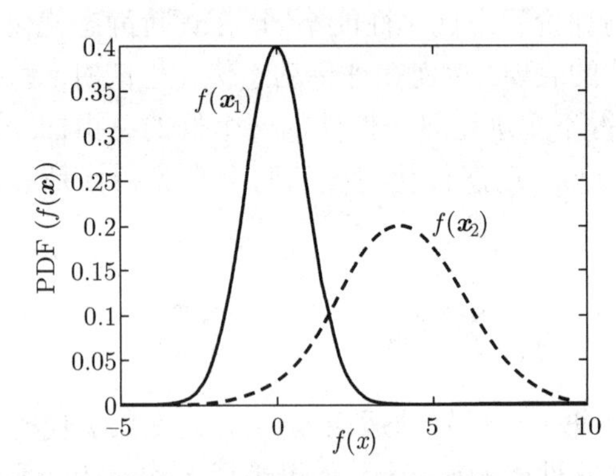

图 21.18 本图刻画两个适应度函数的概率密度函数. 真实值为 4 的 $f(\boldsymbol{x}_2)$ 比真实值为 0 的 $f(\boldsymbol{x}_1)$ 适应性好. 但是根据适应度函数评价中噪声的不同实现, 进化算法可能会认为 $\boldsymbol{x}_1$ 比 $\boldsymbol{x}_2$ 适应性好, 为下一代选择父代时会出错.

当适应度函数评价带有噪声时, 就无法确定哪一个个体最好. 假设有两个个体 $\boldsymbol{x}_1$ 和 $\boldsymbol{x}_2$, 它们的真实适应度值分别为 $f_{\mathrm{t}}(\boldsymbol{x}_1)$ 和 $f_{\mathrm{t}}(\boldsymbol{x}_2)$ (例如, 图 21.18 中的 0 和 4), 有噪声适应度函数评价分别为 $f(\boldsymbol{x}_1)$ 和 $f(\boldsymbol{x}_2)$. 因为噪声的缘故, $f(\boldsymbol{x}_1) > f(\boldsymbol{x}_2)$ 并不一定意味着 $f_{\mathrm{t}}(\boldsymbol{x}_1) > f_{\mathrm{t}}(\boldsymbol{x}_2)$. 如果知道 $f(\boldsymbol{x}_1)$ 和 $f(\boldsymbol{x}_2)$ 的概率密度函数, 就可以计算在具体的 $f(\boldsymbol{x}_1)$ 和 $f(\boldsymbol{x}_2)$ 的值给定时 $f_{\mathrm{t}}(\boldsymbol{x}_1) > f_{\mathrm{t}}(\boldsymbol{x}_2)$ 的概率. 我们在这里不做数学演算, 但是可以用概率论的标准方法来计算 [Grinstead and Snell, 1997], [Mitzenmacher and Upfal, 2005]. 注意, 在进化算法的执行过程中, 因为不知道真实的适应度函数 (假定它是有噪声适应度函数的均值), 所以也不知道有噪声适应度函数的概率密度函数. 不过, 我们可能知道真实的适应度函数的概率密度函数. 这类似于图 21.18 的情况, 但是要反过来, 将真实的适应度函数看成是均值等于有噪声评估的适应度函数值的随机变量, 而不是将有噪声适应度函数看成均值等于真实的适应度函数的随机变量.

本节讨论处理有噪声适应度函数的三种方法. 21.3.1 节讨论再采样方法, 21.3.2 节讨论适应度估计方法, 21.3.3 节讨论卡尔曼进化算法, 它利用卡尔曼滤波估计适应度函数值.

21.3.1 再采样

降低噪声的一种简单方法是对适应度函数再采样. 如果对给定个体的适应度函数做 N 次评价, 并且这 N 个样本的噪声值是独立的, 则平均适应度函数的方差会减小为原来

的 $1/N$[Grinstead and Snell, 1997], [Mitzenmacher and Upfal, 2005]. 假设候选解 $\boldsymbol{x}$ 的被评估的适应度 $g(\boldsymbol{x})$ 为

$$g(\boldsymbol{x}) = f(\boldsymbol{x}) + w, \tag{21.39}$$

其中, $f(\boldsymbol{x})$ 是真实的适应度, w 是方差为 σ^2 的零均值噪声. 这意味着测量到的适应度值 $g(\boldsymbol{x})$ 的均值为 $f(\boldsymbol{x})$, 方差为 σ^2. 如果我们做 N 次独立的测量 $\{g_i(\boldsymbol{x})\}$, 则每一个测量值 $g_i(\boldsymbol{x})$ 的方差为 σ^2, 真实适应度值最好的估计为

$$\hat{f}(\boldsymbol{x}) = \frac{1}{N}\sum_{i=1}^{N} g_i(\boldsymbol{x}), \tag{21.40}$$

$\hat{f}(\boldsymbol{x})$ 的方差为 σ^2/N. 图 21.19 说明这个思路. N 个有噪声适应度函数评价的平均比单个评价准确 N 倍.

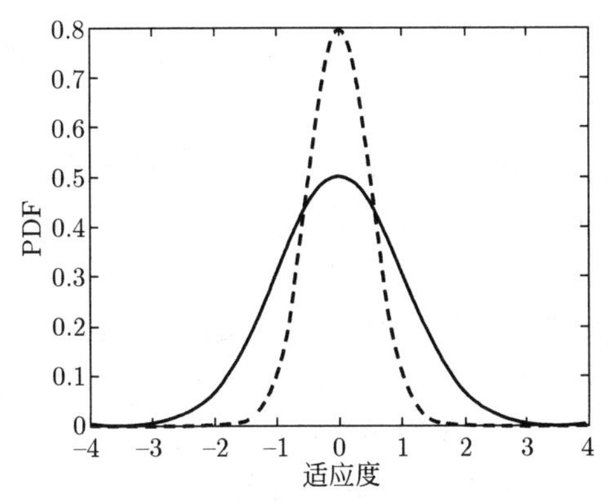

图 21.19 本图说明有噪声适应度函数评价的再采样策略. 实线为有噪声适应度函数的概率密度函数. 虚线为 4 个适应度函数平均评价的概率密度函数. 它们都是零均值, 但平均评价的方差是单个评价方差的 1/4. 平均评价有可能比单个评价更接近其均值.

只有当适应度函数评价的噪声对于不同样本独立的时候, 再采样策略才完全有效. 比如, 假设我们用有噪声的仪表测量候选解的适应度. 如果仪表的噪声与它本身的采样时间相关, 则 N 个样本的平均不会让方差减少到 $1/N$. 在这种情况下, 方差减小的量取决于样本之间噪声的相关性.

如果我们有候选解 $\boldsymbol{x}$ 的 N 个适应度评价 $\{g_i(\boldsymbol{x})\}$, 可以找出适应度估计方差 σ^2 的估计 $\hat{\sigma}^2$, 即

$$\hat{f}(\boldsymbol{x}) = \frac{1}{N}\sum_{i=1}^{N} g_i(\boldsymbol{x}), \quad \hat{\sigma}^2 = \frac{1}{N-1}\sum_{i=1}^{N}\left(\hat{f}(\boldsymbol{x}) - g_i(\boldsymbol{x})\right)^2. \tag{21.41}$$

直观来看, 等式中 $\hat{\sigma}^2$ 的分母应该是 N 而不是 $(N-1)$, 但 $(N-1)$ 更好, 因为它能得到方差的无偏估计 [Simon, 2006, Problem 3.6]. 为让适应度估计的方差达到想要的值, 可以用

(21.41) 式确定采样的次数 (参见习题 21.7). 想要的方差由用户定义, 它也依赖于具体问题. 当 $N \to \infty$, 方差趋于 0 适应度估计也不再有误差.

有些研究人员建议对每一个候选解按固定次数再采样. 这样做忽略了不同候选解适应度评价的噪声可能不同的情形 [Di Pietro et al., 2004]. 如果用噪声与测量到的信号成比例的传感器进行适应度评价, 可能就会如此 [Arnold, 2002]. 在这种情况下, 可以将 (21.39) 式替换为

$$g(\boldsymbol{x}) = f(\boldsymbol{x}) + w(\boldsymbol{x}). \tag{21.42}$$

即适应度评价的噪声依赖于被评价的具体的候选解. 这时, 对每一个 $\boldsymbol{x}$ 按固定次数采样, 效率会很低, 因为不同候选解的准确度不同. 但我们还是可以用 (21.41) 式来决定每一个候选解的采样次数.

为达到想要的方差, 再采样策略需要很多样本. 对于昂贵适应度函数来说不太可行. 因此, 我们需要将再采样与 21.1.1 节的适应度函数近似方法结合. 只对种群中最好的个体再采样, 也可以减少再采样的次数. 只凭单个适应度函数评价, 可能不知道哪些个体最好, 但是至少会有一些思路, 并能为种群中最好的个体预留再采样所需的计算量 [Branke, 1998].

决定再采样次数的另一种方法是基于 21.1.1 节的适应度继承的想法[Bui et al., 2005]. 假设由几个父代 $\{\boldsymbol{p}_i\}$ 生成一个子代 $\boldsymbol{x}$. 进一步假设第 i 个父代适应度估计值为 $g(\boldsymbol{p}_i)$, 标准差为 $\sigma(\boldsymbol{p}_i)$. 在我们评价子代的适应度之前, 可以用适应度继承得到其适应度的估计 $\hat{f}(\boldsymbol{x})$ 及其标准差 $\hat{\sigma}(\boldsymbol{x})$, 然后评价子代的适应度. 如果适应度评价 $g(\boldsymbol{x})$ 落在 $\hat{f}(\boldsymbol{x})$ 的 $\pm 3\hat{\sigma}(\boldsymbol{x})$ 之间, 则认为 $g(\boldsymbol{x})$ 有效. 否则可以推断 $g(\boldsymbol{x})$ 的噪声很大, 需要继续利用再采样降低噪声. 这个方法在某些方面与我们的直觉相反. 它表明父代的噪声越大, 我们越有可能接受对子代的评价. 但我们期望的是, 父代的噪声越大, 就更应该对子代的适应度再采样 [Syberfeldt et al., 2010].

减少适应度评价次数的一个方法是在进化算法开始时只做几次再采样, 在进化算法运行过程中更经常地再采样 [Syberfeldt et al., 2010]. 这样做的道理是, 在优化过程初期, 进化算法的搜索通常较粗糙. 在早期的代中进化算法试图找到最优解的一个大致的邻域; 在后期的代中则试图收敛到更准确的解. 当进化算法开始收敛, 优化过程快结束时, 我们才需要精确的适应度函数值. 也就是说, 只有在准确度较好的情况下精确度才有意义 (参见习题 21.8) [Taylor, 1997].

很多再采样策略假定适应度噪声是正态分布. 在测量和计算中的很多噪声的确是正态分布, 但并非所有都如此. 如果噪声不是高斯的, 文献中提出的很多再采样策略就需要重新推导.

21.3.2 适应度估计

(21.41) 式是基于有噪声的样本估计适应度的简单平均方法. 我们还可以用其他与概率有关的方法. 例如, [Sano and Kita, 2002] 假设在搜索空间中相邻个体 $\boldsymbol{x}_1$ 和 $\boldsymbol{x}_2$ 的适应

度值相似:

$$f(\boldsymbol{x}_1) \sim N(f(\boldsymbol{x}_2), kd). \tag{21.43}$$

即 $\boldsymbol{x}_1$ 的适应度是均值为 $f(\boldsymbol{x}_2)$, 方差为 kd 的高斯随机变量, 这里 k 是未知参数, d 是 $\boldsymbol{x}_1$ 和 $\boldsymbol{x}_2$ 之间的距离. 如果适应度评价 $g(\boldsymbol{x}_1)$ 的方差为 σ^2, 则

$$g(\boldsymbol{x}_1) \sim N(f(\boldsymbol{x}_2), kd + \sigma^2). \tag{21.44}$$

利用这些假设, 已知 $\boldsymbol{x}_1$ 和 $\boldsymbol{x}_2$ 的有噪声评价, 可以用极大似然法估计 $\boldsymbol{x}_1$ 和 $\boldsymbol{x}_2$ 的适应度. 也就是说, 我们不仅可以用个体的有噪声的评价, 还可以用它的邻居的有噪声评价来估计它的适应度 [Branke et al., 2001].

21.3.3 卡尔曼进化算法

卡尔曼进化算法是为适应度函数评价有噪声且昂贵的问题设计的. 最初在遗传算法背景下提出的卡尔曼进化算法会记录适应度值的不确定性并相应地分配适应度评价 [Stroud, 2001].

卡尔曼滤波是线性动态系统状态的一个最优估计器 [Simon, 2006]. 卡尔曼进化算法假设已知个体 $\boldsymbol{x}$ 的适应度是一个常数. 再进一步假设适应度评价噪声不是 $\boldsymbol{x}$ 的函数. 利用这些假设, 可以用简化的卡尔曼滤波的标量形式记录每个适应度估计的不确定性. 单个适应度函数评价的方差记为 R. 在 k 次适应度函数评价后个体 $\boldsymbol{x}$ 的适应度估计的方差记为 $P_k(\boldsymbol{x})$. $\boldsymbol{x}$ 的第 k 次适应度函数评价的值记为 $g_k(\boldsymbol{x})$. 最后, 在 k 次适应度函数评价之后对 $\boldsymbol{x}$ 的适应度的估计记为 $\hat{f}_k(\boldsymbol{x})$. 用这些记号, 由卡尔曼滤波理论可以得到

$$\left.\begin{aligned} \hat{f}_{k+1}(\boldsymbol{x}) &= \hat{f}_k(\boldsymbol{x}) + \frac{P_k(\boldsymbol{x})(g_{k+1}(\boldsymbol{x}) - \hat{f}_k(\boldsymbol{x}))}{P_k(\boldsymbol{x}) + R}, \\ P_{k+1}(\boldsymbol{x}) &= \frac{P_k(\boldsymbol{x})R}{P_k(\boldsymbol{x}) + R}, \end{aligned}\right\} \tag{21.45}$$

这里 $k = 0, 1, 2, \cdots$. 对所有 $\boldsymbol{x}$, 初始化 $P_0(\boldsymbol{x}) = \infty$, 有

$$\hat{f}_1(\boldsymbol{x}) = g_1(\boldsymbol{x}), \quad P_1(\boldsymbol{x}) = R. \tag{21.46}$$

也就是说, 在第一次适应度函数评价 $g_1(\boldsymbol{x})$ 之后我们的估计 $\hat{f}_1(\boldsymbol{x})$ 就等于第一次评价. 在第一次评价之后适应度估计中的不确定性 $P_1(\boldsymbol{x})$ 等于评价中的不确定性.

(21.45) 式显示, 每当评价 $\boldsymbol{x}$ 的适应度时, 我们会基于前面的估计, 不确定性以及最近的适应度函数评价结果 $g(\boldsymbol{x})$ 来修正我们的估计 $\hat{f}(\boldsymbol{x})$. 由 (21.45) 式可知

$$\lim_{P_k(\boldsymbol{x})\to 0} \hat{f}_{k+1}(\boldsymbol{x}) = \hat{f}_k(\boldsymbol{x}), \quad \lim_{P_k(\boldsymbol{x})\to\infty} \hat{f}_{k+1}(\boldsymbol{x}) = g_{k+1}(\boldsymbol{x}). \tag{21.47}$$

换言之, 如果我们能完全确定 $\boldsymbol{x}$ 的适应度 (即 $P_k(\boldsymbol{x}) = 0$), 再评价 $\boldsymbol{x}$ 的适应度也不会改变我们对它的适应度的估计. 另一方面, 如果我们完全不能确定 $\boldsymbol{x}$ 的适应度 (即

$P_k(\boldsymbol{x}) \to \infty$), 就会将适应度的估计设置为下一次适应度函数评价的结果. (21.45) 式还说明, 每次评价 $\boldsymbol{x}$ 的适应度时, 它的不确定性 $P(\boldsymbol{x})$ 都在减少 (也就是说, 我们对估计值的信心在增加). 由 (21.45) 式可得

$$\left.\begin{aligned} &\lim_{R\to 0}\hat{f}_{k+1}(\boldsymbol{x}) = g_{k+1}(\boldsymbol{x}), \quad \lim_{R\to 0} P_{k+1}(\boldsymbol{x}) = 0, \\ &\lim_{R\to\infty}\hat{f}_{k+1}(\boldsymbol{x}) = \hat{f}_k(\boldsymbol{x}), \quad \lim_{R\to\infty} P_{k+1}(\boldsymbol{x}) = P_k(\boldsymbol{x}). \end{aligned}\right\} \tag{21.48}$$

这些结果与我们的直觉一致. 如果适应度函数噪声的方差 R 为 0, 则适应度函数评价很完美, 所以我们的估计就等于适应度函数评价的结果, 并且在估计中的不确定性为 0. 另一方面, 如果适应度函数噪声的方差 R 为无穷, 噪声过大会令适应度函数评价无法提供任何信息. 在这种情况下, 再多的评价也不能改变我们对适应度函数值的估计, 也不能降低其中的不确定性.

对于每一个个体 $\boldsymbol{x}$ 的每次适应度函数评价, 卡尔曼进化算法会记下适应度函数估计 $\hat{f}_k(\boldsymbol{x})$ 和方差 $P_k(\boldsymbol{x})$ $(k = 1, 2, \cdots)$. 我们按用户定义的比例 F, 取出现有评价的 F 部分用于生成和评价新个体. 按 (21.46) 式初始化每一个新个体的适应度估计和方差. 用现有评价的 $(1 - F)$ 部分用于重新评价已有的个体. 在这种情况下, 按照 (21.45) 式更新适应度估计和方差. 每当有足够的资源评价适应度函数, 就生成在 [0,1] 上均匀分布的一个随机数 r. 如果 $r < F$, 用进化算法的重组和变异生成一个新个体, 然后评价它的适应度; 否则, 重新评价已有的一个个体.

当重新评价已有的个体时, 要遵循两个指导原则. 首先, 对于适应度估计的方差较大的个体可以重新评价以生成更多信息. 其次, 对于适应度估值较大的个体可以重新评价以生成更多有用的信息. 也就是说, 对于适应度估值低的个体, 我们不用介意是否能得到高精度, 因为不会用它们重组生成下一代. [Stroud, 2001] 提出了选择个体 $\boldsymbol{x}_s$ 重新评价的策略:

$$\left.\begin{aligned} \bar{f} &\leftarrow \text{种群适应度估计的均值}, \\ \sigma &\leftarrow \text{种群适应度估计的标准差}, \\ \boldsymbol{x}_s &\leftarrow \arg\max\{P(\boldsymbol{x}) : \hat{f}(\boldsymbol{x}) > \bar{f} - \sigma\}, \end{aligned}\right\} \tag{21.49}$$

其中 $\hat{f}(\boldsymbol{x})$ 和 $P(\boldsymbol{x})$ 省去了下标 k; 对在 (21.49) 式中的每一个个体 $\boldsymbol{x}$, 使用最近更新的 $\hat{f}(\boldsymbol{x})$ 和 $P(\boldsymbol{x})$ 的值. 这个式子说明, 在适应度估值大于均值以下一个标准差的所有个体中, 选择不确定性最大的个体重新评价. 这个策略假定 $f(\boldsymbol{x})$ 为适应度, 所以 $f(\boldsymbol{x})$ 越大越好.

卡尔曼进化算法仍然还有很大的发展空间. 比如, 如何把它扩展到动态优化问题? 如何决定最优的新个体比例 F? 是否存在一种根据性能调整 F 的方式? 如何将卡尔曼进化算法扩展到更一般的滤波范式, 如 H_∞ 滤波 [Simon, 2006]?

21.4 总　　结

在 [Ong et al., 2004], [Jin, 2005], [Knowles and Nakayama, 2008], 和 [Shi and Rasheed, 2010] 中有关于进化算法适应度近似的调查. 在 [Tenne and Goh, 2010] 中可以找到有关昂贵适应度函数评价问题的进化算法论文集. 关于动态进化算法的书籍包括 [Branke, 2002], [Morrison, 2004], [Yang et al., 2010] 和 [Simões, 2011]. Jürgen Branke 专门建有一个关于动态优化进化算法的网址[Branke, 2012].

适应度近似并非处理昂贵适应度函数的唯一方式. 我们也可以采用网格计算, 它将分布式的计算资源结合起来求解单一问题 [Melab et al., 2006], [Lim et al., 2007]. 对于昂贵适应度函数, 节省时间的方法还包括用单个计算机多核并行、簇计算、云计算, 或其他分布式处理方式 [Tomassini and Vanneschi, 2009], [Tomassini and Vanneschi, 2010].

[Jin and Branke, 2005] 和 [Nguyen et al., 2012] 调查了不确定环境中的进化算法. 本书中“不确定环境”包括昂贵适应度函数、动态适应度函数, 以及有噪声适应度函数, 它们是本章的主题. 不过, [Jin and Branke, 2005] 还讨论了稳健性, 当决策向量或问题的参数变化时, 稳健性度量进化算法的解的质量 [Eiben and Smit, 2011].

考虑有关参数变化的稳健性. 很多适应度函数可以写成 $f(\boldsymbol{x},\boldsymbol{p})$ 的形式, 其中, $\boldsymbol{x}$ 是决策向量, $\boldsymbol{p}$ 是参数向量. 例如, 如果我们要优化一个机器人的控制算法, $\boldsymbol{p}$ 可能是指机器人在物理上的一些设计参数. 当我们优化 $f(\boldsymbol{x},\boldsymbol{p})$, “稳健性”是指 $f(\boldsymbol{x},\boldsymbol{p}+\Delta\boldsymbol{p})$ 的质量, 这里 $\Delta\boldsymbol{p}$ 代表参数变化. 一般来说, 一个好的解常常不是一个稳健的解 [Keel and Bhattacharyya, 1997]. 图 21.20 说明了这种情况. 在 $\boldsymbol{x}=\boldsymbol{x}_1$ 处达到最小费用, 但是 $\boldsymbol{x}$ 在这个值处的费用函数对参数的变化很敏感. 我们可以在 $\boldsymbol{x}=\boldsymbol{x}_2$ 处得到次优费用, 其费用较大但是对于参数变化的稳健性更好. 根据参数的预期变化量, $\boldsymbol{x}_2$ 可能比 $\boldsymbol{x}_1$ 好.

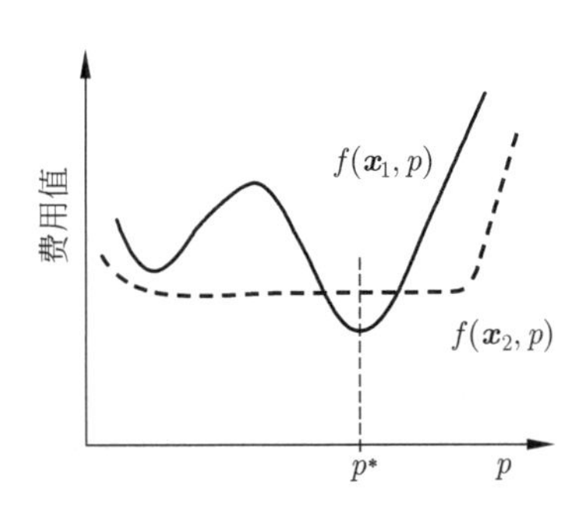

图 21.20　显示费用随参数值 $\boldsymbol{p}$ 的变化情况, 这里 $\boldsymbol{p}^*$ 是标称参数值, $\boldsymbol{x}=\boldsymbol{x}_1$ 在 $\boldsymbol{p}=\boldsymbol{p}^*$ 处得到最少费用, 但是它并不稳健. $\boldsymbol{x}=\boldsymbol{x}_2$ 的费用较大但关于参数变化更稳健.

还可以考虑针对决策向量变化的稳健性. 在这种情况下, 当优化 $f(\boldsymbol{x})$ 时, “稳健性”指的是 $f(\boldsymbol{x}+\Delta\boldsymbol{x})$ 的质量, 其中 $\Delta\boldsymbol{x}$ 表示决策向量的变化. 当找到最优决策向量 $\boldsymbol{x}$ 时, 我们在解中所实施的决策向量可能会因为实施上的问题、生产制造的不确定性以及其他问题而改变. 用图 21.21 说明这个情况. 在 $\boldsymbol{x}=\boldsymbol{x}_1$ 处达到最小费用, 但是在值 $\boldsymbol{x}_1$ 处费用函数对 $\boldsymbol{x}$ 的变化很敏感. 在 $\boldsymbol{x}=\boldsymbol{x}_2$ 可以得到次优费用, 其费用较大但是对于 $\boldsymbol{x}$ 的变化稳健性更好. 根据预期的变化量, $\boldsymbol{x}_2$ 可能比 $\boldsymbol{x}_1$ 好. 本章没有讨论稳健性, 但在实际问题中稳健性很重要, [Jin and Branke, 2005] 和 [Branke, 2002, Chapter 8] 是对它很好的综述.

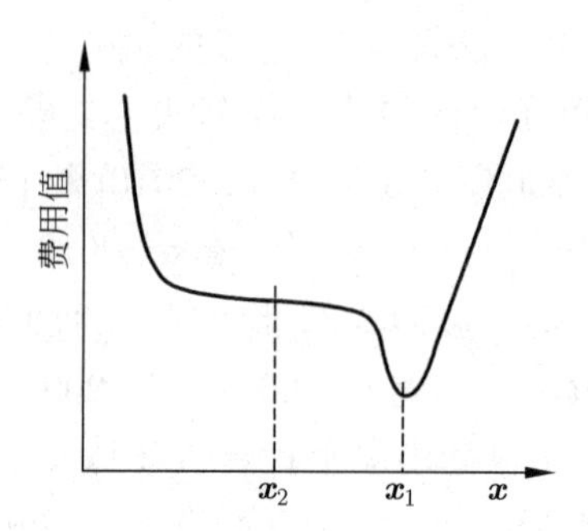

图 21.21　显示费用随独立变量 $\boldsymbol{x}$ 的变化情况. 在 $\boldsymbol{x} = \boldsymbol{x}_1$ 时费用最小但并不稳健, $\boldsymbol{x} = \boldsymbol{x}_2$ 时费用较大但关于 $\boldsymbol{x}$ 的变化更稳健.

当进化算法被越来越多应用于实际问题, 对它的研究可能会更多地转向在本章讨论的主题, 包括昂贵适应度函数, 动态适应度函数, 以及有噪声适应度函数. 有的问题具有不止一个这样的特征, 未来研究的一些有趣的题目包括针对这些问题开发进化算法. 例如, 我们已经讨论了处理动态适应度函数的算法和处理有噪声适应度函数的算法, 但是, 如何能够将这些算法结合以处理既是动态又有噪声的适应度函数? 另一个有意思的问题是如何分配 K 个适应度评价以得到进化算法的最好结果. 注意, 这里对"最好"可以有几种不同的解读, 例如, 能够优化进化算法预期结果的最好策略, 或者能够优化在最坏情况下进化算法结果的最好策略, 或者能够优化最好情况减去 3 倍 σ 的结果的最好策略, 或者在一些组合情况下的最好策略.

习　　题

书面练习

21.1　考虑由下面三个点 (x, y): (1,3), (2,1) 和 (3,4) 组成的一元函数.

(1) 求这个函数的线性最小均方拟合? 这个近似的均方根误差和最小最大误差各是多少?

(2) 求这个函数的线性最小最大拟合? 这个近似的均方根误差和最小最大误差各是多少?

21.2　推导 (21.16) 式.

21.3　书中称 (21.24) 式中的 $s(\boldsymbol{x})$ 在采样数据点处为 0. 请证明. (提示: 如果 $\boldsymbol{x}^*$ 是采样数据点中的一个, 则 $\boldsymbol{r}$ 是 $\boldsymbol{R}$ 的一列.)

21.4　对一个 $M \times M$ 二维网格, Latin 超立方采样有多少种可能的安排?

21.5　假设 $\boldsymbol{x}_1$ 的有噪声适应度评价在 -2 和 2 之间均匀分布. 假设 $\boldsymbol{x}_2$ 的有噪声适

应度评价在 -1 和 3 之间均匀分布. $\boldsymbol{x}_1$ 的有噪声适应度评价大于 $\boldsymbol{x}_2$ 的有噪声评价的概率是多少?

21.6 "如果我们为一个给定的个体做 N 次适应度函数评价, 并且那 N 个样本的噪声独立, 则平均适应度函数的方差减少 N 倍", 证明 21.3.1 节中的这个说法.

21.7 假设已知的一个个体有下列 10 个有噪声适应度函数评价:

$$[\,101,\ 102,\ 98,\ 97,\ 99,\ 103,\ 104,\ 101,\ 97,\ 98\,].$$

为使方差为 5, 需要取几个适应度评价的平均?

21.8 精确度 (precision) 与准确度 (accuracy)之间的区别在哪里? 请解释并举例说明.

21.9 假设用卡尔曼进化算法估计个体 $\boldsymbol{x}$ 的适应度. 假设适应度估计 $\hat{f}(\boldsymbol{x}) = 10$, 其不确定性的方差 $= 1$. 假设我们得到一个新的适应度度量 $g(\boldsymbol{x}) = 11$, 其不确定性的方差 $= 3$. 新的适应度估计和它的不确定性方差是多少?

计算机练习

21.10 对二维 Ackley函数重复例 21.1 和例 21.2, 它的每一个独立变量都在域 $[-3, +3]$ 中.

21.11 用 (21.38) 式评价例 21.6 的三个动态进化算法的性能.

21.12 编写一个计算机程序, 通过实验确认 N 个噪声项平均的方差是每个噪声项方差的 $1/N$ 倍.

21.13 对例 21.5 和例 21.6 仿真, 同时跟踪下列比率:

$p_r =$ 随机个体 R 在新个体中最好的比率,

$p_e =$ 变异后的精英 E 在新个体中最好的比率,

$p_d =$ 对偶个体 D 在新个体中最好的比率,

其中最好用平均费用定义. 即, 在生成新的随机个体 R, 新变异后的精英个体 E, 以及新对偶个体 D 之后, R 的平均费用比 E 的平均费用和 D 的平均费用都要好的比率, 以此类推. 仿真的代数要足够大以便收集足够多的数据从而得到合理的确定性的结论.

第五篇 附 录

附录 A 一些实际的建议

好的建议总是会被忽略, 但不能因此就不给建议.

阿茄莎・克里斯蒂 (Agatha Christie)

本附录为进化算法的研究人员和从业者提供一些实际的建议. 如果进化算法不管用应该怎么办? 如何改进进化算法? 应该如何通过学习从而在进化算法的研究中取得成功? 在我们的研究中应该关注什么问题? 《遗传规划指南》一书中有很多好的实际的建议 [Poli et al., 2008, Chapter 13]. 那些建议针对的是遗传规划, 但其中很多对于其他进化算法也普遍适用, 本附录就借用它们的一些思想.

A.1 查　　错

很多学生和刚入门的研究人员都指望自己的代码和别人的代码在首次运行时就管用. 然而, 无错误的代码并不存在, 所有代码都有错. 我们需要透彻地理解软件才能发现代码中的问题或了解在使用代码时遇到的问题. 这意味着需要对代码按每次一行单步调试, 并用调试器检查变量. 我们需要理解如何为变量赋值, 以及为什么这样赋值. 即使代码在第一次就能运行也需要这样做. 因为代码能运行并不意味着就管用.

不是说现成的程序不管用. 也不是说我们需要理解所用的每一个计算机程序. 但是, 软件产品与用于研究和工程的软件有质的差别. 如果软件产品不管用, 通常能看到故障结果, 并且可以采取措施绕过那些问题 (比如, 重新启动, 或者试验不同的按键顺序以得到想要的结果).

如果研究软件不管用, 就常常得由我们自己修改, 为此我们需要理解软件. 更重要的是, 即使软件看起来管用, 它也可能并不正确. 如果不能理解软件, 就永远无法肯定它的准确性, 也就无法真正相信所得结果.

进化算法的研究没有捷径 (在其他工程研究中也是如此). 自己编写软件总是更好一些. 如果想用别人的软件, 特别是免费的软件, 就必须研究和理解其代码, 否则可能得不到什么结果.

A.2 进化算法是随机的

进化算法是随机的. 这意味着每次运行得到的结果会不同. 如果为求解一个问题, 我们用进化算法算了 10 次, 而这 10 次都没能解决问题, 我们可能会天真地认为这个进化算法不行或者这个问题不可解. 但是, 如果这个算法有 20% 的概率解决这个问题, 就会有 10% 的概率连续 10 次都失败.

反之, 如果运行 10 次并且算法连续 10 次都成功, 我们又可能天真地认为这个进化算法每次都管用. 但是, 如果它有 20% 的概率失败, 连续 10 次都成功的概率也是 10%. 需要清楚地理解概率论才能透彻地了解进化算法的随机性.

A.3 小变化可能会有大影响

一些看似无害的事情, 比如, 改变处理重复个体的方式, 或让变异率有一个小的变化, 或改变选择方法都能大大改变进化算法的运行. 我们决不能假定微小的变化无足轻重. 这意味着当得到好的结果时, 必须小心地将进化算法采用的设置保存下来. 甚至应该保存随机数的种子以便能够复现所得结果 (参见附录 B.2.3). 如果在得到好的结果之后, 为了改进性能去调试参数, 但忘了保存得到好结果时所用的参数设置, 就有可能永远失去这些好结果.

A.4 大变化可能只有小影响

与上面说的相反, 进化算法有时候对参数设置的大变化并不敏感. 如果进化算法的性能优良, 这种不敏感通常很好, 因为它意味着进化算法对参数具有稳健性. 如果算法的性能不好, 对参数变化不敏感就糟糕了. 如果算法的性能差, 有可能是问题太难, 或者是问题的描述方式并不适合进化算法. 我们不能保证用进化算法就能得到好的结果, 因此不能假定只要能找出正确的参数设置, 进化算法就一定能行. 因此需要在坚持不懈与有可能浪费时间这二者之间取得一个平衡. 然而, 我们中的大多数都错在缺乏恒心而不是过于执着.

A.5 种群含有很多信息

如果我们的进化算法不太管用, 就应该研究在不同代的种群. 种群的构成会为我们提供很多信息. 如果看到种群收敛到单个候选解, 就知道得更小心地处理重复个体. 如果看到重组的个体性能没有改进, 就知道需要修改重组策略. 如果记录变异的过程, 就能知道变异是过多或是过少, 或者是太频繁或只是偶尔为之. 如果看到种群在前面几代之后不再有改进, 就知道需要更多的探索较少的开发. 只要我们有创造性和韧性, 通过研究进化算法种群就能收集到有关算法行为的无限多的细节.

A.6 鼓励多样性

这与上面的那一点相关. 我们需要了解种群中的多样性 (或单一化). 如果种群不够多样, 进化算法的性能可能较差. 在开发好的候选解的同时还要鼓励多样性. 一个成功的进化算法只需要找出一个或少数几个好的解就行了. 越是多样越有可能成功, 我们得记住这一点.

A.7 利用问题的信息

对问题的理解越透彻, 找到的解就越好. 进化算法是典型的无模型优化器, 这意味着在进化算法中无需加入有关问题的任何信息. 但是, 如果能融入问题的信息, 几乎可以肯定能找到更好的解. 进化算法是很好的全局优化器, 但是, 像爬山法或梯度下降法这些局部搜索方法能够改善进化算法的结果，甚至起到决定成败的作用.

A.8 经常保存结果

计算机磁盘空间很便宜. 我们应该保存问题的设置、软件的旧版本、结果和中间结果. 我们需要精确有序的安排, 这样无需浪费太多时间就能高效地从保存的所有程序和数据中筛选出想要的东西.

进化算法的计算量通常很大. 为得到一个好结果可能需要几天或几周的时间. 一种条理清楚又高效的方式是先让算法运行一天, 保存结果, 然后从前面的结果为种子的新种群再开始运行算法. 这样能让进化算法在长时间的运行过程中能够利用前面发现的好的候选解.

A.9 理解统计显著性

我们需要理解实验结果在统计上的显著性. 因此需要理解统计学和没有免费午餐定理 (参见附录 B). 我们还需要在数据验证集上测试进化算法的结果. 用进化算法可以找出优化问题的一个好的解, 但同样重要的是需要采用在训练时没有用过的数据测试这个解的性能. 例如, 我们利用进化算法找到了性能最优的分类器的参数, 并且用一些测试数据来评价适应度函数. 如果仅此而已, 只能说明分类器能记住训练数据. 真正的测试应该要看分类器在尚未见过的数据上的表现. 这种数据被称为验证集. 划分训练数据和验证数据的方式各有不同. 本书除了在 21.1.6 节对数据划分做了简短的讨论之外, 其他地方就没有再讨论. 但是, 理解验证的基本思想对我们来说非常重要 [Hastie et al., 2009].

A.10 善 于 写 作

如果我们对进化算法做了很好的研究但却不与他人交流, 这样的研究毫无价值. 研究是为了沟通. 伟大的英国科学家 Michael Faraday曾说, “工作, 完成, 发表” [Beveridge, 2004, page 121], 它隐含的意思是研究过程要到结果发表之后才算结束. 如今的学生、工程师和研究人员严重缺乏科技写作的技能. 如果能写得更好就会成为能力更强的专业人士. 学习写作不是一个神秘的过程. 通过学习提高写作技能与通过学习把别的事情做得更好的方法相同: 边学边练.

A.11 强调理论

如今有太多关于进化算法的研究都涉及参数调试以及进化算法与其他优化算法的混合. 已知现有的所有进化算法, 它们所有的调试参数, 以及现在能得到的所有非进化优化算法, 实际上会有无穷多种方式对进化算法进行修改、组合并在基准上调试出更好的性能. 但是, 这一类的研究并不能真正超越现状. 这一类的研究非常多但实质上是短视的, 除了得到直接的结果之外完全没有任何新的领悟. 大多数进化算法非常缺乏理论支持和数学分析. 如果在研究中能够更多地强调理论和数学, 我们对进化算法的基本理解就会大不同. 一篇好的理论文章抵得上一打关于参数调试的文章.

A.12 强调实践

如今有太多关于进化算法的研究聚焦在基准上. 但是, 如果想让我们的研究有实际的用处, 就需要与工业界合作, 去解决那些对执业工程师和专业人士来说是重要的问题. 进化算法可以在余下的时间里去优化基准而不用理会大学之外的世界. 但这不是进化算法存在, 或者当初发明进化算法的理由 [Fogel et al., 1966], [Fogel, 1999]. 发明进化算法是为了解决实际问题并为社会作出贡献. 基准很重要, 但它们只是达到目的的一个手段, 我们开发进化算法是为了能在实际中应用. 不要把目的和手段混淆, 也不要忘记我们研究进化算法的终极目标.

附录 B　没有免费午餐定理与性能测试

我们也许会期望有这样一对搜索算法 A 和 B, 在平均意义下 A 的性能比 B 好……本文的一个主要结果就是, 这样的期望不正确.

David Wolpert 和 William Macready [Wolpert and Macready, 1997, page 67]

有三种谎言: 谎言, 该死的谎言和统计数字.

马克・吐温 (Mark Twain)[Twain, 2010, page 228]

本附录讨论两个不同但相关的问题. 对于学生和研究人员来说, 这是至关重要的一章, 需要好好阅读和理解. 把它放在附录中是因为它与进化算法并不直接相关, 也因为在阅读本附录之前我们需要理解进化算法和仿真, 虽然是附录但并不是说它不重要.

B.1 节从直观的非数学的角度讨论没有免费午餐 (No Free Lunch, NFL) 定理. NFL 定理告诉我们, 在某些条件下所有算法都一样好. B.2 节讨论为什么进化算法的仿真结果的呈现方式常常会误导我们, 以及应该如何正确地展示结果. B.3 节记述本书所用方法与本附录讨论的研究指南的关系.

B.1　没有免费午餐定理

NFL 定理, 最初由 David Wolpert 和 William McReady 正式提出 [Wolpert and Macready, 1997], 这个定理出人意料:

在所有可能的问题上所有优化算法的性能平均来说都是相同的.

这意味着, 没有一个优化算法会比另一个更好, 也没有一个比另一个更差. 注意, 这个 NFL 定理不只是猜想, 或一般的叙述, 或经验法则; 它是一个定理. 对于问题的具体类型, 某些算法会比另外一些算法好. 但是, NFL 定理让我们对喜欢的算法不要做出没有事实依据的论断; 它提醒我们在下结论时要慎之又慎.

严格说来, NFL 定理只适用于离散优化问题. 但所有实际的适应度函数最终都会被离散化. 我们毕竟是用数字计算机来定义候选解和度量适应度. 因此, 实际上我们可以从 NFL 定理中去掉 "离散" 这个词.

在直觉上我们会期望某些优化算法平均而言会比其他算法好. 例如, 考虑算法 A, 它是下山法, 与 2.6 节描述的算法类似; 而算法 B 则是一个随机数生成器. 假设这两个算法都试图找出某个函数 $f(x)$ 的最小值. 如果 $f(x) = x^2$, 下山法就总是比随机搜索好很多. 但有时候随机搜索会碰巧生成一个非常接近最小值的数, 在那种情形下它就会比算法 A 好.

我们会辩称, 存在无穷多个与 $f(x) = x^2$ 类似的光滑函数, 下山法在这些函数上会表现得很好, 而随机搜索却常常不怎么样. 但同样也存在无穷多个不规则函数, 对这些不规则函数随机搜索实际上总是比下山法更好, 如下面的例子.

例 B.1　考虑图 B.1 中的离散函数. 这个特别的函数的搜索空间是随机生成的, 大小为 10. 用下山法可以找出这个函数的最小值. 从搜索空间中随机选出一个点开始搜索, 算法检查邻近的值以决定搜索的行进方向. 如果算法陷于局部非全局最小值 $x \in \{4, 7, 10\}$, 它就从一个随机的初始值重新开始. 要找到最小值, 下山法平均需要计算函数的次数为 19, 而随机搜索平均需要的次数正好为 10. 下山法用时更长的原因是它只有从 $x \in [1, 3]$ 开始才找得到全局最小; 否则收敛到一个局部最小, 这时只好从一个随机点重新开始搜索. 除了 $x \in [1, 3]$, 其他出发点都会令下山法在局部最小值附近浪费时间, 永远不能达到全局最小. □

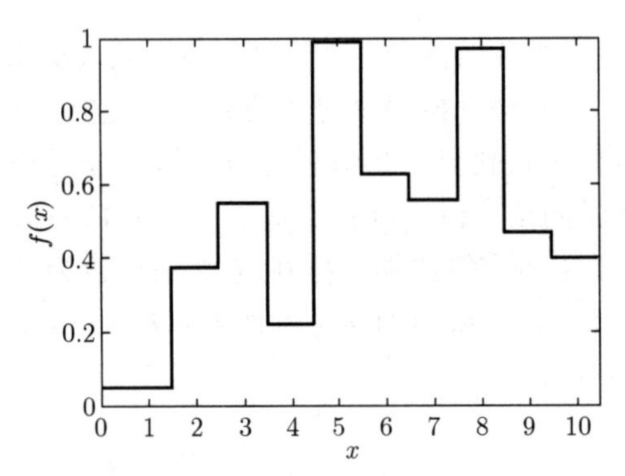

图 B.1　例子 B.1: 对于这个最小化问题, 下山法要找到在 $x = 1$ 处的全局最小值, 平均需要 19 次函数值的计算, 随机搜索平均只需要 10 次.

如图 B.1 所示的不规则函数有无穷多个, 对这些函数随机搜索的表现比下山法好. 对于下山法表现得更好的每一个规则函数, 我们能够找到相应的不规则函数, 随机搜索对于这个不规则函数更好. 由此可知, 就所有可能的函数平均而言, 下山法和随机搜索一样好.

与下山法相比, 随机搜索能更快地最小化图 B.1 中的不规则函数, 这也许出人预料. 更让人惊讶的是 NFL 定理声称, 对于函数最小化, 平均而言爬山法与下山法一样好. 如果想要找到一个函数的最小值, 应该用下山法还是爬山法呢? 常识告诉我们应该用下山法. NFL 定理却告诉我们对于所有可能的函数平均而言爬山法与下山法一样好, 下面的例子说明了其中的道理.

例 B.2　考虑图 B.2 中的离散函数. 可以把它看成是一个欺骗性的函数, 因为此函数的局部变化让我们期望最小值应该在 x 的两端. 下山法在搜索中利用局部的信息, 因此会陷于 $x = 1$ 或 $x = 11$, 只得重新开始. 下山法成功的唯一机会是它的初始点落在 $x \in [5, 7]$ 的范围内. 另一方面, 爬山法如果从 $x < 5$ 开始就总能爬升到 $x = 5$ 处, 如果从 $x > 7$ 开始则总能爬升到 $x = 7$ 处. 当它到达 $x = 5$ 或 $x = 7$ 之后, 在下一次迭代寻找上升方向时它会跌落进全局最小值. 为找到全局最小值, 爬山法需要的函数值计算次数绝不会超过 6. 下山法平均约需要 16 次计算, 随机搜索平均要 11 次, 爬山法平均需要 5 次就能找到全局最小值. 我们能编造无穷多个与图 B.2 中的拓扑相同的函数. 尽管采用爬山法最小化函数与我们的常识相左, 我们明白对于所有可能的函数, 平均而言, 爬山法和下山法一样好. □

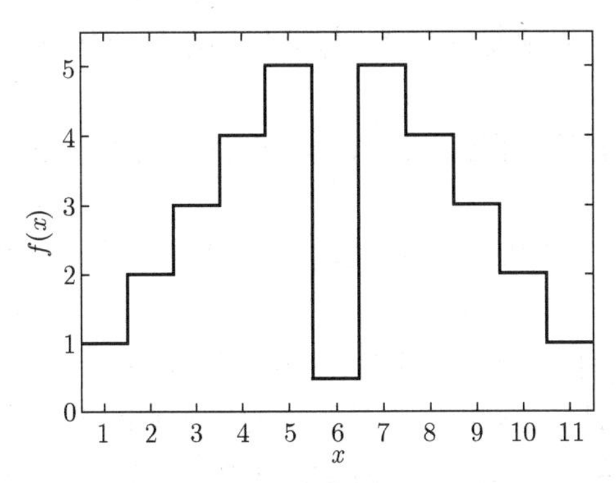

图 B.2 例子 B.2: 对于这个最小化问题, 要找到 $x = 6$ 处的全局最小值, 下山法平均需要 16 次函数计算, 随机搜索平均需要 11 次, 爬山法只需要 5 次. 对于这个最小化问题, 爬山法比下山法更擅长最小化.

例 B.3 考虑一个精心调制的遗传算法, 用它来解决现实中的某些优化难题. 我们会认为由这个遗传算法得到的解应该比随便让一个人随机猜到的解更好. 但是, 假设走到街上让你遇到的第一个人挑出一个数. 这个人挑到的数是某个优化问题的解. 事实上, 这个数是无穷多个优化问题的解. 我们希望遗传算法能够比随机数生成器更好地对付需要求解的具体问题. 但对于所有可能的问题, 平均而言随机猜测与遗传算法一样好. □

要弄清楚 NFL 定理, 只需就所有可能的函数的集合, 所有可能的优化算法的集合, 以及优化算法的所有可能的行为提出一个非常简单的问题 [Whitley and Watson, 2005]. 我们用下面的例子来说明理解 NFL 定理的这种方法.

例 B.4 考虑一个简单的最小化问题, 它的定义域为 $x \in [1, 3]$. 假设所有搜索算法都用 $x = 1$ 初始化. 存在无穷多个函数满足 $f(1) > f(2) > f(3)$, 同时存在等量的无穷多个函数满足 $f(1) > f(3) > f(2)$. 因此, 在 $x = 3$ 处最小化的函数的个数与在 $x = 2$ 处最小化的函数的个数之间存在一一对应.

在搜索过程中,(初始化后) 第一步就检查 $x = 2$ 的所有优化算法的集合记为 A. 记 $\bar{A}$ 为第一步就检查 $x = 3$ 的所有优化算法的集合. 因为在 $x = 3$ 处最小化的函数的个数与在 $x = 2$ 处最小化的函数的个数存在一一对应, 所以, 在所有可能的函数中有一半的函数, $\bar{A}$ 会在 A 之前找到它们的最小值, 而余下的那一半函数, A 会在 $\bar{A}$ 之前找到它们的最小值. □

上面的讨论并不是 NFL 定理的证明; 它更像是在解释或说明, 便于我们对 NFL 定理为什么正确有一个直观的感觉. 在 [Radcliffe and Surry, 1995] 和 [Wolpert and Macready, 1997] 中有严格的数学证明. NFL 定理有不同的表述方式, 其中许多是等价的. 在本质上等价的其他陈述中, NFL 定理明确指出了以下几点 [Schumacher et al., 2001].

- 对于所有可能的问题, 平均而言所有优化算法的性能都一样好 (就像本附录一开始所描述的那样).
- 对任意两个优化算法 A 和 B, 对于问题 f, 如果 A 的性能记为 $V(\mathrm{A}, f)$, 则存在一个问题 g 满足 $V(\mathrm{A}, f) = V(\mathrm{B}, g)$. 这个陈述告诉我们, 无论算法 A 在某个问题上表现得有多好, 都有另一个算法 B 在另外某个问题上表现得同样好. 反之, 无论算法 B 在某个问题上表现得有多差, 都另外存在某个问题, 在那个问题上算法 A 的表现同样差.
- 比随机搜索的性能更好的算法就像是一台永动机 [Schaffer, 1994]. 这是所谓的泛化性能守恒定律.
- 除非你能把问题的具体信息与算法结合, 试图设计一个比随机搜索更好的优化算法只会是徒劳 [English, 1999]. 这是所谓的信息守恒定律.
- 当缺少问题的具体信息时, 我们必须假设所有可能的解都有同等的可能性 [Dembski and Marks, 2009b]. 这是所谓的伯努利的不充分理由原则.

NFL 定理让我们在下断言时应该保持某种平衡. 例如, 假设开发了一个新算法, 或对某个算法做了改进, 我们想证明它比其他算法好, 这样一来我们的结果就能够发表. 假设有一个基准函数的集合 F. 用 $\bar{F}$ 表示 F 的补集; 即 $\bar{F}$ 是所有不属于 F 的函数的集合. 如果我们喜欢的算法 A, 在基准函数的集合 F 上表现得比算法 B 更好, 则 NFL 定理向我们保证算法 B 会在 $\bar{F}$ 上表现得更好.

到目前为止, 还没有谈及如何量化性能. 度量算法性能的方法有很多, 例如:

- 采用在一定的代数以及一定次数的仿真之后得到的最好解来度量性能. 可以称之为*最好的最好*.
- 采用一定次数的仿真并且每次仿真运行一定的代数所得到的最好解的平均来度量性能. 可以称之为*最好的平均*.
- 计算在一定的代数之后种群中所有个体的平均适应度, 并找出一定次数的仿真之后得到的最好的平均值, 以此来度量性能. 可以称之为*平均的最好*.
- 计算在一定的代数之后种群中所有个体的平均适应度, 并找出一定次数的仿真之后得到的平均值的平均. 可以称之为*平均的平均*.
- 用一定次数的仿真以及一定的代数之后所得到的最好解的标准差来度量性能.
- 以上性能度量的每一种组合方式都可以形成混合的性能度量.
- 以上每一个性能度量都可以在几个问题上取平均.

看起来有多少优化问题就会有多少种量化性能的方式. 事实上二者都有无穷多个.

由此得到 NFL 定理的另一个重要性质: 无论我们如何度量性能, NFL 定理都适用. 有时候, 会有人号称某个算法比别的算法更稳健. 稳健性这个词可能意味着这个算法对各种各样的函数都表现得很好, 或者是这个算法对适应度函数的评价噪声, 适应度函数的参数变化, 或算法的参数变化不太敏感. NFL 定理向我们保证所有算法都同样稳健. 反之, 它也告诉我们所有算法都同样专门化 [Schumacher et al., 2001]. 如果算法 A 在函数集 F 上比算法 B 更稳健, 则算法 B 在函数集 $\bar{F}$ 上比算法 A 更稳健.

我们知道 NFL 定理在某些方面并不直观. 但是, 如果从其他方面看它, 却又非常直观. 尽管到 20 世纪 90 年代的中期才有 NLF 定理的正式证明, 在那之前的很长一段时间里, 这个定理就已经出现在众多文献中, 它既直观又透彻所以并不令人奇怪. 例如, Gregory Rawlins 曾写道 [Rawlins, 1991, page 7]:

……有时候会以为遗传算法是万能的, 可以用来优化任何函数. 这些说法仅在有限的意义下正确; 我们可以预期, 满足这些要求的算法在所有函数的空间上不会比随机搜索做得更好.

研究优化的人对 NFL 定理的反应各不相同. 一些人认为, 因为"在所有可能的问题上平均而言"这个条件, NFL 定理没有任何实际的利害关系. 在现实世界 (与之相对的是数学理论的世界) 中, 我们并不会对所有可能的问题感兴趣, 而只是对在实际应用中出现的问题感兴趣. 实际问题常常具有某个结构而不是随机的或欺骗性的. 这意味着对于实际的最小化问题, 下山法会比随机搜索或爬山法好; 事实上, 这也是我们通常看到的情形. 这正是与 NFL 定理的阳面相对的阴面:

对于所有感兴趣的问题, 平均而言不是所有优化算法的表现都一样.

但是, 这并不意味着 NFL 定理与从业工程师无关. NFL 定理为我们的直观认识提供了坚实的基础. 也就是说, 为找到优化问题的一个好的解, 需要将问题的具体知识与搜索算法相结合. 这是在"为午餐买单"以得到更好的性能, 比如说, 比随机搜索好的性能. 如果知道一个问题的解易于集中在一起 (即, 搜索空间具有某种规律), 重组往往会有好的表现. 如果问题的搜索空间不太有规律, 变异会更重要.

例如, 假设想找出比例积分微分 (PID) 控制的参数来优化控制系统的性能. 可以计算梯度信息 (即, 性能对于 PID 参数的灵敏度) 并将它用于搜索. 这意味着在搜索时结合了问题的具体信息. 因为对于绝大多数函数而言我们得不到梯度信息, 这种 PID 整定算法避开了 NFL 定理. 我们是用梯度信息在为午餐买单, 因此就不再属于 NFL 定理界定的范围, 进化算法也会比随机搜索好. 另一种说法是 NFL 定理把优化过程看成是在搜索中不利用问题任何具体信息的盲搜索. 实际有效的搜索算法并不是盲搜索; 即它们会结合问题的具体信息 [Culberson, 1998].

另一个例子是旅行商问题中的反转 (参见 18.4.1 节). 多次应用反转能保证行程中没有交叉的边. 所以反转将大部分时间花在比平均更好的行程上.

NFL 定理还间接地告诉我们为什么问题的表示很重要 (参见 8.3 节). 如果问题的搜索空间具有一个正规的结构, 我们就应该在表示问题时将搜索空间的规范保留下来; 这样一来, 采用结构性的搜索就能得到好的结果. 如果在表示问题时没有任何结构, 就不妨采用随机搜索.

Whitley和 Watson 给出的 NFL 定理的实际含义如下 [Whitley and Watson, 2005].

- 优化算法的设计需要在通用性和针对具体问题的有效性之间取得一个平衡. 在各种基准上都很管用的算法可能对一个特别的实际问题并不管用. 反之, 在标准的基准上不太管用的算法可能在一个实际问题上却有好的结果. 简单的算法经常会有好结果; 对于给定的问题为得到更好的结果可以设计复杂的算法. 我们得决定要花多少时间和精力为给定的问题调试算法, 以及得到稍好一点的优化结果有多重要.

- 如果将问题的具体信息与优化算法结合, 应该能得到比一般化的算法 (如果正确使用问题的具体信息) 更好的结果. 这正是工程师和科学家长期观察到的普遍原理的一个例子. 性能和通用性无法兼顾. 为多种问题设计的工具和算法最终会在每一个问题上都表现平平.
- 优化问题的表示会对优化算法的性能产生显著的影响. 每一个优化问题都有无穷多个表示方式. 在实施算法之前, 选择一个适当的表示需要投入大量的工作, 但长远来看这样做能得到很高的回报 (参见 8.3 节).
- 不要假定在基准上很管用的优化算法对实际问题也很管用; 同样, 不要假定在基准上不太管用的算法对实际问题也不管用. 根据 NFL 定理的含义, 我们会怀疑大多数进化算法论文在实际应用上是否重要, 因为这些论文强调基准问题却不太重视实际问题.

在 NFL 定理的这个领域中, 当前的研究包括找出令 NFL 定理不成立的函数集. NFL 定理在所有可能的优化问题上成立; 但在优化问题的所有集合上不成立. 例如, 对于求解只有单个最小值的问题, 下山法显然比随机搜索好. 一个不太直观的结果是, 在采用复杂度有界的单变量多项式描述的函数集合上, NFL 定理不成立 [Christensen and Oppacher, 2001]. 此外, 在某些类型的协同进化问题上, NFL 定理也不成立 [Wolpert and Macready, 2005].

找出 NFL 定理在其上不成立的函数集合, 找出算法提供免费午餐的那些集合对实际的优化算法意义重大. 这些问题与函数的可压缩性、问题描述长度以及函数的无限集与有限集 (即置换闭包) 之间的区别等因素有关 [Schumacher et al., 2001], [Lattimore and Hutter, 2011].

B.2 性 能 测 试

本节讨论在学位论文和技术论文中, 与进化算法仿真结果的统计和展示相关的一些问题. 若想发表研究成果或研究进化算法就需要清晰地把握本节的思路. 本节告诉我们如何能够在展示结果时减小偏差. 也告诉我们如何识别他人结果中的偏差. 也许最重要的是, 它让我们在阅读他人的研究论文时一定要抱持一种健康的怀疑态度, 在记录自己的研究结果时对自身也要持有这样的态度.

B.2.1 节概述在进化算法的研究论文中经常出现的问题. B.2.2 节说明论文作者经常如何展示仿真结果以达到他们想要的目标; 也就是说, 他们如何以误导的方式 (希望是无意的) 展示结果. 这一节也告诉我们如何明确而诚实地展示仿真结果. B.2.3 节针对仿真中用到的随机数生成器提出几点注意事项. B.2.4 节复习 t 检验, 它告诉我们两组仿真结果之间的差别在统计上是否显著. B.2.5 节复习 F 检验, 它告诉我们在多于两组的仿真结果之间, 其差别在统计上是否显著.

B.2.1 基于仿真结果的大话

本章开篇的马克·吐温的话,《如何利用统计数据撒谎》一书 [Huff and Geis, 1993],

还有本节, 都在告诉我们关于进化算法研究在本质上相同的一件事. 在论文或书中的进化算法的结果总是存在某些偏差. 这个偏差可能是有意的也可能是无意的; 可能是显式的也可能是隐式的; 可能是明显的也可能是微妙的; 可能微不足道也可能会导致完全错误的结论; 然而总是有某些偏差. 当阅读论文并根据进化算法的结果下结论时, 我们必须记住, 如果作者选择展示另一组不同的结果或者只是选择以不同的方式展示相同的结果, 结论就可能不同.

根据 NFL 定理, 如果在所有可能的优化问题上取平均则所有优化算法的表现都相同, 如此看来, 在基准问题上测试我们的算法就是徒劳. 这正如 Darrell Whitley 所言"从理论的角度看, 对搜索算法的比较性评估即使不可疑也很危险" [Whitley and Watson, 2005, page 333]. 如果我们写一篇关于优化算法 A 的论文并证明它在基准函数集合 F 上比算法 B 的性能好, NFL 定理就会向我们保证算法 B 在函数集合 $\bar{F}$ 上的性能比算法 A 好.

不过也不要太泄气. 如果我们的论文是要说明在集合 F 上算法 A 比算法 B 有优势, 则这篇论文已经成功了. 记住, NFL 定理*不是*说所有算法在全部问题集合 F 上表现都一样好; 它说的是对所有可能的问题平均而言, 所有优化算法的性能都同样好. 这意味着对具体的问题或者具体类型的问题, 算法 A 可能的确表现得比算法 B 好.

也就是说基准测试仍然值得一试, 但在下结论时要记住 NFL 定理. 典型的进化算法论文会首先展示算法 A 在基准集合 F 上的表现比算法 B 好, 然后就得出下面这样的结论:

由此可见, 对于函数优化, 算法 A 比算法 B 好.

根据 NFL 定理, 像这样的说法显然在根本上就是错的. 在进化算法论文的摘要、引言和结论中, 这样的陈述很典型. 一个更有分寸的说法应该是:

由此可见, 对于具有本文中问题特征的优化函数, 算法 A 比算法 B 好.

进化算法的论文通常在展示基准性能时并不会去检查基准的特征. 关于基准集合 F 为什么令算法 A 表现得比算法 B 好? 算法 A 比算法 B 好是因为 F 中的函数不可微, 或因为它们是多峰, 或因为它们具有连续的二阶导数, 或因为它们带约束, 或因为别的成千上万种可能的理由? 像这样的问题很难回答, 因而常常被忽略. 所以, 在进化算法的论文中, 一个更好的 (即, 更谨慎的)说法应该是:

由此可见, 要优化本文研究的函数, 算法 A 比算法 B 好.

这个说法更好是因为它没有试图在论文所展示的实证结果之外做一般化的推广. 换言之, 它没有要太多. 因为调试和实施算法的方式各有不同, 即使这个说法可能也有点过了.

展示在基准上的结果还有一种危险与 NFL 相关, 基准函数可能与有趣的实际问题并不同属一类. 我们假定绝大多数进化算法研究人员对他们的研究最终要应用到的实际问题感兴趣. 如果一篇进化算法的论文显示算法 A 在基准集合 F 上的性能很好, 它与现实世界又有什么相干呢? 事实上, 根据 NFL 定理, 它可能表明算法 A 在实际问题上的表现*差*. 毕竟, 如果算法 A 在集合 F 上表现更好, F 只包括基准问题, 没有实际的问题, 则算法 B 在集合 $\bar{F}$ 上会表现得更好, $\bar{F}$(其中) 包括全部实际问题. 我们一直在比赛看谁能在基准问题上得到更好的性能, 于是就有了一堆算法, 精心调试这些算法会得到好的基准性能, 但在工程应用中可能没什么用. 这正如 John Hooker 所言, "从狗摇尾巴的问题开始设计算法" [Hooker, 1995].

总而言之, 进化算法的论文应该更强调应用而不是基准. 有时候, 如果一篇论文在以前流行的基准函数集合上没有测试结果就很难被接受或发表. 这种对基准的过分依赖会给我们一个虚假的信心. 如今, 在进化算法的期刊中很少看到真实的应用除非它是"应用"特刊. 但是, 鉴于 NFL 定理, 应用反倒应该在进化算法的论文中占支配地位而不只是一个特例. 只有在实际问题上测试进化算法的性能才会让我们相信进化算法是有用的.

B.2.2 如何报告 (不报告) 仿真结果

本节说明论文作者常常会以什么样的误导的方式 (希望是无意的) 展示仿真结果, 以及他们如何借由展示结果来传达信息. 本节还说明如何用很少的统计学背景以更清楚而诚实的方式展示仿真结果. 有关统计量的更严谨的讨论在 B.2.4 节.

假设我们想要比较进化算法 A 和算法 B 在某个基准上的性能. 假设在这个基准问题上运行算法 A 和算法 B. 每个算法运行 T 代. 在每一代度量整个种群中最好个体的费用 $f_{\min}$. 得到下列一组数据:

$$\begin{aligned} \text{算法A}: \quad f_{\mathrm{A,min}} &= \{f_{\mathrm{A}0}, f_{\mathrm{A}1}, f_{\mathrm{A}2}, \cdots, f_{\mathrm{A}T}\}, \\ \text{算法B}: \quad f_{\mathrm{B,min}} &= \{f_{\mathrm{B}0}, f_{\mathrm{B}1}, f_{\mathrm{B}2}, \cdots, f_{\mathrm{B}T}\}, \end{aligned} \tag{B.1}$$

这里 $f_{\mathrm{A}0}$ 和 $f_{\mathrm{B}0}$ 是初始化之后的最好个体的费用, $f_{\mathrm{A}i}$ 和 $f_{\mathrm{B}i}$ 是第 i 代之后的最好个体的费用. 可以采用在第 T 代中最好个体的费用来量化算法 A 的性能:

$$\text{算法A的度量}: \quad \min_{i\in[0,T]} f_{\mathrm{A}i}. \tag{B.2}$$

假设算法 A 用了精英, $f_{\mathrm{A}i}$ 就单调不增, 因此

$$\text{算法A的度量}: \quad \min_{i\in[0.T]} f_{\mathrm{A}i} = f_{\mathrm{A}T}. \tag{B.3}$$

如果在给定的基准上运行算法 A 和算法 B 并且想知道哪一个算法表现得最好, 可以只比较 $f_{\mathrm{A}T}$ 和 $f_{\mathrm{B}T}$. 就可能有这样的结论

$$\left.\begin{array}{l} \text{如果} f_{\mathrm{A}T} < f_{\mathrm{B}T}, \text{则算法A比算法B好} \\ \text{如果} f_{\mathrm{B}T} < f_{\mathrm{A}T}, \text{则算法B比算法A好} \end{array}\right\} \text{无效的推理}. \tag{B.4}$$

这个推理无效. (B.4) 式中的逻辑有缺陷, 不可用. 最重要的事实是进化算法是随机的; 也就是说, 它们依赖于随机数生成器的输出. 因此, 给定一个进化算法，它每次运行的结果一般都会不同. 如果做一次实验可能得到算法 A 最好的结论, 再做一次就可能得到算法 B 最好的结论. 所以, 在比较进化算法时需要多次仿真并且要使用所有的仿真结果, 这一点非常重要. 采用多次仿真并且每次使用不同的随机数的种子被称为蒙特卡罗仿真、蒙特卡罗实验, 或蒙特卡罗方法 [Robert and Casella, 2010].

现在假设我们已经理解了蒙特卡罗仿真的含义. 在某个问题上运行算法 A 和算法 B, 并且每个算法都运行 M 次, 这里 M 是蒙特卡罗仿真的次数. 每次仿真会得到 $f_{\mathrm{A}T}$ 和 $f_{\mathrm{B}T}$ 的不同结果. 用记号 $f_{\mathrm{A}Tk}$ 和 $f_{\mathrm{B}Tk}$ 分别表示算法 A 和算法 B 在第 k 次蒙特卡罗仿真的第 T 代末尾的费用. 仿真数据可以写成:

$$\begin{aligned} &\text{算法A的结果：}\quad \{f_{\mathrm{A}T1}, f_{\mathrm{A}T2}, \cdots, f_{\mathrm{A}TM}\}, \\ &\text{算法B的结果：}\quad \{f_{\mathrm{B}T1}, f_{\mathrm{B}T2}, \cdots, f_{\mathrm{B}TM}\}. \end{aligned} \tag{B.5}$$

用这些结果可以做不同的事. 第一, 比较两个算法的平均性能:

$$\bar{f}_{\mathrm{A}} = \frac{1}{M}\sum_{k=1}^{M} f_{\mathrm{A}Tk}, \quad \bar{f}_{\mathrm{B}} = \frac{1}{M}\sum_{k=1}^{M} f_{\mathrm{B}Tk}. \tag{B.6}$$

第二, 比较这两个算法性能的方差:[1]

$$\sigma_{\mathrm{A}}^2 = \frac{1}{M-1}\sum_{k=1}^{M}(f_{\mathrm{A}Tk} - \bar{f}_{\mathrm{A}})^2, \quad \sigma_{\mathrm{B}}^2 = \frac{1}{M-1}\sum_{k=1}^{M}(f_{\mathrm{B}Tk} - \bar{f}_{\mathrm{B}})^2. \tag{B.7}$$

第三, 比较这两个算法在最好情况下的性能:

$$\bar{f}_{\mathrm{A,best}} = \min_{k\in[1,M]} f_{\mathrm{A}Tk}, \quad \bar{f}_{\mathrm{B,best}} = \min_{k\in[1,M]} f_{\mathrm{B}Tk}. \tag{B.8}$$

第四, 比较这两个算法在最差情况下的性能:

$$\bar{f}_{\mathrm{A,worst}} = \max_{k\in[1,M]} f_{\mathrm{A}Tk}, \quad \bar{f}_{\mathrm{B,worst}} = \max_{k\in[1,M]} f_{\mathrm{B}Tk}. \tag{B.9}$$

这些指标中的量化性能类型各不相同. (B.6) 式的平均费用告诉我们平均而言算法的表现有多好. (B.7) 式的方差告诉我们算法性能的一致性. (B.8) 式在最好情况下的费用告诉我们，如果多次运行可以期望哪一个算法会有最好的结果. (B.9) 式在最差情况下的费用告诉我们, 如果算法只能运行一次并且因随机数生成器的种子我们碰巧得到非常糟糕的性能, 我们能指望哪一个算法会有最好的结果. 在 [Eiben and Smit, 2011] 中对进化算法的性能指标有更多讨论.

假设在基准问题上运行算法 A 和算法 B. 每个算法运行 M 次, 并计算下面的指标:

$$\begin{aligned} &\bar{f}_{\mathrm{A}} = 14, \quad \sigma_{\mathrm{A}}^2 = 4, \quad \bar{f}_{\mathrm{A,best}} = 7, \quad \bar{f}_{\mathrm{A,worst}} = 23; \\ &\bar{f}_{\mathrm{B}} = 16, \quad \sigma_{\mathrm{B}}^2 = 3, \quad \bar{f}_{\mathrm{B,best}} = 6, \quad \bar{f}_{\mathrm{B,worst}} = 25. \end{aligned} \tag{B.10}$$

关于这个实验的论文中, 可能会出现下列的陈述.

1. 算法 A 得到的平均最小费用为 14, 而算法 B 得到的平均最小费用为 16. 这表明算法 A 表现得更好.

[1]凭直觉我们认为 (B.7) 式中的分母应该是 M 而不是 $M-1$. 但分母用 $M-1$ 能得到更好的方差估计 [Simon, 2006, 问题 3.6].

2. 算法 A 的方差为 4, 而算法 B 的方差为 3. 这表明算法 B 更稳健.
3. 算法 A 得到的最小费用为 7, 而算法 B 得到的最小费用为 6. 这表明算法 B 表现得更好.
4. 算法 A 得到的费用不会比 23 差, 而算法 B 得到的费用不会比 25 差. 这表明算法 A 表现得更好.

这些陈述都不是完全错误的, 但说明我们会如何根据先入之见来解释统计量. 也就是说, 我们并不客观. 我们看好与自己的偏见一致的那一个算法, 并倾向于以这样的方式来展示结果.

考虑上面的第一个陈述. 平均而言算法 A 的性能优于算法 B, 这的确是对的. 但为什么在论文中用这种说法而不是陈述 2 或陈述 3? 此外, 在陈述 1 中提到的性能改进有多明显? 算法 A 的表现只比算法 B 好 2 个单位, 它在算法的标准差之内. 图 B.3 所示为算法的均值和标准差. (a) 图意味着算法 A 明显比算法 B 好, 而 (b) 图却显示性能的改进不像我们以为的那样显著. 如果算法的表现与其平均值的差在一个标准差之内, 对算法的每一次仿真都很容易得到算法 B 优于算法 A 的结果.

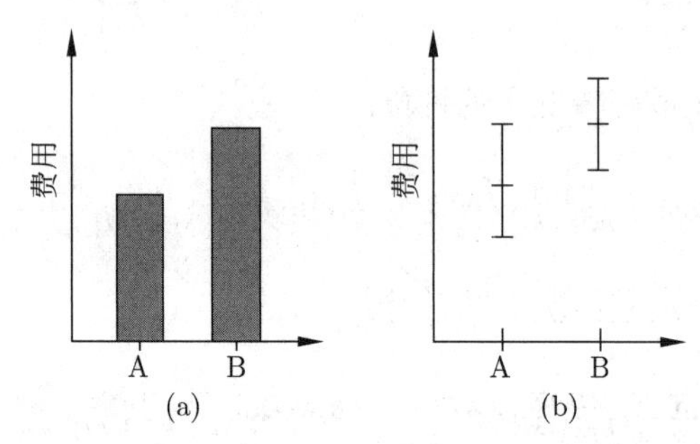

图 B.3 假想的两个算法的性能均值 ((a) 图), 以及均值和标准差 ((b) 图). (a) 图让人对算法 A 的印象更深.

箱形图很适合用来绘制进化算法性能的结果. 箱形图包括每个算法的 5 个数据: M 次蒙特卡罗仿真结果的最小值、下四分位、中位、上四分位, 以及结果的最大值 [McGill et al., 1978]. 下四分位是大于全部结果的 25% 的值, 中位是大于全部结果的 50% 的值, 而上四分位是大于全部结果的 75% 的值.[1] MATLAB® 的统计工具箱有一个生成箱形图的 boxplot 函数. 图 B.4 所示为箱形图的一个例子. 箱形图在一张图中显示了很多相关的信息. 它们显示处于中位的结果, 显示中央 50% 的典型结果, 也显示极端的结果. 箱形图是展示结果和比较算法的一种方式, 它不仅形式简洁而且信息丰富.

然而, 要避免在展示仿真结果时出现偏差并无万无一失的方式. 例如, 假设我们对算法 A 和算法 B 进行仿真, 并对每一组仿真收集 5 个分位的值. 假设用 6 个基准函数来测试. 得到的结果看起来可能如表 B.1 所示. 算法 A(现有水平) 在基准函数 1,2 和 3 上的表现更好, 而算法 B(我们提出的新算法) 在基准 4, 5 和 6 上的表现更好. 在这种情况下我

[1]注意, 箱形图包含 5 个分位: 0, 25%, 50%, 75%, 以及 100% 分位. 0 分位是最小值, 50% 分位是中位值, 而 100% 分位是最大值.

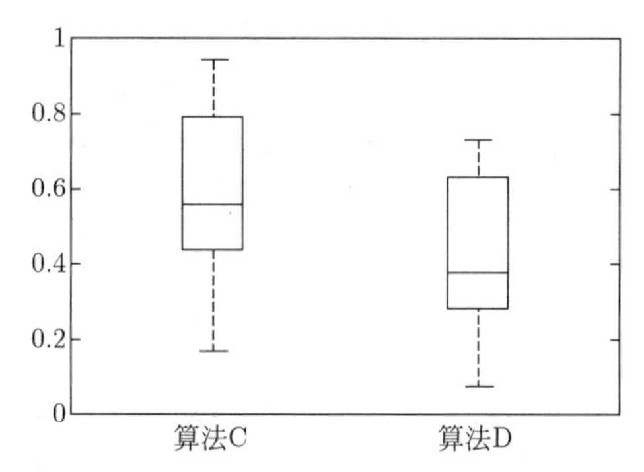

图 B.4 假想的两个算法的性能的典型箱形图. 每一个箱形显示算法的一组结果的中央 50%. 在每个箱形中的直线是结果的中位数. 在每个箱形上面和下面的直线段 (用虚线与每个箱形连接) 为结果的最大值和最小值.

们应该怎么做? 我们已经花了好几个月的时间开发、精炼、编码、调试和测试新算法. 此外, 为获得研究生学位或得到终身教职和资助, 我们需要发表论文. 在这种情况下, 许多研究人员往往在论文中会报告在基准 4, 5 和 6 上的结果, 略去在基准 1,2 和 3 上的结果.

表 B.1 两个算法在 6 个基准上的仿真结果的样本. 假想的这组数是蒙特卡罗仿真的均值. 算法 A 是现有的水平, 算法 B 是研究人员开发的新算法. 假定得到了这些结果, 很多研究人员会发表由基准 4, 5 和 6 得到的数据而略去在基准 1, 2 和 3 上的结果.

	F_1	F_2	F_3	F_4	F_5	F_6
算法 A	13	21	16	45	24	33
算法 B	16	30	22	36	17	28

这种做法是不道德的. 现如今有关研究和发表的普遍做法中, 这还不是最糟糕的, 不过我们大多数人都同意说这样做不诚实. 但是道德规范并不总是黑白分明. 像表 B.1 所示的那样明明白白地选择性展示并不是很常见, 更多的是以一种经过调整的形式. 例如, 如果得到的初步结果不怎么样, 我们会轻易说服自己是由于某些原因才会得到这样的结果,[1]然后就只用那些说我们的研究很棒的基准并由此得到更多的结果.

同行评审的标准会鼓励这种微妙的不诚实. 如果新提出的一个算法或已有算法的一个变种不能提供比目前水平更好的结果, 它常常会被驳回不得发表. 虽然现有的水平按定义已进化了数十年, 而新算法初出茅庐尚无发展成熟的机会, 不过还是会出现这样的情况. 在 20 世纪 60 年代, 与研究遗传算法有关的提案和论文通常都会被拒绝, 因为遗传算法仍然无法与已经站稳脚跟的优化方法相比. 在 1966 年, 有一个批评最为典型: "你 [对遗传算法研究] 的每一个建议都可以用树搜索说得更清楚更明确" [Fogel, 1999, page xi]. 科研的当权派表面上对新思想持开放态度, 但是他们与所有的当权派一样, 都倾向于吸收自己人并阻止那些体制外的人.

[1] 也许我们不是很确定基准的数学描述. 也许基准需要的 CPU 时间太多而我们是要聚焦在更快的基准上. 也许基准并不像别的基准那样流行. 也许基准的某些特征让我们认为它没有代表性. 如果足够认真仔细, 对每个基准我们都可以找出很多原因去排除它.

同行评审应该鼓励创新和创造而不是鼓励渐进的结果以及在基准结果上的不断改进, 因为我们无法预测哪一个新算法或技术会对未来产生影响. 此外, 鉴于 NFL 定理, 同行评审不应该只是鼓励而应该坚持让作者讨论所提算法的短处和缺点. 作者不应该因压力而隐瞒负面的结果, 为了公开透明应该要求作者公布负面的结果.

成功率

进化算法中常用的性能指标是成功率 [Suganthan et al., 2005], [Liang et al., 2006], [Mallipeddi and Suganthan, 2010], 即已知某个基准费用函数 $f(\boldsymbol{x})$ 及其最小值 f^*, 我们对进化算法做 M 次仿真, 每次仿真的函数评价次数定为 $F_{\max}$. 如果某次仿真找到的某个个体 $\boldsymbol{x}$ 满足 $f(\boldsymbol{x}) < f^* + \epsilon$, $\epsilon > 0$ 为成功阈值, 则认为此次仿真成功. 成功率 S 是仿真成功的百分比.

这个指标很受欢迎, 如果论文没有这个指标, 很多编辑和评阅人就不会让论文发表. 不过这个性能指标也存在一些问题. 首先, ϵ 的选择是任意的, 对于两个相互竞争的算法, ϵ 会显著影响算法显现出来的优势. 如果 $\epsilon = \epsilon_1$ 可能算法 A 比算法 B 好, 但是如果 $\epsilon = \epsilon_2 \neq \epsilon_1$ 就有可能算法 B 比算法 A 好. 其次, 函数评价次数 $F_{\max}$ 是任意的, 它也会影响两个相互竞争的算法显现出来的优势. 如果 $F_{\max} = F_1$, 可能算法 A 比算法 B 好, 但如果 $F_{\max} = F_2 \neq F_1$, 就有可能算法 B 比算法 A 好. 最后, 为了靠谱地估计成功率 S, 仿真次数 M 要足够大, 大到不切实际. 取 $M = 20$ 我们可能得到 $S = 30\%$, 第二天回来再做 20 次仿真得到 $S = 40\%$. 要让 S 的标准差很小, M 的值可能要取很大, 然而若 M 的值过大, 收集数据可能需要很多天甚至几周的时间 [Clerc, 2012b]. 已发表的论文或著作在报告成功率时, 从来不会提到成功率的标准差, 这就否定了成功率作为指标的用处.

种群规模

对给定的问题, 进化算法 #1 可能在种群规模为 N_1 时表现最好, 而进化算法 #2 可能在种群规模为 N_2 时表现最好. 因此, 在比较两个进化算法时, 我们可能首先需要分开调试进化算法, 找出它们各自的最优种群规模. 另一方面, 我们的目的可能是想看看在种群规模已知的情况下哪一个进化算法表现得最好. 这个时候两个进化算法的种群规模应该相同. 进化算法在小种群下的性能可能是一个重要的研究课题. 所以, 在比较进化算法时, 应该用多大的种群规模并非一清二楚, 它取决于比较的具体目的.

B.2.3 随机数

对于进化算法，为获得有效的仿真结果, 我们必须清楚理解随机数生成器. 随机数生成器会显著地影响进化算法的性能. 进化算法的解的质量不一定与其中的随机数生成器的质量相关 [Clerc, 2012b]. 对某些问题和某些进化算法来说, 随机数生成较好, 进化算法性能也会较好, 对于别的问题和进化算法来说, 随机数生成较差, 进化算法性能却较好.

大多数随机数并不是真正的随机数. 事实上, 关于随机性的定义和存在性还有一些争议. 计算机中的随机数生成器不能生成真正的随机数; 它们生成的是伪随机数. 伪随机数看上去是随机的, 但不是真正随机的, 因为它们由确定的算法生成.

为了便于说明, 本节余下部分聚焦在 MATLAB 上, 但也很容易将其推广到其他编程环境中. 考虑 MATLAB 的 rand函数, 它返回一个在开区间 (0,1) 上均匀分布的随机数. 假设我们在 32 位 Windows XP 计算机上用 MATLAB 版本 7.13.0.564(R2011b) 开启 MATLAB 会话. 如果用 rand 生成 5 个随机数, 我们得到的数就是

$$0.8147,\ 0.9058,\ 0.1270,\ 0.9134,\ 0.6324. \tag{B.11}$$

它们看起来很随机. 如果我们退出，第二天回来再开启 MATLAB, 并再用 rand 生成 5 个随机数, 就会得到与上面完全相同的数! 突然间这些数看起来不那么随机了. 这是因为 MATLAB 是用一个确定的算法在生成伪随机数, MATLAB 每次在开启时那个算法的初始状态都相同.

这个事实对于进化算法的性能测试意义重大. 假设我们启动计算机, 运行进化算法, 得到性能结果 f_1. 现在假设我们退出, 第二天再回来, 登录, 启动 MATLAB, 再运行进化算法. 我们会得到完全相同的结果, 因为在进化算法中为选择、变异和其他目的所生成的随机数与前一天的完全相同. 尽管进化算法是随机的, 在理论上每次运行应该得到不同结果, 而实际上每天都得到了相同的结果, 因为它依赖于伪随机数生成器而这个生成器返回的数并不是真正随机的, 每次 MATLAB 启动时这个伪随机数生成器会被初始化为相同的状态.

现在假设我们启动计算机, 运行进化算法, 得到结果 f_1. 我们离开 MATLAB, 第二天回来, 再运行进化算法. 一般来说, 这次会得到不同的结果. 因为我们没有通过再启动 MATLAB 来重新初始化随机数生成器. 所以第二次运行进化算法时, MATLAB 生成的随机数串与第一次运行时所生成的不同.

如果想要生成相同的随机数串, 可以使用 MATLAB 的 rng(seed) 函数将随机数生成器重新初始化为给定的整数种子.[1] 这样初始化随机数生成器会让它从给定的状态开始, 因而每次执行时都会生成相同的随机数序列. 例如, MATLAB 的命令

$$\begin{array}{l}\text{rng(489)}\\ \text{rand, rand, rand, rand, rand}\end{array} \tag{B.12}$$

无论何时执行这些命令, 也不管在这之前 MATLAB 运行了多久, 所生成的随机数都会是 0.9780, 0.8578, 0.0599, 0.0894, 0.4774. 尽管进化算法的结果在本质上是随机的, 利用这个方法可以在一次次仿真中生成完全相同的结果. 有时候, 进化算法程序上的错误或进化算法的结果只在特殊的情况下才会出现. 为让这个错误或结果重现, 需要用相同的种子初始化随机数生成器. 所以, 最好在每次运行进化算法时记录随机数生成器的初始种子. 由此我们就能精确再现结果, 大大加快调试的过程.

[1]大约在 2011 年提出函数 rng. MATLAB 的早期版本用别的函数初始化随机数生成器.

如果想在每次运行进化算法时生成不同的随机数串, 可以再次使用 MATLAB 的 rng 函数, 但要让它用随机种子. 例如, 表示当前日期和时间的整数就很随机, 在每次运行 MATLAB 时用日期和时间作为种子会得到不同的随机数序列. MATLAB 的命令 clock 会返回一个六元向量, 包括当前的年、月、日、时、分、秒. 因此, MATLAB 的命令

$$\begin{aligned}&\text{Seed} = \text{sum}(100 * \text{clock});\\&\text{rng}(\text{Seed});\\&\text{rand, rand, rand, rand, rand}\end{aligned} \tag{B.13}$$

在每次执行时都会生成不同的随机数序列. 尽管每天早晨开启 MATLAB 之后的第一件事就是要仿真, 用这个方法在每次仿真中可以生成随机变化的结果. 我们用它还能跟踪并记录随机数种子, 便于以后调试代码时使用.

假设我们想简单地比较两个进化算法. 进化算法的首个随机过程是生成初始种群. 我们运行第一个进化算法得到一些结果. 然后运行第二个进化算法得到不同的结果. 如果在两次仿真之间没有重新初始化随机数生成器, 这两个进化算法就是从完全不同的初始种群开始的. 这可能会让其中一个进化算法占优, 这样的比较并不公平. 如果想要更公平地比较不同的进化算法, 就应该让它们从相同的初始种群开始. 为此我们用下面的命令序列来初始化算法:

$$\begin{aligned}&\text{Seed} = \text{sum}(\text{clock});\\&\text{rng}(\text{Seed});\\&\text{进化算法 1};\\&\text{rng}(\text{Seed});\\&\text{进化算法 2};\end{aligned} \tag{B.14}$$

这个序列保证两个算法的随机数生成器的初始化完全相同. 假设在进化算法 1 和进化算法 2 中以相同的方式生成随机种群, 这两个进化算法就会从相同的随机种群开始.

B.2.4 t 检验

爱尔兰化学家 William Sealy Gosset在 1908 年发明了 t 检验. 他用 t 检验监控所供职的酿酒厂的啤酒质量 [Box, 1987]. 由于雇主不想让竞争对手知道他们使用的统计方法, 他便以“Student”为笔名发表了这个统计方法. t 检验有很多应用, 但本节只讨论与解释进化算法实验有关的具体应用, 不涉及推导. 有关统计的书中有 t 检验的更多细节和推导 [Salkind, 2007].

t 检验回答的基本问题是, 我们如何分辨两组显著不同的实验结果? 这里所说的显著不同, 不是说其差别有多大; 而是指其差别是本质上的, 或者只是因为随机波动产生的. 例如, 假设要度量两名学生在同一门课程的两次测验中的表现:

$$\begin{aligned}&\text{学生A}: 69\%,\ 84\%,\\&\text{学生B}: 66\%,\ 83\%.\end{aligned} \tag{B.15}$$

在两次测验中, 学生 A 的分数都比学生 B 高. 但我们可能不会说这两名学生之间有差别; 我们会将学生 A 的优秀表现归因为运气, 并假定这两个学生在本质上有完全相同的表现和能力. 假设有 10 次测验, 要根据这 10 次的成绩来评价:

$$\begin{aligned}&\text{学生A}: 69,\ 84,\ 75,\ 93,\ 92,\ 88,\ 68,\ 74,\ 89,\ 81\%,\\&\text{学生B}: 66,\ 83,\ 72,\ 88,\ 95,\ 83,\ 71,\ 71,\ 84,\ 80\%.\end{aligned}\tag{B.16}$$

在 10 次中有 8 次学生 A 分数更高. 这时候我们会想学生 A 的表现是否真的比学生 B 好, 他们在成绩上的差别不只是因为随机变化. 这个差别不是很大, 但从统计上看起来却是显著的. 如何才能量化这个假设为真或假的概率? 特别地, 如果学生 A 和学生 B 有同样的表现, 要得到 (B.16) 式的结果的概率是多少? 即只是因为随机变化而导致 (B.16) 式中的差别的概率是多少? 这正是 t 检验要回答的问题. 假设学生 A 和 B 的结果中的差别只是因为随机变化, 这个假设被称为原假设. 注意, 如果学生 A 和学生 B 旗鼓相当, 每个学生参加 10 次测验, 学生 A 或学生 B 有同等的可能在大多数时间内表现得更好.

现在回到分析进化算法仿真结果的问题上. 假设在某个优化问题上运行算法 A 和算法 B. 我们知道蒙特卡罗仿真的重要性, 所以每个算法运行 M 次并按 (B.6) 式和 (B.7) 式计算每个算法的平均性能和方差:

$$\begin{aligned}&\text{算法A}:\quad \text{均值} = \bar{f}_{\rm A},\ \ \text{方差} = \sigma_{\rm A}^2,\\&\text{算法B}:\quad \text{均值} = \bar{f}_{\rm B},\ \ \text{方差} = \sigma_{\rm B}^2.\end{aligned}\tag{B.17}$$

如果算法 A 和算法 B 的性能在本质上相同, 我们得到这些结果的概率是多少? 这正是 t 检验要回答的问题. t 检验统计量的定义为

$$t = \frac{|\bar{f}_{\rm A} - \bar{f}_{\rm B}|}{\sqrt{(\sigma_{\rm A}^2 + \sigma_{\rm B}^2)/M}}.\tag{B.18}$$

用 t 度量算法 A 和算法 B 的结果之间的差别. 如果在 $\bar{f}_{\rm A}$ 和 $\bar{f}_{\rm B}$ 之间的差别很大, t 就会很大. 如果 $\sigma_{\rm A}^2$ 或 $\sigma_{\rm B}^2$ 很大, 表明算法 A 或算法 B 的性能波动大, 它会淡化 $\bar{f}_{\rm A}$ 与 $\bar{f}_{\rm B}$ 之间差别的影响, 使 t 变小. M 越大会让 t 变大, 因为实验次数越多得到的性能指标越可靠.

在计算 t 检验统计量之后, 再计算被称为自由度的量:

$$d = \frac{(M-1)(\sigma_{\rm A}^2 + \sigma_{\rm B}^2)^2}{\sigma_{\rm A}^4 + \sigma_{\rm B}^4}.\tag{B.19}$$

自由度间接告诉我们需要多大的 t 才能让算法 A 和算法 B 的性能在统计上有显著差别的这个结论达到指定的信心水平.

在得到 t 和 d 之后, 查 t 检验表, 找出算法 A 和算法 B 在性能上的差别只是源自随机因素的概率. 这些概率被称为 p-值. 表 B.2 显示某些 t 检验的值. 在统计的书中或互联网上能找到更完整的表. 为了近似计算表中坐标之间的值, 可以采用适当的插值法. 也可以用统计软件中的 t 检验函数, 这些软件包括 MATLAB, Microsoft Excel®, 以及其他许多软件包.

表 B.2 双侧 t 检验表. 每行对应于一个自由度 d, 每列对应于一个 p-值概率. 表中的数值表示对给定的自由度 d 和给定的 p-值概率, 两组实验之间的差别完全是源自随机变化的 t 的值.

d	50%	40%	30%	20%	10%	5%	2%	1%	0.5%	0.1%
1	1.000	1.376	1.963	3.078	6.314	12.71	31.82	63.66	127.3	636.6
2	0.816	1.061	1.386	1.886	2.920	4.303	6.965	9.925	14.09	31.60
3	0.765	0.978	1.250	1.638	2.353	3.182	4.541	5.841	7.453	12.92
4	0.741	0.941	1.190	1.533	2.132	2.776	3.747	4.604	5.598	8.610
5	0.727	0.920	1.156	1.476	2.015	2.571	3.365	4.032	4.773	6.869
6	0.718	0.906	1.134	1.440	1.943	2.447	3.143	3.707	4.317	5.959
7	0.711	0.896	1.119	1.415	1.895	2.365	2.998	3.499	4.029	5.408
8	0.706	0.889	1.108	1.397	1.860	2.306	2.896	3.355	3.833	5.041
9	0.703	0.883	1.100	1.383	1.833	2.262	2.821	3.250	3.690	4.781
10	0.700	0.879	1.093	1.372	1.812	2.228	2.764	3.169	3.581	4.587
11	0.697	0.876	1.088	1.363	1.796	2.201	2.718	3.106	3.497	4.437
12	0.695	0.873	1.083	1.356	1.782	2.179	2.681	3.055	3.428	4.318
13	0.694	0.870	1.079	1.350	1.771	2.160	2.650	3.012	3.372	4.221
14	0.692	0.868	1.076	1.345	1.761	2.145	2.624	2.977	3.326	4.140
15	0.691	0.866	1.074	1.341	1.753	2.131	2.602	2.947	3.286	4.073
16	0.690	0.865	1.071	1.337	1.746	2.120	2.583	2.921	3.252	4.015
17	0.689	0.863	1.069	1.333	1.740	2.110	2.567	2.898	3.222	3.965
18	0.688	0.862	1.067	1.330	1.734	2.101	2.552	2.878	3.197	3.922
19	0.688	0.861	1.066	1.328	1.729	2.093	2.539	2.861	3.174	3.883
20	0.687	0.860	1.064	1.325	1.725	2.086	2.528	2.845	3.153	3.850
21	0.686	0.859	1.063	1.323	1.721	2.080	2.518	2.831	3.135	3.819
22	0.686	0.858	1.061	1.321	1.717	2.074	2.508	2.819	3.119	3.792
23	0.685	0.858	1.060	1.319	1.714	2.069	2.500	2.807	3.104	3.767
24	0.685	0.857	1.059	1.318	1.711	2.064	2.492	2.797	3.091	3.745
25	0.684	0.856	1.058	1.316	1.708	2.060	2.485	2.787	3.078	3.725
26	0.684	0.856	1.058	1.315	1.706	2.056	2.479	2.779	3.067	3.707
27	0.684	0.855	1.057	1.314	1.703	2.052	2.473	2.771	3.057	3.690
28	0.683	0.855	1.056	1.313	1.701	2.048	2.467	2.763	3.047	3.674
29	0.683	0.854	1.055	1.311	1.699	2.045	2.462	2.756	3.038	3.659
30	0.683	0.854	1.055	1.310	1.697	2.042	2.457	2.750	3.030	3.646
40	0.681	0.851	1.050	1.303	1.684	2.021	2.423	2.704	2.971	3.551
50	0.679	0.849	1.047	1.299	1.676	2.009	2.403	2.678	2.937	3.496
60	0.679	0.848	1.045	1.296	1.671	2.000	2.390	2.660	2.915	3.460
80	0.678	0.846	1.043	1.292	1.664	1.990	2.374	2.639	2.887	3.416
100	0.677	0.845	1.042	1.290	1.660	1.984	2.364	2.626	2.871	3.390

例 B.5 假设在某个优化问题上运行算法 A 和算法 B. 每个算法运行 6 次 ($M = 6$) 得到下面的结果, 以 (B.5) 式的形式列出:

$$\begin{aligned} \text{算法A}: \{f_{\text{A}Tk}\} &= \{30.02,\ 29.99,\ 30.11,\ 29.97,\ 30.01,\ 29.99\}, \\ \text{算法B}: \{f_{\text{B}Tk}\} &= \{29.89,\ 29.93,\ 29.72,\ 29.98,\ 30.02,\ 29.98\}. \end{aligned} \tag{B.20}$$

这些差别仅仅因为随机变化而非本质上的不同, 为估计得到这个结论的概率, 我们首先用 (B.6) 式、(B.7) 式和 (B.17) 式计算结果的均值和方差:

$$\bar{f}_{\rm A} = 30.015, \quad \sigma_{\rm A}^2 = 0.0497, \quad \bar{f}_{\rm B} = 29.920, \quad \sigma_{\rm B}^2 = 0.1079. \tag{B.21}$$

下面用 (B.18) 式和 (B.19) 式计算 t 检验统计量和自由度:

$$t = 1.959, \quad d = 7.0306. \tag{B.22}$$

最后查表 B.2, 对于 $d = 7.0306$, t 检验统计量在 p- 值为 9% 的附近等于 1.959. 这意味着, 如果算法 A 和算法 B 的性能在本质上等价, 则会有 9% 的概率得到 (B.20) 式的结果. 同样, 如果算法 A 和算法 B 的性能等价, 就可以说有 91% 的概率看到 (B.5) 式中的差别较小. 这些概率是否足够显著能让我们下结论说两个算法在本质上不同, 这是一个定性的判断. □

本节关于 t 检验的讨论以几个假设为基础.

1. 首先, 假设算法 A 比算法 B 更好或更差, 所以本节用双侧 t 检验. 这就是为什么表 B.2 的标题指明它是关于双侧 t 检验的. 如果想要做单侧 t 检验, 可以改变表 B.2 的列标题 (即 p-值), 但单侧检验一般与进化算法实验的分析无关.
2. t 检验假定每个实验结果服从高斯分布. 也就是说, 如果对算法 A 多次仿真并在直方图中绘出结果, 我们会看到一个高斯曲线; 相同的假设也适用于算法 B. 由于在高斯分布中的极限值是 $\pm\infty$, 计算机仿真或物理实验都不是真正的高斯分布. 但是很多过程用高斯分布可以得到非常好的近似. 中心极限定理向我们保证大量实验和仿真的结果差不多都是高斯的 [Grinstead and Snell, 1997], 因此高斯分布是一个合理的假设. 不过需要验证我们的过程的确是高斯的则是另一个问题. 一般来说, 在没有反面证据的情况下可以大胆假设为高斯分布.
3. t 检验假定只有两个数据集. 如果数据集多于两个, 例如, 由算法 A, 算法 B 和算法 C 得到的结果, 就不能用成对的 t 检验对 A/B, A/C 和 B/C 测试它们在统计上的差别是否显著. 在下面的 B.2.5 节中我们会详细讨论.
4. 本节假定这两个样本的规模相同; 也就是说, 我们对两个算法 A 和 B 都做了 M 次实验. 如果两个算法的实验次数不同, 就需要对本节中的式子稍微做一些修改.

很多人会误解 t 检验的结果. 前面提到过, 如果算法 A 和算法 B 的性能在本质上是等价的, t 检验说的是得到这个结果的概率. 可以把它写成

$$p = \Pr(R = r | A = B). \tag{B.23}$$

用语言表述则是, 在已知算法 A 和算法 B 的性能等价的条件下结果 R 为所得值 r 的概率就是 p-值.[1] 在此我们纠正关于 p-值的一些常见的误解.

1. $p \neq \Pr(A = B)$, 即 p-值不等于算法性能等价的概率.
2. $1 - p \neq \Pr(A \neq B)$, 这与上一个类似. 也就是说, 我们不能用 p-值来推导算法性能不同的概率.

[1]注意, 记号 $A = B$ 并不意味着算法等价, 而是它们的性能等价.

3. $p \neq \Pr(A=B|R=r)$, 即 p-值不等于所得结果已知的条件下算法性能等价的概率. 由贝叶斯定理 [Grinstead and Snell, 1997] 可知

$$\Pr(A=B|R=r)=\frac{\Pr(R=r|A=B)\Pr(A=B)}{\Pr(R=r)}=\frac{p\Pr(A=B)}{\Pr(R=r)}. \tag{B.24}$$

所以, 在观察到的结果已知的条件下, 算法 A 和算法 B 的性能等价的概率 $\Pr(A=B|R=r)$ 与 p-值成正比. 但是, 如果想要计算 $\Pr(A=B|R=r)$ 的值, 不仅需要知道 p, 还需要知道 $\Pr(A=B)$(即两个算法性能等价的先验概率), 和 $\Pr(R=r)$ (即得到所得结果的先验概率).

4. $p \neq \Pr(R=r)$, 即 p-值不等于得到所得结果的先验概率. 如 (B.23) 式所示, 在已知算法性能等价的条件下, 得到我们观察到的结果的后验概率是 p.
5. 假设 p 是一个很小的数, 由 (B.24) 式, 我们的结论是 $A \neq B$. 则 $(1-p)$ 不等于由第二次实验得到相同结论的概率.
6. p-值没有定量地告诉我们这两个算法性能的差别有多大. 但是 p-值的确与差别的量级正相关, 因此 p-值越大表示差别也越大.

纠缠于 p-值含义的细节看起来可能有点吹毛求疵, 但是, p-值的真实含义与上面提到的常见的误解之间的区别还是很大的 [Johnson, 1999], [Schervish, 1996], [Sterne and Smith, 2001].

B.2.5 F 检验

与 t 检验一样, F 检验可用于各种任务. 本节讨论 F 检验的一个简单应用, 对于分析进化算法的结果特别有用. 本节也只讨论与解释进化算法的实验结果有关的具体应用而不会涉及推导.

假设在一个优化问题上测试算法 1, 算法 2 和算法 3. 我们想用这个结果评判这三个算法之间是否在统计上有显著差别. 前一节曾提到, 我们不能仅对算法 1 和算法 2, 算法 1 和算法 3, 然后是算法 2 和算法 3 做成对的 t 检验. 成对的 t 检验不管用的一个简单直观的解释是, 假设抛一个骰子, 它有 6 面而且是均匀的, 得到 1 的概率为 $1/6 \approx 17\%$. 假设抛 3 次骰子, 至少有一次得到 1 的概率为 $1-(5/6)^3 \approx 42\%$. 在一次试验中事件发生的概率不同于不止一次试验事件发生的概率. t 检验告诉我们在已知两个算法的性能相同的条件下观察到两个算法之间有某些差别的概率. 如果多次实验, 发现其中差别的概率会增加.

不能用 t 检验, 现在讨论如何使用 F 检验. 假设在某个优化问题上运行 G 个独立的算法. 这些算法可能实际上是相同的算法但是用了 G 组不同的参数设置 (例如, G 个不同的变异率). 每一个算法都运行 M 次, 并计算在 (B.6) 式和 (B.7) 式中每个算法的平均性能和方差:

$$均值=\bar{f}_g, \quad 方差=\sigma_g^2, \quad g \in [1,G]. \tag{B.25}$$

如果这 G 个算法的性能在本质上相同, 我们得到这些结果的概率是多少? 也就是说, 不是因为这 G 个算法根本上的差别, 而仅仅因为实验的随机变化得到这些结果的概率是多

少? 这正是 F 检验要回答的问题. F 统计量的计算如下

$$\bar{f} = \frac{1}{G}\sum_{g=1}^{G}\bar{f}_g, \quad S_w = \frac{1}{G}\sum_{g=1}^{G}\sigma_g^2, \quad S_b = \frac{M}{G-1}\sum_{g=1}^{G}(\bar{f}_g - \bar{f})^2, \quad F = S_b/S_w, \tag{B.26}$$

其中, $\bar{f}$ 是所有算法的平均性能指标; S_w 是组内方差, 它度量算法的平均方差; S_b 是组间方差, 它度量所有算法性能的方差; F 是 F 统计量. 算法性能的差别越大, 所对应的 F 值也越大. 在计算 F 统计量之后, 计算分子自由度 D_n 和分母自由度 D_d:

$$D_n = G - 1, \quad D_d = G(M-1). \tag{B.27}$$

自由度间接告诉我们需要多大的 F 才能让算法性能在统计上有显著差别的结论达到指定的信心水平.

得到 F, D_n 和 D_d 之后, 查 F 检验表, 找出这 G 个算法在性能上的差别是源于随机变化而非两个或多个算法所存在的本质差别的概率. 因为有两个自由度参数 (D_n 和 D_d), 每个概率水平需要独立的表. 表 B.3 和表 B.4 显示概率值为 5%和 1%的 F 检验的阈值. 在统计的书中或互联网上可以找到更完整的表. 为近似计算表中坐标之间的值, 可以采用适当的插值法. 也可以采用统计软件中的 F 检验函数, 这些软件包括 MATLAB, Microsoft Excel®, 以及其他许多软件包.

注意, 表 B.3 和表 B.4 中的 F 统计量随着 D_n 和 D_d 的减小而减小. 也就是说, 当组数 G 和蒙特卡罗实验次数 M 增大, 要得到这些差别并不仅仅因为随机变化的这个结论, 所要求算法性能指标的差别更小. 例如, 考虑表 B.3 中 $D_n = D_d = 3$ 的情况. 如果 $F = 9.27$, 观察到的差别是源于随机变化的概率为 5%. 如果 $F > 9.27$, 观察到的差别是源于随机变化的概率小于 5%, 因此, 观察到的差别不是因为随机变化的概率大于 95%. 与 $D_n = D_d = 5$ 的情况比较, 在这种情况下, 如果 $F = 5.05$, 观察到的差别是源于随机变

表 B.3 概率为 5%的 F 检验表. 每行相应于分母自由度 D_d, 每列相应于分子自由度 D_n. 表中的数值表示有 5%或更小的概率得到多组实验之间的差别完全是因为随机变化这个结论的 F 的值.

D_d \ D_n	1	2	3	4	5	6	7	8
1	161.47	199.49	215.74	224.50	230.07	234.00	236.77	238.95
2	18.51	18.99	19.16	19.24	19.29	19.32	19.35	19.37
3	10.12	9.55	9.27	9.11	9.01	8.94	8.88	8.84
4	7.70	6.94	6.59	6.38	6.25	6.16	6.09	6.04
5	6.60	5.78	5.40	5.19	5.05	4.95	4.87	4.81
6	5.98	5.14	4.75	4.53	4.38	4.28	4.20	4.14
7	5.59	4.73	4.34	4.12	3.97	3.86	3.78	3.72
8	5.31	4.45	4.06	3.83	3.68	3.58	3.50	3.43
9	5.11	4.25	3.86	3.63	3.48	3.37	3.29	3.22
10	4.96	4.10	3.70	3.47	3.32	3.21	3.13	3.07

化的概率为 5%. 如果 $F > 5.05$, 观察到的差别是源于随机变化的概率小于 5%, 因此观察到的差别不是因为随机变化的概率大于 95%.

表 B.4 概率为 1% 的 F 检验表. 每行相应于分母自由度 D_d, 每列相应于分子自由度 D_n. 表中的数值表示有 1% 或更小的概率得到多组实验之间的差别完全是因为随机变化这个结论的 F 的值.

D_d \ D_n	1	2	3	4	5	6	7
1	4063.25	4992.22	5404.03	5636.51	5760.41	5889.88	5889.88
2	98.50	98.99	99.15	99.26	99.30	99.34	99.34
3	34.11	30.81	29.45	28.70	28.23	27.91	27.67
4	21.19	17.99	16.69	15.97	15.52	15.20	14.97
5	16.25	13.27	12.05	11.39	10.96	10.67	10.45
6	13.74	10.92	9.77	9.14	8.74	8.46	8.25
7	12.24	9.54	8.45	7.84	7.46	7.19	6.99
8	11.25	8.64	7.59	7.00	6.63	6.37	6.17
9	10.56	8.02	6.99	6.42	6.05	5.80	5.61
10	10.04	7.55	6.55	5.99	5.63	5.38	5.20

例 B.6 假设在某个优化问题上运行算法 A, 算法 B 和算法 C. 每个算法运行 4 次 ($M = 4$) 得到下面的结果, 用 (B.5) 式的形式写出来:

$$\begin{aligned}
\text{算法A}: \{f_{\mathrm{A}Tk}\} &= \{4,\ 5,\ 3,\ 2\},\\
\text{算法B}: \{f_{\mathrm{B}Tk}\} &= \{6,\ 4,\ 4,\ 5\},\\
\text{算法C}: \{f_{\mathrm{C}Tk}\} &= \{5,\ 7,\ 6,\ 6\}.
\end{aligned} \tag{B.28}$$

为估计得到这些差别仅仅因为随机变化而非这三个算法的性能在本质上的差别这一结论的概率, 我们首先计算 (B.6) 式, (B.7) 式和 (B.25) 式所示的结果的均值和方差:

$$\bar{f}_{\mathrm{A}} = 3.50, \quad \sigma_{\mathrm{A}}^2 = 1.67, \quad \bar{f}_{\mathrm{B}} = 4.75, \quad \sigma_{\mathrm{B}}^2 = 0.92, \quad \bar{f}_{\mathrm{C}} = 6.00, \quad \sigma_{\mathrm{C}}^2 = 0.67. \tag{B.29}$$

下面用 (B.26) 式计算 F 统计量:

$$\bar{f} = 4.75, \quad S_w = 1.08, \quad S_b = 6.25, \quad F = 5.77. \tag{B.30}$$

接下来用 (B.27) 式计算自由度:

$$D_n = 2, \quad D_d = 9. \tag{B.31}$$

现在查 5%F 检验的表 B.3, 看到对应于这些自由度取值的 F 检验统计量为 4.25. 我们的 F 统计量是 5.77. 所以, 如果算法 A, 算法 B 和算法 C 的性能本质上是等价的, 则得到 (B.28) 式的结果的概率应该小于 5%. 等价地, 我们可以说如果算法 A, 算法 B 和算法 C 的性能是等价的, 则由大于 95% 的概率看到比 (B.28) 式所示的变化更小. 我们也可以查 1%F 检验的表 B.4, 对于 $D_n = 2$ 且 $D_d = 9$, F 统计量等于 8.02. 我们的 F 统计量是 5.77. 所以, 如果算法 A, 算法 B 和算法 C 的性能本质上是等价的, 则看到 (B.28) 式的结果的概率应该大于 1%. 等价地, 我们可以说如果算法 A, 算法 B 和算法 C 的性能是等价的, 则由小于 99%的概率看到比 (B.28) 式所示的变化更小. 用简单的线性插值方法将这些结果结合起来, 有

$$F = 4.25 \text{ 得到 } p = 5\%, \quad F = 8.02 \text{ 得到 } p = 1\%, \quad \text{所以}, F = 5.77 \text{ 得到 } p \approx 3.4\%. \tag{B.32}$$

也就是说, 如果算法 A, 算法 B 和算法 C 的性能本质上是等价的, 则大约有 3.4%的概率看到 (B.28) 式所示的差别. 这时候可以做成对的 t 检验或更简单的检验来看看算法的差别在哪里. 由 (B.29) 式, 算法 C 看起来与算法 A 和 B 很不同, 所以我们的结论是主要因为算法 C 才得到 3.4%的 F 检验概率. □

与 t 检验一样, F 检验假设每个实验的结果都服从高斯分布. 与 t 检验不同, 非正态分布对 F 检验的结果可能有很大影响, 所以, 如果违反高斯分布的假设, F 检验的结果可能不再有效. 在这种情况下, 我们可以用非参数检验, 它不需要假定数据服从具体的概率分布. 有很多可供进化算法的研究人员使用的非参数统计检验 [Good and Hardin, 2009], [Kanji, 2006], 包括常用的 Wilcoxon 检验 [Corder and Foreman, 2009].

B.3 总 结

精明的读者会注意到本书违反了在本附录中讨论的很多原则. 例如, 本书在比较各种算法和进化算法的变种时, 并没有做统计检验. 这种不一致是有意的, 并非因为懒惰、虚伪或时间紧. 其实, 要纳入统计检验是很容易的. 但本书主要用于教学而非研究. 因此, 书中章节的编排和呈现方式并不适合期刊或研究专著. 如果我们咬住同行评议的标准不放, 就会有过多的技术细节和数值上的细节需要处理, 这样一来, 算法和结果就不再简单易懂了.

本书的总目标是为进化算法领域提供一个简单、广泛、扎实的基础教育. 本附录的具体目标是要鼓励研究人员和同行评议人更仔细地思考进化算法研究的标准. 还有一些资源能为进化算法的实验和结果汇报提供很好的指引, 它们包括 [Barr et al.,] 和 [Crepinsek et al., 2013].

附录 C　基准优化函数

……可以针对测试问题的一个特别的集合来定制算法; 让人不安的是测试问题也许不能代表进化算法在实际中最适合的问题类型.

Darrell Whitley [Whitley et al., 1996]

本附录介绍可用来比较优化算法性能的一些标准基准优化问题. 我们用 $\boldsymbol{x} = [x_1, x_2, \cdots, x_n]$ 表示函数的 n 维域, 用 $f(\boldsymbol{x})$ 表示取标量值的函数值.

附录 C.1 介绍无约束的优化基准, 附录 C.2 介绍约束优化基准, 附录 C.3 则介绍多目标优化基准, 这时候 $\boldsymbol{f}(\boldsymbol{x})$ 是一个向量. 附录 C.4 介绍动态优化基准, 附录 C.5 介绍有噪声的优化基准, 附录 C.6 介绍旅行商基准问题.

某些优化算法会自然地偏向某种类型的搜索空间. 因此, 要结合问题中的偏差和旋转矩阵修改基准, 这一点很重要. 附录 C.7 会讨论这个问题.

要得到不同进化算法之间的比较结果, 基准不仅有用而且重要. 但最终还是要在实际的问题上测试分析优化算法才更有趣也更有用.

C.1　无约束基准

这个问题是在全部 $\boldsymbol{x}$ 上最小化 $f(\boldsymbol{x})$. 我们用 $\boldsymbol{x}^*$ 表示 $\boldsymbol{x}$ 的最优值, 并用 $f(\boldsymbol{x}^*)$ 表示 $f(\boldsymbol{x})$ 的最小值:

$$\boldsymbol{x}^* = \arg\min_{\boldsymbol{x}} f(\boldsymbol{x}). \tag{C.1}$$

本节介绍的许多基准来自 [Back, 1996], [Cai and Wang, 2006] 和 [Yao et al., 1999]. 关于无约束基准的详细信息以及在 2005 IEEE 进化计算大会进化算法比赛的评价指标可以在 [Suganthan et al., 2005] 中找到, [Ali et al., 2005] 也包含许多无约束基准. [Floudas et al., 2010] 整本书都用来定义无约束优化基准. 我们在这里介绍的基准仅限于可以对任意维数 n 定义的那些函数. 另外还有很多基准, 包括一些维数固定的基准. 但在维数可变的基准上测试优化算法会更有意思, 更便于研究算法性能随着维数变化的情况. 下面小节中指定的域都很常见, 不过研究人员还会用到别的定义域.

C.1.1 Sphere 函数

Sphere 函数为

$$\left.\begin{aligned} f(\boldsymbol{x}) &= \sum_{i=1}^{n} x_i^2, \\ \boldsymbol{x}^* &= \boldsymbol{0}, \\ f(\boldsymbol{x}^*) &= 0. \end{aligned}\right\} \tag{C.2}$$

其中 $x_i \in [-5.12, +5.12]$. 在 Ken De Jong的论文 [De Jong, 1975] 中它被称为函数 1, 而在 [Schwefel, 1995] 中它是问题 1.1 和问题 2.17. 图 C.1 为二维 $f(\boldsymbol{x})$ 的图形. 这是一个很简单的优化问题, 几乎所有适当的算法都能够准确找到它的最小值, 它适合用来对优化算法做初步测试. 对于性能比较而言, 它是一个好基准, 因为很多优化问题在它们的最小值附近都近似为二次.

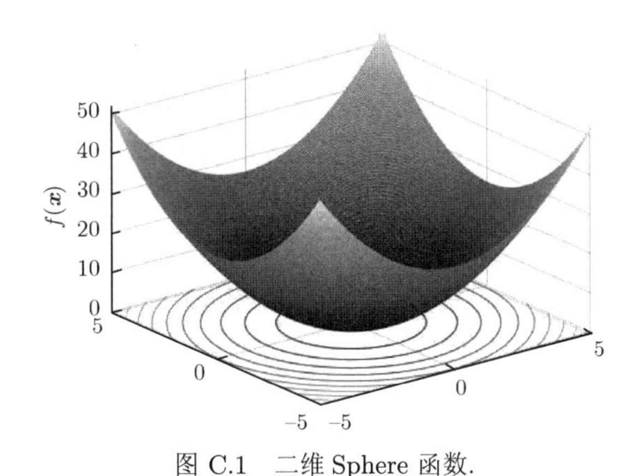

图 C.1 二维 Sphere 函数.

C.1.2 Ackley 函数

Ackley 函数为

$$\left.\begin{aligned} & f(\boldsymbol{x}) = 20 + \mathrm{e} - 20\exp\left(-0.2\sum_{i=1}^{n} x_i^2/n\right) - \exp\left(\sum_{i=1}^{n}(\cos 2\pi x_i)/n\right), \\ & \boldsymbol{x}^* = \boldsymbol{0}, \\ & f(\boldsymbol{x}^*) = 0. \end{aligned}\right\} \tag{C.3}$$

其中 $x_i \in [-30, +30]$. [Ackley, 1987b] 提出这个基准. 图 C.2 所示为二维 $f(\boldsymbol{x})$ 的图形. 大量的局部最小值是对优化算法的挑战.

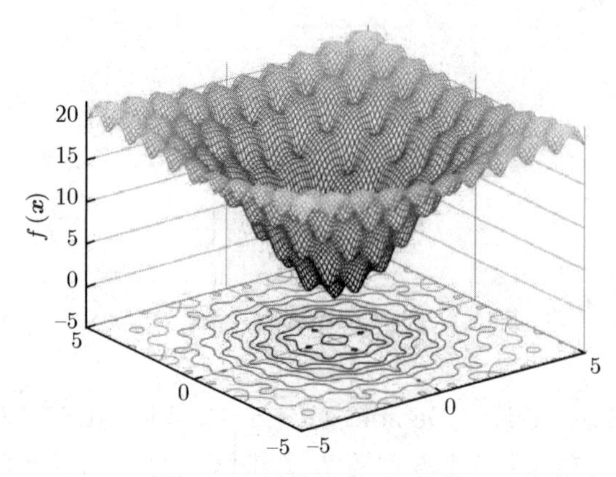

图 C.2 二维 Ackley 函数.

C.1.3 Ackley 测试函数

Ackley 测试函数为

$$f(\boldsymbol{x})=\sum_{i=1}^{n-1}\left[3(\cos(2x_i)+\sin(2x_{i+1}))+\exp(-0.2)\sqrt{x_i^2+x_{i+1}^2}\right], \qquad \text{(C.4)}$$

其中 $x_i \in [-30,+30]$. 注意, 这个问题的 $\boldsymbol{x}^*$ 和 $f(\boldsymbol{x}^*)$ 未知. 这个基准与 Ackley 函数类似, 有很多山峰和山谷, 如图 C.3 所示.

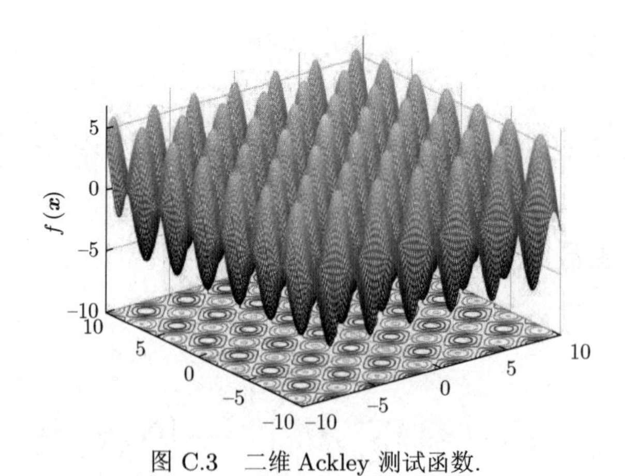

图 C.3 二维 Ackley 测试函数.

C.1.4 Rosenbrock 函数

Rosenbrock 函数为

$$\left.\begin{aligned} f(\boldsymbol{x}) &= \sum_{i=1}^{n-1}[100(x_{i+1}-x_i^2)^2+(x_i-1)^2],\\ \boldsymbol{x}^* &= [1,1,\cdots,1],\\ f(\boldsymbol{x}^*) &= 0. \end{aligned}\right\} \tag{C.5}$$

其中 $x_i \in [-2.048, +2.048]$. [Rosenbrock, 1960] 提出这个基准, 在 Ken De Jong的论文 [De Jong, 1975] 中它被称为函数 2, 在 [Schwefel, 1995] 中是问题 2.4, 问题 2.24, 以及问题 2.25. 图 C.4 所示为二维 $f(\boldsymbol{x})$ 的图形. 它有一个又长又窄的香蕉状的山谷, 这是对优化算法的挑战.

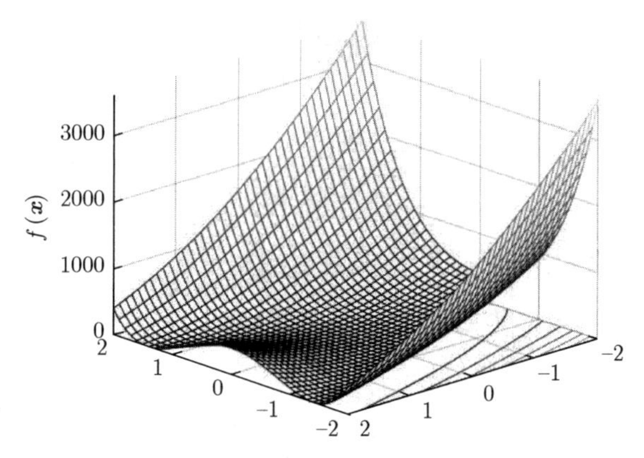

图 C.4 二维 Rosenbrock 函数.

C.1.5 Fletcher 函数

Fletcher 函数, 也被称为 Fletcher-Powell 函数, 为

$$\left.\begin{aligned} f(\boldsymbol{x}) &= \sum_{i=1}^{n}(A_i-B_i)^2,\\ A_i &= \sum_{i=1}^{n}(a_{ij}\sin\alpha_j+b_{ij}\cos\alpha_j),\\ B_i &= \sum_{i=1}^{n}(a_{ij}\sin x_j+b_{ij}\cos x_j),\\ \alpha_i &\in [-\pi,\pi],\quad i\in\{1,2,\cdots,n\},\\ a_{ij},b_{i,j} &\in [-100,100],\quad i,j\in\{1,2,\cdots,n\},\\ \boldsymbol{x}^* &= \boldsymbol{\alpha},\\ f(\boldsymbol{x}^*) &= 0. \end{aligned}\right\} \tag{C.6}$$

其中 $x_i \in [-\pi, +\pi]$. [Fletcher and Powell, 1963] 提出这个基准, 在 [Schwefel, 1995] 中是问题 2.13. 图 C.5 是 a_{ij}, b_{ij}, 以及 α_i 取具体值时的二维 $f(\boldsymbol{x})$ 的图形. 这个函数很有趣,

因为它随着 a_{ij}, b_{ij} 和 α_i 的变化而变化. 我们经常用均匀随机数生成器来设置这些参数.

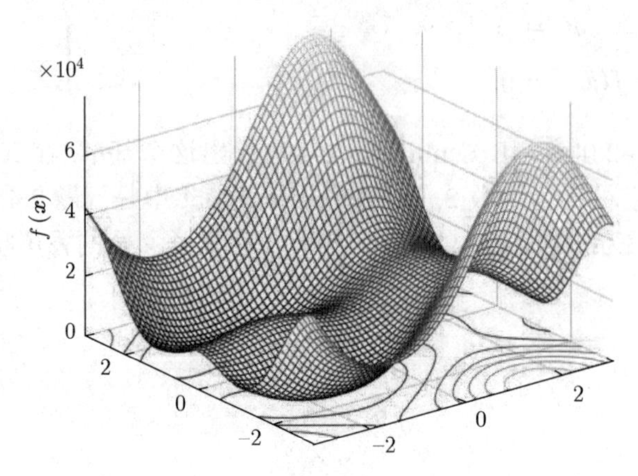

图 C.5 二维 Fletcher 函数.

C.1.6 Griewank 函数

Griewank 函数, 有时候也拼写为 Griewangk, 为

$$\left.\begin{aligned} f(\boldsymbol{x}) &= 1+\sum_{i=1}^{n} x_i^2/400+\prod_{i=1}^{n}\cos\left(x_i/\sqrt{i}\right), \\ \boldsymbol{x}^* &= \boldsymbol{0}, \\ f(\boldsymbol{x}^*) &= 0. \end{aligned}\right\} \tag{C.7}$$

其中 $x_i \in [-600, +600]$. [Back et al., 1997a, Section B2.7] 讨论过这个基准. 图 C.6 所示为二维 $f(\boldsymbol{x})$ 的图形. 这个函数有很多局部最优, $f(\boldsymbol{x})$ 中的乘积项令 $\boldsymbol{x}$ 的元素在很大程度上相互依赖.

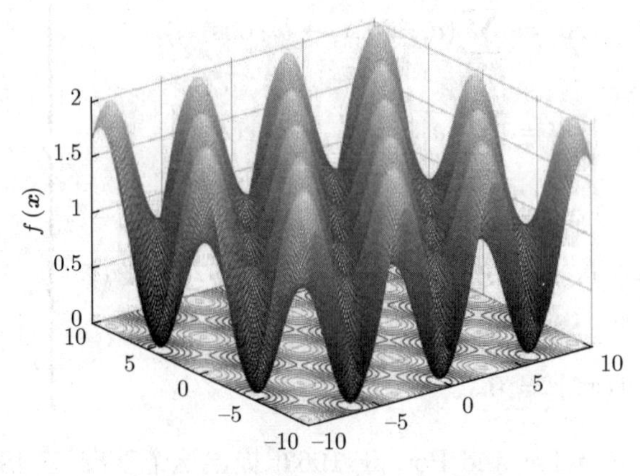

图 C.6 二维 Griewank 函数.

C.1.7 Penalty#1 函数

penalty#1 函数为

$$
\left.\begin{aligned}
f(\boldsymbol{x}) &= \frac{\pi}{n}\left\{10\sin^2(\pi x_1)+\sum_{i=1}^{n-1}(x_i-1)^2[1+10\sin^2(\pi x_{i+1})]+(x_n-1)^2\right\}+\sum_{i=1}^{n}u_i,\\
u_i &= \begin{cases} k(x_i-a)^m, & x_i>a,\\ 0, & -a\leqslant x_i\leqslant a,\\ k(-x_i-a)^m, & x_i<-a,\end{cases}\\
y_i &= 1+(x_i+1)/4,\\
\boldsymbol{x}^* &= [1,1,\cdots,1],\\
f(\boldsymbol{x}^*) &= 0.
\end{aligned}\right\}\tag{C.8}
$$

其中 $x_i \in [-50, +50]$. [Yao et al., 1999] 中有这个基准. k, a 和 m 的值没有给定, 但通常取 $k = 100$, $a = 10$, $m = 4$. 图 C.7 所示为二维 $f(\boldsymbol{x})$ 的图形. 这个函数只有一个最小值, 但是在最小值处很浅, 所以很难以高准确度找到最小值.

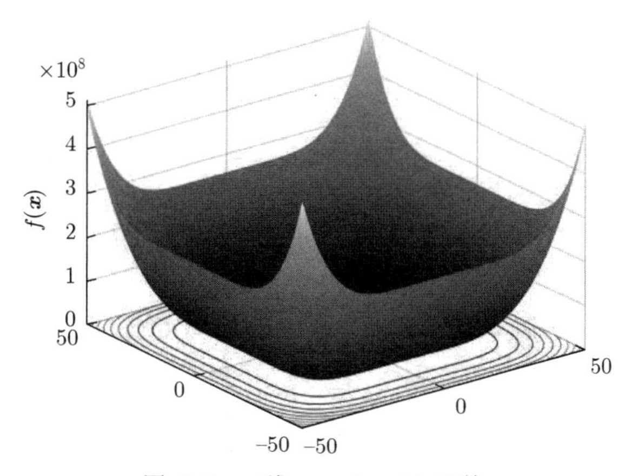

图 C.7 二维 penalty #1 函数.

C.1.8 Penalty#2 函数

penalty#2 函数为

$$
\left.\begin{aligned}
f(\boldsymbol{x}) &= \sum_{i=1}^{n}u_i+0.1\Bigg\{10\sin^2(3\pi x_1)+\\
&\quad \sum_{i=1}^{n-1}(x_i-1)^2[1+\sin^2(3\pi x_{i+1})]+(x_n-1)^2[1+\sin^2(2\pi x_n)]\Bigg\},\\
\boldsymbol{x}^* &= [1,1,\cdots,1],\\
f(\boldsymbol{x}^*) &= 0.
\end{aligned}\right\}\tag{C.9}
$$

其中, $x_i \in [-50, +50]$, u_i 由 (C.8) 式给定. [Yao et al., 1999] 中有这个基准. 与 penalty#1 函数一样, k, a 和 m 的值未定, 但通常取 $k = 100$, $a = 5$, $m = 4$. 图 C.8 所示为二维 $f(\boldsymbol{x})$ 的图形. 与 penalty#1 函数一样, penalty#2 函数只有一个最小值, 但在最小值处很浅, 所以很难以高准确度找到最小值.

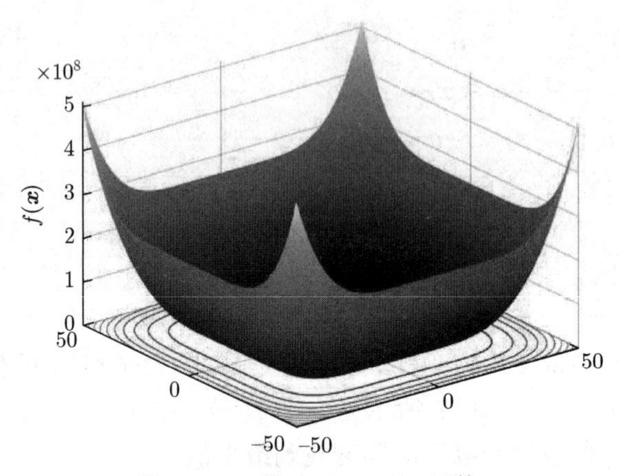

图 C.8 二维 penalty #2 函数.

C.1.9 Quartic 函数

Quartic (4 次方) 函数为

$$\left.\begin{aligned} f(\boldsymbol{x}) &= \sum_{i=1}^{n} i x_i^4, \\ \boldsymbol{x}^* &= \boldsymbol{0}, \\ f(\boldsymbol{x}^*) &= 0. \end{aligned}\right\} \tag{C.10}$$

其中 $x_i \in [-1.28, +1.28]$. 在 $f(\boldsymbol{x})$ 上经常会加噪声, 但是它不会改变最小值的自变量. 在 Ken De Jong的论文 [De Jong, 1975] 中称这个基准为函数 4, [Yao et al., 1999] 对它也有介绍. Quartic 函数也可以写成 x_i 的二次方而不是 4 次方, 在这种情况下它被称为超椭球面函数, 或加权 Sphere 函数[Ros and Hansen, 2008]. 有时候超椭球面函数也写成下面的形式 [Yao and Liu, 1997]:

$$f(\boldsymbol{x}) = \sum_{i=1}^{n} 2^i x_i^2. \tag{C.11}$$

图 C.9 所示为二维 $f(\boldsymbol{x})$ 的图形. 与 penalty 函数一样, quartic 函数只有一个最小值, 但在最小值处很浅, 所以要以高准确度找到最小值仍是一个挑战.

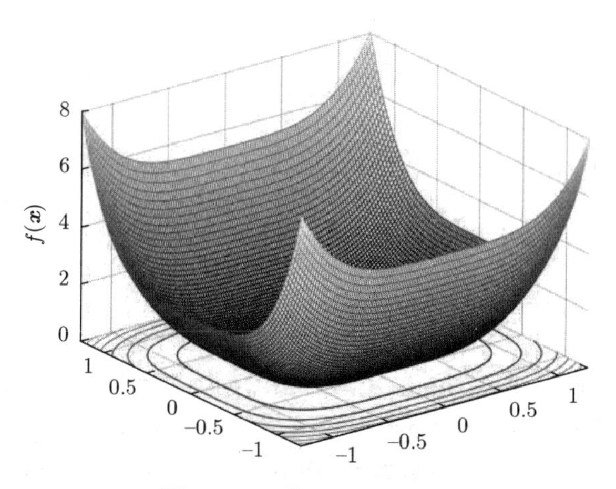

图 C.9 二维 quartic 函数.

C.1.10 Tenth Power 函数

Tenth power (10 次幂) 函数为

$$\left.\begin{aligned} f(\boldsymbol{x}) &= \sum_{i=1}^{n} x_i^{10}, \\ \boldsymbol{x}^* &= \boldsymbol{0}, \\ f(\boldsymbol{x}^*) &= 0. \end{aligned}\right\} \tag{C.12}$$

其中 $x_i \in [-5.12, +5.12]$. 这个基准在 [Schwefel, 1995] 中以问题 2.23 提出, [Yao et al., 1999] 对它也有介绍. 图 C.10 所示为二维 $f(\boldsymbol{x})$ 的图形. 与 quartic 函数和 penalty 函数一样, Tenth Power 函数只有一个最小值, 但是函数在最小值处很浅, 所以要以高准确度找到最小值仍是一个挑战.

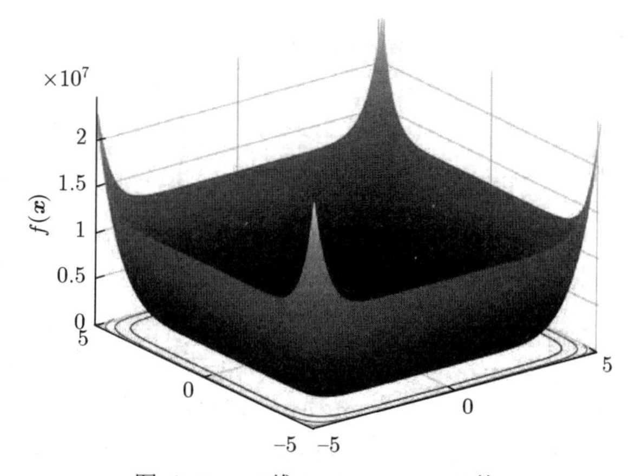

图 C.10 二维 tenth power 函数.

C.1.11 Rastrigin 函数

Rastrigin 函数为

$$\left.\begin{aligned} f(\boldsymbol{x}) &= 10n + \sum_{i=1}^{n}[x_i^2 - 10\cos(2\pi x_i)], \\ \boldsymbol{x}^* &= \boldsymbol{0}, \\ f(\boldsymbol{x}^*) &= 0. \end{aligned}\right\} \tag{C.13}$$

其中 $x_i \in [-5.12, +5.12]$. [Rastrigin, 1974] 提出这个基准, [Yao et al., 1999] 中也有它. 图 C.11 所示为二维 $f(\boldsymbol{x})$ 的图形. Rastrigin 函数看起来与 Griewank 函数类似. Rastrigin 函数的局部最小的个数随着 n 呈指数增长 [Beyer and Schwefel, 2002].

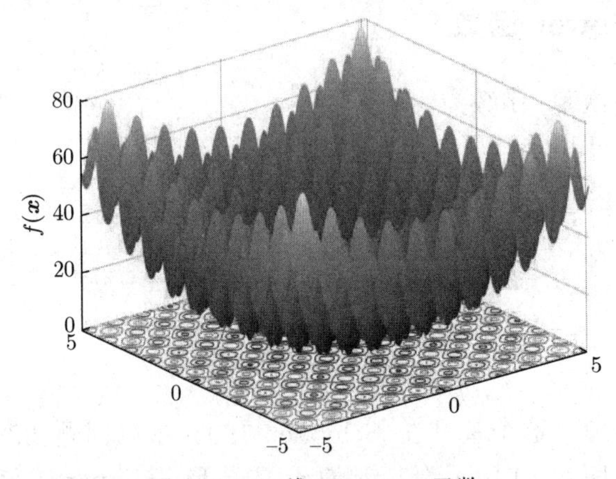

图 C.11 二维 Rastrigin 函数.

C.1.12 Schwefel 二重和函数

Schwefel 二重和函数, 也被称为 Schwefel 的脊函数 [Price et al., 2005], Schwefel 1.2, 以及二次函数, 为

$$\left.\begin{aligned} f(\boldsymbol{x}) &= \sum_{i=1}^{n}\left(\sum_{j=1}^{i} x_j\right)^2, \\ \boldsymbol{x}^* &= \boldsymbol{0}, \\ f(\boldsymbol{x}^*) &= 0. \end{aligned}\right\} \tag{C.14}$$

其中 $x_i \in [-65.536, +65.536]$. 这个基准也被称为旋转超椭球面函数[Ros and Hansen, 2008]. 它在 [Schwefel, 1995] 中以问题 1.2 和问题 2.9 提出, [Yao et al., 1999] 中也有它. 它是一个二次函数, 其条件数与 n^2 成正比. 图 C.12 所示为二维 $f(\boldsymbol{x})$ 的图形.

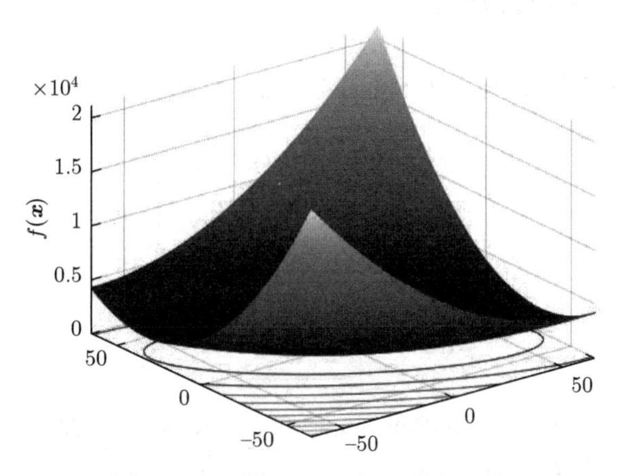

图 C.12 二维 Schwefel 二重和函数.

C.1.13 Schwefel 最大函数

Schwefel 最大函数, 也被称为 Schwefel 2.21 函数, 为

$$\left.\begin{aligned} f(\boldsymbol{x}) &= \max_i\{|x_i| : i \in \{1, 2, \cdots, n\}\}, \\ \boldsymbol{x}^* &= \boldsymbol{0}, \\ f(\boldsymbol{x}^*) &= 0. \end{aligned}\right\} \tag{C.15}$$

其中 $x_i \in [-100, +100]$. [Schwefel, 1995] 提出这个基准, [Yao et al., 1999] 也提到它. 它不可微. 图 C.13 所示为二维 $f(\boldsymbol{x})$ 的图形.

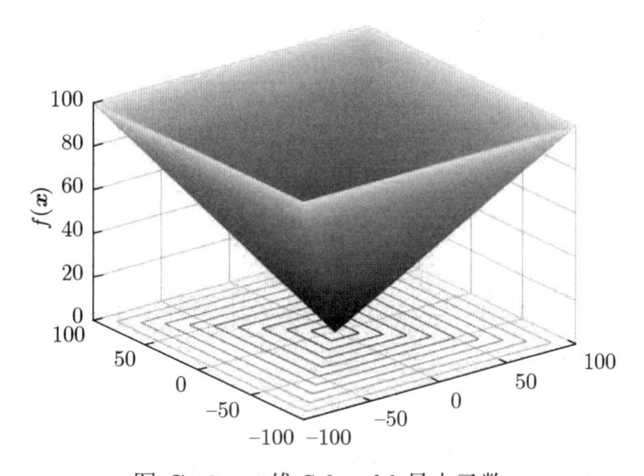

图 C.13 二维 Schwefel 最大函数.

C.1.14 Schwefel 绝对值函数

Schwefel 绝对值函数, 也被称为 Schwefel 2.22 函数, 为

$$\left.\begin{aligned} f(\boldsymbol{x}) &= \sum_{i=1}^{n}|x_i| + \prod_{i=1}^{n}|x_i|, \\ \boldsymbol{x}^* &= \boldsymbol{0}, \\ f(\boldsymbol{x}^*) &= 0. \end{aligned}\right\} \tag{C.16}$$

其中 $x_i \in [-10, +10]$. 这个基准在 [Schwefel, 1995] 中以问题 2.22 提出, [Yao et al., 1999] 也提到它. 它不可微. 图 C.14 所示为二维 $f(\boldsymbol{x})$ 的图形.

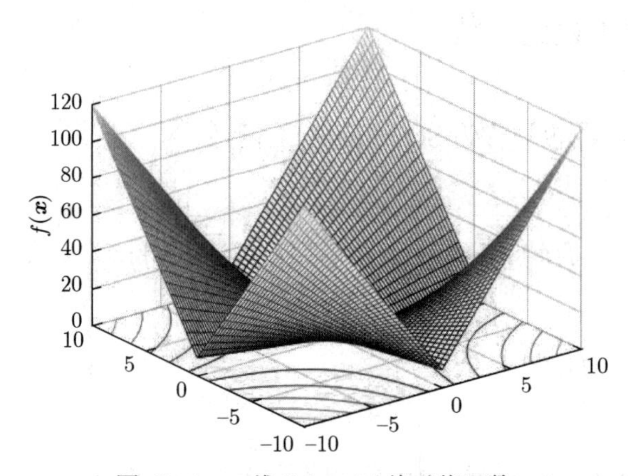

图 C.14 二维 Schwefel 绝对值函数.

C.1.15 Schwefel 正弦函数

Schwefel 正弦函数, 也被称为 Schwefel 2.26 函数, 为

$$\left.\begin{aligned} f(\boldsymbol{x}) &= -\sum_{i=1}^{n} x_i \sin\sqrt{|x_i|}, \\ \boldsymbol{x}^* &= [420.9687, \cdots, 420.9867], \\ f(\boldsymbol{x}^*) &= -12965.5. \end{aligned}\right\} \tag{C.17}$$

其中 $x_i \in [-500, +500]$. 这个基准在 [Schwefel, 1995] 中以问题 2.3 和问题 2.26 提出, [Yao et al., 1999] 中也有它. 它有许多局部最小. 图 C.15 所示为二维 $f(\boldsymbol{x})$ 的图形.

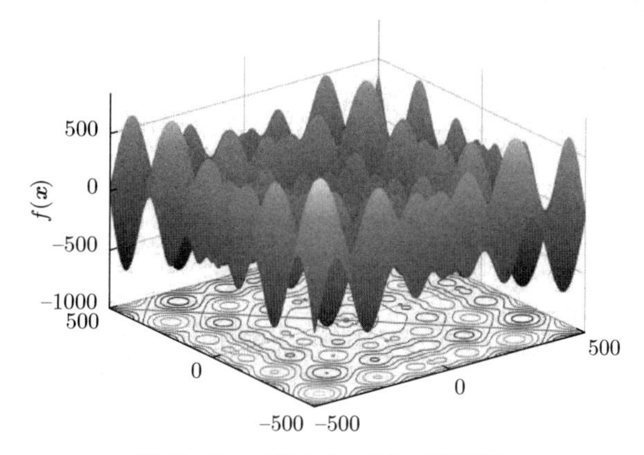

图 C.15 二维 Schwefel 正弦函数.

C.1.16 Step 函数

Step 函数为

$$\left.\begin{aligned} f(\boldsymbol{x}) &= \sum_{i=1}^{n} \lfloor x_i + 0.5 \rfloor^2, \\ \boldsymbol{x}^* &= \boldsymbol{0}, \\ f(\boldsymbol{x}^*) &= 0. \end{aligned}\right\} \tag{C.18}$$

其中 $x_i \in [-100, +100]$, 且地板函数 $\lfloor\cdot\rfloor$ 返回小于等于自变量的最大整数. 在 Ken De Jong的论文 [De Jong, 1975] 中, 这个基准被称为函数 3, [Yao et al., 1999] 中也有它. 它不可微, 有许多平台. 图 C.16 所示为二维 $f(\boldsymbol{x})$ 的图形.

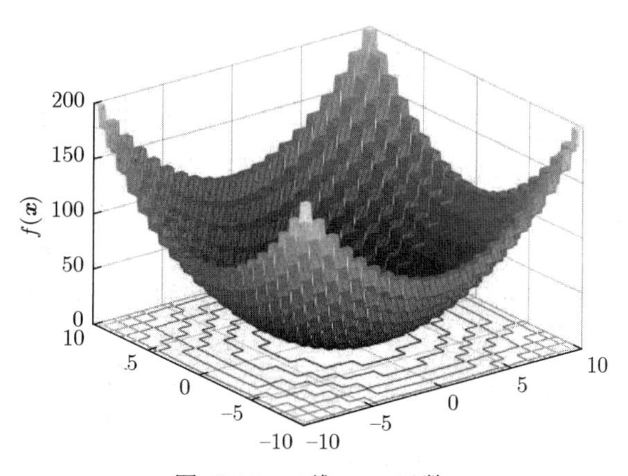

图 C.16 二维 step 函数.

C.1.17 Absolute 函数

Absolute (绝对值) 函数为

$$\left.\begin{aligned} f(\boldsymbol{x}) &= \sum_{i=1}^{n} |x_i|, \\ \boldsymbol{x}^* &= \boldsymbol{0}, \\ f(\boldsymbol{x}^*) &= 0. \end{aligned}\right\} \tag{C.19}$$

其中 $x_i \in [-10, +10]$. 在 [Schwefel, 1995] 中这个基准是问题 2.20. 它不可微. 图 C.17 所示为二维 $f(\boldsymbol{x})$ 的图形.

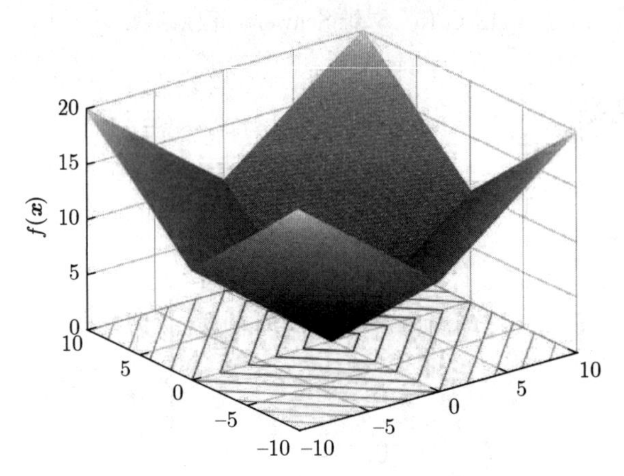

图 C.17 二维 absolute 函数.

C.1.18 Shekel's Foxhole 函数

Shekel's Foxhole 函数为

$$\left.\begin{aligned} f(\boldsymbol{x}) &= \left[\frac{1}{500} + \sum_{j=1}^{25} \frac{1}{j + \sum_{i=1}^{n} (x_i - a_{ij})^6}\right]^{-1}, \\ \boldsymbol{x}^* &= [-32, -32, \cdots, -32], \\ f(\boldsymbol{x}^*) &\approx 1. \end{aligned}\right\} \tag{C.20}$$

其中, $x_i \in [-65.536, +65.536]$, a_{ij} 是 $\boldsymbol{A}$ 的第 i 行第 j 列的元素. 对于二维 $(n=2)$, $\boldsymbol{A}$为

$$\left.\begin{aligned} \boldsymbol{A} &= \begin{bmatrix} \boldsymbol{b}_0 & \cdots & \boldsymbol{b}_0 \\ \boldsymbol{b}_1 & \cdots & \boldsymbol{b}_5 \end{bmatrix}, \\ \boldsymbol{b}_0 &= [-32, -16, 0, 16, 32], \\ \boldsymbol{b}_i &= (16(i-1) - 32)[1\ \ 1\ \ 1\ \ 1\ \ 1]. \end{aligned}\right\} \tag{C.21}$$

这个基准在 De Jong的论文 [De Jong, 1975] 中被称为函数 5, [Yao et al., 1999] 也提到它. 它有多个局部最小, 但不是所有的值都相同, 到最小值时有一个大幅的下降, 如图 C.18 所示. 如果 $n > 2$, 可以在 $\boldsymbol{A}$ 中添加更多的行.

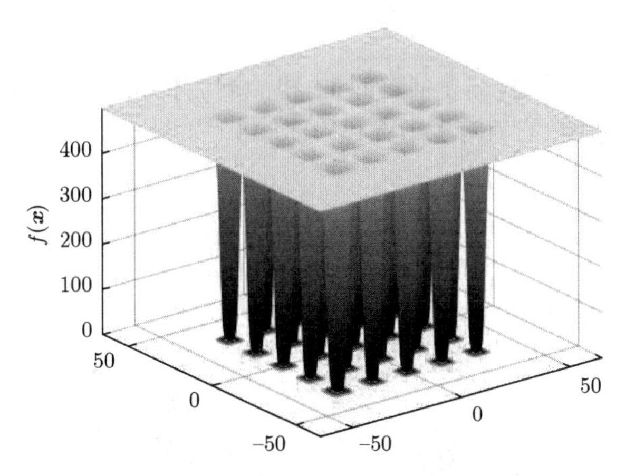

图 C.18 二维 Shekel's Foxhole 函数.

C.1.19 Michalewicz 函数

Michalewicz 函数为

$$f(\boldsymbol{x}) = -\sum_{i=1}^{n} \sin x_i \sin^{2m}(i x_i^2/\pi), \tag{C.22}$$

其中, $x_i \in [0, \pi]$, m 是控制搜索难度的一个参数. 注意, 这个问题的 $\boldsymbol{x}^*$ 和 $f(\boldsymbol{x}^*)$ 未知. [Michalewicz, 1996] 提出这个基准. 它有一个又长又窄的山谷并突然下降到最小值, 如图 C.19 所示.

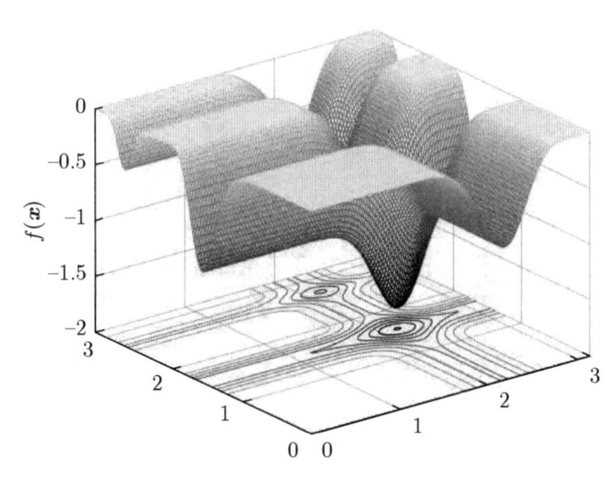

图 C.19 $m = 10$ 的二维 Michalewicz 函数.

C.1.20 Sine Envelope 函数

Sine envelope 函数为

$$f(\boldsymbol{x}) = -\sum_{i=1}^{n-1} \frac{\sin^2 \sqrt{x_i + x_{i+1} - 0.5}}{[0.001(x_i^2 + x_{i+1}^2) + 1]^2}, \tag{C.23}$$

其中 $x_i \in [-100, +100]$. 注意, 这个问题的 $\boldsymbol{x}^*$ 和 $f(\boldsymbol{x}^*)$ 未知. 这个基准也被称为 Schaeffer 函数 [Cheng et al., 2008], 它有许多山谷和局部最小, 如图 C.20 所示.

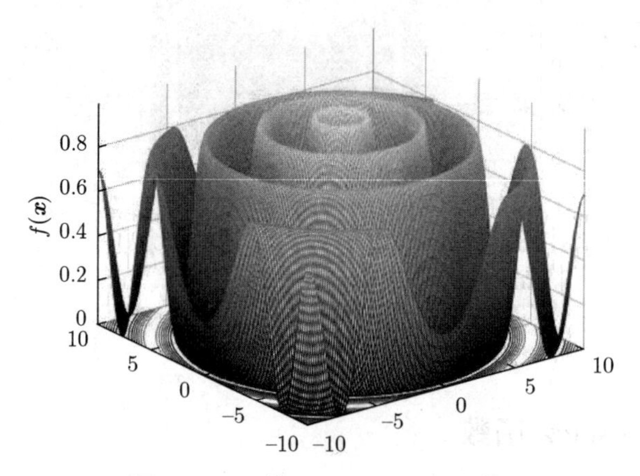

图 C.20 二维 sine envelope 函数.

C.1.21 Eggholder 函数

Eggholder 函数为

$$f(\boldsymbol{x}) = -\sum_{i=1}^{n-1} (x_{i+1} + 47) \sin \sqrt{|x_{i+1} + x_i/2 + 47|} + x_i \sqrt{|x_i - x_{i+1} - 47|}, \tag{C.24}$$

其中 $x_i \in [-512, +512]$. 注意, 这个问题的 $\boldsymbol{x}^*$ 和 $f(\boldsymbol{x}^*)$ 未知. [Wu and Chow, 2007] 提出这个基准. 它的二维图形如图 C.21 所示.

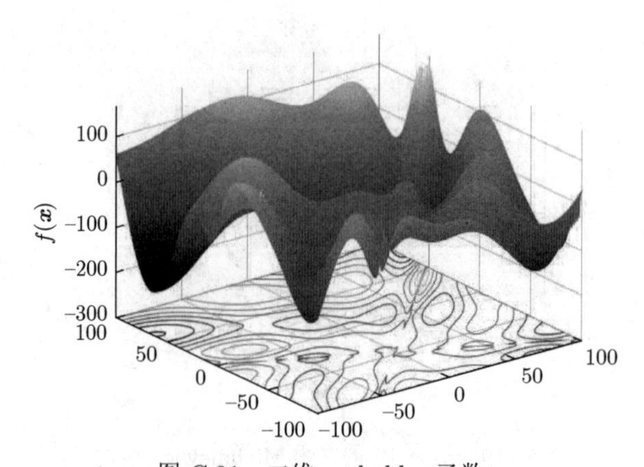

图 C.21 二维 eggholder 函数.

C.1.22 Weierstrass 函数

Weierstrass 函数为

$$
\left.\begin{aligned}
f(\boldsymbol{x}) &= \sum_{i=1}^{n}\left\{\sum_{k=0}^{k_{\max}}[a^k\cos(2\pi b^k(x_i+0.5))]\right\} - n\sum_{k=0}^{k_{\max}}[a^k\cos(\pi b^k)],\\
\boldsymbol{x}^* &= \boldsymbol{0},\\
f(\boldsymbol{x}^*) &= 0.
\end{aligned}\right\} \tag{C.25}
$$

其中, $x_i \in [-5,+5]$, $a=0.5$, $b=3$, 且 $k_{\max}=20$. [Liang et al., 2005] 提出这个基准. 它有一个有趣的性质, 当 $n\to\infty$ 时, 函数处处连续但处处不可微, 并且处处非单调. 图 C.22 是二维 Weierstrass 函数的图形.

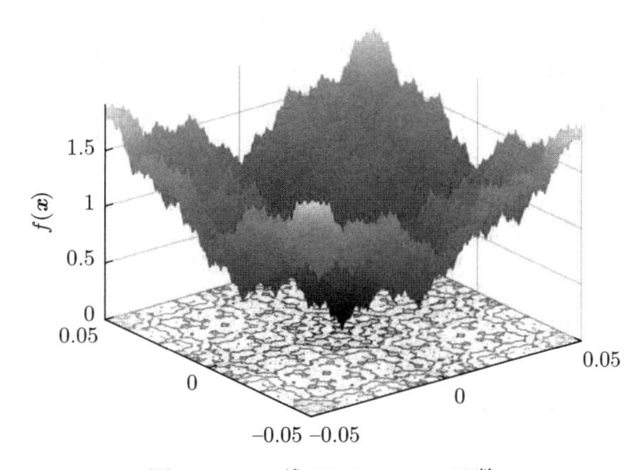

图 C.22 二维 Weierstrass 函数.

C.2 约束基准

约束优化问题是指在所有 $\boldsymbol{x}$, $\boldsymbol{x}\in\mathcal{F}\in\mathbb{R}^n$ 上最小化 $f(\boldsymbol{x})$, 其中 $\mathcal{F}$ 是可行集, n 是问题的维数. 我们用 $\boldsymbol{x}^*$ 代表 $\boldsymbol{x}$ 的最优值, 用 $f(\boldsymbol{x}^*)$ 表示 $f(\boldsymbol{x})$ 带约束的最小值:

$$
\left.\begin{aligned}
\boldsymbol{x}^* &= \arg\min_{\boldsymbol{x}} f(\boldsymbol{x})\\
\text{s.t.}\quad & g_i(\boldsymbol{x})\leqslant 0,\ i\in[1,m]\ \text{且}\ h_j(\boldsymbol{x})=0,\ j\in[1,p].
\end{aligned}\right\} \tag{C.26}
$$

这个问题包含 $(m+p)$ 个约束, 其中有 m 个不等式约束, p 个等式约束. 具有这种形式的很多问题的 $f(\boldsymbol{x})$, $g_i(\boldsymbol{x})$, 和 $h_j(\boldsymbol{x})$ 的形式又长又复杂, 光是写出这个问题就需要很大的篇幅. 因此, 本节只介绍简单的约束基准, 对于某些又长又复杂的基准则列出介绍它们的参考文献.

约束基准函数在 [Araujo et al., 2009], [Coello Coello, 2000a], [Coello Coello, 2002], [Deb, 2000], [Mezura-Montes and Coello Coello, 2005], 以及 [Runarsson and Yao, 2000]

中提出. 关于约束基准的详细信息以及在 2006 和 2010 IEEE 进化计算大会算法比赛的评价指标可以在 [Liang et al., 2006] 和 [Mallipeddi and Suganthan, 2010] 中找到. 注意, [Floudas and Pardalos, 1990] 整本书都在介绍约束优化基准. 带约束的多目标基准在 [Deb et al., 2001] 中可以找到.

本节中的约束基准全部来自 [Mallipeddi and Suganthan, 2010], 在 2010 IEEE 进化计算大会的约束进化算法比赛中也用到它们. 在下面的问题陈述中, 我们用 o_i 代表一个随机的偏差, 用 $\boldsymbol{M}$ 表示一个随机旋转矩阵 (参见 C.7 节).

C.2.1 C01 函数

C01 函数为

$$\left.\begin{aligned}
f(\boldsymbol{x}) &= -\left|\frac{\displaystyle\sum_{i=1}^{n}\cos^4 z_i - 2\prod_{i=1}^{n}\cos^2 z_i}{\displaystyle\sum_{i=1}^{n} i z_i^2}\right|, \\
g_1(\boldsymbol{x}) &= 0.75 - \prod_{i=1}^{n} z_i \leqslant 0, \\
g_2(\boldsymbol{x}) &= \sum_{i=1}^{n} z_i - 7.5n \leqslant 0, \\
x_i &\in [0, 10],
\end{aligned}\right\} \tag{C.27}$$

其中 $z_i = x_i - o_i$, $i \in [1, n]$.

C.2.2 C02 函数

C02 函数为

$$\left.\begin{aligned}
f(\boldsymbol{x}) &= \max_i z_i, \\
g_1(\boldsymbol{x}) &= 10 - \frac{1}{n}\sum_{i=1}^{n}(z_i^2 - 10\cos(2\pi z_i) + 10) \leqslant 0, \\
g_2(\boldsymbol{x}) &= \sum_{i=1}^{n}(y_i^2 - 10\cos(2\pi y_i) + 10) - 15 \leqslant 0, \\
h(\boldsymbol{x}) &= \frac{1}{n}\sum_{i=1}^{n}(y_i^2 - 10\cos(2\pi y_i) + 10) - 20 = 0, \\
x_i &\in [-5.12, +5.12],
\end{aligned}\right\} \tag{C.28}$$

其中, $z_i = x_i - o_i$, $y_i = z_i - 0.5$, $i \in [1, n]$.

C.2.3 C03 函数

C03 函数为

$$\left.\begin{aligned} f(\boldsymbol{x}) &= \sum_{i=1}^{n-1}[100(z_i^2 - z_{i+1})^2 + (z_i - 1)^2], \\ h(\boldsymbol{x}) &= \sum_{i=1}^{n-1}(z_i - z_{i+1})^2 = 0, \\ x_i &\in [-1000, 1000], \end{aligned}\right\} \tag{C.29}$$

其中 $z_i = x_i - o_i$, $i \in [1, n]$.

C.2.4 C04 函数

C04 函数为

$$\left.\begin{aligned} f(\boldsymbol{x}) &= \max_i z_i, \\ h_1(\boldsymbol{x}) &= \frac{1}{n}\sum_{i=1}^{n} z_i \cos\sqrt{|z_i|} = 0, \\ h_2(\boldsymbol{x}) &= \sum_{i=1}^{n/2-1} (z_i - z_{i+1})^2 = 0, \\ h_3(\boldsymbol{x}) &= \sum_{i=n/2+1}^{n} (z_i^2 - z_{i+1}) = 0, \\ h_4(\boldsymbol{x}) &= \sum_{i=1}^{n} z_i = 0, \\ x_i &\in [-50, 50], \end{aligned}\right\} \tag{C.30}$$

其中 $z_i = x_i - o_i$, $i \in [1, n]$.

C.2.5 C05 函数

C05 函数为

$$\left.\begin{aligned} f(\boldsymbol{x}) &= \max_i z_i, \\ h_1(\boldsymbol{x}) &= \frac{1}{n}\sum_{i=1}^{n} \left[-z_i \sin\left(\sqrt{|z_i|}\right)\right] = 0, \\ h_2(\boldsymbol{x}) &= \frac{1}{n}\sum_{i=1}^{n} \left[z_i \cos\left(0.5\sqrt{|z_i|}\right)\right] = 0, \\ x_i &\in [-600, 600], \end{aligned}\right\} \tag{C.31}$$

其中 $z_i = x_i - o_i,\ i \in [1, n]$.

C.2.6 C06 函数

C06 函数为

$$
\left.\begin{aligned}
f(\boldsymbol{x}) &= \max_i z_i,\\
\boldsymbol{y} &= (\boldsymbol{z} + 483.6106156535\boldsymbol{l})\boldsymbol{M} - 483.6106156535\boldsymbol{l},\\
h_l(\boldsymbol{x}) &= \frac{1}{n}\sum_{i=1}^{n}\left[-y_i \sin\left(\sqrt{|y_i|}\right)\right] = 0,\\
h_2(\boldsymbol{x}) &= \frac{1}{n}\sum_{i=1}^{n}\left[-y_i \cos\left(0.5\sqrt{|y_i|}\right)\right] = 0,\\
x_i &\in [-600, 600],
\end{aligned}\right\} \tag{C.32}
$$

其中 $\boldsymbol{l} = [1, 1, \cdots, 1], z_i = x_i - o_i,\ i \in [1, n]$.

C.2.7 C07 函数

C07 函数为

$$
\left.\begin{aligned}
&f(\boldsymbol{x}) = \sum_{i=1}^{n-1}[100(z_i^2 - z_{i+1})^2 + (z_i - 1)^2],\\
&g(\boldsymbol{x}) = 0.5 - \exp\left[\frac{0.1}{n}\sum_{i=1}^{n} y_i^2\right] - 3\exp\left[\frac{1}{n}\sum_{i=1}^{n}\cos(0.1y_i)\right] + \exp(1) \leqslant 0,\\
&x_i \in [-140, 140],
\end{aligned}\right\} \tag{C.33}
$$

其中, $y_i = x_i - o_i$ 且 $z_i = x_i - o_i + 1,\ i \in [1, n]$.

C.2.8 C08 函数

C08 函数为

$$
\left.\begin{aligned}
&f(\boldsymbol{x}) = \sum_{i=1}^{n-1}[100(z_i^2 - z_{i+1})^2 + (z_i - 1)^2],\\
&g(\boldsymbol{x}) = 0.5 - \exp\left[\frac{0.1}{n}\sum_{i=1}^{n} y_i^2\right] - 3\exp\left[\frac{1}{n}\sum_{i=1}^{n}\cos(0.1y_i)\right] + \exp(1) \leqslant 0,\\
&x_i \in [-140, 140],
\end{aligned}\right\} \tag{C.34}
$$

其中, $\boldsymbol{y} = (\boldsymbol{x} - \boldsymbol{o})\boldsymbol{M}$ 且 $z_i = x_i - o_i + 1,\ i \in [1, n]$.

C.2.9 C09 函数

C09 函数为

$$
\left.\begin{aligned}
f(\boldsymbol{x}) &= \sum_{i=1}^{n-1}[100(z_i^2 - z_{i+1})^2 + (z_i - 1)^2],\\
h(\boldsymbol{x}) &= \sum_{i=1}^{n} y_i \sin\sqrt{|y_i|} = 0,\\
x_i &\in [-500, 500],
\end{aligned}\right\} \tag{C.35}
$$

其中, $y_i = x_i - o_i$ 且 $z_i = x_i + 1 - o_i$, $i \in [1, n]$.

C.2.10 C10 函数

C10 函数为

$$
\left.\begin{aligned}
f(\boldsymbol{x}) &= \sum_{i=1}^{n-1}[100(z_i^2 - z_{i+1})^2 + (z_i - 1)^2],\\
h(\boldsymbol{x}) &= \sum_{i=1}^{n} y_i \sin\sqrt{|y_i|} = 0,\\
x_i &\in [-500, 500],
\end{aligned}\right\} \tag{C.36}
$$

其中, $\boldsymbol{y} = (\boldsymbol{x} - \boldsymbol{o})\boldsymbol{M}$ 且 $z_i = x_i + 1 - o_i$, $i \in [1, n]$.

C.2.11 C11 函数

C11 函数为

$$
\left.\begin{aligned}
f(\boldsymbol{x}) &= \sum_{i=1}^{n}[-z_i \cos(2\sqrt{|z_i|})],\\
h(\boldsymbol{x}) &= \sum_{i=1}^{n-1}[100(y_i^2 - y_{i+1})^2 + (y_i - 1)^2] = 0,\\
x_i &\in [-100, 100],
\end{aligned}\right\} \tag{C.37}
$$

其中, $y_i = x_i + 1 - o_i, i \in [1, n]$ 且 $\boldsymbol{z} = (\boldsymbol{x} - \boldsymbol{o})\boldsymbol{M}$.

C.2.12 C12 函数

C12 函数为

$$\left.\begin{aligned}
f(\boldsymbol{x}) &= \sum_{i=1}^{n} z_i \sin\sqrt{|z_i|},\\
h(\boldsymbol{x}) &= \sum_{i=1}^{n} (z_i^2 - z_{i+1})^2 = 0,\\
g(\boldsymbol{x}) &= \sum_{i=1}^{n-1} [z_i - 100\cos(0.1z_i) + 10] \leqslant 0,\\
x_i &\in [-1000, 1000],
\end{aligned}\right\} \tag{C.38}$$

其中 $z_i = x_i - o_i$, $i \in [1, n]$.

C.2.13 C13 函数

C13 函数为

$$\left.\begin{aligned}
f(\boldsymbol{x}) &= \frac{1}{n}\sum_{i=1}^{n} [-z_i \sin\sqrt{|z_i|}],\\
g_1(\boldsymbol{x}) &= -50 + \frac{1}{100n}\sum_{i=1}^{n} z_i^2 \leqslant 0,\\
g_2(\boldsymbol{x}) &= \frac{50}{n}\sum_{i=1}^{n} \sin\left(\frac{\pi z_i}{50}\right) \leqslant 0,\\
g_3(\boldsymbol{x}) &= 75 - 50\left[\sum_{i=1}^{n} \frac{z_i^2}{4000} - \prod_{i=1}^{n} \cos\left(\frac{z_i}{\sqrt{i}}\right) + 1\right] \leqslant 0,\\
x_i &\in [-500, 500],
\end{aligned}\right\} \tag{C.39}$$

其中 $z_i = x_i - o_i$, $i \in [1, n]$.

C.2.14 C14 函数

C14 函数为

$$\left.\begin{aligned}
f(\boldsymbol{x}) &= \sum_{i=1}^{n-1} [100(z_i^2 - z_{i+1})^2 + (z_i - 1)^2],\\
g_1(\boldsymbol{x}) &= \sum_{i=1}^{n} [-y_i \cos\sqrt{|y_i|}] - n \leqslant 0,\\
g_2(\boldsymbol{x}) &= \sum_{i=1}^{n} [y_i \cos\sqrt{|y_i|}] - n \leqslant 0,\\
g_3(\boldsymbol{x}) &= \sum_{i=1}^{n} [y_i \cos\sqrt{|y_i|}] - 10n \leqslant 0,\\
x_i &\in [-1000, 1000],
\end{aligned}\right\} \tag{C.40}$$

其中, $y_i = x_i - o_i$ 且 $z_i = x_i - o_i + 1,\ i \in [1, n]$.

C.2.15 C15 函数

C15 函数为

$$\left.\begin{aligned} f(\boldsymbol{x}) &= \sum_{i=1}^{n-1}[100(z_i^2 - z_{i+1})^2 + (z_i - 1)^2], \\ g_1(\boldsymbol{x}) &= \sum_{i=1}^{n}[-y_i \cos\sqrt{|y_i|}] - n \leqslant 0, \\ g_2(\boldsymbol{x}) &= \sum_{i=1}^{n}[y_i \cos\sqrt{|y_i|}] - n \leqslant 0, \\ g_3(\boldsymbol{x}) &= \sum_{i=1}^{n}[y_i \sin\sqrt{|y_i|}] - 10n \leqslant 0, \\ x_i &\in [-1000, 1000], \end{aligned}\right\} \tag{C.41}$$

其中, $y_i = (x_i - o_i)M$ 且 $z_i = x_i - o_i + 1,\ i \in [1, n]$.

C.2.16 C16 函数

C16 函数为

$$\left.\begin{aligned} f(\boldsymbol{x}) &= \sum_{i=1}^{n}\frac{z_i^2}{4000} - \prod_{i=1}^{n}\cos\left(\frac{z_i}{\sqrt{i}}\right) + 1, \\ g_1(\boldsymbol{x}) &= \sum_{i=1}^{n}[z_i^2 - 100\cos(\pi z_i) + 10] \leqslant 0, \\ g_2(\boldsymbol{x}) &= \prod_{i=1}^{n} z_i \leqslant 0, \\ h_1(\boldsymbol{x}) &= \sum_{i=1}^{n}[z_i \sin\sqrt{|z_i|}] = 0, \\ h_2(\boldsymbol{x}) &= \sum_{i=1}^{n}[-z_i \sin\sqrt{|z_i|}] = 0, \\ x_i &\in [-10, 10], \end{aligned}\right\} \tag{C.42}$$

其中 $z_i = x_i - o_i,\ i \in [1, n]$.

C.2.17 C17 函数

C17 函数为

$$
\left.\begin{aligned}
f(\boldsymbol{x}) &= \sum_{i=1}^{n-1}(z_i - z_{i+1})^2,\\
g_1(\boldsymbol{x}) &= \prod_{i=1}^{n} z_i \leqslant 0,\\
g_2(\boldsymbol{x}) &= \sum_{i=1}^{n} z_i \leqslant 0,\\
h(\boldsymbol{x}) &= \sum_{i=1}^{n} z_i \sin\left(4\sqrt{|z_i|}\right) = 0,\\
x_i &\in [-10, 10],
\end{aligned}\right\}
\tag{C.43}
$$

其中 $z_i = x_i - o_i$, $i \in [1, n]$.

C.2.18 C18 函数

C18 函数为

$$
\left.\begin{aligned}
f(\boldsymbol{x}) &= \sum_{i=1}^{n-1}(z_i - z_{i+1})^2,\\
g(\boldsymbol{x}) &= \frac{1}{n}\sum_{i=1}^{n}\left[-z_i \sin\sqrt{|z_i|}\right] \leqslant 0,\\
h(\boldsymbol{x}) &= \frac{1}{n}\sum_{i=1}^{n}\left[z_i \sin\sqrt{|z_i|}\right] = 0,\\
x_i &\in [-50, 50],
\end{aligned}\right\}
\tag{C.44}
$$

其中 $z_i = x_i - o_i$, $i \in [1, n]$.

C.2.19 约束基准的总结

我们对上面介绍的 2010 进化算法大会的 18 个基准做个总结. 可行集的大小与搜索空间的大小的比值 ρ 表示满足约束的困难程度 (参见 (19.53) 式). 表 C.1 列出这 18 个约束基准.

表 C.1 2010 进化算法大会的 18 个基准一览. N_e 是等式约束的个数, N_i 是不等式约束的个数, ρ 是每个问题在 10 维和 30 维时可行集大小与搜索空间大小的比值.

函数	N_e	N_i	$\rho(n=10)$	$\rho(n=30)$
C01	0	2	0.997689	1.000000
C02	1	2	0.000000	0.000000
C03	1	0	0.000000	0.000000
C04	4	0	0.000000	0.000000

续表

函数	N_e	N_i	$\rho(n=10)$	$\rho(n=30)$
C05	2	0	0.000000	0.000000
C06	2	0	0.000000	0.000000
C07	0	1	0.505123	0.503725
C08	0	1	0.379512	0.375278
C09	1	0	0.000000	0.000000
C10	1	0	0.000000	0.000000
C11	1	0	0.000000	0.000000
C12	1	1	0.000000	0.000000
C13	0	3	0.000000	0.000000
C14	0	3	0.003112	0.006123
C15	0	3	0.003210	0.006023
C16	2	2	0.000000	0.000000
C17	1	2	0.000000	0.000000
C18	1	1	0.000000	0.000000

C.3 多目标基准

多目标优化问题 (multi-objective optimization problem) 是在所有 $\boldsymbol{x}$ 上最小化 $f(\boldsymbol{x})$, 其中 $f(\boldsymbol{x})$ 是一个向量, $\boldsymbol{x}$ 是 n 维决策向量. 向量最小化并不是按词的常规意义来定义, 我们在 20.1 节定义帕雷托集 P_s 和帕雷托前沿 P_f. 多目标优化问题就是要找出可能的“最好”的 P_s 和 P_f. 定义“最好”的方式可以有多种，与 20.2 节讨论的相同.

在 [Huang et al., 2007] 和 [Zhang et al., 2009] 中可以找到多目标基准的详细信息以及在 2007 和 2009 IEEE 进化计算大会上的进化算法比赛的评价指标. [Zitzler et al., 2000] 中还有不少的多目标基准问题. 在 [Deb et al., 2001] 中有带约束的多目标基准. 在 [Deb et al., 2002b] 和 [Zhang et al., 2009] 中可以找到设计新的多目标测试问题的方法. 文献中已有很多多目标基准, 新的问题还在不断出现. 本节只介绍 2009 IEEE 进化计算大会的进化算法比赛的无约束多目标优化问题 [Zhang et al., 2009]. 读者在上面的参考文献中可以找到更多的多目标基准 (带约束和无约束). 下面的基准中独立变量的维数可变, 不过在 2009 IEEE 进化计算大会的比赛时，取 $n=30$.

C.3.1 无约束多目标优化问题 1

双目标问题定义为

$$\left.\begin{aligned} f_1(\boldsymbol{x}) &= x_1 + \frac{2}{|J_1|}\sum_{j\in J_1}[x_j - \sin(6\pi x_1 + j\pi/n)]^2, \\ f_2(\boldsymbol{x}) &= 1 - \sqrt{x_1} + \frac{2}{|J_2|}\sum_{j\in J_2}[x_j - \sin(6\pi x_1 + j\pi/n)]^2, \end{aligned}\right\} \tag{C.45}$$

其中, 集合 J_1 和集合 J_2 定义为

$$J_1=\{j\in[2,n]:j\text{为奇数}\},\quad J_2=\{j\in[2,n]:j\text{为偶数}\}. \tag{C.46}$$

搜索空间为

$$x_1\in[0,1],\quad x_j\in[-1,1],\quad j\in[2,n]. \tag{C.47}$$

帕雷托前沿为

$$f_1^*\in[0,1],\quad f_2^*=1-\sqrt{f_1^*}. \tag{C.48}$$

帕雷托集为

$$x_1^*\in[0,1],\quad x_j^*=\sin(6\pi x_1+j\pi/n),\quad j\in[2,n]. \tag{C.49}$$

C.3.2 无约束多目标优化问题 2

双目标问题定义为

$$\left.\begin{aligned} f_1&=x_1+\frac{2}{|J_1|}\sum_{j\in J_1}y_j^2,\\ f_2&=1-\sqrt{x_1}+\frac{2}{|J_2|}\sum_{j\in J_2}y_j^2. \end{aligned}\right\} \tag{C.50}$$

其中, J_1 和 J_2 与无约束多目标优化问题 1 中的相同, y_j 定义为

$$y_j=\begin{cases} x_j-[0.3x_1^2\cos(24\pi x_1+4j\pi/n)+0.6x_1]\cos(6\pi x_1+j\pi/n), & \text{如果}j\in J_1,\\ x_j-[0.3x_1^2\cos(24\pi x_1+4j\pi/n)+0.6x_1]\sin(6\pi x_1+j\pi/n), & \text{如果}j\in J_2. \end{cases} \tag{C.51}$$

搜索空间为

$$x_1\in[0,1],\quad x_j\in[-1,1],\quad j\in[2,n]. \tag{C.52}$$

帕雷托前沿为

$$f_1^*\in[0,1],\quad f_2^*=1-\sqrt{f_1^*}. \tag{C.53}$$

帕雷托集为

$$\left.\begin{aligned} &x_1^*\in[0,1],\\ &x_j^*=\begin{cases} [0.3(x_1^*)^2\cos(24\pi x_1^*+4j\pi/n)+0.6x_1^*]\cos(6\pi x_1^*+j\pi/n), & \text{如果}j\in J_1,\\ [0.3(x_1^*)^2\cos(24\pi x_1^*+4j\pi/n)+0.6x_1^*]\sin(6\pi x_1^*+j\pi/n), & \text{如果}j\in J_2. \end{cases} \end{aligned}\right\} \tag{C.54}$$

C.3.3 无约束多目标优化问题 3

双目标问题定义为

$$\left.\begin{aligned}f_1 &= x_1 + \frac{2}{|J_1|}\left[4\sum_{j\in J_1} y_j^2 - 2\prod_{j\in J_1}\cos\left(20y_j\pi/\sqrt{j}\right) + 2\right],\\ f_2 &= 1-\sqrt{x_1} + \frac{2}{|J_2|}\left[4\sum_{j\in J_2} y_j^2 - 2\prod_{j\in J_2}\cos\left(20y_j\pi/\sqrt{j}\right) + 2\right].\end{aligned}\right\} \tag{C.55}$$

其中, J_1 和 J_2 与无约束多目标优化问题 1 中的相同, y_j 定义为

$$y_j = x_j - x_1^{0.5[1+3(j-2)/(n-2)]}, \quad j \in [2, n]. \tag{C.56}$$

搜索空间为

$$x_j \in [-1, 1], \quad j \in [1, n]. \tag{C.57}$$

帕雷托前沿为

$$f_1^* \in [0, 1], \quad f_2^* = 1 - \sqrt{f_1^*}. \tag{C.58}$$

帕雷托集为

$$x_1^* \in [0, 1], \quad x_j^* = (x_1^*)^{0.5[1+3(j-2)/(n-2)]}, \quad j \in [2, n]. \tag{C.59}$$

C.3.4 无约束多目标优化问题 4

双目标问题定义为

$$f_1 = x_1 + \frac{2}{|J_1|}\sum_{j\in J_1} h(y_j), \tag{C.60}$$

$$f_2 = 1 - \sqrt{x_1} + \frac{2}{|J_2|}\sum_{j\in J_2} h(y_j), \tag{C.61}$$

其中, J_1 和 J_2 与无约束多目标优化问题 1 中的相同, y_j 定义为

$$y_j = x_j - \sin(6\pi x_1 + j\pi/n), \quad j \in [2, n]. \tag{C.62}$$

$h(\cdot)$ 定义为

$$h(t) = \frac{|t|}{1 + \mathrm{e}^{2|t|}}. \tag{C.63}$$

搜索空间为

$$x_1 \in [0, 1], \quad x_j \in [-2, 2], \quad j \in [2, n]. \tag{C.64}$$

帕雷托前沿为

$$f_1^* \in [0,1], \quad f_2^* = 1-(f_1^*)^2. \tag{C.65}$$

帕雷托集为

$$x_1^* \in [0,1], \quad x_j^* = \sin(6\pi x_1^* + j\pi/n), \quad j \in [2,n]. \tag{C.66}$$

C.3.5 无约束多目标优化问题 5

双目标问题定义为

$$f_1 = x_1 + \left(\frac{1}{2N}+\epsilon\right)|\sin(2N\pi x_1)| + \frac{2}{|J_1|}\sum_{j\in J_1} h(y_j), \tag{C.67}$$

$$f_2 = 1 - x_1 + \left(\frac{1}{2N}+\epsilon\right)|\sin(2N\pi x_1)| + \frac{2}{|J_2|}\sum_{j\in J_2} h(y_j), \tag{C.68}$$

其中, J_1 和 J_2 与无约束多目标优化问题 1 中的相同, N 是整数 (在 2009 IEEE 进化计算大会的比赛中, $N=10$), ϵ 是一个正实数 (在 2009 IEEE 进化计算大会的比赛中, $\epsilon=0.5$), y_j 定义为

$$y_j = x_j - \sin(6\pi x_1 + j\pi/n)\ , \quad j \in [2,n]. \tag{C.69}$$

$h(\cdot)$ 定义为

$$h(t) = 2t^2 - \cos(4\pi t) + 1. \tag{C.70}$$

搜索空间为

$$x_1 \in [0,1], \quad x_j \in [-1,1], \quad j \in [2,n]. \tag{C.71}$$

帕雷托前沿包含 $(2N+1)$ 个离散点:

$$(f_{1i}^*, f_{2i}^*) = (i/(2N), 1-i/(2N)), \quad i \in [1, 2N+1]. \tag{C.72}$$

帕雷托集也包含 $(2N+1)$ 个离散点, 但是无法用解析式表示, 此处就不展示了.

C.3.6 无约束多目标优化问题 6

双目标问题定义为

$$\left.\begin{aligned} f_1 &= x_1 + \max\left\{0, 2\left(\frac{1}{2N}+\epsilon\right)\sin(2N\pi x_1)\right\} + z_1, \\ f_2 &= 1 - x_1 + \max\left\{0, 2\left(\frac{1}{2N}+\epsilon\right)\sin(2N\pi x_1)\right\} + z_2, \end{aligned}\right\} \tag{C.73}$$

其中 N 是一个整数 (在 2009 IEEE 进化计算大会的比赛中, $N=2$), ϵ 是一个正实数 (在 2009 IEEE 进化计算大会的比赛中 $\epsilon=0.1$), z_i 定义为

$$z_i = \frac{2}{|J_i|}\left(4\sum_{j\in J_i} y_j^2 - 2\prod_{j\in J_i}\cos(20y_i\pi/\sqrt{j})+2\right), \quad i\in[1,2]. \tag{C.74}$$

集合 J_1 和集合 J_2 与无约束多目标优化问题 1 中的相同, y_j 定义为

$$y_j = x_j - \sin(6\pi x_1 + j\pi/n), \quad j\in[2,n]. \tag{C.75}$$

搜索空间为

$$x_1\in[0,1], \quad x_j\in[-1,1], \quad j\in[2,n]. \tag{C.76}$$

帕雷托前沿包含一个离散点 (0,1), 以及下列 N 个断开的部分:

$$f_1^* = \bigcup_{i=1}^{N}\left[\frac{2i-1}{2N}, \frac{2i}{2N}\right], \quad f_2^* = 1 - f_1^*. \tag{C.77}$$

帕雷托集由离散点组成, 但是它们不能用解析式表示, 此处就不展示了.

C.3.7 无约束多目标优化问题 7

双目标问题定义为

$$\left.\begin{aligned} f_1 &= x_1^{1/5} + \frac{2}{|J_1|}\sum_{j\in J_1} y_j^2, \\ f_2 &= 1 - x_1^{1/5} + \frac{2}{|J_2|}\sum_{j\in J_2} y_j^2, \end{aligned}\right\} \tag{C.78}$$

其中, J_1 和 J_2 与无约束多目标优化问题 1 中的相同, y_j 定义为

$$y_j = x_j - \sin(6\pi + j\pi/n), \quad j\in[2,n]. \tag{C.79}$$

搜索空间为

$$x_1\in[0,1], \quad x_j\in[-1,1], \quad j\in[2,n]. \tag{C.80}$$

帕雷托前沿为

$$f_1^*\in[0,1], \quad f_2^* = 1 - f_1^*. \tag{C.81}$$

帕雷托集为

$$x_1^*\in[0,1], \quad x_j^* = \sin(6\pi x_1 + j\pi/n), \quad j\in[2,n]. \tag{C.82}$$

C.3.8 无约束多目标优化问题 8

三目标问题定义为

$$\left.\begin{aligned}
f_1 &= \cos(0.5x_1\pi)\cos(0.5x_2\pi) + \frac{2}{|J_1|}\sum_{j\in J_1}[x_j - 2x_2\sin(2\pi x_1 + j\pi/n)]^2,\\
f_2 &= \cos(0.5x_1\pi)\sin(0.5x_2\pi) + \frac{2}{|J_2|}\sum_{j\in J_2}[x_j - 2x_2\sin(2\pi x_1 + j\pi/n)]^2,\\
f_3 &= \sin(0.5x_1\pi) + \frac{2}{|J_3|}\sum_{j\in J_3}[x_j - 2x_2\sin(2\pi x_1 + j\pi/n)]^2,
\end{aligned}\right\} \tag{C.83}$$

其中集合 J_1, J_2 和 J_3 定义为

$$\left.\begin{aligned}
J_1 &= \{j \in [3,n] : j-1\text{是3的倍数}\},\\
J_2 &= \{j \in [3,n] : j-2\text{是3的倍数}\},\\
J_3 &= \{j \in [3,n] : j\text{是3的倍数}\}.
\end{aligned}\right\} \tag{C.84}$$

搜索空间为

$$x_1 \in [0,1], \quad x_2 \in [0,1], \quad x_j \in [-2,2], \quad j \in [3,n]. \tag{C.85}$$

帕雷托前沿为

$$\left.\begin{aligned}
(f_1^*, f_2^*, f_3^*) \quad \text{s.t.} \quad & f_1^* \in [0,1], \quad f_2^* \in [0,1], \quad f_3^* \in [0,1], \text{且}\\
& (f_1^*)^2 + (f_2^*)^2 + (f_3^*)^2 = 1.
\end{aligned}\right\} \tag{C.86}$$

帕雷托集为

$$x_1^* \in [0,1], \quad x_2^* \in [0,1], \quad x_j^* = 2x_2^*\sin(2\pi x_1^* + j\pi/n), \quad j \in [3,n]. \tag{C.87}$$

C.3.9 无约束多目标优化问题 9

三目标问题定义为

$$\left.\begin{aligned}
f_1 &= 0.5\left[\max\{0, (1+\epsilon)(1-4(2x_1-1)^2)\} + 2x_1\right]x_2 + z_1,\\
f_2 &= 0.5\left[\max\{0, (1+\epsilon)(1-4(2x_1-1)^2)\} - 2x_1 + 2\right]x_2 + z_2,\\
f_3 &= 1 - x_2 + \frac{2}{|J_3|}\sum_{j\in J_3}[x_j - 2x_2\sin(2\pi x_1 + j\pi/n)]^2,
\end{aligned}\right\} \tag{C.88}$$

其中, ϵ 是一个正实数 (在 2009 IEEE 进化计算大会的比赛中 $\epsilon = 0.1$), z_i 定义为

$$z_i = \frac{2}{|J_1|}\sum_{j\in J_1}[x_j - 2x_2\sin(2\pi x_1 + j\pi/n)]^2, \quad i \in [1,2]. \tag{C.89}$$

集合 J_1, J_2 和 J_3 与无约束多目标优化问题 8 中的相同. 搜索空间为

$$x_1 \in [0,1], \quad x_2 \in [0,1], \quad x_j \in [-2,2], \quad j \in [3,n]. \tag{C.90}$$

帕雷托前沿有两段: 第一段为

$$f_3^* \in [0,1], \quad f_1^* \in [0,(1-f_3^*)/4], \quad f_2^* = 1 - f_1^* - f_3^* \tag{C.91}$$

第二段为

$$f_3^* \in [0,1], \quad f_1^* \in [3(1-f_3^*)/4,1], \quad f_2^* = 1 - f_1^* - f_3^*. \tag{C.92}$$

帕雷托集为

$$\left.\begin{array}{l} x_1^* \in [0,0.25] \cup [0.75,1], \quad x_2^* \in [0,1] \\ x_j^* = 2x_2 \sin(2\pi x_1 + j\pi/n), \quad j \in [3,n]. \end{array}\right\} \tag{C.93}$$

C.3.10 无约束多目标优化问题 10

三目标问题定义为

$$\left.\begin{array}{l} f_1 = \cos(0.5x_1\pi)\cos(0.5x_2\pi) + \dfrac{2}{|J_1|}\displaystyle\sum_{j\in J_1}[4y_j^2 - \cos(8\pi y_j) + 1], \\ f_2 = \cos(0.5x_1\pi)\sin(0.5x_2\pi) + \dfrac{2}{|J_2|}\displaystyle\sum_{j\in J_2}[4y_j^2 - \cos(8\pi y_j) + 1], \\ f_3 = \sin(0.5x_1\pi) + \dfrac{2}{|J_3|}\displaystyle\sum_{j\in J_3}[4y_j^2 - \cos(8\pi y_j) + 1], \end{array}\right\} \tag{C.94}$$

其中集合 J_1, J_2 和 J_3 与无约束多目标优化问题 8 中的相同, y_j 定义为

$$y_j = x_j - 2x_2 \sin(2\pi x_1 + j\pi/n)\ , \quad i \in [3,n]. \tag{C.95}$$

搜索空间, 帕雷托前沿, 以及帕雷托集与无约束多目标优化问题 8 中的相同.

C.4 动 态 基 准

多年来, 研究人员提出了各种各样的动态基准问题 [Branke, 1999]. [Nguyen and Yao, 2009] 提出了一些带约束的动态问题, [Ray et al., 2009a]介绍了一些多目标动态问题. [Yang, 2008a] 提出了几个组合动态基准, 包括动态背包问题和旅行商问题 [Branke et al., 2006], [Mavrovouniotis and Yang, 2011]. 不过, 在这里我们只讨论连续动态基准.

本节总结在 [Li et al., 2008] 中的优化问题, 包括连续基准以及在 2009 IEEE 进化计算大会的动态优化比赛中用到的评价指标. 动态基准以附录 C.1 中的一些无约束问题为基础. 动态基准包括偏差和旋转矩阵 (参见附录 C.7), 与时变函数的结合, 以及这样几个函数的和 (或“复合”). 我们在 C.4.1 节全面描述 2009 IEEE 进化计算大会的动态基准, 然后在 C.4.2 节提出基准的一个极简版.

C.4.1 动态基准的完整描述

考虑附录 C.1 的一个 n 元函数 $f(x)$. 首先将基准的大小正规化. 这样做是为了保证我们随后添加的时变函数具有所需的相对的影响. 通过如下的缩放将基准的大小正规化:

$$f'(\boldsymbol{x}) = \frac{Cf(\boldsymbol{x})}{f_{\max}}, \quad 其中\ C = 2000. \tag{C.96}$$

选择常数 C 以使所有缩放后的基准有相同的量级, 这样在随后添加的时变成分对所有缩放后的基准的影响就是一样的.

现在讨论如何确定 (C.96) 式中的 $f_{\max}$. 对于动态基准, 我们通常使用底线函数 $f(\boldsymbol{x})$, 它一般会随着 $\boldsymbol{x}$ 的增加而增加. 尽管附录 C.1 的许多函数有很多局部的峰谷, 当 $\boldsymbol{x}$ 的每个元素处于其最大值时, 很多函数离它们的最大值很近. 因此, 在 (C.96) 式中 $f_{\max}$ 的估计为

$$f_{\max} \approx f(\boldsymbol{x}_{\max}\boldsymbol{Q}) \tag{C.97}$$

其中, $\boldsymbol{Q}$ 是下面讨论的旋转矩阵, 逐个定义 $\boldsymbol{x}_{\max}$ 的元素:

$$\begin{aligned} \boldsymbol{x} &= [x_1,\ x_2,\ \cdots,\ x_n]\ 这里\ x_i \in [x_{i,\min}, x_{i,\max}] \\ \Longrightarrow \boldsymbol{x}_{\max} &= [x_{1,\max},\ x_{2,\max},\ \cdots,\ x_{n,\max}]. \end{aligned} \tag{C.98}$$

下面我们让 $f'(\boldsymbol{x})$ 偏移得到 $f'(\boldsymbol{x}-\boldsymbol{\theta})$, 其中 $\boldsymbol{\theta}$ 是一个随机 n 元偏差向量. 偏差向量的每一个元素都是均匀分布，并让 $f'(\boldsymbol{x}-\boldsymbol{\theta})$ 的最优值在 $\boldsymbol{x}$ 的域上均匀分布. 例如, 假设采用 Ackley 函数作为底线函数. Ackley 函数的域为 $x_i \in [-30, 30]$, $i \in [1, n]$. 无偏的 Ackley 函数的最优值位于 $x_i^* = 0$, $i \in [1, n]$ 处. 因此, 对所有 i, $\boldsymbol{\theta}$ 的每个元素应该均匀分布在 $[-30, 30]$ 上. 这样一来, $f'(\boldsymbol{x}-\boldsymbol{\theta})$ 的最优值的每个元素都均匀分布在 $[-30, 30]$ 上. 与在附录 C.7.1 中讨论的一样, 这样做有助于在公平竞争的环境下比较不同的进化算法.

下面我们旋转经过伸缩和移位之后的基准, 得到 $f'((\boldsymbol{x}-\boldsymbol{\theta})\boldsymbol{Q})$, 这里 $\boldsymbol{Q}$ 是一个随机对角旋转矩阵. 与附录 C.7.2 中的讨论一样, 这是为了在公平的竞争环境下比较不同进化算法的另一个步骤. 注意, (C.97) 式在近似 $f_{\max}$ 时也用了 $\boldsymbol{Q}$.

下面我们添加一个时变函数 $\phi(t)$ 得到 $f'((\boldsymbol{x}-\boldsymbol{\theta})\boldsymbol{Q}) + \phi(t)$. 从一代到下一代对函数 $\phi(t)$ 做如下修改:

$$\left.\begin{aligned} \phi(t) &\leftarrow \phi(t-1) + \Delta\phi, \\ \phi(t) &\leftarrow \min\{\phi(t), \phi_{\max}\}, \\ \phi(t) &\leftarrow \max\{\phi(t), \phi_{\min}\}, \end{aligned}\right\} \tag{C.99}$$

其中, t 是函数的更新迭代次数 (不一定是进化算法的代数), $\phi_{\min}$ 和 $\phi_{\max}$ 定义 $\phi(t)$ 允许的最小值和最大值. 变化量 $\Delta\phi$ 有几种形式. 我们先讨论在 [Li et al., 2008], [Li and Yang, 2008] 中所谓的小步动态:

$$小步: \Delta\phi = \alpha\phi_{\text{range}} r(t-1)\phi_s, \tag{C.100}$$

其中, α 是一个常数, ϕrange 是 $\phi(t)$ 允许的范围, ϕ_s 是一个常数, 它定义 $\phi(t)$ 变化的剧烈程度, $r(t-1)$ 是在 $[-1,1]$ 上均匀分布的随机数. [Li et al., 2008] 取

$$\left.\begin{aligned} \alpha = 0.04, \quad \phi_s &= 5, \\ \phi_{\min} = 10, \quad \phi_{\max} &= 100, \\ \phi\text{range} = \phi_{\max} - \phi_{\min}. \end{aligned}\right\} \tag{C.101}$$

$\phi(t)$ 在 $t=0$ 的初始值是在 $\phi_{\min}$ 和 $\phi_{\max}$ 之间均匀分布的随机数. 由 (C.99) 式 ~ (C.101) 式可见, 根据小步动态, $\phi(t)$ 在每一代的变化不会超过 18. 由 (C.96) 式可知 $f'(\boldsymbol{x}) \in [-2000, 2000]$ (近似的). 因此, 对于小步变化, 在一代之中 $\phi(t)$ 的最大变化相对于 $f'(\boldsymbol{x})$ 的最大值是 $18/2000 = 0.9\%$.

注意, 不能每一代都用 (C.99) 式; 只能偶尔用用. [Li et al., 2008] 建议每 10000 次函数评价用一次 (C.99) 式, 进化算法的运行会有总共 600000 次函数评价. 另外, 在每 10000 次函数评价之后我们用旋转矩阵 $\boldsymbol{Q}$ 让 $\boldsymbol{\theta}$(偏差向量) 旋转:

$$\boldsymbol{\theta}(t) \leftarrow \boldsymbol{\theta}(t-1)\boldsymbol{Q}. \tag{C.102}$$

最后, 按这种方式生成 m 个经过伸缩、移位、旋转之后的时变函数, 把它们加起来得到动态复合函数:

$$F(\boldsymbol{x}, t) = \sum_{i=1}^{m} w_i[f'((\boldsymbol{x} - \boldsymbol{\theta}_i(t))\boldsymbol{Q}_i) + \phi_i(t)], \tag{C.103}$$

其中, 每个 w_i 是一个权重值, 依次执行下面 4 个语句定义 w_i: 对于 $i \in [1, m]$,

$$\left.\begin{aligned} & w_i \leftarrow \exp\left[-\left(\frac{\sum_{k=1}^{n}(x_k - \theta_{ik}(t))^2}{2n}\right)^{1/2}\right], \\ & w_{\max} \leftarrow \max\{w_i\}, \\ & w_i \leftarrow \begin{cases} w_i, & \text{如果} w_i = w_{\max}, \\ w_i(1 - w_{\max}^{10}), & \text{如果} w_i \neq w_{\max}, \end{cases} \\ & w_i \leftarrow \frac{w_i}{\sum_{j=1}^{m} w_j}. \end{aligned}\right\} \tag{C.104}$$

注意, $w_i \in [0,1]$, 当 $\boldsymbol{x}$ 离 $\boldsymbol{\theta}_i$(第 i 个移位后的函数的最优值) 越远, w_i 越小. [Li et al., 2008] 取 $m = 10$. 在 (C.103) 式中的每一个 $\boldsymbol{\theta}_i(t)$ 向量是每 10000 次函数评价后旋转的随机 n 元向量, 在 (C.104) 式中的 $\theta_{ik}(t)$ 是 $\boldsymbol{\theta}_i(t)$ 的第 k 个元素. 每个 $\boldsymbol{Q}_i$ 矩阵为随机但时

不变的 $n \times n$ 旋转矩阵, 每个 $\phi_i(t)$ 函数是由 (C.100) 式定义的随机标量函数, 在每 10000 次函数评价后更新一次. 在 (C.103) 式中加起来的这 m 个函数中的每一个都有不同的时变成分. 因此, 当把这 m 个函数加在一起, 我们就得到一个复合函数, 它的最小值在每一代都可能不同.

总结上面几段的结果, 就得到用于生成动态基准函数的算法 C.1.

算法 C.1 描述小步动态的动态基准函数定义.[Li et al., 2008]和 [Li and Yang, 2008] 总共提出了 6 类动态.

算法 C.1 用小步动态基于标准的基准 $f(\cdot)$ 定义 n 维动态函数. (E mod E_{update}) 是整除 E/E_{update} 后的余数.

开始初始化
  $f(\cdot) =$ C.1 节的底线函数
  $[\boldsymbol{x}_{\min}, \boldsymbol{x}_{\max}] =$ n 维搜索域
  $\boldsymbol{x}^*$ 为 $f(\boldsymbol{x})$ 的 n 维最优值
  $E_{\text{update}} =$ 动态更新之间函数评价的次数 (通常 $E_{\text{update}} = 10000$)
  $m =$ 基准中组合的函数个数 (通常 $m = 10$)
  For $i =$ 1 to m
    生成随机旋转矩阵 $\boldsymbol{Q}_i$ (参见 C.7.2 节)
    生成随机偏差向量 $\boldsymbol{\theta}_i$ 满足 $\boldsymbol{x}^* + \boldsymbol{\theta}_i \in [\boldsymbol{x}_{\min}, \boldsymbol{x}_{\max}]$
  下一个 i
  $f_{\max} = f(\boldsymbol{x}_{\max}\boldsymbol{Q})$
  $C = 2000$
  函数定义: $f'(\boldsymbol{x}) = Cf(\boldsymbol{x})/f_{\max}$
  $\phi(0) \leftarrow U[\phi_{\min}, \phi_{\max}]$
  $E \leftarrow 0 =$ 函数评价次数
初始化结束
当我们已准备好对候选解 x 评价基准函数时
  用 (C.104) 式计算 w_i, $i \in [1, m]$
  $E \leftarrow E + 1$
  If (E mod E_{update}) = 0 then
    用 (C.99) 式 ~ (C.101) 式更新 $\phi_i(t)$, $i \in [1, m]$
    用 (C.102) 式更新 $\theta_i(t)$, $i \in [1, m]$
  End if
  用 (C.103) 式评价候选解 $\boldsymbol{x}$
下一个基准评价

1. 上述 (C.99) 式 ~ (C.101) 式总结了小步动态.
2. 大步动态描述如下:

$$\text{大步: } \Delta\phi = \phi\text{range}[\alpha \text{sign}(r(t-1)) + (\alpha_{\max} - \alpha) r(t-1)]\phi_s, \tag{C.105}$$

其中, $r(t-1)$ 是在 $[-1,1]$ 上均匀分布的随机数. 上式中唯一的新常数是 $\alpha_{\max}$, [Li et al., 2008] 将它设置为

$$\alpha_{\max} = 0.1. \tag{C.106}$$

从 (C.101) 式, (C.105) 式, 以及 (C.106) 式可以看出, 对于大步动态, $\phi(t)$ 在一代之中的变化不会超过 45. 由 (C.96) 式可知, $f'(\boldsymbol{x}) \in [-2000, 2000]$(近似的). 因此, 对于大步变化, 在一代中 $\phi(t)$ 的最大变化相对于 $f'(\boldsymbol{x})$ 的最大值是 $45/2000 = 2.25\%$.

3. 随机动态描述如下:

$$\text{随机: } \Delta\phi = \phi_s \rho(t-1). \tag{C.107}$$

其中, $\rho(t-1)$ 是来自零均值单位方差高斯分布的随机数. 因为高斯随机数是无界的, 在单独的一代中 $\phi(t)$ 可以从它的最小值变到最大值 (反之亦然). 但在 99.7% 的时间内, $\phi(t)$ 的变化都会在 3σ 之内, 为 $3\phi_s = 15$. 采用随机动态, 在一代中 $\phi(t)$ 的 3σ 的变化相对于 $f'(\boldsymbol{x})$ 的最大值是 $15/2000 = 0.75\%$.

4. 混沌动态描述如下:

$$\text{混沌: } \phi(t) = A[\phi(t-1) - \phi_{\min}]\left[1 - \frac{\phi(t-1) - \phi_{\min}}{\phi_{\text{range}}}\right]. \tag{C.108}$$

上式中唯一的新常数是 A, [Li et al., 2008] 将它定义为

$$A = 3.67. \tag{C.109}$$

5. 周期动态描述如下:

$$\text{周期: } \phi(t) = \phi_{\min} + \frac{\phi_{\text{range}}[\sin(2\pi(t-1)/P + \zeta) + 1]}{2}. \tag{C.110}$$

这是在 [Li et al., 2008] 中定义的唯一的确定性动态. 上式中的新常数是 P(周期) 和 ζ(初始相位), [Li et al., 2008] 将它们定义为

$$P = 12E_{\text{update}}, \quad \zeta = U[0, 2\pi], \tag{C.111}$$

其中, E_{update} 是两次动态更新之间的函数评价次数, $U[0, 2\pi]$ 是均匀分布在 0 和 2π 之间的随机数.

6. 噪声周期动态描述如下:

$$\text{噪声周期: } \phi(t) = \phi_{\min} + \frac{\phi_{\text{range}}[\sin(2\pi(t-1)/P + \zeta) + 1]}{2} + \rho_s \rho(t-1). \tag{C.112}$$

其中, $\rho(t-1)$ 是来自零均值单位方差高斯分布的随机数. 上式中唯一的新常数是 ρ_s, 噪声动态的剧烈程度, [Li et al., 2008] 将它定为

$$\rho_s = 0.8. \tag{C.113}$$

通过修改算法 C.1 就可以实施上面的任意一种动态. 只需要修改算法 C.1 中的一行就可以改变动态的类型. 需要修改的那一行为, “用 (C.99) 式 ~ (C.101) 式更新 $\phi_i(t)$, $i \in [1, m]$.”

1. 如果想要小步动态, 按算法 C.1 所写的实施.
2. 如果想要大步动态, 用 (C.105) 式更新 $\phi_i(t)$.
3. 如果想要随机动态, 用 (C.107) 式更新 $\phi_i(t)$.
4. 如果想要混沌动态, 用 (C.108) 式更新 $\phi_i(t)$.
5. 如果想要周期动态, 用 (C.110) 式更新 $\phi_i(t)$.
6. 如果想要噪声周期动态, 用 (C.112) 式更新 $\phi_i(t)$.

[Li et al., 2008]提出 5 种不同的函数作为算法 C.1 的基函数 $f(\cdot)$: Sphere 函数 (C.1.1 节), Rastrigin 函数 (C.1.11 节), Weierstrass 函数 (C.1.22 节), Griewank 函数 (C.1.6 节), 以及 Ackley 函数 (C.1.2 节). 注意, 这些函数在它们最初的未经移位的版本中, 最优解都是 $x^* = 0$.

C.4.2 简化的动态基准描述

算法 C.1 显示在基准函数中有几个交互动态, 包括其本身随候选解 $\boldsymbol{x}$ 变化的权重 $\{w_i\}$, 动态变量 $\phi_i(t)$ 以及动态偏差变量 $\boldsymbol{\theta}_i(t)$. 不过偏差变量似乎能捕捉动态的本质; 其他变量只提供二级的效应. 此外, 为获得具有大量动态的函数并不需要把多个函数加在一起; 换言之, 在算法 C.1 中用 $m = 1$ 仍然能得到好的动态基准. 由此得到算法 C.2, 它是一个简单但有效的动态基准函数生成器.

最后要说的是, 可以使用其他方法而非 (C.102) 式来更新偏差 $\boldsymbol{\theta}(t)$. (C.102) 式将 $\boldsymbol{\theta}(t)$ 绕搜索空间的原点旋转. 但更新 $\boldsymbol{\theta}(t)$ 还有很多合适的方式. 可以采用某些可预测的方式 (比如, 线性地或周期地) 改变 $\boldsymbol{\theta}(t)$, 或者每当动态变化时生成一个随机的 $\boldsymbol{\theta}(t)$. 为了能够表示在具体实际问题中的动态, 可以用不同的方法改变 $\boldsymbol{\theta}(t)$.

算法 C.2 基于标准的基准 $f(\cdot)$ 对 n 维动态函数的简化定义.

开始初始化
    $f(\cdot)$ = C.1 节的底线函数
    $[\boldsymbol{x}_{\min}, \boldsymbol{x}_{\max}] = n$ 维搜索域
    $\boldsymbol{x}^*$ 为 $f(\boldsymbol{x})$ 的 n 维最优值
    E_{update} = 动态更新之间函数评价的次数
    生成随机旋转矩阵 $\boldsymbol{Q}$ (参见 C.7.2 节)
    生成随机偏差 $\boldsymbol{\theta}$ 使得 $\boldsymbol{x}^* + \boldsymbol{\theta} \in [\boldsymbol{x}_{\min}, \boldsymbol{x}_{\max}]$
初始化结束
当我们已准备好对候选解 x 评价基准函数时
    $E \leftarrow E + 1$
    If $(E \mod E_{\text{update}}) = 0$ then
        用 (C.102) 式更新 $\boldsymbol{\theta}(t)$
    End if

用 $F(\boldsymbol{x},t)=f((\boldsymbol{x}-\boldsymbol{\theta}(t))\boldsymbol{Q})$ 评价候选解 $\boldsymbol{x}$
下一个基准评价

C.5 噪声基准

对于进化算法, 很容易生成噪声基准问题. 我们只需要给标准的非噪声基准函数添加噪声. 可以添加各种类型的噪声: 噪声的统计数据独立于候选解 $\boldsymbol{x}$, 如 (21.39) 式所示; 噪声的统计数据在某种程度上随 $\boldsymbol{x}$ 变化, 如 (21.42) 式所示; 高斯噪声; 均匀噪声; 或者我们想在进化算法中使用的任何一种类型的噪声.

C.6 旅行商问题

TSPLIB网页收集了 100 多个旅行商问题基准 [Reinelt, 2008]. 其中最简单的旅行商问题是 Ulysses16 基准, 它基于传说中的希腊国王 Ulysses 在旅行中所访问的地中海的 16 个城市 [Grötschel and Padberg, 2001]. 网页中最大的旅行商问题是一个可编程逻辑阵列问题, 它有 85900 个节点. 离散数学与理论计算机科学中心 (Center for Discrete Mathematics & Theoretical Computer Science) 维护的一个网站中有大规模的旅行商问题基准, 其中最大一个的节点个数超过了两千万 [Demetrescu, 2012].

每个旅行商问题由一个以 `TSP` 为扩展名的文件定义, 例如, `ULYSSES.TSP`. 旅行商问题的文件包括每个城市的经度和纬度坐标, 其格式为 `DDD.MM`, 这里 `DDD` 标明度, `MM` 标明分. 旅行商问题的文件还指明问题的"边的权重类型", 用 `EUC_2D` 或 `GEO` 指示如何计算城市之间的距离.

对于 `EUC_2D` 问题, 需要计算城市 i 和城市 k 之间的欧氏距离$D(i,k)$:

$$\begin{aligned}\Delta B=B_i-B_k,\quad \Delta L&=L_i-L_k,\\ D(i,k)=\text{round}\sqrt{\Delta B^2+\Delta L^2},&\end{aligned}\tag{C.114}$$

其中, B_i 和 L_i 分别是城市 i 的纬度和经度, 而 `round` 函数四舍五入到最近的整数. 四舍五入并非绝对必要, 但在传统上都是这样处理 TSPLIB问题, 因此, 四舍五入之后, 在旅行商问题的各种算法与已发表的结果之间就可以进行公平的比较.

对于 `GEO` 问题, 我们需要计算城市 i 和城市 k 之间的地理距离, 假设地球是一个完美的球体:

$$\begin{aligned}q_1=\cos(L_i-L_k),\quad q_2&=\cos(B_i-B_k),\quad q_3=\cos(B_i+B_k),\\ D(i,k)=\lfloor R\arccos\{[(1+q_1)q_2&-(1-q_1)q_3]/2\}+1\rfloor,\end{aligned}\tag{C.115}$$

其中, $R=6378.388\text{km}$ 是地球的半径, 地板函数 $\lfloor\cdot\rfloor$ 返回小于或等于其自变量的最大整数. 一般没必要使用地板函数并在计算 $D(i,k)$ 的末尾加 1, 但在 `TSPLIB` 基准的地理距离计算中, 这样做能进到最近的整数.

地理距离的推导

为推导 (C.115) 式, 我们首先将纬度和经度转化为笛卡儿坐标, 城市 i 的坐标为

$$x_i = R\cos B_i \cos L_i, \quad y_i = R\cos B_i \sin L_i, \quad z_i = R\sin B_i. \tag{C.116}$$

类似地，得到第 k 个城市的笛卡儿坐标 x_k, y_k 和 z_k 的式子. 向量 $\boldsymbol{a}$ 和 $\boldsymbol{b}$ 之间的点积为

$$\boldsymbol{a}\cdot\boldsymbol{b} = |\boldsymbol{a}|\cdot|\boldsymbol{b}|\cos\theta, \tag{C.117}$$

其中 θ 是两个向量之间的夹角. 因此, 可以用向量之间的点积定义城市 i 和城市 k 之间的距离为

$$\begin{bmatrix} R\cos B_i \cos L_i \\ R\cos B_i \sin L_i \\ R\sin B_i \end{bmatrix} \cdot \begin{bmatrix} R\cos B_k \cos L_k \\ R\cos B_k \sin L_k \\ R\sin B_k \end{bmatrix} = R^2\cos\theta, \tag{C.118}$$

其中 θ 是城市 i 和城市 k 之间的夹角. 上面的等式两边都除以 R^2 然后展开就得到

$$\cos B_i \cos L_i \cos B_k \cos L_k + \cos B_i \sin L_i \cos B_k \sin L_k + \sin B_i \sin B_k = \cos\theta. \tag{C.119}$$

可以简化为

$$\cos B_i \cos B_k(\cos L_i \cos L_k + \sin L_i \sin L_k) + \sin B_i \sin B_k = \cos\theta. \tag{C.120}$$

用标准三角恒等式可以写出上面的等式, 为

$$\frac{1}{2}[\cos(B_i+B_k)+\cos(B_i-B_k)]\cos(L_i-L_k)+\frac{1}{2}[\cos(B_i-B_k)-\cos(B_i+B_k)] = \cos\theta. \tag{C.121}$$

解 θ 得到

$$\theta = \arccos\left\{\frac{1}{2}[q_1(q_2+q_3)+q_2-q_3]\right\}. \tag{C.122}$$

在半径为 R 的球体上夹角为 θ 的两个点在球体表面的距离为 $R\theta$, 由此得到 (C.115) 式.[1]

其他距离测度

在 [Reinelt, 2008] 中可以找到其他距离测度, 包括三维欧氏距离; Manhattan 距离, 它假定路径布在一个正交网格上; 最大距离, 它度量旅程沿着坐标的最远距离; 伪欧氏距离, 它与 (C.114) 式相同, 只是不用舍入到最近的整数而是进到下一个最大的整数; 最后是与 X 射线晶体学有关的一个特殊距离函数.

其他组合问题

在 [Reinelt, 2008] 中可以找到对称和非对称的旅行商问题. 这个网址还包括相关的问题类型.

---

[1] 这个计算基于 Jasper Spaans 的网页 http://jsp.vsl9.net/lr/spheredistance.php.

1. 顺序次序问题是一个带有位次约束的非对称旅行商问题 [Dorigo and Stiitzle, 2004], 即已知 n 个城市, 找出一个距离最短的行程同时要求在访问城市 k_m 之前访问城市 i_m, $m \in [1, M]$, 其中 M 是约束的个数.
2. 带运能约束的车辆路径问题包含 $(n-1)$ 个节点和一个仓库 [Toth and Vigo, 2002]. 用卡车从仓库运货到节点, 假设每个节点有具体的送货要求并且所有卡车的运能相同. 每个行程都从仓库出发, 送货到一定数量的节点, 然后返回仓库. 费用函数可以是所有卡车行驶的总距离或送货需要的总时间.
3. 哈密尔顿路径问题是要找出正好访问图上每个节点一次的路径 [Balakrishnan, 1997]. 哈密尔顿回路问题额外要求路径要返回到它的起点. 图 C.23 所示为两个哈密尔顿路径问题的例子. (a) 图的连通图有一条哈密尔顿路径: $1 \rightarrow 3 \rightarrow 2 \rightarrow 5 \rightarrow 4$ 是它的一个解. 而右边的连通图就没有哈密尔顿路径. 在 (b) 图中可以找到访问所有节点的路径, 但是这条路径会多次访问某些节点 (例如, $5 \rightarrow 2 \rightarrow 3 \rightarrow 1 \rightarrow 3 \rightarrow 4$).

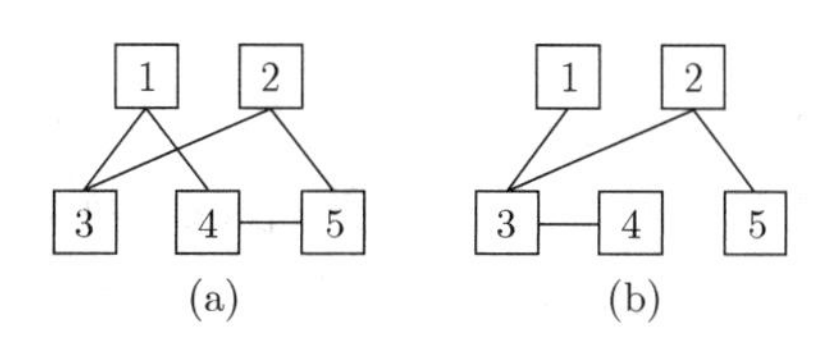

图 C.23 两个连通图. (a) 图有哈密尔顿路径, (b) 图却没有.

C.7 无偏化搜索空间

本节再来讨论连续优化问题. 一些进化算法在某些基准上很自然地表现得更好，只是因为基准的特征与进化算法的特征碰巧一致. 这并不意味着进化算法的性能好; 它只表示很多人造基准的特征不能代表实际问题. 本节讨论在优化基准中使用偏差和旋转矩阵从而使优化基准更具挑战性也更现实.

C.7.1 偏差

一些进化算法会自然地偏向某些种类的搜索空间. 例如, 我们在 16.2 节看到, 某些种类的反向学习 (opposition-based learning) 倾向于让候选解移向搜索域的中心. 因此, 对于解靠近搜索空间中心的那些问题, 反向学习自然会表现得很好. 但反向学习的这种好性能会误导我们; 实际上, 很多基准的解都在搜索空间的中心附近, 所以这是人为的副作用. 另一个例子是差分进化 (differential evolution), 它以向量的差为基础修改候选解. 因此, 差分进化对可行域全都互相平行的带约束问题会表现得很好. 不过, 差分进化的这种好性能也会误导我们; 事实上, 很多基准都具有平行的可行域, 所以这也是人为的副作用. 本附录中很多基准的解正好位于搜索空间的中心. 用这样的基准评价进化算法的性能并不公平.

有时候我们还是能直接看出算法有偏向更容易找到处于搜索空间中心的解, 虽然并不总是如此 [Clerc, 2012b]. 例如, 对于搜索空间为 $x_1 \in [-1, +1]$ 且 $x_2 \in [-1, +1]$, 所有

$\boldsymbol{x}$ 的费用函数为 $f(\boldsymbol{x})=1$ 这样的一个二维问题, 运行我们的算法并在很多代之后绘出在二维搜索域中的种群. 如果算法是无偏的, 种群的分布会是均匀的. 但对于很多算法而言, 种群的分布在点 $x=(0,0)$ 周围更密集. 在这种情况下可以得出算法是有偏的结论. 不过密度上的差别可能不太明显, 因此, 评价优化算法唯一安全的方式就是绝对不要采用解位于搜索域中心 (或者对角线上) 的费用函数.

通过给问题的独立变量加一个偏差可以将有偏基准变为无偏的 [Liang et al., 2005], [Suganthan et al., 2005]. 考虑 (C.2) 式的 Sphere 函数, 在这里重写一遍:

$$f(\boldsymbol{x})=\sum_{i=1}^{n} x_i^2. \tag{C.123}$$

其最优为 $\boldsymbol{x}^*=\mathbf{0}$. 如果搜索空间是对所有的 i, $x_i\in[-C,C]$, 则最优解为搜索空间的中心. 因此我们对 (C.123) 式做如下修改:

$$f(\boldsymbol{x})=\sum_{i=1}^{n}(x_i-o_i)^2, \quad \text{其中} \quad o_i\sim U[-C,C],\ i\in[1,n]. \tag{C.124}$$

也可以用非均匀分布的其他分布来生成 o_i, 但通常将 o_i 限制在 $[-C,C]$ 区域内以保证 (C.124) 式的全局最优落在搜索空间内. 移位后的 sphere 函数 (C.124) 式与原始的 sphere 函数具有相同的形状, 但是它的解是搜索空间中的一个随机的点. 这样做有助于避免某些特别的进化算法在基准评价中占便宜. 图 C.24 所示为 sphere 函数的移位版.

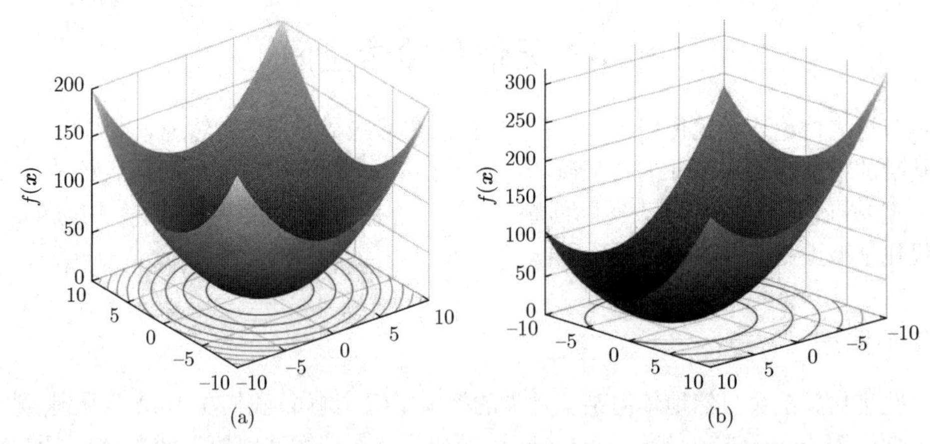

图 C.24 (a) 图为原始的未经移位的二维 sphere 函数的图形. (b) 图为相同的函数沿着两个独立变量移位后的图形.

在采用移位后的 sphere 函数比较进化算法时, 应该进行多次蒙特卡罗仿真, 每次的移位都不同. 算法 C.3 概述了这个方法, 用它能确定对于球状函数最好的进化算法, 同时避免因最优点位置引起的偏向. 在完成算法 C.3 中的循环后, 关于第一个进化算法会有 M 个结果, 关于第二个进化算法也有 M 个结果, 以此类推. 在比较进化算法的性能时, 可以取 M 个结果的均值, 或取其中最好的, 或最差的, 或其他测度, 根据我们最感兴趣的那个量来定 (参见附录 B.2).

算法 C.3 在 n 维移位后的问题上用蒙特卡罗仿真评价进化算法性能的概要. 源于最优点位置的偏向已消除.

$P =$ 需评价的进化算法的个数
$M =$ 蒙特卡罗仿真的次数
For $j = 1$ to M
  生成一个随机数 o_i, $i \in [1, n]$
  For $p = 1$ to P
    评价第 p 个进化算法在 $f(\boldsymbol{x} - \boldsymbol{o})$ 上的性能
  下一个进化算法
下一次蒙特卡罗仿真

C.7.2 旋转矩阵

有一些进化算法的搜索过程会自然偏向于沿单个独立变量搜索. 例如, 变异或每次改变一个独立变量的爬山策略每次迭代都在问题的单个维度上搜索. 这类优化算法在梯度与独立变量平行的问题上会有很好的表现. 但这种好性能可能是在误导我们; 事实上, 很多基准具有与搜索空间的单位向量平行的梯度, 所以这是人为引起的副作用. 本附录中的很多基准都有这样的梯度. 用这样的基准来评价进化算法性能并不公平.

因此, 在问题中结合旋转矩阵来修改基准就很重要 [Salomon, 1996], [Suganthan et al., 2005]. 考虑 (C.15) 式的 Schwefel 最大函数, 为便于参照在这里重写一遍:

$$f(\boldsymbol{x}) = \max_i \{|x_i| : i \in \{1, 2, \cdots, n\}\}. \tag{C.125}$$

我们的目标是最小化 $f(\boldsymbol{x})$. 在搜索过程中, 每次只减小 $\boldsymbol{x}$ 的一个元素会非常有效. 这种简单的搜索过程在实际问题上可能也会有良好的表现, 但还有很多实际问题需要更高级的搜索策略. 因此, 我们将 (C.125) 式修改为:

$$f(\boldsymbol{x}) = \max_i (|y_i| : i \in \{1, 2, \cdots, n\}) \ \ \text{这里} \boldsymbol{y} = \boldsymbol{x}\boldsymbol{Q}. \tag{C.126}$$

n 元向量 $\boldsymbol{x}$ 和 $\boldsymbol{y}$ 是行向量, $\boldsymbol{Q}$ 是一个 $n \times n$ 的旋转矩阵. 当旋转矩阵与一个向量相乘会让这个向量在它的 n 维域内旋转 [Golan, 2007]. 旋转矩阵等价于一个正交矩阵, 正交矩阵的定义是: 矩阵的转置与逆矩阵相等, 并且行列式等于 1, 即

$$\boldsymbol{Q}^{-1} = \boldsymbol{Q}^{\mathrm{T}}, \quad \text{且} |\boldsymbol{Q}| = 1. \tag{C.127}$$

可以用 QR 分解生成随机旋转矩阵 [Golan, 2007]. 对给定的矩阵 $\boldsymbol{D}$, QR 分解需要找出一个对角矩阵 $\boldsymbol{Q}$ 和一个上三角矩阵 $\boldsymbol{R}$ 使得 $\boldsymbol{Q}\boldsymbol{R} = \boldsymbol{D}$. 每一个实方阵 $\boldsymbol{D}$ 都有 QR 分解. 如果用随机数生成一个 $n \times n$ 矩阵 $\boldsymbol{D}$ 并找出它的 QR 分解, 则 $\boldsymbol{Q}$ 矩阵等于随机旋转矩阵. 因此, 在 MATLAB 中可以用下面的语句生成随机的 $n \times n$ 的旋转矩阵 $\boldsymbol{Q}$:

```
D = randn(n);
[Q, R] = QR(D);
```

其中, randn(n) 是 MATLAB的一个函数, 它生成的 $n \times n$ 矩阵的每一个元素均为零均值单位方差的高斯分布的随机数, QR 是 MATLAB 的 QR分解函数. 其他线性代数库和软件包也有类似的函数. (C.126) 式的移位后的 Schwefel 最大函数与原始的 Schwefel 最大函数形状相同, 但它相对于搜索空间的原点有一个旋转. 因此, 目标函数的梯度不再与独立变量的维度平行. 这有助于避免某些特别的进化算法在基准评价中占便宜. 图 C.25 是 Schwefel 最大函数逆时针方向旋转几度后的图 (向下看图).

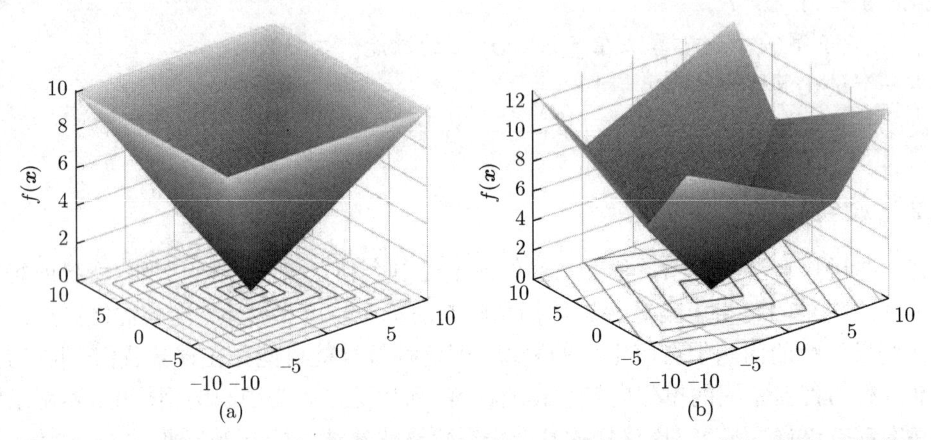

图 C.25 (a) 图为二维 Schwefel 最大函数的图形. (b) 图是同一个函数逆时针方向旋转几度后的图形.

在旋转后的 Schwefel 最大函数上比较进化算法时, 应该进行多次蒙特卡罗仿真, 每次采用不同的旋转矩阵. 这个方法与算法 C.3 类似, 其概述见算法 C.4. 这个方法能让我们确定最好的进化算法, 同时避免因原始函数的梯度平行性质出现的偏向. 在完成算法 C.4 中的循环之后, 关于第一个进化算法会有 M 个结果, 关于第二个进化算法也有 M 个结果, 以此类推. 在比较进化算法的性能时, 可以取 M 个结果的均值, 或取其中最好的, 或最差的, 或其他测度, 根据我们最感兴趣的那个量来定 (参见附录 B.2). 可以将算法 C.3 和算法 C.4 的逻辑结合起来从而得到在移位和旋转之后的函数 $f((\boldsymbol{x}-\boldsymbol{o})\boldsymbol{Q})$ 上的基准比较方法.

算法 C.4 在经过旋转的问题上用蒙特卡罗仿真评价进化算法性能的概要. 源于梯度与坐标系平行的偏向已消除.

$P =$ 需评价的进化算法的个数
$M =$ 蒙特卡罗仿真的次数
For $j = 1$ to M
  生成一个随机旋转矩阵 $\boldsymbol{Q}$
  For $p = 1$ to P
    评价第 p 个进化算法在 $f(\boldsymbol{xQ})$ 上的性能
  下一个进化算法
下一次蒙特卡罗仿真

参考文献

Aarts E, Korst J, 1989. Simulated Annealing and Boltzmann Machines: A Stochastic Approach to Combinatorial Optimization and Neural Computing. John Wiley & Sons.

Aarts E, Lenstra J, van Laarhoven P, 2003. Simulatedannealing. In Aarts, E. and Lenstra, J., editors, Local Search in Combinatorial Optimization, pages 91–120. Princeton University Press.

Ackley D, 1987a. A Connectionist Machine for Genetic Hillclimbing. Kluwer Academic Publishers.

Ackley D, 1987b. An empirical study of bit vector function optimization. In Davis,L., editor, Genetic Algorithms and Simulated Annealing, pages 170–215. Pitman Publishing.

Adami C, 1997. Introduction to Artificial Life. Springer.

Adler F, Nuernberger B, 1994. Persistence in patchy irregular landscapes. Theoretical Population Biology, 45(1):41–75.

Aguirre A, Rionda S, Coello Coello C, Lizarraga G, Mezura-Montes E, 2004. Handling constraints using multiobjective optimization concepts. International Journal for Numerical Methods in Engineering, 59(15): 1989–2017.

Ahn C, Ramakrishna R, 2007. Multiobjective real-coded Bayesian optimization algorithm revisited: Diversity preservation. Genetic and Evolutionary Computation Conference, London, England, pages 593–600.

Akat S, Gazi V, 2008. Particle swarm optimization with dynamic neighborhood topology: Three neighborhood strategies and preliminary results. IEEE Swarm Intelligence Symposium, St.Louis, Missouri, pages 1–8.

Alami J, ElImrani A, 2008. Using cultural algorithm for the fixed-spectrum frequency assignment problem. Journal of Mobile Communication, 2(1):1–9.

Alami J, El Imrani A, Bouroumi A, 2007. A multipopulation cultural algorithm using fuzzy clustering. Applied Soft Computing, 7(2):506–519.

Alexander R, 1996. Optima for Animals. Princeton University Press.

Ali M, Khompatraporn C, Zabinsky Z, 2005. A numerical evaluation of several stochastic algorithms on selected continuous global optimization test problems. Journal of Global Optimization, 31(4):635–672.

Allenson R, 1992. Genetic algorithms with gender for multi-function optimisation. Technical report, Edinburgh Parallel Computing Centre. EPCC-SS92-01.

Altenberg L, 1994. Emergent phenomena in genetic programming. Conference on Evolutionary

Programming, S and iego, California, pages 233–241.

Anderson M, Oates T, 2007. A review of recent research in metareasoning and metalearning. AI Magazine, 28(1):7–16.

Andre D, Bennett F, Koza J, 1996. Discovery by genetic programming of a cellular automata rule that is better than any known rule for the majority classification problem. Genetic Programming Conference, Palo Alto, California, pages 28–31.

Angeline P, 1996a. An investigation into the sensitivity of genetic programming to the frequency of leaf selection during subtree crossover. Genetic Programming Conference, Palo Alto, California, pages 21–29.

Angeline P, 1996b. Two self-adaptive crossover operators for genetic programming. In Angeline, P. and Kinnear, K., editors, Advances in Genetic Programming: Volume 2, pages 89–110. The MIT Press.

Angeline P, 1997. Subtree crossover: Building block engine or macro mutation? Genetic Programming Conference, Palo Alto, California, pages 9–17.

Applegate D, Bixby R, Chvatal V, Cook W, 2007. The Traveling Salesman Problem. Princeton University Press.

Araujo M, Wanner E, Guimarães F, Takahashi R, 2009. Constrained optimization based on quadratic approximations in genetic algorithms. In Mezura-Montes E, editor, Constraint-Handling in Evolutionary Optimization, pages 193–217. Springer.

Arnold D, 2002. Noisy Optimization with Evolution Strategies. Kluwer Academic Publishers.

Ashlock D, 2009. Evolutionary Computation for Modeling and Optimization. Springer.

Aström K, Wittenmark B, 2008. Adaptive Control. Dover Publications.

Atashpaz-Gargari E, Lucas C, 2007. Imperialist competitive algorithm: An algorithm for optimization inspired by imperialistic competition. IEEE Congress on Evolutionary Computation, Singapore, pages 4661–4667.

Auger A, Bader J, Brockhoff D, Zitzler E, 2012. Hypervolume-based multiobjective optimization: Theoretical foundations and practical implications. Theoretical Computer Science, 425:75–103.

Axelrod R, 1997. The dissemination of culture: A model with local convergence and global polarization. Journal of Conflict Resolution, 41(2):203–226.

Axelrod R, 2006. The Evolution of Cooperation: Revised Edition. Basic Books. First published in 1984.

Bäck T, 1996. Evolutionary Algorithms in Theory and Practice. Oxford University Press.

Bäck T, Fogel D, Michalewicz Z, 1997a. Handbook of Evolutionary Computation. Taylor and Francis.

Bäck T, Hammel U, Schwefel H, 1997b. Evolutionary computation: Comments on the history and current state. IEEE Transactions on Evolutionary Computation, 1(1):3–17.

Bäck T, Schwefel H P, 1993. An overview of evolutionary algorithms for parameter optimization. Evolutionary Computation, 1(1):1–23.

Baker J, 1987. Reducing bias and inefficiency in the selection algorithm. International Conference on Genetic Algorithms and Their Application, Cambridge, Massachusetts, pages 14–21.

Balakrishnan V, 1997. Schaum's Outline of Graph Theory. McGraw-Hill, 13th edition.

Balasubramaniam P, Kumar A, 2009. Solution of matrix Riccati differential equation for nonlinear singular system using genetic programming. Genetic Programming and Evolvable Machines, 10(1):71–89.

Ball W, Coxeter H, 2010. Mathematical Recreations and Essays. Dover,13th edition.

Baluja S, 1994. Population-based incremental learning. Technical report, Carnegie Mellon University. CMU-CS-94-163.

Baluja S, Caruana R, 1995. Removing the genetics from the standard genetic algorithm. 12th International Conference on Machine Learning, Tahoe City, California, pages 38–46.

Baluja S, Davies S, 1998. Fast probabilistic modeling for combinatorial optimization. Conference on Artificial Intelligence/Innovative Applications of Artificial Intelligence, pages 469–476.

Bandyopadhyay S, Saha S, Maulik U, Deb K, 2008. A simulated annealing based multiobjective optimization algorithm: AMOSA. IEEE Transactions on Evolutionary Computation, 12(3):269–283.

Banks A, Vincent J, Anyakoha C, 2007. A review of particle swarm optimization. Part I: Background and development. Natural Computing, 6(4):467–484.

Banks A, Vincent J, Anyakoha C, 2008. A review of particle swarm optimization. Part II: Hybridisation, combinatorial, multicriteria and constrained optimization, and indicative applications. Natural Computing, 7(1):109–124.

Bankston J, 2005. Gregor Mendel and the Discovery of the Gene. Mitchell Lane Publishers.

Banzhaf W, 1990. The "molecular" traveling salesman. Biological Cybernetics, 64(1):7–14.

Banzhaf W, Nordin P, Keller R, Francone F, 1998. Genetic Programming. Morgan Kauffman Publishers.

Barr R, Golden B, Kelly J, Resende M, Stewart W. Designing and reporting on computational experiments with heuristic methods. Journal of Metaheuristics, 1(1).

Barricelli N, 1954. Esempi numerici di processi di evoluzione. Methodos, 6:45–68. The English translation of the title is Numerical models of evolutionary processes.

Bastürk B, Karaboga D, 2006. Anartificial bee colony (ABC) algorithm for numeric function optimization. IEEE Swarm Intelligence Symposium, Indianapolis, Indiana.

Becerra R, CoelloCoello C, 2004. A cultural algorithm with differential evolution to solve constrained optimization problems. In Lemaitre C, Reyes C, Gonzalez J, editors, Advances in Artificial Intelligence–IBERAMIA 2004: 9th Ibero-American Conference on AI, Puebla, Mexico, November 22–26, 2004, pages 881–890. Springer.

Bellman R, 1961. Adaptive Control Processes: A Guided Tour. PrincetonUniversity Press.

Benatchba K, Admane L, Koudil M, 2005. Using bees to solve a data-mining problem expressed as a max-sat one. In Mira J, Alvarez J, editors, Artificial Intelligence and Knowledge Engineering Applications: A Bioinspired Approach, pages 212–220. Springer.

Bernstein D, 2006. Optimization r us. IEEE Control Systems Magazine, 26(5):6–7.

Betts J, 2009. Practical Methods for Optimal Control and Estimation Using Nonlinear Programming. Society for Industrial & Applied Mathematics, 2nd edition.

Beveridge W, 2004. The Art of Scientific Investigation. Blackburn Press.

Beyer H G, 1998. On the dynamics of EAs without selection. Foundations of Genetic Algorithms, Amsterdam,Th eNetherlands, pages 5–26.

Beyer H G, 2010. The Theory of Evolution Strategies. Springer.

Beyer H G, Deb K, 2001. On self-adaptive features in real-parameter evolutionary algorithms. IEEE Transactions on Evolutionary Computation, 5(3):250–269.

Beyer H G, Schwefel H P, 2002. Evolution strategies: A comprehensive introduction. Natural Computing, 1(1):3–52.

Beyer H G, Sendhoff B, 2008. Covariance matrix adaptation revisited :The CMSA evolution strategy. In Rudolph G, Jansen T, Lucas S, Poloni C, Beume N, editors, Parallel Problem Solving from Nature – PPSN X, pages 123–132. Springer.

Bhattacharya M, 2008. Reduced computation for evolutionary optimization in noisy environment. Genetic and Evolutionary Computation Conference, Atlanta, Georgia, pages 2117–2122.

Bishop C, 2006. Pattern Recognition and Machine Learning. Springer.

Bishop J, 1989. Stochastic searching networks. First IEE Conference on Artificial Neural Networks, London, England, pages 329–331.

Biswas A, Dasgupta S, Das S, Abraham A, 2007a. A synergy of differential evolution and bacterial for aging optimization for global optimization. Neural Network World, 17(6):607–626.

Biswas A, Dasgupta S, Das S, Abraham A, 2007b. Synergy of PSO and bacterial for aging optimization—A comparative study on numerical benchmarks. In Corchado E, Corchado J, Abraham A, editors, Innovations in Hybrid Intelligent Systems, pages 255–263. Springer.

Blum C, 2005a. Ant colony optimization: Introduction and recent trends. Physics of Life Reviews, 2(4):353–373.

Blum C, 2005b. Beam-ACO-Hybridizing ant colony optimization with beam search: An application to open shop scheduling. Computers & Operations Research, 32(6):1565–1591.

Blum C, 2007. Ant colony optimization: Introduction and hybridizations. Seventh International Conference on Hybrid Intelligent Systems, Kaiserlautern, Germany, pages 24–29.

Blum C, Dorigo M, 2004. The hypercube framework for ant colony optimization. IEEE Transactions on Systems, Man, and Cybernetics – Part B: Cybernetics, 34(2):1161–1172.

Bonabeau E, Theraulaz G, Dorigo M, 1999. Swarm Intelligence: From Natural to Artificial Systems. Oxford University Press.

Bonacich P, Shure G, Kahan J, Meeker R, 1976. Cooperation and group size in the n-person prisoners' dilemma. The Journal of Conflict Resolution, 20(4): 687–706.

Boslaugh S, Watters P, 2008. Statistics in a Nutshell. O'ReillyMedia.

Bosman P, Thierens D, 2003. The balance between proximity and diversity in multiobjective evolutionary algorithms. IEEE Transactions on Evolutionary Computation, 7(2): 174–188.

Box G, 1957. Evolutionary operation: A method for increasing industrial productivity. Journal of the Royal Statistical Society, Series C (Applied Statistics), 6(2): 81–101.

Box J, 1987. Guinness, Gosset, Fisher, and small samples. Statistical Science, 2(1): 45–52.

Branke J, 1998. Creating robust solutions by means of evolutionary algorithms. In Eiben A, Back T, Schoenauer M, Schwefel H P, editors, Parallel Problem Solving from Nature – PPSN V, pages 119–128. Springer.

Branke J, 1999. Efficient fitness estimation in noisy environments. Memory enhanced evolutionary algorithms for changing optimization problems, Washington, District of Columbia, pages 1875–1882.

Branke J, 2002. Evolutionary Optimization in Dynamic Environments. Kluwer Academic Publishers.

Branke J, 2012. Evolutionary Algorithms for Dynamic Optimization Problems (EvoDOP). `http://people.aifb.kit.edu/jbr/EvoDOP`.

Branke J, Orbayi M, Uyar S, 2006. The role of representations in dynamic knapsack problems. In Rothlauf F, editor, Applications of Evolutionary Computing, pages 764–775. Springer.

Branke J, Schmidt C, Schmec H, 2001. Efficient fitness estimation in noisy environments. Genetic and Evolutionary Computation Conference, San Francisco, California, pages 243–250.

Bratton D, Kennedy J, 2007. Defining a standard for particle swarm optimization. IEEE Swarm Intelligence Symposium, Honolulu, Hawaii, pages 120–127.

Bremermann H, Rogson M, Salaff S, 1966. Global properties of evolution processes. In Pattee H, Edlsack E, Fein L, Callahan A, editors, Natural Automata and Useful Simulations, pages 3–41. Spartan Books.

Brest J, 2009. Constrained real-parameter optimization with ϵ-self-adaptive differential evolution. In Mezura-Montes E, editor, Constraint-Handling in Evolutionary Optimization, pages 73–93. Springer.

Brest J, Zamuda A, Boskovic B, Maucec M, Zumer V, 2009. Dynamic optimization using self-adaptive differential evolution. IEEE Congress on Evolutionary Computation, Trondheim, Norway, pages 415–422.

Bring mann K, Friedrich T, 2010. An efficient algorithm for computing hypervolume contributions. Evolutionary Computation, 18(3): 383–402.

Bui L, Abbass H, Essam D, 2005. Fitness inheritance for noisy evolutionary multi-objective optimization. Genetic and Evolutionary Computation Conference, Washington, DistrictofColumbia, pages 779–785.

Bureerat S, Sriworamas K, 2007. Population-based incremental learning for multiobjective optimisation. In Saad A, Dahal K, Sarfraz M, Roy R, editors, Soft Computing in Industrial Applications, pages 223–232. Springer.

Burke E, 2003. High-Tech Cycling. Human Kinetics, 2nd edition.

Cai C, Wang Y, 2006. A multiobjective optimization-based evolutionary algorithm for constrained optimization. IEEE Transactions on Evolutionary Computation, 10(6): 658–675.

Cakir B, Altiparmak F, Dengiz B, 2011. Multi-objective optimization of a Stochastic assembly line balancing: A hybrid Simulated annealing algorithm. Computers & Industrial Engineering, 60(3): 376–384.

Carlisle A, Dozier G, 2001. An off-the-shelf PSO. Particle Swarm Optimization Workshop, Indianapolis, Indiana, pages 1–6.

Carlson S, Shonkwiler R, 1998. Annealing a genetic algorithm over constraints. IEEE International Conference on Systems, Man, and Cybernetics, San Diego, California, pages 3931–3936.

Černý V, 1985. Thermo dynamic al approach to the traveling salesman problem: An efficient simulation algorithm. Journal of Optimization Theory and Applications, 45(1):41–51.

Chafekar D, Shi L, Rasheed K, Xuan J, 2005. Multiobjective GA optimization using reduced models. IEEE Transactions on Systems, Man, and Cybernetics—Part C: Applications and Reviews, 35(2): 261–265.

Chen S, Montgomery J, 2011. Selection strategies for initial positions and initial velocities in multi-optima particle swarms. Genetic and Evolutionary Computation Conference, Dublin, Ireland, pages 53–60.

Chen Y L, Liu C C, 1994. Multiobjective VAr planning using the goal attainment method. IEE Proceeding s on Generation, Transmission and Distribution, 141(3): 227–232.

Cheng C, Wang W, Xu D, Chau K, 2008. Optimizing hydropower reservoir operation using hybrid genetic algorithm and chaos. Water Resources Management, 22(7): 895–909.

Choi S, Moon B, 2003. Normalization in genetic algorithms. Genetic and Evolutionary Computation Conference, Chicago, Illinois, pages 862–873.

Chow C, Liu C, 1968. Approximating discrete probability distribution s with dependence trees. IEEE Transactions on Information Theory, IT-14(3): 462–467.

Christensen S, Oppacher F, 2001. What can we learn from no free lunch? A first attempt to characterize the concept of a searchable function. Genetic and Evolutionary Computation Conference, San Francisco, California, pages 1219–1226.

Chuan-Chong C, Khee-Meng K, 1992. Principles and Techniques in Combinatorics. World Scientific.

Chuang C L, Jiang J A, 2007. Integrated radiation optimization : Inspired by the gravitational radiation in the curvature of space-time. IEEE Congress on Evolutionary Computation, Singapore, pages 3157–3164.

Chung H S, Alonso J, 2004. Multiobjective optimization using approximation model-based genetic algorithms. 10th AIAA/ISSMO Symposium on Multidisciplinary Analysis and Optimization , Albany, New York.

Chung H S, Choi S, Alonso J, 2003. Supersonic business jet design using a knowledge-based genetic algorithm with an adaptive, unstructured grid methodology. 21st AIAA Applied Aero dynamics Conference, Orlando, Florida.

Clement P, 1959. A class of triple-diagonal matrices for test purposes. SIAM Review, 1(1): 50–52.

Clerc M, 1999. The swarm and the queen: Towards a deterministic and adaptive particle swarm optimization. In IEEE Congress on Evolutionary Computing , pages 1951–1957.

Clerc M, 2004. Discrete particle swarm optimization, illustrated by the traveling salesman problem.

In Onwubolu G, Babu R, editors, New Optimization Techniques in Engineering, pages 219–239. Springer.

Clerc M, 2006. Particle Swarm Optimization . John Wiley & Sons.

Clerc M, 2012a. Particle Swarm Optimization, http://clerc.maurice.free.fr/pso.

Clerc M, 2012b. Randomness matters. Technical report, http://clerc.maurice.free.fr/pso.

Clerc M, Kennedy J, 2002. The particle swarm -Explosion, stability, and convergence in a multidimensional complex space. IEEE Transactions on Evolutionary Computation, 6(1): 58–73.

Clerc M, Poli R, 2006. Stagnation analysis in particle swarm optimisation or what happens when nothing happens. Technical report, University of Essex, http://clerc.maurice.free.fr/pso.

Cobb H, Grefenstette J, 1993. Genetic algorithms for tracking changing environments. International Conference on Genetic Algorithms, Urbana-Champaign, Illinois, pages 523–530.

Coello Coello C, 1999. A comprehensive survey of evolutionary-based multiobjective optimization techniques. Knowledge and Information Systems, 1(3): 269–308.

Coello Coello C, 2000a. Constraint-handling using an evolutionary multiobjective optimization technique. Civil Engineering and Environmental Systems, 17(4): 319–346.

Coello Coello C, 2000b. Use of a self-adaptive penalty approach for engineering optimization problems. Computers in Industry, 41(2): 113–127.

Coello Coello C, 2002. Theoretical and numerical constraint-handling techniques used with evolutionary algorithms: A survey of the state of the art. Computer Methods in Applied Mechanics and Engineering, 191(11–12): 1245–1287.

Coello Coello C, 2006. Evolutionary multi-objective optimization: A historical view of the field. IEEE Computational Intelligence Magazine, 1(1): 28–36.

Coello Coello C, 2009. Evolutionary multi-objective optimization: Some current research trends and topics that remain to be explored. Frontiers of Computer Science in China, 3(1): 18–30.

Coello Coello C, 2012a. List of references on constraint-handling techniques used with evolutionary algorithms, www.cs.cinvestav.mx/ constraint.

Coello Coello C, 2012b. List of references on evolutionary multiobjective optimization, www.lania.mx/ccoello/EMOO/EMOObib.html.

Coello Coello C, Becerra R, 2002. Constrained optimization using an evolutionary programming-based cultural algorithm. In Parmee I, editor, Adaptive Computing in Design and Manufacture V, pages 317–328. Springer.

Coello Coello C, Becerra R, 2003. Evolutionary multiobjective optimization using a cultural algorithm. Swarm Intelligence Symposium, Indianapolis, Indiana, pages 6–13.

Coello Coello C, Lamont G, Van Veldhuizen D, 2007. Evolutionary Algorithms for Solving Multi-Objective Problems. Springer.

Coello Coello C, Mezura-Montes E, 2011. Constraint-handling in nature-inspired numerical optimization: Past, present and future. Swarm and Evolutionary Computation, 1(4): 173–194.

Coit D, Smith A, 1996. Penalty guided genetic search for reliability design optimization. Computers and Industrial Engineering, 30(4):895–904.

Coit D, Smith A, Tate D, 1996. Adaptive penalty methods for genetic optimization of constrained combinatorial problems. INFORMS Journal on Computing , 8(2):173–182.

Collard P, Aurand J, 1994. DGA: An efficient genetic algorithm. 11th European Conference on Artificial Intelligence, Amsterdam, The Netherlands, pages 487–492.

Collard P, Gaspar A, 1996. "Royal-road" landscape sforadual genetic algorithm. 12 the uropean Conference on Artificial Intelligence, Budapest, Hungary, pages 213–217.

Collette Y, Siarry P, 2004. Multiobjective Optimization: Principles and Case Studies. Springer.

Colorni A, Dorigo M, Maniezzo V, 1991. Distributed optimization by ant colonies. European Conference on Artificial Life, Paris, Prance, pages 134–142.

Corder G, Foreman D, 2009. Nonparametric Statistics for Non-Statisticians. John Wiley & Sons.

Cordon O, Herrera F, deViana F, Moreno L, 2000. A new ACO model integrating evolutionary computation concepts: The best-worst ant system. From Ant Colonies to Artificial Ants: Second International Workshop on Ant Algorithms, Brussels, Belgium, pages 22–29.

Corfman K, Lehmann D, 1994. The prisoner's dilemma and the role of information in setting advertising budgets. Journal of Advertising, 23(2):35–48.

Courant R, 1943. Variational methods for the solution of problems of equilibrium and vibrations. Bulletin of the American Mathematical Society, 49(1):1–23.

Cover T, Thomas J, 1991. Elements of Information Theory.Wiley-Interscience. Cramer N, 1985. A representation for the adaptive generation of simple sequential programs. International Conference on Genetic Algorithms and Their Application, Pittsburgh, Pennsylvania, pages 183–187.

Crepinsek M, Liu S H, Mernik L, 2012. A note on teaching-learning-based optimization algorithm. Information Sciences, 212:79–93.

Crepinsek M, Liu S H, Mernik M, 2013. Replication and comparison of computational experiments in applied evolutionary computing: Common pitfalls and guidelines to avoid them. Information Sciences, submitted for publication.

Culberson J, 1998. On the futility of blind search. Evolutionary Computation, 6(2): 109–127.

Darwin C, 1859. On the Origin of Species by Means of Natural Selection, or The Preservation of Favoured Races in the Struggle for Life. John Murray, Albemarle Street.

Darwin C, Neve M, Messenger S, 2002. Autobiographies. Penguin Classics.

Das S, Biswas A, Dasgupta S, Abraham A, 2009. Bacterial foraging optimization algorithm: Theoretical foundations, analysis, and applications. In Abraham A, Hassanien A E, Siarry P, Engelbrecht A, editors, Foundations of Computational Intelligence – Volume 3: Global Optimization, pages 23–56. Springer.

Das S, Suganthan P, 2011. Differential evolution: A survey of the state-of-the-art. IEEE Transactions on Evolutionary Computation, 15(1): 4–31.

Das S, Suganthan P, Coello Coello C, 2011. Guest editorial: Special issue on differential evolution. IEEE Transactions on Evolutionary Computation, 15(1): 1–3.

Dasgupta S, Das S, Abraham A, Biswas A, 2009. Adaptive computational chemotaxis in bacterial foraging optimization : An analysis. IEEE Transactions on Evolutionary Computation, 13(4): 919–941.

Davis L, 1985. Job shop scheduling with genetic algorithms. International Conference on Genetic Algorithms and Their Application, Pittsburgh, Pennsylvania, pages 136–140.

Davis L, Steenstrup M, 1987. Genetic algorithms and Simulated annealing: An overview. In Davis, L., editor, Genetic Algorithms and Simulated Annealing, pages 1–11. Pitman Publishing.

Davis T, Principe J, 1991. A Simulated annealing like convergence theory for the simple genetic algorithm. International Conference on Genetic Algorithms, San Diego, California, pages 174–181.

Davis T, Principe J, 1993. A Markov chain framework for the simple genetic algorithm. Evolutionary Computation, 1(3): 269–288.

De Bonet J, Isbell C, Viola P, 1997. MMIC: Finding optima by estimating probability densities. In Mozer M, Jordan M, Petsche T, editors, Advances in Neural Information Processing Systems 9, pages 424–430. MIT Press.

de Franca F, Coelho G, VonZuben F, Attux R, 2008. Multivariate ant colony optimization in continuous search spaces. In Genetic and Evolutionary Computation Conference, pages 9–16.

de Garis H, 1990. Genetic programming: Building artificial nervous systems with genetically programmed neural network modules. Seventh International Conference on Machine Learning, Austin, Texas, pages 132–139.

De Jong K, 1975. An Analysis of the Behaviour of a Class of Genetic Adaptive Systems. PhD thesis, University of Michigan.

De Jong K, 1992. Genetic algorithms are NOT function optimizers. Second Workshop on Foundations of Genetic Algorithms, Vail, Colorado, pages 5–17.

De Jong K, 2002. Evolutionary Computation. The MIT Press.

De Jong K, Fogel D, Schwefel H P, 1997. A history of evolutionary computation. In Back T, Fogel D, Michalewicz Z, editors, Handbook of Evolutionary Computation, pages A2.3: 1–12. Oxford University Press.

de Oca M, Stützle T, 2008. Convergence behavior of the fully informed particle swarm optimization algorithm. Genetic and Evolutionary Computation Conference, Atlanta, Georgia, pages 71–78.

Deb K, 2000. An efficient constraint handling method for genetic algorithms. Computer Methods in Applied Mechanics and Engineering, 186(2–4): 311–338.

Deb K, 2009. Multi-Objective Optimization using Evolutionary Algorithms. John Wiley & Sons.

Deb K, Agrawal R, 1995. Simulated binary crossover for continuous search space. Complex Systems, 9(2): 115–148.

Deb K, Agrawal S, 1999. A niched-penalty approach for constraint handling in genetic algorithms. International Conference on Artificial Neural Nets and Genetic Algorithms, Portoroz, Slovenia, pages 235–242.

Deb K, Agrawal S, Pratap A, Meyarivan T, 2000. A fast elitist non-dominated sorting genetic algorithm for multi-objective optimization : NSGA-II. In Schoenauer M, Deb K, Rudolph G, Yao X, Lutton E, Merelo J, Schwefel H P, editors, Parallel Problem Solving from Nature – PPSN VI, pages 849–858. Springer.

Deb K, Goldberg D, 1989. An investigation of niche and species formation in genetic function optimization. International Conference on Genetic Algorithms, Fairfax, Virginia, pages 42–50.

Deb K, Mohan M, Mishra S, 2005. Evaluating the ϵ-domination based multiobjective evolutionary algorithm for a quick computation of Pareto-optimal solutions. Evolutionary Computation, 13(4): 501–525.

Deb K, Pratap A, Agarwal S, Meyarivan T, 2002a. A fast and elitist multiobjective genetic algorithm: NSGA-II. IEEE Transactions on Evolutionary Computation, 6(2): 182–197.

Deb K, Pratap A, Meyarivan T, 2001. Constrained test problemsfor multiobjective evolutionary optimization. In Zitzler E, Deb K, Thiele L, Coello Coello C, Corne D, editors, Evolutionary Multi-Criterion Optimization: First International Conference, EMO 2001, pages 284–298. Springer.

Deb K, Thiele L, Laumanns M, Zitzler E, 2002b. Scalable multi-objective optimization test problems. World Congress on Computational Intelligence, Honolulu, Hawaii, pages 825–830.

Dechter R, 2003. Constraint Processing. Morgan Kaufmann.

Deep K, Thakur M, 2007. A new crossover operato rforrea lcoded genetic algorithms. Applied Mathematics and Computation, 188(1): 895–911.

delValle Y, Venayagamoorthy G, Mohagheghi S, Hernandez J C, Harley R, 2008. Particle swarm optimization: Basic concepts, variants and applications in power systems. IEEE Transactions on Evolutionary Computation, 12(2): 171–195.

Delahaye J P, Mathieu P, 1995. Complex strategies in the iterated prisoner's dilemma. In Albert, A., editor, Chaos and Society, pages 283–292.IO S Press.

Delsuc F, 2003. Army ants trapped by their evolutionary history. Public Library of Science Biology, 1(2): e37.

Dembski W, Marks R, 2009a. Bernoulli's principle of insufficient reason and conservation of information in computer search. IEEE Conference on Systems, Man and Cybernetics, San Antonio, Texas, pages 2647–2652.

Dembski W, Marks R, 2009b. Conservation of information in search: Measuring the cost of success. IEEE Transactions on Systems, Man, and Cybernetics – Part A: Systems and Humans, 39(5): 1051–1060.

Dembski W, Marks R, 2010. The search for a search: Measuring the information cost of higher level search. Journal of Advanced Computational Intelligence and Intelligent Informatics, 14(5): 475–486.

Demetrescu C, 2012. 9th DIMACS Implementation Challenge-Shortest Paths, `www.dis.uniromal.it/challenge9`.

Deneubourg J L, Aron S, Goss S, Pasteeis J, 1990. The self-organizing exploratory pattern of the Argentine ant. Journal of Insect Behavior, 3(2): 159–168.

DePaulo B, Kashy D, Kirkendol S, Wyer M, Epstein J, 1996. Lying in everyday life. Journal of Personality and Social Psychology, 70(5): 979–995.

Devroye L, 1978. Progressive global random search of continuous functions. Mathematical Programming, 15(1): 330–342.

DiPietro A, While L, Barone L, 2004. Applying evolutionary algorithms to problems with noisy, time-consuming fitness functions. IEEE Congress on Evolutionary Computation, Portland, Oregon, pages 1254–1261.

Doming uez J, Pulido G, 2011. A comparison on the search of particle swarm optimization and differential evolution on multi-objective optimization. IEEE Congress on Evolutionary Computation, New Orleans, Louisiana, pages 1978–1985.

Doran R, 2007. The gray code. Journal of Universal Computer Science, 13(11): 1573–1597.

Dorigo M, Birattari M, Stützle T, 2006. Ant colony optimization: Artificial ants as a computational intelligence technique. IEEE Computational Intelligence Magazine, 1(4): 28–39.

Dorigo M, Gambardella L, 1997a. Ant colonies for the traveling salesman problem. BioSystems, 43(2): 73–81.

Dorigo M, Gambardella L, 1997b. Ant colony system: A cooperative learning approach to the traveling salesman problem. IEEE Transactions on Evolutionary Computation, 1(1): 53–66.

Dorigo M, Maniezzo V, Colorni A, 1996. Ant system: Optimization by a colony of cooperating agents. IEEE Transactions on Systems, Man, and Cybernetics – Part B: Cybernetics, 26(1): 29–41.

Dorigo M, Stützle T, 2004. Ant Colony Optimization. The MIT Press.

Dorigo M, Stützle T, 2010. Ant colony optimization: Overview and recent advances. In Gendreau M, Potvin J Y, editors, Handbook of Meta heuristics, pages 227–263. Springer.

Droste S, Jansen T, Wegener I, 2002. On the analysis of the (1+1) evolutionary algorithm. Theoretical Computer Science, 276(1–2): 51–81.

Du D, Simon D, Ergezer M, 2009. Biogeography-based optimization combined with evolutionary strategy and immigration refusal. IEEE Conference on Systems, Man, and Cybernetics, San Antonio, Texas, pages 1023–1028.

Duan Q, Gupta V, Sorooshian S, 1993. Shuffled complex evolution approach for effective and efficient global minimization. Journal of Optimization Theory and Applications, 76(3): 501–521.

Duan Q, Sorooshian S, Gupta V, 1992. Effective and efficient global optimization for conceptual rainfall-runoff models. Water Resources Research, 28(4): 1015–1031.

Ducheyne E, DeBaets B, DeWulf R, 2003. Is fitness in heritance useful for real world applications? Second International Conference on Evolutionary Multi-Criterion Optimization, Faro, Portugal, pages 31–42.

Dueck G, 1993. New optimisation heuristics: The great deluge algorithm and the record-to-record travel. Journal of Computational Physics, 104(86): 86–92.

Dueck G, Scheuer T, 1990. Threshold accepting: A general purpose optimization algorithm appearing superior to simulated annealing. Journal of Computational Physics, 90(1): 161–175.

Dunham B, Pridshal D, Pridshal R, North J, 1963. Design by natural selection. Synthese, 15(2): 254–259.

Durham W, 1992. Coevolution: Genes, Culture, and Human diversity. Stanford University Press.

Dyson G, 1998. Darwin Among the Machines. Basic Books.

Eberhart R, Kennedy J, 1995. A new optimizer using particle swarm theory. International Symposium on Micro Machine and Human Science, Nagoya, Japan, pages 39–43.

Eberhart R, Shi Y, 2000. Comparing inertia weights and constriction factors in particle swarm optimization. IEEE Congress on Evolutionary Computation, San Diego, California, pages 84–88.

Eberhart R, Shi Y, 2001. Particle swarm optimization: Developments, application s and resources. IEEE Congress on Evolutionary Computation, Seoul, Korea, pages 81–86.

Edgeworth F, 1881. Mathematical Physics. Kegan Paul.

Ehrgott M, 2005. Multicriteria Optimization. Springer.

Ehrnborg C, Rosén T, 2009. The psychology behind doping in sport. Growth Hormone & IGF Research, 19(4): 285–287.

Eiben A, 2000. Multi parent recombination. In Back T, Fogel D, Michalewicz Z, editors, Evolutionary Computation 1: Basic Algorithms and Operators, pages 289–307. Institute of Physics Publishing.

Eiben A, 2001. Evolutionary algorithms and constraint satisfaction: Definitions, survey, methodology, and research directions. In Kallel L, Naudts B, Rogers A, editors, Theoretical Aspects of Evolutionary Computing, pages 13–30. Springer.

Eiben A, 2003. Multi parent recombination in evolutionary computing. In Ghosh A, Tsutsui S, editors, Advances in Evolutionary Computing, pages 175–192. Springer-Verlag.

Eiben A, Back T, 1998. Empirical investigation of multi parent recombination operator sin evolution strategies. Evolutionary Computation, 5(3): 347–365.

Eiben A, Schippers C, 1996. Multi-parent's niche: n-ary crossovers on nklandscapes. In Ebeling W, Rechenberg I, Schwefel H P, Voigt H M, editors, Parallel Problem Solving from Nature – PPSN IV, pages 319–328. Springer.

Eiben A, Smit S, 2011. Parameter tuning for configuring and analyzing evolutionary algorithms. Swarm and Evolutionary Computation, 1(1): 19–31.

Eiben A, Smith J, 2010. Introduction to Evolutionary Computing. Springer.

Elbeltagi E, Hegazy T, Grierson D, 2005. Comparison among five evolutionary based optimization algorithms. Advanced Engineering Informatics, 19(1): 43–53.

Ellis T, Yao X, 2007. Evolving cooperation in the non-iterated prisoner's dilemma: A social network inspired approach. IEEE Congress on Evolutionary Computation, Singapore, pages 736–743.

Elton C, 1958. Ecology of Invasions by Animals and Plants. Chapman & Hall.

Emre E, Knowles G, 1987. A newton-like approximation algorithm for the steady state solution of the Riccati equation for time-varying systems. Optimal Control Applications and Methods, 8(2): 191–197.

Engelbrecht A, 2003. Computational Intelligence. John Wiley & Sons.

English T, 1999. Some information theoretic results on evolutionary optimization. IEEE Congress on Evolutionary Computation, Washington, District of Columbia, pages 788–795.

Ergezer M, 2011. Oppositional biogeography-based optimization. Technical report, Cleveland State University. Doctoral dissertation proposal, unpublished.

Ergezer M, Simon D, 2011. Oppositional biogeography-based optimization for combinatorial problems. IEEE Congress on Evolutionary Computation, New Orleans, Louisiana, pages 1496–1503.

Ergezer M, Simon D, Du D, 2009. Oppositional biogeography-based optimization. IEEE Conference on Systems, Man, and Cybernetics, San Antonio, Texas, pages 1035–1040.

Erol O, Eksin I, 2006. New optimization method: Big bang-big crunch. Advances in Engineering Software, 37(2): 106–111.

Eshelman L, Caruana R, Schaffer J, 1989. Biases in the crossover landscape. International Conference on Genetic Algorithms, Fairfax, Virginia, pages 10–19.

Eshelman L, Schaffer J, 1993. Real-coded genetic algorithms and interva l schemata. In Whitley D, editor, Foundations of Genetic Algorithms 2, pages 187–202. Morgan Kaufmann.

Eskandari H, Geiger C, 2008. A fast Pareto genetic algorithm approach for solving expensive multiobjective optimization problems. Journal of Heuristics, 14(3): 203–241.

Eusuff M, Lansey K, 2003. Optimization of water distribution network design using the shuffled frog leaping algorithm (SFLA). Journal of Water Resources Planning and Management, 129(3): 210–225.

Eusuff M, Lansey K, Pasha F, 2006. Shuffled frog-leaping algorithm: A memetic meta-heuristic for discrete optimization. Engineering Optimization, 38(2): 129–154.

Evans M, Hasting S N, Peacock B, 2000. Statistical Distributions. Wiley-Interscience.

Farmani R, Wright J, 2003. Self-adaptive fitness formulation for constrained optimization. IEEE Transactions on Evolutionary Computation, 7(5): 445–455.

Fausett L, 1994. Fundamentals of Neural Networks. Prentice Hall.

Fealy M, 2006. The Great Pawn Hunter Chess Tutorial. AuthorHouse.

Feoktistov V, 2006. Differential Evolution: In Search of Solutions. Springer.

Fernandes M, Martins T, Rocha A, 2009. Fish swarm intelligent algorithm for bound constrained global optimization. International Conference on Computational and Mathematical Methods in Science and Engineering, Gijón, Spain.

Fish F, 1995. Kinematics of ducklings swimming information: Consequences of position. Journal of Experimental Zoology, 273(1): 1–11.

Fleming P, Purshouse R, Lygoe R, 2005. Many-objective optimization: An engineering design perspective. In Coello Coello C, HernandezAguirre A, Zitzler E, editors, Evolutionary Multi-Criterion Optimization, pages 14–32. Springer.

Fletcher R, Powell M, 1963. A rapidly convergent descent method for minimization. The Computer Journal, 6(2): 163–168.

Floudas C, Pardalos P, 1990. A Collection of Test Problems for Constrained Global Optimization Algorithms. Springer.

Floudas C, Pardalos P, Adjiman C, Esposito W, Gümüs Z, Harding S, Klepeis J, Meyer C, Schweiger C, 2010. Handbook of Test Problems in Local and Global Optimization. Springer.

Fogel D, 1988. An evolutionary approach to the traveling salesman problem. Biological Cybernetics, 60(2): 139–144.

Fogel D, 1990. A parallel processing approach to a multiple traveling salesman problem using evolutionary programming. Fourth Annual Parallel Processing Symposium, Fullerton, California, pages 318–326.

Fogel D, editor, 1998. Evolutionary Computation: The Fossil Record. Wiley-IEEE Press.

Fogel D, 2000. What is evolutionary computation? IEEE Spectrum, 37(2): 26–32.

Fogel D, 2006. George Friedman – Evolving circuits for robots. IEEE Computational Intelligence Magazine, 1(4): 52–54.

Fogel D, Anderson R, 2000. Revisiting Bremermann's genetic algorithm: I. Simultaneous mutation of all parameters. IEEE Congress on Evolutionary Computation, San Diego, California, pages 1204–1209.

Fogel L, 1999. Intelligence through Simulated Evolution: Forty Years of Evolutionary Programming. John Wiley & Sons.

Fogel L, Owens A, Walsh M, 1966. Artificial Intelligence through Simulated Evolution. John Wiley & Sons.

Fonseca C, Fleming P, 1993. Genetic algorithms for multiobjective optimization: Formulation, discussion and generalization. International Conference on Genetic Algorithms, Urbana-Champaign, Illinois, pages 416–423.

Fonseca C, Fleming P, 1995. An overview of evolutionary algorithms in multiobjective optimization. Evolutionary Computation, 3(1): 1–16.

Formato R, 2007. Centralforce optimization : A new meta heuristic with applications in applied electromagnetics. Progress in Electromagnetics Research, 77: 425–491.

Formato R, 2008. Central force optimization : A new nature inspired computational framework for multi dimensional search and optimization. In Krasnogor N, Nicosia G, Pavone M, Pelta D, editors, Nature Inspired Cooperative Strategies for Optimization (NICSO 2007), pages 221–238. Springer.

Forsyth R, 1981. BEAGLE – A Darwinian approach to pattern recognition. Kybernetes, 10(3): 159–166.

Fourman M, 1985. Compaction of symbolic layout using genetic algorithms. International Conference on Genetic Algorithms, Pittsburgh, Pennsylvania, pages 141–153.

Fox B, McMahon M, 1991. Genetic operators for sequencing problems. In Rawlins, G., editor, Foundations of Genetic Algorithms, pages 284–300. Morgan Kaufmann Publishers.

Francçis O, 1998. An evolutionary strategy for global minimization and its Markov chain analysis. IEEE Transactions on Evolutionary Computation, 2(3): 77–90.

Fraser A, 1957. Simulation of genetic systems by automatic digital computers: I. Introduction. Australian Journal of Biological Sciences, 10(3): 484–491.

Friedberg R, 1958. A learning machine: Part I. IBM Journal of Research and Development, 2(1): 2–13.

Friedberg R, Dunham B, North J, 1958. A learning machine: Part II. IBM Journal of Research and Development, 3(3): 282–287.

Friedman G, 1998. Selective feedback computers for engineering synthesis and nervous system analogy. In Fogel D, editor, Evolutionary Computation: The Fossil Record, pages 30–84. Wiley-IEEE Press.

Furuta H, Maeda K, Watanabe E, 1995. Application of genetic algorithm to aesthetic design of bridge structures. Computer-Aided Civil and Infrastructure Engineering, 10(6): 415–421.

Galinier P, Hamiez J P, Hao J K, Porumbel D, 2013. Recent advances in graph vertex coloring. In Zelinka L, Snasel V, Abraham A, editors, Handbook of Optimization, ebooks. com.

Gallagher M, Wood I, Keith J, Sofronov G, 2007. Bayesian inference in estimation of distribution algorithms. IEEE Congress on Evolutionary Computation, Singapore, pages 127–133.

Gambardella L, Dorigo M, 1995. Ant-Q: A reinforcement learning approach to the traveling salesman problem. Twelfth International Conference on Machine Learning, Tahoe City, California, pages 252–260.

Gandomi A, Alavi A, 2012. Krill herd: A new bio-inspired optimization algorithm. Communications in Nonlinear Science and Numerical Simulation, 17(12): 4831–4845.

Gathercole C, Ross P, 1994. Dynamic training subset selection for supervised learning in Genetic programming. In Davidor Y, Schwefel H P, Männer R, editors, Parallel Problem Solving from Nature – PPSN III, pages 312–321. Springer.

Gathercole C, Ross P, 1997. Small populations over many generations can beat large populations over few generations in Genetic programming. Second Annual Conference on Genetic Programming, Palo Alto, California, pages 111–118.

Geem Z, editor, 2010a. Harmony Search Algorithms for Structural Design Optimization. Springer.

Geem Z, editor, 2010b. Music-Inspired Harmony Search Algorithm. Springer.

Geem Z, 2010c. Recent Advances in Harmony Search Algorithm. Springer.

Geem Z, Kim J H, Loganathan G, 2001. A new heuristic optimization algorithm: Harmony search. Simulation, 76(2): 60–68.

Geisser S, 1993. Predictive Inference. Chapman & Hall.

Geman S, Geman D, 1984. Stochastic relaxation, gibbs distributions, and the bayesian restoration of images. IEEE Transactions on Pattern Analysis and Machine Intelligence, 6(6): 721–741.

Gendreau M, 2003. An introduction to tabu search. In Glover F, Kochenberger G, editors, Handbook of Metaheuristics, pages 37–54. Springer.

Gendreau M, Potvin J Y, 2010. Tabu search. In Gendreau M, Potvin J Y, editors, Handbook of Metaheuristics, pages 41–59. Springer.

Giraldeau L A, Caraco T, 2000. Social Foraging Theory. Princeton University Press.

Glover F, Laguna M, 1998. Tabu Search. Springer.

Glover F, McMillan C, 1986. The general employee scheduling problem: An integration of MS and AI. Computers and Operations Research, 13(5): 563–573.

Goh C, Tan K, 2007. An investigation on noisy environments in evolutionary multiobjective optimization. IEEE Transactions on Evolutionary Computation, 11(3): 354–381.

Golan J, 2007. The Linear Algebra a Beginning Graduate Student Ought to Know. Springer.

Goldberg D, 1989a. Genetic Algorithms in Search, Optimization, and Machine Learning. Addison Wesley.

Goldberg D, 1989b. Messy genetic algorithms: Motivation, analysis, and first results. Complex Systems, 3(5): 493–530.

Goldberg D, 1991. Real-coded genetic algorithms, virtual alphabets, and blocking. Complex Systems, 5(2): 139–167.

Goldberg D, Ling le R, 1985. Alleles, loci, and the traveling salesman problem. International Conference on Genetic Algorithms and Their Application, Pittsburgh, Pennsylvania, pages 154–159.

Gómez J, Barrera J, Rojas J, Macias-Samano J, Liedo J, Cruz-Lopez L, Badii M, 2005. Volatile compounds released by disturbed females of Cephalonomia stephanoderis (Hymenoptera: Bethylidae): A parasitoid of the coffee berry borer Hypothenemus hampei(Coleoptera: Scolytidae). Florida Entomologist, 88(2): 180–187.

Gonzalez C, Lozano J, Larranaga P, 2000. Analyzing the PBIL algorithm by means of discrete dynamical systems. Complex Systems, 12(4): 465–479.

Gonzalez C, Lozano J, Larranaga P, 2001. The convergence behavior of the PBIL algorithm: A preliminary approach. In Kurkova V, Steele N, Neruda R, Karny M, editors, Artificial Neural Nets and Genetic Algorithms, pages 228–231. Springer-Verlag.

González C, Lozano J, Larranaga P, 2002. Mathematical model ing of discrete estimation of distribution algorithms. In Larrañaga P, Lozano J, editors, Estimation of Distribution Algorithms, pages 147–163. Kluwer Academic Publishers.

Good P, Hardin J, 2009. Common Errors in Statistics. John Wiley & Sons, 3rd edition.

Goss S, Aron S, Deneubourg J, Pasteeis J, 1989. Self-organized shortcuts in the Argentine ant. Naturwissenschaften, 76(12): 579–581.

Gotelli N, 2008. A Primer of Ecology. Sinauer Associates.

Gray R, 2011. Entropy and Information Theory. Springer.

Greene M, Gordon D, 2007. Structural complexity of chemical recognition cues affects the perception of group membership in the ants Linephithema humile and Aphaenogaster cockerelli. Journal of Experimental Biology, 210(5): 897–905.

Grefenstette J, Gopal R, Rosmaita B, VanGucht D, 1985. Genetic algorithms for the TSP. International Conference on Genetic Algorithms and Their Application, Cambridge, Massachusetts, pages 160–165.

Gregory R, Karney D, 1969. A Collection of Matrices for Testing Computational Algorithms. John Wiley & Sons.

Grieco J, 1988. Realist theory and the problem of international cooperation: Analysis with an amended prisoner's dilemma model. The Journal of Politics, 50(3): 600–624.

Grinstead C, Snell J, 1997. Introduction to Probability. American Mathematical Society.

Grötschel M, Padberg M, 2001. The optimized odyssey. AIRO news, 6(2): 1–7.

Guntsch M, Middendorf M, 2002. Applying population based ACO to dynamic optimization problems. Third International Workshop on Ant Algorithms, Brussels, Belgium, pages 111–122.

Gustafson S, Burke E, 2006. Speciating isl and model: An alternative parallel evolutionary algorithm. Parallel and Distributed Computing, 66(8): 1025–1036.

Gutierrez A, Lanza M, Barriuso I, Valle L, Doming o M, Perez J, Basterrechea J, 2002. Comparison of different PSO initialization techniques for high dimensional search space problems: A test with FSS and antenna arrays. 5th European Conference on Antennas and Propagation, Rome, Italy, pages 965–969.

Gutin G, Punnen A, editors, 2007. The Traveling Salesman Problem and Its Variations. Springer.

Gutjahr W, 2000. A graph-based ant system and its convergence. Future Generation Computer Systems, 16(9): 873–888.

Gutjahr W, 2008. First steps to the runtime complexity analysis of ant colony optimization. Computers & Operations Research, 35(9): 2711–2727.

Hadj-Alouane A, Bean J, 1993. A genetic algorithm for the multiple choice integer program. Technical report, Department of Industrial & Operations Engineering, University of Michigan. `http://ioe.engin.umich.edu/techrprt/pdf/TR92-50.pdf`.

Hadj-Alouane A, Bean J, 1997. A genetic algorithm for the multiple choice integer program. Operations Research, 45(1): 92–101.

Hajela P, Lin C Y, 1997. Genetic search strategies in multicriterion optimal design. Structural and Multidisciplinary Optimization, 4(2): 99–107.

Hamida S, Schoenauer M, 2000. An adaptive algorithm for constrained optimization problems. In Schoenauer M, Deb K, Rudolph G, Yao X, Lutton E, Merelo J, Schwefel H P, editors, Parallel Problem Solving from Nature – PPSN VI, pages 529–538. Springer.

Hamida S, Schoenauer M, 2002. ASCHEA: New results using adaptive segregational constraint handling. IEEE Congress on Evolutionary Computation, Honolulu, Hawaii, pages 884–889.

Hamilton W, 1971. Geometry for the selfish herd. Journal of Theoretical Biology, 31(2): 295–311.

Hansen N, 2010. The CMA evolution strategy: A comparing review. In Lozano J, Larranga P, Inza I, Bengoetxea E, editors, Towards a New Evolutionary Computation: Advances on Estimation of Distribution Algorithms, pages 75–102. Springer.

Hansen N, Müller S, Koumoutsakos P, 2003. Reducing the time complexity of the derandomized evolution strategy with covariance matrix adaptation (CMA-ES). Evolutionary Computation, 11(1): 1–18.

Hansen N, Ostermeier A, 2001. Completely derandomized self-adaptation in evolution strategies. Evolutionary Computation, 9(2): 159–195.

Hanski I, 1999. Habitat connectivity, habitat continuity, and meta populations in dynamic landscapes. Oikos, 87(2): 209–219.

Hanski I, Gilpin M, 1997. Meta population Biology. Academic Press.

Hao J K, Middendorf M, editors, 2012. Evolutionary Computation in Combinatorial Optimization. Springer.

Harding S, 2006. Animate Earth. Chelsea Green Publishing Company.

Harik G, 1995. Finding multimodal solutions using restricted tournament selection. International Conference on Genetic Algorithms, Pittsburgh, Pennsylvania, pages 24–31.

Harik G, 1999. Linkage learning via probabilistic modeling in the ECGA. Technical report, Illinois Genetic Algorithms Laboratory, University of Illinois.IlliGAL Report No. 99010.

Harik G, Lobo F, Goldberg D, 1999. The compact genetic algorithm. IEEE Transactions on Evolutionary Computation, 3(4): 287–297.

Harik G, Lobo F, Sastry K, 2010. Linkage learning via probabilistic modeling in the extended compact genetic algorithm (ecga). In Pelikan M, Sastry K, CantuPaz E, editors, Scalable Optimization via Probabilistic Modeling, pages 39–62. Springer.

Harrald P, Fogel D, 1996. Evolving continuous behaviors in the iterated prisoner's dilemma. Biosystems, 37(1–2): 135–145.

Hastie T, Tibshirani R, Friedman J, 2009. The Elements of Statistical Learning. Springer, 2nd edition.

Hasting s A, Higgins K, 1994. Persistence of transients in spatially structured models. Science, 263(5150): 1133–1136.

Hasting s W, 1970. Monte Carlo sampling methods using Markov chains and their applications. Biometrika, 57(1): 97–109.

Hatzakis I, Wallace D, 2006. Dynamic multi-objective optimization with evolutionary algorithms: A forward-looking approach. Genetic and Evolutionary Computation Conference, Seattle, Washington, pages 1201–1208.

Haupt R, Haupt S, 2004. Practical Genetic Algorithms. John Wiley & Sons, 2nd edition.

Hauptman A, Elyasaf A, Sipper M, Karmon A, 2009. GP-Rush: Using Genetic programming to evolve solvers for the rush hour puzzle. Genetic and Evolutionary Computation Conference, Montreal, Canada, pages 955–962.

Hauptman A, Sipper M, 2007. Evolution of an efficient search algorithm for the mate-in-n problem in chess. European Conference on Genetic Programming, Valencia, Spain, pages 78–89.

He S, Wu Q, Sa under s J, 2009. Group search optimizer: An optimization algorithm inspired by animal searching behavior. IEEE Transactions on Evolutionary Computation, 13(5): 973–990.

Heinrich B, 2002. Why We Run.HarperPerennial. Helwig S, Wanka R, 2008. Theoretical analysis of initial particle swarm behavior. In Rudolph G, Jansen T, Lucas S, Poloni C, Beume N, editors, Parallel Problem Solving from Nature – PPSN X, pages 889–898. Springer.

Henderson D, Jacobson S, Johnson A, 2003. The theory and practice of simulated annealing. In Glover F, Kochenberger G, editors, Handbook of Metaheuristics, pages 287–320. Springer.

Herrera F, Lozano M, Verdegay J, 1998. Tackling real-coded genetic algorithms: Operators and tools for behavioural analysis. Artificial Intelligence Review, 12(4): 265–319.

Hofmeyr S, Forrest S, 2000. Architecture for an artificial immune system. Evolutionary Computation, 8(4): 443–473.

Holland J, 1975. Adaptation in Natural and Artificial Systems. The University of Michigan Press.

Hölldobler B, Wilson E, 1990. The Ants. The Belknap Press of Harvard University Press.

Hölldobler B, Wilson E, 1994. Journey to the Ants. The Belknap Press of Harvard University Press.

Hölldobler B, Wilson E, 2008. The Super organism: The Beauty, Elegance, and Strangeness of Insect Societies. W. W. Norton & Company.

Homaifar A, Qi C, Lai S, 1994. Constrained optimization via genetic algorithms. Simulation, 62(4): 242–253.

Hooker J, 1995. Testing heuristics: We have it all wrong. Journal of Heuristics, 1(1): 33–42.

Horn J, Nafpliotis N, Goldberg D, 1994. A niched Pareto genetic algorithm for multiobjective optimization. IEEE Conference on Evolutionary Computation, Orlando, Florida, pages 82–87.

Home E, Jaeger R, 1988. Territorial pheromones of female red-backed salamanders. Ethology, 78(2): 143–152.

Horoba C, Neumann F, 2010. Approximating Pareto-optimal sets using diversity strategies in evolutionary multi-objective optimization. In Coello Coello C, Dhaenens C, Jourdan L, editors, Advances in Multi-Objective Nature Inspired Computing, pages 23–44. Springer.

Houck C, Joines J, Kay M, 1995. A genetic algorithm for function optimization: A Matlab implementation. Technical report, North Carolina State University.

Hsiao Y T, Chuang C L, Jiang J A, Chien C C, 2005. A novel optimization algorithm: Space gravitational optimization. IEEE International Conference on Systems, Man and Cybernetics, Waikoloa, Hawaii, pages 2323–2328.

Hu T, Harding S, Banzhaf W, 2010. Variable population size and evolution acceleration: A case study with a parallel evolutionary algorithm. Genetic Programming and Evolvable Machines, 11(2): 205–225.

Huang H, Wang F, 2002. Fuzzy decision-making design of chemical plant using mixed-integer hybrid differential evolution. Computers and Chemical Engineering, 26(12): 1649–1660.

Huang V, Qin A, Deb K, Zitzler E, Suganthan P, Liang J, Preuss M, Huband S, 2007. Problem definitions for Performance assessment on multi-objective optimization algorithms. Technical report. www.ntu.edu.sg/home/EPNSugan/index_files/cec-benchmarking.htm.

Huff D, Geis I, 1993. How to Lie with Statistics. W.W.Norton & Company.

Iba H, deGaris H, 1996. Extending Genetic programming with recombinative guidance. In Angeline P, Kinnear K, editors, Advances in Genetic Programming: Volume 2, pages 69–88. The MIT Press.

Igelnik B, Simon D, 2011. The eigenvalues of a tridiagonal matrix in biogeography. Applied Mathematics and Computation, 218(1): 195–201.

Ing ber L, 1996. Adaptive simulated annealing: Lessons learned. Control and Cybernetics, 25(1): 33–54.

Ito K, Akagi S, Nishikawa M, 1983. A multiobjective optimization approach to a design problem of heat insulation for thermal distribution piping network systems. Journal of Mechanisms, Transmissions, and Automation in Design, 105(2): 206–213.

Jaszkiewicz A, Zielniewicz P, 2006. Pareto memetic algorithm with path relinking for bi-objective traveling sales person problem. European Journal of Operational Research, 193(3): 885–890.

Jayalakshmi G, Sathiamoorthy S, Rajaram R, 2001. A hybrid genetic algorithm – A new approach to solve traveling salesman problem. International Journal of Computational Engineering Science, 2(2): 339–355.

Jefferson D, Collins R, Cooper C, Dyer M, Flowers M, Korf R, Taylor C, Wang A, 2003. Evolution as a theme in artificial life: Thegenesys/trackersystem. In Langton C, Taylor C, Farmer J, Rasmussen S, editors, Artificial Life II, pages 549–578. Westview Press.

Jensen T, Toft B, 1994. Graph Coloring Problems. John Wiley & Sons.

Jin Y, 2005. A comprehensive survey of fitness approximation in evolutionary computation. Soft Computing, 9(1): 3–12.

Jin Y, Branke J, 2005. Evolutionary optimization in uncertain environments – A survey. IEEE Transactions on Evolutionary Computation, 9(3): 303–317.

Jin Y, Hüskin M, Sendhoff B, 2003. Quality measures for approximate models in evolutionary computation. Genetic and Evolutionary Computation Conference, Chicago, Illinois, pages 170–173.

Jofré P, Reisenegger A, Fernandez R, 2006. Constraining a possible time variation of the gravitational constant through “gravitochemical heating” of neutron stars. Physical Review Letters, 97(13): 131102.

Johnson D, 1999. The insignificance of statistical significance testing. Journal of Wildlife Management, 63(3): 763–772.

Joines J, Houck C, 1994. On the use of non-stationary penalty functions to solve nonlinear constrained optimization problems with GA's. IEEE World Congress on Computational Intelligence, Orlando, Florida, pages 579–584.

Jones D, Schonlau M, Welch W, 1998. Efficient global optimization of expensive black-box functions. Journal of Global Optimization, 13(4): 455–492.

Joslin D, Clements D, 1999. Squeaky wheel optimization. Journal of Artificial Intelligence Research, 10: 353–373.

Kanji G, 2006. 100 Statistical Tests. Sage Publications.

Karaboga D, Akay B, 2009. A comparative study of artificial bee colony algorithm. Applied Mathematics and Computation, 214(1): 108–132.

Karaboga D, Bastürk B, 2007. A powerful and efficient agorithm for numerical function optimization: Artificial bee colony (ABC) algorithm. Journal of Global Optimization, 39(3): 459–471.

Karaboga D, Bastürk B, 2008. On the Performance of artificial bee colony (ABC) algorithm. Applied Soft Computing, 8(1): 687–697.

Karaboga D, Gorkemli B, Ozturk C, Karaboga N, 2013. A comprehensive survey: Artificial bee colony (ABC) algorithm and applications. Artificial Intelligence Review, in print.

Kaveh A, Talatahari S, 2010. A novel heuristic optimization method: Charged system search. Acta Mechanica, 213(3–4): 267–289.

Kazarlis S, Petridis V, 1998. Varying fitness functions in genetic algorithms: Studying the rate of increase of the dynamic penalty terms. In Eiben A, Back T, Schoenauer M, Schwefel H P, editors, Parallel Problem Solving from Nature–PPSN V, pages 211–220. Springer.

Keel L, Bhattacharyya S, 1997. Robust, fragile, or optimal? IEEE Transactions on Automatic Control, 42(8): 1098–1105.

Kemeny J, Snell J, Thompson G, 1974. Introduction to Finite Mathematics. Prentice-Hall.

Kennedy J, 1998. Thinking issocial: Experiments with the adaptive culture model. Journal of Conflict Resolution, 42(1): 56–76.

Kennedy J, Eberhart R, 1997. A discrete binary version of the particle swarm algorithm. IEEE Conference on Systems, Man, and Cybernetics, Orlando, Florida, pages 4104–4109.

Kennedy J, Eberhart R, editors, 2001. Swarm Intelligence. Morgan Kaufmann.

Kern S, Müller S, Hansen N, B?che D, Ocenasek J, Koumoutsakos P, 2004. Learning probability distributions in continuous evolutionary algorithms – A comparative review. Natural Computing, 3(1): 77–112.

Keynes R, editor, 2001. Charles Darwin's Beagle diary. Cambridge University Press.

Khare V, Yao X, Deb K, 2003. Performance scaling ofmulti-objective evolutionar y algorithms. In Fonseca C, Fleming P, Zitzler E, Thiele L, Deb K, editors, Evolutionary Multi-Criterion Optimization: Second International Conference, EMO 2003, pages 376–390. Springer.

Khatib W, Fleming P, 1998. The studGA: A mini revolution? In Eiben A, Back T, Schoenauer M, Schwefel H P, editors, Parallel Problem Solving from Nature–PPSN V, pages 683–691. Springer.

Kim D, 2006. Memory analysis and significance test for agent behaviours. Genetic and Evolutionary Computation Conference, Seattle, Washington, pages 151–158.

Kim H S, Cho S B, 2000. Application of interactive genetic algorithm to fashion design. Engineering Applications of Artificial Intelligence, 13(6): 635–644.

Kinnear K, 1993. Evolving a sort: Lessons in genetic programming. International Conference on Neural Networks, San Francisco, California, pages 881–888.

Kinnear K, 1994. Alternatives in automatic function definition: A comparison of performance. In Kinnear K, editor, Advances in Genetic Programming, pages 119–141. MIT Press.

Kirk D, editor, 2004. Optimal Control Theory. Dover.

Kirkpatrick S, Gelatt C, Vecchi M, 1983. Optimization by simulated annealing. Science, 220(4598): 671–680.

Kjellström G, 1969. Network optimization by random variation of component values. Ericsson Technics, 25(3): 133–151.

Kleidon A, 2004. Amazonian biogeography as a test for Gaia. In Schneider S, Miller J, Crist E, Boston P, editors, Scientists Debate Gaia, pages 291–296. MIT Press.

Knowles J, 2005. ParEGO: A hybrid algorithm with on-line landscape approximation for expensive multiobjective optimization problems. IEEE Transactions on Evolutionary Computation, 10(1): 50–66.

Knowles J, Corne D, 2001. Approximating the nondominated front using the Pareto archived evolution strategy. Evolutionary Computation, 8(2): 149–172.

Knowles J, Nakayama H, 2008. Meta-modeling in multiobjective optimization. In Branke J, Deb K, Miettinen K, Slowinski R, editors, Multiobjective Optimization, pages 245–284. Springer.

Konak A, Coit D, Smith A, 2006. Multi-objective optimization using genetic algorithms: A tutorial. Reliability Engineering and System Safety, 91(9): 992–1007.

Kondoh M, 2006. Does foraging adaptation create the positive complexity-stability relationship in realistic food-web structure? Journal of Theoretical Biology, 238(3): 646–651.

Koza J, editor, 1992. Genetic Programming: On the Programming of Computers by Means of Natural Selection. The MIT Press.

Koza J, editor, 1994. Genetic Programming II: Automatic Discovery of Reusable Programs. The MIT Press.

Koza J, 1997. Classifying protein segments as transmembrane domains using Genetic programming and architecture-altering operations. In Back T, Fogel D, Michalewicz Z, editors, Handbook of Evolutionary Computation, pages G6.1: 1–5. Oxford University Press.

Koza J, 2010. Human-competitive results produced by Genetic programming. Genetic Programming and Evolvable Machines, 11(3–4): 251–284.

Koza J, Al-Sakran L, Jones L, 2008. Automated ab initio synthesis of complete designs of four patented optical lens systems by means of Genetic programming. Artificial Intelligence for Engineering Design, Analysis and Manufacturing, 22(3): 249–273.

Koza J, Bennett F, Andre D, Keane M, editors, 1999. Genetic Programming III: Darwinian Invention and Problem Solving. Morgan Kaufmann.

Koza J, Keane M, Streeter M, Mydlowec W, Yu J, Lanza G, editors, 2005. Genetic Programming IV: Routine Human-Competitive Machine Intelligence. The MIT Press.

Koziel S, Michalewicz Z, 1998. A decoder-based evolutionary algorithm for constrained parameter optimization problems. In Eiben A, Back T, Schoenauer M, Schwefel H P, editors, Parallel Problem Solving from Nature–PPSN V, pages 231–240. Springer.

Koziel S, Michalewicz Z, 1999. Evolutionary algorithms, homomorphous mappings, and constrained parameter optimization. Evolutionary Computation, 7(1): 19–44.

Krause J, Ruxton G, editors, 2002. Living in groups. Oxford University Press.

Krige D, 1951. A statistical approach to some basic mine valuation problems on the Witwatersrand. Journal of the Chemical, Metallurgical and Mining Society of South Africa, 52(6): 119–139.

Krishnanand K, Ghose D, 2009. Glowworm swarm optimization for simultaneous capture of multiple local optima of multimodal functions. Swarm Intelligence, 3(2): 87–124.

Krogh A, 2008. What are artificial neural networks? Nature Biotechnology, 6(2): 195–197.

Kursawe F, 1991. A variant of evolution strategies for vector optimization. In Schwefel H P, M?nner, R., editors, Parallel Problem Solving from Nature – PPSN I, pages 193–197. Springer.

Kvasnicka V, Pelikan M, Pospichal J, 1996. Hill climbing with learning (an abstraction of genetic algorithm). Neural Network World, 6(5): 773–796.

Lam A, Li V, 2010. Chemical-reaction-inspired meta heuristic for optimization. IEEE Transactions on Evolutionary Computation, 14(3): 381–399.

Lampinen J, 2002. A constraint handling approach for the differential evolution algorithm. IEEE Congress on Evolutionary Computation, Honolulu, Hawaii, pages 1468–1473.

Langdon W, 2000. Size fair and homologous tree Genetic programming crossovers. Genetic Programming and Evolvable Machines, 1(1–2): 95–119.

Langdon W, Poli R, editor s, 2002. Foundations of Genetic Programming. Springer.

Larranaga P, 2002. A review on estimation of distribution algorithms. In Larranaga P, Lozano J, editors, Estimation of Distribution Algorithms: A New Tool for Evolutionary Computation, pages 57–100. Kluwer Academic Publishers.

Larrañaga P, Etxeberria R, Lozano J, Pena J, 1999a. Optimization by learning and simulation of Bayesian and Gaussian networks. Technical report, University of the Basque Country, http://citeseerx.ist.psu.edu/viewdoc/summary?doi=10.1.1.41.1895.

Larrañaga P, Etxeberria R, Lozano J, Peña J, 2000. Combinatorial optimization by learning and simulation of Bayesian networks. Sixteenth Conference on Uncertainty in Artificial Intelligence, Stanford, California, pages 343–352.

Larrañaga P, Karshenas H, Bielza C, Santana R, 2012. A review on probabilistic graphical models in evolutionary computation. Journal of Heuristics, 18(5): 795–819.

Larrañaga P, Kuijpers C, Murga R, Inza I, Dizdarevic S, 1999b. Genetic algorithms for the traveling salesman problem: A review of representation s and operators. Artificial Intelligence Review, 13(2): 129–170.

Larrañaga P, Lozano J, editors, 2002. Estimation of Distribution Algorithms: A New Tool for Evolutionary Computation. Kluwer Academic Publishers.

Latané B, Nowak A, Liu J, 1994. Measuring emergent social phenomena: Dynamism, polarization, and clustering as order parameters of social systems. Behavioral Science, 39(1): 1–24.

Lattimore T, Hutter M, 2011. No free lunch versus Occam's razor in supervised learning. Solomonoff 85th Memorial Conference, Melbourne, Australia.

Laumanns M, Thiele L, Zitzler E, 2003. Running time analysis of evolutionary agorithms on vector-valued pseudo-Boolean functions. IEEE Transactions on Evolutionary Computation, 8(2): 170–182.

Lawler E, Lenstra J, RinnooyKan A, Shmoys D, editors, 1985. The Traveling Salesman Problem. John Wiley & Sons.

LeRiche R, Knopf-Lenoir C, Haftka R, 1995. A segregated genetic algorithm for constrained structural optimization. International Conference on Genetic Algorithms, Pittsburgh, Pennsylvania, pages 558–565.

Lee K, Geem Z, 2006. A new meta-heuristic algorithm for continuous engineering optimization: Harmony search theory and practice. Computer Methods in Applied Mechanics and Engineering, 194(36–38): 3902–3933.

Leguizamón G, Coello Coello C, 2009. Boundary search for constrained numerical optimization problems. In Mezura-Montes E, editor, Constraint-Handling in Evolutionary Optimization, pages 25–49. Springer.

Lehman J, Stanley K, 2011. Abandoning objectives: Evolution through the search for novelty alone. Evolutionary Computation, 19(2): 189–223.

Lenton T, 1998. Gaia and natural selection. Nature, 394(6692): 439–447.

Li C, Yang S, 2008. A generalized approach to construct benchmark problems for dynamic optimization. In Li X, editor, Simulated Evolution and Learning, pages 391–400. Springer.

Li C, Yang S, Nguyen T, Yu E, Yao X, Jin Y, Beyer H G, Suganthan P, 2008. Benchmark generator for CEC'2009 competition on dynamic optimization. Technical report, `www.ntu.edu.sg/home/EPNSugan/index_files/cec-benchmarking.htm`.

Li X, Shao Z, Qian J, 2003. An optimizing method based on autonomous animats: Fish-swarm algorithm. Systems Engineering – Theory & Practice, 22(11): 32–38.

Li Y, Zhang S, Zeng X, 2009. Research of multi-population agent genetic algorithm for feature selection. Expert Systems with Applications, 36(9): 11570–11581.

Liang J, Runarsson T, Mezura-Montes E, Clerc M, Suganthan P, Coello Coello C, Deb K, 2006. Problem definitions and evaluation criteria for the CEC2006 special session on constrained real-parameter optimization. Technical report, `www.ntu.edu.sg/home/EPNSugan/index_files/cec-benchmarking.htm`.

Liang J, Suganthan P, Deb K, 2005. Novel composition test functions for numerical global optimization. Swarm Intelligence Symposium, Pasadena, California, pages 68–75.

Lim D, Jin Y, Ong Y S, Sendhoff B, 2010. Generalizing surrogate-assisted evolutionary computation. IEEE Transactions on Evolutionary Computation, 14(3): 329–355.

Lim D, Ong Y S, Jin Y, Sendhoff B, Lee B S, 2007. Efficient hierarchical parallel genetic algorithms using grid computing. Future Generation Computer Systems, 23(4): 658–670.

Lima C, Lobo F, 2004. Parameter-less optimization with the extended compact genetic algorithm and iterated local search. Genetic and Evolutionary Computation Conference, Seattle, Washington, pages 1328–1339.

Lima S, 1995. Back to the basics of anti-predatory vigilance: The group-size effect. Animal Behaviour, 49(1): 11–20.

Lis J, Eiben A, 1997. A multi-sexual genetic algorithm for multiobjective optimization. IEEE International Conference on Evolutionary Computation, Indianapolis, Indiana, pages 59–64.

Löbbing M, Wegener I, 1995. The number of knight's tours equals 33, 439, 123, 484, 294-counting with binary decision diagrams. Electronic Journal of Combinatorics, 3(1): 5.

Lohn J, Hornby G, Linden D, 2004. An evolved antenna for deployment on NASA's space technology 5 mission. In O'Reilly U M, Riolo R, Yu G, Worzel W, editors, Genetic Programming Theory and Practice II, pages 301–315. Kluwer Academic Publishers.

Lomolino M, 2000a. A call for A new paradigm of island biogeography. Global Ecology and Biogeography, 9(1): 1–6.

Lomolino M, 2000b. A species-based theory of insular zoogeography. Global Ecology and Biogeography, 9(1): 39–58.

Lopez Jaimes A, Coello Coello C, Urias Barrientos J, 2009. Online objective reduction to deal with many-objective problems. 5th International Conference on Evolutionary Multi-Criterion Optimization, Nantes, France, pages 423–437.

Lovelock J, 1990. Hands up for the Gaia hypothesis. Nature, 344(6262): 100–102.

Lovelock J, editor, 1995. Gaia. Oxford University Press.

Lozano J, Larranaga P, Inza I, Bengoetxea E, editors, 2006. Towards a New Evolutionary Computation: Advances on Estimation of Distribution Algorithms. Springer.

Lukasik S, Zak S, 2009. Firefly algorithm for continuous constrained optimization tasks. 1st International Conference on Computational Collective Intelligence, Wroclaw, Poland, pages 97–106.

Lundy M, Mees A, 1986. Convergence of an annealing algorithm. Mathematical Programming, 34(1): 111–124.

Ma H, 2010. An analysis of the equilibrium of migration models for biogeography-based optimization. Information Sciences, 180(18): 3444–3464.

Ma H, Ni S, Sun M, 2009. Equilibrium species counts and migration model tradeoffs for biogeography-based optimization. IEEE Conference on Decision and Control, Shanghai, China, pages 3306–3310.

Ma H, Simon D, 2010. Biogeography-based optimization with blended migration for constrained optimization problems. Genetic and Evolutionary Computation Conference, Portland, Oregon, pages 417–418.

Ma H, Simon D, 2011a. Analysis of migration models of biogeography-based optimization using markov theory. Engineering Applications of Artificial Intelligence, 24(6): 1052–1060.

Ma H, Simon D, 2011b. Blended biogeography-based optimization for constrained optimization. Engineering Applications of Artificial Intelligence, 24(3): 517–525.

Ma H, Simon D, 2013. Variations of biogeography-based optimization and markov analysis. Information Sciences, 220: 492–506.

Ma H, Simon D, Fei M, 2013. On the statistical mechanics approximation of biogeography-based optimization. Submitted for publication.

MacArthur R, 1955. Fluctuations of animal populations and a measure of community stability. Ecology, 36(3): 533–536.

MacArthur R, Wilson E, 1963. An equilibrium theory of insular zoogeography. Evolution, 17(4): 373–387.

MacArthur R, Wilson E, 1967. The Theory of Island Biogeography. Princeton University Press.

Mahfoud S, 1992. Crowding and preselection revisited. Technical report, Illinois Genetic Algorithms Laboratory, University of Illinois.IlliGALReportNo.92004.

Mahfoud S, 1995a. A comparison of parallel and sequential niching methods. International Conference on Genetic Algorithms, Pittsburgh, Pennsylvania, pages 136–143.

Mahfoud S, 1995b. Niching methods for genetic algorithms. Technical report, Illinois Genetic AlgorithmsLaboratory, University of Illinois.IlliGALReportNo.95001.

Mahnig T, Mühlenbein H, 2000. Mathematical analysis of optimization methods using search distributions. Genetic and Evolutionary Computation Conference, Las Vegas, Nevada, pages 205–208.

Malisia A, 2008. Improving the exploration ability of a nt-base d algorithms. In Tizhoosh H, Ventresca M, editors, Oppositional Concepts in Computational Intelligence, pages 121–142. Springer.

Mallipeddi R, Suganthan P, 2010. Problem definitions and evaluation criteria for the CEC2010 competition on constrained real-parameter optimization. Technical report, Nanyang Technological University. www.ntu.edu.sg/home/EPNSugan/index_files/cec-benchmarking.htm.

Maniezzo V, Gambardella L, deLuigi F, 2004. Ant colony optimization. In Onwubolu G, Babu R, editors, New Optimization Techniques in Engineering, pages 101–122. Springer.

Margulis L, 1996. Gaiaisatoug hbitch. In Brockman J, editor, The Third Culture: Beyond the Scientific Revolution, pages 129–151. Touchstone.

Marriott K, Stuckey P, 1998. Programming with Constraints: An Introduction. The MIT Press.

Mavrovouniotis M, Yang S, 2011. Ant colony optimization with immigrant s schemesin dynamic environments. In Schaefer R, Cotta C, Kolodziej J, Rudolph G, editors, Parallel Problem Solving from Nature – PPSN XI, pages 371–380. Springer.

May R, 1973. Stability and Complexity in Model Ecosystems. Princeton University Press.

McCann K, 2000. The diversity-stability debate. Nature, 405(6783): 228–233.

McConaghy T, Palmers P, Gielen G, Steyaert M, 2008. Genetic programming with reus eofknown design s for Industrially scalable, novelcircuit design. In Riolo R, Soule T, Worzel B, editors, Genetic Programming Theory and Practice V, pages 159–184. Springer.

McGill R, Tukey J, Larsen W, 1978. Variations of box plots. The American Statistician, 32(1): 12–16.

McNab B, 2002. The Physiological Ecology of Vertebrates. Cornell University.

McTavish T, Restrepo D, 2008. Evolving solutions: The genetic algorithm and evolution strategies for finding optimal parameters. In Smolinski T, Milanova M, Hassanien A, editors, Applications of Computational Intelligence in Biology, pages 55–78. Springer.

Mehrabian R, Lucas C, 2006. A novel numerical optimization algorithm inspired from weed colonization. Ecological Informatics, 1(4): 355–366.

Melab N, Cahon S, Talbi E G, 2006. Grid computing for parallel bioinspired algorithms. Journal of Parallel and Distributed Computing, 66(8): 1052–1061.

Mendes R, Kennedy J, Neves J, 2004. The fully informed particle swarm: Simpler, maybe better. IEEE Transactions on Evolutionary Computation, 8(3): 204–210.

Metropolis N, 1987. The beginning of the Monte Carlo method. Los Alamos Science, 15: 125–130.

Metropolis N, Rosenbluth A, Rosenbluth M, Teller A, Teller E, 1953. Equations of state calculations by fast computing machines. The Journal of Chemical Physics, 21(6): 1087–1092.

Meuleau N, Peshkin L, Kim K E, Kaelbling L, 1999. Learning finite-state controllers for partially observable environments. Conference on Uncertainty in Artificial Intelligence, Stockholm, Sweden, pages 427–436.

Meuleau02 N, Dorigo M, 2002. Ant colony optimization and Stochastic gradient descent. Artificial Life, 8(2): 103–121.

Mezura-Montes E, Coello Coello C, 2005. A simple multi membered evolution strategy to solve constrained optimization problems. IEEE Transactions on Evolutionary Computation, 9(1): 1–17.

Mezura-Montes E, Coello Coello C, 2008. Constrained optimization via multiobjective evolutionary algorithms. In Knowles J, Corne D, Deb K, editors, Multiobjective Problem Solving from Nature, pages 53–75. Springer.

Mezura-Montes E, Palomeque-Oritiz A, 2009. Parameter control in differential evolution for constrained optimization. IEEE Congress on Evolutionary Computation, Trondheim, Norway, pages 1375–1382.

Mezura-Montes E, Reyes-Sierra M, Coello Coello C, 2008. Multi-objective optimization using differential evolution: A survey of the state-of-the-art. In Chakraborty U, editor, Advances in Differential Evolution, pages 173–196. Springer.

Michalewicz Z, 1996. Genetic Algorithms + Data Structures = Evolution Programs. Springer.

Michalewicz Z, Attia N, 1994. Evolutionary optimization of constrained problems. Third Annual Conference on Evolutionary Programming, San Diego, California, pages 98–108.

Michalewicz Z, Dasgupta D, Riche R L, Schoenauer M, 1996. Evolutionary algorithms for constrained engineering problems. Computers & Industrial Engineering, 30(4): 851–870.

Michalewicz Z, Janikow C, 1991. Handling constraint sin genetic algorithms. International Conference on Genetic Algorithms, Breckenridge, Colorado, pages 151–157.

Michalewicz Z, Nazhiyath G, 1995. Genocop III: Aco-evolutionary algorithm fornumerical optimization problems with nonlinear constraints. IEEE Conference on Evolutionary Computation, Perth, Western Australia, pages 647–651.

Michalewicz Z, Schoenauer M, 1996. Evolutionary algorithms for constrained parameter optimization problems. Evolutionary Computation, 4(1): 1–32.

Michiels W, Aarts E, Korst J, 2007. Theoretical Aspects of Local Search. Springer.

Milinski H, Heller R, 1978. Influence of a predator on the optimal foraging behavior of stickle backs. Nature, 275(5681): 642–644.

Miller J, Smith S, 2006. Redundancy and computationa lefficiencyinCartesian Genetic programming. IEEE Transactions on Evolutionary Computation, 10(2): 167–174.

Mitchell M, 1998. An Introduction to Genetic Algorithms. The MIT Press.

Mitzenmacher M, Upfal E, 2005. Probability and Computing: Randomized Algorithms and Probabilistic Analysis. Cambridge University Press.

Morales A, Quezada C, 1998. A universal eclectic genetic algorithm for constrained optimization. Sixth European Congress on Intelligent Techniques and Soft Computing, Aachen, Germany, pages 518–522.

Morrison R, 2004. Design ing Evolutionary Algorithms for Dynamic Environments. Springer.

Mühlenbein H, Mahnig T, Ochoa A, 1999. Schemata, distribution s and graphical models in evolutionary optimization. Journal of Heuristics, 5(2): 215–247.

Mühlenbein H, Paaβ G, 1996. Promrecombination ofgenest o the estimation of distribution s: I.Binaryparameters. In Voigt H M, Ebeling W, Rechenberg L, Schwefel H P, editors, Parallel Problem Solving from Nature-PPSN IV, pages 178–187. Springer.

Mühlenbein H, Schlierkamp-Voosen D, 1993. Predictive models for the breeder genetic algorithm: I.Continuous parameter optimization. Evolutionary Computation, 1(1): 25–49.

Mühlenbein H, Schlierkamp-Voosen D, 1997. The equation for response to selection and its use for prediction. Evolutionary Computation, 5(3): 303–346.

Mühlenbein H, Voigt H M, 1995. Gene pool recombination for the breeder genetic algorithm. First Metaheuristics International Conference, Breckenridge, Colorado, pages 19–25.

Müller S, Marchetto J, Airaghi S, Kournoutsakos P, 2002. Optimization based on bacterial chemotaxis. IEEE Transactions on Evolutionary Computation, 6(1): 16–29.

Munroe E, 1948. The Geographical Distribution of Butterflies in the West Indies. Ph D thesis, Cornell University.

Nemhauser G, Wolsey L, 1999. Integer and Combinatorial Optimization. John Wiley & Sons.

Neri F, Tirronen V, 2010. Recent advances in differential evolution: A survey and experimental analysis. Artificial Intelligence Review, 33(1): 61–106.

Neshat M, Adeli A, Sepidnam G, Sargolzaei M, Toosi A, 2012. A review of artificial fish swarm optimization methods and applications. International Journal on Smart Sensing and Intelligent Systems, 5(1): 107–148.

Neumann F, Witt C, 2009. Runtime analysis of a simple ant colony optimization algorithm. Algorithmica, 54(2): 243–255.

Newton M, 2004. Savage Girls and Wild Boys. Picador.

Nguyen T, Yang S, Branke J, 2012. Evolutionary dynamic optimization: A survey of the state of the art. Swarm and Evolutionary Computation, 6: 1–24.

Nguyen T, Yao X, 2009. Benchmarking and solving dynamic constrained problems. IEEE Congress on Evolutionary Computation, Trondheim, Norway, pages 690–697.

Nierhaus G, 2010. Algorithmic Composition: Paradigms of Automated Music Generation. Springer.

Niknam T, Amiri B, 2010. An efficient hybrid approach based on PSO, ACO and k-means for cluster analysis. Applied Soft Computing, 10(1): 183–197.

Nix A, Vose M, 1992. Model ing genetic algorithms with Markov chains. Annals of Mathematics and Artificial Intelligence, 5(1): 79–88.

Noel M, Jannett T, 2005. A new continuous optimization algorithm based on sociological models. American Control Conference, Portland, Oregon, pages 237–242.

Noman N, Iba H, 2008. Accelerating differential evolution using an adaptive local search. IEEE Transactions on Evolutionary Computation, 12(1): 107–125.

Nordin P, Francone F, Banzhaf W, 1996. Explicitly defined introns and destructive crossover in genetic programming. In Angeline P, Kinnear K, editors, Advances in Genetic Programming: Volume 2, pages 111–134. The MIT Press.

Noren S, Biedenbach G, Redfern J, Edwards E, 2008. Hitching a ride: The formation locomotion strategy of dolphin calves. Functional Ecology, 22(2): 278–283.

Nourani Y, Andresen B, 1998. A comparison of simulated annealing cooling strategies. Journal of Physics A: Mathematical and General, 31(41): 8373–8385.

Okubo A, Levin S, 2001. Diffusion and Ecological Problems. Springer.

Oliver I, Smith D, Holland J, 1987. A study of permutation crossover operator s on the traveling salesman problem. International Conference on Genetic Algorithms, Cambridge, Massachusetts, pages 224–230.

Omran M, 2008. Using opposition-based learning with particle swarm optimization and bare-bones differential evolution. In Lazinica A, editor, Particle Swarm Optimization, pages 373–384.InTech.

Omran M, Engelbrecht A, Salman A, 2009. Bare bones differential evolution. European Journal of Operational Research, 196(1): 128–139.

Omran M, Mahdavi M, 2008. Global-best harmony search. Applied Mathematics and Computation, 198(2): 643–656.

Omran M, Simon D, Clerc M, 2013. Linearized biogeography-based optimization. Submitted for publication. O'Neill, M. and Ryan, C. (2003). Grammatical Evolution. Springer.

Ong Y, Nair P, Keane A, Wong K, 2004. Surrogate-assisted evolutionary optimization frameworks for high-fidelity engineering design problems. In Jin Y, editor, Knowledge Incorporation in Evolutionary Computation, pages 307–332. Springer.

Ong Y S, Krasnogor N, Ishibuchi H, 2007. Special issue on memetic algorithms. IEEE Transactions on Systems, Man, and Cybernetics – Part B: Cybernetics, 37(1): 2–5.

Onwubolu G, Davendra D, editors, 2009. Differential Evolution: A Handbook for Global Permutation-Based Combinatorial Optimization. Springer.

Opitz D, Maclin R, 1999. Popular ensemble methods: An empirical study. Journal of Artificial Intelligence Research, 11: 169–198.

O'Reilly U, Oppacher F, 1995. The troubling aspects of a building block hypothesis for Genetic programming. In Whitley L, Vose M, editors, Foundations of Genetic Algorithms, Volume 3, pages 73–88. Morgan Kaufmann.

Orvosh D, Davis L, 1993. Shall we repair? Genetic algorithms, combinatorial optimization, and feasibility constraints. International Conference on Genetic Algorithms, Urbana-Champaign, Illinois, page 650.

Otten R, van Ginneken L, 1989. The Annealing Algorithm. Kluwer Academic Publishers.

Palmer C, Kershenbaum A, 1994. Representing tree sin genetic algorithms. IEEE Conference on

Evolutionary Computation, Orlando, Florida, pages 379–384.

Pan Q, Tasgetiren M, Liang Y, 2008. A discrete differential evolution algorithm for the permutation flow shop scheduling problem. Computers & Industrial Engineering, 55(4): 795–816.

Paquet U, Engelbrecht A, 2003. A new particle swarm optimiser for linearly constrained optimisation. IEEE Congress on Evolutionary Computation, Canberra, Australia, pages 227–233.

Pardalos P, Mavridou T, 1998. The graph coloring problem: A bibliographic survey. In Zhu D Z, Pardalos P, editors, Handbook of Combinatorial Optimization, pages 331–395. Kluwer Academic Publishers.

Paredis J, 2000. Co evolutionary algorithms. In Back T, Fogel D, Michalewicz Z, editors, Evolutionary Computation 2, pages 224–238.Institut eofPhysics.

Pareto V, 1896. Cours d'Economie Politique. Guillaumin.

Parks G, Miller I, 1998. Selective breeding in a multiobjective genetic algorithm. In Eiben A, Back T, Schoenauer M, Schwefel H P, editors, Parallel Problem Solving from Nature – PPSN V, pages 250–259. Springer.

Passino K, 2002. Bio mimicry of bacterial foraging. IEEE Control Systems Magazine, 22(3): 52–67.

Paul T, Iba H, 2003. Optimization in continuous domain by real-code d estimation of distribution algorithm. In Abraham A, Koppen M, Pranke K, editors, Design and Application of Hybrid Intelligent Systems, pages 262–271.IO S Press.

Pena J, Robles V, Larranaga P, Herves V, Rosales F, Pérez M, 2004. GA-EDA: Hybrid evolutionary algorithm using genetic and estimation of distribution algorithms. In Orchard B, Yang C, Ali M, editors, Innovations in Applied Artificial Intelligence, pages 361–371. Springer.

Pedersen M, 2010. Good parameters for particle swarm optimization. Technical report, Hvass Laboratories, `www.hvass-labs.org`.

Pedersen M, Chipperfield A, 2010. Simplifying particle swarm optimization. Applied Soft Computing, 10(2): 618–628.

Pelikan M, 2005. Hierarchical Bayesian Optimization Algorithm. Springer.

Pelikan M, Goldberg D, Cantu-Paz E, 1999. BOA: The Bayesian optimization algorithm. Genetic and Evolutionary Computation Conference, Orlando, Florida, pages 525–532.

Pelikan M, Goldberg D, Lobo F, 2002. A survey of optimization by building and using probabilistic models. Computational Optimization and Applications, 21(1): 5–20.

Pelikan M, Mühlenbein H, 1998. The bivariate marginal distribution algorithm. In Benitez J, Cordon O, Hoffmann F, Roy R, editors, Advances in Soft Computing: Engineering Design and Manufacturing, pages 521–535. Springer.

Pelikan M, Sastry K, 2004. Fitness inheritance in the Bayesian optimization algorithm. Genetic and Evolutionary Computation Conference, Seattle, Washington, pages 48–59.

Petroski H, 1992. To Engineer Is Human: The Role of Failure in Successful Design. Vintage.

Pétrowski A, 1996. A clearing procedure as a niching method for genetic algorithms. IEEE Conference on Evolutionary Computation, Nagoya, Japan, pages 798–803.

Pham D, Ghanbarzadeh A, Ko? E, Otri S, Rahim S, Zaidi M, 2006. The bees algorithm – A novel tool for complex optimisation problems. 2nd International Virtual Conference on Intelligent Production Machines and Systems, pages 454–459.

Pincus M, 1968a. A closed form solution of certain programming problems. Operations Research, 16(3): 690–694.

Pincus M, 1968b. A Monte Carlo method for the approximate solution of certain types of constrained optimization problems. Operations Research, 18(6): 1225–1228.

Pitcher T, Parrish J, 1993. Functions of shoaling behaviour in teleosts. In Pitcher T, editor, Behaviour of Teleost Fishes, pages 363–439. Chapman & Hall.

Poli R, 2003. A simple but theoretically-motivated method to control bloat in genetic programming. Sixth European Conference on Genetic Programming, Essex, England, pages 211–223.

Poli R, 2008. Dynamics and stability of the sampling distribution of particle swarm optimisers via moment analysis. Journal of Artificial Evolution and Applications, 2008. ArticleI D761459, 10pages, doi:10.1155/2008/761459.

Poli R, Kennedy J, Blackwell T, 2007. Particle swarm optimization: An overview. Swarm Intelligence, 1(1): 33–57.

Poli R, Langdon W, McPhee N, 2008. A Field Guide to Genetic Programming. Published via `http://lulu.com and freely available at http://www.gp-field-guide.org.uk.`

Poli R, McPhee N, Rowe J, 2004. Exact schema theory and Markov chain models for Genetic programming and variable-length genetic algorithms with homologous crossover. Genetic Programming and Evolvable Machines, 5(1): 31–70.

Poli R, Rowe J, McPhee N, 2001. Markov chain models for GP and variable length GAs with homologous crossover. Genetic and Evolutionary Computation Conference, San Francisco, California, pages 112–119.

Poundstone W, 1993. Prisoner's Dilemma. Anchor.

Powell D, Skolnick M, 1993. Using genetic algorithms in engineering design optimization with nonlinear constraints. International Conference on Genetic Algorithms, Urbana-Champaign, Illinois, pages 424–431.

Preble S, Lipson M, Lipson H, 2005. Two-dimensional photonic crystals designed by evolutionary algorithms. Applied Physics Letters, 86(6): 061111.

Price K, 1997. Differential evolution versus the functions of the 2nd ICEO. IEEE Conference on Evolutionary Computation, Indianapolis, Indiana, pages 153–157.

Price K, 2013. Differential evolution. In Zelinka I, Snasel V, Abraham A, editors, Handbook of Optimization, `ebooks.com.`

Price K, Storn R, 1997. Differential evolution: Numerical optimization made easy. Dr. Dobb's Journal, pages 18–24.

Price K, Storn R, Lampinen J, 2005. Differential Evolution. Springer.

PS C, 2012. Particle Swarm Central, `www.particle swarm.info.`

Păun G, 2003. Membrane computing. In Ling as A, Nilsson B, editors, Fundamentals of Computation Theory, pages 177–220. Springer.

Pyke G, 1978. Optimal foraging in bumble bees and coevolution with their plants. Oecologia, 36(3): 281–293.

Qin A, Huang V, Suganthan P, 2009. Differential evolution algorithm with strategy adaptation for global numerical optimization. IEEE Transactions on Evolutionary Computation, 13(2): 39–417.

Qing A, 2009. Differential Evolution: Fundamentals and Applications in Electrical Engineering. John Wiley & Sons.

Quammen D, 1997. The Song of the Dodo: Island Biogeography in an Age of Extinction. Scribner.

Quijano N, Passino K, Andrews B, 2006. Foraging theory for multi zone temperature control. IEEE Computational Intelligence Magazine, 1(4): 18–27.

Rabanal P, Rodriguez I, Rubio F, 2007. Using river formation dynamics to design heuristic algorithms. In Akl S, Calude C, Dinneen M, Rozenberg G, Wareham H, editors, Unconventional Computation, pages 163–177. Springer.

Radcliffe N, Surry P, 1995. Fundamental limitations on search algorithms: Evolutionary computing in perspective. In VanLeeuwen J, editor, Computer Science Today: Recent Trends and Developments (Lecture Notes in Computer Science, No. 1000), pages 275–291. Springer-Verlag.

Rahnamayan S, Tizhoosh H, Salama M, 2008. Opposition-based differential evolution. IEEE Transactions on Evolutionary Computation, 12(1): 64–79.

Rao R, Patel V, 2012. Anelitistteaching-learning-based optimization algorithm forsolving complex constrained optimization problems. International Journal of Industrial Engineering Computations, 3(4): 535–560.

Rao R, Savsani V, 2012. Mechanical Design Optimization Using Advanced Optimization Techniques. Springer.

Rao R, Savsani V, Vakharia D, 2011. Teaching-learning-based optimization: A novel method for constrained mechanical design optimization problems. Computer-Aided Design, 43(3): 303–315.

Rao R, Savsani V, Vakharia D, 2012. Teaching-learning-based optimization: A novel optimization method for continuous non-linear large scale problems. Information Sciences, 183(1): 1–15.

Rashedi E, Nezamabadi-pour H, Saryazdi S, 2009. GSA: A gravitational search algorithm. Information Sciences, 179(13): 2232–2248.

Rashedi E, Nezamabadi-pour H, Saryazdi S, 2010. BGSA: Binary gravitational search algorithm. Natural Computing, 9(3): 727–745.

Rasheed K, Hirsh H, 2000. Informe doperators: Speeding up genetic-algorithm based design optimization using reduced models. Genetic and Evolutionary Computation Conference, LasVegas, Nevada, pages 628–635.

Rashid M, Baig A, 2010. Improved opposition-based PSO for feed forward neural network training. International Conference on Information Science and Applications, Seoul, Korea, pages 1–6.

Rastrigin L, 1974. Extremal Control Systems. Nauka. In Russian.

Rawlins G, editor, 1991. Foundations of Genetic Algorithms. Morgan Kaufmann Publishers.

Ray T, Isaacs A, Smith W, 2009a. A memetic algorithm for dynamic multiobjective optimization. In Goh C K, Ong Y S, Tan K, editors, Multi-Objective Memetic Algorithms, pages 353–367. Springer.

Ray T, Liew K, 2003. Society and civilization: An optimization algorithm based on the simulation of social behavior. IEEE Transactions on Evolutionary Computation, 7(4): 386–396.

Ray T, Sing h H, Isaacs A, Smith W, 2009b. Infeasibility driven evolutionary algorithm for constrained optimization. In Mezura-Montes E, editor, Constraint-Handling in Evolutionary Optimization, pages 145–165. Springer.

Rechenberg I, 1973. Evolutionsstrategie – Optimierung Technischer Systeme nach Prinzipien der Biologischen Evolution. Frommann-Holzboog. The English translation of the title is Evolution strategy – Optimization of Technical Systems according to Principles of Biological Evolution.

Rechenberg I, 1998. Cybernetic solution path of an experimental problem. In Fogel D, editor, Evolutionary Computation: The Fossil Record, pages 301–310.Wiley-IEEE Press.Firstpublishedin1964.

Reeves C, 1993. Modern Heuristic Techniques for Combinatorial Problems. John Wiley & Sons.

Reeves C, Rowe J, 2003. Genetic Algorithms: Principles and Perspectives. Kluwer Academic Publishers.

Reinelt G, 2008. TSPLIB. `http://comopt.ifi.uni-heidelberg.de/software/TSPLIB95`. Reynolds R, 1994. An introduction to cultural algorithms. Third Annual Conference on Evolutionary Computing, Madison, Wisconsin, pages 131–139.

Reynolds R, 1999. Cultural algorithms: Theory and applications. In Corne D, Dorigo M, Glover F, Dasgupta D, Moscato P, Poli R, Price K, editors, New Ideas in Optimization, pages 367–378. McGraw-Hill.

Reynolds R, Ashlock D, Yannakakis G, Togelius J, Preuss M, 2011. Tutorials: Cultural algorithms: Incorporating social intelligence into virtual worlds. IEEE Conference on Computational Intelligence and Games, Seoul, SouthKorea, pages J1–J5.

Reynolds R, Chung C, 1997. Knowledge-based self-adaptation in evolutionary programming using cultura l algorithms. IEEE International Conference on Evolutionary Computation, Indianapolis, Indiana, pages 71–76.

Ritscher T, Helwig S, Wanka R, 2010. Design and experimental evaluation of multiple adaptation layers in self-optimizing particle swarm optimization. IEEE Congress on Evolutionary Computation, Barcelona, Spain, pages 1–8.

Ritzel B, Eheart J, Ranjithan S, 1995. Using genetic algorithms to solve a multiple objective ground water pollution containment problem. Water Resources Research, 30(5): 1589–1603.

Robert C, Casella G, 2010. Monte Carlo Statistical Methods. Springer. Ronald S, 1998. Duplicate genotypes in a genetic algorithm. IEEE World Congress on Computational Intelligence, Anchorage, Alaska, pages 793–798.

Ros R, Hansen N, 2008. A simpl emodification in CMA-ES achieving linear time and space complexity. In Rudolp G, Jansen T, Lucas S, Poloni C, Beume N, editors, Parallel Problem Solving from Nature – PPSN X, pages 296–305. Springer.

Rosca J, 1997. Analysis of complexity drift in genetic programming. Second Annual Conference on Genetic Programming, Palo Alto, California, pages 286–294.

Rosenberg R, 1967. Simulation of genetic populations with bio chemical properties. PhD thesis, University of Michigan.

Rosenbrock H, 1960. An automatic method for finding the greatest or least value of a function. The Computer Journal, 3(3): 175–184.

Rosenkrantz D, Steams R, Lewis P, 1977. An analysis of several heuristics for the traveling salesman problem. SIAM Journal on Computing, 6(3): 563–581.

Ross T, 2010. Fuzzy Logic with engineering Applications. John Wiley & Sons, 3rd edition.

Rossi F, vanBeek P, Walsh T, 2006. Handbook of Constraint Programming.Elsevier.

Rothlauf F, Goldberg D, 2003. Redundant representations in evolutionary computation. Evolutionary Computation, 11(4): 381–415.

Rubinstein A, 1986. Finite automata play the repeated prisoner's dilemma. Journal of Economic Theory, 39(1): 83–96.

Rudlof S, Koppen M, 1996. Stochastic hillclimbing by vectors of normal distributions. First Online Workshop on Soft Computing, Nagoya, Japan, pages 60–70.

Rudolph G, 1992. Parallel approaches to Stochastic global optimization. In Joosen, W. and Milgrom, E., editors, Parallel Computing : From Theory to Sound Practice, pages 256–267.IO S Press.

Rudolph G, Agapie A, 2000. Convergence properties of some multi-objective evolutionary algorithms. IEEE Congress on Evolutionary Computation, San Diego, California, pages 1010–1016.

Rudolph G, Schwefel H P, 2008. Simulated evolution under multiple criteria conditionsrevisited. IEEE World Congress on Computational Intelligence, HongKong, pages 249–261.

Runarsson T, Yao X, 2000. Stochastic ranking for constrained evolutionary optimization. IEEE Transactions on Evolutionary Computation, 4(3): 284–294.

Sakawa M, 2002. Genetic Algorithms and Fuzzy Multiobjective Optimization. Springer.

Salkind N, 2007. Statistics for People Who (Think They) Hate Statistics. Sage Publications.

Salomon R, 1996. Reevaluating genetic algorithm Performance under coordinate rotation of benchmark functions. BioSystems, 39(3): 263–278.

Salustowicz R, Schmidhuber J, 1997. Probabilistic incremental program evolution. Evolutionary Computation, 5(2): 123–141.

Sano Y, Kita H, 2002. Optimization of noisy fitness functions by means of genetic algorithms using history of search with test of estimation. IEEE Congress on Evolutionary Computation, Honolulu, Hawaii, pages 360–365.

Santana R, 1998. Estimation of distribution algorithms with Kikuchi approximations. Evolutionary Computation, 13(1): 67–97.

Santana R, 2003. A Markov network based factorized distribution algorithm for optimization. 14th European Conference on Machine Learning, Cavtat, Croatia, pages 337–348.

Santana R, Echegoyen C, 2012. Matlab Tool box for Estimation of Distribution Algorithms (MATEDA-2.0). www.sc.ehu.es/ccwbayes/members/rsantana/softwaxe/matlab/MATEDA.html.

Santana R, Larranaga P, Lozano J, 2008. Adaptive estimation of distribution algorithms. In Cotta C, Sevaux M, Sörensen K, editors, Adaptive and Multilevel Metaheuristics, pages 177–197. Springer.

Santana-Quintero L, Montano A, CoelloCoello C, 2010. A review of techniques for handling expensive functions in evolutionary multi-objective optimization. In Tenne Y, Goh C K, editors, Computational Intelligence in Expensive Optimization Problems, pages 29–60. Springer.

Sareni B, Krähenbühl L, 1998. Fitness sharing and niching methods revisited. IEEE Transactions on Evolutionary Computation, 2(3): 97–106.

Sastry K, Goldberg D, 2000. On extended compact genetic algorithm. Genetic and Evolutionary Computation Conference, Las Vegas, Nevada, pages 352–359.

Sastry K, Goldberg D, Pelikan M, 2001. Don't evaluate, inherit. Genetic and Evolutionary Computation Conference, San Francisco, California, pages 551–558.

Savicky P, Robnik-Sikonja M, 2008. Learning random numbers: A Matlab anomaly. Applied Artificial Intelligence, 22(3): 254–265.

Savla K, Frazzoli E, Bullo F, 2008. Traveling salesperson problems for the Dubins vehicle. IEEE Transactions on Automatic Control, 53(6): 1378–1391.

Sayadi M, Ramezanian R, Ghaffari-Nasab N, 2010. A discrete firefly metaheuristic with local search for makespan minimization in permutation flowsho pscheduling problems. International Journal of Industrial Engineering Computations, 1(1): 1–10.

Schaffer C, 1994. A conservation law for generalization performance. 11th International Conference on Machine Learning, Boca Raton, Florida, pages 259–265.

Schaffer J, 1985. Multiple objective optimization with vector evaluated genetic algorithms. International Conference on Genetic Algorithms and Their Application, Pittsburgh, Pennsylvania, pages 93–100.

Schervish M, 1996. Pvalues: What they are and what they are not. The American Statistician, 50(3): 203–206.

Schmidhuber J, 1987. Evolutionary principles in self-referential learning, or on learning how to learn: The meta-meta-... hook. PhD thesis, Technische Universität München.

Schoenauer M, Michalewicz Z, 1996. Evolutionary computation at the edge of feasibility. In Ebeling W, Rechenberg I, Schwefel H P, Voigt H M, editors, Parallel Problem Solving from Nature – PPSN IV, pages 245–254. Springer.

Schoenauer M, Sebag M, Jouve F, Lamy B, Maitournam H, 1996. Evolutionary identification of macro-mechanical models. In Angeline P, Kinnear K, editors, Advances in Genetic Programming, volume 2, pages 467–488. MIT Press.

Schoenauer M, Xanthakis S, 1993. Constrained GA optimization. International Conference on Genetic Algorithms, Urbana-Champaign, Illinois, pages 573–580.

Schrijver A, 2005. On the history of combinatorial optimization (till1960). In Aardal K, Nemhauser G, Weismantel R, editors, Discrete Optimization, volume 12 of Handbooks in Operations Research and Management Science, pages 1–68. Elsevier.

Schultz T, 1999. Ants, plants and antibiotics. Nature, 398(6730): 747–748.

Schultz T, 2000. In search of ant ancestors. Proceeding s of the National Academy of Sciences, 97(26): 14028–14029.

Schumacher C, Vose M, Whitley L, 2001. The no free lunch and problem description length. Genetic and Evolutionary Computation Conference, San Francisco, California, pages 565–570.

Schütze O, Lara A, Coello Coello C, 2011. On the influence of the number of objectives on the hardness of a multiobjective optimization problem. IEEE Transactions on Evolutionary Computation, 15(4): 444–454.

Schwefel H P, 1977. Numerische Optimierung von Computer-Modellen. Birkhauser. The English translation of the title is Evolutionary Strategy and Numerical Optimization.

Schwefel H P, 1981. Numerical Optimization of Computer Models. John Wiley & Sons. Translation of [Schwefel, 1977] along with some additional material.

Schwefel H P, 1995. Evolution and Optimum Seeking. John Wiley & Sons. Expanded version of [Schwefel, 1981].

Schwefel H P, Mendes M, 2010. 45yearsof evolution strategies. SIG evolution, 4(2): 2–8.

Sebag M, Ducoulombier A, 1998. Extending population-based incremental learning to continuous search spaces. In Eiben A, Back T, Schoenauer M, Schwefel H P, editors, Parallel Problem Solving from Nature – PPSN V, pages 418–427. Springer.

Sefrioui M, Périaux J, 2000. A hierarchical genetic algorithm using multiple models for optimization. In Schoenauer M, Deb K, Rudolph G, Yao X, Lutton E, Merelo J, Schwefel H P, editors, Parallel Problem Solving from Nature – PPSN VI, pages 879–888. Springer.

Selvakumar A, Thanushkodi K, 2007. A new particle swarm optimization solution to nonconvex economic dispatch problems. IEEE Transactions on Power Systems, 22(1): 42–51.

Seneta E, 1966. Markov and the birth of chain dependence theory. International Statistical Review, 64(3): 255–263.

Settles B, 2010. Active learning literature survey. Technical report, University of Wisconsin-Madison, `www.cs.emu.edu/~bsettles/pub/settles.active learning.pdf`.

Shah-Hosseini H, 2007. Problem solving by intelligent water drops. IEEE Congress on Evolutionary Computation, Singapore, pages 3226–3231.

Shakya S, Santana R, editors, 2012. Markov Networks in Evolutionary Computation. Springer.

Shi L, Rasheed K, 2010. A survey of fitness approximation methods applied in evolutionary algorithms. In Tenne Y, Goh C K, editors, Computational Intelligence in Expensive Optimization Problems, pages 3–28. Springer.

Shi Y, Eberhart R, 1999. Empirical study of particle swarm optimization. IEEE Congress on Evolutionary Computation, Washington, DistrictofColumbia, pages 1945–1950.

Shibani Y, Yasuno S, Ishiguro I, 2001. Effects of global information feedback on diversity. Advances in Genetic Programming, 45(1): 80–96.

Simões A, 2011. Evolutionary Algorithms in Dynamic Optimization Problems. Lambert Academic Publishing.

Simon D, 2005. Research in the balance. IEEE Potentials, 24(2): 17–21.

Simon D, 2006. Optimal State Estimation. John Wiley & Sons.

Simon D, 2008. Biogeography-based optimization. IEEE Transactions on Evolutionary Computation, 12(6): 702–713.

Simon D, 2011a. A dynamic system model of biogeography-based optimization. Applied Soft Computing, 11(8): 5652–5661.

Simon D, 2011b. A probabilistic analysis of a simplified biogeography-based optimization algorithm. Evolutionary Computation, 19(2): 167–188.

Simon D, 2012. Biogeography-Based Optimization Web Site. http://embeddedlab.csuohio.edu/BBO.

Simon D, Ergezer M, Du D, 2009. Population distributions in biogeography based optimization algorithms with elitism. IEEE Conference on Systems, Man, and Cybernetics, San Antonio, Texas, pages 1017–1022.

Simon D, Ergezer M, Du D, Rarick R, 2011a. Markov models for biogeography based optimization. IEEE Transactions on Systems, Man and Cybernetics – Part B: Cybernetics, 41(1): 299–306.

Simon D, Rarick R, Ergezer M, Du D, 2011b. Analytical and numerical comparisons of biogeography-based optimization and genetic algorithms. Information Sciences, 181(7): 1224–1248.

Sing h H, Ray T, Smith W, 2010. Surrogate assisted simulated annealing (SASA) for constrained multi-objective optimization. IEEE Congress on Evolutionary Computation, Barcelona, Spain, pages 1–8.

Smith A, Tate D, 1993. Genetic optimization using a penalty function. International Conference on Genetic Algorithms, Urbana-Champaign, Illinois, pages 499–505.

Smith R, Dike B, Stegmann S, 1995. Fitness inheritance in genetic algorithms. Symposium on Applied Computing, Nashville, Tennessee, pages 345–350.

Smith S, 1980. A Learning System Based on Genetic Adaptive Algorithms. PhD thesis, University of Pittsburgh.

Sobotnik J, Hanus R, Kalinova B, Piskorski R, Cvacka J, Bourguignon T, Roisin Y, 2008. (E,E)-α-Farnesene, an alarm pheromone of the termite Prorhinotermes canalifrons. Journal of Chemical Ecology, 34(4): 478–486.

Socha K, Dorigo M, 2008. Ant colony optimization for continuous domains. European Journal of Operational Research, 185(3): 1155–1173.

Solnon C, 2010. Ant Colony Optimization and Constraint Programming. John Wiley & Sons.

Spears W, DeJong K, 1997. Analyzing GAs using Markov models with semantically ordered and lumped states. In Belew R, Vose M, editors, Foundations of Genetic Algorithms, volume 4, pages 85–100. Morgan Kaufmann.

Srinivas N, Deb K, 1994. Multiobjective optimization using nondominated sorting in genetic algorithms. Evolutionary Computation, 2(3): 221–248.

Stanley K, Miikkulainen R, 2002. Evolving neural networks through augmenting topologies. Evolutionary Computation, 10(2): 99–127.

Stephens D, Krebs J, 1986. Foraging Theory. Princeton University Press.

Sterne J, Smith G, 2001. Sifting the evidence-what's wrong with significance tests? Physical Therapy, 81(8): 1464–1469.

Stone L, 2009. Zebras. Lerner Publications Company.

Storn R, 1996a. Differential evolution design of an IIR-filter. IEEE Conference on Evolutionary Computation, Nagoya, Japan, pages 268–273.

Storn R, 1996b. On the usage of differential evolution for function optimization. Conference of the North American Fuzzy Information Processing Society, Berkeley, California, pages 519–523.

Storn R, Price K, 1996. Minimizing the real functions of the ICEC'9 6contestby differential evolution. IEEE Conference on Evolutionary Computation, Nagoya, Japan, pages 842–844.

Storn R, Price K, 1997. Differential evolution – A simple and efficient heuristic for global optimization over continuous spaces. Journal of Global Optimization, 11(4): 341–359.

Stroud P, 2001. Kalman-extended genetic algorithm for search in nonstationary environment s with noisy fitness evaluations. IEEE Transactions on Evolutionary Computation, 5(1): 66–77.

Stützle T, Hoos H, 2000. MAX-MIN ant system. Future Generation Computer Systems, 16(8): 889–914.

Su C, Lee C, 2003. Network reconfiguration of distribution systems using improved mixed-integer hybrid differential evolution. IEEE Transactions on Power Delivery, 18(3): 1022–1027.

Suganthan P, Hansen N, Liang J, Deb K, Chen Y P, Auger A, Tiwari S, 2005. Problem definitions and evaluation criteria for the CEC2005 special session on real-parameter optimization. Technical report, `www.iitk.ac.in/kangal/papers/k2005005.pdf`, `www.ntu.edu.sg/home/EPNSugan/index_files/cec-benchmarking.htm`.

Sun J, Lai C H, Wu X J, 2011. Particle Swarm Optimisation: Classical and Quantum Perspectives. CRC Press.

Sverdlik W, Reynolds R, 1993. Incorporating domain specific knowledge into version space search. Fifth International Conference on Tools with Artificial Intelligence, Boston, Massachusetts, pages 216–223.

Syberfeldt A, Ng A, John R, Moore P, 2010. Evolutionary optimisation of noisy multi-objective problems using confidence-based dynamic resampling. European Journal of Operational Research, 204(3): 533–544.

Syswerda G, 1991. Schedule optimization using genetic algorithms. In Davis L, editor, Handbook of Genetic Algorithms, pages 332–349. Van Nostrand Reinhold.

Syswerda G, 2010. Differential evolution research-trends and open questions. In Chakraborty U, editor, Advances in Differential Evolution, pages 1–32. Springer.

Szu H, Hartley R, 1987. Fast simulated annealing. Physics Letters A, 122(3–4): 157–162.

Takahama T, Sakai S, 2009. Solving difficult constrained optimziation problems by the e constrained differential evolution with gradient-based mutation. In MezuraMontes E, editor, Constraint-Handling in Evolutionary Optimization, pages 51–72. Springer.

Tan K, Khor E, Lee T, 2010. Multiobjective Evolutionary Algorithms and Applications. Springer.

Tanaka M, Tanino T, 1992. Global optimization by the genetic algorithm in a multiobjective decision support system. International Conference on Multiple Criteria Decision Making, Taipei, Taiwan, pages 261–270.

Tao G, Michalewicz Z, 1998. Inver-over operator for the TSP. In Eiben, A., Bäck T, Schoenauer M, Schwefel H P, editors, Parallel Problem Solving from Nature – PPSN V, pages 803–812. Springer.

Taylor J, 1997. An Introduction to Error Analysis: The Study of Uncertainties in Physical Measurements. University Science Books, 2nd edition.

Tenne Y, Goh C K, editors, 2010. Computational Intelligence in Expensive Optimization Problems. Springer.

Teodorovic D, 2003. Transport modeling by multi-agent systems: A swarm intelligence approach. Transportation Planning and Technology, 26(4): 289–312.

Tereshko V, 2000. Reaction-diffusion model of a honeybee colony's foraging behaviour. In Schoenauer M, Deb K, Rudolph G, Yao X, Lutton E, Merelo J, Schwefel H P, editors, Parallel Problem Solving from Nature – PPSN VI, pages 807–816. Springer.

Tessema B, Yen G, 2006. A self adaptive penalty function based algorithm for constrained optimization. IEEE Congress on Evolutionary Computation, Vancouver, Canada, pages 246–253.

Thiele L, Miettinen K, Korhonen P, Molina J, 2009. A preference-based evolutionary algorithm for multi-objective optimization. Evolutionary Computation, 17(3): 411–436.

Thomson I, 2010. Culture Wars and Enduring American dilemmas. The University of Michigan Press.

Tilman D, May R, Lehman C, Nowak M, 1994. Habitat destruction and the extinction debt. Nature, 371(3): 65–66.

Tinoco J, Coello Coello C, 2013. hypDE: A hyper-heuristic based on differential evolution for solving constrained optimization problems. In Schütze 0, Coello Coello C, Tantar A A, Tantar E, Bouvry P, Mora P D, Legrand P, editors, EVOLVE – A Bridge between Probability, Set Oriented Numerics, and Evolutionary Computation II, pages 267–282. Springer.

Tinós R, Yang S, 2005. Genetic algorithms with self-organized criticality for dynamic optimization problems. IEEE Congress on Evolutionary Computation, Edinburgh, United Kingdom, pages 2816–2823.

Tizhoosh H, 2005. Opposition-based learning: A new scheme for machine intelligence. International Conference on Computational Intelligence for Model ling, Control and Automation, Vienna, Austria, pages 695–701.

Tizhoosh H, Ventresca M, Rahnamayan S, 2008. Opposition-based computing. In Tizhoosh H, Ventresca M, editors, Oppositional Concepts in Computational Intelligence, pages 11–28. Springer.

Tomassini M, Vanneschi L, 2009. Introduction: Special issue on parallel and distributed evolutionary algorithms, Part I. Genetic Programming and Evolvable Machines, 10(4): 339–341.

Tomassini M, Vanneschi L, 2010. Guest editorial: Special issue on parallel and distributed evolutionary algorithms, Part II. Genetic Programming and Evolvable Machines, 11(2): 129–130.

Torregosa R, Kanok-Nukulchai W, 2002. Weight optimization of steel frames using genetic algorithm.

Advances in Structural Engineering, 5(2): 99–111.

Toth P, Vigo D, editors, 2002. The Vehicle Routing Problem. The Society for Industrial and Applied Mathematics.

Tripathi P, Bandyopadhyay S, Pal S, 2007. Multi-objective particle swarm optimization with time variant inertia and acceleration coefficients. Information Sciences, 177(22): 5033–5049.

Tsutsui S, 2004. Ant colony optimisation for continuous domains with aggregation pheromones metaphor. Fifth International Conference on Recent Advances in Soft Computing (RASC-04), Nottingham, United Kingdom, pages 207–212.

Turing A, 1950. Computing machinery and intelligence. Mind, 59(236): 433–460.

Turner G, Pitcher T, 1986. Attack abatement: A model for group protection by combined avoidance and dilution. The American Naturalist, 128(2): 228–240.

Twain M, 2010. Autobiography of Mark Twain, Volume 1. University of California Press.

Tylor E, 2009. Primitive Culture: Researches into the Development of Mythology, Philosophy, Religion, Art and Custom, volume 1. Cornell University Library. Originally published in 1871.

Tylor E, 2011. Researches into the Early History of Mankind and the Development of Civilization. University of California Libraries. Originally published in 1878.

Ufuktepe U, Bacak G, 2005. Applications of graph coloring. International Conference on Computational Science and Applications, Singapore, pages 465–477.

vanLaarhoven P, Aarts E, 2010. Simulated Annealing: Theory and Applications. Springer.

VanVeldhuizen D, Lamont G, 2000. Multiobjective evolutionary algorithms: Analyzing the state-of-the-art. Evolutionary Computation, 8(2): 125–147.

Vavak F, Fogarty T, 1996. Comparison of steady state and generational genetic algorithms for use in nonstationary environments. IEEE Conference on Evolutionary Computation, Nagoya, Japan, pages 192–195.

Ventresca M, Tizhoosh H, 2007. Simulated annealing with opposite neighbors. IEEE Symposium on Foundations of Computational Intelligence, Honolulu, Hawaii, pages 186–192.

Volk T, 1997. Gaia's Body: Toward a Physiology of Earth. Springer.

Vorwerk K, Kenning s A, Greene J, 2009. Improving simulated annealing-based FPGA placement with directed moves. IEEE Transactions on Computer-Aided Design of Integrated Circuits and Systems, 28(2): 179–192.

Vose M, 1990. Formalizing genetic algorithms. IEEE Workshop on Genetic Algorithms, Neural Networks, and Simulated Annealing Applied to Signal and Image Processing, Glasgow, Scotland.

Vose M, 1999. The Simple Genetic Algorithm: Foundations and Theory. MIT Press.

Vose M, Liepins G, 1991. Punctuated equilibria in genetic search. Complex Systems, 5(1): 31–44.

Vose M, Wright A, 1998a. The simple genetic algorithm and the Walsh transform: Part I, Theory. Evolutionary Computation, 6(3): 253–273.

Vose M, Wright A, 1998b. The simple genetic algorithm and the Walsh transform: Part II, The inverse. Evolutionary Computation, 6(3): 275–289.

Waghmare G, 2013. Comments on "A note on teaching-learning-based optimization algorithm". Information Sciences, inprint.

Wallace A, 2006. The Geographical Distribution of Animals (two volumes). Adamant Media Corporation. First published in 1876.

Wang H, Yang S, Ip W, Wang D, 2009. Adaptive primal-dual genetic algorithms in dynamic environments. IEEE Transactions on Systems, Man, and Cybernetics – Part B: Cybernetics, 39(6): 1348–1361.

Wedde H, Farooq M, Zhang Y, 2004. Beehive: An efficient fault-tolerant routing algorithm inspired by honeybee behavior. In Dorigo M, Birattari M, Blum C, Gambardella L, Mondada F, Stiitzle T, editors, Ant Colony Optimization and Swarm Intelligence: 4th International Workshop, ANTS 2004, pages 83–94. Springer.

Weiland M, 2009. Sand: The Never-Ending Story. University of California Press.

Welsch R, Endicott K, 2005. Taking Sides: Clashing Views in Cultural Anthropology. McGraw-Hill, 2nd edition.

Wesche T, Goertler G, Hubert W, 1987. Modified habitat suitability index model for brown trout in southeastern Wyoming. North American Journal of Fisheries Management, 7(2): 232–237.

Wetzel C, Insko C, 1982. The similarity-attraction relationship: Is there an ideal one? Journal of Experimental Social Psychology, 18(3): 253–76.

Whigham P, 1995. A schema theorem for context-free grammars. IEEE Conference on Evolutionary Computation, Perth, Western Australia, pages 178–181.

Whitley D, 1989. The GENITOR algorithm and selection Pressure: Why rank-based allocation of reproductive trials is best. International Conference on Genetic Algorithms, Fairfax, Virginia, pages 116–121.

Whitley D, 1994. A genetic algorithm tutorial. Statistics and Computing, 4(2): 65–85.

Whitley D, 1999. A free lunch proof for gray versus binary encodings. Genetic and Evolutionary Computation Conference, Orlando, Florida, pages 726–733.

Whitley D, 2001. An overview of evolutionary algorithms: Practical issues and common pitfalls. Information and Software Technology, 43(14): 817–831.

Whitley D, Rana S, Dzubera J, Mathias K, 1996. Evaluating evolutionary algorithms. Artificial Intelligence, 85(1–2): 245–276.

Whitley D, Rana S, Heckendorn R, 1998. The island model genetic algorithm: On separability, population size and convergence. Journal of Computing and Information Technology, 7(1): 33–47.

Whitley D, Watson J, 2005. Complexity theory and the no free lunch theorem. In Burke E, Kendall G, editors, Search Methodologies: Introductory Tutorials in Optimization and Decision Support Techniques, pages Chapter11, 317–339. Springer.

Whittaker R, Bush M, 1993. Dispersal and establishment of tropical forst assemblages, Krakatoa, Indonesia. In Miles J, Walton D, editors, Primary Succession on Land, pages 147–160. Blackwell Science.

Wienke D, Lucasius C, Kateman G, 1992. Multi criteria target vector optimization of analytical procedures using a genetic algorithm: Part I. Theory, numerical simulations and application to atomic emission spectroscopy. Analytica Chimica Act, 265(2): 211–225.

Wilson P, Macleod M, 1993. Low implementation cost IIR digital filter design using genetic algorithms. IEE/IEEE Workshop on Natural Algorithms in Signal Processing, Chelmsford, England, pages 4/1-4/8.

Winchester S, 2008. The Day the World Exploded. Collins.

Winston P, Horn B, 1989. Lisp. Addison Wesley, 3rd edition.

Woldesenbet Y, Yen G, 2009. Dynamic evolutionary algorithm with variable relocation. IEEE Transactions on Evolutionary Computation, 13(3): 500–513.

Wolpert D, Macready W, 1997. No free lunch theorems for optimization. IEEE Transactions on Evolutionary Computation, 1(1): 67–82.

Wolpert D, Macready W, 2005. Coevolutionary free lunches. IEEE Transactions on Evolutionary Computation, 9(6): 721–735.

Worden L, Levin S, 2007. Evolutionary escape from the prisoner's dilemma. Journal of Theoretical Biology, 245(3): 411–422.

Wright A, Poli R, Stephens C, Langdon W, Pulavarty W, 2004. An estimation of distribution algorithm based on maximum entropy. Genetic and Evolutionary Computation Conference, Seattle, Washington, pages 343–354.

Wright S, 1987. Primal-Dual Interior-Point Methods. Society for Industrial Mathematics.

Wu J, Vankat J, 1995. Island biogeography theory and Applications. In Nierenberg W, editor, Encyclopedia of Environmental Biology, pages 317–379. Academic Press.

Wu S, Chow T, 2007. Self-organizing and self-evolving neurons: A new neural network for optimization. IEEE Transactions on Neural Networks, 18(2): 385–396.

Wyatt T, 2003. Pheromones and Animal Behaviour: Communication by Smell and Taste. Cambridge University Press.

Xinchao Z, 2010. A perturbed particle swarm algorithm for numerical optimization. Applied Soft Computing, 10(1): 119–124.

Yang C, Simon D, 2005. A new particle swarm optimization technique. International Conference on Systems Engineering, Las Vegas, Nevada, pages 164–169.

Yang C H, Tsai S W, Chuang L Y, Yang C H, 2011. A modified particle swarm optimization for global optimization. International Journal of Advancements in Computing Technology, 3(7): 169–189.

Yang S, 2003a. Non-stationary problem optimization using the primal-dual genetic algorithm. IEEE Congress on Evolutionary Computation, Canberra, Australia, pages 2246–2253.

Yang S, 2003b. PDGA: The primal-dual genetic algorithm. International Conference on Hybrid Intelligent Systems, Melbourne, Australia, pages 214–223.

Yang S, 2008a. Genetic algorithms with memory- and elitism-based immigrant sin dynamic environments. Evolutionary Computation, 16(3): 385–416.

Yang S, Ong Y S, Jin Y, editors, 2010. Evolutionary Computation in Dynamic and Uncertain Environments. Springer.

Yang S, Yao X, 2005. Experimental study on population-based incrementa 1 learning algorithms for dynamic optimization problems. Soft Computing, 9(11): 815–834.

Yang S, Yao X, 2008a. Population-based incrementa 1 learning with associative memory for dynamic environments. IEEE Transactions on Evolutionary Computation, 12(5): 542–561.

Yang S, Yao X, 2008b. Population-based incrementa 1 learning with associative memory for dynamic environments. IEEE Transactions on Evolutionary Computation, 12(5): 542–561.

Yang X S, editor, 2008b. Nature-Inspired Metaheuristic Algorithms. Luniver Press.

Yang X S, 2009a. Cuckoo search via Levy flights. World Congress on Nature & Biologically Inspired Computing, Coimbatore, India, pages 210–214.

Yang X S, 2009b. Firefly algorithm, Levy flights and global optimization. In Ellis R, Petridis M, editors, Research and Development in Intelligent Systems XXVI, pages 209–218. Springer.

Yang X S, 2010a. Firefly algorithm, Stochastic test functions and design optimisation. International Journal of Bio-Inspired Computation, 2(2): 78–84.

Yang X S, 2010b. Firefly algorithms for multimodal optimization. In Watanabe O, Zeugmann T, editors, Stochastic Algorithms: Foundations and Applications, pages 169–178. Springer.

Yang X S, 2010c. A new metaheuristic bat-inspired algorithm. In Gonzalez J, Pelta D, Cruz C, Terrazas G, Krasnogor N, editors, Nature Inspired Cooperative Strategies for Optimization, pages 65–74. Springer.

Yang Z, Tang K, Yao X, 2008. Large scale evolutionary optimization using cooperative coevolution. Information Sciences, 178(15): 2985–2999.

Yao X, Liu Y, 1997. Fast evolution strategies. In Angeline P, Reynolds R, McDonnell J, Eberhart R, editors, Evolutionary Programming VI, pages 151–161. Springer.

Yao X, Liu Y, Lin G, 1999. Evolutionary programming made faster. IEEE Transactions on Evolutionary Programming, 3(2): 82–102.

Yen G, 2009. An adaptive penalty function for handling constrain tin multi-objective evolutionary optimization. In Mezura-Montes E, editor, Constraint-Handling in Evolutionary Optimization, pages 121–143. Springer.

Yoshida H, Kawata K, Fukuyama Y, 2001. A particle swarm optimization for reactive power and voltage control considering voltage security assessment. IEEE Transactions on Power Systems, 15(4): 1232–1239.

Yu X, Tang K, Chen T, Yao X, 2009. Empirical analysis of evolutionary algorithms with immigrants schemes for dynamic optimization. Memetic Computing, 1(1): 3–24.

Yuan B, Orlowska M, Sadiz S, 2007. On the optimal robot routing problem in wireless sensor networks. IEEE Transactions on Knowledge and Data Engineering, 19(9): 1251–1261.

Zaharie D, 2002. Critical values for the control parameters of differential evolution algorithms. International Conference on Soft Computing, Brno, CzechRepublic, pages 62–67.

Zavala A, Aguirre A, Diharce E, 2009. Continuous constrained optimization with dynamic tolerance using the COPS O algorithm. In Mezura-Montes E, editor, Constraint-Handling in Evolutionary Optimization, pages 1–23. Springer.

Zhan Z H, Zhang J, Li Y, Chung H, 2009. Adaptive particle swarm optimization. IEEE Transactions on Systems, Man, and Cybernetics – Part B: Cybernetics, 39(6): 1362–1381.

Zhang J, Sanderson A, editors, 2009. Adaptive Differential Evolution. Springer.

Zhang Q, Sun J, Tsang E, 2005. An evolutionary algorithm with guided mutation for the maximum clique problem. IEEE Transactions on Evolutionary Computation, 9(2): 192–200.

Zhang Q, Zhou A, Zhao S, Suganthan P, Liu W, Tiwari S, 2009. Multiobjective optimization test instances for the CEC2009specialsession and competition. Technical report, `www.ntu.edu.sg/home/EPNSugan/index_files/cec-benchmarking.htm`.

Zhu Y, Yang Z, Song J, 2006. A genetic algorithm with age and sexual features. International Conference on Intelligent Computing, Kunming, China, pages 634–640.

Zimmerman A, Lynch J, 2009. Aparallel simulated annealing architecture for model updating inwirelesssensornetworks. IEEE Sensors Journal, 9(11): 1503–1510.

Zitzler E, Deb K, Thiele L, 2000. Comparison of multiobjective evolutionary algorithms: Empirical results. Evolutionary Computation, 8(2): 173–195.

Zitzler E, Laumanns M, Bleuler S, 2004. Atutoria lon evolutionary multiobjectiv e optimization. In Gandibleux X, Sevaux M, S?rensen K, T'Kindt V, editors, Meta heuristics for Multiobjective Optimisation, pages 3–38. Springer.

Zitzler E, Laumanns M, Thiele L, 2001. SPEA2: Improving the strength Pareto evolutionary algorithm. EUROGEN 2001: Evolutionary Methods for Design, Optimisation and Control with Applications to Industrial Problems, Athens, Greece, pages 95–100.

Zitzler E, Thiele L, 1999. Multiobjective evolutionary algorithms: A comparative case study and the strength Pareto approach. IEEE Transactions on Evolutionary Computation, 3(4): 257–271.

Zitzler E, Thiele L, Bader J, 2010. Onset-based multiobjective optimization. IEEE Transactions on Evolutionary Computation, 14(1): 58–79.

Zitzler E, Thiele L, Laumanns M, Fonseca C, d aFonseca V, 2003. Performance assessment of multiobjective optimizers: An analysis and review. IEEE Transactions on Evolutionary Computation, 7(2): 117–132.

Zlochin M, Birattari M, Meuleau N, Dorigo M, 2004. Model-based search for combinatorial optimization: A critical survey. Annals of Operations Research, 131(1–4): 373–395.

索　引